CHEMIE

Hansgeorg
Krug

Experiment
und Erkenntnis

J. B. Metzlersche
Verlagsbuchhandlung
Stuttgart

Chemie

Experiment und Erkenntnis

Ein Unterrichtswerk für die Sekundarstufe I von Hansgeorg Krug

unter Mitarbeit von
Dr. Margrit Beyer
Marianne Bruggaier
Dr. Horst Fischer-Wasels
Dr. Karl Huf
Gert Meyer

Graphische Darstellungen: B. Peter Austenfeld, Düsseldorf
[ergänzt durch Renate Diener und Wolfgang Gluszak, Düsseldorf (*S. 58 u., Abb. 5–4, 5–11, 6–7, 7–7, S. 141 u., S. 168 u., Abb. 9–1, 9–5, 11–2, 11–6, 11–8, 11–11)*
und Marowski Grafik Design, Neuss 21 *(S. 97 u., Abb. 6–10, S. 128 u., Abb. 11–9, 11–11)*
Redaktion: Dr. Hans-Joachim Leisten
Gestaltung: Axel Eberhard
Umschlaggestaltung: Gebhardt & Lorenz

Die Vignette auf dem Umschlag zeigt Mercurius, ein Symbol der Alchimie. Eine ausführliche Erläuterung befindet sich auf S. 252

ISBN 3-476-50154-X

Druck 1983, 1982, 1981
Die letzte Zahl nennt das Jahr des Drucks. Alle Drucke einer Auflage können im Unterricht nebeneinander verwendet werden.
Satz: Bauer & Bökeler Filmsatz KG, Denkendorf
Lithographie: R. Zwingmann, Leonberg
Druck: aprinta, Wemding
Printed in Germany

Inhaltsverzeichnis

1. Eigenschaften der Stoffe

1.1 Der Stoffbegriff

1.1.1 Aufgaben der Chemie

Was versteht der Chemiker unter »Stoff«?

Fragt man Schüler, die – etwa elf- bis zwölfjährig – noch keinen Chemieunterricht gehabt haben, was sie sich unter diesem Fach vorstellen, erhält man häufig die Antwort: »Chemie ist, wo es blitzt, kracht und stinkt!« Damit ist tatsächlich etwas die Chemie Kennzeichnendes ausgesagt, wenn auch die auftretenden Erscheinungen nicht immer so dramatisch sind. Nehmen wir den Fall einer brennenden Kerze *(Abb. 1–1)*: Sie leuchtet ohne zu blitzen, sie entwickelt Wärme, ohne daß es kracht, und beim Auslöschen verbreitet sich zwar ein beißender Geruch, den man aber noch nicht als Gestank bezeichnen kann. Während des Brennens wird die Kerze kleiner. Die Flamme rußt. Alle diese Beobachtungen gehören zum Aufgabengebiet der Chemie.

Abb. 1–1: Kerzenflamme. Vor dem schwarzen Hintergrund sieht man den blaßblauen, heißen Saum der leuchtenden Flamme.

Der Chemiker untersucht nämlich **Stoffe**. Er versteht unter »Stoff« das Material, aus dem ein Gegenstand besteht: Die Kerze kann aus Wachs, Stearin oder aus Paraffin sein. Ihn interessieren die **Eigenschaften** der Stoffe: Wachs, Stearin und Paraffin sind weich, sie schmelzen bei niedriger Temperatur, und die Dämpfe sind brennbar. Er kümmert sich ferner um die Gewinnung der Stoffe: Wachs entsteht als Stoffwechselprodukt der Bienen, Stearin erhält man durch »Fettspaltung«, Paraffin bei der Aufbereitung des Erdöls. Schließlich untersucht er den Verwendungszweck eines Stoffes: Wachs benutzt man als Kerzenmaterial, Stearin für Cremes und Lippenstifte, Paraffin als Schmiermittel.

In jedem Gegenstand besitzt das Material eine bestimmte Form. Diese ist für den Chemiker nur dann von Interesse, wenn sie sich in der unbelebten Natur oder im Labor *(Abb. 1–2)* als »Kristall« von selbst bildet. Die Formen jedoch, die von pflanzlichen oder tierischen Lebewesen (zur Biologie gehörend) oder künstlich von Menschen (zum Bereich der Technik gehörend) oder durch den Zufall in der Natur (wie z.B. die Form eines Sandkorns) gebildet werden, gehören nicht zum Aufgabengebiet des Chemikers.
Scharfe Grenzen zwischen der Chemie und den anderen Naturwissenschaften lassen sich allerdings nicht ziehen. Einige Grenzgebiete haben sich zu eigenen wichtigen Wissenschaftszweigen entwickelt (Physikalische Chemie, Biochemie, Technologie, Mineralogie u.a.).

Beim Vergleich von Eisen, Glas, Paraffin und Benzin stellen wir fest: Die ersten drei sind Feststoffe, der letzte ist eine Flüssigkeit. Paraffin ist weich, während Eisen und Glas hart sind. Paraffin ist weiß, Eisen grau, die beiden anderen Stoffe sind farblos. Eisen und Glas glänzen, während Paraffin matt ist. Benzin hat einen charakteristischen Geruch, auch Paraffin kann man riechen, Eisen und Glas aber nicht. Ein Stück Eisen ist sehr viel schwerer als z.B. ein gleichgroßes Stück Paraffin.
Wir haben hier vier Stoffe nach einigen Eigenschaften unterschieden: Zustandsform (Aggregatzustand), Härte, Farbe, Glanz, Geruch und Dichte. Auch in weiteren Eigenschaften (Geschmack, elektrische Leitfähigkeit usw.) unterscheiden sich die Stoffe. Die vollständige Aufzählung der Eigenschaften eines Stoffes ist so kennzeichnend für ihn, daß er mit keinem anderen Stoff verwechselt werden kann.

Abb. 1–2: Alaun-Kristall, im Labor von Schülern während mehrerer Monate aus einer Lösung des Salzes in Wasser »gezüchtet«.

Ergebnis: Zwei Gegenstände sind vom gleichen Stoff, wenn sie in allen ihren stofflichen Eigenschaften übereinstimmen.

Übergießen wir Zucker mit Wasser, so verschwindet der feste Stoff, die Flüssigkeit schmeckt süß. Durch Kochen und Backen werden Fleisch und andere Nahrungsmittel genießbar. Die helle Schnittfläche eines angeschnittenen Apfels wird an der Luft braun. Die Stoffe, die ein Organismus ausscheidet, unterscheiden sich wesentlich von den als Nahrung aufgenommenen. Ein toter Organismus »verwest«, Speisen können »verderben«, Eisen »verrostet« an feuchter Luft, Papier und Holz »verbrennen« zu Asche, ein Brei aus Gips »verhärtet« und wird fest wie Stein. – Bei allen diesen Beispielen beobachten wir Änderungen der Eigenschaften. Nach unserer Definition von der Übereinstimmung stofflicher Eigenschaften müssen wir also folgern, daß die Ausgangsstoffe verschwunden und statt ihrer andere Stoffe entstanden sind. Wir sprechen in solchen Fällen von chemischen Veränderungen oder **Reaktionen**[1].

Zusammenfassung: *Die Chemie untersucht die Stoffe nach ihren Eigenschaften. Sie beobachtet das Verschwinden und das Entstehen von Stoffen und versucht, solche Vorgänge (Reaktionen) zu verstehen, zu lenken und nutzbar zu machen. Bei der Untersuchung der Stoffeigenschaften wie bei der Lenkung von chemischen Reaktionen muß sich der Chemiker oft physikalischer Hilfsmittel bedienen. Eine scharfe Abgrenzung der Naturwissenschaften gegeneinander ist nicht möglich.*

1.1.2 Homogene und heterogene Stoffe

Einer der verbreitetsten Stoffe auf der Erde ist der Granit *(Abb. 1 – 3)*. Riesige Gebirge bestehen aus diesem Eruptivgestein. Als angehende Chemiker wollen wir seine Eigenschaften untersuchen.

Sofort kommen wir in Schwierigkeiten. Im Granit gibt es schwarze, stark glänzende, leicht ritzbare Stellen, die sich deutlich von farbigen, glasglänzenden, härteren unterscheiden; außerdem findet man speckig glänzende, weiße, sehr harte Bestandteile. Für keine der erwähnten Eigenschaften (Farbe, Härte, Glanz) läßt sich eine eindeutige Aussage machen, wenn wir den ganzen Stoff meinen, wohl aber, wenn wir die einzelnen Bestandteile beschreiben.

Granit ist also kein einheitlicher Stoff im Sinne des vorherigen Abschnitts. Er ist vielmehr aus drei verschiedenen Stoffen zusammengesetzt: Glimmer (dunkle Stellen), Feldspat (farbige Stellen) und Quarz (fettglänzende, helle Bestandteile). Wir wollen uns folgende Fachausdrücke merken:

Abb. 1–3: Vergrößerter Anschliff einer Granitprobe. Feldspat ist rosa, Quarz ist weißgrau, Glimmer ist schwarz.

[1] agere (lat.), in Gang bringen; reactio (lat.), Handlung, Prozeß

Definition: Stoffe, bei denen man Bestandteile mit unterschiedlichen Eigenschaften feststellen kann, heißen **heterogen**[1]. – Stoffe, die sich auch noch unter dem Mikroskop als einheitlich herausstellen, heißen **homogen**[2]. – Einen homogenen, in der unbelebten Natur vorkommenden Stoff nennt man **Mineral**[3].

Ein Stoff wird durch seine Eigenschaften gekennzeichnet.

Unterscheidung zwischen »homogen« und »heterogen«

Die Bestandteile eines heterogenen Stoffes müssen nicht – wie im Granit – den festen Aggregatzustand besitzen. Wird Wasser bis zum Sieden erhitzt, beobachtet man über der Oberfläche **Kondensation**[4] des Wasserdampfes zu einer Art Wolke aus feinsten Wassertröpfchen. Ein solcher »Nebel« ist ein heterogener Stoff, nämlich eine in einem Gas feinverteilte Flüssigkeit. Ist aber die Flüssigkeit in feinsten Tröpfchen in einer anderen verteilt, sprechen wir von einer **Emulsion**[5] (Beispiel: Milch). Ist ein fester Stoff in einer Flüssigkeit feinst verteilt, handelt es sich um eine **Suspension**[6] (Beispiel: Tusche). Schwebt schließlich feinster Staub eines Feststoffes in einem Gas, so spricht man von »Rauch«.

Wir wollen darauf achten, daß der Begriff »Dampf« in der Chemie eine andere Bedeutung hat als im täglichen Sprachgebrauch. Beim Sieden oder Verdunsten einer Flüssigkeit entsteht aus ihr ein Dampf, das ist ein Gas, das wie alle Gase durchsichtig und daher für das Auge nicht wahrnehmbar ist (falls es sich nicht gerade um ein farbiges Gas handelt, z.B. Bromdampf). Der Nebel, der aus dem Gas durch Kondensation entstehen kann, soll nicht – wie in der Umgangssprache – als Dampf bezeichnet werden.

Zusammenfassung: *Die erste Entscheidung, die man bei der Untersuchung eines Stoffes treffen muß, ist die zwischen homogen und heterogen. Der Chemiker arbeitet im allgemeinen mit homogenen Stoffen. Er muß also Arbeitsverfahren entwickeln, heterogene Stoffe in ihre homogenen Bestandteile zu zerlegen. Damit wollen wir uns im nächsten Abschnitt beschäftigen.*

[1] heteros (gr.), ein anderer; genein (gr.), werden, entstehen
[2] homoios (gr.), gleich, ähnlich
[3] mine (frz.), Erzgang
[4] densus (lat.), dicht; condensatio, Verdichtung
[5] emulgere (lat.), ausmelken
[6] suspendere (lat.), schweben

Übungen

1. Schildere an Beispielen, welche Beobachtungen in den Aufgabenbereich des Biologen, des Physikers und des Chemikers fallen.
2. Welcher der folgenden Vorgänge beschreibt chemische Reaktionen: Rosten, Rollen, Verfaulen, Trocknen, Gären, Fließen? Begründe.
3. Stelle fest – evtl. mit der Lupe – ob Stoffe, wie z. B. Mayonnaise, Salatöl, Blut, Wein homogen oder heterogen sind.
4. Erläutere die Begriffe »Dampf« und »Nebel« in der chemischen Fachsprache.

1.2 Der chemisch reine Stoff

1.2.1 Trennungsmethoden für heterogene Stoffe

Zerlegen eines Gemisches in seine Bestandteile

Um die Bestandteile des heterogenen Stoffs Granit – also Glimmer, Feldspat und Quarz – voneinander trennen zu können, muß man ihn in kleine Stücke zerschlagen. Für unsere Untersuchungen ist es bequemer, wenn wir uns heterogene Stoffe selbst herstellen, indem wir homogene mischen und dann versuchen, die Bestandteile wieder zu trennen.

► **Versuch 1/1:** Man schüttelt in einem Standkolben Sägemehl, Schrotkörner und Kochsalz durcheinander. – Mit einer Pinzette liest man aus einem Teil des Gemischs die Schrotkörner heraus. – Einen anderen Teil des Gemisches schüttet man in ein nicht zu grobes Sieb: Kochsalz und Sägemehl fallen hindurch; Schrotkörner und größere Holzteilchen bleiben zurück. – Das vom Schrot getrennte Gemisch von Kochsalz und Sägemehl übergießt man mit Wasser: Kochsalz sinkt ab, das Holzmehl kann an der Oberfläche abgeschöpft werden oder bildet mit der Flüssigkeit eine Suspension. – Hat man eine ausreichende Menge Wasser genommen, so löst sich das am Boden des Gefäßes befindliche Kochsalz auf. Diesen Vorgang kann man durch Rühren oder Umschwenken des Gefäßes beschleunigen.
Man setzt einen Glastrichter mit Rundfilter (poröses, nicht geleimtes Papier) in einen Erlenmeyerkolben und gießt die Flüssigkeit hinein: Im Kolben sammelt sich ein klares **Filtrat**; im Filter bleibt als **Rückstand** das Holzmehl *(Abb. 1–4)*. Man wäscht es mit Wasser und läßt es an der Luft trocknen.
Man gießt das Filtrat in eine Porzellanschale und erhitzt diese mit der Flamme eines Bunsenbrenners: Beim Sieden der Flüssigkeit entweicht Wasserdampf; das Kochsalz scheidet sich zuerst am Rand, dann als dicker Kristallbrei am Boden der Schale ab. Um ein Herausspritzen des Breis zu verhindern, wird die Flamme klein gestellt. Man erwärmt so lange, bis das Wasser restlos verdampft ist. ◄

Ergebnis: Bei Trennungsmethoden für heterogene Stoffe werden die unterschiedlichen Eigenschaften der Bestandteile ausgenutzt: Beim **Herauslesen** und **Sieben** die Teilchengrößen, beim **Aufschlämmen** die Dichten, beim **Lösen** die Löslichkeiten, beim **Filtrieren** die Aggregatzustände und beim **Eindampfen** die Siedetemperaturen.

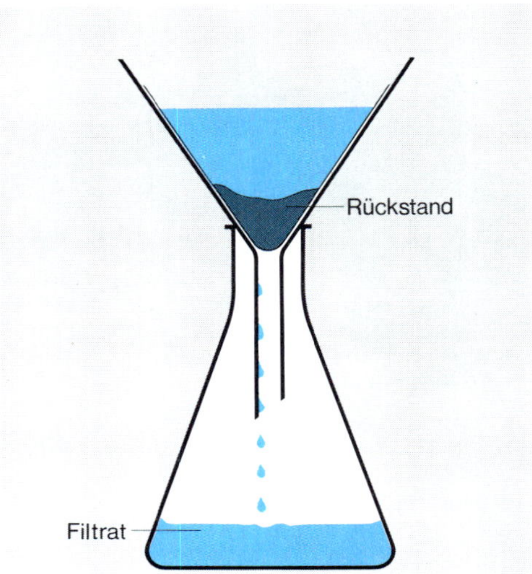

Abb. 1–4: Zu Versuch 1/1. Trennen eines heterogenen Gemisches aus Feststoff und Flüssigkeit durch Filtration.

► **Versuch 1/2:** Man zerreibt im Porzellanmörser Stangenschwefel und schüttelt das Pulver in einem Standkolben mit Eisenpulver durcheinander. Wenn die Substanzen nicht zu grobkörnig sind, entsteht ein hellgraues Gemisch, in dem mit dem bloßen Auge weder die gelben Schwefel- noch die dunkelgrauen Eisenkörnchen erkennbar sind. Man teilt den heterogenen Stoff in drei Teile.
Den ersten Teil berührt man mit einem Magneten, wobei man zweckmäßigerweise vor die Magnetpole ein Stück Papier hält: Eine beträchtliche Menge des Pulvers bleibt an den Polen hängen. Man erkennt an seiner hellen Farbe, daß noch keine vollständige Trennung der beiden Bestandteile erreicht worden ist. Selbst beim Schütteln des Magneten fällt nicht nur Schwefel ab, genausowenig wie nur reines Eisen hängen bleibt. – Der zweite Teil des Gemisches wird mit Wasser übergossen: Der Schlamm, der sich auf dem Boden sammelt, ist zwar deutlich dunkler als das Ausgangsgemisch, hat aber noch nicht die Farbe des reinen Eisenpulvers. Obwohl größere Schwefelstückchen zu Boden sinken, reichert sich das Schwefelpulver wegen seiner Nichtbenetzbarkeit an der Oberfläche des Wassers an. Die Farbe ist schmutzig gelb, d.h. es ist noch Eisenpulver eingeschlossen. ◄

● **Folgerung:** Weder mit dem Magneten noch durch Aufschlämmen gelingt eine vollständige Trennung des Eisens vom Schwefel.
Durch Filtrieren der Suspension des Schwefel-Eisen-Gemisches in Wasser und durch Eindampfen des Filtrats würden wir feststellen, daß weder Schwefel noch Eisen in Wasser löslich sind. Der folgende Versuch jedoch zeigt, daß Schwefel in Schwefelkohlenstoff, einer übelriechenden, leicht verdunstenden Flüssigkeit, löslich ist.

► **Versuch 1/3:** (Lehrerversuch) Man übergießt etwas Schwefelpulver im Reagenzglas mit Schwefelkohlenstoff und schüttelt. Man gießt die Flüssigkeit, nachdem sich das Ungelöste abgesetzt hat, in eine flache Schale **(Dekantieren)** und läßt sie an der Luft stehen: Das Lösungsmittel verdunstet (Abzug, keine offene Flamme, die Dämpfe sind sehr giftig und brennbar). Der Schwefel scheidet sich ab. – Man behandelt entsprechend den dritten Teil des in *Versuch 1/2* hergestellten Schwefel-Eisen-Gemisches mit Schwefelkohlenstoff und dekantiert: Hat man nicht zuviel Gemisch genommen, bleibt als Rückstand – nach mehrmaligem Behandeln mit Schwefelkohlenstoff – reines Eisen. Aus dem Filtrat gewinnt man durch Abdunsten des Lösungsmittels reinen Schwefel. ◄

Ergebnis: Eine befriedigende Trennung der Bestandteile eines heterogenen Stoffes gelingt meist nur mit dem Lösungsverfahren. Als Arbeitsmethode kann das **Abdunsten** des Lösungsmittels an die Stelle des (schnelleren) **Eindampfens** treten.

Zusammenfassung: *Alle Methoden, die zum Trennen der Bestandteile heterogener Stoffe entwickelt worden sind, beruhen auf der Ausnutzung der Unterschiede in bestimmten Eigenschaften der homogenen Anteile. Den besten Erfolg erzielt man mit dem Lösungsverfahren, wenn es gelingt, ein Lösungsmittel zu finden, in dem nur einer der Bestandteile löslich ist. Die entstehende Lösung ist ein homogener Stoff, obwohl sie sich aus dem Lösungsmittel und dem gelösten Stoff zusammensetzt.*
Im nächsten Abschnitt werden wir weitere derartige homogene Stoffgemische kennenlernen und versuchen, aus ihnen die einzelnen **Komponenten**[1] *zu gewinnen.*

1.2.2 Trennungsmethoden für homogene Stoffgemische

Auch homogene Stoffe können Gemische sein.

Vom Haushalt her kennen wir Wasser als Lösungsmittel für viele Stoffe, z.B. Kochsalz, Zucker, Soda. Fette lösen sich in Benzin oder Schwefelkohlenstoff, in letzterem auch Schwefel *(Versuch 1/3)*. In den Lösungen lassen sich selbst mit dem besten Mikroskop die Teilchen des gelösten Stoffes nicht nachweisen. Nach unserer Definition *(1.1.2)* ist also eine solche Lösung ein homogener Stoff.
Durch Verdunsten und Eindampfen der Lösung haben wir den gelösten Stoff zurückerhalten. Wir wollen jetzt überlegen, wie man das Lösungsmittel wiedergewinnen kann: Wir dürfen die Dämpfe nicht in die Luft entweichen lassen, sondern müssen sie durch Abkühlung zur Kondensation zwingen.

Destillation einer Salzlösung

► **Versuch 1/4:** Man stellt eine Lösung von Kochsalz und Kaliumpermanganat (violette Kristalle) in

[1] componere (lat.), zusammensetzen

Abb. 1–5: Zu Versuch 1/4. Der Versuchsaufbau zeigt die Kondensation von Wasserdampf durch Luftkühlung.

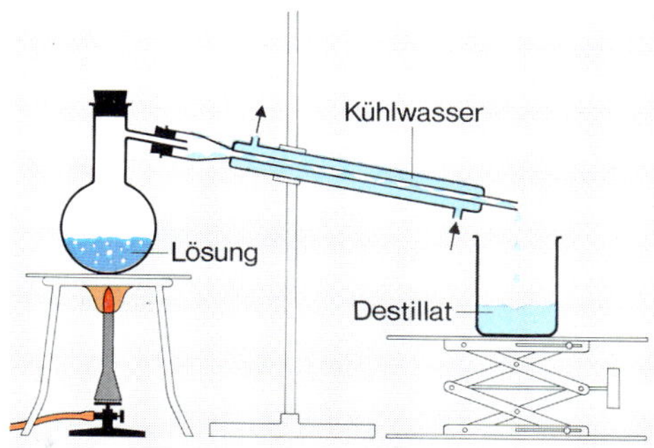

Abb. 1–6: Zu Versuch 1/4. Kondensation von Wasserdampf durch Wasserkühlung (Gegenstromprinzip im Liebig-Kühler).

Wasser her und füllt sie in einen Rundkolben mit langem seitlichen Ansatz *(Abb. 1–5)*. Man verschließt den Kolbenhals mit einem Stopfen und erhitzt die violette Flüssigkeit bis zum Sieden: In dem seitlichen Ansatz bilden sich Tröpfchen, die sich sammeln und in ein daruntergestelltes Gefäß fallen. Nach verhältnismäßig kurzer Zeit wird das Ansatzrohr so heiß, daß keine Kondensation mehr eintritt und viel Dampf entweicht. Man schiebt jetzt einen **Liebig-Kühler** über das Ansatzrohr, das zu diesem Zweck mit einem passenden Stopfen versehen ist. Durch den Mantel des Kühlers fließt Leitungswasser in entgegengesetzter Richtung wie der Dampf im inneren Rohr des Kühlers (Gegenstromprinzip, *Abb. 1–6)*: Es tritt wieder Kondensation ein; Das **Destillat**[1] ist farblos und wird in einer **Vorlage** aufgefangen. Ausnahmsweise führt man in diesem Fall eine Geschmacksprobe durch. ◄

● **Folgerung:** Da das Destillat weder farbig ist noch salzig schmeckt, enthält es keines der zugegebenen Feststoffe. Es kann sich demnach nur um das Lösungsmittel Wasser handeln. Unser Destillat schmeckt fade im Vergleich zu Leitungswasser.

Ergebnis: Die Gewinnung des Lösungsmittels aus einer Lösung gelingt durch **Destillation**. Der Dampf wird durch **Luftkühlung** (langer, seitlicher Ansatz) oder **Wasserkühlung** (Liebig-Kühler) zur Kondensation gebracht.

[1] destillare (lat.), herabtropfen

Wie kommt es, daß durch Destillation gewonnenes Wasser anders schmeckt als Leitungswasser?

► **Versuch 1/5:** Man dampft in einer dunklen glasierten Porzellanschale einige Tropfen Leitungswasser ein: Es bleibt ein weißer Rückstand (Kesselstein). ◄

● **Folgerung:** Nur das destillierte Wasser (aqua dest.) ist **chemisch rein**. Leitungswasser ist eine Lösung.

Die gelösten Feststoffe bilden die **Härte** des Leitungswassers. Diese Härtebildner (sowie gelöste Gase) geben ihm den Geschmack. Der **Härtegrad** hängt von der Menge der löslichen Feststoffe ab, die das Regenwasser beim Durchsickern durch Erdschichten aufnimmt, ehe es als Grund- oder Quellwasser für die Trinkwasserversorgung nutzbar gemacht wird.

Auch nach dem Zusammengießen zweier Flüssigkeiten kann eine homogene Mischung entstehen; man spricht auch in diesem Fall von Löslichkeit.

Welche der beiden Flüssigkeiten dann als Lösungsmittel und welche als gelöster Stoff bezeichnet wird, bleibt der Willkür überlassen. Nichtmischbarkeit ist gleichbedeutend mit Unlöslichkeit *(Versuch 1/6)*.

► **Versuch 1/6:** Man schüttelt in einem Reagenzglas kräftig Olivenöl mit Wasser (Öffnung mit dem

Daumen verschließen), in einem zweiten Benzin mit Wasser und in einem dritten Olivenöl mit Benzin: Im ersten Fall bildet sich eine für kurze Zeit beständige Emulsion, im zweiten tritt sehr schnell Entmischung ein, und im dritten Fall entsteht eine klare Lösung. ◀

▶ **Versuch 1/7:** Man fügt in einem Reagenzglas Alkohol zu Wasser und schüttelt: Es entsteht eine klare Lösung. ◀

● **Folgerung:** Olivenöl ist in Benzin löslich, in Wasser unlöslich. Alkohol ist in Wasser löslich, Benzin dagegen nicht.

Destillation eines Flüssigkeitsgemisches

Es stellt sich nun die Aufgabe, ein homogenes Flüssigkeitsgemisch in seine Komponenten zu trennen. Wir versuchen dies mit einem Wasser-Alkohol-Gemisch, müssen aber zunächst die Eigenschaften kennenlernen, in denen sich die beiden Flüssigkeiten bzw. ihre Lösungen voneinander unterscheiden. (Wegen der Giftigkeit konzentrierter Alkohollösungen wollen wir Geschmacksproben ausschließen.)

▶ **Versuch 1/8:** Man läßt aus einer Meßpipette 2 cm^3, 4 cm^3, 6 cm^3 und 8 cm^3 reinen Alkohol in vier Reagenzgläser fließen und füllt jeweils mit Wasser auf 10 cm^3 auf. Auf diese Weise erhält man eine 20%ige, 40%ige, 60%ige und 80%ige Lösung. Man gießt die vier Mischungen in Porzellantiegel; alle Flüssigkeitsoberflächen sollen kurz unter den Tiegelrändern stehen. Nun führt man eine kleine Gasflamme (etwa 2 – 4 mm groß) nacheinander an die Oberflächen heran: Die Dämpfe der 80%igen und der 60%igen Lösung entzünden sich. Bei der 40%igen Lösung hat man erst Erfolg, wenn man den Tiegel erhitzt. ◀

● **Folgerung:** Ein Alkohol-Wasser-Gemisch ist noch bis zu einer Konzentration von etwa 50% entflammbar. Die Entflammbarkeit hängt von der Temperatur der Lösung ab; sie nimmt mit steigender Temperatur zu.

Für die Destillation des Alkohol-Wasser-Gemisches benutzen wir die Apparatur von *Versuch 1/4*, schalten aber zwischen Destillierkolben und Kühler noch einen **Destillieraufsatz** *(Abb. 1 – 7)*, der durch seine große Oberfläche die Luftkühlung so weit verstärkt, daß der Wasserdampf schon im Aufsatz kondensiert und das Kondensat in den Kolben zurücktropft, während der Alkoholdampf gasförmig bleibt und in den seitlichen Ansatz entweicht.

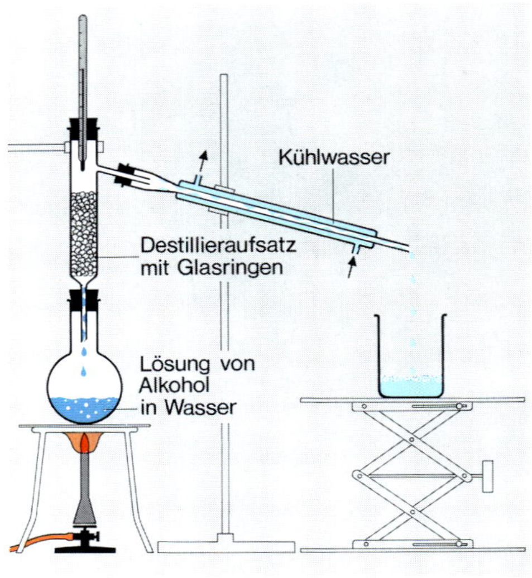

Abb. 1–7: Zu Versuch 1/9. Fraktionierte Destillation eines Alkohol-Wasser-Gemisches (Luftkühlung im Fraktionieraufsatz, Wasserkühlung im Liebig-Kühler).

▶ **Versuch 1/9:** In den Destillierkolben füllt man eine 20%ige wäßrige Alkohollösung. Der Destillieraufsatz ist oben mit einem Stopfen verschlossen, durch dessen Bohrung ein Thermometer führt; die Quecksilberkugel muß sich in der Höhe des seitlichen Ansatzes befinden *(Abb. 1 – 7)*. Als Vorlagen stellt man kleine Bechergläser zurecht. Man bringt die Flüssigkeit zum Sieden: Ungefähr bei 70° C beginnt die Kondensation im seitlichen Ansatz. Die Temperatur steigt allmählich an. Man wechselt die Vorlage bei jeweils 5 Grad Temperaturanstieg und prüft die Destillate auf ihre Brennbarkeit nach *Versuch 1/8*. Nur die ersten **Fraktionen**[1] sind entflammbar. ◀

● **Folgerung:** Bei der **fraktionierten Destillation** einer Lösung von Alkohol in Wasser ist nur die erste Fraktion fast reiner Alkohol. Bei höheren Temperaturen geht ein Gemisch von Wasser- und Alkoholdampf über. Die Trennung gelingt also nur unvollkommen: Die ersten Fraktionen sind alkoholreicher als die letzten Destillate. Durch Wiederholung des Verfahrens mit den angereicherten Fraktionen kann man die **Ausbeute** an Alkohol noch verbessern.

Ergebnis: Mit Hilfe der fraktionierten Destillation läßt sich ein homogenes Flüssigkeitsgemisch in Fraktionen zerlegen, in denen die Komponenten angereichert sind. Eine fast vollständige Trennung kann durch wiederholte **Fraktionierung** erreicht werden.

Aus *Versuch 1/9* können wir noch eine weitere Folgerung ziehen: Das homogene Gemisch Alkohol-Wasser hat keine konstante **Siedetemperatur** im Gegensatz zu seinen beiden Komponenten (78° C bzw. 100° C). Man wird also immer dann, wenn eine Flüssigkeit keine konstante Siedetemperatur besitzt, auf ein homogenes Gemisch schließen können. Beispiele: Erdöl, Steinkohlenteer, flüssige Luft.
In der Technik wird die fraktionierte Destillation in großem Umfang bei Erdöl durchgeführt. Das Verfahren wird so abgewandelt, daß das Rohöl zunächst völlig verdampft wird. Die Dämpfe strömen von unten in den **Kondensationsturm** (Destillationsturm) mit durchlochten Zwischenböden *(Abb. 1 – 8)*. Die Temperatur im Turm nimmt von unten nach oben ab, so daß auf den unteren Böden die am höchsten, auf den oberen die am niedrigsten siedenden Anteile kondensieren. Aus seitlichen Öffnungen im Turm können die einzelnen Fraktionen abgelassen werden. Die Öffnungen in den Böden sind von **Glocken** überdeckt, so daß die aufsteigenden Dämpfe die Kondensate passieren müssen, wodurch die Trennung der Fraktionen verbessert wird. Den gleichen Zweck erfüllen Überlaufröhren in den Böden. Die Erdölfraktionen heißen Benzin (bis 150° C), Leuchtöl (Petroleum, zwischen 150° C und 250° C), Gasöl (Diesel und

[1] frangere (lat.), brechen, zerbrechen

Abb. 1–8: Destillationstürme einer Erdölraffinerie: a) Foto eines Teils der Anlage mit Kondensationstürmen und Rohrleitungen, b) Schema der fraktionierten Kondensation (nahezu vollständige Verdampfung des Rohöls im Röhrenofen, Kondensation der einzelnen Fraktionen auf »Glockenböden« in verschiedenen Höhen des Turms (vgl. *Abb. 11–9, Seite 224*)

Trennung des Flüssigkeitsgemisches »Erdöl«

Heizöle, zwischen 250° C und 350° C). Aus dem Rückstand werden Schmieröle und Asphalt gewonnen.

Legierungen sind homogene Gemische.

Homogene Stoffgemische entstehen auch, wenn man die Schmelzen verschiedener Metalle mischt. Die erkalteten Schmelzen sind homogene Feststoffe und heißen **Legierungen**[1]. Bekannte Legierungen sind Bronze (80 – 85% Kupfer, 20 – 15% Zinn), Messing (70% Kupfer, 30% Zink), Weißgold (65 – 80% Gold, 35 – 20% Palladium), Amalgame (Quecksilber mit Gold, Silber oder anderen Metallen).
Wichtig für die Industrie ist die Trennung von Gasgemischen. Es erscheint uns selbstverständlich, daß beim Ausströmen eines Gases in ein anderes (z.B. von Erdgas in Luft) ein Gasgemisch entsteht, das völlig homogen ist. Wir müssen sogar damit rechnen, daß die uns bekannten Gase ihrerseits schon homogene Gemische sind. Um die wichtigste Trennungsmethode zu verstehen, müssen wir ein Ergebnis des *Kapitels 3* vorausnehmen. Es besagt, daß jedes Gas zu einer Flüssigkeit kondensiert, wenn man es hinreichend tief abkühlt. Aus einem homogenen Gasgemisch wird dann ein homogenes Flüssigkeitsgemisch. Statt von fraktionierter Destillation spricht man dann besser von fraktionierter Verdampfung: Das Gas, das die niedrigste Kondensationstemperatur besitzt, ist in den ersten Fraktionen angereichert; das Gas mit der höchsten Kondensationstemperatur bleibt am längsten flüssig.

Definition: Homogene Stoffe, ob fest, flüssig oder gasförmig, die sich durch keine der im vorliegenden Abschnitt beschriebenen Trennungsmethoden in Komponenten aufspalten lassen, heißen **chemisch rein**.

Zusammenfassung: *Die Trennung homogener Stoffgemische bereitet größere Schwierigkeiten als die Zerlegung eines heterogenen Stoffes in seine homogenen Bestandteile. Alle Trennungsverfahren nutzen die Verschiedenheit der Eigenschaften der Komponenten aus (Dichte, Siedetemperatur, Löslichkeit usw.). Einen chemisch reinen Stoff erkennt man daran, daß seine Dichte in allen seinen Teilen den gleichen Wert hat, daß seine Siedetemperatur während des Siedens, seine Schmelztemperatur während des Schmelzens, seine Kondensationstemperatur während der Verdichtung konstant bleiben.*
Wir wollen verabreden, daß von jetzt ab alle festen Stoffe, mit denen wir es zu tun haben, chemisch rein sein sollen.

Übungen

1. Kannst du Methoden angeben, die sich zur Trennung heterogener Stoffe eignen? Begründe.
2. Nenne Beispiele für Flüssigkeiten, bei deren Mischung eine Lösung entsteht. Welche anderen Arten von Lösungen kennst du? Nenne Beispiele.
3. Drei Flüssigkeiten eines homogenen Gemisches sollen getrennt werden (Siedetemperaturen der drei Flüssigkeiten: 69° C, 76° C, 80° C). Welche Probleme ergeben sich, und wie muß man vorgehen, damit die Trennung möglichst vollständig wird?
4. Woran erkennt man einen chemisch reinen Stoff?

1.3 Einteilung der festen Stoffe

1.3.1 Untersuchungsmethoden für die Eigenschaften fester Stoffe

Um uns einen Überblick über die Eigenschaften eines Feststoffes zu verschaffen, ordnen wir sie den Sinnesorganen zu, mit denen wir sie wahrnehmen: Mit dem Auge erkennen wir die **Farbe** und den **Glanz**, mit der Nase den **Geruch**, mit der Zunge den **Geschmack**, und mit der Hand ermitteln wir **Härte, Schwere** und **Wärmeeindruck**.
Damit der Geruchssinn einen Stoff wahrnimmt, müssen Teilchen von diesem zu den Riechzellen in der Nase gelangen. Ein Stoff kann also nur dann eine Geruchsempfindung auslösen, wenn er solche Teilchen an die um-

[1] ligare (lat.), binden, verbinden

Eigenschaften eines Feststoffes

gebende Luft abgibt. Die Eigenschaft, die hier also untersucht wird, ist die **Flüchtigkeit** der Stoffe; nur bei flüchtigen Stoffen ist eine Geruchsempfindung möglich.

Auch für die Geschmackswahrnehmung ist eine Eigenschaft Voraussetzung, an die man zunächst nicht denkt: Die Stoffe müssen im Speichel löslich sein. Wir ersetzen daher die Eigenschaft Geschmack durch Löslichkeit, müssen dann aber sofort unterscheiden zwischen **Löslichkeit in Wasser** und **Löslichkeit in einem anderen Lösungsmittel** wie Benzin, Terpentin, Schwefelkohlenstoff *(Versuch 1/3)* oder Tetra (Tetrachlormethan).

Wir wählen 11 Unterscheidungsmerkmale aus.

Wenn wir einen festen Stoff erwärmen, kann es geschehen, daß er seinen Aggregatzustand wechselt. Die Temperatur, bei der der Feststoff flüssig wird, nennen wir **Schmelztemperatur**. Sie ist eine weitere charakteristische Eigenschaft. Wir erwähnten die Konstanz der Schmelztemperatur schon als Merkmal eines chemisch reinen Stoffes *(s. 1.2.2 Zusammenfassung)*.

Zwei Stoffe, die unter gleichen äußeren Verhältnissen stehen, also mit Sicherheit gleiche Temperaturen besitzen, können sich dennoch beim Berühren mit der Hand »kalt« oder »warm« anfühlen. Diese Sinneswahrnehmung beruht auf der unterschiedlichen Wärmeleitfähigkeit der Stoffe, die die Wärme der berührenden Hand fortleiten.

Auf den umgekehrten Vorgang, wie schnell ein Stoff die Wärme von einer erhitzten Stelle an die Hand weiterleitet, bezieht sich eine amüsante Wette: Ein Schüler hält eine Münze flach zwischen Daumen und Zeigefinger. Ein anderer erhitzt den Rand mit einem brennenden Streichholz. Wer läßt seinen Gegenstand wegen der zunehmenden Temperatur zuerst fallen?

Metalle sind gute Wärmeleiter, Holz und Glas sind Beispiele für Stoffe mit schlechter Wärmeleitfähigkeit. Metalle sind uns auch als gute Elektrizitätsleiter bekannt, während Holz und Glas den elektrischen Strom nicht oder nur schlecht leiten. Tatsächlich sind alle guten Wärmeleiter auch gute Elektrizitätsleiter. Wir können uns daher auf die Untersuchung der **elektrischen Leitfähigkeit der Feststoffe** beschränken, da sie sehr viel leichter als die Wärmeleitfähigkeit bestimmt werden kann. Zusätzlich nehmen wir auch noch die **elektrische Leitfähigkeit der Lösungen** und **die elektrische Leitfähigkeit der Schmelzen** in unseren Katalog der Eigenschaften auf. Für jede Eigenschaft definieren wir einige Unterscheidungsmerkmale (Kategorien) und beschreiben – wenn nötig – kurz die Untersuchungsmethode:

1. Farbe

Kategorien: farbig (+); farblos (−).

Anmerkung: Grau und schwarz wollen wir unter »farbig« einordnen, weiß dagegen unter »farblos«, da es sich hier nur um Lichtstreuung handelt. Zerkleinert man z.B. farbloses Glas, so entsteht ein weißes Pulver.

2. Glanz

Kategorien: Metallglanz (mgl); Glasglanz (glgl); matt (matt).

Anmerkung: Zur Beurteilung der Eigenschaft »Glanz« braucht man größere Einzelstücke der Substanz. Kleinere Körner können mit der Lupe betrachtet werden. Ist die Oberfläche beschlagen oder verschmutzt, muß sie mit Schmirgelpapier gereinigt werden.

3. Flüchtigkeit

Kategorien: deutlich wahrnehmbarer Geruch (+); geruchlos (−).

Anmerkung: Es ist der Fall denkbar, daß ein Stoff zwar leichtflüchtig ist, die Dämpfe aber keinen charakteristischen Geruch besitzen.

4. Löslichkeit in Wasser

Kategorien: löslich (+); unlöslich (−).

Anmerkung: Wenn die Löslichkeit nicht schon mit dem Auge erkennbar ist, wird die Aufschlämmung kräftig geschüttelt, erhitzt, filtriert und das Filtrat eingedampft: Scheiden sich dann nur Spuren ab, soll der Stoff noch als »unlöslich« bezeichnet werden.

Die Lösungen werden für die Untersuchung der elektrischen Leitfähigkeit *(10.)* aufbewahrt.

5. Löslichkeit in Tetra

Kategorien: löslich (+); unlöslich (−).

Anmerkung: Siehe Anmerkung unter *4.* Tetra kann Haut-Allergien hervorrufen. Es empfiehlt sich daher, mit Gummi- oder Plastikhandschuhen zu arbeiten. Außerdem sind die Tetradämpfe gesundheitsschädlich; beim Abdampfen der Lösungen muß unter dem Abzug gearbeitet werden. – Die Lösungen werden für (10) aufbewahrt.

6. Härte

Kategorien: weich (w); mäßig hart (m); sehr hart (h).

Anmerkung: Zur Bestimmung der Härte sollen die Stücke nicht zu klein sein. Kann ein Stoff mit Fingernägeln geritzt werden, gilt er als »weich«. »Mäßig harte« Stoffe lassen sich nicht mehr mit dem Fingernagel, aber noch mit einer Stahlnadel ritzen. Stoffe, an denen eine Stahlnadel abgleitet, heißen »sehr hart«.

7. Dichte

Kategorien: spezifisch leicht (l); spezifisch mäßig schwer (m); spezifisch schwer (s).

Anmerkung: Die Dichte ϱ wird in g/cm^3 gemessen. Wir ermitteln sie an Feststoffen am bequemsten nach der Verdrängungsmethode: Man füllt eine abgewogene Menge der zu untersuchenden Substanz in einen 100 cm^3-Meßzylinder und läßt 50 cm^3 einer Flüssigkeit zufließen, in der die Substanz unlöslich ist (siehe 4 und 5). Das gesuchte Volumen des Feststoffs in cm^3 ergibt sich aus der Differenz zwischen dem Skalenwert, bis zu dem die Flüssigkeit im Meßzylinder gestiegen ist, und dem vorher bestimmten Flüssigkeitsvolumen. Die Dichte ist gleich dem Quotienten aus der Masse in g und ihrem Volumen ϱ in cm^3. Substanzen, die auf der Flüssigkeit schwimmen oder deren Dichten kleiner sind als 1,5 g/cm^3 wollen wir »spezifisch leicht« nennen. »Spezifisch mäßig schwere« Stoffe haben Dichten zwischen 1,5 g/cm^3 und 5,0 g/cm^3. Stoffe mit Dichten oberhalb dieser Grenze sind »spezifisch schwer«.

8. Schmelztemperatur Fp (Fließpunkt)

Kategorien: niedrig schmelzend (n); mittlerer Fp (m); hoch schmelzend (h).

Anmerkung: Die Substanz wird zunächst im Reagenzglas erhitzt, um eine Entzündung zu vermeiden und um gegebenenfalls chemische Veränderungen besser beobachten zu können. Bei solchen Zersetzungen wird das Merkmal »zs« eingesetzt. Hochschmelzende Substanzen können direkt mit der Tiegelzange in die Flamme gehalten werden. Die leuchtend eingestellte Flamme des Bunsenbrenners (ohne Luftzufuhr) hat ungefähr eine Temperatur von 500° C. Stoffe, die mit dieser Flamme zum Schmelzen gebracht werden können, wollen wir »niedrig schmelzend« nennen. Die

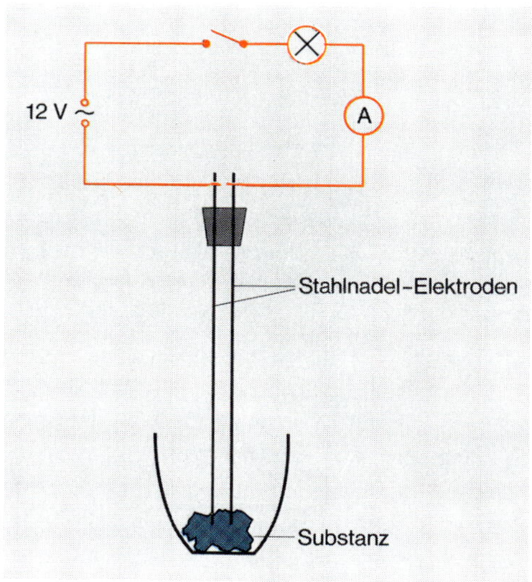

Abb. 1–9: Einfach herstellbarer Leitfähigkeitsprüfer für Feststoffe, Lösungen und Schmelzen.

nichtleuchtende Flamme des Brenners (bei Luftzufuhr) ist ungefähr 900° C heiß; Substanzen, die erst in der nichtleuchtenden Flamme schmelzen, besitzen »mittleren Fp«. »Hochschmelzend« heißen die Stoffe, deren Schmelztemperatur wir nicht mehr mit der Flamme des Brenners feststellen können.

9. Elektrische Leitfähigkeit der festen Substanz
Kategorien: leitfähig (+); nicht leitfähig (–).
Anmerkung: Der Leitfähigkeitsprüfer besteht aus zwei Stahlnadel-Elektroden *(Abb. 1–9)*, an die eine Wechselspannung von 12 Volt gelegt wird. Als Stromanzeiger dient ein als Schutzwiderstand in Reihe geschaltetes Glühlämpchen oder ein Amperemeter. Zur Messung werden die Spitzen der Elektroden an ein kompaktes Stück der Substanz (kein Pulver) angelegt.

10. Elektrische Leitfähigkeit der Lösung
Kategorien: leitfähig (+); nicht leitfähig (–).
Anmerkung: Es werden die von *4* und *5* aufbewahrten Lösungen untersucht. Nach jeder Prüfung werden die Elektroden gründlich gereinigt (vorher Spannung abschalten!). Ist die Substanz weder in Wasser noch in Tetra löslich, entfällt die Untersuchung.

11. Elektrische Leitfähigkeit der Schmelze
Kategorien: leitfähig (+); nicht leitfähig (–).
Anmerkung: Die Substanz wird in einem Porzellantiegel erhitzt. Die (unter Spannung stehenden) Elektroden können dabei schon eingeführt sein. Es ist besonders wichtig, daß die Elektroden vor jeder Untersuchung mit Sandpapier gereinigt werden. Bei hochschmelzenden Substanzen (siehe *8*) kann über die Leitfähigkeit der Schmelze keine Angabe gemacht werden. Statt des Kategorie-Symbols wird ein (?) gesetzt.

Zusammenfassung: *Zur Kennzeichnung eines Feststoffes werden 11 Eigenschaften untersucht. Für jede Eigenschaft werden zwei, höchstens drei Kategorien bereitgestellt. Die Untersuchungsmethoden sind so einfach gehalten, daß eine größere Anzahl von Stoffen in Parallelversuchen schnell untersucht werden kann.*

1.3.2 Einteilung der Feststoffe in fünf Gruppen

Wir untersuchen Eigenschaften einer Reihe von Stoffen.

Wir wollen jetzt mit den im vorigen Abschnitt besprochenen Methoden für eine Reihe von Feststoffen die Eigenschaften systematisch zusammenstellen.

Als Beispiele wählen wir die unten in alphabetischer Reihenfolge aufgeführten 30 Stoffe. Einige sind uns bekannt, weil wir täglich mit ihnen umzugehen haben; andere sind ausgesucht worden, weil sie in unseren weiteren Untersuchungen eine Rolle spielen werden. Bei den weniger bekannten Stoffen wird kurz das Vorkommen oder der Verwendungszweck angegeben.

1. Alaun (blutstillendes Mittel, Imprägnierungsmittel)
2. Aluminium
3. Bakelit (Kunstharz für Steckdosen, Schraubverschlüsse)
4. Bernstein (Harz von Nadelhölzern der Tertiärzeit)
5. Blei
6. Campher (Einreibmittel gegen Gliederschmerzen)
7. Celluloid (Kunststoff für Tischtennisbälle, Spielsachen, Filme)
8. Diamant (Edelstein, Verwendung zum Glasschneiden und Bohren)
9. Eisen
10. Feldspat (Mineral in Granit und anderen Gesteinen, Rohstoff für die Glasherstellung)
11. Fixiersalz (in der Fototechnik zum Fixieren der entwickelten Negative)
12. Glimmer (Mineral in Granit und anderen Gesteinen, elektrischer Isolator)
13. Granat (weitverbreitetes Mineral, roter Schmuckstein)
14. Gummi
15. Jodoform (Desinfektionsmittel)
16. Kaliumpermanganat (violette Kristalle, Desinfektions- und Gurgelmittel)
17. Kochsalz
18. Korund (Edelstein, Rubin, Saphir; Verwendung als Schmirgelpulver)
19. Kupfer
20. Kupfervitriol (blaue Kristalle, als wäßrige Lösung Spritzmittel für Weinstöcke)
21. Naphthalin (Mottenpulver)
22. Plexiglas (glasähnlicher Kunststoff)
23. Polyethylen (Kunststoff, Material für Haushaltsgegenstände aller Art)
24. Quarz (Mineral in Granit und anderen Gesteinen, Schmuckstein)
25. Silbernitrat (schwaches Hautätzmittel, »Höllenstein«)
26. Schwefel (wichtiger Rohstoff für die chemische Industrie)
27. Stearin (Material für Kerzen und kosmetische Präparate)
28. Talg (Hammelfett)
29. Zink (Material für Regenrinnen, Fenstersimse; Bestandteil des Messings)
30. Zinn (Stanniol, verzinntes Eisenblech = Weißblech, Bestandteil der Bronze).

Gruppenarbeit!

► **Versuch 1/10:** Nach den in *1.3.1* beschriebenen Verfahren werden die Eigenschaften der 30 Stoffe untersucht und den Kategorien zugeordnet. Die Ergebnisse werden in eine Tabelle eingetragen *(Tab. 1–1, Seite 12).* ◄

Eigenschaften treten gekoppelt auf.

Wenn wir die Zeilen der Tabelle auf übereinstimmende Merkmale hin vergleichen, finden wir überraschend viele Parallelen:
Erstes Beispiel: Immer, wenn in der *Spalte 9* das Merkmal (+) steht, finden wir in der *Spalte 2* das Symbol (mgl). Das bedeutet, daß alle metallglänzenden Stoffe den elektrischen Strom leiten. Die Eigenschaften *2* und *9*, Metallglanz und Leitfähigkeit im festen Zustand, sind miteinander gekoppelt.
Zweites Beispiel: Immer, wenn in der *Spalte 4* das Symbol (+) vorkommt, steht das gleiche Merkmal in der *Spalte 10.* Die Eigenschaften Wasserlöslichkeit und elektrische Leitfähig-

Entdeckung von »Feststoff-gruppen«

Name	Farbe	Glanz	Flüchtigkeit	Löslichkeit Wasser	Löslichkeit Tetra	Härte	Dichte	Fp	Elektr. Leitfähigkeit fest	Elektr. Leitfähigkeit Lösung	Elektr. Leitfähigkeit Schmelze
	1	2	3	4	5	6	7	8	9	10	11
Alaun	–	glgl	–	+	–	m	m	n zs	–	+	+
Aluminium	+	mgl	–	–	–	m	m	m	+		+
Bakelit	+	matt	–	–	–	m	l	zs	–		
Bernstein	+	glgl	–	–	–	m	l	zs	–		
Blei	+	mgl	–	–	–	w	s	n	+		+
Campher	–	glgl	+	–	+	w	l	n	–	–	–
Celluloid	–	matt	–	–	–	m	l	zs	–		
Diamant	–	glgl	–	–	–	h	m	h	–		(?)
Eisen	+	mgl	–	–	–	m	s	h	+		(?)
Feldspat	+	glgl	–	–	–	h	m	h	–		(?)
Fixiersalz	–	glgl	–	+	–	m	m	n	–	+	+
Glimmer	+	glgl	–	–	–	m	m	h	–		(?)
Granat	+	glgl	–	–	–	h	m	h	–		(?)
Gummi	+	matt	–	–	–	w	l	zs	–		
Jodoform	+	glgl	+	–	+	w	m	n zs	–	–	–
Kalium-permanganat	+	glgl	–	+	–	m	m	zs	–	+	
Kochsalz	–	glgl	–	+	–	m	m	m	–	+	+
Korund	–	glgl	–	–	–	h	m	h	–		(?)
Kupfer	+	mgl	–	–	–	m	s	h	+		(?)
Kupfervitriol	+	glgl	–	+	–	m	m	n zs	–	+	(+)
Naphthalin	–	glgl	+	–	+	w	l	n	–	–	–
Plexiglas	–	glgl	–	–	–	m	l	zs	–		
Polyethylen	–	matt	–	–	–	w	l	n zs	–		
Quarz	–	glgl	–	–	–	h	m	h	–		(?)
Silbernitrat	–	glgl	–	+	–	m	m	n	–	+	+
Schwefel	+	glgl	+	–	+	m	m	n	–	–	–
Stearin	–	matt	+	–	+	w	l	n	–	–	–
Talg	–	matt	+	–	+	w	l	n	–	–	–
Zink	+	mgl	–	–	–	m	s	n	+		+
Zinn	+	mgl	–	–	–	w	s	n	+		+

Tabelle 1–1: Zusammenstellung von Eigenschaften ausgewählter Feststoffe

keit der wäßrigen Lösung gehören zusammen. Übereinstimmende Symbole stehen dann überdies auch noch in den *Spalten 2* (glgl), *3* (–), *5* (–), *6* (m), *7* (m) und *9* (–).

Drittes Beispiel: In Tetra lösliche Stoffe (+ in *Spalte 5*) sind leichtflüchtig (+ in *Spalte 3*); sie sind fast alle weich (w in *Spalte 6*) und spezifisch leicht (l in *Spalte 7*); sie schmelzen niedrig (n in *Spalte 8*) und besitzen weder im festen, noch im gelösten, noch im geschmolzenen Zustand elektrische Leitfähigkeit (– in den *Spalten 9, 10* und *11*).

Viertes Beispiel: Die sehr harten Stoffe (h in *Spalte 6*), die Glasglanz besitzen (glgl in *Spalte 2*), sind alle hochschmelzend (h in *Spalte 8*), sie sind unlöslich in beiden Lösungsmitteln (– in *Spalte 4* und *5*) und elektrische Nichtleiter (– in *Spalte 9*).

Fünftes Beispiel: Diejenigen Stoffe, für die die beiden letzten Felder *(Spalten 10* und *11)* nicht ausgefüllt werden können, weil sie in Wasser und Tetra unlöslich sind, (– in *Spalte 4* und *5*) und sich in der Hitze zersetzen (zs in *Spalte 8*), sind alle spezifisch sehr leicht (*l* in *Spalte 7*) und nicht sehr hart.

Wir wollen die Stoffe, die zu den fünf Beispielen gehören, herausschreiben und in Einzeltabellen anordnen *(Tab. 1 – 2 bis Tab. 1 – 6).* Übereinstimmende Eigenschaften werden jeweils farbig gekennzeichnet.

Es fällt auf, daß jeder der 30 Stoffe einen Platz in einer der fünf Tabellen gefunden hat. Wir haben damit eine Gruppeneinteilung für die Feststoffe gefunden und wollen den Gruppen Namen geben: In der ersten Gruppe stehen die **Metalle,** in der zweiten die **salzartigen Stoffe,** in der dritten die **leicht flüchtigen Stoffe,** in der vierten die **steinartigen Stoffe** und in der fünften Gruppe die **harzartigen Stoffe.** Es fällt weiter auf, daß es für jede Gruppe besonders charakteristische Merkmale gibt, in denen sie sich von allen anderen Gruppen unterscheidet, und daß es auch untypische Merkmale gibt:

Die **Metalle** sind durch ihren besonderen

Name	Farbe	Glanz	Flüchtigkeit	Löslichkeit in		Härte	Dichte	Fp	Elektr. Leitfähigkeit		
	1	2	3	Wasser 4	Tetra 5	6	7	8	fest 9	Lösung 10	Schmelze 11
Aluminium	+	mgl	–	–	–	m	m	m	+		+
Blei	+	mgl	–	–	–	w	s	n	+		+
Eisen	+	mgl	–	–	–	m	s	h	+		(+)
Kupfer	+	mgl	–	–	–	m	s	h	+		(+)
Zink	+	mgl	–	–	–	m	s	n	+		+
Zinn	+	mgl	–	–	–	w	s	n	+		+

Tabelle 1–2: Metalle

Name	Farbe	Glanz	Flüchtigkeit	Löslichkeit in		Härte	Dichte	Fp	Elektr. Leitfähigkeit		
	1	2	3	Wasser 4	Tetra 5	6	7	8	fest 9	Lösung 10	Schmelze 11
Alaun	–	glgl	–	+	–	m	m	n zs	–	+	+
Fixiersalz	–	glgl	–	+	–	m	m	n	–	+	+
Kalium-permanganat	+	glgl	–	+	–	m	m	zs	–	+	
Kochsalz	–	glgl	–	+	–	m	m	m	–	+	+
Kupfervitriol	+	glgl	–	+	–	m	m	n zs	–	+	(+)
Silbernitrat	–	glgl	–	+	–	m	m	n	–	+	+

Tabelle 1–3: Salzartige Stoffe

Name	Farbe	Glanz	Flüchtigkeit	Löslichkeit in		Härte	Dichte	Fp	Elektr. Leitfähigkeit		
	1	2	3	Wasser 4	Tetra 5	6	7	8	fest 9	Lösung 10	Schmelze 11
Campher	–	glgl	+	–	+	w	l	n	–	–	–
Jodoform	+	glgl	+	–	+	w	m	n zs	–	–	–
Naphthalin	–	glgl	+	–	+	w	l	n	–	–	–
Schwefel	+	glgl	+	–	+	m	m	n	–	–	–
Stearin	–	matt	+	–	+	w	l	n	–	–	–
Talg	–	matt	+	–	+	w	l	n	–	–	–

Tabelle 1–4: Leicht flüchtige Stoffe

Charakterisierung von 5 Feststoff-Gruppen

Glanz und ihre elektrische Leitfähigkeit ausgezeichnet. Untypisch sind Härte, Dichte (»Leichtmetalle«, »Schwermetalle«) und Schmelztemperatur.

Die **salzartigen Stoffe** sind die einzigen, die sich in Wasser lösen und deren Lösungen den elektrischen Strom leiten. Die Lösungen heißen **Elektrolyte**. Auch die unzersetzten Schmelzen der salzartigen Stoffe bezeichnet man als Elektrolyte.

Die **leicht flüchtigen Stoffe** fallen durch ihren Geruch und ihre Löslichkeit in Tetra auf; die Lösungen sind elektrische Nichtleiter. Meist sind diese Stoffe weich und niedrig schmelzend.

Die **steinartigen Stoffe** schmelzen erst bei verhältnismäßig hohen Temperaturen und sind meist sehr hart. Sie lösen sich in keinem Lösungsmittel.

Auch die **harzartigen Stoffe** sind unlöslich. Im Gegensatz zu den steinartigen sind sie spezifisch sehr leicht und zersetzen sich bei hohen Temperaturen.

Ergebnis: Die 30 ausgewählten Stoffe lassen sich nach ihren Eigenschaften in fünf charakteristische Gruppen zusammenfassen: Metalle, salzartige, leicht flüchtige, steinartige und harzartige Stoffe.

Zusammenfassung: *Wir stellten uns die Aufgabe, eine größere Zahl von Feststoffen auf ihre Eigenschaften hin zu untersuchen. Dabei fanden wir, daß eine Einteilung in fünf Gruppen möglich ist. Nur für die erste Gruppe stand uns eine von der Umgangssprache gelieferte Vokabel zur Verfügung, das Wort »Metalle«. Die Namen der anderen Gruppen wählten wir nach einem der typischen Vertreter der Gruppe oder nach einer auffallenden Eigenschaft.*
Beim Klassifizieren der Feststoffe fanden wir nicht mehr als fünf Gruppen. Es erhebt sich die Frage, ob es noch weitere Gruppen gibt oder ob jeder weitere Feststoff einer dieser fünf Gruppen zugeordnet werden kann. Wir werden das im nächsten Abschnitt untersuchen.

Name	Farbe 1	Glanz 2	Flüchtigkeit 3	Löslichkeit in Wasser 4	Tetra 5	Härte 6	Dichte 7	Fp 8	Elektr. Leitfähigkeit fest 9	Lösung 10	Schmelze 11
Diamant	–	glgl	–	–	–	h	m	h	–		(?)
Feldspat	+	glgl	–	–	–	h	m	h	–		(?)
Glimmer	+	glgl	–	–	–	m	m	h	–		(?)
Granat	+	glgl	–	–	–	h	m	h	–		(?)
Korund	–	glgl	–	–	–	h	m	h	–		(?)
Quarz	–	glgl	–	–	–	h	m	h	–		(?)

Tabelle 1–5: Steinartige Stoffe

Name	Farbe 1	Glanz 2	Flüchtigkeit 3	Löslichkeit in Wasser 4	Tetra 5	Härte 6	Dichte 7	Fp 8	Elektr. Leitfähigkeit fest 9	Lösung 10	Schmelze 11
Bakelit	+	matt	–	–	–	m	l	zs	–		
Bernstein	+	glgl	–	–	–	m	l	zs	–		
Celluloid	–	matt	–	–	–	m	l	zs	–		
Gummi	+	matt	–	–	–	w	l	zs	–		
Plexiglas	–	glgl	–	–	–	m	l	zs	–		
Polyethylen	–	matt	–	–	–	w	l	n zs	–		

Tabelle 1–6: Harzartige Stoffe

1.3.3 Einordnung weiterer Feststoffe. Übergangsstoffe

Vorsicht bei Natrium und Phosphor!

Wir zählen zunächst eine Reihe von Stoffen auf, die zu unserer Umwelt gehören oder denen wir in den nächsten Abschnitten begegnen werden. Sie lassen sich – ebenso wie die im vorigen Abschnitt ausgewählten Substanzen – ohne weiteres einer der fünf Stoffgruppen zuordnen.

Zu den Metallen gehören Calcium, Chrom, Gold, Kobalt, Magnesium, Mangan, Nickel, Platin, Silber und andere.
Salzartige Stoffe sind z.B. Hirschhornsalz (Backpulver), Gips, Pottasche, Salmiak, Salpeter, Glaubersalz, Soda.

Zu den leicht flüchtigen Stoffen gehören Fette aller Art (Butter, Margarine, Kokosfett), Paraffin und wachsartige Stoffe.
Edelsteine wie Smaragd, Topas, Turmalin, gesteinsbildende Mineralien wie Hornblende, Augit zählen zu den steinartigen Stoffen.
Gelatine, Baumharze, Horn, Cellulose (wichtigster Bestandteil des Holzes), Stärke, ferner Kunststoffe wie Nylon, Perlon, PVC und Teflon können wir zu den harzartigen Stoffen rechnen.

Zwei wichtige Stoffe, deren Handhabung nicht ungefährlich ist, sollen noch eingeordnet werden: Natrium und Phosphor. Natrium wird unter Petroleum aufbewahrt. Die Stücke besitzen eine graubraune, rauhe Oberfläche.

► **Versuch 1/11:** (Lehrerversuch) Man nimmt mit der Pinzette ein Stück Natrium aus dem Vorratsgefäß, befreit es mit Filtrierpapier vom anhaftenden Petroleum und schneidet mit dem Messer eine Scheibe ab: Die Schnittfläche zeigt Metallglanz; in wenigen Sekunden bildet sich auf ihr ein grauer Belag. Berührt man eine frische Schnittfläche mit den Elektroden des Leitfähigkeitsprüfers (*Abb. 1–9*), so zeigt das Aufleuchten des Glühlämpchens einen Stromdurchfluß an. – Man schmilzt ein nicht zu kleines Stückchen Natrium im Reagenzglas unter Petroleum: Die Schmelze ist metallisch blank und füllt den gewölbten Boden des Reagenzglases aus. Mit dem Leitfähigkeitsprüfer überzeugt man sich von der elektrischen Leitfähigkeit der Schmelze. ◄

● **Folgerung:** Natrium zeigt die typischen Eigenschaften der Metalle. Auffallend sind die geringe Härte und das schnelle Beschlagen an der Luft. Das Petroleum, unter dem das Metall aufbewahrt wird, schützt es vor der Einwirkung der Luft. Statt des Petroleums darf man keinesfalls Wasser verwenden:

► **Versuch 1/12:** (Lehrerversuch) Man befreit ein Stückchen Natrium von seiner Kruste und wirft es in eine mit Wasser gefüllte Porzellanschale (Schutzbrille, Schutzscheibe!): Das Stückchen schwimmt auf der Oberfläche und schmilzt zu einer Kugel, die sich lebhaft auf dem Wasser hin- und herbewegt und zusehends kleiner wird. Dabei kann die Kugel zerplatzen. ◄

● **Folgerung:** Der Versuch zeigt, daß man Natrium nicht ohne Gefahr mit Wasser zusammenbringen darf. Man berührt das Metall deshalb auch nicht mit den Fingern, die immer etwas feucht sind.

Auch auf Tetra kann Natrium sehr heftig einwirken; wir verzichten daher auf weitere Lösungsversuche. Das Ergebnis des *Versuches 1/12* ist insofern überraschend, als wir als typische Eigenschaften der Metalle ihre Unlöslichkeit in allen Lösungsmitteln festgestellt haben. Bei den Lösungsversuchen der salzartigen Stoffe in Wasser konnten wir durch Abdampfen des Lösungsmittels aus der Lösung den Feststoff wieder zurückgewinnen *(Versuch 1/1, Seite 6)*. Würden wir aber die Lösung, die in Versuch *1/12* aus Natrium und Wasser entsteht, eindampfen, erhielten wir statt des Metalls eine weiße salzartige Masse. Der Vorgang, der nach dem Zusammenbringen von Natrium und Wasser abläuft, läßt sich daher nicht mit den bisher durchgeführten Lösungsversuchen gleichsetzen; wir werden in *8.1.1* die Erklärung finden.

Wenn wir dem Chemikalienschrank Phosphor entnehmen wollen, finden wir merkwürdigerweise zwei Substanzen mit diesem Namen: Die eine ist weiß, die andere rot. Wir wollen den weißen Phosphor untersuchen. Er wird in Form von Stangen unter Wasser aufbewahrt. Wir können daraus sofort auf seine Unlöslichkeit in Wasser schließen.

► **Versuch 1/13:** (Lehrerversuch) Man nimmt mit der Pinzette eine Stange weißen Phosphors aus dem Vorratsgefäß, bringt sie sofort in eine mit Wasser gefüllte Porzellanschale und schneidet unter der Wasseroberfläche ein kurzes Stückchen ab, wobei man sich von der geringen Härte der Substanz überzeugt. Das Stückchen legt man mit der Pinzette auf Filtrierpapier und tupft möglichst schnell das anhaftende Wasser ab. Die trockene Substanz, von der ein eigentümlicher Geruch ausgeht, läßt man sofort in ein Reagenzglas gleiten: Um den Phosphor bildet sich ein weißer Rauch und es tritt eine Leuchterscheinung[1] auf, die im verdunkelten Raum erkennbar ist. – Man gießt in das Reagenzglas Tetra und erhitzt vorsichtig (Abzug!): Der Phosphor löst sich. ◄

● **Folgerung:** Wegen der geringen Härte, des Geruchs, der Unlöslichkeit in Wasser und der Löslichkeit in Tetra gehört der weiße Phosphor in die Gruppe der leichtflüchtigen Stoffe.

Phosphor kann sich an der Luft von selbst entzünden und darf deshalb und wegen seiner großen Giftigkeit nicht mit den Fingern berührt werden. Er muß unter Luftabschluß aufbewahrt werden.

Ergebnis: Natrium ist ein Metall. Weißer Phosphor gehört zu der Gruppe der leichtflüchtigen Stoffe.

Bis jetzt ließ sich jeder Stoff einer der fünf Gruppen zuordnen. Wir wollen aber dennoch einige weitere Substanzen untersuchen. Wir experimentieren mit Zucker, Seife, Jod, Graphit und Bleiglanz. Die Eigenschaften werden nach den Vorschriften in *1.3.1* ermittelt.

► **Versuch 1/14:** Man stellt die Löslichkeit von Zucker in Wasser und seine Unlöslichkeit in Tetra fest. Die wäßrige Zuckerlösung besitzt jedoch keine elektrische Leitfähigkeit. Bei der Bestimmung der Schmelztemperatur beobachtet man die Zersetzung des Zuckers (Braunfärbung, Karamelgeruch). ◄

[1] phos (gr.), Licht; pherein (gr.), tragen; Phosphor = Lichtträger

● **Folgerung:** Viele Eigenschaften des Zuckers (Glanz, Härte, Wasserlöslichkeit) sprechen für seine Zugehörigkeit zu den salzartigen Stoffen. Im krassen Widerspruch dazu steht aber die nicht nachweisbare elektrische Leitfähigkeit der wäßrig Lösung und der Schmelze.

► **Versuch 1/15:** Kernseife besitzt einen deutlich wahrnehmbaren Geruch. Sie ist ein wenig in Tetra löslich. Die Löslichkeit in Wasser ist sehr viel ausgeprägter, und die wäßrige Lösung leitet den elektrischen Strom. Die Härte wiederum ist sehr gering, und die Schmelztemperatur ist niedrig. ◄

● **Folgerung:** Die Wasserlöslichkeit der Seife und die elektrische Leitfähigkeit der wäßrigen Lösung sind Merkmale der salzartigen Stoffe. Geruch, geringe Härte, niedrige Schmelztemperatur und Löslichkeit in Tetra jedoch deuten auf die Zugehörigkeit der Seife zu den leicht flüchtigen Stoffen.

► **Versuch 1/16:** Der Glanz der schuppenförmigen Jod-Kristalle ist metallähnlich. Die Substanz hat einen auffallenden Geruch. Beim Erhitzen entstehen violette Dämpfe. In einem Reagenzglas schüttelt man einige Kristalle in Wasser: Die blaßgelbe Farbe der Lösung zeigt an, daß Jod nur wenig löslich ist. Die schwache wäßrige Lösung leitet den elektrischen Strom nicht. Dagegen ist Jod gut löslich in Tetra; diese Lösung hat eine violette Farbe. ◄

● **Folgerung:** Nach den meisten seiner Eigenschaften gehört Jod zu den leicht flüchtigen Stoffen. Gegen die Einordnung sprechen nur die (geringe) Wasserlöslichkeit und der metallähnliche Glanz der Kristalle.

► **Versuch 1/17:** Graphit ist eine schwarze Substanz von auffallendem Glanz. Seine Härte ist so gering, daß man mit ihm schreiben[1] kann. Berührt man den Graphit mit dem Leitfähigkeitsprüfer, so leuchtet das Lämpchen hell auf. Alle Lösungsversuche bleiben ohne Erfolg, und es gelingt auch nicht, die Substanz zu schmelzen. ◄

[1] graphein (gr.), schreiben

● **Folgerung:** Die auffallendsten Eigenschaften, nämlich die elektrische Leitfähigkeit im festen Zustand und den starken Glanz hat Graphit mit den Metallen gemeinsam. Auch die Unlöslichkeit in allen Lösungsmitteln spricht nicht gegen diese Zuordnung. Die Schmelztemperatur aber läßt sich auch mit modernen Methoden nicht ermitteln, da Graphit oberhalb von 3 500 °C verdampft. Man nennt den Vorgang, bei dem ein Stoff ohne zu schmelzen in den Dampfzustand übergeht, **Sublimation**[1]. Metalle sublimieren nicht, und ihre Schmelzpunkte liegen niedriger als 3 500 °C.

Paßt die Gruppeneinteilung auf jeden Feststoff?

► **Versuch 1/18:** Bleiglanz kommt in der Natur in schönen Kristallen vor. Man überzeugt sich von der nur sehr geringen elektrischen Leitfähigkeit, die im Gegensatz zu der guten von Metallen und Graphit steht. Man zerkleinert etwas Bleiglanz im Mörser und übergießt das Pulver mit heißem destilliertem Wasser: Die filtrierte Flüssigkeit zeigt eine geringe elektrische Leitfähigkeit. Erhitzt man den Bleiglanz an der Luft, so tritt vor dem Erreichen der Schmelztemperatur Zersetzung ein, wobei ein stechender Geruch zu bemerken ist. ◄

● **Folgerung:** Vom Aussehen her würde man Bleiglanz ohne weiteres zu den Metallen rechnen. Dagegen spricht die sehr geringe elektrische Leitfähigkeit und die Zersetzung beim Erhitzen an der Luft. Die geringe Löslichkeit in Wasser und die elektrische Leitfähigkeit der Lösung ermöglichen auch eine Zuordnung zu den salzartigen Stoffen.

Ergebnis: Es gibt Stoffe (Zucker, Seife, Jod, Graphit, Bleiglanz u. a.), die sich nicht eindeutig einer der fünf Stoffgruppen zuordnen lassen. Wir nennen sie »Übergangsstoffe«.

Zusammenfassung: *Die meisten der von uns untersuchten Stoffe lassen sich eindeutig in eine der fünf Stoffgruppen einordnen. Es gibt aber Ausnahmen, die Übergangsglieder zwischen den Gruppen darstellen.*

[1] sublimis (lat.), hoch, in der Luft befindlich

Ähnliche Beobachtungen macht der Biologe bei der systematischen Einteilung der Tiere und Pflanzen in Klassen, Ordnungen, Familien usw. Die Zugehörigkeit der meisten Individuen zu einer von ihnen ist so auffallend, daß die wenigen Ausnahmen den Wert der gefundenen Gruppeneinteilung nicht schmälern. In der Sprachlehre stellt die Grammatik ein Ordnungsprinzip für den Gebrauch der Worte und für den Satzbau dar. Auch bei dieser Einteilung in Deklinationen, Konjugationen usw. gibt es die berühmten Ausnahmen (»unregelmäßige Verben«). Bei jeder Einteilung, die eine Wissenschaft für ihre Gegenstände vornimmt, scheint allerdings die Einschränkung zu gelten: »Ausnahmen bestätigen die Regel«.

Übungen

1. Gib Eigenschaften an, mit denen du einen Feststoff eindeutig beschreiben kannst.
2. Welche Eigenschaften sind jeweils charakteristisch für die fünf Feststoffgruppen?
3. Erkläre am Beispiel der Seife, warum es nötig ist, von Übergangsstoffen zu sprechen.

1.4 Einteilung der flüssigen und gasförmigen Stoffe

1.4.1 Zusammenstellung von Eigenschaften flüssiger Stoffe. Aufstellung von zwei Gruppen

Nach der gelungenen Klassifikation der Feststoffe versuchen wir, auch für die Flüssigkeiten eine Einteilung zu finden. Einen Hinweis haben wir schon erhalten: Diejenigen Feststoffe, die in Wasser löslich sind, lösen sich nicht in Tetra, und die in Tetra löslichen sind in Wasser unlöslich.

Mischungsversuche mit Flüssigkeiten

▶ **Versuch 1/19:** Man füllt ein Reagenzglas etwa zu 2 cm hoch mit Wasser und gibt dazu etwa die gleiche Menge Tetra (Hände schützen!). Das spezifisch schwerere Tetra sammelt sich im unteren Teil des Glases und bildet gegen Wasser eine scharfe Trennfläche, die besonders deutlich wird, wenn man das Wasser mit einem Farbstoff, z. B. Fuchsin, angefärbt hat. Beim kräftigen Durchschütteln bildet sich zunächst eine Emulsion *(1.1.2)*, die Flüssigkeiten trennen sich jedoch nach kurzer Zeit wieder. ◀

● **Folgerung:** Wasser und Tetra sind nicht mischbar. Oder nach *1.2.2*: Tetra ist in Wasser unlöslich und umgekehrt.

Wir untersuchen nun systematisch eine Reihe von Flüssigkeiten auf ihre Löslichkeit in Wasser und in Tetra.

Als Beispiele wählen wir:

1. Aceton (Propanon, Lösungsmittel, z. B. im Nagellackentferner enthalten)
2. Alkohol (Ethanol, Lösungsmittel, als Genußmittel in Wein und Bier enthalten)
3. Ameisensäure (Methansäure, einer der Giftstoffe von Ameisen, Nesseltieren und Brennesseln)
4. Benzin (Treibstoff, Lösungsmittel)
5. Benzol (Treibstoff, Lösungsmittel)
6. Glycerin (Propantriol, Gefrierschutzmittel, Hautpflegemittel)
7. Schwefelkohlenstoff (Lösungsmittel)

Die Dämpfe dieser Flüssigkeiten mit Ausnahme von Glycerin und Ameisensäure sind leicht entflammbar. Es darf daher nicht in Gegenwart offener Flammen experimentiert werden. Beim Arbeiten mit Schwefelkohlenstoff muß überdies wegen der Giftigkeit der Dämpfe und des üblen Geruchs der Abzug benutzt werden. Die Hände müssen beim Experimentieren mit den Flüssigkeiten geschützt sein.

▶ **Versuch 1/20:** Man füllt 7 Reagenzgläser ca. 2 cm hoch mit Wasser und gibt jeweils gleiche Mengen der genannten Flüssigkeiten hinzu. Durch Schütteln überzeugt man sich, ob eine klare Lösung entsteht, oder ob Entmischung stattfindet. Man wiederholt die Versuche mit Tetra. ◀

Ergebnis: Ameisensäure und Glycerin sind nur in Wasser löslich. Benzin, Benzol und Schwefelkohlenstoff lösen sich nur in Tetra. Aceton und Alkohol sind in beiden Flüssigkeiten löslich.

▶ **Versuch 1/21:** Man prüft nach *Versuch 1/20* Aceton, Alkohol, Ameisensäure, Benzin, Benzol, Glycerin und Schwefelkohlenstoff auf gegenseitige Löslichkeit. ◀

Die Ergebnisse des *Versuchs 1/21* werden mit denen von *Versuch 1/20* in eine Tabelle eingetragen *(Tab. 1–7)*. Für »löslich« wird das Zeichen (+), für »unlöslich« das Zeichen (–) benutzt.

	Wasser	Glycerin	Ameisensäure	Tetra	Schwefelkohlenstoff	Benzin	Benzol	Aceton	Alkohol
Wasser	+	+	+	–	–	–	–	+	+
Glycerin	+	+	+	–	–	–	–	(+)	+
Ameisensäure	+	+	+	–	–	–	–	+	+
Tetra	–	–	–	+	+	+	+	+	+
Schwefelkohlenstoff	–	–	–	+	+	+	+	+	+
Benzin	–	–	–	+	+	+	+	+	+
Benzol	–	–	–	+	+	+	+	+	+
Aceton	+	(+)	+	+	+	+	+	+	+
Alkohol	+	+	+	+	+	+	+	+	+

Tabelle 1–7: Einteilung von Flüssigkeiten in Gruppen

● **Folgerung:** (a) Flüssigkeiten, die in Wasser löslich und in Tetra unlöslich sind, sind untereinander mischbar, lösen sich aber in keiner der in Wasser unlöslichen Flüssigkeiten. Beispiele: Glycerin, Ameisensäure.
(b) In Wasser unlösliche, aber in Tetra lösliche Flüssigkeiten sind ihrerseits untereinander mischbar, jedoch unlöslich in allen Flüssigkeiten, die sich nur mit Wasser mischen. Beispiele: Schwefelkohlenstoff, Benzin, Benzol.
(c) Es gibt Flüssigkeiten, die sich sowohl in Wasser als auch in Tetra lösen. Sie sind dann mit allen Flüssigkeiten mischbar. (Einschränkung: Aceton ist in Glycerin nur schwer löslich und umgekehrt). Beispiele: Aceton, Alkohol.

Ergebnis: Es gibt zwei Flüssigkeitsgruppen. Wir wollen sie »Wassergruppe« und »Tetragruppe« nennen. Alle Flüssigkeiten der gleichen Gruppe sind untereinander löslich, aber unlöslich in den Flüssigkeiten der anderen Gruppe. Zwischen beiden Gruppen gibt es Übergangsstoffe.

Wir haben die beiden Flüssigkeitsgruppen nur durch Lösungsversuche gefunden und bestätigt. Besitzen die Flüssigkeiten noch weitere Eigenschaften, die diese Einteilung rechtfertigen? Wir prüfen die Siedetemperaturen (Kochpunkt, Kp) und die Dichten.

► **Versuch 1/22:** Man erhitzt in einem Becherglas Wasser zum Sieden, löscht die Flamme und taucht ein Reagenzglas mit Tetra, dann je eins mit Schwefelkohlenstoff, Benzin, Benzol, Aceton und Alkohol ein. Man rührt mit einem Thermometer im Reagenzglas und notiert jeweils die Temperatur, bei der das Sieden beginnt. Ameisensäure und Glycerin werden in Reagenzgläsern direkt mit einer kleinen Flamme erhitzt (Siedesteinchen). Die ermittelten Siedetemperaturen trägt man in eine Tabelle ein *(Tab. 1–8)* ◄

Der Vergleich zeigt, daß zwar die Flüssigkeiten der Wassergruppe höher sieden als die der Tetragruppe, daß aber die Siedetemperaturen der Übergangsflüssigkeiten nicht zwischen denen der beiden Gruppen liegen. Außerdem gibt es andere Flüssigkeiten der Tetragruppe (Petroleum, Paraffinöl), die sehr viel höher sieden als die meisten Stoffe der Wassergruppe.

	Siedetemperatur Kp in °C	Dichte ϱ in $\frac{g}{cm^3}$
Wasser	100	1,00
Glycerin	290,6	1,26
Ameisensäure	100,5	1,22
Tetra	76,7	1,59
Schwefelkohlenstoff	46,3	1,26
Benzin (Hexan)	68,7	0,66
Benzol	80,1	0,88
Aceton	56,6	0,79
Alkohol	78,4	0,79

Tabelle 1–8: Siedetemperaturen und Dichten einiger Flüssigkeiten

► **Versuch 1/23:** Zur Bestimmung der Dichte tariert man auf einer oberschaligen Präzisionswaage ein Reagenzglas. Aus einer Meßpipette oder Bürette läßt man genau 1 cm^3 Tetra fließen, wägt sofort und notiert die Massenzunahme *(Tab. 1–8)*. Mit den anderen Flüssigkeiten verfährt man in gleicher Weise. Man bestätigt die Meßergebnisse, die bei Raumtemperatur hinreichend genau ermittelt worden sind, mit Hilfe eines Aräometers (Senkspindel). ◄

Ergebnis: Weder aus der Siedetemperatur noch aus der Dichte einer Flüssigkeit läßt sich eine Aussage über ihre Zugehörigkeit zur Wasser- oder Tetragruppe ableiten.

Weitere Eigenschaften wie Farbe, Geruch, Geschmack und Gefriertemperatur sind ebensowenig typisch für die Gruppenzugehörigkeit wie Siedetemperatur und Dichte. Es bleiben die unterschiedlichen Löslichkeiten als einziges charakteristisches Merkmal.

Zusammenfassung: *So wie es möglich war, die Feststoffe in Gruppen einzuteilen* (1.3.2.), *ist uns in diesem Abschnitt eine Gruppeneinteilung für die Flüssigkeiten gelungen. Wir unterscheiden die Wasser- und die Tetragruppe. Wie bei jeder Klassifikation sind Übergangsglieder zwischen beiden Gruppen zu erwarten. Als charakteristische Eigenschaft haben wir das unterschiedliche Lösungsvermögen (Mischbarkeit) gefunden.*
Wir werden versuchen, die Löslichkeit in Wasser oder Tetra auch als Unterscheidungsmerkmal für gasförmige Stoffe einzuführen.

Entdeckung von »Flüssigkeitsgruppen«

1.4.2 Löslichkeiten und Dichten gasförmiger Stoffe. Aufstellung von zwei Gruppen

Bei einem gasförmigen Stoff ist die Entscheidung, ob es sich um ein homogenes Gemisch *(1.2.2)* oder um einen chemisch reinen Stoff handelt, schwieriger als bei einer Flüssigkeit, deren Reinheit an der konstanten Siedetemperatur leicht erkannt werden kann. Für unsere Versuche nehmen wir ein Gas, das uns die Industrie als chemisch rein in Stahlflaschen zur Verfügung stellt: Propan. Es ist bekannt als Heizgas in Laboratorien und für die Camping-Ausrüstung. Zur Messung des Gasvolumens benutzen wir einen Kolbenprober. Dies ist ein Hohlzylinder aus Glas, der innen so geschliffen ist, daß in ihm ein ebenfalls geschliffener Glasstempel gasdicht gleiten kann. Auf dem Zylinder befindet sich eine Skala, an der man das Volumen des eingefüllten Gases ablesen kann.

► **Versuch 1/24:** (Lehrerversuch) (a) Der seitliche Ansatz eines großen Erlenmeyerkolbens ist über ein langes Schlauchstück und über einen Dreiwegehahn mit einem Kolbenprober verbunden. Der Hals des Erlenmeyers wird mit einem Stopfen verschlossen, durch dessen Bohrung der Auslauf eines Tropftrichters mit seitlichem Druckausgleich und Schliffstopfen führt *(Abb. 1–10)*. Man füllt den Tropftrichter mit 100 cm^3 dest. Wasser und leitet bei oben geöffnetem Tropftrichter durch den Dreiwegehahn solange Propan ein[1],

[1] Zwischen Verbindungsschlauch zur Stahlflasche und Dreiwegehahn schaltet man zweckmäßigerweise ein T-Stück so, daß beim Öffnen des Flaschenventils das Gas zunächst aus dem offenen Ende des T-Stücks ausströmt. Durch Verschließen dieser Öffnung mit dem Daumen kann man dann den Gasstrom in jeder gewünschten Stärke regulieren.

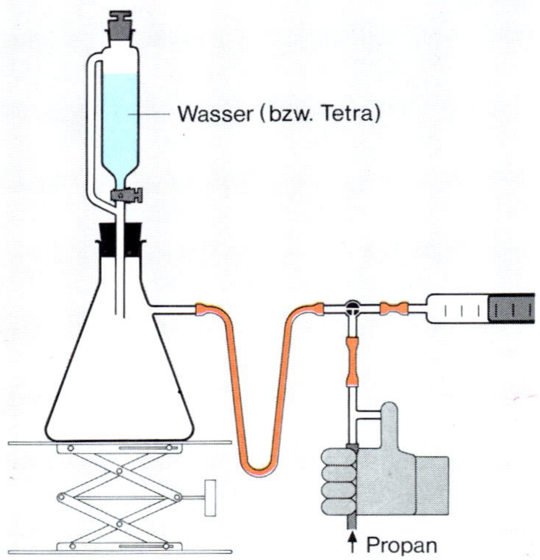

Abb. 1–10: Zu Versuch 1/24. Bestimmung der Löslichkeit eines Gases in einer Flüssigkeit.

Löslichkeiten von Gasen

bis man sicher ist, daß die Luft aus der Apparatur weitgehend verdrängt ist, schließt dann den Tropftrichter und leitet noch 80 cm^3 des Gases in den Kolbenprober ein. Man stellt den Dreiwegehahn so, daß die Apparatur nach außen verschlossen ist, der Kolbenprober aber mit dem Erlenmeyer in Verbindung steht. Man öffnet den Hahn des Tropftrichters kurzzeitig und läßt einige wenige Tropfen Wasser ausfließen, schüttelt etwas und wartet, bis sich die Stellung des Stempels im Kolbenprober nicht mehr ändert[1]. Nun läßt man das Wasser vollständig einfließen, umhüllt den Erlenmeyerkolben mit einem Tuch, um eine Erwärmung des Inhaltes durch die Hand zu vermeiden, und schüttelt kräftig: Der Stempel gleitet um ca. drei Teilstriche einwärts.
(b) Man wiederholt den Versuch mit Tetra (Vorsicht!) anstelle von Wasser. Schon beim Einfließen der ersten Tropfen des Lösungsmittels beobachtet man am Kolbenprober eine beträchtliche Volumenverminderung. Läßt man die ganze Menge Tetra zufließen, so schlägt der Stempel gegen den Kolbenboden. Man dreht nun den Dreiwegehahn so, daß man eine zweite Füllung des Kolbenprobers mit dem Gas vornehmen kann. Auch diese wird ganz und gar vom Lösungsmittel aufgenommen. Man kann auf diese Weise ungefähr 12000 cm^3 Propan in 100 cm^3 Tetra lösen.

[1] Zur Einstellung des Sättigungsdampfdrucks

● **Folgerung:** Propan ist in Wasser schwer, in Tetra leicht löslich.

Wir werden in den später folgenden Abschnitten weitere chemisch reine Gase kennenlernen und mit ihnen Lösungsversuche in Flüssigkeiten der Wasser- und Tetra-Gruppe durchführen *(3.2.1 Seite 42, 3.2.2, Seite 45* u.a.). Alle diese Versuche werden zeigen: Ist ein Gas in Wasser gut löslich, so löst es sich nur schwer in Tetra und umgekehrt. Damit haben wir eine Möglichkeit gefunden, die Gase nach ihrer Löslichkeit in Wasser oder Tetra in zwei Gruppen einzuteilen. Auch bei dieser Klassifikation müssen wir damit rechnen, daß es Übergangsglieder gibt, d.h. Gase, die sich sowohl in Wasser als auch in Tetra lösen.

Ergebnis: Gasförmige Stoffe lassen sich in zwei Gruppen einteilen, je nach ihrer Löslichkeit in Wasser oder in Tetra.

Wägung eines Gases

Einige Eigenschaften, die wir an Feststoffen untersucht haben (Glanz, Härte, Schmelztemperatur, elektrische Leitfähigkeit), entfallen für Stoffe im gasförmigen Zustand. Die Dichte jedoch ist ein Unterscheidungsmerkmal auch für Gase. Einen ersten Hinweis auf die Dichte des Gases erhalten wir, wenn wir Seifenblasen mit ihm füllen und feststellen, ob die Blasen in der Luft aufsteigen oder sinken; das betreffende Gas ist demnach spezifisch leichter oder schwerer als Luft. Im folgenden Versuch werden wir die Dichte eines Gases zahlenmäßig bestimmen:

► **Versuch 1/25:** (Lehrerversuch) Man benutzt eine Glaskugel mit zwei gegenüberliegenden Ansätzen und einem Volumen von mindestens 500 cm^3 *(Abb. 1–11)*. Beide Ansätze können durch Glashähne verschlossen werden. Mit einer Saugpumpe (z.B. Wasserstrahlpumpe) wird die Luft aus dem Gefäß so gut wie möglich entfernt. Nach dem Schließen des Glashahns wird das Gefäß von der Pumpe gelöst und gewogen: M_1 (g). Jetzt verbindet man den seitlichen Ansatz über einen Dreiwegehahn mit einem Kolbenprober und füllt diesen mit 100 cm^3 des zu untersuchenden Gases, z.B. Propan, wie in *Versuch 1/24* beschrieben. Nun stellt man mit dem Dreiwegehahn die Verbindung zwischen Kolbenprober und Glaskugel her und öffnet erst dann vorsichtig (!) deren Hahn: Der äußere Luftdruck drückt das Gas aus dem Kolbenprober in die Glaskugel. Man schließt den Hahn und wiederholt den Füllvorgang so oft, bis der Stempel des Probers nicht mehr von selbst einwärts gleitet. Das Restgas in dem Prober drückt man noch mit dem Stempel in den Behälter, schließt den Hahn und wägt ein zweites Mal: M_2 (g). ◄

● **Auswertung:** Wenn z.B. fünf Kolbenproberfüllungen Propan in die Glaskugel gebracht worden sind, ist die Differenz $M_2 - M_1$ (g) gleich der Masse von $5 \times 100\ cm^3 = 500\ cm^3$ des Gases, wobei dieses Volumen bei einem Druck gemessen worden ist, der gleich dem äußeren Luftdruck zur Zeit des Versuchs ist. Es beeinflußt die Messung nicht, wenn nach dem Evakuieren anfangs noch etwas Luft in der Kugel zurückgeblieben ist und später nach dem gewaltsamen Hineindrücken des Restgases ein Überdruck im Behälter herrscht: Im Kolbenprober wurden 500 cm^3 eines Gases abgemessen, das unter dem äußeren Luftdruck stand.

Versuchsergebnisse: 500 cm^3 Propan bei 20°C und einem Barometerstand von 1000 mbar wiegen 0,924 g.

Die Dichte beträgt $\frac{0{,}924}{500}\frac{g}{cm^3} = 0{,}001848\,\frac{g}{cm^3}$.

In der Literatur wird zur Vermeidung vieler Dezimalstellen bei Gasen als Dichte die »Litermasse« angegeben, im Beispiel also 1,848 g/l. Da sich das Volumen eines Gases verringert, wenn man es abkühlt oder zusammendrückt, hängt die Dichte von den äußeren Bedingungen ab, d.h. von Druck und Temperatur. Die in der Literatur angegebenen Werte beziehen sich meist auf 1013 mbar und 0°C. Unter diesen **Normbedingungen** beträgt die Dichte des Propans 2,0096 g/l. Zum Vergleich: die Dichte der Luft unter Normalbedingungen beträgt 1,2929 g/l; Propan ist demnach spezifisch schwerer als Luft.

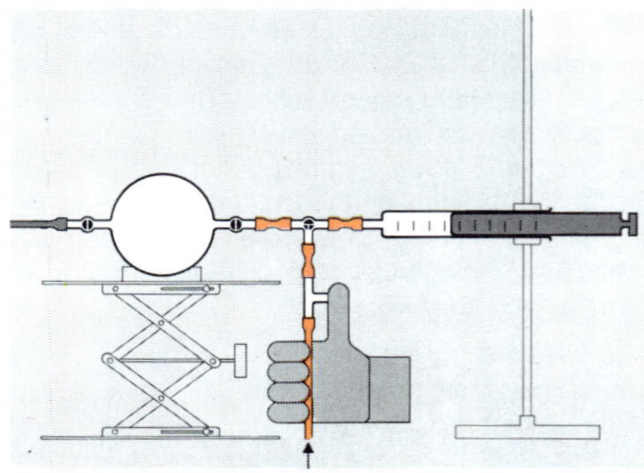

Abb. 1–11: Zu Versuch 1/25. Wägung eines Gasvolumens in einer Gaswägekugel. Das Gas wird mit Hilfe eines Kolbenprobers eingefüllt.

Wir müßten noch weitere Gase untersuchen, um entscheiden zu können, ob die aus den Löslichkeiten gewonnene Gruppeneinteilung sich auch an den Dichten ablesen läßt. Wir beschränken uns hier auf die Mitteilung, daß die Dichte eines Gases ebensowenig ausschlaggebend für die Gruppenzugehörigkeit ist, wie die Dichte einer Flüssigkeit.

Zusammenfassung: *Bei der Klärung des Stoffbegriffs am Anfang des Kapitels sind wir auf die Notwendigkeit gestoßen, heterogene Stoffe von homogenen zu unterscheiden. Wir mußten außerdem unterscheiden zwischen homogenen Gemischen und chemisch reinen Stoffen. Dabei haben wir einfache Trennungsverfahren kennengelernt.*

Bei der systematischen Untersuchung der Eigenschaften von Feststoffen haben wir die Entdeckung gemacht, daß eine Einteilung in fünf Gruppen möglich ist. Für die Flüssigkeiten und für die gasförmigen Stoffe fanden wir dann je zwei Gruppen.

Der Wunsch, sich in der zunächst unübersichtlich erscheinenden Vielfalt der Untersuchungsobjekte zurechtzufinden, steht am Anfang einer jeden Wissenschaft. Der Forscher beginnt mit Sortieren und Klassifizieren. Gibt es – wie z.B. beim Sortieren von Sandkörnern nach der Größe – kein anderes als ein willkürlich gesetztes Einteilungsprinzip, so sagt man, die Mannigfaltigkeit sei nach dem »Zufall« zusammengestellt. Im Gegensatz dazu wird das Interesse des Forschers in besonderem Maße geweckt, wenn sich von bestimmten Merkmalen der Untersuchungsobjekte her eine Einteilung beinahe wie von selbst aufdrängt. In der belebten Natur sind es die Arten, Familien und Klassen der Tiere und Pflanzen, in der unbelebten Natur die Stoffgruppen.

Die Wißbegierde äußert sich in der Frage nach der tieferen Ursache für eine derartige »natürliche Ordnung«. Solche Fragen scheinen zunächst unbeantwortbar zu sein. Sie werden daher oft mit: »das ist eben so« abgefertigt. Dem Wissenschaftler aber geben sie Anstoß zu weiterem Forschen. Unsere Frage, warum sich die zahlreichen Stoffe in nur wenige Gruppen einteilen lassen, hat erst in den letzten Jahrzehnten eine befriedigende Antwort gefunden.

Auch wir werden sie erst in den letzten Kapiteln des Buches beantworten, da uns an dieser Stelle noch die meisten Grundlagen für das Verständnis fehlen. Im zweiten Kapitel werden wir uns zunächst den chemischen Reaktionen zuwenden, deren Untersuchung wir eingangs (Seite 5) als weitere wichtige Aufgabe der Chemie genannt haben.

Übungen

1. Welche experimentellen Befunde führen zur Aufstellung von Flüssigkeitsgruppen bzw. Gruppen gasförmiger Stoffe?
2. Warum kann man Milch und Sprudel nicht in die Flüssigkeitsgruppen einordnen? Nenne ein weiteres Beispiel.
3. In welchen Flüssigkeiten kannst du Kochsalz lösen? Beantworte die Frage auch für Talg und Propan. Begründe.
4. Nach welchem Verfahren kann man die Dichte eines Gases bestimmen? Warum hängt der Meßwert vom äußeren Luftdruck und von der Temperatur ab?

2. Chemische Reaktionen, Grundgesetze

2.1 Kennzeichen einer chemischen Reaktion

2.1.1 Thermische Dissoziation, Synthese

Woran erkennt man eine chemische Reaktion?

Bei der Bestimmung der Schmelztemperaturen einiger Feststoffe *(1.3.1)* haben wir schon »chemische Reaktionen« durchgeführt: Wir haben Zersetzungen beobachtet. Machen wir uns das am Beispiel der Zersetzung des Kupfervitriols noch einmal klar:

► **Versuch 2/1:** Man erhitzt in einem trockenen Reagenzglas eine Spatelspitze Kupfervitriol: Die blauen Kristalle zerspringen; die Farbe ändert sich zuerst nach grün, dann nach weiß. Der obere, kalte Teil des Reagenzglases beschlägt mit Flüssigkeitstropfen, die beim Kippen des Glases herausfließen. Bestimmungen der Siedetemperatur und der Dichte dieser Flüssigkeit (Kp = 100 °C; $\varrho = 1{,}00\,g/cm^3$) würden darauf hinweisen, daß es sich um Wasser handelt. ◄

● **Folgerung:** Der ursprüngliche blaue Stoff ist nicht mehr vorhanden; statt seiner sind zwei andere Stoffe entstanden: eine weiße Substanz, die Kupfersulfat[1] heißt, und Wasser. Ausgelöst wird der Vorgang durch das Erhitzen der Ausgangssubstanz.

Auch bei den meisten harzartigen Stoffen *(1.3.2)* haben wir beim Erwärmen Zersetzung beobachtet, erkennbar an der Entstehung von Stoffen mit anderen Eigenschaften. Das Zubereiten vieler Nahrungsmittel durch Anwendung von Wärme liefert weitere Beispiele für Vorgänge, bei denen die entstandenen Stoffe andere Eigenschaften als die verschwundenen haben.

[1] Der Name »Kupfersulfat« wird in *Versuch 2/32* begründet

Definition: Jeden Vorgang, bei dem Stoffe verschwinden und dafür andere entstehen, nennt man eine **chemische Reaktion**. Sie ist erkennbar an der Änderung von Eigenschaften.

Diese Definition macht keine Aussage über die Ursache einer chemischen Reaktion, in den behandelten Beispielen also über das Erwärmen. Gibt es noch andere Ursachen?

► **Versuch 2/2:** Man schüttet weißes Kupfersulfat auf ein Uhrglas und läßt aus einer Pipette tropfenweise Wasser vom Rand nach innen fließen. Sobald das Wasser mit dem Pulver in Berührung kommt, beobachtet man einen Farbumschlag nach blau. Dabei erhitzt sich die Substanz. Falls nicht zuviel Wasser zugesetzt wird, bleibt das Reaktionsprodukt trocken. ◄

Die blaue Substanz stimmt in allen Eigenschaften mit Kupfervitriol überein. Aus Kupfersulfat und Wasser, also aus zwei Stoffen, ist jetzt ein einziger entstanden. Es handelt sich wieder um eine chemische Reaktion, die aber nicht durch Zufuhr von Wärme, sondern durch Zusammenbringen zweier Stoffe erreicht worden ist.
Die Reaktion in *Versuch 2/2* ist die genaue Umkehrung der Reaktion in *Versuch 2/1.* Wir können uns das durch folgende schematische Schreibweise veranschaulichen:

Kupfervitriol ⟶ Kupfersulfat + Wasser
(Wärme wird zugeführt)

Kupfersulfat + Wasser ⟶ Kupfervitriol
(Wärme entsteht)

Wir wollen einige Fachausdrücke lernen. Eine Reaktion, bei der aus einem Stoff zwei oder mehrere andere entstehen, heißt **Dissoziation**[1]; kommt sie durch Erhitzen zustande, so spricht man von **thermischer**[2] **Dissoziation.** Beim *Versuch 2/1* handelt es sich um die thermische Dissoziation von Kupfervitriol.
Die umgekehrte Reaktion, bei der aus zwei oder mehreren Stoffen ein einziger entsteht, nennt man **Synthese**[3]. Beim *Versuch 2/2* handelt es sich um die Synthese von Kupfervitriol aus Kupfersulfat und Wasser.
Eine Reaktion, die nur dann abläuft, wenn fortwährend Wärme zugeführt wird, nennt man **endotherm**[4]; umgekehrt heißt eine Reaktion, bei der Wärme entsteht, **exotherm**[4]. Die thermische Dissoziation des Kupfervitriols, das Kochen von Speisen sind endotherme, die Synthese des Kupfervitriols, das Brennen von Kohle, Holz oder Papier sind exotherme Vorgänge.

Ergebnis: Bei den chemischen Reaktionen unterscheidet man endotherme und exotherme. Verbrauch oder Freiwerden von Wärme sind ebenso charakteristische Merkmale für eine chemische Reaktion wie die Änderung von Eigenschaften.

Zusammenfassung: *Im vorliegenden Abschnitt wurden die wichtigsten Kennzeichen einer chemischen Reaktion an den Beispielen der Zersetzung und der Synthese von Kupfervitriol deutlich gemacht: Verschwinden von Stoffen, Entstehen neuer Stoffe, Aufnahme oder Abgabe von Wärme.*
Wir werden bei allen weiteren Reaktionen darauf zu achten haben, ob der im letzten Ergebnis formulierte Satz allgemein gilt. Zunächst wollen wir aber die merkwürdige Rolle der Wärme bei den beiden erwähnten Versuchen noch genauer studieren.

[1] dissociare (lat.), zerspalten
[2] thermos (gr.), heiß
[3] synthesis (gr.), Zusammenfügung
[4] en- (gr.), hinein; ex- (gr.), heraus

2.1.2 Chemische Energie

Für die Dissoziation des Kupfervitriols muß Wärme zugeführt werden. Sie scheint aber nicht verloren zu sein; denn bei der Synthese des Kupfervitriols gewinnt man sie wieder zurück. Man kann vermuten, daß sie in den Reaktionsprodukten irgendwie »gespeichert« ist.

Aus der Mechanik kennen wir ähnliche Speichervorgänge. Ein Körper von der Masse M_1 wird gehoben und an das kürzere Ende eines über eine Rolle gelegten Seiles befestigt, an dessen längerem Ende ein zweiter Körper von der Masse M_2 hängt. Wenn M_2 nur wenig leichter ist als M_1, so wird M_2 gehoben, während M_1 seine Höhe wieder verliert (*Abb. 2–1*). Um M_1 an dem kurzen Seilende zu befestigen, mußte eine Hubarbeit verrichtet werden. Der gehobene Körper M_1 verrichtet danach seinerseits Arbeit beim Heben von M_2. Die zuerst aufgebrachte Hubarbeit ist also gewissermaßen in dem gehobenen Körper gespeichert. Das wird besonders deutlich, wenn sich der zweite Vorgang nicht unmittelbar an den ersten anschließt. Man sagt, der gehobene Körper besitze **Energie**.

Definition: Energie ist die Fähigkeit eines Körpers, Arbeit zu verrichten. Energie ist gleichsam gespeicherte Arbeit.

Aus der Mechanik sollten wir folgende Energieformen kennen (vgl. Physikbuch): Ein Körper, an dem Hubarbeit bzw. Beschleunigungsarbeit bzw. Verformungsarbeit verrichtet worden ist, besitzt »Energie der Lage« (potentielle Energie) bzw. »Bewegungsenergie« (kinetische Energie) bzw. »Spannenergie« (Elastizitätsenergie). Nicht-mechanische Energieformen sind »Wärme« (thermische Energie), »Licht« (Strahlungsenergie) und »elektrische Energie«.
Energie kann von einer Form in eine andere übergehen, z. B. beim Pendel potentielle in kinetische Energie und umgekehrt, bei der Reibung kinetische in thermische Energie, in der Glühbirne elektrische in thermische und strahlende Energie, im Fahrraddynamo kinetische in elektrische Energie usw.

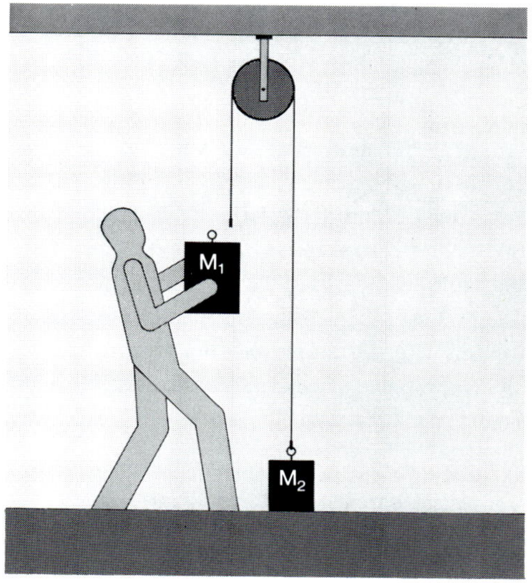

Abb. 2–1: Die gehobene Masse M_1 besitzt Lageenergie, mit der sie an M_2 Hubarbeit verrichten kann.

Ergebnis: Es gibt unterschiedliche Formen der Energie: mechanische Energie, thermische Energie, strahlende Energie und elektrische Energie. Für sie gilt der wichtige Satz von der »Erhaltung der Energie«: Energie kann nicht aus dem Nichts entstehen und kann auch umgekehrt nicht verlorengehen. Energie als gespeicherte Arbeit wird in Joule (J), der Maßeinheit der Arbeit, gemessen.

Wir kehren zu unserem chemischen Problem zurück. Bei der thermischen Dissoziation des Kupfervitriols wird Wärmeenergie verbraucht; bei der Rückreaktion wird Wärmeenergie frei. Nach dem Satz von der Erhaltung der Energie werden zur Zersetzung einer bestimmten Menge des Vitriols ebensoviel Joule verbraucht wie bei ihrer Synthese frei werden. Die Frage ist nun, in welcher Form die Energie zwischenzeitlich vorliegt; sie kann ja nicht verlorengegangen sein. Sie muß in den Reaktionsprodukten der Zersetzung, also in Kupfersulfat und Wasser, gespeichert sein.
Wir haben es hier demnach mit einer Energieform zu tun, die von anderer Art ist als die oben beschriebenen. Man bezeichnet sie als **chemische Energie.**
Bei der Zersetzung des Kupfervitriols wird Wärmeenergie in chemische Energie übergeführt; bei seiner Synthese wird Wärmeenergie wieder aus chemischer Energie zurückgewonnen. Allgemein können wir sagen:

Formen der Energie

Ergebnis: Bei endothermen Reaktionen wird Wärmeenergie in chemische Energie umgeformt; umgekehrt wird bei exothermen Reaktionen chemische Energie in Wärmeenergie umgewandelt.

Energieumwandlung bei chemischen Reaktionen

Zusammenfassung: *Wir haben in* 2.1.1 *festgestellt, daß jede chemische Reaktion mit einer Aufnahme oder einer Abgabe von Wärme verknüpft ist. Im vorliegenden Abschnitt erkannten wir, daß Wärme eine Form der Energie ist. Bei chemischen Reaktionen wird thermische in chemische Energie (endotherm) oder chemische in thermische Energie (exotherm) umgeformt.*
Interessant ist dann die Frage, ob es chemische Reaktionen gibt, bei denen chemische Energie nicht in Wärme, sondern z. B. in elektrische oder strahlende Energie überführt wird. Letzteres haben wir als Leuchten des Phosphors an der Luft bereits kennengelernt (Versuch 1/13). *Mit einem Beispiel für die Umwandlung von elektrischer Energie in chemische Energie beginnen wir im nächsten Abschnitt.*
Im Falle der thermischen Dissoziation eines Stoffes ist die zugeführte Wärmeenergie Ursache der Reaktion. Auf diese Weise konnten wir Kupfervitriol in zwei andere Stoffe zerlegen. Die Zersetzung der harzhaltigen Stoffe bei hohen Temperaturen liefert weitere Beispiele für diese Rolle der Wärmeenergie, so daß wir uns die Frage stellen, ob man nun jeden beliebigen Stoff mit Hilfe von Wärme oder vielleicht auch mittels einer anderen Energieform in andere Stoffe aufspalten kann.

Übungen

1. Woran erkennst du eine chemische Reaktion?
2. Nenne aus deinem Erfahrungsbereich exotherme und endotherme Reaktionen.
3. Beschreibe am Beispiel des Automotors die Umwandlung von Energieformen.

2.2 Chemischer Grundstoff. Chemische Verbindung

2.2.1 Untersuchung von Wasser und Luft. Die Gase Wasserstoff, Sauerstoff und Stickstoff

Wasserstoff und Sauerstoff sind Zersetzungsprodukte des Wassers.

Nachdem es uns gelungen ist, Kupfervitriol thermisch zu dissoziieren, wollen wir prüfen, ob sich seine Zersetzungsprodukte, Kupfersulfat und Wasser, ihrerseits durch Energiezufuhr noch weiter zerlegen lassen. Wir beginnen mit Wasser und verwenden elektrische Energie.

► **Versuch 2/3:** (Lehrerversuch) In einen Erlenmeyerkolben mit seitlichem Ansatz füllt man Wasser, dessen elektrische Leitfähigkeit man durch Auflösen eines Salzes, z.B. Salpeter oder Glaubersalz, erreicht. Durch den Gummistopfen führen zwei Platinblech-Elektroden *(Abb. 2–2)*. Man legt an die Elektroden eine Gleichspannung von ca. 10 Volt: An den Platinblechen bilden sich Gasblasen. Man wartet einige Minuten, bis man sicher ist, daß die Luft aus dem Gefäß verdrängt ist und fängt dann das Gas in einem Reagenzglas (pneumatische Wanne) auf: Beim Prüfen mit einer Flamme explodiert das Gas (Hand schützen!). ◄

Folgerung: Das Reaktionsprodukt heißt »Knallgas«. Es ist durch Zersetzung des Wassers mit Hilfe von elektrischer Energie entstanden. Man bezeichnet diesen Vorgang als **Elektrolyse** des Wassers. Entsteht das Knallgas an jeder der beiden Elektroden? Es ist denkbar, daß es sich um zwei verschiedene Gase handelt, und daß Knallgas ein homogenes Gemisch dieser beiden ist. Um das zu prüfen, müssen wir die Versuchsanordnung bei der Elektrolyse des Wassers so abändern, daß wir die Gase getrennt auffangen können.

► **Versuch 2/4:** Ein U-Rohr, dessen Schenkel seitliche Ansätze tragen, wird mit Wasser gefüllt, das durch Auflösen eines Salzes wie in *Versuch 2/3* leitfähig gemacht wird. Die Schenkel des U-Rohres werden mit Stopfen, durch die Platin-Elektroden führen, gasdicht verschlossen. Von den seitlichen Ansätzen führen Gummischläuche gleichen Durchmessers in je eine mit Wasser gefüllte pneumatische Wanne *(Abb. 2–3)*. Beim Anlegen einer Gleichspannung von ca. 10 Volt beobachtet man wieder die Entwicklung von farb- und geruchlosen Gasen an den Elektroden und das Aufsteigen von Gasblasen aus den Enden der Gummischläuche. Man achtet auf gleiche Eintauchtiefe der Schlauchenden und auf gleiche Höhe der Flüssigkeitsspiegel in den Schenkeln des U-Rohrs. Auf der Seite, die mit dem negativen Pol der Spannungsquelle, der **Kathode**[1], verbunden ist, treten immer zwei Gasblasen aus, wenn auf der anderen Seite die mit dem positiven Pol, der **Anode**[1], in Verbindung steht, nur eine Blase zu beobachten ist.
Man fängt die Gase in Reagenzgläsern auf. Das »Kathodengas« prüft man mit einer Flamme: Keine Explosion, sondern Entzündung, langsames Abbrennen mit blaßblauer Flamme, die erst im verdunkelten Raum zu erkennen ist, und Bildung eines Tröpfchenbeschlags im Innern des Reagenzglases. Das »Anodengas« läßt sich nicht entzünden; führt man aber einen glimmenden Holzspan ein, so flammt er hell auf. ◄

● **Folgerung:** (a) An den Elektroden entwikkeln sich zwei verschiedene Gase. Das an der Kathode entstehende heißt **Wasserstoff**, das an der Anode aufsteigende Gas **Sauerstoff**.
(b) An der Kathode entsteht doppelt so viel Wasserstoff wie an der Anode Sauerstoff.
(c) Wasserstoff ist ein brennbares Gas, Sauerstoff ist nicht brennbar, begünstigt aber das Abbrennen eines Holzspans.
(d) Beide Gase sind farblos und geruchlos.

Die Wägungen der Gase (*Versuch 1/25, Seite 18*), ergeben für Wasserstoff die Dichte $\varrho = 0{,}0000899\ g/cm^3$, für Sauerstoff $\varrho = 0{,}00143\ g/cm^3$ unter Normalbedingungen (siehe *1.4.2, Seite 18*). Wasserstoff besitzt von allen Gasen die geringste Dichte (Füllung von Luftschiffen *[Abb. 2–4]* und Ballons). Bei der Elektrolyse in *Versuch 2/3* wurden die an den Elektroden entstandenen Gase nicht getrennt aufgefangen. Es handelte sich um ein Wasserstoff-Sauerstoff-Gemisch, das beim Entzünden explodiert:

► **Versuch 2/5:** (Lehrerversuch) Man füllt mit Hilfe einer pneumatischen Wanne ein Reagenzglas mit 2 Raumteilen Wasserstoff und 1 Raumteil Sauerstoff[2] und prüft das Gemisch an einer Flamme: Explosion (Hand schützen!). ◄

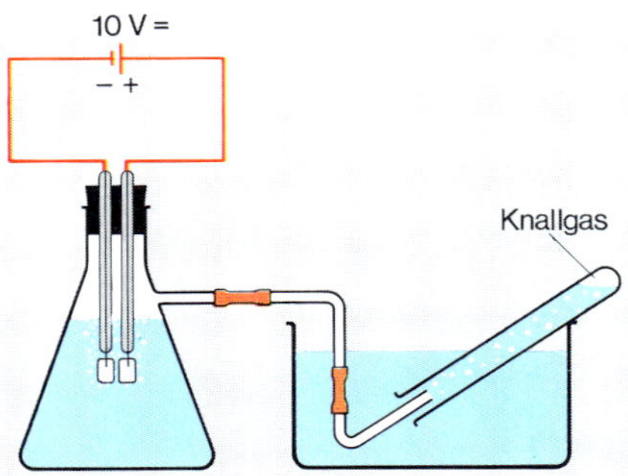

Abb. 2–2: Zu Versuch 2/3. Elektrolytische Dissoziation des Wassers. Die an den Elektroden entstehenden Gase werden gemeinsam aufgefangen.

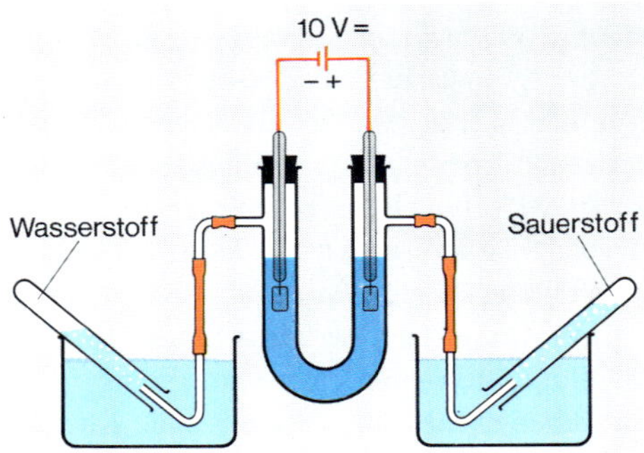

Abb. 2–3: Zu Versuch 2/4. Elektrolytische Dissoziation des Wassers. Die an den Elektroden entstehenden Gase werden getrennt aufgefangen.

[1] kathodos (gr.), Rückweg

[1] anodos (gr.), Hinweg
[2] Die beiden Gase stehen in Stahlflaschen zur Verfügung (roter Anstrich für Wasserstoff, blauer Anstrich für Sauerstoff).

Abb. 2–4: 1937 brannte das mit Wasserstoff gefüllte Luftschiff »Hindenburg« bei der Landung in Lakehurst ab.

Ergebnis: Wasser läßt sich mit elektrischer Energie in Wasserstoff und Sauerstoff zerlegen. Es handelt sich um eine **elektrolytische Dissoziation**. Knallgas ist ein Gemisch aus Wasserstoff und Sauerstoff:

$$\text{Wasser} \xrightarrow[\text{Energie wird zugeführt}]{} \text{Wasserstoff} + \text{Sauerstoff}$$

Läßt sich die Dissoziation des Wassers umkehren, d. h. läßt sich Wasser durch Synthese aus Wasserstoff und Sauerstoff herstellen? Daß die beiden Gase exotherm miteinander reagieren, wissen wir von der Explosion des Knallgases. Das zu erwartende Reaktionsprodukt, Wasser, kann jedoch auf diese Weise nur schwer nachgewiesen werden, da es sich in Form von Wasserdampf durch den Explosionsdruck mit der umgebenden Luft vermischt. Wir müssen daher versuchen, die Reaktion langsam ablaufen zu lassen, indem wir die Gase erst am Ort der Reaktion zusammenführen.

► **Versuch 2/6:** (Lehrerversuch, Schutzscheibe!) Durch die zwei Bohrungen eines Stopfens führen ein kurzes Glasrohr zur Einleitung von Sauerstoff und ein langes dünnes Quarzrohr als Zuleitung für Wasserstoff (Stahlwolle-Sicherung). Man entzündet eine höchstens 1 cm große Wasserstoff-Flamme und stellt einen Sauerstoffstrom ein, der stärker als der des Wasserstoffs sein muß. Nun schiebt man den Stopfen (nur locker) in eine waagerecht eingespannte Absorptionsvorlage nach FRESENIUS[1] *(Abb. 2–5).* In den Kugeln der Vorlage sammelt sich eine Flüssigkeit, die weißes Kupfersulfat blau färbt *(Versuch 2/2).* ◄

● **Folgerung:** Die Flüssigkeit ist Wasser. Beim Verbrennen von Wasserstoff in Sauerstoff entsteht Wasserdampf. Es wird Wärme frei.

Ergebnis: Wasser entsteht durch Synthese von Wasserstoff und Sauerstoff. Diese exotherme Synthese ist die Umkehrung der endothermen Dissoziation von Wasser in Wasserstoff und Sauerstoff:

$$\text{Wasserstoff} + \text{Sauerstoff} \xrightarrow[\text{Energie wird frei}]{} \text{Wasser}$$

Auch die Luft unterhält die Verbrennung von Wasserstoff, wie wir bei der Prüfung des Kathodengases in unserem Versuch *2/4, Seite 22*, festgestellt haben. Wir könnten beweisen, daß in der Luft Sauerstoff enthalten ist, wenn wir das Verbrennungsprodukt als Wasser identifizieren.

[1] Ein etwa auftretender Summton wird durch Schwingungen hervorgerufen, die die Gase infolge Erwärmung erzeugen.

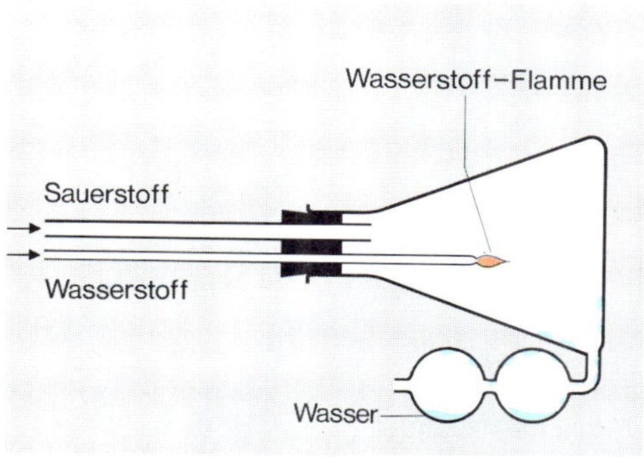

Abb. 2–5: Zu Versuch 2/6. Synthese des Wassers aus Wasserstoff und Sauerstoff. Der entstehende Wasserdampf kondensiert in den Gaskugeln.

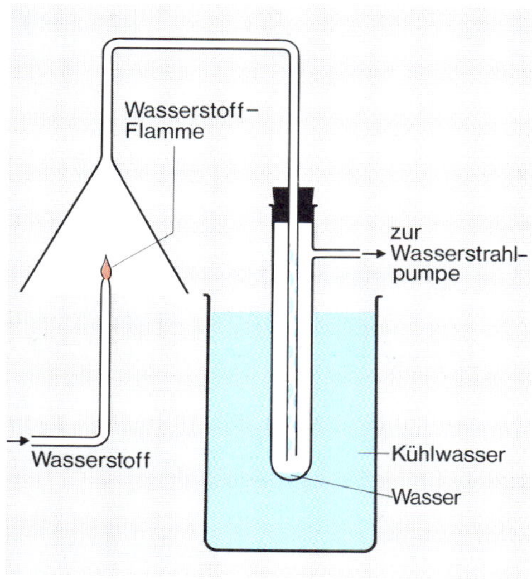

Abb. 2–6: Zu Versuch 2/7. Wasserstoff brennt an Luft. Das Verbrennungsprodukt ist Wasser; Sauerstoff ist also ein Bestandteil der Luft.

► **Versuch 2/7:** (Lehrerversuch) Über einer kleinen, an der Luft brennenden Wasserstoff-Flamme befindet sich ein Glastrichter, dessen langer Stiel zweimal rechtwinklig gebogen ist *(Abb. 2–6).* Das Ende führt durch einen Stopfen bis fast auf den Boden eines Reagenzglases, dessen seitlicher Ansatz an einer Wasserstrahlpumpe angeschlossen ist. Das Reagenzglas wird in einem Becherglas mit kaltem Wasser gekühlt. Saugt man das Verbrennungsprodukt des Wasserstoffs durch die Apparatur, so sammelt sich im Reagenzglas ein Kondensat, das Kupfersulfat blau färbt. ◄

● **Folgerung:** Beim Brennen des Wasserstoffs an der Luft entsteht in exothermer Reaktion Wasserdampf. Dieses Reaktionsprodukt beweist, daß auch bei dieser Reaktion der Reaktionspartner des Wasserstoffs Sauerstoff ist, der damit als ein Bestandteil der Luft nachgewiesen ist.

Wasser ist das Reaktionsprodukt aus Wasserstoff und Sauerstoff.

Stickstoff ist ein Bestandteil der Luft.

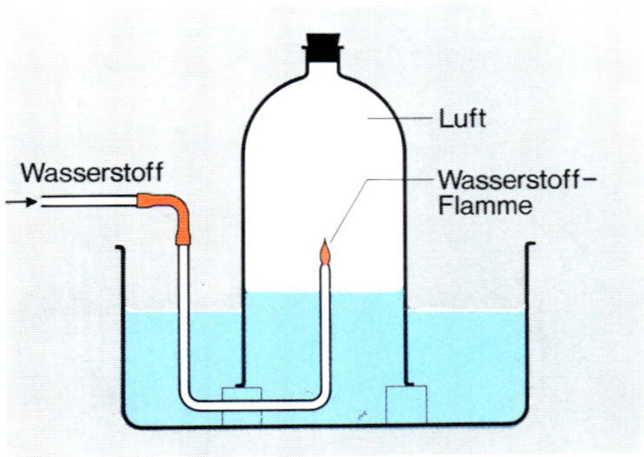

Abb. 2–7: Zu Versuch 2/8. Eine Wasserstoff-Flamme erlischt in einer abgeschlossenen Luftmenge. Stickstoff ist ein Bestandteil der Luft.

Vorsicht bei Gemischen von Luft mit brennbaren Gasen!

Um weitere Bestandteile der Luft zu ermitteln, müssen wir mit einer abgeschlossenen Luftmenge experimentieren, der wir den Sauerstoff durch Reaktion mit Wasserstoff entziehen.

► **Versuch 2/8:** (Lehrerversuch) (a) Ein doppelt rechtwinklig gebogenes Glasrohr wird so in eine pneumatische Wanne getaucht, daß der kürzere Schenkel ungefähr 10 cm aus der Wasseroberfläche herausragt *(Abb. 2–7)*. Man leitet Wasserstoff durch das Rohr, entzündet ihn und richtet die Strömungsgeschwindigkeit so ein, daß eine kleine Flamme brennt. Man stülpt eine weite Glasglocke über das brennende Gas und verschließt den oberen Tubus mit einem Stopfen: Die Flamme wird kleiner; kurz vor dem Verlöschen sperrt man die Wasserstoffzufuhr ab. Beim Abkühlen steigt der Wasserspiegel innerhalb der Glasglocke.
(b) Gießt man in den äußeren Teil der Wanne so viel Wasser nach, daß die Oberflächen außen und innen gleich hoch stehen, und führt man nach Entfernen des Stopfens einen brennenden Holzspan in das Innere der Glocke, so verlöscht die Flamme sofort. ◄

● **Deutung:** In die Glasglocke dringt so viel Wasser ein, wie die abgesperrte Luft Sauerstoff enthalten hat. Der restliche und größere Bestandteil der Luft erstickt die Flamme des Wasserstoffs und auch die des brennenden Holzspans. Man hat diesen Luftbestandteil deshalb **Stickstoff** genannt.
Stickstoff ist ein farbloses und geruchloses Gas. Menschen und Tiere würden in einer Stickstoff-Atmosphäre ersticken; für die Atmung ist der Sauerstoff-Anteil der Luft lebensnotwendig.

Ergebnis: Luft ist ein homogenes Gasgemisch. Sauerstoff und Stickstoff sind Bestandteile der Luft.

Wir wissen noch nicht, ob der Stickstoff der Luft ein chemisch reiner Stoff oder seinerseits ein homogenes Gasgemisch ist. Wir werden diese Frage in *4.1.3* entscheiden.
Der folgende Versuch soll zeigen, daß nicht nur Knallgas, sondern auch schon ein Wasserstoff-Luft-Gemisch trotz der starken »Verdünnung« des Sauerstoffs mit Stickstoff explodieren kann.

► **Versuch 2/9:** (Lehrerversuch) In den Boden einer leeren Konservendose ohne Deckel schlägt man mit Hammer und Nagel ein kleines Loch, ein zweites in den Mantel ca. 1 cm vom oberen Rand entfernt. Man füllt die Büchse (mit Öffnung nach unten) durch Luftverdrängung mit Wasserstoff und setzt sie auf den Experimentiertisch. Aus dem kleinen, im Büchsenboden vorhandenen Loch entweicht Wasserstoff, den man entzündet *(Abb. 2–8a)*. Im verdunkelten Raum sieht man, wie die zunächst schwach leuchtende Flamme kleiner und farbintensiver wird. Man hört ein schwach heulendes Geräusch, kurz ehe die Flamme nach innen schlägt und dort das Gemisch zur Explosion bringt. Durch den Explosionsdruck wird die Büchse etwas in die Höhe geworfen (vgl. dazu *Abb. 2–8b)*. ◄

● **Deutung:** Im gleichen Maß, wie Wasserstoff aus der oberen Öffnung abbrennt, strömt Luft durch das seitliche Loch in das Innere der Büchse nach, so daß dort ein Wasserstoff-Luft-Gemisch entsteht.

● **Folgerung:** Bei jedem Füllen einer Apparatur mit Wasserstoff oder einem brennbaren Gas muß man sich überzeugen, daß die Luft restlos verdrängt ist, ehe man einen Teil der Apparatur mit einer Flamme erhitzt: Man füllt z.B. ein Reagenzglas mit dem zu untersuchenden Gas und prüft es an einer Flamme. Ein Knall zeigt die noch vorhandene Restmenge Luft an (Knallgasprobe).

Zusammenfassung: *Am Anfang des Abschnitts hatten wir uns die Frage gestellt, ob jeder Stoff durch Anwendung von Energie in Bestandteile zerlegt werden kann. Für Wasser, einem der Zersetzungsprodukte des Kupfervitriols, ist uns die Spaltung mit Hilfe von elektrischer Energie*

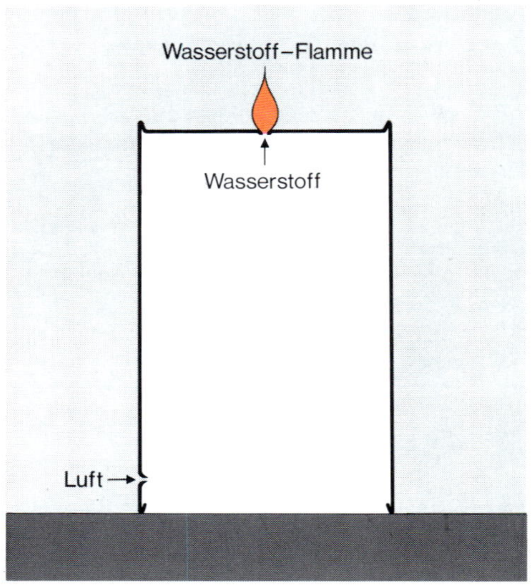

Abb. 2–8a: Zu Versuch 2/9. Versuchsanordnung für die gefahrlose Explosion eines Wasserstoff-Luft-Gemisches

Abb. 2–8b: Die Explosion eines Gemisches aus einem brennbaren Gas und Luft kann verheerende Folgen haben.

gelungen. Wir haben dabei die – auch für die Technik wichtigen – Gase Wasserstoff und Sauerstoff kennengelernt. Den Sauerstoff wiesen wir dann – wie auch den Stickstoff – als einen Bestandteil des Gasgemisches Luft nach. Wir müßten nun versuchen, ob sich die Gase Wasserstoff, Sauerstoff und Stickstoff ihrerseits in Bestandteile zerlegen lassen. Zuvor wollen wir prüfen, ob Stoffe auch durch chemische Energie (2.1.2, Seite 21) *zerlegt werden können.*

2.2.2 Elementarsubstanzen

Um z. B. Wasser mit Hilfe chemischer Energie in Wasserstoff und Sauerstoff zu zersetzen, müssen wir nach einem Stoff suchen, der bei der Reaktion mit Sauerstoff mehr Energie liefert, als zur Aufspaltung des Wassers notwendig ist, geradeso, wie wenn man ein Liebespaar durch eine Person trennt, zu der sich der eine der Partner nun stärker als zum anderen hingezogen fühlt.

► **Versuch 2/10:** Ein Stück Magnesiumband wird mit der Tiegelzange in die Flamme des Bunsenbrenners gehalten: Das Metall entzündet sich und verbrennt dann ohne weitere Energiezufuhr unter Ausstrahlung ungewöhnlich hellen Lichts (Augen schützen!). Es entsteht ein festes, weißes Reaktionsprodukt, das z. T. als Rauch hochgewirbelt wird. ◄

► **Versuch 2/11:** Man hält ein Stück (dünnes) Zinkblech in die Flamme des Bunsenbrenners: Keine Entzündung. Richtet man aber gleichzeitig einen Sauerstoffstrom (aus der Stahlflasche) gegen die erhitzte Stelle und entfernt diese vom Brenner, so verbrennt das Metall mit einer weiß leuchtenden Flamme. Das Reaktionsprodukt – in der Hitze gelb, nach Abkühlen weiß – wird z. T. als Rauch hochgewirbelt. ◄

● **Folgerung:** Obwohl zum Einleiten der beiden Reaktionen eine Energiezufuhr durch die Flamme des Bunsenbrenners nötig ist, handelt es sich beim Verbrennen dieser Metalle um exotherme Vorgänge, da sie – einmal in Gang gebracht – unter Wärmeentwicklung ablaufen.

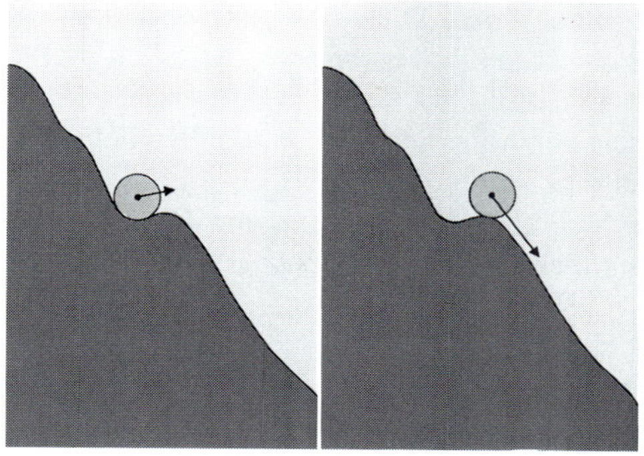

Abb. 2–9: Um die potentielle Energie einer am Hang liegenden Kugel als kinetische Energie nutzbar zu machen, muß zunächst ein geringer Betrag Beschleunigungs- oder Hubarbeit (Aktivierungsenergie) aufgewandt werden.

Definition: Man nennt den Energiebetrag, der zur Einleitung einer exothermen Reaktion notwendig ist, **Aktivierungsenergie**.

Die Aktivierungsenergie kann man mit der geringen Beschleunigungsarbeit vergleichen, mit der man eine am Rande eines Hanges liegende Kugel in Bewegung setzen muß, damit sie herunterrollt, oder mit der geringen Hubarbeit, wenn die Kugel in einer kleinen Mulde am Hang liegt *(Abb. 2–9)*.
Nachdem die Reaktionen in *Versuch 2/10* und *Versuch 2/11* durch Zuführung von Aktivierungsenergie in Gang gekommen sind, verlaufen sie stark exotherm (Weißglut). Wir können daraus schließen, daß den Stoffpaaren Magnesium/Sauerstoff und Zink/Sauerstoff erhebliche Beträge an chemischer Energie zukommen, und zwar dem ersten Paar noch mehr als dem zweiten. Sind diese Beträge jeweils größer als der Energiebetrag, der zur Dissoziation des Wassers in Wasserstoff und Sauerstoff notwendig ist, so können wir eine exotherme Reaktion zwischen diesen Metallen und Wasser erwarten. Zur Aktivierung der Reaktion werden wir aber zunächst etwas Wärme zuführen müssen.

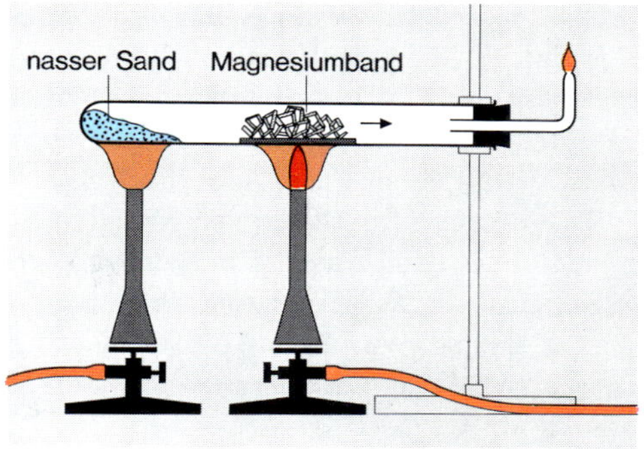

Abb. 2–10: Zu Versuch 2/12. Reaktion von Wasserdampf mit Magnesium unter Bildung von Magnesiumoxid und Wasserstoff

Energiezufuhr zum Start einer exothermen Reaktion

► **Versuch 2/12:** (Lehrerversuch) Man füllt in ein schwer schmelzbares Reagenzglas ca. 1 cm hoch Sand und läßt aus einer Pipette so viel Wasser zutropfen, daß ein dicker Brei entsteht. Das Glas wird waagerecht eingespannt; in die Mitte wird ein Stück abgeschmirgeltes, zusammengeknäueltes Magnesiumband (kein Pulver) geschoben und das Reagenzglas mit Stopfen und Gasableitungsrohr verschlossen. Man erhitzt das Metall mit kräftiger Flamme bis zur beginnenden Rotglut, wobei man gleichzeitig durch schwaches Erwärmen des nassen Sandes Wasserdampf entwickelt. Wenn sich das Metall entzündet, setzt man nur noch die Wasserdampfentwicklung fort: Das Magnesium verbrennt grell leuchtend zu einem weißen Reaktionsprodukt; gleichzeitig läßt sich am Ableitungsrohr eine Flamme entzünden *(Abb. 2–10)*. Hält man über diese Flamme ein sauberes Becherglas mit der Öffnung nach unten, so bildet sich in ihm ein Beschlag von Wassertröpfchen (Nachweis mit Kupfersulfat). Verwendet man für den Versuch Zinkpulver statt Magnesiumband, verläuft eine entsprechende Reaktion, allerdings weniger heftig.

● **Folgerung:** Die Reaktionsprodukte sind die gleichen wie bei den Reaktionen der Metalle mit Sauerstoff *(Versuch 2/10* und *Versuch 2/11)*. Bei den Reaktionen mit Wasserdampf entsteht aber außerdem Wasserstoff, nachgewiesen durch sein Verbrennungsprodukt. Die Reaktion von Wasserdampf mit Magnesium ist stärker exotherm als die mit Zink. In beiden Fällen muß anfangs Aktivierungsenergie zugeführt werden.

THALES

HERAKLIT

Der *Versuch 2/12* bestätigt unsere Vermutung, daß die in den Stoffpaaren Magnesium/Sauerstoff und Zink/Sauerstoff gespeicherten chemischen Energien größere Beträge haben als der Betrag, der im Paar Wasserstoff/Sauerstoff gespeichert ist. Die beiden Metalle vermögen daher dem Wasser den Sauerstoff zu entziehen, so daß Wasserstoff übrig bleibt. Unsere Absicht, Wasser mit Hilfe chemischer Energie zu zerlegen, ist geglückt.

Wir haben jetzt Wasser (Wasserdampf) mit elektrischer Energie *Versuch 2/4* und nun auch mit chemischer Energie *Versuch 2/12* in Wasserstoff und Sauerstoff gespalten. Wir nehmen daher die Frage der *Zusammenfassung 2.2.1, Seite 24*, wieder auf, ob die Spaltprodukte Wasserstoff und Sauerstoff ihrerseits mit Hilfe einer dieser Energien oder auch mit thermischer Energie weiter zerlegt werden können. Das ist den Chemikern trotz vieler Bemühungen nicht gelungen: Wasserstoff und Sauerstoff sind weder mit thermischer, noch mit elektrischer, noch mit chemischer Energie weiter zerlegbar.

Grundstoff, Verbindung

In *Kapitel 1* haben wir eine Unterscheidung der Stoffe in chemisch reine Stoffe und homogene oder heterogene Gemische vorgenommen. Die chemisch reinen Stoffe konnten wir nach ihren Eigenschaften in bestimmte Gruppen einteilen. Jetzt haben wir für sie eine andere Einteilungsmöglichkeit gefunden: Stoffe, die wir durch thermische, elektrische oder chemische Energie in mindestens zwei andere Stoffe zerlegen können (Kupfervitriol, Wasser), und solche, bei denen uns das nicht gelingt (Wasserstoff, Sauerstoff). Die letzteren nennen wir **chemische Grundstoffe** oder **Elementarsubstanzen**. Die Stoffe, die sich in Grundstoffe zerlegen lassen, heißen **chemische Verbindungen**.
Wir gewinnen also die Vorstellung, daß die Grundstoffe in den Verbindungen »irgendwie« enthalten sein müßten; denn man kann die Verbindungen nicht nur in Grundstoffe zerlegen, sondern sie auch aus diesen wieder synthetisieren. Dieses »Irgendwie-Enthaltensein« ist keineswegs selbstverständlich: Bei einem Gemisch z. B. hat jeder beteiligte Stoff seine ursprünglichen Eigenschaften behalten; in den Verbindungen jedoch sind die Eigenschaften der Grundstoffe, aus denen sie entstanden sind, nicht mehr zu erkennen.

Ergebnis: Kann man einen Stoff durch Anwendung von thermischer, elektrischer oder chemischer Energie in zwei oder mehrere andere Stoffe zerlegen, so ist er eine chemische Verbindung, andernfalls ein Grundstoff (Elementarsubstanz).

Von den Stoffen, die wir bisher untersucht haben, sind Elementarsubstanzen:
(a) Nichtmetalle: Wasserstoff, Kohlenstoff (Graphit), Stickstoff, Sauerstoff, Phosphor, Schwefel, Jod.
(b) Metalle: Natrium, Magnesium, Aluminium, Eisen, Kupfer, Zink, Zinn, Blei.
Chemische Verbindungen sind Kupfervitriol und Wasser.

Zusammenfassung: *Das wichtigste Ergebnis des vorliegenden Abschnitts ist die Erkenntnis, daß es Stoffe gibt, die wir durch thermische, elektrische oder chemische Energie nicht weiter zerlegen können.*
Die Zahl der Grundstoffe, die wenig mehr als 100 beträgt, ist verschwindend klein gegenüber der Zahl der bis jetzt bekannten Verbindungen, nämlich mehr als 1 000 000, und jeden Tag werden von den Chemikern neue Verbindungen entdeckt oder synthetisiert.
Der Gedanke, daß die Vielzahl der Stoffe unserer Umwelt durch Zusammenwirken von nur wenigen Grundstoffen oder sogar durch Umformungen nur einer einzigen »Ursubstanz« zustande kommt, ist uralt. Für THALES *(640 – 546 v. Chr.) war das Wasser, für* ANAXIMENES *(560 – 500 v. Chr.) die Luft und für* HERAKLIT *(536 – 470 v. Chr.) das Feuer die Ursubstanz. Viele Jahrhunderte lang sprach man von den »Elementen« Feuer, Wasser, Luft und Erde. Gleichviel, ob nun einer oder mehrere Ursubstanzen angenommen wurden, versuchten Gelehrte während des ganzen Mittelalters bis in die Neuzeit hinein mit großem Scharfsinn und unermüdlichem Fleiß, oft aber auch von mystischen Vorstellungen geleitet, aus den vorhandenen Stoffen Grundstoffe zu gewinnen, um diese wieder zu anderen, wertvolleren Stoffen, besonders zu Gold, zusammenzusetzen. Wir dürfen die Chemiker der damaligen Zeit, die man Alchimisten*[1] *nannte, keineswegs als Scharlatane abtun, nur weil sie Wege zur Erkenntnisgewinnung ausprobierten, von deren Nutzlosigkeit wir heute überzeugt sind. Sie machten auch Aussagen, die sich als folgerichtig erwiesen. So hat z. B. der Begriff der Elementarsubstanz Eingang in die moderne Chemie gefunden. Für Stoffe, die sich besonders heftig vereinigen, nahmen die Alchimisten das Vorliegen einer Art »Verwandtschaft« an, ein Begriff, dem wir im nächsten Abschnitt als »chemischer Affinität«*[2] *begegnen werden. Nicht zuletzt verdanken wir dem Fleiß der Alchimisten die Kenntnis einer außerordentlich großen Zahl von Stoffen mit ihren Eigenschaften und Reaktionen.*
Der moderne Begriff des chemischen Grundstoffs geht auf BOYLE *(1627 – 1691) zurück. Seit* LAVOISIER *(1743 – 1794) weiß man, daß Gold selbst ein chemischer Grundstoff ist und daher nur aus seinen Verbindungen gewonnen werden kann.*
Die Unterscheidung Grundstoff/Verbindung ist uns durch Anknüpfung des Stoffbegriffs an den Energiebegriff gelungen. Wissen wir, ob es außer den erwähnten Energieformen nicht noch andere gibt, deren Betrag vielleicht groß genug wäre, Grundstoffe noch weiter aufzuspalten, womit der Traum der Alchimisten von einer einzigen Ursubstanz, aus der man auch Gold herstellen könnte, doch noch eine Erfüllung fände? Wir werden darüber im Abschnitt 10.2.2 *etwas erfahren.*

[1] al-kimiya (arab.), Lehre von den Stoffen
[2] affinis (lat.), angrenzend, verwandt

2.2.3 Oxidation, Reduktion

Wasser ist eine Verbindung der Grundstoffe Wasserstoff und Sauerstoff. Man nennt allgemein die Verbindung eines Grundstoffs mit Sauerstoff **Oxid**[1]; so ist Wasser Wasserstoffoxid. Die Reaktion, bei der sich ein Grundstoff oder eine Verbindung mit Sauerstoff vereinigt, heißt **Oxidation**. Die Versuche *2/10* und *2/11* beschreiben die Oxidationen der Metalle Magnesium und Zink; die Reaktionsprodukte sind Magnesiumoxid und Zinkoxid. Das **Oxidationsmittel** ist derjenige Stoff, der bei einer Oxidation den Sauerstoff zur Verfügung stellt. Als Oxidationsmittel dient entweder elementarer Sauerstoff selbst *(Versuch 2/10* und *Versuch 2/11)* oder eine Sauerstoffverbindung. So beschreibt der Versuch *2/12* die Oxidation von Magnesium und Zink durch das Oxidationsmittel Wasserstoffoxid (Wasserdampf). Wir wollen dafür kurz schreiben:

Magnesium + Wasserstoffoxid
⟶ Magnesiumoxid + Wasserstoff

Dem Wasser wird bei dieser Reaktion der Sauerstoff entzogen. Allgemein spricht man von einer **Reduktion**[2], wenn einer Sauerstoffverbindung durch ein **Reduktionsmittel** Sauerstoff entrissen wird. In *Versuch 2/12* wird Wasserdampf durch das Reduktionsmittel Magnesium bzw. Zink reduziert. Eine solche Reaktion ist also gleichzeitig eine Oxidation des Metalls durch Wasserdampf und eine Reduktion des Wasserdampfes durch das Metall.

Definition: Oxidation bedeutet die Vereinigung eines Grundstoffes oder einer Verbindung mit Sauerstoff; Reduktion bedeutet den Entzug von Sauerstoff aus einer Sauerstoffverbindung.

[1] oxys (gr.), sauer
[2] reducere (lat.), zurückführen

Reaktionen mit Sauerstoff und Sauerstoff-Verbindungen

Die Reaktion zwischen Magnesium und Wasserdampf läuft, nachdem sie durch Aktivierungsenergie in Gang gebracht worden ist, von selbst, d.h. ohne weitere Energiezufuhr, ab. Man sagt dann: Die **Affinität** des Magnesiums zum Sauerstoff ist größer als die Affinität des Wasserstoffs zum Sauerstoff, wobei wir Affinität mit »Bindungsbestreben« übersetzen können. Allgemein wollen wir festsetzen:

Definition: Von zwei Grundstoffen *A* und *B* besitzt *A* die größere Affinität zu einem Grundstoff *C*,
wenn die Reaktion $A + BC \longrightarrow AC + B$
von selbst abläuft. Das gilt auch, wenn zum Start der Reaktion Aktivierungsenergie erforderlich ist.

Wir wollen in einer Versuchsreihe die Affinitäten von Magnesium, Zink, Wasserstoff und Kupfer jeweils zu Sauerstoff vergleichen. Die Oxide der drei ersten Grundstoffe kennen wir bereits, das Oxid des Kupfers versuchen wir durch Reaktion des Metalls mit Luftsauerstoff herzustellen.

► **Versuch 2/13:** Zwischen zwei Kolbenprobern befindet sich ein enges Quarzrohr, in das eine Rolle aus blankem Kupferdrahtnetz geschoben ist. Ein Kolbenprober wird mit 100 cm³ Luft gefüllt *(Abb. 2–11)*. Man erhitzt das Metall und schiebt dabei die Luft langsam mehrere Male hin und her: Das Drahtnetz wird schwarz und das Gasvolumen nimmt ab. Wenn keine Volumenänderung mehr eintritt, kühlt man das Quarzrohr ab. Das Restgasvolumen beträgt 80 cm³. Man trennt den Prober mit dem Restgas von der Apparatur, überführt es mit Hilfe der pneumatischen Wanne in ein weites Reagenzglas und prüft mit einem brennenden Holzspan: Die Flamme erlischt. ◄

● **Folgerung:** (a) Das schwarze Reaktionsprodukt auf der Oberfläche des Drahtnetzes ist Kupferoxid; es entsteht bei der Oxidation des Kupfers durch den Sauerstoff der Luft. Das Restgas ist Stickstoff.
(b) Der Sauerstoffanteil der Luft beträgt etwa 20 Volumen-Prozent.

Luft enthält 20% Sauerstoff.

► **Versuch 2/14:** (Lehrerversuch, Schutzbrille!) Man mischt vorsichtig je eine Spatelspitze schwarzes Kupferoxid-Pulver mit Magnesium-Pulver durch Schütteln in einem Reagenzglas, bringt das Gemisch auf eine Porzellanscherbe und berührt es mit einer Flamme: Blitzlichtartige Reaktion! ◄

► **Versuch 2/15:** (Lehrerversuch) Man gibt in ein Reagenzglas eine Spatelspitze Kupferoxid-Pulver, überschichtet es ca. 1 cm hoch mit Zink-Pulver und erhitzt bis zum Aufglühen. Nach dem Erkalten erkennt man am Grund des Glases ein rotes, metallisch blankes Reaktionsprodukt: Kupfer. ◄

► **Versuch 2/16:** In einem Verbrennungsrohr schichtet man auf eine Magnesia-Rinne schwarzes Kupferoxid und leitet Wasserstoff ein *(Abb. 2–12)*. Nach Verdrängung der Luft (Knallgasprobe!) entzündet man am Ableitungsrohr das Gas und reguliert den Gasstrom so, daß nur eine kleine Flamme brennt. Man erhitzt dann das Metalloxid am Anfang der Rinne, wo der Wasserstoff einströmt; wenn das Pulver aufzuglühen beginnt und die Farbe sich an

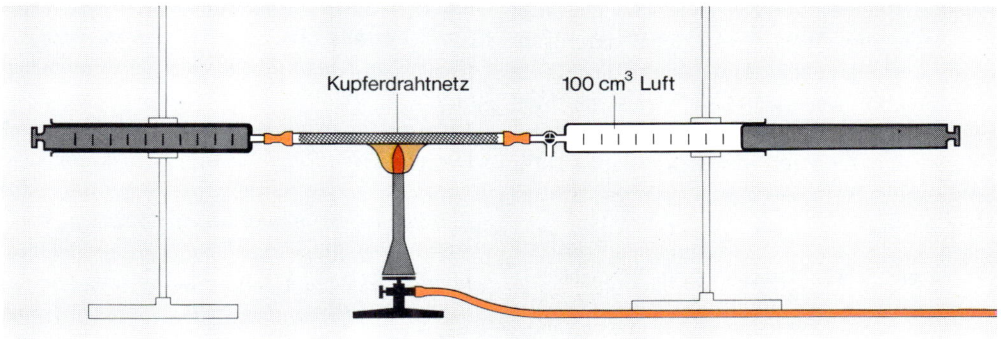

Abb. 2–11: Zu Versuch 2/13. Bestimmung des Sauerstoffgehalts der Luft durch Oxidation von Kupfer

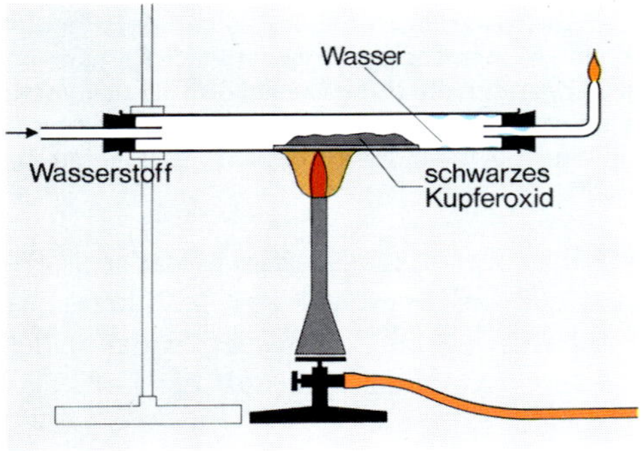

Abb. 2–12: Zu Versuch 2/16. Reduktion von Kupferoxid durch Wasserstoff unter Bildung von Kupfer und Wasserstoffoxid (Wasser)

Reduktionsmittel		Oxidationsmittel					
Magnesium	+	Zinkoxid	→	Magnesiumoxid	+	Zink	*(Versuch 2/17)*
Magnesium	+	Wasserstoffoxid	→	Magnesiumoxid	+	Wasserstoff	*(Versuch 2/12)*
Magnesium	+	Kupferoxid	→	Magnesiumoxid	+	Kupfer	*(Versuch 2/14)*
Zink	+	Wasserstoffoxid	→	Zinkoxid	+	Wasserstoff	*(Versuch 2/12)*
Zink	+	Kupferoxid	→	Zinkoxid	+	Kupfer	*(Versuch 2/15)*
Wasserstoff	+	Kupferoxid	→	Wasserstoffoxid	+	Kupfer	*(Versuch 2/16)*

Tabelle 2–1

Schwache und starke Oxidations- bzw. Reduktionsmittel

dieser Stelle von schwarz nach hellrot ändert, kann man den Brenner entfernen: Die Reaktion schreitet dann durch die ganze Masse fort; gleichzeitig wird die Wasserstoff-Flamme kleiner oder erlischt ganz. Am kalten Ende des Rohres kondensieren Flüssigkeitstropfen. Man läßt im Wasserstoffstrom abkühlen. ◀

● **Folgerung:** (a) Bei den drei Reaktionen entstehen die Oxide von Magnesium, Zink und Wasserstoff. Das Oxidationsmittel ist jedesmal das Kupferoxid, das zu Kupfer reduziert wird.
(b) Da die drei Reaktionen nach Aktivierung von selbst ablaufen, besitzen nach der obigen Definition Magnesium, Zink und Wasserstoff größere Affinitäten zu Sauerstoff als Kupfer zu Sauerstoff.
Für den weiteren Vergleich können wir aus der unterschiedlichen Intensität der Reaktionsabläufe vermuten, daß Magnesium die größte Affinität zu Sauerstoff hat. Dann müßten Zinkoxid und Wasserstoffoxid (Wasser) von Magnesium reduziert werden können, was für Wasser bereits in *Versuch 2/12* bewiesen wurde.

► **Versuch 2/17:** (Lehrerversuch, Schutzbrille!). Man mischt, ähnlich wie in *Versuch 2/14*, Zinkoxid-Pulver mit Magnesium-Pulver und entzündet das Gemisch auf einer Porzellanscherbe: Stark exotherme Reaktion, aber nicht mehr blitzlichtartig. ◀

● **Folgerung:** Die Affinität des Magnesiums zum Sauerstoff ist – wie vermutet – größer als die des Zinks und die des Wasserstoffs zum Sauerstoff.
Auch den noch fehlenden Affinitätsvergleich von Zink und Wasserstoff zu Sauerstoff haben wir bereits in *Versuch 2/12* durchgeführt.
Die Ergebnisse aller dieser (nach Aktivierung) von selbst ablaufenden Reaktionen sind in *Tabelle 2–1* noch einmal übersichtlich zusammengefaßt.

Ergebnis: Die Affinitäten der Grundstoffe Magnesium, Zink, Wasserstoff und Kupfer zu Sauerstoff nehmen in dieser genannten Reihenfolge ab.

Zusammenfassung: *In diesem Abschnitt lernten wir die unterschiedlichen Affinitäten (Bindungsbestreben) einiger Metalle und des Wasserstoffs zu Sauerstoff kennen. Die größere Affinität zu Sauerstoff hat dabei immer derjenige Stoff, der das Oxid des anderen in einer von selbst ablaufenden Reaktion zu reduzieren vermag.*
Da man die Affinität zwischen zwei Stoffen als Ursache ihrer Reaktion auffassen kann, wird sie oft auch als »Triebkraft« bezeichnet. Die Reaktionen, an denen wir die Affinitäten studiert haben, laufen nach Aktivierung nicht nur spontan, d.h. von selbst, weiter, sondern sie sind auch alle exotherm. Trotzdem darf man nicht die freiwerdende Wärmeenergie als Kennzeichen oder Maß für die Affinität ansehen; denn wir werden auch endotherme Vorgänge kennenlernen, die spontan ablaufen (Lösen eines Salzes, Verdampfen einer Flüssigkeit). Die chemische Energie eines Stoffpaares ist demnach zwar eine *der Ursachen für das Zustandekommen einer chemischen Reaktion, aber nicht die einzige.*
Als erste genauer studierte chemische Reaktion untersuchten wir die thermische Dissoziation und als Umkehrung die Synthese des Kupfervitriols. Aus dem Satz von der Erhaltung der Energie folgerten wir dann weiter, daß – gleiche Mengen Vitriol vorausgesetzt – zur Dissoziation ein ebenso hoher Energiebetrag benötigt wird, wie bei der Synthese frei wird. Wir haben ferner die Erkenntnis gewonnen, daß die Grundstoffe »irgendwie« in den Verbindungen enthalten sind. Daraus ergibt sich die neue Frage, ob es noch weitere physikalische Größen gibt, die – wie die Energie – bei chemischen Reaktionen erhalten bleiben.

Übungen

1. Wasserstoff kann mit Luft verschieden heftig reagieren. Beschreibe und erkläre die Versuchsbedingungen.
2. Nenne einige exotherme Reaktionen, die erst durch Zufuhr von Aktivierungsenergie gestartet werden.
3. Erläutere die Begriffe: Aktivierungsenergie, Oxidation, Reduktion, Oxidationsmittel, Reduktionsmittel, Affinität, Grundstoff, Verbindung am Beispiel der Reaktion von Wasserdampf mit Zink (vgl. *Versuch 2/12*).
4. Welche Versuche müßten durchgeführt werden, um z. B. Blei in die Affinitätsreihe der Metalle zu Sauerstoff einordnen zu können?

2.3 Chemische Grundgesetze

2.3.1 Gesetz von der Erhaltung der Masse

► **Versuch 2/18:** Man füllt in ein Reagenzglas eine Spatelspitze Kupfervitriol, stülpt über das offene Ende einen leeren Gummiballon[1] und wiegt die ganze Anordnung ab. Dann spannt man das Reagenzglas waagerecht ein *(Abb. 2–13)* und erhitzt das Vitriol: Der entweichende Wasserdampf kondensiert im vorderen Teil des Glases, teilweise auch im Ballon. Nach dem Abkühlen wägt man erneut: Die zweite Wägung zeigt keine Massenänderung an gegenüber der ersten Wägung. ◄

► **Versuch 2/19:** Man benutzt nochmals das Reagenzglas und den Gummiballon. In das Glas füllt man jetzt weißes Kupfersulfat, in den Ballon etwas Wasser. Beim Befestigen des Ballons am Glas und bei der ersten Wägung muß man sich vorsehen, daß das Wasser nicht zur Substanz fließt. Man kippt nun das Wasser aus dem Ballon ins Reagenzglas hinüber. Die zweite Wägung zeigt wieder keine Massenänderung an. ◄

● **Folgerung:** Die Masse des Kupfervitriols vor der Dissoziation *Versuch 2/18* und nach der Synthese *Versuch 2/19* ist gleich der Summe der Massen des Kupfersulfats und des Wassers. Sind wir mit dieser »Erhaltung der Gesamtmasse« einem allgemeinen Gesetz auf die Spur gekommen? Wir müssen für den Beweis einige der uns schon bekannten Versuche wiederholen, jetzt aber quantitativ, d.h. mit der Waage.

[1] Kinder-Luftballon

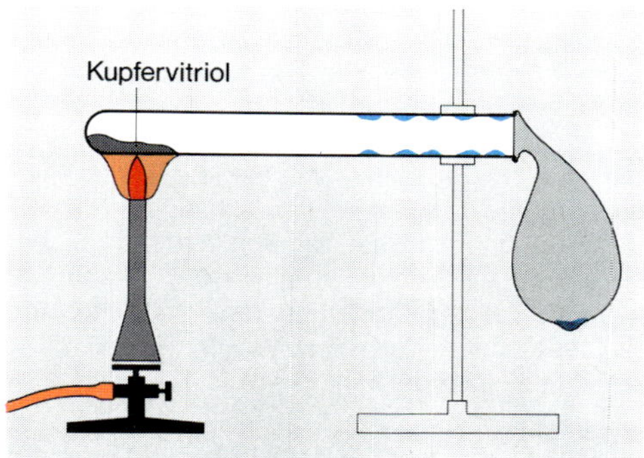

Abb. 2–13: Zu Versuch 2/18. Thermische Dissoziation von Kupfervitriol in einer abgeschlossenen Apparatur. Es ist keine Massenänderung zu beobachten.

Quantitative Versuche führen zur Entdeckung von Gesetzmäßigkeiten.

► **Versuch 2/20:** Man füllt in ein schwer schmelzbares Reagenzglas ca. 0,5 cm hoch Kupferpulver, verdrängt die Luft durch Sauerstoff und stülpt einen mit Sauerstoff gefüllten Ballon[1] über die Öffnung. Nach dem Wägen erhitzt man das Metall bis zum Aufglühen. Nach dem Abkühlen des schwarzen Reaktionsproduktes hat das Sauerstoff-Volumen deutlich abgenommen. Die Gesamtmasse ist jedoch unverändert geblieben, wovon man sich durch eine zweite Wägung überzeugt. ◄

Die Beobachtung der Massenkonstanz macht man bei jeder chemischen Umsetzung, wenn man dafür sorgt, daß alle Reaktionspartner bei der Wägung erfaßt werden. Beim Arbeiten mit gasförmigen Stoffen ist demnach eine abgeschlossene Apparatur erforderlich.

1. chemisches Grundgesetz

Ergebnis: Bei jeder chemischen Reaktion ist die Gesamtmasse der Ausgangsstoffe gleich der Gesamtmasse der Endprodukte **(Gesetz von der Erhaltung der Masse)**.

Wir haben gesehen, daß die wenigen Grundstoffe, die wir bisher untersucht haben, ausnahmslos eine verhältnismäßig große Affinität zu Sauerstoff besitzen. Selbst Kupfergegenstände verlieren an der Luft ihren Glanz und werden mit der Zeit dunkel, d.h. es bildet sich auch ohne Aktivierungsenergie auf der Oberfläche des Metalls eine Oxidschicht. Das gilt erst recht für Magnesium und Zink mit ihren größeren Affinitäten zu Sauerstoff; diese Metalle »beschlagen« an der Luft noch schneller als Kupfer und sehen dann infolge der dünnen weißen Oxidschicht matt und grau aus. Noch größer ist die Affinität des Natriums zu Sauerstoff, weil das blanke Metall fast augenblicklich an der Luft beschlägt *(Versuch 1/11, Seite 14)*. Nur »edlere« Metalle wie Chrom und Nickel und die **Edelmetalle** wie z.B. Silber, Gold und Platin besitzen so geringe Affinitäten zu Sauerstoff, daß sie an der Luft blank bleiben, im Gegensatz zu **unedlen Metallen** wie Eisen, Blei und Zinn, die verhältnismäßig schnell beschlagen, sich also mit einer Oxidschicht überziehen.

[1] Der Luftballon braucht nur faustgroß aufgeblasen zu sein.

Wie steht es nun mit der Affinität des Sauerstoffs zu den festen nichtmetallischen Grundstoffen? Vom Phosphor wissen wir, daß er an der Luft leuchtet und raucht *(Versuch 1/13, Seite 15)*. Wir können vermuten, daß es sich dabei wegen des Freiwerdens von Strahlungsenergie um eine exotherme Reaktion mit dem Luftsauerstoff handelt. Wir wollen auch an diesem Vorgang das Gesetz von der Erhaltung der Masse bestätigen, ebenso wie an den Reaktionen der Nichtmetalle Schwefel und Kohlenstoff mit Sauerstoff, sofern sie sich oxidieren lassen.

► **Versuch 2/21:** (Lehrerversuch) Man gibt in ein Reagenzglas ein ca. 2 mm langes Stück abgetrockneten weißen Phosphor (Vorsicht! vgl. *Versuch 1/13*), verschließt das Glas mit einem Gummiballon und wägt. Schon beim Eintauchen des Glases in heißes Wasser entzündet sich der Phosphor: Es entsteht ein dicker, weißer Rauch. Nach Verlöschen der Flamme und Abkühlen wägt man erneut: Keine Änderung der Gesamtmasse, obwohl das Gasvolumen abgenommen hat. ◄

● **Folgerung:** Die Entzündungstemperatur des weißen Phosphors liegt bei 60°C. Das Oxid ist eine feste, weiße Substanz, die beim Entstehen als Rauch aufgewirbelt wird. Die Masse des Phosphoroxids ist gleich der Summe der Massen des umgesetzten Phosphors und des Sauerstoffs.

Der Grundstoff Schwefel gehört nach seinen Eigenschaften zu den leicht flüchtigen Stoffen *(Tab. 1–4, Seite 13)*.

► **Versuch 2/22:** (a) Man füllt etwas Schwefelpulver in einen eisernen Löffel und hält ihn in die Flamme des Bunsenbrenners: Der Schwefel schmilzt, entzündet sich und brennt ohne weitere Aktivierung mit kleiner, intensiv blauer Flamme (Raum verdunkeln!). Dabei verbreitet sich ein eigenartig stechender Geruch.
(b) Man benutzt ein Reagenzglas, in das man einige Körner Stangenschwefel gibt, und den Gummiballon. Vor dem Zusammensetzen verdrängt man die Luft durch Sauerstoff. Nach dem Erwärmen und Entzünden des Schwefels beobachtet man jetzt eine große, hellblaue Flamme. Nach dem Abkühlen ist weder eine Massen- noch eine Volumen-Änderung festzustellen. ◄

Oxide der Nichtmetalle

● **Folgerung:** Das Oxid des Schwefels ist ein farbloses Gas, das stechend riecht, zum Husten reizt und einen säuerlichen Geschmack in der Mundhöhle erzeugt. Die Oxidation in reinem Sauerstoff ist intensiver als in Luft. Das Volumen des gasförmigen Schwefeloxids ist ebenso groß wie das des verbrauchten Sauerstoffs.

► **Versuch 2/23:** Mit der gleichen Anordnung wie in *Versuch 2/22b* werden einige Körnchen Holzkohle (fast reiner Kohlenstoff) in Sauerstoff bei aufgesetztem Ballon erhitzt, bis Entzündung eintritt: Die Körnchen verbrennen mit heller Glut ohne Rückstand. Die zweite Wägung ergibt keine Massenänderung. Beim Öffnen des Reagenzglases ist kein Geruch wahrzunehmen. ◄

● **Folgerung:** Das Oxid des Kohlenstoffs ist ein farbloses, geruchloses Gas. Auch bei diesem Versuch nimmt das Oxid das gleiche Volumen wie der verbrauchte Sauerstoff ein.

Ergebnis: Die nichtmetallischen Grundstoffe Phosphor, Schwefel und Kohlenstoff besitzen beträchtliche Affinitäten zu Sauerstoff. Die Oxidationen verlaufen nach Aktivierung ohne weitere Energiezufuhr stark exotherm. Das Oxid des Phosphors ist fest, die Oxide von Schwefel und Kohlenstoff sind gasförmig. Das Gesetz von der Erhaltung der Masse wird bei den Oxidationen der Nichtmetalle bestätigt.

Auffallend ist, daß die Oxide der nichtmetallischen Grundstoffe gasförmig oder zumindest leichtflüchtig sind: Wasser ist eine leicht verdampfbare Flüssigkeit; das Oxid des Phosphors sublimiert schon oberhalb 300°C. Die Metalloxide dagegen sind feste Substanzen mit sehr hohen Schmelztemperaturen, meist weit über 1000°C. Sind wir mit dieser Beobachtung vielleicht wieder einer allgemeinen Gesetzmäßigkeit auf die Spur gekommen, daß Verbindungen zwischen nichtmetallischen Grundstoffen leichtflüchtig, Metall-Nichtmetall-Verbindungen dagegen schwerflüchtig sind? Wir wollen dies überprüfen:

Verbindungen des Schwefels

► **Versuch 2/24:** (a) Man bringt in ein Reagenzglas ein erbsengroßes Stück Stangenschwefel und einen spiralförmig gedrehten Kupferblechstreifen. Man verschließt das Glas mit einem Ballon und erhitzt den Schwefel; dieser schmilzt und verdampft zum Teil: Im Schwefeldampf entzündet sich das Kupfer; es entsteht von unten nach oben fortschreitend ein schwarzes Reaktionsprodukt. Wägungen vor und nach dem Versuch zeigen Massenkonstanz an.

(b) Statt des Kupferblechstreifens bringt man in die Mitte des Reagenzglases einen Bausch Eisenwolle und verfährt im übrigen wie oben: Das Reaktionsprodukt ist schwarz.

(c, Lehrerversuch) Man gibt zum Schwefel einen nicht zu kleinen Tropfen Quecksilber und erhitzt: Die Vereinigung erfolgt mit prasselndem Geräusch. Ein Teil des Reaktionsprodukts setzt sich als schwarzer Beschlag an der Wand des Reagenzglases ab. ◄

● **Folgerung:** Die festen Reaktionsprodukte sind Verbindungen des Grundstoffs Schwefel mit den Grundstoffen Kupfer, Eisen und Quecksilber. Sie heißen **Sulfide**: Kupfersulfid, Eisensulfid und Quecksilbersulfid.

Ergebnis: Schwefel verbindet sich mit fast allen Metallen zu festen, schwerflüchtigen Sulfiden. Das Gesetz von der Erhaltung der Masse wird auch bei der Sulfidbildung bestätigt.

Als Nichtmetall-Verbindung des Schwefels kennen wir bereits das gasförmige Oxid *(Versuch 2/22)*. Wir versuchen jetzt, eine Wasserstoffverbindung herzustellen durch Umsetzung des Gases mit Quecksilbersulfid.

► **Versuch 2/25:** (Lehrerversuch, Abzug!) Man leitet durch ein Kugelrohr, in dem sich Quecksilbersulfid und dahinter ein Glaswollebausch befinden, Wasserstoff. Nach Verdrängen der Luft (Knallgasprobe) entzündet man das Gas an einem nach oben gebogenen Ableitungsrohr *(Abb. 2–14)*. Man erhitzt das Sulfid: Im Glaswollebausch bildet sich ein grauer Beschlag, die Flamme wird intensiv blau, und es entsteht der Geruch des gasförmigen Schwefeloxids *(Versuch 2/22)*. Bläst man die Flamme aus, so nimmt man einen Geruch nach faulen Eiern wahr. ◄

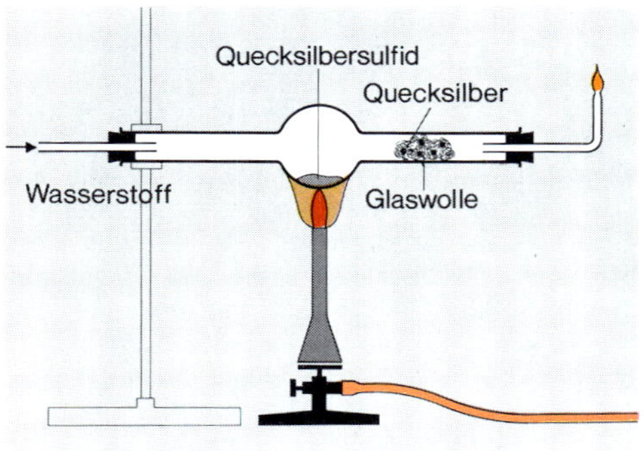

Abb. 2–14: Zu Versuch 2/25. Aus Wasserstoff und Quecksilbersulfid entstehen Quecksilber und Wasserstoffsulfid (Schwefelwasserstoff).

● **Deutung:** Die Reaktionsprodukte sind Quecksilber (im Glaswollebausch) und ein farbloses, übelriechendes, brennbares Gas, bei dessen Verbrennung das Oxid des Schwefels entsteht. Vermutlich ist das Gas die gesuchte Verbindung von Schwefel mit Wasserstoff. Wir versuchen, die Bestätigung durch eine direkte Synthese aus den Elementarsubstanzen zu bekommen:

► **Versuch 2/26:** (Lehrerversuch) Man bringt auf den Boden eines Reagenzglases ein linsengroßes Stück Stangenschwefel und darüber einen Glaswollebausch. Dann füllt man das Glas mit der Öffnung nach unten durch Luftverdrängung mit Wasserstoff und stülpt über die Öffnung einen ebenfalls mit diesem Gas gefüllten Gummiballon. Man wägt die ganze Anordnung und erhitzt den Schwefel mit kleiner Flamme: Man beobachtet ein Schmelzen und Sublimieren des Schwefels. Nach dem Erkalten ist keine Volumen- und keine Massenänderung festzustellen. Öffnet man das Glas, so nimmt man den Geruch nach faulen Eiern wahr. ◄

● **Deutung:** Ein Teil des Schwefels hat mit dem Wasserstoff reagiert. Das Reaktionsprodukt ist gasförmig. Sein Volumen ist ebenso groß wie das des verbrauchten Wasserstoffs.

Die Verbindung heißt **Schwefelwasserstoff** (Wasserstoffsulfid). Das Gas ist giftig! Wir prüfen noch einmal seine Brennbarkeit *(Versuch 2/25)*.

► **Versuch 2/27:** (Lehrerversuch) Man läßt unter dem Abzug Schwefelwasserstoff[1] aus einem Glasrohr strömen und entzündet nach Verdrängung der Luft das Gas: Es brennt mit intensiv blauer Flamme. Man hält über die Flamme ein sauberes Becherglas mit der Öffnung nach unten: Es bildet sich ein Beschlag von Wassertröpfchen (Nachweis mit weißem Kupfersulfat). Gleichzeitig verbreitet sich der Geruch des Schwefeloxids. Richtet man die Flamme auf weißes Porzellan, so entsteht ein gelber Fleck. ◄

[1] Man stellt das Gas am bequemsten durch Zusammenschmelzen von wenigen Stückchen Stangenschwefel mit einem Überschuß von festem Paraffin her (nach KINTTOF). Es empfiehlt sich, vor das Ableitungsrohr einen Wattebausch als Schwebstoff-Filter einzusetzen.

• **Deutung:** Schwefelwasserstoff verbrennt in Anwesenheit des Sauerstoffs der Luft zu Wasser und gasförmigem Schwefeloxid:

Schwefelwasserstoff + Sauerstoff
⟶ Wasserstoffoxid + Schwefeloxid

Da sich an der kalten Porzellanfläche Schwefel in Form eines gelben Fleckes bildet, findet in der Flamme vor der Oxidation eine thermische Dissoziation des Schwefelwasserstoffs statt:

Schwefelwasserstoff
⟶ Schwefel + Wasserstoff

Beim Abschrecken der Flamme verbrennt nur der Wasserstoff zu Wasser, während der Schwefel sich in fester Form abscheidet.

Ergebnis: Aus der Synthese der nichtmetallischen Grundstoffe Schwefel und Wasserstoff bildet sich ein farbloses, übelriechendes und giftiges Gas: Schwefelwasserstoff. Die Affinität der beiden Grundstoffe ist nur gering (leichte thermische Dissoziation des Schwefelwasserstoffs). Das Gas ist brennbar. Seine Synthese bestätigt das Gesetz von der Erhaltung der Masse.

Zusammenfassung: *Wir haben im vorliegenden Abschnitt eine Reihe neuer Stoffe kennengelernt: Oxide von Nichtmetallen, Sulfide von Metallen und Nichtmetallen. Nach unseren bisherigen Erfahrungen sind Verbindungen aus Metallen und Nichtmetallen fest und schwerflüchtig, während Verbindungen zwischen Nichtmetallen gasförmig oder leichtflüchtig sind. Bei fast allen Versuchen haben wir die Massen der Ausgangsstoffe mit den Massen der Endprodukte verglichen. Wir haben dabei das für alle chemischen Reaktionen gültige Gesetz von der Erhaltung der Masse entdeckt. Heute erscheint uns die Aussage dieses Gesetzes als eine Selbstverständlichkeit. Der Weg zu seiner Erkenntnis war jedoch schwierig; denn wir müssen daran denken, daß die Stoffe, mit denen wir experimentieren, bei den chemischen Reaktionen »verschwinden« und statt ihrer neue Stoffe »entstehen«. Der Gedanke, daß es etwas geben soll, was bei diesem Wechsel erhalten bleibt, ist außerordentlich kühn. Jahrhundertelang haben die Alchimisten nach diesem »etwas« gesucht, aber erst vor 200 Jahren kamen* LOMONOSSOW[1] *(1756) und* LAVOISIER[2] *(1785) auf die Idee, daß es das »Quantum« sein könne, was trotz der Änderung der Erscheinungsformen erhalten bleibt, und daß sich dieses Quantum mit der Waage nachweisen lassen müßte.*
Jede Lösung eines Problems wirft sofort neue Fragen auf: Wenn die Massensumme bei einer chemischen Reaktion konstant bleibt, gibt es dann auch eine Gesetzmäßigkeit über das Massenverhältnis der Summanden, d.h. der Reaktionspartner?

2.3.2 Gesetz von den konstanten Massenverhältnissen

Am Beispiel der thermischen Dissoziation des Kupfervitriols wollen wir eine weitere Gesetzmäßigkeit nachweisen:

► **Versuch 2/28:** Man zerreibt einige Kupfervitriol-Kristalle im Mörser, wägt *a* g des Pulvers und erhitzt es mit nicht zu großer Flamme und unter Umrühren mit einem Glasstab in einer Porzellanschale. Es darf kein weißer Nebel entstehen. Wenn die Substanz völlig entfärbt ist, läßt man abkühlen. Die Rückwägung ergibt *b* g Kupfersulfat. Der Versuch wird mehrmals mit verschiedenen Mengen der Ausgangssubstanz, durchgeführt. Die Massenverhältnisse *a* : *b* werden auf jeweils 100 g Kupfervitriol umgerechnet *(Tab. 2–2).* ◄

• **Folgerung:** Unabhängig von der Menge der Ausgangssubstanz erhält man bei sorgfältigem Experimentieren ein konstantes Verhältnis der Massen von Kupfervitriol und Kupfersulfat. Aus 100 g der blauen Substanz entstehen 63,9 g des weißen Rückstands und nach dem Gesetz von der Erhaltung der Masse 36,1 g Wasser.

Ein Fehler bei *Versuch 2/28* kann dadurch entstehen, daß die Substanz auf zu hohe Temperatur erhitzt wird. Es entsteht dann der erwähnte weiße Nebel, und der Rückstand nimmt eine dunkle Farbe an. Wir wollen dieser Beobachtung, bei der es sich offenbar um eine thermische Dissoziation des Kupfersulfats bei hohen Temperaturen handelt, nachgehen und arbeiten gleich wieder quantitativ. Zweckmäßigerweise benutzen wir nicht das selbst hergestellte, sondern das im Handel erhältliche weiße Kupfersulfat.

[1] LOMONOSSOW, Michail W., 1711–1765, Professor der Chemie in Petersburg (Leningrad)
[2] LAVOISIER, Antoine L., 1743–1794, Privatgelehrter in Paris

Kupfervitriol *a* g	Kupfersulfat *b* g	Massenverhältnis $100 : \frac{100}{a} \cdot b$
10,00	6,34	100 : 63,4
15,00	9,53	100 : 63,5
20,00	12,74	100 : 63,7
22,00	13,94	100 : 63,4
25,00	15,96	100 : 63,8
Mittelwert		100 : 63,6
Sollwert		100 : 63,9
Fehler: 0,5 %		

Tabelle 2–2: Versuchsserie über die quantitative Zersetzung von Kupfervitriol

► **Versuch 2/29:** Man wägt in einen Porzellantiegel *b* g Kupfersulfat. Um hohe Temperaturen zu erhalten, benutzt man einen Ofen, der aus Diatomit-Steinen[1] zusammengesetzt ist. In ihm wird die Substanz unter dem Abzug so lange erhitzt, bis kein weißer Nebel mehr entweicht. Man erhält *c* g eines schwarzen Reaktionsprodukts *(Abb. 2–15).* Man führt nach dieser Anweisung wieder eine Versuchsserie durch. Die Massenverhältnisse *b* : *c* werden auf 63,9 g Kupfersulfat umgerechnet *(Tab. 2–3).* ◄

[1] Diatomit = hochporöses, wärmeisolierendes Mineral, Ablagerung von Kieselalgen (Diatomeen)

Kupfersulfat *b* g	Schwarzes Reaktionsprodukt *c* g	Massenverhältnis $63{,}9 : \frac{63{,}9}{b} \cdot c$
2,00	1,00	63,9 : 32,0
2,90	1,44	63,9 : 31,7
3,00	1,48	63,9 : 31,5
4,30	2,12	63,9 : 31,5
5,75	2,89	63,9 : 32,1
Mittelwert		63,9 : 31,8
Sollwert		63,9 : 31,9
Fehler: 0,3 %		

Tabelle 2–3: Versuchsserie über die quantitative Zersetzung von Kupfersulfat

M. W. LOMONOSSOW

A. L. LAVOISIER

1. chemisches Grundgesetz: Erhaltung der Masse

2. chemisches Grundgesetz: Konstante Massenverhältnisse

Kupfervitriol ist eine Verbindung der Grundstoffe Kupfer, Schwefel, Sauerstoff und Wasserstoff.

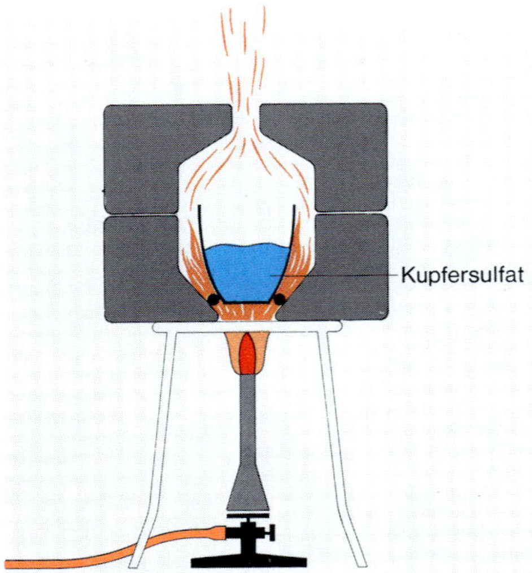

Abb. 2–15: Zu Versuch 2/29. Diatomit-Ofen. Der untere Diatomit-Stein nimmt – über der Öffnung für die Flamme des Brenners – den Tiegel mit dem Reaktionsgut auf. Der obere Stein ist zum Abzug der Verbrennungsgase und der gasförmigen Reaktionsprodukte nach oben geöffnet.

● **Folgerung:** Wieder erhalten wir – unabhängig von der Menge der Ausgangssubstanz – ein konstantes Massenverhältnis.

Die Namen Kupfervitriol und Kupfersulfat weisen auf Kupferverbindungen hin, die wir aber bisher nicht erklären konnten. Das schwarze Reaktionsprodukt der thermischen Zersetzung von Kupfersulfat erinnert sehr stark an Kupferoxid, das wir in *Versuch 2/13, Seite 27,* dargestellt haben. Wir versuchen also nach der Vorschrift von *Versuch 2/16, Seite 28,* eine Reduktion des Reaktionsproduktes, führen sie aber gleich quantitativ und als Serienversuch durch:

► **Versuch 2/30:** Man wiederholt den *Versuch 2/16* mit *c* g des Reaktionsprodukts von *Versuch 2/29* und erhält, wenn man im Wasserstoffstrom hat abkühlen lassen, *d* g rotes Metall. Die Massenverhältnisse werden auf 31,9 g der Ausgangssubstanz umgerechnet *(Tab. 2–4).* ◄

● **Folgerung:** Das schwarze Reaktionsprodukt von *Versuch 2/29* ist tatsächlich Kupferoxid. Das Verhältnis der Massen von Kupferoxid und Kupfer ist konstant und beträgt 31,9 g : 25,5 g.

Ergebnis: Aus einer beliebig abgewogenen Masse Kupfervitriol entstehen durch thermische Dissoziationen bzw. Reduktion 63,9% Kupfersulfat bzw. 31,9% Kupferoxid bzw. 25,5% Kupfer.

Ehe wir uns weiter überzeugen, ob bei jeder chemischen Reaktion konstante Massenverhältnisse auftreten, wollen wir zunächst die qualitative Untersuchung des Kupfervitriols abschließen. Als Grundstoffe in dieser Verbindung haben wir bis jetzt Wasserstoff (im Zersetzungsprodukt Wasser), Sauerstoff (in den Zersetzungsprodukten Wasser und Kupferoxid) und Kupfer nachgewiesen. Wir wissen aber noch nichts über den weißen Nebel, den wir in *Versuch 2/29* beobachtet haben, wenn Kupfersulfat stark erhitzt wird. Wir wollen versuchen, den im Kupfersulfat gebundenen Sauerstoff an Wasserstoff zu binden:

► **Versuch 2/31:** (Lehrerversuch, Abzug!) Durch ein Verbrennungsrohr leitet man über ein Porzellanschiffchen mit Kupfersulfat Wasserstoff, den man nach Verdrängung der Luft (Knallgasprobe) am Ableitungsrohr entzündet; die Flamme soll nicht höher als 0,5 cm brennen. Man erhitzt das Kupfersulfat. Wenn aus der Substanz eine schwarze Schmelze entstanden ist und sich am vorderen Ende des Rohres Flüssigkeitstropfen bilden, bläst man die Flamme aus. Man nimmt deutlich den Geruch des gasförmigen Schwefeloxids *(Versuch 2/22)* wahr. Beim weiteren Erhitzen verfestigt sich das Reaktionsgut und nimmt allmählich eine rote Farbe an. Dabei verbreitet sich der üble Geruch des Schwefelwasserstoffs *(Versuch 2/26).* ◄

● **Folgerung:** Als Reaktionsprodukte entstehen bei diesem Versuch zunächst Wasser und Schwefeloxid, bei weiterem Erhitzen Kupfer und Schwefelwasserstoff. Kupfersulfat ist also eine Verbindung der Grundstoffe Kupfer, Schwefel und Sauerstoff.

Kupferoxid *c* g	Kupfer *d* g	Massenverhältnis $31{,}9 : \frac{31{,}9}{c} \cdot d$
1,00	0,79	31,9 : 25,2
1,00	0,81	31,9 : 25,8
1,00	0,79	31,9 : 25,2
2,00	1,60	31,9 : 25,5
3,00	2,42	31,9 : 25,7
Mittelwert		31,9 : 25,5
Sollwert		31,9 : 25,5
Fehler: 0%		

Tabelle 2–4: Versuchsserie zur quantitativen Reduktion von Kupferoxid

Die Frage, ob noch weitere Grundstoffe beteiligt sind, die wir möglicherweise übersehen haben, versuchen wir durch folgende Versuchsanordnung zu beantworten:

► **Versuch 2/32:** (Lehrerversuch, Abzug!) Man stellt eine Aufschlämmung von Kupferoxid in Wasser her und füllt mit ihr eine Waschflasche bis etwa zur Hälfte. Vor dem Einleitungsrohr befestigt man ein T-Stück, so daß man gleichzeitig von zwei Seiten Schwefeloxid[1] und Sauerstoff in die Waschflasche einleiten kann. Wenn man nicht zu viel Kupferoxid genommen hat, ist nach wenigen Minuten in der Waschflasche eine klare, blaue Lösung entstanden. Man dampft sie bis zur beginnenden Kristallisation ein und läßt dann stehen: Es scheiden sich Kupfervitriol-Kristalle ab, die man nach *Versuch 2/1, Seite 20,* nachweisen kann. ◄

● **Folgerung:** In Gegenwart von Wasser bildet sich aus Sauerstoff, Kupferoxid und Schwefeloxid eine Lösung von Kupfervitriol. Der Name »Vitriol«[2] leitet sich vom Aussehen der Kristalle ab, die an blaues Glas erinnern. Das aus dem Vitriol durch Wasseraustreibung entstehende Kupfersulfat ist eine Verbindung der Grundstoffe Kupfer, Schwefel und Sauerstoff.

Verbindungen aus zwei Grundstoffen heißen **binär**[3], aus drei Grundstoffen **ternär**[3] und aus vier Grundstoffen **quaternär**[3].

Ergebnis: Oxide und Sulfide von Metallen und Nichtmetallen sind binäre Verbindungen, Kupfersulfat ist eine ternäre und Kupfervitriol eine quaternäre Verbindung.

Wir nehmen die in der *Zusammenfassung 2.3.1, Seite 31,* gestellte Frage wieder auf, ob bei allen chemischen Reaktionen konstante Massenverhältnisse auftreten. Zur Beantwor-

[1] Man kann das Schwefeloxid durch Verbrennen von Schwefel im Sauerstoffstrom darstellen, bequemer aber aus Natriumhydrogensulfit-Lösung und konz. Schwefelsäure im Gasentwicklungsgerät.
[2] vitrum (lat.), Glas
[3] bis (lat.), zweimal; ter (lat.), dreimal; quater (lat.), viermal

tung der Frage sind Versuchsserien notwendig.

► **Versuch 2/33:** Man wägt *a* g blanke Kupferspäne ab, mischt sie in einem Porzellantiegel mit reichlich Schwefelpulver, setzt einen Tiegeldeckel auf und erhitzt mit kräftiger Flamme (Abzug!). Während der Reaktion beobachtet man die blaue Flamme, mit der die unter dem Deckelrand entweichenden Dämpfe des überschüssigen Schwefels an der Luft verbrennen. Zum Schluß entfernt man den Deckel und treibt mit der Flamme die letzten Reste des nicht umgesetzten Schwefels aus. Die Wägung des schwarzen Reaktionsprodukts ergibt *b* g *(Tab. 2–5)*. ◄

Kupfer *a* g	Kupfersulfid *b* g	*a* : *b*
1,00	1,24	100 : 124,0
1,50	1,89	100 : 126,0
1,75	2,18	100 : 124,6
2,00	2,54	100 : 127,0
3,20	4,00	100 : 125,0
Mittelwert		100 : 125,3
Sollwert		100 : 125,2
Fehler 0,1 %		

Tabelle 2–5: Versuchsserie zur quantitativen Synthese von Kupfersulfid

► **Versuch 2/34:** Man wägt *c* g Eisenpulver ab, vermischt es mit etwa der gleichen Masse Schwefelpulver im Porzellantiegel und verfährt im übrigen wie in *Versuch 2/33*. Man erhält *d* g anthrazitfarbenes Reaktionsprodukt *(Tab. 2–6)*. ◄

Eisen *c* g	Eisensulfid *d* g	*c* : *d*
1,00	1,60	100 : 160,0
1,00	1,59	100 : 159,0
1,50	2,36	100 : 157,3
2,00	3,14	100 : 157,0
3,00	4,68	100 : 156,0
Mittelwert		100 : 157,9
Sollwert		100 : 157,3
Fehler: 0,4 %		

Tabelle 2–6: Versuchsserie zur quantitativen Synthese von Eisensulfid

● **Folgerung:** Kupfer und Kupfersulfid wie auch Eisen und Eisensulfid stehen in konstanten Massenverhältnissen 100 : 125,2 bzw. 100 : 157,3; das entspricht ungefähr den Verhältnissen 4 : 5 bzw. 7 : 11.

Wir sollten das konstante Massenverhältnis noch an einem Versuch bestätigen, bei dem ein gasförmiges Reaktionsprodukt entsteht:

► **Versuch 2/35:** In ein weites Reagenzglas mit seitlichem Ansatz füllt man *a* g Holzkohlepulver[1] und darüber *b* g schwarzes Kupferoxid[1] ungefähr im Massenverhältnis 1 : 15. Man vermischt die Substanzen durch Schütteln. Man verschließt das Glas durch einen Stopfen mit Rohr und leitet zum Entfernen der Luft Stickstoff ein. Man erhitzt das Gemisch bis zur Entzündung: Es entsteht ein rotes Reaktionsprodukt, dessen Masse nach dem Abkühlen im Stickstoffstrom zu *c* g bestimmt wird *(Tab. 2–7)*. ◄

● **Deutung:** *a* g Kohlenstoff werden durch *b* g Kupferoxid, das im Überschuß dazugegeben worden ist, oxidiert. Auch wenn nicht alles Kupferoxid reduziert worden ist, gibt die Massendifferenz $(b - c)$ g an, wieviel Sauerstoff zur Oxidation des Kohlenstoffs verbraucht wird. Das gasförmige Oxid des Kohlenstoffs *(Versuch 2/23)* entweicht aus dem seitlichen Ansatz des Reaktionsgefäßes.

[1] Beide Substanzen müssen vor dem Versuch von anhaftender Feuchtigkeit befreit werden. Man lagert sie etwa eine Stunde im Trockenschrank bei 105 °C.

Kohlenstoff *a* g	Sauerstoff $(b-c)$ g	$a : (b-c)$
0,10	0,25	100 : 250
0,10	0,26	100 : 260
0,10	0,28	100 : 280
0,10	0,27	100 : 270
0,20	0,52	100 : 260
Mittelwert		100 : 264
Sollwert		100 : 267
Fehler: 1,1 %		

Tabelle 2–7: Versuchsserie zur quantitativen Oxidation des Kohlenstoffs

● **Folgerung:** Kohlenstoff verbindet sich mit Sauerstoff im Massenverhältnis 100 : 267, das ist etwa 3 : 8.

Begründe, warum eine Versuchsserie zuverlässiger ist als ein Einzelversuch!

Wir sehen aus den Tabellen der Versuchsserien, daß bei jedem quantitativen Versuch mit Meßfehlern gerechnet werden muß. Sie sind durch die unterschiedlichen Güteklassen der Instrumente, durch ungenaues Ablesen, durch nicht ganz reine Substanzen und Gefäße oder durch unexaktes Arbeiten bedingt. Die Möglichkeit, daß sich bei der Mittelwertbildung aus einer Versuchsserie diese kaum vermeidbaren Einzelfehler zum Teil aufheben, ist der Grund für die Wahrscheinlichkeit, daß die Abweichung des Mittelwerts vom wahren Wert (Soll-Wert) geringer ist als die eines Einzelresultats. Unsere Tabellen bestätigen also die Überlegenheit einer Versuchsserie gegenüber dem Einzelversuch. Selbst die mit den bescheidenen Mitteln des Schullabors durchgeführten Versuchsserien berechtigen uns zu der Aussage:

2. chemisches Grundgesetz

Ergebnis: Bei jeder chemischen Reaktion stehen die Massen der Ausgangsstoffe und Endprodukte in konstanten Zahlenverhältnissen **(Gesetz von den konstanten Proportionen)**.

Zusammenfassung: *Von der systematischen Untersuchung des Kupfervitriols ausgehend leiteten wir im vorliegenden Kapitel zunächst die Begriffe »Grundstoff« und »Verbindung« ab und entdeckten den entscheidenden Einfluß der Energie und der Affinität auf den Ablauf chemischer Reaktionen. Im letzten Teil fanden wir zwei wichtige Gesetzmäßigkeiten: Das Gesetz von der Erhaltung der Masse und das Gesetz von den konstanten Massenverhältnissen (*Wenzel *1777,* Richter *1792,* Proust *1798)*[1].
Die neue Erkenntnis provoziert sofort die Frage, was die tiefere Ursache für die konstanten

[1] Wenzel, Karl F., 1740–1793, Hüttendirektor in Freiberg/Erzgebirge; Richter, Jeremias B., 1762–1807, Privatgelehrter in Breslau und Berlin; Proust, Josephe-Louis, 1754–1826, Privatgelehrter in Madrid und Angers

J. DALTON

Massenverhältnisse sein könnte. Zu Beginn des 19. Jahrhunderts vermutete DALTON[1] *(1807), daß die Stoffe aus sehr kleinen, mechanisch nicht mehr weiter teilbaren Portionen bestehen, deren Massen im gleichen Verhältnis stehen müßten wie die großen Massen aus den quantitativen Versuchen. Die Beobachtungen im Großen würden dann das Geschehen in diesen kleinsten Bereichen widerspiegeln.*
Wie bedeutsam dieser Gedanke für die weitere Entwicklung der Chemie gewesen ist, werden wir in den nächsten Kapiteln erfahren.

Übungen

1. Man erhitzt in einem offenen Reagenzglas ein Kupferoxid-Eisenpulver-Gemisch und in einem zweiten ein Gemisch aus Kupferoxid und Kohlenstoff und wägt vor und nach der Reaktion. Was wird man beobachten? Begründe.
2. Welche Unterschiede bestehen zwischen Metall/Nichtmetall- und Nichtmetall/Nichtmetall-Verbindungen?
3. Bei der Synthese von Quecksilbersulfid *(Versuch 2/24, Seite 30)* stellt ein Experimentator das Massenverhältnis 300 : 48, ein anderer das Massenverhältnis 25 : 4 fest. Nimm dazu Stellung.

[1] DALTON, John, 1766–1844, englischer Privatgelehrter

3. Molekularkinetik

3.1 Der Molekül-Begriff

3.1.1 Gase als Diskontinua

Unterscheidung der Aggregatzustände

Das Merkmal, in dem sich die Stoffe für den Augenschein am deutlichsten unterscheiden, ist ihr Aggregatzustand. Nach diesem Merkmal gliederten wir daher die Abschnitte des ersten Kapitels.
Am Ende des vorhergehenden Kapitels fragten wir nach der Ursache für die konstanten Massenverhältnisse. Die Untersuchung dieser Frage läßt sich am leichtesten an den gasförmigen Stoffen durchführen. Wir ermitteln zunächst, welche Eigenschaften es sind, in denen sich Gase von den flüssigen und festen Stoffen unterscheiden:

► **Versuch 3/1:** Man füllt einen Kolbenprober etwa zur Hälfte mit Luft oder einem anderen Gas, verschließt die Öffnung und drückt gegen den Stempel: Es gelingt ohne weiteres, das Gas auf die Hälfte seines Volumens und weniger zusammenzudrücken. Nach dem Nachlassen des Druckes stellt sich, wenn der Prober gut abgedichtet ist, das ursprüngliche Volumen wieder ein. ◄

► **Versuch 3/2:** Man füllt einen Kolbenprober etwa zur Hälfte mit Wasser oder einer anderen Flüssigkeit, achtet beim Füllen darauf, daß keine Luft mit eingesaugt wird, und verschließt die Öffnung. Übt man jetzt einen Druck aus, so läßt sich der Stempel nicht verschieben. Man hat den Eindruck, gegen einen festen Stoff zu drücken. ◄

● **Folgerung:** Gase lassen sich zusammendrücken. Sie besitzen keine »Volumenkonstanz« wie die flüssigen und festen Stoffe.

Flüssigkeiten kann man nicht ohne Gefäße handhaben, da sie sofort auseinanderfließen würden. Sie besitzen also keine »Formkonstanz«. Sie passen sich der Form des Gefäßes

Aggregatzustand	Volumenkonstanz	Formkonstanz
gasförmig	–	–
flüssig	+	–
fest	+	+

Tabelle 3–1

an. Gase füllen sogar vollständig jeden abgeschlossenen Raum aus, den man ihnen zur Verfügung stellt. Nur ein fester Stoff behält seine gegebene Form bei *(Tab. 3–1)*.

Ergebnis: Gasförmige Stoffe besitzen weder Volumen- noch Formkonstanz.

Wenn wir fragen, *warum* sich Gase zusammendrücken lassen, nehmen wir schon an, daß es überhaupt einen *Grund* geben müsse, der die Beobachtung erklärt. Um die Antwort zu finden, könnten wir zunächst vergleichbare Gegenstände betrachten, bei denen sich der Grund für die Verkleinerung der Volumens angeben läßt. Beispiele sind: ein Schwamm, ein Wattebausch, ein Papier- oder Wollknäuel. In diesen Fällen sind Hohlräume zwischen den Teilen des betreffenden Körpers vorhanden, die beim Zusammendrücken verkleinert werden.
Übertragen wir – etwas kühn – die Erklärung auf die Gase, so müssen wir annehmen, daß auch sie den Raum nicht kontinuierlich[1], d. h. nicht lückenlos ausfüllen. Es müßten in einem Gas Lücken vorhanden sein, die aber nicht wie bei den lufterfüllten Hohlräumen des Schwammes mit einem Gas oder einem ande-

[1] continere (lat.), zusammenhalten; continuus (lat.), zusammenhängend

ren zusammendrückbaren Stoff ausgefüllt sein können. Nicht-stofferfüllt bedeutet »leer«. Ein Gas erfüllt demnach nur portionsweise, d. h. **diskontinuierlich**[1] den sonst leeren Raum.

Mit einem Wollknäuel (Wattebausch) können wir die Zusammendrückbarkeit eines Gases deuten, nicht jedoch weitere wichtige Merkmale eines gasförmigen Stoffes. Der folgende Versuch zeigt die Grenze des Vergleichs:

► **Versuch 3/3:** (Lehrerversuch) Man verschüttet in einer Ecke des Unterrichtsraumes etwas Ether. (Im Raum dürfen keine Flammen brennen!) Die Flüssigkeit verdunstet sofort. Jeder Schüler gibt an, wann er den Geruch des Etherdampfes wahrnimmt. Die Antworten zeigen, daß sich der Dampf von der Ausschüttungsstelle kreisförmig mit einer bestimmten Geschwindigkeit in dem ganzen Raum ausbreitet. ◄

Auch geruchlose Gase würden wie der Etherdampf nach kurzer Zeit den ganzen Raum erfüllen. Hierin unterscheiden sich die Gase wesentlich vom Schwamm oder vom Wattebausch, deren Teile miteinander verbunden sind. Wir müssen also annehmen, daß die Gasportionen nicht aneinanderhängen.

Ergebnis: Die Zusammendrückbarkeit der Gase einerseits, ihr Ausbreiten in größere Räume andererseits wird durch die Annahme von nicht zusammenhängenden Gasportionen erklärt. Wir wollen sie **Moleküle**[2] nennen.

Unsere »Erfindung« von Gas-Molekülen erzwingt nun eine neue Annahme: Da die Moleküle mit keinem noch so guten Mikroskop sichtbar gemacht werden können, müssen wir sie für außerordentlich klein halten. Und da man Gase bei genügend hohem Druck auf ein Hundertstel oder noch weniger des Anfangsvolumens zusammendrücken kann, müssen die Abstände zwischen den Molekülen im Vergleich zu ihren Durchmessern groß sein.

[1] dis- (lat. Vorsilbe), auseinander
[2] molecula (lat.), kleine Masse

Diese Behauptung wollen wir einmal durchdenken. Könnte es nicht sein, daß zwischen den Molekülen keine nennenswerten Abstände vorhanden sind und daß beim Zusammendrücken die Moleküle ihr eigenes Volumen verkleinern? Bei dieser Deutung wären die Moleküle verformbar und nicht starr. Sind sie jedoch starr, müßte es eine Grenze der Zusammendrückbarkeit geben, die dann erreicht ist, wenn die Moleküle dicht beieinander liegen.

► **Versuch 3/4:** (Lehrerversuch) Ein Rundkolben oder ein weites Reagenzglas ist mit einem Stopfen fest verschlossen. Durch die Bohrung des Stopfens führt der Ansatz eines Kolbenprobers. Sein Stempel ist zunächst noch nicht eingesetzt. Auf dem Boden des Rundkolbens bringt man ca. 1 cm^3 Ether vollständig zum Verdunsten, wobei die spezifisch leichtere Luft nach oben aus der Hülse des Probers entweicht. Ist keine Flüssigkeit mehr zu sehen, setzt man den Stempel ein und drückt ihn so weit wie möglich hinein: Im Rundkolben bilden sich Flüssigkeitströpfchen, die sich zu größeren Tropfen vereinigen und an den Wänden herunterlaufen *(Abb. 3–1)*. Nach anschließender Verminderung des Drucks verschwinden die Tropfen, bei erneutem Zusammendrücken entstehen sie wieder. ◄

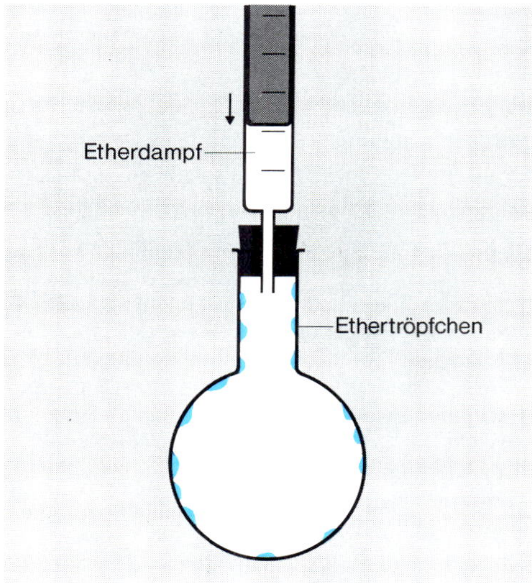

Abb. 3–1: Zu Versuch 3/4. Kondensation von Etherdampf durch Druckerhöhung.

● **Folgerung:** Ein Teil der Ether-Moleküle hat sich durch die Druckerhöhung zur Flüssigkeit zusammengelagert. Eine Flüssigkeit ihrerseits läßt sich nicht zusammendrücken *(Versuch 3/2)*. Dann können auch die zusammengelagerten Moleküle nicht zusammendrückbar sein.

Ergebnis: Moleküle müssen als starr angesehen werden. Im gasförmigen Zustand sind die Abstände zwischen ihnen groß im Vergleich zu ihren Durchmessern. Beim Zusammendrücken eines Gases werden die Abstände verkleinert.

Zusammenfassung: *Wir haben in diesem Abschnitt die Moleküle »erfunden«, sie also nicht entdeckt oder aufgefunden; denn wir konnten bis jetzt keinerlei Aussagen machen, ob es diese Moleküle wirklich gibt. Mit dieser Erfindung können wir aber zwei sehr auffällige Eigenschaften der Gase erklären: Ihre Zusammendrückbarkeit bis zur Verflüssigung und ihr Ausbreiten in jeden zur Verfügung stehenden Raum.*

Es wird spannend werden, weiterhin zu untersuchen, welche anderen Eigenschaften der Gase sich durch die Molekül-Vorstellung deuten lassen, und ob wir zu einem Punkt kommen werden, an dem wir sagen können, daß solche kleinsten Gasteilchen wirklich existieren, oder ob irgendwelche Erfahrungen gegen ihr Vorhandensein sprechen. Bis zur Beantwortung dieser Fragen treiben wir eine Art Gedankenspiel, bei dem wir eigentlich alle Aussagen über die Moleküle im Konjunktiv formulieren müßten. Auch wenn wir den bequemeren Indikativ benutzen, wollen wir uns stets des spekulativen Charakters unserer Überlegungen bewußt bleiben.

Die »Erfindung« von Gas-Molekülen erklärt die Eigenschaften von Gasen.

3.1.2 Bewegung der Moleküle

Bei den bisherigen Überlegungen ist eine beinahe selbstverständlich erscheinende Frage

Gas-Moleküle sind in Bewegung.

offengeblieben: Warum fallen die Gasmoleküle wegen der auf sie wirkenden Gewichtskraft nicht auf den Boden des Gefäßes und sammeln sich dort als Flüssigkeit an? Schweben sie etwa wie die Wassertröpfchen eines Nebels in der Luft? Schweben kommt zustande, wenn die Gewichtskraft des Wassertröpfchens gerade gleich der Auftriebskraft ist, die es durch das Verdrängen der Luft erfährt. Nach unseren Vorstellungen kann eine solche Deutung für Gasmoleküle nicht gelten, weil sie sich im materiefreien Raum, im Vakuum, befinden, also keinen anderen Stoff verdrängen. Im Vakuum gibt es keinen Auftrieb.
Wir erhoffen eine Erklärung durch den folgenden Versuch:

► **Versuch 3/5:** (Lehrerversuch, Schutzbrille! Schutzscheibe!) Man füllt mit Hilfe einer pneumatischen Wanne drei Standzylinder mit Wasserstoff[1] und setzt sie mit den Öffnungen nach unten auf drei gleichgroße Zylinder, die mit Luft gefüllt sind.
(a) Das erste Zylinderpaar trennt man nach kurzer Zeit an einer Flamme: Nur der Inhalt des oberen Zylinders entzündet sich und brennt ruhig ab.
(b) Das zweite Zylinderpaar schwenkt man vor dem Öffnen einige Male um: jetzt entzünden sich die Inhalte beider Zylinder und brennen schnell ab (Hand schützen!).
(c) Das dritte Zylinderpaar läßt man mindestens 10 Minuten ruhig stehen und prüft dann wieder mit der Flamme: Beobachtung wie bei (b). ◄

● **Deutung:** (a) Die Beobachtung entspricht der Erwartung: Der spezifisch leichtere Wasserstoff befindet sich nur im oberen Zylinder.
(b) Durch das Hin- und Herschwenken der Zylinder strömen die beiden Gase durcheinander (Vermischung durch **Konvektion**[2]). In den beiden Zylindern befindet sich zum Schluß ein Wasserstoff-Luft-Gemisch, das schneller als reiner Wasserstoff abbrennt.
(c) Wieder befindet sich, wenn 10 Minuten verstrichen sind, in beiden Zylindern ein Wasserstoff-Luft-Gemisch, obwohl eine Vermischung durch Konvektion wie in *(b)* vermieden worden ist. Es sind also Moleküle des leichteren Wasserstoffs in den unteren Zylinder gelangt und Moleküle der schwereren Luft nach oben. Das läßt sich nur durch eine Bewegung der Moleküle erklären: Sie wandern in die großen leeren Räume zwischen den Molekülen des anderen Gases ein (Vermischung durch **Diffusion**[1]).

[1] Es gelingt weniger gut mit Propan oder Erdgas.
[2] convehere (lat.), zusammenfahren, etwas zusammenbringen.

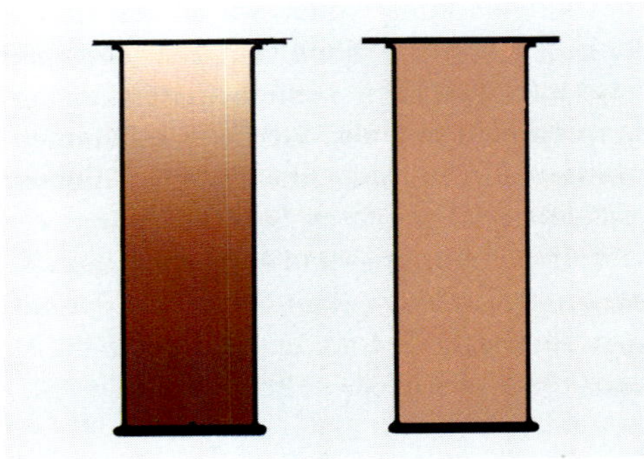

Abb. 3–2: Diffusion von Bromdampf und Luft

Ergebnis: Zur Erklärung der Vermischung zweier Gase durch Diffusion wird angenommen, daß die Moleküle in ständiger Bewegung sind.

Die Bewegung der Moleküle beantwortet uns auch die eingangs gestellte Frage, warum sie sich nicht am Gefäßboden sammeln, sondern vielmehr in jeden ihnen zur Verfügung gestellten Raum eindringen (vgl. *Versuch 3/3*).

► **Versuch 3/6:** (Lehrerversuch). Auf den Boden eines Standzylinders bringt man mit der Pipette einen Tropfen Brom, der sofort verdampft; der schwere, braune Bromdampf befindet sich im unteren Teil des Zylinders. Man deckt den Zylinder ab und stellt ihn an einen ruhigen Platz: Nach etwa einer halben Stunde beobachtet man eine gleichmäßige braune Farbe des Inhalts *(Abb. 3–2)*. ◄

● **Folgerung:** Auch die in ihren Dichten unterschiedlichen Gase Bromdampf und Luft vermischen sich infolge Diffusion. Die Diffusionsgeschwindigkeit ist hier jedoch deutlich geringer als beim Diffusionsversuch Wasserstoff/Luft *(Versuch 3/5c)*.

[1] diffundere (lat), ausgießen, sich verbreiten

● **Deutung:** Da die Diffusion eine Folge der Molekülbewegung ist und da bei beiden Versuchen einer der gasförmigen Stoffe Luft ist, kann der Unterschied in den beobachteten Diffusionsgeschwindigkeiten nur durch einen entsprechenden Unterschied in den Molekülgeschwindigkeiten der beiden anderen Gase erklärt werden. Die Moleküle eines spezifisch schweren Gases würden sich danach langsamer als die eines spezifisch leichten bewegen. Eine Bestätigung dieser Deutung gibt *Versuch 3/7*.

► **Versuch 3/7:** (Lehrerversuch) Ein poröser Tonzylinder ist gasdicht mit einem Stopfen verschlossen, durch dessen Bohrung ein Glasrohr zu dem seitlichen Ansatz eines Reagenzglases führt. Dieses ist mit Wasser gefüllt und nach Art einer »Spritzflasche« mit Stopfen und Steigrohr versehen *(Abb. 3–3)*.
(a) Stülpt man über den Tonzylinder ein Becherglas und leitet in dieses Wasserstoff, so wird das

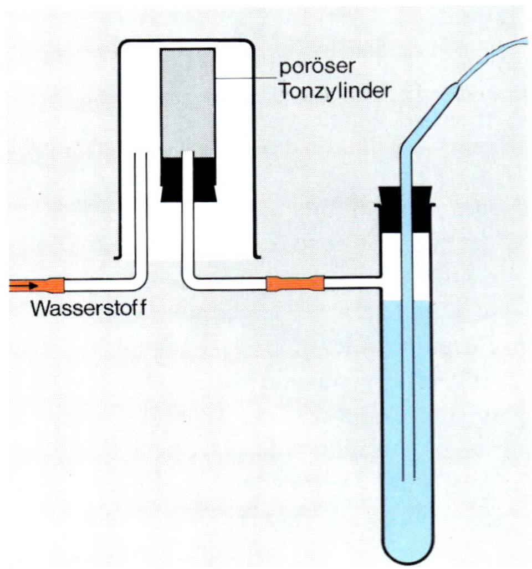

Abb. 3–3: Zu Versuch 3/7. Unterschiedliche Diffusionsgeschwindigkeiten von Wasserstoff und Luft

Wasser in Form eines Springbrunnens aus dem Reagenzglas herausgedrückt.
(b) Entfernt man nach dem Versiegen des Springbrunnens das Becherglas vom Tonzylinder, so beobachtet man, daß Luftblasen durch das Wasser des Reagenzglases in die Apparatur eindringen. ◄

• **Deutung:** (a) Der spezifisch leichtere Wasserstoff diffundiert schneller durch die Poren ins Innere des Tonzylinders hinein als die spezifisch schwerere Luft von innen nach außen. Der so entstehende Überdruck in der Apparatur bewirkt das Herausspritzen des Wassers.
(b) Der jetzt im Tonzylinder vorhandene Wasserstoff diffundiert schneller nach außen als die Luft durch die Poren ins Innere. Es entsteht ein Unterdruck, so daß Luft in das mit Wasser gefüllte Reagenzglas eindringt.

Ergebnis: Die Diffusionsgeschwindigkeit spezifisch leichter Gase ist größer als die spezifisch schwerer Gase.

Zusammenfassung: *Mit dem Molekül-Begriff, den wir in 3.1.1 zur Erklärung der Zusammendrückbarkeit und der Ausbreitung von Gasen erfunden haben, konnten wir weitere Eigenschaften deuten: Die Vermischung von Gasen durch Diffusion und die Unterschiede in den Diffusionsgeschwindigkeiten. Wir mußten jedoch voraussetzen, daß die Gasmoleküle in Bewegung sind und daß sich die Moleküle eines spezifisch leichten Gases schneller als die eines spezifisch schweren bewegen.*
Wir wollen uns im nächsten Abschnitt Gedanken darüber machen, welche Bahn ein Gasmolekül auf seinem Flug verfolgt.

3.1.3 Elastizität der Zusammenstöße

Wenn ein Körper in fortschreitender Bewegung ist, durchläuft er eine geradlinige Bahn mit konstanter Geschwindigkeit, solange keine Kraft auf ihn einwirkt und eine Geschwindigkeits- oder Richtungsänderung erzwingt (Trägheits-Gesetz). Danach müßten die Gasmoleküle geradlinige Bewegungen ausführen. Was aber geschieht, wenn sie auf die Gefäßwand treffen oder mit anderen Molekülen zusammenstoßen?
Anstelle von Gasmolekülen experimentieren wir mit kleinen Kugeln in der Absicht, die Beobachtungen an diesem »Modell-Gas« auf ein echtes Gas zu übertragen.

► **Versuch 3/8:** Man füllt eine 500 cm^3-Standflasche 0,5 cm hoch mit kleinen Glaskugeln, verschließt die Flasche und schüttelt den Inhalt möglichst unregelmäßig durcheinander. Die Kugeln prallen elastisch von der Gefäßwand ab. Sie stoßen auch untereinander zusammen und springen elastisch in verschiedene Richtungen. Wenn man sehr unregelmäßig schüttelt, ist der ganze Raum der Flasche gleichmäßig von den Glaskugeln erfüllt.
Stellt man sich aus Knetmasse (Spielware) etwa die gleiche Menge Kugeln in ungefähr gleicher Größe her und wiederholt mit diesen den Schüttelversuch, dann beobachtet man ein Zusammenballen der Kugeln. Ein Teil der frisch geformten und daher noch weichen Knetmassen-Kugeln bleibt an der Gefäßwand kleben. ◄

• **Folgerung:** Glaskugeln sind elastisch. Bei elastischen Stößen sind im zeitlichen Durchschnitt in jeder Volumeneinheit des Gefäßes gleichviel Kugeln anzutreffen. Die Stöße der aus der Knetmasse geformten Kugeln sind unelastisch.

Wären die Stöße von Gasmolekülen gegen eine Wand oder gegeneinander unelastisch, so müßten sich – in Anlehnung an den Versuch mit den Knetmassekugeln – im Gefäß Dichteunterschiede nachweisen lassen; an den Wänden wäre die Dichte des Gases höher als in der Mitte. Das widerspricht aber der Beobachtung, nach der ein Gas den ihm zur Verfügung stehenden, abgeschlossenen Raum gleichmäßig erfüllt.

Ergebnis: Die gleichmäßige Dichte eines Gases in einem abgeschlossenen Gefäß zwingt zu der Annahme, daß die Zusammenstöße der Gasmoleküle untereinander und auf die Gefäßwand elastisch sind.

Elastische Zusammenstöße der Gasmoleküle

Wir können jetzt mit großer Wahrscheinlichkeit folgende Aussagen über die Bewegung eines Moleküls machen: Zwischen zwei Zusammenstößen ist die Bahn geradlinig; die Stöße bewirken Richtungsänderungen der Moleküle, so daß die Bahnen zick-zack-förmig werden *(Abb. 3–4)*.
Die Länge der geradlinigen Wegstrecken und die Größe der Winkel bei Richtungsänderungen hängen vom Zufall ab. Wenn es sich um sehr viele Gasteilchen handelt, haben alle Richtungen gleiche Wahrscheinlichkeit, und für die »freien Weglängen« kann man einen mittleren Betrag annehmen. Die Moleküle werden auch nicht alle gleich schnell sein. Durch einen »günstigen« Zusammenstoß kann sich die Geschwindigkeit eines Teilchens erhöhen, durch einen »ungünstigen« vermindern. Trotzdem werden wir von einer mittleren Geschwindigkeit sprechen können, weil nach der Wahrscheinlichkeit ebensoviel günstige wie ungünstige Zusammenstöße stattfinden.

Ergebnis: Die Bahnen der Gasmoleküle werden zick-zack-förmig angenommen. Es ist

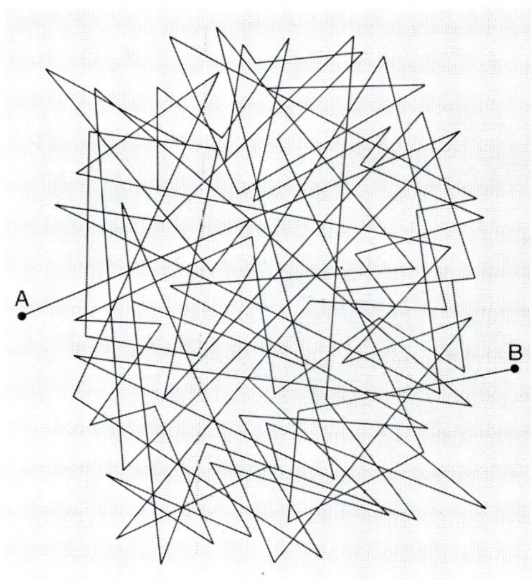

Abb. 3–4: Modell für die Bahn eines Gasmoleküls. Zusammenstöße bewirken Richtungsänderungen.

sinnvoll, für die freien Weglängen und für die Geschwindigkeiten mittlere Beträge anzunehmen.

Wir betrachten noch einmal *Abb. 3–4.* Das Gasmolekül hat auf seinem langen Zick-zack-Kurs im Endeffekt nur die kurze Strecke AB zurückgelegt. Wir können also zwei Geschwindigkeiten unterscheiden: Die geringe Geschwindigkeit, mit der das Teilchen lediglich die Strecke AB zurückgelegt hat, und die sehr viel größere Geschwindigkeit, mit der es die gesamte Zick-zack-Bahn durchfliegt. Die erste läßt sich bei Diffusionsversuchen beobachten; es ist die Diffusionsgeschwindigkeit *(Versuch 3/5c* und *Versuch 3/6*). Die zweite ist die »Eigengeschwindigkeit« des Moleküls. Wir können annehmen, daß sich bei Verdoppelung (Verdreifachung usw.) der Eigengeschwindigkeit auch die Diffusionsgeschwindigkeit verdoppelt (verdreifacht usw.).

Erklärung des Gasdrucks durch elastische Stöße der Moleküle auf die Gefäßwand

Ergebnis: Die Diffusionsgeschwindigkeit eines Gases ist kleiner als die Eigengeschwindigkeit seiner Moleküle. Beide Geschwindigkeiten sind einander proportional.

Zusammenfassung: *Wir haben unsere Vorstellung von Molekülen, die sich als winzige, starre und elastische Kugeln etwa wie tanzende Mücken in einem Schwarm durcheinanderbewegen, als »Gedankenspiel« bezeichnet. Auch die Forscher in der Naturwissenschaft gehen ähnlich vor, wenn sie vielfältige Beobachtungen durch wenige, letzlich nicht nachprüfbare Annahmen erklären. Man spricht dann von einer »Hypothese«*[1] *und, wenn die Annahme ein uns geläufiges, anschauliches Bild vermittelt, von einer »Modellvorstellung« oder einem »Denkmodell«.*
Wir entwickeln in diesem Kapitel die Hypothese der Molekularkinetik[2]. *Jede beobachtbare Eigenschaft der Gase wird gleichsam in die Sprache des Denkmodells übertragen: Zusammendrückbarkeit, Verflüssigung und Volumenvergrößerung werden als Veränderungen der Molekülabstände übersetzt, Diffusion und das Ausfüllen eines jeden verfügbaren Raumes sind Folgen der Bewegung der Moleküle. Die konstante Dichte erklären wir mit den elastischen Molekül-Zusammenstößen, und die unterschiedlichen Diffusionsgeschwindigkeiten sind auf verschiedene Eigengeschwindigkeiten der Moleküle zurückzuführen.*
Lassen sich auch Druck und Temperatur eines Gases in die molekularkinetische Sprache übersetzen?

[1] hypothesis (gr.), Unterlage, wissenschaftliche Annahme
[2] kinein (gr.), bewegen

3.1.4 Druck und Temperatur eines Gases

Wenn man das Volumen eines Gases verkleinert, spürt man einen Gegendruck *(Versuch 3/1, Seite 34)*. Der Druck in einem Fahrrad- oder Autoreifen ist umso größer, je mehr Luft hineingepumpt worden ist. In den Stahlflaschen, die zur Aufbewahrung von Wasserstoff oder Sauerstoff dienen, kann der Druck der Gase 150 bar betragen.
Druck ist definiert als Quotient aus dem Betrag einer Kraft und der Fläche, auf die diese Kraft wirkt. Welche Kräfte können Gasmoleküle ausüben? Wir führen wieder einen Modellversuch durch:

► **Versuch 3/9:** Man schüttet auf die schräg gestellte Platte einer Briefwaage Glasperlen oder Schrotkugeln. Obwohl alle Kugeln von der Platte wegspringen, zeigt die Waage einen Ausschlag, der von der Fallhöhe, der Anzahl der gleichzeitig auftreffenden Kugeln und von deren Masse abhängt *(Abb. 3–5).* ◄

● **Folgerung:** Da die Kugeln nicht auf der Unterlage liegen bleiben, zeigt der Ausschlag nicht das Gewicht an. Vielmehr wird die bewegliche Platte der Waage bei jedem Stoß einer Kugel kurzzeitig etwas nach unten gedrückt; die Waage ist aber zu träge, jeden einzelnen Stoß anzuzeigen. Der Effekt entspricht

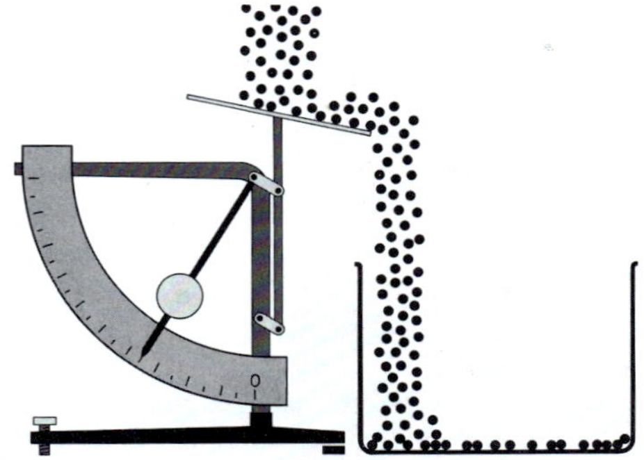

Abb. 3–5: Zu Versuch 3/9. Modellversuch zur Erklärung des Gasdrucks

der Wirkung einer auf die Waagschale ausgeübten Kraft. Unter Berücksichtigung der Fläche, die die Kugeln auf der Platte belegen, ergibt sich die Dimension eines Druckes.

Übertragen wir diese Vorstellung auf ein Gas, so würde sein Druck die Folge einer bestimmten Anzahl von Stößen sein, mit denen die Gasmoleküle pro Sekunde auf jeden cm^2 der Behälterwand aufprallen. Der Unterschied zum Modellversuch besteht darin, daß sich der Gasdruck nicht nur nach unten, sondern in allen Richtungen auswirkt. Das bestätigt unsere Behauptung *(3.1.3, Seite 37)*, daß alle Richtungen, die die Gasmoleküle nehmen können, die gleiche Wahrscheinlichkeit haben.
Um diesen Gedanken zu bestätigen, können wir ähnlich vorgehen wie beim Modellversuch: Wir benötigen eine bewegliche Gefäßwand, die dem Druck nachgeben kann. So können wir das Gas z. B. in eine Seifenblase oder in einen elastischen Ballon füllen. Wir müssen weiter dafür sorgen, daß die Gasmoleküle nur von einer Seite aufprallen.

► **Versuch 3/10:** Man verschließt den Hals eines kleinen Erlenmeyerkolbens mit einem Flüssigkeitsfilm, indem man den Rand in eine Seifenlösung (»Pustefix«) eintaucht, und stellt den Kolben in einen Exsikkator oder Rezipienten einer Luftpumpe. Nun evakuiert man diesen Behälter vorsichtig mit einer Wasserstrahlpumpe bzw. Luftpumpe. In dem

Maß, wie die Luft aus dem Rezipienten herausgesaugt wird, wölbt sich die Seifenhaut nach oben zu einer Kugel aus. – Der Versuch gelingt auch mit einem schwach aufgeblasenen Luftballon *(Abb. 3–6a).* ◄

● **Deutung:** Die Zahl der Gasmoleküle im Inneren des Erlenmeyerkolbens bleibt während des Versuches unverändert, während außen Gasmoleküle durch das Absaugen entfernt werden. Die Zahl der Stöße auf die elastische Haut ist dann von innen größer als von außen.

Ergebnis: Der Druck eines Gases läßt sich nach den Vorstellungen der Molekularkinetik als Folge des ständigen Aufprallens von Molekülen auf die Begrenzungsfläche erklären.

Diese Deutung des Gasdrucks läßt eine Voraussage zu: Verringern wir das Volumen einer abgeschlossenen Gasmenge durch Zusammenpressen auf die Hälfte oder auf den *n*-ten Teil, so nimmt die Zahl der Moleküle pro cm^3 und damit auch die Zahl der Stöße pro cm^2 Wandfläche auf das Doppelte bzw. *n*-fache zu. Der Druck eines Gases müßte also umgekehrt proportional zu seinem Volumen sein. Diese Folgerung läßt sich relativ leicht nachprüfen, weil Druck und Volumen meßbare Größen sind. Schon im 17. Jahrhundert fanden BOYLE[1] und MARIOTTE[2] die gesetzmäßige Beziehung zwischen Druck und Volumen eines Gases. Aufgrund unseres leistungsfähigen Denkmodells von der Bewegung der Moleküle konnten wir dieses Gesetz voraussagen.

Ergebnis: Das **Gesetz von** BOYLE/MARIOTTE, wonach der Druck eines abgeschlossenen Gases umgekehrt proportional zu seinem Volumen ist, läßt sich aus der Molekularkinetik voraussagen.

Wenn wir auch die Temperatur eines Gases molekularkinetisch deuten wollen, müssen wir nach einem Zusammenhang zwischen der Temperatur und dem Druck oder zwischen der Temperatur und dem Volumen des Gases suchen. Aus den Versuchen der *Kapitel 1 und 2* wissen wir, daß sich ein Gas beim Erwärmen ausdehnt, und die Erfahrung mit dem Drucktopf des modernen Haushalts zeigt, daß der Druck eines Gases in einem abgeschlossenen Gefäß beim Erwärmen zunimmt.

► **Versuch 3/11:** (Lehrerversuch) Man schmilzt in ein Reagenzglas ca. 1 cm^3 Wasser ein. Man erhitzt das Glas auf einem Drahtnetz mit Dreifuß mit der heißen Flamme eines Bunsenbrenners im geschlossenen Abzug (!). Nach kurzer Zeit erfolgt eine heftige Explosion, wobei das Glas in staubkleine Teilchen zerrissen wird. ◄

● **Deutung:** Das Wasser verdampft. Die Moleküle der eingeschlossenen Luft und des Wasserdampfes üben einen Druck auf die Glaswand aus, der mit zunehmender Temperatur wächst. Das bedeutet eine Zunahme der Molekühlstöße pro Zeiteinheit, obwohl die Zahl der Moleküle nach dem restlosen Verdampfen des Wassers konstant bleibt. Jedes Molekül trifft also bei erhöhter Temperatur häufiger auf die Gefäßwand als bei niedriger Temperatur. Das ist nur möglich, wenn seine Geschwindigkeit zugenommen hat.
Temperaturerhöhung bewirkt also eine Geschwindigkeitszunahme der Gasmoleküle. Wir können diesen physikalischen Vorgang noch genauer erklären: Beim Erwärmen führen wir dem Gas Energie zu. Sie kann nach dem Energiesatz nicht verlorengehen. Wir finden sie als erhöhte kinetische Energie der Moleküle wieder. Das ist gleichbedeutend mit einer Geschwindigkeitszunahme.

Ergebnis: Jeder Temperatur eines Gases entspricht eine bestimmte mittlere kinetische Energie seiner Moleküle. Erwärmung wird als Zunahme der kinetischen Energie gedeutet.

Unsere Überlegungen über die Temperatur eines Gases führen zu einer weiteren interessanten Folgerung: Entzieht man einem Gas durch Abkühlen Wärmeenergie, so nimmt die kinetische Energie der Moleküle und damit ihre Geschwindigkeit ab. Eine prinzipielle Grenze der Abkühlung wäre dann erreicht, wenn die kinetische Energie Null geworden ist, d.h. wenn die Moleküle in Ruhe sind. Die diesem Zustand entsprechende Temperatur ließe sich nicht mehr unterschreiten.

Zusammenfassung: *Die für diesen Abschnitt gestellte Aufgabe, für Druck und Temperatur eines Gases Übersetzungen in die molekularkinetische Sprache zu finden, konnten wir lösen. Der Druck wird als Folge von Molekülstößen gedeutet. Die Temperatur wird in Beziehung zur kinetischen Energie der Moleküle gesetzt.*

R. BOYLE

Druck-Volumen-Gesetz für Gase

3.1.5 Die These von AVOGADRO

Nach unserer Hypothese von *3.1.4* gilt das Gesetz von BOYLE/MARIOTTE für jedes Gas. Ob wir mit Stickstoff, Sauerstoff oder einem anderen Gas arbeiten, immer verkleinert sich das Volumen auf die Hälfte, auf ein Drittel oder auf den *n*-ten Teil des Anfangsvolumens,

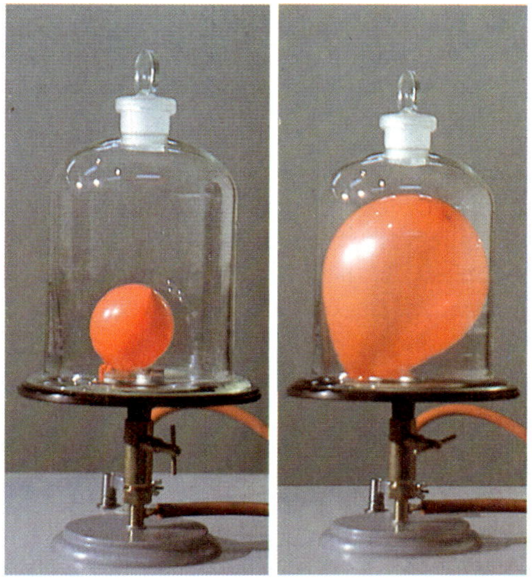

Abb. 3–6a: Das eingeschlossene Gas dehnt den Ballon aus, wenn der äußere Druck abnimmt.

[1] Robert BOYLE (1627–1691), Physikochemiker in London
[2] Edmé MARIOTTE (1620–1684), Physiker in Paris

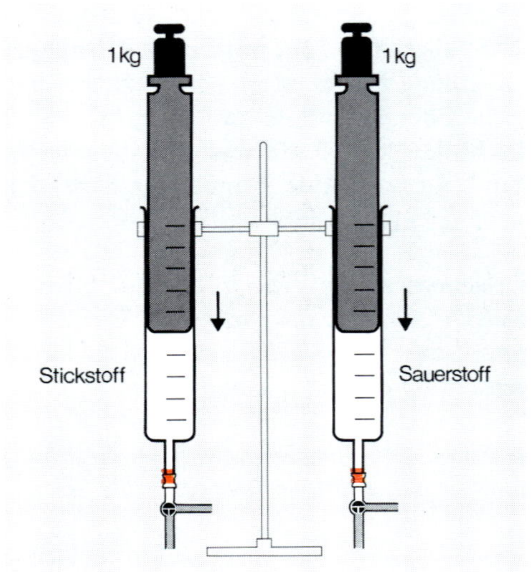

Abb. 3–6b: Zu Versuch 3/12. Gleichverhalten der Gase bei Druckerhöhung

wenn der Druck auf das Doppelte, das Dreifache oder das n-fache erhöht wird.

Gleichverhalten der Gase

J. L. Gay-Lussac

► **Versuch 3/12:** Zwei Kolbenprober (mit möglichst dichtem Schliff), deren Öffnungen durch Glashähne verschlossen werden können, werden senkrecht mit der Öffnung nach unten eingespannt und mit z. B. 50 cm^3 Stickstoff bzw. Sauerstoff gefüllt. Beschwert man jetzt die Stempel bei geschlossenen Hähnen mit gleichschweren Gewichtsstükken, so nehmen die Volumina beider Gase um den gleichen Betrag ab *(Abb. 3–6b).* ◄

Ergebnis: Erhöht man bei zwei beliebigen Gasen den Druck um den gleichen Betrag, so nehmen die Volumina um gleichviele Volumeneinheiten ab, gleiche Anfangsvolumina und konstante Temperatur vorausgesetzt.

Da das Ergebnis eine unmittelbare Folge des Gesetzes von Boyle/Mariotte ist, hätten wir uns eigentlich den *Versuch 3/12* ersparen können. Im Gegensatz dazu wissen wir aber noch nicht, ob es zwischen Volumen und Temperatur auch eine derartige Gesetzmäßigkeit gibt, d. h. ob die Volumina verschiedener Gase bei gleicher Temperaturerhöhung um den gleichen Betrag zunehmen.

► **Versuch 3/13:** Zwei Weithals-Reagenzgläser von möglichst gleichem Rauminhalt werden senkrecht nebeneinander eingespannt. Die Stopfen-Einsätze *(Abb. 3–7)* sind nach den abgewandten Seiten über Dreiwegehähne mit Kolbenprobern verbunden. Die beiden anderen Öffnungen in den Stopfen dienen zum Einleiten zweier Gase und werden dann mit kleinen Gummistopfen verschlossen. Mit Hilfe der Dreiwegehähne sorgt man für gleiche Anfangsstellungen der Kolbenprober. Taucht man jetzt die beiden Reagenzgläser in ein weites Becherglas mit heißem Wasser, so nimmt das Volumen beider Gase um den gleichen Betrag zu. Man kann den Versuch bei verschiedenen Wassertemperaturen beliebig oft wiederholen. ◄

Ergebnis: Erwärmt man zwei beliebige Gase von der gleichen Anfangstemperatur auf die gleiche Endtemperatur, so nehmen die Volumina um den gleichen Betrag zu, gleiche Anfangsvolumina und konstanter Druck vorausgesetzt.

Dieses »Gleichverhalten« der Gase führt zu einer interessanten Folgerung: Da bei Abkühlung um die gleiche Temperaturdifferenz das Volumen eines jeden Gases um den gleichen Betrag abnimmt (gleiche Anfangsvolumina vorausgesetzt), so ist die Temperatur, bei der das kleinstmögliche Volumen, d. h. die dichteste Packung der Moleküle, erreicht wird, ebenfalls für alle Gase die gleiche. Wir übersetzen dies in die Sprache der Molekularkinetik: Die kinetische Energie der Moleküle kann nicht kleiner werden als Null. Dieser Zustand der Ruhe, auf den wir schon in *Kapitel 3.1.4, Seite 39,* für ein einzelnes Gas geschlossen haben, tritt demnach für alle Gase bei der gleichen Temperatur ein.

Nach dem Gesetz von Gay-Lussac[1] nimmt das Volumen eines Gases bei Abkühlung um 1 Grad um den 273. Teil seines Volumens bei 0° C ab. Demnach liegt der **absolute Nullpunkt** bei -273° C. Man führt nun eine neue Temperaturskala ein. Als Einheit behält man den 100. Teil des Temperaturintervalls zwischen der Gefrier- und Siedetemperatur des Wassers bei, nimmt aber als Anfangspunkt der Skala nicht die Gefriertemperatur des Wassers, sondern den absoluten Nullpunkt. Zur Unterscheidung von der Celsius-Temperatur t in ° C werden nach der neuen Skala **absolute Temperaturen** T in Kelvin[2], K, gemessen. Es gilt also:

(1) $$T = T_0 + t,$$

wobei T_0 = 273,15 K die Gefriertemperatur des Wassers in der absoluten Skala bedeutet.

Ergebnis: Bei 0 K = $-273{,}15$ ° C, dem absoluten Nullpunkt, hört die Bewegung der Gasmoleküle auf. Sie liegen dann dicht gepackt.

[1] Joseph Louis Gay-Lussac (1778–1850), Professor für Physik und Chemie, Paris

[2] W. Thomson, später Lord Kelvin (1824–1907), engl. Physiker

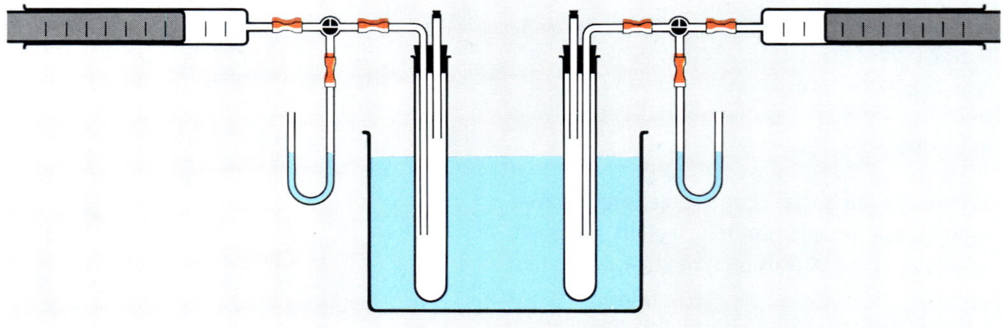

Abb. 3–7: Zu Versuch 3/13. Gleichverhalten der Gase bei Temperaturänderung

Die Gesetze von BOYLE/MARIOTTE und GAY-LUSSAC beschreiben die Abhängigkeit eines Gasvolumens von Druck und Temperatur. Demnach ist auch die Dichte ϱ eines Gases – als Quotient von Masse M und Volumen V – von Druck und Temperatur abhängig. Die in der Literatur für die Gasdichten angegebenen Werte beziehen sich immer auf Normalbedingungen,
also 0° C = 273 K und 1013 mbar (früher 1 atm), so daß wir schreiben können:

(2) $$\varrho = \frac{M}{V_0},$$

wobei V_0 das Volumen unter Normalbedingungen bedeutet.

Reduktion eines Gas-Volumens auf Normal-bedingungen

Wenn wir nun die Dichte eines Gases experimentell bestimmen wollen, müssen wir genaugenommen in einem Laboratorium arbeiten, in dem genau Normalbedingungen herrschen. Das wäre sehr aufwendig, ist aber nicht nötig; denn wegen des Gleichverhaltens der Gase kann das gesuchte Normalvolumen V_0 nach den beiden erwähnten Gesetzen aus dem Volumen $V_{p,t}$, das bei beliebigem Druck p und beliebiger Temperatur t gemessen wird, berechnet werden:

(3) $$V_0 = F \cdot V_{p,t}.$$

Den »Reduktionsfaktor« F entnehmen wir dem Nomogramm im *Anhang*.
Beispiel: Im *Versuch 1/25, (Seite 18)* haben wir das Propan-Volumen $V_{p,t} = 500\ cm^3$ bei $t = 20°C$ und $p = 1000$ mbar abgewogen und die Masse $M = 0{,}924$ g erhalten. Aus dem Nomogramm entnehmen wir den Reduktionsfaktor $F = 0{,}92$. Das Volumen bei Normalbedingungen beträgt also nur $V_0 = 0{,}92 \cdot 500\ cm^3 = 460\ cm^3$. Daraus berechnet sich die Dichte zu $\varrho = 0{,}924\ g : 460\ cm^3 = 0{,}002009\ g/cm^3$ in guter Übereinstimmung mit dem in der Literatur angegebenen Wert.

Ergebnis: Mit Hilfe des Reduktionsfaktors läßt sich jedes beliebige Gasvolumen auf Normalbedingungen umrechnen.

Wir müssen jetzt noch das »Gleichverhalten« der Gase molekularkinetisch deuten; denn es ist ja merkwürdig, daß alle noch so unterschiedlichen Gase den gleichen Volumengesetzen gehorchen. Die Moleküle zweier Gase unterscheiden sich z. B. bestimmt in ihren Massen und – wie wir aus den unterschiedlichen Diffusionsgeschwindigkeiten schließen können – auch in ihren Eigengeschwindigkeiten.

Nun gehört zu jedem abgeschlossenen Volumen, das von den Molekülen eines Gases in Anspruch genommen wird, ein »mittlerer Abstand«, den die Moleküle untereinander einhalten. Auch wenn sich die Einzelabstände wegen der Bewegung und des Zusammenstoßens der Teilchen fortwährend ändern, können wir doch im zeitlichen Mittel von einem solchen mittleren Abstand sprechen, der bei Volumenverminderung (durch Druckzunahme oder Abkühlung) kleiner und bei Volumenerhöhung (durch Druckabnahme oder Erwärmung) größer wird. Statt von einem Gleichverhalten der Gase bezüglich Volumenänderung können wir also ebenso gut von einem Gleichverhalten der Moleküle hinsichtlich der Änderungen ihres mittleren Abstandes sprechen.

Der italienische Physikochemiker AVOGADRO[1] hatte nun den kühnen Gedanken, daß die Moleküle bei gegebener Temperatur und gegebenem Druck in allen Gasen den gleichen mittleren Abstand besitzen. Dann hätten sie nämlich bei geänderter Temperatur oder geändertem Druck zwar größere oder kleinere, aber wegen des Gleichverhaltens doch wieder gleiche Abstände, kenntlich an den gleichen Volumina.

Nun hängt bei gegebenen Volumen der mittlere Abstand sicherlich von der Zahl der Moleküle ab, die in diesem Volumen vorhanden sind. Und wenn die Moleküle des einen Gases den gleichen Abstand haben wie die Moleküle eines anderen, so sind in gleichen Volumina dieser Gase auch gleichviel Moleküle vorhanden. In dieser Fassung hat AVOGADRO seine Annahme formuliert:

These von AVOGADRO

Ergebnis: These von AVOGADRO: Unter gleichen äußeren Bedingungen (Druck und Temperatur) sind in gleichen Raumteilen aller Gase gleichviel Moleküle vorhanden.

[1] Graf Amadeo AVOGADRO (1775–1856), Turin. Aufstellung der These 1811

A. AVOGADRO

Wir wollen bedenken, daß es sich bei dieser Aussage um keine Gesetzmäßigkeit handelt wie bei der Erhaltung der Masse oder bei den konstanten Massenverhältnissen. Bei diesen Gesetzen handelt es sich um Erfahrungen, die jeder mit der Waage nachprüfen kann. Der Satz von AVOGADRO ist dagegen das Ergebnis einer Reihe von Denkvorstellungen; »bewiesen« wäre er nur, wenn die Moleküle in einem Volumen abgezählt werden könnten, was unmöglich ist. Es handelt sich also nicht um ein »Gesetz«, sondern nur um eine »These«, die allerdings das Gleichverhalten der Gase begreiflich macht und uns darüber hinaus bei unseren weiteren Untersuchungen entscheidend helfen wird.

Zusammenfassung: *Mit der These von AVOGADRO und mit dem letzten Ergebnis haben wir die Molekularkinetik, die wir als eine Art Gedankenspiel begonnen hatten, zu einem gewissen Abschluß gebracht. Mit verhältnismäßig wenigen Annahmen (diskontinuierlicher Aufbau der Gase, Bewegung der Moleküle, elastische Zusammenstöße, Abhängigkeit der kinetischen Energie von der Temperatur) konnten wir das Verhalten der Gase erklären und einige Voraussagen machen (Gesetz von BOYLE/MARIOTTE, gleiches Verhalten der Gase bei Druck- und Temperatur-Änderungen). Wir haben sie durch Versuche bestätigt.*
Trotz dieses Erfolges wollen wir uns des Modell-Charakters unserer Vorstellungen bewußt bleiben. Es erhebt sich dann die Frage, ob ein Denkmodell, das von anderen Annahmen ausgeht, zu den gleichen Ergebnissen führt, wie wir sie erarbeitet haben. Tatsächlich läßt sich auch ein anderer Weg beschreiten. Den Ansatz dafür liefert die »Thermodynamik«. Wir besitzen aber zu diesem Zeitpunkt des Unterrichts noch nicht die Voraussetzungen zu ihrem Verständnis. Es kommt hier nur darauf an, den Unterschied zwischen den empirisch[1] ermittelten Naturgesetzen und ihren möglichen Deutungen durch gedankliche Vor-

[1] empeiria (gr.), Erfahrung

stellungen zu betonen. Wir werden in den nächsten Abschnitten überdies noch Erfahrungen sammeln, die gewisse Korrekturen unseres molekularkinetischen Modells erforderlich machen.

Übungen

1. Nenne Eigenschaften von Gasen, die durch die Molekül-Vorstellung erklärt werden können.
2. Wie läßt sich die Diffusion von Gasen deuten?
3. Gib eine Erklärung für die gleichmäßige Dichte eines Gases in einem abgeschlossenen Raum. Gilt das auch für beliebig hohe Räume?
4. Ein Orkan kann ein Haus zum Einsturz bringen; ein Dampfkessel kann explodieren. Erkläre und vergleiche beide Vorgänge mit den Vorstellungen der Molekularkinetik.
5. Erkläre die Funktion eines Regulierventils bei einem Druckkochtopf.
6. Wie könntest du in ein Gefäß mit kapillarer Öffnung eine Flüssigkeit einfüllen?
7. Erkläre mit molekularkinetischen Vorstellungen den Zusammenhang zwischen Druck und Volumen einer abgeschlossenen Gasmenge.
8. Können Moleküle gleicher kinetischer Energie verschiedene Geschwindigkeiten haben? Begründe deine Antwort.
9. Nenne die These von AVOGADRO. Die Aussage läßt verschiedene Umkehrungen zu. Versuche sie zu formulieren.
10. Erkläre unter Zugrundelegung der AVOGADROschen Aussage das »Gleichverhalten« der Gase bei Druck- und Temperaturänderung.
11. Bei wieviel Kelvin siedet Wasser, Alkohol, Propan (Kp = −42,1 °C)?
12. Bestimme das Volumen von Stickstoff bei 26 °C und 1000 mbar, wenn sein auf Normalbedingungen reduziertes Volumen gerade einen Raum von 1000 cm^3 einnimmt. Löse die Aufgabe für Sauerstoff.
13. Welches Volumen nimmt bei Normalbedingungen eine Gasportion ein, die bei 21 °C und 990 mbar ein Volumen von 200 cm^3 beansprucht?

3.2 Das Gesetz von GAY-LUSSAC und HUMBOLDT

3.2.1 Untersuchung von Chlorwasserstoff

Eigenschaften von Salzsäuregas

► **Versuch 3/14:** (Lehrerversuch) Man öffnet vorsichtig eine Flasche mit konz. Salzsäure und beobachtet über der Öffnung einen Nebel, den man durch Anhauchen verstärken kann. Gleichzeitig nimmt man einen stechenden Geruch wahr. Hält man einen Glasstab mit einem Tropfen »Salmiakgeist« über die Öffnung, so bildet sich ein weißer Rauch. ◄

● **Folgerung:** Aus der konzentrierten Salzsäure entweicht ein Gas, das an feuchter Luft Nebel bildet, einen stechenden Geruch besitzt und mit Salmiakgeist Rauch bildet. Das auf diese Art nachgewiesene Gas nennen wir vorläufig »Salzsäuregas«.

Wir wollen feststellen, ob das Gas der Dampf der Salzsäure ist, oder ob die Säure eine Lösung des Gases ist.

► **Versuch 3/15:** (Lehrerversuch, Abzug!) Man füllt konzentrierte Salzsäure in einen kleinen Erlenmeyerkolben und verschließt ihn durch einen Stopfen mit Gasableitungsrohr. Ein weites Reagenzglas mit passendem Waschflascheneinsatz wird angeschlossen. Man erhitzt die Salzsäure und regelt die Flamme so, daß sich in der Flüssigkeit Gasblasen bilden. Man wartet, bis sich an der Öffnung des Einsatzes beim Gegenhauchen deutlich Nebel bildet, verschließt sie durch einen passenden kleinen Stopfen, wobei man gleichzeitig die Verbindung zum Erlenmeyerkolben trennt. Taucht man jetzt das Reagenzglas mit dem Einsatz nach unten in eine Wanne mit Wasser *(Abb. 3–8)*, so steigt dieses im kräftigen Strom durch das Einleitungsrohr in das Glas und füllt es, wenn die Luft durch Salzsäuregas restlos verdrängt war, vollständig aus. ◄

● **Folgerung:** Salzsäuregas löst sich begierig in Wasser.

1 l Wasser kann bei Zimmertemperatur 450 l Salzsäuregas aufnehmen. Es entsteht dann die konzentrierte Salzsäure, wie wir sie in *Versuch 3/14* benutzt haben. Salzsäure ist also eine Lösung von Salzsäuregas in Wasser. Auch der Nebel, der sich aus dem Gas an feuchter Luft bildet, besteht aus Salzsäuretröpfchen.

Die Untersuchung eines neuen Stoffes beginnt immer mit der Frage, ob es sich um einen Grundstoff oder um eine chemische Verbindung handelt. Falls für Salzsäuregas das zweite zuträfe, müßte man nach einer Substanz suchen, die eine große Affinität zu einem der gebundenen Bestandteile besitzt. Wir versuchen, eine Umsetzung des Gases mit einem der uns bekannten sehr reaktionsfähigen Stoffe herbeizuführen.

► **Versuch 3/16:** (Lehrerversuch, Abzug!) In einem Reagenzglas mit seitlichem Ansatz *(Abb. 3–9)* gibt man linsengroße, von der Kruste befreite Natriumstückchen. Man verschließt das Glas durch einen Stopfen mit Einleitungsrohr, das bis zum Natrium hinunterführen muß. Man leitet trockenes Salzsäuregas[1] ein. Wenn die Luft verdrängt ist (Nebelbildung), führt man eine Flamme an den seitli-

[1] Das Gas wird wie in *Versuch 3/15* aus konzentrierter Salzsäure entwickelt und durch Einleiten in eine Waschflasche mit konzentrierter Schwefelsäure getrocknet.

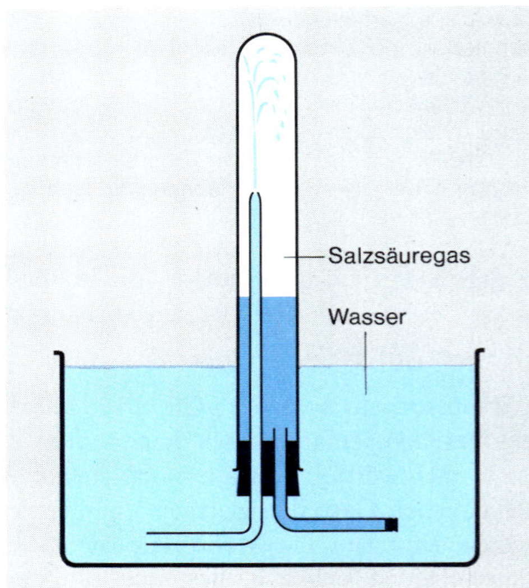

Abb. 3–8: Zu Versuch 3/15. Springbrunnenversuch mit »Salzsäuregas«

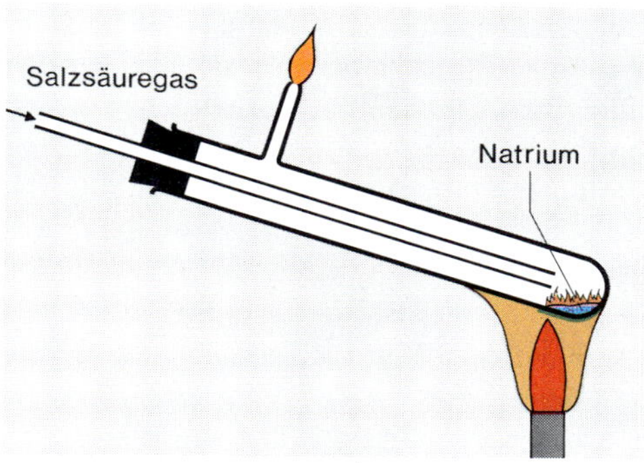

Abb. 3–9: Zu Versuch 3/16. Reaktion von »Salzsäuregas« mit Natrium unter Bildung von Kochsalz und Wasserstoff

chen Ansatz: Das Gas läßt sich nicht entzünden. Bei nur schwachem Gasstrom erhitzt man nun das Natrium mit möglichst kräftiger Flamme: Das Metall entzündet sich und brennt im wieder stärker eingestellten Gasstrom ohne weitere Energie-Zufuhr mit gelber Flamme. Dabei bildet sich ein weißer Rauch; an der seitlichen Öffnung läßt sich jetzt ein Gas entzünden. Hält man ein trockenes Becherglas umgekehrt über diese Flamme, so bildet sich ein Beschlag von Wassertröpfchen (Nachweis mit Kupfersulfat). – Nach dem Abkühlen prüft man ein Körnchen des weißen Reaktionsproduktes (ausnahmsweise) mit der Zunge: Es schmeckt wie Kochsalz. ◄

● **Folgerung:** Salzsäuregas ist nicht brennbar. Es reagiert exotherm mit Natrium. Reaktionsprodukte sind Kochsalz (weißer Rauch, weißes Reaktionsprodukt) und Wasserstoff (Brennbarkeit, Wasser als Verbrennungsprodukt). Da Natrium ein Grundstoff ist, kann der Wasserstoff nur aus dem Salzsäuregas stammen.

Ergebnis: Salzsäuregas ist eine Wasserstoff-Verbindung. – Kochsalz ist eine Natrium-Verbindung.

Um weitere Bestandteile des Salzsäuregases zu finden, suchen wir eine Reaktion mit Sauerstoff herbeizuführen, dessen große Affinität zum Wasserstoff wir bereits kennen. Da das Salzsäuregas aber nicht mit dem Sauerstoff der Luft reagiert *(Versuch 3/16)*, leiten wir es über ein Metalloxid, das leicht Sauerstoff abgibt.

► **Versuch 3/17:** Man erhitzt im Reagenzglas schwarzbraunes Bleioxid mit kräftiger Flamme und führt einen glimmenden Holzspan ein: Der Span flammt auf. Die Farbe der Substanz ändert sich zunächst nach Rot, dann nach Gelb.
In ein schwer schmelzbares, enges und nicht zu langes Reaktionsrohr schiebt man eine Magnesia-Rinne mit schwarzem Bleioxid und verschließt beide Enden des Rohres mit durchbohrten Stopfen. Das Ableitungsrohr führt bis auf den Grund eines weiten Reagenzglases mit seitlichem Ansatz. Man leitet einen langsamen Strom von trockenem Salzsäuregas in das Reaktionsrohr und erhitzt das Oxid: Man beobachtet eine Farbänderung von Dunkelbraun nach Weiß und die Bildung von Wassertröpfchen an den kalten Stellen des Rohres. In der Vorlage sammelt sich ein gelbgrünes Gas von stechendem Geruch (Vorsicht, Gift, Abzug!). Man leitet das Gas in ein kleines Becherglas mit Wasser, dem man einen Farbstoff zugesetzt hat: Entfärbung. ◄

● **Folgerung:** Bei der thermischen Dissoziation des schwarzen Bleioxids entsteht Sauerstoff. Der im Salzsäuregas gebundene Wasserstoff verbindet sich mit dem Sauerstoff des Bleioxids zu Wasser. Das gasförmige Reaktionsprodukt heißt wegen seiner Farbe **Chlor**[1]. Es kann nur aus dem Salzsäuregas stammen.

Eingehende Untersuchungen des Chlors würden zeigen, daß es ein Grundstoff ist. Seine Eigenschaften sind: gelbgrün, stechend riechend, sehr giftig, spezifisch schwerer als Luft, desinfizierend und bleichend.

Ergebnis: Salzsäuregas ist eine Chlor-Verbindung.

Wenn Chlor und Wasserstoff die einzigen im Salzsäuregas gebundenen Grundstoffe sind, müßte es durch eine Synthese aus ihnen dargestellt werden können.

► **Versuch 3/18:** (Lehrerversuch) Man füllt einen dickwandigen Glaszylinder durch Luftverdrängung mit Chlor (Abzug!) und einen gleichgroßen mit Wasserstoff, verschließt die Öffnungen mit Glasplatten, stülpt den mit Wasserstoff gefüllten Zylinder mit der Öffnung nach unten über den mit Chlor gefüllten, zieht die Glasplatten weg und mischt die beiden Gase durch Umschwenken. Man schiebt die Platten wieder ein, umwickelt die Zylinder mit Tüchern und öffnet sie nacheinander an einer Flamme: Explosion (Schutzscheibe! Schutzbrille!) – Der Versuch darf nicht im direkten Sonnenlicht ausgeführt werden. ◄

● **Folgerung:** Lediglich Mischen von Chlor und Wasserstoff führt noch nicht zu einer Reaktion. Sie wird erst mit einer Flamme ausgelöst (Aktivierungs-Energie), verläuft dann aber stark exotherm. Das Gemisch von Chlor und Wasserstoff heißt **Chlor-Knallgas.** Um das Reaktionsprodukt als Salzsäuregas zu identifizieren, müßte die Reaktion langsamer ablaufen.

► **Versuch 3/19:** (Lehrerversuch) Aus einem U-förmig gebogenen, engen Glasrohr läßt man Wasserstoff strömen und stellt den Gasstrom so ein, daß nach dem Entzünden eine kleine Flamme brennt. Man senkt das Glasrohr in einen mit Chlor gefüllten Rundkolben *(Abb. 3–10)*: Die Flamme wird fahlgelb; es entsteht der Geruch nach Salzsäuregas.

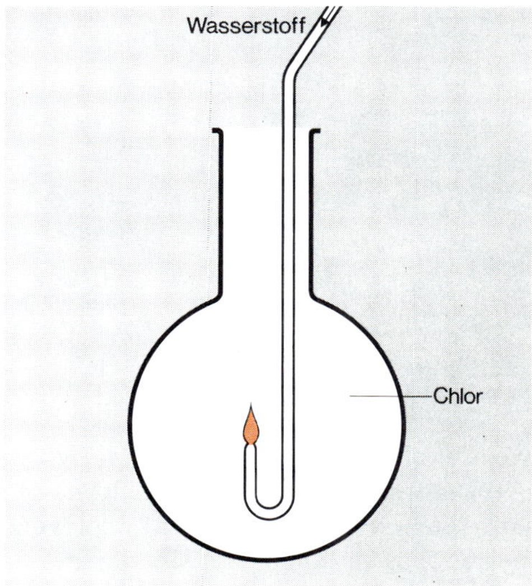

Abb. 3–10: Zu Versuch 3/19. Brennen einer Wasserstoff-Flamme in Chlor

[1] chloros (gr.), gelbgrün

Salzsäuregas ist Chlorwasserstoff.

Kochsalz ist Natriumchlorid.

Die Gasvolumina verhalten sich wie kleine ganze Zahlen.

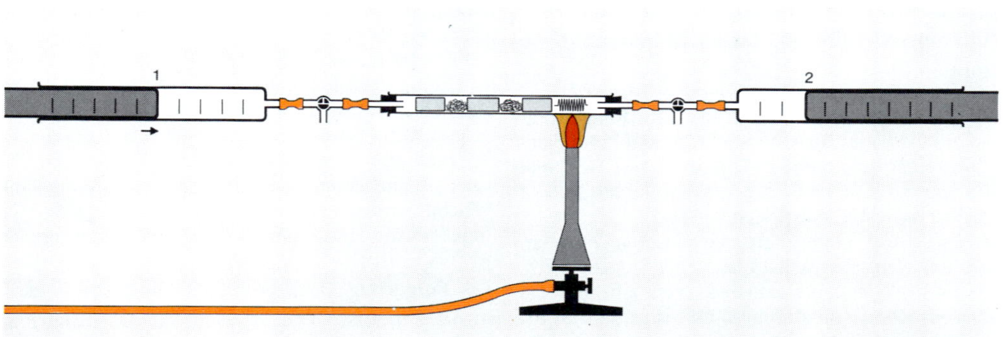

Abb. 3–11: Zu Versuch 3/20. Quantitative Synthese von Clorwasserstoff

Oberhalb des Kolbens bildet sich an einem mit Salmiakgeist befeuchteten Glasstab weißer Rauch. ◄

● **Folgerung:** Das Reaktionsprodukt aus der Synthese der Grundstoffe Chlor und Wasserstoff ist Salzsäuregas. Es sind also keine weiteren Grundstoffe in diesem Gas gebunden. Es erhält daher den Namen **Chlorwasserstoff**. Kochsalz, durch Reaktion von Chlorwasserstoff mit Natrium entstanden *(Versuch 3/16)*, ist demnach eine Chlor-Natrium-Verbindung. Man nennt sie **Natriumchlorid.**

Ergebnis: Salzsäuregas ist Chlorwasserstoff. Kochsalz ist Natriumchlorid:

Chlor + Wasserstoff ⟶ Chlorwasserstoff *(Versuch 3/19)*

Natrium + Chlorwasserstoff ⟶ Natriumchlorid + Wasserstoff *(Versuch 3/16)*

Anwendung der These von Avogadro

Wenn wir jetzt, da wir die These von Avogadro zur Verfügung haben, die Chlorwasserstoff-Synthese quantitativ, d.h. unter Volumenmessung ausführen, würden wir vielleicht eine Auskunft über die Zahl der miteinander reagierenden und entstehenden Moleküle erhalten.

► **Versuch 3/20**[1]**:** (Lehrerversuch) Ein enges Quarzrohr ist nach beiden Seiten über Dreiwegehähne mit zwei Kolbenprobern verbunden. In das Quarzrohr hat man in kleinen Abständen abwechselnd Quarzwollebäusche und kurze Quarzstäbe eingeschoben; in dem zum Prober II zugewandten Ende liegt eine Platindraht-Spirale *(Abb. 3–11)*. Man füllt in Prober I 50 cm^3 Wasserstoff und in Prober II 30 cm^3 möglichst reines Chlor[2]. Man drückt das Chlor aus II nach I hinüber; dort befinden sich dann 80 cm^3 Chlor-Knallgas. Man erhitzt jetzt den Platindraht mit einer Bunsenbrennerflamme und schiebt das Gemisch ganz langsam aus I nach II hinüber (Schutzscheibe! Schutzbrille!). Man sieht im Dunkeln zwischen dem Platindraht und dem ersten Quarzwollebausch eine kleine Flamme. Sie wandert beim schnelleren Schieben zum nächsten Bausch. Dies ist gefahrlos; auf keinen Fall aber darf die Flamme durch zu schnelles Einschieben über den letzten Wollebausch hinausgehen und das Gasgemisch in I zur Explosion bringen. Man fängt in II nach dem Abkühlen wieder 80 cm^3 Gas auf (Kontrolle mit einem Flüssigkeitsmanometer, das man an einen der Dreiwegehähne anschließt). Man löst jetzt den Prober II von der Apparatur, verschließt die Öffnung mit dem Finger, wobei man die Stellung des Stempels nicht verändern darf, und gibt sie in einer Wanne unter Wasser wieder frei: Die Flüssigkeit dringt sofort in den Prober ein: es bleiben 20 cm^3 eines Restgases im senkrecht gehaltenen Prober. Die Brennbarkeit dieses Gases weist auf Wasserstoff hin. ◄

● **Auswertung:** Aus der Volumenkonstanz nach der Reaktion ergibt sich, daß ebensoviel Chlorwasserstoff entstanden ist, wie Chlor und Wasserstoff zusammen verbraucht worden sind. Da 30 cm^3 Chlor vorhanden gewesen sind und 60 cm^3 Chlorwasserstoff entstehen (Volumenminderung beim Lösen in Wasser), müssen 30 cm^3 Wasserstoff verbraucht worden sein.

Ergebnis: Aus einem Raumteil (1 RT) Chlor und einem Raumteil (1 RT) Wasserstoff entstehen zwei Raumteile (2 RT) Chlorwasserstoff. Die Volumina der drei Gase verhalten sich also wie 1 : 1 : 2.

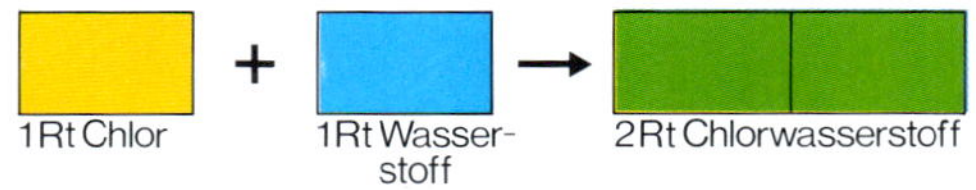

Wir wollen nun annehmen, daß sich in 1 RT Chlor *n* Chlor-Moleküle befinden. Nach der These von Avogadro sind dann in dem 1 RT Wasserstoff ebenfalls *n* Wasserstoff-Moleküle vorhanden, und bei der Reaktion entstehen 2*n* Moleküle Chlorwasserstoff entsprechend 2 RT:

n Moleküle Chlor + *n* Moleküle Wasserstoff ⟶ 2*n* Moleküle Chlorwasserstoff

Das bedeutet, daß sich aus je 1 Molekül Chlor und je 1 Molekül Wasserstoff jeweils 2 Moleküle Chlorwasserstoff bilden.

Ergebnis: Bei der Chlorwasserstoff-Synthese reagieren die Chlor-Moleküle mit einer gleichgroßen Anzahl von Wasserstoff-Molekülen, und es entstehen doppelt soviel Chlorwasserstoff-Moleküle.

Zusammenfassung: *Wir haben in diesem Abschnitt das Gas, das aus konzentrierter Salzsäure entweicht, als Chlorwasserstoff identifiziert.*

[1] nach Theimann

[2] aus Kaliumpermanganat und 25%iger Salzsäure ohne Erhitzen

Dieses zunächst qualitative Ergebnis konnten wir durch einen quantitativen Versuch präzisieren: Bei der Synthese des Gases aus den Grundstoffen verhalten sich die Volumina wie 1 : 1 : 2, also wie kleine ganze Zahlen. Das Erstaunliche ist nun, daß die These von AVOGADRO *sogar eine Aussage über die Zahl der miteinander reagierenden und entstehenden Moleküle liefert, obwohl deren außerordentliche Kleinheit ihre direkte Beobachtung ausschließt.*

3.2.2 Untersuchung von Ammoniak

► **Versuch 3/21:** (Lehrerversuch) Man öffnet vorsichtig eine Flasche mit konzentriertem »Salmiakgeist«. Es verbreitet sich ein eigenartig stechender Geruch, der die Tränendrüsen reizt. Hält man einen Glasstab mit einem Tropfen konzentrierter Salzsäure über die Öffnung der Flasche, so beobachtet man den gleichen weißen Rauch wie bei *Versuch 3/14, Seite 42*.

► **Versuch 3/22:** (Lehrerversuch, Abzug!) Man benutzt die Apparatur von *Versuch 3/15, Seite 42*. Im Erlenmeyerkolben befindet sich konzentrierter Salmiakgeist. Man erhitzt die Flüssigkeit mit kleiner Flamme und regelt die Temperatur so, daß eine geringe Gasentwicklung (Aufsteigen von Gasblasen) erhalten bleibt. Nach Verdrängung der Luft aus der Vorlage wird diese, wie in *Versuch 3/15* beschrieben, mit der Öffnung des Einsatzes nach unten in Wasser getaucht. Dieses strömt heftig ins Innere des Gefäßes. ◄

● **Folgerung:** Aus konzentriertem Salmiakgeist entweicht ein Gas, das stechend riecht, die Tränendrüsen reizt und sich begierig in Wasser löst.

Der Name des Gases ist **Ammoniak**. Bei Zimmertemperatur kann 1 l Wasser 700 l Ammoniak lösen. Die konzentrierte Lösung stimmt in allen Eigenschaften mit Salmiakgeist überein. Man nennt diese Flüssigkeit daher besser »Ammoniakwasser«.
Wir wollen prüfen, ob Ammoniak brennbar ist.

► **Versuch 3/23:** Man füllt einen kleinen Erlenmeyerkolben mit konzentriertem Ammoniakwasser und verschließt den Kolben durch einen Stopfen mit rechtwinklig gebogenem Gasableitungsrohr. Die Flüssigkeit wird bis zur beginnenden Gasentwicklung erhitzt. Wenn die Luft durch Ammoniak verdrängt ist, hält man an die Öffnung des Ableitungsrohrs die farblos gestellte Flamme des Bunsenbrenners: Man sieht eine vom Glasrohr ausgehende fahlgelbe Flamme, die jedoch sofort verlöscht, wenn man den Bunsenbrenner entfernt. ◄

Aus der Beobachtung kann man nicht entnehmen, ob die fahlgelbe Flamme durch eine Reaktion des Ammoniaks mit einem Bestandteil der Luft oder mit dem Gas des Brenners zustande kommt. Wir wählen von den möglichen Reaktionspartnern zunächst den Sauerstoff aus und lassen ihn mit Ammoniak reagieren:

► **Versuch 3/24:** (Lehrerversuch) Durch das innere Rohr eines Daniellschen Hahns (Gebläsebrenner, *Abb. 3–12*) läßt man Ammoniak, durch das Mantelrohr Sauerstoff strömen; an der Mündung mischen sich beide Gase. Das Gemisch läßt sich entzünden und brennt mit fahlgelber Flamme. In einem über die Flamme gehaltenen sauberen und trockenen Becherglas werden Flüssigkeitströpfchen sichtbar, die man mit weißem Kupfersulfat als Wasser nachweist. ◄

● **Folgerung:** Ammoniak reagiert exotherm mit reinem Sauerstoff. Die Konzentration des Sauerstoffs in der Luft dagegen ist zu gering, um die Verbrennung des Ammoniaks zu unterhalten *(Versuch 3/23)*.
Bei der Reaktion mit Sauerstoff entsteht Wasserdampf. Der dafür notwendige Wasserstoff kann nur aus dem Ammoniak stammen.

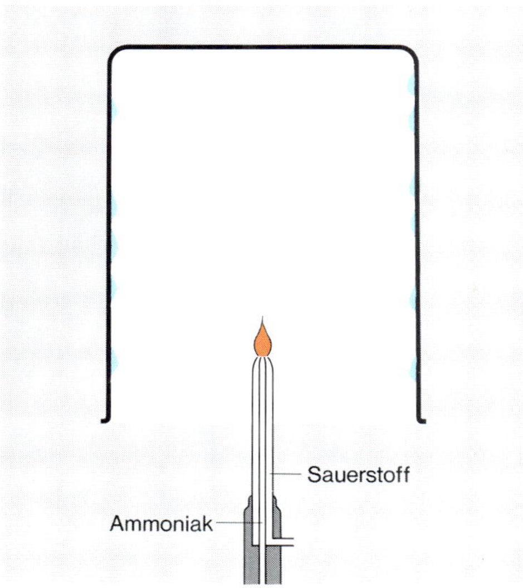

Abb. 3–12: Zu Versuch 3/24. Reaktion zwischen Ammoniak und reinem Sauerstoff

Eigenschaften von Ammoniak

Ergebnis: Ammoniak ist eine Wasserstoff-Verbindung.

Welche anderen Grundstoffe sind im Ammoniak an den Wasserstoff gebunden? Ähnlich wie beim Chlorwasserstoff experimentieren wir wieder mit einem Metalloxid, das leicht zu reduzieren ist.

► **Versuch 3/25:** (Lehrerversuch) Man leitet Ammoniak durch ein mit Natronkalk[1] gefülltes Trockenrohr in ein Reaktionsrohr, in dem sich auf einer Magnesia-Rinne schwarzes Kupferoxid befindet. Ein Ableitungsrohr ist so gebogen, daß es in eine Wanne mit Wasser eingetaucht werden kann. Wenn die Luft im Reaktionsrohr verdrängt ist (Geruch nach Ammoniak am Ableitungsrohr), erhitzt man das Kupferoxid und beobachtet eine Farbänderung von Schwarz nach Hellrot und gleichzeitig eine Kondensation von Wasserdampf an den kalten Teilen der Apparatur. Man führt erst jetzt das Ableitungsrohr in die pneumatische Wanne ein und fängt dort ein farbloses, geruchloses Gas auf, das sich als nicht brennbar erweist. ◄

● **Folgerung:** Das hellrote Reaktionsprodukt ist Kupfer. Der Sauerstoff des Oxids hat mit dem Wasserstoff des Ammoniaks Wasser gebildet. Das gasförmige Reaktionsprodukt ist ein weiterer Bestandteil des Ammoniaks.

Ammoniak ist eine Stickstoff-Wasserstoff-Verbindung.

Seine Eigenschaften: Farb- und Geruchlosigkeit, Nicht-Brennbarkeit, außerdem die hier nicht durchführbare Bestimmung der Siedetemperatur von $-196\,°C$ kennzeichnen es als Stickstoff.

Ergebnis: Ammoniak ist eine Stickstoff-Verbindung.

Der nun erwünschte Nachweis in Form einer Synthese, daß Ammoniak nur aus den Grundstoffen Stickstoff und Wasserstoff besteht, wird erst in *Versuch 4/5* des nächsten Kapitels erfolgen.

Für das Reaktionsgeschehen *Versuch 3/25* können wir dann schreiben:

Stickstoffwasserstoff + Kupferoxid
(Ammoniak)
→ Stickstoff + Kupfer + Wasserstoffoxid
(Wasser)

[1] Körniges Gemisch aus Ätznatron und Ätzkalk, das Wasserdampf bindet

Die Gasvolumina verhalten sich wie kleine ganze Zahlen.

Bei der Chlorwasserstoff-Synthese *(Versuch 3/20)* erhält man aus 1 RT Chlor und 1 RT Wasserstoff, also aus 2 RT Gemisch, wieder 2 RT Chlorwasserstoff. Wir kennen die Gesetze von der Erhaltung der Masse und von der Erhaltung der Energie. Gibt es dann vielleicht auch ein Gesetz von der Erhaltung des Volumens? Wenn es existiert, müßte es sich bei der Zerlegung des Ammoniaks in Stickstoff und Wasserstoff bestätigen lassen.

► **Versuch 3/26:** (Lehrerversuch) In der Mitte einer vollständigen Kolbenprober-Apparatur befindet sich ein enges Quarzrohr, in das man zwischen Quarzwollebäusche schwarzes Kupferoxid[1] gefüllt hat. Man verdrängt die Luft restlos mit Stickstoff, den man einer Stahlflasche entnimmt. In Prober I leitet man 60 cm^3 Ammoniak ein, das man aus konzentriertem Ammoniakwasser herstellt und mit Natronkalk trocknet. Prober II bleibt leer. Man schiebt das Ammoniak mehrere Male über das auf schwacher Rotglut erhitzte Kupferoxid hin und her, bis sich das Volumen nicht mehr ändert. Nach dem Abkühlen und Ausgleichen des Drucks (Manometer) liest man im Prober I ein Volumen von 30 cm^3 ab. Man drückt das Gas über den Dreiwegehahn am Prober I aus der Apparatur heraus und leitet jetzt durch den selben Hahn in den Prober I 100 cm^3 Sauerstoff ein. Man erhitzt das im Reaktionsrohr entstandene Kupfer und leitet längere Zeit den Sauerstoff darüber, bis das Metall vollständig zum Oxid zurückverwandelt ist. Wenn das Volumen konstant bleibt, sind nach dem Abkühlen 45 cm^3 Sauerstoff verbraucht worden. ◄

Anwendung der These von Avogadro

● **Auswertung:** Bezeichnen wir 30 cm^3 als 1 RT, dann ist aus 2 RT Ammoniak 1 RT Stickstoff entstanden. Der im Ammoniak gebundene Wasserstoff hat mit dem Sauerstoff des Oxids Wasser gebildet. Zur Rückoxidation des Kupfers sind 1,5 RT Sauerstoff nötig; diesem Volumen entspricht nach *Versuch 2/4, Seite 22,* das doppelte Volumen Wasserstoff, also 3 RT.

Ergebnis: Aus 2 RT Ammoniak entstehen 1 RT Stickstoff und 3 RT Wasserstoff. Die Volumina der drei Gase verhalten sich wie 2 : 1 : 3.

[1] Es eignen sich kleine Stücke (z.B. in Drahtform) besser als Pulver. Falls das Oxid schon einmal benutzt worden ist, muß es vor dem Versuch längere Zeit im Sauerstoffstrom erhitzt werden. – Wegen der Bildung von Wasser werden die Prober zum besseren Gleiten mit Glycerin geschmiert.

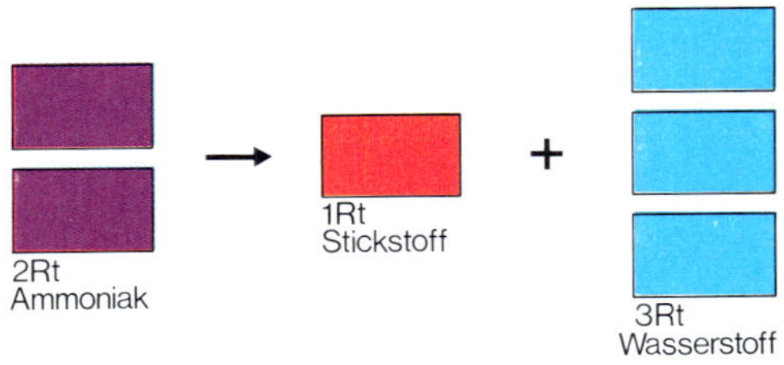

Es gibt also kein Gesetz von der Erhaltung des Volumens, da das Gesamtvolumen der Reaktionsprodukte doppelt so groß ist wie das des verbrauchten Ammoniaks. Allerdings verhalten sich auch hier die Volumina wie kleine ganze Zahlen.
Nehmen wir nun wieder an, daß in 1 RT Stickstoff *n* Stickstoff-Moleküle vorhanden sind, dann folgt nach der These von AVOGADRO, daß aus 2*n* Molekülen Ammoniak 3*n* Moleküle Wasserstoff und *n* Moleküle Stickstoff entstehen.

2*n* Moleküle Ammoniak
⇄ *n* Moleküle Stickstoff +
\+ 3*n* Moleküle Wasserstoff

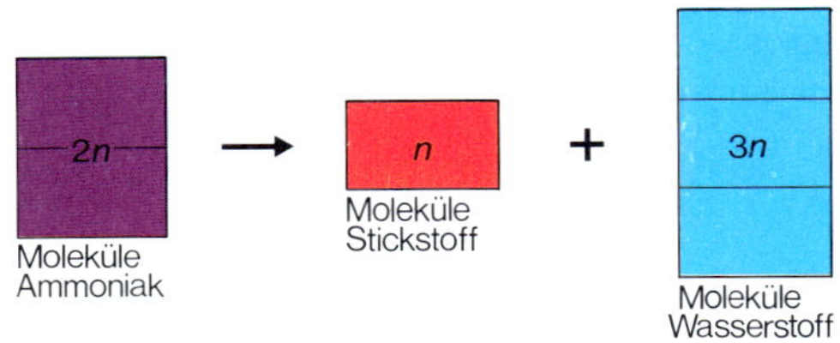

Von rechts nach links gelesen bedeutet das:

Ergebnis: Bei der Ammoniak-Synthese reagieren die Stickstoff-Moleküle mit der dreifachen Menge Wasserstoff-Moleküle, und es entsteht die doppelte Menge Ammoniak-Moleküle.

Zusammenfassung: *Salmiakgeist ist eine Lösung von Ammoniak in Wasser. Das Gas ist eine Stickstoff-Wasserstoff-Verbindung. Die quantitative Analyse zeigt, daß aus 2 RT Ammoniak 1 RT Stickstoff und 3 RT Wasserstoff, also insgesamt 4 RT Reaktionsprodukte entstehen. Es gibt also kein Gesetz von der Erhaltung des Gasvolumens. Allerdings verhalten sich auch bei der Ammoniak-Zersetzung – wie in* 3.2.1, Seite 44 *– die Gasvolumina wie kleine ganzen Zahlen.*
Ob wir mit dieser zweiten Feststellung einer allgemeinen Gesetzmäßigkeit auf die Spur gekommen sind, werden wir im nächsten Abschnitt an der Wasser-Synthese prüfen.

3.2.3 Quantitative Synthese des Wassers

Die Analyse des Wassers, wie wir sie in *2.2.1, Seite 22,* durchgeführt haben, hat schon einige quantitative Resultate gebracht: Bei der Zerlegung des Wassers durch elektrische Energie kommen auf 1 RT Sauerstoff immer 2 RT Wasserstoff. Wir wissen aber noch nicht, wieviel RT Wasserdampf dabei verbraucht werden. Wir stellen die Frage anders: Wieviel RT Wasserstoff entstehen bei der Reaktion von 1 RT Sauerstoff mit 2 RT Wasserdampf? Mit einem Knallgas-Gemisch können wir die Synthese wegen der Heftigkeit der Reaktion nicht ohne besondere Vorsichtsmaßnahmen durchführen. Wir müssen ähnlich wie in *Versuch 2/6, Seite 23,* Wasserstoff in Gegenwart von Sauerstoff verbrennen, wobei aber der entstehende Wasserdampf nicht zu Wasser kondensieren darf; denn wenn wir die These von AVOGADRO anwenden wollen, muß das Wasser im gasförmigen Zustand vorliegen. Das Arbeiten bei Temperaturen über 100° C (Siedetemperatur des Wassers) ist unbequem. Wenn wir aber bedenken, daß z. B. in einem großen, mit Menschen gefüllten Raum fortwährend aus allen Lungen Wasserdampf ausgeatmet wird, ohne daß er bei Raumtemperatur kondensiert, müßte es auch gelingen, den in der Wasserstoff-Flamme entstehenden Wasserdampf vor der Kondensation zu bewahren, wenn man ihm ein genügend großes Volumen zur Verfügung stellt.

► **Versuch 3/27:** (Lehrerversuch) Man benutzt eine Woulfe'sche Flasche mit 5 l Inhalt. Sie hat unten einen seitlichen Tubus. Dieser wird mit einem Stopfen verschlossen, durch den ein Kapillarrohr und die Zuleitungen einer Platin-Heizspirale eingeführt sind *(Abb. 3–13).* Das Kapillarrohr ist über den Dreiwegehahn 1 mit dem Kolbenprober I verbunden. Aus einer der oberen Öffnungen führt durch den Stopfen ein rechtwinklig gebogenes Ableitungsrohr zum Dreiwegehahn 2 und zum Kolbenprober II. Die andere Öffnung ist mit einem Stopfen mit empfindlichem Thermometer (0,1°-Skala) verschlossen. Man leitet vor dem eigentlichen Versuch etwa 10 min lang trockene Luft durch die Flasche,

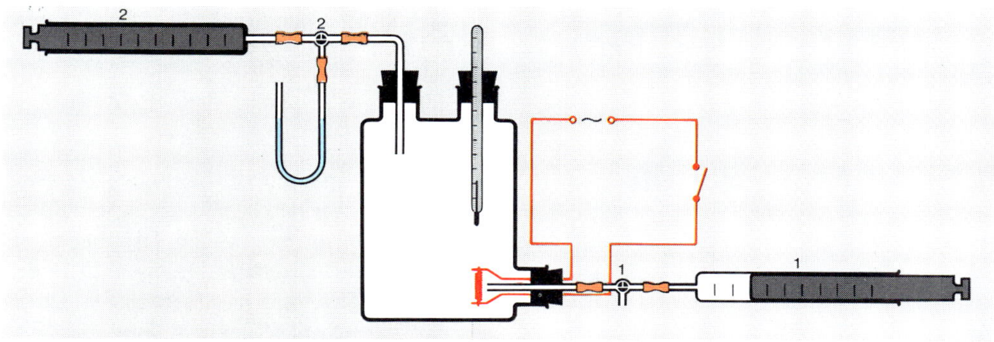

Abb. 3–13: Zu Versuch 3/27. Quantitative Synthese von Wasserdampf

indem man an den Dreiwegehahn 1 eine Wasserstrahlpumpe und an den Hahn 2 eine mit konzentrierter Schwefelsäure gefüllte Waschflasche anschließt. In den Prober I füllt man dann z. B. 40 cm³ Wasserstoff und stellt den Hahn 1 so, daß das Gas weder in die Flasche noch nach außen strömen kann. Jetzt bringt man die Platin-Spirale durch Anlegen einer geeigneten Spannung auf helle Glut; die Volumenzunahme der erwärmten Luft wird vom Prober II aufgefangen. Man gibt dann mittels Hahn 1 die Verbindung von Prober I zur Flasche frei, wobei man unbedingt den Stempel mit der Hand festhalten muß, damit er nicht durch den in der Flasche vielleicht herrschenden Überdruck zurückgeschoben wird. Man drückt den Wasserstoff langsam in die Flasche hinein, wobei er sich an der glühenden Platindraht-Spirale entzündet. Nach dem Abschalten des Heizstroms kühlt man die Flasche durch Auflegen nasser Tücher ab, bis die Anfangstemperatur erreicht ist, drückt das noch im Prober II befindliche Gas vollständig in Prober I und liest dort das Volumen ab: 20 cm³. ◀

● **Auswertung:** Bezeichnen wir 20 cm³ als 1 RT, so sind 2 RT Wasserstoff und 1 RT Sauerstoff verbraucht worden. Das Volumen ist aber nicht um 3 RT, sondern nur um 1 RT kleiner geworden, d. h. es sind 2 RT Wasserdampf entstanden.

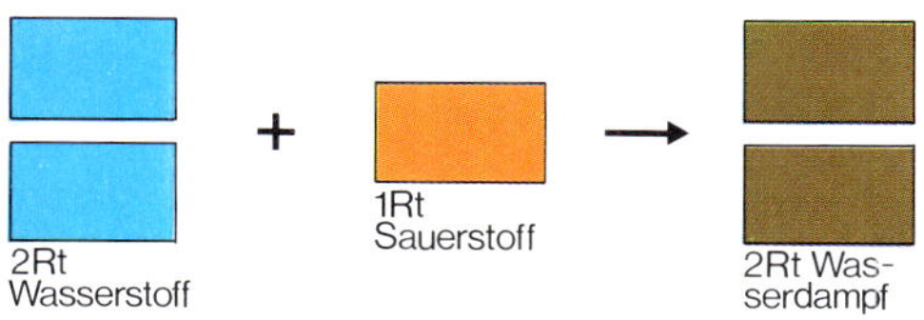

Ergebnis: Aus 2 RT Wasserstoff und 1 RT Sauerstoff entstehen 2 RT Wasserdampf. Die Volumina der drei Gase verhalten sich wie 2 : 1 : 2.

Nehmen wir an, daß in 1 RT *n* Moleküle vorhanden sind, so folgt aus der AVOGADRO-These:

$2n$ Moleküle Wasserstoff +
+ n Moleküle Sauerstoff
→ $2n$ Moleküle Wasser

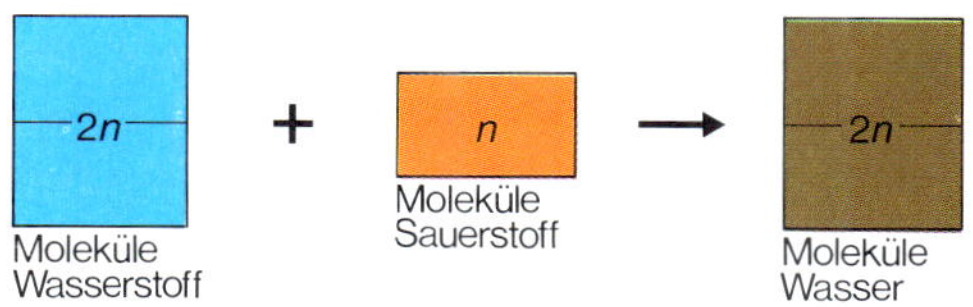

Ergebnis: Bei der Wasser-Synthese reagieren die Sauerstoff-Moleküle mit der doppelten Menge Wasserstoff-Moleküle, und es entsteht die doppelte Menge Wasser-Moleküle.

Bei der Wasser-Synthese gibt es – wie bei der Ammoniak-Analyse *(3.2.2, Seite 46)* – keine Volumen-Konstanz. Es bestätigt sich jedoch, daß bei allen bisher durchgeführten quantitativen gasvolumetrischen Versuchen die Volumina der reagierenden und entstehenden Gase sich wie kleine ganze Zahlen verhalten (Chlorwasserstoff-Synthese 1 : 1 : 2, Ammoniak-Zersetzung 2 : 1 : 3, Wasser-Synthese 2 : 1 : 2). Entsprechende Beobachtungen macht man bei allen Reaktionen, bei denen Gase als Reaktionspartner auftreten. Wir sind, wie schon in *3.2.2, Seite 46*, vermutet, auf ein allgemeingültiges Gesetz gestoßen, das 1803 von GAY-LUSSAC und HUMBOLDT[1] entdeckt wurde:

Ergebnis: Sind bei chemischen Reaktionen Gase als Ausgangsstoffe oder Reaktionsprodukte beteiligt, so stehen die Gasvolumina zueinander im Verhältnis kleiner ganzer Zahlen.

Zusammenfassung: *Die chemische Zusammensetzung des Wassers als Wasserstoffoxid war uns schon in* Kapitel 2 *bekannt. Die jetzt durchgeführte quantitative Synthese bestätigt das Gesetz von* GAY-LUSSAC *und* HUMBOLDT *über die einfachen Volumenverhältnisse bei Gasreaktionen. Das Gesetz findet seine Erklärung durch die These von* AVOGADRO: *Die im Verhältnis kleiner ganzer Zahlen stehenden Raumteile spiegeln die Zahl der miteinander reagierenden und entstehenden Moleküle wider.*

Unsere Absicht in Kapitel 3 *war, die Eigenschaften der Gase (Zusammendrückbarkeit, gleichmäßige Raumausfüllung, unterschiedliche Diffusionsgeschwindigkeiten, Abhängigkeit des Volumens von Druck und Temperatur) zu erklären. Indem wir die Entwicklung der chemischen Wissenschaft nachvollzogen, erfanden wir kleine, starre, beim Stoß elastisch zurückspringende Moleküle, die bei gleicher Temperatur gleiche mittlere kinetische Energie besitzen.*

Eines der wichtigsten Ergebnisse dieser Molekularkinetik ist die These von AVOGADRO (3.1.5, Seite 41). W. NERNST[2] *bezeichnete diese These als »ein fast unerschöpfliches, von der*

A. VON HUMBOLDT

W. NERNST

Anwendung der These von AVOGADRO auf die ganzzahligen Volumenverhältnisse

[1] Alexander von HUMBOLDT (1769–1859), deutscher Naturforscher, Berlin

[2] Walter NERNST (1864–1941), Prof. für Physikalische Chemie Berlin, Nobel-Preis 1920

Molekulartheorie geschenktes Füllhorn.« Nur mit Hilfe dieser These können die ganzzahligen Volumenverhältnisse bei Gasreaktionen (GAY-LUSSAC/HUMBOLDT, 3.2.3, Seite 47) *als Zahlenverhältnisse der miteinander reagierenden und entstehenden Moleküle gedeutet werden. Wir werden im nächsten Kapitel erkennen, daß man aus den gewonnenen Zahlenverhältnissen weitere wichtige und überraschende Folgerungen ziehen kann.*

Übungen

1. Umgangssprachlich hört man oft: Chlorwasserstoff besteht aus Wasserstoff und Chlor; aber auch Chlorknallgas besteht aus Wasserstoff und Chlor. Nimm dazu kritisch Stellung.
2. Beschreibe typische Eigenschaften der Gase Chlor, Chlorwasserstoff, Ammoniak und Wasserdampf.
3. Beschreibe Versuche, mit denen nachgewiesen werden kann, daß Ammoniak eine Stickstoff-Wasserstoff-Verbindung ist, und daß kein weiterer Bindungspartner beteiligt ist.

4. Die chemischen Symbole

4.1 Der Atom-Begriff

4.1.1 Formeln, Reaktionsgleichungen

Für die Chlorwasserstoff-Synthese *(3.2.1, Seite 44)* konnten wir schreiben:

n Moleküle Chlor + *n* Moleküle Wasserstoff
→ 2 *n* Moleküle Chlorwasserstoff

Moleküle sind aus Atomen zusammengesetzt.

Als Molekül einer Chlor-Verbindung besitzt jedes einzelne Chlorwasserstoff-Molekül sicherlich einen »Anteil« Chlor. Alle $2n$ Chlorwasserstoff-Moleküle enthalten also insgesamt $2n$ Chlor-Anteile. Diese stammen aber aus nur *n* Chlor-Molekülen. Machen wir die wohl selbstverständliche Annahme, daß die Chlor-Moleküle untereinander gleich sind, folgt daraus, daß jedes der Chlor-Moleküle in zwei Chlor-Anteile aufgespalten werden kann.

Wir nennen den kleinsten Chlor-Anteil, der aus einem Chlor-Molekül entstehen kann, **Chlor-Atom**[1] und machen die zusätzliche Annahme, daß die beiden Chlor-Anteile, in die die Chlor-Moleküle bei der Chlorwasserstoff-Synthese aufspalten, solche Chlor-Atome sind. Für das Chlor-Atom verwenden wir das Symbol »Cl«, für das aus zwei Chlor-Atomen zusammengesetzte Chlor-Molekül das Symbol »Cl_2«.

Atom- und Molekül-Symbole, (»Formeln«), Reaktionsgleichungen

Aus den *n* Wasserstoff-Molekülen entstehen bei der Synthese ebenfalls doppelt soviel Chlorwasserstoff-Moleküle. Die gleiche Überlegung zwingt also zu dem Ergebnis, daß auch die Wasserstoff-Moleküle aus zwei gleichen Anteilen zusammengesetzt sind. Wir deuten diese Wasserstoff-Anteile wieder als nicht mehr weiter teilbare **Wasserstoff-Atome**. Ihr Symbol »H« wird von dem aus dem Griechischen gebildeten Namen Hydrogenium[1] für Wasserstoff abgeleitet. Das Symbol für das aus zwei Wasserstoff-Atomen zusammengesetzte Wasserstoff-Molekül ist dann »H_2«.

Ergebnis: Die Auswertung der Chlorwasserstoff-Synthese zwingt zu dem Schluß, daß die Chlor- und die Wasserstoff-Moleküle aus je zwei gleichen Anteilen zusammengesetzt sind. Die zusätzliche Annahme, daß diese Anteile nicht mehr weiter aufteilbar sind, erlaubt, sie als Chlor- bzw. Wasserstoff-Atome zu kennzeichnen.

Die $2n$ Chlorwasserstoffmoleküle entstehen also aus n Cl_2-Molekülen, das sind $2n$ Chlor-Atome. Jedes Chlorwasserstoff-Molekül enthält demnach 1 Chlor-Atom gebunden. Nach der entsprechenden Überlegung für Wasserstoff ist in jedem Chlorwasserstoff-Molekül auch ein Atom Wasserstoff gebunden. Wir schreiben daher für das Chlorwasserstoff-Molekül das Symbol »HCl«.

Ergebnis: Die Moleküle der drei Gase Chlor, Wasserstoff und Chlorwasserstoff haben die »Formeln« Cl_2, H_2 und HCl.

Für die Reaktion können wir jetzt mit den neuen Symbolen schreiben:

$$n\,Cl_2 + n\,H_2 \longrightarrow 2n\,HCl$$

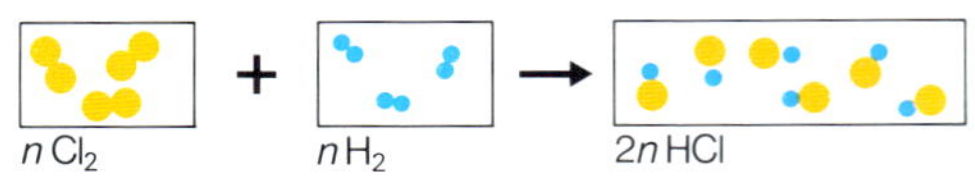

[1] atomos (gr.), unzerschneidbar

[1] hydor (gr.), Wasser; genein (gr.), werden, entstehen

Es ist üblich, in einer solchen **Reaktionsgleichung** auf die Zahl n zu verzichten, wie wenn man – wie bei einer mathematischen Gleichung – durch n »dividieren« könnte. Man schreibt kurz:

(1) $Cl_2 + H_2 \rightarrow 2\,HCl$

Wir wollen bei dieser Schreibweise nicht vergessen, daß sie nur die Bilanz des Gesamtvorgangs wiedergibt: Im Durchschnitt entstehen aus *je* einem Chlor- und *je* einem Wasserstoff-Molekül *je* zwei Chlorwasserstoff-Moleküle. Die Reaktionsgleichung kann also keine Aussage über das Verhalten eines einzelnen Moleküls beim Reaktionsgeschehen machen.

Ergebnis: Eine Reaktionsgleichung wird mit den Symbolen für die Atome bzw. Moleküle der miteinander reagierenden bzw. entstehenden Stoffe formuliert. Die Koeffizienten vor den Symbolen geben an, in welchen Zahlenverhältnissen die Moleküle reagieren bzw. entstehen. Bei gasförmigen Reaktionspartnern bedeuten die Koeffizienten gleichzeitig Volumenverhältnisse.

Wir gehen zur Auswertung der quantitativen Ammoniak-Zersetzung *(3.2.2, Seite 46)* über:

$2n$ Moleküle Ammoniak
→ n Moleküle Stickstoff +
+ $3n$ Moleküle Wasserstoff

Jedes Ammoniak-Molekül besitzt als Molekül einer Stickstoff-Verbindung einen Stickstoff-Anteil. Aus $2n$ Stickstoff-Anteilen entstehen nur halb soviel Stickstoff-Moleküle. Jedes von diesen ist also aus zwei Teilen zusammengesetzt. Wir nehmen wieder an, daß ein solcher Stickstoffanteil in nicht noch kleinere Teile zerlegt werden kann. Wir nennen die beiden Anteile **Stickstoff-Atome;** sie erhalten das Symbol »N« vom wissenschaftlichen Namen Nitrogenium[1] für Stickstoff. Für das Stickstoff-Molekül schreiben wir dann »N_2«.

[1] nitron (gr.), Salpeter, eine in der Natur vorkommende Stickstoff-Verbindung

Die Wasserstoff-Moleküle sind uns schon als zweiatomig bekannt. $3n$ von ihnen enthalten $6n$ Wasserstoff-Atome. Diese stammen (wie die $2n$ Stickstoff-Atome der n N_2-Moleküle) aus $2n$ Ammoniak-Molekülen. Jedes Ammoniak-Molekül enthält also 1 Stickstoff-Atom und 3 Wasserstoff-Atome; seine Formel ist demnach »NH_3«. Die Reaktionsgleichung der Ammoniak-Zersetzung lautet:

$$2n\,NH_3 \rightarrow n\,N_2 + 3n\,H_2$$

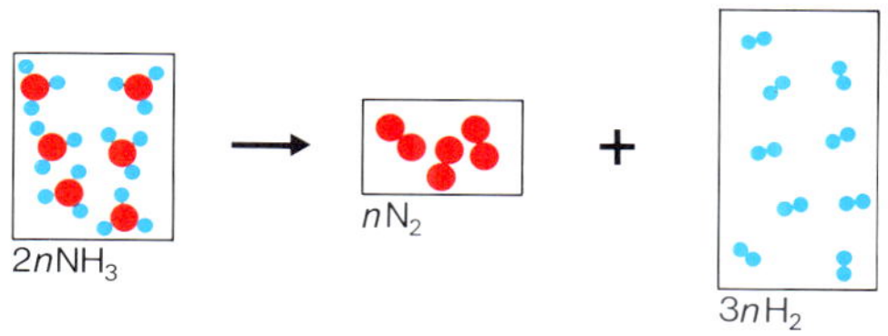

bzw. als Bilanz:

(2) $2\,NH_3 \rightarrow N_2 + 3\,H_2\,.$

Keineswegs dürfen wir vorschnell annehmen, daß die zweite Gleichung das Einzelverhalten der Moleküle beschreibt, etwa, daß beim Zusammenprall von zwei Ammoniak-Molekülen 4 Teilchen »entspringen«. Dies ist ziemlich unwahrscheinlich. Erst in neuerer Zeit kennt man die tatsächliche Wirkungsweise der einzelnen Stoffpartner bei chemischen Reaktionen. Diesen »Reaktionsmechanismus« werden wir im späteren Unterricht kennenlernen.

Ergebnis: Stickstoff-Moleküle sind aus zwei Stickstoff-Atomen zusammengesetzt. Im Ammoniak-Molekül sind drei Wasserstoff-Atome an ein Stickstoff-Atom gebunden.

Nun betrachten wir das Ergebnis der Wasser-Synthese von *3.2.3, Seite 47.* Es lautet:

n Moleküle Sauerstoff +
+ $2n$ Moleküle Wasserstoff
→ $2n$ Moleküle Wasser

Analog zu den Überlegungen bei Chlorwasserstoff und Ammoniak müssen wir schließen, daß auch die Sauerstoff-Moleküle aus zwei Sauerstoff-Anteilen zusammengesetzt sind. Wir nehmen an, daß es sich um nicht mehr weiter teilbare **Sauerstoff-Atome** handelt. Der wissenschaftliche Name für Sauerstoff ist Oxygenium[1]. Das Symbol für das Sauerstoff-Atom ist »O«, für das Sauerstoff-Molekül »O_2«.

H_2, N_2, O_2, Cl_2

Die Zweiatomigkeit der Wasserstoff-Moleküle ist schon bekannt. Nun zeigt wieder eine einfache Überlegung, daß in jedem Wasser-Molekül 2 Wasserstoff-Atome an 1 Sauerstoff-Atom gebunden sind. Das chemische Symbol für Wasser ist daher »H_2O«.

HCl, NH_3, H_2O

$$2n\,H_2 + n\,O_2 \rightarrow 2n\,H_2O$$

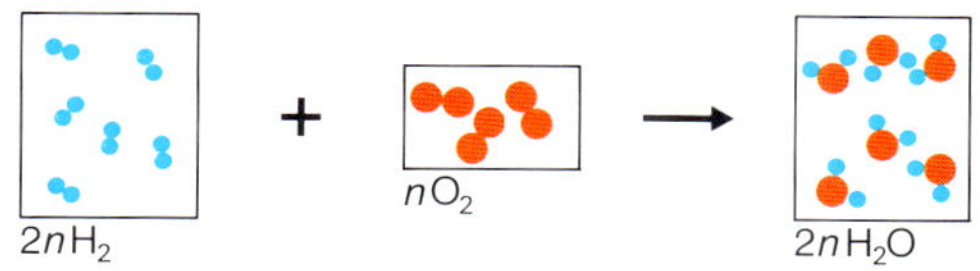

bzw.

(3) $O_2 + 2\,H_2 \rightarrow 2\,H_2O$

Ergebnis: Die Formel des Sauerstoff-Moleküls ist O_2, die des Wasser-Moleküls H_2O.

Es fällt auf, daß man das Symbol H in den Formeln des Chlorwasserstoffs HCl und des Wassers H_2O an die erste Stelle, in der Ammoniak-Formel NH_3 aber an die zweite Stelle schreibt; andere als historische Gründe gibt es dafür nicht.
Eine zweite historisch bedingte Inkonsequenz liegt in der Verwendung des gleichen Namens, z. B. »Sauerstoff«, für die Moleküle wie für die Atome. Ursprünglich ist »Sauerstoff« die Bezeichnung einer stofflichen Substanz, nämlich des Gases mit seinen charakteristischen Eigenschaften, z. B. Entflammen eines glimmenden Holzspans. Später benutzte man den gleichen Namen auch, wenn man Aussagen über die O-Atome als solche machen wollte (Masse, Durchmesser, chemisches Verhalten). Für die Stoffart, wie im ersten Fall, haben wir daher

[1] oxys (gr.), sauer

die Vokabeln Grund**stoff** und Elementar**substanz** benutzt. Im zweiten Fall, wenn wir die Atomsorte meinen, wollen wir von **Element** sprechen. Zum Element Sauerstoff z. B. gehören zwei Elementarsubstanzen: Das Gas Sauerstoff mit der Formel O_2 und das uns noch nicht bekannte Gas Ozon, dessen Moleküle aus drei Sauerstoff-Atomen bestehen, das also die Formel O_3 hat.

Ergebnis: Unter einem Element versteht man eine bestimmte Atomsorte, unter einer Elementarsubstanz einen Stoff, dessen Moleküle aus Atomen des gleichen Elements aufgebaut sind, unter einer Verbindung einen Stoff aus Atomen verschiedener Elemente.

DEMOKRIT (etwa 470–380 v. Chr.)

Demokrit erklärte als erster die Eigenschaften der Materie durch die Annahme von Atomen.

Zusammenfassung: *Der vorliegende Abschnitt hat uns wichtige Erkenntnisse gebracht. Der Molekül-Begriff in* Kapitel 3 *ist zunächst nur zur Erklärung des Verhaltens gasförmiger Stoffe entwickelt worden. Die Auswertung der gasvolumetrischen Versuche jedoch zwingt zur Annahme, daß die Moleküle aus noch kleineren Teilchen, den Atomen, zusammengesetzt sind.*

Um Moleküle in Atome spalten zu können, ist Energie erforderlich, die bei den Reaktionen von außen (thermische Energie) oder durch das Vereinigen der Atome zu neuen Molekülen geliefert wird (chemische Energie). Für unseren Atombegriff ist es also ein wesentliches Merkmal, daß die Atome durch thermische oder chemische Energie nicht mehr weiter zerlegt werden können. Bezüglich dieser Energie-Formen sind die Atome tatsächlich unteilbar. Es gibt jedoch Energien, die um viele Zehnerpotenzen größer sind als die genannten und deshalb Atome spalten können. Dieser Bereich gehört zur Kernphysik.

Weiterhin haben wir in diesem Abschnitt die chemischen Symbole für Atome und Moleküle eingeführt und mit ihnen Reaktionsgleichungen formuliert. Daß es sich bei den Symbolen um mehr als nur um eine Art Kurzschrift für die Atome und Moleküle handelt, werden wir im nächsten Abschnitt erfahren und begründen.

Schließlich haben wir die Begriffe »Elementarsubstanz« und »Element« unterschieden.

4.1.2 Atom- und Molekül-Masse

Wenn die Reaktionsgleichungen (1) und (2) des vorigen Abschnitts die Chlorwasserstoff-Synthese und die Ammoniak-Zersetzung richtig beschreiben, muß man aus ihnen das Gesetz von der Erhaltung der Masse *(2.3.1, Seite 29)* ablesen können. Zu diesem Zweck brauchen wir nur für die Raumteile z. B. 1000 cm^3 zu wählen; ihre Massen erhalten wir dann durch Multiplikation der Dichten *(Tab. 4–1, zweite Spalte)* mit 1000:

(1a)

$$1000\ cm^3\ Cl_2 + 1000\ cm^3\ H_2 \rightarrow 2000\ cm^3\ HCl$$
$$3{,}214\ g\ Cl_2 + 0{,}0899\ g\ H_2 \overset{?}{=} 2 \cdot 1{,}639\ g\ HCl$$
$$3{,}304\ g \neq 3{,}278\ g$$
(Abweichung 0,8%)

(2a)

$$2000\ cm^3\ NH_3 \rightarrow 1000\ cm^3\ N_2 + 3000\ cm^3\ H_2$$
$$2 \cdot 0{,}771\ g\ NH_3 \overset{?}{=} 1{,}251\ g\ N_2 + 3 \cdot 0{,}0899\ g\ H_2$$
$$1{,}542\ g \neq 1{,}521\ g$$
(Abweichung 1,4%)

Das Resultat ist überraschend. Die Werte weichen zwar nur wenig voneinander ab, doch ihre Differenzen betragen immerhin etwa 1%. Versuchsfehler bei der Bestimmung der Gasdichten scheiden aus; ihre Beträge sind auf mehr Dezimalstellen genau bestimmt als sie in *Tab. 4–1* aufgenommen sind. Es muß ein grundsätzlicher Fehler vorliegen: Entweder stimmt das Gesetz von der Erhaltung der Masse nicht, oder die These von AVOGADRO über gleich viele Moleküle pro Volumeneinheit trifft nicht zu, sofern wir an der Richtigkeit der Formeln und Reaktionsgleichungen festhalten wollen.

Das Problem und dessen Lösung liegen in der Gegenüberstellung von Gesetz und These. Untersucht man die beiden Reaktionen massenmäßig statt durch Volumenmessung *(Versuch 3/20* und *Versuch 3/26)*, so erhält man tatsächlich Massenkonstanz. Die wissenschaftlichen Versuchsergebnisse, deren Genauigkeit mit den Mitteln des Schul-Labors nicht erreicht wird, sind zum besseren Vergleich mit *(1a)* und *(2a)* wieder auf 0,0899 g H_2 (1000 cm^3) bezogen:

(1b)

$$3{,}161\ g\ Cl_2 + 0{,}0899\ g\ H_2 \overset{?}{\underset{!}{=}} 2 \cdot 1{,}6254\ g\ HCl$$
$$3{,}251\ g \overset{!}{=} 3{,}251\ g$$

(2b)

$$2 \cdot 0{,}7594\ g\ NH_3 \overset{?}{\underset{!}{=}} 1{,}249\ g\ N_2 + 3 \cdot 0{,}0899\ g\ H_2$$
$$1{,}519 \overset{!}{=} 1{,}519\ g$$

Um wieder eine Beziehung zwischen den Volumina zu erhalten, müssen wir jetzt die Massen durch die zugehörigen Dichten dividieren:

(1c)

$$983\ cm^3\ Cl_2 + 1000\ cm^3\ H_2 \rightarrow 2 \cdot 992\ cm^3\ HCl$$

(2c)

$$2 \cdot 985\ cm^3\ NH_3 \rightarrow 1000\ cm^3\ N_2 + 3 \cdot 1000\ cm^3\ H_2$$

Es darf uns nicht wundern, daß wir mit den Kolbenprober-Apparaturen der *Versuche 3/20 und 3/26* diese Abweichungen der Volumina von 1000 cm^3 bei Chlor, Chlorwasserstoff und Ammoniak nicht feststellen konnten. Die unvermeidlichen Fehler beim Ablesen der Kolbenprober-Skala sind größer als diese Abweichungen. Aber die These von AVOGADRO ist nun in Frage gestellt.

Ergebnis: Unter der Voraussetzung, daß die Reaktionsgleichungen *(1)* und *(2)* die Chlorwasserstoff-Synthese und die Ammoniak-Zersetzung richtig beschreiben, sind die Volumina für gleich viele Moleküle bei den Gasen Chlor, Chlorwasserstoff und Ammoniak um 1,7%, 0,8% und 1,5% kleiner als die Volumina von Wasserstoff und Stickstoff.

Wir müssen uns an dieser Stelle wieder vergegenwärtigen, daß die These von AVOGADRO das Ergebnis von Denkvorstellungen, also kein beobachtbares Erfahrungsgesetz ist wie das von der Erhaltung der Masse. Die These sollte lediglich das Verhalten der Gase erklären. Stößt man auf Beobachtungen, die sich durch das Denk-Modell nicht mehr erklären lassen, dann ist man gezwungen, entweder eine neue, passendere Hypothese zu erfinden, oder die bewährten Vorstellungen so zu erweitern, daß auch die neuen Tatsachen eingeordnet werden können.

Wir wollen versuchen, den zweiten Weg zu beschreiten. Wir müssen die Voraussetzungen betrachten, die der These zugrunde liegen, aber vielleicht der Realität nicht völlig entsprechen.

In der dritten Spalte der *Tab. 4–1* sind die Siedetemperaturen der Gase angegeben.

Es fällt auf: Die drei Gase Chlor, Chlorwasserstoff und Ammoniak, für die wir zu kleine Volumina gegenüber Wasserstoff und Stickstoff festgestellt haben, besitzen sehr viel höhere Siedetemperaturen als diese. Kühlt man die Gase ab, d. h. vermindert man die kinetische Energie der Moleküle, so kondensiert z. B. Chlor bei bedeutend höherer

	Formel	Dichte ϱ in $\frac{g}{cm^3}$ (i. N.)	Siedetemperatur Kp in °C	Molekülmasse m in u
Wasserstoff	H_2	0,0000899	−252,8	2,016
Stickstoff	N_2	0,001251	−195,8	28,014
Sauerstoff	O_2	0,001429	−183,0	32,000
Chlor	Cl_2	0,003214	− 34,0	70,906
Chlorwasserstoff	HCl	0,001639	− 85,0	36,461
Ammoniak	NH_3	0,000771	− 33,4	17,031
Wasserdampf	H_2O	—	+100,0	18,016

Tabelle 4–1

Temperatur als die drei anderen Elementarsubstanzen. Der Grund für die Kondensation bzw. für das Zusammenbleiben der Moleküle im flüssigen Zustand ist offenbar das Vorhandensein von anziehenden Kräften zwischen den Molekülen. Diese Kräfte müssen auch im Gaszustand schon vorhanden sein. Zwischen den Chlor-Molekülen würden also größere Anziehungskräfte herrschen als zwischen den Wasserstoff-Molekülen, die sich erst bei der sehr niedrigen Temperatur von −252,8° C zusammenlagern.

Zwischen den Wasser-Molekülen sind die anziehenden Kräfte so groß, daß bei Normbedingungen die meisten bereits aneinandergelagert sind. Die Dichte des Wasserdampfes ist daher nicht mit den Dichten der anderen Gase vergleichbar und wurde in der Tabelle weggelassen. Aus dem gleichen Grund konnte auch die Reaktionsgleichung *(3)* für die Wasser-Synthese *(4.1.1, Seite 49)* nicht für unsere Untersuchung herangezogen werden.

Eine der wichtigsten Voraussetzungen unserer Molekularkinetik und damit der AVOGADROschen These ist die Forderung, daß die Gasmoleküle beim Zusammenstoß elastisch abprallen *(3.1.3, Seite 37)*. Diese Forderung ist für Teilchen, zwischen denen anziehende Kräfte herrschen, offenbar nicht erfüllt. Ein Modellversuch soll das veranschaulichen: Stößt man zwei Stabmagnete so gegeneinander, daß Nordpol auf Südpol trifft, dann bleiben sie aneinander haften, wenn die Geschwindigkeit des stoßenden Magneten gering ist. Bei sehr hoher Geschwindigkeit jedoch prallen sie quasi-elastisch voneinander ab.

Mit diesem Vergleich soll nicht behauptet werden, daß die anziehenden Kräfte zwischen den Gasmolekülen etwa magnetischer Natur seien. Er soll nur zeigen, daß die Zusammenstöße der Gasmoleküle nicht streng elastisch sein können.

Bei unelastischen Stößen geht ein Teil der kinetischen Energie verloren. In unserem Falle dient er zur Überwindung der anziehenden Kräfte und wird dadurch in potentielle Energie umgewandelt, z. B. wie bei einem emporgeworfenen Stein, der gegenüber der Schwerkraft kinetische Energie verliert und potentielle gewinnt. Als Ergebnis bedeutet das für Gasmoleküle eine Verringerung des mittleren Abstandes zwischen ihnen; sie sind näher aneinandergerückt als bei elastischen Stößen. Die Moleküle eines Gases beanspruchen demnach ein um so kleineres Volumen, je höher die Siedetemperatur des Gases liegt, d. h. je größer die anziehenden Kräfte zwischen den Molekülen sind. Das trifft für Chlor und Ammoniak in noch stärkerem Maße zu als für Chlorwasserstoff und erklärt deren geringere Volumina gegenüber Wasserstoff und Stickstoff bei gleicher Anzahl Moleküle.

Die Molekularkinetik und die These von AVOGADRO gelten also nur für **ideale** Gase, zwischen deren Molekülen keine anziehenden Kräfte vorhanden sind. Es fragt sich nun, ob es überhaupt ideale Gase gibt; denn auch der Wasserstoff wird ja bei genügend tiefer Temperatur flüssig. Die Kräfte zwischen seinen Molekülen können jedoch wegen der sehr niedrigen Siedetemperatur nur gering sein, d. h. der Wasserstoff kommt dem »idealen Gaszustand« verhältnismäßig nahe.

Ergebnis: Die These von AVOGADRO gilt nur für ideale Gase. Bei **realen** Gasen sinkt der Volumenanspruch der Moleküle mit der Zunahme der »zwischenmolekularen« Kräfte.

Wir haben damit den Widerspruch zwischen den Voraussagen der Molekularkinetik und dem Gesetz von der Erhaltung der Masse aufgeklärt. Eine neue Hypothese ist demnach nicht erforderlich.

Die Massenbeziehung für die Chlorwasserstoffsynthese *(1b)*:

$$3{,}161\,g\ Cl_2 + 0{,}0899\,g\ H_2 = 2 \cdot 1{,}6254\,g\ HCl,$$

die Massenbeziehung für die Dissoziation von Ammoniak *(2b)*:

$$2{,}07594\,g\ NH_3 = 1{,}249\,g\ N_2 + 300{,}0899\,g\ H_2$$

und die für die Wassersynthese gültige Beziehung:

(3b)

$$2 \cdot 0{,}0899\,g\ H_2 + 1{,}427\,g\ O_2 = 2 \cdot 0{,}803\,g\ H_2O$$

sind so zu verstehen, daß in 0,0899 g H_2, 1,249 g N_2, 1,427 g O_2 und 3,161 g Cl_2 jeweils gleich viele Moleküle enthalten sind. Daraus ergibt sich für die Einzelmassen der Moleküle folgende Proportion:

$$m_{H_2} : m_{N_2} : m_{O_2} : m_{Cl_2} = \\ = 0{,}0899 : 1{,}249 : 1{,}427 : 3{,}161.$$

Alle diese Moleküle sind zweiatomig. Demnach gelten für die Atome die gleichen Massenverhältnisse:

(4)

$$m_H : m_N : m_O : m_{Cl} = \\ = 0{,}0899 : 1{,}249 : 1{,}427 : 3{,}161$$

ideale und reale Gase

Ergebnis: Bei Gasreaktionen kann man aus den Messungen der umgesetzten Volumina auf die Zahlenverhältnisse und aus den Wägungen der umgesetzten Massen auf die Massenverhältnisse der beteiligten Moleküle schließen.

Mit den ermittelten Verhältniszahlen kennen wir aber noch nicht die absoluten Massen der Moleküle bzw. Atome. Gewöhnlich gibt man die Masse eines Körpers in Gramm an. Diese Einheit ist definiert als der 1000. Teil eines in Paris aufbewahrten Platin-Iridium-Klotzes, des »Urkilogramms«. Ähnlich wie die Einheit Kilometer oder gar die astronomische Längeneinheit »Lichtjahr« unzweckmäßig zur Längenmessung von Streichhölzern, Haaresbreiten usw. sind und sich dafür das Millimeter sehr viel besser eignet, so dürfte auch die Gramm-Einheit zur Messung der sicherlich außerordentlich kleinen Atom-Massen zu grob sein.

Masseneinheit für Atome und Moleküle

Wenn wir für die kleinen Massen der Atome und Moleküle eine neue Einheit zu definieren hätten, würden wir bestimmt wie die Chemiker in früherer Zeit die Masse des leichtesten Atoms, des Wasserstoff-Atoms, als Einheit wählen. Aus Gründen der Experimentierpraxis – es gibt von allen Grundstoffen Oxide und nur von wenigen Wasserstoff-Verbindungen – hat man später als Masseneinheit den 16. Teil der Masse des Sauerstoff-Atoms gewählt. Diese wiederum unterscheidet sich von der heute durch Gesetz festgelegten Atommassen-Einheit erst in der 4. Dezimale nach dem Komma. Die Masseneinheit heißt **mass-unit** und erhält das Kurzzeichen **u**[1].

Definition: Die Masseneinheit 1 u für Atome und Moleküle unterscheidet sich vom 16. Teil der Masse des Sauerstoff-Atoms nur um 0,01 %.

Um die Atommassen in der neuen Einheit angeben zu können, müssen wir die Proportionen der Gleichung *(4)* so umrechnen, daß sich für Sauerstoff der Wert 16 ergibt:

$$0{,}0899 : 1{,}249 : 1{,}427 : 3{,}161 =$$
$$= 0{,}0899 \cdot \frac{16}{1{,}427} : 1{,}249 \cdot \frac{16}{1{,}427} : 16 : 3{,}161 \cdot \frac{16}{1{,}427},$$

d. h.

(5) $$m_H : m_N : m_O : m_{Cl} = 1{,}008 : 14{,}01 : 16 : 35{,}45.$$

Atom- und Molekül-Massen

Ergebnis: Die Massen der Wasserstoff-, Stickstoff-, Sauerstoff- und Chlor-Atome sind:

$m_H = 1{,}008$ u, $m_N = 14{,}01$ u, $m_O = 16$ u, $m_{Cl} = 35{,}45$ u.

Die Massen der Moleküle werden selbstverständlich in der gleichen Einheit u angegeben. Man erhält sie durch Addition der Massen aller im Molekül gebundenen Atome, z. B.:

$$m_{O_2} = 2\,m_O = 2 \cdot 16\,\text{u} = 32\,\text{u}$$
$$m_{NH_3} = m_N + 3\,m_H = 14{,}01\,\text{u} + 3{,}02\,\text{u} = 17{,}03\,\text{u}$$

Die Massen der uns bis jetzt bekannten Moleküle sind in der letzten Spalte von *Tab. 4–1, Seite 51,* aufgenommen.

Ergebnis: Die Molekülmasse ist gleich der Summe der im Molekül vereinigten Atom-Massen. Sie wird wie diese in u angegeben.

Zusammenfassung: *Die vollständige Auswertung der Reaktionsgleichungen für die Chlorwasserstoff-Synthese und für die Ammoniak-Zersetzung führte auf einen Widerspruch zwischen der These von* Avogadro *und dem Gesetz von der Erhaltung der Masse. Es gelang uns, den Widerspruch durch Korrektur der zu einfach formulierten molekularkinetischen Vorstellungen aufzulösen. Danach sind bei realen Gasen die Zusammenstöße der Moleküle nicht streng elastisch; es bestehen zwischen ihnen anziehende Kräfte. Bei gleich vielen Molekülen beansprucht dasjenige von zwei Gasen das kleinere Volumen, zwischen dessen Molekülen die stärkeren anziehenden Kräfte wirken. Mit dieser Korrektur der* Avogadro-*These hat sich das Denkmodell, das zunächst in Frage gestellt war, doch bewährt.*
Ein weiterer wichtiger Schritt war die Einführung von Zahlenwerten für die Massen der Atome und Moleküle. Dazu war die Festsetzung einer neuen Massen-Einheit, des mass-unit (u), nötig. Die in dieser Einheit angegebenen Atom- und Molekülmassen werden aus den Massenverhältnissen der umgesetzten Gasvolumina gewonnen.
Zwischen den Längeneinheiten Kilometer und Lichtjahr steht der Umrechnungsfaktor $9{,}46 \cdot 10^{12}$. *Welchen Faktor müssen wir für die Umrechnung der Masseneinheit mass-unit in die Masseneinheit Gramm anwenden? Diese Frage wollen wir im nächsten Abschnitt beantworten. Das Ergebnis führt zu weiteren wichtigen Folgerungen.*

4.1.3 Avogadro-Zahl, Mol. Bestimmung der Masse von Gasmolekülen

Wir wollen den Umrechnungsfaktor zwischen den Massen-Einheiten Gramm (g) und mass-unit (u) mit L bezeichnen. Es gilt:

(6) $$1\,\text{g} = L\,\text{u}$$

Die Zahl L wird wegen der sehr kleinen Massen der Atome außerordentlich groß sein. Sie heißt zu Ehren von Avogadro *(3.2.1)* **Avogadro-Zahl**[1]. Man kann sie nach verschiedenen Methoden experimentell bestimmen. Hier müssen wir uns mit der Mitteilung ihrer Größe begnügen:

$$L = 602\,295\,000\,000\,000\,000\,000\,000 \approx \approx 6 \cdot 10^{23}$$

Die Gleichung *(6)* können wir dann schreiben:

(6a) $$1\,\text{g} \approx 6 \cdot 10^{23}\,\text{u}$$

Beispiele: L Sauerstoff-Atome wiegen circa $6 \cdot 10^{23} \cdot 16\,\text{u} = 16 \cdot (6 \cdot 10^{23}\,\text{u}) = 16\,\text{g}$.
L Wasserstoff-Moleküle wiegen
$6 \cdot 10^{23} \cdot 2\text{u} = 2\,\text{g}$.
Dann wiegen also L Wasser-Moleküle 18 g.

Ergebnis: Die Avogadro-Zahl $L \approx 6 \cdot 10^{23}$ ist der Umrechnungsfaktor zwischen den Massen-Einheiten Gramm und mass-unit.

Wiegt man von einem Gas so viel Gramm ab, wie es der Masse eines seiner Moleküle entspricht, also z. B. 17 g Ammoniak gemäß der Molekül-Masse 17 u, so sind in dieser Stoffportion L Moleküle vorhanden.

Definition: Man nennt eine Menge von L gleichartigen Teilchen **Mol**[2].

Beim Mol handelt es sich also um einen Mengen-Begriff ganz ähnlich wie bei den uns geläufigen Begriffen Paar, Quartett, Dutzend,

---

[1] Gesetz über Einheiten im Meßwesen vom 2. 7. 1969. Danach ist die Einheit 1 u der 12. Teil der Masse eines bestimmten Kohlenstoff-Nuklids.

[1] IUPAC 1961, früher Loschmidt-Zahl
[2] IUPAC 1961

Schock. So wie diesen die Zahlen 2, 4, 12 und 60 zugeordnet sind, ist der Menge Mol die Zahl $L = 6 \cdot 10^{23}$ zugeordnet.

Bei Verwendung des neuen Begriffs müssen wir darauf achten, von welchen Teilchen die Rede ist. Wir können z. B. von einem Mol Elektronen sprechen. Es hat aber wenig Sinn, von einem »Dutzend Sauerstoff« zu reden, da man angeben muß, ob man Sauerstoff-Atome oder Sauerstoff-Moleküle meint. Genauso wenig sinnvoll ist die Sprechweise »Mol Sauerstoff«; denn auch hier muß man zwischen O-Atomen und O_2-Molekülen unterscheiden. Als Benennung schreibt man das Mol mit kleinen Buchstaben, also z. B. 3 mol H-Atome, ½ mol H_2O-Moleküle.

Ergebnis: Bei Verwendung der Teilchenmengen-Bezeichnung Mol muß immer angegeben werden, um welche Teilchenart es sich handelt.

Wir werden es bei unserer Weiterarbeit stets mit der Masse einer Stoffportion zu tun haben, deren Teilchenmenge gerade 1 mol beträgt. Diese Masse ist also gleich der Summe der Massen aller Teilchen, die in einem Mol vorhanden sind, d. h. gleich der Gesamtmasse von L Teilchen. Wir führen für sie das Symbol M_L ein[1] zum Unterschied zur Atom- oder Molekülmasse m.

Beispiele: $m_N = 14\,u$, $M_L(N) = 14$ g; $M_{O_2} = 32$ u, $M_L(O_2) = 32$ g. Auch bei Gebrauch des Symbols M_L muß angegeben werden, um welche Teilchenart es sich handelt. Es gilt:

(7) $$M_L = L \cdot m$$

Ergebnis: Die Masse M_L ist die Gesamtmasse von L Teilchen einer Stoffart und numerisch gleich der Atom- oder Molekülmasse, wenn die erste in Gramm, die zweite in mass-unit angegeben wird.

Wir wollen nun folgende Verabredung treffen:

1. Die Element-Symbole kennzeichnen nicht nur die betreffenden Atomsorten, sondern sie machen auch Aussagen über die Masse M_L eines Mols dieser Atome. Beispiel: Das Symbol »N« bedeutet »Stickstoff« und gleichzeitig »14 g Stickstoff«.
2. Die Molekül-Symbole (Formeln) geben nicht nur darüber Auskunft, ob es sich um Elementar-Substanzen oder um Verbindungen handelt und aus welchen bzw. wievielen Atomen die Moleküle zusammengesetzt sind, sondern sie beinhalten auch die Masse M_L von einem Mol dieser Moleküle. Beispiel: Das Symbol »NH_3« bezeichnet eine Verbindung, in deren Molekülen 3 Wasserstoff-Atome an 1 Stickstoff-Atom gebunden sind, und gleichzeitig »17 g Ammoniak«.

Der Chemiker kann nicht mit einzelnen Atomen oder Molekülen experimentieren; er hat es bei seinen Versuchen immer mit riesigen Mengen dieser Teilchen zu tun. Die beiden Verabredungen ermöglichen ihm, aus einer Reaktionsgleichung sofort abzulesen, in welchen Massenverhältnissen die Stoffe reagieren und entstehen. Beispiel: Die Gleichung *(3)*: $2H_2 + O_2 \rightarrow 2\,H_2O$ bedeutet, daß $2 \cdot 2$ g $= 4$ g Wasserstoff sich mit 32 g Sauerstoff zu $2 \cdot 18$ g $= 36$ g Wasser umsetzen.

Ergebnis: Die in den Reaktionsgleichungen aufgeführten Formeln stehen jeweils für die Massen eines Mols der entsprechenden Teilchen, die Koeffizienten für die Massen-Verhältnisse.

Es liegt nahe, nach Einführung des Begriffs »Masse von 1 mol Teilchen« zu überlegen, ob es auch Sinn hat, vom »Volumen von 1 mol Teilchen« zu sprechen. Wenn damit das Volumen gemeint ist, das von L Teilchen in Anspruch genommen wird, dann muß zu der Angabe, um welche Teilchenart es sich handelt, hinzugefügt werden, unter welchen Zustandsbedingungen diese Teilchen stehen. 1 mol Wasser-Moleküle ($M_L = 18$ g) beansprucht z. B. im flüssigen Zustand ($\varrho = 1$ g/cm³ bei 4° C) ein Volumen von 18 cm³; das Volumen, das L Wassermoleküle im Dampfzustand in Anspruch nehmen, ist dagegen wegen der weiten Abstände der Gas-Moleküle sicherlich sehr viel größer als 18 cm³ und hängt außerdem von Druck und Temperatur ab.

Ergebnis: Das Volumen, das L Teilchen einer Stoffart beanspruchen, hängt vom Aggregat-Zustand, vom Druck und von der Temperatur ab.

Wir verabreden daher, den Begriff »Volumen von 1 mol Teilchen« nur für gasförmige Stoffe anzuwenden, die unter Normalbedingungen (0° C und 1013 mbar) stehen, und schreiben dafür das Symbol »V_L«.

Ein Mol ist die Stoffmenge, die L gleichartige Teilchen enthält.

$L = 6{,}02 \cdot 10^{23}$

M_L ist die Masse von 1 mol Teilchen.
V_L ist das Volumen, das 1 mol Gasmoleküle in Anspruch nimmt.

	Formel	M_L in g	ϱ in $\frac{g}{cm^3}$	$V_L = \frac{M_L}{\varrho}$ in cm³
Wasserstoff	H_2	2,016	0,0000899	22425
Stickstoff	N_2	28,014	0,001251	22393
Stickstoff (Luft-)	(N_2)	(28,014)	(0,001257)	(22290)
Sauerstoff	O_2	32,000	0,001429	22493
Chlor	Cl_2	70,906	0,003214	22062
Chlorwasserstoff	HCl	36,461	0,001639	22246
Ammoniak	NH_3	17,031	0,000771	22089

Tabelle 4–2: Berechnung von V_L aus M_L und ϱ

[1] Aus den Basis-Größen des Gesetzes vom 2. 7. 1969 darf auch eine »Stoffmengenbezogene Masse« $M = M_L$/mol mit der Einheit g/mol abgeleitet werden, also $M(N) = 14$ g/mol und $M(O_2) = 32$ g/mol.

Bestimmung der Masse von Gas-Molekülen

Nach der These von Avogadro müßten die Werte von V_L für alle Gase den gleichen Wert haben, denn es liegen immer L Moleküle vor, womit die Voraussetzung der These erfüllt ist. Mit der Beziehung
Volumen = Masse : Dichte, hier $V_L = M_L/\varrho$, können wir die Voraussage leicht nachprüfen *(Tab. 4–2)*:

Die Werte für V_L sind nicht gleich. Die Abweichung des größten vom kleinsten Wert beträgt allerdings nur 1,7 %. Es ist der gleiche Fehler, der uns in *4.1.2 (Seite 50, 1. Ergebnis)* zur Erweiterung der Molekularkinetik gezwungen hat. Gleiche Werte für V_L können wir nur für ideale Gase erwarten. Bei realen Gasen, zwischen deren Molekülen anziehende Kräfte herrschen, ist der Raumanspruch von L Molekülen kleiner, als wenn die Molekül-Zusammenstöße elastisch erfolgen.

Ergebnis: Der für die idealen Gase berechnete Wert des Volumens für 1 mol Moleküle beträgt $V_L = 22\,414\ cm^3$. Für ein reales Gas sollte die Abweichung von diesem Wert umso größer sein, je höher die Temperatur liegt, bei der das Gas zur Flüssigkeit kondensiert.

Aus der Beziehung

(8) $$M_L = \varrho \cdot V_L$$

läßt sich für jedes ideale Gas allein schon durch die Messung seiner Dichte die Masse von 1 mol Molekülen berechnen: Man multipliziert den gemessenen Wert mit $22\,414\ cm^3$. Für ein reales Gas benutzt man den für Stickstoff und Sauerstoff geltenden Wert $22\,400\ cm^3$:

(8 a) $$M_L = \varrho \cdot g/cm^3 \cdot 22\,400\ cm^3$$

Für die Gase Chlor und Ammoniak mit ihren verhältnismäßig hohen Siedetemperaturen wird der so bestimmte Wert von M_L immer noch um etwa eine Einheit zu groß sein. Beispiel:

$$\varrho_{Cl_2} \cdot V_L = 0{,}003214\ g/cm^3 \cdot 22\,400\ cm^3 = 72{,}0\ g \text{ statt } 70{,}9\ g \text{ (Tab. 4–2)}$$

Wir wollen die Masse von Propan-Molekülen bestimmen. Die Dichte des Gases haben wir in *3.1.5* zu $0{,}002\,009\ g/cm^3$ berechnet. Die Multiplikation mit $22\,400\ cm^3$ ergibt 45 g. Die Siedetemperatur des Propans liegt bei −42,1 °C, also ziemlich hoch. Wir müssen damit rechnen, daß der Wert wie bei Chlor zu groß ist. Aus der Formel des Propans *(5.2.4, Seite 84)* errechnet sich M_L zu 44 g, also wieder um eine Einheit kleiner als der nach *(8 a)* berechnete Wert. Die Masse des einzelnen Propan-Moleküls ist dann 44 u.

Ergebnis: Aus der Dichte eines Gases und dem Wert $22\,400\ cm^3$ für V_L läßt sich durch Multiplikation der Beträge angenähert M_L und damit die Molekülmasse bestimmen. Der Wert ist um so zuverlässiger, je niedriger die Siedetemperatur des Gases ist.

Wir schauen uns noch einmal *Tab. 4–2* an. Die in der zweiten Zeile aufgeführten Daten beziehen sich auf Stickstoff, den man aus einer seiner Verbindungen gewonnen hat, z. B. durch Überleiten von Ammoniak über Kupferoxid *(Versuch 3/26, Seite 46)*. Die dritte Zeile der Tabelle enthält Werte von Luft-Stickstoff, den man erhält, wenn der Sauerstoff durch Überleiten der Luft über heißes Kupfer *(Versuch 2/13, Seite 27)* aus dem Gas-Gemisch entfernt wird. Luft-Stickstoff und aus Verbindungen gewonnener Stickstoff scheinen also nicht identisch zu sein.
Eine Aufklärung des Widerspruchs würde der Gedanke bringen, daß der Luft als einem homogenen Gas-Gemisch vielleicht außer Sauerstoff und Stickstoff noch weitere Gase beigemengt sind. Sie könnten ihrer Entdeckung dadurch entgangen sein, daß ihr Anteil am Gesamtvolumen nur gering ist und daß sie außerordentlich reaktionsträge sind. Sie würden dann bei allen Reaktionen des Luft-Stickstoffs oder -Sauerstoffs unbeteiligt bleiben. Durch fraktioniertes Verdampfen von flüssiger Luft *(1.2.2, Seite 8)* gelingt es tatsächlich, außer Stickstoff und Sauerstoff eine Reihe weiterer Gase zu isolieren, die insgesamt etwa 1 Vol. % der Luft ausmachen. Sie sind Elementarsubstanzen und – wie erwartet – außerordentlich reaktionsträge. Bis vor wenigen Jahren kannte man noch keine Verbindungen von ihnen. Sie heißen daher **Edelgase** *(Tab. 4–3)*. 1 m^3 Luft enthält 9,3 l Argon und noch 0,1 cm^3 Xenon. Die beträchtliche Konzentration des verhältnismäßig schweren Argons im »Luft-Stickstoff« erklärt dessen zu hohe Werte für ϱ und M_L, die daher in *Tab. 4–2* eingeklammert sind.

Edelgase

Name	Symbol	M_L in g	Vol.% in Luft
Helium	He	4,003	0,00046
Neon	Ne	20,183	0,00161
Argon	Ar	39,944	0,93250
Krypton	Kr	83,80	0,00011
Xenon	Xe	131,30	0,00001

Tabelle 4–3: Edelgase

Erst seit 1962 gelingt es, vom Xenon und auch vom Krypton Verbindungen herzustellen. Vom Helium und Neon sind auch heute noch keine Reaktionen mit anderen Elementen bekannt. Wir können daher vermuten, daß die Edelgas-Atome auch nicht miteinander zwei- oder mehratomige Moleküle bilden können, wie sie uns von den anderen gasförmigen Elementarsubstanzen (H_2, N_2 usw.) bekannt sind. Moleküle sind für uns die kleinsten Portionen eines Gases *(3.1.1, Seite 35)*. In diesem Sinne wären die Moleküle der Edelgase »einatomig«.

Ergebnis: Ungefähr 1 % des Volumens der Luft besteht aus Edelgasen. Ihre Moleküle sind einatomig.

Die Edelgase haben mancherlei Anwendungen gefunden. Helium wird wegen seiner geringen Dichte und Unbrennbarkeit zum Füllen von Luftschiffen und Ballons benutzt. Die anderen Edelgase dienen zum Füllen von Glühbirnen und Leuchtröhren *(10.2.1)*.

Zusammenfassung: *Der Umrechnungsfaktor $L = 6{,}023 \cdot 10^{23}$ zwischen den Massen-Einheiten Gramm und mass-unit führte zum Begriff der Teilchenmenge »Mol«. Massenangaben, die für einzelne Atome und Moleküle in mass-units gemacht werden, behalten ihre Bedeutung für Gramm und damit für die experimentelle Praxis, wenn man mit den riesigen Mengen von L Teilchen, also mit Molen, arbeitet. Die Masse M_L und das Volumen V_L von 1 mol Teilchen werden häufig »Molmasse« und »Molvolumen« genannt.*
Mit Hilfe des für alle Gase nahezu konstanten Wertes für $V_L = 22\,400\ cm^3$ lassen sich durch Wägungen (Dichte-Messungen) die Massen M_L von L Gasmolekülen bestimmen. Damit sind dann auch die Massen der Moleküle in u bekannt.
Die Molekülmassenbestimmung ergibt für den aus der Luft gewonnenen Stickstoff einen anderen Wert als für Stickstoff, den man aus seinen Verbindungen darstellt. Dieser scheinbare

Widerspruch führte zur Entdeckung der Edelgase, die ca. 1% des Luftvolumens ausmachen.

4.1.4 Aktivierungsenergie. Katalyse

Die Bezeichnung »reaktionsträge« für die Edelgase könnten wir mit einem gewissen Recht auch auf die zweiatomigen Gase Wasserstoff, Stickstoff und Sauerstoff anwenden, wenn wir daran denken, daß Gemische von ihnen unbeschränkt haltbar sind, ohne daß eine Reaktion abläuft. Erst bei Zufuhr von Aktivierungsenergie, z. B. Entzünden von Knallgas durch einen Funken, tritt die erwartete Reaktion ein. Sie erfolgt dann allerdings meist so heftig, daß man keinesfalls mehr von reaktionsträgen Gasen sprechen kann.

Bei der Aktivierung wird das Gasgemisch – meist nur in einem kleinen Bereich – erwärmt. Dadurch nimmt die kinetische Energie der Moleküle zu und ihre Zusammenstöße werden heftiger. Wenn wir uns die zweiatomigen Moleküle hantelförmig vorstellen, ist es denkbar, daß durch die Wucht der Zusammenstöße die beiden Atome in der Hantel gelockert werden und gegeneinander in Schwingungen geraten. Vielleicht zerbricht das Molekül in Einzelatome. Gerade das jedoch ist die Voraussetzung für das Zustandekommen der Reaktion. Denn wenn z. B. jedes H_2O-Molekül nur ein O-Atom enthält, müssen bei der Wassersynthese die O_2-Moleküle des Knallgases entzwei gegangen sein.

Wir stellen uns also vor, daß durch die Aktivierungsenergie die zweiatomigen Moleküle gesprengt oder mindestens so weit aufgelockert werden, daß eine Umgruppierung der Atome zu den Molekülen des Reaktionsprodukts stattfinden kann.

Würde nun bei der Bildung der neuen Moleküle mehr Energie frei werden, als zur Aktivierung der Grundstoff-Moleküle nötig war, so könnten mit der überschüssigen Energie weitere Moleküle aktiviert werden. Die Reaktion würde sich dann von der Entzündungsstelle mit zunehmender Geschwindigkeit lawinenförmig durch das ganze Gasgemisch ausbreiten. Eine solche Reaktions-Lawine ist nichts anderes als eine Explosion, wie wir sie z. B. bei der Entzündung von Knallgas beobachten.

Ergebnis: Um zweiatomige Moleküle gasförmiger Grundstoffe in Gemischen zur Reaktion zu zwingen, müssen die Bindungen durch Aktivierungsenergie so weit gelockert werden, daß die Moleküle bei Zusammenstößen in Einzelatome zerbrechen. Ist dann die Reaktionsenergie größer als die Aktivierungsenergie, läuft die Reaktion – evtl. mit zunehmender Geschwindigkeit – von selbst weiter.

Das Energie-Diagramm *(Abb. 4–1)* zeigt für die Wassersynthese, daß 1346 kJ nötig sind, um 2 mol H_2-Moleküle und 1 mol O_2-Moleküle in Atome zu spalten und daß dann 1917 kJ frei werden, wenn sich diese Atome zu 2 mol H_2O-Molekülen verbinden. Das bedeutet für die Gesamtreaktion, daß bei der exothermen Reaktion von 2 mol H_2-Molekülen mit 1 mol O_2-Molekülen zu 2 mol H_2O-Molekülen (1917 kJ – 1346 kJ) = 571 kJ abgegeben werden. Das Diagramm *(Abb. 4–2)* zeigt die entsprechenden Werte für die Chlorwasserstoffsynthese. Die Zahlenwerte der angegebenen Energiebeträge stammen aus quantitativen kalorimetrischen und elektrochemischen Experimenten, für deren Verständnis wir jetzt noch nicht genügend Vorkenntnisse besitzen.

Aus den beiden Bildern erkennen wir, daß das »Energie-Niveau« der Verbindung in beiden Fällen tiefer liegt als das des jeweiliges Gas-Gemisches. Ähnlich wie eine Kugel von allein nach unten rollt und damit ihre potentielle Energie verkleinert, wird auch von einem chemischen System das tiefere Energieniveau angestrebt. Wir sehen aber auch aus den Abbildungen, daß auf dem Weg zur Verbindung eine Energieschwelle überwunden werden muß, die für Wasser (1346,3 kJ) fast doppelt so hoch ist wie die für Chlorwasserstoff (671,0 kJ).

Aktivierungsenergie *(vgl. S. 25)*, **Energieniveaus, Energieschwelle**

Für den Vergleich mit der Kugel bedeutet das Vorhandensein einer solchen Schwelle die Notwendigkeit, die Kugel zunächst bis auf das Niveau der Schwelle zu heben, damit sie dann auf der anderen Seite herunterrollen kann. Dieser Hubarbeit entspricht bei der chemischen Reaktion eine Energie vom Betrag der Energieschwelle, der die Reaktionspartner in den reaktionsfähigen Zustand hebt (Aktivierungsenergie).

Ergebnis: Bei einer exothermen Synthese liegt das Energie-Niveau der Verbindung tiefer als das des Grundstoff-Gemisches. Aktivierungsenergie ist notwendig, wenn zwischen beiden Niveaus eine Energieschwelle liegt.

Nun ist es nicht nötig, den gesamten Energie-Betrag der Schwelle von vornherein zur Verfügung zu stellen. Es genügt, die Reaktion an einer Stelle einzuleiten. Die dort freiwerdende Energie ist dann groß genug, um die Reaktion weiterzuleiten, d.h. den zur gesamten Aktivierungsenergie fehlenden Betrag fortwährend bereitzustellen. Hier hilft der Vergleich mit der Kugel nicht mehr, wohl aber der mit einer Perlenkette: Sie liegt auf einer

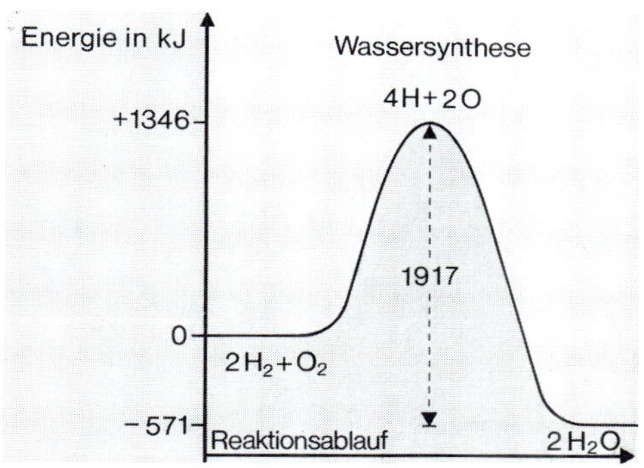

Abb. 4–1: Energiediagramm der Wassersynthese

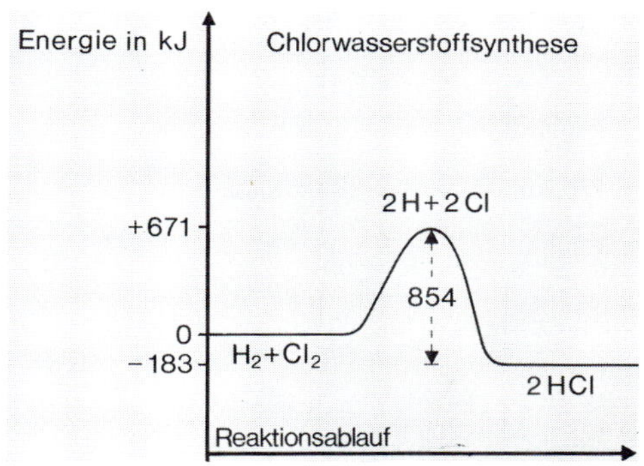

Abb. 4–2: Energiediagramm der Chlorwasserstoffsynthese

Tischplatte mit aufgewölbtem Rand (Schwelle). Es ist nicht nötig, die ganze Kette auf den Rand zu heben, damit sie hinabgleitet; es genügt bereits ein kurzes, über den Rand gehobenes Ende. Reicht dieses unter das Niveau der Tischplatte, so zieht es die ganze Kette mit zunehmender Geschwindigkeit hinter sich her.
Der Vergleich zeigt, daß eine Reaktion eine um so kleinere Aktivierungsenergie benötigt, je niedriger die zu überwindende Energieschwelle ist. Demnach müßte die Chlor-Wasserstoff-Synthese *(Abb. 4–2)* mit weniger Energie einzuleiten sein als die Wasser-Synthese *(Abb. 4–1)*.

► **Versuch 4/1:** (Lehrerversuch) Man füllt zwei Standzylinder mit einem Gemisch aus Wasserstoff und Chlor im Volumenverhältnis 1 : 1 und verschließt sie mit passenden Stopfen[1]. Man läßt den einen Zylinder mehrere Tage im zerstreuten Tageslicht stehen: Die grüne Farbe des Chlors ist verschwunden. Man entfernt den Stopfen unter Wasser: Dieses dringt in den Zylinder ein und füllt ihn vollständig aus. Das zweite Gefäß läßt man eine gleichlange Zeit an einem verdunkelten Ort stehen: Das Gasgemisch bleibt gelbgrün, und es dringt kein Wasser in den Zylinder. ◄

● **Folgerung:** Chlor und Wasserstoff vereinigen sich auch ohne Entzündung zu Chlorwasserstoff, allerdings mit verhältnismäßig langer Reaktionsdauer und nur unter der Einwirkung von Licht.

Licht ist wie Wärme und Elektrizität eine Energieform. Es bewirkt bei diesem Versuch die Aktivierung. Zerstreutes Tageslicht reicht schon aus, die Reaktion zu starten und in Gang zu halten. Es vermag jedoch nicht, die Reaktion zu beschleunigen. Vermutlich werden nur verhältnismäßig wenige HCl-Moleküle pro Zeiteinheit gebildet, so daß die entstehende Reaktionswärme nach außen abgeführt wird, bevor sie weitere Reaktionsschritte auslösen kann. Bei intensiverer Lichteinwirkung jedoch könnte vielleicht eine Reaktionslawine in Gang gebracht werden:

► **Versuch 4/2:** (Lehrerversuch) Man füllt einen dickwandigen Standzylinder mit einem Gemisch aus Chlor und Wasserstoff im Volumenverhältnis 1 : 1, bedeckt den Zylinder locker mit einem Stopfen, umgibt ihn mit einem Drahtkäfig und brennt in seiner Nähe ein Magnesium-Band ab (Schutzscheibe, Schutzbrille)[1]: Das Gasgemisch explodiert, der Stopfen wird weggeschleudert. ◄

[1] Es ist darauf zu achten, daß kein direktes Sonnenlicht auf die Zylinder fällt.

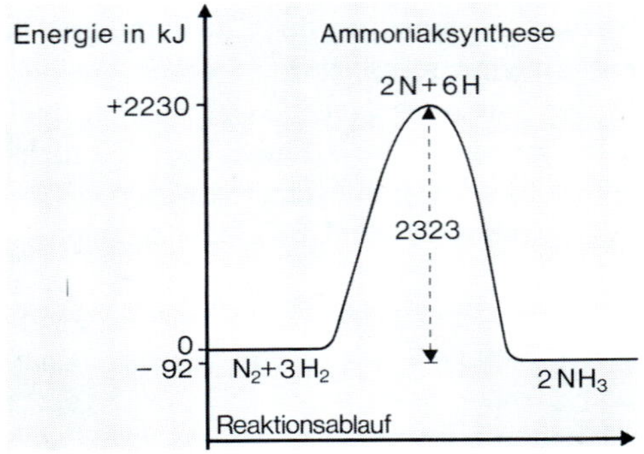

Abb. 4–3: Energiediagramm der Ammoniaksynthese

● **Deutung:** Durch die große Licht-Energie werden gleichzeitig so viele Chlor- und Wasserstoff-Moleküle aufgespalten, daß die Reaktionswärme der Synthese nicht mehr ausreichend schnell nach außen abgeführt wird, sondern weitere Moleküle aufspaltet.

Entsprechende Versuche, ein Wasserstoff-Sauerstoff-Gemisch durch Lichteinwirkung zur Reaktion zu bringen, gelingen nicht. Die Energie des Lichts ist zu gering, um die hohe Energie-Barriere *(Abb. 4–1)* zu überwinden. Wegen der sehr viel höheren Gesamtbilanz der Wasser-Synthese (571,0 kJ) ist aber die Explosion des Knallgases sehr viel heftiger, d.h. lauter und gefährlicher, als die des Wasserstoff-Chlor-Gemisches (183,4 kJ).

Ergebnis: Zum Start einer Reaktion, bei der eine niedrige Energieschwelle zu überwinden ist, genügt eine geringe Aktivierungsenergie. In einigen Fällen reicht die Energie des Lichts aus.

Für eine Synthese des Ammoniaks müßten wir Stickstoff und Wasserstoff im Volumenverhältnis 1 : 3 mischen entsprechend der Reaktionsgleichung:

$$N_2 + 3\,H_2 \longrightarrow 2\,NH_3\,.$$

[1] Man kann auch ein handelsübliches Blitzlicht (Elektronenblitz) verwenden. Der Versuch gelingt nur mit sauerstoff-freiem Chlor, vgl. Fußnote zu *Versuch 3/20*.

Ein solches Stickstoff-Wasserstoff-Gemisch läßt sich aber weder durch Licht noch durch eine Flamme zur Reaktion bringen.
Abb. 4–3 zeigt die dazugehörigen Energie-Niveaus. Wir sehen, daß eine sehr hohe Energieschwelle (2229,7 kJ) zu überwinden ist, die eine entsprechend hohe Aktivierungsenergie bedingt. Andererseits ist das Energie-Gefälle (92,1 kJ) von den Ausgansstoffen zum Endprodukt so gering, daß die freiwerdende Wärme gegenüber dem unvermeidlichen Wärmeverlust an die Umgebung nicht reicht, um die Reaktion in Gang zu halten.
Nun gibt es auch für die Ammoniak-Synthese eine Möglichkeit, die hohe Energieschwelle zu überwinden. Die nächsten Versuche werden uns den Weg weisen.

Aktivierung durch Palladium

► **Versuch 4/3:** (Lehrerversuch) Ein enges Reaktionsrohr, in dem sich ein Streifen frisch ausgeglühter Palladium-Folie befindet, ist nach beiden Seiten über Dreiwegehähne mit Kolbenproben verbunden. Der eine (1) ist mit 50 cm^3 Wasserstoff gefüllt, der andere (2) bleibt leer. Man drückt das Gas langsam von 1 über das Palladium nach 2: Je nach Größe der Folie beobachtet man eine Volumenverminderung um etwa 10 cm^3. – Schließt man jetzt den Hahn nach 2, wo sich das Restgas befindet, und erhitzt das Palladium, so erhält man in 1 eine Volumenzunahme, die nach Abkühlung genau der anfänglichen Volumenabnahme entspricht. Wägungen des Metalls vor und nach dem Versuch zeigen keine Änderung seiner Masse. Wiederholt man den Versuch mit Sauerstoff anstelle von Wasserstoff, so beobachtet man keine Volumen-Änderungen. ◄

● **Folgerung:** Palladium vermag eine beträchtliche Menge Wasserstoff aufzunehmen. Diese Menge kann durch Erwärmen des Metalls wieder freigesetzt werden. Man spricht deswegen von einer »Lösung« des Wasserstoffs in Palladium. Genaue Messungen ergeben, daß dieses Metall bei Zimmertemperatur das 600-fache des Eigenvolumens an Wasserstoff lösen kann.

► **Versuch 4/4:** (Lehrerversuch) In der Apparatur des letzten Versuchs befindet sich im Reaktionsrohr Palladium, das nach *Versuch 4/3* mit Wasserstoff beladen ist. Der Prober 1 ist mit Luft gefüllt, der Prober 2 ist leer. Man drückt die Luft von 1 nach 2: Das Palladium erwärmt sich; an den kalten Stellen des Rohres bildet sich ein feiner Beschlag von Wassertröpfchen. ◄

● **Folgerung:** Der im Palladium gelöste Wasserstoff ist zur Reaktion mit Sauerstoff fähig.

Definition: Man nennt einen Stoff, der den Ablauf einer Reaktion fördert und nach der Reaktion unverändert vorhanden ist, **Katalysator**, den Vorgang **Katalyse**[1].

Als Chemiker im vorigen Jahrhundert (DOEBEREINER[2] 1823) die ersten Katalysen entdeckten, standen sie vor einem Rätsel. Sie konnten sich diese Vorgänge lange Zeit nicht erklären.
Um uns die Katalyse verständlich zu machen, müssen wir davon ausgehen, daß der Katalysator die Aktivierungsenergie ersetzt. Nennen wir allgemein die beiden Stoffe, die miteinander reagieren, *A* und *B* und den Katalysator *K*, so könnte folgendes ablaufen: *A* reagiert mit *K* zum Zwischenprodukt *AK* und dieses dann in einem zweiten Reaktionsschritt mit *B* zum Endprodukt *AB*, wobei *K* wieder frei wird.

(1) $A + K \rightarrow AK$
(2) $AK + B \rightarrow AB + K$
(3) $A + B \rightarrow AB$

Entscheidend ist dabei der Gedanke, daß die Reaktionen *(1)* und *(2)* keine oder jedenfalls geringere Aktivierungsenergien erfordern, als die Reaktion *(3)* zwischen *A* und *B* ohne Katalysator. Der Graph *Abb. 4–4* soll das Reaktionsschema und die Wirkungsweise des Katalysators anhand von Energie-Niveaus veranschaulichen. Der Reaktionsablauf ohne Katalysator ist durch die dünn gezeichnete Kurvenlinie, der mit Katalysator durch die dick gezeichnete Linie dargestellt.

● **Deutung** von *Versuch 4/4:* Die einleitende Reaktion *(1)* ist das Lösen des Wasserstoffs in Palladium. Da für die anschließende Reaktion mit Sauerstoff *(2)* aktivierte Moleküle vorhanden sein müssen, können wir folgern, daß der Lösungsvorgang *(1)* eine Aufspaltung oder mindestens eine Auflockerung der H_2-Moleküle im Metall bzw. auf seiner Oberfläche bewirkt.

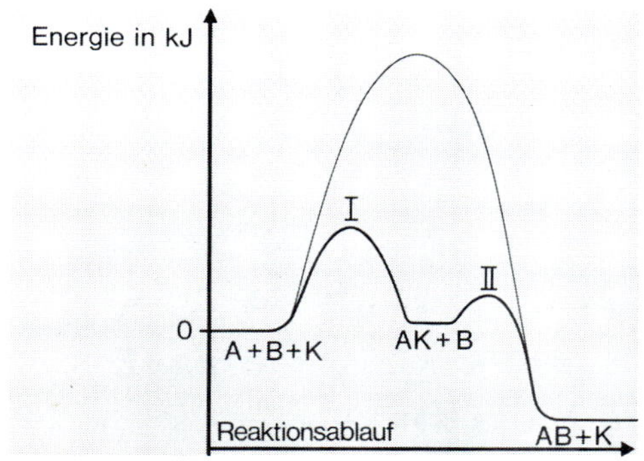

Abb. 4–4: Energiediagramm für die Wirkungsweise eines Katalysators

Ergebnis: Die Wirkungsweise des Palladiums oder auch Platins als Katalysator für die Wasser-Synthese beruht auf der Fähigkeit dieser Metalle, Wasserstoff ohne Zuführung von Aktivierungsenergie zu lösen. Es entsteht eine Zwischenverbindung (Lösung), in der die Wasserstoff-Moleküle in einen reaktionsfähigen Zustand überführt sind.

Anhand der Darstellung der Energie-Niveaus für die Ammoniak-Synthese *(Abb. 4–3)* haben wir erläutert, daß diese weder durch Licht noch durch Wärme aktiviert werden kann. Wir wollen jetzt versuchen, den chemischen Prozeß mit Hilfe eines Katalysators in Gang zu bringen.

► **Versuch 4/5:** (Lehrerversuch) Man füllt in einen Kolbenprober Stickstoff und Wasserstoff im Volumenverhältnis 1 : 3. An den Prober ist ein enges Quarzrohr angeschlossen. In ihm befindet sich pulverisiertes Cer-Eisen[1], auf Quarzwolle aufgestreut und zwischen Quarzwollebäuschen festgehalten. Man drückt das Gasgemisch langsam über das Metall, das von außen nur schwach erhitzt werden darf (keine Glut!): Am Ende des Quarzrohres nimmt man den Geruch von Ammoniak wahr. An einem mit konzentrierter Salzsäure befeuchteten Glasstab bildet sich weißer Rauch (vgl. *Versuch 3/21*).

Katalyse

● **Folgerung:** Das Cer-Eisen ist ein Katalysator für die Ammoniak-Synthese. Die Gesamtbilanz der Reaktion ist aber so schwach exotherm (− 92,1 kJ, *Abb. 4–3)*, daß der unvermeidliche Wärmeverlust an die Umgebung die Reaktionswärme weitgehend aufzehrt und die Reaktion daher trotz Verwendung des Katalysators noch durch schwaches Heizen in Gang gehalten werden muß.

Wollten wir jetzt umgekehrt Ammoniak durch thermische Dissoziation in Stickstoff und Wasserstoff zerlegen, so brauchten wir nur den geringen Energie-Betrag von 92,1 kJ pro 2 mol NH_3-Moleküle aufzuwenden, wenn nicht wieder die hohe Energieschwelle von 2229,7 kJ im Wege stünde (*Abb. 4–3*, von rechts nach links gelesen). Denken wir aber daran, daß für die exotherme Synthese der Katalysator diese Energieschwelle im Sinne von *Abb. 4–4* umgeht, so könnte er vielleicht auch für die endotherme Rückreaktion in gleicher Weise wirken.

► **Versuch 4/6:** (Lehrerversuch) Man benutzt die gleiche Apparatur wie in *Versuch 4/5*. Der Kolbenprober wird jetzt mit Ammoniak gefüllt. An das Quarzrohr mit Cer-Eisen befestigt man ein nach oben gebogenes Glasrohr. Man erhitzt den Katalysator auf möglichst hohe Temperatur, z. B. mit einem Teclu-Brenner, und drückt das Gas langsam durch das Reaktionsrohr: An der Öffnung des Glasrohrs läßt sich ein Gas entzünden. ◄

● **Folgerung:** Da sich Ammoniak an Luft nicht entzünden läßt *(Versuch 3/24, Seite 45)*, kann das brennbare Gas nur Wasserstoff sein. Der Katalysator ermöglicht die Dissoziation des Ammoniaks ebenso wie seine Synthese.
Mit der letzten Feststellung haben wir einen Hinweis auf eine allgemeine Gesetzmäßigkeit erhalten:

[1] katalyein (gr.), auslösen
[2] Johann Wolfgang DOEBEREINER (1780–1849), Professor für Chemie in Jena

[1] Man gewinnt das Pulver durch Zerstoßen von Feuersteinen, wie sie für Feuerzeuge benutzt werden.

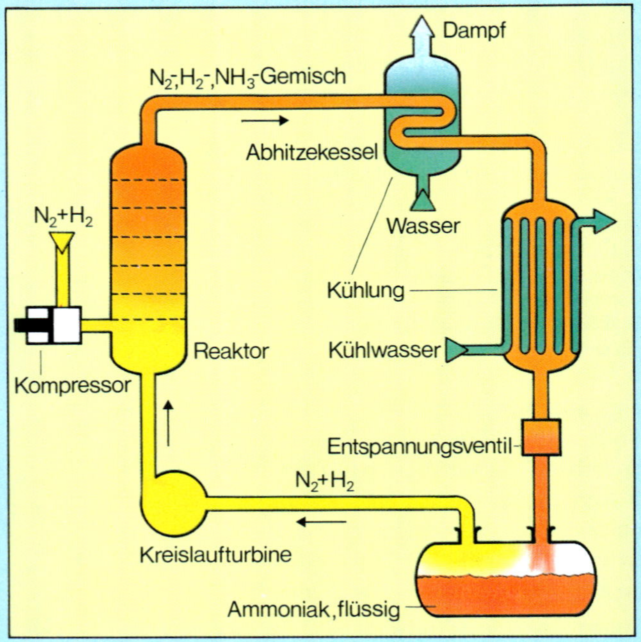

Ammoniak-Synthese nach dem Haber-Bosch-Verfahren

Wasserstoff (Gewinnung z. B. durch Reduktion von Wasserdampf mit Kohle) und Stickstoff (Gewinnung z. B. aus Luft durch Reduktion des Sauerstoffs mit Kohle) werden im Volumenverhältnis 3 : 1 gemischt und bei Drucken von über 200 bar und Temperaturen um 500 °C in 12 m hohen Reaktor-Türmen über Katalysatoren (Eisen-Kontakte, durch geringe Mengen von Aluminium- und Kaliumoxid stabilisiert) geleitet.

Es werden nur ca. 11 % des Gasgemisches zu Ammoniak umgesetzt. Bei niedrigeren Temperaturen wäre zwar die »Ausbeute« größer, aber die Reaktionsgeschwindigkeit zu langsam. Man nimmt daher die höheren Temperaturen in Kauf und verbessert die Ausbeute durch die hohen Drucke. Das die Reaktionstürme verlassende Gasgemisch (NH_3, H_2, N_2) wird in Abhitzekesseln mit Wasser gekühlt und anschließend im Tiefkühler auf Temperaturen von –20° bis –30 °C gebracht, wobei das Ammonik zur Flüssigkeit kondensiert. Das übrigbleibende Wasserstoff-Stickstoff-Gemisch wird durch Kreislauf-Turbinen wieder den Reaktor-Türmen zugeführt.

Ergebnis: Bei umkehrbaren Reaktionen wird die Hin- wie die Rückreaktion vom gleichen Katalysator eingeleitet und beschleunigt. Beim exothermen Vorgang braucht der Katalysator nicht oder nur wenig erwärmt zu werden im Gegensatz zur endothermen Reaktion, bei der er stark erhitzt werden muß.

Zusammenfassung: *Eine exotherme Reaktion kann ohne Aktivierungsenergie ablaufen, wenn zwischen dem Energie-Niveau der Ausgangsstoffe und dem der Reaktionsprodukte keine Energieschwelle liegt. Aber auch bei Vorhandensein einer solchen Barriere kann die Reaktion ohne oder mit nur wenig Aktivierungs-Energie zustande kommen, wenn ein Katalysator mit einem der Reaktionspartner ein Zwischenprodukt bildet, das dann in einem zweiten Schritt mit dem anderen Partner unter Freisetzen des Katalysators zum Endprodukt weiterreagiert. Das verhältnismäßig niedrige Energie-Niveau des Zwischenprodukts ermöglicht dann auch die Rückreaktion bei Verwendung des gleichen Katalysators.*
Fast alle Überlegungen, die wir in diesem Kapitel bis jetzt angestellt haben, gründen sich auf die Beobachtungen bei den Synthesen und Reaktionen der drei Gase Chlorwasserstoff, Wasserdampf und Ammoniak. Wir wollen nun diese etwas schmale Basis erweitern, indem wir Flüssigkeiten in unsere Untersuchungen einbeziehen.
Als wir die Kondensation von Wasserdampf zur Flüssigkeit beobachteten, als wir weiterhin von den Kondensationstemperaturen der realen Gase und von der fraktionierten Verdampfung flüssiger Luft sprachen, benutzten wir bereits unausgesprochen gewisse molekularkinetische Vorstellungen über den flüssigen Zustand. Sie bilden nun das Thema der nächsten Abschnitte.

Übungen

1. Begründe die Formel des Chlor-Moleküls.
2. Welche Aussagen lassen sich aus der Reaktionsgleichung $2\,NH_3 \rightarrow N_2 + 3\,H_2$ ablesen?

3. Erläutere den Unterschied zwischen Element, Elementarsubstanz und Verbindung.
4. Berechne die Masse von 1 Molekül Wasser.
5. Erläutere an Beispielen die Begriffe: Mol, Masse von 1 mol Stoffteilchen, Volumen von 1 mol Stoffteilchen.
6. Berechne M_L von Neon, dessen Dichte $\varrho = 0{,}0008990\ g/cm^3$ i.N. beträgt.
7. Die Gase *A*, *B*, *C* haben die folgenden Dichten: $\varrho_A = 0{,}0012500\ g/cm^3$, $\varrho_B = 0{,}0014290\ g/cm^3$, $\varrho_C = 0{,}0019768\ g/cm^3$. 56 g des Gases *A* reagieren mit 32 g des Gases *B* zum Gas *C*. Überprüfe das Gesetz von GAY-LUSSAC und HUMBOLDT.
8. Reichen 92,1 kJ zur Zersetzung von einem mol Chlorwasserstoff-Molekülen aus? Begründe.
9. Begründe, warum die Ammoniak-Synthese als exotherme Reaktion auch nach der Zündung nicht spontan abläuft.
10. Diskutiere an einem Beispiel die Wirkungsweise eines Katalysators.

4.2 Moleküle in der flüssigen Phase

4.2.1 Kohäsion. Thermische Bewegung

Im *Versuch 3/2, Seite 34*, haben wir uns davon überzeugt, daß sich Flüssigkeiten nicht zusammendrücken lassen. Im *Versuch 3/4, Seite 35*, haben wir aus Ether-Dampf durch Druckerhöhung flüssigen Ether hergestellt. Die Beobachtungen konnten wir mit der Vorstellung erklären, daß die Moleküle in der Flüssigkeit bis zur Berührung einander genähert sind und daß das Zusammendrücken der Flüssigkeit durch die Starrheit der Moleküle verhindert wird.
Die Volumen-Konstanz haben die Flüssigkeiten mit den festen Stoffen gemeinsam *(Tab. 3–1, Seite 34)*. Sie besitzen aber im Gegensatz zu den Feststoffen keine Formkonstanz, d. h. sie passen sich immer der Form des Gefäßes an, in dem sie aufbewahrt werden. Taucht man einen festen Gegenstand in eine Flüssigkeit, so weicht sie ohne nennenswerten Widerstand aus. Das bedeutet für unser molekulares Bild, daß sich die Flüssigkeitsmoleküle beim Anpassen an das Gefäß und beim Ausweichen vor dem Hindernis aneinander vorbeischieben können.

▶ **Versuch 4/7:** Modellversuch. Man füllt ein Becherglas mit kleinen Glaskugeln, trockenem Sand oder Metallstaub. Wenn man ein wenig schüttelt, bildet sich wie bei einer Flüssigkeit eine horizontale Oberfläche, die sich auch beim Neigen des Gefäßes erneut einstellt *(Abb. 4–5)*. Beim Eintauchen eines stabförmigen Gegenstandes weichen die Kugeln bzw. Körner aus. ◀

Ergebnis: Das Fehlen einer Form-Konstanz bei Flüssigkeiten wird damit erklärt, daß die Moleküle aneinander vorbeigleiten können, d.h. beweglich sind.

Wir wollen uns nun überlegen, aus welchem Grund die Moleküle im Flüssigkeitsverband zusammenbleiben und weshalb nur wenige beim Verdunsten in den Gasraum übertreten. Für unsere Modellflüssigkeit in *Versuch 4/7* können wir den Grund sofort angeben: Die Kugeln werden durch die nach unten gerichteten Gewichtskräfte und vom Gefäß beieinander gehalten. Von den Molekülen wissen wir, daß ihre Massen und damit auch die Gewichtskräfte außerordentlich klein sind, etwa von der gleichen Größenordnung wie die der Gasmoleküle, die sich jedoch nicht am Boden sammeln.
Die Gewichtskraft der Moleküle kann also nicht der einzige Grund für den Zusammenhalt einer Flüssigkeit sein. Wir entsinnen uns, daß gerade diejenigen Gase bei gleichen Molekülzahlen ein zu kleines Volumen gegenüber der Voraussage der AVOGADRO-These einnehmen, die eine verhältnismäßig hohe Kondensationstemperatur haben, also beim Kühlen leicht in den flüssigen Zustand übergehen *(Tab. 4–1)*. Wir nahmen zur Erklärung anziehende Kräfte zwischen den Molekülen an. Die Zusammenstöße sind daher nicht mehr elastisch.

molekular-kinetische Vorstellungen über Flüssigkeiten

Die gleichen Kräfte, die wir für die Verflüssigung verantwortlich machen, bewirken den Zusammenhalt der Flüssigkeit. Man nennt sie **Kohäsionskräfte**[1]. Sie müssen für die Moleküle eines Stoffes, der bei Zimmertemperatur flüssig ist, sehr viel

[1] cohaerere (lat.), zusammenhängen, cohaesio (lat.), Zusammenhalt

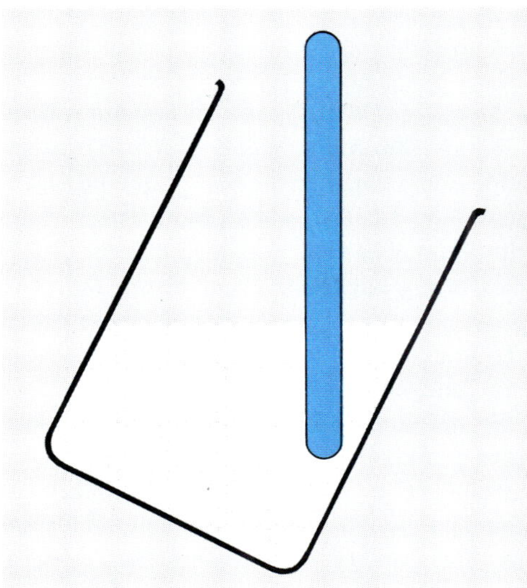

Abb. 4–5: Zu Versuch 4/7. Modell einer Flüssigkeit

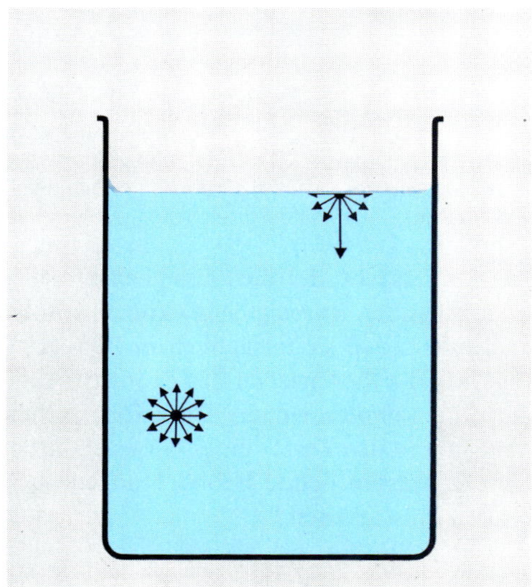

Abb. 4–6: Deutung der Oberflächenspannung

Flüssigkeits-moleküle sind in Bewegung.

größer sein als die anziehenden Kräfte zwischen den Molekülen eines Gases von gleicher Temperatur.

Ergebnis: Die Kohäsion einer Flüssigkeit wird durch anziehende Kräfte zwischen ihren Molekülen erklärt.

Ein Molekül im Innern einer Flüssigkeit ist ringsherum von Nachbarmolekülen umgeben. Die zu ihnen gerichteten Kohäsionskräfte heben sich daher paarweise auf *(Abb. 4–6)*, so daß in der Bilanz das Molekül kräftefrei ist. Ein Molekül an der Oberfläche ist dagegen nur nach dem Innern der Flüssigkeit von Nachbarmolekülen umgeben. Die Kräfte heben sich in diesem Fall nicht auf, sondern setzen sich zu einer resultierenden Kraft zusammen, die senkrecht zur Oberfläche in die Flüssigkeit gerichtet ist *(Abb. 4–6)*. Das gilt nun für alle Moleküle an der Oberfläche. Wegen der Nichtzusammendrückbarkeit der Flüssigkeit können die Oberflächenmoleküle aber diesem nach dem Inneren gerichteten Zug nicht folgen. Die Oberfläche erscheint daher wie eine gespannte, elastische Haut. Man nennt diese Erscheinung **Oberflächenspannung**.

▶ **Versuch 4/8:** Man setzt eine Rasierklinge sehr vorsichtig flach auf eine Wasseroberfläche: Trotz der hohen Dichte des Eisens ($\varrho = 7{,}9\ g/cm^3$) sinkt die Klinge nicht. Man beobachtet an ihren Rändern ein wulstartiges Überstehen der Wasseroberfläche. Nun wiederholt man den Versuch mit Tetra (Abzug! Gummihandschuhe!) und Benzin. In beiden Fällen sinkt die Klinge auf den Boden des Gefäßes. ◀

Ergebnis: Die Oberflächenspannung der Flüssigkeiten ist eine Folge der Kohäsionskräfte zwischen den Molekülen. Die Kohäsionskräfte in den Flüssigkeiten der Wasser-Gruppe sind deutlich größer als in denen der Tetra-Gruppe.

Aus der Tatsache, daß die Flüssigkeitsmoleküle aneinander vorbeigleiten können, folgt noch nicht, daß sie tatsächlich in Bewegung sind. Mit der thermischen Bewegung der Gasmoleküle konnten wir die Diffusionserscheinungen und den Druck eines Gases erklären. Gibt es entsprechende Beobachtungen auch bei den Flüssigkeiten?

▶ **Versuch 4/9:** Man füllt eine Meßpipette mit konzentrierter Kaliumpermanganat-Lösung und sorgt dafür, daß noch etwas Luft in die Spitze eindringt *(Abb. 4–7)*. Man wischt die an der Pipette außen anhaftenden Tropfen sorgfältig ab. Dann taucht man den Schaft in einen mit Wasser gefüllten Standzylinder bis fast zum Boden und drückt die dunkelviolette Lösung langsam hinaus. Man verändert die Eintauchtiefe der Pipette so, daß die Spitze immer etwas über der sich am Boden sammelnden farbigen Flüssigkeitsschicht steht. Wenn man vor dem Herausziehen der Pipette wieder etwas Wasser einsaugt, erhält man eine scharfe Trennschicht zwischen farbiger und farbloser Flüssigkeit. Man verschließt den Zylinder und läßt ihn an einem erschütterungsfreien Ort stehen: Schon nach einem Tag ist die Grenzschicht unscharf geworden. Aber erst nach Wochen ist der gesamte Zylinderinhalt gleichmäßig violett gefärbt. ◀

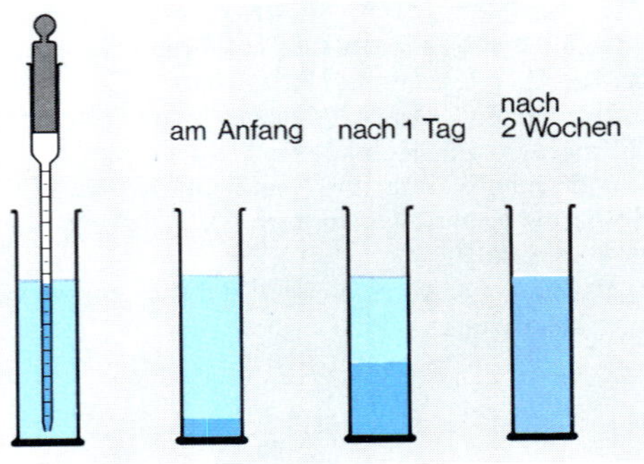

Abb. 4–7: Zu Versuch 4/9. Diffusion zweier Flüssigkeiten

● **Deutung:** Da die Vermischung durch Konvektion (Strömung, *3.1.2, Seite 36*) ausgeschlossen ist, müssen die Moleküle eine Eigenbewegung ausführen. Die Bahn eines Moleküls kann aber nicht wie im Gaszustand zickzackförmig mit freien Weglängen *(Abb. 3–4, Seite 37)*, sondern wegen der Nähe der Nachbarmoleküle nur sehr eng verschlungen sein. Ein Teilchen in der Flüssigkeit braucht daher sehr viel längere Zeit, sich von seinem Ausgangspunkt merklich zu entfernen, als im Gaszustand. Die Diffusionsgeschwindigkeit ist demnach bei Flüssigkeiten bedeutend kleiner als bei Gasen, wie der Vergleich der Zeiten bis zur vollständigen Durchmischung bei den *Versuchen 3/6, Seite 39, und 4/9* bestätigt.

Ergebnis: Die Vermischung von Flüssigkeiten durch Diffusion wird durch die Annahme gedeutet, daß die Flüssigkeitsmoleküle in ständiger Bewegung sind. Die Bahnen der Moleküle sind eng verschlungen.

Die Flüssigkeitsmoleküle besitzen als bewegte Körper kinetische Energie. Energiezufuhr, z.B. durch Erwärmen der Flüssigkeit, würden wir demnach wie bei den Gasen als Zunahme der kinetischen Energie der Flüssigkeitsmoleküle zu deuten haben. Für eine schnellere Bewegung ist aber die dichte Packung der Moleküle hinderlich. Vermutlich rücken diese bei Erwärmung etwas weiter auseinander.

▶ **Versuch 4/10:** Man füllt einen Standkolben vollständig mit angefärbtem Wasser und verschließt ihn mit einem Stopfen, durch dessen Bohrung ein längeres Kapillar-Rohr führt *(Abb. 4–8)*. Das Rohr darf nach unten nicht über den Rand des Stopfens hinausragen, damit beim Aufsetzen auf den gefüllten Kolben etwas Flüssigkeit blasenfrei in die Kapillare eindringt. Wenn man die Hände um den Kolben legt, steigt bereits die Flüssigkeit in der Kapillare. Bei stärkerem Erwärmen kann die Flüssigkeit überlaufen. Kühlt man den Kolben durch Eintauchen in kaltes Wasser, sinkt der Flüssigkeitsspiegel in der Kapillare. ◀

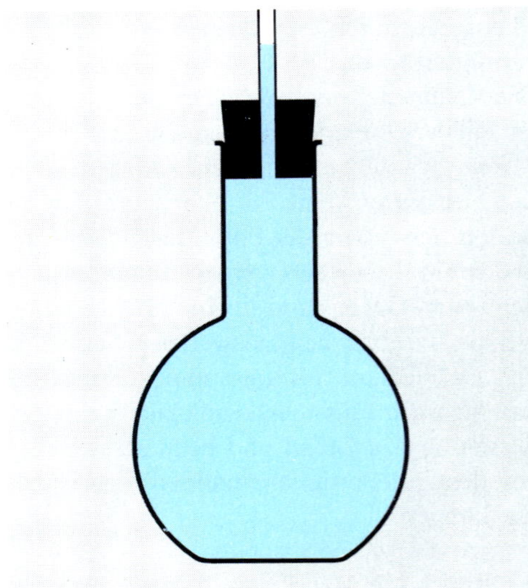

Abb. 4–8: Zu Versuch 4/10. Eine Flüssigkeit dehnt sich bei Erwärmung aus.

Entsprechend der Voraussage deuten wir die beobachtete Volumen-Zunahme als Vergrößerung des »Platzbedarfs« der Moleküle, bedingt durch die Zunahme ihrer kinetischen Energie beim Erwärmen. Eine Anwendung findet die Ausdehnung von Flüssigkeiten für die Temperatur-Messung in den Flüssigkeitsthermometern (Quecksilber, Alkohol u.a.), bei denen wie in *Versuch 4/10* die Flüssigkeit in einer Kapillare hochsteigt. Je größer das Flüssigkeitsvolumen und je enger die Kapillare ist, desto empfindlicher ist das Thermometer.
Interessant ist auch der letzte Teil von *Versuch 4/10.* Er beweist, daß trotz der Nichtzusammendrückbarkeit der Flüssigkeit zwischen den Molekülen noch Platz vorhanden sein muß, da sich sonst das Volumen beim Abkühlen nicht verringern würde. Erst beim absoluten Nullpunkt *(3.1.5, Seite 40)* beträgt die kinetische Energie Null. Die Moleküle sind dann in Ruhe und völlig dicht gepackt.

Ergebnis: Die mittlere kinetische Energie der Flüssigkeitsmoleküle nimmt mit der absoluten Temperatur zu. Zur Ermöglichung der thermischen Bewegung besteht ein gewisser Platzbedarf, der sich bei Temperaturänderung als Volumenänderung bemerkbar macht.

Da es zwischen den Flüssigkeitsmolekülen auf ihren eng verschlungenen Bahnen keine freien Weglängen gibt, kann es nicht zu elastischen Zusammenstößen zwischen ihnen kommen. Damit entfallen Erscheinungen, wie sie beim Gasdruck zu beobachten sind.
Der sogenannte **hydrostatische Druck** in Flüssigkeiten, der sich mit zunehmender Tiefe erhöht, ist ganz anders zu deuten. Er ist eine Folge der Masse der Flüssigkeitsmoleküle, die der Erdanziehungskraft unterliegen und auf die tiefer liegenden Schichten drücken. In seiner Größenordnung ist der hydrostatische Druck sehr viel kleiner als der Gasdruck, sofern es sich nur um die Volumina unserer Experimentiergefäße handelt. Als Beispiel: In 10 cm Tiefe beträgt der hydrostatische Druck des Wassers nur etwa 10 mbar.
Das für uns wichtigste Ergebnis der Gaskinetik war die These von AVOGADRO. Sie beruht im wesentlichen auf der Annahme von elastischen Zusammenstößen zwischen den Gasmolekülen. Für Flüssigkeitsmoleküle gibt es solche Zusammenstöße nicht und damit auch keine Aussage, die der von AVOGADRO entspricht.

Ergebnis: In Flüssigkeiten gibt es keinen Druck auf die Gefäßwände, der wie bei Gasen durch elastische Stöße der Moleküle zustande kommt. Ebensowenig gibt es einen gesetzmäßigen Zusammenhang zwischen dem Volumen einer Flüssigkeit und der Anzahl der in diesem Volumen vorhandenen Flüssigkeitsmoleküle.

Zusammenfassung: *Die in der Gaskinetik entwickelten Vorstellungen lassen sich nur zum Teil auf die Moleküle von Flüssigkeiten übertragen. Übereinstimmend sind die Annahmen, daß die Moleküle in Bewegung sind und daß ihre mittlere kinetische Energie von der absoluten Temperatur abhängt, womit Diffusion und Volumen-Änderung der Flüssigkeiten erklärt werden können. Nicht übertragbar sind die Deutung des Gasdrucks als Folge von elastischen Stößen und die These von* AVOGADRO.

4.2.2 Verdampfen. Bestimmung der Masse von Flüssigkeitsmolekülen

Übergang vom flüssigen zum gasförmigen Zustand

Wenn man eine Flüssigkeit wie Wasser oder Ether in einem offenen Gefäß stehen läßt, verdunstet sie, d.h. Moleküle der Flüssigkeit entweichen in den Gasraum. Nach den Überlegungen zu *Abb. 4–6, Seite 59*, wird ein Molekül an der Oberfläche durch die Resultierende aller Kohäsionskräfte in das Innere der Flüssigkeit gezogen (Oberflächenspannung). Ein Molekül, das in den Gasraum entweicht, muß also Arbeit gegen diese Oberflächenkräfte leisten; es verliert demnach kinetische Energie.

Wir müssen jetzt einen Umstand beachten, den wir bisher vernachlässigen konnten: Die sich bewegenden Flüssigkeitsmoleküle haben unterschiedliche Geschwindigkeiten. Wir sprachen deshalb stets von der »mittleren« kinetischen Energie der Moleküle, die wir proportional zur absoluten Temperatur angenommen haben. Die tatsächliche Verteilung der Geschwindigkeiten wird durch einen Modell-Versuch veranschaulicht: Kugeln, die aus einem Spalt fallen, werden durch Reihen von Eisenstiften aus ihrer senkrechten Bahn abgelenkt und sammeln sich in verschiedenen Fächern *(Abb. 4–9)*.

Die in den Fächern aufgefangenen Kugeln formen eine glockenförmige Kurve, aus der man den Zusammenhang zwischen Teilchenzahl und Größe der stattgefundenen Ablenkung ablesen kann. Eine ähnliche Kurve *(Abb. 4–10)* erhält man, wenn man in einem Graph nach rechts die kinetische Energie der Flüssigkeitsmoleküle und nach oben

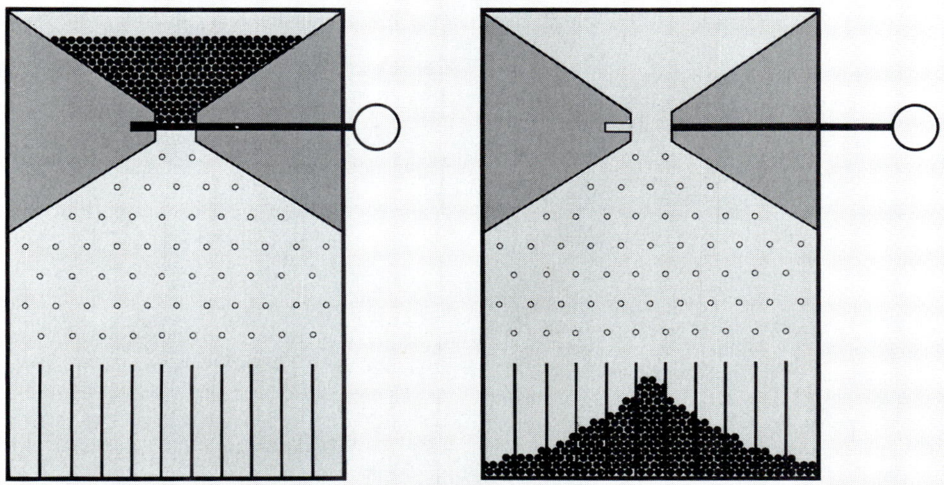

Abb. 4–9: Modellversuch zu einer Zufallsverteilung. Nur wenige Kugeln treffen bei ihrem Fallen auf so viele Eisenstifte, daß sie bis in die äußersten Fächer abgelenkt werden.

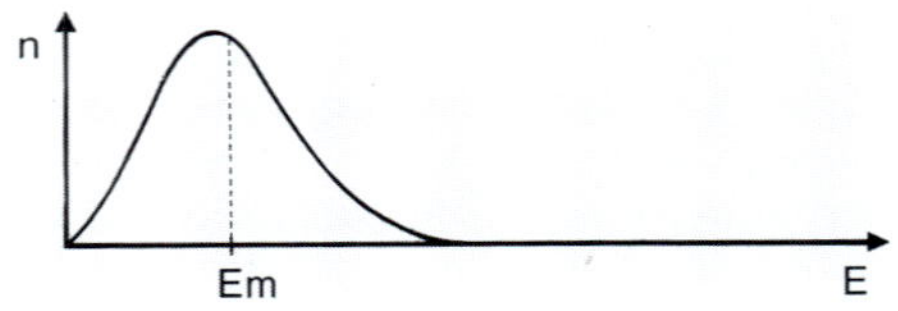

Abb. 4–10: Energieverteilung für die Moleküle einer Flüssigkeit

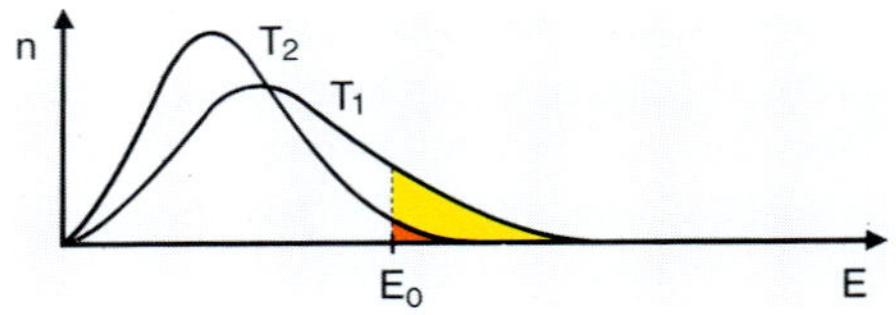

Abb. 4–11: Änderung der Energieverteilung bei zunehmender Temperatur

die zugehörige Teilchenanzahl abträgt. Man sieht, daß es nur sehr wenig extrem langsame und extrem schnelle Moleküle gibt (flache Enden der Kurve) und daß die kinetische Energie der meisten nur wenig von einem mittleren Wert E_m abweicht.

Verdunsten, Sieden

Damit ein Molekül die Flüssigkeitsoberfläche verlassen kann, muß seine kinetische Energie so groß sein, daß es die Oberflächenspannung überwinden kann. Die Marke E_0 in *Abb. 4–11* möge diesen Energie-Betrag darstellen. Nur die Teilchen rechts von dieser Marke können also, sofern sie sich an der Oberfläche befinden, in den Gasraum entweichen. Dadurch verarmt die Flüssigkeit an schnellen Teilchen. Die mittlere kinetische Energie der zurückbleibenden Moleküle ist dann nicht mehr so groß wie vorher. Das bedeutet als beobachtbare Erscheinung eine Abkühlung der Flüssigkeit beim Verdunsten.

► **Versuch 4/11:** Man befestigt um die Quecksilberkugel eines Thermometers einen Wattebausch und feuchtet ihn mit Wasser an. Die Quecksilbersäule fällt, besonders wenn man die Verdunstung des Wassers durch Schwenken oder Anblasen fördert. Noch eindrucksvoller ist der Versuch, wenn man die Watte mit Ether tränkt: In diesem Fall kann die Temperatur unter 0°C sinken. ◄

Ergebnis: Eine verdunstende Flüssigkeit kühlt sich ab. Die Verdunstungskälte wird durch das Entweichen besonders schneller Moleküle aus der Oberfläche erklärt.

Abb. 4–11 zeigt zusätzlich die Verteilung der kinetischen Energie der Moleküle für zwei verschiedene Temperaturen T_1 und T_2. Man sieht, daß bei der höheren Temperatur T_1 die Zahl der Moleküle, deren kinetische Energie größer als E_0 ist und die daher die Oberfläche verlassen können, gegenüber der Zahl bei T_2 zunimmt. Das stimmt mit der Erfahrung überein, daß die Geschwindigkeit der Verdunstung, d.h. die Zahl der entweichenden Moleküle pro Sekunde bei Erwärmung zunimmt und bei Abkühlung abnimmt.

Die Moleküle, die in den Gasraum über der Flüssigkeit gelangt sind, bilden den »Dampf« der Flüssigkeit *(1.1.2, Seite 5)*. Es leuchtet ein, daß der Dampf kein ideales Gas ist *(4.1.2, Seite 51)*, weil zwischen den Dampf-Molekülen immer noch die gleichen anziehenden Kräfte bestehen wie im Flüssigkeitsverband. Die Zusammenstöße der Moleküle im Dampf sind also nicht elastisch.
Für die kinetische Energie der Dampf-Moleküle gilt eine ähnliche Verteilung, wie sie in *Abb. 4–10* für die Flüssigkeitsmoleküle dargestellt ist. Es wird also Dampf-Moleküle geben, die durch Zufall besonders langsam sind und in die Nähe der Flüssigkeitsoberfläche geraten. Diese können dann von den Oberflächenkräften wieder eingefangen werden; ein Teil des Dampfes kondensiert. Kühlt man den Dampf noch zusätzlich ab, nimmt die Kondensationsgeschwindigkeit zu.
Bei starker Abkühlung kann ein Dampf schon im Gasraum kondensieren: Es bildet sich ein Nebel. Die anziehenden Kräfte zwischen den langsamer werdenden Molekülen machen sich in zunehmendem Maße bemerkbar, so daß sich die Moleküle beim Zusammenstoß nicht mehr voneinander trennen und sich nach Einfangen weiterer Moleküle zu kleinen Flüssigkeitstropfen zusammenlagern.

Ergebnis: Der Dampf einer Flüssigkeit ist ein Gas, für das die Gesetze des idealen Gaszustandes nicht gelten. Bei Abkühlung des Dampfes tritt Kondensation an der Oberfläche der flüssigen Phase oder spontan durch Nebelbildung ein.

Eine besondere Art des Übergangs vom flüssigen zum gasförmigen Zustand ist das Sieden. Dieser Vorgang ist uns geläufig: Im Innern der Flüssigkeit bilden sich Gas-Blasen, die beim Emporsteigen an Größe zunehmen und an der Oberfläche zerplatzen. Dadurch gerät die Flüssigkeit in heftige Bewegung.
Die Blasen sind mit dem Dampf der Flüssigkeit gefüllt. Die Dampf-Moleküle üben von innen einen Druck aus, den sogenannten **Dampfdruck**, der die Blase vergrößern müßte. Von außen wirken auf die Dampfblase der hydrostatische Druck der Flüssigkeit *(4.2.1)* und der Luftdruck, der auf der Oberfläche der Flüssigkeit lastet. Beide müßten die Dampfblase zusammendrücken. Erst wenn die Temperatur so hoch ist, daß der Dampfdruck in der Blase größer ist als die Summe von hydrostatischem Druck und dem Luftdruck, kann sich die Dampfblase vergrößern und aufsteigen. Die Temperatur, bei der dies geschieht, nennt man die **Siedetemperatur** der betreffenden Flüssigkeit. Unterhalb der Siedetemperatur findet die Verdampfung nur an der Oberfläche statt, oberhalb auch im Innern der Flüssigkeit. Wenn wir den geringen hydrostatischen Druck vernachlässigen (z.B. 10 mbar im Wasser gegenüber dem normalen Luftdruck von mehr als 1000 mbar), so können wir feststellen:

Ergebnis: Eine Flüssigkeit siedet bei einer Temperatur, bei der der Dampfdruck gleich dem äußeren Luftdruck ist.

► **Versuch 4/12:** Man stellt ein Becherglas mit etwa 70°C heißem Wasser in einen Exsikkator und evakuiert ihn mit einer Wasserstrahlpumpe. Schon nach kurzer Zeit beginnt die Flüssigkeit zu sieden.

● **Deutung:** Die Siedetemperatur des Wassers beträgt bei 1013 mbar, dem normalen Luftdruck, 100°C. Durch das Evakuieren verringert sich der äußere Druck über der Flüssigkeit. Für das Sieden genügt dann ein entsprechend niedrigerer Druck in den Dampfblasen. Bei 70°C z.B. beträgt dieser Dampfdruck für Wasser 312 mbar. Sobald der Luftdruck im Exsikkator auf 312 mbar verringert ist, beginnt die 70°C heiße Flüssigkeit zu sieden.

Wir wollen uns überlegen, wie man die Masse von Flüssigkeitsmolekülen bestimmen kann. In *4.2.1* hatten wir betont, daß die These von Avogadro auf den flüssigen Zustand nicht anwendbar ist. Durch Wägen des Volumens V_L, das 1 mol Flüssigkeitsmoleküle einnehmen, kann man demnach nicht die Masse M_L von 1 mol Flüssigkeitsmolekülen ermitteln. Das Verfahren läßt sich aber dahingehend abwandeln, daß wir eine abgewogene Flüssigkeitsmenge in den Gaszustand überführen, also verdampfen, und dann das Volumen des Dampfes messen.

► **Versuch 4/13:** (Lehrerversuch) Man benutzt die in *Versuch 3/27, Seite 46*, beschriebene Woulfesche Flasche mit 5 l Inhalt. An den unteren seitlichen Tubus schließt man einen Kolbenprober. Oben wird der erste Tubus mit Stopfen und Thermometer, der zweite mit Stopfen und Mikropipette[1] gasdicht verschlossen. Auf dem Boden der Flasche befinden sich zur Vergrößerung der Oberfläche Glaskugeln. Man mißt zunächst mit einer Senkspindel (Aräometer) die Dichte ϱ der Flüssigkeit, von der man M_L bestimmen will, und saugt dann in die Mikropipette ein bestimmtes Volumen V ein. Vor dem Einsetzen der Pipette sind außen anhaftende Flüssigkeitstropfen zu entfernen. Man liest am Kolbenprober das Anfangsvolumen ab und drückt die Flüssigkeit in die Flasche. Beim Schütteln der Flasche wird durch die Bewegung der Glaskugeln eine schnelle Verdampfung erreicht. Wenn die Flüssigkeit vollständig verdampft ist und sich die Anfangstemperatur wieder eingestellt hat, ändert sich die Stellung des Kolbenprobers nicht mehr. Man liest nun die Volumenzunahme $\triangle V$, die Temperatur t und an einem Barometer den herrschenden Luftdruck p ab.
Beispiel: Absolutes, d.h. wasserfreies Ethanol, $\varrho_1 = 0{,}79$ g/cm³, $V = 0{,}1$ cm³, $\triangle V = 41$ cm³, $t = 22{,}3\,°C$, $p = 977$ mbar. ◄

● **Auswertung:** Die Masse des Ethanols ist $m = 0{,}1\ cm^3 \cdot 0{,}79\ g/cm^3 = 0{,}079\,g$. Der Dampf des Ethanols nimmt bei den Versuchsbedingungen ein Volumen von 41 cm³, bei Normbedingungen also 37,3 cm³ ein (siehe *Anhang*). Dann ist die Dichte des Dampfes $\varrho_2 = 0{,}079\ g : 37{,}3\ cm^3 = 0{,}00213\ g/cm^3$ und die Masse von L Ethanol-Molekülen $M_L = 0{,}00213\ g/cm^3 \cdot 22\,400\ cm^3 = 47{,}7\ g$.
Unabhängig von den nicht vermeidbaren Versuchsfehlern müssen wir damit rechnen, daß der Wert zu hoch ist: Der Ethanol-Dampf ist sicherlich kein ideales Gas; denn die Siedetemperatur beträgt + 78,4°C. Der genaue Wert ist $M_L = 46$ g, d.h. ein Ethanol-Molekül wiegt 46 u.
Bei Flüssigkeiten, die nicht so leicht verdampfen wie Ethanol, ändert man die Arbeitsweise des *Versuchs 4/13*. Die abgewogene Menge der schwer verdampfbaren Flüssigkeit überführt man in den Gaszustand, indem man das Verdampfungsgefäß mit der Substanz in ein Heizbad taucht. Dabei wird die Flüssigkeit über ihre Siedetemperatur erhitzt (Bestimmung von M_L nach Viktor MEYER).

[1] Blutzucker-Pipette, 0,1 cm³ Inhalt, Graduierung für 0,001 cm³; Füllung bzw. Entleerung mit Hilfe eines am oberen Ende befindlichen Schliff-Stempels

Ergebnis: Die Masse von Flüssigkeitsmolekülen bestimmt man durch Messung des Volumens, das der Dampf einer abgewogenen Menge der Flüssigkeit einnimmt.

Zusammenfassung: *Dieser letzte Abschnitt stellt die Verbindung zwischen der im* 3. Kapitel *entwickelten Gaskinetik und der in* 4.2.1, Seite 59, *begonnenen Kinetik der Flüssigkeiten her. Beim Übergang von der flüssigen zur gasförmigen Phase müssen die Moleküle die Kohäsionskräfte an der Flüssigkeitsoberfläche, d.h. die Oberflächenspannung, überwinden. Die dazu notwendige Energie wird der Flüssigkeit entzogen, die sich dadurch abkühlt, oder sie muß von außen zugeführt werden. Unterhalb der Siedetemperatur kann der Phasenwechsel nur an der Oberfläche der Flüssigkeit stattfinden, oberhalb dieser Temperatur auch im Innern (Sieden).*
Die in den Gasraum gelangten Moleküle bilden den Dampf der Flüssigkeit. Wenn der Dampf nicht in die Atmosphäre entweichen kann, – übt er also wie jedes Gas einen Druck aus (Dampfdruck), weil im abgeschlossenen Gefäß die Dampf-Moleküle aufeinander – und an die Gefäßwand stoßen. Kühlt man den Dampf ab, so läuft der Phasenwechsel in umgekehrter Richtung ab (Kondensation). Die kinetische Energie der Moleküle ist dann nicht mehr groß genug, die anziehenden Kräfte bei Zusammenstößen zu überwinden. Die Teilchen trennen sich nicht mehr voneinander bzw. werden bei Vorhandensein der flüssigen Phase in diese aufgenommen.
Molekülmassenbestimmungen von Flüssigkeiten beruhen auf dem gleichen Prinzip wie die Ermittlung der Molekülmassen von Gasen. Bei Gasmolekülen wird die Masse eines vorgegebenen Volumens, bei Flüssigkeitsmolekülen umgekehrt das Dampfvolumen einer vorgegebenen Flüssigkeitsmasse gemessen.
Wenn der Chemiker eine Reaktion beobachtet, ist sein erstes und wichtigstes Ziel, die Formeln der reagierenden und entstehenden Stoffe sowie die Reaktionsgleichung aufzustellen. Dazu sind wir jetzt mit Hilfe der Messung von Masse und Volumen imstande. Allerdings müssen die Reaktionspartner gasförmig oder flüssig sein; denn nur bei solchen können wir Aussagen über die Anzahl der miteinander reagierenden Moleküle machen.
Bei der Behandlung der Feststoffe haben wir bisher nur gelernt, sie nach ihren Eigenschaften bestimmten Gruppen zuzuordnen (Kapitel 1). *Außerdem haben wir bei Reaktionen zwischen Feststoffen die Gesetze von der Erhaltung der Masse und von den konstanten Massenverhältnissen entdeckt* (Kapitel 2). *Jedoch kennen wir noch nicht die Formeln, aus denen wir die Zusammensetzung der Feststoffe ablesen können, und Reaktionsgleichungen, aus denen wir die umgesetzten Massen ermitteln können.*

Bestimmung der Masse von Flüssigkeitsmolekülen

Übungen
1. Vergleiche und deute Volumenkonstanz und Formkonstanz von Flüssigkeiten und von Gasen.
2. Wiederhole den *Versuch 4/8* mit einer Nähnadel und begründe die Beobachtung.
3. Beschreibe einen Versuch, der zur Annahme zwingt, daß Flüssigkeitsmoleküle in Bewegung sind.
4. Erkläre, warum Flüssigkeitsmoleküle nicht dicht bei dicht liegen, obwohl Flüssigkeiten nicht zusammendrückbar sind.
5. Gib eine energetische Deutung an für die Tatsache, daß Ether schneller verdunstet als Wasser.

5. Erweiterung der Symbolsprache auf Feststoffe

5.1 Modell des festen Zustands

5.1.1 Diskontinuierlicher Aufbau der Feststoffe

Vorstellungen über den Aufbau von Feststoffen

Wir haben in den *Kapiteln 3 und 4* die Eigenschaften von Gasen und verdampfbaren Flüssigkeiten untersucht und sind dabei auf einfache, allgemein gültige Gesetze gestoßen: Die Gesetze von BOYLE/MARIOTTE, von GAY-LUSSAC und HUMBOLDT. Wir haben außerdem Thesen und Denk-Modelle kennengelernt: die These von AVOGADRO und kinetische Modelle des gasförmigen und flüssigen Zustands. Die Anwendung der AVOGADRO-These auf die quantitativen gasvolumetrischen Versuche, also auf die Synthesen von Chlorwasserstoff, Ammoniak und Wasser, war für uns der Schlüssel zur chemischen Symbolsprache.
Nun sind die meisten Stoffe unserer Umgebung fest. Da ein Denk-Modell einen möglichst weiten Erfahrungsbereich erklären soll, stellt sich die Frage, ob und wie weit es möglich ist, unsere bei Gasen und Flüssigkeiten gewonnenen Erkenntnisse auf feste Stoffe zu übertragen.
Erinnern wir uns noch einmal daran, was den festen Zustand von den beiden anderen Aggregatzuständen unterscheidet *(Tab. 3–1, Seite 34)*: Ein fester Stoff besitzt ein konstantes Volumen und eine konstante Form, während einer Flüssigkeit die Form-Konstanz und einem Gas außerdem noch die Volumen-Konstanz fehlt.
Wenn uns eine einheitliche Erklärung der drei Aggregatzustände gelingen soll, müssen wir als erstes annehmen, daß auch feste Stoffe diskontinuierlich aus Teilchen aufgebaut sind. Aber von welcher Art sind diese Teilchen? Sind es einzelne Atome, oder sind es aus Atomen zusammengesetzte Moleküle? Beides ist denkbar. Solange wir es noch nicht wissen, wollen wir für die Teilchen den neutralen Ausdruck **Baustein** benutzen.
Da wir uns die Atome und Moleküle starr vorzustellen haben, genügt die Annahme des engen Beieinanderliegens der Bausteine zur Erklärung der Volumen-Konstanz.

Ergebnis: Es wird angenommen, daß Feststoffe aus diskreten[1] Bausteinen (Atomen oder Molekülen) aufgebaut sind. Die starren, dicht aneinander gelagerten Bausteine verhindern eine Volumenverminderung.

Wir müssen nun auch die Form-Konstanz erklären, die die Feststoffe von den Flüssigkeiten unterscheidet. In *Versuch 4/7 (Abb. 4–5)* hatten wir Glaskugeln in einem Becherglas als eine Art Modell-Flüssigkeit ansehen können, weil sie sich der Form des Gefäßes anpassen, eine waagerechte Oberfläche ausbilden und einem eintauchenden Gegenstand keinen nennenswerten Widerstand entgegensetzen. Wollten wir dem Glaskugel-Modell noch zusätzlich eine Form-Konstanz geben, müßten wir die Beweglichkeit der Kugeln beseitigen, indem wir sie z.B. durch Klebstoff fest miteinander verbinden. Sie können dann ihre Plätze nicht mehr verlassen, und die Menge ist starr wie ein fester Körper.
Übertragen wir diesen Gedanken auf die Struktur der Feststoffe, so müssen wir fordern, daß die Bausteine bestimmte Plätze besitzen, von denen sie sich nicht wegbewegen können. Statt des Klebstoffs nehmen wir anziehende Kräfte zwischen den Bausteinen an, die noch größer sein müssen als die Kohäsionskräfte zwischen Flüssigkeitsmolekülen, so daß die Bausteine am Verlassen ihrer Plätze gehindert werden.
Wir denken uns durch einen solchen Feststoff einen ebenen Schnitt gelegt und die Schnittfläche so stark vergrößert, daß wir die Bausteine erkennen können. Je nachdem, ob es sich um Atome oder Moleküle handelt und ob diese regelmäßig oder zufällig verteilt sind, können sich Muster wie in *Abb. 5–1a bis 5–1k* ergeben.

Ergebnis: Zur Erklärung der Form-Konstanz eines Feststoffs wird angenommen, daß zwischen seinen Bausteinen anziehende Kräfte herrschen. Die Kräfte sind so stark, daß sich die Bausteine nicht von ihren Plätzen bewegen können.

Eine zentrale Stellung in der Gastheorie nimmt die Erkenntnis ein, daß die Moleküle in ständiger Bewegung sind. Läßt sich dieser Gedanke auch auf feste Stoffe anwenden, d.h. können wir uns eine Bewegung der Bausteine vorstellen, obwohl sie ihre Plätze nicht verlassen?
Eine fortschreitende Bewegung (Translation[1]) ist daher auszuschließen. Die Bausteine können jedoch Schwingungen (Oszillationen[2]) sowie Drehungen (Rotationen[3]) ausführen, ohne daß sie ihre Plätze aufgeben.
Aus der Annahme von Schwingungen folgt, daß für diese Bewegungsart etwas Platz vorhanden sein muß, daß also die Bausteine trotz dichter Packung nicht in unmittelbarer Berührung sein können.
Um einen Körper aus dem Zustand der Ruhe

[1] diskret = einzeln, voneinander getrennt

[1] translatio (lat.), Versetzung, Fortbewegung
[2] oscillare (lat.), zittern
[3] rota (lat.), das Rad

Bewegung der Bausteine in Feststoffen

Abb. 5–1: Modelle für mögliche Anordnungen der Bausteine von Feststoffen

in einen Bewegungszustand zu versetzen, ist Arbeit erforderlich. Sie ist bei der Translation als kinetische Energie, bei der Oszillation als **Schwingungsenergie** im sich bewegenden Körper gespeichert. Eine Zunahme der kinetischen Energie kann an der Vergrößerung der Geschwindigkeiten erkannt werden, eine Zunahme der Schwingungsenergie an der Vergrößerung der Schwingungsweite (Amplitude[1]).

[1] amplitudo (lat.), Weite

Ergebnis: Es wird angenommen, daß die Bausteine eines Feststoffs Schwingungen im Bereich ihrer Plätze ausführen können. Eine Erhöhung der Schwingungsenergie macht sich als Vergrößerung der Amplitude bemerkbar.

Ein weiterer Kerngedanke der Gaskinetik ist die Proportionalität zwischen der absoluten Temperatur eines Gases und der kinetischen Energie seiner Moleküle. Wenden wir auch diesen Gedanken auf die Feststoffe an, dann ergibt sich ein Zusammenhang zwischen der absoluten Temperatur und der Schwingungsenergie der Bausteine. Beim absoluten Nullpunkt würden alle Schwingungen aufhören. Umgekehrt würde jede Temperaturerhöhung eine Zunahme der Schwingungsenergie, also nach dem obigen Ergebnis eine Vergrößerung der Schwingungsamplitude bewirken. Das ist aber gleichbedeutend mit einem größeren Platzbedarf der Bausteine. Sie müßten weiter auseinander rücken, was sich als eine Volumenzunahme des Feststoffs bemerkbar machen müßte. Damit sind wir auf eine uns altbekannte Erfahrungstatsache gestoßen: feste Stoffe dehnen sich mit zunehmender Temperatur aus.

Ergebnis: Die Volumenausdehnung eines Feststoffs bei Erwärmung wird gedeutet als Folge der Proportionalität zwischen absoluter Temperatur und Schwingungsenergie der Bausteine.

Erhöhen wir nun die Temperatur fortwährend, so daß auch die Schwingungsenergie immer mehr zunimmt, so ist anzunehmen, daß bei genügend hoher Temperatur die Energie der Schwingungen so groß wird, daß die Kräfte, die die Bausteine an ihren Plätzen festhalten, hierzu nicht mehr ausreichen. Die Bausteine würden dann die Plätze verlassen können und sich durcheinander bewegen. Das ist aber das Kennzeichen des flüssigen Zustands *(4.2.1, Seite 59)*. Wieder sind wir auf eine Erfahrungstatsache gestoßen: Alle Feststoffe schmelzen (oder sublimieren) bei genügend hoher Temperatur, sofern keine chemischen Veränderungen, z.B. thermische Dissoziationen, stattfinden.

Ergebnis: Beim Schmelzen eines Feststoffes haben die Bausteine so viel Energie aufgenommen, daß sie gegen die zurückhaltenden Kräfte ihre Plätze endgültig verlassen können.

Zusammenfassung: *Unser Baustein-Modell für den festen Zustand haben wir zunächst nur* *zur Deutung der Volumenkonstanz und der Formkonstanz fester Stoffe entwickelt. Die weiteren Überlegungen über die schwingenden Bewegungen der Bausteine und über den Zusammenhang zwischen der Energie der Schwingungen und der absoluten Temperatur ergaben sich aus der spekulativen Übertragung von Gedanken der Gaskinetik auf den festen Zustand. Daß wir bei der Verfolgung dieser Gedanken auf zwei uns bekannte Tatsachen, nämlich auf die Volumenvergrößerung und auf das Schmelzen bei Temperaturerhöhung, gestoßen sind, können wir als Bestätigung unserer Modellvorstellungen ansehen.*

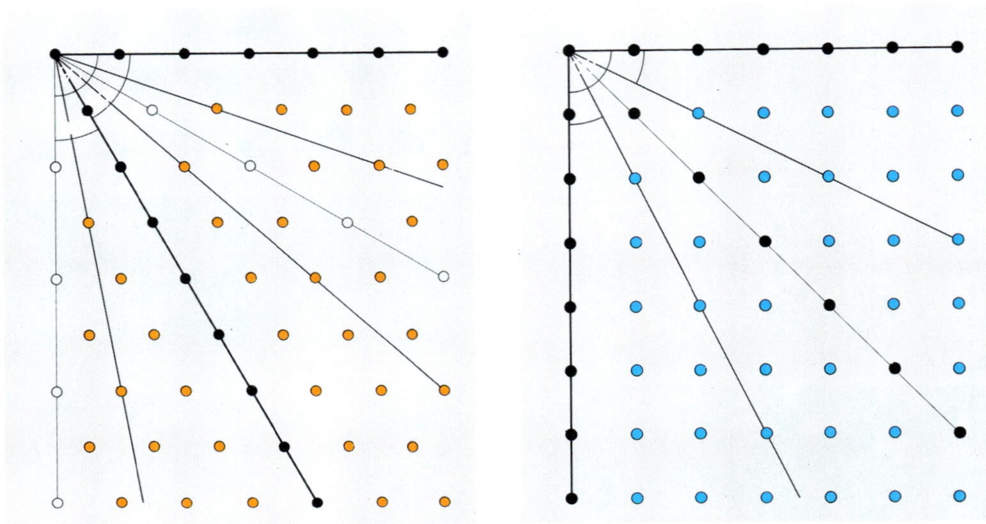

Abb. 5–3: Packungsdichten der Kugeln längs Punktreihen a) in dichtester Packung, b) in quadratischer Anordnung. (Nur die Mittelpunkte der Kugeln sind gezeichnet.)

5.1.2 Raumgitter aus gleichartigen Bausteinen

Kugelpackungen, Packungsdichte, Netzebenen, Raumgitter

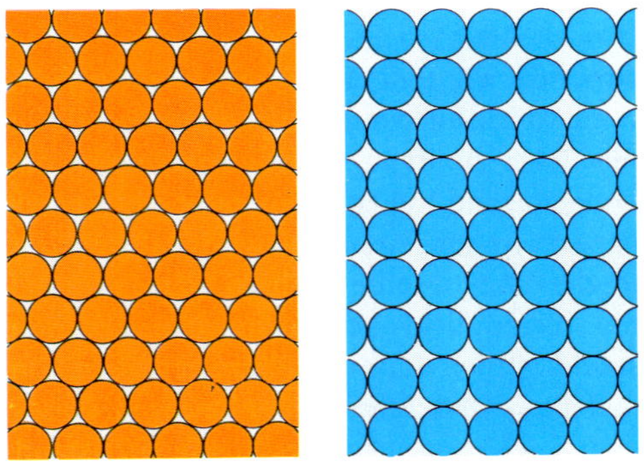

Abb. 5–2: Netzebenen aus gleichen Kugeln a) in dichtester Packung, b) in quadratischer Anordnung

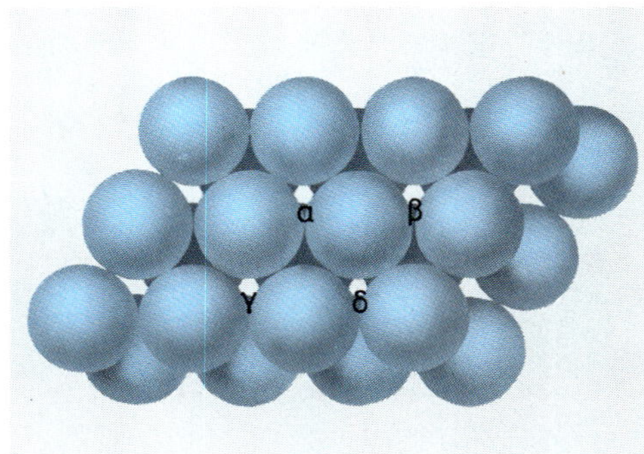

Abb. 5–4: Freibleibende Lücken beim Übereinanderlegen von zwei Netzebenen dichtester Packung

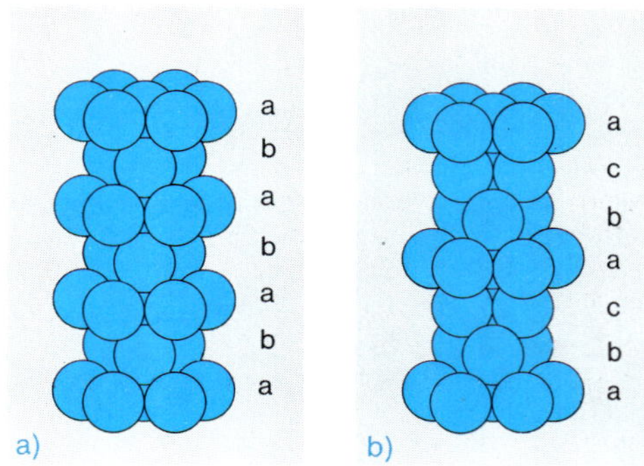

Abb. 5–5: Dichteste Kugelpackungen, a) hexagonal b) kubisch

Für den festen Zustand wird ein Problem von entscheidender Bedeutung sein, das für die beiden anderen Aggregatzustände mit ihren ungeordneten Molekülbewegungen keine Rolle spielt: Es ist die Frage nach der Anordnung der dichtgepackten, oszillierenden Bausteine.
Um eine Antwort zu finden, wollen wir mit zunächst einfach geformten Modellbausteinen Anordnungen ausprobieren in der Hoffnung, auf Eigenschaften zu stoßen, die wir an den realen festen Stoffen wiedererkennen.

► **Versuch 5/1:** Man schüttet Glaskugeln gleicher Größe auf ein Uhrglas oder Tischtennisbälle

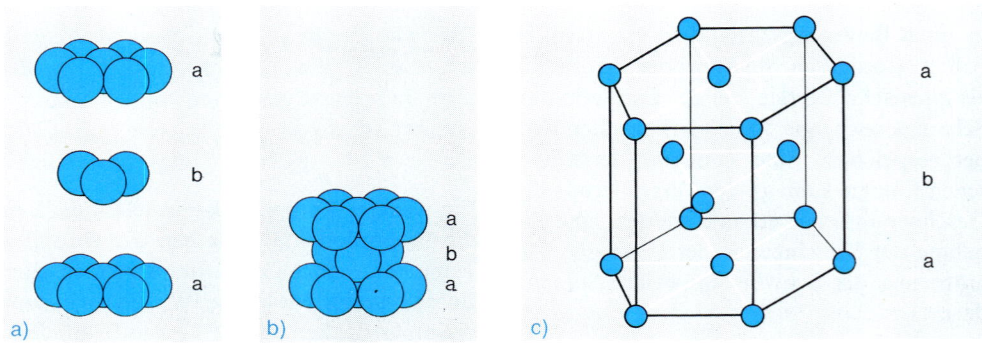

Abb. 5–6: Regelmäßige sechsseitige Säule aus Kugeln in hexagonal dichtester Packung

auf eine hinreichend große, nach innen gewölbte Unterlage und schüttelt etwas. Die Kugeln ordnen sich regelmäßig an. Jede Kugel wird von 6 Nachbarkugeln berührt *(Abb. 5–2a)*. ◄

Die Kugelmittelpunkte bilden ein regelmäßiges, zweidimensionales Muster, eine sogenannte **Netzebene**, die dadurch zustande kommt, daß sich die Kugeln so dicht wie möglich aneinander legen. Wir wollen daher dieses Muster **dichteste Kugelpackung** nennen. Ein anderes Muster zeigt die Netzebene in *Abb. 5–2b:* hier liegen die Kugeln in einer quadratischen Anordnung und damit weniger dicht als in *Abb. 5–2a*. Die Abbildungen *5–3a* und *5–3b* zeigen noch einmal die gleichen Netzebenen. Es sind aber nur die Kugelmittelpunkte gezeichnet. Wir erkennen Geraden, sogenannte **Punktreihen**, auf denen die Kugelmittelpunkte liegen. Innerhalb jeder Netzebene gibt es verschiedene solcher Punktreihen, die sich in der Richtung und in der Zahl der auf ihnen liegenden Bausteine unterscheiden.

Ergebnis: Jedes regelmäßige, zweidimensionale Muster von Punkten nennt man eine Netzebene. Die Symmetrie des Musters ergibt charakteristische Winkel zwischen den Punktreihen und charakteristische Packungsdichten auf ihnen.

► **Versuch 5/2:** Man stellt sich aus Tischtennisbällen oder Styroporkugeln und Klebstoff vier Netzebenen dichtester Packung her und legt die beiden ersten wie in *Abb. 5–4* übereinander. Für das Darüberlegen der beiden nächsten gibt es dann zwei Möglichkeiten: Legt man die dritte Schicht senkrecht über die erste und die vierte senkrecht über die zweite, so erhält man eine andere räumliche Anordnung der Kugeln, als wenn man die dritte Schicht über die von den beiden ersten Schichten freigelassenen Lücken α, β, γ, δ *(Abb. 5–4)* und erst die vierte Schicht wieder senkrecht über die erste legt. ◄

Ergebnis: Es gibt zwei verschiedene räumlich dichteste Kugelpackungen: die erste entspricht einer Reihenfolge der Schichten nach dem Schema ...-a-b-a-b-... *(Abb. 5–5a)*, die zweite einem Schema ...-a-b-c-a-b-c-... *(Abb. 5–5b)*.

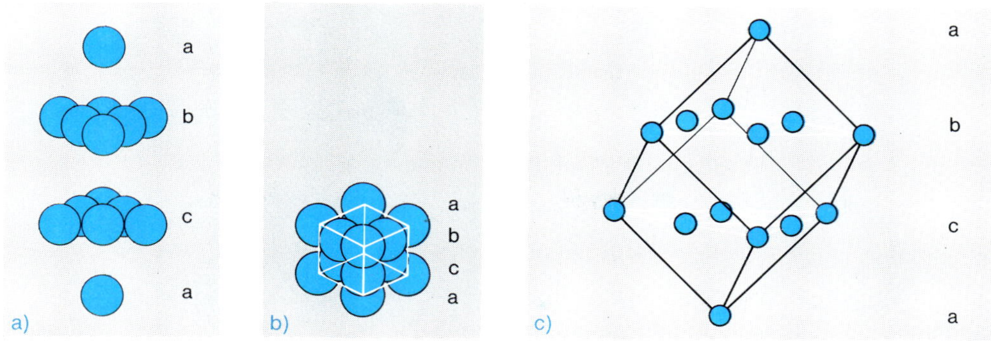

Abb. 5–7: Würfel aus Kugeln in kubisch dichtester Packung

dichteste Kugelpackungen

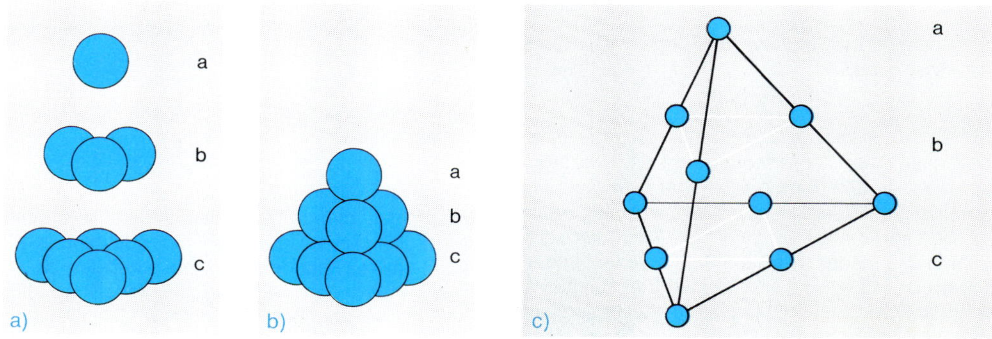

Abb. 5–8: Tetraeder aus Kugeln in kubisch dichtester Packung

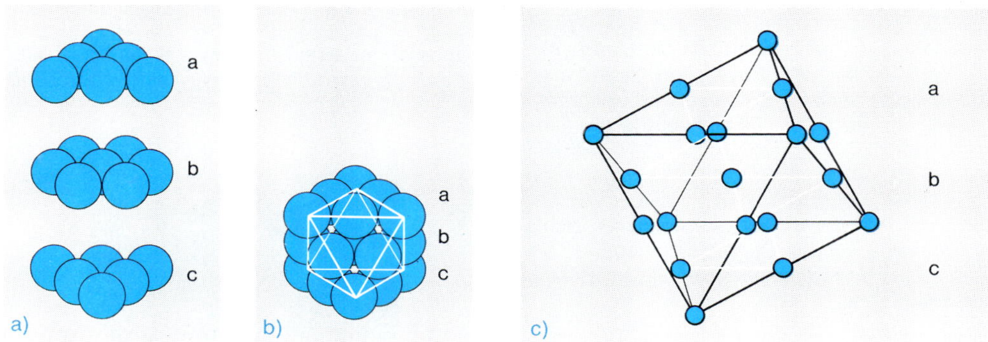

Abb. 5–9: Oktaeder aus Kugeln in kubisch dichtester Packung

In beiden dichtesten Kugelpackungen ist jede Kugel von zwölf anderen umgeben: Sechs berühren in gleicher Ebene, drei von oben und drei von unten. Das ganze von den Kugeln bzw. ihren Mittelpunkten gebildete dreidimensionale Muster bezeichnet man als ein **Raumgitter**.

Nach dem Schema ...-a-b-a-b-... lassen sich bei geeigneter seitlicher Begrenzung der Netzebenen sechsseitige Säulen *(Abb. 5–6 a,b,c)* und andere Körper mit sechszähliger Symmetrie-Achse bauen. Man spricht daher bei dieser räumlichen Anordnung von der **hexagonal dichtesten Kugelpackung**.

Packt man geeignet umgrenzte Netzebenenausschnitte nach dem Schema ...-a-b-c-a-b-c-... aufeinander, so entstehen Würfel *(Abb. 5–7 a,b,c)*, Tetraeder[1] *(Abb. 5–8 a,b,c)* und Oktaeder[2] *(Abb. 5–9 a,b,c)*. Diese Anordnung bezeichnet man

---

[1] tetra (gr.), vier; hedra (gr.), Sitz, Basis, Fläche

[2] okto (gr.), acht

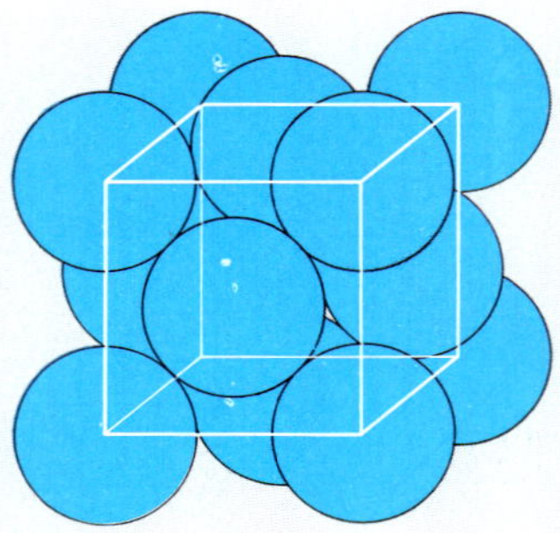

Abb. 5–10: Flächenzentriertes kubisches Gitter (dichteste Packung)

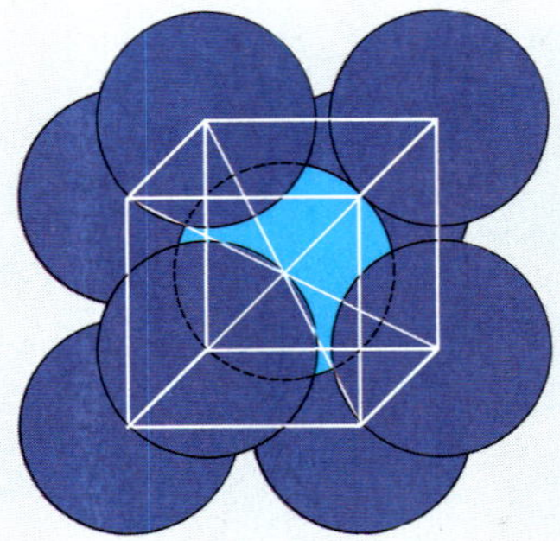

Abb. 5–11: Raumzentriertes kubisches Gitter

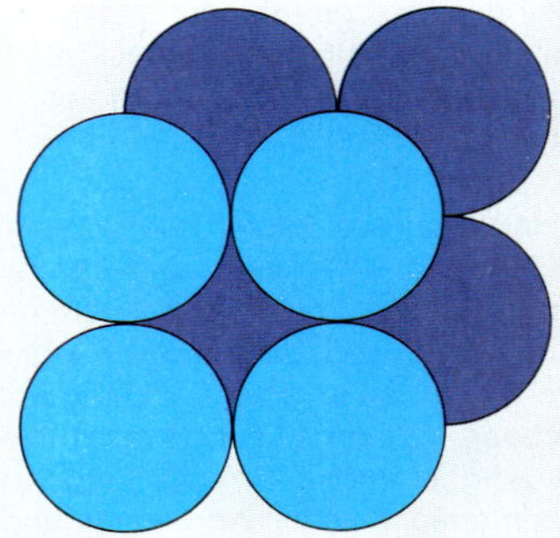

Abb. 5–12: Nichtzentriertes kubisches Gitter

nach dem Würfel (cubus) als **kubisch dichteste Kugelpackung**.

Für die zeichnerische und modellmäßige Darstellung räumlicher Anordnungen gibt es zwei Möglichkeiten: In den Bildern *b* erkennt man recht gut die Packungsdichte, d.h. die Art, wie der Raum von den Bausteinen ausgefüllt ist. Aber man kann nicht in das Innere des Raumgitters sehen. In den Bildern *c* sind nur die Mittelpunkte der Bausteine dargestellt. Man erkennt in diesem Fall besser die räumlich geometrische Struktur, bekommt dann aber keinen Eindruck von der Packungsdichte.

Struktur von kubischen Elementarzellen

Die *Abbildung 5–10* zeigt noch einmal den Würfel aus *Abb. 5–7* in einer anderen Aufstellung. Wir sehen, daß außer den Ecken noch die Mittelpunkte der Würfelflächen von Bausteinen besetzt sind. Man bezeichnet daher die kubisch dichteste Kugelpackung auch als **flächenzentriertes** kubisches Gitter.

Selbstverständlich gibt es auch Raumgitter, in denen die Bausteine den Raum weniger kompakt ausfüllen als in den beiden besprochenen dichtesten Kugelpackungen. Die Abbildungen *5–11 und 5–12* zeigen ein **raumzentriertes** und ein **einfach-kubisches** Gitter.

Mit einfachen mathematischen Hilfsmitteln (Volumen des Würfels, Flächen- und Raumdiagonale des Würfels; Kugelvolumen) können wir die Raumausfüllung der drei kubischen Gitter berechnen, indem wir das Würfelvolumen zu den Volumina der Kugeln, die im Würfel Platz haben, in Beziehung setzen. Im flächenzentrierten Würfel werden 74,0% des Raums von den Kugeln besetzt, im raumzentrierten Würfel 68,0% und im nicht zentrierten Würfel sogar nur 52,4%.

Ergebnis: Von den drei kubischen Raumgittern besitzt das flächenzentrierte die größte Packungsdichte (dichteste Kugelpackung); nur ungefähr ein Viertel seines Volumens ist nicht stofferfüllt. Das raumzentrierte kubische Gitter ist fast zu einem Drittel, das nicht zentrierte fast zur Hälfte leer.

Zum Schluß dieser Bauexperimente mit Kugeln gleicher Größe sei auf das Folgende hingewiesen: Beim Aufeinanderlegen der parallelen Netzebenen, mit denen wir Würfel, Tetraeder und Oktaeder erzeugt haben *(Abb. 5–7a, 5–8a, 5–9a)*, sind »von allein« neue Punktreihen entstanden, die nicht in diesen Netzebenen liegen, und auch neue Netzebenen als Begrenzungsflächen dieser Körper.

Wir hatten im ersten Ergebnis dieses Abschnitts festgestellt, daß für das Muster einer Netzebene die Winkel zwischen ihren Punktreihen charakteristisch sind. Dementsprechend wird das dreidimensionale Muster eines Raumgitters durch die Winkel, die die Netzebenen miteinander bilden, gekennzeichnet. Beim flächenzentrierten Würfel z.B. stehen die Netzebenen, die den Würfelflächen entsprechen, aufeinander senkrecht und bilden mit den Netzebenen dichtester Kugelpackung, die senkrecht zur Raumdiagonalen liegen *(Abb. 5–13)*, Winkel von 125,3°.

Bei der hexagonal dichtesten Kugelpackung *(Abb. 5–6)* bilden die Seitenflächen der sechsseitigen Säule untereinander Winkel von 120° und stehen auf der Basisfläche senkrecht.

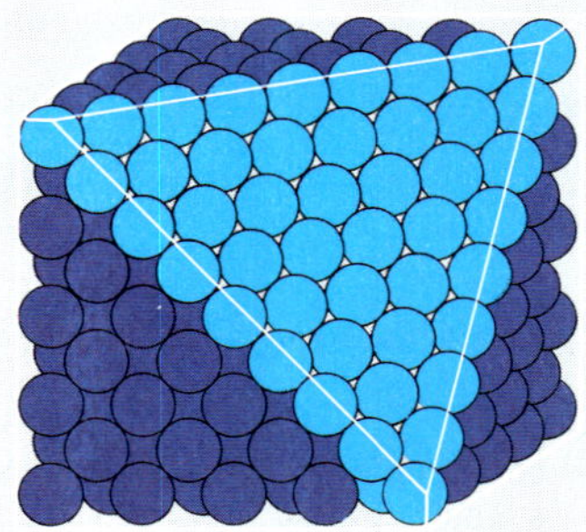

Abb. 5–13: Schnitt senkrecht zur Raumdiagonalen beim flächenzentrierten kubischen Gitter in einem Würfel dichtester Packung

Ergebnis: Die Symmetrie eines Raumgitters kommt in charakteristischen Winkeln zwischen seinen Netzebenen zum Ausdruck.

Zusammenfassung: *Wir haben aus Kugeln gleicher Größe Netzebenen und Raumgitter gebaut, wobei bei geeigneter Umgrenzung regelmäßige Vielecke und Polyeder mit charakteristischen Winkeln zwischen den Punktreihen und Flächen entstehen. In* Abschnitt 5.1.1., Seite 64, *hatten wir angenommen, daß Feststoffe aus diskreten Bausteinen aufgebaut sind. Wenn diese Bausteine einfach geformt sind wie die Kugeln unserer Modellkörper, ist es denkbar, daß sie ebenfalls ein räumlich regelmäßiges Muster bilden. Die Festkörper sollten dann auch ebene Begrenzungsflächen mit charakteristischen Winkeln aufweisen. Bevor wir dieser interessanten Vermutung nachgehen, wollen wir Raumgitter studieren, die aus verschieden großen Bausteinen zusammengesetzt sind.*

Abb. 5–14: Je nach Packungsart gleich großer Bausteine *A* ergeben sich Lücken unterschiedlicher Größe für Bausteine *B*; a) Tetraeder-Lücke, b) Oktaeder-Lücke, c) Hexaeder-Lücke

5.1.3 Raumgitter aus verschiedenartigen Bausteinen

unterschiedlich große Lücken in Kugelpackungen

Wir experimentieren mit zwei Sorten Kugeln, die sich in der Größe unterscheiden. Die größeren mögen mit *A*, die kleineren mit *B* bezeichnet werden. Wir versuchen zunächst, Raumgitter zu bauen, die von jeder der beiden Sorten gleichviel Kugeln enthalten (Zahlenverhältnis 1:1). Wie im vorhergehenden Abschnitt soll es darauf ankommen, die Kugeln möglichst dicht zu packen. Legt man z.B. vier Kugeln *A* tetraederförmig zusammen, so schließen sie einen Hohlraum ein, die sogenannte »Tetraeder-Lücke« *(Abb. 5–14a)* in dem nur eine ziemlich kleine Kugel *B* Platz finden könnte. Ein etwas größerer Hohlraum, die »Oktaeder-Lücke« *(Abb. 5–14b)* wird von sechs Kugeln *A* umschlossen, die einander berühren und die Ecken eines Oktaeders bilden. Ein noch größerer Raum, die »Hexaeder-Lücke« *(Abb. 5–14c)* wird von acht sich berührenden Kugeln freigelassen, die würfelförmig zusammengefügt sind. Ein Baustein *B*, der gerade noch in einer Hexaeder-Lücke Platz hat, paßt also nicht mehr in eine Oktaeder-Lücke und erst recht nicht in eine Tetraeder-Lücke.
Schauen wir uns jetzt die im vorhergehenden Abschnitt behandelten kubischen Gittertypen auf solche Zwischenräume hin an, so zählen wir bei dem flächenzentrierten Würfel *(Abb. 5–10)* acht tetraedrische Zwischenräume, in denen noch Platz für entsprechend kleine Kugeln *B* vorhanden ist. Wir müssen nun bedenken, daß dieser Würfel nur eine »Elementarzelle« des vollständigen Gitters ist, das wir uns nach allen drei Dimensionen fortgesetzt denken müssen. Jede Eckkugel des Würfels *Abb. 5–10* gehört 8 in ihr zusammenstoßenden Elementarzellen gleichermaßen an und darf daher jeder von ihnen nur zu einem Achtel zugeordnet werden. Entsprechend gehört jede Kugel in der Mitte einer Seitenfläche des Würfels *Abb. 5–10* noch einer zweiten Elementarzelle an und darf daher nur zur Hälfte jeder von ihnen zugeordnet werden. Zu einer einzelnen Elementarzelle in der kubisch dichtesten Packung gehören also nur $8 \cdot \frac{1}{8} + 6 \cdot \frac{1}{2} = 4$ Kugeln *A*. Zur Verwirklichung des Zahlenverhältnisses 1:1 dürfen wir daher auch nur vier von den acht Tetraederlücken mit Kugeln *B* besetzen. Es resultiert ein Raumgitter gemäß *Abb. 5–15)*.
Wir sehen aus der Abbildung, daß die Kugeln *B* für sich genommen ebenfalls einen flächenzentrierten Würfel bilden. Er ist gegenüber dem aus Kugeln *A* gebildeten um ein Viertel der Raumdiagonale des Würfels verschoben. Wir sehen weiter: So wie jede Kugel *B* tetraedrisch von vier Kugeln *A* umgeben ist, ist auch umgekehrt jede Kugel *A* Mittelpunkt eines Tetraeders aus vier Kugeln *B*.
Eine derartige räumliche Struktur wollen wir durch das Symbol $\{A_4\, B_4\}$ kennzeichnen. Die geschweifte Klammer setzen wir immer dann, wenn es sich um ein regelmäßiges räumliches Gitter handelt. Die Indizes sind als Zahlenverhältnis der Bausteine zu lesen (im Beispiel 4:4).
Für das nächste Beispiel wollen wir annehmen, daß die Kugeln *B* zu groß sind, um in eine Tetraeder-Lücke zu passen, aber noch klein genug, um eine Oktaeder-Lücke auszufüllen. Wir sehen uns wieder den flächenzentrierten Würfel *(Abb. 5–10)* auf das Vorhandensein solcher Lücken hin an und bemerken eine genau in seinem Mittelpunkt. Denken wir uns aber das Gitter nach allen drei Dimensionen fortgesetzt, so erkennen wir zwölf weitere Oktaeder-Lücken in den Mittelpunkten der zwölf Würfelkanten *(Abb. 5–16)*. Diese auf den

Kochsalz-Gitter

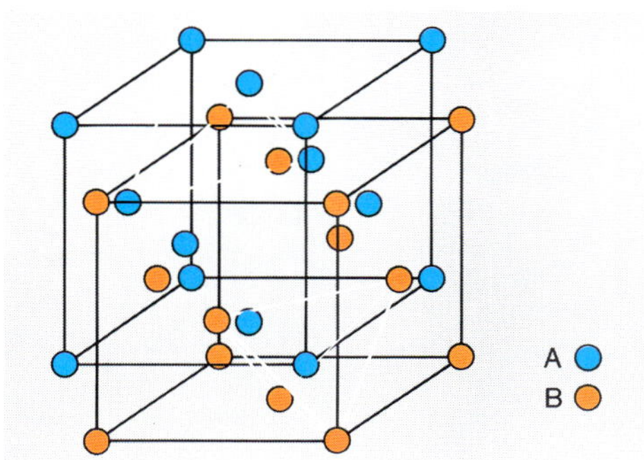

Abb. 5–15: Gittertyp der Formel $\{A_4 B_4\}$ (Zinksulfid-Gitter)

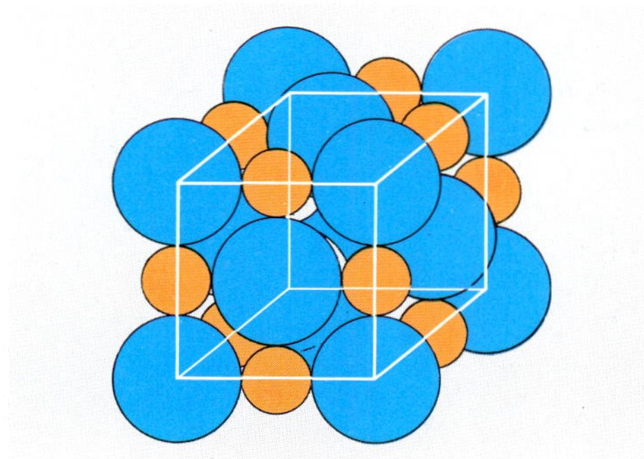

Abb. 5–16: Gittertyp der Formel $\{A_6 B_6\}$ (Natriumchlorid-Gitter)

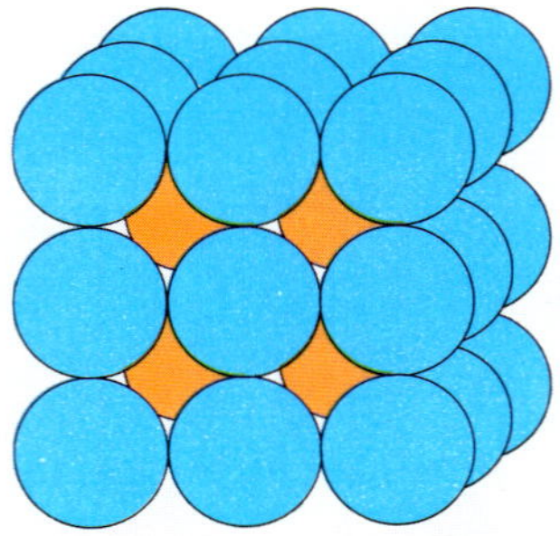

Abb. 5–17: Gittertyp der Formel $\{A_8B_8\}$ (Caesiumchlorid-Gitter)

Kanten sitzenden Kugeln *B* können nur zu einem Viertel zum Würfel zugehörig gerechnet werden. Insgesamt gehören also $12 \cdot \frac{1}{4} + 1 = 4$ Kugeln *B* zum Würfel, also genau so viel wie Kugeln *A* $(8 \cdot \frac{1}{8} + 6 \cdot \frac{1}{2})$. Jede Kugel *B* ist also oktaedrisch von sechs Kugeln *A* umgeben, aber auch umgekehrt jede Kugel *A* oktaedrisch von sechs Kugeln *B*. Als Symbol für dieses Raumgitter wählen wir $\{A_6B_6\}$.
Ist nun der Durchmesser der Kugel *B* so groß, daß sie nur noch zwischen 8 Kugeln *A* Platz hat, so finden wir weder im flächenzentrierten, noch im raumzentrierten Würfel aus *A*-Kugeln *(Abb. 5–10* und *Abb. 5–11)* solche Hexaeder-Lücken, wohl aber in dem einfachen, nicht zentrierten Würfel *(Abb. 5–12)* von dem wir wissen, daß er fast zur Hälfte leer ist. Auch hier ist das Zahlenverhältnis 1 : 1 verwirklicht, wenn jede Kugel der einen Sorte von acht Kugeln der anderen hexaedrisch umgeben ist *(Abb. 5–17)*, was wir mit dem Symbol $\{A_8B_8\}$ zum Ausdruck bringen.

Symbolschreibweise für Raumgitter

Ergebnis: Von den kubischen Gittern aus Bausteinen *A* lassen sich drei Gitter aus Bausteinen *A* und *B* im Zahlenverhältnis 1 : 1 ableiten. Je nach dem Größenverhältnis der beiden Kugelsorten unterscheiden wir das Gitter $\{A_4B_4\}$ mit tetraedrischer Umgebung von dem mit okataedrischer Umgebung $\{A_6B_6\}$ und dem mit hexaedrischer Umgebung $\{A_8B_8\}$.

Wir begnügen uns mit diesen Beispielen für das Zahlenverhältnis 1 : 1. Wir lassen die Frage offen, ob es noch andere, vielleicht nicht-kubische Gitter gibt, in denen ebenfalls dieses Verhältnis verwirklicht ist.

Das Raumgitter soll nun doppelt soviel Kugeln *B* wie Kugeln *A* enthalten; wir gehen also zum Zahlenverhältnis 1 : 2 über. Von den möglichen Gittertypen dieser Art greifen wir nur ein Modell heraus, auf das wir schon vorher gestoßen sind, als wir bemerkten, daß das kubisch flächenzentrierte Gitter acht Tetraeder-Lücken besitzt. Bringen wir jetzt in *jede* Lücke einen Baustein *B*, so gehören 8 Kugeln *B* zu nur 4 Kugeln *A*. Wir erkennen aus der *Abbildung 5–18*, daß jede Kugel *A* hexaedrisch, also würfelförmig, von acht Kugeln *B* umgeben ist, aber jede Kugel *B* tetraedrisch von nur vier Kugeln *A*. Wir benutzen für diesen Gittertyp das Symbol $\{A_4B_8\}$.
Wir wollen für die neuen Symbole eine vereinfachte Schreibweise einführen. Wenn wir nur zum Ausdruck bringen wollen, daß die Bausteine der beiden Sorten *A* und *B* im Zahlenverhältnis 1 : 1 stehen, d.h. wenn wir von der Zahl der umgebenden Nachbarn absehen, genügt das Symbol $\{A_1B_1\} = \{AB\}$; wir dürfen also in den Symbolen die Verhältnisse $\frac{4}{4}$, $\frac{6}{6}$ und $\frac{8}{8}$ zu $\frac{1}{1}$ kürzen. Für den Gittertyp $\{A_4B_8\}$, in dem die Bausteine im Verhältnis 1 : 2 vorliegen, können wir dementsprechend die vereinfachte Schreibweise $\{A_1B_2\} = \{AB_2\}$ benutzen.

Ergebnis: Das Symbol $\{A_m\ B_n\}$ mit teilerfremden ganzen Zahlen *m* und *n* bedeutet ein Raumgitter aus Bausteinen *A* und *B*, in dem sich die Zahl der Bausteine *A* zur Zahl der Bausteine *B* wie *m* zu *n* verhält.

Wir verzichten auf weitere Beispiele für den Typ $\{AB_2\}$, ebenso auf Beispiele der Typen $\{AB_3\}$, $\{A_3B_2\}$ usw. Wir sehen auch davon ab, Raumgitter aus drei verschiedenen Kugelsorten *A*, *B* und *C* zu betrachten, z.B. $\{ABC\}$, in dem von jeder der drei Sorten gleich viel Bausteine eingebaut sind, oder $\{A_2BC_3\}$ mit dem Zahlenverhältnis 2 : 1 : 3 der Bausteine oder noch andere.

Es leuchtet ein, daß wir auch in den Raumgittern aus verschiedenartigen Bausteinen Punktreihen und Netzebenen erkennen könnten, die sich in ihren Packungsdichten voneinander unterschieden und miteinander Winkel bilden, die für den betreffenden Gittertyp charakteristisch sind.
Die Absicht, die wir mit dem Bau von Modell-Körpern verfolgen, besteht darin, Vorstellungen über mögliche Strukturen des festen Zustandes zu gewinnen. Schon bei den ersten Überlegungen über diesen Zustand *(5.1.1, Seite 64)* mußten wir offen lassen, ob die Bausteine Atome oder Moleküle sind. Die Kugeln, aus denen wir bisher die Raumgitter gebastelt haben, entsprechen wohl am ehe-

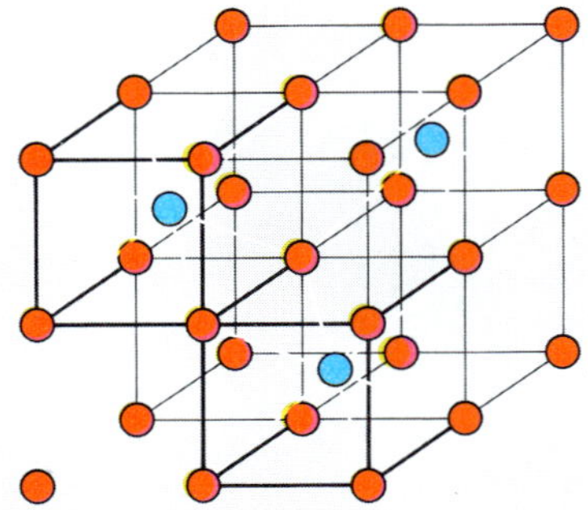

Abb. 5–18: Gittertyp der Formel $\{A_4B_8\}$ (Calciumfluorid-Gitter)

sten der Vorstellung von Atomen. Das führt zu einer wichtigen Konsequenz für derartige **Atom-Gitter**:
Wir betrachten noch einmal die aus gleichviel Atomen *A* und *B* zusammengesetzten Gitter $\{AB\}$ *(Abb. 5–15, 5–16, 5–17)*. Wir können von den Atomen *B*, die ein Atom *A* umgeben, keines in dem Sinne auszeichnen, daß es *A* besonders zugeordnet sei; denn alle anderen Nachbarn *B* sind genau so weit von *A* entfernt wie dieser eine. Verstehen wir unter einem »Molekül *AB*« ein besonders zusammengehöriges Atompaar, so können wir in einem Atom-Gitter $\{AB\}$ keine solchen Moleküle erkennen. Im Atom-Gitter $\{AB_2\}$ *(Abb. 5–18)* besitzt jedes Atom *A* acht Nachbar-Atome *B*; aber keines von diesen ist *A* in besonderer Weise zugeordnet. Umgekehrt bilden vier Atome *A* um jedes Atom *B* eine tetraedrische Umgebung, in der sie alle gleich weit von diesem entfernt sind. Wir können im Gitter $\{AB_2\}$ keine besondere Atom-Gruppierung aus einem *A*-Atom und zwei *B*-Atomen im Sinne eines Moleküls AB_2 erkennen. Ganz allgemein gilt:

Ergebnis: In einem »Atom-Gitter« $\{A_mB_n\}$ lassen sich keine Bereiche erkennen, in denen man *m A*-Atome als besonders zugehörig zu *n B*-Atomen auszeichnen kann. Der Molekül-Begriff ist auf Atom-Gitter nicht anwendbar.

Am Anfang des Kapitels haben wir allerdings Gitter-Typen zugelassen, deren Bausteine aus mehreren Atomen zusammengesetzt sind *(Abb. 5–1)*. Derartige Bausteine dürfen wir als Moleküle ansprechen, und es empfiehlt sich, für solche Raumgitter zur Unterscheidung von Atom-Gittern die Bezeichnung **Molekül-Gitter** einzuführen. Wir

könnten uns z. B. ein zweiatomiges Molekül hantelförmig, ein mehratomiges stäbchenförmig, gewinkelt, ringförmig oder pyramidenförmig vorstellen (Beispiele in *Abb. 5–1* und *Abb. 5–19*.
Abb. 5–1d und *Abb. 5–20* zeigen eine Möglichkeit, eine Netzebene aus hantelförmigen Bausteinen mit möglichst großer Packungsdichte zu bauen. Für das zugehörige dreidimensionale Gitter müßten wir mehrere solcher Netzebenen übereinander legen.
Wir können weiterhin annehmen, daß Netzebenen aus noch komplizierter geformten Bausteinen nicht nur Quadrat- und Dreieck-Muster zeigen, sondern z. B. auch Muster aus Parallelogrammen oder Trapezen, und daß die Elementarzellen von Raumgittern nicht nur Würfel, sondern z. B. auch Quader, gerade oder schiefe Prismen sein können.

Betrachten wir noch einmal den ersten Versuch dieses Kapitels, der uns die erste regelmäßige Anordnung von Kugeln zeigte. In *Versuch 5/1* hatten wir Tischtennisbälle auf eine gewölbte Unterlage gelegt und diese geschüttelt. Durch die gewölbte Unterlage wurden anziehende Kräfte zwischen den Kugeln simuliert, und durch das Schütteln ahmten wir die thermische Bewegung nach. Hätten wir die Bälle auf einer ebenen oder wenig gewölbten Unterlage und ohne Schütteln zusammenrollen lassen, so wäre wahrscheinlich kein regelmäßiges Muster, sondern eine zufällige, unregelmäßige Verteilung entstanden *(Abb. 5–1c)*. Wir können in ihr keine Punktreihen und in einer unregelmäßigen räumlichen Verteilung keine Netzebenen feststellen. Damit entfallen auch ebene Begrenzungsflächen und charakteristische Winkel, wie wir sie an regelmäßigen Raumgittern gefunden haben.
Die Wahrscheinlichkeit, eine unregelmäßige Packung zu erhalten, wird noch größer, wenn wir lange, biegsame, faden- oder kettenförmige Bausteine durcheinander schütteln. Es würde eine Art verknäuelter Filz entstehen, der jede Regelmäßigkeit vermissen läßt. Wir wollen einen Körper, dessen Bausteine völlig unregelmäßig aneinander liegen, **amorph**[1] nennen.

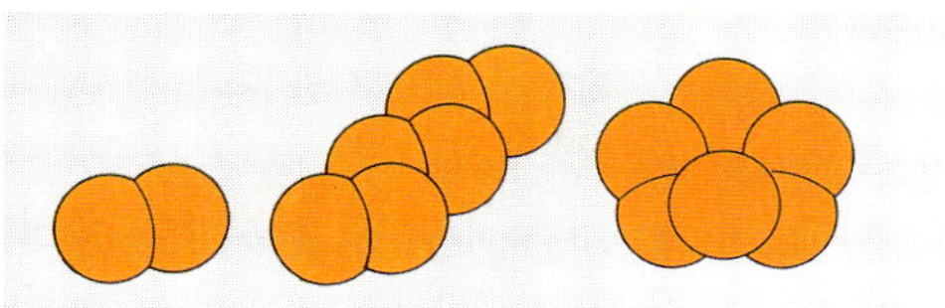

Abb. 5–19: Modelle für Moleküle aus gleichen Atomen

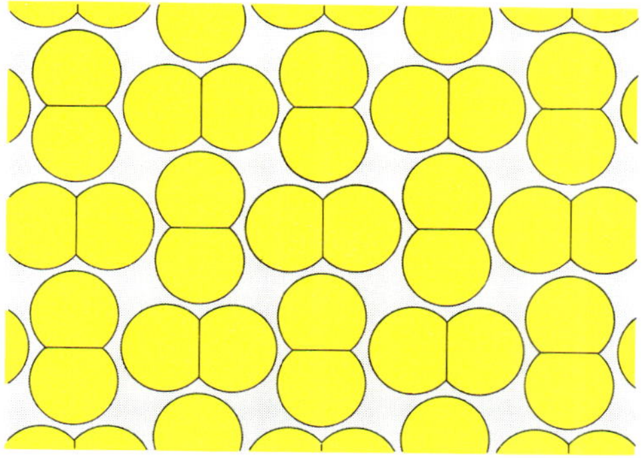

Abb. 5–20: Netzebene eines Gitters aus zweiatomigen Molekülen

Ergebnis: Je schwächer die Gitterkräfte sind und je komplizierter die Bausteine geformt sind, desto geringer ist die Wahrscheinlichkeit, aus ihnen ein regelmäßiges Raumgitter aufbauen zu können, und desto größer ist die Wahrscheinlichkeit, daß ein amorpher Körper entsteht.

ungeordnete Packungen

Zusammenfassung: *Wir haben aus zwei verschiedenen Kugelsorten drei Raumgitter im Zahlenverhältnis 1 : 1 und ein Raumgitter mit dem Verhältnis 1 : 2 kennengelernt. Bei Hinzunahme weiterer Kugelsorten und bei der Wahl komplizierter Zahlenverhältnisse werden die Gittertypen sehr mannigfaltig und ihre Struktur unübersichtlich. Wir haben deshalb auf den Bau weiterer Modelle verzichtet, obwohl wir nur einfach geformte Bausteine, nämlich Kugeln verwendet haben.*
Deuten wir die Kugeln als Atome, so sprechen wir von Atom-Gittern. In ihnen lassen sich keine Bereiche unterscheiden, auf die die Bezeichnung Molekül im Sinne einer besonderen Atomgruppierung anwendbar wäre. Das in geschweifte Klammern gesetzte Symbol $\{A_mB_n\}$ *bedeutet also ein regelmäßiges Raumgitter aus Atomen A und B im Zahlenverhältnis m : n und muß vom Molekülsymbol* A_mB_n *(ohne Klammern, z. B.* H_2O, NH_3*) unterschieden werden, das eine Atom-Gruppierung aus m Atomen A und n Atomen B zum Ausdruck bringt.*
Auch für ein Molekül-Gitter, z. B. aus zweiatomigen, hantelförmigen Bausteinen, haben wir ein Beispiel kennengelernt, aber auf den Bau von Molekülgittern mit komplizierter geformten Bausteinen wieder verzichtet.
Trotz dieser Bescheidung ist uns bewußt geworden, daß beim Zusammenschütteln einfach geformter Bausteine die Wahrscheinlichkeit, daß eine geordnete Packung hoher Symmetrie entsteht, größer ist als die der Entstehung einer amorphen Verteilung. Umgekehrt besitzt bei kompliziert geformten Bausteinen die ungeordnete Packung die größere Wahrscheinlichkeit. Zwischen beiden Extremen sind Übergänge denkbar, sei es, daß einfach geformte Bausteine durch geringe Gitterkräfte sich nur zufällig verteilen, sei es, daß sich komplizierter geformte Bausteine zu Raumgittern geringer Symmetrie anordnen.
In Abschnitt 5.1.1. *hatten wir angenommen, daß Feststoffe aus diskreten Bausteinen aufgebaut sind. Wenn diese Bausteine einfach geformt wären, wie die Kugeln unserer Modellkörper, wäre es denkbar, daß sie ebenfalls ein räumlich regelmäßiges Muster bilden. Im nächsten Abschnitt wollen wir diesem Gedanken nachgehen.*

5.1.4 Kristalle

Erfahrungsgemäß sind die meisten von uns, wenn sie zum Beispiel den in *Abb. 5–21* abgebildeten Gegenstand betrachten oder ihn in die Hand gelegt bekommen, der Meinung, er sei von Künstlerhand geschaffen. Wir können es kaum glauben, daß die schöne Form, die regelmäßigen Flächen, die wie mit dem Lineal gezogenen Kanten, nicht durch Schleifen und Polieren entstanden sind, sondern sich in der Verborgenheit einer Gesteinskluft oder in einer Druse[1], vielleicht auch tief

[1] morphe (gr.), Gestalt, Form; amorphia, ohne Form

[1] Druse = Hohlraum im Gestein

Abb. 5–21: Druse aus Quarzkristallen

regelmäßige Formen natürlich gewachsener Kristalle

unter der Erdoberfläche in einem sich langsam abkühlenden Magma[1] im Laufe langer Zeiträume von selbst gebildet haben. Solche **Kristalle** haben seit je auf die Menschen eine faszinierende Wirkung ausgeübt. Sie beruht auf der Schönheit geometrisch regelmäßiger Körper mit glänzenden, spiegelnden Flächen und scharfen Kanten. Oft kommen noch leuchtende Farben und eine starke Lichtbrechung (»Feuer«) hinzu. Gut ausgebildete Kristalle sind daher stets begehrte Sammel- und Schmuckobjekte gewesen.

Abb. 5–21 zeigt eine Druse mit Quarz-Kristallen. Beim Betrachten des Bildes hat man den Eindruck, daß die Kristalle von außen nach innen »gewachsen« sind und daß sie nur dort von ebenen Flächen begrenzt sind, wo Platz für das Wachstum vorhanden war, nämlich nach der Mitte des Hohlraums hin.

Beginnen auf engem Raum, z.B. am äußeren Rand der Druse, viele Kristalle gleichzeitig zu wachsen, so hindern sie sich gegenseitig an der Ausbildung regelmäßiger Begrenzungsflächen, sind eng miteinander verfilzt und oft nur unter dem Mikroskop als solche zu erkennen. Der Chemiker nennt diese nicht mehr von ebenen Flächen begrenzten Körner und Nadeln **Kristallite**, ein solches Mineral **kristallin**.

Das im Haushalt verwendete Kochsalz kommt in der Natur als **Steinsalz** in riesigen Lagern vor. *Abb. 5–22a* zeigt einzelne, würfelförmige Steinsalzkristalle, *Abb. 5–22b* kristallines Steinsalz.

Das Mineral **Kalk** tritt in großen, rhomboedrischen Kristallen als **Kalkspat** und grobkristallin als **Marmor** auf *(Abb. 5–23 a,b);* die in der Natur weit verbreitete feinkristalline (»derbe«) Form des Minerals ist **Kalkstein** oder **Kreide**.

Gips ist das derbe, **Alabaster** das grob-kristalline

Abb. 5–22: Steinsalz. a) Einzelkristalle, b) kristallines Gefüge

Abb. 5–23: Kalk. a) Kalkspat, b) Marmor

Abb. 5–24: Gips. a) Alabaster, b) Marienglas

Vorkommen eines Minerals, dessen Einzel-Kristalle **Marienglas** heißen *(Abb. 5–24 a,b).*

Ergebnis: Der kristalline Zustand beschränkt sich nicht nur auf ebenflächig begrenzte Kristalle. Die meisten festen Stoffe sind grob- oder fein-kristallin.

Beim genauen Betrachten von Kristallen können wir häufig Risse oder ebene Spaltflächen beob-

[1] Magma = Gesteinsschmelzfluß

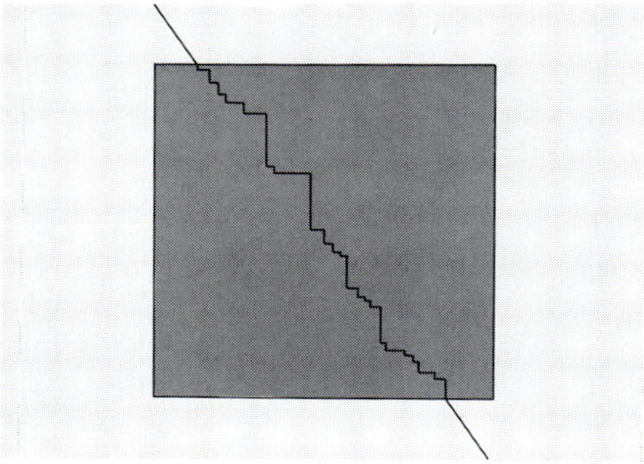

Abb. 5–25: Zu Versuch 5/3. Treppenförmiger Riß bei schrägem Spalten eines Kochsalz-Kristalls

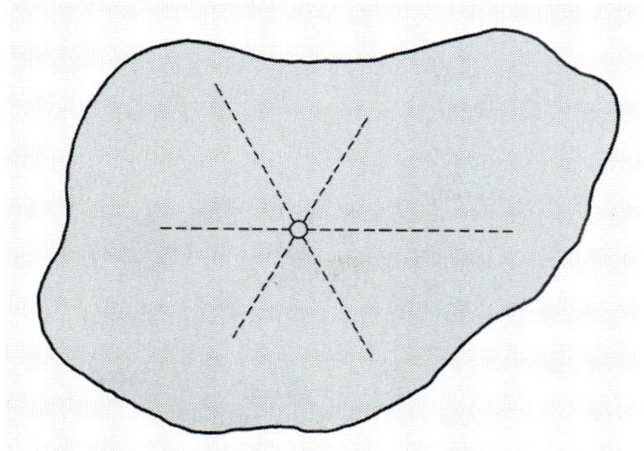

Abb. 5–27: Zu Versuch 5/5. Spaltrisse in einem Glimmerplättchen

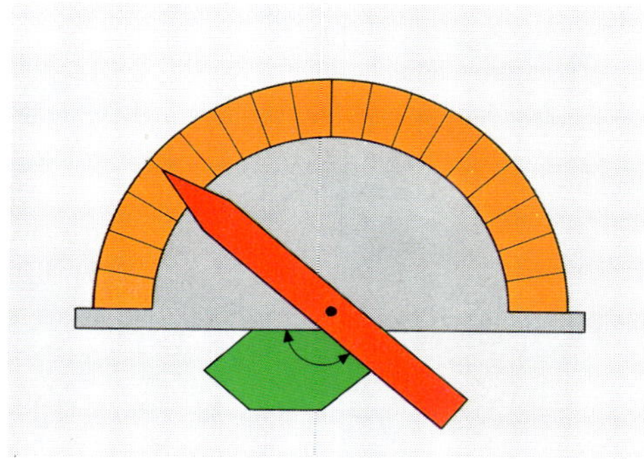

Abb. 5–28: Anlegegoniometer

achten, die meist zu den äußeren Kanten und Begrenzungsflächen parallel laufen.

► **Versuch 5/3:** Setzt man eine Messerklinge parallel zu einem Riß oder einer Seitenfläche eines Kochsalzkristalles auf und führt mit einem leichten Hammer einen Schlag auf die Klinge aus, so spaltet der Kristall in einer glatten Fläche. Man kann so drei Spaltebenen erhalten, die senkrecht aufeinander stehen. Selbst beim schrägen Aufsetzen der Klinge spaltet der Kristall treppenförmig mit rechten Winkeln *(Abb. 5–25).* ◄

► **Versuch 5/4:** Man spaltet wie in *Versuch 5/3* Kalkspat-Rhomboeder parallel zu den äußeren Begrenzungsflächen. Mit etwas Geschick kann es gelingen, bei leichtem Druck einen Teil des Kristalls bruchlos in eine spiegelbildliche Lage zu kippen, wenn man die Klinge auf die stumpfe Kante des Kalkspat-Rhomboeders aufsetzt *(Abb. 5–26).* ◄

► **Versuch 5/5:** Mit einer Rasierklinge kann man von einem blattförmigen Glimmer-Kristall ohne Mühe hauchdünne Schichten parallel zur Blattebene abheben. Setzt man eine Stecknadel senkrecht auf eine Glimmer-Platte und schlägt leicht auf den Nadelkopf, so entstehen im Kristall Risse, die untereinander Winkel von 60° bilden *(Abb. 5–27).* ◄

Abb. 5–29: Zu Versuch 5/6a. Quarzkristall

Ergebnis: Viele Kristalle lassen sich ebenflächig spalten. Spaltflächen und Spaltrisse bilden untereinander und mit den äußeren Begrenzungsflächen charakteristische Winkel.

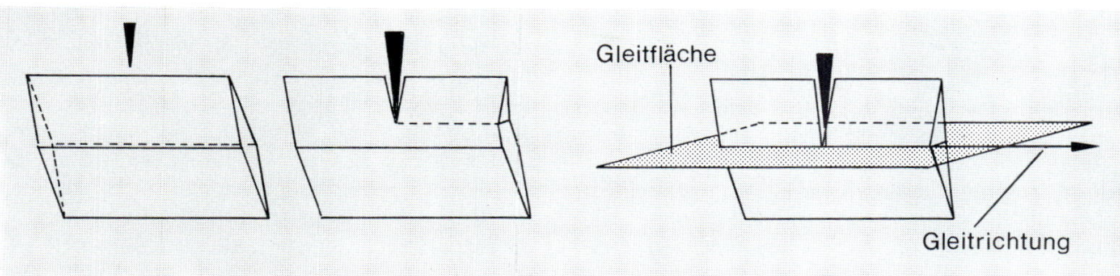

Abb. 5–26: Zu Versuch 5/4. Gleitverschiebung beim Spalten eines Kalkspat-Rhomboeders

Gesetz von der Winkelkostanz

Abb. 5–30: Zu Versuch 5/6b. Alaun-Kristall

Für die folgenden Winkelmessungen benutzen wir ein Anlegegoniometer *(Abb. 5–28).* Man kann es sich selbst herstellen, indem man im Mittelpunkt der Basis eines Winkelmessers einen drehbaren Zeiger befestigt. Zur Messung des Winkels zwischen zwei Kristallflächen werden die Schenkel des Goniometers so angelegt, daß sie senkrecht zur Schnittkante der beiden Flächen stehen.

► **Versuch 5/6:** (a) An Quarz-Kristallen *(Abb. 5–29)* findet man zwischen den Prismen-Flächen Winkel von 120°, zwischen den Pyramiden-Flächen Winkel von 134° und für die Winkel zwischen einer Prismen- und einer Pyramiden-Fläche 142°. Diese Winkel mißt man an jedem Quarz-Kristall, unabhängig von seiner Größe und seinem Fundort.
(b) An Alaun-Kristallen *(Abb. 5–30)* mißt man zwischen den Flächen des Oktaeders Winkel von 109,5°. An manchen Alaun-Kristallen sind die Ecken des Oktaeders durch kleine quadratische

N. STENSEN

In Kristallen bilden die Bausteine regelmäßige Raumgitter.

Flächen abgestumpft; zwischen ihnen und den Oktaederflächen beträgt der Winkel 125°.
(c) Bei Kochsalz-Kristallen *(Abb. 5–22a)* kommen gewöhnlich nur Winkel von 90° vor. ◄

Ergebnis: An Kristallen ein und derselben Stoffart sind die Winkel zwischen entsprechenden Flächen gleich groß, unabhängig vom Fundort, von der Kristallgröße und von der relativen Größe der Flächen (Gesetz von der Winkel-Konstanz, Niels STENSEN[1], 1668).

Bei den Kugelmodellen, die wir in den *Abschnitten 5.1.2 und 5.1.3* gebaut haben, ist uns aufgefallen, daß die Punktreihen und Netzebenen miteinander Winkel bilden, die für das betreffende räumliche Muster charakteristisch sind. Diese Beobachtungen entsprechen bei den Kristallen dem Gesetz von der Winkelkonstanz. An manchen Kristallen haben wir Winkel gemessen (Alaun, Kochsalz), die wir bereits von unseren aus Kugeln gebildeten Körpern kannten.
Es fällt uns außerdem auf, daß die geometrischen Körper Würfel, Oktaeder, Tetraeder und sechsseitige Säulen, die wir aus Kugeln hergestellt haben, in der Natur als weit verbreitete Kristallformen vorkommen.
Auf eine weitere Eigenschaft unserer Modellkörper haben wir noch nicht hingewiesen: So wie wir sie aus parallelen Netzebenen haben entstehen lassen *(Abb. 5–6a bis Abb. 5–9a)*, so könnten wir sie wieder parallel zu diesen Netzebenen aufspalten. Das erinnert an die regelmäßige Spaltbarkeit der Kristalle.
Alle Eigenschaften, die den kristallinen Zustand kennzeichnen, erkennen wir also an den Modellkörpern wieder. Wir dürfen daher annehmen, daß die Bausteine der Festkörper, d.h. die Atome und Moleküle, in den Kristallen ebenso ein regelmäßiges räumliches Gitter bilden wie die Bausteine der Modellkörper. Der Einwand, daß die Kristalle spiegelglatte Flächen haben, während die Oberflächen der Modellkörper die einzelnen Kugeln zeigen, wird ohne weiteres durch den Hinweis auf die außerordentliche Kleinheit der Atome und Moleküle entkräftet.
Kristalle mit ebenen Begrenzungsflächen können sich nur bei ungehindertem Wachstum ausbilden, sind also relativ selten anzutreffen. Deshalb werden wir nur die regelmäßige Anordnung der Bausteine zu einem Raumgitter, die auch noch in dem kleinsten Kristalliten vorhanden ist, als das allein entscheidende Merkmal für den kristallinen Zustand annehmen.

Ergebnis: Alle Eigenschaften der Kristalle lassen sich durch die Annahme einer räumlich-regelmäßigen Struktur (Raumgitter der Bausteine) erklären. Man spricht deshalb kurz von **Kristallgitter**.

Beobachtungen, wie sie bei Untersuchungen von Kristallen mit Röntgen-Strahlen gemacht werden, lassen sich ebenfalls nur durch die Annahme einer Raumgitter-Struktur der Kristalle deuten *(Abb. 5–31)*. Sie lassen sogar Rückschlüsse auf die Symmetrie des Gitters und auf die Größe der Gitterabstände zu. Daher weiß man z.B., daß Metalle meist in der hexagonalen oder in der kubisch dichtesten Kugelpackung *(5.1.2, Seite 67f)* kristallisieren. Gitterstrukturen $\{A_4\ B_4\}$, $\{A_6\ B_6\}$, $\{A_8\ B_6\}$ und $\{A_4\ B_8\}$ werden wir bei den »Salz-Gittern« im *Abschnitt 7.3.1, Seite 129*, wieder begegnen.

Als wir in *5.1.1, Seite 64*, eine Kinetik des festen Zustands entwickelten, setzten wir anziehende Kräfte zwischen den Bausteinen eines Feststoffs voraus. Für den kristallinen Zustand wollen wir sie jetzt **Gitter-Kräfte** nennen. Sie halten die Bausteine an ihren Plätzen im Gitter fest und lassen für thermische Bewegung nur Schwingungen und Drehungen zu. Je größer die Gitter-Kräfte sind, desto stärker ist der Zusammenhalt des Gitters und desto mehr Arbeit muß aufgebracht werden, um das Gitter mechanisch zu zerstören, z.B. durch Zerreiben, durch Anritzen, oder durch Aufspalten. Wir sehen also einen Zusammenhang zwischen den Gitter-Kräften und der Härte eines Feststoffs. Ein anderer Zusammenhang besteht zwischen den Gitter-Kräften und der Schmelztemperatur; denn das Schmelzen bedeutet ebenfalls eine Zerstörung des Gitters. Demnach müßten harte Stoffe bei höheren Temperaturen schmelzen als weiche. Das trifft tatsächlich zu, wie unsere Tabellen in *1.3.2, Seite 12f*, ausweisen.

Ergebnis: Härte und Schmelztemperatur eines Kristalls hängen von der Größe der Gitter-Kräfte ab.

Wir haben die Gitter-Kräfte in unseren Modellkörpern durch Klebstoff simuliert und in unserem *Versuch 5/1* durch die gewölbte Unterlage erreicht, daß die Kugeln infolge der Schwerkraft zusammenbleiben. Wir haben sodann gefolgert, daß ohne Leim und ohne gewölbte Unterlage die Wahrscheinlichkeit, eine regelmäßige Kugelpakkung zu erhalten, gering ist. Diesem Zustand würden Feststoffe mit geringen anziehenden Kräften zwischen den Bausteinen entsprechen. Sie sind weich und nicht-kristallin, weisen also keine ebenen Begrenzungsflächen und keine regelmäßige Spaltbarkeit auf. Wir haben sie **amorph** genannt. Solche Stoffe haben wir bereits in *Kapitel 1* als leichtflüchtige Substanzen (z.B. Fette, Wachse) kennengelernt.

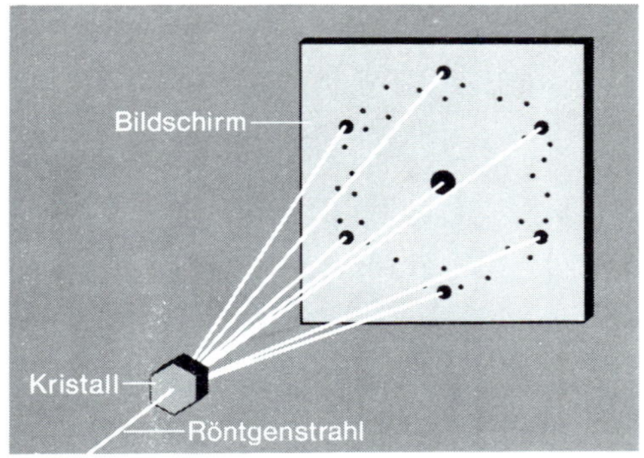

Abb. 5–31: »Röntgenbild« eines Kristalls

Einen anderen Grund für den amorphen Zustand haben wir in der komplizierten Form der Bausteine erkannt *(5.1.3)*. Auch hierfür kennen wir genügend Beispiele: Es sind die harzartigen Stoffe wie Bernstein und Plexiglas *(Tab. 1–6)*. Trotz der ungeordneten Packung der Bausteine können hier die anziehenden Kräfte recht groß sein, so daß ein solcher Stoff – wie z.B. Glas – ziemlich hart sein kann. Es erhebt sich dann sofort die Frage, wie man einen solchen harten, amorphen Stoff von einem harten, feinkristallinen Stoff unterscheiden kann, wenn bei diesem ebene Begrenzungsflächen und Spaltbarkeit wegen der geringen Größe der Kristallite nicht feststellbar sind.
Für die Antwort brauchen wir uns nicht auf die Röntgen-Strukturanalyse (s.o.) zu berufen. Das Problem läßt sich schon im Rahmen der Untersuchung der Stoffklassen in *1.3.1, Seite 11ff*, lösen: Die kristallinen Stoffe, z.B. die Metalle und salzartigen Stoffe, besitzen eine bestimmbare scharfe Schmelztemperatur, während die harzartigen und zahlreiche der leichtflüchtigen Stoffe beim Erwärmen langsam weich, zähflüssig und dann erst dünnflüssig werden; ein großer Temperaturbereich wird dabei durchschritten. Im ersten Fall ist bei der Schmelztemperatur die Schwingungsenergie der Bausteine so groß, daß die Gitterkräfte in allen Kristalliten gleichzeitig überwunden werden. Im zweiten Fall bewirkt die Erwärmung ebenfalls eine Auflockerung des Gefüges gegen die zusammenhaltenden Kräfte. Es

[1] Niels STENSEN, alias Nikolaus STENO, 1638 – 1686, Domherr und Arzt in Kopenhagen und Hamburg

wird aber dadurch keine Ordnung zerstört, sondern die schon ungeordnet vorliegenden Bausteine beginnen langsam sich voneinander zu lösen; um dann aneinander vorbeizugleiten.

Ergebnis: In amorphen Feststoffen sind die Bausteine wie in einer Flüssigkeit ungeordnet. Solche Stoffe besitzen keine bestimmbaren Schmelztemperaturen. Man bezeichnet sie daher auch als **unterkühlte Schmelzen** (eingefrorene Flüssigkeiten). Der feste Zustand im engeren Sinne ist demnach nur der kristalline Zustand.

Zusammenfassung: *Im* Abschnitt 5.1.1 *haben wir den diskontinuierlichen Aufbau der festen Stoffe gefordert und eine Kinetik der Bausteine entwikkelt. In den* Abschnitten 5.1.2 und 5.1.3 *haben wir hypothetische Modelle von Raumgittern aus einfachen Bausteinen entwickelt. Der* Abschnitt 5.1.4 *schließlich zeigte, daß wir die an den Modellkörpern gewonnenen Vorstellungen auf die Kristalle anwenden können.*
Das stets gültige Kennzeichen für den kristallinen Zustand ist die räumlich-regelmäßige Anordnung der Bausteine, die Gitter-Struktur. Ausbildung ebener Begrenzungsflächen, Winkel-Konstanz und regelmäßige Spaltbarkeit folgen aus dieser Struktur und sind nur bei ausreichend großen Kristallen zu beobachten, die für ihr Wachstum genügend Platz hatten. Selbst wenn sich diese Eigenschaften nicht beobachten lassen, kann man noch an der sehr genau bestimmbaren Schmelztemperatur die kristallinen Stoffe erkennen und von den amorphen Stoffen unterscheiden. Die amorphe Struktur ist die wahrscheinlichere, wenn die Bausteine lang, fadenförmig und nicht starr oder andersartig kompliziert geformt sind. Schwach zusammenhaltende Kräfte zwischen den Bausteinen weisen auf einen amorphen Stoff hin.
In den folgenden Abschnitten werden wir Methoden entwickeln, um die quantitative chemische Zusammensetzung eines Feststoffes, z.B. einer festen binären Verbindung herauszufinden und sie mit den Symbolen $\{A_m\ B_n\}$ *zu beschreiben.*

Übungen

1. Erläutere Gemeinsamkeiten und Unterschiede in den Eigenschaften der drei Aggregatzustände. Benutze als Unterscheidungsmerkmale die Begriffe »Formkonstanz« und »Volumenkonstanz«. Deute die Eigenschaften jeweils durch das »Teilchen-Modell«.
2. Was kannst du aus der Höhe der Feststoff-Schmelztemperaturen *(Tab. 1–2* bis *Tab. 1–6)* über die Gitterkräfte in den 5 Stoffgruppen schließen? Welche andere Feststoff-Eigenschaft kannst du zur Bestätigung heranziehen?
3. Entwirf nach *Abb. 5–1* weitere Querschnittsmuster für Atome und Moleküle von Elementarsubstanzen und Verbindungen in regel- oder unregelmäßiger Anordnung.
4. Beobachte und beschreibe Schwingungsweiten und Schwingungsdauer bei senkrechten Schwingungen von Gegenständen verschiedener Masse, die du an verschieden starken Spiralfedern oder Gummibändern hängst.
5. Erkläre, warum ein Festkörper bei Abkühlung sein Volumen verringert, obwohl er nicht zusammendrückbar ist.
6. Zeichne Netzebenen aus jeweils kongruenten a) Quadraten, b) Rhomben, c) Rechtecken, d) Parallelogrammen und e) regelmäßigen Sechsecken. Zeichne je regelmäßige Fünf- und Achtecke in lückenloser Anordnung.
7. Stelle durch Zusammenkleben von Kugeln gleichen Durchmessers folgende Körper her: a) sechsseitige Säule, b) Tetraeder, c) Oktaeder, d) Würfel.
8. Stelle aus Kugeln gleichen Durchmessers einen flächenzentrierten, einen raumzentrierten und einen einfach-kubischen Würfel her und vergleiche die Packungsdichten.
9. Erläutere die Symbole $\{A_3\ B_4\}$ und $A_3\ B_4$.
10. Es gibt einfache Methoden, große, farbige und regelmäßige Kristalle zu züchten, z.B. von Alaunen, Kupfervitriol, Seignettesalz. Informiere dich anhand von Fachbüchern.
11. Züchte Kochsalz-Kristalle und miß die Kanten- und Flächenwinkel. Prüfe auch die Spaltbarkeit der Kristalle.

kristalliner oder amorpher Zustand

5.2 Atommassenbestimmung von festen Elementarsubstanzen

5.2.1 Quantitative Analyse

Die quantitative chemische Zusammensetzung eines Stoffes kommt in seiner »Formel« zum Ausdruck. Wir kennen bisher nur Formeln von gasförmigen oder flüssigen Verbindungen und Grundstoffen. Als erste feste Verbindung wählen wir daher eine binäre aus mit einem uns bereits bekannten Bindungspartner, z.B. Sauerstoff. Quecksilberoxid ist ein ockerfarbenes Pulver. Wir überzeugen uns zunächst in einem qualitativen Versuch, daß es tatsächlich eine Quecksilber-Sauerstoff-Verbindung ist.

► **Versuch 5/7:** (Abzug!) In einem schräg eingespannten, schwer schmelzbaren Reagenzglas erhitzt man Quecksilberoxid mit kräftiger Flamme. Nach kurzer Zeit läßt sich mit einem glimmenden Holzspan Sauerstoff nachweisen. An den kälteren Teilen des Glases entsteht ein grauer Belag, der sich nach dem Abkühlen zu metallisch blanken Kügelchen zusammenschieben läßt. ◄

► **Versuch 5/8:** Man gibt eine Einwage von *a* g Quecksilberoxid, das man vorher bei ca. 100°C getrocknet hat, in ein Reagenzglas aus Quarz. Man verbindet das schräg eingespannte Glas mit einem Müllerschen Glocken-Gasometer *(Abb. 5–32)* und erhitzt das Oxid mit kräftiger Flamme bis zur vollständigen Zersetzung. Das aufgefangene und auf Normalbedingungen reduzierte Gasvolumen *(3.1.5, Seite 41)* beträgt *b* cm³ *(Tab. 5–1)*.

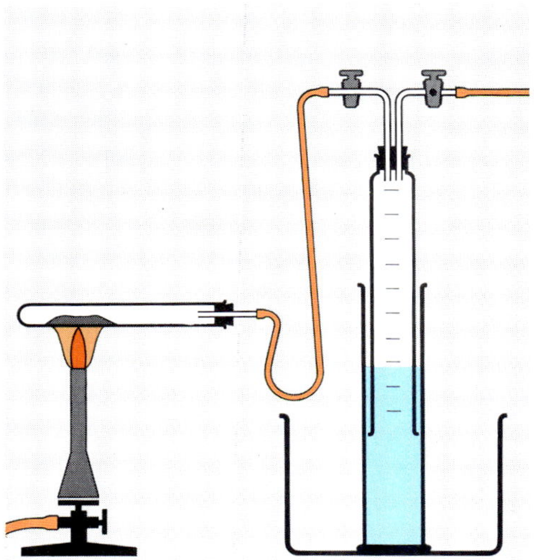

Abb. 5–32: Zu Versuch 5/8. Volumenmessung mit Hilfe des Müllerschen Glocken-Gasometers

die Schwierigkeit bei der Ermittlung von Atommassen fester Elementarsubstanzen

Quecksilberoxid *a* g	Reduziertes Sauerstoff-Volumen *b* cm^3
4,00 4,00 4,00	206 204 208
	Mittelwert: 206 Sollwert: 206,8 Fehler: 0,4%

Tabelle 5–1: Zu Versuch 5/8. Versuchsserie zur quantitativen Zersetzung von Quecksilberoxid

● **Auswertung:** Wir rechnen das Ergebnis auf 1 mol Sauerstoff-Atome um:

1 mol Sauerstoff-Atome ≙

≙ 0,5 mol Sauerstoff-Moleküle

≙ 16 g Sauerstoff

≙ 11 200 cm^3 Gas

Zur Freisetzung von 11 200 cm^3 Sauerstoff sind $\frac{4{,}00 \cdot 11\,200}{206{,}8}$ g = 216,6 g Quecksilberoxid notwendig. 16 g Sauerstoff sind also an 200,6 g Quecksilber gebunden.

Wenn wir nun wüßten, daß die Masse eines Quecksilber-Atoms 200,6 u beträgt, würden im Oxid auf 1 mol O-Atome gerade 1 mol Hg-Atome[1] kommen, das Zahlenverhältnis im Raumgitter wäre 1 : 1, und die Formel des Quecksilberoxids würde {HgO} sein. Wäre aber die Atommasse des Quecksilbers 100,3 u, dann wäre $\{Hg_2O\}$ die Formel des Oxids.
Wir können bisher nur die Atommassen von Elementarsubstanzen bestimmen, die gasförmig oder leicht verdampfbare Flüssigkeiten sind. Quecksilber jedoch gehört nicht dazu.
Unser Problem, die Formel fester, binärer Verbindungen zu finden, führt also zu der Schwierigkeit, die Atommassen für feste oder schwerflüchtige Elementarsubstanzen zu ermitteln.
Eine quantitative Analyse, wie wir sie für Quecksilberoxid durchgeführt haben, ist dennoch nicht nutzlos: Sie läßt nämlich für die unbekannte Atommasse des Quecksilbers nur eine beschränkte Auswahl von Werten zu. Wäre die Formel {HgO}, dann hätte das Quecksilber-Atom die Masse 200,6 u. Mit dem gleichen Recht könnten wir aber auch z. B. die Formel $\{Hg_3O_2\}$ annehmen, also das Zahlenverhältnis 3 : 2 der beiden Atomsorten im Gitter. Dann würden auf 1 mol O-Atome 1,5 mol Hg-Atome kommen, die 200,6 g wiegen, und die Masse von 1 mol Quecksilber-Atomen wäre dann 200,6 g : 1,5 = 133,7 g. Die *Tabelle 5–2* zeigt weitere denkbare Formelansätze für Quecksilberoxid mit den Werten der Atommasse des Quecksilbers, die aus den Formeln errechnet sind.

Angenommene Formel für Quecksilberoxid	$\{Hg_3O\}$	$\{Hg_2O\}$	$\{Hg_3O_2\}$	{HgO}	$\{Hg_2O_3\}$	$\{HgO_2\}$	$\{HgO_3\}$
Daraus berechnete Atommasse m_{Hg} in u	66,9	100,3	133,7	200,6	300,9	401,2	601,8

Tabelle 5–2

Weitere Formelansätze mit noch komplizierteren Zahlenverhältnissen sind unwahrscheinlich. Vielmehr können wir wohl den Atommassenwerten, die sich aus einfachen Zahlenverhältnissen berechnen, die größere Wahrscheinlichkeit zubilligen. Eine eindeutige Entscheidung können wir jedoch nicht treffen.

Ein wichtiger Aspekt unseres Problems darf nicht übersehen werden: Wir haben die Möglichkeit, für die gesuchte Atommasse des Quecksilbers aus nur wenigen Werten eine Auswahl zu treffen, nur der Tatsache zu verdanken, daß der Reaktionspartner des Metalls eine gasförmige Elementarsubstanz ist, deren Atommasse m_O = 16 u uns bekannt ist. Das Problem wird sicherlich noch schwieriger, wenn beide Reaktionspartner feste bzw. schwerflüchtige Elementarsubstanzen sind.

Ergebnis: Aus der quantitativen Analyse einer festen, binären Verbindung läßt sich nicht auf die Atommasse eines der die Verbindung bildenden Elemente schließen, wenn dessen Elementarsubstanz fest oder schwerflüchtig ist. Ist eine der Elementarsubstanzen gasförmig oder leicht flüchtig, erhält man für die Atommasse der anderen je nach Formelansatz eine beschränkte Anzahl von mehr oder weniger wahrscheinlichen Werten.

Die Atommassen-Bestimmung einer festen Elementarsubstanz läßt sich möglicherweise erst dann durchführen, wenn wir einen Reaktionspartner bekannter Atommasse finden, mit dem eine gasförmige Verbindung entsteht. In diesem Fall könnte uns die These von AVOGADRO gute Dienste leisten. Wir versuchen, diesen Weg zu beschreiten und stellen zunächst das Problem, die Formel einer festen binären Verbindung zu ermitteln, noch zurück.
Wir wählen als feste Elementarsubstanz den Schwefel, als gasförmigen Reaktionspartner den Wasserstoff. Die daraus entstehende Verbindung, Schwefelwasserstoff, haben wir bereits in den Versuchen *2/26 und 2/27, Seite 30*, als farbloses giftiges und übelriechendes Gas kennengelernt, das bei erhöhter Temperatur thermisch dissoziiert in Schwefel und Wasserstoff. Wir wollen diese Dissoziation quantitativ wiederholen.

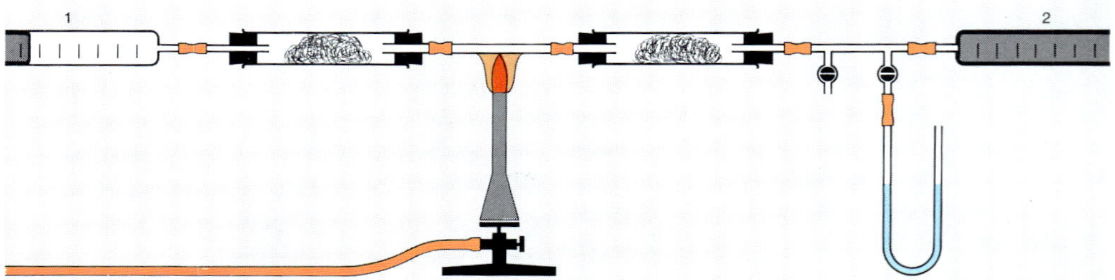

Abb. 5–33: Zu Versuch 5/9. Volumenmessung bei der thermischen Dissoziation von Schwefelwasserstoff

[1] Hg von hydrargyros (gr.), Wassersilber, Quecksilber

► **Versuch 5/9:** (Lehrerversuch, Abzug!) Man schaltet in eine vollständige Kolbenprober-Apparatur ein enges Quarzrohr zwischen zwei weite, mit Watte gefüllte Glasrohre *(Abb. 5–33)*, verdrängt die Luft durch Schwefelwasserstoff[1] und füllt 50 cm^3 des Gases in Prober 1. Man drückt das Gas durch das kräftig erhitzte Quarzrohr in den Prober 2 und wieder zurück. Neben der erhitzten Stelle scheidet sich reichlich Schwefel ab. Nach Abkühlung stellt man keine Volumenänderung fest. ◄

● **Folgerung:** Bei der thermischen Dissoziation des Schwefelwasserstoffs entsteht aus jedem Raumteil des Gases ein gleichgroßes Volumen Wasserstoff. Nach der These von AVOGADRO entsteht also aus jedem Molekül Schwefelwasserstoff ein Molekül H_2, d.h. im Schwefelwasserstoff-Molekül sind zwei Wasserstoff-Atome vorhanden.

Über die Zahl der Schwefel-Atome im Schwefelwasserstoff-Molekül können wir aus dem Versuch nichts folgern, weil wir nicht wissen, wieviel Schwefel-Atome sich in dem Niederschlag zusammengefunden haben. Wir müssen für die Formel des Schwefelwasserstoff-Moleküls zunächst H_2S_x ansetzen.
Wir können für die gasförmige Verbindung eine M_L-Bestimmung *(4.1.3, Seite 54)* ausführen. Nach Wägung eines Schwefelwasserstoff-Volumens errechnet sich die Dichte $\varrho = 0{,}001\,539 g/cm^3$; aus der Multiplikation mit $V_L = 22\,400\ cm^3$ erhalten wir $M_L = 34{,}47$ g. Die Siedetemperatur des Schwefelwasserstoffs liegt bei $-60{,}4\,°C$, so daß wir mit einem etwas zu hohen Wert rechnen müssen. Der genaue Wert ist $M_L = 34{,}08$ g; ein H_2S_x-Molekül wiegt also 34,08 u. Ziehen wir von diesem Wert die Masse 2,01 u der beiden Wasserstoff-Atome ab, so erhalten wir für die Masse der x Schwefel-Atome 32,07 u.
Wieder bleiben wir an dieser Stelle stehen; denn je nach der Wahl von x erhalten wir eine Auswahl möglicher Werte für die Atommasse des Schwefels *(Tab. 5–3)*.

Angenommene Formel für Schwefelwasserstoff	H_2S	H_2S_2	H_2S_3	H_2S_4
Daraus berechnete Atommasse m_S in u	32,07	16,04	10,69	8,02

Tabelle 5–3

[1] Darstellung des Gases siehe Fußnote zu *Versuch 2/27, Seite 30.*

Die ersten Werte sind wegen des einfacheren Formel-Ansatzes etwas wahrscheinlicher als die letzten. Eine Gewißheit besteht nicht. Vielleicht haben wir mit einer gasförmigen Sauerstoff-Verbindung mehr Erfolg:

► **Versuch 5/10:** (Lehrerversuch) In einem langen, engen Quarzrohr befindet sich zwischen Quarzwollebäuschen eine ca. 5 cm lange Schicht aus Holzkohle-Stückchen oder gekörnter Aktiv-Kohle. Sie wird mit Hilfe der heißen Flamme eines leistungsfähigen Teklu-Brenners mit Schlitzaufsatz auf möglichst hohe Temperatur erhitzt. Zu diesem Zweck benutzt man einen Röhren-Ofen, z.B. aus Diatomit-Steinen. Wenn die Kohle glüht, leitet man aus einer Stahlflasche über einen Dreiwegehahn einen schwachen Sauerstoff-Strom durch das Verbrennungsrohr: Die Kohle gerät in Weißglut. An dem nach oben gebogenen, zu einer Spitze ausgezogenen Ableitungsrohr läßt sich eine hellblaue Flamme entzünden, die nicht größer als 0,5 cm sein soll (Vorsicht, beim Entzünden kann Verpuffung eintreten). Die Flamme darf nicht verlöschen, da das Reaktionsprodukt sehr giftig ist (Abzug!). ◄

● **Folgerung:** Wegen des Fehlens anderer Grundstoffe kann das brennbare Gas nur eine Kohlenstoff-Sauerstoff-Verbindung sein.

Die Dichte des Gases beträgt $0{,}00125\ g \cdot cm^{-3}$; daraus berechnet sich die Masse seiner Moleküle zu 28 u. Wegen der Atommasse 16 u des Sauerstoffs kann das Molekül nur ein einziges O-Atom enthalten: C_xO[1]. Die Verbindung erhält daher den Namen **Kohlenmonoxid**[2]. Für x C-Atome bleiben $(28-16)$u $= 12$ u. Aus $x = 1$ folgt $m_C = 12$ u, für $x = 2$ ergibt sich $m_C = 6$ u usw.
Kohlenmonoxid ist ein sehr giftiges Gas. Es verbindet sich beim Einatmen in der Lunge mit den für den Sauerstoff-Transport im Körper zuständigen roten Blutkörperchen (bzw. dem Hämoglobin), so daß diese für ihre lebensnotwendige Aufgabe blockiert sind.
Kohlenmonoxid entsteht bei allen unvollständigen Verbrennungen von Kohlenstoff oder Kohlenstoff-Verbindungen. Der weitaus größte Teil der Kohlenmonoxid-Emission geht zu Lasten des Autos. An verkehrsreichen Kreuzungen sind Tagesmittelwerte von 30 ppm (1 ppm $=$ 1 g/t bzw. 1 ml/m^3), in Unterführungen von 300 ppm gemessen wor-

[1] C von carbo (lat.), Kohle
[2] monos (gr.), eins

Abb. 5–34: Messung des Kohlenmonoxidgehalts in Autoabgasen

den. Bei einer acht- bis zehnstündigen Einatmung von Luft mit 30 ppm CO-Gehalt wird ca. 5% des Hämoglobins für den Sauerstofftransport ausgeschaltet. Besonders gefährdet sind Kinder, da das Gas in Bodennähe emittiert wird und dort, trotz seiner geringeren Dichte, am stärksten angereichert ist. **Kohlenmonoxid**
Dem Bestreben nach einer CO-Verminderung in der Luft kommt daher größte Bedeutung zu. So bemüht sich heute die Automobil-Industrie *(Abb. 5–34)*, die Auspuffanlagen von Kraftfahrzeugen mit Spezialkatalysatoren zu versehen, in denen das gefährliche Gas restlos zum Kohlendioxid »nachverbrannt« wird.

Ergebnis: Aus der quantitativen Analyse einer gasförmigen, binären Verbindung kann man nicht auf die Atommasse eines der beiden Elemente schließen, wenn dessen Elementarsubstanz fest ist. Auch in diesem Falle ergibt sich je nach Formelansatz eine Folge von möglichen Werten.

Als Grund für den dreimaligen Mißerfolg hat sich herausgestellt, daß wir bei einer festen Elementarsubstanz nicht wissen, wieviel Atome oder Moleküle in einem gegebenen Volumen oder in einer gegebenen Masse vorhanden sind, so wie uns bei einer gasförmigen Elementarsubstanz bekannt ist, daß $L = 6{,}02 \cdot 10^{23}$ Moleküle auf 22400 cm^3 kommen. Die AVOGADRO-These können wir dahin übersetzen, daß die Moleküle wegen ihrer großen Abstände im gasförmigen Zustand trotz verschiedener Massen, Durchmessern und Geschwindigkeiten (bei gleichen Bedingungen) den gleichen Platz beanspruchen. Das kann aber für den festen Zustand mit sehr dicht gepackten Bausteinen nicht gelten.

Zusammenfassung: *Quantitative Analysen von festen oder gasförmigen, binären Verbindungen ermöglichen es nicht, die Atommassen eines der Elemente zu bestimmen, das als feste oder schwerflüchtige Elementarsubstanz vorliegt. Der Grund ist das Fehlen eines Beziehung zwischen der Zahl der Bausteine und dem Volumen, das sie beanspruchen. Die These von AVOGADRO gibt diesen Zusammenhang nur für den gasförmigen Zustand. Trotz unseres erfolglosen Bemühens sind die quantitativen Analysen von Nutzen. Sie liefern für den Fall, daß nur eine der Elementarsubstanzen fest ist, für deren Atommasse eine eingeschränkte Auswahl von möglichen Werten. Wir müssen nach einem weiteren Kriterium suchen, mit dessen Hilfe wir aus der Auswahl den gesuchten Wert bestimmen können.*

5.2.2 Gesetz von den vielfachen Massenverhältnissen

Von zwei Elementen kann es mehr als eine Verbindung geben.

Die Versuchsbedingungen in *Versuch 5/10* sind so gewählt, daß der Kohlenstoff im Überschuß vorhanden ist. Bei überschüssigem Sauerstoff *(Versuch 2/23, Seite 30)* entsteht ein anderes, unbrennbares und ungiftiges Oxid des Kohlenstoffs, das auch das Verbrennungsprodukt des Kohlenmonoxids ist. Wir haben dieses sauerstoffreichere Oxid bereits in *Versuch 2/35, Seite 33*, quantitativ untersucht und herausgefunden, daß in ihm 100 g Kohlenstoff an 264 g Sauerstoff gebunden sind. Dieses Massenverhältnis rechnen wir auf 32 g Sauerstoff (2 mol O-Atome) um und erhalten als zugehörige Sauerstoffportion 12 g, also wieder die Masse von *x* mol C-Atomen. Die Formel ist dann C_xO_2 und der Name **Kohlendioxid**.[1]

Ergebnis: In den beiden Oxiden des Kohlenstoffs verhalten sich die Sauerstoffmassen, bezogen auf die gleiche Kohlenstoffmasse, wie 1 : 2.

[1] Zur Bedeutung des Kohlendioxids in der Atmosphäre s. *Seite 100*.

Der Fall ist nicht selten, daß es – wie bei den beiden Oxiden des Kohlenstoffs – von zwei Elementen mehr als eine Verbindung gibt *(Tab. 5–9, Seite 84)*. Werden wir auch in diesen Fällen ebenfalls auf einfache Massenverhältnisse stoßen?

► **Versuch 5/11:** Ein rechteckiges Stück blanke Kupferfolie wird wie ein Briefumschlag zusammengefaltet und dann flach gehämmert. Man erhitzt das so vorbereitete Blech durch Fächeln mit einer Flamme, bis sich außen ein schwarzer Belag gebildet hat. Faltet man nach dem Abkühlen das Blech auseinander, so sieht man innen einen roten Beschlag, und dort, wo die Luft keinen Zutritt hatte, unverändertes blankes Metall. ◄

• **Folgerung:** Bei Sauerstoffmangel entsteht statt des schwarzen Kupferoxids ein rotes Reaktionsprodukt. Vermutlich handelt es sich ebenfalls um ein Oxid des Kupfers, das aber sauerstoffärmer ist als die schwarze Verbindung.

► **Versuch 5/12:** Man mischt Kupferpulver[1] mit etwa der gleichen Menge schwarzen Kupferoxids, füllt das Gemenge in ein Porzellanschiffchen und erhitzt es in einem Verbrennungsrohr im Stickstoffstrom: Aus dem dunklen Gemisch entsteht ein leuchtend rotes Produkt. ◄

• **Folgerung:** Kupfer bildet neben dem uns bekannten schwarzen auch ein sauerstoffärmeres rotes Oxid.

Nehmen wir an, daß im Gitter des roten Oxids 1 mol O-Atome auf *x* mol Cu-Atome[2] und im Gitter des schwarzen Oxids 1 mol O-Atome auf *y* mol Cu-Atome kommen, so muß $x > y$ sein, da »sauerstoffärmeres« Kupferoxid gleichbedeutend mit »kupferreicherem« ist. Wir können also quantitativ die Massen des Kupfers bestimmen, die in den beiden Oxiden an 16 g Sauerstoff (1 mol O-Atome) gebunden

[1] Aus pulverförmigem schwarzem Kupferoxid durch Reduktion mit Wasserstoff nach *Versuch 2/16* hergestellt.

[2] Cu von cuprum (spätlat.), Kupfer (von der Insel Cypern).

Rotes Oxid *a* g	Kupfer *c* g	Sauerstoff $(a-c)$ g	Kupfer $\frac{16 \cdot c}{a-c}$ g
2,00	1,75	0,25	112,2
2,00	1,77	0,23	123,1
2,00	1,76	0,24	117,2
3,00	2,66	0,34	124,5
		Mittelwert :	119,3
		Sollwert :	127,0
		Fehler :	6,1 %

Tabelle 5–4: Zu Versuch 5/13. Versuchsserie zur quantitativen Reduktion von rotem Kupferoxid

sind, um aus ihrem Vergleich Rückschlüsse auf die Differenz $(x-y)$ und damit vielleicht auf die Atommasse des Kupfers zu ziehen.

Versuch 5/13: In zwei möglichst genau abgewogenen Porzellanschiffchen wägt man *a* g rotes Kupferoxid und *b* g schwarzes Kupferoxid ein[1]. Beide Oxide werden zusammen im gleichen Verbrennungsrohr mit Wasserstoff reduziert (vgl. *Versuch 2/16, Seite 27*), im Wasserstoffstrom abgekühlt (!) und dann gewogen. Man erhält aus dem roten Oxid *c* g Kupfer, aus dem schwarzen *d* g Kupfer (Beispiele in (*Tab. 5–4* und *Tab. 5–5*).

Die letzte Spalte der *Tabellen* enthält jeweils die Masse des Kupfers, die an 16 g Sauerstoff gebunden ist. Sie ist beim roten Oxid mit 127 g genau doppelt so groß wie beim schwarzen mit 63,5 g.

Ergebnis: In den beiden Kupferoxiden verhalten sich die Massen des Kupfers bezogen auf die gleiche Masse Sauerstoff wie 2 : 1.

Kommen also im roten Oxid *x* mol Cu-Atome und im schwarzen *y* mol Cu-Atome auf je 1 mol O-Atome, so ist $x = 2y$, wobei die Masse der *x* mol Cu-Atome 127 g beträgt. Wäre $x = 2$ und daher $y = 1$, würden die Formeln der beiden Oxide $\{Cu_2O\}$ bzw. $\{CuO\}$[2] lauten,

[1] Die Schiffchen müssen ausgeglüht, die Oxide bei etwa 60° C getrocknet sein.

[2] Zu den geschweiften Klammern vgl. *Seite 69*.

Schwarzes Oxid b g	Kupfer d g	Sauerstoff $(b-d)$ g	Kupfer $\frac{16 \cdot d}{b-d}$ g
2,00	1,60	0,40	64,0
2,00	1,60	0,40	64,0
2,00	1,58	0,42	60,2
3,00	2,38	0,62	61,5
		Mittelwert :	62,4
		Sollwert :	63,5
		Fehler :	1,7 %

Tabelle 5–3: Zu Versuch 5/13. Versuchsserie zur quantitativen Reduktion von schwarzem Kupferoxid

die Atommasse des Kupfers wäre 127 u : 2 = = 63,5 u.

Kämen im Gitter des roten Oxids aber z. B. 3 mol Cu-Atome auf 2 mol O-Atome, so wären $x = \frac{3}{2}$ und $y = \frac{3}{4}$, die Formeln $\{Cu_3O_2\}$ und $\{Cu_3O_4\}$ sowie die Atommasse von Kupfer 127 u : $\frac{3}{2}$ = 84,7 u.

In *Tab. 5–6* enthält die erste Zeile einige Formelansätze für das rote Oxid, darunter stehen die zugehörigen Formeln des schwarzen Oxids und in der dritten Zeile dann die daraus berechneten Atommassen des Kupfers.

Entgegen unserer Erwartung können wir keine Entscheidung über den tatsächlichen Wert der Atommasse des Kupfers treffen. Allerdings haben die Werte in der zweiten und vierten Spalte von *Tab. 5–6* wegen der einfachen Zahlenverhältnisse in den Formeln größere Wahrscheinlichkeit als die Werte in den übrigen Spalten. Allgemein neigt der Naturwissenschaftler stets dazu, unter verschiedenen Erklärungsmöglichkeiten der einfachsten den Vorzug zu geben.

Daß die quantitative Untersuchung der beiden Kupferoxide ein einfaches Verhältnis der Kupfermassen erbracht hat, darf uns nicht überraschen: Im Gitter jedes der beiden Stoffe müssen die Molzahlen der beiden Atomsorten in einem bestimmten einfachen Zahlenverhältnis stehen. Wir hatten sie bei Einführung der Zahlen x und y von vornherein auf 1 mol Sauerstoff-Atome bezogen, aber vielleicht nicht damit gerechnet, daß dann x und y gebrochene Zahlen sein können, z. B. $\frac{3}{2}$ bzw. $\frac{3}{4}$ beim dritten Formelansatz der Tabelle. Das Verhältnis $x : y$ beider Kupfer-Molzahlen jedoch ist wieder ein einfacher Bruch, für unser Beispiel also $\frac{3}{2} : \frac{3}{4} = \frac{2}{1}$. Er muß gleich dem beobachteten Massenverhältnis des Kupfers sein.

Angenommene Formel für rotes Kupferoxid	$\{Cu_3O\}$	$\{Cu_2O\}$	$\{Cu_3O_2\}$	$\{CuO\}$	$\{Cu_2O_3\}$	$\{CuO_2\}$	$\{CuO_3\}$
Zugehörige Formel des schwarzen Kupferoxids	$\{Cu_3O_2\}$	$\{CuO\}$	$\{Cu_3O_4\}$	$\{CuO_2\}$	$\{CuO_3\}$	$\{CuO_4\}$	$\{CuO_6\}$
Daraus berechnete Atommasse m_{Cu} in u	42,4	63,5	84,7	127,1	190,5	254,2	381,3

Tabelle 5–6

Wir können somit stets voraussagen, daß, wenn es von zwei Elementen mehr als eine Verbindung gibt, sich die Massen eines der Elemente, bezogen auf die gleiche Masse des anderen, wie kleine ganze Zahlen verhalten.

Wir wollen diese Erkenntnis an dem Beispiel der Bleioxide bestätigen. Es gibt in diesem Fall drei: Ein schwarzbraunes Oxid, das wir schon im *Versuch 3/17* benutzt haben, ein rotes (Mennige) und ein gelbes Bleioxid (Bleiglätte). Vom ersten wissen wir, daß es leicht thermisch dissoziiert und dabei Sauerstoff abgibt. Wenn wir den *Versuch 3/17* wiederholen, so beobachten wir an den Stellen des Reagenzglases, die am stärksten erhitzt worden sind, nach dem Abkühlen ein gelbes, weiter innen ein rotes Reaktionsprodukt. In der Mitte bleibt oft unzersetztes schwarzbraunes Oxid übrig. Danach ist dieses das sauerstoffreichste und das gelbe das sauerstoffärmste Oxid:

► **Versuch 5/14:** Man füllt in ein Reagenzglas etwa 2 cm hoch rotes Bleioxid und erhitzt mit kräftiger Flamme. Ein glimmender Holzspan, der in das Reagenzglas eingeführt wird entflammt. Das Reaktionsprodukt ist nach dem Abkühlen gelb. ◄

Wir ersparen uns die quantitativen Zersetzungen des schwarzbraunen und des roten Bleioxids, ebenso die quantitative Reduktion des gelben Bleioxids mit Wasserstoff. Die Experimente sind zwar leicht durchzuführen, bringen aber meist wegen der sehr großen Massenunterschiede von Blei und Sauerstoffanteilen keine sehr genauen Ergebnisse. Wir begnügen uns mit der Mitteilung:

Ergebnis: Die Anteile der Masse Blei im gelben, roten und schwarzen Bleioxid verhalten sich – auf die gleiche Masse Sauerstoff (16 g) bezogen – wie 207,2 g : 155,4 g : 103,6 g. Das entspricht dem Verhältnis 4 : 3 : 2.

Oxide des Kohlenstoffs, des Kupfers und des Bleis

Mit diesem Ergebnis ist unsere Voraussage einfacher Massenverhältnisse bestätigt. Nehmen wir nun den einfachsten Fall an, daß im gelben Bleioxid gerade 1 mol Pb-Atome[1] auf 1 mol O-Atome kommt, dann kämen im roten Oxid $\frac{3}{4}$ mol Pb-Atome und im schwarzbraunen $\frac{1}{2}$ mol Pb-Atome auf die gleiche Menge O-Atome; die Formeln würden dann lauten $\{PbO\}$, $\{Pb_3O_4\}$ und $\{PbO_2\}$, und die Atommasse des Bleis wäre 207,2 u *(4. Spalte in Tab. 5–7)*.

[1] Pb von plumbum (lat.), Blei.

Angenommene Formel für gelbes Bleioxid	$\{Pb_3O\}$	$\{Pb_2O\}$	$\{Pb_3O_2\}$	$\{PbO\}$	$\{Pb_2O_3\}$	$\{PbO_2\}$	$\{PbO_3\}$
Zugehörige Formel des roten Bleioxids	$\{Pb_9O_4\}$	$\{Pb_3O_2\}$	$\{Pb_9O_8\}$	$\{Pb_3O_4\}$	$\{PbO_2\}$	$\{Pb_3O_8\}$	$\{PbO_4\}$
Zugehörige Formel des schw.-braun. Bleioxids	$\{Pb_3O_2\}$	$\{PbO\}$	$\{Pb_3O_4\}$	$\{PbO_2\}$	$\{PbO_3\}$	$\{PbO_4\}$	$\{PbO_6\}$
Daraus berechnete Atommasse m_{Pb} in u	69,1	103,6	138,1	207,2	310,8	414,4	621,6

Tabelle 5–7

Wäre aber das Molzahlen-Verhältnis im gelben Oxid z.B. 2 : 3 = 4 : 6, dann würde es im roten 3 : 6 = 1 : 2 und im schwarzen 2 : 6 = 1 : 3 sein. Die Formeln lauteten $\{Pb_2O_3\}$, $\{PbO_2\}$ und $\{PbO_3\}$, und die Atommasse von Blei wäre 207,2 u : ⅔ = = 310,8 u *(5. Spalte* in *Tab. 5–7).*

Die Tabelle enthält wieder sieben Formelansätze für das gelbe Bleioxid. Von den aus ihnen berechneten Werten für die Atommasse des Bleis scheinen uns die in der zweiten, vierten und fünften Spalte größere Wahrscheinlichkeiten als die übrigen zu haben, weil die dazugehörigen Formeln der drei Oxide die einfacheren Zahlenverhältnisse aufweisen.
In jedem der Formelansätze kommt der experimentelle Befund zum Ausdruck, daß sich die Massen des Bleis in den drei Oxiden wie 4 : 3 : 2 verhalten, wenn man sie auf die gleiche Masse Sauerstoff bezieht. Dieser Befund ist also unabhängig von jeder Deutung und kann daher als Spezialfall einer allgemeinen Gesetzmäßigkeit angesehen werden.

3. chemisches Grundgesetz ***(vgl. S. 29 und S. 33)***

Ergebnis (Gesetz von den vielfachen Massenverhältnissen): Gibt es von zwei Elementen mehr als eine Verbindung, so verhalten sich die Massen des einen Elements, bezogen auf die gleiche Masse des anderen, wie kleine ganze Zahlen.

Zusammenfassung: *Die quantitativen Untersuchungen der beiden Kohlenstoffoxide, der beiden Kupferoxide und der drei Bleioxide führen uns auf das Gesetz von den vielfachen Massenverhältnissen. Wir konnten es aus den Vorstellungen ableiten, daß die Feststoffe diskontinuierlich aus Atomen aufgebaut sind und daß die Atome in den Verbindungen in einfachen Zahlenverhältnissen stehen.*
In der Geschichte der Chemie vollzog sich die Entwicklung in umgekehrter Weise. Das Gesetz wurde empirisch, d.h. durch systematisches Experimentieren, gefunden und forderte durch seinen verblüffenden Sachverhalt zu einer Deutung heraus. DALTON *lieferte sie 1802 durch seinen Rückgriff auf eine Atom-Hypothese, wie sie schon in der Antike von griechischen Philosophen wie* LEUKIPP, DEMOKRIT *und* EPIKUR *entwickelt worden war. So forderte* DALTON *kleinste, nicht mehr weiter teilbare Stoffportionen, die Atome, die in den Verbindungen in bestimmten Zahlenverhältnissen stehen müßten.*
Während der ersten Hälfte des 19. Jahrhunderts konnten sich DALTON *und seine Nachfolger jedoch nicht darauf einigen, welche Werte diese Zahlenverhältnisse in den einzelnen Verbindungen haben müßten. Es gab einen jahrzehntelangen Streit um die »richtigen« Atommassen und um die »richtigen« Formeln. Das Problem war das gleiche, auf das wir in den letzten Abschnitten gestoßen sind und das wir noch nicht gelöst haben. Immerhin können wir für die gesuchten Atommassen eine verhältnismäßig kleine Auswahl von Werten, die in Frage kommen, anbieten (Tab. 5–2, 5–3, 5–6 und 5–7).*

5.2.3 Regel von DULONG/PETIT

Wärmekapazitäten

Wir wollen uns noch einmal bewußt machen, auf welche Weise es uns gelungen ist, für gasförmige Elementarsubstanzen die Atommassen zu bestimmen: Wir hatten eine meßbare Größe – das Gasvolumen – zur Verfügung, von dem wir auf die Zahl der Teilchen schließen konnten (AVOGADRO). Uns ist bekannt, daß es eine analoge Beziehung zwischen dem Volumen eines Feststoffs und der Zahl seiner Bausteine nicht gibt. Wir versuchen jetzt, eine zweite meßbare Größe für Gase zu finden, die im Zusammenhang mit der Zahl der Teilchen steht und sich vielleicht auf Feststoffe übertragen läßt.
Wenn zwei Gase gleiche Temperatur haben, besitzen die Moleküle gleiche mittlere kinetische Energie *(3.1.4, Seite 39).* Werden die Gase erwärmt, so besitzen die Moleküle bei gleicher Endtemperatur wieder gleiche kinetische Energie. Die Energie eines jeden Moleküls ist also um den gleichen Betrag gewachsen. Nehmen wir nun für beide Gase die gleiche Anzahl Moleküle, zum Beispiel 1 mol, so müßten wieder gleiche Energiebeträge zugeführt werden, um die gleiche Temperaturerhöhung zu erreichen.
Dieser Gedankengang läßt sich auf Feststoffe übertragen, wenn wir statt von der kinetischen Energie der Gasmoleküle jetzt von der Schwingungsenergie der Gitterbausteine sprechen; denn auch diese nimmt ja mit der absoluten Temperatur zu. Wir wollen also annehmen, daß kristallinen Stoffen der gleiche Energiebetrag zugeführt werden muß, um zum Beispiel 1 mol Gitterbausteine von einer gleichen Anfangs- auf eine gleiche Endtemperatur zu bringen.
Wir müssen allerdings damit rechnen, daß das geometrische Muster des Kristallgitters und vielleicht auch seine – von der Stärke der Gitterkräfte abhängige – Packungsdichte einen Einfluß auf die Schwingungsenergie ausüben. Dieser Einfluß wird bei Elementarsubstanzen, bei denen wir es nur mit Atomen einer einzigen Sorte zu tun haben, nicht so schwerwiegend sein wie bei Verbindungen, weil wir bei gleichartigen atomaren Gitterbausteinen die dichteste Kugelpackung *(5.1.2)* als wahrscheinlichste Anordnung annehmen können.

Definition: Man nennt die Wärmemenge, gemessen in Joule, die notwendig ist, um 1 g eines Stoffes um 1 Kelvin zu erwärmen, die **spezifische Wärmekapazität**[1] c dieses Stoffes. Sie wird in der Einheit $J \cdot g^{-1} \cdot K^{-1}$ gemessen.
Unter der **Wärmekapazität C_L von 1 mol Gitterbausteinen** verstehen wir die Wärmemenge, die notwendig ist, um die Masse M_L g um 1 Kelvin zu erwärmen. Demnach wird C_L in der Einheit $J \cdot K^{-1}$ gemessen[2].
Zwischen C_L und c besteht dann die Beziehung:
(1) $$C_L = M_L \cdot c\,(J \cdot K^{-1}).$$

Mit der neuen Größe C_L läßt sich unsere Voraussage folgendermaßen formulieren: Die Wärmekapazität von L Gitterbausteinen ist

[1] capax (lat.), fassungsfähig
[2] Aus den Basis-Größen des Gesetzes vom 2.7.1969 darf auch eine »stoffmengenbezogene Wärmekapazität« $C = C_L/\text{mol}$ mit der Einheit $J \cdot K^{-1} \cdot mol^{-1}$ abgeleitet werden.

konstant. Wir müssen also zunächst die spezifischen Wärmekapazitäten *c* z. B. von Schwefel, Kupfer, Quecksilber und Blei messen und die Werte – entsprechend Gleichung *(1)* – mit den M_L-Werten aus den *Tabellen 5–2, 5–3, 5–6 und 5–7* multiplizieren. Aus den Produkten C_L müßte sich nach unserer Vermutung ein bestimmter Wert herausheben, der für die vier Elemente gleich ist.

► **Versuch 5/15:** Man wiegt *a* g grob gestoßenen Stangenschwefel genau ab, füllt ihn in eine Thermosflasche mit bekanntem Wasserwert *W* g[1] und übergießt ihn mit m_1 g Wasser von Zimmertemperatur. Nach einigen Minuten mißt man mit einem empfindlichen Thermometer (0,1°) die Temperatur t_1. Jetzt gießt man m_2 g warmes Wasser von der Temperatur t_2 hinzu, mischt durch Umrühren und erhält, wenn die Temperatur nicht mehr steigt, die Mischungstemperatur t_m.
Man wiederholt den Versuch mit ca. 900 g Kupfer in groben Stücken und mit ca. 1 100 g Blei. ◄

Versuchsdaten für Schwefel:		
Masse des Schwefels:	a	= 200 g
Masse des Wassers im Kalorimeter:	m_1	= 100 g
Wasserwert des Kalorimeters:	W	= 28 g
Ausgangstemperatur des Schwefels und des Wassers:	t_1	= 24,8° C
Masse des hinzugefügten warmen Wassers:	m_2	= 100 g
Temperatur des hinzugefügten Wassers:	t_2	= 48,8° C
Mischungstemperatur:	t_m	= 34,0° C

● **Auswertung:** Der Schwefel nimmt $a \cdot (t_m - t_1) \cdot c(S)$ J auf, das kalte Wasser und die Thermosflasche mit Thermometer zusammen $(m_1 + W) \cdot (t_m - t_1) \cdot 4{,}1868$ J. Das warme Wasser gibt $m_2 \cdot (t_2 - t_m) \cdot 4{,}1868$ J ab. Dann ist $a\,(t_m - t_1) \cdot c(S) + (m_1 + W) \cdot (t_m - t_1) \cdot 4{,}1868 = m_2\,(t_2 - t_m) \cdot 4{,}1868$.
Daraus folgt:

$$c(S) = \left[\frac{m_2\,(t_2 - t_m)}{t_m - t_1} - (m_1 + W)\right] \cdot \frac{4{,}1868}{a}.$$

[1] Den Wasserwert bestimmt man durch Messen der Mischtemperatur t_m, wenn man V_1 g erwärmtes Wasser (t_2) in die kalte Apparatur (t_1) gießt:

$$W = \frac{V_1\,(t_2 - t_m)}{t_m - t_1}\ \text{g}$$

Element Spez. Wärmekapazität c in $J \cdot g^{-1} \cdot K^{-1}$	Masse M_L von 1 mol in g Wärmekapazität C_L von 1 mol in $J \cdot K^{-1}$						
Magnesium 1,009	8,1 8,2	**12,2** **12,3**	16,2 16,3	**24,3** **24,5**	36,5 36,8	**48,6** **49,0**	72,9 73,6
Schwefel 0,708	8,0 5,7	10,7 7,6	16,0 11,3	**32,0** **22,7**			
Kupfer 0,381	42,4 16,2	**63,5** **24,2**	84,7 32,3	**127,1** **48,4**	190,5 72,6	254,2 96,8	381,3 145,3
Quecksilber 0,138	66,9 9,2	**100,3** **13,8**	133,7 18,5	**200,6** **27,7**	300,9 41,5	**401,2** **55,4**	601,8 83,0
Blei 0,130	69,1 8,9	**103,6** **13,5**	138,1 18,0	**207,2** **26,9**	**310,8** **40,4**	414,4 53,9	621,6 80,8

Tabelle 5–8: Wärmekapazität C_L in Abhängigkeit von Atommassen, die aus angenommenen Formeln abgeleitet wurden.

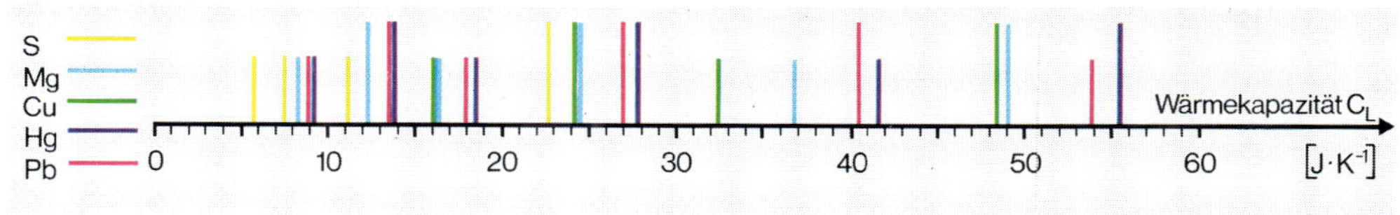

Abb. 5–35: Auswertung der Tabelle 5–8

Mit den Zahlenwerten des Beispiels ergibt sich $c(S) = 0{,}688\ J \cdot g^{-1} \cdot K^{-1}$ gegenüber dem Sollwert von $0{,}708\ J \cdot g^{-1} \cdot K^{-1}$ (2,8% Fehler).
Entsprechende Rechnungen können mit den Meßwerten für Kupfer und Blei durchgeführt werden.

Ergebnis: Die spezifische Wärmekapazität des Schwefels ist $c(S) = 0{,}708\ J \cdot g^{-1} \cdot K^{-1}$, die des Kupfers $c(Cu) = 0{,}381\ J \cdot g^{-1} \cdot K^{-1}$ und die des Bleis $c(Pb) = 0{,}130\ J \cdot g^{-1} \cdot K^{-1}$.

In der *Tabelle 5–8* stehen für jedes Element in der jeweils oberen Zeile die möglichen Werte M_L, übernommen aus den *Tabellen 5–2, 5–3, 5–6 und 5–7.* Die Werte größerer Wahrscheinlichkeit sind durch besonderen Druck hervorgehoben. Neu aufgenommen wurden die Werte für Magnesium, wie sie aus den quantitativen Analysen des Magnesiumoxids bzw. aus den möglichen Formelansätzen für das Oxid gewonnen werden können.
In der jeweils unteren Zeile stehen die zugehörigen Werte C_L, die durch Multiplikation der Werte in der oberen Zeile mit der spezifischen Wärmekapazität *c* (in der linken Spalte unter dem Namen der betreffenden Elementarsubstanz) berechnet werden. Auch in den unteren Zeilen sind die wahrscheinlichen Werte gekennzeichnet.
In *Abb. 5–35* sind die Werte C_L (untere Zeilen in *Tab. 5–8*) auf einer Zahlengeraden aufgetragen. Die Elemente sind durch unterschiedlich gekennzeichnete Linien dargestellt. Die wahrscheinlicheren Werte werden durch längere Strecken zum Ausdruck gebracht.
Es fällt auf, daß nur in der Nähe des Betrags $25 J \cdot K^{-1}$ für alle fünf Elemente eine Marke vorhanden ist und daß diesen Marken auch ein besonderes Gewicht zukommt. Wir hatten gehofft, für die Wärmekapazitäten pro *L* Atome der Elementarsubstanzen einen konstanten Wert zu erhalten, waren uns aber darüber klar, daß der Einfluß der Gitterstruktur und der der Packungsdichte eine Rolle spielen können. Somit können wir mit dem Wert $25\ J \cdot K^{-1}$ als Näherungswert recht zufrieden sein. Seine Bedeutung erkannten schon 1818 DULONG[1] und PETIT[2] beim Vergleich der

[1] Piere Louis DULONG (1785 – 1838), Professor für Chemie in Paris
[2] Alexis Thérèse PETIT (1791 – 1820), Professor für Chemie in Paris

Beziehungen zwischen M_L und C_L

von ihnen gemessenen spezifischen Wärmen mit den damals noch nicht exakt bestimmten Atommassen. Die Regel von DULONG und PETIT lautet in der heutigen Sprechweise:

Ergebnis: Die Wärmekapazität eines Mols Gitterbausteine, also das Produkt aus der Masse eines Mols und der spezifischen Wärmekapazität, beträgt bei festen Elementarsubstanzen ungefähr $25\ J \cdot K^{-1}$.

Mit der Entscheidung für $C_L = 25\ J \cdot K^{-1}$ haben wir nun auch die Werte der Atommassen für Magnesium, Schwefel, Kupfer, Quecksilber und Blei festgesetzt *(Tab. 5–8)*:
$m_{Mg} = 24{,}3\ u$, $m_S = 32{,}0\ u$, $m_{Cu} = 63{,}5\ u$, $m_{Hg} = 200{,}6\ u$ und $m_{Pb} = 207{,}2\ u$.

Bestimmung der Atommassen von festen Elementarsubstanzen

Die Regel von DULONG und PETIT gestattet nun, für jede feste Elementarsubstanz die Atommasse zu bestimmen:
Die spezifische Wärme z. B. des Natriums ist $c(Na) = 1{,}214\ J \cdot g^{-1} \cdot K^{-1}$. Daraus würde sich

$$M_L\,(Na) = \frac{C_L}{c(Na)} = \frac{25\,J \cdot K^{-1}}{1{,}214\,J \cdot g^{-1} \cdot K^{-1}} = 20{,}6\ g$$

errechnen. Dieser Betrag gibt uns aber nur die Größenordnung an; denn die Wärmekapazität eines Mols Natriumatome wird sicherlich nicht genau $25\ J \cdot K^{-1}$ sein. Zur Bestimmung des exakten Wertes muß noch das Ergebnis einer quantitativen Analyse herangezogen werden. Wir könnten z. B. im *Versuch 3/16, Seite 42*, bestimmen, wieviel Gramm Kochsalz aus einer abgewogenen Menge Natrium entstehen, um daraus das Massenverhältnis Natrium zu Chlor zu berechnen. Wir würden das Verhältnis 23,0 g : 35,5 g ermitteln.
Nur der Formelansatz {NaCl}, in dem die beiden Atomsorten im Zahlenverhältnis 1 : 1 stehen, liefert uns mit 23,0 g für M_L (Na) einen Wert, der dem aus der Wärmekapazität bestimmten von 20,6 g nahekommt: $m_{Na} = 23{,}0\ u$.

Ergebnis: Die Regel von DULONG und PETIT liefert für feste Elementarsubstanzen die Größenordnung der Atommasse. Zur Ermittlung des genauen Wertes benötigt man die quantitativen Analyse einer Verbindung dieses Elementes mit einem Partner, dessen Atommasse man bereits kennt.

Wir sind jetzt in der Lage, die Atommassen aller Elemente experimentell zu bestimmen. Die Werte stehen in einer Tabelle am Ende des Buches, in der die Elemente in alphabetischer Reihenfolge verzeichnet sind. Außerdem sind noch die Schmelz- und Siedetemperaturen sowie die Dichten aufgeführt.

Schließlich wollen wir noch versuchen, Gründe für die starke Streuung der C_L-Werte um den mittleren Betrag von $25\ J \cdot K^{-1}$ zu finden.
Wir suchen nach Eigenschaften der Elementarsubstanzen, die eine ähnliche Streuung aufweisen. Zunächst fällt der Verdacht auf die Dichte; denn die spezifisch schweren Metalle Blei ($\varrho = 11{,}3\ g \cdot cm^{-3}$) und Quecksilber ($\varrho = 13{,}5\ g \cdot cm^{3}$) besitzen auch verhältnismäßig hohe C_L-Werte: $26{,}9\ J \cdot K^{-1}$ bzw. $27{,}7\ J \cdot K^{-1}$ *(Tab. 5–8)*. Dann müßte aber das spezifisch sehr leichte Natrium ($\varrho = 0{,}97\ g \cdot cm^{-3}$ einen besonders niedrigen C_L-Wert haben. Wir kennen jetzt $M_L(Na) = 23{,}0\ g$. Multiplizieren wir den Wert mit der spezifischen Wärmekapazität des Metalls, also mit $1{,}214\ J \cdot g^{-1} \cdot K^{-1}$, so erhalten wir für C_L von Natrium den sehr hohen Wert $27{,}9\ J \cdot K^{-1}$. Die Dichte hat also keinen Einfluß auf die Wärmekapazität C_L.
Beim Natrium stoßen wir auf eine andere interessante Eigenschaft: Das Metall ist extrem weich *(Versuch 1/11, Seite 14)*. Auch Blei läßt sich mit dem Messer schneiden. Quecksilber ist noch weicher, nämlich bei Zimmertemperatur flüssig. Die geringe Härte eines Stoffes beruht offensichtlich auf den schwachen Gitterkräften im Gefüge. Daraus ist eine lockere Bindung der Bausteine und eine geringe Packungsdichte abzuleiten. Einen solchen Einfluß der Packungsdichte auf die Wärmekapazität C_L hatten wir schon zu Beginn des Abschnitts erwartet.
Unsere Mutmaßung fordert also einen hohen Betrag der Wärmekapazität C_L, wenn die Packungsdichte gering ist. Das läßt eine Voraussage zu: Wir wissen, daß bei Erwärmung eines Feststoffs die Gitterbausteine auseinanderrücken *(5.1.1, Seite 65)*; dann müßte der Wert für C_L bei Temperaturerhöhung zunehmen. Das trifft tatsächlich zu. So beträgt er z. B. für Silber bei 0° C $25{,}1\ J \cdot K^{-1}$, aber bei 300° C schon $27{,}6\ J \cdot K^{-1}$.
Umgekehrt müßte die Wärmekapazität C_L des extrem harten Diamants, der Elementarsubstanz des Kohlenstoffs, extrem niedrig sein. Sie beträgt bei 0° C nur $5{,}0\ J \cdot K^{-1}$, und erst bei 1 200° C ist das Gitter so weit aufgelockert, daß der Betrag von $23{,}0\ J \cdot K^{-1}$ erreicht wird.

Ergebnis: Elementarsubstanzen mit geringer Packungsdichte der Gitterbausteine besitzen eine verhältnismäßig hohe Wärmekapazität pro Mol. Sie nimmt daher bei allen Elementarsubstanzen mit steigender Temperatur zu.

Zusammenfassung: *Wir haben in diesem Abschnitt das Problem der Atommassenbestimmung für feste Elementarsubstanzen endlich gelöst. In 5.2.1 und 5.2.2 haben wir erkannt, daß die Ergebnisse quantitativer Versuche immer nur eine Auswahl möglicher Werte für die Atommassen liefern, die allerdings in ihrer Genauigkeit recht zuverlässig sind. Die entscheidende Hilfe war die Vermutung, daß die Energieaufnahme von L Gitterbausteinen bei Erwärmung um 1 K, d.h. die Wärmekapazität C_L, konstant sein könnte. Die experimentelle Erfahrung hat uns gezeigt, daß ihr Betrag um einen Mittelwert streut, der bei $25\ J \cdot K^{-1}$ liegt. Als Ursache für die Abweichungen erkannten wir den Einfluß der Packungsdichte. Auch die Zunahme der Wärmekapazität C_L mit steigender Temperatur ist dieser Ursache zuzuschreiben.*
Seit 1931 gibt es physikalische Verfahren, nach denen die Atommassen fast automatisch von Maschinen, den Massenspektrometern, ermittelt werden. Hätten wir uns somit nicht den mühsamen Weg ersparen und uns die Werte der Atommassen von diesen Maschinen schenken lassen können? Gewiß, aber man wird nachdenklich, wenn man hört, daß die Atommasssen den Chemikern längst bekannt waren, ehe die Maschinen die Werte bestätigt und nur deren Genauigkeit um einige Dezimalstellen vergrößert haben. Man ist erstaunt, wenn man begreift, daß sich die chemischen Methoden zur Atommassenbestimmung von der AVOGADRO-*These und der Regel von*

Bestimmung von Formeln bei bekannten Atommassen

DULONG/PETIT *ableiten, die beide tatsächlich keine Beweiskraft im Sinne eines mathematischen Beweises oder eines physikalischen Gesetzes haben, sondern nur auf Hypothesen beruhen.*

Immer wieder wurden und werden – nicht nur in den Naturwissenschaften – entscheidende Erkenntnisse durch kühne, letzten Endes nicht beweisbare Ideen und Spekulationen gewonnen, deren einzige Legitimation ihre Übereinstimmung mit der experimentellen Erfahrung ist. Es ist bemerkenswert, daß sich die ungeheuren Erfolge der Naturwissenschaften von diesem erkenntnistheoretisch unsicheren Grund ableiten. Kühne Ideen gibt es in jeder Wissenschaft; wenn aber die Übereinstimmung mit der Erfahrung nicht geprüft wird oder mißlingt, bleibt den Forschern der Erfolg versagt.

Der Weg von der Idee zur gültigen Theorie, von der experimentellen Prüfung zur gültigen Erkenntnis ist für das Verständnis der Wissenschaft noch wichtiger als die Erkenntnis selbst. Deshalb ist für uns das Nachschreiten des Weges, der zu den Atommassen führt, wertvoller als die Atommassen selbst, deren Werte wir – statt von modernen Maschinen – sogar noch bequemer aus einem Tabellenwerk hätten entnehmen können.

5.2.4 Formeln und Reaktionsgleichungen für Feststoffe

Wir wenden uns wieder der Aufgabe zu, die wir uns zu Beginn des Abschnitts 5.2.1 gestellt hatten, für binäre Verbindungen die Formeln aufzustellen. Sie bereitet uns jetzt keine Schwierigkeiten mehr, da wir nun die Atommassen zur Verfügung haben.

Als Ergebnis der quantitativen Analyse des Quecksilberoxids *(Versuch 5/8)* haben wir in der *Tabelle 5–2* eine Auswahl möglicher Formeln zusammengestellt. Die Atommasse des Quecksilbers ist 200,6 u. Aus der Tabelle entnehmen wir demnach die Formel {HgO}.

Mit der Atommasse 63,5 u für Kupfer lesen wir aus der *Tabelle 5–6* für das sauerstoffärmere, rote Oxid $\{Cu_2O\}$ und für das sauerstoffreichere, schwarze Oxid {CuO} als Formeln ab.

In *Tab. 5–7* finden wir zur Atommasse 207,2 u des Bleis die zugehörigen Formeln der drei Bleioxide: {PbO} für das gelbe Oxid, $\{Pb_3O_4\}$ für die Mennige und $\{PbO_2\}$ für das schwarzbraune Bleioxid.

Weitere Formeln binärer Verbindungen ermitteln wir aus den quantitativen Versuchen, die wir in *2.3.2, Seite 33*, für den Beweis des Gesetzes von den konstanten Massenverhältnissen durchgeführt haben. Der Versuch *2/33, Seite 33* erbringt die Aussage, daß aus 100 g Kupfer 125,2 g Kupfersulfid entstehen, d.h. 100 g Kupfer verbinden sich mit 25,2 g Schwefel. Setzen wir als Formel $\{Cu_x S_y\}$ an, so kommen auf *x* mol Kupfer-Atome *y* mol Schwefel-Atome, und wir können für das Verhältnis der Massen Kupfer und Schwefel schreiben:

$$(x \cdot 63{,}5\,\text{g}) : (y \cdot 32{,}0\,\text{g}) = 100\,\text{g} : 25{,}2\,\text{g}$$
$$x : y = (100 \cdot 32{,}0) : (63{,}5 \cdot 25{,}2)$$
$$x : y = 2 : 1$$

Im Kupfersulfid sind also doppelt soviel Kupfer-Atome wie Schwefel-Atome gebunden. Die Formel ist $\{Cu_2S\}$.

Weitere Beispiele: Verbrennt man Lithium, ein Metall mit ähnlichen Eigenschaften wie Natrium, im Sauerstoffstrom, so verbraucht 1 mol Li-Atome (6,9 g) für die Oxidation ¼ mol Sauerstoff-Moleküle (8 g). Das ergibt für Lithiumoxid die Formel $\{Li_2O\}$. Ähnlich erhält man bei der Verbrennung des Leichtmetalls Calcium in Sauerstoff einen Verbrauch von ½ mol O_2-Molekülen (16 g) pro mol Ca-Atome (40,1 g), was der Formel {CaO} für das Calciumoxid entspricht.

Ergebnis: Die Formel einer festen binären Verbindung läßt sich aus einem einzigen quantitativen Versuch aufstellen, wenn die Atommassen der beteiligten Elemente bekannt sind.

Als quantitativer Versuch genügt bei gasförmigen Verbindungen schon eine Dichtemessung. So sind die Formelansätze für Schwefelwasserstoff *(Tab. 5–3)* aus der Dichte des Gases ermittelt worden. Mit dem Wert 32 u für die Atommasse des Schwefels ist nur die Formel H_2S für das Schwefelwasserstoff-Molekül verträglich.

Das gasförmige Verbrennungsprodukt des Schwefels haben wir beim *Versuch 2/22* kennengelernt. Bestimmt man nach der Anleitung von *Versuch 1/25, Seite 18*, die Dichte des Gases, so erhält man $\varrho = 0{,}002926\,\text{g} \cdot \text{cm}^{-3}$. Durch die Multiplikation mit dem Volumen $V_L = 22\,400\,\text{cm}^3$ errechnet sich die Masse M_L zu 65,5 g. Dieser Wert dürfte wegen der hohen Siedetemperatur (−10,0°C) um mehr als eine Einheit zu hoch liegen; der Sollwert ist $M_L = 64{,}0$ g. Wären 2 mol Schwefel-Atome in 1 mol des Oxids gebunden, so würde die Masse des Schwefels allein schon 64 g betragen. 1 mol S-Atome (32 g) sind also im Oxid an 2 mol O-Atome ($2 \cdot 16\,\text{g} = 32\,\text{g}$) gebunden. Das Molekül hat die Zusammensetzung SO_2, der Name des Gases ist **Schwefeldioxid**.

Weitere Beispiele: Das zur Tetra-Gruppe gehörende Lösungsmittel Schwefelkohlenstoff *(1.4.1, Seite 17)* wird dargestellt, indem man Schwefeldampf bei 800°C über glühende Holzkohle leitet. Nach der in *Versuch 4/13, Seite 63*, beschriebenen Methode zur Bestimmung der Molekülmasse leicht verdampfbarer Flüssigkeiten erhält man für die Masse des Schwefelkohlenstoff-Moleküls den Wert 76 u. Aus den Atommassen der beiden Elemente, $m_C = 12$ u und $m_S = 32$ u, ergibt sich als einzig mögliche Formel CS_2 für das Molekül Schwefelkohlenstoff.

Das Lösungsmittel Tetra, das wir in *Kapitel 1* zur Unterscheidung der fünf Feststoff-Gruppen und der beiden Flüssigkeitsgruppen benutzt haben, ist eine Chlor-Kohlenstoff-Verbindung. Sie wird aus Chlor und Schwefelkohlenstoff hergestellt, indem man das Gemisch über Eisen als Katalysator leitet. Die Molekülmasse von Tetra wird nach *Versuch 4/13* zu 154 u bestimmt. Aus den Atommassen 35,5 u für Chlor und 12 u für Kohlenstoff resultiert die Formel CCl_4. Der Name »Tetra« ist eine Abkürzung von Tetrachlormethan, früher Tetrachlorkohlenstoff genannt.

Wir wollen nun auch Wasserstoff-Verbindungen des Kohlenstoffs kennenlernen. Sie kommen in der Natur als Bestandteile des Erdgases und des Erdöls vor (siehe *Abb. 1–8, Seite 9*, fraktionierte Destillation des Erdöls). Gasförmig sind Methan, Ethan, Propan und Butan, flüssig Pentan, Hexan und andere. Wir bestimmen z. B. die Formel des Propans:

Die Masse des Propan-Moleküls haben wir bereits in *4.1.3, Seite 54*, aus der Dichtemessung zu 44 u bestimmt. Mit den Atommassen von Kohlenstoff (12 u) und Wasserstoff (1 u) könnte der Wert 44 u durch folgende Formelansätze dargestellt werden: CH_{32}, C_2H_{20} und C_3H_8. Um zu einer eindeutigen Aussage zu kommen, versuchen wir, die Zahl der Kohlenstoff-Atome pro Molekül experimentell zu bestimmen.

Zusammenstellung von Formeln binärer Verbindungen

► **Versuch 5/16:** Zwischen zwei Kolbenprober wird über Dreiwegehähne ein langes, weites Quarzrohr geschaltet, das mit reichlich Kupferoxid in Drahtform beschickt ist. Die Kolbenprober werden mit Glycerin geschmiert. Die Luft in der Apparatur wird durch Stickstoff verdrängt. Den Prober 1 füllt man mit 30 cm^3 Propan. Man leitet das Gas über das Kupferoxid, wobei man mit dem Brenner jeweils die noch nicht reduzierten Stellen erhitzt. Das Gasvolumen nimmt zu. Das Gas wird bis zur Volumenkonstanz hin- und hergeschoben. Nach dem Abkühlen wird ein Volumen von 90 cm^3 abgelesen. Außer dem gasförmigen Reaktionsprodukt werden hellrotes Kupfer und Wasser (Kondensation des Dampfes an den kalten Stellen der Apparatur) beobachtet. ◄

● **Auswertung:** Der Kohlenstoff-Anteil des Propans reagiert mit dem Sauerstoff-Anteil des Kupferoxids zu Kohlendioxid, der Wasserstoff-Anteil zu Wasser. Aus 1 Raumteil Propan entstehen 3 Raumteile Kohlendioxid, also nach der These von AVOGADRO aus 1 Propan-Molekül 3 Kohlendioxid-Moleküle. Da jedes CO_2-Molekül nur 1 C-Atom enthält, müssen also im Propan-Molekül 3 C-Atome gebunden sein. Die Formel ist C_3H_8.

Ähnlich könnten wir – qualitativ und quantitativ – die Formeln der anderen Kohlenwasserstoffe bestimmen. Wir begnügen uns hier mit der Mitteilung der Formeln: Methan CH_4, Ethan C_2H_6, Propan C_3H_8, Butan C_4H_{10}, Pentan C_5H_{12}, Hexan C_6H_{14}, allgemein für diese Kohlenwasserstoffe C_nH_{2n+2}.

Ergebnis: Die Formeln binärer gasförmiger Verbindungen lassen sich im allgemeinen aus einer Dichtebestimmung aufstellen, wenn die Atommassen der beteiligten Elemente bekannt sind. Nur beim Reaktionspartner Wasserstoff ist wegen seiner kleinen Atommasse 1 u meist noch ein weiterer quantitativer Versuch erforderlich.

In *Tab. 5–9* sind die Formeln der Oxide, Chloride und Sulfide der für uns wichtigen Elemente zusammengestellt. Die meisten der in dieser Tabelle aufgeführten Verbindungen sind fest. Wir wissen, daß die Indizes in den betreffenden Formeln nur das Zahlenverhältnis der beteiligten Atome in den Kristallgittern angeben. Da wir bei diesen Feststoffen nicht von »Molekülen« sprechen dürfen *(5.1.3, Seite 70)*, stellt sich die Frage, ob sich der Mengenbegriff »Mol« und der daraus abgeleitete Begriff »Masse von 1 mol« auch auf Gitterformeln übertragen lassen.

Nach der Übereinkunft in *4.1.3, Seite 53*, steht ein Elementsymbol nicht nur für die betreffende Atomsorte, sondern auch für die Masse M_L von $L = 6{,}02 \cdot 10^{23}$ dieser Atome. Ein Molekülsymbol läßt nicht nur erkennen, welche und wieviel Atome in ihm vereinigt sind, sondern es steht ebenso für die Masse M_L von L dieser Moleküle.

Wir werden nun für die Symbole der Feststoffe eine ähnliche Vereinbarung treffen. Wir beginnen mit den festen Elementarsubstanzen. Das Symbol {Fe} z. B. bedeutet zunächst ein

Element	Oxide	Chloride	Sulfide
Aluminium	$\{Al_2O_3\}$	$\{AlCl_3\}$	$\{Al_2S_3\}$
Antimon	$\{Sb_2O_3\}$	$\{SbCl_3\}$; $SbCl_5$	$\{Sb_2S_3\}$; $\{Sb_2S_5\}$
Arsen	$\{As_2O_3\}$; $\{As_2O_5\}$	$AsCl_3$; $AsCl_5$	$\{As_2S_3\}$;$\{As_2S_5\}$
Barium	$\{BaO\}$	$\{BaCl_2\}$	$\{BaS\}$
Blei	$\{PbO\}$; $\{Pb_3O_4\}$; $\{PbO_2\}$	$\{PbCl_2\}$; $PbCl_4$	$\{PbS\}$
Calcium	$\{CaO\}$	$\{CaCl_2\}$	$\{CaS\}$
Chrom	$\{Cr_2O_3\}$; $\{CrO_3\}$	$\{CrCl_2\}$;$\{CrCl_3\}$	$\{Cr_2S_3\}$
Eisen	$\{Fe_3O_4\}$; $\{Fe_2O_3\}$	$\{FeCl_2\}$; $\{FeCl_3\}$	$\{FeS\}$
Gold	–	$\{AuCl\}$;$\{AuCl_3\}$	$\{Au_2S_3\}$
Kalium	$\{K_2O\}$	$\{KCl\}$	$\{K_2S\}$
Kobalt	$\{CoO\}$; $\{Co_3O_4\}$	$\{CoCl_2\}$	$\{CoS\}$
Kohlenstoff	CO; CO_2	CCl_4	CS_2
Kupfer	$\{Cu_2O\}$;$\{CuO\}$	$\{CuCl\}$; $\{CuCl_2\}$	$\{Cu_2S\}$
Lithium	$\{Li_2O\}$	$\{LiCl\}$	$\{Li_2S\}$
Magnesium	$\{MgO\}$	$\{MgCl_2\}$	$\{MgS\}$
Mangan	$\{MnO\}$; $\{Mn_2O_3\}$; $\{MnO_2\}$	$\{MnCl_2\}$	$\{MnS\}$
Natrium	$\{Na_2O\}$	$\{NaCl\}$	$\{Na_2S\}$
Nickel	$\{NiO\}$	$\{NiCl_2\}$	$\{NiS\}$
Phosphor	$\{P_2O_3\}$; $\{P_2O_5\}$	PCl_3; $\{PCl_5\}$	–
Platin	–	$\{PtCl_2\}$; $\{PtCl_4\}$	$\{PtS\}$; $\{PtS_2\}$
Quecksilber	$\{HgO\}$	$\{HgCl\}$; $\{HgCl_2\}$	$\{HgS\}$
Schwefel	SO_2; SO_3	SCl_2; SCl_4	
Silber	$\{Ag_2O\}$	$\{AgCl\}$	$\{Ag_2S\}$
Silicium	$\{SiO_2\}$	$SiCl_4$	$\{SiS_2\}$
Strontium	$\{SrO\}$	$\{SrCl_2\}$	$\{SrS\}$
Titan	$\{TiO_2\}$	$TiCl_4$	$\{TiS_2\}$
Wasserstoff	H_2O	HCl	H_2S
Zink	$\{ZnO\}$	$\{ZnCl_2\}$	$\{ZnS\}$
Zinn	$\{SnO\}$; $\{SnO_2\}$	$\{SnCl_2\}$; $SnCl_4$	$\{SnS\}$;$\{SnS_2\}$

Tabelle 5–9

Kristallgitter, dessen Bausteine Eisen-Atome von der Masse $m_{Fe} = 55{,}85$ u sind. Wir verabreden jetzt, daß dieses Symbol {Fe} darüberhinaus für 55,85 g Eisen stehen soll, d. h. für die Masse von L Bausteinen des Eisengitters, und schreiben dafür auch M_L {Fe} = 55,85 g. Entsprechend ist M_L {Pb} = 207,2 g, und die Verabredung besagt, daß schon das Symbol {Pb} diese Masse repräsentiert.

Definition: Für ein Element A bedeutet das Symbol {A} eine feste Elementarsubstanz aus Gitterbausteinen A und gleichzeitig die Masse M_L {A} von L dieser Gitterbausteine.

Welche Bedeutung hat nun das Symbol einer festen Verbindung, z. B. $\{Fe_2O_3\}$? Festgelegt ist bereits, daß es sich um ein räumliches Gitter handelt, in dem die Atome der beiden Sorten im Zahlenverhältnis 2 : 3 stehen. Es gibt aber kein »Molekül« dieses Eisenoxids, so daß wir nicht von einer Molekülmasse sprechen dürfen, die gleich der Summe $2\ m_{Fe} + 3\ m_O = 159{,}70$ u wäre. Trotzdem hat die Masse 159,70 g bei allen Reaktionen, an denen das Eisenoxid beteiligt ist, für das Verhältnis der umgesetzten Massen die gleiche Bedeutung, als wenn es sich um eine molekulare Substanz – also um ein Gas oder eine Flüssigkeit – handelte. Wir wollen daher auch für die Masse 159,70 g Eisenoxid das Symbol M_L verwenden, weil in ihr 2 mol Eisen-Atome und 3 mol Sauerstoff-Atome enthalten sind und schreiben für sie $M_L\ \{Fe_2O_3\} = 159{,}70$ g.

Definition: Das Symbol $\{A_xB_y\}$ bedeutet eine feste Verbindung aus Gitterbausteinen A und B im Zahlenverhältnis $x : y$ und gleichzeitig die Massensumme $M_L\ \{A_xB_y\}$ von x mol Gitterbausteinen A und y mol Gitterbausteinen B.

Diese Definition des Feststoff-Symbols bringt für Reaktionsgleichungen ähnliche Vorteile, wie wir sie für das Molekül-Symbol schon kennen. Z. B. bedeutet die Reaktionsgleichung

$$4\{Fe\} + 3O_2 \longrightarrow 2\{Fe_2O_3\}$$

nicht nur, daß sich aus dem Eisengitter 4 mol Fe-Atome mit 3 mol O_2-Molekülen zu einem neuen Gitter vereinigen, in dem auf 2 Fe-Atome immer 3 O-Atome kommen, sondern gleichzeitig, daß 4 · 55,85 g Eisen mit 3 · 32 g Sauerstoff zu 2 · 159,70 g Eisenoxid reagieren. Die Massen der drei Substanzen verhalten sich bei dieser Reaktion wie

$$223{,}40 : 96 : 319{,}40 \approx 7 : 3 : 10.$$

Ergebnis: Aus den Reaktionsgleichungen kann man ablesen, welche Stoffe miteinander reagieren und welche Stoffe aus ihnen entstehen. Sie geben ferner Auskunft über das Verhältnis der umgesetzten Massen. Sie machen keine Aussagen über das Einzelgeschehen, d. h. über den Reaktionsmechanismus.

Wir sind nun in der Lage, Reaktionsgleichungen mit Feststoffen aufzustellen. Als Beispiel betrachten wir die thermische Dissoziation der Mennige in Sauerstoff und gelbes Bleioxid *(Versuch 5/14)*. Die Formeln der Reaktionspartner sind uns bekannt. Wir setzen an:

$$x\,\{Pb_3O_4\} \longrightarrow y\,\{PbO\} + zO_2.$$

Die Koeffizienten x, y und z finden wir durch die Überlegung, daß nach dem Gesetz von der Erhaltung der Masse die Zahl der Atome auf der linken Seite der Reaktionsgleichung für jede Atomsorte gleich ihrer Zahl auf der rechten Seite sein muß. Da es sich um ein Kollektiv-Geschehen handelt, geben wir die Zahlen als Vielfache der Avogadro-Zahl L an. Das führt zu den Bedingungen:

Bleiatome:	$3x \cdot L = y \cdot L$
Sauerstoffatome:	$4x \cdot L = y \cdot L + 2z \cdot L$
also	$3x = y$
	$4x = y + 2z$
Daraus folgt:	$x = 2z$ und $y = 6z$.

Die Reaktionsgleichung lautet:

$$2z\,\{Pb_3O_4\} \longrightarrow 6z\,\{PbO\} + zO_2.$$

Ohne ein Einzelgeschehen vortäuschen zu wollen, schreiben wir kürzer:

$$2\,\{Pb_3O_4\} \longrightarrow 6\,\{PbO\} + O_2\,.$$

Aus dieser Gleichung können wir nun sofort die Massenverhältnisse berechnen, wenn wir für die Symbole die Massen M_L einsetzen: 2 · 685,63 g Mennige zersetzen sich zu 6 · 223,21 g gelbem Bleioxid und 32 g Sauerstoff. Rechnen wir die Massenverhältnisse auf 10 g Mennige um, so erhalten wir 9,78 g gelbes Oxid und 0,23 g Sauerstoff.

Informationsgehalt von Formeln und Reaktionsgleichungen

Ergebnis: Kennt man die Formeln aller an einer Umsetzung beteiligten Stoffe, so kann man ohne Wägungen die Reaktionsgleichung aufstellen und aus ihr die Massenverhältnisse voraussagen.

Als weiteres Beispiel wählen wir die Oxidation des Propans mit schwarzem Kupferoxid als Oxidationsmittel *(Versuch 5/16)*. Die Reaktionsprodukte sind Kohlendioxid, Wasser und Kupfer:

$$v\,C_3H_8 + w\{CuO\} \longrightarrow x\,CO_2 + y\,H_2O + z\{Cu\}$$

Statt des etwas umständlichen mathematischen Weges zur Berechnung der Koeffizienten findet man sie meist schneller durch Probieren: Aus der Annahme $v = 1$ folgt für die Kohlenstoff-Atome $3 \cdot L = x \cdot L$, d. h. $x = 3$, und für die Wasserstoff-Atome $8 \cdot L = 2y \cdot L$, d. h. $y = 4$. Für die Sauerstoff-Atome gilt dann: $w \cdot L = 6 \cdot L + 4 \cdot L$, d. h. $w = 10$, und für die Kupfer-Atome schließlich $10 \cdot L = z \cdot L$, d. h. $z = 10$. Die Reaktionsgleichung lautet:

$$C_3H_8 + 10\,\{CuO\} \longrightarrow 3\,CO_2 + 4\,H_2O + 10\,\{Cu\}.$$

Ergebnis: Die Koeffizienten einer Reaktionsgleichung findet man meist durch sinnvolles »Probieren«, in dem man die Anzahl der Atome der linken Seite mit denen der rechten vergleicht und umgekehrt.

Zusammenfassung: *Wir haben in den letzten Abschnitten die Formelsprache erweitert: Es treten jetzt in den Reaktionsgleichungen auch die für Feststoffe geltenden und mit geschweiften Klammern versehenen Gitter-Symbole auf, die wir am Anfang des Kapitels von unseren*

Kugel-Modellen her abgeleitet haben. Sie machen wie die Molekül-Formeln Aussagen über die Zusammensetzung der Stoffe und über ihre Massenverhältnisse bei chemischen Reaktionen.

Übungen:

1. Welche Methode zur Bestimmung der Molekülmassen gasförmiger Elementarsubstanzen hast du im *4. Kapitel* kennengelernt? Warum lassen sich die Molekülmassen fester Elementarsubstanzen nicht nach dieser Methode bestimmen?
2. Wie lautet das Gesetz der multiplen Proportionen? Erläutere es an einigen Beispielen und deute es mit Hilfe des Teilchen-Modells.
3. Was versteht man unter der spezifischen Wärmekapazität und der Wärmekapazität von 1 mol eines Stoffes? In welchen Einheiten mißt man diese Größen?
4. Im roten Eisenoxid kommen auf 100 g Eisen 42,97 g Sauerstoff; die spezifische Wärmekapazität von Eisen beträgt 0,44 $J \cdot g^{-1} \cdot K^{-1}$. Ermittle aus diesen Daten die Atommasse des Eisens und die Formel des roten Eisenoxids.

Molzahlen-Verhältnisse

5. Welche Aussagen lassen sich dem Symbol $\{NaCl\}$ entnehmen?
6. Die Formel von Eisenhammerschlag ist $\{Fe_3O_4\}$. Wieviel % Eisen und wieviel % Sauerstoff (Massenprozent) enthält diese Verbindung?
7. Um den Sauerstoffgehalt der Luft zu bestimmen, leitet man 100 cm^3 Luft i. N. über erhitztes Kupferpulver. Wieviel Kupfer muß man mindestens für diesen Versuch abwiegen, damit der gesamte Luft-Sauerstoff reagieren kann?
8. Wieviel cm^3 Wasserstoff i. N. benötigt man, um 10 g schwarzes Kupferoxid zu Kupfer zu reduzieren? Wieviel Wasser entsteht dabei?
9. Welche qualitativen und quantitativen Aussagen lassen sich aus der Reaktionsgleichung $CH_4 + 2O_2 \rightarrow CO_2 + 2\,H_2O$ ableiten?
10. Die quantitative Zusammensetzung einer gasförmigen Verbindung ist 80% Kohlenstoff und 20% Wasserstoff (beides Massenprozent). Die Dichte des Gases i. N. beträgt 0,0013566 $g \cdot cm^{-1}$. Um welchen Kohlenwasserstoff handelt es sich?

6. Oxidationsstufe

6.1 Redox-Reaktionen

6.1.1 Äquivalentmenge, Wertigkeit

Wenn man die *Tabelle 5–9, Seite 84*, betrachtet, in der nur eine kleine Anzahl möglicher Verbindungen, nämlich die Oxide, Chloride und Sulfide wichtiger Elemente, aufgeführt sind, fragt man sich, wie man die Vielzahl von Formeln behalten soll.

Es fällt auf, daß die Reaktionspartner des Aluminiums in der ersten Zeile der Tabelle stets mit der Index-Zahl 3 in die Formeln eingehen. Ist diese Zahl irgendwie typisch für das Element Aluminium? Sind in den beiden nächsten Zeilen der Tabelle die Zahlen 3 und 5 charakteristisch für die Elemente Antimon und Arsen? Kann man den Elementen bestimmte Zahlen zuordnen, deren Kenntnis das Behalten der Formeln erleichtert?

Wir wollen die Zahlenverhältnisse in den Formeln genauer studieren. Zu diesem Zweck schreiben wir z. B. die Zeilen für Kohlenstoff, Aluminium, Calcium, Lithium und Wasserstoff aus der *Tab. 5–9* heraus, wobei die Formel des Kohlenmonoxids zunächst weggelassen wird *(Tab. 6–1)*.

	Oxide	Chloride	Sulfide
Kohlenstoff	CO_2	CCl_4	CS_2
Aluminium	$\{Al_2O_3\}$	$\{AlCl_3\}$	$\{Al_2S_3\}$
Calcium	$\{CaO\}$	$\{CaCl_2\}$	$\{CaS\}$
Lithium	$\{Li_2O\}$	$\{LiCl\}$	$\{Li_2S\}$
Wasserstoff	H_2O	HCl	H_2S

Tabelle 6–1: Auswahl binärer Verbindungen aus Tabelle 5–9

	O	Cl	S
C	1 : **2**	1 : **4**	1 : **2**
Al	2 : **3**	1 : **3**	2 : **3**
Ca	1 : **1**	1 : **2**	1 : **1**
Li	2 : **1**	1 : **1**	2 : **1**
H	2 : **1**	1 : **1**	2 : **1**

Tabelle 6–2: Molzahlen-Verhältnisse zu Tabelle 6–1

In *Tab. 6–2* stehen die Zahlenverhältnisse in der Mengeneinheit Mol für die beteiligten Atome, wie sie aus den Formeln abgelesen werden können.

Betrachten wir die mittlere Spalte, die Chloride, dann sind in 1 mol Tetra-Moleküle 4 mol Cl-Atome an 1 mol C-Atome gebunden, im Aluminiumchlorid-Gitter kommen 3 mol Cl-Atome auf 1 mol Al-Atome usw. Vergleichbar werden in dieser Spalte die Zahlenverhältnisse, wenn wir sie auf die gleiche Menge Chlor-Atome umrechnen, z. B. auf 1 mol Cl-Atome. Das ergibt die mittlere Spalte der *Tab. 6–3*.

	O	Cl	S
C	$\frac{1}{4}$: $\mathbf{\frac{1}{2}}$	$\frac{1}{4}$: **1**	$\frac{1}{4}$: $\mathbf{\frac{1}{2}}$
Al	$\frac{1}{3}$: $\mathbf{\frac{1}{2}}$	$\frac{1}{3}$: **1**	$\frac{1}{3}$: $\mathbf{\frac{1}{2}}$
Ca	$\frac{1}{2}$: $\mathbf{\frac{1}{2}}$	$\frac{1}{2}$: **1**	$\frac{1}{2}$: $\mathbf{\frac{1}{2}}$
Li	1 : $\mathbf{\frac{1}{2}}$	1 : **1**	1 : $\mathbf{\frac{1}{2}}$
H	1 : $\mathbf{\frac{1}{2}}$	1 : **1**	1 : $\mathbf{\frac{1}{2}}$

Tabelle 6–3: Umrechnung der Molzahlen-Verhältnisse in Tab. 6–2 auf 1 mol Cl- bzw. H-Atome

Sie besagt, daß im Tetra $\frac{1}{4}$ mol C-Atome, im Aluminiumchlorid $\frac{1}{3}$ mol Al-Atome, im Calciumchlorid $\frac{1}{2}$ mol Ca-Atome, im Lithiumchlorid 1 mol Li-Atome und im Chlorwasserstoff 1 mol H-Atome jeweils **äquivalent**[1] zu 1 mol Cl-Atomen sind. Die Bezeichnung »äquivalent« bietet sich an, um in der Sprechweise nicht immer zwischen Molekülen und Gittern unterscheiden zu müssen.

Damit die Molzahlen-Verhältnisse auch in den Zeilen vergleichbar werden, sind die Werte in den beiden äußeren Spalten von *Tab. 6–2* so umgerechnet worden, daß sie sich wie in der mittleren Spalte von *Tab. 6–3* auf $\frac{1}{4}$ mol C-Atome, $\frac{1}{3}$ mol Al-Atome usw. beziehen. Überraschend ergibt sich dann für Sauerstoff- und Schwefelatome in allen Zeilen der gleiche Wert, nämlich $\frac{1}{2}$ mol.

Die Zahlenverhältnisse ändern sich in *Tab. 6–3* nicht, wenn wir sie statt auf 1 mol Chlor-Atome auf 1 mol Lithium-Atome oder auf 1 mol Wasserstoff-Atome bezogen hätten. Wir stellen fest: In den vorliegenden Verbindungen sind immer $\frac{1}{4}$ mol C-Atome, $\frac{1}{3}$ mol Al-Atome, $\frac{1}{2}$ mol Ca-Atome, 1 mol Li-Atome, $\frac{1}{2}$ mol O-Atome, 1 mol Cl-Atome und $\frac{1}{2}$ mol S-Atome äquivalent zu 1 mol H-Atomen. Diese Mengen wollen wir daher **Äquivalentmengen** nennen.

Definition: Die Äquivalentmenge (gemessen in mol) einer Atomsorte in einer Verbindung enthält soviel Atome, wie an 1 mol Wasserstoff-Atome gebunden sind oder diese Menge ersetzen. Die **Äquivalentmasse** (gemessen in g) ist die Gesamtmasse aller in der Äquivalentmenge vorhandener Atome.

In dieser Definition wird zwischen »binden« und »ersetzen« unterschieden. Die fett gedruckten Zahlen in *Tab. 6–3* beziehen sich auf »binden«, die normal gedruckten auf »ersetzen«.

[1] aequus (lat.), gleich; valere (lat.), gelten, wert sein

1. Beispiel: Beim Vergleich von $\{AlCl_3\}$ mit HCl ersetzt $\frac{1}{3}$ mol Al-Atome 1 mol H-Atome. Die Äquivalentmasse der Al-Atome in $\{AlCl_3\}$ ist $\frac{1}{3}$ M_L, also 27 g/3 = 9 g.
2. Beispiel: Die Äquivalentmenge der N-Atome im Ammoniak NH_3 ist $\frac{1}{3}$ mol, weil diese Menge an 1 mol H-Atome gebunden ist. Die Äquivalentmasse der N-Atome beträgt dann 14 g/3 = 4,67 g.

Die Äquivalentmengen sind also charakteristisch für die betreffenden Atomsorten. Allerdings muß man die Verbindungen nennen, aus denen sie gewonnen werden. So ist z. B. die Äquivalentmenge der C-Atome im Kohlendioxid CO_2 nur $\frac{1}{4}$ mol, im Kohlenmonoxid CO aber $\frac{1}{2}$ mol. Die Äquivalentmenge der Cu-Atome in den Verbindungen $\{Cu_2O\}$, $\{CuCl\}$ und $\{Cu_2S\}$ ist 1 mol, jedoch in $\{CuO\}$ und $\{CuCl_2\}$ nur $\frac{1}{2}$ mol.

Die gebrochenen Zahlen der Äquivalentmengen sind recht unpraktisch. Da eigentlich nur die Zahl im Nenner des Bruches für das betreffende Element charakteristisch ist, leiten wir einen neuen Begriff ab, die **Wertigkeit**:

$$\text{Wertigkeit} = \frac{\text{Mol}}{\text{Äquivalentmenge}}$$

Definition: Die Wertigkeit eines Elements in einer seiner Verbindungen ist der Quotient aus der Menge Mol und der Äquivalentmenge der Atomsorte in der betreffenden Verbindung.

Als Quotient zweier Mengen ist die Wertigkeit eine dimensionslose Zahl. Sie wird mit römischen Ziffern geschrieben. Beispiel: In den meisten Verbindungen ist die **Äquivalentmenge** der Aluminium-Atome $\frac{1}{3}$ mol. Die Wertigkeit der Aluminium-Atome ist dann
1 mol : $\frac{1}{3}$ mol = III.

Wenn es – wie bei den beiden Kupferoxiden – zwischen zwei Elementen mehr als eine Verbindung gibt, so muß eines von ihnen mehr als eine Wertigkeit besitzen. Man spricht dann von **Mehrwertigkeit**. Aus der Tabelle der binären Verbindungen *Tab. 5–9, Seite 84*, sehen wir, daß mehr als die Hälfte der dort aufgeführten Elemente mehrwertig sind.

Es gibt aber glücklicherweise viele Elemente, die in ihren sämtlichen Verbindungen nur eine einzige Wertigkeit besitzen. So sind z. B. Lithium-, Natrium- und Kalium-Atome immer einwertig, Magnesium-, Calcium-, Strontium-, Barium- und auch Zink-Atome immer zweiwertig, Aluminium-Atome sind fast immer dreiwertig. Für die mehrwertigen Elemente gibt es bevorzugte Wertigkeiten, z. B. II und III für Eisen-Atome, II und IV für Zinn- und Blei-Atome, III und V für Phosphor-, Arsen- und Antimon-Atome, III und VI für Chrom-Atome, und von den Wertigkeiten der Mangan-Atome sind II, IV und VII die wichtigsten.

Um die Verbindungen mehrwertiger Elemente auch in ihren Bezeichnungen zu unterscheiden, setzt man in die Namen die Wertigkeit mit ein: Die beiden Oxide des Kupfers heißen Kupfer(I)-oxid und Kupfer(II)-oxid. Chrom hat die Oxide Chrom(III)-oxid $\{Cr_2O_3\}$ und Chrom(VI)-oxid $\{CrO_3\}$, Eisen die Chloride Eisen(II)-chlorid $\{FeCl_2\}$ und Eisen(III)-chlorid $\{FeCl_3\}$, Zinn die Sulfide Zinn(II)-sulfid $\{SnS\}$ und Zinn(IV)-sulfid $\{SnS_2\}$.

Äquivalentmenge

Ergebnis: Jedes Element besitzt charakteristische Wertigkeiten. Wenn man sie kennt, kann man sich die Formeln binärer Verbindungen leicht merken. Gibt es von zwei Elementen mehr als eine Verbindung, so wird die Wertigkeit in den Namen jeder Verbindung eingesetzt.

Wertigkeit

Bei der Einführung des Begriffs »Äquivalentmenge« haben wir unterschieden zwischen »binden« und »ersetzen«, bezogen auf 1 mol Wasserstoff-Atome. Es liegt nahe, diese Unterscheidung auch im Wertigkeitsbegriff zum Ausdruck zu bringen, z. B. durch die Vorzeichen »–« und »+«. Das negative Vorzeichen steht für »binden«, das positive für »ersetzen«. Wir nennen die so mit Vorzeichen versehene Wertigkeit **relative Wertigkeit**.

Definition: Das Vorzeichen der relativen Wertigkeit ist negativ, wenn die Äquivalentmenge 1 mol Wasserstoff-Atome bindet; es ist positiv, wenn die Äquivalentmenge 1 mol Wasserstoff-Atome ersetzt[1].

[1] Eine Ausnahme bilden die Metallhydride *(6.1.2)*.

Der Wertigkeit wird ein Vorzeichen zugeordnet.

Die relative Wertigkeit wird mit arabischen Ziffern geschrieben und in den Formeln über die Symbole der betreffenden Atome gesetzt.

1. Beispiel: In den Verbindungen in *Tab. 6–3* besitzen Kohlenstoff-Atome die relative Wertigkeit +4, Aluminium-Atome +3, Calcium-Atome +2, Lithium- und Wasserstoff-Atome +1, aber Sauerstoff- und Schwefel-Atome die relativen Wertigkeiten −2 und Chlor-Atome die relative Wertigkeit −1 *(Tab. 6–4)*.
2. Beispiel: Die relative Wertigkeit der Kupfer-Atome ist +1 in den Verbindungen
$\{\overset{+1}{Cu}_2O\}$, $\overset{+1}{Cu}Cl\}$ und $\{\overset{+1}{Cu}_2S\}$,
aber +2 in den Verbindungen $\{\overset{+2}{Cu}O\}$ und $\{\overset{+2}{Cu}Cl_2\}$.
3. Beispiel: Stickstoff-Atome besitzen im Ammoniak $\overset{-3}{N}H_3$ die relative Wertigkeit −3.
4. Beispiel: Kohlenstoff-Atome haben die negative Wertigkeit −4 im Methan $\overset{-4}{C}H_4$, aber die positiven Wertigkeiten +2 bzw. +4 im Kohlenmonoxid $\overset{+2}{C}O$ bzw. im Kohlendioxid $\overset{+4}{C}O_2$.

Die in *Tab. 6–1* aufgeführten binären Verbindungen sind noch einmal in *Tab. 6–4* mit den relativen Wertigkeiten der Bindungspartner eingetragen:

	O	Cl	S
C	$\overset{+4}{C}\overset{-2}{O_2}$	$\overset{+4}{C}\overset{-1}{Cl_4}$	$\overset{+4}{C}\overset{-2}{S_2}$
Al	$\{\overset{+3}{Al_2}\overset{-2}{O_3}\}$	$\{\overset{+3}{Al}\overset{-1}{Cl_3}\}$	$\{\overset{+3}{Al_2}\overset{-2}{S_3}\}$
Ca	$\{\overset{+2}{Ca}\overset{-2}{O}\}$	$\{\overset{+2}{Ca}\overset{-1}{Cl_2}\}$	$\{\overset{+2}{Ca}\overset{-2}{S}\}$
Li	$\{\overset{+1}{Li_2}\overset{-2}{O}\}$	$\{\overset{+1}{Li}\overset{-1}{Cl}\}$	$\{\overset{+1}{Li_2}\overset{-2}{S}\}$
H	$\overset{+1}{H_2}\overset{-2}{O}$	$\overset{+1}{H}\overset{-1}{Cl}$	$\overset{+1}{H_2}\overset{-2}{S}$

Tabelle 6–4: Relative Wertigkeit der Atome in den Verbindungen der Tab. 6–1

Wenn auch das Vorzeichen der relativen Wertigkeit zunächst nur den Zweck hatte, den Unterschied zwischen »binden« und »ersetzen« zu kennzeichnen, ergibt sich daraus eine wichtige Konsequenz. Wir betrachten das Beispiel Aluminiumoxid $\{\overset{+3}{Al_2}\overset{-2}{O_3}\}$. Multiplizieren wir die relative Wertigkeit +3 der Al-Atome mit dem Index 2 in der Formel und die relative Wertigkeit −2 der O-Atome mit dem Index 3 und addieren die beiden Produkte, so erhalten wir $2 \cdot (+3) + 3 \cdot (-2) = 0$, d.h. die Summe der relativen Wertigkeiten aller in der Formel aufgeführten Atome ist Null. Wir können dieses Resultat an den anderen Formeln in *Tab. 6–4* bestätigen.

Ergebnis: Die Summe der relativen Wertigkeiten aller in einer Formel aufgeführten Atome ist Null.

Aus der relativen Wertigkeit +1 der Wasserstoff-Atome folgt die der Sauerstoff-Atome mit −2 in den Oxiden, die der Schwefel-Atome mit −2 in den Sulfiden und die der Chlor-Atome mit −1 in den Chloriden. Ferner sind die relativen Wertigkeiten der Atome der Metalle Lithium, Natrium und Kalium in allen ihren Verbindungen +1, die der Metalle Magnesium, Calcium, Strontium und Barium stets +2 und die des Aluminiums immer +3. Mit diesen Kenntnissen und mit Hilfe der Wertigkeitssumme Null (s.o.) ist es leicht, für die in *Tab. 5–9 (Seite 84)* aufgeführten Verbindungen die relativen Wertigkeiten der Bindungspartner zu berechnen.

1. Beispiel: Arsen-Atome haben in $\{\overset{x}{As_2}\overset{-2}{O_5}\}$ die relative Wertigkeit +5, weil aus $2x + 5 \cdot (-2) = 0$ folgt: $x = +5$.
2. Beispiel: Silber-Atome haben in $\{\overset{y}{Ag_2}\overset{-2}{S}\}$ die relative Wertigkeit +1, weil aus $2y + 1 \cdot (-2) = 0$ folgt: $y = +1$.
3. Beispiel: Silicium-Atome haben in $\overset{+4}{Si}\overset{-1}{Cl_4}$ die relative Wertigkeit +4, weil $1 \cdot (+4) + 4 \cdot (-1) =$ $= 0$ ist.
4. Beispiel: Jod-Atome haben in Kaliumjodid $\{\overset{+1}{K}\overset{-1}{J}\}$ die relative Wertigkeit −1.
5. Beispiel: Stickstoff-Atome haben im Magnesiumnitrid $\{\overset{+2}{Mg_3}\overset{-3}{N_2}\}$ die relative Wertigkeit −3.
6. Beispiel: Kohlenstoff-Atome haben im Aluminiumcarbid $\{\overset{+3}{Al_4}\overset{-4}{C_3}\}$ die relative Wertigkeit −4.

Umgekehrt können wir bei bekannten relativen Wertigkeiten sofort die Formel einer binären Verbindung aufstellen:

1. Beispiel: Die Atomsorte *A* ist (+4)-wertig, die Sorte *B* (−2)-wertig. Aus der Rechnung $1 \cdot (+4) + 2 \cdot (-2) = 0$ ergibt sich die Formel $\{\overset{+4}{A}\overset{-2}{B_2}\}$. Das Beispiel trifft für Siliciumdioxid (Quarz) $\{\overset{+4}{Si}\overset{-2}{O_2}\}$ und für Schwefelkohlenstoff $\overset{+4}{C}\overset{-2}{S_2}$ zu.
2. Beispiel: Die relativen Wertigkeiten der Atome *A* und *B* seien +3 und −2. Das kleinste gemeinsame Vielfache von 2 und 3 ist 6. Die binäre Verbindung hat die Formel $\{A_2B_3\}$. Das trifft z.B. für das rote Eisenoxid $\{\overset{+3}{Fe_2}\overset{-2}{O_3}\}$ zu.

Ergebnis: Aus der Kenntnis der Formel einer binären Verbindung und der relativen Wertigkeit eines der beiden Elemente kann man auf die relative Wertigkeit des anderen schließen. Umgekehrt kann man bei Kenntnis der relativen Wertigkeiten beider Partner auf die Formel der binären Verbindung schließen.

Wenden wir das Ergebnis auf das rote Bleioxid, die Mennige $\{Pb_3\overset{-2}{O_4}\}$ an, so erhalten wir als relative Wertigkeit des Bleis $+2\frac{2}{3}$, also keinen ganzzahligen Wert. Ähnlich ergeht es uns bei dem schwarzen Eisenoxid, dem Eisenhammerschlag $\{Fe_3\overset{-2}{O_4}\}$. Gibt es dennoch eine Möglichkeit, die Wertigkeiten in den genannten Verbindungen ganzzahlig erscheinen zu lassen?
Wir kennen für Blei-Atome die Werte +2 und +4. Wir nehmen an, daß im $\{Pb_3O_4\}$-Gitter auf 2 zweiwertige Pb-Atome stets ein vierwertiges kommt; dann wäre tatsächlich
$2 \cdot (+2) + 1 \cdot (+4) + 4 \cdot (-2) = 0.$
Im Falle des schwarzen Eisenoxids $\{Fe_3O_4\}$ wenden wir die uns bekannten Wertigkeiten +2 und +3 der Eisen-Atome an, indem wir 1 zweiwertiges Fe-Atom immer 2 dreiwertigen Fe-Atomen zuordnen:
$1 \cdot (2) + 2 \cdot (+3) + 4 \cdot (-2) = 0.$
Wir können die Mennige demnach als Blei (II, IV)-oxid und den Hammerschlag als Eisen (II, III)-oxid bezeichnen.

Ergebnis: Fordert man für die Wertigkeit stets ganze Zahlen, so müssen in einigen Verbindungen unterschiedliche Wertigkeiten für die Atome der gleichen Sorte angenommen werden.

Zusammenfassung: *Um uns in der Vielfalt der Formeln leichter zurechtzufinden, haben wir* *den Begriff der Wertigkeit als Quotient von Mol und Äquivalentmenge eingeführt. Wir haben der Wertigkeit ein negatives oder ein positives Vorzeichen zugeordnet, je nachdem, ob die Äquivalentmenge 1 mol Wasserstoff-Atome bindet oder ersetzt (relative Wertigkeit). Die Summe der relativen Wertigkeiten aller Atome in jeder Verbindung ist gleich Null. Es gibt viele Atomsorten, die mehr als eine Wertigkeit – manchmal sogar in ein und derselben Verbindung – annehmen können.*

Wir wollen uns vor Augen halten, daß die mit Vorzeichen versehene Wertigkeit etwas nur »Ausgedachtes« ist. Als Denkmodell ist es von ganz anderer Art als unser Molekül- und Atom-Begriff. Bei diesen handelt es sich um anschauliche Vorstellungen. Man »sieht« gewissermaßen die kleinen Teilchen, wenn man von ihnen spricht. Die relative Wertigkeit dagegen ist ihrer Einführung nach ein rein formaler Begriff, der jeder Anschaulichkeit entbehrt, aber dennoch von großem Nutzen ist: Er macht die Formeln überschaubar und ist bei Kenntnis der wichtigsten Wertigkeiten eine Hilfe für das Prüfen und Aufstellen von Formeln.

Merkwürdig und gar nicht selbstverständlich ist es allerdings, daß sich überhaupt ein Ordnungsschema für die Formeln finden läßt, daß die Wertigkeit immer ganzzahlig ist und – am erstaunlichsten – daß wir jedes Element durch eine oder wenige bestimmte Zahlen charakterisieren können. Haben wir bisher die Atome nur nach ihren Massen unterschieden, so haben wir nun mit der Wertigkeit ein Merkmal ganz anderer Art für die Atome gefunden. Die Wertigkeiten kennzeichnen gewissermaßen ihr chemisches Verhalten.

Wir werden daher prüfen, welche Rolle die Wertigkeiten bei chemischen Reaktionen spielen.

6.1.2 Oxidationsstufe

Änderungen der Wertigkeit bei Oxidation und Reduktion

Wir fragen uns, ob und wie sich relative Wertigkeiten bei Oxidationen, also Reaktionen mit Sauerstoff, ändern. Betrachten wir zunächst die Oxidationen der Gase Schwefelwasserstoff *(Versuch 2/27, Seite 30)*, Methan und Propan *(Versuch 5/16, Seite 84)* sowie Kohlenmonoxid *(Versuch 5/10, Seite 77)*.

Schwefelwasserstoff $H_2\overset{-2}{S}$ verbrennt zu Schwefeldioxid $\overset{+4}{S}O_2$ und Wasser; die relative Wertigkeit der Schwefel-Atome nimmt von -2 auf $+4$, also um 6 Stufen zu. Methan $\overset{-4}{C}H_4$ verbrennt zu Kohlendioxid $\overset{+4}{C}O_2$ und Wasser; die Kohlenstoff-Atome erhöhen ihre relative Wertigkeit von -4 auf $+4$, also um 8 Stufen. Bei Propan C_3H_8 müssen wir für die Kohlenstoff-Atome gemischte Wertigkeiten annehmen *(6.1.1, Seite 88)*. Die Wertigkeitssumme Null erhalten wir, wenn im Propan-Molekül 2 C-Atome die Wertigkeit -3 besitzen und 1 C-Atom die Wertigkeit -2 hat:

$$2 \cdot (-3) + 1 \cdot (-2) + 8 \cdot (+1) = 0.$$

Verbrennungsprodukte sind wieder Kohlendioxid $\overset{+4}{C}O_2$ und Wasser, d.h. die relativen Wertigkeiten der Kohlenstoff-Atome nehmen um 7 bzw. 6 Stufen zu.

Kohlenmonoxid $\overset{+2}{C}O$ verbrennt zu Kohlendioxid $\overset{+4}{C}O_2$. Auch hier nimmt die relative Wertigkeit der Kohlenstoff-Atome zu, aber nicht wie bei den anderen Beispielen von negativen zu positiven Werten, sondern von einem niedrigeren $+2$ zu einem höheren positiven Wert $+4$, also um 2 Stufen.

Auch von Schwefel gibt es zwei Oxide: Das Verbrennungsprodukt Schwefeldioxid $\overset{+4}{S}O_2$ und ein zweites sauerstoffreicheres, das wir bereits in *2.3.2, Seite 32*, bei der thermischen Dissoziation des Kupfersulfats kennengelernt haben. Wir wollen das letztere aus Schwefeldioxid und Sauerstoff mit Hilfe eines Katalysators darstellen.

► **Versuch 6/1:** (Lehrerversuch, Abzug!) In ein weites Verbrennungsrohr schiebt man ein Porzellanschiffchen mit Schwefel, den man vorher mit einer Flamme entzündet hat. Man verschließt das Rohr hinter dem brennenden Schwefel mit einem Stopfen, durch dessen Bohrung Sauerstoff eingeleitet wird. Das Gemisch aus Sauerstoff und Schwefeldioxid passiert einen Wattebausch als Schwebstoff-Filter und ein dünnes Quarzrohr mit Platinasbest. Es gelangt dann über ein Einleitungsrohr in ein Reagenzglas, das so dünn ausgezogen ist, daß das Einleitungsrohr gerade noch hinein paßt *(Abb. 6–1)*. Die Vorlage wird mit Eiswasser gekühlt. Man erhitzt den Katalysator: Es entsteht ein weißer Nebel, der sich in der Vorlage zu öligen Tröpfchen verdichtet. Die Flüssigkeit erstarrt manchmal zu einer eisähnlichen Masse. Wenn der Schwefel verbrannt ist, zieht man das Einleitungsrohr heraus und schmilzt das Reagenzglas an der ausgezogenen Stelle zu. Erst dann entnimmt man es dem Eiswasser.
Nach einigen Tagen hat sich das Reaktionsprodukt zu seidenglänzenden, asbestartigen Nadeln kristallisiert. ◄

Kontaktverfahren

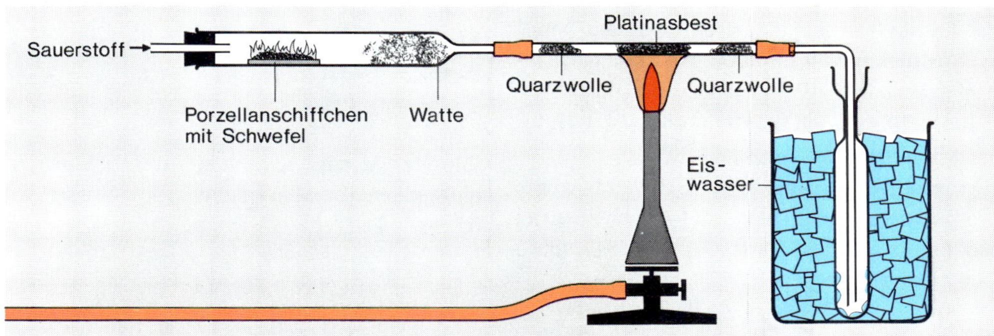

Abb. 6–1: Zu Versuch 6/1. Qualitative Synthese von Schwefeltrioxid

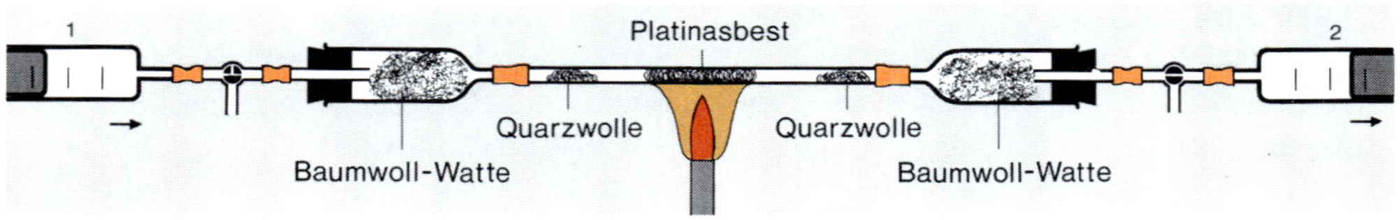

Abb. 6–2: Zu Versuch 6/2. Quantitative Synthese von Schwefeltrioxid

Um festzustellen, ob sich bei dieser Oxidation des Schwefeldioxids die relative Wertigkeit der Schwefel-Atome erhöht, müssen wir die Formel des neuen Oxids kennen. Daher arbeiten wir jetzt quantitativ:

► **Versuch 6/2:** (Lehrerversuch) In eine vollständige Kolbenprober-Apparatur wird ein enges Quarzrohr geschaltet, das an beiden Enden mittels Verbindungsstücken aus Silikon-Kautschuk mit weiten, einseitig verjüngten Glasrohren verbunden ist *(Abb. 6–2)*. Das Quarzrohr wird mit Platinasbest und beidseitig mit Quarzwolle beschickt; in die Glasrohre schiebt man Baumwoll-Watte. Man füllt Prober 1 mit 50 cm^3 Sauerstoff und Prober 2 mit 50 cm^3 Schwefeldioxid. Nach Mischen der Gase erhitzt man den Katalysator und schiebt das Gemisch bis zur Volumen-Konstanz hin und her. Man beobachtet das Schwarzwerden der Watte und nach Abkühlung eine Volumenverminderung um 75 cm^3. Der Gasrest, also 25 cm^3, läßt sich als Sauerstoff nachweisen. ◄

Thermit (Vorsicht!)

● **Deutung:** Es bildet sich wie in *Versuch 6/1* das sauerstoffreiche Oxid des Schwefels, das von der Baumwoll-Watte quantitativ aufgenommen wird. Es werden also zu seiner Bildung 2 RT (50 cm^3) Schwefeldioxid und 1 RT (25 cm^3) Sauerstoff verbraucht. Nach der These von AVOGADRO reagieren demnach 2 mol SO_2-Moleküle mit 1 mol O_2-Molekülen. Im festen Oxid verhält sich also die Zahl der S-Atome zur Zahl der O-Atome wie 1 : 3. Es handelt sich um **Schwefeltrioxid** $\{\overset{+6}{S}O_3\}$.
Die relative Wertigkeit der Schwefel-Atome im Schwefeltrioxid beträgt +6, hat also bei der Oxidation des Schwefeldioxids $\overset{+4}{S}O_2$ um 2 Stufen zugenommen.

die Wertigkeit der Atome in Elementarsubstanzen

Ergebnis: Bei den Reaktionen des Schwefelwasserstoffs, der Kohlenwasserstoffe, des Kohlenmonoxids und des Schwefeldioxids mit Sauerstoff nehmen die relativen Wertigkeiten der Schwefel- und der Kohlenstoff-Atome zu, sei es von einem negativen Wert zu einem positiven, sei es von einem positiven Wert zu einem höher positiven.

Wir betrachten jetzt die Oxidation von Elementarsubstanzen. Beim Verbrennen von Wasserstoff, Magnesium, Aluminium, Kohlenstoff, Phosphor und Schwefel entstehen die entsprechenden Oxide, deren Formeln wir kennen, also z. B.

$$2\,\{Mg\} + O_2 \rightarrow 2\,\{MgO\}.$$

Im Oxid haben die Magnesium-Atome die relative Wertigkeit +2. Hat es Sinn, den Magnesium-Atomen auch in ihrer Elementarsubstanz, dem Metall, eine Wertigkeit zuzuordnen? Wenn wir dies wollen, kann nur der Wert Null in Frage kommen, damit die Regel von der Wertigkeitssumme Null auch für Elementarsubstanzen ihre Gültigkeit behält. Das bedeutet eine Erweiterung der Definition der relativen Wertigkeit:

Definition: Die Wertigkeit der Atome in einer Elementarsubstanz ist Null. Dabei ist es ohne Belang, ob die Atome ein Gitter bilden oder als Moleküle vorliegen.

Die Reaktionsgleichungen für die Verbrennungen von Elementarsubstanzen lauten demnach:

$$2\,\{\overset{0}{Mg}\} + O_2 \rightarrow 2\,\{\overset{+2}{Mg}O\}$$
$$4\,\{\overset{0}{Al}\} + 3\,O_2 \rightarrow 2\,\{\overset{+3}{Al_2}O_3\}$$
$$4\,\{\overset{0}{P}\} + 5\,O_2 \rightarrow 2\,\{\overset{+5}{P_2}O_5\}$$
$$2\,\overset{0}{H_2} + O_2 \rightarrow 2\,\overset{+1}{H_2}O$$

Den Wert der neuen Definition sehen wir darin, daß auch bei den Oxidationen der Elementarsubstanzen die relative Wertigkeit der Atome zunimmt, nämlich von Null auf einen positiven Wert.

Ergebnis: Bei allen Oxidationen nimmt die relative Wertigkeit der Atome zu.

Der Begriff der Reduktion wurde als Entzug von Sauerstoff erklärt *(2.2.3, Seite 27)*. Als Reduktionsmittel haben wir meistens Wasserstoff benutzt, so z.B. beim *Versuch 5/13, Seite 78*:

$$\{\overset{+2}{Cu}O\} + \overset{0}{H_2} \rightarrow \{\overset{0}{Cu}\} + \overset{+1}{H_2}O$$
$$\{\overset{+1}{Cu_2}O\} + \overset{0}{H_2} \rightarrow 2\,\{\overset{0}{Cu}\} + \overset{+1}{H_2}O$$

Hier nimmt die relative Wertigkeit der Metallatome von positiven Werten in den Oxiden auf Null in den Elementarsubstanzen ab. Gleichzeitig werden die Wasserstoff-Atome oxidiert; ihre Wertigkeit steigt von Null auf +1.
Als Reduktionsmittel können wir auch andere Elemente nehmen, die eine große Affinität zu Sauerstoff haben, z.B. die unedlen Metalle.

► **Versuch 6/3:** (Lehrerversuch) Man füllt ein Gemisch aus 100 g rotem Eisenoxid[1] und 34 g Aluminium-Gries[1] in einen kleinen Blumentopf aus Ton[1], dessen Bodenöffnung man mit einem dünnen Eisenblech zugedeckt hat. In die Mitte des Gemisches steckt man ein geeignetes Reagenzglas mit der Öffnung nach oben, drückt die Masse fest und entfernt das Glas. In den so entstandenen Hohlraum füllt man ein Zündgemisch von 10 g rotem Eisenoxid und 3,4 g Aluminium-Pulver (nicht Gries!) und drückt ein abgeschmirgeltes unten zu einem Ring gebogenes Magnesium-Band darauf *(Abb. 6–3)*. Der Blumentopf wird so in einen Stativring gehängt, daß man eine Konservendose, deren Durchmesser größer als der des Topfes ist, darunter stellen kann. Der Boden der Büchse ist 2 cm hoch mit Sand bedeckt. Schließlich füllt man die Dose mit Wasser. Man entzündet das Magnesium-Band: Es setzt zuerst im Zündgemisch, dann in der ganzen Reaktionsmasse ein stark exothermer Vorgang ein[2]. Das weißglühen-

---

[1] Die Substanzen und Geräte müssen vorher gut getrocknet sein!
[2] Wegen des Funkensprühens entfernt man sich sofort nach dem Entzünden einige Schritte. Es dürfen keine brennbaren Substanzen in der Nähe sein. Beim Ausbleiben der Reaktion darf man nicht sofort nachschauen.

de, flüssige Reaktionsprodukt schmilzt das Eisenblech über der Bodenöffnung durch und fließt in die Konservendose. Hier erstarrt es unter blubberndem Geräusch. Die erkaltete Masse prüft man mit einem Magneten. ◀

- **Deutung:** Das Reaktionsprodukt ist Eisen. Aluminium besitzt eine sehr viel größere Affinität zu Sauerstoff als Eisen:

$$\overset{+3}{\{Fe_2O_3\}} + 2\,\overset{0}{\{Al\}} \rightarrow 2\,\overset{0}{\{Fe\}} + \overset{+3}{\{Al_2O_3\}}$$

Eisenoxid wird reduziert, Aluminium oxidiert. Dabei nimmt die relative Wertigkeit der Eisen-Atome ab, die der Aluminium-Atome zu.
Ein Gemisch aus Eisenoxid und Aluminium-Pulver heißt **Thermit**. Wegen der stark exothermen Reaktion wird es z.B. zum Verschweißen von Schienen benutzt.

Ergebnis: Bei Reduktionen nimmt die relative Wertigkeit der Atome, denen der Sauerstoff entzogen wird, ab.

Wir wollten in diesem Abschnitt nach Reaktionen suchen, bei denen sich die relativen Wertigkeiten der beteiligten Atomsorten ändern. Wir wissen jetzt, daß das bei Oxidationen und Reduktionen der Fall ist. Wir führen daher für die relative Wertigkeit die Bezeichnung **Oxidationsstufe**, auch Oxidationszahl genannt, ein und fassen die Resultate von *6.1.1* und *6.1.2* zusammen:

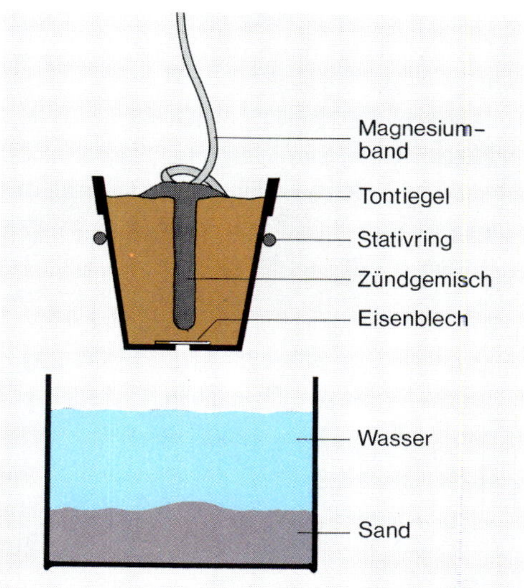

Abb. 6–3: Zu Versuch 6/3. Thermit-Verfahren

Ergebnis: Die mit Vorzeichen versehene Wertigkeit heißt Oxidationsstufe[1]. Die Summe der Oxidationsstufen aller in einer Formel aufgeführten Atome ist Null. Oxidation bedeutet Zunahme, Reduktion bedeutet Abnahme der Oxidationsstufe.

Wenn sich bei einer Reaktion die Oxidationsstufe einer Atomart um einen bestimmten Betrag erhöht, dann muß bei dieser Reaktion eine andere Atomart ihre Oxidationsstufe um den gleichen Betrag erniedrigen. Es würde andernfalls ein Reaktionsprodukt entstehen, bei dem die Summe der Oxidationsstufen nicht gleich Null ist, was der Regel widerspricht. Eine Oxidation wäre demnach immer mit einer gleichzeitig ablaufenden Reduktion gekoppelt.
Wir weisen dies an einigen der in diesem Abschnitt behandelten Reaktionen nach:

1. Beispiel: Verbrennung des Methans:

$$\overset{-4}{C}H_4 + 2\,\overset{0}{O_2} \rightarrow \overset{+4}{C}\overset{-2}{O_2} + 2\,H_2\overset{-2}{O}$$

Jedes Kohlenstoff-Atom wird um 8 Stufen oxidiert. Dann muß eine andere Atomsorte um insgesamt 8 Stufen reduziert werden; es sind die 4 Sauerstoff-Atome, von denen jedes seine Oxidationsstufe um 2 Einheiten erniedrigt. Die Wasserstoff-Atome haben ihre Oxidationszahl nicht geändert. Vergleichen wir nur die sich ändernden Oxidationsstufen auf beiden Seiten der Reaktionsgleichung, dann können wir schreiben:

$$1\cdot(-4)+4\cdot(0) \overset{?}{=} 1\cdot(+4)+2\cdot(-2)+2\cdot(-2)$$
$$-4 \overset{!}{=} -4$$

Die Summen der sich ändernden Oxidationsstufen sind auf beiden Seiten gleich.

[1] Wichtige Oxidationsstufen siehe *Anhang, Seite 247.*

Oxidationsstufe, Redoxreaktion

2. Beispiel: Reduktion von Kupfer(I)-oxid mit Wasserstoff:

$$\overset{+1}{\{Cu_2O\}} + \overset{0}{H_2} \rightarrow 2\,\overset{0}{\{Cu\}} + \overset{+1}{H_2}O$$

2 Kupfer-Atome werden um je 1 Stufe reduziert.
2 Wasserstoff-Atome werden um je 1 Stufe oxidiert:

$$2\cdot(+1)+2\cdot(0) \overset{?}{=} 2\cdot(0)+2\cdot(+1)$$
$$+2 \overset{!}{=} +2$$

Ergebnis: Jede Oxidation ist mit einer Reduktion gekoppelt und umgekehrt. Die Summen der sich ändernden Oxidationsstufen auf den beiden Seiten der Reaktionsgleichung sind einander gleich.
Man spricht wegen dieser Kopplung kurz von **Redox-Reaktionen.**

Die im Ergebnis formulierte Regel über die Konstanz der Summe der sich ändernden Oxidationsstufen ist für das Prüfen und Aufstellen von Redox-Gleichungen ebenso wichtig wie die von der Summe Null für das Prüfen und Aufstellen von Formeln.

3. Beispiel: Für die Reduktion von Metalloxiden mit Hilfe von Aluminium (**Aluminothermie,** GOLDSCHMIDT-Verfahren) haben wir in *Versuch 6/3* Eisen(III)-oxid (rot) benutzt. Der Versuch gelingt auch, wenn wir 100 g Eisen (II, III)-oxid (schwarz) mit 31 g Aluminium-Gries mischen.
Im $\{Fe_3O_4\}$ müssen 2 Eisen-Atome um 3 Stufen und 1 Eisen-Atom um 2 Stufen reduziert werden; das sind insgesamt 8 Stufen. Jedes Aluminium-Atom wird um 3 Stufen oxidiert. Das kleinste gemeinsame Vielfache von 8 und 3 ist 24. Wir brauchen also 3 M_L des schwarzen Eisenoxids und 8 M_L Aluminium:

$$3\,\overset{+3/+2}{\{Fe_3O_4\}} + 8\,\overset{0}{\{Al\}} \rightarrow 9\,\overset{0}{\{Fe\}} + 4\,\overset{+3}{\{Al_2O_3\}}$$

$$6\cdot(+3)+3\cdot(+2)+8\cdot(0) \overset{?}{=} 9\cdot(0)+8\cdot(+3)$$
$$+24 \overset{!}{=} +24$$

4. Beispiel: Wir haben bisher Schwefeldioxid nur durch Synthese aus den Elementen hergestellt. In der chemischen Technik stellt man das Gas durch **Rösten** von sulfidischen Erzen, den Schwermetallsulfiden, im Luftstrom dar. Das Schwefeldioxid wird dann nach dem **Kontaktverfahren** zur Schwefeltrioxid oxidiert (vgl. *Versuch*

6/1 und 6/2). Aus dem Trioxid stellt man in einem weiteren chemischen Prozeß Schwefelsäure her *(Versuch 8/19, Seite 139)*. Neben Schwefeldioxid fallen als Röstprodukte die Oxide der Schwermetalle an, die meist mit Kohle zu den Metallen reduziert werden *(6.1.3)*.

Abrösten sulfidischer Erze

▶ **Versuch 6/4:** (Abzug!) In einem schwer schmelzbaren Glasrohr wird auf einer Magnesiarinne Kupfer(I)-sulfid im Sauerstoffstrom erhitzt: Die Substanz entzündet sich und glüht dann ohne weitere Wärmezufuhr durch. Das feste Reaktionsprodukt ist schwarz, und es entweicht – am Geruch kenntlich – Schwefeldioxid. ◀

Das schwarze Reaktionsprodukt ist Kupfer(II)-oxid, d.h. die Kupfer-Atome sind um je 1 Stufe oxidiert worden. Außerdem sind die Schwefel-Atome des Sulfids von −2 auf +4 um 6 Stufen oxidiert worden. Pro $\{Cu_2S\}$ bedeutet das insgesamt eine Oxidation um (2 · 1) + (1 · 6) = 8 Stufen. Demgegenüber müssen also 4 Sauerstoffatome (2 Sauerstoff-Moleküle) zur Verfügung stehen, die um je 2 Stufen reduziert werden:

$$\{\overset{+1-2}{Cu_2S}\} + 2\,\overset{0}{O_2} \longrightarrow 2\{\overset{+2-2}{CuO}\} + \overset{+4-2}{SO_2}$$

$$2\cdot(+1)+1\cdot(-2)+4\cdot(0) \overset{?}{=}$$
$$\overset{?}{=} 2\cdot(+2)+2\cdot(-2)+1\cdot(+4)+2\cdot(-2)$$
$$0 \overset{!}{=} 0$$

Sympro-portionierung

Disproportio-nierung

Ergebnis: Die Koeffizienten einer Redox-Gleichung findet man durch Vergleich der sich ändernden Oxidationsstufen: Um soviel Stufen, wie eine oder mehrere Atomsorten insgesamt oxidiert werden, müssen andere reduziert werden.

Es gibt sogar Redox-Reaktionen, bei denen Atome der gleichen Sorte sowohl die Rolle des Oxidations- wie die des Reduktionsmittels spielen:

5. Beispiel: In *Versuch 5/12, Seite 78*, haben wir aus elementarem Kupfer und Kupfer(II)-oxid das rote Kupfer(I)-oxid hergestellt. Auf jedes Kupfer-Atom der Elementarsubstanz, das um 1 Stufe oxidiert wird, kommt 1 Kupfer-Atom aus dem schwarzen Oxid, das um 1 Stufe reduziert wird:

$$\{\overset{0}{Cu}\} + \{\overset{+2}{CuO}\} \longrightarrow \{\overset{+1}{Cu_2O}\}$$
$$1\cdot(0) + 1\cdot(+2) \overset{?}{=} 2\cdot(+1)$$
$$+2 \overset{!}{=} +2$$

6. Beispiel: Wir experimentieren mit Stoffen, in denen gleichen Atomsorten einerseits negative, andererseits positive Oxidationsstufen zugeordnet sind.

▶ **Versuch 6/5:** (Lehrerversuch) Eine dreifach tubulierte Woulfe'sche Flasche wird mit Wasser ausgeschwenkt, so daß einige Tropfen hängenbleiben. Alle drei Öffnungen werden durch einfach durchbohrte Stopfen verschlossen; durch die beiden äußeren führen Gaszuleitungsrohre, durch den mittleren ein Ableitungsrohr *(Abb. 6–4)*. Man leitet unter dem Abzug gleichzeitig Schwefelwasserstoff und Schwefeldioxid ein: Zuerst bildet sich an den feuchten Stellen, später auch an den anderen Stellen der Flasche ein gelber Niederschlag[1]. ◀

Die Reaktionsprodukte sind Schwefel und Wasser. Die Schwefel-Atome des Oxids werden um 4 Stufen von +4 auf Null reduziert. Demgegenüber werden doppelt soviel Schwefel-Atome der Wasserstoff-Verbindung von −2 auf Null um je 2 Stufen oxidiert:

$$\overset{+4}{SO_2} + 2\,\overset{-2}{H_2S} \longrightarrow 3\{\overset{0}{S}\} + 2\,H_2O$$
$$1\cdot(+4) + 2\cdot(-2) \overset{?}{=} 3\cdot(0)$$
$$0 \overset{!}{=} 0$$

Ergebnis: Es gibt Redox-Reaktionen, an denen nur Atome ein- und desselben Elements beteiligt sind. Aus einer niedrigeren und einer höheren Oxidationsstufe bildet sich eine dazwischenliegende Stufe. Diesen Vorgang nennt man **Symproportionierung**[2].

Später werden wir auch Redox-Reaktionen kennenlernen, bei denen sich eine Oxidationsstufe in eine niedrigere und eine höhere Stufe aufspaltet. Diese Reaktion heißt **Disproportionierung**[2].

Die relative Wertigkeit, die wir im vorhergehenden Abschnitt eingeführt haben, ist jetzt als Oxidationsstufe gedeutet worden, ohne daß sie dadurch ihren formalen Charakter verloren hat. Ihre Bedeutung liegt nicht nur im Prüfen und Aufstellen von Formeln, sondern sie eignet sich auch zum mühelosen Aufstellen und zur Kontrolle der Reaktionsgleichungen von Redox-Reaktionen.

[1] Entsprechend der Reaktionsgleichung soll der Schwefelwasserstoffstrom etwa doppelt so stark sein wie der des Dioxids. Das Reaktionsgefäß muß sofort nach Beendigung des Versuchs durch Spülen mit Wasser und Sand gereinigt werden.

[2] syn (gr.), zusammen; dis (lat.), auseinander

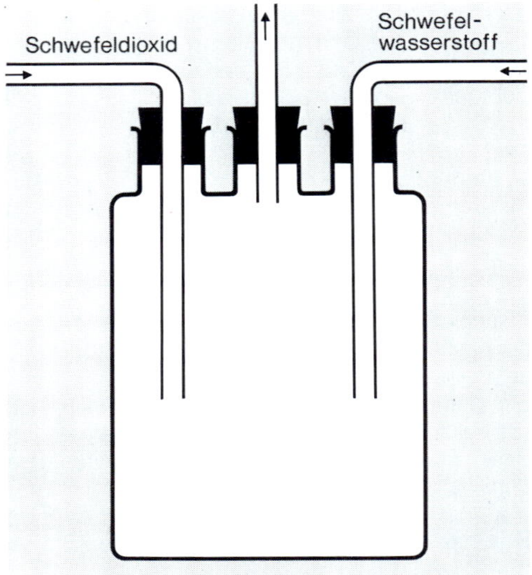

Abb. 6–4: Zu Versuch 6/5. Reaktion zwischen Schwefeldioxid und Schwefelwasserstoff unter Bildung von Schwefel und Wasser (Symproportionierung)

Bei der Reaktion in *Versuch 6/5* sprachen wir von der Oxidation der im Schwefelwasserstoff gebundenen Schwefel-Atome zu elementarem Schwefel, obwohl es sich bei diesem Vorgang nicht um eine Zuführung von Sauerstoff handelt. Müssen wir dann den Begriff »Oxidation« erweitern?

Wir kennen Wasserstoff als Reduktionsmittel für Metalloxide. Die Wasserstoffatome erhöhen bei diesen Reaktionen ihre Oxidationsstufe von Null auf +1. Diese Änderung der Oxidationsstufe der H-Atome beobachten wir auch bei den Synthesen von Chlorwasserstoff *(Versuche 3/19, 3/20; Seiten 43/44)*, von Schwefelwasserstoff *(Versuch 2/26, Seite 30)* und von Ammoniak *(Versuch 4/5, Seite 57)*:

$$\overset{0}{H_2} + \overset{0}{Cl_2} \longrightarrow 2\,\overset{+1-1}{HCl}$$
$$\overset{0}{H_2} + \{\overset{0}{S}\} \longrightarrow \overset{+1-2}{H_2S}$$
$$3\,\overset{0}{H_2} + \overset{0}{N_2} \longrightarrow 2\,\overset{-3+1}{NH_3}$$

Wir wollen auch bei diesen Reaktionen den Wasserstoff als Reduktionsmittel bezeichnen, da die Atome der Reaktionspartner ihre Oxidationsstufe von Null auf negative Werte erniedrigen. Wenn wir diese Synthesen nun als Redox-Reaktionen auffassen, bedeutet das eine Erweiterung des Oxidations- bzw. Reduktionsbegriffs; denn es sind keine Sauerstoff-Atome an den Reaktionen beteiligt.

Erweiterung des Oxidationsbegriffs

Definition: Jede Reaktion, bei der sich die Oxidationsstufe einer Atomart erhöht, ist eine Oxidation: jede Abnahme einer Oxidationsstufe bedeutet eine Reduktion.

Die neue Definition schließt die ursprüngliche, nur auf Sauerstoff bezogene Aussage in *2.2.3, Seite 27*, mit ein. Als weitere Beispiele für Redox-Reaktionen ohne Sauerstoff dienen folgende Synthesen:

► **Versuch 6/6:** (Lehrerversuch) Unter dem Abzug füllt man in ein senkrecht eingespanntes Reagenzglas etwa 0,5 cm hoch Brom und läßt einen blanken Streifen Aluminium-Folie oder Al-Draht hineingleiten: Zunächst scheint keine Reaktion einzutreten; aber nach kurzer Zeit entzündet sich das Metall und reagiert unter heller Lichterscheinung mit dem Brom. Neben braunen Bromdämpfen entsteht ein dicker, weißer Rauch, der aus dem Reagenzglas quillt. ◄

► **Versuch 6/7:** (Lehrerversuch) In ein Reagenzglas bringt man einen kleinen Tropfen Quecksilber und spannt das Glas unter dem Abzug beinahe waagrecht ein. Man schiebt einige Jod-Kriställchen bis in die Mitte des Glases und erhitzt das Quecksilber, wobei man die Flamme von Zeit zu Zeit auch zum Jod führt. An der Öffnung des Glases bildet sich ein gelber Beschlag, der langsam leuchtend rot wird. ◄

● **Deutung:** Die Reaktionsprodukte sind Aluminiumbromid (weißer Rauch, *Versuch 6/6*) und Quecksilber(II)-jodid (gelber bzw. roter Beschlag, *Versuch 6/7*):

$$2\{\overset{0}{Al}\} + 3\,\overset{0}{Br}_2 \longrightarrow 2\{\overset{+3}{Al}\overset{-1}{Br}_3\}$$

$$\{\overset{0}{Hg}\} + \overset{0}{J}_2 \longrightarrow \{\overset{+2}{Hg}\overset{-1}{J}_2\}$$

Nach der erweiterten Definition der Redox-Reaktion sind die Metalle die Reduktionsmittel; sie werden oxidiert, ihre Oxidationsstufen nehmen zu. Brom und Jod sind die Oxidationsmittel; sie werden reduziert, ihre Oxidationsstufen nehmen ab.

► **Versuch 6/8:** Man bringt Magnesium-Pulver auf eine Asbest-Unterlage und schiebt es mit einem Spatel kegelförmig zusammen. Man entzündet das Metall mit einer Flamme: Es setzt eine Reaktion ein, die langsam von außen nach innen fortschreitet. Man muß ziemlich lange warten, bis auch innen keine Glut mehr vorhanden ist. Nach dem Erkalten entfernt man die weiße Kruste: Das Innere ist gelbgrün gefärbt. Feuchtet man einen Teil dieses Reaktionsprodukts mit Wasser an, so entweicht nach kurzer Zeit unter Zischen Ammoniak, das man am Geruch erkennt. ◄

● **Deutung:** Die äußere weiße Kruste ist Magnesiumoxid. Das farbige Reaktionsprodukt ist eine Verbindung des Magnesiums mit Stickstoff aus der Luft: **Magnesiumnitrid**. Diese Verbindung kann nur im Inneren des Magnesium-Kegels entstehen, weil die dorthin gelangende Luft bereits vom Sauerstoff befreit ist und weil die bei der Bildung des Oxids freiwerdende Wärme als Aktivierungsenergie für die Bildung des Nitrids dient. Die Stickstoff-Atome haben im Magnesiumnitrid die gleiche Oxidationsstufe −3 wie im Ammoniak, das beim Anfeuchten mit Wasser entsteht:

$$3\{\overset{0}{Mg}\} + \overset{0}{N}_2 \longrightarrow \{\overset{+2}{Mg}_3\overset{-3}{N}_2\}$$

Halogenide, Nitride, Carbide, Hydride

► **Versuch 6/9:** (Lehrerversuch) Man wägt 30 g Aluminium-Pulver und 10 g Holzkohle-Pulver und mischt die Substanzen durch Schütteln in einem Kolben. Man füllt das Gemisch in einen Porzellantiegel, setzt einen Deckel auf und erhitzt den Tiegel in einem Ofen aus Diatomit-Steinen *(Abb. 2-15, Seite 32)* eine Zeit lang auf möglichst hohe Temperatur. Man füllt nach dem Abkühlen das zerstoßene Reaktionsprodukt in ein Reagenzglas und übergießt es mit Wasser, dem man etwas Salzsäure zugesetzt hat: Es entwickelt sich ein farbloses, brennbares Gas, das als Methan identifiziert werden kann (Verbrennungsprodukte H_2O und CO_2, Dichte $\varrho = 0{,}000415\ g \cdot cm^{-3}$).

● **Deutung:** Das Reaktionsprodukt ist eine Verbindung des Aluminiums mit Kohlenstoff: Aluminiumcarbid. Die Kohlenstoff-Atome haben im Aluminiumcarbid die gleiche Oxidationsstufe (−4) wie im Methan CH_4, das bei der Reaktion mit Wasser entsteht:

$$4\{\overset{0}{Al}\} + 3\{\overset{0}{C}\} \longrightarrow \{\overset{+3}{Al}_4\overset{-4}{C}_3\}$$

Ergebnis: Jede Synthese einer binären Verbindung aus den Elementarsubstanzen ist eine Redox-Reaktion.

Die Metall-Atome nehmen bei diesen Synthesen positive Oxidationsstufen an, die Nichtmetall-Atome negative. Eine Ausnahme bei den Nichtmetallen scheint nur der Wasserstoff zu bilden, von dem wir bisher nur die positive Oxidationsstufe +1 kennen. Gibt es demnach keine Verbindung zwischen Metallen und Wasserstoff?

► **Versuch 6/10:** (Lehrerversuch, Schutzscheibe!) Man schiebt eine Magnesiarinne mit möglichst oxidfreien Calcium-Spänen in ein Verbrennungsrohr und leitet Wasserstoff ein. Die Strömungsgeschwindigkeit regelt man so, daß am Ableitungsrohr eine etwa 2 cm große Wasserstoff-Flamme brennt (Knallgasprobe). Man erhitzt das Metall mit möglichst heißer Flamme. Nach dem Aufglühen kann man den Brenner entfernen: Das Metall überzieht sich mit einer weißen Kruste und verwandelt sich, wenn die Späne nicht zu dick sind, in ein weißes Pulver. Dabei wird die Wasserstoff-Flamme kleiner. Die Flamme darf jedoch nicht verlöschen. Deshalb erhöht man die Wasserstoffzufuhr. ◄

● **Deutung:** Das Reaktionsprodukt ist eine Verbindung des Calciums mit Wasserstoff: **Calciumhydrid**. Eine Messung der verbrauchten Wasserstoffmenge würde ergeben, daß 40 g Calcium 2 g Wasserstoff binden. Die Formel ist also $\{CaH_2\}$.

Welche der beiden Atomsorten im Calciumhydrid hat die negative Oxidationsstufe? Für Metall-Atome kennen wir in Verbindungen nur positive Oxidationsstufen. Für Nichtmetall-Atome, z.B. Kohlenstoff- und Schwefel-Atome, sind uns sowohl positive wie negative Oxidationsstufen bekannt. Es liegt also nahe, im Calciumhydrid den Atomen des Nichtmetalls Wasserstoff die negative Oxidationsstufe zuzuordnen:

$$\{\overset{0}{Ca}\} + \overset{0}{H}_2 \longrightarrow \{\overset{+2}{Ca}\overset{-1}{H}_2\}$$

Wir suchen nach einer Reaktion, die uns diese Annahme bestätigt. Was geschieht, wenn wir Calciumhydrid mit einer Wasserstoff-Verbindung in Kontakt bringen, in der die Wasserstoff-Atome die positive Oxidationsstufe besitzen?

► **Versuch 6/11:** (Lehrerversuch, Schutzscheibe!) Man übergießt im Reagenzglas, das sich in einem Reagenzglashalter befindet, wenig Calciumhydrid mit Wasser: Es setzt stürmische Gasentwicklung ein. Das Gas läßt sich entzünden und als Wasserstoff nachweisen. ◄

negative Oxidationsstufe des H-Atoms

● **Deutung:**

$$\{\overset{-1}{\mathrm{Ca}H_2}\} + \overset{+1}{H_2}O \rightarrow 2\,\overset{0}{H_2} + \{CaO\}^{1}$$

Es handelt sich um eine Symproportionierung. Die negative und positive Oxidationsstufe der Wasserstoff-Atome werden zur Oxidationsstufe Null.

Die Calciumhydrid-Reaktion wird technisch genutzt, wenn man größere Mengen Wasserstoff benötigt, z.B. für Ballon-Füllungen. Statt der schweren Stahlflaschen, in denen das Gas komprimiert aufbewahrt wird, transportiert man das spezifisch leichte Calciumhydrid ($\varrho = 1{,}7\ g \cdot cm^{-3}$) und läßt das Gas erst an Ort und Stelle durch die Reaktion mit Wasser entstehen.

Ergebnis: Verbindungen, in denen die Wasserstoff-Atome die Oxidationsstufe −1 besitzen, heißen Hydride. Beispiele: Calciumhydrid $\{CaH_2\}$, Lithiumhydrid $\{LiH\}$. Die Hydride sind wie die entsprechenden Chloride, Bromide, Jodide, Sulfide, Nitride und Carbide salzartige Verbindungen.

Auch bei den Reaktionen *Versuch 6/6* bis *Versuch 6/10* bleiben die Summen der sich ändernden Oxidationsstufen unverändert, nämlich gleich Null; denn die Edukte sind Elementarsubstanzen und im jeweiligen Produkt ist ja die Summe der Oxidationsstufen Null. Auch bei der Reaktion *Versuch 6/11* sind die Summen Null, da es sich um eine Symproportionierung zur Elementarsubstanz handelt.

Satz von der Erhaltung der Oxidationsstufen

Ergebnis: In einem abgeschlossenen System bleibt die Summe der Oxidationsstufen bei allen chemischen Veränderungen erhalten.

Diese Aussage erinnert uns an die Sätze von der Erhaltung der Energie *(2.1.2, Seite 21)* und der Masse *(2.3.1, Seite 29)*.

Wir wollen den Weg zurückverfolgen, auf dem wir den Satz von der Erhaltung der Oxidationsstufen gefunden haben. Er folgt unmittelbar aus dem vorhergehenden Satz, daß in jeder Verbindung die Summe der Oxidationsstufen Null ist. Dieser Sachverhalt wiederum läßt sich daraus ableiten, daß einerseits die Wertigkeiten immer ganzzahlig sind und daß andererseits den Wertigkeiten ein Vorzeichen zugeordnet werden kann. Beides spiegelt nichts anderes wider, als daß sich die Atome im Verhältnis kleiner ganzer Zahlen zu den Verbindungen zusammenschließen. Und diese Erkenntnis schließlich beruht auf den empirisch gewonnenen Grundgesetzen von den konstanten und multiplen Proportionen, die durch die Annahme eines diskontinuierlichen Aufbaus der Materie aus kleinsten, nicht mehr teilbaren Portionen, den Atomen, gedeutet werden.

Zusammenfassung: *Der Begriff der Oxidation, die zunächst als Zuführung von Sauerstoff bezeichnet wurde, erfährt eine Erweiterung als Zunahme der Oxidationsstufe, auch wenn kein Sauerstoff an der Reaktion beteiligt ist. Entsprechend heißt die damit gekoppelte Reaktion, bei der sich die Oxidationsstufe erniedrigt, Reduktion. Damit haben wir ein typisches Vorgehen in der Naturwissenschaft kennengelernt: Ein Begriff, der zunächst von einem speziellen Phänomen her entwickelt wurde, wird auf gleichartige Erscheinungen erweitert.*

Umgekehrt sind wir durch die Erkenntnis dieses Abschnitts auch zu einer Begriffskorrektur gezwungen worden. Wir hatten die Äquivalentmenge und das Vorzeichen der relativen Wertigkeit auf Wasserstoff bezogen, weil wir bis dahin noch keine Metallhydride kannten: Auch die Wasserstoff-Atome können wie die Atome der anderen Nichtmetalle Oxidationsstufen beiderlei Vorzeichens annehmen. Wir sehen jetzt, daß sich ein Metall, z. B. das in allen Fällen (+1)-wertige Lithium, besser als Bezugselement für das Vorzeichen der Wertigkeit empfohlen hätte. Unsere Definition in 6.1.1, Seite 87, *über das Vorzeichen der relativen Wertigkeit bleibt aber gültig, wenn man die Metallhydride als Ausnahmen in die Formulierung einbezieht.*

Abschließend haben wir das Gesetz von der Erhaltung der Oxidationsstufen formuliert. Selbst wenn wir uns klar gemacht haben, daß in ihm der atomare Aufbau der Materie zum Ausdruck kommt, so haben wir doch noch keine anschauliche Vorstellung, was da eigentlich erhalten bleibt. Denn um die Massen der Atome kann es sich nicht handeln, ihre Unveränderlichkeit kommt bereits im Gesetz von der Erhaltung der Masse zum Ausdruck. Wir müssen weiter forschen und wenden uns den Energieumsätzen bei Redox-Reaktionen zu.

6.1.3 Oxidationsenergie

Reduktionen spielen in der Technik eine große Rolle. Die meisten Gebrauchsmetalle kommen in der Natur nicht gediegen, sondern als oxidische oder sulfidische Erze vor, in denen sie demnach positive Oxidationsstufen haben. Die Metalle müssen somit durch Reduktion aus den Erzen gewonnen werden.

Die Wahl des Reduktionsmittels hängt von der Energie ab, mit der der Sauerstoff oder der Schwefel an das betreffende Metall gebunden ist. Wir haben z.B. in *2.2.3, Seite 27,* erfahren, daß Wasserstoff zwar Kupferoxid, nicht aber Magnesiumoxid reduzieren kann, weil die Oxidation des Kupfers nur schwach, die des Magnesiums dagegen stark exotherm verläuft. Umgekehrt kann Wasserstoffoxid (Wasser) durch Magnesium, aber nicht durch Kupfer reduziert werden. Um eine Übersicht über die technisch möglichen Reduktionen zu bekommen, brauchen wir genaue Angaben über die Oxidationsenergien. Wir beginnen mit der des Wasserstoffs.

► **Versuch 6/12:** (Lehrerversuch) In einem weiten T-Stück befindet sich ein enges Quarz- oder Metallrohr, durch das Wasserstoff strömt. Die Strömungsgeschwindigkeit wird so geregelt, daß nach Entzündung des Gases nur eine kleine Flamme brennt. Durch den seitlichen Ansatz des T-Stücks wird mit etwas größerer Geschwindigkeit Sauerstoff geleitet. Diesen Brenner setzt man mit Hilfe eines Stopfens auf ein weites Quarzrohr *(Abb. 6–5)*, dessen nach unten verjüngtes Ende in ein U-Rohr führt. Dieses wird vor dem Versuch genau gewogen. Man taucht die ganze Apparatur in ein Kalorimeter-Gefäß, das mit $V\,cm^3$ Wasser gefüllt ist. Man läßt den Versuch etwa 10 Minuten laufen. Wenn der Sauerstoff-Strom nicht zu stark

[1] Mit Wasser im Überschuß entsteht Calciumhydroxid *(Versuch 8/56)*.

Bestimmungen von Verbrennungswärmen

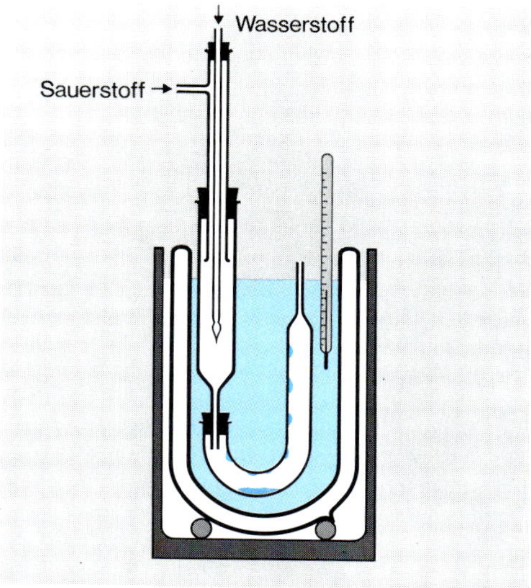

Abb. 6–5: Zu Versuch 6/12. Bestimmung der Verbrennungswärme von Wasserstoff

eingestellt ist, kondensiert der Wasserdampf vollständig im mittleren Teil des U-Rohres. Gleichzeitig mißt man mit einem empfindlichen Thermometer (0,1 Grad) die Temperaturzunahme der Kalorimeterflüssigkeit, wobei ständig gerührt werden muß. Nach Abstellen des Wasserstoff-Stroms wird das U-Rohr erneut gewogen, wobei das außen anhaftende Wasser sorgfältig entfernt sein muß. Die Differenz der beiden Wägungen entspricht der Masse *m* des kondensierten Wasserdampfes. ◀

● **Auswertung:** Zur Erwärmung von 1 g Wasser um 1 K sind 4,1868 J ($c = 4{,}1868\ \mathrm{J \cdot g^{-1} \cdot K^{-1}}$), von $V\,\mathrm{cm^3}$ Wasser (V g) um Δt K demnach $V \cdot \Delta t \cdot 4{,}1868$ J notwendig. Diese Wärmemenge wird bei der Bildung von m g Wasser frei. Somit entsteht bei der Bildung von 18 g Wasser (1 mol H_2O-Moleküle) die Wärmemenge

$$\Delta H^1 = -\frac{V[\mathrm{g}] \cdot \Delta t[\mathrm{K}] \cdot M_L[\mathrm{g}] \cdot c\,[\mathrm{J \cdot g^{-1} \cdot K^{-1}}]}{m\,[\mathrm{g}]},$$

$$\Delta H = -\frac{V \cdot \Delta t \cdot 18 \cdot 4{,}1868}{m}\ [\mathrm{J}].$$

In dieser Rechnung ist nicht berücksichtigt, daß auch die Apparatur erwärmt wird. Ihr Wasserwert *W* entspricht derjenigen Wassermenge in g, die bei der Erwärmung um 1 K ebensoviel J aufnimmt wie die Apparatur. Die bei der Bildung von 18 g Wasser freiwerdende Wärme beträgt dann

$$\Delta H = \frac{(V + W) \cdot \Delta t \cdot 18 \cdot 4{,}1868}{m}\ \mathrm{J}.$$

● **Versuchsdaten einer Messung:**

Masse des Wassers im Kalorimeter:	V	$= 1200$ g
Temperaturdifferenz:	Δt	$= 5{,}3$ K
Wasserwert des Kalorimeters:	W	$= 33$ g
Masse des gebildeten Wassers:	m	$= 1{,}70$ g

Meßergebnis: $\Delta H = -2{,}897 \cdot 10^5\,\mathrm{J} = -289{,}7\ \mathrm{kJ}$
Der genaue Wert beträgt 285,5 kJ. Somit beträgt der Versuchsfehler weniger als 2%[1]. Es ist üblich, die Angaben über die Reaktionswärme (Enthalpie-Änderung) den Reaktionsgleichungen beizufügen. Für die Wasser-Synthese schreibt man dann:

$$2H_2 + O_2 \longrightarrow 2H_2O; \qquad \Delta H = -2 \cdot 285{,}5\ \mathrm{kJ}.$$

In *4.1.3, Seite 53,* hatten wir festgelegt, daß die in den Reaktionsgleichungen angeführten Formeln als Massen von 1 mol eines Stoffes zu deuten sind. Da in der Gleichung 2 mol Wasser-Moleküle auftreten, muß die in *Versuch 6/12* bestimmte Wärmemenge verdoppelt werden, wenn wir sie auf die in der Gleichung angegebenen Mol-Zahlen beziehen. Bei exothermen Reaktionen erhält die Reaktionswärme das negative Vorzeichen, weil sie nach außen abgegeben wird, also für das »System« (H_2, O_2; H_2O) einen Energie-Verlust darstellt. Umgekehrt wird bei endothermen Reaktionen die vom System aufgenommene Energie als Energie-Gewinn mit dem positiven Vorzeichen versehen.

Ergebnis: Reaktionswärmen (Enthalpie-Änderungen) erhalten bei exothermen Reaktionen das negative, bei endothermen das positive Vorzeichen. Ihr Zahlenwert bezieht sich auf die bei der Reaktion umgesetzten Mol-Zahlen.

Wir wollen im folgenden Versuch die Verbrennungswärme eines festen Grundstoffes bestimmen.

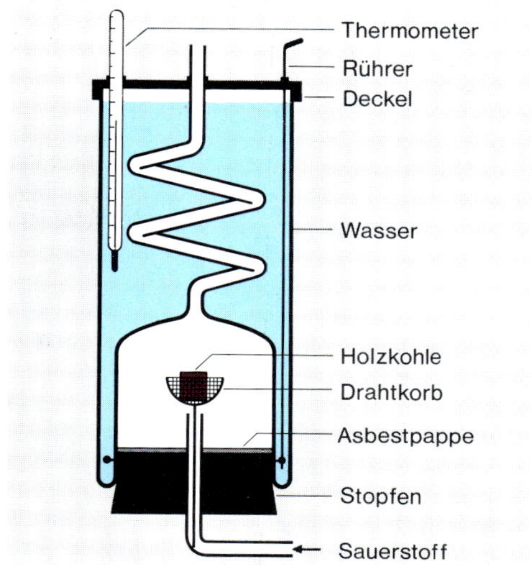

Abb. 6–6: Zu Versuch 6/13. Bestimmung der Verbrennungswärme von Kohlenstoff

▶ **Versuch 6/13:** (Lehrerversuch) Die Apparatur *(Abb. 6–6)* besteht im unteren Teil aus einem durch Asbestpappe geschützten Stopfen, durch den ein Glasrohr zum Einleiten von Sauerstoff geführt ist und der ein Drahtnetz-Körbchen zum Aufnehmen von möglichst genau abgewogenen Holzkohlestückchen[1] trägt. Das Oberteil ist ein spezielles, glockenförmiges Kalorimetergefäß mit Rührer, Thermometer und Deckel. In dieses füllt man eine abgemessene Menge Wasser und mißt dessen Temperatur auf 0,1 °C genau. Man entzündet die Holzkohle an der Flamme des Bunsenbrenners, setzt den Stopfen mit der glimmenden Kohle unten in das Kalorimetergefäß ein und stellt einen nicht zu starken Sauerstoff-Strom ein. Während des Versuchs wird das Wasser im Kalorimeter umgerührt. Nach Beendigung der Verbrennung liest man die Endtemperatur ab. ◀

● **Auswertung** mit Beispiel:

Masse der Holzkohle:	m	$= 1{,}00$ g
Masse der Kalorimeterflüssigkeit:	V	$= 500$ g
Wasserwert des Kalorimeters	W	$= 64{,}5$ g

[1] H = Enthalpie (Wärmeinhalt); thalpos (gr.), Wärme; ΔH = Enthalpie-Änderung (Reaktionswärme)

[1] Der hier angegebenen Zahlenwert von 285,5 kJ bezieht sich auf den flüssigen Aggregatzustand, also nicht auf Wasserdampf.

[1] Apparatur nach Theimann. Vor dem Wägen wird die Holzkohle zur Beseitigung von adsorbiertem Wasser im Reagenzglas erhitzt.

Zusammenstellung von Oxidationsenergien

Temperaturdifferenz: $\Delta t = 14{,}2\ \text{K}$
Masse von 1 mol Kohlenstoffatomen: $M_L(\text{C}) = 12\ \text{g}$

Wir berechnen die Oxidationsenergie von 1 mol Kohlenstoffatomen:

$$\Delta H = -(V + W) \cdot \Delta t \cdot \frac{M_L(\text{C})}{m} \cdot 4{,}1868\ \text{J}$$

$$\Delta H = -402{,}7\ \text{kJ}$$

Der Sollwert beträgt 391,8 kJ; Fehler: 2,7%:

$$\{\text{C}\} + \text{O}_2 \rightarrow \text{CO}_2; \qquad \Delta H = -391{,}8\ \text{kJ}.$$

Ergebnis: Die Oxidationsenergien pro Mol oxidierter Atome betragen für Wasserstoff 142,7 kJ und für Kohlenstoff 391,8 kJ.

In der *Tabelle 6–5* sind die Oxidationsenergien der wichtigsten Elemente zusammengestellt. In jeder Zeile stehen hinter dem Element-Symbol und der Formel des Oxids die Oxidationsenergien in kJ pro Mol Sauerstoff-Atome und pro Mol der oxidierten Atome. Im einzelnen Fall stellt man die Reaktionsgleichung für die Synthese des Oxids auf und liest aus ihr ab, wieviel Mol Sauerstoff-Atome benötigt bzw. wieviel Mol des betreffenden Elements oxidiert werden:

Hess'scher Wärmesatz

1. Beispiel:

$$4\{\text{Al}\} + 3\ \text{O}_2 \rightarrow 2\{\text{Al}_2\text{O}_3\};$$

$$\Delta H = -3326{,}0\ \text{kJ} = \begin{matrix} 6 \cdot (-554{,}3\ \text{kJ}) \\ 4 \cdot (-831{,}5\ \text{kJ}) \end{matrix}$$

2. Beispiel:

$$4\{\text{Li}\} + \text{O}_2 \rightarrow 2\{\text{Li}_2\text{O}\};$$

$$\Delta H = -1187{,}0\ \text{kJ} = \begin{matrix} 2 \cdot (-593{,}5\ \text{kJ}) \\ 4 \cdot (-296{,}8\ \text{kJ}) \end{matrix}$$

Am Ende der Tabelle stehen die verhältnismäßig edlen Metalle Kupfer, Quecksilber und Silber mit nur geringen Oxidationsenergien. Es sollte daher möglich sein, ihre Oxide in endothermer Reaktion in die Elementarsubstanzen zu spalten. Wir kennen eine solche thermische Dissoziation bereits vom Quecksilberoxid *(Versuch 5/8, Seite 75)*:

$$2\{\text{HgO}\} \rightarrow 2\{\text{Hg}\} + \text{O}_2; \qquad \Delta H = +180{,}0\ \text{kJ}$$

Um 1 mol Sauerstoff-Moleküle aus Quecksilberoxid freizumachen, bedarf es also eines Energieaufwands von 180 kJ. Noch leichter läßt sich Silberoxid thermisch zersetzen.
Für die Oxide der Elemente, die in der Tabelle oberhalb des Kupfers stehen, ist eine vollständige thermische Dissoziation in die Elementarsubstanzen mit den Mitteln des Schullabors nicht möglich, wohl aber die Zersetzung eines sauerstoffreichen Oxids zu einem sauerstoffarmen. So wissen wir aus dem *Versuch 5/14*, daß sich das schwarzbraune Blei(IV)-oxid bei verhältnismäßig niedriger Temperatur in das rote Blei(II, IV)-oxid und dieses bei höherer Temperatur in das gelbe Blei(II)-oxid unter Sauerstoffabgabe umwandeln läßt. Wir wollen aus den Werten der Tabelle die zugehörigen Wärme-Energien berechnen, wobei wir die Rechnungen auf die gleiche Anzahl Blei-Atome beziehen müssen:

Nr.	Element	Oxid	ΔH(O) in kJ	ΔH(El) in kJ	Bemerkungen
1	Ca	$\{\text{CaO}\}$	633,1	633,1	
2	Mg	$\{\text{MgO}\}$	598,9	598,9	
3	Li	$\{\text{Li}_2\text{O}\}$	593,5	296,8	
4	Sr	$\{\text{SrO}\}$	588,1	588,1	
5	Ba	$\{\text{BaO}\}$	556,0	556,0	
6	Al	$\{\text{Al}_2\text{O}_3\}$	554,3	831,5	
7	Ti	$\{\text{TiO}_2\}$	454,3	908,6	
8	K	$\{\text{K}_2\text{O}\}$	428,5	214,2	
9	Si	$\{\text{SiO}_2\}$	427,2	854,4	
10	Na	$\{\text{Na}_2\text{O}\}$	414,3	207,1	
11	Cr	$\{\text{Cr}_2\text{O}_3\}$	374,5	561,8	
		$\{\text{CrO}_3\}$	195,5	586,5	zers. 196° C
12	Mn	$\{\text{Mn}_3\text{O}_4\}$	345,4	460,6	
		$\{\text{MnO}_2\}$	259,5	518,9	zers. 530° C
13	Zn	$\{\text{ZnO}\}$	346,8	346,8	
14	P	$\{\text{P}_2\text{O}_5\}$	305,5	763,6	
		$\{\text{P}_2\text{O}_3\}$	272,2	408,5	dispr. 215°
15	Sn	$\{\text{SnO}_2\}$	289,3	578,5	
16	H	H_2O	240,9	120,5	gasförmig
		H_2O	285,5	142,7	flüssig
		H_2O_2	93,4	93,4	dispr. 20° C
17	Fe	$\{\text{Fe}_3\text{O}_4\}$	278,4	371,0	
		$\{\text{Fe}_2\text{O}_3\}$	273,0	409,5	zers. 1200° C
18	Ni	$\{\text{NiO}\}$	243,4	243,4	
19	Co	$\{\text{CoO}\}$	238,4	238,4	
20	Pb	$\{\text{PbO}\}$	217,2	217,2	
		$\{\text{Pb}_3\text{O}_4\}$	183,0	243,8	zers. 445° C
		$\{\text{PbO}_2\}$	138,0	276,0	zers. 290° C
21	C	CO_2	195,9	391,8	zers. 2000° C
		CO	110,0	110,0	dispr.
22	Cu	$\{\text{Cu}_2\text{O}\}$	165,9	82,9	
		$\{\text{CuO}\}$	154,6	154,6	zers. 800° C
23	S	SO_2	148,0	295,9	
		$\{\text{SO}_3\}$	131,1	393,4	zers. 400° C
24	Hg	$\{\text{HgO}\}$	90,0	90,0	zers. 400° C
25	Ag	$\{\text{Ag}_2\text{O}\}$	30,4	15,2	zers. 160° C

Tabelle 6–5: Oxidationsenergien der wichtigsten Elemente

$$\{\text{PbO}_2\} \rightarrow \{\text{Pb}\} + \text{O}_2; \qquad \Delta H = +276{,}0\ \text{kJ}/\cdot 3$$
$$3\{\text{Pb}\} + 2\ \text{O}_2 \rightarrow \{\text{Pb}_3\text{O}_4\}; \qquad \Delta H = -731{,}4\ \text{kJ}$$
$$3\{\text{PbO}_2\} \rightarrow \{\text{Pb}_3\text{O}_4\} + \text{O}_2; \qquad \Delta H = +96{,}6\ \text{kJ}$$

$$\{\text{Pb}_3\text{O}_4\} \rightarrow 3\{\text{Pb}\} + 2\ \text{O}_2; \qquad \Delta H = +731{,}4\ \text{kJ}/\cdot 2$$
$$2\{\text{Pb}\} + \text{O}_2 \rightarrow 2\{\text{PbO}\}; \qquad \Delta H = -434{,}4\ \text{kJ}/\cdot 3$$
$$2\{\text{Pb}_3\text{O}_4\} \rightarrow 6\{\text{PbO}\} + \text{O}_2; \qquad \Delta H = +159{,}6\ \text{kJ}$$

Der Energieaufwand – bezogen auf die gleiche Menge Sauerstoff – ist also für die Zersetzung der Mennige größer als für die des Blei(IV)-oxids in Übereinstimmung mit den Versuchsbedingungen. Wir ermitteln also die Dissoziationsenergien, indem wir eine Reaktion gedanklich in zwei Reaktionsschritte zerlegen, deren Enthalpie-Änderungen wir kennen. Durch Addition dieser Werte erhalten wir die Enthalpie-Änderung der in Betracht gezogenen Dissoziation. Wir verlassen uns demnach bei diesem Vorgehen auf die Gültigkeit des Gesetzes von der Erhaltung der Energie. Tatsächlich werden die auf diese Weise errechneten Werte durch direkte kalorimetrische Messungen bestätigt. Schon 1840 – zu einer Zeit, als der Energiesatz noch nicht bekannt war – ergaben Untersuchungen, die der Chemiker HESS[1] durchführte, das folgende Resultat:

Ergebnis: Beim Übergang von einem bestimmten Stoffsystem zu einem anderen ist die abgegebene oder aufgenommene Wärmemenge unabhängig vom Reaktionsweg **(Hess'scher Wärmesatz)**.

Aus den Werten der Tabelle lassen sich nicht nur Voraussagen über die Möglichkeit thermischer Zersetzungen von Oxiden machen. Man kann auch anhand dieser Werte die Darstellungsmethoden der Elementarsubstanzen aus ihren in der Natur vorkommenden oxidischen Erzen ableiten.

Ein im chemischen Laboratorium häufig gebrauchtes Reduktionsmittel ist der Wasserstoff. In der chemischen Großtechnik jedoch wird das Gas selten für metallurgische Zwecke eingesetzt. Es gibt allerdings ein modernes Verfahren, nach dem Eisen aus seinem (II, III)-Oxid bei 500° C durch Reduktion mit Wasserstoff dargestellt wird. Wir können aus den Werten von *Tab. 6–5* mit Hilfe des HESS'schen Wärmesatzes berechnen, ob diese Reduktion exotherm oder endotherm verläuft: Wir zerlegen das Eisenoxid in einem ersten Gedankenschritt in die Elementarsubstanzen und

[1] Hermann Heinrich HESS, 1802–1850, Professor für Chemie in St. Petersburg

reduzieren in einem zweiten Schritt den gebildeten Sauerstoff mit Wasserstoff. Die beiden Schritte müssen auf gleiche Mengen Sauerstoff bezogen werden:

$$\begin{array}{lll} \{Fe_3O_4\} & \rightarrow 3\{Fe\} + 2\,O_2; & \Delta H = +1113{,}0\ \text{kJ} \\ 2\,H_2 + O_2 & \rightarrow 2\,H_2O\ (\text{gasf.}); & \Delta H = -481{,}8\ \text{kJ}/\cdot 2 \\ \hline \{Fe_3O_4\} + 4\,H_2 & \rightarrow 3\{Fe\} + 4\,H_2O; & \Delta H = +149{,}4\ \text{kJ} \end{array}$$

Die Reaktion ist also schwach endotherm, was die Arbeitstemperatur von 500° C bedingt.
Ein in der Technik seit Beginn der Bronzezeit sehr oft verwendetes Mittel zur Reduktion von Metalloxiden ist die Kohle. Sie ist ein mit Kohlenstoff mehr oder weniger stark angereichertes Mineral *(Tab. 6–6)*. Koks und Holzkohle gewinnt man durch trockene Destillation von Steinkohle bzw. Holz.

	Name	% Kohlenstoff
Natürliche Kohlen	Anthrazit	ca. 95
	Steinkohle	ca. 90
	Braunkohle	ca. 70
	Torf	ca. 55
	(Holz)	(ca. 50)
Technisch angereicherte Kohlen	Koks	ca. 95
	Holzkohle	ca. 85

Tabelle 6–6: Kohlenstoff-Gehalt verschiedener Kohlen

Steht ein Metall in *Tab. 6–5* unterhalb oder nur wenig oberhalb des Kohlenstoffs, dann verläuft die Reduktion des Metalloxids exotherm oder schwach endotherm, und das Reduktionsmittel wird zu Kohlendioxid oxidiert. Auf diese Weise werden Kupfer und Blei aus ihren Oxiden gewonnen:

$$\begin{array}{lll} 2\{CuO\} & \rightarrow 2\{Cu\} + O_2; & \Delta H = +309{,}2\ \text{kJ} \\ \{C\} + O_2 & \rightarrow CO_2; & \Delta H = -391{,}8\ \text{kJ} \\ \hline 2\{CuO\} + \{C\} & \rightarrow 2\{Cu\} + CO_2; & \Delta H = -\ 82{,}6\ \text{kJ} \end{array}$$

$$\begin{array}{lll} 2\{PbO\} & \rightarrow 2\{Pb\} + O_2; & \Delta H = +434{,}4\ \text{kJ} \\ \{C\} + O_2 & \rightarrow CO_2; & \Delta H = -391{,}8\ \text{kJ} \\ \hline 2\{PbO\} + \{C\} & \rightarrow 2\{Pb\} + CO_2; & \Delta H = +\ 42{,}6\ \text{kJ} \end{array}$$

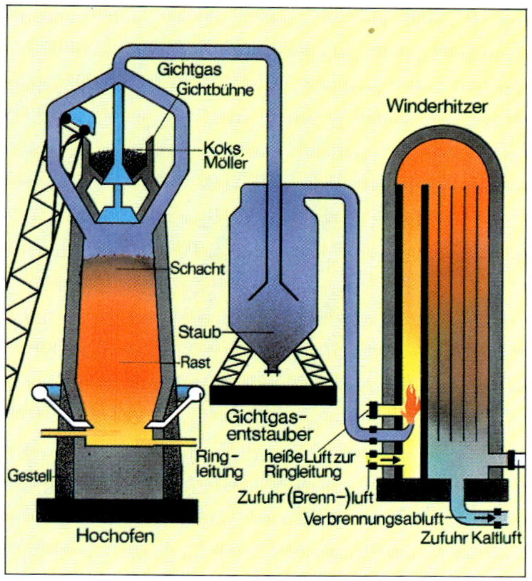

Abb. 6–7: Schema eines Hochofens

Die Reduktion des Kupfer(II)-oxids ist also exotherm, die des Blei(II)-oxids schwach endotherm, wenn man Kohle als Reduktionsmittel nimmt.
Die Reduktion von Oxiden der unedleren Elemente mit Kohlenstoff sind bereits so stark endotherm, daß bei den erforderlichen hohen Reaktionstemperaturen der Kohlenstoff nicht zu Kohlendioxid (vgl. *Versuch 5/10)* sondern nur zu Kohlenmonoxid oxidiert wird.
Auch die Hauptmenge des Eisens wird in riesigen Schachtöfen, den **Hochöfen**, aus Eisenoxiden und Koks gewonnen. Im unteren Bereich des Ofens *(Abb. 6–7)* verbrennt infolge eingepreßter, vorgewärmter Luft ein Teil des Kokses zu Kohlenmonoxid, wodurch die für das Eisenoxid notwendige Reduktionstemperatur von etwa 1400° C erreicht wird. Weiterer Kohlenstoff dient dann als Reduktionsmittel:

$$\{Fe_2O_3\} + 3\{C\} \rightarrow 2\{Fe\} + 3\,CO; \quad \Delta H = +3\cdot 163{,}0\ \text{kJ}$$

Das aufsteigende Kohlenmonoxid wirkt seinerseits in den höheren Schichten des Ofens bei Temperaturen zwischen 900° C und 400° C reduzierend. Diese Reaktion ist schwach exotherm, wie die folgenden Energiebilanzen zeigen:

$$\begin{array}{lll} 2\{Fe_2O_3\} & \rightarrow 4\{Fe\} + 3\,O_2; & \Delta H = +1638{,}0\ \text{kJ} \\ 2\,CO + O_2 & \rightarrow 2\,CO_2; & \Delta H = -563{,}6\ \text{kJ}/\cdot 3 \\ \hline 2\{Fe_2O_3\} + 6\,CO & \rightarrow 4\{Fe\} + 6\,CO_2; & \Delta H = -52{,}8\ \text{kJ}/:2 \\ \{Fe_2O_3\} + 3\,CO & \rightarrow 2\{Fe\} + 3\,CO_2; & \Delta H = -3\cdot 8{,}8\ \text{kJ} \end{array}$$

Metallgewinnung aus oxidischen Erzen

Die aus der **Gicht** des Hochofens entweichenden heißen Abgase enthalten als Oxidationsprodukte des Kohlenstoffs Kohlenmonoxid und Kohlendioxid; sie dienen in **Winderhitzern** zur Vorwärmung der eingeblasenen Luft. Das Eisen sammelt sich unten im Ofen als dünnflüssige Schmelze, die von Zeit zu Zeit abgestochen wird.
Außer den beiden beschriebenen Reduktionen als den wichtigsten Vorgängen im Hochofenprozeß laufen noch weitere Reaktionen ab, bedingt durch die Verunreinigung der Eisenerze mit der **Gangart**, dem erzführenden Gestein, und durch die Möglichkeit der Disproportionierung des Kohlenmonoxids zu Kohlenstoff und Kohlendioxid.
Kohlenmonoxid als Reduktionsmittel der Technik wird außer für Eisen auch für die Gewinnung von Nickel aus seinen oxidischen Erzen verwendet:

$$\{NiO\} + CO \rightarrow \{Ni\} + CO_2; \quad \Delta H = -38{,}4\ \text{kJ}$$

Metalle mit sehr hohen Oxidationsenergien, wie sie am Anfang von *Tab. 6–5* stehen, lassen sich nicht mehr durch Reduktion mit Kohle aus ihren Oxiden darstellen. Für sie braucht man ein kräftigeres Reduktionsmittel, z.B. Aluminium. Nach dem **Aluminothermie-Verfahren** *(Versuch 6/3)* werden Chrom, Mangan und Barium gewonnen:

$$\begin{array}{llll} 3\{Mn_3O_4\} + 8\{Al\} & \rightarrow 9\{Mn\} & + 4\{Al_2O_3\}; & \Delta H = -8\cdot 313{,}3\ \text{kJ} \\ \{Cr_2O_3\} + 2\{Al\} & \rightarrow 2\{Cr\} & + \{Al_2O_3\}; & \Delta H = -2\cdot 269{,}7\ \text{kJ} \\ 3\{BaO\} + 2\{Al\} & \rightarrow 3\{Ba\} & + \{Al_2O_3\}; & \Delta H = +2\cdot 2{,}5\ \text{kJ} \end{array}$$

Während die beiden ersten Reaktionen stark exotherm verlaufen, muß die Reduktion des Bariumoxids unter Energiezufuhr stattfinden. Aluminium selbst und die noch unedleren Metalle lassen sich weder durch Kohle noch nach dem GOLDSCHMIDT-Verfahren aus ihren Oxiden gewinnen. Sie werden mit Hilfe elektrischer Energie aus den Schmelzen ihrer Oxide oder Halogenide dargestellt *(7.3.1, Seite 129)*.

Ergebnis: Die Verfahren zur Gewinnung der Metalle aus ihren oxidischen Erzen lassen sich auf wenige Grundtypen zurückführen: Reduktionen mit Wasserstoff, Kohlenstoff, Kohlenmonoxid und Aluminium bzw. mittels elektrischer Energie.

Elektrische Energie aus Braunkohle

Einige Quadratkilometer groß sind die Gruben des rheinischen Braunkohlenreviers, in denen die Braunkohle im Tagebau mit gewaltigen Schaufelradbaggern (Höhe 80 m, Länge 200 m) gefördert wird (oben links). Ununterbrochen rollen die mit Braunkohle hochbeladenen Züge in das Kraftwerk (oben rechts). Hier wird die getrocknete und gemahlene Kohle mit Luft vermischt und in großen Brennkammern verbrannt (Schema unten).

Die gewaltige Hitze erzeugt aus Wasser sehr heißen Wasserdampf, der unter hohem Druck steht und riesige Turbinen antreibt. Diese sind mit Generatoren gekoppelt, die elektrischen Strom erzeugen. Seine Spannung wird auf 380 000 V transformiert und dem Hochspannungsnetz zur Verfügung gestellt.

Der aus den Turbinen austretende Wasserdampf wird in »Kondensatoren« abgekühlt, wodurch das Druckgefälle zwischen Öfen und Kondensatoren entsteht. Das kondensierte Wasser wird wieder in die Brennkammern zurückgeführt. Das in den Kondensatoren aufgeheizte Kühlwasser darf nicht direkt in die Flüsse, z. B. die Erft, geleitet werden, sondern wird in riesigen Kühltürmen (oben rechts) an der Luft abgekühlt.

Die aus den Fabrikschloten ausströmenden Abgase enthalten die Verbrennungsprodukte der Braunkohle, also in erster Linie Kohlendioxid, aber auch nicht unbeträchtliche Mengen Schwefeldioxid.

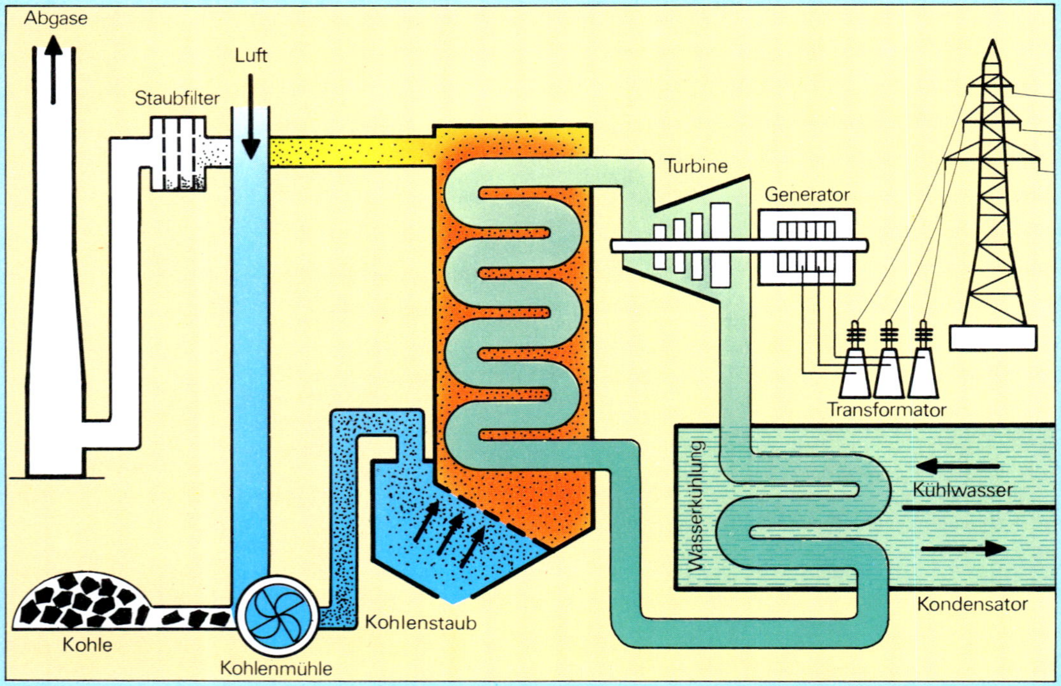

Abb. 6–8: Pyrit-Kristalle

Metallgewinnung aus sulfidischen Erzen

Mindestens ebenso wichtig wie die oxidischen Erze sind Erze, in denen die Metalle als Sulfide vorliegen. Beispiele sind der metallisch glänzende, schwarze **Bleiglanz** {PbS}, die braune, diamantglänzende **Zinkblende** {ZnS} und der rote **Zinnober** {HgS}. Die wichtigsten sulfidischen Kupfererze sind der messingähnliche **Kupferkies** {$CuFeS_2$} und der dunkelgraue **Kupferglanz** {Cu_2S}. Weitverbreitet ist der metallisch goldglänzende **Pyrit** {FeS_2} *(Abb. 6–8)*.
Die sulfidischen Erze werden vor der Reduktion einem **Röstprozeß**, dem Erhitzen im Luftstrom, unterworfen. Dabei werden die Metalle in Oxide überführt *(Versuch 6/4)*. Beim Rösten des Pyrits {FeS_2} entsteht neben Schwefeldioxid SO_2 das rote Eisen(III)-oxid {Fe_2O_3}:

$$4\{\overset{+2\,-1}{FeS_2}\} + 11\,\overset{0}{O_2} \longrightarrow 2\{\overset{+3\,-2}{Fe_2O_3}\} + 8\,\overset{+4\,-2}{SO_2}$$

Ergebnis: Sulfidische Erze werden zum Zweck der Metallgewinnung durch den Röstprozeß in Metalloxide überführt, die dann durch Kohlenstoff reduziert werden.

Umweltbelastung durch Schwefeldioxid

Die Luft enthält, besonders über den Ballungsgebieten der Industriezentren und Großstädte, immer mehr Schwefeldioxid. Dieses Gas ist schon in kleinen Konzentrationen giftig. Es belastet beim Mensch Atemwege und Kreislauf. Darüber hinaus greift es das Chlorophyll, den grünen Pflanzenfarbstoff, an und schädigt damit den Photosyntheseapparat der Pflanzen. Die Pflanzen verkümmern und gehen ein (»Schwefeldioxid-Wüsten«), sie sind nicht mehr in der Lage, den für Mensch und Tier lebensnotwendigen Sauerstoff zu produzieren. Schließlich greift das Gas Sandstein, Marmor und den Putz der Hauswände an, was besonders bei historischen Bauwerken oft zu irreparablen Schäden führt *(Abb. 6–9)*.

Bei kritischen Wetterlagen mit mangelhaftem Luftaustausch erhöht sich die Konzentration der Schadstoffe in der Luft. Im Luftraum bis ca. 500 m Höhe sammeln sich alle »Emissionen«, Staub und »Aerosole« an: es entsteht der sogenannte *smog* [eine Zusammenziehung der Worte smoke (Rauch) und fog (Nebel)]. Sichtminderung, geringere Sonneneinstrahlung und geringere Erwärmung sind die Folge. Es bildet sich eine relativ kühle und schwere Dunstglocke, die von warmer und leichterer Luft überschichtet ist. Eine Vertikalströmung und damit ein Austausch zwischen verunreinigter und reiner Luft kann nicht zustande kommen. Die Konzentration und Einwirkungsdauer der verschiedenen Gifte nimmt zu. Solche Smog-Wetterlagen können nur durch aufkommenden Wind beendet werden. In Europa ist eine Smog-Katastrophe erstmals in London im Dezember 1952 aufgetreten. Die Zahl der Todesfälle lag mit 4000 erschreckend hoch.
Das die Luft belastende Schwefeldioxid stammt durchweg aus Verbrennungsvorgängen. Eine natürliche Quelle sind die Vulkane. Das vom Menschen erzeugte Schwefeldioxid stammt im wesentlichen aus der Verbrennung von Kohle und Erdöl, die beide eine nicht unbeträchtliche Menge von Schwefel in Form von Schwefelverbindungen enthalten. Daneben spielt die Schwefeldioxid-Erzeugung beim »Rösten« von Sulfiden und bei der Schwefelsäure-Herstellung eine untergeordnete Rolle (vgl. weiter oben). Der zunehmende Einsatz von Erdöl und Kohle für Heizzwecke und zur Erzeugung von elektrischer Energie führt zu einer zunehmenden Schwefeldioxid-Belastung der Luft. Diese »Emissionen« verteilen sich prozentual folgendermaßen auf die Erzeuger:

Kraftwerke	ca. 46 %
Industriefeuerungen	ca. 27 %
Hausbrand	ca. 13,5 %
Eisenerzsinteranlagen	ca. 10,5 %
Kraftfahrzeuge	ca. 2,5 %
Schwefelsäurefabriken	ca. 1,5 %

Die Schwefeldioxid-Emission der Verbrennungsanlagen (vor allem der Haushalte) läßt sich nicht leicht vermindern. Dies würde eine Entschwefelung der Kohle und des Heizöls voraussetzen, was jedoch zur Zeit aus Kostengründen nicht realisierbar ist. Dagegen wird seit Jahren die Entschwefelung des Erdgases und der verschiedenen Fraktionen aus der Rohöldestillation allgemein durchgeführt. Dabei wird in den Raffinerien der Schwefel durch Reaktion mit Wasserstoff (Hydrierung) in Schwefelwasserstoff überführt, der mit Schwefeldioxid zu Schwefel reagiert (siehe *Versuch 6/5, Seite 92*). Diese Oxidation von

Abb. 6–9: 200 Jahre alt war diese Steinfigur im Jahre 1912, als das linke Foto aufgenommen wurde. 60 Jahre später ist die Steinfigur zerstört. Ursache ist die Verschmutzung der Luft durch das gasförmige Oxid des Schwefels.

Schwefelwasserstoff zu Schwefel geschieht in der Industrie nach dem sogenannten »Claus-Verfahren« bzw. in »Claus-Anlagen«. Die Entschwefelung des schweren Heizöls (Rückstand der Rohöldestillation) ist das technisch schwierigste Problem und findet erst allmählich Eingang in die Praxis.
In den USA versucht man z.Z. durch große Anlagen zur Rauchgasentschwefelung einen Beitrag zur Lösung des Schwefeldioxid-Problems zu leisten. Hierbei wird das giftige Gas in Calciumcarbonat- und Calciumhydroxid-Suspensionen eingeleitet und als Calciumsulfit ausgefällt. Da dieses Boden und Grundwasser gefährden könnte, muß es weiter zum Calciumsulfat oxidiert werden.

Zusammenfassung: *Aus den Oxidationsenergien von* Tab. 6–5 *haben wir die wichtigsten Verfahren zur Metallgewinnung abgeleitet. Für die Wahl des günstigsten Reduktionsmittels sind in der Technik wirtschaftliche Überlegungen entscheidend. Man will Kosten sparen durch einen geringen Energieaufwand für die Reduktion und durch einen möglichst niedrigen Preis des Reduktionsmittels. In dieser Hinsicht sind die großen Kohlevorkommen von außerordentlicher Bedeutung. Die Zentren der Eisenindustrie liegen dort, wo Steinkohle abgebaut wird, z.B. in Oberschlesien, im Ruhrgebiet, Saarland und in Lothringen.*
Als Energielieferant ist Kohle eine Zeitlang

Der CO_2-Gehalt der Luft steigt. Mögliche Gefahren

weitgehend durch Erdöl und Erdgas verdrängt worden, was zu zahlreichen Stillegungen von Kohlezechen geführt hat. Wegen der zunehmenden Verknappung und Verteuerung von Erdöl und Erdgas nimmt die Bedeutung der Kohle als Energieträger jedoch wieder zu. Die Bedeutung der Kohle als billigstes Reduktionsmittel der Technik wird vermutlich immer bestehen bleiben.

Ganz gleich, ob das aus Erdöl gewonnene Benzin oder Dieselöl in Flugzeug- und Kraftfahrzeugmotoren verbrannt wird oder ob die Kohle als Energielieferant oder als Reduktionsmittel eingesetzt wird, immer entsteht Kohlendioxid, das an die Luft entweicht, und fast immer wird als Oxidationsmittel – genau wie bei der Atmung von Mensch, Tier und Pflanze – Sauerstoff aus der Luft verbraucht. Merkwürdigerweise ändert sich dabei aber die Zusammensetzung der Luft mit 20,95 Vol.-% O_2 und 0,03 Vol.-% CO_2 – von örtlich bedingten Ausnahmen (Städte, Industrieanlagen) abgesehen – kaum merklich. Es muß also einen weltweiten chemischen Prozeß geben, bei dem in endothermer, d.h. energieverbrauchender Reaktion Kohlendioxid verbraucht und Sauerstoff frei wird und der den genannten umgekehrten Prozessen das Gleichgewicht hält. Es handelt sich um die **Photosynthese**[1]*. Die Pflanzen synthetisieren mit Hilfe von Lichtenergie unter Mitwirkung von Chlorophyll in den Chloroplasten der grünen Blätter aus dem Kohlendioxid der Luft und Wasser aus dem Erdboden Kohlenhydrate (Stärke, Cellulose u.a.), wobei Sauerstoff frei wird.*

Wir sehen, wie wichtig der Pflanzenwuchs für die Aufrechterhaltung dieses O_2/CO_2-Gleichgewichts (Abb. 6–10) ist, wie notwendig also Kleingärten, Parkanlagen und Wälder in den Industrieballungsgebieten und in den Großstädten sind, aber auch – in größerem Maßstab gesehen – welche entscheidende Bedeutung die riesigen tropischen Urwaldgebiete und das pflanzliche Plankton der Meere für die Erhaltung des Sauerstoffgehalts der Luft besitzen.

Das Kohlendioxid der Luft absorbiert – zusammen mit Wasserdampf – einen Teil der von der Sonne ausgehenden Strahlung und zwar bevorzugt den langwelligen Anteil, so daß hauptsächlich kurzwelliges Licht die Erdoberfläche erreicht. Diese strahlt ihrerseits langwelliges Licht in den Weltenraum zurück, das nun wiederum vom Kohlendioxid des Luftmantels zu einem beträchtlichen Teil absorbiert bzw. zur Erde zurückgestrahlt wird. Die Luft wird also hauptsächlich von der Erdoberfläche aus erwärmt. Der Kohlendioxidgehalt der Luft wirkt wie ein Wärmeschutz-Mantel für den Erdball. Wird nun z.B. durch zunehmende Industrialisierung einerseits, durch Abholzung der Urwälder und Verseuchung der Meere andererseits das Gleichgewicht zwischen Sauerstoff und Kohlendioxid zugunsten des letzteren verschoben, so ist ein »Treibhaus-Effekt« zu befürchten mit Konsequenzen, die man kaum überschauen kann, z.B. Klimaänderungen, Abschmelzen des Eises in der Arktis und Antarktis sowie auf den Hochgebirgen.

Die Verantwortung der gegenwärtigen und der kommenden Generationen wird damit klar: Erhalten, Schützen und Vermehren des Pflanzenwuchses, Erschließung von Energiequellen, die kein Kohlendioxid erzeugen. Zeit darf nicht verloren werden; denn es ist zu befürchten, daß eine einmal eingetretene Verschiebung des O_2/CO_2-Gleichgewichts sich immer mehr beschleunigt und nicht mehr aufgehalten werden kann.

[1] phos (gr.), Licht

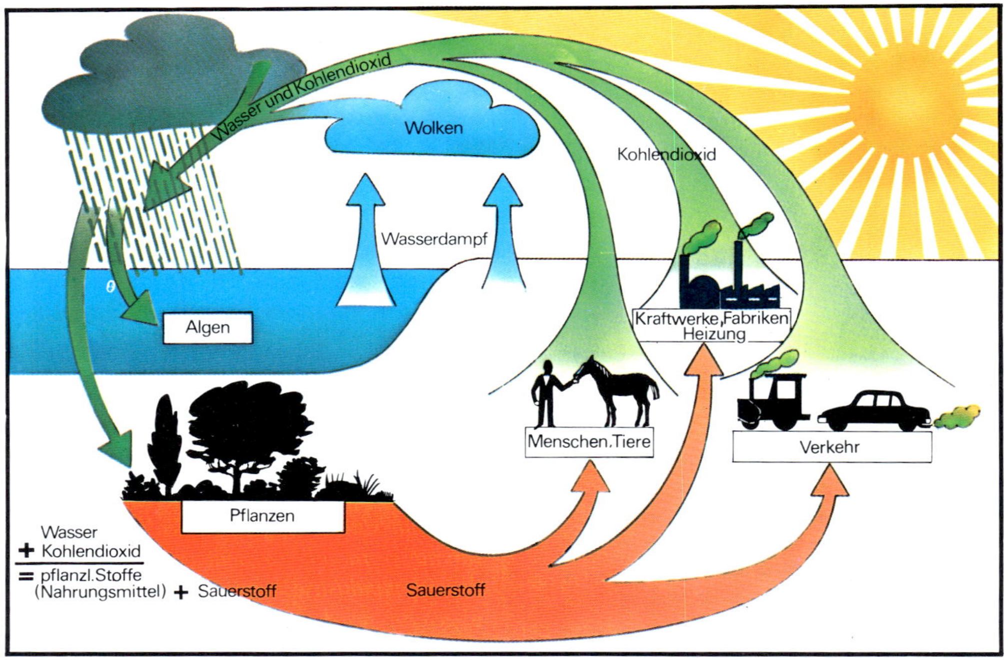

Abb. 6–10: Beschreibe an Hand des Bildes den Sauerstoff-Kohlendioxidkreislauf!

Übungen

1. Bei der Reaktion von 0,2 g Kalium mit Wasser entstehen bei 20° C 61,4 cm^3 Wasserstoff (Normaldruck). Wie groß ist die Äquivalentmasse und die Wertigkeit von Kalium?
2. Ermittle die Äquivalentmassen und die Wertigkeiten der Elemente in H_2O, $\{CuO\}$, $\{Cu_2O\}$, HCl, $\{CuCl\}$, $\{CuCl_2\}$, $\{Al_2O_3\}$ und $\{AlCl_3\}$.
3. Welches sind die Oxidationsstufen der Atome in den unter 2. aufgezählten Verbindungen?
4. Schreibe in der Reaktionsgleichung $\{PbO_2\} + 4HCl \rightarrow \{PbCl_2\} + 2H_2O + Cl_2$ über alle Elementsymbole die zugehörigen Oxidationsstufen. Erläutere an diesem Beispiel, daß jede Oxidation einer Atomsorte von der Reduktion einer anderen begleitet ist.
5. Benutze die Oxidationsstufen, um die Koeffizienten in der folgenden Reaktionsgleichung zu finden: $a\,\{Fe_3O_4\} + b\,\{Al\} \rightarrow c\,\{Fe\} + d\,\{Al_2O_3\}$.
6. Schreibe die Reaktionsgleichungen für die Synthesen binärer Verbindungen aus den Elementarsubstanzen: $\{As_2S_3\}$, $\{Sb_2S_5\}$, $\{CrCl_3\}$, $\{SnCl_4\}$ und zeige, daß es sich jeweils um Redox-Reaktionen handelt.
7. Vergleiche die Oxidationsenergien für 1 mol einer Elementarsubstanz bei Überführung in verschiedene Oxidationsstufen. Welcher Energie-Aufwand ist nötig, um Chrom(III)-oxid in Chrom(VI)-oxid zu überführen?

8. Welche Oxide lassen sich exotherm durch Wasserstoff reduzieren und welche weitere ohne zu großen Energie-Aufwand?
9. Welche Reduktionsmittel kommen für die Gewinnung von Nickel aus seinem Oxid in Frage? Begründe deine Antworten durch Aufstellung von Energie-Bilanzen.
10. Berichte über die Gewinnung von Metallen aus sulfidischen Erzen. Stelle Reaktionsgleichungen für Bleiglanz und Kupferkies auf.

Abb. 6–11: Flußspat-Kristalle

6.2 Element-Familien. Periodensystem

6.2.1 Negative Oxidationsstufen als Gruppenmerkmale

Wenn wir die in diesem Kapitel behandelten Oxidationsstufen betrachten, fällt uns auf, daß die Atome der Metalle in ihren Verbindungen nur positive Werte annehmen. Umgekehrt finden wir negative Oxidationsstufen nur bei den nichtmetallischen Elementen, wie die *Tabelle 6–7* zeigt.

Von den Elementen mit der Oxidationsstufe −1 wissen wir, daß sie große Affinität zu Metallen besitzen, d. h. daß sie sich mit diesen in stark exothermen Reaktionen verbinden *(Versuch 6/6* und *Versuch 6/7).* Die Syntheseprodukte haben salzartigen Charakter *(1.3.2, Seite 13).* Zwischen den Metallverbindungen des Wasserstoffs und denen der vier anderen Elemente besteht allerdings ein wesentlicher Unterschied: Während sich die Hydride mit Wasser unter Wasserstoffentwicklung zersetzen *(Versuch 6/11),* lassen sich z. B. die Chloride aus ihren wäßrigen Lösungen durch Verdampfen des Lösungsmittels unzersetzt zurückgewinnen.

Man faßt daher die Elemente Fluor, Chlor, Brom und Jod – also ohne Wasserstoff – zu einer **Element-Familie** zusammen und nennt sie aus den angegebenen Gründen **Halogene**[1] (»Salzbildner«). In der *Tabelle 6–8* sind einige Eigenschaften der Halogene zusammengestellt.

Das blaß-grüngelbe Gas Fluor[2] ist die reaktionsfreudigste aller Elementarsubstanzen. Es läßt sich daher nur schwer aufbewahren, da es das Material der üblichen Gefäße angreift. Mit den Mitteln des Schullabors kann das Gas nicht vorgeführt werden. Seine wichtigste in der Natur vorkommende Verbindung ist der Flußspat $\{CaF_2\}$ *(Abb. 6–11).* Im Flußspatgitter sind die Calcium-Bausteine hexaedrisch von acht Fluor-Bausteinen und diese tetraedrisch von vier Calcium-Bausteinen umgeben *(Abb. 5–18).* **die Halogene**

Chlor[1] ist uns von den Versuchen in *3.3.1* als gelbgrünes Gas bekannt. Seine wichtigste Verbindung ist das Kochsalz $\{NaCl\}$ *(Abb. 5–22a)* das als »Steinsalz« in riesigen Lagern

[1] hals (gr.), Salz; genein (gr.), entstehen, bilden
[2] fluor (lat.), fließen (abgeleitet von Flußspat $\{CaF_2\}$)

[1] chloros (gr.), gelbgrün

Oxidationsstufe	Element	Salze	Wasserstoff-Verbindung
−1	Fluor Chlor Brom Jod	$\{CaF_2\}$ $\{FeCl_3\}$ $\{AlBr_3\}$ $\{HgJ_2\}$	HF HCl HBr HJ
	Wasserstoff	$\{CaH_2\}$	(H_2)
−2	Sauerstoff Schwefel	$\{BaO\}$ $\{ZnS\}$	H_2O H_2S
−3	Stickstoff Phosphor	$\{Mg_3N_2\}$ $\{Ca_3P_2\}$	NH_3 PH_3
−4	Kohlenstoff	$\{Al_4C_3\}$	CH_4

Tabelle 6–7: Negative Oxidationsstufen der Nichtmetalle

	Fluor	Chlor	Brom	Jod
Atommasse in u	19,00	35,46	79,92	126,91
Formel des Moleküls	F_2	Cl_2	Br_2	J_2
Aggregatzustand bei 20° C	gasförmig	gasförmig	flüssig	fest
Schmelztemperatur Fp in °C	−220	−100,5	−7,5	+113,6
Siedetemperatur Kp in °C	−188	−34,1	+58,7	+184,4
Dichte des Gases i. N. in $g \cdot cm^{-3}$	0,001695	0,003214	0,0071	0,0113
Farbe des Gases	grüngelb	gelbgrün	rotbraun	violett
Geruch	stechend	stechend	stechend	stechend
Giftigkeit	stark	stark	stark	stark
Oxidationsstufe in den Halogeniden	−1	−1	−1	−1

Tabelle 6–8: Eigenschaften der Halogene

Abb. 6–12: »Salzgärten« in Süditalien. Das Wasser verdunstet, und das Meersalz bleibt als Rückstand

Halogenide

vorkommt und durch Verdunstung von Meerwasser entstanden ist *(Abb. 6–12).* Im Kochsalzgitter ist jeder Natrium-Baustein oktaedrisch von sechs Chlor-Bausteinen umgeben und umgekehrt *(Abb. 5–16).*

Halogenwasserstoffe

Brom[1] ist das einzige bei Zimmertemperatur flüssige Nichtmetall. Es ist außerordentlich leicht flüchtig: In der Vorratsflasche ist die dunkel-rotbraune Flüssigkeit vom Dampf überlagert, der wegen seiner großen Dichte beim Schräghalten des Gefäßes »herausfließt« (Abzug!).

Das bei Raumtemperatur feste Jod[2] kristallisiert in dunkelgrauen, glänzenden Blättchen. Im Kristallgitter sind die hantelförmigen Jod-Moleküle rechtwinklig gegeneinander verzahnt und zu Nutzebenen angeordnet *(Abb. 5–20).* Bei vorsichtigem Erhitzen im Paraffinbad schmilzt Jod zu einer dunkelbraunen Flüssigkeit. Bei schnellem Erhitzen sublimiert es zu einem dunkelvioletten Dampf, der sich wegen seiner großen Dichte wie Brom-Dampf ausgießen läßt. Kühlt man den Dampf ab, so bilden sich an den kälteren Stellen des Gefäßes die glänzenden, schuppigen Kristalle zurück.

Aus der *Tabelle 6–8* lesen wir ab, daß die Schmelz- und Siedetemperaturen der Halogene mit den Atom- bzw. Molekülmassen zunehmen. Auch die Dichten der Gase nehmen im gleichen Sinne (vgl. *4.1.3, Seite 53)* zu. Eine auffällige Ähnlichkeit besitzen die Halogene in ihrem unangenehm stechenden Geruch. Wegen der großen Giftigkeit der Gase sind Geruchsproben gefährlich. Das flüssige Brom erzeugt überdies auf der Haut tiefe schmerzhafte Wunden. Eine 7%ige alkoholische Jodlösung diente früher unter dem Namen »Jodtinktur« als Desinfektionsmittel in der Medizin.

Ergebnis: Die Halogene Fluor, Chlor, Brom und Jod besitzen in ihren Metallverbindungen, den typischen Salzen, die Oxidationsstufe − 1. Die Elementarsubstanzen sind gasförmig oder leicht flüchtig. Die Schmelz- und Siedetemperaturen der Halogene sowie die Dichten der Gase und Dämpfe nehmen von Fluor bis Jod zu.

Wir wollen prüfen, ob sich die Ähnlichkeit der Halogene auch in ihren Verbindungen bemerkbar macht. Wir untersuchen die Wasserstoff-Verbindungen.

Chlorwasserstoff *(3.2.1, Seite 42)* ist uns als farbloses, stechend riechendes, spezifisch schweres Gas bekannt, das sich begierig in Wasser löst und an feuchter Luft Nebel bildet. Für die Synthese des Gases ist die Aktivierungsenergie in Form von Wärme oder Licht *(Versuch 4/2, Seite 56)* erforderlich. Zur Darstellung von Brom- und Jodwasserstoff aus den Grundstoffen benutzen wir einen Katalysator, um die Aktivierungsenergie herabzusetzen (vgl. *4.1.4, Seite 56*).

► **Versuch 6/14:** (Lehrerversuch) Man füllt unter dem Abzug in eine kleine Schliff-Waschflasche einige Tropfen Brom und leitet einen schwachen Wasserstoffstrom hindurch. Es entweicht ein Gemisch aus Wasserstoff und Bromdampf, das man durch ein Glasrohr mit Platinasbest zwischen Quarzwolle-Bäuschen leitet. Das Ende des Rohrs ist senkrecht nach unten gebogen und endet über einer Wasseroberfläche, z.B. in einem weiten Reagenzglas; das Rohr darf jedoch nicht ins Wasser eintauchen. Wenn die Luft verdrängt ist, erhitzt man den Katalysator mit kleiner Flamme: Über der Wasseroberfläche bilden sich weiße Nebel; im Wasser selbst entstehen Schlieren, die langsam herabsinken. ◄

► **Versuch 6/15:** (Lehrerversuch) Man legt in den Eingang des Reaktionsrohrs von *Versuch 6/14* einige Jodkristalle und leitet, ohne die Waschflasche zu benutzen, einen schwachen Wasserstoffstrom hindurch (Knallgasprobe). Beim Erhitzen des Katalysators führt man die Flamme auch zum Jod hinüber: Auch in diesem Fall bilden sich am Ende des Winkelrohrs Nebel und im Wasser Schlieren. ◄

● **Deutung:** In Anwesenheit des Katalysators vereinigen sich die Elementarsubstanzen zu Brom- bzw. Jodwasserstoff:

$$H_2 + Br_2 \longrightarrow 2HBr$$
$$H_2 + J_2 \longrightarrow 2HJ$$

Ergebnis: Bromwasserstoff und Jodwasserstoff sind farblose, stechend riechende Gase, die an feuchter Luft Nebel bilden und sich leicht in Wasser lösen. Sie ähneln in diesen Eigenschaften dem Chlorwasserstoff.

Die Vereinigung von Chlor und Wasserstoff in einem Gemisch beider Gase erfolgt explosionsartig *(Versuch 3/18, Seite 43).* Die Reaktionen *Versuch 6/14* und *Versuch 6/15* verlaufen zwar ebenfalls exotherm, jedoch bleiben sie auf den Bereich des Katalysators beschränkt und breiten sich nicht in die Gasgemische aus. Wir können also vermuten, daß Chlor eine größere Affinität zu Wasserstoff besitzt als Brom und Jod.

► **Versuch 6/16:** (Lehrerversuch) Man füllt zwei Standzylinder mit Jodwasserstoff[1] und einen dritten mit Bromwasserstoff[1] und deckt die Zylinderöffnungen mit durchlochten Glasplatten ab.

---

[1] bromos (gr.), Gestank
[2] ioeides (gr.), veilchenfarben

[1] Die Gase werden am bequemsten durch Erhitzen ihrer im Handel erhältlichen konzentrierten wäßrigen Lösungen gewonnen (Abzug!).

(a) Man leitet in den mit Bromwasserstoff gefüllten Zylinder Chlor und beobachtet die Bildung von dunkelbraunen Dämpfen (weißer Hintergrund).
(b) Beim Einleiten von Chlor in Jodwasserstoff entstehen violette Dämpfe und an der Gefäßwand kleine glitzernde Kristalle.
(c) Man senkt einen Glasstab, den man vorher in flüssiges Brom getaucht hat, in den zweiten mit Jodwasserstoff gefüllten Zylinder: Der Bromdampf verschwindet und es entstehen violette Dämpfe. ◀

• **Deutung:** Das farbige Reaktionsprodukt bei *(a)* ist Brom, bei *(b)* und *(c)* Jod. Es handelt sich um einfache Umsetzungen, nach *6.1.2* also um Redox-Reaktionen:

(a) $\overset{0}{Cl_2} + 2H\overset{-1}{Br} \rightarrow \overset{0}{Br_2} + 2H\overset{-1}{Cl}$

(b) $\overset{0}{Cl_2} + 2H\overset{-1}{J} \rightarrow \overset{0}{J_2} + 2H\overset{-1}{Cl}$

(c) $\overset{0}{Br_2} + 2H\overset{-1}{J} \rightarrow \overset{0}{J_2} + 2H\overset{-1}{Br}$

Ergebnis: Die Affinität der Halogene zu Wasserstoff nimmt mit zunehmender Atommasse ab. Chlor ist ein gutes Oxidationsmittel, Jodwasserstoff ein gutes Reduktionsmittel.

Wir wenden uns wieder *Tab. 6–7* am Anfang des Abschnitts zu. Die einzigen der uns bis jetzt bekannten Elemente, die die Oxidationsstufe −2 einnehmen können, sind Sauerstoff und Schwefel. Sie sind als Oxide und Sulfide in der Natur weit verbreitet; fast alle Metalle werden aus oxidischen oder sulfidischen Erzen gewonnen *(6.1.3)*. Man faßt Sauerstoff und Schwefel mit den seltener vorkommenden Elementen Selen Se und Tellur Te zu einer Element-Familie zusammen, den **Chalkogenen**[1] (»Erzbildner«).
Die Chalkogene sind reaktionsträger als die Halogene. Ein Beweis dafür ist schon die Tatsache, daß Sauerstoff und Schwefel in der Natur als Elementarsubstanzen vorkommen: Sauerstoff als Bestandteil der Luft, Schwefel in Lagerstätten vulkanischen Ursprungs (Sizilien, Texas, Louisiana, Hokkaido).
Ein Vergleich der Wasserstoffverbindungen beider Elemente H_2O und H_2S zeigt – ähnlich wie bei den Halogenwasserstoffen – mit zunehmender Atommasse eine abnehmende Affinität zu Wasserstoff. Schwefelwasserstoff erfährt schon bei verhältnismäßig geringer Energiezufuhr eine thermische Dissoziation *(Versuch 5/9, Seite 77)*, während Wasserdampf erst bei sehr hohen Temperaturen gespalten wird.
Demzufolge scheidet sich bei ungenügender Luftzufuhr aus der Schwefelwasserstoff-Flamme Schwefel ab *(Versuch 2/27, Seite 30)*:

$$2H_2\overset{-2}{S} + \overset{0}{O_2} \rightarrow 2H_2\overset{-2}{O} + 2\{\overset{0}{S}\}$$

Ergebnis: Die Elemente Sauerstoff, Schwefel, Selen und Tellur bilden die Familie der Chalkogene. Sie sind nicht so reaktionsfreudig wie die Halogene. Ihre niedrigste Oxidationsstufe ist −2. Die Affinität zu Wasserstoff nimmt wie bei den Halogenen mit steigender Atommasse ab. Sauerstoff ist ein gutes Oxidationsmittel, Schwefelwasserstoff ein gutes Reduktionsmittel.

Von den Elementen, die die Oxidationsstufe −3 annehmen können, kennen wir bisher nur Stickstoff und Phosphor *(Tab. 6–7)*. So bildet der Phosphor die gasförmige, giftige und nach faulenden Fischen riechende Verbindung Phosphorwasserstoff; seine Formel PH_3 entspricht der des Ammoniaks NH_3. Beide Elemente sind Glieder einer Familie, die den Namen **Stickstoff-Gruppe** erhält. Zu ihr gehören noch neben den beiden genannten die Elemente Arsen As, Antimon Sb (lat. stibium) und Wismut Bi (lat. bismutum).
Auch in der Stickstoff-Gruppe nimmt die Affinität zu Wasserstoff mit zunehmender Atommasse ab. Die thermische Zersetzung des Arsenwasserstoffs AsH_3 z. B. erfolgt so leicht, daß man diese Reaktion zum Nachweis arsenhaltiger Verbindungen, die alle sehr giftig sind, benutzt (MARSHsche Probe); das Arsen setzt sich dabei als metallisch glänzender Spiegel an der Wandung hinter der erhitzten Stelle ab.

die Chalkogene

die Stickstoff-Gruppe

die Kohlenstoff-Gruppe

Ergebnis: Zur Stickstoff-Gruppe gehören die Elemente Stickstoff, Phosphor, Arsen, Antimon und Wismut. Ihre niedrigste Oxidationsstufe ist −3. Mit steigender Atommasse nimmt die Affinität zu Wasserstoff ab.

Als niedrigste Oxidationsstufe haben wir mit −4 die des Kohlenstoffs z. B. im Methan $\overset{-4}{C}H_4$ kennengelernt *(Tab. 6–7)*. Es gibt kein Element, das eine noch negativere Oxidationsstufe annehmen könnte. Auch der Kohlenstoff bildet den ersten Vertreter einer Element-Familie, der **Kohlenstoff-Gruppe**, zu der noch Silicium Si, Germanium Ge, Zinn Sn (lat. stannum) und Blei Pb (lat. plumbum) gehören. Sie besitzen alle z. B. Wasserstoff-Verbindungen: SiH_4, GeH_4, SnH_4 und PbH_4.

Ergebnis: Zur Kohlenstoff-Gruppe gehören die Elemente Kohlenstoff, Silicium, Germanium, Zinn und Blei; die niedrigste Oxidationsstufe des C-Atoms ist −4.

Zusammenfassung: *Wir haben aus den nichtmetallischen Elementen Element-Familien gebildet. Als Ordnungsprinzip verwendeten wir die Oxidationsstufe, und zwar den jeweils niedrigsten negativen Wert, den die Atome eines Elements annehmen können. Zur Oxidationsstufe −1 gehören die Halogene, zu −2 die Chalkogene, zu −3 die Elemente der Stickstoff-Gruppe und zu der Oxidationsstufe −4 die der Kohlenstoff-Gruppe.*
Dieses formale Einteilungsprinzip läßt noch weitere Zusammenhänge zwischen den Familienmitgliedern erkennen. Besonders bei den Halogenen finden wir eine auffallende Ähnlichkeit in den Eigenschaften, die nur mit der Atommasse variieren. Das chemische Verhalten der Halogen-Wasserstoff-Verbindungen weist auf eine Verwandtschaft hin, die tiefer begründet sein muß als nur durch die gemeinsame negative Oxidationsstufe.
Im nächsten Abschnitt versuchen wir, Element-Familien mit positiven Oxidationsstufen zusammenzustellen.

[1] chalkos (gr.), Erz

6.2.2 Positive Oxidationsstufen als Gruppenmerkmale

Wir werden bei der Suche nach Element-Familien der Metalle schnell Erfolg haben, wenn wir die mehrwertigen Metalle, die mehr als eine positive Oxidationsstufe annehmen können, zunächst ausschließen und anhand *Tab. 5–9* nur diejenigen Metalle zusammenstellen, die in allen ihren Verbindungen +1-wertig sind. Wir finden Lithium, Natrium, Kalium und Silber.

die Alkali-Metalle

Die Metalle Lithium und Kalium müssen wie Natrium *(Versuch 1/11, Seite 14)* unter Petroleum aufbewahrt werden, um sie vor Luftsauerstoff zu schützen. Silber dagegen ist ein Edelmetall, dessen Oberfläche an reiner Luft blank bleibt. Verlangen wir für eine Element-Familie außer der gleichen Oxidationsstufe auch noch verwandte Eigenschaften, so kann Silber nicht zu den drei anderen Metallen gehören. Wir schließen es daher von den folgenden Untersuchungen aus.

► **Versuch 6/17:** (Lehrerversuch) Man nimmt je ein Stück Lithium, Natrium und Kalium mit der Pinzette aus den Vorratsgefäßen, tupft das anhaftende Petroleum mit Filtrierpapier ab und zerschneidet die Stücke mit einem Messer: Lithium ist zäh; man hat Mühe, das Metall zu zerteilen. Kalium dagegen ist fast so weich wie Butter, es ist weicher als Natrium. Alle Schnittflächen sind metallisch blank; die von Kalium beschlägt augenblicklich, während die von Lithium nicht ganz so schnell anläuft. ◄

● **Folgerung:** Die Härte der Metalle Lithium, Natrium und Kalium ist gering; sie nimmt mit steigender Atommasse *(Tab. 6–9)* ab. Die Affinität zu Sauerstoff ist bei allen drei Metallen groß; sie nimmt mit steigender Atommasse zu.

Je geringer die Gitterkräfte eines Feststoffs sind, umso leichter läßt er sich zerteilen; umso niedriger muß dann auch die Schmelztemperatur liegen, bei der die Schwingungsenergie der Gitterbausteine gerade groß genug ist, das Gitter zusammenbrechen zu lassen *(5.1.1, Seite 65)*. Demnach müßte Kalium bei niedrigerer Temperatur schmelzen als Natrium, und dessen Schmelztemperatur müßte niedriger sein als die des Lithiums.

► **Versuch 6/18:** (Lehrerversuch) Man gibt je ein Stück von der Kruste befreites Stück Lithium, Natrium und Kalium in trockene Reagenzgläser, verschließt die Gläser mit Glaswollepfropfen und taucht sie in Wasserbäder von 65° C und 100° C: Kalium schmilzt schon im ersten Bad, Natrium erst im zweiten; Lithium bleibt bei diesen Temperaturen fest. ◄

● **Folgerung:** Die Schmelztemperaturen der Metalle Lithium, Natrium, Kalium sind niedrig. Sie nehmen mit steigender Atommasse ab.

Die Dichte eines Feststoffs als Massensumme der in 1 cm^3 vereinigten Bausteine hängt ab von der »Schwere« der Bausteine und von ihren Abständen im Gitter (Packungsdichte). Wenn Kalium ($\varrho = 0{,}85\ g \cdot cm^{-3}$) trotz seiner »schwereren« Atome (39 u) spezifisch leichter ist als Natrium ($0{,}97\ g \cdot cm^{-3}$, 23 u), bedeutet das eine sehr lockere Packung des Kaliumgitters. Sie ist bedingt durch geringe Gitterkräfte, auf die wir, ausgehend von der geringen Härte und der niedrigen Schmelztemperatur, bereits geschlossen hatten.

Es gibt noch zwei weitere, allerdings recht seltene Metalle, die keine andere Oxidationsstufe als +1 annehmen können: Rubidium Rb und Caesium Cs. Sie sind noch weicher, schmelzen bei noch tieferen Temperaturen als die untersuchten Grundstoffe und sind so reaktionsfreudig, daß sich z. B. Caesium von selbst an der Luft entzündet. Man faßt Lithium, Natrium, Kalium, Rubidium und Caesium unter dem Namen **Alkali-Metalle**[1] zu einer Element-Familie zusammen.

Ergebnis: Die Alkali-Metalle sind sehr reaktionsfähige Leichtmetalle. Sie müssen unter Luftabschluß aufbewahrt werden. Ihre Härten und Schmelztemperaturen nehmen mit steigender Atommasse ab.

[1] al kali (arabisch), Pflanzenasche (enthält Kalium-Verbindungen)

Wir kennen die große Affinität des Wasserstoffs zu den Halogenen. In *Versuch 3/16, Seite 42,* wird gezeigt, daß das Alkali-Metall Natrium zum Halogen Chlor eine noch größere Affinität hat:

$$2\{Na\} + 2HCl \longrightarrow 2\{NaCl\} + H_2$$

► **Versuch 6/19:** (Lehrerversuch) In der Apparatur des Versuchs *3/16 (Abb. 3–9, Seite 43)* wird Bromwasserstoff[1] über Lithium-Stückchen, die man von der Kruste befreit hat, geleitet. Das Metall wird bis zum beginnenden Aufglühen erhitzt. Es bildet sich ein weißes Reaktionsprodukt, das z. T. als Rauch weggeführt wird. Am Ableitungsrohr läßt sich eine Flamme entzünden, die durch diesen Rauch rot gefärbt ist. ◄

● **Deutung:**

$$2\{Li\} + 2HBr \longrightarrow 2\{LiBr\} + H_2$$

Ergebnis: Die Affinität der Alkali-Metalle zu den Halogenen ist größer als die des Wasserstoffs zu den Halogenen.

Auch die Affinität der Alkali-Metalle zu Sauerstoff ist beträchtlich. Auf den blanken Metalloberflächen bildet sich daher an Luft sofort ein Beschlag *(Versuch 6/17)*. Wir können auf diese große Affinität auch von den Oxidationsenergien her schließen, wie wir sie aus *Tab. 6–5* ablesen.

► **Versuch 6/20:** (Lehrerversuch) In der Apparatur des Versuchs *3/16 (Abb. 3–9, Seite 43)* wird Kohlendioxid in schwachem Strom über Kalium-Stückchen geleitet, die man zuvor von der Kruste befreit hat. Man erhitzt das Metall bis zum Aufglühen. Man kann dann die weitere Reaktion mit dem Reduzierventil der CO_2 – Stahlflasche regulieren. Das glühende Metall leuchtet violett. Es bildet sich ein weißer Rauch. Nach dem Erkalten sieht man im Reaktionsgefäß einen schwarzen Rückstand. ◄

Deutung: Der schwarze Rückstand ist Kohlenstoff, das weiße Reaktionsprodukt Kaliumoxid:

$$4\{K\} + CO_2 \longrightarrow 2\{K_2O\} + \{C\}$$

[1] Durch Erhitzen der im Handel erhältlichen, konzentrierten wäßrigen Lösung

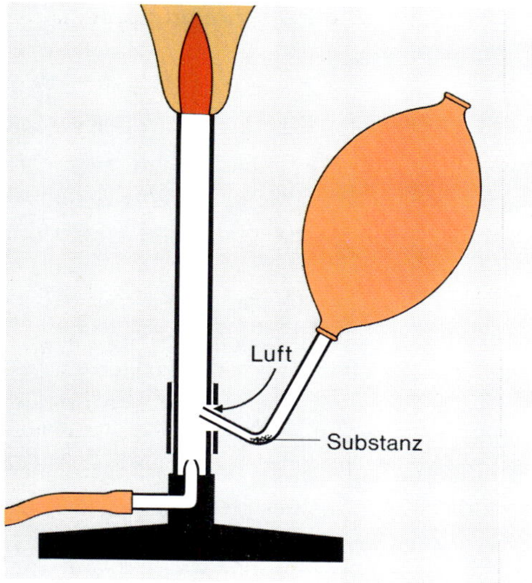

Abb. 6–13: Zu Versuch 6/21. Versuchsanordnung zur Flammenfärbung

Von Interesse sind bei den beiden letzten Versuchen die farbigen Flammen. Wir prüfen eine Auswahl der in der Schulsammlung vorhandenen Verbindungen der Alkali-Metalle in der nicht leuchtenden Bunsenbrennerflamme:

► **Versuch 6/21:** Das nicht zu dünn ausgezogene Ende eines Glasrohrs wird rechtwinklig umgebogen. Die zu untersuchende Substanz wird in Mörser fein zerrieben und vor die verengte Stelle des Glasrohrs gebracht. Die Spitze wird in die Luftzufuhr des Bunsenbrenners eingeführt *(Abb. 6–13).* Durch den leichten Druck auf einen aufgesetzten Gummiball entsteht eine intensive Flammenfärbung: Alle Lithium-Verbindungen färben die Flamme rot, die Natrium-Verbindungen gelb und alle Kalium-Verbindungen blaß-violett. Die violette Kalium-Flamme wird oft durch Spuren von Natrium-Verbindungen verändert. Sie wird jedoch bei Betrachtung durch ein Kobaltglas deutlich erkennbar. ◄

Ergebnis: Die Flammenfärbung ist ein wichtiges Hilfsmittel zur Identifizierung von Alkalimetall-Verbindungen.

Flammenfärbung

In *Tab. 6–9* sind die Eigenschaften der Alkali-Metalle in ihrer Abhängigkeit von der Atommasse übersichtlich zusammengestellt. Die meisten Alkalihalogenide $\{\overset{+1}{Me}\overset{-1}{X}\}$ kristallisieren wie Kochsalz $\{\overset{+1}{Na}\overset{-1}{Cl}\}$ nach dem in *Abb. 5–16, Seite 69*, dargestellten Gittertyp. Dabei passen die positiven Metall-Bausteine in die von den negativen Halogen-Bausteinen freigelassenen Oktaeder-Lücken. Nur die Caesium-Bausteine sind dafür zu groß; für sie sind größere Räume, die Hexaeder-Lücken, erforderlich, so daß für die Caesiumhalogenide das in *Abb. 5–17, Seite 70,* dargestellte Gitter zutrifft.

Wir kehren zur *Tabelle 5–9, Seite 84*, zurück und suchen nach Metallen, die keine andere Oxidationsstufe als +2 annehmen können. Wir finden Beryllium Be, Magnesium Mg, Calcium Ca, Strontium Sr und Barium Ba. Sie bilden eine Element-Familie mit dem Namen **Erdalkali-Metalle.**

die Erdalkali-Metalle

Beryllium ist ein seltenes Element. Das Metall bedeckt sich mit einer sehr dünnen, aber haltbaren Oxidschicht, die das noch immer blank aussehende Metall vor weiterer Oxidation schützt. Magnesium-Band und Calcium-Späne sind jedoch nach wenigen Wochen mit einer dickeren Oxidschicht überzogen. Strontium und Barium müssen sogar unter Petroleum aufbewahrt werden. Die mit zunehmender Atommasse steigende Affinität zu Sauerstoff erinnert an das entsprechende Verhalten der Alkali-Metalle und erklärt den zweiten Bestandteil des Namens Erd-»alkali«.

	Lithium	Natrium	Kalium	Rubidium	Caesium
Atommasse in u	6,94	22,99	39,10	85,48	132,91
Härte	zäh-weich	wachsweich	butterweich	sehr weich	sehr weich
Schmelztemperatur Fp in °C	179	97,7	63,5	39,0	28,5
Dichte in $g \cdot cm^{-3}$	0,53	0,97	0,85	1,53	1,90
Flammenfärbung	rot	gelb	blaßviolett	rotviolett	blauviolett
Oxidationsstufe	+ 1	+1	+1	+1	+1

Tabelle 6–9: Eigenschaften der Alkali-Metalle

Im *Versuch 2/10, Seite 25*, haben wir Magnesium verbrannt:

$$2\{Mg\} + O_2 \rightarrow 2\{MgO\}$$

Das bei der Verbrennung entstehende weiße Magnesiumoxid ist ein lockeres Pulver von erdiger Beschaffenheit. Es fühlt sich weich an und wird als **Magnesia** beim Geräteturnen verwendet, um die Handflächen trocken und gleitfähig zu halten. Vom »erdigen« Charakter auch der anderen Oxide dieser Element-Familie leitet sich der erste Teil des Namens »Erd«-alkali ab.

► **Versuch 6/22:** (Lehrerversuch) Mit der Tiegelzange hält man einen blanken Calcium-Span in die möglichst heiß gestellte Flamme eines Brenners. Nach Entzündung läßt man das Metall in ein großes, mit Sauerstoff gefülltes Becherglas fallen, dessen Boden man zuvor mit einer Schicht Sand bedeckt hat, und legt eine Glasplatte auf die Öffnung: Das Calcium verbrennt unter hellem Leuchten. Das weiße Reaktionsprodukt wird zum Teil als Rauch aufgewirbelt und bedeckt die Gefäßwand. ◄

● **Deutung:**

$$2\{Ca\} + O_2 \rightarrow 2\{CaO\}$$

Aus der Zusammenstellung *Tab. 6–5, Seite 96*, erkennen wir die hohen Oxidationsenergien der Erdalkali-Metalle. Daher müßte es möglich sein, einen Versuch entsprechend *Versuch 6/20* durchzuführen:

► **Versuch 6/23:** Man füllt einen weiten Standzylinder, dessen Boden mit Sand bedeckt ist, mit Kohlendioxid. Mit der Tiegelzange senkt man ein zu einer Spirale aufgerolltes brennendes Magnesium-Band in den Gasraum: Das Metall brennt mit prasselndem Geräusch im Kohlendioxid weiter. Nach dem Verlöschen sieht man an der Gefäßwand schwarze Flocken auf weißem Grund. ◄

	Beryllium	Magnesium	Calcium	Strontium	Barium
Atommasse in u	9,01	24,32	40,08	87,63	137,36
Schmelztemperatur Fp in °C	1278	650	851	757	710
Dichte in g · cm^{-3}	1,85	1,74	1,54	2,58	3,5
Flammenfärbung	–	–	orange	rot	grün
Oxidationsstufe	+2	+2	+2	+2	+2

Tabelle 6–10: Eigenschaften der Erdalkali-Metalle

● **Deutung:**

$$2\{Mg\} + CO_2 \rightarrow 2\{MgO\} + \{C\}$$

Die Verbindungen der beiden ersten Erdalkali-Metalle *(Tab. 6–10)* zeigen keine typische Flammenfärbung, wohl aber die der drei letzten Elemente:

die Erd-Metalle

► **Versuch 6/24:** Man benutzt das in *Versuch 6/21* beschriebene Verfahren und untersucht die Chloride von Calcium, Strontium und Barium: Die Flammenfärbungen sind orange, rot und grün. ◄

Ergebnis: Der unedle Charakter der Erdalkali-Metalle, speziell deren Affinität zu Sauerstoff, nimmt mit steigender Atommasse zu. Die Verbindungen des Calciums, Strontiums und Bariums zeigen typische Flammenfärbungen.

Die Erdalkali-Metalle sind Leichtmetalle. Als willkürliche Grenze zwischen Leichtmetallen und Schwermetallen hat man die Dichte $\varrho = 5{,}0$ g · cm^{-3} festgesetzt. Bemerkenswert sind die geringen Dichten von Strontium und Barium trotz ihrer großen Atommassen. Die Gitter müssen also verhältnismäßig locker gebaut sein; Barium ist im Gegensatz zum härteren Magnesium und zum zähen Calcium geschmeidig wie Blei.
Die meisten Erdalkalioxide $\{\overset{+2}{Me}\overset{-2}{O}\}$ kristallisieren wie die Alkalihalogenide *(Abb. 5–16, Seite 69)*. Die positiven Metall-Bausteine sitzen in den Oktaeder-Lücken der negativen Sauerstoff-Bausteine. Nur die Be-Bausteine sind so klein, daß sie schon in eine Tetraeder-Lücke passen. {BeO} kristallisiert daher in dem in *Abb. 5–15, Seite 69*, dargestellten Gittertyp.

Schließlich betrachten wir noch die Element-Familie, die durch die Oxidationsstufe +3 gekennzeichnet ist. Zu ihr gehören Bor B, Aluminium Al, Gallium Ga, Indium In und Thallium Tl. Aluminium ist ein Leichtmetall ($\varrho = 2{,}70$ g · cm^{-3}). Seine große Affinität zu Sauerstoff kommt in dem hohen Wert der Oxidationsenergie zum Ausdruck *(Tab. 6–5, Seite 96)*; sie wird im aluminothermischen Verfahren ausgenutzt *(Versuch 6/3, Seite 90,* und *6.1.3, Seite 97)*. Das Aluminiumoxid ist ein weiches, erdiges Pulver. Von diesem leitet sich der Name **Erd-Metalle** als Gruppenbezeichnung für diese Element-Familie ab.

Zusammenfassung: *Auch die Elemente, die durch eine positive Oxidationsstufe gekennzeichnet sind, lassen sich zu Element-Familien zusammenschließen. Zur Stufe +1 gehören die Alkali-Metalle, zur Stufe +2 die Erdalkali-Metalle und zur Stufe +3 die Erd-Metalle. Bei den meisten dieser Elemente handelt es sich um sehr unedle, d.h. reaktionsfreudige Leichtmetalle mit großer Affinität zu Sauerstoff und zu den Halogenen.*
Wie wir schon bei den Element-Familien mit negativen Oxidationsstufen erkannt haben, bestehen zwischen den Gliedern einer Familie auffallende Ähnlichkeiten in den Eigenschaften sowohl der Elementarsubstanzen als auch der Verbindungen. Die geringen Unterschiede scheinen hauptsächlich durch die Atommassen bedingt zu sein. Wir wollen daher im nächsten Abschnitt versuchen, die Elemente nach den Atommassen zu ordnen.

6.2.3 Haupt- und Zwischengruppen-Elemente

Wir schreiben die 20 »leichtesten« Elemente nach steigender Atommasse in eine Zeile, beginnen also mit Wasserstoff und enden mit Calcium *(Tab. 6–11)*.
Die fortlaufenden Nummern dieser Reihe schreiben wir über die Element-Symbole, darunter die Atommasse sowie Markierungszeichen für Elemente, die zur gleichen Familie gehören *(6.2.1* und *6.2.2)*.
Es fällt auf, daß sich die Markierungszeichen periodisch, d.h. in der gleichen Reihenfolge wiederholen. Wenn wir die Edelgase, die ja zweifellos mit der Oxidationsstufe Null eine gesonderte Familie bilden *(4.1.3)* ebenfalls markieren, müßten wir zur Aufrechterhaltung der Periodizität die Elemente auf den Plätzen 18 und 19 miteinander vertauschen. Wir können dann die Elemente dem Rhythmus entsprechend in mehrere Zeilen schreiben. Wir beginnen jeweils mit einem Alkalimetall und enden mit einem Edelgas *(Tab. 6–12)*.
Die erste Zeile besteht aus nur zwei Elementen. Helium erhält seinen Platz über den anderen Edelgasen. Wasserstoff, der in den meisten seiner Verbindungen die Oxidationsstufe +1 hat, kann über die Alkali-Metalle geschrieben werden.
Unter jede Spalte der Anordnung *Tab. 6–12* ist die Oxidationsstufe der betreffenden Element-Familie geschrieben. Ab vierter Spalte sind zusätzlich die höchsten positiven Oxidationsstufen der Nichtmetalle eingetragen: +4 für Kohlenstoff und Silicium, z.B. in $\{\overset{+4}{C}O_2\}$ und $\{\overset{+4}{Si}O_2\}$, +5 für Phosphor in $\{\overset{+5}{P_2}O_5\}$ und +6 für Schwefel in $\{\overset{+6}{S}O_3\}$. Die Stufe +7 für die Halogene kann erst in *10.1.1, Seite 188*, begründet werden.
Wir sind wieder einmal an eine entscheidende Stelle unseres Forschungsweges gekommen. Bei der Aufstellung der *Tabelle 6–11* haben wir die Elemente lediglich in der Reihenfolge

1	2	3	4	5	6	7	8	9	10	11	12	13	14	15	16	17	18	19	20
H	He	Li	Be	B	C	N	O	F	Ne	Na	Mg	Al	Si	P	S	Cl	K	Ar	Ca
1	4	7	9	11	12	14	16	19	20	23	24,3	27	28	31	32	35,5	39,1	39,9	40,1
	▼	●	⊗	□	◇	■	△	⊙	▼	●	⊗	□	◇	■	△	⊙	●	▼	⊗

Tabelle 6–11: Die ersten 20 Elemente

	I	II	III	IV	V	VI	VII	VIII
1. Periode	1 H							2 He
2. Periode	3 Li	4 Be	5 B	6 C	7 N	8 O	9 F	10 Ne
3. Periode	11 Na	12 Mg	13 Al	14 Si	15 P	16 S	17 Cl	18 Ar
4. Periode	19 K	20 Ca						
Oxidationsstufe	● +1	⊗ +2	□ +3	◇ +4 −4	■ +5 −3	△ +6 −2	⊙ +7 −1	▼ 0

I: Alkali-Metalle
II: Erdalkali-Metalle
III: Erd-Metalle
IV: Kohlenstoff-Gruppe
V: Stickstoff-Gruppe
VI: Chalkogene
VII: Halogene
VIII: Edelgase

Tabelle 6–12: Periodensystem der ersten 20 Elemente

der zunehmenden Atommassen niedergeschrieben. Ohne unser Zutun erscheinen dann die Vertreter der Element-Familien in gleicher Aufeinanderfolge, was wir als »Periodizität« bezeichnen wollen. Um diese Periodizität klar zum Ausdruck zu bringen, haben wir jeweils mit dem ersten Element einer Periode eine neue Zeile begonnen. Wiederum ohne eigenes weiteres Zutun stehen dann die Oxidationsstufen in der natürlichen Reihenfolge: die positiven Stufen aufsteigend und die negativen dem Betrag nach absteigend.

Seit rund hundert Jahren waren die Chemiker bemüht, eine Erklärung für diese erstaunlichen Zusammenhänge zu finden. Erst im zweiten Jahrzehnt unseres Jahrhunderts wurden sie in der Struktur der Atome gefunden *(Kapitel 10)*.

Ergebnis: Schreibt man die ersten 20 Elemente in der Reihenfolge ihrer Atommassen und beginnt jeweils beim Alkali-Metall eine neue Zeile, so stehen die Elemente jeder Familie untereinander; die positiven Oxidationsstufen steigen in der natürlichen Reihenfolge von +1 bis +7, die negativen mit dem Kohlenstoff beginnend von −4 bis 0.

Man bezeichnet die Anordnung *Tab. 6–12* als **Periodensystem der Elemente**. Die laufende Nummer eines Elements im Periodensystem heißt **Ordnungszahl** *Z*. So hat Wasserstoff die Ordnungszahl 1, Sauerstoff die Ordnungszahl 8 usw. Die Zeilen des Systems nennt man **Perioden**; die erste Periode besteht aus nur zwei Elementen, die zweite und dritte aus je acht Elementen, die vierte Periode ist mit den Elementen Kalium und Calcium zunächst nur begonnen. Die Spalten des Systems heißen **Gruppen**; sie sind identisch mit den Element-Familien. Die Elemente einer Gruppe nennt man zueinander **homolog**[1]. Die laufenden Nummern der Perioden werden mit arabischen, die der Gruppen mit römischen Ziffern geschrieben.

Anordnung der Elemente nach steigender Atommasse

In der vierten mit Kalium ($Z = 19$) beginnenden Periode ist das achte Element Eisen ($Z = 26$) und nicht wie in den beiden vorangehenden Perioden ein Edelgas. Das nächste Edelgas, Krypton ($Z = 36$), folgt erst an achtzehnter Stelle. Wenn wir die vierte Periode wieder mit einem Edelgas abschließen lassen wollen, enthält sie zehn Elemente mehr als die zweite und dritte. Wie lassen sich diese zehn Elemente einordnen?

Periodizität der Elementfamilien

Zunächst müssen wir darauf achten, daß die Elemente gleicher Familien untereinanderstehen *(Tab. 6–13)*. Folglich steht das Erdalkali-Metall Calcium ($Z = 20$) unter Magnesium und das Erd-Metall Gallium ($Z = 31$) unter Aluminium. Es schließt sich an ein Element der Kohlenstoff-Gruppe (Germanium, $Z = 32$), eines der Stickstoff-Gruppe (Arsen, $Z = 33$) ein Chalkogen (Selen, $Z = 34$), ein Halogen (Brom, $Z = 35$) und schließlich das Edelgas Krypton ($Z = 36$). Die Elemente von Gallium bis Krypton passen also ausgezeichnet jeweils unter Aluminium bis Argon. Wir

Beziehung zwischen Oxidationsstufe und Gruppennummer

[1] homologos (gr.) übereinstimmend, passend

	Ia	IIa	IIIb	IVb	Vb	VIb	VIIb	VIIIb			Ib	IIb	IIIa	IVa	Va	VIa	VIIa	VIIIa
1. Periode	1 H																	2 He
2. Periode	3 Li	4 Be											5 B	6 C	7 N	8 O	9 F	10 Ne
3. Periode	11 Na	12 Mg											13 Al	14 Si	15 P	16 S	17 Cl	18 Ar
4. Periode	19 K	20 Ca	21 Sc	22 Ti	23 V	24 Cr	25 Mn	26 Fe	27 Co	28 Ni	29 Cu	30 Zn	31 Ga	32 Ge	33 As	34 Se	35 Br	36 Kr
5. Periode	37 Rb	38 Sr	39 Y	40 Zr	41 Nb	42 Mo	43 Tc	44 Ru	45 Rh	46 Pd	47 Ag	48 Cd	49 In	50 Sn	51 Sb	52 Te	53 J	54 Xe

Tabelle 6–13: Periodensystem der ersten 54 Elemente

Vollständiges Periodensystem *(siehe auch Anhang)*

müssen demnach die zehn zusätzlichen Elemente (Scandium, $Z = 21$ bis Zink, $Z = 30$) zwischen die Erdalkali- und die Erd-Metalle einschieben. Tatsächlich gibt es für sie bei den ersten 20 Elementen keine Homologe.
Die fünfte Periode, die mit dem Alkali-Metall Rubidium beginnt und mit dem Edelgas Xenon schließt, besteht ebenfalls aus 18 Elementen *(Tab. 6–13)*.

Die Elemente Scandium ($Z = 21$) bis Zink ($Z = 30$) und Yttrium ($Z = 39$) bis Cadmium ($Z = 48$) bezeichnet man als **Zwischengruppen-Elemente**, während die ersten zwanzig Elemente mit ihren Homologen in den folgenden Perioden **Hauptgruppen-Elemente** heißen.

L. MEYER

D. MENDELEJEFF

Auch die untereinander stehenden Zwischengruppen-Elemente nennt man zueinander homolog, obwohl sie sich in ihren Eigenschaften nicht so ähnlich sind wie homologe Hauptgruppen-Elemente. Die jeweils ersten Zwischengruppen-Elemente Scandium (Sc) und Yttrium (Y) besitzen als höchste Oxidationsstufe +3, die zweiten Titan (Ti) und Zirkon (Zr) die Stufe +4, Vanadium (V) und Niob (Nb) die Stufe +5, Chrom (Cr) und Molybdän (Mo) die Stufe +6 und schließlich Mangan (Mn) und Technetium (Tc) die Stufe +7. Man gibt ihnen daher als Gruppennummern die Ziffern IIIb, IVb usw. bis VIIb.
Die beiden letzten Zwischengruppen-Elemente Zink (Zn) und Cadmium (Cd) sind immer (+2)-wertig; sie erhalten daher die Gruppennummer IIb. Die davor stehenden Elemente Kupfer (Cu) und Silber (Ag) gehören zur Gruppe Ib, weil sie in vielen ihrer Verbindungen (+1)-wertig sein können. Für die restlichen Elemente, Eisen (Fe), Kobalt (Co) und Nickel (Ni) in der 4. Periode, Ruthenium (Ru), Rhodium (Rh) und Palladium (Pd) in der 5. Periode, bleibt nur noch – etwas willkürlich und inkonsequent – die Gruppennummer VIIIb, weil man auch für die Zwischengruppen-Elemente wie für die Hauptgruppen-Elemente mit den Gruppennummern I bis VIII auskommen will. Immerhin gibt es vom Ruthenium ein Oxid $\{\overset{+8}{Ru}O_4\}$ mit der Oxidationsstufe +8, während von den übrigen fünf keine derart hohen Oxidationsstufen bekannt sind.
Für die Nummern der Hauptgruppen schreibt man zur besseren Unterscheidung Ia, IIa bis VIIIa.
Beim Vergleich der Atommassen im Periodensystem stellen wir fest, daß das »leichtere« Nickel (58,71 u) hinter das »schwerere« Kobalt (58,94 u) und Jod (126,91 u) hinter Tellur (127,61 u) geschrieben sind, um die Verwandtschaft mit den darüber bzw. darunter stehenden Elementen zum Ausdruck zu bringen. In diesem Sinn war auch die Umstellung Kalium/Argon erforderlich.

Ergebnis: Die 4. und 5. Periode des Periodensystems enthalten je zehn Elemente mehr als die 2. und 3. Periode. Sie werden in 8 Zwischengruppen zusammengefaßt, wobei der achten Zwischengruppe drei Elemente pro Periode zugeordnet werden müssen. Auf die Hauptgruppen Ia und IIa folgen die Zwischengruppen IIIb bis VIIIb, dann die Zwischengruppen Ib und IIb und schließlich die Hauptgruppen IIIa bis VIIIa.

Die 6. Periode beginnt wieder mit einem Alkali-Metall, dem Caesium ($Z = 55$), und schließt mit dem Edelgas Radon ($Z = 86$); das sind insgesamt 32 Elemente, also 14 mehr als in der 4. und 5. Periode. Zu den Elementen Cer ($Z = 58$) bis Lutetium ($Z = 71$) gibt es unter den bisher behandelten Elementen keine Homologe. Sie schieben sich als geschlossener Block hinter das Lanthan ($Z = 57$), also zwischen die Gruppen IIIb und IVb, und heißen daher **Lanthaniden**. Sie erhalten gemeinsam die Gruppennummer IIIc (vollständiges Periodensystem im Anhang des Buches).
Die 14 Lanthaniden heißen wegen der erdigen Beschaffenheit ihrer Oxide und der Seltenheit ihres Vorkommens auch **Seltene Erden**. Sie sind sich in ihren chemischen Eigenschaften außerordentlich ähnlich und besitzen alle die Oxidationsstufe +3.
Die 7. Periode beginnt wie die 6. mit Elementen der Gruppen Ia, IIa und IIIb: Francium ($Z = 87$), Radium ($Z = 88$) und Actinium ($Z = 89$). Dann schieben sich homolog zu den Lanthaniden wieder als Gruppe IIIc 14 Elemente ein, die sogenannten **Actiniden**. Nur die ersten drei von ihnen, das Thorium ($Z = 90$), das Protactinium ($Z = 91$) und das Uran ($Z = 92$), kommen in der Natur vor. Die übrigen elf ($Z = 93$ bis $Z = 103$) sind künstlich hergestellt worden. Das letzte zur Zeit bekannte Element ist das Kurtschatovium ($Z = 104$); es gehört zur Gruppe IVb.

Ergebnis: Die 6. und 7. Periode enthalten je 14 Elemente, zu denen es in den vorhergehenden Perioden keine Homologe gibt: Die Lanthaniden (seltene Erden) und die Actiniden. Die 6. Periode enthält damit insgesamt 32 Elemente. Für die 7. Periode ist die gleiche Zahl zu erwarten, wenn auch erst 18 von ihnen bekannt sind. Lanthaniden und Actiniden besitzen die Oxidationsstufe +3; sie bilden die Gruppe IIIc des Periodensystems.

Das Periodensystem wurde 1869 gleichzeitig und voneinander unabhängig von dem Deutschen L. MEYER[1] und dem Russen D. MENDELEJEW[2] aufgestellt. Ihre Leistung ist deshalb so bewundernswert, weil damals erst 55 Elemente bekannt waren und weil sie den Mut hatten, in ihrem System Plätze freizuhalten für Elemente, die vielleicht eines Tages entdeckt werden würden. So fehlten z. B. in der 4. Periode die Homologen zu Aluminium und Silicium in den Gruppen IIIa und IVa. MENDELEJEFF konnte aufgrund dieser Stellungen die Eigenschaften dieser Elemente und auch ihrer Verbindungen, ja sogar die vermutlichen Fundorte so genau voraussagen, daß die fehlenden Elemente daraufhin durch systematisches Suchen bald entdeckt wurden: Gallium und Germanium.

Zusammenfassung: *Wir hatten uns im* Kapitel 6 *die Aufgabe gestellt, nach einem Ordnungsprinzip für die zahlreichen, uns bis dahin bekannt gewordenen Formeln zu suchen. Mit der Einführung der relativen Wertigkeit, die als Oxidationsstufe gedeutet werden konnte, und mit der Konsequenz, daß die Summe der Oxidationsstufen in einer Formel immer Null sein muß und daß die Summe der sich ändernden Oxidationsstufen bei einer Redox-Reaktion immer konstant bleibt, haben wir ein solches Ordnungsprinzip gefunden. Weiterhin konnten wir von den Oxidationsstufen her Element-Familien zusammenstellen, die sich dann in der Reihenfolge der natürlichen Zahlen als Gruppen eines Periodensystems zusammenfügen ließen.*
In diesem System unterscheiden wir die Vorperiode mit 2 Elementen, zwei Kurzperioden mit je 8, zwei große Perioden mit je 18 und die beiden Riesenperioden mit je 32 Elementen, von denen die letzte noch unvollständig ist.
Wir sind in diesem Kapitel mehrmals auf Fragen gestoßen, die unbeantwortet blieben: Wieso lassen sich die chemischen Eigenschaften ei-

---
[1] Lothar MEYER, 1830–1895, Professor für Chemie in Tübingen
[2] Dmitrij MENDELEJEFF, 1834–1907, Professor für Chemie in Petersburg (Leningrad)

nes Atoms weitgehend durch eine oder wenige ganze Zahlen, die Oxidationsstufen, charakterisieren? Und gleichbedeutend: Warum sind die Elemente mit gleichen charakteristischen Zahlen selbst noch in den Verbindungen ähnlich? Was bedeutet das Konstantbleiben der Summe dieser Zahlen bei allen chemischen Reaktionen? Warum durchlaufen sie immer wieder die Werte von 0 bis 7, wenn man die Elemente in der Reihenfolge ihrer Atommassen anordnet? Wir haben vermutet, daß die Gründe in den Strukturen der Atome verborgen sind. Ist ein Atom überhaupt ein strukturiertes Gebilde? Eine erste Antwort auf diese Frage werden wir im nächsten Kapitel erhalten.

Übungen

1. Welche Kriterien werden für die Aufstellung von Elementfamilien benutzt?
2. Welche Elementfamilien kennst du? Erkläre ihren Namen und begründe jeweils die Zusammengehörigkeit der Elemente zu einer Familie.
3. Setze Eigenschaften der Halogene und ihrer Wasserstoffverbindungen in Beziehung zu den Atommassen.
4. Beantworte die Frage unter *3.* für die Chalkogene. Entnimm die Daten für Selen und Tellur einem Tabellenwerk.
5. Nenne die Elemente der Stickstoff- und die der Kohlenstoff-Gruppe. Stelle Verbindungen dieser Elemente mit Wasserstoff und mit Sauerstoff zusammen und bestimme die jeweiligen Oxidationsstufen.
6. Nenne die Alkali-Metalle und gib gemeinsame und unterscheidende Eigenschaften an. Beantworte die Frage für die Erdalkali-Metalle.
7. Welche Wasserstoff- und Sauerstoffverbindungen der Alkali-, Erdalkali- und Erdmetalle kennst du? Gib die Formeln dieser Verbindungen an.
8. Nach welchen Ordnungprinzipien ist das Periodensystem aufgestellt? Was versteht man unter den Begriffen Ordnungszahl, Periode und Gruppe?
9. An welchen Stellen im Periodensystem widersprechen sich die Ordnungsprinzipien? Welcher Grundsatz hat dann Vorrang?
10. Warum ist die Unterscheidung von Hauptgruppen- und Zwischengruppen-Elementen notwendig?
11. Gib Gründe an, warum man die Zwischengruppen mit der Nummer IIIb beginnen und mit der Nummer IIb beenden läßt.

7. Atom-Ionen, Dipol-Moleküle

7.1 Lösungen

7.1.1 Solvation (Hydration)

Lösungen sind homogene Stoff-Gemische. Auch mit dem besten Mikroskop gelingt es nicht, den gelösten Stoff in der Lösung vom Lösungsmittel zu unterscheiden. Der gelöste Stoff muß also in sehr kleine Bereiche aufgeteilt sein. Zum mechanischen Zerkleinern einer festen Substanz – z. B. in der Reibschale – muß Arbeit gegen die Gitterkräfte aufgebracht werden. Läßt sich auch für den Lösungsvorgang ein Energieaufwand nachweisen?

► **Versuch 7/1:** (Lehrerversuch, Abzug!) Man füllt ein Reagenzglas, das zur Wärmeisolierung von einem zweiten, etwas weiteren umgeben ist, zur Hälfte mit Schwefelkohlenstoff *(Abb. 7–1)* und mißt mit einem empfindlichen Thermometer (0,1 °C-Einteilung) die Temperatur. Man gibt zerkleinerten Stangenschwefel etwa 2 cm hoch in das Lösungsmittel, rührt mit dem Thermometer um und liest dabei die Temperatur ab: Die Flüssigkeit wird kälter. ◄

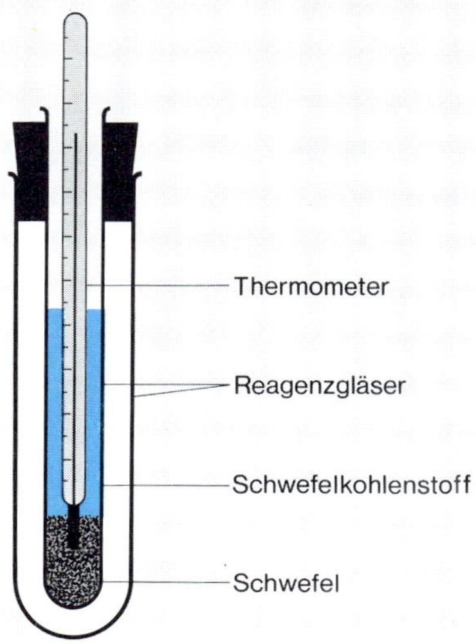

Abb. 7–1: Zu Versuch 7/1. Messung der Temperaturänderung beim Lösungsvorgang

Reaktionswärmen beim Lösen von Feststoffen

● **Folgerung:** Beim Lösen von Schwefel in Schwefelkohlenstoff wird Energie in Form von Wärme verbraucht. Die Beobachtung entspricht der Erwartung, daß beim Lösungsvorgang zur Zerstörung des Gitters Arbeit gegen die Gitterkräfte verrichtet werden muß.

Die kinetische Deutung erscheint einfach: Die Lösungsmittel-Moleküle prallen aufgrund ihrer thermischen Bewegung gegen die Gitterbausteine des Feststoffes. Wird dabei ein Baustein gegen die zurückhaltenden Gitterkräfte abgeschlagen, so wird das stoßende Teilchen gebremst (unelastischer Stoß). Beim Lösungsvorgang nimmt daher die mittlere Geschwindigkeit der Lösungsmittel-Moleküle ab, was eine Temperaturerniedrigung bedeutet *(4.2.1, Seite 60)*. Der Lösungsvorgang ist demnach endotherm.

Wir wollen die Deutung bestätigen, indem wir salzartige Stoffe lösen. Wegen ihrer verhältnismäßig großen Härte und hohen Schmelztemperatur *(1.3.2, Seite 13)* müßten ihre Gitterkräfte größer sein als die des Schwefels mit seiner niedrigen Schmelztemperatur. Beim Lösen dieser Salze erwarten wir daher eine stärkere Abkühlung.

► **Versuch 7/2:** Man prüft wie in *Versuch 7/1* die Temperaturänderungen beim Lösen von Kaliumchlorid, Natriumchlorid und Calciumchlorid (wie es als Trockenmittel benutzt wird) in Wasser: Nur im ersten Fall beobachtet man eine kräftige Temperaturerniedrigung. Beim Kochsalz ist sie kaum meßbar. Während des Lösens von Calciumchlorid erfolgt sogar starke Erwärmung. ◄

● **Folgerung:** Unsere Voraussage trifft nur für Kaliumchlorid zu.

Solvationsenergie

Das Argument, daß zum Zerstören eines Kristallgitters Energie erforderlich ist, behält sicherlich seine Gültigkeit. Die drei Chloride des *Versuchs 7/2* besitzen ungefähr gleiche Schmelztemperaturen ({KCl} 770°C, {NaCl} 800°C, {$CaCl_2$} 782°C) und daher auch vergleichbare Gitterenergien. Beim Lösungsvorgang muß also noch ein zweiter, exothermer Prozeß ablaufen, den wir bisher übersehen haben. Dieser muß beim Kochsalz ungefähr ebensoviel Energie liefern, wie zur Zerstörung des Gitters nötig ist, und beim Lösen von Calciumchlorid muß sogar der exotherme Vorgang den endothermen überwiegen.

Da kein weiterer Stoff außer dem Lösungsmittel vorhanden ist, wird dieses selbst die Ursache des exothermen Prozesses sein. Die Temperaturzunahme, also die Beschleunigung von Teilchen, kann nur durch anziehende Kräfte zwischen den Gitterbausteinen und den Lösungsmittel-Molekülen verursacht sein. Die bei der so bewirkten Aneinanderlagerung frei werdende Energie ist ebenso groß wie diejenige, die zur Wieder-Trennung dieser Bindung nötig wäre. Man nennt die Energie liefernde Anlagerung oder Bindung der Gitterbausteine an die Lösungsmittel-Moleküle **Solvation**[1], speziell im Falle des Wassers **Hydration**. Ist beim Lösungsvorgang die zu überwindende Gitterenergie größer als die freiwerdende Solvationsenergie, so beobachtet man eine Temperaturerniedrigung, wie z.B. im Fall {KCl}. Überwiegt aber die Solvationsenergie die Gitterenergie, so erfolgt das Lösen unter Erwärmung, wie z.B. im Fall {$CaCl_2$}.

Ergebnis: Ist ein fester Stoff in einer Flüssigkeit löslich, so lagern sich die Lösungsmittel-Moleküle an oder um die gelösten Gitterbausteine. Diese Solvation (Hydration) ist ein exothermer Vorgang.

Energiebilanz beim Lösungsvorgang

Uns ist bekannt, daß zwischen den Flüssigkeitsmolekülen selbst anziehende Kräfte herrschen, die die Ursache von Kohäsion und Oberflächenspannung sind *(4.2.1, Seite 59)*. Beim Lösungsvorgang verteilen sich die gelösten Teilchen in der Flüssigkeit. Für den Platz, den sie beanspruchen, müssen Lösungsmittel-Moleküle auseinanderrücken, es muß dafür Arbeit gegen die Kohäsionskräfte verrichtet werden.

Beim Lösen eines festen Stoffes in einer Flüssigkeit sind also drei Prozesse zu unterscheiden, die gleichzeitig ablaufen: Zerstören des Gitters (Gitterenergie *G*), Überwinden der Kohäsion (Kohäsionsenergie *K*) und Anlagerung der Lösungsmittel-Moleküle an die Gitterbausteine (Solvationsenergie *S*). Die beiden ersten Vorgänge sind endotherm (positives Vorzeichen von *G* und *K*, vgl. *6.1.3, Seite 95*), die Solvation ist exotherm (negatives Vorzeichen von *S*).

Als Bilanz ergibt sich die Lösungsenergie *L*:

$$L = \underset{(+)}{G} + \underset{(+)}{K} + \underset{(-)}{S}.$$

Ist *L* positiv, so ist der Gesamtvorgang endotherm (Abkühlung oder Energiezufuhr von außen); bei negativem *L* ist er exotherm (Erwärmung oder Abgabe von Energie).

Ergebnis: Beim Lösungsvorgang müssen die Gitterkräfte des festen Stoffes und die Kohäsionskräfte der Flüssigkeit überwunden werden. Die dazu erforderliche Arbeit wird von der thermischen Energie der Teilchen und von der Solvationsenergie aufgebracht. Ist die Solvationsenergie selbst schon größer als diese Arbeit, so nimmt die kinetische Energie der Teilchen in der Lösung zu (Erwärmung); andernfalls wird noch kinetische Energie verbraucht (Abkühlung).

Wir ersetzen jetzt den festen Stoff durch einen flüssigen und fragen wieder nach seiner Löslichkeit in einem Lösungsmittel. Wir wissen aus *1.4.1, Seite 17*, daß sich eine Flüssigkeit der Wasser-Gruppe nicht mit einer der Tetra-Gruppe mischt: Die eine Flüssigkeit ist unlöslich in der anderen. Mischbarkeit und Löslichkeit sind bei Flüssigkeiten also gleichbedeutend.

Wenn Mischbarkeit vorliegt, müssen die Moleküle der einen Flüssigkeit für die der anderen auseinanderrücken und umgekehrt. Es muß also Arbeit gegen die Kohäsionskräfte beider Flüssigkeiten geleistet werden. Das ist nur möglich, wenn anziehende Kräfte zwischen den Molekülen der einen und denen der anderen vorhanden sind. Es kommt wieder zu einer gegenseitigen Anlagerung, zur Solvation. Als Energiebilanz für das Mischen von Flüssigkeiten schreiben wir jetzt:

$$L = \underset{(+)}{K_1} + \underset{(+)}{K_2} + \underset{(-)}{S}.$$

Ist die Solvationsenergie dem Betrag nach größer als die Summe der Kohäsionsenergien, muß beim Mischen Erwärmung eintreten (negatives *L*), im anderen Fall Abkühlung (positives *L*).

▶ **Versuch 7/3:** (Abzug! Schutzhandschuhe!) Man mischt Flüssigkeiten der Tetra-Gruppe in der Apparatur von *Abb. 7–1.* Vor dem Mischen sorgt man für gleiche Anfangstemperaturen, indem man Reagenzgläser mit den beiden Flüssigkeiten (je 4 cm^3) in ein Wasserbad taucht. Die Temperaturänderung mißt man mit einem empfindlichen Thermometer. Beim Gemisch Tetra/Ether z.B. beobachtet man eine Temperaturzunahme, beim Benzol/Petroleum-Gemisch eine Temperaturabnahme. ◀

Ergebnis: Die beim Mischen zweier Flüssigkeiten abgegebene oder aufgenommene Wärme wird durch die Bilanz aus Solvations- und Kohäsisonsenergien gedeutet.

▶ **Versuch 7/4:** Man mischt konzentrierte Ethansäure (Eisessig) mit Wasser: Starke Temperaturzunahme. Man mischt Methanol (Methylalkohol), Ethanol (Ethylalkohol) und Propantriol (Glycerin) mit Wasser: In allen Fällen tritt Temperaturerhöhung ein. ◀

Beim Mischen von konzentrierter Schwefelsäure oder Salpetersäure mit Wasser kann die Temperatur jeweils über die Siedetemperatur des Wassers steigen, so daß die heißen, ätzenden Mischungen herausspritzen und Verletzungen verursachen können. Beim Verdünnen gießt man daher immer die Säure in dünnem Strahl unter Umrühren zu Wasser, niemals umgekehrt!

● **Folgerung:** Beim Mischen von Flüssigkeiten der Wasser-Gruppe treten erhebliche Solvationsenergien auf.

[1] solvere (lat.), lösen

Wir wissen aus *4.2.1, Seite 59f*, daß die Moleküle für ihre thermische Bewegung einen gewissen Platz brauchen, also noch nicht dicht aneinander liegen. Wenn beim Mischen tatsächlich anziehende Kräfte zwischen den Molekülen beider Flüssigkeiten wirksam werden, müßten sich auch auf diese Weise die Molekülabstände verringern, d.h. man müßte eine **Volumenkontraktion** beobachten:

► **Versuch 7/5:** Man gibt in einem Becherglas zu 50 cm³ Wasser unter Umrühren 50 cm³ Ethanol; die Volumina müssen mit Pipetten genau abgemessen werden. Man läßt das Gemisch abkühlen und gießt es ohne Verlust in einen Meßzylinder: Das Volumen des Gemisches beträgt weniger als 100 cm³ *(Abb. 7–2)*. Merkliche Volumenkontraktionen erhält man auch mit den Flüssigkeiten des *Versuchs 7/4*. Auch Tetra und Ether *(Versuch 7/3)* geben eine geringe Abnahme des Volumens; hier empfiehlt es sich, die Flüssigkeiten in einen Mischzylinder mit 0,1 cm³-Einteilung zu pipettieren. ◄

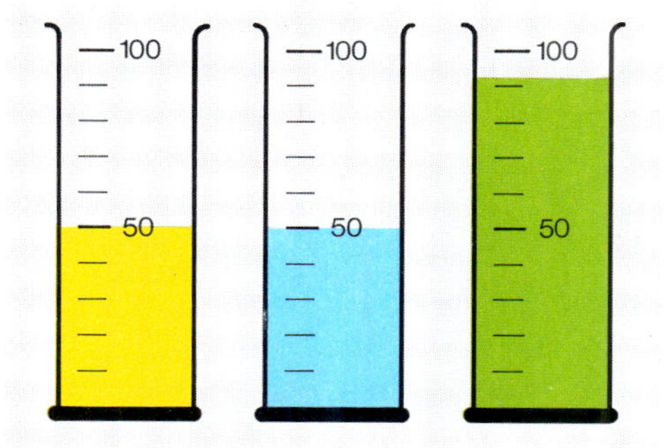

Abb. 7–2: Zu Versuch 7/5. Volumenkonzentration beim Mischen zweier Flüssigkeiten

Die Versuche zeigen, daß das Zusammenwirken der molekularen Kräfte bei der Solvation (Hydration) einer außerordentlich großen Kraft entspricht: Sie wäre nötig, um das Volumen durch Zusammendrücken um den gleichen Betrag zu verringern.

Ergebnis: Mischen sich Flüssigkeiten unter Erwärmen, dann ist das Volumen des Gemisches nach Abkühlung kleiner als die Summe der Einzel-Volumina.

Es wäre nun interessant festzustellen, ob auch beim Lösen fester Stoffe eine Volumenkontraktion stattfindet.

► **Versuch 7/6:** In zwei Meßzylinder von 100 cm³ Inhalt gibt man je 20 g trockenes Kaliumchlorid. In den ersten Zylinder füllt man 80 cm³ Wasser, in den anderen das gleiche Volumen Tetra (Abzug!). Wenn das Salz gelöst ist, liest man am ersten Zylinder ein Volumen von 88,3 cm³ ab. Das Volumen im zweiten Gefäß beträgt 90,1 cm³. Man schließt eine entsprechende Versuchsreihe mit anderen Salzen oder Feststoffen an. ◄

• **Folgerung:** Da Kaliumchlorid in Tetra unlöslich ist, bedeuten die 90,1 cm³ die Summe der Einzel-Volumina. Beim Lösen im Wasser findet also eine Volumenverminderung von etwa 2 cm³ statt.

In unsere Untersuchungen über die Reaktionswärme beim Lösungsvorgang wollen wir auch die gasförmigen Stoffe einbeziehen. Wir kennen bereits die gute Löslichkeit von Propan in Tetra *(1.4.2, Seite 17)* und die von Chlorwasserstoff und Ammoniak in Wasser *(3.2.1, Seite 42,* und *3.2.2, Seite 45)*. Die Ursache für diese Löslichkeiten kann wieder in dem Vorhandensein anziehender Kräfte zwischen den Gas- und den Lösungsmittel-Molekülen gesucht werden. Es wird also Solvationsenergie frei, während gegen die Kohäsionskräfte des Lösungsmittels Arbeit geleistet werden muß. Der Unterschied zu den bisher untersuchten Beispielen besteht darin, daß keine Kohäsionskräfte zwischen den Gas-Molekülen zu überwinden sind. In der Energiebilanz einer Lösung Gas/Flüssigkeit fehlt also ein positives, d.h. endothermes Glied:

$$L = \underset{(+)}{K} + \underset{(-)}{S}.$$

Damit ist die Wahrscheinlichkeit, daß L negativ ist, daß also das Lösen von Gasen unter Erwärmung stattfindet, sehr viel größer als bei Feststoffen und Flüssigkeiten.

► **Versuch 7/7:** Man befestigt um die Quecksilberkugel eines Thermometers (0,1 °C-Einteilung) mit Hilfe eines Gummirings einen kleinen Wattebausch, feuchtet ihn mit Wasser an und hält ihn in den Gasraum einer Flasche, die konzentrierte Salzsäure enthält. Der Chlorwasserstoff löst sich in dem Wasser der feuchten Watte: Die Temperatur steigt beträchtlich. Entsprechende Versuche lassen sich mit Brom- und Jodwasserstoff und mit Ammoniak über ihren konzentrierten wäßrigen Lösungen ausführen. ◄

Reaktionswärmen beim Lösen von Flüssigkeiten und Gasen

Ergebnis: Beim Lösen von Gasen in Flüssigkeiten ist die Solvationsenergie meist größer als die Kohäsionsenergie des Lösungsmittels; es wird daher Wärme frei.

Um die Ursache der Solvation (Hydration) zu finden, müssen wir quantitativ arbeiten. Dazu sind Überlegungen notwendig, wie wir die Konzentration einer Lösung messen.
Als wir in *Versuch 7/6* 20 g Kaliumchlorid in 80 cm³ (= 80 g) Wasser lösten, stellten wir eine 20%ige Lösung her.

Definition: Eine Lösung ist *x*%ig, wenn in 100 g Lösung *x* g des gelösten Stoffs und (100 − *x*) g Lösungsmittel enthalten sind.

Mit dieser Festsetzung wird die Konzentration in **Massenprozent** oder, wie man statt dessen meist sagt, in »Gewichtsprozent« ausgedrückt. In diesem Sinne spricht man von 36%iger Salzsäure, 96%igem Alkohol usw. Eine gesättigte Kochsalzlösung ist 26%ig. 100%iger Ether, der also keinen Stoff gelöst enthält, heißt auch »absoluter« Ether. Die Angabe in Gewichtsprozent ist die in der Physik übliche Konzentrationsbezeichnung.

Volumenkontraktion

Die Angabe der Konzentration in **Volumenprozent** ist für Lösungen wenig üblich. Der Grund ist wohl die meist auftretende Volumenkontraktion beim Lösungsvorgang. Nur bei alkoholischen Getränken ist diese Konzentrationsangabe gebräuchlich. So spricht man von einem 40%igen Likör, wenn er in 100 cm³ gerade 40 cm³ reinen Alkohol enthält. Sinnvoll und in der Wissenschaft gebräuchlich ist die Angabe in Volumenprozent bei der Zusammensetzung eines Gasgemisches. Wenn man liest, daß Leuchtgas ein Gemisch von durchschnittlich 50% Wasserstoff, 33% Methan, 7% Kohlenmonoxid, 5% Stickstoff, 3% schweren Kohlenwasserstoffen und 2% Kohlendioxid ist, so sind Volumenprozente gemeint.

Für die Praxis des Chemikers ist die Konzentrationsangabe einer Lösung weder in Gewichts- noch in Volumenprozent sinnvoll. Denn in seinen Reaktionsgleichungen bedeuten die Koeffizienten Molzahlen, und die Formeln machen Aussagen über die umgesetzten Massen M_L *(4.1.3* und *5.2.4)*. Er möchte also wissen, wieviel dieser Massen M_L des gelösten Stoffs sich in der Volumeneinheit einer Lösung befinden. Das führt zu folgender Formulierung der Konzentration:

Maßeinheiten für die Konzentration von Lösungen

Definition: Eine Lösung ist »*y*-molar«, wenn in 1 Liter der Lösung $y\ M_L$ des gelösten Stoffes enthalten sind.

1. Beispiel: In 1 Liter einer 1-molaren Salzsäure sind nach der Definition 36,5 g Chlorwasserstoff gelöst, das sind *L* Moleküle oder 1 mol. Dann enthalten 50 cm³ dieser Säure zum Beispiel (50 · 36,5g)/1000 = 1,825 g HCl. Ist die Säure aber nur 0,2-molar, sind in 50 cm³ dieser verdünnteren Säure 0,2 · 1,825 g = 0,365 g HCl gelöst; das ist ebensoviel wie in 100 cm³ einer 0,1-molaren oder in 1 l einer 0,01-molaren Salzsäure.

2. Beispiel: Um 100 cm³ einer 2-molaren Kaliumjodid-Lösung herzustellen (M_L(K) = 39,1 g; M_L (J) = 126,9 g; M_L {KJ} = 166,0 g) muß man (100 · 2 · 166 g)/1000 = 33,2 g des Salzes abwiegen. Man gibt diese Menge in einen 100 cm³-Meßkolben *(Abb. 7–3)*, fügt etwa 65 cm³ destilliertes Wasser hinzu, schwenkt bis zur vollständigen Lösung des Salzes und füllt dann bis zur Strichmarke am Kolbenhals mit Wasser auf. Nach dem Aufsetzen des Stopfens mischt man die Lösung durch mehrmaliges Umschwenken.

Von welcher großen praktischen Bedeutung die Konzentrationsangabe in **Molarität** ist, soll folgende Überlegung zeigen:
Bei einer Reaktion mögen *p* mol einer Teilchensorte *A* mit *q* mol einer Sorte *B* reagieren. Stellt man von diesen Teilchensorten 1-molare oder – allgemeiner – gleichmolare Lösungen her, dann findet die Reaktion zwischen *p* Volumeneinheiten der Lösung *A* und *q* Volumeneinheiten der Lösung *B* statt. Umgekehrt kann man aus dem beobachteten Volumenverhältnis bei einer Reaktion zwischen gleichmolaren Lösungen auf das Verhältnis der Molzahlen der Reaktionspartner und damit auf die Koeffizienten der Reaktionsgleichung schließen:

$$p\,A + q\,B \rightarrow A_p\,B_q.$$

Ergebnis: Reagieren zwei Lösungen gleicher molarer Konzentrationen im Volumenverhältnis *p* : *q*, so sind *p* und *q* die Koeffizienten der Reaktionsgleichung.

Denken wir uns die Koeffizienten der obigen Reaktionsgleichung durch das kleinste gemeinsame Vielfache *p q* dividiert, so erhalten wir $(1/q)\,A + (1/p)\,B$. Die neuen Koeffizienten $1/q$ und $1/p$ mol bedeuten jetzt die Äquivalentmengen der Reaktionspartner *(6.1.1, Seite 87)*, falls *A* *q*-wertig und *B* *p*-wertig sind. Bei Verwendung einer $1/q$-molaren *A*-Lösung und einer $1/p$-molaren *B*-Lösung können wir dann gleiche Volumina zusammengeben, damit die Reaktion quantitativ abläuft. Für solche Fälle hat sich ein weiteres Konzentrationsmaß bewährt:

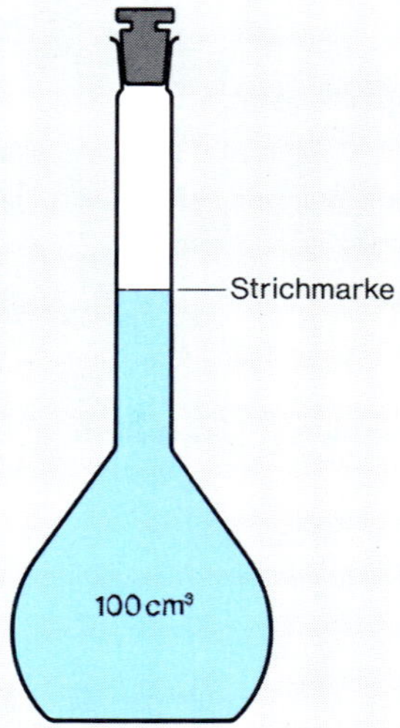

Abb. 7–3: Meßkolben

Definition: Eine Lösung ist »*z*-normal«, wenn in 1 Liter der Lösung *z* Äquivalentmassen des gelösten Stoffes enthalten sind.

3. Beispiel: Eine 1-normale Lösung von Natriumsulfid {Na_2S} enthält in 1 Liter 1 mol Na-Atome und ½ mol S-Atome; sie ist also ½-molar. Eine 1-normale {$AlCl_3$}-Lösung mit ⅓ mol Al-Atome und 1 mol Cl-Atome im Liter ist ⅓-molar.

4. Beispiel: Um 100 cm³ einer 0,1-normalen Calciumchlorid-Lösung herzustellen (M_L(Ca) = 40,1 g; M_L (Cl) = 35,5 g; M_L{$CaCl_2$} = 111,1 g) muß man von der trockenen Substanz
0,1 · ½ · 111,1 g · 100)/1000 = 0,5555 g abwiegen, in einem 100 cm³-Meßkolben lösen und bis zur Strichmarke mit Wasser auffüllen.

Die Begriffe Molarität und Normalität sind also durch die Wertigkeit verknüpft. Eine 1-molare Salzsäure ist auch 1-normal (einwertige Wasserstoff- und Chlor-Atome). Eine 0,1-molare Calciumchlorid-Lösung ist 0,2-normal (zweiwertige Calcium-Atome). Umgekehrt ist eine 1-normale Aluminiumchlorid-Lösung ⅓ -molar (dreiwertige Aluminium-Atome). Den Vorteil des Arbeitens mit Normallösungen können wir jetzt folgendermaßen formulieren:

Ergebnis: Läßt man Lösungen gleicher normaler Konzentration miteinander reagieren, so werden gleiche Volumina verbraucht.

Zusammenfassung: *Der Lösungsvorgang ist stets mit einer Temperaturänderung verknüpft. Energie muß aufgebracht werden zum Trennen der Teilchen aus ihrem Gitter- bzw. Flüssigkeitsverband; Energie wird frei beim Aneinanderlagern der Teilchen unterschiedlicher Herkunft.*
Im Kapitel 3 *führten wir die chemischen Symbole, Formeln und Gleichungen anhand von Reaktionen ein, bei denen alle Reaktionspartner gasförmig sind. Das war nur möglich, weil wir mit der These von* Avogadro *von den beobachteten Volumenverhältnissen auf die Mengen (Mole) der reagierenden und entstehenden Moleküle schließen konnten. Für Feststoffe und Flüssigkeiten gibt es keine These, die der von* Avogadro *entspricht. Die geniale Idee der Chemiker, Konzentrationen in Molaritäten zu messen, leistet nun für Reaktionen, die sich in Lösungen abspielen, denselben Dienst wie die* Avogadro-*These für die Gasreaktionen. In beiden Fällen stehen die beobachteten Volumina in einfacher Beziehung zu den umgesetzten Massen M_L und damit zu den Koeffizienten der Reaktionsgleichungen. In den folgenden Abschnitten und Kapiteln werden wir daraus Nutzen ziehen.*

7.1.2 Gruppenreaktionen wäßriger Chlorid-Lösungen

Im *Versuch 7/2* haben wir die Reaktionsenergien beim Lösen von Kalium-, Natrium- und Calciumchlorid miteinander verglichen. Der endotherme, auf die Gitterenergie bezogene Anteil ist bei den drei Salzen etwa gleich hoch (Schmelztemperaturen um 800° C); der exotherme, durch die Hydration bedingte Energie-Anteil ist für Kaliumchlorid am kleinsten, für Calciumchlorid am größten. Da sich die Salze ihrer Zusammensetzung nach nur in den Metallbestandteilen unterscheiden, könnten diese vielleicht für die verschiedenen Hydrationsenergien verantwortlich sein. Zur Klärung dieser Vermutung suchen wir nach weiteren Eigenschaften der Chloride oder ihrer Lösungen, die bei Gleichheit auf den Chloridanteil, bei Verschiedenheit auf den Metallanteil zurückzuführen wären.

► **Versuch 7/8:** Man füllt vier Reagenzgläser je zur Hälfte mit verdünnten Lösungen von Kalium-, Natrium-, Calcium- und Kupferchlorid und gibt zu jeder tropfenweise Silbernitrat-Lösung[1]: Es bildet sich ein weißer Niederschlag[2], hautartig die Tropfen überziehend *(Abb. 7–4)*, der nach dem Durchschütteln an geronnene Milch oder Weißkäse denken läßt und der sich bei Sonnenlicht schnell, im zerstreuten Tageslicht langsam schmutziggrau färbt. Nach dem Absetzen des Niederschlags in der Kupfersalzlösung ist deren Farbe unverändert blau. Ein entsprechendes Verhalten gegenüber Silbernitrat-Lösung zeigen die Lösungen aller Chloride. ◄

● **Folgerung:** Bei allen Versuchen ist der gleiche Niederschlag entstanden, gekennzeichnet durch sein käsiges Aussehen und die weiße, im Licht nachdunkelnde Farbe. Wegen dieses charakteristischen Niederschlags ist Silbernitrat-Lösung ein **Nachweis-Reagenz** für Chlorid-Lösungen.

Da in allen Lösungen das gleiche Reaktionsprodukt entstanden ist, kann nur der Chloridanteil der Salze die gemeinsame Ursache dieser Reaktionen sein. Handelt es sich vielleicht um ein und dieselbe Reaktion, die wir bei den vier Versuchen beobachtet haben? Da wir von Chloriden verschiedener Metalle ausgegangen sind, würde das bedeuten, daß in den Lösungen die Chloridanteile getrennt von den Metallanteilen vorliegen und so für die Reaktion mit der Silbernitratlösung zur Verfügung stehen.

Wann sind überhaupt zwei Reaktionen gleich? Sie sind es offenbar dann, wenn die Ausgangsstoffe, die Endprodukte und der Energieumsatz pro Mol gleich sind. Das ist so selbstverständlich wie die Feststellung, daß Dreiecke kongruent sind, wenn sie in allen Seiten und Winkeln übereinstimmen. Interessanter und wichtiger sind bei dem mathematischen Vergleich die Kongruenzsätze, die aus der Gleichheit von nur drei unabhängigen Stücken die Gleichheit aller übrigen folgern. So können wir bei zwei Reaktionen vom Typ $A + B \rightarrow C$ aus der Gleichheit eines der beiden Ausgangsstoffe *B*, der gleichen Reaktionswärme und dem gleichen Endprodukt *C* folgern, daß dann auch der andere Ausgangsstoff *A* gleich gewesen sein muß. Bei unseren Reaktionen in *Versuch 7/8* entspricht *B* der Silbernitrat-Lösung, *C* dem Niederschlag; gelingt es uns, auch noch gleiche Reaktionswärmen nachzuweisen, dann muß der andere Ausgangsstoff in den Chlorid-Lösungen ebenfalls gleich sein. Selbstverständlich müssen wir mit gleichen Konzentrationen der Lösungen hinsichtlich des Chloridanteils arbeiten, also z. B. mit Normal-Lösungen *(7.1.1, Seite 112)*, von denen wir gleiche Volumina zu nehmen haben.

Abb. 7–4: Zu Versuch 7/8. Reaktion zwischen Silbernitrat- und Chlorid-Lösung

► **Versuch 7/9:** Man wiegt je $\frac{1}{10}$ Äquivalentmasse Kaliumchlorid (7,46 g), Natriumchlorid (5,85 g) und wasserfreies Calciumchlord ($\frac{1}{2} \cdot 11{,}1\,g = 5{,}55\,g$) ab. Die Substanzen müssen vorher im Trockenschrank gut von anhaftender Feuchtigkeit befreit worden sein. Man füllt sie in drei 100 cm^3 -Meßkolben *(Abb. 7–3)* und gibt soviel destilliertes Wasser dazu, daß sich die Salze lösen. Nach dem Temperaturausgleich füllt man vorsichtig bis zur Strichmarke am Kolbenhals auf und schüttelt gut durch (Schliffstopfen aufsetzen). Man gießt die so hergestellten Normal-Lösungen in drei Thermosflaschen mit gleichen Wasserwerten, überzeugt sich von gleichen Anfangstemperaturen und gibt dann zu jeder 100 cm^3 der gleichen Silbernitrat-Lösung hinzu, wobei man in dünnem Strahl gießen muß und gleichzeitig mit dem gleichen Thermometer (0,1° C-Einteilung) umrührt: Man stellt gleiche Temperaturerhöhungen fest. ◄

Dissoziation der Chloride in hydratisierte Ionen

● **Folgerung:** Im Sinne der Vorüberlegung handelt es sich in allen drei Fällen um die gleiche Reaktion. Die Chloridanteile, die mit der Silbernitrat-Lösung die Reaktion eingehen, müssen also in den Lösungen selbständig, d. h. von den Metallanteilen getrennt, vorhanden sein. Andernfalls müßte das Auseinanderreißen dieser Anteile wegen der Verschiedenheit der Metalle unterschiedliche Energien erfordern, gleichbedeutend mit unterschiedlichen Reaktionswärmen, die aber nicht beobachtet werden.

Nachweis von Chlorid-Ionen

Ergebnis: In den Chlorid-Lösungen sind die Metall- und die Chloridanteile voneinander getrennt. Sie erhalten einen besonderen Namen: **Ionen**[1].

Was für merkwürdige »Anteile« sind nun die Ionen? Eine negative Aussage können wir so-

[1] Silbernitrat (Höllenstein), vgl. *1.3.2, Seite 11.*
[2] Silberchlorid

[1] Erklärung des Namens »Ion« in *7.1.4*

Oxidationsstufe der Ionen

fort treffen: In den Chlorid-Ionen sind die Chlor-Atome nicht im elementaren Zustand, haben also nicht die Oxidationsstufe Null *(6.1.2, Seite 91)*. Denn die charakteristischen Eigenschaften des elementaren Chlors – auch in seiner wäßrigen Lösung – sind die gelbgrüne Farbe, der stechende Geruch und die Giftigkeit, währen die Chlorid-Lösungen farb- und geruchlos sowie relativ ungiftig sind, wenn wir an das Zubereiten unserer Speisen mit Natriumchlorid-Lösung denken. Wir müssen daher annehmen, daß die Chlor-Atome in den Chlorid-Ionen die gleiche Oxidationsstufe wie in den festen Salzen haben, nämlich – 1. Wir benutzen für sie das vorläufige Symbol $(\overset{-1}{Cl}_{aq})$, wobei die Klammer und die darübergesetzte Ziffer den Unterschied zum elementaren Zustand und der Index »aq« die Hydration, d. h. die Anlagerung oder Bindung von Wasser-Molekülen (aqua) bedeuten.

Ebensowenig besitzen die Metall-Atome in den Metall-Ionen der Salzlösungen die Oxidationsstufe Null. Elementares Kupfer z. B. ist rot und in Wasser unlöslich, während die Kupfer-Ionen in den Lösungen die blaue Farbe hervorrufen. Von Natrium-Metall wissen wir, daß es Wasser lebhaft zersetzt *(Versuch 1/12, Seite 14)*. Wir geben daher den Metall-Ionen in den Lösungen die gleiche Oxidationsstufe wie in den Salzen und schreiben in Anbetracht der Hydration $(\overset{+1}{Me})_{aq}$ oder $(\overset{+2}{Me})_{aq}$.

Für das »Trennen« der Chlorid- von den Metallanteilen haben wir vorhergehend unterschiedliche Reaktionswärmen gefordert. In den Lösungen sind die Ionen bereits getrennt. Die Trennung kann also nur beim Lösungsvorgang stattfinden. Tatsächlich haben wir beim Lösen der Salze in Wasser unterschiedliche Temperaturänderungen beobachtet *(Versuch 7/2)*. Auch bei dieser Trennung spricht man von einer Dissoziation.

Ergebnis: Beim Lösen der Metallchloride in Wasser findet eine Dissoziation der Gitter in getrennte, hydratisierte Chlorid- und Metall-Ionen statt.

Mit den neuen Symbolen läßt sich der Lösungsvorgang samt Reaktionswärme folgendermaßen schreiben:

$$\{KCl\} + aqua \longrightarrow (\overset{+1}{K})_{aq} + (\overset{-1}{Cl})_{aq}; \quad \Delta H = +a\,kJ$$

$$\{NaCl\} + aqua \longrightarrow (\overset{+1}{Na})_{aq} + (\overset{-1}{Cl})_{aq}; \quad \Delta H = +b\,kJ \quad (b<a)$$

$$\{CaCl_2\} + aqua \longrightarrow (\overset{+2}{Ca})_{aq} + 2(\overset{-1}{Cl})_{aq}; \quad \Delta H = -c\,kJ$$

$$\{CuCl_2\} + aqua \longrightarrow (\overset{+2}{Cu})_{aq} + 2(\overset{-1}{Cl})_{aq}; \quad \Delta H = -d\,kJ$$

Wir wollen mit dieser Schreibweise zum Ausdruck bringen, daß der Lösungsvorgang eine endotherme oder exotherme chemische Reaktion ist, bei der das Lösungsmittel Wasser einer der Reaktionspartner ist. Da wir nicht wissen, wieviel Wasser-Moleküle beteiligt sind, wählen wir das allgemeine Symbol »aqua«. Weiterhin kommt in der Schreibweise zum Ausdruck, daß in den Lösungen (rechte Seiten der Gleichungen) die Ionen getrennt sind.

Die Chlorid-Ionen sind in allen Chlorid-Lösungen enthalten. Sie sind verantwortlich für die Reaktion mit der Silbernitrat-Lösung, in der ebenfalls getrennte Silber- und Nitrat-Ionen vorhanden sind. Für die Bildung des Niederschlags Silberchlorid *(Versuche 7/8* und *7/9)* können wir dann schreiben:

$$(\overset{+1}{Ag})_{aq} + (\overset{-1}{Cl})_{aq} \longrightarrow \{AgCl\} + aqua; \quad \Delta H = -e\,kJ$$

Da diese Reaktion für alle Chlorid-Lösungen kennzeichnend ist, spricht man auch von einer **Gruppenreaktion**. Daß die freiwerdende Wärme $-e$ kJ bei jeder Einzelreaktion den gleichen Betrag hat, wurde in *Versuch 7/9* festgestellt.

Schauen wir uns die letzte Reaktionsgleichung noch einmal an. Das **Ausfällen**, d. h. das Bilden des Niederschlags von Silberchlorid, ist gewissermaßen die Umkehrung eines Lösungsvorgangs. Die Ionen müssen von den angelagerten Wasser-Molekülen befreit werden (Dehydration), was ein endothermer Vorgang sein muß, und schließen sich dann zum Kristallgitter des Silberchlorids zusammen, wobei soviel Energie frei wird, wie zum Wiederauflösen des Gitters aufgebracht werden müßte. Aus der Unlöslichkeit des Silberchlorids können wir auf starke Gitterkräfte schließen, so daß die exotherme Kristallisation die endotherme Dehydration überwiegt: Bei der Gesamtreaktion wird also Wärme frei.

Weiterhin fällt uns an der Reaktionsgleichung auf, daß die Nitrat-Ionen der Silbernitrat-Lösung und die Metall-Ionen der Chlorid-Lösungen nicht erscheinen: Sie sind nicht an der Reaktion beteiligt und nach der Ausfällung des Silberchlorids unverändert in der Lösung vorhanden. Wir erkennen das deutlich daran, daß die blaue Farbe der Kupferchlorid-Lösung nach dem Absetzen des Niederschlags unverändert erhalten bleibt. Wir können diese Farbe als **Gruppeneigenschaft** von Lösungen bezeichnen, die Kupfer-Ionen enthalten.

Zusammenfassung: *In den wäßrigen Lösungen der Metallchloride sind die Metallanteile (Metall-Ionen) von den Chloridanteilen (Chlorid-Ionen) getrennt. Die Trennung (Dissoziation) der Anteile und ihre gleichzeitig stattfindende Hydration erfolgt beim Lösungsvorgang der Chloride. Die hydratisierten Ionen geben den Lösungen ihre charakteristischen Eigenschaften (Gruppenreaktionen): Alle Chlorid-Lösungen reagieren mit Silbernitrat-Lösung unter Ausfällung von Silberchlorid; alle Kupfersalz-Lösungen sind blau. Die Lösungsvorgänge sind keine Redox-Reaktionen. Die Atome besitzen daher in den Ionen die gleiche Oxidationsstufe wie in den Salzgittern.*

Um die chemische Natur dieser Teilchen klären zu können, brauchen wir noch weiteres Erfahrungsmaterial, d. h. wir müssen erst noch weitere Ionen kennenlernen.

7.1.3 Säuren

Auf der Suche nach binären Verbindungen, die sich in Wasser lösen, stoßen wir – abgesehen von den Salzen – auf die gasförmigen Wasserstoff-Verbindungen der Nichtmetalle: Halogenwasserstoffe HCl, HBr und HJ *(3.2.1* und *6.2.1),* Schwefelwasserstoff H_2S *(2.3.1* und *5.2.1),* Ammoniak NH_3 *(3.2.2* und *4.1.4)* sowie Methan CH_4 *(5.2.4).*
Methan kann aus der Untersuchung jedoch ausscheiden, weil es sich kaum in Wasser löst, seine Löslichkeit ist noch geringer als die des von uns untersuchten Propans *(Versuch 1/24).*
Von den erstgenannten Gasen wissen wir, daß sie sich begierig in Wasser lösen *(Versuche 3/15 und 3/22)* und daß beim Lösungsvorgang auffallend viel Wärme frei wird *(Versuch 7/7),* was wir einer starken Hydrationsenergie zuschreiben. Nur Schwefelwasserstoff macht eine gewisse Ausnahme, weil er sich zwar noch deutlich, aber bei weitem nicht so gut in Wasser löst wie die anderen Gase. (In 1 cm^3 Wasser lösen sich bei 0°C 4,7 cm^3 H_2S gegenüber 612 cm^3 HBr; die Löslichkeit von Methan beträgt nur 0,06 cm^3 CH_4.)
Für die folgenden Versuche stellen wir uns wäßrige Lösungen der Gase her, sofern sie nicht als Salzsäure, Ammoniakwasser usw. vorhanden sind.

► **Versuch 7/10:** Man riecht an stark verdünnten Lösungen von Chlor-, Brom-, Jod- und Schwefelwasserstoff sowie von Ammoniak in Wasser. Die ersten drei Lösungen haben kaum einen Geruch nach den Halogenwasserstoffen. Die Lösung von Schwefelwasserstoff und Ammoniak-Wasser jedoch geben noch einen deutlichen Geruch nach den gelösten Gasen ab. ◄

► **Versuch 7/11:** Je einen Tropfen der sehr stark verdünnten (!) Lösungen von *Versuch 7/10* bringt man mit einem Glasstab auf die Zunge. Wenn man den Geschmack festgestellt hat, spült man den Mund mit Wasser und speit in den Ausguß. Die Lösungen der Halogenwasserstoffe schmecken deutlich sauer, die Lösung von Schwefelwasserstoff weniger deutlich, die von Ammoniak gar nicht oder unangenehm seifig. ◄

● **Folgerung:** Mit dem sauren Geschmack eines Teiles der Lösungen haben wir eine Gruppeneigenschaft gefunden.

Geschmacksproben sind oft gefährlich und unangenehm. Essig, der auch sauer schmeckt, wird im Haushalt u. a. dazu benutzt, beim Kochen von Rotkohl durch Zugabe einiger Tropfen dem Kraut eine schöne rote Farbe zu geben. Außer dem Farbstoff des Rotkohls gibt es weitere, meist violette Pflanzenfarbstoffe (Brombeere, Radieschen, Lackmus), aber auch künstlich hergestellte Farbstoffe, die in sauren wäßrigen Lösungen ihre Farbe ändern. Da sie den sauren Geschmack anzeigen, nennt man sie **Indikatoren.** Mit einer besonders geeigneten Mischung dieser Farbstoffe, dem **Universalindikator,** hat man Filtrierpapierstreifen getränkt und in den Handel gebracht.

► **Versuch 7/12:** Man bringt mit einem Glasstab einen Tropfen Wasser auf einen Streifen des gelben Universalindikatorpapiers: Olivgrüne Farbe. Man wiederholt den Versuch mit Essig, Zitronensaft, Rhabarbersaft, Apfelwein: Farbänderung nach rot. Man prüft die Lösungen von *Versuch 7/10* mit dem Universalindikator: Rote Farbe bei den Halogenwasserstoff-Lösungen auch noch in starker Verdünnung; gelbe Farbe bei Schwefelwasserstoff-Lösung (wenn nicht zu stark verdünnt); jedoch dunkles Blaugrün bei Ammoniakwasser *(Abb. 7–5).* ◄

Ergebnis: Sauer schmeckende Lösungen färben Universalindikator gelb bis rot; sie heißen **Säuren.** Die wäßrigen Lösungen der Halogenwasserstoffe und des Schwefelwasserstoffs sind Säuren.

Ammoniakwasser ist keine Säure und scheidet daher von der weiteren Untersuchung aus. Außer der Lösung von Chlorwasserstoff, der Salzsäure, haben die Lösungen der anderen Gase keinen besonderen Namen; wir nennen sie Bromwasserstoffsäure, Jodwasserstoffsäure und Schwefelwasserstoffsäure. Letztere ist wegen des nur schwach sauren Geschmacks und der Gelbfärbung des Indikators eine schwache Säure.

Abb. 7–5: Unterschiedliche Färbungen von Universalindikator

Nachweisreaktionen für Säuren

Der saure Geschmack als gemeinsame Eigenschaft der Säuren muß einen gemeinsamen Grund haben. Da die Säuren, die wir untersuchen, Lösungen von Wasserstoff-Verbindungen sind, kann nur der Wasserstoffanteil Ursache der sauren Eigenschaft sein. Er müßte in den Halogenwasserstoffsäuren stark konzentriert, bei der schwachen Schwefelwasserstoffsäure in nur geringer Konzentration vorhanden sein. Da der elementare Wasserstoff nicht sauer schmeckt und sich auch kaum in Wasser löst, können die Wasserstoff-Atome als Wasserstoffanteile – jetzt Wasserstoff-Ionen genannt – nicht die Oxidationsstufe Null haben; sie behalten die Stufe +1 wie in den Gasmolekülen, aus denen die Ionen beim Lösen entstehen.
Bei diesem Lösungsvorgang finden also eine Aufspaltung der Moleküle in Ionen, die Dissoziation (endothermer Prozeß), und eine gleichzeitige Anlagerung von Wasser-Molekülen, die Hydration (exothermer Prozeß), statt. Wegen des kräftigen Temperaturanstiegs, z. B. beim Lösen von Chlorwasserstoff *(Versuch 7/7),* muß die Hydrationsenergie er-

hydratisierte Wasserstoff-Ionen

heblich größer sein als die Dissoziationsenergie. Wir formulieren:

$$HCl + aqua \rightarrow (\overset{+1}{H})_{aq} + (\overset{-1}{Cl})_{aq}; \quad \Delta H = -xkJ$$

Diesen Vorgang können wir auf zweierlei Weise experimentell bestätigen:

► **Versuch 7/13:** Man gibt im Reagenzglas zu verdünnter Salzsäure tropfenweise Silbernitrat-Lösung: Es bildet sich wie bei *Versuch 7/8* der weiße käsige Niederschlag.

► **Versuch 7/14:** Man zeigt zunächst, daß Magnesiumoxid in Wasser schwer löslich ist. Man gibt dann in einem Erlenmeyerkolben zu verdünnter Salzsäure wenig Magnesiumoxid: Es entsteht eine klare Lösung. Man fügt weiter solange Oxid hinzu, bis sich nichts mehr löst, filtriert dann und prüft das Filtrat mit Indikatorpapier: Keine Rotfärbung mehr. Man wiederholt den Versuch mit Brom-, Jod- und Schwefelwasserstoffsäure. ◄

Versuch 7/15: Man gibt zu verdünnter Salzsäure schwarzes Kupferoxid: Die Farbe der klaren Lösung (evtl. nach Filtrieren) ist blau. ◄

● **Folgerung:** (a) der *Versuch 7/13* beweist, daß in der Salzsäure tatsächlich – wie in den Chlorid-Lösungen des *Abschnitts 7.1.2* – Chlorid-Ionen vorhanden sind.
(b) In den *Versuchen 7/14 und 7/15* sind Metall-Ionen entstanden, was durch die für Kupfer-Ionen charakteristische blaue Farbe *(7.1.2, Seite 113)* bewiesen ist. Dafür sind die Wasserstoff-Ionen, die wir für den sauren Charakter der Lösungen verantwortlich gemacht haben, verschwunden. Sie müssen also mit den in den Oxiden gebundenen Sauerstoff-Atomen reagiert haben:

$$\{MgO\} + 2(\overset{+1}{H})_{aq} \rightarrow (\overset{+2}{Mg})_{aq} + H_2O$$
$$\{CuO\} + 2(\overset{+1}{H})_{aq} \rightarrow (\overset{+2}{Cu})_{aq} + H_2O$$

Mit diesem Verhalten gegenüber Metalloxiden haben wir eine weitere Gruppeneigenschaft der Säuren gefunden. Sie läßt sich zwanglos als Eigenschaft der Wasserstoff-Ionen deuten.

Ergebnis: In den wäßrigen Lösungen der Halogenwasserstoffe und des Schwefelwasserstoffs sind hydratisierte Wasserstoff-Ionen vorhanden. Sie erklären die Gruppeneigenschaften der Säuren.

Nach den Reaktionsgleichungen

$$HBr + aqua \rightarrow (\overset{+1}{H})_{aq} + (\overset{-1}{Br})_{aq}$$
$$HJ + aqua \rightarrow (\overset{+1}{H})_{aq} + (\overset{-1}{J})_{aq}$$
$$H_2S + aqua \rightarrow 2(\overset{+1}{H})_{aq} + (\overset{-2}{S})_{aq}$$

entstehen beim Lösen von Brom-, Jod- und Schwefelwasserstoff neben Wasserstoff-Ionen auch Bromid-Ionen, Jodid-Ionen und Sulfid-Ionen, die uns noch unbekannt sind. Wir versuchen, sie wie die Chlorid-Ionen mit Silbernitrat-Lösung nachzuweisen:

► **Versuch 7/16:** Man füllt in ein Reagenzglas Kaliumbromid-Lösung, in ein zweites verdünnte Bromwasserstoffsäure und gibt zu beiden tropfenweise Silbernitrat-Lösung: In beiden Fällen bildet sich ein blaßgelber, käsiger Niederschlag, der sich bei Licht dunkel färbt. Man wiederholt den Versuch mit Kaliumjodid-Lösung und Jodwasserstoffsäure: Gelber, käsiger, an Licht nachdunkelnder Niederschlag. Man prüft entsprechend Natriumsulfid-Lösung und Schwefelwasserstoffsäure mit Silbernitrat-Lösung: Wieder bildet sich ein Niederschlag; er ist aber schwarz. ◄

● **Deutung:** Es handelt sich wie bei der Bildung von Silberchlorid *(7.1.2, Seite 113)* um Reaktionen zwischen den Silber-Ionen der Nitrat-Lösung und den Nichtmetall-Ionen der Salzlösungen und Säuren. Die Niederschläge sind Silberbromid, Silberjodid und Silbersulfid:

$$(\overset{+1}{Ag})_{aq} + (\overset{-1}{Br})_{aq} \rightarrow \{AgBr\} + aqua$$
$$(\overset{+1}{Ag})_{aq} + (\overset{-1}{J})_{aq} \rightarrow \{AgJ\} + aqua$$
$$2(\overset{+1}{Ag})_{aq} + (\overset{-2}{S})_{aq} \rightarrow \{Ag_2S\} + aqua$$

Niederschlagsbildung, also Unlöslichkeit in Wasser, weist immer auf starke Gitterkräfte in den Salzkristallen hin. Silberbromid ist blaßgelb, Silberjodid gelb; beide zersetzen sich durch Licht. Silbersulfid ist schwarz.

Ergebnis: Hydratisierte Bromid-, Jodid- und Sulfid-Ionen entstehen wie die Chlorid-Ionen durch Dissoziation der entsprechenden Wasserstoffverbindungen und Metallsalze beim Lösen in Wasser und lassen sich durch Silber-Ionen nachweisen.

Zusammenfassung: *Zu den Chlorid- und Metall-Ionen des vorhergehenden Abschnitts haben wir jetzt die Bromid-, Jodid- und Sulfid-Ionen kennengelernt, besonders aber die wichtigen Wasserstoff-Ionen, die den sauren wäßrigen Lösungen ihre charakteristischen Eigenschaften geben. Eine weitere Erfahrung ist, daß die uns bis jetzt bekannten Wasserstoff-Ionen nicht durch Auflösen von Kristallgittern, sondern durch Dissoziation von Molekülen der Halogenwasserstoffe und des Schwefelwasserstoffs entstehen.*

7.1.4 Elektrolyte

Chlorwasserstoff erhält man durch Erwärmen von konzentrierter Salzsäure *(Versuch 3/15, Seite 42)*. Ähnlich kann man Brom-, Jod- und Schwefelwasserstoff aus ihren wäßrigen Lösungen durch Erhitzen austreiben.
Kochsalz gewinnt man durch Eindampfen oder Abdunsten einer Kochsalzlösung *(Versuch 1/1, Seite 6)*. Entsprechend lassen sich alle Salze aus ihren Lösungen durch Entfernen des Lösungsmittels kristallisieren.
In allen diesen Fällen, ebenso wie bei der freiwilligen Bildung eines Niederschlags *(7.1.2, Seite 113)*, läuft der dem Lösen entgegengesetzte Vorgang ab, z. B.:

$$(\overset{+1}{H})_{aq} + (\overset{-1}{Br})_{aq} \rightarrow HBr + aqua$$
$$(\overset{+1}{Na})_{aq} + (\overset{-1}{Cl})_{aq} \rightarrow \{NaCl\} + aqua$$

Die Ionen werden von ihren Hydrathüllen getrennt (endotherm) und vereinigen sich dann zu Molekülen oder Salzgittern (exotherm). Für den zweiten Vorgang müssen anziehende Kräfte zwischen den Ionen vorhanden sein. Welcher Art sind sie?

Aus dem Physikunterricht kennen wir *(a)* Gravitationskräfte, *(b)* magnetische und *(c)* elektrische Kräfte.
(a) Zwischen den Massen aller Körper herrschen Gravitationskräfte. Sie werden allerdings erst bei Körpern mit verhältnismäßig großen Massen nachweisbar wie zwischen den riesigen Massen von Himmelskörpern oder, beim Gewicht eines Körpers, zwischen seiner Masse und der Masse der Erdkugel. Die Ionen dagegen sind außerordentlich klein, so daß die Gravitation zwischen ihren Massen nicht die Ursache der Anziehung sein kann.
(b) Zwischen magnetischen Nord- und Südpolen herrschen Anziehungskräfte. Es gibt aber keine isolierten Pole, d.h. jeder Magnet – auch wenn er noch so klein ist – trägt sowohl einen Nord- wie einen Südpol; er ist ein »Dipol«. Wären die Ionen solche Elementarmagnete, so müßten z.B. die Chlorid-Ionen nicht nur die Metall- und Wasserstoff-Ionen, sondern sich auch untereinander anziehen. Das widerspricht der Beobachtung, nach der Ionen mit negativer Oxidationsstufe nur solche mit positiver anziehen. Wir können daher magnetische Kräfte zwischen den Ionen ausschließen.
(c) Ein elektrisch positiv geladener Körper zieht einen negativ geladenen an, während sich Ladungen gleichen Vorzeichens abstoßen. Im Gegensatz zum Magnetismus gibt es hier isolierte Ladungen. Ionen der einen Sorte könnten z.B. positiv geladen sein; sie würden sich dann nicht aneinanderlagern können, wohl aber an entgegengesetzt geladene Ionen einer anderen Sorte.

Da die Ionen in den Lösungen voneinander getrennt und daher frei beweglich sind *(7.1.2, Seite 113)*, müßten sie – wenn sie elektrisch geladen sind – einer angelegten elektrischen Spannung folgen. Den experimentellen Nachweis haben wir schon im *1. Kapitel* erbracht, als wir zeigten, daß wäßrige Salzlösungen den elektrischen Strom leiten *(1.3.2, Seite 11)*. Jeder elektrische Strom ist eine Bewegung von Ladungen. Die Ladungsträger in den Salzlösungen sind die Ionen. Demnach müßten auch die sauren Lösungen *(7.1.3, Seite 115)* den Strom leiten:

► **Versuch 7/17:** Man taucht den Leitfähigkeitsprüfer in ein Reagenzglas mit destilliertem Wasser und legt eine Wechselspannung von 12 Volt an. In die Zuleitung ist ein Amperemeter mit einem Meßbereich von 100 mA geschaltet: Das Instrument zeigt keinen Ausschlag. Man leitet jetzt auf die Oberfläche des Wassers Chlorwasserstoff (Abzug!); das Einleitungsrohr darf nicht eintauchen: Nach kurzer Zeit beginnt der Zeiger des Meßinstruments über die Skala zu wandern. Auch die Lösungen von Brom- und Jodwasserstoff zeigen gute elektrische Leitfähigkeit, die Lösung von Schwefelwasserstoff dagegen eine etwas geringere. ◄

Die Vermutung ist bestätigt: Säuren sind Elektrizitätsleiter. Die Ladungsträger sind die Wasserstoff-, die Halogenid- und die Sulfid-Ionen.
Wir haben die Schwefelwasserstofflösung als schwache Säure bezeichnet, da sie einen Indikator nur wenig umfärbt und kaum sauer schmeckt. Die Wasserstoff-Ionen, die wir für diese Eigenschaften verantwortlich gemacht haben, sind folglich in der Schwefelwasserstoffsäure in geringerer Konzentration als in den Halogenwasserstoffsäuren vorhanden. Für den Stromtransport stehen also weniger elektrisch geladene Ionen zur Verfügung als bei den anderen Säuren. Das entspricht genau der Beobachtung von *Versuch 7/17.*
Man nennt Flüssigkeiten, die den elektrischen Strom leiten, **Elektrolyte** oder »Leiter zweiter Klasse«.

Elektrolyt

Ergebnis: Lösungen von Salzen, von Halogenwasserstoffen und von Schwefelwasserstoff in Wasser sind Elektrolyte. Die elektrische Leitfähigkeit wird durch die Annahme erklärt, daß die Ionen[1] elektrisch geladene Teilchen sind, die beim Anlegen einer Spannung den Stromtransport übernehmen.

Zusammenfassung: *Wir hatten in den* Abschnitten 7.1.2 und 7.1.3 *die Ionen für die charakteristischen Eigenschaften von Salzlösungen und Säuren verantwortlich gemacht. Sie liegen hydratisiert und voneinander getrennt in den Lösungen vor. Im vorliegenden Abschnitt haben wir Gründe für die Annahme gefunden, daß diese Teilchen elektrisch geladen sind.* *Wir konnten damit die elektrische Leitfähigkeit der Lösungen, aber auch die anziehenden Kräfte erklären, die bei Beseitigung der Hydration zwischen den Ionen wirksam werden. Die dehydratisierten Teilchen schließen sich in diesem Fall zu den elektrisch neutralen Molekülen und Salzgittern zusammen, aus denen sie umgekehrt beim Lösen durch elektrolytische Dissoziation entstehen.*
Unsere nächste Aufgabe wird es sein, das Vorzeichen und die Größe der elektrischen Ladung für die verschiedenen Ionensorten zu bestimmen.

Ionen sind elektrisch geladene Teilchen.

[1] ion (gr.), gehend, wandernd

Übungen
1. Calciumchlorid (Fp = 782° C) löst sich in Wasser unter Erwärmung, Calciumjodid (Fp = 740° C) unter Abkühlung. Welcher Term in der Beziehung $L = G + K + S$ muß für diesen Unterschied verantwortlich gemacht werden?
2. Warum ist Schwefel trotz seiner niedrigen Schmelztemperatur (Fp = 114° C) nicht in Wasser löslich?
3. Ethanol ist mit Wasser mischbar. Warum löst sich Hexan nicht in Wasser? Nenne allgemein Bedingungen für die Mischbarkeit zweier Flüssigkeiten.
4. Nenne Flüssigkeiten, die sich exotherm miteinander mischen, und begründe die auftretende Volumenänderung. Wann ist die Volumenänderung beim Zusammengeben zweier Flüssigkeiten Null?
5. Wieviel cm^3 (i. N.) Chlorwasserstoff sind in 1 Liter 36%iger Salzsäure (Dichte $\varrho = 1{,}18\ g \cdot cm^{-3}$) gelöst? Wieviel molar und wieviel normal ist diese Säure?
6. Wieviel g Kaliumchlorid, Natriumchlorid und Calciumchlorid müssen zur Herstellung von jeweils 250 cm^3 einer 0,1n-Lösung abgewogen werden?
7. Welche experimentellen Erfahrungen sprechen dafür, daß in wäßrigen Chlorid-Lösungen Metall- und Chlorid-Anteile voneinander getrennt vorliegen?
8. Vergleiche unter kinetischen und energetischen Aspekten die Teilschritte beim Lösen von Kalium-, Natrium- und Calciumchlorid in Wasser.
9. Stelle eine Hypothese auf, ob die Reaktionswärmen beim Lösen von Magnesiumoxid (im Überschuß) in gleichen Volumina gleichkonzentrierter Chlor-, Brom- und Jodwasserstoffsäure gleich oder verschieden sind; begründe!
10. Was versteht man unter einem Elektrolyt? Nenne Beispiele.

7.2 Ionen. Polare Moleküle

7.2.1 Kationen und Anionen

Zum besseren Verständnis der folgenden Abschnitte werden wir einige Grundbegriffe aus der Elektrizitätslehre wiederholen bzw. mitteilen, falls sie noch nicht behandelt worden sind:

(a) Es gibt **positive** und **negative** Elektrizität.
(b) Die **elektrischen Ladungen** besitzen Mengencharakter; man kann sie »portionsweise« von einem Körper auf einen anderen übertragen.
(c) Die kleinsten negativen, nicht mehr weiter teilbaren Ladungsportionen heißen **Elektronen.** Ihre Ladung heißt **Elementarladung.** Nur die Elektronen können von einem Körper auf einen anderen übertragen werden. Die entsprechenden positiven Elementarladungen sind fest an die Materie gebunden.
(d) Ein Körper ist elektrisch **neutral**, wenn die Zahl der Elektronen in ihm gleich der Zahl der positiven Elementarladungen ist.
(e) Werden von einem elektrisch neutralen Körper Elektronen entfernt (etwa durch Reibung oder Influenz), so bleibt er **positiv geladen** zurück (Elektronenmangel). Werden auf einen neutralen Körper Elektronen aufgebracht, so wird er **negativ geladen** (Elektronenüberschuß).
(f) Beim **Entladen** eines positiv geladenen Körpers fließen auf ihn soviel Elektronen, bis der Elektronenmangel beseitigt ist. Beim Entladen eines negativ geladenen Körpers fließen von ihm soviel Elektronen ab, bis der Elektronenüberschuß beseitigt ist.

Elektroneutralitätsprinzip

(g) Stoffe, in denen sich Elektronen frei bewegen können, heißen **Leiter erster Klasse**; es sind Metalle, Graphit u.a; Feststoffe, in denen die Elektronen nicht frei beweglich sind, heißen **Nichtleiter** (Isolatoren).
(h) Positiv und negativ geladene Körper ziehen sich an; zwischen ihnen herrscht eine **Spannung**. Gleichnamig geladene Körper stoßen sich ab. Die anziehende oder abstoßende Kraft ist jeder der beiden Ladungen proportional und umgekehrt proportional dem Quadrat der Entfernung (**COULOMB**sches **Gesetz**).
(i) Verbindet man entgegengesetzt geladene Leiter durch einen Metalldraht, so fließen durch ihn Elektronen vom negativen zum positiven Körper (**elektrischer Strom**), bis beide gleiche Ladungen haben, d.h. keine Spannung mehr zwischen ihnen besteht. Die **Stromstärke** wird durch die Ladungsmenge gemessen, die in der Zeiteinheit durch den Querschnitt des Drahtes fließt.
(k) Eine Vorrichtung, die die Spannung zwischen zwei Körpern aufrecht erhält, obwohl zwischen ihnen ein Strom fließt, heißt **Spannungsquelle** (»Elektronenpumpe«), z.B. Akkumulator, Taschenlampenbatterie, Dynamo, Elektrizitätswerk.
(l) Bei Stromentnahme wird in der Spannungsquelle chemische, mechanische oder Wärme-Energie in **elektrische Energie** umgewandelt.

Wir nehmen an, daß die Ionen elektrisch geladen sind (*7.1.4, Seite 117*), und daß sie – wegen der anziehenden Kräfte zwischen verschiedenen Ionensorten – Ladungen unterschiedlichen Vorzeichens besitzen. In jedem Elektrolyt sind also positive und negative Ionen vorhanden. Können wir sie durch eine Versuchsanordnung, die der *Aussage (i)* entspricht, nachweisen?

► **Versuch 7/18:** Man verbindet die Klemmen eines Mikroamperemeters mit zwei dünnen Platindrähten und taucht diese an beliebigen Stellen oder in beliebig kleinen Abständen voneinander in einen Elektrolyten: Das Meßinstrument zeigt keinen Ausschlag. Auch mit sehr empfindlichen Anordnungen läßt sich kein Stromfluß nachweisen. ◄

Ergebnis: Elektrolyte erweisen sich auch in kleinsten, experimentell noch zugänglichen Bereichen als elektrisch neutral (Elektroneutralitätsprinzip).

Anlegen einer Gleichspannung an einen Elektrolyten (Elektrolyse)

Dieses Ergebnis scheint zunächst der Anwesenheit entgegengesetzter Ladungen zu widersprechen, es sei denn, daß die Ladungsträger so außerordentlich klein wie Atome oder Moleküle sind. Dann könnten auch noch in kleinsten Bereichen des Elektrolyts die positiven und negativen Ladungen so verteilt sein, daß ihre Summe Null ergibt. Gewisse Chancen, die Ionen voneinander zu separieren, hätten wir aber, wenn wir die eintauchenden Elektroden durch Anschluß an eine Gleichspannungsquelle positiv bzw. negativ aufladen:

► **Versuch 7/19:** Man taucht in ein Becherglas mit blauer Kupfer (II)-chlorid-Lösung zwei Graphit-Elektroden, an die man eine Gleichspannung von etwa 10 Volt legt. Die negative Elektrode (Kathode) überzieht sich mit einer hellroten Schicht. An der positiven Elektrode (Anode) steigen Gasblasen auf; nach kurzer Zeit nimmt man den Geruch von Chlor wahr. Bei längerer Versuchsdauer nimmt die Farbintensität der Lösung ab (Rühren!). ◄

● **Folgerung:** (a) Der rote Überzug der Kathode ist metallisches Kupfer, also ein Raumgitter aus Kupfer-Atomen. Diese können nur aus den Kupfer-Ionen der Lösung entstanden sein. Da die Umwandlung nur an der Oberfläche der negativen Elektrode stattfindet, handelt es sich um einen Elektronenübergang von der Kathode auf die Kupfer-Ionen. Diese müssen also positiv geladen sein. Sie werden durch die Elektronenaufnahme »entladen«. Die so entstehenden Kupfer-Atome schließen sich zum Metallgitter zusammen, wobei die Hydrathüllen in der Lösung zurückbleiben.
(b) Das sich an der Anode bildende Gas ist Chlor. Seine Moleküle können nur aus den Chlorid-Ionen der Lösung entstanden sein. Da die Umwandlung nur an der Oberfläche der positiven Elektrode stattfindet, handelt es sich um einen Elektronenübergang von den Chlorid-Ionen auf die Anode. Die Chlorid-Ionen müssen also negativ geladen sein. Sie werden durch die Elektronenabgabe »entladen«. Die so entstehenden Chlor-Atome schließen sich zu den zweiatomigen Molekülen zusammen, wobei die Hydrathüllen in der Lösung zurückbleiben.
(c) Aus der Formel $\{CuCl_2\}$ folgt, daß beim Lösen des Kupferchlorids pro Kupfer-Ion zwei Chlorid-Ionen freigesetzt werden. In der Lösung sind also doppelt soviel hydratisierte Chlorid-Ionen wie Kupfer-Ionen vorhanden. Nach dem Elektroneutralitätsprinzip muß also der Ladungsbetrag der positiven Kupfer-Ionen doppelt so groß sein wie der Ladungsbetrag der negativen Chlorid-Ionen.

Ergebnis: Kupfer-Ionen sind doppelt positiv, Chlorid-Ionen einfach negativ geladen. Die

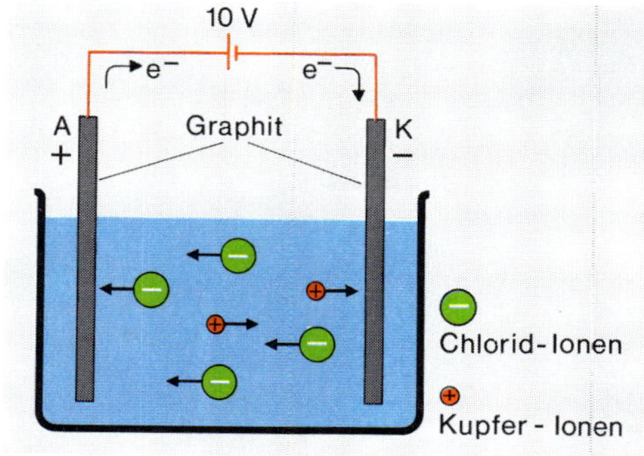

Abb. 7–6: Ionen übernehmen in der Lösung den Ladungstransport

Reaktionen an den Oberflächen der Elektroden sind Elektronenübergänge, wobei aus den Ionen unter Zurücklassen ihrer Hydrathüllen Atome entstehen (Primär-Reaktionen). Die Atome schließen sich dann zum Metallgitter bzw. zu Molekülen zusammen (Sekundär-Reaktionen).

Durch das Verschwinden der elektrisch geladenen Ionen an den Elektrodenoberflächen ist in der Umgebung der Elektroden die Elektroneutralitätsbedingung nicht mehr erfüllt. Die überzähligen Chlorid-Ionen im Bereich der Kathode diffundieren in die Lösung hinein, während in umgekehrter Richtung Kupfer-Ionen das Defizit auffüllen und an der Kathode erneut entladen werden. In der Umgebung der Anode andererseits fehlen Chlorid-Ionen; der Überschuß an Kupfer-Ionen wird dadurch beseitigt, daß sie sich in die Lösung entfernen und daß umgekehrt Chlorid-Ionen aus der Lösung zur Anode wandern, wo sie entladen werden. Diese Konzentrationsverschiebungen setzen sich sinngemäß durch die ganze Lösung fort. Es resultiert ein Strom von Kupfer-Ionen von der Anode zur Kathode und ein Strom von Chlorid-Ionen in der umgekehrten Richtung. Durch das fortwährende Entladen der bei den Elektroden ankommenden Ionen nimmt deren Konzentration in der Lösung ab (Aufhellung in *Versuch 7/19*).

Beim Anlegen der Spannung an die Elektroden wird also in der Lösung der Strom durch die Ionen transportiert, und zwar in beiden Richtungen (*Abb. 7–6*).

Die von den Chlorid-Ionen an die Anode abgegebenen Elektronen werden im äußeren Teil des Stromkreises von der Spannungsquelle abgesaugt, von der sie dann in die Kathode gepumpt werden, wo sie zur Entladung der Kupfer-Ionen dienen. Man nennt den ganzen Vorgang **Elektrolyse**, die zur Kathode wandernden positiven Ionen **Kationen**[1] und die negativen Ionen **Anionen**[1], weil sie zur Anode wandern.

Ergebnis: Bei einer Elektrolyse wird der Stromtransport in der Lösung von den Kationen in Richtung auf die Kathode und gleichzeitig von den Anionen in umgekehrter Richtung übernommen. Im äußeren Stromkreis pumpt die Spannungsquelle Elektronen in die Kathode und saugt Elektronen von der Anode ab.

Für die Elektrolyse von Salzsäure können wir jetzt schon Voraussagen machen. Beim Lösen des Chlorwasserstoffs entstehen hydratisierte Wasserstoff- und Chlorid-Ionen *(7.1.3, Seite 116)*. Von den letzteren wissen wir jetzt, daß sie negativ geladen sind und bei einer Elektrolyse an der Anode entladen werden. Die Wasserstoff-Ionen sind folglich – wieder dem Elektroneutralitätsprinzip entsprechend – positiv geladen und müßten an der Kathode entladen werden; wir erwarten dort eine Wasserstoffentwicklung:

► **Versuch 7/20:** (Abzug!) Man benutzt die Anordnung wie in *Abb. 7–7*. Um eine Vermischung der Flüssigkeiten in den Schenkeln des U-Rohrs zu verhindern, ist im mittleren Teil eine poröse Glaswand, Glasfritte genannt, eingearbeitet. Es genügt aber auch ein einfaches U-Rohr mit einem Wattebausch im mittleren Teil. Es werden Graphit-Elektroden benutzt. Der Elektrolyt ist verdünnte Salzsäure. Im Anodenschenkel wird sie mit Kochsalz gesättigt, um die Löslichkeit des Chlors herabzusetzen. Aus dem gleichen Grund enthält die pneumatische Wanne zum Auffangen der Gase konzentrierte Kochsalz-Lösung. Beim Anlegen der Gleichspannung beobachtet man an beiden Elektroden Gasentwicklung. Die Spannung wird so geregelt, daß pro Sekunde ungefähr 1 Gasblase aus jedem der Ableitungsschläuche austritt. Wenn die Flüssigkeiten mit den Gasen gesättigt sind und wenn die Schläuche gleichen inneren Durchmesser haben, steigt auf beiden Seiten die gleiche Anzahl Blasen pro Minute auf. Man füllt Reagenzgläser mit den Gasen und identifiziert das Kathodengas anhand seiner Brennbarkeit als Wasserstoff, das Anodengas anhand von Farbe und Geruch als Chlor. ◄

[1] kation (gr.), herabgehend; anion (gr.), heraufgehend

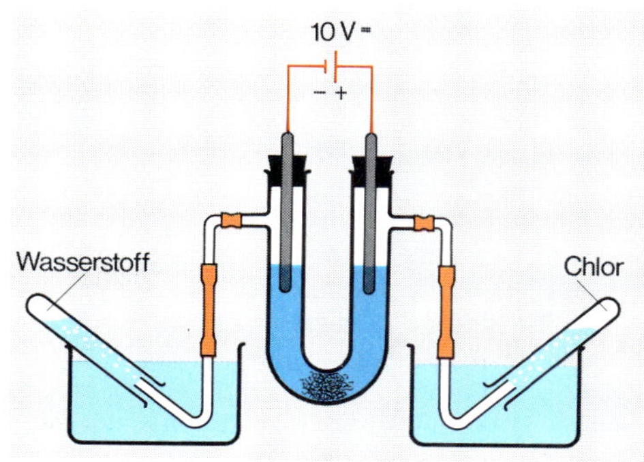

Abb. 7–7: Elektrolyse von Salzsäure. Es entstehen gleiche Volumina Chlor und Wasserstoff.

● **Folgerung:** Die Wasserstoff-Ionen der Säure sind positiv geladen. Da ihre Anzahl in der Lösung mit der Zahl der Chlorid-Ionen übereinstimmt, besitzen sie auch – abgesehen vom Vorzeichen – den gleichen Betrag der Ladung.

Aus den gleichen Volumina der aufgefangenen Gase können wir nach der These von AVOGADRO auf gleich viele Moleküle und wegen deren Zweiatomigkeit auf gleich viele Atome schließen, die durch die Entladung der Ionen auf beiden Seiten entstehen. Andererseits gibt es in der Lösung gleich viel Ionen von jeder Sorte. Schließlich führt die Tatsache, daß in den HCl-Molekülen nur je ein Atom der beiden Elemente gebunden ist, zur Annahme, daß die beim Lösen entstehenden Ionen Teilchen sind, die sich von Atomen nur in der elektrischen Ladung unterscheiden.

Ergebnis: Wasserstoff-Ionen sind positiv geladen; der Betrag der Ladung ist gleich der des negativen Chlorid-Ions. Beide Ionen sind einatomig.

Vorgänge an den Elektroden: Entladung von Ionen

Vorgänge in Elektrolyten: Ladungstransport durch Ionen

Die Reaktionsprodukte der Salzsäure-Elektrolyse, Wasserstoff und Chlor, können sich in stark exothermer Reaktion wieder zur Chlorwasserstoff vereinigen *(Versuch 3/19, Seite 43)*, der dann ebenfalls exotherm *(Versuch 7/7)* mit Wasser die Salzsäure zurückbildet. Die Elektrolyse der Salzsäure muß daher als Umkehrung beider exothermen Reaktionen ihrerseits eine endotherme Reaktion sein (Gesetz von der Erhaltung der Energie). Die für die Elektrolyse aufzuwendende Energie wird als elektrische Energie der Spannungsquelle entnommen *(Aussage (I), Seite 118)*; sie ist in den Elektrolyse-Produkten, also im Chlorknallgas, als chemische Energie gespeichert. Analog ist die Elektrolyse der Kupfer(II)-chlorid-Lösung *(Versuch 7/19)* als Umkehrreaktion der exothermen Reaktion von Kupfer mit Chlor und des exothermen Lösens des Kupfer(II)-chlorids ein endothermer Vorgang.

Vorgänge an den Elektroden: Entstehung von Ionen

Ergebnis: Elektrolysen sind endotherme Reaktionen: Elektrische Energie wird in chemische Energie umgewandelt.

Von nicht zu unterschätzender Bedeutung ist die Erkenntnis, daß allein der Ladungsunterschied zwischen Atom und Ion schon genügt, Stoffe mit völlig verschiedenen Eigenschaften entstehen zu lassen. Das zeigt auch folgender Versuch:

elektrolytische Raffination

► **Versuch 7/21:** Ein U-Rohr mit seitlichen Ansätzen wird mit nicht zu verdünnter Salzsäure gefüllt. In halber Höhe des Anodenschenkels schiebt man einen Wattebausch ein. Als Elektroden benutzt man Kupferstäbe, die mit Stopfen in den Schenkeln befestigt werden. Die Gleichspannung soll so geregelt werden, daß nur an der Kathode Gasblasen aufsteigen: Im Anodenschenkel färbt sich die Lösung über dem Wattebausch je nach Konzentration der Säure blau bis grün. Zum Vergleich löst man etwas festes Kupfer(II)-chlorid in der gleichen Säure; die Farbe dieser Lösung stimmt mit der im Anodenschenkel überein. Nach Beendigung der Elektrolyse erkennt man an der Kupferanode deutlich eine Massenabnahme bis zur Eintauchhöhe, was durch Wägung vor und nach dem Versuch bestätigt werden kann. ◄

Galvanisierung

● **Folgerung:** Die Kathodenreaktion ist die gleiche wie an einer Graphit-Elektrode: Wasserstoffentwicklung. Die blau-grüne Farbe der Lösung im Anodenschenkel wird durch hydratisierte Kupfer-Ionen hervorgerufen. Diese sind aus dem Material der Anode, dem metallischen Kupfer, entstanden.

Die elektrische Energie wird in diesem Fall benötigt, um aus dem Metallgitter gegen die Gitterkräfte Kupfer-Atome herauszulösen und diesen Elektronen zu entziehen. Die Elektronen werden zur Spannungsquelle abgeleitet, die Kupfer-Ionen hydratisiert. Aus der fehlenden Chlorentwicklung an der Anode (vgl. *Versuch 7/20*) müssen wir schließen, daß die Entladung und Dehydration der Chlorid-Ionen einen größeren Energieaufwand erfordert als die Bildung von hydratisierten Kupfer-Ionen aus dem Metallgitter der Kupferanode[1].

Ergebnis: Bei jeder Elektrolyse werden als Primär-Reaktion Elektronen von der Anode zur Spannungsquelle weggeleitet. Das kann durch Entladen von Anionen oder durch Bildung von Kationen geschehen.

Durch die Entstehung von Kupfer-Ionen in *Versuch 7/21* wird in der Umgebung der Anode die Elektroneutralität der Lösung gestört. Sie kann durch Zufluß von Chlorid-Ionen aus der Lösung und durch Diffusion der Kupfer-Ionen in Richtung auf die Kathode wiederhergestellt werden. Die Konzentrationsverschiebungen in der Lösung sind also die gleichen wie bei der Elektrolyse mit Graphit-Elektroden.
Die Wanderung der Kupfer-Ionen kann direkt sichtbar gemacht werden:

► **Versuch 7/22:** (Abzug!) Man gibt in ein U-Rohr mit seitlichen Ansätzen soviel blaue Kupfer(II)-chlorid-Lösung, daß die Schenkel bis zu einem Drittel gefüllt sind. Dann schiebt man auf beiden Seiten Wattebäusche bis auf die Flüssigkeitsspiegel (Luftblasen vermeiden) und füllt beide Schenkel (gleichzeitig) mit verdünnter Salzsäure auf, wobei ein Vermischen der Lösungen zu vermeiden ist. Die Elektroden sind aus Graphit. Bei Anwendung einer Gleichspannung von 10 Volt hat sich nach 45 Minuten die scharfe Grenze zwischen farbiger und farbloser Lösung im Kathodenschenkel ca. 0,5 cm über den Wattebausch gehoben *(Abb. 7–8)*. ◄

[1]Der Energie-Betrag der erstgenannten Reaktionen ist etwa dreimal größer als der des zweiten Vorgangs.

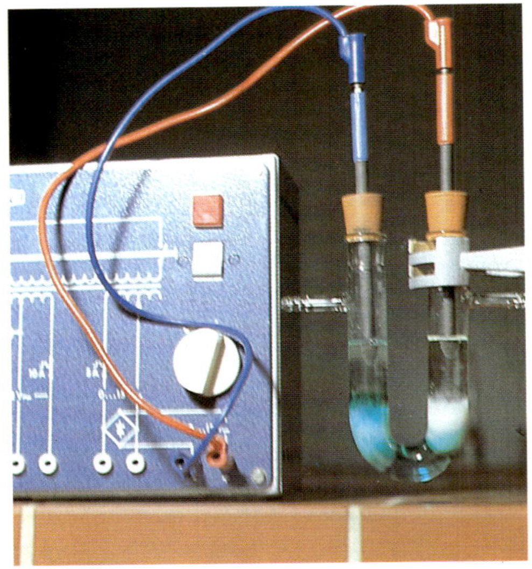

Abb. 7–8: Zu Versuch 7/22. Kupferionen wandern zur Kathode

Führen wir schließlich die Elektrolyse der Kupfer(II)-chlorid-Lösung in *Versuch 7/19* statt mit Graphit-Elektroden mit Kupfer-Elektroden durch, so werden an der Kathode ebensoviel Kupfer-Ionen entladen, wie von der Anode in Lösung gehen. Die Konzentration der Lösung bleibt dann konstant. Man macht davon in der Technik auf zweierlei Weise Gebrauch:

(a) **Raffination** (Reinigung) von Rohkupfer. Als Elektrolyt dient eine Kupfersalz-Lösung; das verunreinigte Kupfer ist die Anode. Auf der Kathode scheidet sich chemisch reines Kupfer, das sogenannte Elektrolytkupfer, ab. Die Verunreinigungen sinken als »Anodenschlamm« zu Boden oder gehen in Lösung *(Abb. 7–9)*. Auch andere Metalle lassen sich elektrolytisch reinigen.
(b) **Oberflächenveredelung** (Verkupfern). Der mit Kupfer zu überziehende Gegenstand wird als Kathode in eine Kupfersalz-Lösung gehängt. Ist die Oberfläche nicht leitend, überstreicht man sie mit einer dünnen Graphitschicht. Die Anode ist Kupfer.
Auf ähnliche Weise lassen sich auch andere Metalle elektrolytisch reinigen bzw. können Gegenstände versilbert, vergoldet, verchromt, vernickelt werden. Man nennt diese Verfahren **Galvanoplastik**. Das betreffende Metall ist die Anode, der Elektrolyt ist eine Salzlösung dieses Metalls und der Gegenstand ist die Kathode.

Abb. 7–9: In Industrieanlagen wird Rohkupfer zu Elektrolytkupfer verarbeitet. Aus dem »Anodenschlamm« gewinnt man Silber, Gold und Platin.

► **Versuch 7/23:** Man füllt ein U-Rohr mit Zinkchlorid-Lösung. Als Elektroden hängt man Zinkstäbe ein. Die Gleichspannung darf nicht zu hoch gewählt werden. Von der Kathode wächst ein feines Gespinst von Zink-Kristallen in die Lösung hinein. ◄

Ergebnis: Chemisch reine Metalle werden elektrolytisch gewonnen. Zur Oberflächenveredlung eignen sich nur Salzlösungen, bei deren Elektrolyse sich das Metall in einer dichten, zusammenhängenden Schicht auf der Kathode abscheidet.

Zusammenfassung: *In jedem Elektrolyt sind positive und negative Ionen, die Kationen und die Anionen, vorhanden. Ihre Ladungssumme ist auch in kleinsten Bereichen der Lösung Null. Bei einer Elektrolyse übernehmen die Ionen den Stromtransport in der Lösung; im äußeren Stromkreis dagegen fließen Elektronen; der Gesamtprozeß ist endotherm. Es werden entweder Ionen entladen oder neue Ionen gebildet. Wasserstoff- und Metall-Ionen sind positiv, Chlorid-Ionen negativ geladen. Sie unterscheiden sich von den zugehörigen Atomen nur durch die Ladung. Wir wollen jetzt versuchen, den Betrag der Ladung zu bestimmen.*

7.2.2 Faraday-Gesetze

Um eine Aussage über den Betrag der Ionenladung zu gewinnen, werden wir die Elektrolysen quantitativ durchführen müssen. Wir werden die Volumina der gasförmigen Elektrolyse-Produkte oder die Massen der abgeschiedenen festen Stoffe messen und sie dann mit der Stromstärke und der Reaktionsdauer vergleichen.

► **Versuch 7/24:** (Abzug!) Ein U-Rohr mit seitlichen Ansätzen und Wattebausch oder eingebauter Glasfritte wird mit verdünnter Salzsäure gefüllt und durch Stopfen mit Graphit-Elektroden gasdicht verschlossen. An die Kathodenseite wird über einen Dreiwegehahn ein Kolbenprober und ein Flüssigkeitsmanometer angeschlossen *(Abb. 7–10)*. Man regelt die Gleichspannung so, daß die Stromstärke von etwa 1 Ampere während des Versuchs konstant bleibt. Man läßt die Elektrolyse kurze Zeit laufen, liest dann gleichzeitig mit dem Start einer Stoppuhr das Volumen am Kolbenprober ab und wiederholt nach jeder Minute die Ablesung. Das Manometer bleibt während des Versuches angeschlossen; bei jeder Ablesung müssen die Flüssigkeitsspiegel im Manometer gleich hoch sein, was durch Regulieren mit dem Stempel des Probers erreicht werden kann. Dann ist bei jeder Ablesung der Gasdruck in der Apparatur gleich dem äußeren Luftdruck. Die Werte der abgelesenen Zeiten t in Minuten werden als Abszissen, die der zugehörigen Volumina V in cm^3 als Ordinaten in einen Graph eingetragen: Die Punkte liegen auf einer Geraden *(Abb. 7–11a)*.

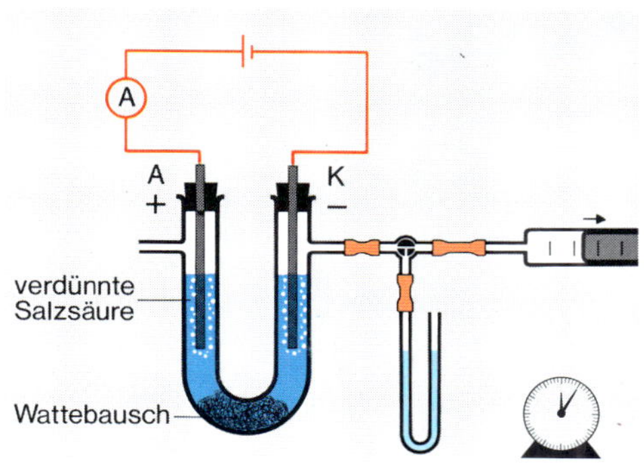

Abb. 7–10: Zu Versuch 7/24. Messungen von Stromstärke, Zeit und Wasserstoff-Volumen bei der Elektrolyse von Salzsäure.

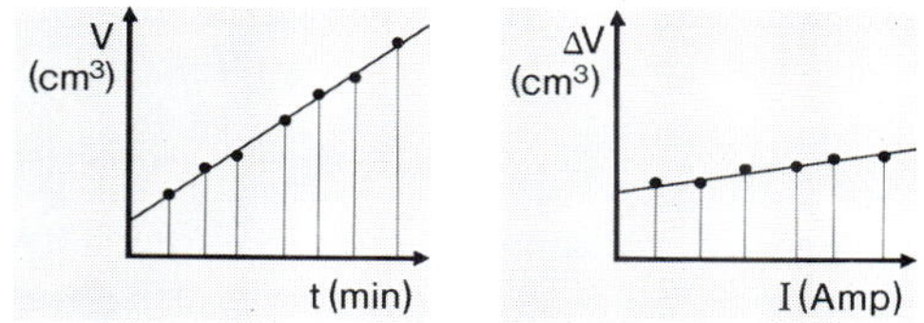

Abb. 7–11: Zu den Versuchen 7/24 und 7/25. Faraday-Gesetze: a) die abgeschiedene Stoffmenge ist proportional zur Zeit, b) die abgeschiedene Stoffmenge ist proportional zur Stromstärke.

Außerdem notiert man die Werte der Stromstärke, der Temperatur und des Luftdrucks.
Beispiel: Stromstärke: 1 A, Zeit: 11,5 min, H_2-Volumen: 88 cm^3, Temperatur: 23° C, Luftdruck: 997 mbar. ◄

Beziehung zwischen abgeschiedener Stoffmenge, Stromstärke und Zeit

► **Versuch 7/25:** (Abzug!) Die Versuchsanordnung ist die gleiche wie bei *Versuch 7/24.* Die Anfangsstromstärke beträgt etwa 1 Ampere und wird dann nach jeder vollen Minute (Stoppuhr!) um etwa 0,1 Ampere erhöht (Potentiometerschaltung). Gleichzeitig wird unter Beachtung des Manometers der Volumenzuwachs ΔV bis zur nächsten Stromstärkeänderung abgelesen. Zwischen den Messungen muß die Stromstärke konstant bleiben. Wichtig ist das genaue Einhalten der Zeit 1 Minute: dagegen braucht die Stromstärke I nicht um genau gleiche Beträge zuzunehmen. Man trägt sie als Abszisse, die zugehörigen Volumenzunahmen ΔV als Ordinaten in einen Graph ein: Es ergibt sich wieder eine Gerade *(Abb. 7–11b)* ◄

Folgerung: (a) Die Auswertung des Graphs *Abb. 7–11a* zeigt, daß das abgeschiedene Wasserstoff-Volumen bei konstanter Stromstärke der Zeit proportional ist.
(b) Der zweite Graph *Abb. 7–11b* läßt erkennen, daß das abgeschiedene Gasvolumen in gleichen Versuchszeiten der Stromstärke proportional ist.

Die gefundenen Gesetzmäßigkeiten können wir mathematisch durch die Gleichungen

$$V = k_1 \cdot t \text{ und } V = k_2 \cdot I$$

zum Ausdruck bringen, wobei k_1 und k_2 Proportionalitätsfaktoren sind. Der Ansatz

$$V = k \cdot It$$

M. FARADAY

beschreibt den Sachverhalt allgemeiner; denn wir sehen daraus, daß die beiden Versuchsergebnisse Spezialfälle sind je nachdem, welcher der beiden Faktoren I oder t konstant gehalten wird und dann in den Proportionalitätsfaktor k einbezogen werden kann. Das abgeschiedene Gasvolumen ist also dem Produkt aus Stromstärke und Zeit proportional. Nun wissen wir aus dem *Abschnitt 7.2.1 (Aussage (i), Seite 118)*, daß die Stromstärke durch die Ladungsmenge Q gemessen wird, die pro Zeiteinheit durch den Querschnitt des Leiters fließt: $I = Q/t$. Daraus folgt: $Q = I \cdot t$; für das Produkt aus Stromstärke und Zeit können wir demnach die transportierte Ladung setzen, und unser Versuchsergebnis vereinfacht sich zu

$$V = k \cdot Q.$$

Alle quantitativen Elektrolysen, von denen wir nur eine durchgeführt haben, führen zum gleichen Resultat:

Ergebnis: Die bei einer Elektrolyse an den Elektroden umgesetzten Stoffmengen (Gasvolumina, Massen) sind sowohl der Stromstärke wie der Zeit, d. h. der transportierten Ladungsmenge, proportional (1. FARADAY-Gesetz)[1].

Bestimmung der Ionenladung

Wir können nun aus den Versuchsdaten von *Versuch 7/24* die Ladung der Wasserstoff-Ionen berechnen. Dazu brauchen wir die Einheiten von Stromstärke und Ladung: Ein **Ampere** (1 A) ist die Stromstärke, bei der aus einer Silbersalz-Lösung 1,118 mg Silber pro Sekunde an der Kathode abgeschieden werden. Die Einheit der Ladung ist das **Coulomb** (1 C); sie wird nach unserer Definition von einem Strom der Stärke 1 A in 1 s durch den Querschnitt des Leiters transportiert:

1 Coulomb = 1 Ampere · 1 Sekunde
1 C = 1 As (Amperesekunde)

[1] Michael FARADAY, 1791–1867, englischer Chemiker und Physiker.

Das in *Versuch 7/24* aufgefangene Wasserstoff-Volumen von 88 cm^3 wurde bei 23 °C und 997 mbar gemessen; das entspricht bei Normalbedingungen (vgl. *Anhang*) einem Volumen von 79,9 cm^3 Wasserstoff. Dafür wurden aufgewendet $1\,A \cdot 690\,s = 690\,C$. Um das Volumen V_L eines Mols Wasserstoffmoleküle *(4.1.3, Seite 54)* abzuscheiden, sind dann $(22\,400\,cm^3/79{,}9\,cm^3) \cdot 690\,C = 193\,000\,C$ erforderlich. Im Volumen V_L sind $L = 6 \cdot 10^{23}$ Wasserstoff-Moleküle, also $2\,L$ Wasserstoff-Atome vorhanden, die durch Entladung einer gleichen Anzahl Wasserstoff-Ionen entstanden sind *(7.2.1, Seite 119)*. Jedes dieser Ionen transportiert also eine Ladung von

$$\frac{19{,}3 \cdot 10^4}{2 \cdot 6 \cdot 10^{23}}\,C = 1{,}6 \cdot 10^{-19}\,C.$$

Ergebnis: Die positive Ladung eines Wasserstoff-Ions beträgt $1{,}6 \cdot 10^{-19}$ C.

Nach den Ergebnissen des vorhergehenden Abschnitts beträgt demnach die negative Ladung des Chlorid-Ions ebenfalls $1{,}6 \cdot 10^{-19}$ C, während die positive Ladung des Kupfer-Ions doppelt so groß ist, also $3{,}2 \cdot 10^{-19}$ C.

Wir können ferner aus der Stromstärke-Einheit, wie sie bis 1969 formuliert war, die Ladung eines Silber-Ions berechnen. 1 Ampere scheidet in 1 Sekunde $1{,}118 \cdot 10^{-3}$ g Silber ab. $M_L(Ag)$ beträgt 107,9 g. 1 Coulomb wird also von

$$\frac{1{,}118 \cdot 10^{-3} g \cdot 6 \cdot 10^{23}}{107{,}9\,g} = 0{,}622 \cdot 10^{19}$$

Silber-Ionen transportiert. Der Kehrwert

$$\frac{1\,C}{0{,}622 \cdot 10^{19}} = 1{,}6 \cdot 10^{-19}\,C$$

ist dann die Ladung eines Silber-Ions. Auf den gleichen Wert hätten wir auch aus der Reaktionsgleichung für die Fällung von Silberchlorid {AgCl} aus Silber- und Chlorid-Ionen schließen können.

Die Werte sind überraschend. Es gibt keine Ionen, deren Ladungen sich von $1{,}6 \cdot 10^{-19}$ C oder einem kleinen, ganzzahligen Vielfachen dieses Wertes unterschieden, und – noch interessanter – dieser Wert ist der gleiche, der von den Physikern für die kleinste, nicht mehr weiter teilbare Elektrizitätsmenge gefunden wurde (MILLIKAN-Versuch). Aus *Abschnitt 7.2.1 (Aussage (c), Seite 118)*, wissen wir, daß es sich um die Elementarladung, d. h. um die Ladung des Elektrons handelt.

Ergebnis: Die Ionenladungen sind, abgesehen vom Vorzeichen, gleich der Elementarladung $1{,}602 \cdot 10^{-19}$ C oder gleich kleinen, ganzzahligen Vielfachen der Elementarladung.

Das positiv geladene Wasserstoff-Ion entsteht also, wenn das neutrale Wasserstoff-Atom genau ein Elektron abgibt. Das Kupfer-Ion entsteht aus dem Kupfer-Atom durch Entfernen von zwei Elektronen.
Ein Chlor-Atom wandelt sich durch Aufnahme eines Elektrons in ein negativ geladenes Chlorid-Ion um; ein Schwefel-Atom verwandelt sich durch die Aufnahme zweier Elektronen in ein Sulfid-Ion. Wir haben nachgewiesen, daß die Ionen völlig andere Eigenschaften als die Atome haben *(7.2.1, Seite 120)*. Letztlich beruht diese Eigenschaftsänderung nur auf der Abgabe oder Aufnahme von Elektronen. Das ist ein Schluß, der tatsächlich verwundern kann.

Ergebnis: Kationen entstehen aus Atomen durch Elektronenabgabe, Anionen durch Elektronenaufnahme. Diese Elektronenübergänge bedeuten wesentliche Änderungen der Eigenschaften.

Wir können jetzt die vorläufige Schreibweise der Ionen, die wir in *7.1.2, Seite 114*, eingeführt haben, durch die allgemein übliche ersetzen. Das Vorzeichen und die Zahl der Elementarladungen werden als rechter, oberer Index an das Elementsymbol gesetzt:

	Bisher	Jetzt
Wasserstoff-Ion:	$(\overset{+1}{H})_{aq}$	H^{+}_{aq}
Kupfer-Ion:	$(\overset{+2}{Cu})_{aq}$	Cu^{2+}_{aq}
Chlorid-Ion:	$(\overset{-1}{Cl})_{aq}$	Cl^{-}_{aq}
Sulfid-Ion:	$(\overset{-2}{S})_{aq}$	S^{2-}_{aq} usw.

Es fällt sofort auf, daß die Oxidationsstufe formal mit der Ladung der Ionen übereinstimmt. Das gilt ausnahmslos für alle Ionen, die wir bis jetzt kennengelernt haben. Wir wollen sie **Atom-Ionen** nennen, weil wir sie uns durch Abgabe oder Aufnahme von Elektronen aus Atomen entstanden denken können. Es ist denkbar, daß es auch geladene Teilchen gibt, die aus zwei oder mehreren Atomen zusammengesetzt sind: Wir werden sie dann **Molekül-Ionen** nennen.

Bei der Entdeckung des Zusammenhangs zwischen Oxidationsstufe und Ionenladung müssen wir uns darüber klar sein, daß wir in *6.1.1, Seite 87f*, das Vorzeichen der Oxidationsstufe willkürlich wählen konnten (»ersetzen« = positiv, »binden« = negativ). Nachträglich muß erwähnt werden, daß bei dieser Wahl darauf geachtet wurde, eines der Vorzeichen der Oxidationsstufe (z. B. das der Chlor-Atome in den Chloriden) mit dem Vorzeichen der betreffenden Ionen-Ladung (Chlorid-Ionen) übereinstimmen zu lassen. Ohne jede weitere Willkür unsererseits ergibt sich daraus allerdings, daß nicht nur alle anderen Vorzeichen ebenfalls übereinstimmen, sondern daß dann auch die Beträge von Oxidationsstufen und Ladungen gleich sind. Wir haben damit eine weitere interessante Gesetzmäßigkeit gefunden, der wir in den späteren Kapiteln ausführlich nachgehen werden und die uns einen Schlüssel für die Ermittlung von Atomstrukturen liefern wird.

Ergebnis: Die Oxidationsstufe der Atom-Ionen stimmt in Vorzeichen und Betrag mit der Ionenladung überein.

Wir wollen die neue Ionen-Schreibweise noch an einigen Reaktionen üben, die uns bereits bekannt sind:

Lösen von Kochsalz in Wasser:	$\{NaCl\} + aqua \rightarrow Na^+_{aq} + Cl^-_{aq}$
Nachweis der Halogenid-Ionen mit Silber-Ionen:	$Ag^+_{aq} + Cl^-_{aq} \rightarrow \{AgCl\} + aqua$
Lösen von Bromwasserstoff zu Bromwasserstoffsäure:	$HBr + aqua \rightarrow H^+_{aq} + Br^-_{aq}$
Austreiben von Schwefelwasserstoff aus wäßriger Lösung:	$2\,H^+_{aq} + S^{2-}_{aq} \rightarrow H_2S + aqua$

Zur Formulierung der Elektroden-Vorgänge bei den Elektrolysen benötigen wir ein Symbol für das Elektron; wir wählen e^-.

Elektrolyse von Salzsäure mit Graphit-Elektroden:

Kathode (−):	$H^+_{aq} + e^- \rightarrow H + aqua;$
	$2H \rightarrow H_2$
Anode (+):	$Cl^-_{aq} \rightarrow Cl + e^- + aqua;$
	$2\,Cl \rightarrow Cl_2$

Elektrolyse von Kupfer(II)-chlorid-Lösung mit Kupfer-Elektroden:

Kathode (−):	$Cu^{2+}_{aq} + 2\,e^- \rightarrow Cu + aqua;$
	$Cu \rightarrow \{Cu\}$
Anode (+):	$\{Cu\} + aqua \rightarrow Cu^{2+}_{aq} + 2\,e^-$

Wir sehen bei dieser Schreibweise noch einmal deutlich, daß der Prozeß an der Kathode immer Elektronen verbraucht, die von der Spannungsquelle nachgeliefert werden, und daß bei der Primär-Reaktion an der Anode immer Elektronen frei werden, die zur Spannungsquelle weggeleitet werden. Wenn Ionen entladen werden, schließen sich die entstehenden Atome zu Molekülen oder Gitterverbänden zusammen.

Zum Schluß bringen wir noch eine für die Praxis bedeutsame Überlegung, die den Bedarf an elektrischer Energie bei Elektrolysen abzuschätzen gestattet. 1 mol einfach geladener Ionen (z. B. H^+, Cl^-) repräsentieren eine Ladung von

$6{,}023 \cdot 10^{23} \cdot 1{,}602 \cdot 10^{-19}C = 9{,}65 \cdot 10^4$ C.

Dieser Wert heißt FARADAY-Konstante *F*. Die gleiche Ladung besitzen ½ mol zweifach geladener Ionen (z. B. Cu^{2+}, S^{2-}) und ⅓ mol dreifach geladener Ionen (z. B. Al^{3+}); das sind die Äquivalentmengen dieser Teilchen *(6.1.1, Seite 87)*. Man nennt die Faraday-Konstante daher auch **Äquivalentladung**.

Ergebnis: Die vom gleichen Strom in gleichen Zeiten, d. h. von der gleichen Ladung, abgeschiedenen Stoffmengen verhalten sich wie die Äquivalentmengen (2. FARADAY-Gesetz). Die Äquivalentladung beträgt $F = 96\,500$ C.

Zusammenfassung: *Die beiden Faraday-Gesetze beschreiben die Proportionalität zwischen den bei Elektrolysen umgesetzten Stoffmengen und den vom Strom transportierten Ladungen. Daraus lassen sich die Ladungen der Ionen bestimmen; sie haben den gleichen, doppelten oder dreifachen Betrag der Ladung des Elektrons. Überraschend und zunächst noch nicht begründet zeigt sich daraus ein Zusammenhang zwischen positiver (negativer) Oxidationsstufe und der Zahl der Elektronen, die von einem Atom abgegeben (aufgenommen) werden können.*

Ungeklärt, wenn nicht sogar widersprüchlich, erscheint uns die Beobachtung, daß die Ionen in einer Lösung voneinander getrennt bleiben (7.1), *obwohl sie darin frei beweglich sind und sich gegenseitig anziehen. Merkwürdig ist auch die Tatsache, daß sich die elektrisch neutralen Wasser-Moleküle an die geladenen Teilchen anlagern können, an die positiven ebenso wie an die negativen. Vielleicht hängen beide Fragen miteinander zusammen. Wir wollen sie in den nächsten Abschnitten untersuchen.*

Zusammenhang zwischen Ionenladung und Oxidationsstufe bei Atom-Ionen

Äquivalentladung = Ladung von 1 mol Elektronen

7.2.3 Polarität von Lösungsmitteln

Bringt man einen positiv geladenen Körper in die Nähe eines metallischen Pendels, das ungeladen ist, so bewegt sich das Pendel zur Ladung hin. Die gleiche Beobachtung macht man, wenn man den positiv geladenen Körper durch einen negativ geladenen ersetzt *(Abb. 7–12)*.

Die Erklärung ist nicht schwer. Im elektrisch neutralen Pendel in *Abb. 7–12a* ist überall die Zahl der Elektronen gleich der der unbeweglichen positiven Elementarladungen *(7.2.1, Aussage (d), Seite 118)*. Wird dem Pendel eine positive Ladung genähert *(Abb. 7–12b)*, so wandert ein Teil der Elektronen aufgrund der elektrostatischen Anziehung auf die der Ladung zugewandte Seite. Dort wird also das Pendel negativ aufgeladen, während auf der abgewandten Seite die positiven Ladungen überwiegen. Nach dem COULOMBschen

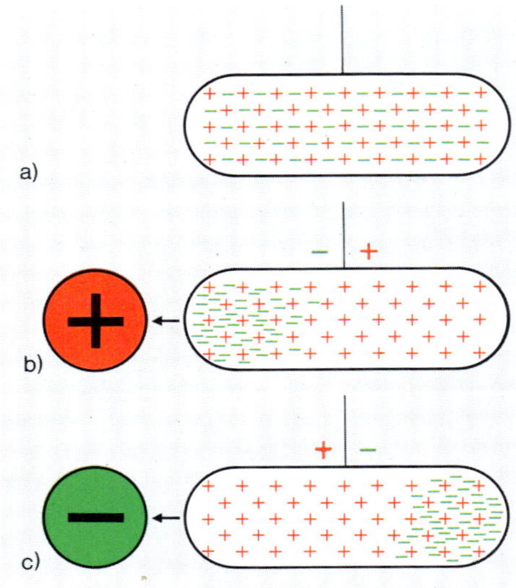

Abb. 7–12: Elektrische Influenz

Gesetz *(7.2.1, Aussage (h), Seite 118)*, ist die Anziehung der Ladung zur negativen Hälfte wegen des kürzeren Abstands größer als die Abstoßung der weiter entfernten positiven Hälfte. Nähert man dem Pendel eine negative Ladung *(Abb. 7–12c)* so werden seine Elektronen in die abgewandte Seite weggedrängt; die zugewandte Seite wird positiv. Wieder überwiegt die Anziehung die Abstoßung.
Man spricht bei diesen Beobachtungen von elektrischer **Influenz**[1]. Der neutrale Körper wird durch Influenz zu einem **elektrischen Dipol**, weil der Schwerpunkt der positiven Ladungen nicht mehr – wie im neutralen Zustand – mit dem der negativen zusammenfällt. Je weiter die Schwerpunkte auseinanderliegen, also je größer ihr Abstand ist, und je mehr Ladungen in ihnen vereinigt sind, desto stärker ist nach dem COULOMBschen Gesetz die Anziehung zur »influenzierenden« Ladung, ein um so größeres **Dipolmoment**[2] hat der influenzierte Körper erhalten.
Entfernt man im obigen Beispiel die influenzierende Ladung, so verteilen sich die Elektronen wieder gleichmäßig über das ganze Pendel: es wird neutral. Das Dipolmoment war nur solange **induziert**[3], wie die Ladung in der Nähe war; das Pendel war nur ein **temporärer Dipol**[1]. Von einem **permanenten Dipol**[2] spricht man z. B. bei einem Körper aus nichtleitendem Material, wenn in ihm getrennte Ladungsschwerpunkte vorliegen, die sich nicht durch Elektronenfluß ausgleichen können.
Führt man den oben beschriebenen Versuch mit einem permanenten Dipol als Pendel durch, so findet bei Annäherung der Ladung zunächst eine Drehung des Pendels statt, bis der entgegengesetzt geladene Schwerpunkt des Pendels der Ladung gegenübersteht bzw. der gleichsinnig geladene auf der abgewandten Seite liegt; danach erfolgt die Anziehung.

Ergebnis: Körper mit getrennten Ladungsschwerpunkten gleicher Größe heißen elektrische Dipole. Ein temporärer Dipol entsteht durch Nähern einer induzierenden Ladung. Ein permanenter Dipol ist unabhängig von der Anwesenheit einer äußeren Ladung, also zeitlich konstant.

Verhalten eines Wasserstrahls im inhomogenen elektrischen Feld

Wir wollen versuchen, den Influenzversuch mit Wasser zu wiederholen. Um eine Anziehung sichtbar zu machen, benutzen wir die Beweglichkeit eines Wasserstrahls.

▶ **Versuch 7/26:** Man läßt aus einer Bürette einen dünnen Wasserstrahl auslaufen und nähert ihm von der Seite einen positiv geladenen Körper, z. B. einen geriebenen Glasstab: Der Strahl wird aus der senkrechten Richtung stark zur Ladung hin abgelenkt *(Abb. 7–13)*. Die gleiche ablenkende Wirkung hat auch ein negativ geladener Körper, z. B. ein geriebener Hartgummistab. ◀

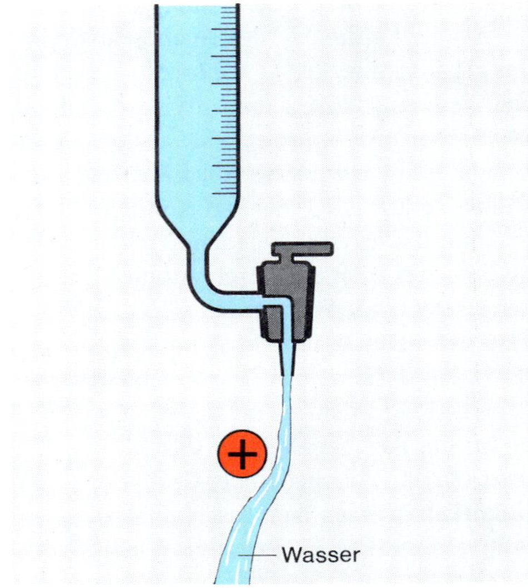

Abb. 7–13: Zu Versuch 7/26. Ablenkung eines Wasserstrahls in der Nähe eines geladenen Körpers

● **Folgerung:** Der Wasserstrahl wird sowohl von einer positiven wie einer negativen Ladung angezogen.
Da Wasser ein Nichtleiter ist, kann es sich hier nicht um eine Elektronenverschiebung innerhalb des Flüssigkeitstrahls handeln. Die Anziehung kann aber von der influenzierenden Ladung auf jedes einzelne Wasser-Molekül ausgeübt worden sein. Die Ablenkung des ganzen Strahls erscheint dann als Folge aller dieser Einzelkräfte.
Übertragen wir nun die Deutung des Pendelversuchs auf jedes einzelne Wasser-Molekül, so muß es in der Nähe der influenzierenden Ladung ein Dipolmoment besitzen. Wir können allerdings vom Versuch her nicht entscheiden, ob das Moment ein temporäres oder ein permanentes ist. Im zweiten Fall müßte sich jedes Wasser-Molekül mit seinem entgegengesetzt geladenen Schwerpunkt erst in Richtung auf die Ladung drehen, damit Anziehung erfolgt. Aufgrund der Beweglichkeit der Flüssigkeitsmoleküle sind solche Drehungen möglich, wegen der Kleinheit der Moleküle läßt sich dies aber nicht beobachten. Die Entscheidung müssen wir auf andere Weise herbeizuführen versuchen.
Angenommen, die Wasser-Moleküle wären permanente elektrische Dipole, so müßten sich auch ohne influenzierende Ladung entgegengesetzte Pole benachbarter Moleküle aneinanderlagern in der Art, wie es *Abb. 7–14* zeigt, d. h. es gäbe im Wasser trotz der thermischen Bewegung mehr oder weniger große Zusammenballungen, in denen die Moleküle durch anziehende Kräfte zusammengehalten werden. Das entspricht aber genau dem *Versuch 4/8, Seite 60*, in dem wir die starke Ko-

[1] influere (lat.), hineinströmen
[2] momentum (lat.), Bewegung
[3] inducere (lat.), hineinführen

[1] temporarius (lat.), zeitlich
[2] permanere (lat.), fortdauern

häsion und die große Oberflächenspannung des Wassers nachgewiesen haben.
Je größer die anziehenden Kräfte zwischen den Molekülen eines Stoffes sind, desto mehr Energie ist erforderlich, die Moleküle aus dem engen Verband der Flüssigkeit auf die großen Abstände des gasförmigen Zustands zu bringen, d. h. um so höher muß die Siedetemperatur liegen. Vergleichen wir daraufhin die Siedetemperaturen von Stoffen, deren Molekülmassen die gleiche Größenordnung wie die des Wassers haben *(Tab. 7–1)*, so zeigt der abnorm hohe Wert der Wassersiedetemperatur, daß zwischen den Wasser-Molekülen Anziehungskräfte herrschen, wie sie für permanente elektrische Dipole zu erwarten sind, während die Moleküle der anderen Stoffe kein oder nur ein geringes Dipolmoment besitzen.
Ohne weiteres wird uns nun die Hydration verständlich. An ein Kation lagern sich die Wasser-Moleküle mit ihrem negativen Ladungsschwerpunkt an, an ein Anion mit dem positiven *(Abb. 7–15)*. Dabei wird soviel Energie frei, wie aufgebracht werden müßte, um die angelagerten Wassermoleküle wieder von den Ionen zu trennen. Auch die Volumenkontraktion *(Versuch 7/6, Seite 111)* als Folge der Hydration ist damit erklärt.

Ergebnis: Die Annahme, daß die Wasser-Moleküle permanente elektrische Dipole sind, erklärt die abnorm hohen Werte der Kohäsion und der Siedetemperatur des Wassers sowie den exothermen Charakter der Hydration.

Name	Formel	Molekülmasse in u	Siedetemperatur in °C
Methan	CH_4	16	−164
Ammoniak	NH_3	17	− 34
Wasser	H_2O	18	+100 (!)
Neon	Ne	20	−246
Stickstoff	N_2	28	−196
Kohlenmonoxid	CO	28	−192
Sauerstoff	O_2	32	−183

Tabelle 7–1: Beziehungen zwischen Siedetemperatur und Polarität bei Stoffarten vergleichbarer Molekülmassen

Die Zahl der Wassermoleküle in der Hydrathülle eines Ions hängt von der Größe seines Durchmessers und von dem Betrag seiner Ladung ab. Um ein kleines, doppelt geladenes Ion z. B. haben zwar nur wenig Wassermoleküle Platz; sie werden aber verhältnismäßig fest gebunden. Ein großes, nur einfach geladenes Ion dagegen wird eine Hülle aus vielen, aber nur locker gebundenen Dipolen besitzen *(Abb. 7–15)*.
Wir können jetzt die für diesen Abschnitt gestellte Frage beantworten, warum sich die Ionen in der wäßrigen Lösung nicht vereinigen. Um zwei entgegengesetzte Ladungen, z. B. ein Kation und ein Anion, zu trennen und auf eine bestimmte Entfernung zu bringen, ist Arbeit erforderlich; sie ist dann als potentielle Energie in den getrennten Ladungen aufgespeichert und kann als Maß für die zwischen den Ladungen herrschende Kraft angesehen werden, wenn man den Abstand konstant hält. Bringt man nun zwischen die beiden Ladungen Dipol-Moleküle *(Abb. 7–16)*, so werden sie in die Richtung der Kraft gedreht und aneinandergelagert. Beides erfordert Arbeit, und um diesen Betrag sinkt daher die potentielle Energie der Ladungen; mit ihr ist aber auch die zwischen ihnen herrschende Kraft kleiner geworden. Befindet sich z. B. Wasser zwischen den Ladungen, so ziehen sie sich nur noch mit 1/81 der Kraft an, die zwischen ihnen im Vakuum herrscht.
Die zwischen den Ionen wirksamen Anziehungskräfte sind also in wäßriger Lösung gegenüber dem Vakuum nur noch sehr gering. Ein Aneinanderlagern der Ionen wird weiterhin durch die sperrigen Hydrathüllen verhindert, ganz besonders aber durch die lebhafte thermische Bewegung aller Teilchen, die eine eventuelle Annäherung fortwährend stört.

Wassermoleküle sind permanente Dipole.

Ergebnis: Entgegengesetzt geladene Ionen bleiben in wäßriger Lösung getrennt. Die zwi-

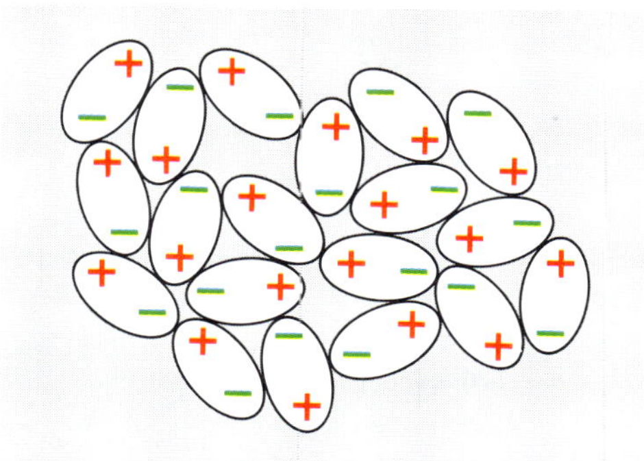

Abb. 7–14: Modell der Aneinanderlagerung von Dipol-Molekülen

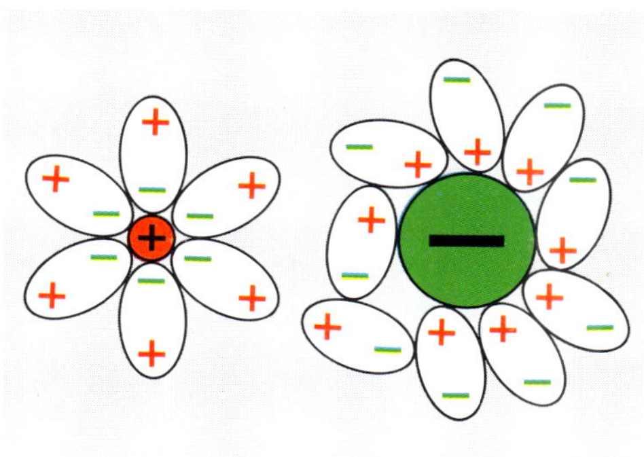

Abb. 7–15: Modelle der Anlagerung von Dipol-Molekülen an Ionen (Hydration)

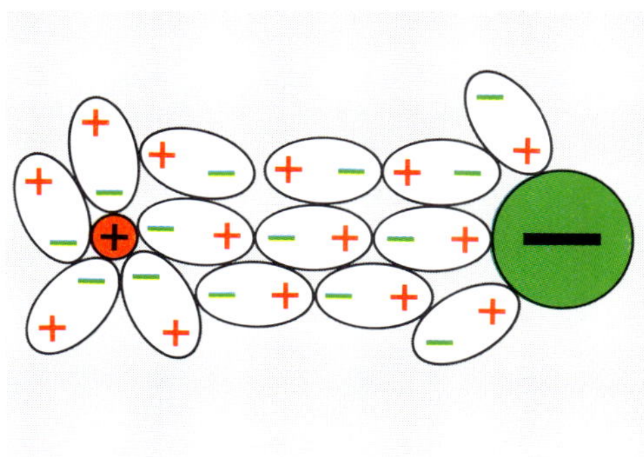

Abb. 7–16: Modell der Ausrichtung von Dipol-Molekülen zwischen Anion und Kation

schen ihnen wirksamen Kräfte werden durch die polaren Wassermoleküle weitgehend abgeschirmt. Außerdem verhindern die Hydrathüllen und die thermische Bewegung eine Vereinigung der Ionen zu Gittern oder Molekülen.

Nach *1.4.1* lassen sich die Flüssigkeiten in eine Wassergruppe und in eine Tetragruppe einteilen. Zur ersten gehören z.B. Methanol (Methylalkohol), Ethandiol (Glykol), Propantriol (Glycerin) u.a. Diese Flüssigkeiten und auch ihre Mischungen sind elektrische Nichtleiter, d.h. es sind keine Ionen vorhanden.

polare und unpolare Flüssigkeiten *(vgl. S. 16)*

Als Grund für die Mischbarkeit einer Flüssigkeit z.B. mit Wasser hatten wir in *7.1.1* anziehende Kräfte ihrer Moleküle zu den Wasser-Molekülen angenommen. Welcher Art sind diese Kräfte? Alle Moleküle sind ungeladen; die Wasser-Moleküle allerdings sind elektrische Dipole. Es liegt sofort die Vermutung nahe, daß auch die Moleküle der mit Wasser mischbaren Flüssigkeiten ein permanentes Dipolmoment besitzen. Dann könnten sich entgegengesetzte Ladungsschwerpunkte aneinanderlagern, was evtl. Temperaturerhöhung und Volumenkontraktion zur Folge hätte. Die *Versuche 7/4 und 7/5* unterstützen diese Vermutung.
Die zur Tetra-Gruppe gehörenden Flüssigkeiten wie Benzin, Benzol u.a. sind ebenfalls elektrische Nichtleiter, besitzen aber nur geringe Kohäsion und Oberflächenspannung *(Versuch 4/8)*; sie lassen sich nicht mit Wasser mischen. Es bestehen also nur geringe Anziehungskräfte zwischen den Molekülen dieser Flüssigkeiten und keine zu den Wasser-Molekülen. Vermutlich sind die Moleküle der zur Tetragruppe gehörenden Flüssigkeiten keine Dipole.
Beide Vermutungen lassen eine erste Voraussage zu: Die Flüssigkeiten der Wassergruppe müßten, wenn sie ausfließen, ähnlich wie Wasser *(Versuch 7/26)* durch ein elektrisches Feld aus der senkrechten Richtung abgelenkt werden, die der Tetragruppe wenig oder gar nicht.

► **Versuch 7/27:** (Abzug! Schutzhandschuhe!) Man füllt einige Kolbenprober mit Flüssigkeiten der Wassergruppe, andere mit solchen der Tetragruppe, verschließt die Öffnungen und spannt die Prober senkrecht in gleicher Höhe ein. Durch Betätigung der Stempel kann man nach Freigabe der Öffnungen für etwa gleiche Auslaufgeschwindigkeiten sorgen. Man nähert den Flüssigkeitsstrahlen in gleicher Höhe und in gleicher seitlicher Entfernung von etwa 1 cm einen durch Reibung positiv aufgeladenen Glasstab: Die Flüssigkeiten der ersten Gruppe werden stark abgelenkt, am stärksten Wasser. Dagegen ändern die Flüssigkeiten der zweiten Gruppe nur sehr wenig ihre Strahlrichtung. ◄

Die Beobachtungen entsprechen der Voraussage. Die geringe Ablenkung bei der zweiten Gruppe läßt offen, ob die Moleküle ein sehr kleines permanentes Dipolmoment besitzen, oder ob ihnen von der influenzierenden Ladung ein nur temporäres Dipolmoment induziert wird.

Die Vermutungen lassen noch eine zweite Voraussage zu, die das Dissoziationsvermögen der Flüssigkeiten betrifft. In den Stoffen der Wassergruppe müßten sich z.B. Chlorwasserstoff und Salze unter Bildung von Ionen lösen, in den anderen aber nicht.

► **Versuch 7/28:** (Abzug!) Man leitet trockenen Chlorwasserstoff hintereinander in 6 Reagenzgläser, die mit Methanol, Ethandiol, Propantriol und mit Tetra, Benzol und Benzin gefüllt sind. Die Flüssigkeiten müssen wasserfrei sein, die Einleitungsrohre dürfen nur einmal benutzt werden. Während des Einleitens sind die Elektroden des Leitfähigkeitsprüfers eingeführt und eine nicht zu niedrige Wechselspannung angelegt *(Abb. 7–17)*. Das Amperemeter ist mit einem empfindlichen Meßbereich versehen. Das Gas löst sich in allen sechs Flüssigkeiten. Nur bei den ersten drei ist ein zunehmender Zeigerausschlag zu beobachten. Die Lösungen in Tetra, Benzol und Benzin zeigen keine Stromleitung. Nach Beendigung des Versuchs wird die Verbindung zwischen Salzsäure und Schwefelsäure unterbrochen. ◄

► **Versuch 7/29:** Man übergießt in 6 Reagenzgläsern Kochsalz mit den Lösungsmitteln von *Versuch 7/28* und erwärmt etwas, um einen etwa eintretenden Lösungsprozeß zu beschleunigen (bei Benzin im heißen Wasserbad ohne Flamme). Gleichzeitig wird die Leitfähigkeit gemessen: Auch in diesem Fall sind die Lösungen in Methanol, Ethandiol und Propantriol Elektrolyte. In den Flüssigkeiten der Tetragruppe hingegen ist Kochsalz unlöslich *(1.3.2, Seite 13)*. ◄

Auch die zweite Voraussage trifft zu: Substanzen, die in wäßriger Lösung in Ionen dissoziiert sind, z.B. Halogenwasserstoffe und Salze, sind auch dissoziiert, wenn sie in anderen Flüssigkeiten der Wassergruppe gelöst sind. Die Flüssigkeiten der Tetragruppe haben kein Dissoziationsvermögen.

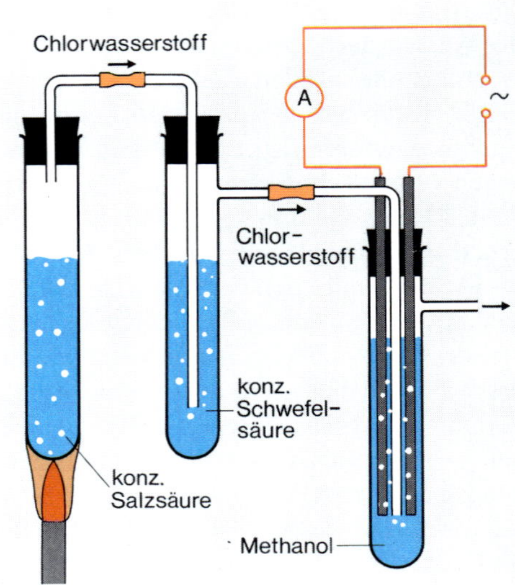

Abb. 7–17: Zu Versuch 7/28. Leitfähigkeitsprüfungen von Chlorwasserstoff-Lösungen

Wir können jetzt die Annahme, daß die Moleküle der mit Wasser mischbaren Flüssigkeiten permanente Dipole sind, während die Moleküle der in Wasser unlöslichen Flüssigkeiten kein Dipolmoment besitzen, als mit den Beobachtungen in Einklang ansehen. Wir nennen Flüssigkeiten, deren Moleküle Dipole sind, **polar**, die anderen **unpolar**.

Ergebnis: Flüssigkeiten, die zur Wassergruppe gehören, sind polare Lösungsmittel, die zur Tetragruppe gehörenden sind unpolar.

Zusammenfassung: *Wir haben im vorliegenden Abschnitt für das Wasser-Molekül ein permanentes elektrisches Dipolmoment postuliert, um die Eigenschaften abzuleiten, in denen sich Wasser von anderen Flüssigkeiten unterscheidet: Starke Kohäsion, hohe Siedetemperatur bei nur kleiner Molekülmasse, Anlagerung an positive und negative Ionen (Hydration) und Getrennthalten der Ionen (Dissoziationsvermögen). Wir sollten uns wieder einmal bewußt machen, daß wir in diesem Abschnitt keine Beweise geliefert haben, sondern daß für uns die Polarität der Wasser-Moleküle, ein typisches Denkmodell darstellt, das uns sämtliche Beobachtungen verständlich machen kann.*

Die Vorstellungen über den Dipolcharakter des Wassermoleküls lassen sich auf die Moleküle von Flüssigkeiten übertragen, die wir schon im 1. Kapitel *zur Wassergruppe zusammengefaßt haben. Wir nennen sie jetzt polare Flüssigkeiten. Unpolar, d.h. ohne nennenswertes Dipolmoment der Moleküle, sind die Flüssigkeiten der Tetragruppe.*

Übungen

1. Sind die Vorgänge an den Oberflächen der Elektroden, z. B. bei der Elektrolyse von Kupferchlorid-Lösung, chemische Reaktionen? Begründe die Antwort.
2. Eine Salzsäure-Elektrolyse wird einmal mit zwei Graphit- und einmal mit zwei Kupfer-Elektroden durchgeführt. Beschreibe und erkläre die Beobachtungen. Formuliere die Reaktionen an den Elektroden.
3. Sind bei Elektrolysen die Beobachtungen an den Elektroden durch »Entladen« und »Entstehen« von Ionen hinreichend beschrieben?
4. Beschreibe den Stromtransport im Elektrolyten während einer Elektrolyse.
5. Welche Bedeutung hat die Elektrolyse wäßriger Salzlösungen in der Technik?
6. Eine Kupfersalz-Lösung wird 10 Minuten bei einer Stromstärke von 0,75 A elektrolysiert. Wieviel Gramm Kupfer scheiden sich an der Kathode ab?
7. Die Elektrolyse einer blauen Kupfersalz-Lösung ist mit der Elektrolyse einer Silbernitrat-Lösung hintereinander geschaltet. Wieviel Gramm Kupfer werden abgeschieden, wenn sich gleichzeitig 0,1 g Silber abscheidet?
8. Du erhältst eine dir unbekannte Flüssigkeit und sollst entscheiden, ob sie polar oder unpolar ist. Welche Versuche würdest du durchführen?
9. Warum bleiben in verdünnten Salzlösungen und Säuren die Ionen trotz elektrostatischer Anziehung und Beweglichkeit voneinander getrennt?

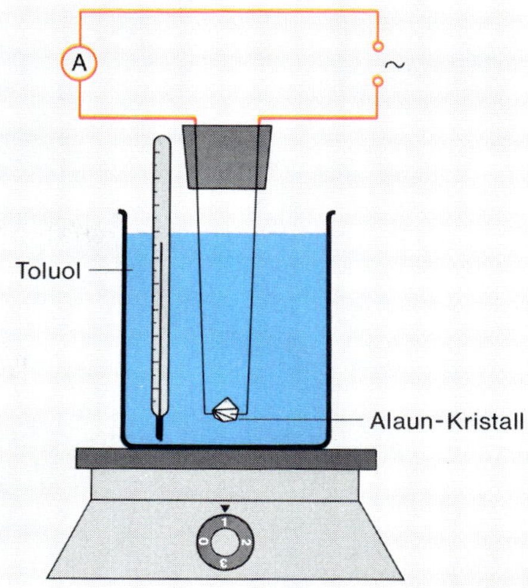

Abb. 7–18: Zu Versuch 7–30. Elektrische Leitfähigkeit eines Salzes im festen Zustand

7.3 Ionen-Gitter, Kristallwasser

7.3.1 Salze

Wie entstehen Ionen? Die bei der Elektrolyse *(Versuch 7/21)* an der Anode sich bildenden Kupfer-Ionen entstehen aus den Atomen des Metallgitters durch Elektronenentzug. Die erforderliche »Ionisationsenergie« wird von der Spannungsquelle und durch die Hydration der entstehenden Ionen aufgebracht.
In der Salzsäure bilden sich die Ionen aus Chlorwasserstoff-Molekülen. Die zur Dissoziation der Moleküle erforderlichen Energie wird allein von der Hydration der entstehenden Ionen geliefert.
Die Ionen der Salzlösungen entstehen aus Kristallgittern. Die Energie zur Zerstörung des Gitters wird auch hier durch die Hydration der Ionen geliefert. Aber welcher Art sind die Gitterbausteine selbst? Zwei Möglichkeiten sind denkbar:
1. Das Salzgitter besteht aus polaren Molekülen. Wir würden es dann als ein **Molekülgitter** bezeichnen. Beim Zerstören des Kristalls durch das Wasser dissoziieren die Gitterbausteine ähnlich wie die HCl-Moleküle in Ionen.
2. Die Bausteine des Salzgitters sind schon Ionen. Wir würden es dann ein **Ionen-Gitter** nennen. Beim Lösungsvorgang werden die Ionen nur frei beweglich.

Wird einem Gitter, das aus Ionen besteht, so viel thermische Energie zugeführt, daß die Bausteine frei beweglich werden, so besteht die Schmelze ebenfalls aus Ionen, d.h. aus elektrisch geladenen Teilchen, die bei einer angelegten Spannung den Strom transportieren können. Die Schmelze eines Ionen-Gitters müßte demnach ein Elektrolyt sein. Tahsächlich haben wir die elektrische Leitfähigkeit der Salz-Schmelzen als ein weiteres typisches Kennzeichen dieser Stoffgruppe kennengelernt *(Tab. 1–3, Spalte 11)*. Zugunsten der ersten Annahme könnte man allerdings anführen, daß auch bei Molekül-Gittern die zugeführte Wärmeenergie nach dem Schmelzen eine thermische Dissoziation der polaren Moleküle in Ionen bewirken könnte. Sicherlich erklärt aber die Vorstellung des Ionen-Gitters einfacher und besser die Eigenschaften der Salze. Eine endgültige Entscheidung könnte der experimentelle Nachweis erbringen, daß schon im Gitter der festen Salze Ladungsträger vorliegen.

Salze sind Ionengitter.

► **Versuch 7/30:** (Lehrerversuch) Man klemmt zwischen zwei Stahlstricknadeln einen etwa 0,5 cm breiten Alaun-Kristall, der scharfe Kanten haben soll, und senkt die Anordnung in ein mit Toluol gefülltes Becherglas *(Abb. 7–18)*. Man legt an die Stahlnadeln eine Wechselspannung, schaltet in den Stromkreis ein Amperemeter und überzeugt sich, daß Kristall und Flüssigkeit den Strom nicht leiten. Man erhitzt jetzt das Toluol. Die Temperatur soll ab 75°C nur noch langsam steigen. Bei genügend empfindlicher Meßanordnung (hohe Spannung, Milliampere-Meßbereich) zeigt das Meßinstrument zwischen 80°C und 85°C einen Stromfluß an. Man unterbricht dann sofort das Erhitzen, um ein Schmelzen des Kristalls zu vermeiden. Beim Abkühlen geht der Zeiger des Amperemeters auf Null zurück. Man überzeugt sich, daß die Kanten des Kristalls scharf geblieben sind, daß also kein Schmelzen der Kristalloberfläche stattgefunden hat. ◄

Gewinnung von Aluminium durch Schmelzflußelektrolyse

Erst gegen Ende des 19. Jahrhunderts, als durch Kraftwerke billige elektrische Energie zur Verfügung stand, konnte Aluminium preisgünstig hergestellt werden. Bis dahin war das Metall teurer als Gold, und ein Aluminium-Block, wie er 1851 auf der Pariser Weltausstellung gezeigt wurde (vgl. Bild oben rechts), erregte wegen seiner »Schönheit« und seines geringen Gewichts die Bewunderung der Besucher.

Die Schmelzflußelektrolyse von Aluminiumoxid {Al_2O_3}, das man durch Umsetzung von Bauxit {AlO(OH)} mit Natronlauge gewinnt, wird in großen, mit Kohlenstoff-Steinen ausgekleideten Wannen, in die von oben Kohle-Elektroden einhängen, bei Stromstärken bis zu 100 000 A (!) und Spannungen von 5 bis 7 V durchgeführt. Um die Schmelztemperatur auf 950° C zu erniedrigen, ist dem Aluminiumoxid ein »Flußmittel« (Kryolith) beigemengt. Das flüssige Metall scheidet sich auf dem als Kathode dienenden Wannenboden ab; der an den Anoden entstehende Sauerstoff oxidiert diese zu Kohlendioxid.

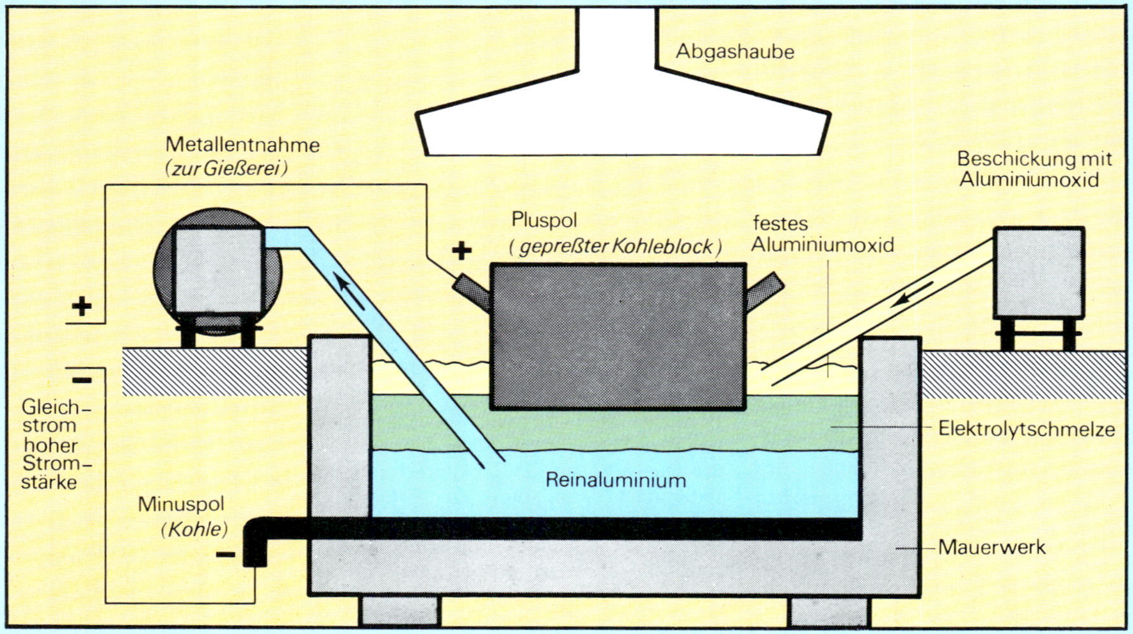

• **Deutung:** Der Alaun-Kristall leitet die Elektrizität schon unterhalb seiner Schmelztemperatur von 92,5° C. Durch das Erwärmen nimmt die Schwingungsenergie der Gitterbausteine zu. Dadurch wird der Kristallverband soweit gelockert, daß einige Bausteine der angelegten Spannung folgend ihre Plätze vertauschen und den Stromtransport übernehmen können. Diese Erklärung setzt elektrische Ladungen der Bausteine voraus.

Ergebnis: Salze sind Ionen-Gitter. Beim Schmelzen und Lösen werden die Ionen in der flüssigen Phase frei beweglich.

Da die Salz-Schmelzen Elektrolyte sind, sollte es möglich sein, die Ionen durch Anlegen einer Gleichspannung zu entladen:

► **Versuch 7/31:** (Lehrerversuch, Abzug!) Im Diatomitofen bringt man ein Gemisch von 15 g getrocknetem Calciumchlorid mit 5 g Calciumfluorid (Flußspat $\{CaF_2\}$ zur Erniedrigung der Schmelztemperatur) in einem nicht zu kleinen Porzellantiegel zum Schmelzen. In die Schmelze taucht man als Anode einen langen, etwa 1 cm dicken Graphitstab, als Kathode einen etwa 0,3 cm dicken Eisenstift, der isoliert an einem Ausziehstativ befestigt ist, um die Eintauchtiefe verändern zu können *(Abb. 7–19)*. Man legt eine Gleichspannung an, so daß ein Strom von etwa 3 Ampere fließt. Zieht man nun die Eisen-Kathode allmählich aus der Schmelze heraus, so wird der Strom nicht unterbrochen, sondern es bildet sich ein fester Ansatz in die Schmelze hinein, der die Stromleitung übernimmt. Nach etwa 15 Minuten Versuchsdauer läßt man erkalten, schlägt den Ansatz ab und bearbeitet seine Oberfläche mit einer Feile, bis blankes Metall zum Vorschein kommt. Übergießt man das Metall mit Wasser, so reagiert es mit diesem unter lebhafter Wasserstoffentwicklung und Bildung eines weißen Niederschlags. ◄

• **Deutung:** Die einzigen Kationen der Schmelze sind Calcium-Ionen. Das Metall, das sich an der Kathode abscheidet, ist also Calcium:

$$Ca^{2+} + 2\,e^- \rightarrow Ca;\, Ca \rightarrow \{Ca\}$$

Die Reaktion mit Wasser im letzten Teil des Versuchs dient als Nachweis für Calcium. Wir werden sie in *8.1.2* erläutern.

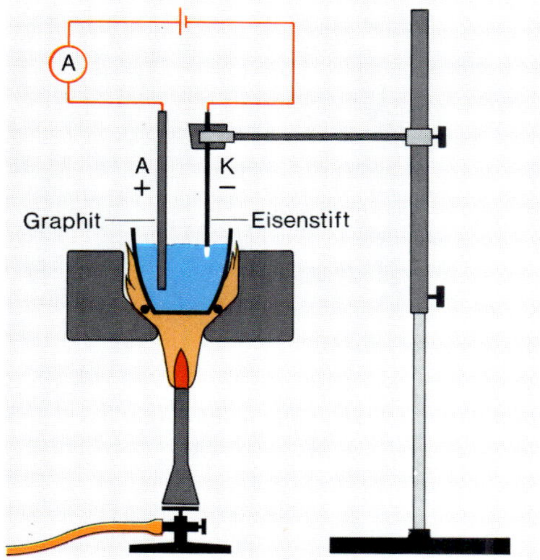

Abb. 7–19: Zu Versuch 7/31. Elektrolyse einer Calciumchlorid-Schmelze

Schmelzelektrolysen wie in *Versuch 7/31* werden in der chemischen Technik in großem Maßstab durchgeführt. Auf diese Weise werden die Alkali- und Erdalkali-Metalle dargestellt, aber auch Aluminium. Es sind gerade die Metalle, deren Oxidationsenergien besonders hoch sind *(Tab. 6–5)* und die sich daher aus den Oxiden durch die übliche Reduktion mit Kohle nicht mehr gewinnen lassen *(6.1.3, Seite 97)*. Elektrische Energie ist verhältnismäßig billig. Bei der Schmelzelektrolyse von Aluminiumoxid im Großbetrieb werden bei einer Spannung von nur 6 Volt Stromstärken bis zu 100 000 Ampere eingesetzt, nicht zuletzt auch deshalb, um den Schmelzelektrolyt auf der erforderlichen Betriebstemperatur von ca. 1000° C zu halten.

Ergebnis: Bei den Elektrolysen von Salz-Schmelzen scheiden sich die Metalle an der Kathode ab. Die Schmelzelektrolysen sind für die Darstellung von Metallen mit großen Oxidationsenergien (unedle Metalle, Leichtmetalle) von technischer Bedeutung.

Wie haben wir uns beim Abkühlen einer Salz-Schmelze den Kristallisationsvorgang vorzustellen? Nach dem elektrostatischen Grundgesetz zieht ein Kation alle Anionen seiner Umgebung an und ein Anion alle benachbarten Kationen. Bei Verringerung der thermischen Bewegung lagern sich daher so viele Anionen um ein Kation, wie es der Platz zuläßt, und umgekehrt.
Ist das Kation (Anion) sehr klein gegenüber den Anionen (Kationen), kann es gerade eine Tetraeder-Lücke zwischen vier von ihnen ausfüllen; ist es etwas größer, paßt es vielleicht noch in eine Oktaeder-Lücke zwischen sechs oder in eine noch größere Hexaeder-Lücke zwischen acht Anionen (Kationen) hinein *(Abb. 5–14 bis 5–18, Seite 69f)*. Es entsteht dann ein räumliches Muster, dessen Symmetrie weitgehend vom Platzbedarf der Ionen abhängt.

Schmelzflußelektrolyse

Ein zweiter strukturbestimmender Faktor ist das Ladungsverhältnis der Ionen. Besitzen Kationen und Anionen gleiche Ladungen, sind sie auch in gleicher Anzahl im Gitter vorhanden, da der Kristall insgesamt elektrisch neutral ist. Verhalten sich aber die Ladungen wie 2 : 1 oder allgemein wie $m:n$, so ist aus dem gleichen Grund das Zahlenverhältnis der Ionen gleich 1 : 2 bzw. $n:m$, also reziprok zum Ladungsverhältnis.
Es gibt im Gitter keinen Bereich, in dem besonders zusammengehörige Ionen-Paare zu erkennen wären. Der Molekül-Begriff ist demnach auf ein solches Gitter nicht anwendbar; es gibt keine »Salzmoleküle«. Wir erinnern uns, daß wir deswegen die Gitterschreibweise $\{A_n\ B_m\}$ mit geschweiften Klammern eingeführt haben, um das Zahlenverhältnis der Bausteine in einem Gitter-Kollektiv von einem entsprechenden Zahlenverhältnis der Atome in einem einzelnen Molekül wie z. B. HCl zu unterscheiden *(5.1.3, Seite 70)*.

Struktur von Ionen-Gittern *(vgl. S. 69f)*

Ergebnis: Die Struktur, d. h. die räumliche Symmetrie eines Salz-Gitters hängt vom Größen- und vom Ladungsverhältnis der beteiligten Ionen ab. Der Molekül-Begriff ist auf Salze nicht anwendbar.

Zusammenfassung: *Die Ionen, die wir zuerst in Salz-Lösungen entdeckt haben, sind schon in den Gittern der (festen) Salze vorhanden. Verallgemeinernd bezeichnet man heute alle Stoffe, die als Ionen-Gitter kristallisieren, als »Salze«. Beim Lösungs- und beim Schmelzvorgang verlassen die Ionen ihre Gitterplätze. So wie wir im* Abschnitt 7.2.3 *die Eigenschaften der Flüssigkeiten durch die polare oder unpolare Struktur ihrer Moleküle erklären konnten, so deuteten wir im vorliegenden Abschnitt die Eigenschaften der Salze aus ihrer Struktur als Ionen-Gitter. Dieses Verfahren, die Eigenschaften der Stoffe aus den Strukturen ihrer Bausteine abzuleiten oder – philosophisch gesprochen – die Form als Ursache für ein So-Sein zu nehmen, ist eine schon von den Denkern der Antike* (ARISTOTELES) *entwickelte Erkenntnismethode. Sie wurde besonders seitens der Chemie für die moderne Naturwissenschaft nutzbar gemacht.*

7.3.2 Konzentrierte Salz-Lösungen

Ionen-Aggregate in konzentrierten Salzlösungen

Wenn die Salz-Kristalle nicht aus Molekülen bestehen, können auch keine Moleküle beim Lösen des Gitterverbandes in die flüssige Phase übergehen. Zur Ausbildung der Hydrathüllen und zur Verminderung der elektrostatischen Anziehung müssen genügend Wasser-Moleküle zur Verfügung stehen. Diese Voraussetzung ist in verdünnter Lösung erfüllt. Wir können also mit Sicherheit sagen, daß es in einer verdünnten Salz-Lösung keine Moleküle gibt, ausgenommen die des Lösungsmittels.
Erst bei einer konzentrierten Salz-Lösung wird die Frage nach den Molekülen interessant. Bei vollständiger Dissoziation, d.h. bei völligem Getrenntsein der Ionen, müßte ihre Zahl pro cm^3 beim Verdünnen abnehmen. Das würde wegen der Ladung der Ionen eine Abnahme der elektrischen Leitfähigkeit bedeuten.

► **Versuch 7/32:** (Lehrerversuch) Man benutzt eine WHEATSTONE'sche Brückenschaltung *(Abb. 7–20)*. A und B sind zwei elektrolytische Zellen mit konzentrierter Kochsalz-Lösung und Graphit-Elektroden; C und D sind die Abschnitte eines Meßdrahtes, auf dem ein Schleifkontakt gleiten kann. Das Amperemeter in der Brücke wird als »Nullinstrument« benutzt (empfindlicher Meßbereich). Man legt eine Wechselspannung (!) von z.B. 6 Volt an. Zunächst sucht man den Punkt auf dem Meßdraht, bei dem durch die Brücke kein Strom fließt. Dann entnimmt man der Zelle A etwas Lösung (etwa 1 cm^3), ersetzt sie durch die gleiche Menge Wasser und sorgt für Vermischung. Beim Wiedereinsetzen der Elektroden muß man sorgfältig auf gleiche Eintauchtiefe wie vorher achten. Der Abschnitt C auf dem Meßdraht muß jetzt verkürzt werden, damit die Brücke wieder stromlos wird. Man wiederholt das Verdünnen so lange, bis der Abschnitt C wieder verlängert werden muß. ◄

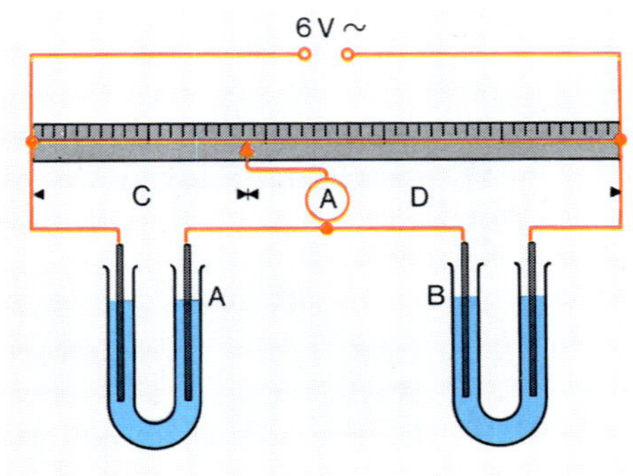

Abb. 7–20: Zu Versuch 7/32. Zunahme der elektrischen Leitfähigkeit beim Verdünnen einer konzentrierten Salz-Lösung

● **Auswertung:** Für die Widerstände der Brückenschaltung gilt:
$A : B = C : D$, also $A = C/D \cdot B$.
Verkleinerung von C (Vergrößerung von D) bedeutet also eine Abnahme des Widerstandes in der Zelle A, d.h. eine Zunahme der Leitfähigkeit des Elektrolyts.

● **Folgerung:** Im Gegensatz zu unserer Vermutung nimmt die Leitfähigkeit der konzentrierten Kochsalz-Lösung beim Verdünnen zu.

Mit der gleichen Anordnung können wir zeigen, daß die Beobachtung auf alle konzentrierten Salz-Lösungen zutrifft, nicht aber auf verdünnte Lösungen. Bei diesen nimmt die Leitfähigkeit beim Verdünnen ab.

● **Deutung:** In konzentrierten Lösungen reicht die Zahl der Wasser-Moleküle nicht aus, um vollständige Hydrathüllen um die Ionen zu bilden; daher bleiben die anziehenden Kräfte zwischen den Ionen noch wirksam. Es beginnt der gleiche Vorgang, den wir im vorigen Abschnitt für die Kristallisation beschrieben haben: Ein Kation umgibt sich mit Anionen und umgekehrt, wobei die wenigen Wasser-Moleküle – nur unvollständige Hydrathüllen bildend – mehreren Ionen gemeinsam zur Verfügung stehen *(Abb. 7–21)*.

Es kommt zu Anhäufungen von Ionen, zu **Ionen-Aggregaten** oder Ionen-Schwärmen. Der Unterschied zum Ionen-Gitter besteht darin, daß zwischen den Ionen im Schwarm nur schwache zusammenhaltende Kräfte wirksam sind; denn die Hydrathüllen sind zum Teil schon vorhanden. Außerdem stört die stets vorhandene thermische Bewegung fortwährend eine sich bildende Ordnung. Die Zusammensetzung der lockeren Anhäufungen ist durch den Zerfall bedingt, d.h. formelmäßig und damit auch stöchiometrisch nicht erfaßbar. Ein Schwarm löst sich auf, ein anderer bildet sich neu.
Die Ladungsträger in der konzentrierten Lösung sind nicht die einzelnen Ionen, sondern die Schwärme. Je nach dem Vorherrschen von Kationen oder Anionen im Schwarm ist seine Ladung positiv oder negativ. Beim Zusetzen von Wasser teilen sich die großen Schwärme in kleinere auf oder in einzelne Ionen, so daß die Zahl der Ladungsträger pro cm^3 beim Verdünnen zunimmt; das bedeutet eine Erhöhung der Leitfähigkeit, wie sie der *Versuch 7/32* gezeigt hat.

Ergebnis: In stark verdünnten Salz-Lösungen liegen die hydratisierten Ionen einzeln vor, sind also voneinander getrennt. In konzentrierten Salz-Lösungen jedoch liegen Ionen-Schwärme, die Ionen-Aggregate, mit wechselnder, nicht stöchiometrischer Zusammensetzung vor.

Im *Versuch 7/20* wurde diese Tatsache angewandt: Chlor löst sich in konzentrierter Kochsalz-Lösung schlechter als in reinem Wasser, weil alle Wassermoleküle bereits fest in den Hydrathüllen der Ionen-Schwärme gebunden sind, so daß die für das Lösen der Chlormoleküle notwendige Hydration unterbleibt. Würde man aber zu der konzentrierten Salz-Lösung statt Chlor einen Stoff geben, der den Hydrathüllen Wasser-Moleküle entreißen könnte, müßte das Salz auskristallisieren:

► **Versuch 7/33:** Man überschichtet eine gesättigte klare Kochsalz-Lösung im Reagenzglas vor-

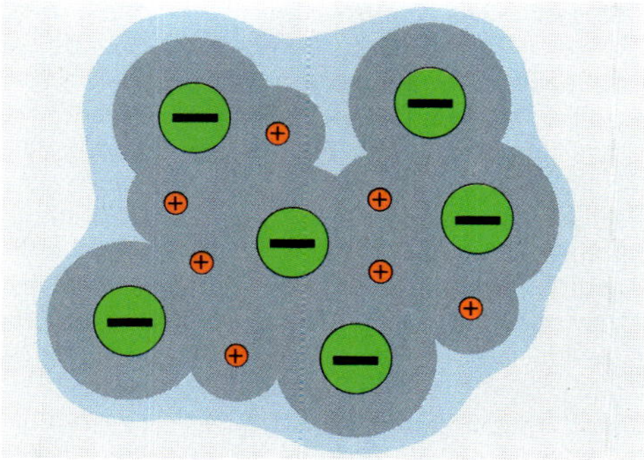

Abb. 7–21: Modell eines Ionen-Aggregats mit gemeinsamer Hydrathülle

sichtig mit Ethanol: An der Grenzfläche scheiden sich Kochsalz-Kristalle aus, die in die Lösung hinabsinken. Beim Durchschütteln der beiden Flüssigkeiten verstärkt sich die Kristallisation. Man bestätigt das Ergebnis mit gesättigter Kaliumchlorid-Lösung und anderen konzentrierten Salz-Lösungen. Statt des Ethanols kann man auch einen Tropfen konz. Schwefelsäure oder Phosphorsäure nehmen, den man an der Glaswand hinunterlaufen läßt. ◀

Wir können demnach die Ionen-Aggregate als eine Art von »Kristallisationskeimen« ansehen: Sie bilden die Vorstufe zur regelmäßigen Ordnung der Ionen in Kristall-Gittern. Der letzte Schritt zum Kristall-Aufbau besteht nur noch darin, die restlichen trennenden Wasser-Moleküle durch Abdunsten, Eindampfen oder durch wasserentziehende Mittel zu beseitigen.

Zusammenfassung: *Nur in stark verdünnten Salz-Lösungen sind die Ionen völlig voneinander getrennt; die Hydrathüllen sind dann vollständig ausgebildet. In konzentrierten Lösungen sind die Ionen zu stöchiometrisch nicht erfaßbaren, mehr oder weniger großen Schwärmen zusammengeballt. Die meisten Wasser-Moleküle gehören den Hydrathüllen mehrerer Ionen gleichzeitig an und vermitteln damit den Zusammenhalt des Schwarms.*
Wir haben mehrmals erwähnt, daß sich Wasser-Moleküle wegen ihres starken Dipolmoments fester an Ionen anlagern als Moleküle anderer polarer Lösungsmittel. Diese verhältnismäßig große Stabilität der Hydrathüllen wollen wir im nächsten Abschnitt genauer untersuchen.

7.3.3 Salzhydrate

Eine besonders stabile Hydrathülle können wir bei den Ionen derjenigen Salze erwarten, die sich unter besonders starker Erwärmung lösen. Ein solches Salz ist z.B. Calciumchlorid *(Versuch 7/2)*.

► **Versuch 7/34:** (Lehrerversuch) 20 g gut getrocknetes Calciumchlorid werden mit 17 cm^3 Wasser versetzt und solange unter Schütteln erhitzt, bis eine fast klare Lösung entsteht. Die Lösung darf jedoch nicht sieden. Man kühlt sie unter fließendem Wasser ab: Es bilden sich Kristallisationszentren; von ihnen aus wachsen lange Kristallnadeln strahlenförmig nach allen Seiten in die Lösung hinein. Zum Schluß ist alles erstarrt. Die erhaltenen Kristalle werden durch Abpressen zwischen Filtrierpapier von den Resten der Lösung befreit und in gut verschlossenen Gläsern zur weiteren Untersuchung aufbewahrt. ◀

Das Resultat ist überraschend. Wo sind die 17 cm^3 Wasser geblieben? Beim Erhitzen kann nur sehr wenig verdampft sein. Sind die erhaltenen Kristalle überhaupt identisch mit der Ausgangssubstanz?

► **Versuch 7/35:** Mit einer Unterlage werden einige Kristalle von *Versuch 7/34* auf einer Waage austariert. Dann läßt man sie einige Zeit an der Luft liegen: Die Kristalle zerfließen; das Gewicht nimmt dabei zu.
Man prüft die Reaktionswärme beim Lösen der Kristalle: Es tritt Abkühlung ein.
Man prüft die erhaltene Lösung mit dem Leitfähigkeitsmesser: die Lösung ist ein Elektrolyt.
Man stellt durch langsames Erwärmen (Reagenzglas im Wasserbad) die Schmelztemperatur der Kristalle fest: Sie liegt zwischen 25° C und 30° C.
Man prüft die Leitfähigkeit der erhaltenen Schmelze: Sie ist ein Elektrolyt. ◀

● **Folgerung:** Wegen der Leitfähigkeit von Lösung und Schmelze ist die in *Versuch 7/34* erhaltene Substanz ein Salz. Dieses Salz ist ebenso wie $\{CaCl_2\}$, aus dem es hergestellt worden ist, hygroskopisch. Es unterscheidet sich aber von diesem in der Lösungswärme (Abkühlung gegenüber Erwärmung) und in der Schmelztemperatur (29° C gegenüber 772° C). Die beiden Salze sind also nicht identisch.

Die niedrige Schmelztemperatur weist auf sehr schwache Gitterkräfte hin. Zum Zerstören des Gitters beim Lösungsvorgang bedarf es also nur geringer Energie. Um so merkwürdiger ist es, daß sich die Kristalle trotzdem unter Abkühlung lösen. Demnach muß die exotherme Hydration noch kleiner sein. Denken wir in diesem Zusammenhang noch an die Frage nach dem Verbleib des Wassers, so liegt die Vermutung sehr nahe, daß im Kristallgitter dieser Substanz hydratisierte Ionen als Gitterbausteine vorliegen.

hydratisierte Ionen als Gitterbausteine

► **Versuch 7/36:** Man erhitzt die Kristalle von *Versuch 7/34* im Reagenzglas, bis die Schmelze siedet: Es entweicht reichlich Wasserdampf, der zum Teil an den kalten Stellen des Glases kondensiert. Man erhitzt die Kristalle im Porzellantiegel. Wenn sich die siedende Schmelze mit einer festen Haut überzieht, rührt man mit einem Glasstab, bis alles erstarrt ist. Der so erhaltene Rückstand stimmt in allen Eigenschaften (exothermes Lösen und hohe Schmelztemperatur) mit dem getrockneten Calciumchlorid, der Ausgangssubstanz von *Versuch 7/34*, überein. ◀

● **Deutung** von *Versuch 7/34*: Sämtliche Moleküle des zugegebenen Wassers werden zur Bildung von Hydrathüllen um die Ionen des Calciumchlorids verbraucht. Die hydratisierten Ionen treten dann zu einem neuen Kristallgitter zusammen. Das so entstehende Salz heißt **Calciumchlorid-Hydrat**. Das in ihm gebundene Wasser nennt man **Kristallwasser**.

● **Deutung** von *Versuch 7/35:* Da im Salzhydrat die Ionen in ihren Hydrathüllen einen größeren Abstand voneinander haben als im kristallwasserfreien Salz, sind die Coulombschen Anziehungskräfte zwischen ihnen verhältnismäßig schwach. Das erklärt die niedrige Schmelztemperatur. Da die Ionen im Salzhydrat teilweise oder bereits vollständig hydratisiert sind, gibt nur die Zerstörung des Gitters einen nennenswerten Beitrag zur Energiebilanz des Lösungsvorgangs. Dadurch erklärt sich die Abkühlung beim Lösen.

● **Deutung** von *Versuch 7/36:* Die Schmelze des Hydrats ist identisch mit der konzentrierten Lösung des kristallwasserfreien Salzes, das beim vollständigen Austreiben des Wassers auskristallisiert.

Ergebnis: Es gibt Salze, in deren Gitter außer Ionen noch Wasser-Moleküle eingebaut sind; diese umgeben die Ionen als Hydrathüllen. Man spricht von Salzhydraten, die Kristallwasser gebunden enthalten.

Kristallwasser-Bestimmung

Kristallwasserhaltigen Salzen sind wir schon früher begegnet. Bei den Stoffuntersuchungen in 1.3.2 hatten wir bei den »salzartigen Stoffen« Alaun, Fixiersalz und Kupfervitriol niedrige Schmelztemperaturen bzw. Zersetzung beim Schmelzen festgestellt. Alaun schmilzt schon bei 92,5° C; aus diesem Grund durften wir den Kristall in *Versuch 7/30* nicht höher als 85° C erhitzen. Die Schmelztemperatur von Fixiersalz ist noch niedriger; sie liegt bei 45° C. Alle drei Salze geben beim Erhitzen Kristallwasser ab. Die erste genauere Untersuchung einer chemischen Reaktion *im 2. Kapitel* führten wir am Beispiel der Kristallwasseraustreibung aus Kupfervitriol durch *(Versuch 2/28)*.

Wir wollen noch einige weitere Salze auf Kristallwassergehalt prüfen. Wir arbeiten wegen der besseren Vergleichsmöglichkeiten wieder mit Chloriden. Für die nächsten Versuche müssen die Salze im Trockenschrank bei mäßiger Temperatur von der Feuchtigkeit befreit werden, die alle pulverigen Substanzen bei Aufbewahrung an der Luft allmählich aufnehmen.

► **Versuch 7/37:** Kochsalz, Kaliumchlorid, Bariumchlorid und türkisfarbenes Kupferchlorid werden in trockenen Reagenzgläsern erhitzt. Nur aus den beiden letzten Salzen entweicht Wasserdampf, der an den kälteren Teilen des Glases kondensiert. Dabei zerspringen die Kristalle mit prasselndem Geräusch und ballen sich vorübergehend zu feuchten Klumpen zusammen, die zu einem lockeren Pulver zerfallen, wenn alles Wasser ausgetrieben ist. Kupferchlorid verändert während der Reaktion seine Farbe von türkisblau über grün nach braun. ◄

● **Folgerung:** Kochsalz und Kaliumchlorid enthalten kein Kristallwasser. Bariumchlorid und Kupferchlorid sind Hydrate. Das kristallwasserfreie Kupferchlorid ist braun und ähnelt dem Kupferbromid.

► **Versuch 7/38:** Man bringt das von Kristallwasser befreite Bariumchlorid auf ein Uhrglas und läßt aus einer Pipette wenige Tropfen Wasser zulaufen: Das Salz bindet das Wasser ohne feucht zu werden; gleichzeitig wird soviel Wärme frei, daß ein Teil des Wassers verdampft. Auch das braune Kupferchlorid nimmt in exothermer Reaktion Wasser auf und ändert dabei die Farbe nach grün. – Man wiederholt den *Versuch 2/2 (Seite 20)*. ◄

● **Folgerung:** Die entwässerten Salze können im festen Zustand Kristallwasser aufnehmen. Die dabei frei werdende Wärme ist nach dem Gesetz von der Erhaltung der Energie so groß wie die, die zum Entwässern der Hydrate aufgewendet werden muß.

Ergebnis: Der endothermen Austreibung von Kristallwasser aus Salzhydraten entspricht als Umkehr-Reaktion die exotherme Aufnahme von Wasser durch die entwässerten Salze.

Es bleibt noch die wichtige Frage zu klären, ob die Moleküle des Kristallwassers in einem zufälligen oder aber in einem festen, stöchiometrischen Verhältnis im Gitter der Hydrate eingebaut sind. Bedenken wir, daß Wasser-Moleküle ebenso wie Ionen bestimmte Plätze im Gitter beanspruchen, so ist die zweite Möglichkeit die wahrscheinlichere.

► **Versuch 7/39:** Man tariert einen Porzellantiegel und wägt 4,00 g Bariumchlorid-Hydrat ein. Man erhitzt den Tiegel zunächst langsam, dann mit der heiß gestellten Flamme des Brenners, bis das Kristallwasser ausgetrieben ist. Nach dem Erkalten beträgt die Rückwaage 3,40 g. Es empfiehlt sich, statt eines einzigen Versuchs den Mittelwert einer ganzen Versuchsreihe zu bestimmen. ◄

● **Auswertung:** Nimmt man an, daß im Kristallgitter auf jedes Barium-Ion n H_2O-Moleküle kommen – ausgedrückt durch die Schreibweise $\{BaCl_2\,(H_2O)_n\}$ mit $M_L = (208{,}4 + 18\,n)$ g – so erhält man die Proportion
$(208{,}4 + 18\,n)$ g : 208,4 g = 4,00 g : 3,40 g, d. h. $208{,}4 + 18\,n = 245{,}2$ und $18\,n = 36{,}8$, also $n = 2{,}04$. Die Formel des Hydrats lautet demnach $\{BaCl_2\,(H_2O)_2\}$, der vollständige Name »Bariumchlorid-dihydrat«.

► **Versuch 7/40:** Man bestimmt die Masse einer Porzellanschale und wägt 4,00 g Kupferchlorid-Hydrat $\{CuCl_2\,(H_2O)_n\}$ ein, nachdem man anhaftende Feuchtigkeit im Trockenschrank entfernt hat. Man erhitzt die Substanz und rührt dabei mit einem Glasstab um, bis ein lockeres braunes Pulver entstanden ist. Die Temperatur darf nicht so hoch sein, daß das Pulver schmilzt, weil es dann unter Chlorentwicklung thermisch dissoziiert. Man achtet darauf, daß keine Salzreste am Glasstab haften bleiben. Die Rückwaage beträgt 3,13 g. Auch in diesem Fall ist eine Versuchsserie günstiger als ein Einzelversuch. ◄

● **Auswertung:**
$(134{,}5 + 18\,n)$ g : 134,5 g = 4,00 g : 3,13 g. Daraus folgt $18\,n = 37{,}4$ und $n = 2{,}08$. Es handelt sich um Kupferchlorid-dihydrat $\{CuCl_2\,(H_2O)_2\}$.

Die quantitative Kristallwasser-Bestimmung des in *Versuch 7/34* dargestellten Calciumchlorid-Hydrats macht Schwierigkeiten, weil das Salz stark hygroskopisch ist *(Versuch 7/35)* und weil seine Schmelztemperatur mit 29,5° C sehr niedrig ist. Man kann es daher nicht im Trockenschrank von der aufgenommenen Feuchtigkeit befreien, ohne daß auch schon ein Teil des Kristallwassers entweicht. Wir können aber aus der Darstellung des Salzes nach *Versuch 7/34* den Kristallwassergehalt abschätzen:
20 g $\{CaCl_2\}$ (M_L = 111,0 g) sind 0,18 M_L $\{CaCl_2\}$, 17 cm^3 Wasser sind 0,94 M_L (H_2O).
1 M_L $\{CaCl_2\}$ hat bei diesem Versuch also 5,2 M_L (H_2O) aufgenommen. Man kann zeigen, daß bis zu 6 M_L (H_2O) gebunden werden. Die Formel des Hydrats ist $\{CaCl_2\,(H_2O)_6\}$, Calciumchlorid-hexahydrat.

Ergebnis: Die Salzhydrate enthalten Kristallwasser in festen, stöchiometrischen Verhältnissen. Es wird daher in den Substanzformeln mit aufgeführt.

Dieses chemisch gebundene Kristallwasser müssen wir unterscheiden von zufälligen Einschlüssen der Lösung in Hohlräumen und Rissen der Kristalle, wie sie bei schnellem Kristallisieren durch Zusammenwachsen vieler kleiner Kristalle zu größeren entstehen können.
Wir wollen nun den Kristallwassergehalt der Chloride untereinander vergleichen. Da Kochsalz und Kaliumchlorid keine Hydrate sind, ist zu vermuten, daß die Chlorid-Ionen, die allen diesen Salzen gemeinsam sind, auch in den anderen Chloriden keine Hydrathülle besitzen. Folglich sind es die Metall-Ionen, die in den Gittern hydratisiert sind. Dabei fällt uns sofort auf, daß die Metall-Ionen in den Salzen, die wir als Hydrate erkannt haben, doppelt positiv geladen sind: Ca^{2+}, Ba^{2+} und Cu^{2+}. Offenbar werden die Wasser-Dipole von mehrfach geladenen Ionen stärker festgehalten als von einfach geladenen wie Na^+ und K^+, was nach dem COULOMB'schen Gesetz auch zu erwarten ist.
Nach dem gleichen Gesetz sollte aber auch ein kleines Ion die H_2O-Moleküle fester binden können als ein großes bei gleicher Ladung. Dann wäre vielleicht das Ca^{2+}-Ion, das sechs Wasser-Moleküle anziehen kann, kleiner als das Ba^{2+}-Ion mit nur zwei Wasser-Molekülen. In *Tab. 7–2* sind einige Alkali- und Erdalkalihalogenide mit ihrem Kristallwassergehalt zusammengestellt.
Den Einfluß der Ladung des Kations erkennen wir daran, daß der Kristallwassergehalt innerhalb der Perioden von links nach rechts zunimmt, den Einfluß des Ionenradius daran, daß er innerhalb der

	Alkali-halogenide	Erdalkali-halogenide
2. Periode	$\{LiCl(H_2O)_3\}$	$\{BeCl_2(H_2O)_4\}$
3. Periode	$\{NaCl(H_2O)_2\}$ (−10° C) $\{NaBr(H_2O)_2\}$	$\{MgCl_2(H_2O)_6$ $\{MgBr_2(H_2O)_6\}$
4. Periode	$\{KCl\}$ $\{KJ\}$	$\{CaCl_2(H_2O)_6\}$ $\{CaJ_2(H_2O)_6\}$
6. Periode	$\{CsCl\}$	$\{BaCl_2(H_2O)_2\}$

Tabelle 7–2: Kristallwassergehalt der Alkali- und Erdalkalihalogenide

Gruppen von oben nach unten abnimmt (Ausnahme: Berylliumchlorid). Demnach ist das Lithium-Ion besonders klein, das Barium-Ion verhältnismäßig groß. Da wir angenommen haben, daß die Halogenid-Ionen ohne Hydrathüllen in die Gitter eingebaut sind, müßten sie besonders groß sein, jedenfalls größer als die Metall-Ionen.

Ergebnis: Der Kristallwassergehalt hängt von der Ladung und von der Größe der Kationen eines Ionen-Gitters ab; er nimmt mit der Ladung zu, mit wachsendem Radius ab.

Zusammenfassung: *Das wichtigste Ergebnis des* 7. Kapitels *ist die Entdeckung der Ionen in Säuren und Salz-Lösungen. Metall- und Wasserstoff-Ionen sind positiv, Nichtmetall-Ionen negativ geladen. Ionen gehen bei Elektrolysen durch Aufnahme oder Abgabe von Elektronen in neutrale Atome über, die sich dann in der Sekundär-Reaktion zu Gittern oder Molekülen zusammenschließen. Aber auch der umgekehrte Vorgang ist möglich: Bei Elektrolysen entstehen aus Gittern oder Molekülen Ionen. In allen Fällen besteht die Primär-Reaktion darin, daß an der Anode Elektronen abgesaugt und an der Kathode Elektronen in die Lösung hineingepumpt werden.*
Beim Lösen von Salzen handelt es sich um die Zerstörung des aus Ionen aufgebauten Kristallgitters. Der Lösungsvorgang bei Säuren besteht in einer (elektrischen) Dissoziation von Dipol-Molekülen. In beiden Fällen bilden sich gleichzeitig Hydrathüllen aus polaren Wasser-Molekülen um die entstandenen Ionen. Wenn die Ionen mehrfach geladen oder klein sind, können die Hydrathüllen beim Kristallisationsvorgang als Kristallwasser in das Kristallgitter aufgenommen werden.
Die Oxidationsstufe der Ionen stimmt in Vorzeichen und Betrag mit ihrer elektrischen Ladung überein. Wir hatten bemerkt, daß die Oxidationsstufe »irgendwie« das chemische Verhalten der Atome kennzeichnet. Dieses »irgendwie« scheint sich jetzt als Überschuß oder Mangel an Elektronen aufzuklären. Ehe wir diesem Gedanken nachgehen, wird uns der Zusammenhang zwischen Oxidations- und Ladungszahl bei der Entdeckung andersartigen Ionen gute Dienste leisten.

Übungen

1. Welche Eigenschaften und experimentellen Befunde zwingen zu der Annahme, daß salzartige Feststoffe als Ionen-Gitter vorliegen?
2. Welche Beobachtungen kannst du bei der Schmelzflußelektrolyse von Blei(II)-chlorid erwarten? Begründe.
3. Der Gittertyp, aber auch der Kristallwassergehalt eines Salzes hängen vom Durchmesser und vom Ladungsbetrag der das Gitter aufbauenden Ionen ab. Erläutere diesen Sachverhalt und nenne Beispiele.
4. Welche Beobachtungen sprechen für die Annahme von Ionen-Aggregaten in konzentrierten Salzlösungen?
5. Beschreibe und erkläre die Beobachtungen beim Lösen von Kupfervitriol und beim Lösen von kristallwasserfreiem Kupfersulfat in Wasser.

Einfluß von Größe und Ladung der Kationen auf den Kristallwassergehalt

8. Molekül- und Komplex-Ionen

8.1 Hydroxid-Ionen

8.1.1 Alkalische Lösungen

Zu den Elektrolyten, die wir bisher noch nicht der Elektrolyse unterworfen haben, zählen die wäßrigen Lösungen der Alkali- und Erdalkalihalogenide:

► **Versuch 8/1:** (Abzug!) (a) Man benutzt sechs U-Rohre mit seitlichen Ansätzen, je einem Wattebausch oder einer Glasfritte in den mittleren Teilen sowie Graphit-Elektroden. Man füllt Lösungen der Chloride von Lithium, Natrium, Kalium, Magnesium, Calcium und Barium ein und legt Gleichspannungen an: In allen Fällen beobachtet man Gasentwicklungen jeweils an beiden Elektroden. Das farb- und geruchlose Kathodengas wird im Reagenzglas aufgefangen und als Wasserstoff identifiziert (Brennbarkeit, Wasser als Verbrennungsprodukt). Das Anodengas ist gelbgrün und riecht stechend: Es ist Chlor.
(b) Hat sich die Lösung im Anodenschenkel mit dem Gas gesättigt, leitet man beide Gase wie in *Versuch 7/20* beschrieben in konzentrierte Kochsalzlösung. Bei Benutzung von Ableitungsschläuchen mit gleichem Durchmesser stellt man nach der Blasenzählmethode gleiche Volumina für Wasserstoff und Chlor fest.
(c) In den Lösungen der Erdalkalichloride bilden sich auf der Kathodenseite allmählich – bei Magnesiumchlorid früher als bei Bariumchlorid – weiße, voluminöse Niederschläge.
(d) Nach Beendigung der Elektrolysen fühlen sich die Lösungen aus den Kathodenschenkeln zwischen den Fingerspitzen schlüpfrig an wie Seifenlauge. Man prüft diese Flüssigkeiten mit Universalindikator: Farbänderung nach dunkelblau. Die gleiche Farbe des Indikatorpapiers erhält man, wenn man es in eine wäßrige Seifenlösung taucht. ◄

Nachweisreaktionen für Laugen

Definition: Wäßrige Lösungen, die sich schlüpfrig anfühlen und Universalindikator blau färben, heißen **alkalische Lösungen**.

Die Lösungen, die bei den Elektrolysen von Natrium-, Kalium-, Calcium- und Bariumchlorid-Lösungen entstehen, haben besondere Namen: **Natronlauge, Kalilauge, Kalkwasser** und **Barytwasser**. Ganz allgemein hat sich für alkalische Lösungen die Bezeichnung **Laugen** eingebürgert (vgl. »Waschlauge«, »Seifenlauge«).
Wie aber erklären wir diese Beobachtungen in den Kathoden-Schenkeln?
Wir wissen, daß die Kathode Elektronen an die Lösung abgibt. Die Kationen der Lösungen, also die Alkali- und Erdalkali-Ionen, sind bei den Elektrolysen in *Versuch 8/1* nicht entladen worden. Es können also nur Anionen entstanden sein, indem Wasser-Moleküle die Elektronen aufgenommen haben unter gleichzeitiger Bildung von Wasserstoff; denn dieser kann nur aus dem Wasser stammen. Wegen ihrer Entstehung aus Wasser-Molekülen müssen diese Anionen bei allen sechs Elektrolysen von der gleichen Art sein. Sie sind demnach für die Gruppeneigenschaften der alkalischen Lösungen, d. h. für die Blaufärbung von Universalindikator und für die seifige Konsistenz der Lösungen, verantwortlich.
Es gibt zwei Möglichkeiten, sich die Entstehung der Anionen aus Wasser-Molekülen zu erklären:
1. Wenn ein H_2O-Molekül an der Kathode zwei Wasserstoff-Atome verliert, bleiben in der Lösung negativ geladene Sauerstoff-Ionen, die **Oxid-Ionen**, zurück. Da bei den Elektrolysen gleiche Volumina Wasserstoff und Chlor gemessen werden *(Versuch 8/1 b)*, kommen auf zwei entstehende Wasserstoff-Atome zwei Chlorid-Ionen, die an der Anodenseite entladen werden. Die Kathode hat dann zwei Elektronen abgegeben, und die Oxid-Ionen wären doppelt negativ geladen: O^{2-}_{aq}:
Anode:
$2\,Cl^-_{aq} \rightarrow 2\,Cl + 2\,e^- + aqua; \quad 2\,Cl \rightarrow Cl_2$
Kathode:
$2\,e^- + H_2O + aqua \rightarrow O^{2-}_{aq} + 2\,H; \quad 2\,H \rightarrow H_2$

2. Verliert jedes H_2O-Molekül an der Kathode nur ein Wasserstoff-Atom, so müssen wegen der beobachteten Volumengleichheit einfach geladene $(OH)^-_{aq}$-Reste übrigbleiben:
Anode:
$2\,Cl^-_{aq} \rightarrow 2\,Cl + 2\,e^- + aqua; \quad 2\,Cl \rightarrow Cl_2$
Kathode:
$2\,e^- + 2\,H_2O + aqua \rightarrow 2\,(OH)^-_{aq} + 2\,H; \quad 2\,H \rightarrow H_2$

Trifft die zweite Erklärung zu, lernen wir eine neue Art Ionen kennen, die keine geladenen Atome sind, sondern wie Moleküle aus mehreren Atomen bestehen. Wir nennen sie daher **Molekül-Ionen**. Im Falle des $(OH)^-$-Ions bietet sich der Name **Hydroxid-Ion** an.
Eine Entscheidung, ob die Oxid- oder die Hydroxid-Ionen für den alkalischen Charakter der Lösungen verantwortlich sind, können wir treffen, wenn es uns gelingt, durch Eindampfen der Kathodenflüssigkeiten von *Versuch 8/1* ein Ionen-Gitter auszukristallisieren, das im ersten Fall ein Oxid $\{Li_2O\}$, $\{BaO\}$ usw. im zweiten Fall ein Hydroxid $\{LiOH\}$, $\{Ba(OH)_2\}$ usw. sein müßte.
Das Eindampfen der Kathodenflüssigkeiten hat nun aber wenig Aussicht auf Erfolg, weil die auskristallisierten Rückstände zum größten Teil die unverbrauchten Metallchloride sein werden. Wir suchen daher nach einem anderen Weg, die alkalischen Lösungen herzustellen. Einen Hinweis bekommen wir durch die Feststellung, daß bei den Elektrolysen in *Versuch 8/1* keine Alkali- und Erdalkali-Ionen entladen worden sind. Es wird also offensichtlich mehr Energie benötigt, diese Ionen

von ihren Hydrathüllen zu befreien und in den elektrisch neutralen Zustand überzuführen, als Wasser-Moleküle unter Wasserstoffentwicklung in die »Laugen-Anionen« zu spalten. Dann müßte umgekehrt beim Übergang der Alkali- und Erdalkali-Metalle aus dem elementaren in den Ionen-Zustand mit anschließender Hydration mehr Energie frei werden, als notwendig ist, um Wasser unter Bildung von Wasserstoff und Laugen-Anionen zu zersetzen. Vom Natrium wissen wir bereits aus *Versuch 1/12, Seite 14,* daß es lebhaft mit Wasser reagiert. Wir wiederholen den Versuch mit Lithium:

► **Versuch 8/2:** Man befreit ein Stückchen Lithium von der Kruste und wirft es in eine Porzellanschale mit Wasser: An den Seiten des Metalls sieht man Gasblasen aufsteigen; das Stückchen wird zusehends kleiner, bis es ganz verbraucht ist. Ein zweites Stückchen des Metalls wird mit einer Pinzette unter die Flüssigkeitsoberfläche gedrückt. Man kann nun die Gasblasen in einem Reagenzglas auffangen. Man prüft das Gas mit einer Flamme: Entzündung und Kondensation von Wasserdampf. Man prüft die Leitfähigkeit der Lösung: Sie ist ein Elektrolyt. Schließlich prüft man die Lösung mit Universalindikator: Farbumschlag nach blau. ◄

● **Folgerung:** Das Gas ist Wasserstoff; es kann nur infolge Zersetzung des Wassers entstanden sein. Die Lösung reagiert alkalisch, enthält also die gleichen Anionen, die bei den Elektrolysen in *Versuch 8/1* entstanden sind. Als Kationen kommen nur Lithium-Ionen in Frage, da das Metall verbraucht worden ist.

► **Versuch 8/3:** (Lehrerversuch) Die Versuchsanordnung *Versuch 1/12, Seite 14,* wird folgendermaßen abgeändert: Man legt ein Rundfilter auf die Wasseroberfläche und verhindert das Sinken durch untergelegte Streichhölzer. Auf das nasse Papier legt man ein kleines, entkrustetes Stück Natrium: Das Metall schmilzt zu einer Kugel, es tritt Entzündung ein, man beobachtet eine gelbe Flamme. Es entsteht ein weißer Rauch, der zum Husten reizt. (Es kann vorkommen, daß die Kugel zerplatzt, daher auch Schutzscheibe oder Abzug!) Man prüft die Flüssigkeit mit dem Leitfähigkeitsmesser und mit Indikatorpapier: Sie ist ein Elektrolyt und zeigt alkalische Reaktion. ◄

► **Versuch 8/4:** (Lehrerversuch) Man wirft ein kleines, von der Kruste befreites Stück Kalium in eine Porzellanschale mit Wasser: Sofort tritt Entzündung ein. In einer blaßvioletten Flamme treibt das Metall auf der Wasseroberfläche lebhaft hin und her. (Die Gefahr des Zerplatzens der Kugel ist bei Kalium noch größer als bei Natrium, Vorsicht!). Die Leitfähigkeit und die Indikatorreaktion werden wie in *Versuch 8/3* bestätigt. ◄

● **Folgerung:** Die Reaktionen der Alkali-Metalle mit Wasser nehmen in der Reihenfolge Lithium, Natrium, Kalium, d.h. mit zunehmender Atommasse, an Heftigkeit zu. Die Reaktionswärmen sind bei Natrium und Kalium so groß, daß die Metalle schmelzen. Die Wasserstoffentwicklung ist so lebhaft, daß die aufperlenden Gasblasen die Kugel vor sich hertreiben (Rückstoß-Prinzip). Hindert man die Natrium-Kugel an der Bewegung, wird die Temperatur so hoch, daß sich der Wasserstoff entzündet. Bei Kalium bringt die sehr große Reaktionswärme den Wasserstoff sofort zur Entzündung. Die Flamme wird durch Natriumdampf gelb, durch Kaliumdampf blaßviolett gefärbt (vgl. *Tab. 6–9, Seite 105*).

Die Kationen der Lösungen sind Natrium- bzw. Kalium-Ionen. Ob die Anionen Oxid- oder Hydroxid-Ionen sind, läßt sich von den Beobachtungen her noch nicht entscheiden:

Oxid-Ion:

$$2\{Na\} + H_2O + aqua \rightarrow 2\,Na^+_{aq} + O^{2-}_{aq} + 2\,H;$$
$$2\,H \rightarrow H_2$$

Hydroxid-Ion:

$$\{Na\} + H_2O + aqua \rightarrow Na^+_{aq} + (OH)^-_{aq} + H;$$
$$2\,H \rightarrow H_2$$

Da bei beiden Ansätzen aus 1 mol Na-Atomen genau 1 mol H-Atome entstehen, kann die Entscheidung nicht dadurch herbeigeführt werden, daß man das durch eine abgewogene Menge Natrium freigesetzte Wasserstoff-Volumen mißt. Aber im ersten Fall entstehen aus 1 mol Wasser-Molekülen 2 mol Wasserstoff-Atome, im zweiten Fall hingegen nur 1 mol H-Atome. Eine experimentelle Entscheidung ist

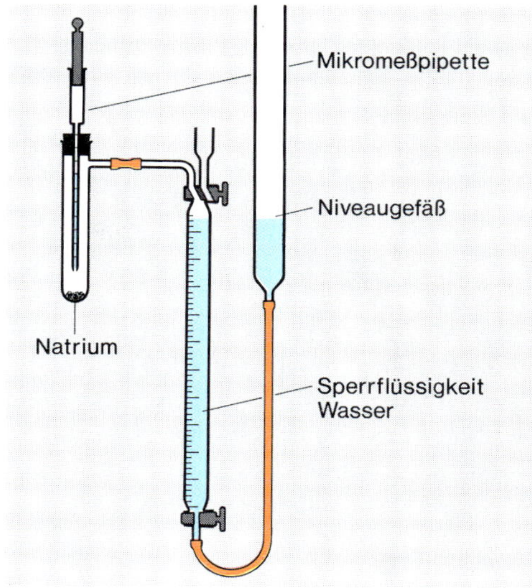

Abb. 8–1: Zu Versuch 8/5. Quantitative Umsetzung von Wasser mit überschüssigem Natrium

also möglich, wenn wir eine abgewogene Menge Wasser mit überschüssigem Natrium reagieren lassen und das Wasserstoff-Volumen messen.

quantitative Zersetzung von Wasser durch Natrium

► **Versuch 8/5:** (Lehrerversuch) Man erhitzt entkrustete Natrium-Stückchen im Reagenzglas unter Toluol bis das Metall schmilzt. Während des Abkühlens schüttelt man das mit einem Stopfen verschlossene Glas kräftig: Es bildet sich schlagartig eine feine Suspenison des Metalls. Man gießt sie in ein Reagenzglas mit seitlichem Ansatz und dekantiert das Toluol vom abgesetzten Natrium-Grieß. Die Öffnung des Glases verschließt man mit einem Stopfen, in dessen Bohrung eine Mikropipette[1] gasdicht eingesetzt ist. Sie ist mit 0,1 cm^3 destilliertem Wasser gefüllt. Der seitliche Ansatz des Reaktionsglases wird mit einer Bunte-Bürette verbunden *(Abb. 8–1).* Man liest an der Bürette bei Niveaugleichheit der Sperrflüssigkeit im Niveaurohr das Anfangsvolumen ab und läßt das Wasser aus der Mikropipette zum Natrium-Grieß tropfen. Die sofort einsetzende Gasentwicklung unterstützt man nach einigen Minuten durch Erhitzen des Reaktionsguts mit kleiner Flamme. Nach Beendigung der Reaktion und Abkühlen liest man an der Bürette bei Niveaugleichheit die Zunahme des Gasvolumens ab. Der Dampf des

[1] Siehe Fußnote zu *Versuch 4/13, Seite 63.*

noch vorhanden gewesenen Toluols kondensiert beim Abkühlen wieder und geht daher nicht in die Messung ein. Beispiel: Aus 0,1 cm^3 Wasser entstehen 68,2 cm^3 Wasserstoff bei 22° C und 980 mbar. ◄

● **Auswertung:** Die Reduktion des Gasvolumens auf Normalbedingungen ergibt 61,1 cm^3. Dieses Volumen entsteht aus 0,1 g Wasser. Aus 1 mol H_2O-Molekülen, also 18 g, entstehen somit
(18 g/0,1 g) · 61,1 cm^3 = 10998 cm^3 Wasserstoff, das sind – verglichen mit 11200 cm^3 – ziemlich genau ½ mol H_2-Moleküle oder 1 mol H-Atome. Der Fehler beträgt weniger als 2%. Damit haben wir den Nachweis erbracht, daß in Laugen Hydroxid-Ionen vorliegen.

Das Hydroxid-Ion ist ein Molekül-Ion.

Ergebnis: Die Anionen der alkalischen Lösungen sind Hydroxid-Ionen $(OH)^-_{aq}$. Sie entstehen bei den Elektrolysen von Alkali- und Erdalkalichlorid-Lösungen an der Kathode und bei den Reaktionen der Alkali-Metalle mit Wasser. Die Hydroxid-Ionen verursachen die Schlüpfrigkeit beim Befühlen der Laugen und die Blaufärbung von Universalindikator.

Das Oxid-Ion ist ein Atom-Ion.

Die Oxid-Ionen scheiden also für die Deutung der Eigenschaften alkalischer Lösungen aus. Dennoch könnten sie in einem anderen Zusammenhang existieren: Sind sie vielleicht Gitterbausteine der (festen) Alkali- und Erdalkalioxide? Wenn dies zutrifft, müßten deren Schmelzen Elektrolyte sein. Das ist tatsächlich der Fall, kann aber mit den Mitteln des Schullabors schlecht nachgewiesen werden; Lithiumoxid schmilzt erst bei Temperaturen über 1700° C, und die Schmelztemperaturen der Erdalkalioxide liegen z.T. weit über 2000° C. Wir müssen uns daher mit der Mitteilung begnügen, daß es sich bei ihnen um Ionen-Gitter handelt, die aus Metall- und Oxid-Ionen bestehen.

► **Versuch 8/6:** (Lehrerversuch) (a) Auf einer Rinne von Aluminiumblech werden entkrustete Lithium-Stückchen von oben mit der Flamme erhitzt, so daß die Schmelze hin und her bewegt werden kann: Das Metall entzündet sich und verbrennt mit roter Flamme zum Oxid, das z.T. als Rauch aufgewirbelt wird (Abzug!). Nach dem Abkühlen des Reaktionsprodukts wird es in Wasser gelöst: In exothermer Reaktion (Thermometer) bildet sich eine Lauge (Universalindikator).
(b) Man übergießt im Reagenzglas Calciumoxid (Darstellung *Versuch 6/22, Seite 105*) mit Wasser, schüttelt kräftig durch und prüft die Flüssigkeit mit Universalindikator: Blaufärbung. Man streut Magnesiumoxid-Pulver auf ein mit Wasser angefeuchtetes Universalindikatorpapier: Um die Körner bilden sich blaue Flecken. ◄

● **Deutung:** Die Lösungen enthalten Hydroxid-Ionen.

$$\{Li_2O\} + H_2O + aqua \rightarrow 2\,Li^+_{aq} + 2\,(OH)^-_{aq}$$
$$\{CaO\} + H_2O + aqua \rightarrow Ca^{2+}_{aq} + 2\,(OH)^-_{aq}$$

Ergebnis: Die Oxide der Alkali- und Erdalkali-Metalle reagieren mit Wasser zu Laugen. Reaktionspartner sind die Oxid-Ionen der Gitter und die Moleküle des Lösungsmittels.

Schreiben wir kürzer

$$\overset{-2}{O}{}^{2-} + \overset{+1-2}{H_2O} \rightarrow 2\,(\overset{-2+1}{OH})^-$$

und nehmen wir wieder an, daß sich beim Lösungsvorgang die Oxidationsstufen nicht ändern, dann erhalten wir als Summe der Oxidationsstufen im Hydroxid-Ion

$$(-2) + (+1) = (-1),$$

einen Wert, der in Vorzeichen und Betrag gleich der elektrischen Ladung des Teilchens ist.

Ergebnis: Im Hydroxid-Ion ist die Ladung numerisch gleich der Summe der Oxidationsstufen von Sauerstoff- und Wasserstoff-Atom.

Zusammenfassung: *Wir haben im vorliegenden Abschnitt elektrisch geladene Teilchen entdeckt, die nicht ein-, sondern mehratomig sind. Wir nennen sie im Gegensatz zu Atom-Ionen Molekül-Ionen. Hydroxid-Ionen $(OH)^-$ entstehen bei den Elektrolysen von wäßrigen Salz-Lösungen der Alkali- und Erdalkali-Metalle an der Kathode und bei den Reaktionen dieser Metalle mit Wasser. Sie geben den Lösungen die alkalischen Eigenschaften: Blaufärbung von Universalindikator und seifiges Anfühlen.*
Ob wir mit der Beziehung zwischen den Oxidationsstufen der im Hydroxid-Ion gebundenen Atome und seiner elektrischen Ladung eine allgemeine Gesetzmäßigkeit gefunden haben, können wir erst beurteilen, wenn wir weitere Molekül-Ionen kennengelernt haben. Zunächst gehen wir der Frage nach, ob die Hydroxid-Ionen wie die Atom-Anionen mit Kationen Salz-Gitter bilden können.

8.1.2 Hydroxide, Neutralisation

Welche Erklärung gibt es für die Niederschläge, die sich in *Versuch 8/10* bei den Elektrolysen von Erdalkalichlorid-Lösungen auf der Kathodenseite gebildet haben?
Wie wir jetzt wissen, werden an der Kathode Hydroxid-Ionen erzeugt:

$$H_2O + e^- + aqua \rightarrow (OH)^-_{aq} + H;\; 2\,H \rightarrow H_2$$

Die Vermutung liegt also nahe, daß die Niederschläge Ionen-Gitter aus Erdalkali-Kationen und Hydroxid-Ionen sind:

$$Ca^{2+}_{aq} + 2\,(OH)^-_{aq} \rightarrow \{Ca(OH)_2\} + aqua$$

Demnach sind die Erdalkalihydroxide schwer löslich. Zur Bestätigung lassen wir Calcium-Ionen direkt mit Hydroxid-Ionen reagieren:

► **Versuch 8/7:** Man versetzt eine Calciumchlorid-Lösung mit Natron- oder Kalilauge: Es bildet sich ein weißer, voluminöser Niederschlag. ◄

► **Versuch 8/8:** Man filtriert den Niederschlag von *Versuch 8/7* ab, wäscht ihn mit einem Alkohol-Ether-Gemisch und läßt ihn an der Luft trocknen. Einen Teil des gewonnenen Calciumhydroxids übergießt man mit Wasser, schüttelt kräftig durch und filtriert. Das Filtrat prüft man mit Universalindikator: Blaufärbung. ◄

● **Folgerung:** Calciumhydroxid ist zwar schwerlöslich, aber nicht unlöslich. In der wäßrigen Lösung, Kalkwasser genannt, sind Hydroxid-Ionen vorhanden.

Bariumhydroxid kristallisiert mit 8 Molekülen Kristallwasser: $\{Ba(OH)_2\,(H_2O)_8\}$. Als Salzhydrat ist es sehr viel besser löslich als Calciumhydroxid. Die Lösung ist also eine ziemlich starke Lauge; sie heißt Barytwasser.
Da sich bei den Elektrolysen der Erdalkalichlorid-Lösungen in *Versuch 8/1c* das Magnesiumhydroxid als erstes bildet, können wir annehmen, daß dieses Hydroxid sich am schwersten löst.

Ergebnis: Die Hydroxide der Erdalkali-Metalle sind schwer löslich; ihre Löslichkeit nimmt mit steigender Atommasse zu.

► **Versuch 8/9:** Man dampft Natronlauge (Darstellung *Versuch 8/3*) in einer Eisen-Schale bis auf wenige cm^3 ein. Das weitere Einengen geschieht mit kleiner Flamme, damit der sich bildende Kristallbrei nicht verspritzt (Schutzbrille! Die konzentrierte heiße Lauge ist stark ätzend!). Zum Schluß wird mit kräftiger Flamme solange erhitzt, bis kein Wasserdampf mehr entweicht. Man kratzt die noch warme Substanz aus der Schale heraus und hebt sie in einer Flasche verschlossen auf. Man wiederholt den Versuch mit Kalilauge (Darstellung *Versuch 8/4*). ◄

● **Deutung:** Die weiße Masse, die man durch Eindampfen von Natronlauge bzw. Kalilauge gewinnt, ist Natriumhydroxid $\{NaOH\}$ bzw. Kaliumhydroxid $\{KOH\}$:

$$Na^+_{aq} + (OH)^-_{aq} \rightarrow \{NaOH\} + \text{aqua}$$

Die Hydroxide der Alkali-Metalle sind stark ätzend. Man bezeichnet sie deshalb auch als »Ätznatron« und »Ätzkali«. Bei kurzfristiger Einwirkung auf die stets etwas feuchte Haut wird die oberste, schuppige Hornschicht angegriffen und aufgeweicht; das ist der Grund, warum die Fingerkuppen schlüpfrig werden.

► **Versuch 8/10:** Man bringt einen Teil des Rückstandes von *Versuch 8/9* mit einem Uhrglas als Unterlage auf eine Waagschale und tariert aus: Die zunächst matte Substanz wird allmählich naß und glänzend, das Gewicht nimmt zu. Man wiederholt den Versuch mit Kaliumhydroxid. ◄

► **Versuch 8/11:** Man löst den Rest des Rückstandes von *Versuch 8/9* in Wasser und rührt mit einem Thermometer: Kräftige Erwärmung. Man zeigt die gute elektrische Leitfähigkeit der Lösung und die tiefblaue Färbung von Universalindikator durch einen Tropfen der Lösung. Man wiederholt den Versuch mit Kaliumhydroxid. ◄

Ergebnis: Natriumhydroxid (Ätznatron) und Kaliumhydroxid (Ätzkali) sind hygroskopische Stoffe und leicht löslich in Wasser. Die wäßrigen Lösungen sind starke Laugen: Natronlauge und Kalilauge.

Wir haben bei dem angestellten Vergleich zwischen Hydroxiden und Salzen stillschweigend angenommen, daß es sich auch bei den Hydroxiden um Ionen-Gitter handelt. Das Verhalten der Hydroxide gegenüber dem polaren Lösungsmittel Wasser bestätigt diese Annahme. Weiterhin müßten ihre Schmelzen Elektrolyte sein, was wegen der niedrigen Schmelztemperaturen leicht nachgeprüft werden kann. Wir wollen einen solchen Versuch gleich mit einer Schmelzfluß-Elektrolyse verbinden. Vielleicht gelingt es, auf diese Weise die Alkali-Metalle darzustellen.

► **Versuch 8/12:** (Lehrerversuch) In einem großen Eisentiegel erhitzt man Natriumhydroxid. Wenn die Schmelze nicht mehr schäumt, ist sie wasserfrei. Als Elektroden werden dünne Stahlstäbe benutzt: Die Kathode ist unten rechtwinklig umgebogen, die Anode ist mit Hilfe eines von der Isolierung befreiten Kupferkabels in ein oben stumpfwinklig gebogenes Glasrohr eingezogen *(Abb. 8–2)*. Man benutzt einen Gleichstrom von etwa 2 A. Während des Stromflusses kann die Flamme des Brenners so klein gestellt werden, daß die Schmelze gerade noch flüssig bleibt. An der Kathode entstehen kleine, metallisch glänzende Kugeln; sie werden herausgeschöpft und in eine Porzellanschale mit Wasser gegeben, mit dem sie unter Bildung von Wassserstoff und Lauge lebhaft reagieren (Schutzbrille, vgl. *Versuch 8/3*). An das obere Ende des die Anode umgebenden Glasrohrs bringt man einen glimmenden Holzspan, der in dem entweichenden Gas aufflammt. Im Glasrohr entstehen zunächst unten, dann mit zunehmender Erwärmung weiter oben Flüssigkeitströpfchen, die mit weißem Kupfersulfat als Wasser nachgewiesen werden können. ◄

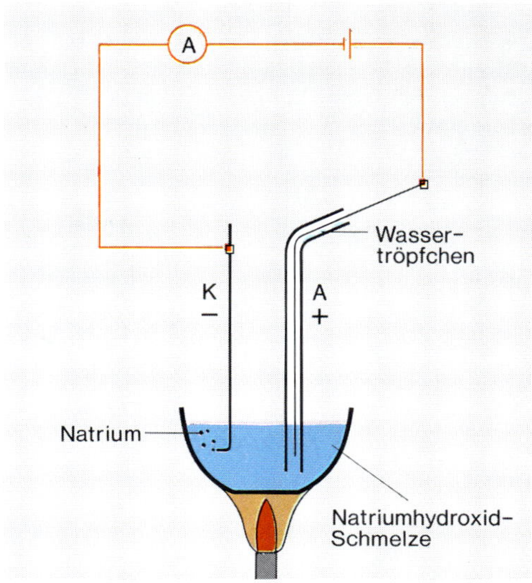

Abb. 8–2: Zu Versuch 8/12. Elektrolyse einer Natriumhydroxid-Schmelze. Nachweis der Reaktionsprodukte Natrium, Sauerstoff und Wasser

Hydroxid-Ionen können Gitterbausteine sein.

● **Deutung:** An der Kathode entsteht wie erwartet metallisches Natrium:

elektrolytische Gewinnung eines Alkali-Metalls

$$Na^+ + e^- \rightarrow Na;\ Na \rightarrow \{Na\}$$

An der Anode entstehen aus den Hydroxid-Anionen Sauerstoff und Wasserdampf:

anodische Oxidation von Hydroxid-Ionen

$$2\,(OH)^- \rightarrow 2\,e^- + O + H_2O; \qquad 2O \rightarrow O_2$$

Ergebnis: Bei der Schmelzflußelektrolyse eines Alkalihydroxids gewinnt man an der Kathode das Alkali-Metall. Die Hydroxid-Ionen geben an die Anode Elektronen ab unter Bildung von Sauerstoff und Wasser.

Einer noch nicht gedeuteten, aber wichtigen Beobachtung wollen wir im folgenden nachgehen: Hydroxid- und Wasserstoff-Ionen werden vom gleichen Indikator angezeigt. Hierdurch scheinen beide Ionensorten in einem Zusammenhang zu stehen.
Wir wollen zunächst zwei weitere Reagenzien kennenlernen, die die Azidität[1] oder Alkalität einer Lösung anzeigen können:

[1] acidus (lat.), sauer

► **Versuch 8/13:** Eine wäßrige Lösung von Phenolphthalein ist farblos. Gibt man zu einem Teil der Lösung einen Tropfen Lauge, so färbt sich die Flüssigkeit rot. Ein Tropfen Säure, zum anderen Teil gegeben, bewirkt keine Färbung. – Führt man den Versuch mit dem Farbstoff Methylorange durch, so ist die alkalische Lösung gelb, die saure rot. ◄

Hydroxid-Ionen sind in allen uns bis jetzt bekannten Versuchen aus Wasser-Molekülen entstanden. Demnach sollte es auch Reaktionen geben, bei denen umgekehrt Wassermoleküle aus Hydroxid-Ionen entstehen. Vergleichen wir die Formeln $(OH)^-$ und H_2O, so können H^+-Ionen als Reaktionspartner geeignet sein.

Neutralisation von Laugen und Säuren

► **Versuch 8/14:** Man füllt mit einer Pipette a cm³ verdünnte Salzsäure in ein Becherglas und gibt einen Tropfen Phenolphthalein-Lösung dazu. Dann läßt man aus einer Bürette verdünnte Natronlauge zutropfen. Wenn die Konzentrationen nicht allzu verschieden sind, bildet sich nach einiger Zeit um die Eintropfstelle ein roter Hof, dessen Entfärbung durch Schwenken des Becherglases immer längere Zeit erfordert *(Abb. 8–3)*. Zum Schluß bewirkt ein einziger Tropfen Lauge den endgültigen Farbumschlag nach rot. Aus dem Anfangs- und Endstand der Lauge in der Bürette liest man ab, wieviel cm³ Lauge bis zum Farbumschlag ausgeflossen sind, z. B. b cm³. ◄

Titration

Man nennt das Arbeitsverfahren, aus einer Bürette solange eine Reagenz-Lösung zu einer anderen Lösung tropfen zu lassen, bis sich die Farbe eines Indikators plötzlich ändert, **Titration**[1]. Wir haben im *Versuch 8/14* Salzsäure mit Natronlauge »titriert«.

► **Versuch 8/15:** Man verwendet die gleichen Lösungen wie in *Versuch 8/14*, jetzt aber ohne Indikator, und mißt deren Leitfähigkeiten. In einem Becherglas mischt man wieder a cm³ der Salzsäure mit b cm³ der Natronlauge. Man prüft die Leitfähigkeit der Mischung und vergleicht sie mit denen der verwendeten Säure und Lauge: Beide zeigen eine fast doppelt so große Leitfähigkeit wie die nach der Titration vorliegende Lösung, falls Säure und Lauge ungefähr gleich konzentriert waren. Man dampft die Lösung in einer Porzellanschale bis auf wenige cm³ ein und läßt erkalten: Dabei beobachtet man das Auskristallisieren würfelförmiger Kristalle (Lupe), die nach Kochsalz schmecken. ◄

[1] titre (frz.), Titel, Urkunde, Münzfuß; titrer, eichen

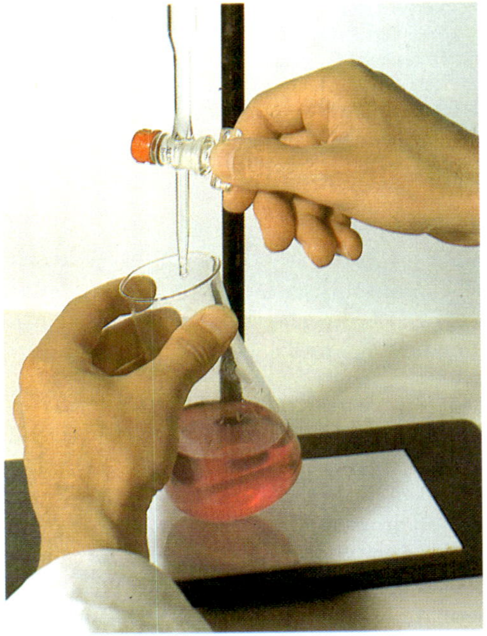

Abb. 8–3: Zu Versuch 8/14. Titration

● **Deutung:** Die Abnahme der elektrischen Leitfähigkeit bedeutet eine Verminderung der Ionenkonzentration. In den Ausgangslösungen haben wir H^+_{aq} und Cl^-_{aq} einerseits, Na^+_{aq} und $(OH)^-_{aq}$ andererseits. Die Natrium- und Chlorid-Ionen sind auch nach der Mischung noch vorhanden, da sie sich beim Eindampfen zum Ionen-Gitter {NaCl} zusammenschließen. Es müssen also die Wasserstoff-Ionen mit den Hydroxid-Ionen beim Mischen eine Reaktion eingehen, bei der elektrisch neutrale Teilchen, d. h. Moleküle entstehen. Das Reaktionsprodukt kann demnach nur Wasser sein:

$$H^+_{aq} + (OH)^-_{aq} \rightarrow H_2O + \text{aqua}$$

Ergebnis: Wasserstoff-Ionen reagieren mit Hydroxid-Ionen zu elektrisch neutralen Wasser-Molekülen. Man nennt diese Reaktion daher **Neutralisation**.

In der Labortechnik benutzt man das Titrationsverfahren u. a. dazu, Säuren und Laugen gewünschter Konzentration herzustellen. Werden z. B. 100 cm³ einer 1-normalen Salzsäure *(7.1.1)* von x cm³ einer verdünnten Lauge neutralisiert, wobei $x < 100$ sein soll, so müssen je x cm³ der Lauge mit $(100 - x)$ cm³ dest. Wasser aufgefüllt werden, um 100 cm³ 1-normale Lauge zu erhalten. Durch Titration mit dieser »eingestellten« Lauge kann man dann wieder eine andere Normal-Säure herstellen.

Wir wissen, daß die Metall-Ionen einer Lauge und die Anionen einer Säure an der Neutralisation nicht beteiligt sind. Dann müßte die Reaktionswärme bei der Neutralisation, die Neutralisationswärme, unabhängig von der Art der Säure und der Lauge sein. Die Konzentrationen dürfen allerdings nicht zu hoch sein, da nur in verdünnten Lösungen Kationen und Anionen vollständig voneinander getrennt sind *(7.2.3* und *7.3.2)*. Andernfalls würde ein Teil der Neutralisationswärme für die Dissoziation von Molekülen oder für die Aufteilung von Ionen-Schwärmen in Einzel-Ionen verbraucht werden.

► **Versuch 8/16:** Man benutzt vier Thermosflaschen möglichst gleicher Bauart. Zwei von ihnen füllt man mit je 100 cm³ 1n-Salzsäure, die beiden anderen mit je 100 cm³ 1 n-Bromwasserstoffsäure. Man gibt zur ersten und dritten Lösung je 100 cm³ 1 n-Natronlauge, zur zweiten und vierten je 100 cm³ 1 n-Kalilauge. Man rührt mit einem Thermometer (0,1°) und mißt in allen vier Fällen die gleiche Temperaturerhöhung. ◄

Zur zahlenmäßigen Auswertung des Versuchs müssen die Wasserwerte der Thermosflaschen und des Thermometers berücksichtigt werden. Die so errechnete Reaktionswärme muß dann noch mit dem Faktor 10 multipliziert werden, um den Wert für je 1 mol der Ionen zu erhalten. Man erhält dann:

Ergebnis: Bei der Reaktion von 1 mol Wasserstoff-Ionen mit 1 mol Hydroxid-Ionen, d. h. bei der Bildung von 18 g Wasser, werden 57,1 kJ frei (Neutralisationswärme).

$$H^+_{aq} + (OH)^-_{aq} \rightarrow H_2O + aqua; \quad \Delta H = -57{,}1\ kJ$$

Bei der Neutralisation verschwindet der saure und alkalische Charakter der Reaktionspartner. Azidität und Alkalität sind in diesem Sinne komplementäre Eigenschaften. Es wäre nun interessant zu wissen, ob sie sich aus Wasser wieder erzeugen lassen, d. h. ob die obige Reaktion sich umkehren läßt.

► **Versuch 8/17:** Man prüft die Leitfähigkeit von frisch destilliertem Wasser. Man legt an den Prüfer eine hohe Wechselspannung und wählt für das Amperemeter einen empfindlichen Meßbereich (1 mA): Man erhält einen deutlichen Zeigerausschlag. ◄

● **Folgerung:** Auch in chemisch reinem Wasser sind – allerdings in sehr geringer Konzentration – Ladungsträger vorhanden, die den Stromtransport übernehmen. Es kommen keine anderen als Wasserstoff- und Hydroxid-Ionen in Frage.

Ergebnis: Wasser ist ein sehr schwacher Elektrolyt. Ein geringer Teil der Moleküle ist in Ionen dissoziiert.

► **Versuch 8/18:** Man füllt in die beiden Schenkel eines U-Rohrs (Glasfritte oder Wattebausch, seitliche Ansätze, Platin-Elektroden) 1 n-Natronlauge. Bei der Elektrolyse beobachtet man an beiden Elektroden Gasentwicklung und zwar an der Kathode doppelt soviel Wasserstoff wie an der Anode Sauerstoff (Volumenmessung und Nachweis wie in *Versuch 2/4*). Nach etwa 30 Minuten entnimmt man beiden Schenkeln mit Meßpipetten je 10 cm^3 Lösung und läßt sie zu je 10 cm^3 1 n-Salzsäure fließen (Phenolphthalein als Indikator). Bei der Kathodenlösung schlägt die Farbe schon nach rot um, ehe die Pipette ganz entleert ist, während die 10 cm^3 der Lösung aus dem Anodenschenkel nicht ausreichen, um den Farbumschlag hervorzurufen ◄

● **Deutung:** An der Kathode entstehen aus den Wasser-Molekülen Hydroxid-Ionen bei gleichzeitiger Entladung der mitentstehenden Wasserstoff-Ionen. Die Konzentration der Hydroxid-Ionen im Kathodenschenkel nimmt daher zu. Auf der Anodenseite werden wie bei der Schmelzelektrolyse des Natriumhydroxids *(Versuch 8/12)* Hydroxid-Ionen verbraucht; ihre Konzentration nimmt ab.

Kathode:

$$H_2O + e^- + aqua \rightarrow (OH)^-_{aq} + H \mid \cdot 2$$

Anode:

$$2\,(OH)^-_{aq} \rightarrow 2e^- + H_2O + O + aqua$$

Gesamtumsatz: $H_2O \rightarrow H_2 + \frac{1}{2}\,O_2$

Für den Vergleich beider Reaktionen müssen wir die erste Gleichung wieder mit 2 multiplizieren. Es entstehen dann an der Kathode ebensoviel Hydroxid-Ionen, wie an der Anode verbraucht werden. Würde man während der Elektrolyse beide Lösungen miteinander verrühren, bliebe die Zahl der Ionen konstant; nur Wasser wird verbraucht zur Bildung von Wasserstoff und Sauerstoff. Die Konzentration der Lauge nimmt daher während der Elektrolyse zu.

Ergebnis: Die Elektrolyse der Natronlauge verläuft wie die des Wassers. Es entstehen Wasserstoff und Sauerstoff im Volumenverhältnis 2 : 1.

Zusammenfassung: *Während Hydroxid-Ionen mit Metall-Ionen Salz-Gitter bilden* (8.1.2.), *vereinigen sie sich mit Wasserstoff-Ionen zu Molekülen; es sind die Moleküle des Wassers. Da jede saure Lösung Wasserstoff-Ionen und jede alkalische Hydroxid-Ionen enthält, ist die Neutralisation eine typische Gruppenreaktion. Die Neutralisationswärme ist daher unabhängig von der Art der Säure und auch von der Art der Lauge, sofern beide vollständig in Ionen dissoziiert sind. Die Anionen der Säure und die Kationen der Lauge sind an der Neutralisation nicht beteiligt; man erhält also nach der Reaktion eine Salzlösung.*

Umgekehrt können durch Elektrolyse des Wassers Wasserstoff- und Hydroxid-Ionen erzeugt werden, sofern die Lösungen an den Elektroden räumlich voneinander getrennt bleiben. Trotzdem kann eine solche Elektrolyse nicht als Umkehrreaktion der Neutralisation aufgefaßt werden, da gleichzeitig mit der elektrolytischen Dissoziation des Wassers in Ionen eine Dissoziation in die Elementarsubstanzen einhergeht. Eine Umkehrung der Neutralisation ist dagegen die geringe freiwillige Dissoziation von Molekülen im Wasser selbst, die es zu einem schwachen Elektrolyten macht.

Leitfähigkeit des Wassers

Übungen

1. Begründe, warum sich bei der Elektrolyse einer Alkali- oder Erdalkalisalzlösung das Metall nicht an der Kathode abscheidet.
2. Wie kann man experimentell entscheiden, ob bei der Reaktion von Natrium mit Wasser Natriumoxid oder Natriumhydroxid entsteht?
3. Was kannst du über Oxid-Ionen aussagen?
4. Vergleiche die Elektrodenvorgänge bei der Elektrolyse einer Natriumhydroxid-Schmelze und einer wäßrigen Natriumhydroxid-Lösung.
5. Wie ändert sich die elektrische Leitfähigkeit bei der Neutralisation einer Säure mit einer Lauge? Begründe.
6. Deute die Reaktionswärme, die bei der Neutralisation einer 1 n starken Säure mit einer 1 n starken Lauge auftritt, als Gruppeneigenschaft.
7. Welche Rolle spielt bei der Elektrolyse des Wassers der zugesetzte Elektrolyt? Warum eignet sich für diesen Zweck nicht Natriumchlorid oder Kupferchlorid?

8.2 Molekül-Ionen der 6. Hauptgruppe

8.2.1 Ionen des Schwefels mit der Oxidationsstufe +6

Nach dem Periodensystem erwarten wir für Schwefelatome die Oxidationsstufe +6. Als Beispiel kennen wir Schwefeltrioxid *(6.1.2)*. Wir benutzen die in *Versuch 6/1, Seite 89,* hergestellte asbestartige Substanz und prüfen ihre Löslichkeit in Wasser:

► **Versuch 8/19:** (Lehrerversuch) Man zerschlägt ein Glasrohr mit eingeschmolzenem Schwefeltrioxid in einer Reibschale: Sofort entsteht ein dichter, weißer Nebel, der zum Husten reizt (Abzug). Mit Hilfe einer Tiegelzange gibt man etwas Oxid in ein Becherglas mit Wasser: Mit brodelndem Geräusch findet eine lebhafte exotherme Reaktion statt; es entsteht eine klare Lösung. Man prüft sie mit Universalindikator und mit dem Leitfähigkeitsmesser: Auch nach starker Verdünnung stellt man Rotfärbung des Indikators und eine gute elektrische Leitfähigkeit fest. ◄

● **Folgerung:** Die Lösung von Schwefeltrioxid in Wasser ist eine Säure. Sie heißt **Schwefelsäure**. Die gute elektrische Leitfähigkeit auch bei starker Verdünnung deutet auf eine hohe Konzentration von Wasserstoff-Ionen hin. Schwefelsäure ist also eine starke Säure.
Kationen (H^+_{aq}) und Anionen der Schwefelsäure entstehen bei der Reaktion des $\{SO_3\}$ mit H_2O. Vermutlich enthalten die Anionen demnach Schwefel- und Sauerstoff-Atome, sind also Molekül-Ionen. Wir können sie – auch ohne die genaue Zusammensetzung zu kennen – schon benennen; sie heißen **Sulfat-Ionen**.

Sulfat-Ionen

Wir wollen versuchen, durch Neutralisation der Schwefelsäure mit einer alkalischen Lösung die Wasserstoff-Ionen zu entfernen. Aus den Kationen der Lauge und den Sulfat-Ionen können wir dann durch Verdampfen des Lösungsmittels ein Ionen-Gitter gewinnen:

Eigenschaften verdünnter Schwefelsäure

► **Versuch 8/20:** Man gibt in vier Reagenzgläsern zu verdünnter Schwefelsäure tropfenweise Natronlauge, Kalilauge, Kalkwasser und Barytwasser: In den beiden letzten Fällen bilden sich weiße Niederschläge. ◄

● **Deutung:** Die Niederschläge können nur Ionen-Gitter, also Salze, aus Sulfat- und Erdalkali-Ionen sein. Sie heißen Calciumsulfat und Bariumsulfat. Das Ausbleiben der Niederschläge in den beiden ersten Fällen bedeutet, daß die Salze Natriumsulfat und Kaliumsulfat leicht löslich sind; sie können dann durch Abdampfen des Lösungsmittels auskristallisiert werden.

Um zu prüfen, ob Bariumsulfat nur schwer oder völlig unlöslich ist, führen wir die Neutralisation der Schwefelsäure mit Barytwasser zugleich mit einer Leitfähigkeitsmessung durch:

► **Versuch 8/21:** In ein Becherglas gibt man etwa 20 cm^3 verdünnte Schwefelsäure, setzt Phenolphtalein als Indikator hinzu und führt den Leitfähigkeitsmesser ein. Wechselspannung und Meßbereich des Amperemeters werden so gewählt, daß der Zeiger des Instruments einen vollen Ausschlag zeigt. Ohne den Leitfähigkeitsmesser herauszunehmen, titriert man dann mit Barytwasser: Der Zeigerausschlag geht zurück; man wählt jetzt empfindlichere Meßbereiche. Beim Farbumschlag des Indikators erreicht die Leitfähigkeit ein Minimum und ist nicht größer als die von destilliertem Wasser. Gibt man weiter Lauge zu, so steigt die Leitfähigkeit wieder an. Wird der Versuch mit Kalkwasser wiederholt, so liegt beim Neutralisationspunkt das Minimum der Leitfähigkeit deutlich höher als die Leitfähigkeit von destilliertem Wasser. ◄

Ergebnis: Schwefelsäure ist eine starke Säure. Sie entsteht durch Reaktion von Schwefeltrioxid mit Wasser. Die Alkalisalze der Schwefelsäure sind leicht löslich. Calciumsulfat ist schwer löslich, Bariumsulfat ist unlöslich.

Um die Formel der Sulfat-Ionen zu ermitteln, machen wir uns zunutze, daß sie durch Barium-Ionen vollständig ausgefällt werden. Wir wiederholen daher *Versuch 8/21* quantitativ:

► **Versuch 8/22:** Man stellt nach dem in *8.1.2* beschriebenen Verfahren durch Titration mit 0,1 n-Natronlauge eine 0,1 n-Schwefelsäure her. Man bereitet ferner durch Abwiegen von 15,77 g $\{Ba(OH)_2\ (H_2O)_8\}$ (= 1/20 M_L), durch Lösen des Hydroxids in destilliertem Wasser und durch Auffüllen der Lösung auf 1 Liter ein 0,1 n-Barytwasser. Man gießt je 200 cm^3 der beiden gleichkonzentrierten Lösungen in eine abgewogene Porzellanschale und dampft bis zur Trockne ein, zum Schluß mit kleiner Flamme und unter Umrühren, um ein Herausspritzen des Rückstandes zu vermeiden. Man erhält 2,32 g Bariumsulfat. Der Sollwert – durch eine Versuchsserie erreichbar – beträgt 2,334 g (0,6% Fehler). ◄

● **Auswertung:** 200 cm^3 0,1 n-Barytwasser enthalten 1/100 mol Barium-Ionen, das sind 1,374 g; die gleiche Menge ist dann in 2,334 g Bariumsulfat gebunden. 1 mol Ba^{2+}-Ionen sind folglich in 233,4 g des Salzes enthalten. Demnach kommen auf den Sulfat-Rest (233,4–137,4) g = 96 g. Mit M_L (S) = 32 g und M_L (O) = 16 g resultieren als mögliche Formelansätze bei Annahme von einfach negativ geladenen Sulfat-Ionen $\{Ba(SO)_2\}$, für doppelt negativ geladene $\{Ba(S_2O_2)\}$ oder $\{Ba(SO_4)\}$.
In den beiden ersten Formeln haben die Schwefel-Atome die Oxdiationsstufe +1, da
$1 \cdot (+2) + 2 \cdot (+1) + 2 \cdot (-2) = 0$ ist. In der Formel $\{Ba(SO_4)\}$ dagegen haben sie die gleiche Stufe +6 wie im Schwefeltrioxid, da nämlich $(+2) + (+6) + 4 \cdot (-2) = 0$ ist. Wenn beim Lösen des Schwefeltrioxids eine Reduktion der Schwefel-Atome von +6 auf +1 stattgefunden hätte, müßte eine andere Atomsorte um gleichviel Stufen oxidiert worden sein; dafür gibt es aber keine Beobachtung. Beim Lösungsvorgang des Trioxids ändern sich – wie bei den von uns behandelten Lösungsvorgängen – keine Oxidationsstufen. Für Bariumsulfat bleibt nur die Formel $\{BaSO_4\}$ und für das Sulfat-Ion daher die Formel $(SO_4)^{2-}$.

Als Reaktionsgleichungen für die Bildung der Schwefelsäure in *Versuch 8/19* und für die Ausfällung des Bariumsulfats bei der Neutralisation von Schwefelsäure mit Barytwasser in *Versuch 8/21* und *Versuch 8/22* können wir jetzt schreiben:

$$\{SO_3\} + H_2O + aqua \rightarrow 2\,H^+_{aq} + (SO_4)^{2-}_{aq}$$

$$2\,H^+_{aq} + (SO_4)^{2-}_{aq} + Ba^{2+}_{aq} + 2\,(OH)^-_{aq} \rightarrow \{BaSO_4\} + 2H_2O + aqua$$

Ergebnis: Schwefelsäure ist eine wäßrige Lösung, die neben Wasserstoff-Ionen H^+_{aq} Sulfat-Ionen $(SO_4)^{2-}_{aq}$ enthält. Sulfat-Ionen lassen sich durch Barium-Ionen als Bariumsulfat nachweisen.

Alle uns bis jetzt bekannten Anionen Cl^-, S^{2-}, OH^- usw. bilden mit Metall-Ionen Salzgitter, z. B. $\{NaCl\}$, $\{Na_2S\}$, $\{NaOH\}$, aber mit Wasserstoff-Ionen Moleküle HCl, H_2S, H_2O. Wir wollen ermitteln, ob die Wasserstoff-Ionen auch den Sulfat-Ionen gegenüber eine Sonderstellung einnehmen.

► **Versuch 8/23:** (Lehrerversuch) Man wählt für den Leitfähigkeitsprüfer eine Wechselspannung und für das zugehörige Amperemeter einen Meßbereich derart, daß der Zeiger beim Eintauchen des Prüfers in eine verdünnte Schwefelsäure voll ausschlägt (z. B. 300 mA). Dann bringt man 200 cm^3 der Säure in einer Porzellanschale zum Sieden, mißt die Siedetemperatur (z. B. 120° C) und dampft die Säure unter dem Abzug so lange ein, bis dicke weiße Nebel entweichen. Die Siedetemperatur ist gestiegen (z. B. 245° C). Man gießt die heiße, ölig gewordene Flüssigkeit vorsichtig in einen Rundkolben (Hände schützen!), kühlt unter fließendem Wasser ab und bestimmt die Leitfähigkeit: Sie hat erheblich abgenommen (z. B. 115 mA). Man gießt die Flüssigkeit in dünnem Strahl und unter Umrühren in einen Standkolben mit 100 cm^3 Wasser (Vorsicht, Schutzbrille!), kühlt die heiß gewordene Mischung ab und füllt mit Wasser auf das Ausgangsvolumen von 200 cm^3 auf: Die Leitfähigkeit zeigt wieder eine erhebliche Zunahme und erreicht fast den alten Wert (300 mA). ◄

● **Folgerung:** Die Abnahme der Leitfähigkeit beim Konzentrieren von Schwefelsäure ist gleichbedeutend mit einem Verschwinden von Ionen, die aber nach dem Verdünnen der konzentrierten Säure wieder vorhanden sind. Wir können als Reaktionsgleichung ansetzen:

$$2\,H^{+}_{aq} + (SO_4)^{2-}_{aq} \longrightarrow H_2SO_4 + \text{aqua}$$

Der weiße Nebel gegen Ende des Eindampfens ist Schwefeltrioxid. Es entsteht durch thermische Dissoziation der H_2SO_4-Moleküle bei hoher Temperatur:

$$H_2SO_4 \longrightarrow SO_3 + H_2O$$

Das Verdünnen der konzentrierten Schwefelsäure in *Versuch 8/23* ist ein stark exothermer Vorgang, der als Umkehrreaktion des endothermen Konzentrierens eine elektrolytische Dissoziation darstellt:

$$H_2SO_4 + \text{aqua} \longrightarrow 2H^{+}_{aq} + (SO_4)^{2-}_{aq}$$

Die eingeengte undissoziierte Flüssigkeit, die nur aus H_2SO_4-Molekülen besteht, also keine Wasserstoff-Ionen enthält, ist keine »Säure« im Sinne der Definition dieses Begriffs in *7.1.3, Seite 115*. Trotzdem hat sich für sie der Name »konzentrierte Schwefelsäure« eingebürgert; auch wir wollen ihn verwenden, allerdings im Bewußtsein, daß eine solche Substanz ganz andere Eigenschaften besitzen muß als die verdünnte Säure. Davon wollen wir uns überzeugen:

► **Versuch 8/24:** Man übergießt schwarzes Kupfer(II)-oxid in einem Reagenzglas mit konzentrierter Schwefelsäure[1]. Keine Reaktion. Man gießt die Aufschlämmung in ein Becherglas mit Wasser (Vorsicht!): Es entsteht sofort eine klare blaue Lösung. ◄

● **Folgerung:** Wir wissen, daß Säuren mit Metalloxiden reagieren *(Versuche 7/14* und *7/15)*, wobei die Wasserstoff-Ionen der Säure verbraucht werden. Das Ausbleiben der Reaktion mit konzentrierter Schwefelsäure bestätigt also, daß in ihr keine Wasserstoff-Ionen in nennenswerter Konzentration vorhanden sind.

► **Versuch 8/25:** (Lehrerversuch) (a) Man läßt eine kleine austarierte Porzellanschale mit konzentrierter Schwefelsäure auf der Waagschale stehen: Schon nach kurzer Zeit Gewichtszunahme.

(b) Man taucht ein Stück Holz, Zeitungspapier und Leinenstoff in konzentrierte Schwefelsäure: Die Substanzen werden – besonders schnell von der heißen Säure – zerstört, wobei eine schwarze Masse zurückbleibt.

(c) Man rührt in einem weiten Reagenzglas Zucker mit sehr wenig Wasser an und fügt soviel konzentrierte Schwefelsäure hinzu, daß ein dicker Brei entsteht: Nach kurzer Zeit quillt eine schwarze, voluminöse Masse aus dem Glas heraus *(Abb. 8–4)*.

● **Folgerung:** Konzentrierte Schwefelsäure ist stark hygroskopisch *(Versuch 8/25a)*. Wir haben von dieser Eigenschaft schon wiederholt Gebrauch gemacht, wenn wir feuchte Gase durch eine Waschflasche mit konzentrierter Schwefelsäure geleitet und dadurch getrocknet haben. Die Verdünnungstendenz der konzentrierten Säure ist so groß, daß die Elemente Wasserstoff und Sauerstoff aus organischen Verbindungen als Wasser herausgezogen werden, zumal dann, wenn ihre Atome im Zahlenverhältnis 2 : 1 an Kohlenstoff gebunden sind wie in den Kohlenhydraten Zucker, Stärke und Cellulose. Die Substanzen werden zerstört, der Kohlenstoff bleibt zurück *(Versuch 8/25 b/c)*. Beim Arbeiten mit konzentrierter Schwefelsäure ist daher große Vorsicht geboten.

Ergebnis: In wasserfreier Schwefelsäure sind die H_2SO_4-Moleküle nicht in Wasserstoff- und Sulfat-Ionen dissoziiert. Die konzentrierte Säure ist stark hygroskopisch. Organische Substanzen (Kohlenstoff-Verbindungen) werden durch sie zerstört.

Die Affinität der konzentrierten Schwefelsäure zu Wasser kommt auch in der beträchtlichen Hydrationsenergie zum Ausdruck, die beim Mischen beider Flüssigkeiten frei wird *(Versuch 8/23)*. Folglich sollte es bei dieser Reaktion nach den Überlegungen von *7.1.1* auch zu einer beträchtlichen Volumenkontraktion kommen:

► **Versuch 8/26:** Man läßt aus Pipetten zuerst 25 cm^3 Wasser, dann 25 cm^3 konzentrierte Schwefelsäure in einen Erlenmeyerkolben fließen, kühlt die heiß gewordene Lösung unter fließendem Wasser ab und gießt sie in einen Meßzylinder. Das Volumen beträgt jetzt 46 cm^3; das bedeutet eine Volumenkontraktion von 4 cm^3. ◄

Wegen der großen Affinität der konzentrierten Säure zu Wasser ist es nicht möglich, durch Eindampfen völlig wasserfreie Säure zu erhalten. Obwohl schon unterhalb der Siedetemperatur von 338 °C die thermische Dissoziation der H_2SO_4-

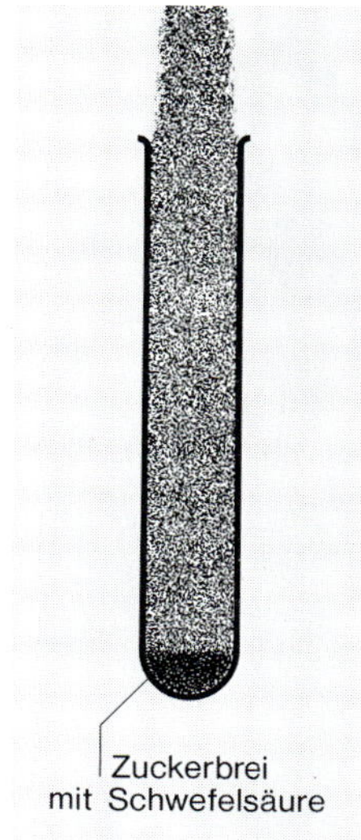

Abb. 8–4: Zu Versuch 8/25c. Reaktion zwischen Zucker und konz. Schwefelsäure. Bildung von Zuckerkohle

Eigenschaften konzentrierter Schwefelsäure

Moleküle beginnt *(Versuch 8/23)*, bleibt immer noch ein kleiner Rest Wasser von etwa 1,7 % gebunden. Um 100 %-ige Schwefelsäure zu erhalten, muß man in die hochkonzentrierte Säure Schwefeltrioxid eintragen. Die wasserfreie Säure kann noch weiteres Schwefeltrioxid aufnehmen; man erhält dann die »rauchende Schwefelsäure«, Oleum genannt.

Schwefelsäure ist eines der wichtigsten Zwischenprodukte der chemischen Großindustrie. Sie wird zur Herstellung vieler Endfabrikate (Düngemittel, Sprengstoff, Teerfarben, Glas, Waschmittel, Akku-Säure u. a.) eingesetzt. Man gewinnt sie nach dem »Bleikammerverfahren« oder nach dem moderneren »Kontaktverfahren«. Bei letzterem wird das beim Abrösten sulfidischer Erze *(6.1.3)* gewonnene Schwefeldioxid zusammen mit Sauerstoff über Vanadiumpentoxid $\{V_2O_5\}$ als Katalysator geleitet und zu Schwefeltrioxid oxidiert (vgl. *Versuche 6/1* und *6/2)*. Dieses wird in konzentrierter Schwefelsäure gelöst und das entstehende Oleum dann mit Wasser verdünnt.

Wir haben oben festgestellt, daß die Alkalisalze der Schwefelsäure leichtlöslich sind. Wir können sie also durch Neutralisation der verdünnten Säure mit Natron- bzw. Kalilauge und anschließendem Eindunsten erhalten: Natriumsulfat-dekahydrat $\{Na_2SO_4(H_2O)_{10}\}$ (Glaubersalz) und Kaliumsulfat $\{K_2SO_4\}$. Die Formeln bestätigen unsere Feststellung von *7.3.3 (Tab. 7–2)*, daß die Kalium-Ionen zu groß und zu niedrig geladen sind, um ihre Hydrathüllen mit in das Salzgitter hineinnehmen zu können.

Von den Erdalkalisulfaten können wir bereits das unlösliche Bariumsulfat und das schwerlösliche Calciumsulfat. Zu ergänzen ist das leichtlösliche Magnesiumsulfat-heptahydrat $\{MgSO_4(H_2O)_7\}$ (Bittersalz).

Wieder erhalten wir eine Bestätigung, daß die leichten Ionen einer Gruppe – hier die Gruppe IIa des Periodensystems – ihre Hydrathülle bei der Kristallisation festhalten können, besonders dann, wenn sie doppelt geladen sind. Wir können also damit rechnen, daß die Calcium-Ionen im Sulfatgitter noch Kristallwasser binden können, obwohl die in der gleichen Periode stehenden, aber nur einfach geladenen Kalium-Ionen ein kristallwasserfreies Sulfat bilden. Tatsächlich ist der in der Natur weitverbreitete **Gips** (Alabaster, Marienglas, *Abb. 5–24a/b)* ein Dihydrat: $\{CaSO_4(H_2O)_2\}$. Die Bestimmung des Kristallwassergehalts von Gips

---

[1] Tropfen von konzentrierter Schwefelsäure, die auf die Haut geraten, müssen sofort mit viel Wasser abgespült werden.

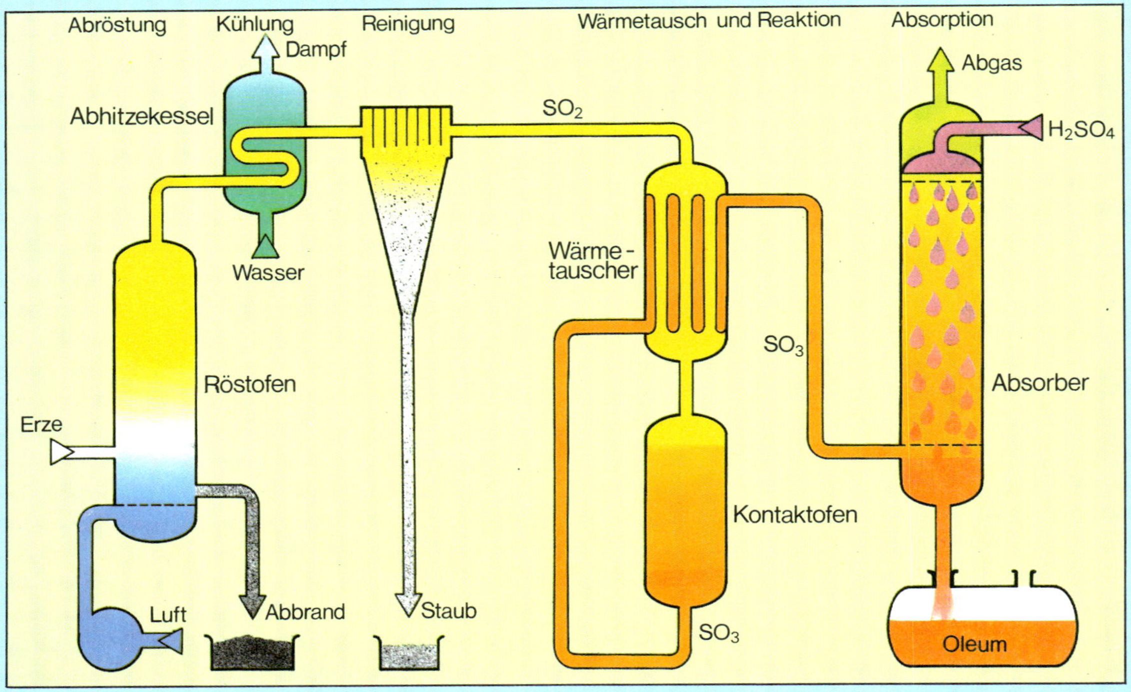

Schwefelsäure (Kontaktverfahren)

Oben: Das typische Bild einer chemischen Fabrik: Rohre und Kessel. Von den Produkten ist nichts zu sehen.

Unten: Fließbild des Kontaktverfahrens. Im Röstofen werden sulfidische Erze (z. B. Pyrit) im Luftstrom erhitzt; es entstehen Metalloxid (Abbrand) und Schwefeldioxid[1]. Der Röstprozeß ist exotherm; die Abgase – Schwefeldioxid mit überschüssiger Luft – müssen gekühlt werden (Abhitzekessel) und werden von mitgerissenem Staub (elektrostatisch) gereinigt. Das SO_2/Luft-Gemisch wird im Kontaktofen zu Schwefeltrioxid umgesetzt; der Katalysator ist meist Vanadiumpentoxid V_2O_5. Auch diese Reaktion ist exotherm; die entstehenden heißen SO_3-Dämpfe geben im Wärmeaustauscher einen Teil der Wärme-Energie an das entgegenströmende SO_2/Luft-Gemisch ab (zur Erhöhung der Reaktionsgeschwindigkeit im Kontaktofen). Im Absorber wird das SO_3 von entgegentropfender konz. Schwefelsäure gelöst; es entsteht »Oleum«, aus dem durch Verdünnen mit Wasser Schwefelsäuren beliebiger Konzentration hergestellt werden können.

[1] Heute wird das Schwefeldioxid vorwiegend durch Verbrennen von elementarem Schwefel hergestellt.

Abb. 8–5: Alaun-Kristalle. a) Kaliumaluminiumalaun, b) Kaliumchromalaun, c) Ammoniumeisenalaun

kann nach den in *Versuch 7/39* beschriebenen Verfahren durchgeführt werden. Auch das kristallwasserfreie Calciumsulfat $\{CaSO_4\}$ kommt in der Natur vor; sein Name ist **Anhydrit**. Es ist unlöslich in Wasser.

Ergebnis: Der Kristallwassergehalt der Alkali- und Erdalkalisulfate nimmt mit steigender Masse der Metall-Ionen ab.

Der im Handel erhältliche, für Bauzwecke oder in der Medizin benutzte Gips ist weder Anhydrit noch das Dihydrat. Seine Darstellung und seine Verwendung zeigt der folgende Versuch:

► **Versuch 8/27:** Man zerkleinert kristallisierten Gips, also Calciumsulfat-dihydrat, in der Reibschale und erhitzt das Pulver im Reagenzglas durch Eintauchen in ein Paraffinbad, dessen Temperatur 130°C nicht übersteigen soll. Man sieht im oberen Teil des Glases Kondensation von Wassertröpfchen. Wenn kein Wasserdampf mehr entweicht, läßt man das Reaktionsprodukt abkühlen und rührt es dann mit wenig Wasser zu einem dicken Brei an, in den man ein Thermometer steckt. Schon nach etwa 20 Minuten ist die Masse erhärtet; die Temperatur steigt dabei an. ◄

● **Deutung:** Die Temperatur von 130°C ist nicht hoch genug, um das Kristallwasser vollständig aus dem Dihydrat auszutreiben. Die Zusammensetzung der Substanz entspricht dann ungefähr der Formel $\{Ca_2(SO_4)_2(H_2O)\}$ d. h. dem Zahlenverhältnis 2:2:1 der Gitterbausteine. Dieser **gebrannte Gips** enthält noch genügend Kristallkeime des Dihydrats, die bei Wasserzugabe sofort zu wachsen beginnen und nach allen Richtungen durcheinanderwachsend ein verfilztes Kristallaggregat großer Festigkeit bilden. Die zum Entwässern des Dihydrats notwendige Wärme wird bei der Rekristallisation wieder frei.

Ergebnis: Das »Abbinden« von gebranntem Gips mit Wasser ist gleichbedeutend mit der Aufnahme von Kristallwasser.

Wir kommen zur dritten Hauptgruppe und stellen an der Formel $\{Al_2(SO_4)_3(H_2O)_{18}\}$ des Aluminiumsulfats fest, daß die dreifach geladenen Aluminium-Ionen Al^{3+} viel Kristallwasser binden können.

► **Versuch 8/28:** Man wiegt 0,01 M_L $\{K_2SO_4\}$ (= 1,74 g) und 0,01 $M_L\{Al_2(SO_4)_3(H_2O)_{18}\}$ (= 6,66 g) ab, gibt zu beiden Substanzen im Erlenmeyerkolben 55 cm^3 Wasser hinzu, erhitzt und filtriert. Bei langsamem Abdunsten des Wassers scheiden sich schön ausgebildete, oktaedrische Kristalle aus. Man trocknet einige Kristalle mit Filtrierpapier und erhitzt sie im Reagenzglas: Sie schmelzen schon bei verhältnismäßig niedriger Temperatur, es entweicht viel Wasserdampf. Eine Prüfung der Leitfähigkeit zeigt den Elektrolyt-Charakter der Schmelze. ◄

● **Folgerung:** Die Kristalle sind uns schon unter dem Namen **Alaun** begegnet *(1.3.2, Seite 11* und *Versuch 7/30, Seite 127).* Die Auswertung des *Versuchs 8/28* ergibt für die Kalium-, Aluminium- und Sulfat-Ionen ein Molzahlenverhältnis von 2:2:4 = 1:1:2; außerdem ist Kristallwasser gebunden. Die Formel des Alauns lautet $\{KAl(SO_4)_2(H_2O)_{12}\}$.

Wir lernen mit dem Alaun ein **Doppelsalz** kennen. Dieser Begriff darf nicht so verstanden werden, als ob der Alaun ein Mischkristall von Kalium- und Aluminiumsulfat sei. Vielmehr sind im Alaungitter zwei verschiedene Kationen-Sorten mit den Sulfat-Ionen und den Wasser-Molekülen zu einem regelmäßigen räumlichen Muster angeordnet.

Gips, Alaune, Vitriole sind Sulfate.

Er gibt noch weitere Ionengitter der Zusammensetzung $\{\overset{+1}{Me}\ \overset{+3}{Me}(SO_4)_2(H_2O)_{12}\}$. Man bezeichnet sie allgemein als **Alaune**. Außer dem Kaliumaluminiumalaun sind die wichtigsten der dunkelviolette Kaliumchromalaun $\{KCr(SO_4)_2(H_2O)_{12}\}$ und der amethystfarbene Ammoniumeisenalaun $\{(NH_4)Fe(SO_4)_2(H_2O)_{12}\}$[1] *(Abb. 8–5 a, b, c).*

Lassen wir die in *Versuch 8/24* aus Kupferoxid und Schwefelsäure entstandene blaue Lösung auskristallisieren, so erhalten wir die schönen blauen Kristalle des Kupfervitriols, das uns schon von den ersten Kapiteln her bekannt ist, und aus dem beim Erhitzen das kristallwasserfreie weiße Kupfersulfat entsteht.
Die Auswertung des *Versuchs 2/28* zeigt, daß Kupfervitriol ein Pentahydrat ist: $\{CuSO_4(H_2O)_5\}$.
Der Name Vitriol (vitrum = Glas) leitet sich von der Durchsichtigkeit und dem Glasglanz der blauen Kristalle ab.
Beim *Versuch 2/29* handelt es sich um die thermische Dissoziation des Kupfersulfats bei hohen Temperaturen in Kupferoxid und Schwefeltrioxid:

$$\{CuSO_4\} \longrightarrow \{CuO\} + SO_3$$

Wir überzeugen uns, daß sich die Massen M_L $\{CuSO_4\}$ = 159,5 g und M_L $\{CuO\}$ = 79,5 g tatsächlich wie die in *Versuch 2/29* gemessenen Massen 63,9 g und 31,8 g verhalten.

In *Versuch 2/32* haben wir eine Kupfersulfat-Lösung aus Kupferoxid, Schwefeldioxid und Sauer-

[1] Ammonium-Ionen siehe *8.3.1, Seite 147*

Abb. 8–6: Kristalle von Vitriolen: a) Zinkvitriol, b) Eisenvitriol, c) Nickelvitriol, d) Manganvitriol

stoff synthetisiert; dabei wird das Schwefel-Atom um zwei Stufen oxidiert und ein Sauerstoff-Atom um gleichviel Stufen reduziert:

$$\{CuO\} + \overset{+4}{S}O_2 + \tfrac{1}{2}\overset{0}{O}_2 + \text{aqua} \longrightarrow Cu^{2+}_{aq} + (\overset{+6-2}{SO_4})^{2-}_{aq}$$

Verallgemeinernd versteht man unter **Vitriolen** die kristallwasserhaltigen Sulfate zweiwertiger Schwermetalle. Beispiele: weißes Zinkvitriol $\{ZnSO_4(H_2O)_7\}$, hellgrünes Eisenvitriol $\{FeSO_4(H_2O)_7\}$, grünes Nickelvitriol $\{NiSO_4(H_2O)_7\}$, blaßrosa Manganvitriol $\{MnSO_4(H_2O)_5\}$ u.a. *(Abb. 8–6 a, b, c, d).*

Ergebnis: Kristallwasserhaltige Sulfate vom Typ $\{\overset{+1}{Me}\overset{+3}{Me}(SO_4)_2(H_2O)_{12}\}$ heißen Alaune, die vom Typ $\{\overset{+2}{Me}SO_4(H_2O)_5\}$ oder $\{\overset{+2}{Me}SO_4(H_2O)_7\}$ heißen Vitriole.

Zusammenfassung: *Die höchste positive Oxidationsstufe der Schwefel-Atome ist +6. Molekül-Ionen mit dieser Oxidationsstufe erhält man durch Reaktion von Schwefeltrioxid mit Wasser; es sind die Sulfat-Ionen $(SO_4)^{2-}$. Man nennt daher Schwefeltrioxid das »Anhydrid«* [1] *der Schwefelsäure. Sulfat-Ionen bilden mit Wasserstoff-Ionen undissoziierte H_2SO_4-Moleküle. Viele Eigenschaften der konzentrierten Schwefelsäure erklären sich aus der großen Affinität der H_2SO_4-Moleküle zu Wasser-Molekülen.*

Zum Unterschied von den Reaktionen der konzentrierten Schwefelsäure können wir die Eigenschaften der verdünnten Säure auf das Vorhandensein von Wasserstoff- und Sulfat-Ionen zurückführen, die durch elektrolytische Dissoziation aus den H_2SO_4-Molekülen beim Verdünnen der konzentrierten Säure entstehen. Die Wasserstoff-Ionen sind verantwortlich für die typischen Säure-Eigenschaften: Reaktionen mit Hydroxid-Ionen in Laugen oder festen Hydroxiden und mit Oxid-Ionen in Metalloxiden; Reaktionsprodukt ist in beiden Fällen Wasser. Die Sulfat-Ionen bilden mit Metall-Ionen der höheren Perioden unlösliche Niederschläge oder kristallwasserfreie Salze. Von den kristallwasserhaltigen Sulfaten sind der Gips, die Alaune und die Vitriole von Bedeutung.

Vom Element Schwefel kennen wir jetzt die Sulfid-Ionen als Atom-Ionen mit der Oxidationsstufe −2 der S-Atome und die Sulfat-Ionen als Molekül-Ionen mit der Oxidationsstufe +6. Schwefel-Atome können aber auch die Oxidationsstufe +4 annehmen, wie wir vom Schwefeldioxid $\overset{+4}{S}O_2$ wissen. Es erhebt sich nun die Frage, ob es auch Ionen mit dieser Oxidationsstufe gibt.

8.2.2 Ionen des Schwefels mit der Oxidationsstufe +4

Schwefeltrioxid ist das Anhydrid der Schwefelsäure; wir entdeckten daher die Sulfat-Ionen bei der Reaktion dieses Oxides mit Wasser. Ist vielleicht Schwefeldioxid ebenfalls das Anhydrid einer Säure? Wir versuchen eine Reaktion mit Wasser:

► **Versuch 8/29:** In einem Eisenlöffel mit langem Stiel entzündet man Schwefelpulver und senkt die brennende Substanz in einen Standzylinder. Wenn die Luft durch Schwefeldioxid verdrängt ist, zieht man den Löffel heraus, spritzt gleichzeitig etwas Wasser in den Zylinder, deckt ihn schnell mit einer Glasplatte ab und schüttelt kräftig: Die Platte läßt sich nur schwer von der Zylinderöffnung entfernen; man hört dabei das Geräusch einströmender Luft. Prüft man die Flüssigkeit mit Universalindikator und mit dem Leitfähigkeitsmesser, so stellt man saure Reaktion und elektrische Leitfähigkeit fest. ◄

Schweflige Säure

● **Folgerung:** Der Unterdruck im Zylinder entsteht durch Lösen des Schwefeldioxids in Wasser. Die Lösung ist eine Säure: **Schweflige Säure**.

Die Kationen sind wie bei jeder Säure hydratisierte Wasserstoff-Ionen. Sie können nur aus Was-

[1] anhydros (gr.), ohne Wasser, trocken

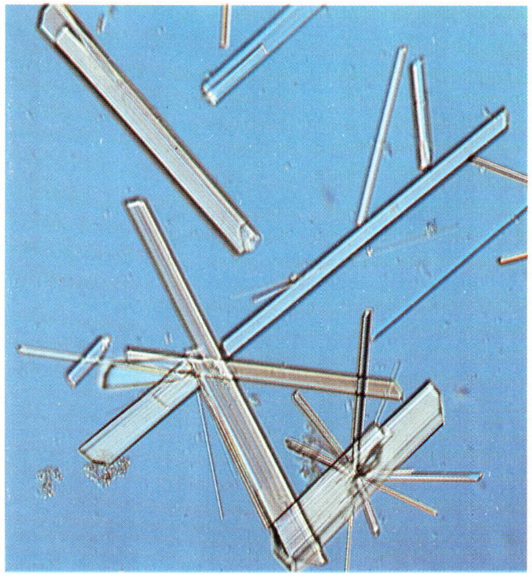

ser-Molekülen entstanden sein. Die Anionen – man nennt sie **Sulfit-Ionen** – müssen sich aus den Schwefeldioxid-Molekülen und den Sauerstoff-Resten der Wasser-Moleküle gebildet haben: $(S_xO_y)^{n-}_{aq}$.

► **Versuch 8/30:** (Lehrerversuch) Man saugt in einen Kolbenprober, der mit 100 cm^3 reinem Schwefeldioxid[1] gefüllt worden ist, 30 cm^3 1 n-Natronlauge ein. Bei luftfreiem Arbeiten muß sich das Gas beim Durchschütteln vollständig lösen. Man läßt die Lösung in ein Becherglas fließen und fügt auch das Wasser, mit dem man den Kolbenprober nachspült, hinzu. Nach Zugabe eines Tropfens Methylorange *(Versuch 8/13)* titriert man mit 1 n-Salzsäure bis zum Farbumschlag von gelb nach rot.
Beispiel: Die Lösung von 100 cm^3 Schwefeldioxid (bei 22° C und 993 mbar in den Kolbenprober gefüllt) in 30 cm^3 1 n-Natronlauge verbraucht zur Neutralisation 22,1 cm^3 1 n-Salzsäure. ◄

● **Auswertung:** Die Umrechnung des Schwefeldioxid-Volumens auf Normalbedingungen ergibt 91 cm^3, das sind (91/22400) mol = 0,004 mol SO_2-Moleküle. Zur Neutralisation der beim Lösen entstehenden schwefligen Säure werden (30–22,1) cm^3 = 7,9 cm^3 der 1 n-Natronlauge verbraucht. Dieses Volumen enthält 0,0079 mol $(OH)^-$-Ionen, d. h. neutralisiert (aufgerundet) 0,008 mol H^+-Ionen. Jedes Schwefeldioxid-Molekül erzeugt also beim Lösen in Wasser 2 Wasserstoff-Ionen. Der Ansatz für die Reaktionsgleichung lautet dann:

$$SO_2 + H_2O + \text{aqua} \longrightarrow 2\,H^+_{aq} + (SO_3)^{2-}_{aq}.$$

Ergebnis: Sulfit-Ionen (Anionen der schwefligen Säure) sind Molekül-Ionen der Zusammensetzung $(SO_3)^{2-}$.

Wenn wir auch in diesem Fall annehmen, daß sich beim Lösungsvorgang keine Oxidationsstufen ändern, dann besitzen die Schwefel-Atome in den Sulfit-Ionen die Stufe +4 wie im Schwefeldioxid, dem Anhydrid der schwefligen Säure. Die Summe der Oxidationsstufen aller im Sulfit-Ion gebundenen Atome beträgt $1 \cdot (+4) + 3 \cdot (-2) = (-2)$ und stimmt in Vorzeichen und Betrag mit der Ladung des Ions überein: $(\overset{+4}{S}\overset{-2}{O_3})^{2-}$.

Im *Versuch 8/23* haben wir ermittelt, daß sich beim Eindampfen der verdünnten Schwefelsäure Sulfat-Ionen mit Wasserstoff-Ionen zu undissoziierten H_2SO_4-Molekülen vereinigen. Eine entsprechende Untersuchung wollen wir mit Sulfit-Ionen anstellen:

► **Versuch 8/31:** Man stellt aus Schwefeldioxid und Wasser schweflige Säure her. Beim Messen der Leitfähigkeit richtet man die Wechselspannung und den Meßbereich des Amperemeters so ein, daß der Zeiger des Instruments einen vollen Ausschlag zeigt. Man dampft die Lösung etwa auf das halbe Volumen ein; dabei nimmt man deutlich den Geruch von Schwefeldioxid wahr. Die Leitfähigkeit sinkt beträchtlich. Verdünnt man jetzt die eingeengte Lösung mit destilliertem Wasser auf das Anfangsvolumen, so nimmt die elektrische Leitfähigkeit noch einmal ab. ◄

● **Folgerung:** Die Abnahme der Leitfähigkeit beim Eindampfen bedeutet ein Verschwinden von Ionen. Würden sich die Wasserstoff- mit den Sulfit-Ionen zu undissoziierten H_2SO_3-Molekülen vereinigen, dann müßten diese beim Verdünnen der eingeengten Lösung wieder in exothermer Reaktion in die Ionen dissoziieren. Der Versuch zeigt aber weder eine Zunahme der Temperatur, noch eine Zunahme der Leitfähigkeit beim Verdünnen. Die Annahme einer Bildung von H_2SO_3-Molekülen läßt sich nicht aufrechterhalten.

Das Verschwinden der Leitfähigkeit beim Einengen der schwefligen Säure kann nur so gedeutet werden, daß im Sinne einer Umkehrung des Lösungsvorgangs Schwefeldioxid aus der Lösung in den Gasraum entweicht. Der typische Geruch des Gases beim Eindampfen bestätigt:

$$2\,H^+_{aq} + (SO_3)^{2-}_{aq} \longrightarrow SO_2 + H_2O + \text{aqua}.$$

Ergebnis: Im Gegensatz zur konzentrierten Schwefelsäure mit H_2SO_4-Molekülen läßt sich keine konzentrierte schweflige Säure mit undissoziierten H_2SO_3-Molekülen herstellen.

Sulfit-Ionen

Selbstverständlich können Sulfit-Ionen mit Metall-Ionen Salzgitter bilden, mit den leichteren Alkali- und Erdalkali-Ionen kristallwasserhaltige und daher leicht in Wasser lösliche Salze, z. B. $\{Na_2SO_3(H_2O)_7\}$ und $\{CaSO_3(H_2O)_2\}$, sowie mit den schweren Ionen kristallwasserfreie wie $\{K_2SO_3\}$ bzw. in Wasser unlösliche wie $\{BaSO_3\}$.

► **Versuch 8/32:** Man versetzt frisch (!) bereitete schweflige Säure mit Barytwasser im Überschuß: Weißer Niederschlag. Man dekantiert nach dem Absetzen die überstehende Flüssigkeit ab und gibt Salzsäure zum Niederschlag: Es entsteht eine klare Lösung, und der Geruch nach Schwefeldioxid macht sich bemerkbar. Ein Parallelversuch mit Bariumsulfat zeigt dessen Unlöslichkeit in Salzsäure. ◄

● **Deutung:**

$$\{BaSO_3\} + 2\,H^+_{aq} \longrightarrow Ba^{2+}_{aq} + SO_2 + H_2O$$

Diese Reaktion zwischen Sulfit- und Wasserstoff-Ionen ist typisch für alle Sulfite; die Reaktionsgleichung haben wir bereits formuliert.

Ergebnis: Im Gegensatz zu den Erdalkalisulfaten sind die Erdalkalisulfite in Säuren löslich.

Zusammenfassung: *Die beiden Oxide des Schwefels sind Säure-Anhydride: Schwefeldioxid ist das Anhydrid der schwefligen Säure, Schwefeltrioxid das Anhydrid der Schwefelsäure. Bei den Reaktionen der Oxide mit Wasser bleiben die Oxidationsstufen der Schwefel-Atome unverändert: +4 in den Sulfit-Ionen, +6 in den Sulfat-Ionen. Beide Ionensorten bilden mit Metall-Ionen Salze, deren Kristallwassergehalt und Wasserlöslichkeit von der Masse und von der Ladung der Me-*

[1] Bequeme Darstellung des Gases im Gasentwickler aus konz. Hydrogensulfit-Lösung und konz. Schwefelsäure; Trocknen mit konz. Schwefelsäure

tall-Ionen abhängen. Mit Wasserstoff-Ionen können beide Ionensorten keine Ionengitter bilden; im Falle der Sulfat-Ionen gibt es undissoziierte H_2SO_4-Moleküle, wie sie in der konzentrierten Schwefelsäure vorliegen. Eine Vereinigung der Sulfit-Ionen mit Wasserstoff-Ionen zu H_2SO_3-Molekülen kann dagegen nicht nachgewiesen werden.

Zur 6. Hauptgruppe des Periodensystems gehören auch die Elemente Selen und Tellur. Von ihnen gibt es ebenfalls Molekül-Ionen mit den Oxidationsstufen +4 und +6; ihre Formeln entsprechen denen der Sulfit- und Sulfat-Ionen. Sehr viel wichtiger sind Molekül-Ionen aus der 5. Hauptgruppe des Periodensystems, denen wir uns in den nächsten Abschnitten zuwenden.

Übungen:

1. Wieviel cm^3 0,5 n -Natronlauge sind notwendig, um 10 cm^3 einer 2 n-Schwefelsäure zu neutralisieren? Wieviel g kristallwasserfreies Natriumsulfat entstehen beim Eindampfen und wieviel g Glaubersalz beim Eindunsten?
2. Nenne und begründe die unterschiedlichen Eigenschaften von konzentrierter und verdünnter Schwefelsäure.
3. Erarbeite eine Versuchsanleitung zur Herstellung von Kaliumchromalaun aus Kaliumsulfat und Chrom(III)-sulfat-18-hydrat.
4. Welche experimentellen Befunde sprechen gegen die Existenz von H_2SO_3-Molekülen in schwefliger Säure?
5. Eine Lösung enthält gleichzeitig Sulfit- und Sulfat-Ionen; wie lassen sich beide nebeneinander nachweisen? Reaktionsgleichungen.
6. Wie kann man einen größeren Kristall von Kupfervitriol »züchten«?

8.3 Molekül-Ionen der 5. Hauptgruppe

8.3.1 Ionen des Stickstoffs mit der Oxidationsstufe −3

Salmiak ist Ammoniumchlorid.

Ammoniak NH_3 löst sich begierig in Wasser *(Versuch 3/22)*. Der Lösungsvorgang ist stark exotherm *(Versuch 7/7)*. Die Lösung färbt Universalindikator blaugrün *(Versuch 7/12)*. Ammoniakwasser ist daher eine Lauge, enthält also Hydroxid-Ionen *(8.1.1)*. Welches sind die Kationen der Lösung?

Die Hydroxid-Ionen können nur aus Wasser-Molekülen beim Lösen des Ammoniaks entstanden sein. Die bei der Dissoziation der Wasser-Moleküle entstehenden Wasserstoff-Ionen sind im Ammoniakwasser nicht nachweisbar (z. B. durch Universalindikator). Sie müssen sich mit den Ammoniak-Molekülen, die ja Ursache der Reaktion sind, zu den gesuchten Kationen vereinigt haben. Die so entstehenden Molekül-Ionen heißen **Ammonium-Ionen**. Wir müssen nun untersuchen, wieviel H^+-Ionen bzw. NH_3-Moleküle am Aufbau der Ammonium-Ionen beteiligt sind.

► **Versuch 8/33:** Ammoniakwasser wird in einer Porzellanschale eingedampft. Es bleibt kein fester Rückstand. Während des Siedens entweicht Ammoniak, den man am Geruch und mit angefeuchtetem Indikatorpapier nachweist (Abzug!). ◄

● **Folgerung:** Es gelingt nicht, wie beim Eindampfen von Alkali-Laugen *(Versuch 8/9)*, die Ammonium- und Hydroxid-Ionen zu einem Salzgitter zu vereinigen. Es läuft vielmehr beim Eindampfen der dem Lösen entgegengesetzte Vorgang ab: Ammonium- und Hydroxid-Ionen reagieren unter Bildung von Ammoniak und Wasser, die in den Gasraum entweichen.

Wir versuchen eine andere Darstellung der Ammonium-Ionen. Ist unsere Annahme ihrer Bildung aus Ammoniak-Molekülen und Wasserstoff-Ionen richtig, so bieten sich als Reak-

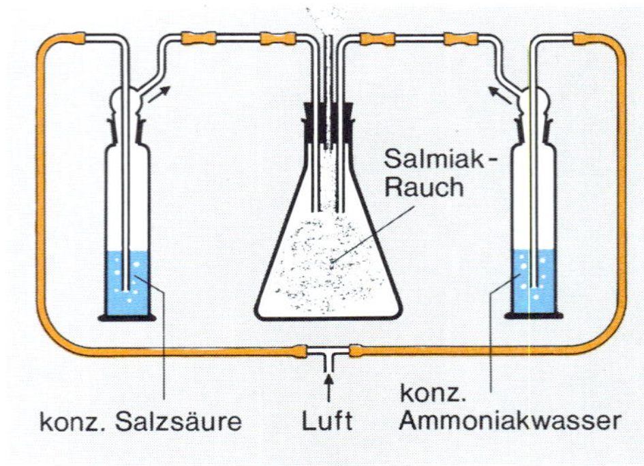

Abb. 8–7: Zu Versuch 8/34. Reaktion von Chlorwasserstoff und Ammoniak zu Ammoniumchlorid

tionspartner für Ammoniak Halogenwasserstoffe an, die ja z. B. beim Lösen in Wasser Wasserstoff-Ionen abgeben können.

► **Versuch 8/34:** Zwei Waschflaschen sind halb mit konzentrierter Salzsäure bzw. konzentriertem Ammoniakwasser gefüllt. Ihre Ableitungsrohre führen durch einen dreifach durchbohrten Stopfen in einen Erlenmeyerkolben; die dritte Bohrung des Stopfens bleibt frei. Mit Hilfe eines T-Stücks und langen Gummischläuchen *(Abb. 8–7)* bläst man einen Luftstrom gleichzeitig durch beide Waschflaschen: Im Erlenmeyerkolben bildet sich ein dicker weißer Rauch, der sich teils als weißes Pulver absetzt, teils aus der offenen Bohrung des Stopfens entweicht. ◄

● **Folgerung:** Der Luftstrom führt aus den konzentrierten Lösungen Ammoniak und Chlorwasserstoff mit sich. Bei der Reaktion der beiden Gase bildet sich ein fester, weißer Stoff. Er heißt **Salmiak**.

Unsere Absicht, von den Molekülen des Chlorwasserstoffs Wasserstoff-Ionen auf die Ammoniak-Moleküle zu übertragen, scheint gelungen zu sein: Die entstehenden Ammonium-Ionen würden dann mit den zurückbleibenden Chlorid-Ionen ein Ionengitter, also ein Salz, bilden. Das läßt sich nachprüfen:

► **Versuch 8/35:** Man öffnet den Erlenmeyerkolben des vorigen Versuchs und sorgt dafür, daß die vielleicht noch vorhandenen Gasreste entweichen. Man streicht etwas vom Reaktionsprodukt auf den

Finger und prüft den Geschmack: Bitter-salzig. Man gibt in den Kolben wenig destilliertes Wasser: Das weiße Pulver ist sehr leicht löslich. Man prüft die Lösung mit dem Leitfähigkeitsmesser: Sie ist ein Elektrolyt. Man gibt zur Lösung einige Tropfen Silbernitrat-Lösung: Weißer, käsiger Niederschlag, der im Tageslicht schmutzig-grau wird (vgl. *Versuch 7/8*). ◀

● **Folgerung:** Salmiak besitzt alle Eigenschaften eines Salzes. Die wäßrige Lösung enthält Chlorid-Ionen. Die Kationen der Lösung können nur die gesuchten Ammonium-Ionen sein. Salmiak ist **Ammoniumchlorid**.

Um die Zusammensetzung der Kationen zu ermitteln, brauchen wir jetzt nur die Bildung des Ammoniumchlorids quantitativ-gasvolumetrisch zu wiederholen:

► **Versuch 8/36:** Zwei Kolbenprober sind über Dreiwegehähne mit einem weiten Glasrohr verbunden. Man füllt den Prober 1 und das Glasrohr mit trockenem (!) Ammoniak, den Prober 2 mit 50 cm^3 trockenem (!) Chlorwasserstoff. Man drückt diesen aus 2 zügig in das Reaktionsrohr, wobei man darauf achten muß, daß die Kapillarrohre des Dreiwegehahns nicht von dem sich bildenden Salz verstopft werden. Die Reaktion ist exotherm. Nach Abkühlung der Apparatur hat sich das Volumen im Prober 1 um 50 cm^3 verringert. ◀

● **Auswertung:** 1 Raumteil Ammoniak reagiert mit 1 Raumteil Chlorwasserstoff, also nach der These von Avogadro je 1 Molekül NH_3 mit je 1 Molekül HCl, zu festem Ammoniumchlorid. In dessen Gitter kommen also auf 1 Stickstoff-Atom 4 Wasserstoff-Atome und 1 Chlor-Atom:

$$NH_3 + HCl \longrightarrow \{NH_4Cl\}$$

Da in der Salmiak-Lösung Chlorid-Ionen nachgewiesen sind *(Versuch 8/35)*, haben die gesuchten Ammonium-Ionen die Formel $(NH_4)^+$. Für das Lösen des Salmiaks in Wasser können wir schreiben:

$$\{NH_4Cl\} + aqua \longrightarrow (NH_4)^+_{aq} + Cl^-_{aq}\,.$$

Ammonium-Ionen sind die Kationen des Ammoniakwassers. Die Reaktionsgleichung für das exotherme Lösen von Ammoniak in Wasser lautet dann:

$$NH_3 + H_2O + aqua \longrightarrow (NH_4)^+_{aq} + (OH)^-_{aq}\,.$$

Beim Eindampfen des Ammoniakwassers läuft die Reaktion in umgekehrter Richtung ab. Ein »Salz« Ammoniumhydroxid läßt sich nicht darstellen.

Ergebnis: Ammoniakwasser enthält als Kationen Ammonium-Ionen $(NH_4)^+_{aq}$, als Anionen Hydroxid-Ionen $(OH)^-_{aq}$. Ammoniumchlorid (Salmiak) ist ein Ionengitter aus Ammonium- und Chlorid-Ionen.

► **Versuch 8/37:** Man vergleicht die Leitfähigkeit einer 1-normalen Lösung von Ammoniak in Wasser (durch Titration mit einer 1 n-Säure hergestellt) mit der einer 1 n-Natronlauge, indem man zunächst für die Natronlauge die Wechselspannung und den Meßbereich des Amperemeters so einrichtet, daß der Zeiger des Instruments voll ausschlägt; unter gleichen Bedingungen ist dann der Zeigerausschlag beim Ammoniakwasser erheblich kleiner. ◀

● **Folgerung:** Die Ionen-Konzentration im Ammoniakwasser ist sehr viel geringer als die in einer gleichkonzentrierten Natronlauge. 1 Liter 1 n-Natronlauge enthält 1 mol Hydroxid-Ionen. 1 Liter 1 n-Ammoniakwasser entsteht zwar durch Lösen von 1 mol Ammoniak-Molekülen, enthält aber beträchtlich weniger als 1 mol Hydroxid-Ionen. Die meisten der in Lösung gegangenen Ammoniak-Moleküle müssen demnach unverändert – wenn auch hydratisiert – in der Lösung vorhanden sein:

$$NH_3 + aqua \longrightarrow (NH_3)_{aq}$$

Nur ein kleiner Teil der hydratisierten Ammoniak-Moleküle reagiert mit Wasser-Molekülen weiter zu Ammonium- und Hydroxid-Ionen.

Ergebnis: Trotz der außerordentlich guten Löslichkeit des Ammoniaks in Wasser ist die Lösung nur eine schwache Lauge; sie enthält neben hydratisierten Ammoniak-Molekülen verhältnismäßig wenige Ammonium- und Hydroxid-Ionen.

Ammonium-Ionen

Zum Schluß dieses Abschnitts fragen wir nach der Oxidationsstufe der Stickstoff-Atome in den Ammonium-Ionen. In den Ammoniak-Molekülen besitzen sie die Stufe −3. Beim Lösungsvorgang entstehen aus NH_3- und H_2O-Molekülen $(NH_4)^+$- und $(OH)^-$-Ionen; die Oxidationsstufen +1 und −2 der Wasserstoff- bzw. Sauerstoff-Atome ändern sich dabei nicht. Also kann sich auch nicht die Oxidationsstufe der Stickstoff-Atome ändern; sie haben in den Ammonium-Ionen die gleiche Stufe −3 wie in den Ammoniak-Molekülen: $(\overset{-3}{N}\overset{+1}{H}_4)^+$. Die Summe der Oxidationsstufen errechnet sich zu $1 \cdot (-3) + 4 \cdot (+1) = (+1)$; sie stimmt in Vorzeichen und Betrag mit der elektrischen Ladung überein.

In *7.2.2* hatten wir die Erfahrung gemacht, daß die Oxidationsstufe der Atom-Ionen numerisch gleich ihrer Ladung ist. Für neutrale Moleküle ist die Summe der Oxidationsstufen der im Molekül gebundenen Atome Null. Für alle Molekül-Ionen, die wir bis jetzt kennen (Hydroxid-, Sulfat-, Sulfit- und Ammonium-Ionen), ist diese Summe numerisch gleich der Ladung der Ionen. Alle drei Erfahrungen können wir in einem einzigen Satz zusammenfassen:

Zusammenhang zwischen Ionen-Ladung und Oxidationsstufen bei Molekül-Ionen

Ergebnis: Die elektrische Ladung eines Teilchens stimmt in Vorzeichen und Betrag mit der Summe der Oxidationsstufen aller das Teilchen zusammensetzenden Atome überein.

Zusammenfassung: *Wir haben im vorliegenden Abschnitt zum ersten Mal ein Molekül-Ion mit positiver Ladung kennengelernt: Das Ammonium-Ion $(NH_4)^+$. In ihm besitzt das Stickstoff-Atom die gleiche Oxidationsstufe −3 wie im Ammoniak-Molekül, aus dem es durch Reaktion mit Wasser entsteht. Ammonium-Ionen können mit allen Anionen Salzgitter bilden (z. B. Ammoniumchlorid, Ammoniumsulfat) außer mit den Hydroxid-Ionen. Ammonium-*

und Hydroxid-Ionen sind in geringer Konzentration und durch Hydrathüllen abgeschirmt im Ammoniakwasser vorhanden.
Gemäß der Stellung des Stickstoffs in der 5. Hauptgruppe des Periodensystems können wir auch Ionen mit positiven Oxidationsstufen der Stickstoff-Atome erwarten.

8.3.2 Ionen des Stickstoffs mit den Oxidationsstufen +5 und +3

Wir untersuchen einen Stoff, den wir schon in *1.3.3* als Salz erwähnt haben, den **Salpeter**.

Eigenschaften von Kalisalpeter

▶ **Versuch 8/38:** Nach der Vorschrift von *Versuch 6/21* prüft man die Flammenfärbung von Salpeter: Blaß-violett. – Man erhitzt im schwerschmelzbaren Reagenzglas Salpeter und prüft die sich bildende Schmelze mit dem Leitfähigkeitsmesser: Die Schmelze ist ein Elektrolyt. Man erhitzt die Schmelze mit kräftiger Flamme: Es steigen Gasblasen auf; ein glimmender Holzspan, in das Reagenzglas eingeführt, flammt hell auf. – In einem weiten Reagenzglas übergießt man ein Gemisch von Salpeter und Zink-Pulver mit Kalilauge und erhitzt (Schutzbrille!): Es verbreitet sich der Geruch nach Ammoniak; feuchtes Indikatorpapier wird von den Dämpfen grün-blau gefärbt. ◀

● **Folgerung:** Salpeter ist ein Ionengitter (Leitfähigkeit der Schmelze). Die Kationen des Gitters sind Kalium-Ionen (Flammenfärbung). Die Anionen müssen Molekül-Ionen sein, in denen Stickstoff-Atome (Nachweis als Ammoniak) und Sauerstoff-Atome (Entflammen des glimmenden Holzspans) gebunden sind.

Herstellung von Salpetersäure

Andere als die genannten Elemente lassen sich nicht nachweisen. Wir setzen für die Anionen die Formel $(N_xO_y)^{n-}$ mit zu bestimmenden Zahlen *x, y* und *n* an. Als Molekül-Ionen des Stickstoffs erhalten sie den Namen **Nitrat-Ionen**. Salpeter ist also Kaliumnitrat.
Zur Bestimmung der Formel der Nitrat-Ionen könnten wir einen ähnlichen Weg wie bei den Sulfat-Ionen gehen. Dort haben wir die Unlöslichkeit des Bariumsulfats in der Weise ausgenutzt, daß wir das Sulfat mit Barytwasser bekannter Konzentration gefällt und dann gewogen haben. Gibt es unlösliche Nitrate?

▶ **Versuch 8/39:** Man übergießt Kaliumnitrat (Salpeter) mit Wasser: Das Salz ist leicht löslich. Die Lösung verteilt man auf mehrere Reagenzgläser und gibt Barytwasser, Kalkwasser und Alkali-Laugen hinzu: Keine Niederschläge. Weitere Proben versetzt man mit Lösungen von Bleichlorid, Alaunen und Vitriolen *(8.2.1)*: Keine Niederschläge. ◀

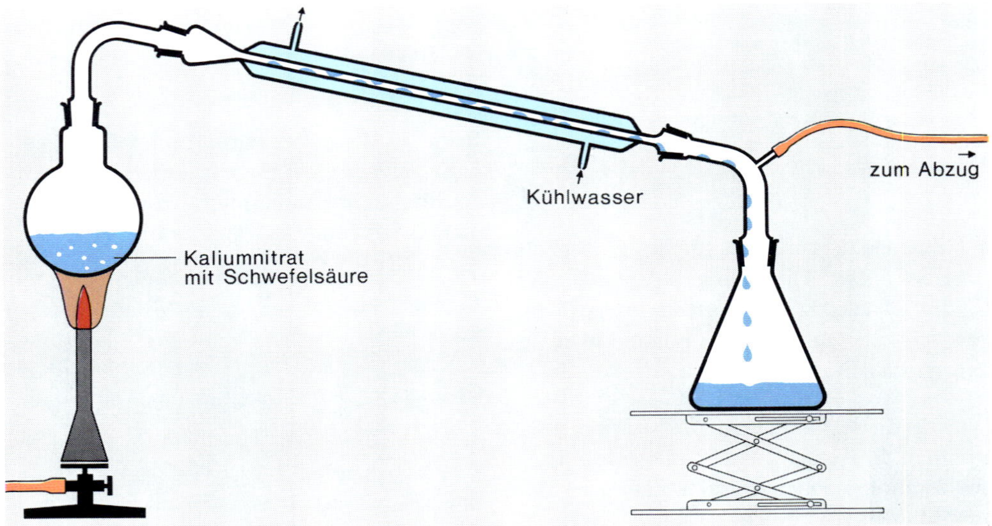

Abb. 8–8: Zu Versuch 8/40. Herstellung von Salpetersäure

● **Folgerung:** Es gibt anscheinend keine unlöslichen Nitrate.

Nun müssen wir einen anderen Weg beschreiten. Von Wasserstoff-Ionen wissen wir, daß sie mit Anionen wie Cl^-, OH^-, SO_4^{2-} keine Salzgitter bilden, sondern sich mit ihnen zu Molekülen, also HCl, H_2O, H_2SO_4, vereinigen. Vielleicht gehen Wasserstoff-Ionen auch mit Nitrat-Ionen eine Molekül-Verbindung ein. Als Lieferant für Wasserstoff-Ionen verwenden wir konzentrierte Schwefelsäure.

▶ **Versuch 8/40:** (Lehrerversuch) Man benutzt eine Destillationsapparatur mit Schliff-Verbindungen. Zwischen Kühler und Vorlage wird ein Zwischenstück eingeschaltet *(Abb. 8–8)*, von dessen seitlichem Ansatz ein Ableitungsschlauch in den Abzug führt. Man gibt in den Destillierkolben 30 g Kaliumnitrat mit 25 cm^3 konzentrierter Schwefelsäure und erhitzt zunächst mit kleiner Flamme: Es destilliert eine farblose Flüssigkeit über. Bei Steigerung der Temperatur entsteht außerdem ein braunes Gas (Vorsicht, Atemgift!), das sich zum Teil im Destillat mit gelber Farbe löst. Man gießt einige cm^3 des Destillats[1] in ein Becherglas mit destilliertem Wasser und prüft die farblose Lösung mit Universalindikatorpapier und mit dem Leitfähigkeitsmesser: Starke Rotfärbung des Indikators und großer Zeigerausschlag des Meßinstruments. Man gibt zur Lösung Bariumchlorid-Lösung: Kein Niederschlag. ◀

● **Folgerung:** Die wäßrige Lösung des Destillats ist eine Säure. Es kann keine Schwefelsäure sein, die mit überdestilliert ist (Ausbleiben des Niederschlags mit Barium-Ionen). Vermutlich ist das Destillat die gesuchte Wasserstoff-Verbindung der Nitrat-Ionen. Wir nennen sie **Salpetersäure**. Sie ist eine starke Säure (Indikator, Leitfähigkeit).

Der Nachweis, daß verdünnte Salpetersäure tatsächlich Nitrat-Ionen enthält, müßte durch Neutralisation mit Kalilauge und Identifizierung des durch Eindampfen entstehenden Salzes als Kaliumnitrat geliefert werden können. Wir führen diesen Versuch gleich quantitativ durch und hoffen, dadurch eine Auskunft über die Zusammensetzung der Nitrat-Ionen zu bekommen.

▶ **Versuch 8/41:** Man stellt durch Titration mit 1 n-Kalilauge eine 1 n-Salpetersäure her, gießt je

[1] Den Rest des Destillats hebt man in einem Kolben mit Schliffstopfen für *Versuch 8/42* auf.

100 cm^3 der beiden Normallösungen in eine vorher abgewogene Porzellanschale und dampft – zum Schluß vorsichtig mit kleiner Flamme – bis zur Trockne ein: 10,1 g weißer Rückstand. Man führt mit dem Rückstand die Prüfungen in *Versuch 8/38* aus: Gleiche Beobachtungen wie dort.

• **Auswertung:** Der beim Eindampfen erhaltene Rückstand ist Kaliumnitrat; die Anionen der verdünnten Salpetersäure sind wie vermutet Nitrat-Ionen. Auf 1 mol Kalium-Ionen (39,1 g in 1 Liter 1 n-Kalilauge) kommen 101 g Kaliumnitrat; dann bleiben für die Nitrat-Ionen 62 g. Sind sie einfach negativ geladen, ist 62 u die Masse des $(N_xO_y)^-$-Ions. Die Gleichung $14\,x + 16\,y = 62$ mit ganzzahligen x und y besitzt als einzige Lösung $x=1$ und $y=3$. Danach ist die Formel der Nitrat-Ionen $(NO_3)^-$. Bei der Annahme eines doppelt negativ geladenen Nitrat-Ions wäre seine Masse $2 \cdot 62\,u = 124\,u$. Der mathematische Ansatz führt in diesem Fall zu $(N_2O_6)^{2-}$.

Versuche wie *Versuch 8/41* können zwar über das Zahlenverhältnis (2 : 6 = 1 : 3) der das Ion zusammensetzenden Atome Auskunft geben, nicht aber über die Ladung und damit über die Größe des Teilchens. Nun erinnern wir uns der Leichtlöslichkeit aller Nitrate. Wir führen diese Eigenschaft auf verhältnismäßig geringe Gitterkräfte in den Salzgittern zurück. Leicht löslich in Wasser sind z. B. alle Alkali-Salze und fast alle Halogenide; die Alkali- und Halogenid-Ionen sind nur einfach positiv bzw. negativ geladen. Sobald Kationen wie Anionen doppelt geladen sind, wie z. B. Erdalkali- und Schwermetall-Ionen einerseits, Sulfat- und Sulfit-Ionen andererseits, sind nur noch die kristallwasserhaltigen Salze, z. B. $\{MgSO_4(H_2O)_7\}$, $\{CaSO_4(H_2O)_2\}$, $\{CuSO_4(H_2O)_5\}$ in Wasser löslich, weil die elektrostatischen Anziehungskräfte der Gitterbausteine durch die Hydrathüllen der Kationen weitgehend abgeschirmt sind. In den Fällen aber, wo Hydrathüllen fehlen, z. B. $\{CaSO_4\}$, $\{BaSO_4\}$, $\{PbSO_4\}$, sind die Gitterkräfte zwischen den hochgeladenen Bausteinen so groß, daß die Hydrationsenergie nicht mehr zur Überwindung der Gitterenergie ausreicht. Wenn also alle Nitrate, auch die der Erdalkali- und Schwermetalle, leicht löslich sind, können die Nitrat-Ionen nur einfach negativ geladen sein.
Wenden wir nun auf die Formel $\overset{+5\,-2}{(NO_3)^-}$ für die Nitrat-Ionen die am Schluß des vorigen Abschnitts formulierte Regel über die Summe der Oxidationsstufen an, muß das Stickstoff-Atom die Oxidationsstufe +5 haben; denn $1 \cdot (+5) + 3 \cdot (-2) = (-1)$.

Ergebnis: Die Formel der Nitrat-Ionen ist $(NO_3)^-$, die von Kaliumnitrat (Salpeter) $\{KNO_3\}$. Die Oxidationsstufe des Stickstoff-Atoms im Nitrat-Ion entspricht der Stellung des Elements in der 5. Hauptgruppe des Periodensystems.

Die Nitrat-Ionen in der verdünnten Salpetersäure und in der wäßrigen Lösung von Kaliumnitrat sind hydratisiert: $(NO_3)^-_{aq}$. Vermutlich handelt es sich bei dem unverdünnten Destillat von *Versuch 8/40* um undissoziierte HNO_3-Moleküle. Wir überzeugen uns davon durch eine Leitfähigkeitsmessung.

► **Versuch 8/42:** Man richtet die Wechselspannung des Netzgeräts und den Meßbereich des Amperemeters so ein, daß beim Eintauchen des Leitfähigkeitsprüfers in das Destillat von *Versuch 8/40* der Zeiger des Instruments nur wenig ausschlägt. Beim tropfenweisen Verdünnen mit Wasser nimmt die Leitfähigkeit zu. ◄

• **Deutung:**

$$HNO_3 + aqua \longrightarrow H^+_{aq} + (NO_3)^-_{aq}$$

Die Reaktionsgleichung für die Darstellung der konzentrierten Salpetersäure nach *Versuch 8/40* lautet:

$$2\{KNO_3\} + H_2SO_4 \longrightarrow \{K_2SO_4\} + 2\,HNO_3.$$

Ergebnis: In konzentrierter Salpetersäure liegen undissoziierte HNO_3-Moleküle vor.

In Verallgemeinerung der Bezeichnung Salpeter nennt man Natriumnitrat $\{NaNO_3\}$ Natronsalpeter (Chilesalpeter), Kaliumnitrat $\{KNO_3\}$ Kalisalpeter, Ammoniumnitrat $\{NH_4NO_3\}$ Ammonsalpeter und Calciumnitrat $\{Ca(NO_3)_2(H_2O)_4\}$ Kalksalpeter (Mauersalpeter). Diese Nitrate sind wichtige Stickstoff-Düngemittel. Kalisalpeter ist neben Schwefel und Kohle ein Bestandteil des Schießpulvers. Er wurde seit Beginn des 19. Jahrhunderts durch Umkristallisation mit Kalium-Ionen aus dem von Chile eingeführten Natronsalpeter gewonnen. Dieser ist wegen seiner hygroskopischen Eigenschaft für Schießpulver ungeeignet. Bis zum 1. Weltkrieg wurde der größte Teil der Salpetersäure – das Ausgangsmaterial für Sprengstoff – aus Kali- und Natronsalpeter hergestellt.
Von den Nitraten der Schwermetalle ist uns Silbernitrat, $\{AgNO_3\}$, das einzige leicht lösliche Silbersalz, schon in *1.3.2, Seite 13*, als salzartiger Stoff begegnet. Die Silber-Ionen einer Silbernitrat-Lösung dienten uns zum Nachweis von Halogenid-Ionen *(7.1.2* und *7.1.3)*.

Nitrat-Ionen

Wir haben in *Versuch 8/38* erfahren, daß beim kräftigen Erhitzen einer Schmelze von Kaliumnitrat Sauerstoff frei wird. Welche Substanz bleibt in der Schmelze zurück? Wir wiederholen den Versuch quantitativ:

► **Versuch 8/43:** Man hat Kaliumnitrat im Trokkenschrank von anhaftender Feuchtigkeit befreit. Man füllt 3 g der Substanz in einen abgewogenen Porzellantiegel und erhitzt mit kräftiger Flamme bis zum Ende der Gasentwicklung. Nach dem Erkalten wägt man den Tiegel erneut: 2,5 g. ◄

• **Auswertung:** Da die Schmelze des Kaliumnitrats beim starken Erhitzen ausschließlich Sauerstoff abgibt, muß im Rückstand das Verhältnis der Kalium- zu den Stickstoff-Atomen das gleiche wie im Kaliumnitrat sein, also 1 : 1. Als Formel für diese Substanz setzen wir $\{KNO_n\}$ an mit $n < 3$. Auf die Masse
$M_L\,\{KNO_3\} = (39 + 14 + 3 \cdot 16)\,g = 101\,g$ bezogen verliert dieses Salz beim Erhitzen $(101/3) \cdot 0{,}5\,g = 16{,}8\,g$ Sauerstoff, das ist ausreichend genau $M_L(O) = 16\,g$. Der Fehler beträgt 5%. Die Formel des Rückstandes ist also $\{KNO_2\}$.

► **Versuch 8/44:** Das Reaktionsprodukt von *Versuch 8/43* wird in der Reibschale zerkleinert und mit heißem Wasser übergossen: Die Substanz löst sich. Mit dem Leitfähigkeitsmesser weist man den Elektrolyt-Charakter der Lösung nach. ◄

Nitrit-Ionen

• **Folgerung:** Die Substanz mit der Formel $\{KNO_2\}$ ist ein Salz. Die Kationen des Gitters und in der Lösung sind Kalium-Ionen. Die Anionen sind Molekül-Ionen der Zusammensetzung $(NO_2)^-$. Sie heißen **Nitrit-Ionen**; das Salz ist Kaliumnitrit.

Die Oxidationsstufe der Stickstoff-Atome in den Nitrit-Ionen ist +3; die Summe der Oxidationsstufen in $\overset{+3\,-2}{(NO_2)^-}$ ist numerisch gleich seiner Ladung:

$$1 \cdot (+3) + 2 \cdot (-2) = (-1)$$

Die Umwandlung von Kaliumnitrat in Kaliumnitrit bedeutet also eine Reduktion der Stickstoff-Atome um zwei Stufen. Entsprechend wird 1 Sauerstoff-Atom des Nitrats um zwei Stufen zur Oxidationsstufe Null oxidiert:

$$\overset{+5\,-2}{\{KNO_3\}} \longrightarrow \overset{+3}{\{KNO_2\}} + \overset{0}{O};\ 2\,O \longrightarrow O_2$$

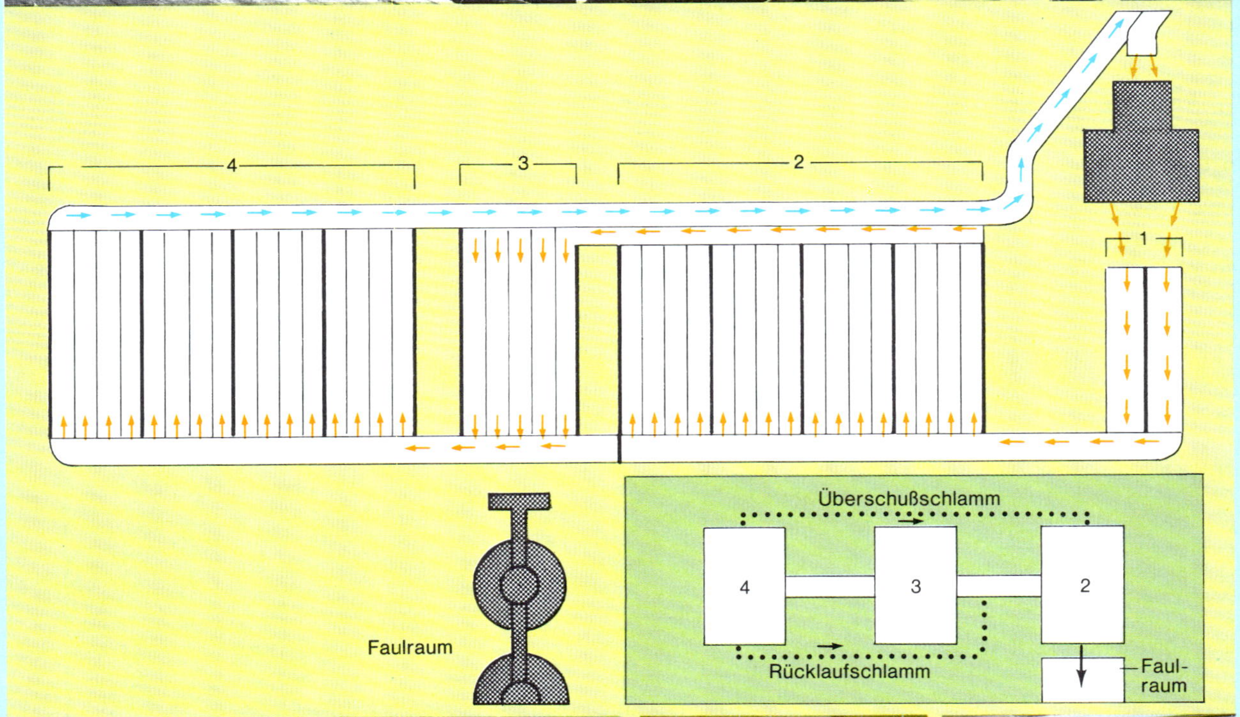

Abwasserreinigung

Oben: Bild der Gesamtanlage Düsseldorf-Nord. Darunter: Schema der Gesamtanlage. Unten: Bilder der einzelnen Klärbecken.

Im »Sandfang« (1) wird das Abwasser durch Luftwirbel so weit gebremst, daß der Sand zu Boden sinken kann. Im »Vorklärbecken« (2) bleibt das Abwasser mehrere Stunden. Schwebstoffe sinken zu Boden. Öl sammelt sich an der Oberfläche und wird beim Ausfließen abgeschöpft. Im »Belebtschlammbecken« (3) vertilgen Bakterien den organischen Schmutz. Da sie Sauerstoff benötigen, wird Luft in das Becken gepumpt. Im »Nachklärbecken« (4) setzt sich der Schlamm ab. Das Wasser verläßt gereinigt das Klärwerk.

Der sich im Vorklärbecken (2) angesammelte Überschußschlamm wird in die »Schlamm-Faulanlage« (Faulraum) überführt, wo er unter Luftabschluß bakteriell zersetzt wird. Es entsteht ein gasförmiges Reaktionsprodukt hohen Heizwerts, das sich in den kuppelförmigen Behältern sammelt, und ein fester Rückstand, der als wertvolles Düngemittel genutzt werden kann.

Ergebnis: Beim Schmelzen von Kaliumnitrat findet bei hohen Temperaturen thermische Dissoziation in Kaliumnitrit und Sauerstoff statt. Die Oxidationsstufe der Stickstoff-Atome in den Nitrit-Ionen $(NO_2)^-$ ist +3.

Die Eigenschaft des Salpeters, bei hohen Temperaturen Sauerstoff abzugeben, macht ihn zu einem wichtigen Oxidationsmittel. Beim Abbrennen des Schießpulvers z. B. werden Kohlenstoff und Schwefel von Salpeter zu Kohlendioxid und Schwefeldioxid oxidiert. Aus Feststoffen entstehen also in Bruchteilen von Sekunden gasförmige Reaktionsprodukte. Die dadurch bedingte Volumenzunahme wird noch durch die hohe Temperatur der stark exothermen Reaktion vergrößert. Im Lauf einer mit Schießpulver betriebenen Schußwaffe ist diese Volumenausdehnung zunächst gehindert; es entsteht ein außerordentlich hoher Druck, der das Geschoß mit großer Geschwindigkeit aus dem Lauf treibt.

Eine wäßrige Lösung, die neben Nitrit-Ionen noch Wasserstoff-Ionen enthält, heißt **salpetrige Säure**. Man könnte versuchen, die H^+_{aq}- und $(NO_2)^-_{aq}$-Ionen der salpetrigen Säure durch Eindampfen der verdünnten Lösung zu HNO_2-Molekülen zu vereinigen. Das gelingt nicht. Ähnlich wie beim Eindampfen der schwefligen Säure Schwefeldioxid entweicht *(Versuch 8/31)*, entsteht beim Konzentrieren der salpetrigen Säure ein gasförmiges, braunes Oxid des Stickstoffs; es ist uns schon in *Versuch 8/40* begegnet.

Ergebnis: Im Gegensatz zu konzentrierter Salpetersäure (HNO_3-Moleküle) läßt sich keine konzentrierte salpetrige Säure mit undissoziierten HNO_2-Molekülen herstellen.

Es bleibt die Frage nach den Anhydriden der beiden Stickstoffsäuren zu beantworten. Für die Schwefelsäuren erhält man die Formeln der Säureanhydride SO_2 und SO_3, indem man von den Formeln H_2SO_3 und H_2SO_4 der zugehörigen Säuren die Formel H_2O des Wassers abzieht. Übertragen wir diesen Formalismus auf die salpetrige und auf die Salpetersäure, so erhalten wir

$$2\,HNO_2 - H_2O = N_2O_3 \text{ und}$$
$$2\,HNO_3 - H_2O = N_2O_5.$$

Die so erhaltenen Oxide heißen Distickstofftrioxid und Distickstoffpentoxid mit den Oxidationsstufen +3 und +5 für die Stickstoff-Atome. Zwar gibt es diese beiden Oxide; sie sind aber bei gewöhnlichen Bedingungen unbeständig und zerfallen sofort in andere »Stickoxide«, z. B. in das braune Gas, das wir bei der Destillation *Versuch 8/40* beobachten konnten. In diesen Stickoxiden jedoch besitzen die Stickstoff-Atome andere Oxidationsstufen. Zum Verständnis dieser Reaktionen fehlen uns noch einige Voraussetzungen.

Beständige Oxide mit den Oxidationsstufen +3 und +5 gibt es aber vom Homologen des Stickstoffs in der 5. Hauptgruppe, dem Phosphor: $\{P_2O_3\}$ und $\{P_2O_5\}$ (vgl. *Tab. 5–9, Seite 84*). Das Pentoxid entsteht bei der Verbrennung des Phosphors *(Versuch 2/21)*.

► **Versuch 8/45:** (Lehrerversuch) Man entzündet in einem Verbrennungslöffel ein Stückchen weißen Phosphor durch Berühren mit einem heißen Glasstab. Über den brennenden Phosphor stülpt man ein weites trockenes Becherglas: Der dicke weiße Rauch setzt sich z. T. als weißer Belag an der Glaswandung ab. Nach Beendigung der Reaktion spült man das Becherglas mit etwas dest. Wasser aus: Es entsteht in exothermer Reaktion eine klare Lösung, die den elektrischen Strom leitet und Universalindikator rot färbt. ◄

● **Folgerung:** Phosphorpentoxid ist das Anhydrid einer Säure. Sie heißt **Phosphorsäure;** ihre Anionen sind die **Phosphat-Ionen**.

Phosphat-Ionen bilden mit Erdalkali- und Schwermetall-Ionen wasserunlösliche Salze und können daher nicht wie die Nitrat-Ionen einfach negativ geladen sein. Durch quantitative Ausfällung von Calciumphosphat läßt sich ihre Zusammensetzung ermitteln (vgl. das Verfahren in *Versuch 8/22*). Die Phosphat-Ionen sind dreifach negativ geladene Molekül-Ionen: $(PO_4)^{3-}$.
Die Reaktionsgleichung für die Bildung der Phosphorsäure aus dem Anhydrid lautet:

$$\{P_2O_5\} + 3H_2O + \text{aqua} \longrightarrow 6\,H^+_{aq} + 2\,(PO_4)^{3-}_{aq}.$$

Wie mit Sulfat- und Nitrat-Ionen können sich Wasserstoff-Ionen auch mit Phosphat-Ionen zu undissoziierten Molekülen vereinigen. Dampft man nämlich verdünnte Phosphorsäure ein, so entsteht eine schwerbewegliche, sirupartige Flüssigkeit, die keine Säureeigenschaft mehr hat, sie aber beim Verdünnen mit Wasser wieder gewinnt:

$$3\,H^+_{aq} + (PO_4)^{3-}_{aq} \longrightarrow H_3PO_4 + \text{aqua}$$

Ergebnis: Phosphat-Ionen haben die Formel $(PO_4)^{3-}$. Die Oxidationsstufe der Phosphor-Atome beträgt wie im Anhydrid +5. In der konzentrierten Phosphorsäure liegen undissoziierte H_3PO_4-Moleküle vor.

J. VON LIEBIG

Phosphat-Ionen

Phosphate sind wie Nitrate wichtige Düngemittel. Lebensnotwendige Mineralbestandteile, die die Pflanzen dem Boden entnehmen, aber nur in beschränktem Umfang zur Verfügung stehen, sind Verbindungen der Elemente Kalium, Stickstoff und Phosphor neben den meist reichlich vorhandenen Elementen Ca, Mg, Fe und Spurenelementen. Kalium-Ionen sind für den Kohlenhydrat-Stoffwechsel unentbehrlich, Stickstoff- und Phosphor-Atome sind Bausteine von Verbindungen, die an allen Lebensvorgängen wie Stoff- und Energiewechsel sowie Fortpflanzung entscheidend beteiligt sind. Ein Getreidefeld z. B. entnimmt dem Boden pro Jahr und pro Hektar etwa 60 kg Kalium, 50 kg Stickstoff und 30 kg Phosphorsäure. Bei unkultiviertem Pflanzenwuchs (Wälder, Steppen usw.) werden die aufgenommenen Elemente bei der Zersetzung der abgestorbenen Pflanzen wieder dem Boden zurückgegeben. Aber bei den intensiv bebauten Äckern und Gärten werden sie mit der Ernte jedes Jahr weggeführt; die Böden verarmen an Pflanzen-Nährstoffen, und die Erträge sinken. Man muß daher die Mineralsalze dem Boden wieder zuführen durch Wirtschaftsdünger wie Jauche, Kompost, Mist und – da diese bei weitem nicht ausreichen – durch Handelsdünger: Kalium-Salze, Nitrate und Phosphate. Diese Verbindungen dürfen nicht zu leicht löslich sein, damit sie nicht vom ersten Regen weggewaschen werden, aber auch nicht zu schwer löslich, damit sie von den Wurzeln aufgenommen werden können. Seitdem LIEBIG[1] 1840 die mineralische Düngung eingeführt hatte, sind die Ernteerträge auf das Fünffache gestiegen. Es dürfte wohl nicht übertrieben sein zu behaupten, daß ohne die Leistungen der chemischen Industrie auf dem Gebiete der Düngemittel-Herstellung die Menschheit heute nicht ernährt werden könnte.

Düngemittel

Pestizide

Phosphate spielen für die Ertragssteigerung des Ackerbaus noch eine andere Rolle, die kaum geringer einzuschätzen ist als die Düngung: Organische Derivate von Phosphaten werden als **Pestizide**, z. B. als Schädlingsbekämpfungsmittel (z. B. »E 605«), eingesetzt. Wie notwendig diese Maßnahme ist, können wir daraus ersehen, daß auch heute noch etwa ein Viertel der Welterzeugung von Nahrungsmitteln durch Pflanzenschädlinge vernichtet wird.

Waschmittel

Schließlich werden Phosphate in großem Umfang von der Waschmittel-Industrie verarbeitet. Ein »Vollwaschmittel« enthält im Durchschnitt 35%

[1] Justus von LIEBIG, 1803–1873, Chemie-Professor in Gießen und München

Phosphate in Form von Polyphosphaten. Sie binden durch Komplexbildung *(8.5)* die Calcium-, Magnesium- und Schwermetall-Ionen des Waschwassers und steigern die Waschkraft von Seifen und anderen waschaktiven Substanzen.

»Überdüngung« von Gewässern

Die Auslaugung der Ackerböden durch Regenwasser und das Einleiten der Abwässer aus den Haushalten in fließende und stehende Gewässer lassen deren Phosphat-Gehalt so stark ansteigen, daß es zu einem übermäßigen Wachstum vor allem von niederen Wasserpflanzen, z.B. von Algen, kommt; man spricht von einer »Überdüngung« oder **Eutrophie**[1], die sich besonders in stehenden Gewässern bemerkbar macht. Die Folge ist in tieferen Wasserschichten vermehrte Ansammlung abgestorbener Pflanzen, deren Zersetzung so viel des im Wasser gelösten Sauerstoffs verbraucht, daß Fische und andere Wasserbewohner keine Atemmöglichkeit mehr haben. Die Gewässer verwandeln sich demnach schnell in stinkende Kloaken, sind gefährlich für Badende und ungeeignet für die Trinkwasserversorgung.
Die Abwässer müssen daher gereinigt werden. Feste Bestandteile werden durch Rechen und Siebe, d.h. mechanisch, entfernt bzw. setzen sich in Klärbecken als feiner Schlamm ab. Kohlenstoff-Verbindungen werden biologisch, d.h. durch Algen und Bakterien, in Rieselanlagen (»Tropfkörper«) und »Belebtschlamm-Becken« abgebaut. Die Phosphate schließlich können durch Zugabe von Aluminium- und Eisen(III)-sulfaten ausgefällt, also chemisch abgetrennt werden. Die Abwasserreinigung ist teuer, aber zur Gesunderhaltung unserer Seen und Flüsse unabdingbar.

Zusammenfassung: *Als sauerstoffhaltige Molekül-Ionen des Stickstoffs und des Phosphors haben wir Nitrat-Ionen $(NO_3)^-$ und Phosphat-Ionen $(PO_4)^{3-}$ kennengelernt. Sie sind die Anionen der Salpetersäure und der Phosphorsäure. Die Stickstoff- und Phosphor-Atome besitzen in diesen Verbindungen ihre höchste positive Oxidationsstufe +5 entsprechend der Stellung dieser Elemente in der 5. Hauptgruppe des Periodensystems. Zur Oxidationsstufe +3 der Stickstoff-Atome gehören die Nitrit-Ionen $(NO_2)^-$.*
Die einfach negativ geladenen Nitrat- und Nitrit-Ionen bilden mit allen Metallen leicht lösliche Salzgitter. Von den dreifach negativen Phosphat-Ionen sind nur die Alkaliphosphate leicht löslich. Beim Eindampfen der verdünnten Säuren vereinigen sich Nitrat- und Phosphat-Ionen mit Wasserstoff-Ionen zu undissoziierten HNO_3- bzw. H_3PO_4-Molekülen. Eine entsprechende Reaktion mit Nitrit-Ionen gelingt nicht.

[1] trophe (gr.), Nahrung; eutrophia, Gutgenährtsein

Übungen

1. Erläutere die experimentelle Herleitung der Formel des Ammonium-Ions.
2. In vielen Sammlungen steht auf der Vorratsflasche für Ammoniakwasser die Formel »NH_4OH«. Nimm dazu Stellung.
3. Ammoniak ist in Wasser sehr gut löslich, die Lösung ist aber nur schwach elektrisch leitend. Begründe diesen Sachverhalt.
4. Kupfer(II)-oxid reagiert mit verdünnter Salpetersäure zu einer blauen Lösung. Formuliere die Reaktionsgleichung. Du nimmst 100 cm³ 1 n-Salpetersäure; wieviel g Kupfer(II)-nitrat-3-hydrat kannst du gewinnen?
5. Kannst du Gründe angeben, warum alle Nitrate leicht löslich sind, von den Sulfaten und Phosphaten aber nur die Alkali-Salze und die kristallwasserhaltigen Schwermetall-Salze?
6. Erarbeite eine Versuchsanleitung zur Bestimmung der Formel der Phosphat-Ionen (vgl. die Methode in *Versuch 8/22*).

8.4 Molekül-Ionen der 4. Hauptgruppe

8.4.1 Ionen des Kohlenstoffs mit der Oxidationsstufe +4

Wir kennen zwei Oxide des Kohlenstoffs: Kohlendioxid CO_2 und Kohlenmonoxid CO. Beide sind gasförmig. Im ersten besitzen die Kohlenstoff-Atome die Oxidationsstufe +4, im zweiten +2. Wir prüfen, ob Kohlendioxid das Anhydrid einer Säure ist.

► **Versuch 8/46:** (Lehrerversuch) Man benutzt die Apparatur von *Versuch 1/24, Seite 17*. Im Tropftrichter befinden sich 100 cm³ dest. Wasser, im Kolbenprober 100 cm³ Kohlendioxid. Die Luft im Gerät ist durch Kohlendioxid ersetzt. Man verfährt, wie in *Versuch 1/24* beschrieben. Nach dem ersten Schütteln des Kolbens erhält man eine Volumenabnahme von ca. 65 cm³. Man preßt jetzt den Rest des Gases aus dem Prober in die Apparatur, sperrt mit dem Dreiwegehahn alle Verbindungen und schüttelt die Flüssigkeit im Kolben ein zweites Mal. Stellt man nun die Verbindung zum Kolbenprober wieder her, so liest man diesmal eine Volumenabnahme von insgesamt ca. 85 cm³ ab. ◄

● **Folgerung:** Kohlendioxid ist in Wasser löslich. Bei 20°C und 1013 mbar vermag 1 Liter Wasser 878 cm³ Kohlendioxid zu lösen.

► **Versuch 8/47:** Man vergleicht den Geschmack der in *Versuch 8/46* hergestellten Kohlendioxid-Lösung mit dem von destilliertem Wasser: Schwach säuerlich. – Man läßt die Lösung auf mit Wasser angefeuchtetes Universalindikatorpapier tropfen: Farbumschlag von olivgrün nach gelb. – Man prüft die elektrische Leitfähigkeit der Lösung: Sie ist deutlich größer als die von destilliertem Wasser, aber sehr viel geringer als die von verdünnter Salzsäure. – Man füllt ein Reagenzglas 1 cm hoch mit Magnesium-Pulver und darüber bis zum Rand mit der Kohlendioxid-Lösung. Man verschließt das Glas durch Stopfen mit Glasrohr und setzt es umgekehrt in ein Becherglas mit heißem Wasser *(Abb. 8–9)*, beim Umkehren dürfen keine Luftblasen emporsteigen: Schwache Gasentwicklung; das Gas läßt sich als Wasserstoff nachweisen (Brennbarkeit). ◄

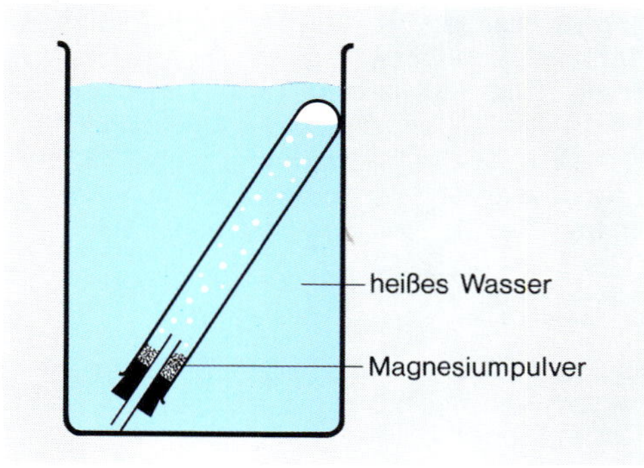

Abb. 8–9: Zu Versuch 8/47. Reaktion von Magnesium mit Kohlensäure

Carbonat-Ionen, Kohlensäure

● **Folgerung:** Die Lösung von Kohlendioxid in Wasser ist eine Säure. Sie heißt **Kohlensäure**, die Anionen heißen **Carbonat-Ionen**. Kohlensäure ist eine schwache Säure.

Wenn die Carbonat-Ionen mehrfach negativ geladen sind, können wir mit unlöslichen Niederschlägen bei Zugabe von Erdalkali- oder Schwermetall-Ionen rechnen.

► **Versuch 8/48:** Man verteilt den Rest der Kohlendioxid-Lösung von *Versuch 8/46* (oder Mineralwasser) auf zwei Erlenmeyerkolben und gießt jeweils Kalkwasser und Barytwasser hinzu: Weiße Niederschläge. – Man leitet Kohlendioxid jeweils in mit Kalk- und Barytwasser gefüllte Reagenzgläser: Trübungen, dann Bildung weißer Niederschläge. ◄

● **Folgerung:** Die Niederschläge sind Calciumcarbonat und Bariumcarbonat.

► **Versuch 8/49:** Man benutzt zwei Kolbenprober mit Einweghähnen. Prober 1 füllt man mit V_1 cm³ Kohlendioxid. In Prober 2 saugt man luftfrei V_2 cm³ Barytwasser, dessen Gehalt an Hydroxid-Ionen man vorher durch Titration mit 1 n-Salzsäure bestimmt hat. Man stellt mit einem kurzen Schlauchstück die Verbindung zwischen beiden Probern her *(Abb. 8–10)* und drückt das Barytwasser zum Kohlendioxid. Durch Schütteln sorgt man für vollständiges Lösen des Gases. Wenn beide Kolbenproberfüllungen luftfrei waren, bleibt keine Gasblase zurück. Man filtriert die Suspension, die sich in Prober 1 gebildet hat, durch ein Faltenfilter in einen enghalsigen Erlenmeyerkolben, spült beide Kolbenprober gut mit destilliertem Wasser aus und läßt auch das Spülwasser durch das Filter in den Erlenmeyerkolben laufen. Dann wird der Niederschlag noch so lange mit destilliertem Wasser gewaschen, bis ein Tropfen davon Universalindikator nicht mehr blau färbt; auch das Waschwasser fügt man zum Filtrat. Man titriert das Filtrat mit 1 n-Salzsäure bis zur Neutralisation (Methylorange als Indikator).
Beispiel: V_1 = 70 cm³ CO_2 bei 21,8°C und 989 mbar; V_2 = 34 cm³ Barytwasser, von dem 10 cm³ durch 4,2 cm³ 1 n-Salzsäure neutralisiert werden; das Filtrat verbraucht zur Neutralisation 8,4 cm³ 1n-Salzsäure. ◄

● **Auswertung:** Wenn 4,2 cm³ 1 n-Salzsäure 10 cm³ des Barytwassers neutralisieren, dann ist dieses 0,42-normal. Im Filtrat sind noch (8,4/4,2) · 10 cm³ = 20 cm³ von den zur Verfügung gestellten 34 cm³ Barytwasser vorhanden.

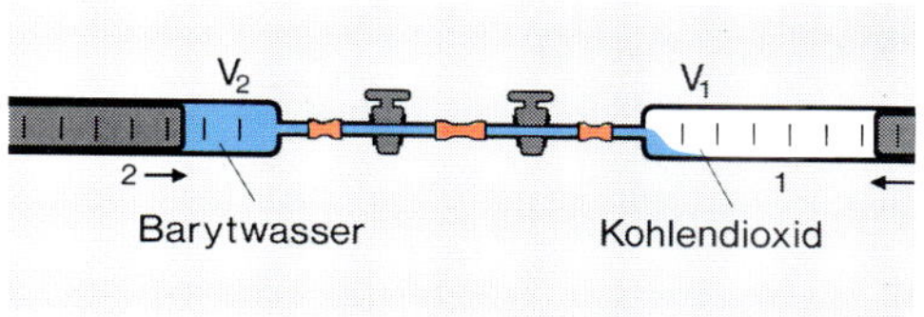

Abb. 8–10: Zu Versuch 8/49. Apparatur zur Ermittlung der Formel von Carbonat-Ionen

Die vom Kohlendioxid verbrauchten 14 cm³ der Lauge enthielten also (14 · 0,42)/1000 mol = = 0,00588 mol $(OH)^-$-Ionen. Das auf Normalbedingungen reduzierte Kohlendioxid-Volumen beträgt 63,3 cm³, das sind 63,3/22 400 mol = 0,00283 mol CO_2-Moleküle. 1 mol CO_2-Moleküle verbrauchen demnach 0,00588/0,00283 mol = 2,08 mol $(OH)^-$-Ionen, das bedeutet bei Berücksichtigung der unvermeidlichen Versuchsfehler recht genau die doppelte Menge.
Die Hydroxid-Ionen neutralisieren eine gleiche Menge Wasserstoff-Ionen, die durch die Reaktion des Kohlendioxids mit dem Lösungsmittel zu Kohlensäure entstehen. Auf 1 mol CO_2-Moleküle kommen also 2 mol H^+-Ionen. Nehmen wir für diese im einfachsten Ansatz 1 mol H_2O-Moleküle in Anspruch, so lautet die Reaktionsgleichung für die Entstehung der Kohlensäure:

$$CO_2 + H_2O + \text{aqua} \rightarrow (CO_3)^{2-}_{aq} + 2H^+_{aq}.$$

Die Carbonat-Ionen $(CO_3)^{2-}$ sind dann wie vermutet doppelt negativ geladen, und das unlösliche Bariumcarbonat hat die Formel $\{BaCO_3\}$:

$$Ba^{2+}_{aq} + (CO_3)^{2-}_{aq} \rightarrow \{BaCO_3\} + \text{aqua}$$

Ergebnis: Carbonat-Ionen haben die Zusammensetzung $(CO_3)^{2-}$. Wegen der Unlöslichkeit der Erdalkalicarbonate $\{CaCO_3\}$ und $\{BaCO_3\}$ dienen Kalkwasser und Barytwasser zum Nachweis von Carbonat-Ionen bzw. von Kohlendioxid.

$$Ca^{2+}_{aq} + 2(OH)^-_{aq} + CO_2 \rightarrow \{CaCO_3\} + H_2O + \text{aqua}$$

Addieren wir für das Carbonat-Ion die Oxidationsstufen der beteiligten Atome, so muß die Summe numerisch gleich der Ladung des Teilchens sein. Dem Kohlenstoff-Atom muß daher im $\overset{+4\,-2}{(CO_3)}{}^{2-}$-Ion die Oxidationsstufe +4 zugeordnet werden; denn 1 · (+4) +3 · (−2) = (−2). Es ist die gleiche Oxidationsstufe wie im Anhydrid der Kohlensäure, dem Kohlendioxid $\overset{+4}{C}O_2$. Auch hier bedeutet der Lösungsvorgang keine Änderung der Oxidationsstufe. Sie entspricht mit ihrem Wert +4 der Stellung des Kohlenstoffs in der 4. Hauptgruppe des Periodensystems.
Wie wir in den *Versuchen 8/47* gesehen haben, ist die Kohlensäure eine sehr schwache Säure, enthält also verhältnismäßig wenig Wasserstoff- und Carbonat-Ionen, obwohl die Löslichkeit des Kohlendioxids in Wasser recht beträchtlich ist *(Versuch 8/46)*. Ähnlich wie bei der Erklärung des nur schwach alkalischen Charakters des Ammoniakwassers *(8.3.1)* müssen wir annehmen, daß auch in der Kohlensäure die meisten Kohlendioxid-Moleküle in der hydratisierten Form $(CO_2)_{aq}$ vorliegen und daß nur verhältnismäßig wenige von ihnen mit Wasser-Molekülen im Sinne der Bildung von Wasserstoff- und Carbonat-Ionen weiterreagieren.
Wir wollen jetzt noch prüfen, ob sich auch Carbonat-Ionen wie Sulfat-, Nitrat- und Phosphat-Ionen mit Wasserstoff-Ionen zu undissoziierten Molekülen H_2CO_3 vereinigen können, oder ob sie sich wie Sulfit- und Nitrit-Ionen verhalten, aus denen unter Wasserabspaltung die Säureanhydride entstehen.

► **Versuch 8/50:** Man dampft in einer Porzellanschale Kohlensäure bis auf einen kleinen Rest ein, den man wieder mit destilliertem Wasser auf das alte Volumen auffüllt. Man prüft mit dem Leitfähigkeitsmesser und mit Universalindikator: Keine Säure-Eigenschaften mehr. Dampft man die Kohlensäure vollständig ein, so bleibt kein Rückstand. ◄

● **Folgerung:** Beim Eindampfen der Kohlensäure läuft die dem Lösungsvorgang entgegengesetzte Reaktion ab: Es entweichen Kohlendioxid und Wasserdampf:

$$2\,H^+_{aq} + (CO_3)^{2-}_{aq} \rightarrow CO_2 + H_2O + \text{aqua}$$

Ergebnis: Beim Lösen von Kohlendioxid in Wasser bleibt die Oxidationsstufe +4 der Kohlenstoff-Atome erhalten. Die Lösung enthält in nur sehr geringer Konzentration Wasserstoff- und Carbonat-Ionen. Kohlensäure ist eine sehr schwache Säure. Eine konzentrierte Kohlensäure mit H_2CO_3-Molekülen läßt sich nicht herstellen.

Wir können voraussagen, daß die Carbonate mit einfach positiv geladenen Kationen die einzigen leichtlöslichen Salze der Kohlensäure sind.
Natriumcarbonat (Kristallsoda) ist ein Dekahydrat $\{Na_2CO_3(H_2O)_{10}\}$, wird aber auch kristallwasserfrei $\{Na_2CO_3\}$ (calcinierte Soda) als »Einweichmittel« zur Beseitigung von Ca^{2+}- und Mg^{2+}-Ionen aus »hartem« Wasser benutzt.

wichtige Carbonate

Kaliumcarbonat $\{K_2CO_3\}$ (Pottasche) kristallisiert – wie alle Kaliumsalze – ohne Kristallwasser. Es dient als Rohstoff zur Seifen- und Glasherstellung. Auch die einfach geladenen Molekül-Ionen $(NH_4)^+$ bilden mit Carbonat-Ionen ein leichtlösliches Salz, das Ammoniumcarbonat $\{(NH_4)_2CO_3\}$ (Hirschhornsalz).

► **Versuch 8/51:** Man gibt zu den klaren wäßrigen Lösungen von Soda, Pottasche und Hirschhornsalz Kalkwasser oder Barytwasser: Weiße Niederschläge. – Man übergießt Proben der drei Salze mit einer Säure: Lebhaftes Aufbrausen. Man hält Bechergläser, die mit Kalkwasser ausgeschwenkt worden sind, über die sich entwickelnden Gase: Trübung der Kalkwassertropfen. ◄

► **Versuch 8/52:** Man erhitzt etwas Ammoniumcarbonat im trockenen Reagenzglas: Ein Teil der Substanz sublimiert. An den kalten Stellen des Glases kondensiert Wasserdampf. Ein Tropfen Kalkwasser, am Glasstab in die Dämpfe gehalten, wird getrübt. Feuchtes Indikatorpapier wird von den Dämpfen blaugrün gefärbt. ◄

● **Folgerung:** Ammoniumcarbonat zersetzt sich beim Erhitzen. Die gasförmigen Produkte der thermischen Dissoziation sind Wasserdampf, Kohlendioxid und Ammoniak:

$$\{(NH_4)_2CO_3\} \longrightarrow 2\ NH_3 + H_2O + CO_2$$

Setzt man einem Mehlteig etwas Ammoniumcarbonat als »Backpulver« zu, so findet bei der Temperatur des Backofens diese Zersetzung statt, und die entstehenden Gase schaffen in der Backmasse kleine Hohlräume, die das Gebackene lokker und leichter verdaulich machen.

Soda

Ergebnis: Soda ist Natriumcarbonat $\{Na_2CO_3\}$, Pottasche ist Kaliumcarbonat $\{K_2CO_3\}$, Hirschhornsalz ist Ammoniumcarbonat $\{(NH_4)_2CO_3\}$. Als Nachweis für Carbonate dient die Kohlendioxidentwicklung beim Übergießen mit einer Säure.

Kalk *(siehe auch S. 168)*

Die in Wasser unlöslichen Carbonate sind in der Natur weit verbreitet. Calciumcarbonat $\{CaCO_3\}$ kommt in riesigen Lagern und sogar gebirgsbildend als **Kalk** oder **Kreide** vor; grob kristalliner Kalk ist **Marmor** *(Abb. 5–23)*. Aus den Schalen der Muscheln, Schnecken, Tintenfische und vieler im Meer lebender Einzeller (Foraminiferen) entstehen im Verlauf geologischer Zeiten die Kalkablagerungen auf dem Grund der Meere.
Auch Magnesiumcarbonat $\{MgCO_3\}$, **Magnesit**, ist ein weit verbreitetes Gestein.
Wichtiger noch ist der **Dolomit**, ein Doppelsalz, in dessen Kristallgitter Calcium-, Magnesium- und Carbonat-Ionen im Zahlenverhältnis 1 : 1 : 2 stehen: $\{CaMg(CO_3)_2\}$.
Spateisenstein $\{FeCO_3\}$ ist ein wichtiges Eisenerz, das mancherorts in so mächtigen Lagern vorkommt, daß es im Tagebau gewonnen werden kann (z. B. am »Erzberg« bei der Stadt Eisenerz in der Steiermark). Alle diese Carbonate kristallisieren in Rhomboedern *(Abb. 5–23a)*; wegen ihrer guten Spaltbarkeit parallel zu den Rhomboederflächen heißen sie »Spate«.

► **Versuch 8/53:** Man erhitzt auf der Magnesia-Rinne kleine Mengen von weißem Bleicarbonat, hellgrünem Nickelcarbonat und blauem Kupfercarbonat: Bleicarbonat schmilzt; nach dem Abkühlen bleibt ein gelber Rückstand. Nickelcarbonat gibt einen grüngrauen, Kupfercarbonat einen schwarzen Rückstand. In allen drei Fällen ist die Reaktion mit einer Massenabnahme verknüpft. ◄

● **Folgerung:** Carbonate der Schwermetalle dissoziieren bei hoher Temperatur in Kohlendioxid und die betreffenden Metalloxide: Blei(II)-oxid ist gelb, Nickel(II)-oxid ist grün und – bei hoher Temperatur geglüht – grauschwarz, Kupfer(II)-oxid ist schwarz:

$$\{\overset{+2}{Me}CO_3\} \longrightarrow \{MeO\} + CO_2$$

► **Versuch 8/54:** Ein waagrecht eingespanntes, schwerschmelzbares Reagenzglas wird mit Calciumcarbonat (Marmorstückchen) gefüllt und mit Stopfen und Ableitungsrohr versehen, das in ein Reagenzglas mit Kalkwasser führt. Man erhitzt mit möglichst kräftiger Flamme: Im Kalkwasser steigen Gasblasen auf, die die Flüssigkeit trüben. Man wiederholt den Versuch mit Magnesiumcarbonat: Die Gasentwicklung setzt schneller ein und ist lebhafter. ◄

● **Folgerung:** Die Carbonate der Erdalkalimetalle zersetzen sich in der Hitze wie die Carbonate der Schwermetalle:

$$\{CaCO_3\} \longrightarrow \{CaO\} + CO_2$$

Ergebnis: Alle Carbonate – die der Alkalimetalle und des Ammoniums ausgenommen – dissoziieren beim Erhitzen in Kohlendioxid und Metalloxid.

Die Zersetzungstemperatur des Magnesiumcarbonats liegt bei 350° C, die des Calciumcarbonats bei 825° C; Bariumcarbonat zerfällt erst bei 1500° C. Um Kalk vollständig in Calciumoxid überzuführen, genügt daher die Temperatur des *Versuchs 8/54* nicht.

Abb. 8-11: Drehrohröfen einer Kalkbrennerei

► **Versuch 8/55:** (Lehrerversuch) Man erhitzt im Diatomitofen *(Abb. 2–15)* einen Porzellantiegel mit 20 g Marmor-Stückchen etwa 30 Minuten mit dem Teklu-Brenner: Nach dem Abkühlen stellt man eine Massenabnahme von 8,5 g fest. ◄

● **Auswertung:** Wegen $M_L\ \{CaCO_3\} = 100$ g und $M_L\{CaO\} = 56$ g beträgt der Massenverlust von 100 g Calciumcarbonat 44 g, von 20 g demnach 8,8 g (3,4 % Fehler).

Die Reaktion *Versuch 8/55* wird in der Technik als »Kalkbrennen« in großem Maßstab zur Gewinnung von Mörtel durchgeführt *(Abb. 8–11)*. Calciumoxid wird in diesem Zusammenhang »Branntkalk« genannt. Er wird zu den Baustellen transportiert, dort in großen Metallwannen mit Wasser übergossen (»gelöscht«) und mit Sand zu einem dicken Brei verrührt, dem fertigen Mörtel. Wir wollen die dabei ablaufenden Reaktionen untersuchen:

► **Versuch 8/56:** Zu einigen der im vorigen Versuch gewonnenen Calciumoxid-Stückchen (Uhrglas als Unterlage) läßt man aus einer Pipette etwas Wasser fließen: Die Flüssigkeit wird unter Zischen aufgenommen; die Temperatur steigt so hoch, daß ein Teil des Wassers verdampft. Die

Stückchen blähen sich auf und zerfallen zu einem trockenen (!) weißen Pulver. Der so hergestellte »Löschkalk« wird mit viel Wasser übergossen und die weiße Aufschlämmung, die »Kalkmilch«, filtriert. Das klare Filtrat prüft man mit Universalindikatorpapier: Blaufärbung. Man leitet durch das Filtrat Kohlendioxid: Weißer Niederschlag. ◀

● **Folgerung:** Das Filtrat der Kalkmilch ist Kalkwasser; der Löschkalk ist also Calciumhydroxid $\{Ca(OH)_2\}$:

Löschen mit wenig Wasser:

$$\{CaO\} + H_2O \rightarrow \{Ca(OH)_2\}$$

Löschen mit viel Wasser:

$$\{CaO\} + H_2O + \text{aqua} \rightarrow Ca^{2+}_{aq} + 2\,(OH)^{-}_{aq}$$

▶ **Versuch 8/57:** Man rührt den Rest des Branntkalks von *Versuch 8/55* mit soviel Wasser an, daß ein dicker Brei entsteht, dem man reichlich Sand beimengt. Man läßt einen Teil des so bereiteten Mörtels einige Tage an der Luft stehen: Die Masse wird allmählich hart und fest. Den anderen Teil läßt man nur antrocknen und füllt ihn dann in einen Erlenmeyerkolben mit seitlichem Ansatz. Die Öffnung wird durch einen Stopfen mit Gaseinleitungsrohr verschlossen. Leitet man Kohlendioxid ein, so erwärmt sich die Masse und die Glaswand beschlägt mit Wassertröpfchen. Man tropft etwas verdünnte Salzsäure auf die erhärtete Masse: Aufschäumen, Kohlendioxid-Entwicklung (Trübung von Kalkwasser). ◀

● **Folgerung:** Das Erhärten des Mörtels ist auf die Bildung von Calciumcarbonat zurückzuführen. Es entsteht im Mauerwerk durch Reaktion des Löschkalks, also des Calciumhydroxids, mit dem Kohlendioxid der Luft, wobei Wasser frei wird. Der Sand erhöht als Füllmaterial die Festigkeit des erhärteten Mörtels, ist also an der Reaktion nicht beteiligt:

$$\{Ca(OH)_2\} + CO_2 \rightarrow \{CaCO_3\} + H_2O$$

Frisch verputztes Mauerwerk ist daher immer feucht; ein Teil des Wassers wird von den porösen Ziegeln aufgesaugt. Zur schnelleren Erhärtung des Mörtels werden gelegentlich in Neubauten Koksöfen aufgestellt; man erhöht dadurch die Konzentration des Kohlendioxids und fördert die Verdunstung des Wassers.

Ergebnis: Beim Kalkbrennen dissoziiert Calciumcarbonat thermisch in Kohlendioxid und Calciumoxid. Beim Kalklöschen bindet das Oxid Wasser zu Calciumhydroxid. Beim Erhärten des Mörtels nimmt das Hydroxid wieder Kohlendioxid auf und gibt Wasser ab unter Zurückbildung des Calciumcarbonats.

Zusammenfassung: *Es gibt Molekül-Ionen des Kohlenstoffs, die Carbonat-Ionen $(CO_3)^{2-}$, in denen die Kohlenstoff-Atome die gleiche Oxidationsstufe +4 besitzen wie im Kohlendioxid, aus dem sie bei den Reaktionen des Gases mit Wasser oder Laugen entstehen. Die verhältnismäßig hohe Konzentration der Kohlensäure an hydratisierten Kohlendioxid-Molekülen bei nur geringer Konzentration an Wasserstoff- und Carbonat-Ionen macht den erfrischenden Geschmack von Mineralwässern, Limonaden, Sekt und Bier aus.*

Carbonat-Ionen bilden mit einwertigen Kationen Salze, die in Wasser löslich sind: Soda, Pottasche, Hirschhornsalz. Alle anderen Carbonate sind in Wasser unlöslich. Ein weiterer Unterschied zwischen beiden Carbonat-Gruppen besteht in ihrem Verhalten bei hohen Temperaturen: Alkalicarbonate sind beständig, Ammoniumcarbonat sublimiert (Backpulver), Erdalkali- und Schwermetallcarbonate zersetzen sich unter Kohlendioxid-Entwicklung zu Metalloxiden.

Die thermische Dissoziation des Calciumcarbonats (Kalk) war schon den Kulturvölkern der Antike bekannt. Seit dieser Zeit werden Stein- und Ziegelbauten mit Hilfe von Mörtel errichtet. Die Mörtelherstellung stellt eine Art Kreislauf des Kalks dar:

$$\text{Carbonat} \xrightarrow{-CO_2} \text{Oxid}$$

$$\text{Oxid} \xrightarrow{+H_2O} \text{Hydroxid}$$

$$\text{Hydroxid} \xrightarrow{+CO_2-H_2O} \text{Carbonat}$$

8.4.2 Ionen des Kohlenstoffs mit der Oxidationsstufe +2

Können wir eine Regel formulieren, daß Nichtmetalloxide Anhydride von Säuren sind? Wir kennen bis jetzt noch keine Ausnahme. Der Satz trifft jedenfalls für die Oxide des Schwefels *(8.2.1* und *8.2.2)*, des Phosphors *(8.3.2)* und für Kohlendioxid *(8.4.1)* zu. Dabei besitzen die Schwefel-, Phosphor- und Kohlenstoff-Atome in den Anhydriden die gleiche Oxidationsstufe wie in den zugehörigen Säuren.

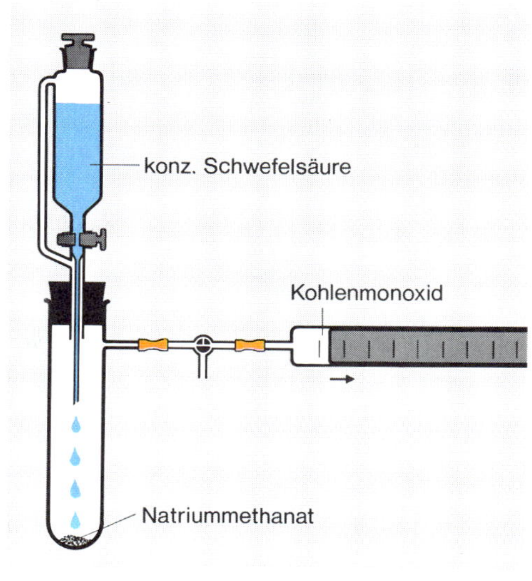

Abb. 8–12: Zu Versuch 8/58. Herstellung von Kohlenmonoxid als Anhydrid der Methansäure

Gibt es auch für Kohlenmonoxid CO eine zugehörige Säure, in der die Kohlenstoff-Atome die Oxidationsstufe +2 haben? Die Formel der Säure könnte etwa H_2CO_2 lauten.
Wenn wir die Frage experimentell entscheiden wollen, ergeben sich sofort Schwierigkeiten: Kohlenmonoxid ist kaum in Wasser löslich, und die wenigen in Lösung gegangenen Moleküle liegen nur in hydratisierter Form $(CO)_{aq}$ vor. Nun wissen wir von den anderen Säure-Anhydriden, daß sie sich in Laugen sehr viel besser lösen als in Wasser; statt der Säuren entstehen dann die entsprechenden Salzlösungen. Doch auch ein solcher Versuch führt bei Kohlenmonoxid zu keinem Resultat, wohl aber eine Anordnung, bei der das Gas unter einem Druck von 3 bis 4 bar und bei einer Temperatur von ca. 120° C über fein verteiltes Natriumhydroxid geleitet wird. Leider läßt sich der Versuch mit den Mitteln des Schullabors nicht durchführen. Wir gehen daher den umgekehrten Weg, indem wir das Reaktionsprodukt – es heißt **Natriummethanat** (Natriumformiat[1]) und ist im Handel erhältlich – auf seine Verwandtschaft zum Kohlenmonoxid hin untersuchen:

▶ **Versuch 8/58:** (Lehrerversuch) Ein weites Reagenzglas mit seitlichem Ansatz wird mit 0,2 g Natriummethanat beschickt und nach Verdrängung der Luft durch Stickstoff mit einem einfach

[1] formica (lat.), Ameise

gebrannter Kalk, gelöschter Kalk, Mörtel

durchbohrten Stopfen verschlossen. Durch seine Bohrung führt ein Tropftrichter (mit Druckausgleich), der mit konzentrierter Schwefelsäure gefüllt wird. Der seitliche Ansatz ist über einen Dreiwegehahn mit einem Kolbenprober verbunden *(Abb. 8–12)*. Man läßt die Säure zum Methanat tropfen (Abzug!). Die einsetzende Gasentwicklung fördert man durch Erwärmen des Reaktionsguts: Nach dem Abkühlen beträgt die Volumenzunahme im Kolbenprober 74 cm^3 (bei 22° C und 982 mbar). Man entfernt den Stopfen mit dem Tropftrichter und entzündet sofort das Gas im Entwicklungsgefäß, wobei das im Prober aufgefangene Gas hinzugefügt wird: Blaue Flamme; Kalkwassertropfen in einem über die Flamme gehaltenen Trichter werden getrübt. ◄

Methanat-Ionen

● **Deutung:** Das Reaktionsprodukt verbrennt zu Kohlendioxid; es ist – kenntlich an seiner blauen Flamme *(Versuch 5/10)* – Kohlenmonoxid.

Methansäure (Ameisensäure)

● **Auswertung:** Das auf Normalbedingungen reduzierte Volumen des Kohlenmonoxids beträgt 66,4 cm^3; es wird aus 0,2 g Natriummethanat freigesetzt.
1 mol Kohlenmonoxid-Moleküle (22400 cm^3) stammt dann aus (22400/66,4) · 0,2 g = 67,5 g Natriummethanat. Der Sollwert beträgt 68 g (0,7 % Fehler). Wie läßt sich diese Masse auf die einzelnen Atomsorten aufteilen? Wir ziehen zunächst M_L (CO) = 28 g ab und erhalten als Rest 40 g, in dem nicht mehr als 1 M_L (Na) = 23 g enthalten sein kann. Für die Differenz, 17 g, bleiben als Massen 1 M_L (O) = 16 g und 1 M_L (H) = 1 g. Die Formel des Natriummethanats ist dann $\{NaHCO_2\}$. Die Reaktionsgleichungen für die technische Darstellung des Natriummethanats und für seine Reaktion mit konzentrierter Schwefelsäure *(Versuch 8/58)* lauten dann:

$$\{NaOH\} + CO \longrightarrow \{NaHCO_2\}$$

$$2\{NaHCO_2\} + H_2SO_4 \longrightarrow 2CO + \{Na_2SO_4\} + 2H_2O$$

Beim Vergleich der Formel des Natriummethanats mit der oben postulierten Formel H_2CO_2 für die zum Kohlenmonoxid zugehörige Säure fällt auf, daß nur eines der beiden Wasserstoff-Atome durch ein Natrium-Atom ersetzt ist. Ist Natriummethanat überhaupt ein Salz, d.h. ein Ionengitter?

► **Versuch 8/59:** Man übergießt im Reagenzglas etwas Natriummethanat mit destilliertem Wasser: Die Substanz ist leicht löslich. Man prüft die Lösung mit dem Leitfähigkeitsmesser: Sie ist ein Elektrolyt. Man prüft die Lösung mit Universalindikatorpapier: Keine Rotfärbung. ◄

● **Folgerung:** Natriummethanat ist ein Salz. Seine Kationen können nur Natrium-Ionen sein; denn Wasserstoff-Ionen müßten durch den Indikator angezeigt werden. Die Anionen sind also Molekül-Ionen der Zusammensetzung $(HCO_2)^-$; sie heißen **Methanat-Ionen**.

$$\{NaHCO_2\} + aqua \longrightarrow Na^+_{aq} + (HCO_2)^-_{aq}$$

Die Berechnung der Oxidationsstufe der Kohlenstoff-Atome in den Methanat-Ionen liefert den Wert +2; dann ist nämlich
$1 \cdot (+1) + 1 \cdot (+2) + 2 \cdot (-2) = (-1)$.

Ergebnis: Methanat-Ionen haben die Zusammensetzung $(HCO_2)^-$. Die Kohlenstoff-Atome besitzen in ihnen die gleiche Oxidationsstufe +2 wie im Kohlenmonoxid.

► **Versuch 8/60:** Man rührt Natriummethanat mit verdünnter (!) Schwefelsäure in der Reibschale zu einem Brei an: Es verbreitet sich ein eigenartig stechender, säuerlicher Geruch. Hält man in den Dampf ein feuchtes Universalindikatorpapier, so schlägt die Farbe langsam nach rot um. ◄

● **Deutung:** Methanat-Ionen reagieren mit Wasserstoff-Ionen der verdünnten Säure zu H_2CO_2-Molekülen. Die Verbindung heißt **Methansäure** (Ameisensäure). Die Siedetemperatur liegt bei 100,5° C; auch bei gewöhnlicher Temperatur verdampft schon ein geringer Teil der Flüssigkeit (vgl. die Verdunstung des Wassers). Der Dampf riecht stechend. Er löst sich im Wasser des angefeuchteten Indikatorpapiers; beim Lösen entstehen Wasserstoff-Ionen.

Konzentrierte Methansäure wirkt ätzend auf die Haut und verursacht Schmerzen, zumal dann, wenn kleine Verletzungen der Haut vorhanden sind. Die Giftdrüsen der Ameisen und Bienen enthalten zu einem hohen Prozentsatz diese Säure. Auch die Nesselkapseln von Quallen, Seerosen und anderen Nesseltieren enthalten wie die Brennhaare der Brennesseln Methansäure.
Wir wollen noch einmal bestätigen, daß beim Lösen der konzentrierten Methansäure tatsächlich Methanat-Ionen der Zusammensetzung $(HCO_2)^-$ entstehen, daß also von den beiden Wasserstoff-Atomen der H_2CO_2-Moleküle nur eines als Ion abdissoziieren kann.

► **Versuch 8/61:** Man verwendet eine 24 %ige Methansäure, wie sie im Handel erhältlich ist. Mit einem Aräometer bestimmt man die Dichte zu 1,059 g · cm^{-3}. 10 cm^3 dieser Lösung werden durch 56 cm^3 einer 1 n-Lauge neutralisiert. ◄

● **Auswertung:** 10 cm^3 der 24 %igen Säure enthalten 10 · 1,059 · 0,24 g = 2,54 g H_2CO_2-Moleküle (M_L = 46 g), 2,54/46 mol = 0,055 mol. Sie verbrauchen 0,056 mol $(OH)^-$-Ionen, unter Vernachlässigung von 2 % Fehler also die gleiche Menge. Jedes Hydroxid-Ion neutralisiert nur ein Wasserstoff-Ion, d.h. von jedem H_2CO_2-Molekül dissoziiert nur 1 H^+-Ion ab.
Um die unterschiedliche Funktion der beiden Wasserstoff-Atome im Methansäure-Molekül zum Ausdruck zu bringen, schreibt man ihre Formel HCOOH. Die elektrolytische Dissoziation der Methansäure stellt sich dann folgendermaßen dar:

$$HCOOH + aqua \longrightarrow H^+_{aq} + (HCOO)^-_{aq}.$$

Ergebnis: Methansäure hat die Formel HCOOH. Die wäßrige Lösung enthält hydratisierte Wasserstoff- und Methanat-Ionen $(HCOO)^-_{aq}$.

Nun wollen wir noch einmal auf die anfangs gestellte Frage eingehen, ob man Kohlenmonoxid als Anhydrid der Methansäure auffassen kann, obwohl sich das Gas nicht in Wasser löst. Immerhin haben die Kohlenstoff-Atome in beiden Verbindungen die Oxidationsstufe +2. Vielleicht gelingt es, aus Methansäure-Molekülen Wasser-Moleküle zu eliminieren (abzuspalten); es müßte Kohlenmonoxid entstehen. Als wasserentziehendes Mittel kennen wir die konzentrierte Schwefelsäure (vgl. *Versuch 8/25*), die auch schon für die Methanat-Lösung im *Versuch 8/58* diesen Dienst geleistet hat.

► **Versuch 8/62:** (Lehrerversuch) Im Gasentwicklungsgerät läßt man aus dem Tropftrichter langsam konzentrierte Schwefelsäure zu konzentrierter Methansäure tropfen. Wenn man den Entwicklungskolben im Wasserbad auf ca. 50° C erwärmt, erhält man einen gleichmäßigen Gasstrom (Abzug!). Nachdem die Luft verdrängt ist (Knallgasprobe!), läßt sich das Gas entzünden. Es brennt mit blaßblauer Flamme. Man hält über die Flamme ein mit Kalkwasser ausgeschwenktes Becherglas: Trübung der Tropfen. ◄

● **Deutung:**

Das Gas ist Kohlenmonoxid:
$HCOOH \longrightarrow CO + H_2O$ (gebunden an H_2SO_4)

Diese Reaktion dient zur bequemen Darstellung von Kohlenmonoxid.

Zusammenfassung: *Es gibt Molekül-Ionen des Kohlenstoffs, die Methanat-Ionen, in denen seine Atome die gleiche Oxidationsstufe +2 wie im Kohlenmonoxid besitzen. Die Methanat-Ionen bilden mit Metall-Ionen Salzgitter, die Methanate (Formiate), und mit Wasserstoff-Ionen die Moleküle der Methansäure (Ameisensäure). Elimination von Wasser durch konzentrierte Schwefelsäure führt zum Anhydrid der Methansäure, dem Kohlenmonoxid.*
Die niedrigste Oxidationsstufe des Kohlenstoff-Atoms ist −4, z.B. im Methan, die höchste +4, z.B. im Kohlendioxid. Wir können statt dessen auch sagen: Kohlendioxid ist das höchste Oxidationsprodukt des Methans. In diesem Sinne können wir die Ameisensäure mit der Oxidationsstufe +2 des Kohlenstoff-Atoms als ein etwas niedrigeres Oxidationsprodukt des Methans auffassen. Man hat ihr aus diesem Grunde den Namen »Methan«-säure gegeben.

Wir werden im 11. Kapitel *Verbindungen kennenlernen, in denen die Kohlenstoff-Atome außer +2 noch andere Oxidationsstufen zwischen −4 und +4 annehmen können.*

Übungen

1. Welche experimentellen Befunde rechtfertigen es, die Lösung von Kohlendioxid in Wasser als Säure zu bezeichnen? Kann man dieser Säure die Formel H_2CO_3 geben? Begründe.
2. Gib Auskunft über die Löslichkeit von Carbonaten in Wasser. Wie weist man ein Salz als Carbonat nach? Reaktionsgleichung.
3. Erläutere die Reaktionen des Kalkbrennens, des Kalklöschens und der Mörtelhärtung.
4. Welche Säure-Anhydride kennst du? Gib die Reaktionsgleichungen für die Bildung der zugehörigen Säuren.
5. Wieviel Liter Kohlenmonoxid (i. N.) kann man aus 100 g Natriumformiat herstellen?

8.5 Komplex-Ionen

8.5.1 Dipol-Moleküle als Liganden

Beim Studium des Kristallwassers *(7.3.3)* haben wir erfahren, daß es Metall-Ionen gibt, die ihre in den wäßrigen Lösungen gebildeten Hydrat-Hüllen beim Kristallisationsprozeß mit in das Gitter hineinnehmen. Besitzt ein Kation ein verhältnismäßig starkes elektrisches Feld, bedingt durch seine hohe Ladung oder – bei geringer Ladung – durch seine besondere Kleinheit, so haften die polaren Wasser-Moleküle mit ihren negativen Ladungsschwerpunkten so fest, daß sie bei der Kristallisation nicht abgestoßen werden. Verallgemeinernd wollen wir festsetzen:

Definition: Ein Teilchen, das aus einem Kation und angelagerten polaren Molekülen zusammengesetzt ist, heißt **Komplex-Ion.** Das Kation nennt man **Zentral-Ion**, die angelagerten Moleküle **Liganden** und die Zahl der Liganden **Koordinationszahl.**

Als erstes Beispiel wählen wir Kupfervitriol $\{Cu(SO_4)(H_2O)_5\}$. Wir wissen, daß das kristallwasserfreie Kupfersulfat $\{Cu(SO_4)\}$ weiß ist, daß also die blaue Farbe des Vitriols durch die Wasser-Liganden bedingt sein muß, in Übereinstimmung mit der Beobachtung, daß alle wäßrigen Kupfer(II)-salz-Lösungen bei hinreichender Verdünnung blau gefärbt sind. Die frühere Schreibweise Cu^{2+}_{aq} ersetzen wir jetzt durch $[Cu(H_2O)_n]^{2+}$, wobei die eckige Klammer den Komplex-Charakter des Teilchens und der Index *n* die Koordinationszahl angeben soll.
Von der Formel des Vitriols her könnten wir vielleicht auf $n = 5$ schließen. Wir wollen das überprüfen.

▶ **Versuch 8/63:** (Lehrerversuch) Man verwendet eine Schliff-Apparatur, bestehend aus Kurzhals-Stehkolben, Spezialaufsatz *(Abb. 8–13)* und Dimroth-Kühler. In den oberen Teil des Spezialaufsatzes strömen durch ein weites Ansatzrohr die Dämpfe der im Kolben zum Sieden erhitzten Flüssigkeit; sie kondensieren im Kühler. Das Kondensat sammelt sich im unteren Teil des Spezialaufsatzes; ist es bis zur Höhe des Knies am dünnen Ansatzrohr gestiegen, dann fließt es nach dem Heber-Prinzip – bis die Höhe des seitlichen Ansatzes wieder erreicht ist – in den Destillierkolben zurück. Der unterste, verengte Teil des Spezialaufsatzes, der eine cm^3-Einteilung trägt, bleibt also mit dem Kondensat gefüllt. Man gibt in den Destillierkolben *a* g Kupfervitriol, übergießt es mit Toluol bis zur halben Füllung des Kolbens und bringt die Flüssigkeit zum Sieden: Im kalibrierten Teil des Spezialaufsatzes sammelt sich allmählich Wasser, darüber Toluol; letzteres fließt von Zeit zu Zeit in den Destillierkolben zurück. Wenn das Volumen des aufgefangenen Wassers konstant bleibt, erhält man *b* cm^3. Die Farbe des Kupfersalzes ist blaßblau. Beispiel: $a = 17{,}30$ g, $b = 4{,}95$ cm^3. ◀

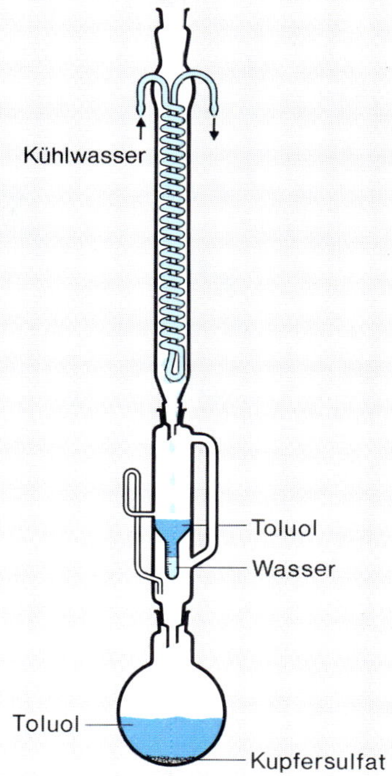

Abb. 8–13: Zu Versuch 8/63. Bestimmung der Anzahl der Wasser-Moleküle in der Hydrat-Hülle des Kupfer-Ions

Komplex-Ionen

Zentral-Ion, Liganden, Koordinationszahl

● **Auswertung:** Mit dem Toluoldampf ist Wasserdampf überdestilliert. Aus $M_L\{CuSO_4(H_2O)_5\} = 249{,}5$ g mögen auf diese Weise n mol Wasser-Moleküle frei werden; dann können wir ansetzen:

$$249{,}5\ g : 17{,}3\ g = 18\ n\ g : 4{,}95\ g,$$

woraus $n = 3{,}97$ folgt.

Wassermoleküle als Liganden in Komplex-Ionen

Das Ergebnis ist überraschend: Nur 4 mol Wasser-Moleküle (0,75% Versuchsfehler) werden aus dem Salzhydrat ausgetrieben, 1 mol Wasser-Moleküle bleibt im Gitter gebunden. Da der Rückstand nicht mehr die blaue Farbe der hydratisierten Kupfer-Ionen zeigt, können wir annehmen, daß all seine Liganden ausgetrieben worden sind. Die Zusammensetzung des Komplex-Ions wird dann durch die Formel $[Cu(H_2O)_4]^{2+}$ zum Ausdruck gebracht. Das fünfte Mol des Kristallwassers ist also fester im Gitter gebunden als die Liganden des Komplex-Ions und kann erst bei höherer Temperatur *(Versuch 2/28)* beseitigt werden. Wir können vermuten, daß sich dieser Teil des Kristallwassers auf das Sulfat-Ion bezieht.

Ergebnis: Die Koordinationszahl des Kupfer(II)-ions in seinem Aquo-Komplex ist vier. Im Kupfervitriol und in den blauen Kupfer(II)salz-Lösungen liegen $[Cu(H_2O)_4]^{2+}$-Ionen vor; sie heißen **Tetraquokupfer(II)-Ionen**.

Immer dann, wenn das Zentral-Ion verhältnismäßig klein oder hoch geladen ist, können wir auf ähnliche Weise wie in *Versuch 8/63* die Zahl der angelagerten Wasser-Liganden bestimmen. Beispiele:

Diaquosilber-Ion	$[Ag(H_2O)_2]^+$,
Triaquolithium-Ion	$[Li(H_2O)_3]^+$,
Tetraquokobalt(II)-Ion	$[Co(H_2O)_4]^{2+}$.
Hexaquoeisen(III)-Ion	$[Fe(H_2O)_6]^{3+}$,
Oktaquobarium-Ion	$[Ba(H_2O)_8]^{2+}$

Die häufigsten Koordinationszahlen sind 2, 4 und 6, etwas seltener 3 und 8.
Die polaren Liganden lagern sich mit ihren negativen Ladungsschwerpunkten an das positive Zentral-Ion an. Die nach außen gerichteten positiven Ladungsschwerpunkte stoßen sich elektrostatisch ab; wir können daher annehmen, daß die Liganden so weit wie möglich auseinanderrücken. Ein Komplex mit der Koordinationszahl 2 wäre danach linear gebaut. Bei der Koordinationszahl 3 besetzten die Liganden die Ecken eines gleichseitigen Dreiecks, in dessen Mittelpunkt das Zentral-Ion sitzt. Die Struktur eines Komplexes mit der Koordinationszahl 4 könnte quadratisch oder – noch wahrscheinlicher – tetraedrisch sein. Schließlich kommen für die Liganden-Plätze bei den Koordinationszahlen 6 und 8 die 6 Ecken eines Oktaeders bzw. die 8 Ecken eines Hexaeders (Würfels) in Frage, wobei das Zentral-Ion im Mittelpunkt des regelmäßigen Körpers sitzt.
Wir wissen bereits *(5.1.3, Seite 69)*, daß der Platz in einer Tetraeder-Lücke kleiner ist als in einer Oktaeder-Lücke und dieser wiederum kleiner als in einer Hexaeder-Lücke. Die Koordinationszahl 4 zeigt also ein kleineres Zentral-Ion oder größere Liganden an als z.B. die Koordinationszahl 8. Verallgemeinernd können wir schließen, daß für die Struktur eines Komplexes der Platzbedarf seines Zentral-Ions und der seiner Liganden, d.h. ihr Größenverhältnis von Bedeutung ist.

Ergebnis: Die Koordinationszahl eines Komplexes gibt Auskunft über die Anordnung der Liganden um das Zentral-Ion. Die häufigsten Strukturen sind Tetraeder und Oktaeder, zugehörig zu den Koordinationszahlen 4 und 6.

► **Versuch 8/64:** Man stellt eine blaue Kupfersulfat-Lösung her und gibt tropfenweise nicht zu verdünntes Ammoniakwasser hinzu: Ein zunächst gebildeter schleimiger, blauer Niederschlag löst sich zu einer klaren, tiefblauen Lösung wieder auf. – Gibt man zur Kupfersulfat-Lösung tropfenweise Natronlauge, entsteht der gleiche Niederschlag, der sich aber in überschüssiger Lauge nicht auflöst. ◄

Aus dem zweiten Teil des Versuchs können wir schließen, daß der blaue Niederschlag Kupferhydroxid ist (vgl. *9.1.3*). Auch Ammoniakwasser enthält Hydroxid-Ionen *(8.3.1)*, so daß der Niederschlag im ersten Teil des Versuches damit identifiziert ist. Überraschenderweise löst sich aber der Niederschlag in überschüssigem Ammoniakwasser wieder auf. Wir können also nicht die Hydroxid-Ionen dafür verantwortlich machen. Nun sind im Ammoniakwasser außer Hydroxid-Ionen und Ammonium-Ionen noch reichlich hydratisierte Ammoniak-Moleküle vorhanden *(Versuch 8/37)*:

► **Versuch 8/65:** Man gibt zu einer blauen Kupfersulfat-Lösung die Lösung eines Ammonium-Salzes, z.B. Ammoniumsulfat, hinzu: Keine Veränderung. Fügt man nun zum Gemisch beider Lösungen Natronlauge, so bildet sich vorübergehend der schleimige blaue Niederschlag und dann die dunkelblaue klare Lösung. ◄

● **Folgerung:** Der erste Teil des Versuches zeigt, daß wir Ammonium-Ionen als Reaktionspartner für die Entstehung der dunkelblauen Lösung ausschließen müssen. Es kommen also nur Ammoniak-Moleküle in Frage, die aus Ammonium- und Hydroxid-Ionen entstehen:

$$(NH_4)^+_{aq} + (OH)^-_{aq} \longrightarrow (NH_3)_{aq} + H_2O$$

Eine »klare« Lösung ist eine homogene Flüssigkeit, in der wir mit diskreten Teilchen, also Molekülen oder Ionen, rechnen können. Wir können mit großer Wahrscheinlichkeit annehmen, daß es sich um Komplex-Teilchen handelt mit Kupfer-Ionen als Zentral-Ionen und Ammoniak-Molekülen als Liganden. Diese »Amminkomplex-Ionen« wären dann für die tiefblaue Farbe der Lösung verantwortlich:

$$[Cu(H_2O)_4]^{2+} + n\,NH_3 \rightleftarrows [Cu(NH_3)_n]^{2+} + 4\,H_2O$$

Als Bestätigung der Vermutung könnten wir versuchen, aus den neuen Komplex-Ionen $[Cu(NH_3)_n]^{2+}$ und geeigneten Anionen ein Salz-Gitter herzustellen. Bei quantitativem Arbeiten könnten wir dann auch Auskunft über die Koordinationszahl dieser Komplex-Teilchen erhalten.

► **Versuch 8/66:** Man löst im Becherglas 25 g Kupfervitriol in 25 cm^3 Wasser und gibt aus einer Bürette soviel 25%iges Ammoniakwasser hinzu, daß sich der Niederschlag gerade auflöst: 29,6 cm^3. Die klare Lösung wird mit Ethanol überschichtet: Nach einigen Tagen haben sich an der Grenzschicht von Lösung und Ethanol schöne dunkelblaue Kristalle gebildet. Sie werden abfiltriert und mit Ethanol und Ether getrocknet. ◄

● **Auswertung:** Die 29,6 cm^3 des 25%igen Ammoniakwassers ($\varrho = 0{,}91\ g \cdot cm^{-3}$) enthalten $29{,}6 \cdot 0{,}91 \cdot 0{,}25\ g = 6{,}734\ g\ NH_3$, das sind $6{,}734/17\ mol = 0{,}4\ mol\ NH_3$-Moleküle. Diese Menge bezieht sich auf 25 g Kupfervitriol, d.i. $\frac{1}{10}$ des M_L-Wertes 249,5 g des Salzes. Auf 1 mol Cu^{2+}-Ionen kommen also 4 mol NH_3-Moleküle. In der tiefblauen Lösung handelt es sich um $[Cu(NH_3)_4]^{2+}$-Ionen, **Tetramminkupfer(II)-Ionen.** Diese Kationen sind neben Sulfat-Ionen Gitter-Bausteine der in *Versuch 8/66* hergestellten Kristalle.

► **Versuch 8/67:** (Lehrerversuch) In der Apparatur von *Versuch 8/63* werden die in *Versuch 8/66* gewonnenen Kristalle mit Toluol behandelt: Man nimmt am oberen Ende des Dimroth-Kühlers den Geruch nach Ammoniak wahr (bzw. Blaufärbung eines angefeuchteten Indikatorpapiers). Als Rückstand im Destillierkolben bleibt ähnlich wie in *Versuch 8/63* ein blaßblaues Kupfersalz. ◄

● **Folgerung:** Die Ammoniak-Liganden der Komplex-Ionen werden mit den Toluoldämpfen ausgetrieben. Der Rückstand ist der gleiche wie in *Versuch 8/63;* er enthält noch 1 mol Wasser-Moleküle, die sich auf die Sulfat-Ionen beziehen. Die Zusammensetzung der dunkelblauen Kristalle entspricht der Formel $\{Cu(NH_3)_4(H_2O)(SO_4)\}$.

Ergebnis: Es gibt Komplex-Ionen mit Ammoniak-Molekülen als Liganden, z.B. Tetramminkupfer(II)-Ionen mit der Koordinationszahl vier des Zentral-Ions.

Für die Stabilität der Aquo-Komplexe hatten wir die anziehenden Kräfte zwischen Zentral-Ion und den polaren H_2O-Liganden verantwortlich gemacht. Der Analogieschluß für die Ammin-Komplexe würde dann die Polarität der NH_3-Moleküle fordern. Wir kennen deutliche Hinweise dafür. Die extrem gute Löslichkeit des Ammoniaks in Wasser *(Versuch 3/22)* ist nur durch anziehende Kräfte zwischen H_2O- und NH_3-Molekülen verständlich, d.h. die polaren Moleküle beider Verbindungen lagern sich mit entgegengesetzten Ladungsschwerpunkten aneinander. Ferner sehen wir aus *Tab. 7–1, Seite 125,* daß Ammoniak im Vergleich zu Verbindungen mit annähernd gleicher Molekülmasse eine hohe Siedetemperatur hat: −34°C = 239 K, d.h. der Zusammenhalt von NH_3-Molekülen in der flüssigen Phase entspricht dem von anderen polaren Flüssigkeiten.
Aus der Polarität der Ammoniak-Moleküle können wir nun weiterhin die Existenz von Ammin-Komplexen für alle diejenigen Zentral-Ionen voraussagen, für die wir stabile Aquo-Komplexe kennen, das sind besonders die Kationen der Zwischengruppen-Elemente.

► **Versuch 8/68:** Man stellt eine wäßrige Lösung von Nickelnitrat $\{Ni(NO_3)_2(H_2O)_6\}$ oder Nickelvitriol $\{Ni(SO_4)(H_2O)_7\}$ her; die Lösungen sind grün. Man versetzt sie mit Ammoniakwasser im Überschuß: Ein zunächst sich bildender schleimiger grüner Niederschlag löst sich zu einer klaren blauen Lösung wieder auf. ◄

Aus dem Kristallwassergehalt der Nickelsalze können wir mit großer Wahrscheinlichkeit auf die Koordinationszahl 6 für die Nickel-Ionen schließen; quantitative Untersuchungen bestätigen das.

$$\underset{\text{grün}}{[Ni(H_2O)_6]^{2+}} + 6\,NH_3 \rightleftarrows \underset{\text{blau}}{[Ni(NH_3)_6]^{2+}} + 6\,H_2O$$

► **Versuch 8/69:** Man gibt zu einer Silbernitrat-Lösung tropfenweise Ammoniakwasser: Nach anfänglicher Bildung eines schmutzig-braunen Niederschlags entsteht eine klare farblose Lösung. – Man erzeugt aus einer Silbernitrat- und einer Chlorid-Lösung den Silberchlorid-Niederschlag, dekantiert ihn ab und übergießt ihn mit Ammoniakwasser: Es entsteht eine klare Lösung. ◄

$$[Ag(H_2O)_2]^+ + 2\,NH_3 \longrightarrow [Ag(NH_3)_2]^+ + 2\,H_2O$$

Silber-Ionen besitzen die Koordinationszahl 2.

Ergebnis: Polare Moleküle können als Liganden in Komplexe eintreten. Beispiele sind Aquo- und Ammin-Komplexe mit Cu^{2+}-, Ni^{2+}- und Ag^+-Ionen als Zentral-Ionen.

Zusammenfassung: *Wir haben eine neue Art von Ionen kennengelernt, die wir im Unterschied zu Atom- und Molekül-Ionen Komplex-Ionen nennen. Ein solches besteht aus einem Zentral-Ion, das oft das Kation eines Zwischengruppen-Metalls ist, und einer Anzahl von Liganden, die sich – von elektrischen Kräften gehalten – um das Zentral-Ion herum anordnen. Dabei entstehen je nach der Koordinationszahl lineare, dreiseitige, quadratische, tetraedrische, oktaedrische und andere Strukturen. Als Liganden fanden wir polare Moleküle wie die des Wassers oder des Ammoniaks.*

Ammoniak-Moleküle als Liganden in Komplex-Ionen

Aquo-Komplexe im weiteren Sinne sind alle hydratisierten Ionen, wie wir sie vom 7. Kapitel *ab in unseren Reaktionsgleichungen durch den Index* »aq« *kennzeichnen. Man wird aber nicht immer die Zahl der angelagerten Wasser-Moleküle stöchiometrisch angeben können; das gilt besonders für die meist großen Anionen mit ihrem schwachen elektrischen Feld oder für konzentrierte Lösungen mit Ionen in gemeinsamen Hydrat-Hüllen (Ionen-Schwärme). Von Aquo-Komplexen im engeren Sinne spricht man daher nur, wenn man die Koordinationszahl angeben kann; das gelingt verhältnismäßig leicht, wenn die Liganden als Kristallwasser in das Gitter der entsprechenden Salze mit hereingenommen werden.*
Im Hinblick auf die Erfahrung, daß schon die anziehenden Kräfte zwischen positiv geladenem Zentral-Ion und Molekülen mit elektrischem Dipol zur Komplex-Bildung ausreichen, können wir vermuten, daß es auch Komplexe mit negativ geladenen Liganden, also mit Anionen, geben wird.

8.5.2 Anionen als Liganden

► **Versuch 8/70:** Man stellt aus wäßrigen Lösungen von Kochsalz und Silbernitrat den Silberchlorid-Niederschlag her, dekantiert ihn ab und verteilt ihn auf zwei Reagenzgläser. Zum einen gibt man konzentrierte Salzsäure: Der Niederschlag löst sich auf. Im zweiten Glas kocht man ihn mit konzentrierter (!) Kochsalz-Lösung: Es entsteht ebenfalls eine klare Lösung. Man verdünnt eine der entstandenen Lösungen mit reichlich Wasser: Es entsteht ein weißer Niederschlag. ◄

● **Deutung:** Der Salzsäure und der Kochsalz-Lösung gemeinsam ist die hohe Konzentration von Chlorid-Ionen; nur diese können daher für die Auflösung des Silberchlorid-Niederschlags verantwortlich sein. Es bilden sich Komplex-Ionen mit Ag^+ als Zentral-Ion und Cl^--Liganden; die Koordinationszahl ist wieder 2:

$$\{AgCl\} + Cl^-_{aq} \rightleftarrows [AgCl_2]^- + \text{aqua}$$

Chlorid-Ionen als Liganden in Komplex-Ionen

Zur Deutung der Niederschlagsbildung beim Verdünnen der Komplex-Lösung mit Wasser müssen wir die Reaktionsgleichung von rechts nach links lesen.
Komplexe mit Chlorid-Ionen als Liganden werden durch die Vorsilbe »Chloro-« gekennzeichnet; im vorliegenden Fall spricht man also von Dichlorosilber-Ionen.
Im Gegensatz zu den im vorherigen Abschnitt behandelten Komplex-Ionen mit Molekül-Liganden besitzen Komplexe mit Anionen-Liganden eine andere Ladung als das Zentral-Ion. So ist das Dichlorosilber-Ion trotz des positiv geladenen Zentral-Ion negativ geladen. Man spricht daher beim Übergang vom Diaquo- zum Dichloro-Komplex von einer »Umladung«.

Ergebnis: Es gibt Komplexe mit positivem Zentral-Ion und negativen Liganden. Solche Komplex-Ionen besitzen im Gegensatz zu Komplexen mit Molekül-Liganden eine andere Ladung als das Zentral-Ion.

Änderung der Ladung des Komplex-Ions durch Ligandenaustausch

▶ **Versuch 8/71:** Man kocht im Reagenzglas Kupfer-Pulver zusammen mit schwarzem Kupferoxid in konzentrierter Salzsäure und gießt nach Absetzen des Ungelösten die überstehende Flüssigkeit in ein Becherglas mit Wasser: Auf dem Boden sammelt sich ein weißer Niederschlag. Man dekantiert die überstehende Flüssigkeit ab und verfährt mit einem Teil des Niederschlags, wie in *Versuch 8/70* beschrieben: Gleiche Beobachtungen wie dort. Den Rest des Niederschlags übergießt man mit Ammoniakwasser: Es entsteht zunächst eine klare farblose Lösung, die sich allmählich – an der Oberfläche beginnend – blau färbt. ◀

● **Deutung:** Der weiße Niederschlag ist Kupfer(I)-chlorid, das durch Symproportionierung aus elementarem Kupfer und Kupfer(II)-oxid entsteht:

$$\{\overset{0}{Cu}\} + \{\overset{+2}{Cu}O\} + 2\,(HCl)_{aq} \longrightarrow 2\{\overset{+1}{Cu}Cl\} + H_2O + aqua$$

Kupfer(I)-chlorid ist wie das homologe Silberchlorid weiß, in Wasser schwer löslich und bildet wie dieses mit überschüssigen Chlorid-Ionen einen Dichloro-Komplex:

$$\{CuCl\} + Cl^-_{aq} \rightleftarrows [CuCL_2]^- + aqua$$

Der letzte Teil des *Versuchs 8/71* zeigt eine weitere Analogie zum einwertigen Silber *(vgl. Versuch 8/69)*:

$$\{CuCl\} + 2\,(NH_3)_{aq} \longrightarrow [Cu(NH_3)_2]^+ + Cl^-_{aq}$$

Das Diamminkupfer(I)-Ion wird durch den Luftsauerstoff langsam zum blauen Tetramminkupfer(II)-Ion oxidiert:

$$2\,[\overset{+1}{Cu}(NH_3)_2]^+ + \tfrac{1}{2}\,\overset{0}{O}_2 + 2\,(NH_3)_{aq} + 2\,(NH_4)^+_{aq}$$
farblos
$$\longrightarrow 2\,[\overset{+2}{Cu}(NH_3)_4]^{2+} + H_2\overset{-2}{O} + aqua$$
blau

Ergebnis: Die Ähnlichkeit zwischen den in der gleichen Gruppe des Periodensystems stehenden Elementen Kupfer und Silber kommt in den Eigenschaften der Verbindungen mit der Oxidationsstufe +1 zum Ausdruck: Farbe, Löslichkeit und Komplex-Bildung.

Auch vom zweiwertigen Kupfer gibt es Chloro-Komplexe. Wir experimentieren mit dem türkisfarbenen Kupfer(II)-chlorid-dihydrat *(Versuch 7/40)*:

▶ **Versuch 8/72:** Man löst $\{CuCl_2(H_2O)_2\}$ in wenig Wasser: Die konzentrierte Lösung ist grün gefärbt. Man gibt tropfenweise Wasser hinzu und mißt dabei die Temperatur: Die Farbe schlägt nach blau um und die Temperatur steigt (z. B. von 25,2 °C auf 28,4 °C). Man teilt die blaue Lösung in drei Teile. Den ersten erwärmt man: Die Farbe der Lösung wird grün; beim Abkühlen unter fließendem Wasser stellt sich die blaue Farbe wieder ein. Zum zweiten Teil gibt man etwas konzentrierte Salzsäure oder konzentrierte Kochsalz-Lösung: Die Farbe ändert sich von blau über türkis, grün und gelbgrün nach gelb *(Abb. 8–14)*; beim Verdünnen mit Wasser beobachtet man den Farbwechsel in der umgekehrten Reihenfolge. Den dritten Teil überschichtet man mit absolutem Ethanol: Die Grenzschicht färbt sich grün, nach dem Durchschütteln auch die ganze Lösung. ◀

● **Deutung:** Es handelt sich um folgende Komplex-Ionen:

$$\underset{\text{blau}}{[Cu(H_2O)_4]^{2+}} \underset{H_2O+}{\overset{+Cl^-}{\rightleftarrows}} \underset{\text{türkis}}{[Cu(H_2O)_3Cl]^+} \underset{H_2O+}{\overset{+Cl^-}{\rightleftarrows}} \underset{\text{grün}}{[Cu(H_2O)_2Cl_2]} \underset{H_2O+}{\overset{+Cl^-}{\rightleftarrows}} \underset{\text{gelbgrün}}{[Cu(H_2O)Cl_3]^-} \underset{H_2O+}{\overset{+Cl^-}{\rightleftarrows}} \underset{\text{gelb}}{[CuCl_4]^{2-}}$$

Abb. 8–14: Zu Versuch 8/72. Farben von Aquo-Chloro-Komplexen der Cu^{2+}-Ionen

Der obere Pfeil im Reaktionsschema deutet jeweils die Farbänderung bei Zugabe von Chlorid-Ionen, der untere Pfeil den umgekehrten Verlauf, bei dem durch Zugabe von Wasser die Chlorid-Liganden wieder durch Wasser-Moleküle ersetzt werden. Die vollständige Reaktionsgleichung für den ersten Schritt lautet:

$$[Cu(H_2O)_4]^{2+} + Cl^- \rightleftarrows [Cu(H_2O)_3Cl]^+ + H_2O \quad \Delta H = +x\,kJ$$

Der Doppelpfeil soll nicht nur symbolisieren, daß die Reaktion in beiden Richtungen ablaufen kann, sondern daß in der Lösung beide Sorten Komplex-Ionen auch gleichzeitig vorhanden sein können, bei geringer Cl^--Konzentration mehr Tetraquo-Komplexe, bei höherer mehr gemischte Komplexe. Man spricht von einem **Gleichgewicht** zwischen beiden Ionen-Sorten.

Es ist denkbar, daß es sich um ein **statisches Gleichgewicht** handelt; dann würden keine Liganden mehr ausgetauscht werden, die Hin- wie die Rückreaktion wären zur Ruhe gekommen.

Es ist aber auch denkbar, daß im Sinne des oberen Pfeils fortwährend Wasser- durch Chlorid-Liganden ersetzt werden, daß aber auch im Sinne des unteren Pfeils fortwährend der umgekehrte Ligandenaustausch stattfindet. Wenn dann im zeitlichen Mittel ebensoviel Wasser-Moleküle durch Chlorid-Ionen ersetzt werden wie umgekehrt Chlorid-Ionen durch Wasser-Moleküle, würde die Konzentration der Lösung konstant bleiben, und es wäre nach außen nichts zu merken. Einen solchen Tatbestand nennt man **dynamisches** oder **kinetisches Gleichgewicht.**

Beispiele für dynamische Gleichgewichte kennen wir aus der Bevölkerungsstatistik. Es ist möglich, daß sich die Einwohnerzahl einer Stadt über mehrere Jahre nicht ändert, obwohl fortwährend Menschen sterben oder wegziehen, andererseits aber auch geboren werden oder zuwandern. Dieses ständige »Hin-und-Her« kann aus der konstanten Gesamtzahl nicht abgelesen werden. Man braucht aber nur die Listen des Standes- und Einwohnermeldeamts einzusehen, um dieses dynamische Gleichgewicht nachzuweisen. Die Entscheidung, ob ein chemisches Gleichgewicht statisch oder dynamisch ist, wird schwerer sein, weil die einzelnen Teilchen wegen ihrer Kleinheit nicht in ihrem Verhalten beobachtet werden können. Gibt es vielleicht andere Entscheidungshilfen?

Die dynamische Deutung des chemischen Gleichgewichts läßt Voraussagen zu: (1) Im Falle des Ligandenaustausches zwischen Wasser-Molekülen und Chlorid-Ionen (s. o.) begünstigt Energiezufuhr die endotherme Hin-Reaktion und verhindert die exotherme Rück-Reaktion in Übereinstimmung mit der Beobachtung, daß bei Erwärmung die Farbe von blau nach grün wechselt. (2) Zugabe von Chlorid-Ionen beschleunigt die Reaktion, der zufolge die Konzentration dieser Ionen herabgesetzt wird; das ist die Hin-Reaktion, bei der die Cl^--Ionen in den Komplex eingebaut werden, kenntlich am Entstehen der grünen Farbe. (3) Erhöhung der H_2O-Konzentration durch Verdünnen fördert die Rück-Reaktion, der zufolge die H_2O-Moleküle aus der Lösung beseitigt werden; die entstehenden Tetraquo-Komplexe geben der Lösung die blaue Farbe. (4) Durch das Überschichten der Lösung mit Ethanol werden in der Grenzschicht H_2O-Moleküle zum Hydratisieren der Ethanol-Moleküle dem Gleichgewicht entzogen. Dadurch wird die Rück-Reaktion verhindert und es läuft bevorzugt die Hin-Reaktion ab, durch die die H_2O-Moleküle wieder zur Verfügung gestellt werden; die entstehenden gemischten Komplex-Ionen färben die Grenzschicht grün.

Die Vorstellung über den dynamischen Charakter des chemischen Gleichgewichts erklärt uns also auf einleuchtende Weise die Änderungen der Gleichgewichtslage, die wir durch Temperatur- oder Konzentrationsänderungen »erzwingen«.

Ergebnis: Übt man auf ein chemisches Gleichgewicht durch Temperatur- oder Konzentrationsänderung einen Zwang aus, so weicht es in diejenige Richtung aus, durch die der Zwang verringert wird **(Prinzip vom Zwang,** LE CHATELIER, 1884[1]).

Die »Umladung« eines Kupfer(II)-Komplexes beim Austausch von Wasser durch Chlorid-Liganden läßt sich anhand der Farbigkeit der Ionen leicht nachweisen:

► **Versuch 8/73:** (Lehrerversuch, Abzug!) Man benutzt ein Ionenwanderungsgerät nach NERNST. Das ist ein U-Rohr, dessen mittlerer Teil über einen Glashahn mit einem Steigrohr in Verbindung steht *(Abb. 8–15)*. Man füllt bei geschlossenem Hahn in das U-Rohr Salzsäure und in das Steigrohr eine durch konzentrierte Salzsäure

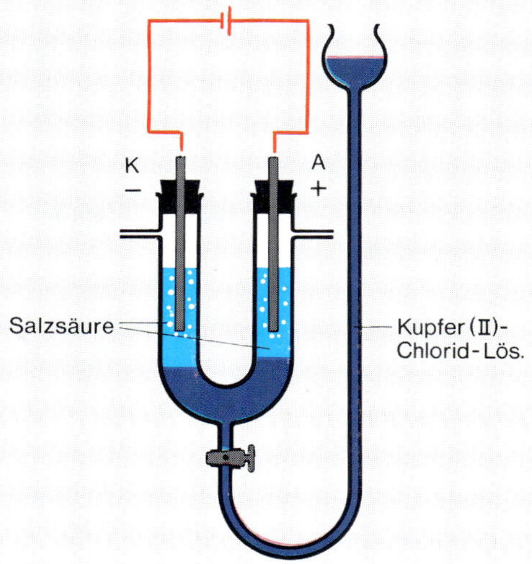

Abb. 8–15: Zu Versuch 8/73. Nachweis der negativen Ladung eines Anionen-Komplexes

grüngelb gefärbte Kupfer(II)-chlorid-Lösung. Beim Öffnen des Hahnes dringt die gefärbte Lösung in das U-Rohr und unterschichtet in beiden Schenkeln die farblose Salzsäure. Nach Schließen des Hahns markiert man in den Schenkeln die Höhe der farbigen Lösung, hängt Graphit-Elektroden ein und legt eine Gleichspannung an: Nach einiger Zeit hat sich die farbige Lösung in Richtung auf die Anode hin verschoben. ◄

Ergebnis: Kupfer(II)-Komplex-Ionen sind im Gegensatz zu Kupfer(I)-Komplex-Ionen farbig. Überwiegen die Wasser-Liganden, so beobachtet man blaue oder blaugrüne Farben und positive Ladungen; sind die Chlorid-Liganden in der Überzahl, so sind die Lösungen gelbgrün oder gelb gefärbt und die Ionen negativ umgeladen.

Sehr auffällige Farbunterschiede besitzen auch die Aquo- und Chloro-Komplexe des Kobalt(II)-Ions. Kristallwasserhaltige Salze des Kobalts sind rosa gefärbt, z. B. $\{CoCl_2(H_2O)_6\}$, $\{Co(NO_3)_2(H_2O)_6\}$ und $\{Co(SO_4)(H_2O)_7\}$. Gitter-Bausteine sind die Hexaquokobalt(II)-Ionen $[Co(H_2O)_6]^{2+}$. Sie geben den wäßrigen Lösungen die blaßrosa Farbe.

► **Versuch 8/74:** Man löst Kobalt(II)-chlorid in Wasser und gibt zu der rosafarbenen Lösung tropfenweise Salzsäure oder konz. Kochsalz-Lösung: Die Farbe schlägt nach blau um. Beim Ver-

Chemisches Gleichgewicht

Prinzip vom Zwang

[1] Henry LE CHATELIER, 1850–1936, Professor für Chemie in Paris

dünnen mit Wasser wird die Lösung wieder rosa. – Man dampft eine rosafarbene Kobalt(II)-chlorid-Lösung (ohne Zusatz von Chlorid-Ionen) ein: Die konzentrierte Lösung ist blau. – Man befeuchtet einen Pinsel mit der blaßrosa gefärbten, verdünnten Lösung und beschriftet mit ihr geleimtes Papier. Die eingetrocknete Schrift ist kaum zu erkennen. Hält man das so präparierte Papier vorsichtig über eine Flamme, so erscheint die Schrift in kräftig blauer Farbe. ◄

● **Deutung:** Beim Übergang vom rosafarbenen Aquo-Komplex zum blauen Chloro-Komplex ändert sich die Koordinationszahl von 6 auf 4 (größerer Platzbedarf der Chlorid-Ionen):

$$\underset{\text{rosa}}{[Co(H_2O)_6]^{2+}} + 4\,Cl^-_{aq} \rightleftarrows \underset{\text{blau}}{[CoCl_4]^{2-}} + 6H_2O + \text{aqua}$$

Durch Zugabe von Chlorid-Ionen oder durch Abdampfen des Wassers wird das Gleichgewicht nach der Seite des Chloro-Komplexes hin verlagert. Beim Eintrocknen einer verdünnten wäßrigen Lösung kristallisiert das kristallwasserhaltige Kobaltchlorid $\{Co(H_2O)_6Cl_2\}$ aus, das – in dünner Schicht aufgetragen – kaum erkennbar ist. Über der Flamme wird der Aquo-Komplex zerstört und es entsteht das blaue kristallwasserfreie Kobaltchlorid $\{CoCl_2\}$ (»sympathetische Tinte«).

► **Versuch 8/75:** Nickelsalz-Lösungen sind grün gefärbt. Gibt man Salzsäure oder konzentrierte Kochsalz-Lösung hinzu, so ändert sich die Farbe nach grüngelb. ◄

● **Deutung:**

$$\underset{\text{grün}}{[Ni(H_2O)_6]^{2+}} + 4\,Cl^-_{aq} \rightleftarrows \underset{\text{grüngelb}}{[NiCl_4]^{2-}} + 6H_2O + \text{aqua}$$

Ergebnis: In wäßrigen chloridhaltigen Lösungen stehen Aquo- und Chloro-Komplexe von Zentral-Ionen der Zwischengruppen-Elemente (Cu^{2+}, Co^{2+}, Ni^{2+} u.a.) miteinander und mit gemischten Aquochloro-Komplexen im Gleichgewicht. Die Ligandenaustausch-Gleichgewichte sind nach dem Prinzip vom Zwang manipulierbar; eine Verschiebung der Gleichgewichtslage macht sich in einer Änderung der Farbe bemerkbar.

Zusammenfassung: *Nachdem wir in 8.5.1 Komplex-Ionen mit Molekül-Liganden entdeckt hatten, lag es nahe, nach Komplexen mit Anionen-Liganden zu forschen. Den Verdacht, daß sich dafür Atom-Ionen wie Cl^- besser als Molekül-Ionen wie $(NO_3)^-$ eignen würden, konnten wir durch Herstellung der Chloro-Komplexe bestätigen. Als Zentral-Ionen fanden wir wieder die Ionen der Zwischengruppen-Metalle wie Ag^+, Cu^+, Cu^{2+}, Co^{2+} und Ni^{2+}.*

Die Chloro-Komplexe entstehen aus den Aquo-Komplexen durch Ligandenaustausch, der meist an einem Farbwechsel erkennbar ist. Zwischenstufen bilden die gemischten Aquochloro-Komplexe, die untereinander und mit den reinen Aquo- und Chloro-Komplexen in Gleichgewichten stehen. Der Einbau von Chlorid-Liganden bedeutet eine Ladungsänderung des Komplex-Teilchens.

Weiterhin haben wir uns Gedanken über die Natur des chemischen Gleichgewichts gemacht, ob es statisch oder dynamisch aufzufassen ist. Beides ist denkbar, wenn auch nicht beweisbar. Die dynamische Vorstellung setzt uns allerdings in die Lage, vorauszusagen oder zu erklären, wie bzw. warum sich die Lage eines Gleichgewichts bei Einwirkung eines Zwangs (Änderung der Temperatur oder der Konzentrationen) verschiebt. Mit dem Prinzip vom Zwang haben wir eine der Gesetzmäßigkeiten gefunden, die – wie die Gesetze von der Erhaltung der Energie und der Masse – in allen chemischen Vorgängen wirksam sind. Mit seiner Hilfe hat es der Chemiker weitgehend in der Hand, durch Wahl einer geeigneten Temperatur und durch Verwendung eines Reaktionspartners im Überschuß oder durch Beseitigen eines anderen eine Reaktion in die von ihm gewünschte Richtung zu lenken.

Übungen

1. Wie unterscheiden sich die Begriffe Atom-Ion, Molekül-Ion und Komplex-Ion? Gib jeweils Beispiele für Kationen und Anionen an. Wie würdest du das durch das Symbol Cu^{2+}_{aq} gekennzeichnete Ion einordnen?
2. Welche geometrische Bedeutung hat die Koordinationszahl 2, 3, 4, 6 oder 8 eines Zentral-Ions? Übertrage den Begriff Koordinationszahl auf die in *5.2* behandelten Gittertypen. Ein Zentral-Ion sitzt im Mittelpunkt einer trigonalen Bipyramide; welche Koordinationszahl kommt ihm zu?
3. Es gibt Kupfer(II)-Verbindungen mit weißer, blauer, tiefblauer und grüner Farbe. Welche Strukturen sind für diese Farbunterschiede verantwortlich?
4. Warum löst sich in einer gesättigten Lösung von Silberchlorid bei Zugabe von Ammoniakwasser der Bodenkörper?

9. Das Donator-Akzeptor-Prinzip

9.1 Protonenübergänge

9.1.1 Das Wasserstoff-Ion (Proton)

Wiederholt ist uns in den vergangenen Abschnitten aufgefallen, daß das Wasserstoff-Ion gegenüber allen anderen Atom-Ionen ein außergewöhnliches Verhalten zeigt. Zunächst ist schon auffällig, daß Wasserstoff das einzige Nichtmetall ist, von dem wir positive Atom-Ionen H^+ kennengelernt haben.
Die Metall-Kationen Na^+, Cu^{2+} usw. bilden mit Anionen Cl^-, $(SO_4)^{2-}$ usw. Salze, in denen diese Ionen als Gitter-Bausteine elektrostatisch gebunden sind. Merkwürdigerweise gibt es aber vom H^+-Ion keine Ionen-Gitter. Wenn wir versucht haben, durch Eindampfen von Säuren die hydratisierten Wasserstoff-Ionen mit den Säure-Anionen zu Ionen-Gittern zu vereinigen, haben wir undissoziierte Moleküle erhalten. Zum Beispiel:

$$\begin{array}{llll}
H^+_{aq} & + Cl^-_{aq} & \rightarrow HCl & + \text{aqua} \\
H^+_{aq} & + (OH)^-_{aq} & \rightarrow H_2O & + \text{aqua} \\
2\,H^+_{aq} & + (SO_4)^{2-}_{uq} & \rightarrow H_2SO_4 & + \text{aqua} \\
2\,H^+_{aq} & + (CO_3)^{2-}_{aq} & \rightarrow H_2O + CO_2 & + \text{aqua}
\end{array}$$

aber

$$\begin{array}{llll}
Na^+_{aq} & + Cl^-_{aq} & \rightarrow \{Na^+Cl^-\} & + \text{aqua} \\
K^+_{aq} & + (OH)^-_{aq} & \rightarrow \{K^+(OH)^-\} & + \text{aqua} \\
Ca^{2+}_{aq} & + (SO_4)^{2-}_{aq} & \rightarrow \{Ca^{2+}(SO_4)^{2-}\} & + \text{aqua} \\
Pb^{2+}_{aq} & + (CO_3)^{2-}_{aq} & \rightarrow \{Pb^{2+}(CO_3)^{2-}\} & + \text{aqua}
\end{array}$$

Dieser auffällige Unterschied gegenüber den Metall-Ionen berechtigt uns, von einer Sonderstellung des Wasserstoff-Ions zu sprechen; sie ist so kennzeichnend, daß dieses Ion einen besonderen Namen erhält; es heißt – wegen seiner Abstammung vom »ersten« Element des Periodensystems – **Proton**[1].

[1] protos (gr.), der erste

Ergebnis: Es gibt keine Salze oder andere Verbindungen, in denen das Wasserstoff-Ion als Gitter-Baustein oder isoliertes Teilchen nachgewiesen werden kann. Es erhält daher einen besonderen Namen: Proton.

Ehe wir uns Gedanken über den tieferen Grund des besonderen Verhaltens von Protonen machen können, müssen wir weiteres Tatsachenmaterial sammeln.
Wir erinnern uns, daß die Gase Ammoniak und Chlorwasserstoff unter Bildung eines Ionen-Gitters, des Ammoniumchlorids, miteinander reagieren *(Versuch 8/34)*:

$$\overset{H^+}{\overbrace{NH_3 + HCl}} \rightarrow \{NH_4^+Cl^-\}$$

Die Ionen können nur dadurch entstanden sein, daß das HCl-Molekül ein Proton an das NH_3-Molekül abgegeben hat.

Definition: Ein Teilchen, das ein Proton abgeben kann, heißt **Protonen-Donator,** ein Teilchen, das ein Proton aufnehmen kann, **Protonen-Akzeptor.**

In unserem Beispiel ist also das Chlorwasserstoff-Molekül der Protonen-Donator, das Ammoniak-Molekül der Protonen-Akzeptor.

► **Versuch 9/1:** Man leitet einen trockenen (!) Ammoniak-Strom (Abzug) in ein mit wasserfreier Ethansäure (Eisessig)[1] gefülltes weites Reagenzglas. In die Flüssigkeit tauchen außer dem Einleitungsrohr noch ein Thermometer und ein Leitfähigkeitsprüfer: Unter Temperatur-Erhöhung wächst die anfangs sehr geringe Leitfähigkeit beträchtlich. Bei längerem Einleiten kristallisiert ein Salz aus. – Man wiederholt den Versuch mit wasserfreier Methansäure (Ameisensäure) und mit konzentrierter Salpetersäure (Lehrerversuch!): Temperaturerhöhung und Auftreten von elektrischer Leitfähigkeit wie oben. ◄

[1] HAc mit $Ac^- = (CH_3COO)^-$

Besonderheiten des Wasserstoff-Ions

● **Deutung:** Die bei allen Versuchen auftretende Leitfähigkeit läßt auf das Entstehen von Ionen schließen. Als Anionen kommen nur die Ethanat-, Methanat- und Nitrat-Ionen in Frage, als Kationen die Ammonium-Ionen:

$$\overset{H^+}{\overbrace{NH_3 + HAc}} \rightarrow (NH_4)^+ + Ac^-$$

$$\overset{H^+}{\overbrace{NH_3 + HCOOH}} \rightarrow (NH_4)^+ + (HCOO)^-$$

$$\overset{H^+}{\overbrace{NH_3 + HNO_3}} \rightarrow (NH_4)^+ + (NO_3)^-$$

● **Folgerung:** Die Moleküle der Salpetersäure, der Methansäure und der Ethansäure sind Protonen-Donatoren.

Das Ammonium-Ion, das aus dem Ammoniak-Molekül durch Einfangen eines Protons entstanden ist, vermag vermutlich das Proton wieder abzugeben und auf diese Weise als Protonen-Donator zu fungieren.

Protonen-Donatoren, Protonen-Akzeptoren

► **Versuch 9/2:** Man verreibt im Mörser Ammoniumchlorid mit Calciumhydroxid: Es verbreitet sich intensiv der Geruch nach Ammoniak, das Gemisch wird feucht, die Temperatur steigt. – Man wiederholt den Versuch mit anderen Ammoniumsalzen und anderen festen Hydroxiden: Gleiche Beobachtungen. ◄

► **Versuch 9/3:** Man verreibt Ammoniumchlorid mit Natriumethanat (Natriumacetat): Geruch nach Ammoniak und Essig. ◄

● **Deutung:**

$$\overset{H^+}{\overbrace{(NH_4)^+ + (OH)^-}} \rightarrow NH_3 + H_2O$$
(aus Gittern)

$$\overset{H^+}{\overbrace{(NH_4)^+ + Ac^-}} \rightarrow NH_3 + HAc$$
(aus Gittern)

● **Folgerung:** Ammonium-Ionen sind Protonen-Donatoren, Hydroxid-Ionen und Ethanat-Ionen sind Protonen-Akzeptoren.

Unser erstes Beispiel gab uns Anlaß, mit dem Ammoniak-Molekül weiter zu experimentieren. Es liegt nahe, dann auch mit seinem Reaktionspartner, dem Protonen-Donator Chlorwasserstoff, weiterzuarbeiten. Wir könnten ihm z. B. das Hydroxid-Ion als Protonen-Akzeptor gegenüberstellen:

Protolysen

► **Versuch 9/4:** (Abzug!) Man leitet in einem Reaktionsrohr trockenen (!) Chlorwasserstoff über festes Natriumhydroxid: Die Substanz erwärmt sich, am Ende des Rohres bildet sich ein Beschlag von Wassertröpfchen. ◄

● **Deutung:**

$$\{Na^+ (OH)^-\} + HCl \xrightarrow{} \{Na^+ Cl^-\} + H_2O \quad (H^+ \text{ von HCl auf } OH^-)$$

Wie in *Versuch 9/2* fungiert das Hydroxid-Ion als Protonen-Akzeptor.

► **Versuch 9/5:** (Abzug!) In einem Reaktionsrohr aus schwerschmelzbarem Glas befindet sich auf einer Unterlage aus Asbestpapier Bariumoxid. Man leitet trockenen Chlorwasserstoff ein und erhitzt das Oxid bis zum Glühen: Die Reaktion läuft nun von allein exotherm weiter. An den kälteren Teilen des Rohres kondensiert Wasserdampf. Nach Beendigung löst man das Reaktionsprodukt in Wasser und weist in der Lösung Barium-Ionen mit Sulfat-Ionen und Chlorid-Ionen mit Silber-Ionen nach. – Man wiederholt den Versuch mit Quecksilberoxid und Chlorwasserstoff. Hier läuft die Reaktion sofort ohne Aktivierungsenergie exotherm ab. ◄

● **Deutung:**

$$\{BaO\} + 2\,HCl \longrightarrow \{BaCl_2\} + H_2O \quad (2H^+)$$

Das Bariumoxid ist ein Ionengitter, die Anionen sind Oxid-Ionen O^{2-}. Wir können die Reaktionsgleichung daher prägnanter schreiben:

Wassermoleküle sind Protonen-Donatoren.

$$\underset{\text{(aus Gitter)}}{O^{2-}} + 2\,HCl \longrightarrow \underset{\text{(in Gitter)}}{2\,Cl^-} + H_2O \quad (2H^+)$$

● **Folgerung:** Oxid-Ionen sind Protonen-Akzeptoren.

Wir sind ausgegangen von Wasserstoff-Ionen, wie sie hydratisiert in den sauer-reagierenden wäßrigen Lösungen vorliegen. Mit Absicht haben wir bisher bei den Versuchen dieses Abschnittes auf das Lösungsmittel Wasser verzichtet, um die Sonderstellung des Protons noch deutlicher zu machen. Es tritt nämlich bei chemischen Reaktionen nie als isoliertes Teilchen auf. Sofort, wenn es von einem Donator abgegeben ist, wird es von einem Akzeptor aufgenommen. Man nennt einen solchen »Protonen-Übergang« **Protolyse**.

Ergebnis: Als Protonen-Donatoren haben wir bisher Moleküle von Wasserstoff-Verbindungen (HCl, HNO_3, HAc, HCOOH) und Molekül-Kationen ($(NH_4)^+$) kennengelernt, als Protonen-Akzeptoren Anionen (O^{2-}, $(OH)^-$, Ac^-, $(HCOO)^-$) und neutrale Moleküle (NH_3).

Zusammenfassung: *Bei den Protolysen werden Protonen, das sind Wasserstoff-Ionen, von einem Donator an einen Akzeptor abgegeben. Das Proton unterscheidet sich damit von allen anderen Ionen, die sich unverändert zu Kollektiven, den Salzen (Ionengittern), zusammenfinden können.*
An den Beispielen des Ammoniak-Moleküls und des Ethanat-Ions bzw. des Ammonium-Ions und des Ethansäure-Moleküls haben wir gesehen, daß aus einem Akzeptor durch die Aufnahme eines Protons ein Donator wird. Dann sollte das Wasser-Molekül, das aus dem Hydroxid-Ion durch Protonen-Aufnahme entsteht (Versuche 9/3 und 9/4), *seinerseits als Protonen-Donator fungieren können.*

9.1.2 Protolysen mit Wasser

Wenn wir zeigen wollen, daß das Wasser-Molekül Protonen abgeben kann, müssen wir ihm Protonen-Akzeptoren zur Verfügung stellen. Als solche kennen wir bereits aus dem vorigen Abschnitt z. B. Ammoniak-Moleküle, Oxid-Ionen und Ethanat-Ionen (Acetat-Ionen).
Die Reaktion von Ammoniak mit Wasser ist uns bereits bekannt *(8.3.1, Seite 147)*; Ammoniakwasser ist eine Lauge:

$$NH_3 + H_2O + \text{aqua} \rightleftarrows (NH_4)^+_{aq} + (OH)^-_{aq} \quad (H^+)$$

Daß es sich hier um eine Gleichgewichtsreaktion handelt, schließen wir aus dem Umstand, daß die Reaktion auch in umgekehrter Richtung ablaufen kann *(Versuch 9/2)* und aus der Tatsache, daß die Hydroxid-Ionen-Konzentration im Ammoniakwasser verhältnismäßig gering ist *(Versuch 8/37)*.
Auch die Reaktion zwischen Wasser und Oxid-Ionen kennen wir bereits. Beim »Kalk-Löschen« wird Calciumoxid mit Wasser übergossen; je nach der Menge des verwendeten Wassers entsteht festes Calciumhydroxid $\{Ca(OH)_2\}$ oder Kalkwasser *(Versuch 8/56)*. Daß es sich dabei um eine typische Reaktion von wasserlöslichen Metalloxiden handelt, zeigt der folgende Versuch:

► **Versuch 9/6:** (Lehrerversuch) Man stellt aus 1 bis 2 mm dickem Aluminium-Blech eine Rinne mit aufgebogenen Rändern her und erhitzt in ihr von der Kruste befreite Lithium-Stückchen (Abzug): Das Alkali-Metall entzündet sich und brennt mit roter Flamme. Damit die Reaktion vollständig verläuft, schwenkt man das geschmolzene Metall zur Erzeugung einer möglichst großen Oberfläche in der Rinne hin und her. Nach Beendigung der Reaktion und Abkühlung kratzt man das weiße Reaktionsprodukt in ein Schälchen mit Wasser und prüft die Lösung mit Indikator-Papier: Alkalische Reaktion. ◄

● **Deutung:** Das Lithium verbrennt zu Lithiumoxid $\{Li_2O\}$. Bei dessen Reaktion mit Wasser entstehen wie beim Calciumoxid Hydroxid-Ionen:

$$\underset{\text{(aus Gitter)}}{O^{2-}} + H_2O + \text{aqua} \rightleftarrows \underbrace{(OH)^-_{aq} + (OH)^-_{aq}}_{2(OH)^-_{aq}} \quad (H^+)$$

Das Gleichgewicht dieser Reaktion liegt sehr weit auf der rechten Seite, so daß es in wäßrigen Lösungen keine Oxid-Ionen gibt.
Schließlich prüfen wir noch die Ethanat-Ionen (Acetat-Ionen), ob sie sich gegenüber Wassermolekülen als Protonen-Akzeptoren verhalten:

► **Versuch 9/7:** Man löst Natriumethanat (Natriumacetat) in Wasser und prüft die Lösung mit Universalindikator: Blaufärbung und Geruch nach Essig. ◄

● **Deutung:**

$$\overset{H^+}{\overbrace{Ac^- + H_2O}} + \text{aqua} \longrightarrow (HAc)_{aq} + (OH)^-_{aq}$$
(aus Gitter)

Ergebnis: Wasser-Moleküle sind Protonen-Donatoren. Sie können Protonen abgeben, wenn Protonen-Akzeptoren zur Verfügung stehen.

Wenn wir nach weiteren Protolysen suchen, an denen Wasser beteiligt ist, stoßen wir auf die Ionen, die wir für den sauren Charakter von Lösungen verantwortlich gemacht und mit H^+_{aq} bezeichnet haben.
Bei der Reaktion des Protonen-Donators HCl mit dem NH_3-Molekül wird das Proton nicht durch elektrostatische Kräfte festgehalten, sondern es wird vom Akzeptor chemisch gebunden; es entsteht das $(NH_4)^+$-Ion. Wenn wir also aus Chlorwasserstoff und Wasser Salzsäure herstellen, sollte auch in diesem Falle das vom HCl-Molekül gelieferte Proton nicht nur an ein H_2O-Molekül elektrostatisch angelagert werden; denn das würde – im Gegensatz zu allen anderen bisher gemachten Erfahrungen – noch eine gewisse isolierte Existenz des Protons bedeuten. Vielmehr müssen wir annehmen, daß das Proton auch in diesem Falle an ein Wasser-Molekül chemisch gebunden wird. Es würde dann ein Molekül-Ion der Formel $(H_3O)^+$ entstehen, das seinerseits in der wäßrigen Lösung von einer Hydrat-Hülle umgeben ist. In Analogie zum Namen »Ammonium-Ion« wird dieses $(H_3O)^+$-Ion **Hydronium-Ion**[1] genannt. Die Reaktionsgleichung für die Bildung der Salzsäure lautet dann:

$$\overset{H^+}{\overbrace{HCl + H_2O}} + \text{aqua} \longrightarrow Cl^-_{aq} + (H_3O)^+_{aq}\,.$$

[1] hydor (gr.), Wasser

Die bisher verwendete Schreibweise H^+_{aq} steht dazu nicht in Widerspruch; denn sie läßt offen, ob eines der Wasser-Moleküle aus der Hydrat-Hülle eine besondere Rolle spielt, bringt aber die charakteristische Eigenschaft des Teilchens, nämlich seine durch das Proton hervorgerufene positive Ladung zum Ausdruck. Wir werden daher in späteren Abschnitten diese bequemere Schreibweise H^+_{aq} doch wieder verwenden, auch wenn wir jetzt wissen, daß es sich um Hydronium-Ionen mit der Formel $(H_3O)^+_{aq}$ handelt.
Auch beim Lösen der anderen Halogenwasserstoffe Bromwasserstoff, Jodwasserstoff und des Schwefelwasserstoffs *(Versuch 7/10)* entstehen Hydronium-Ionen, ferner beim Verdünnen konzentrierter Schwefelsäure, konzentrierter Salpetersäure und konzentrierter Ethansäure (Eisessig):

► **Versuch 9/8:** Man prüft Eisessig (100%ige Ethansäure) mit Universalindikator: keine Rotfärbung. Haucht man aber gegen das mit der konzentrierten Säure benetzte Indikatorpapier oder gibt einen Tropfen Wasser darauf, so erhält man kräftige Rotfärbung. ◄

● **Deutung:**

$$\overset{H^+}{\overbrace{HAc + H_2O}} + \text{aqua} \longrightarrow Ac^-_{aq} + (H_3O)^+_{aq}$$

Wassermoleküle sind Protonen-Akzeptoren.

Ergebnis: Wasser-Moleküle sind Protonen-Akzeptoren. Sie nehmen ein Proton unter Bildung von Hydronium-Ionen $(H_3O)^+$ auf, wenn ein Protonen-Donator zur Verfügung steht.

So wie wir das Ammonium-Ion als Protonen-Donator nachgewiesen haben, sollte auch das Hydronium-Ion das Proton wieder abgeben können. Diese Fähigkeit bedingt gerade die Eigenschaften, die wir als typisch für Säuren kennengelernt haben, z. B. die Reaktion mit Metalloxiden *(Versuch 7/14):*

$$\overset{2H^+}{\overbrace{O^{2-} + 2\,(H_3O)^+}} \longrightarrow 3\,H_2O$$
(aus Gitter)

Diese Reaktionen bestätigen überdies die Eigenschaft des Oxid-Ions als Protonen-Akzeptor. Eine weitere typische Eigenschaft der Hydronium-Ionen wollen wir bei dieser Gelegenheit kennenlernen:

► **Versuch 9/9:** Man übergießt im Reagenzglas ein Stückchen Marmor mit Salzsäure: Das Gas, das sich sofort entwickelt, wird als Kohlendioxid nachgewiesen (mit Kalkwasser). – Man wiederholt den Versuch mit konzentrierter Schwefelsäure: Nur geringe Gasentwicklung. Man gießt die Säure mit den Marmorstückchen vorsichtig in ein kleines Becherglas mit Wasser: Stürmische Gasentwicklung. – Man bringt ein Stück Marmor in Eisessig; die Gasentwicklung setzt erst ein, wenn man Wasser zugibt. ◄

● **Folgerung:** Es handelt sich um eine Reaktion, die sowohl zum Nachweis von Säuren wie zum Nachweis von Carbonaten dienen kann:

$$\overset{2H^+}{\overbrace{2\,(H_3O)^+_{aq} + (CO_3)^{2-}}} \longrightarrow 3\,H_2O + CO_2$$
(aus Gitter)

Ein wichtiger Protonen-Akzeptor für die Hydronium-Ionen ist das Hydroxid-Ion. Wir haben diese Reaktion als Neutralisation von Säuren und Laugen (und umgekehrt) wiederholt ausgeführt: *(8.1.2):*

$$\overset{H^+}{\overbrace{(H_3O)^+_{aq} + (OH)^-_{aq}}} \longrightarrow 2\,H_2O + \text{aqua}$$

Ergebnis: In den für die Säuren typischen Reaktionen fungieren Hydronium-Ionen als Protonen-Donatoren.

Hydronium-Ionen

Daß auch die zur Neutralisation umgekehrte Reaktion ablaufen kann, wissen wir von der geringen Leitfähigkeit des destillierten Wassers *(Versuch 8/17):*

$$\overset{H^+}{\overbrace{H_2O + H_2O}} + \text{aqua} \longrightarrow (OH)^-_{aq} + (H_3O)^+_{aq}$$

In geringem Umfang können also Protonen zwischen den Wasser-Molekülen ausgetauscht werden. Es handelt sich dabei um ein typisches chemisches Gleichgewicht, dessen Lage sehr weit auf der undissoziierten Seite liegt. Wir stellen fest, daß in dieser Reaktion die Rolle des Wasser-Moleküls zum Ausdruck kommt, sowohl als Protonen-Donator wie als Protonen-Akzeptor zu fungieren. Man nennt ein Teilchen mit einer solchen doppelten Funktion **amphoter**[1].

amphoteres Verhalten

Ergebnis: Das Wasser-Molekül kann ein Proton abgeben, aber auch aufnehmen; es ist ein amphoteres Teilchen.

BRØNSTED-Säuren

BRØNSTED-Basen

Zusammenfassung: *Viele Reaktionen der Anfangs-Kapitel stellen sich nachträglich als Protolysen heraus. Durch Protonen-Aufnahme entstehen aus Wasser-Molekülen Hydronium-Ionen, die als Protonen-Donatoren die typischen Eigenschaften der Säuren bedingen. Durch Protonen-Abgabe entstehen aus Wasser-Molekülen Hydroxid-Ionen, die als Protonen-Akzeptoren die alkalischen Eigenschaften der Laugen bedingen. Die Doppel-Funktion des Wasser-Moleküls als Protonen-Akzeptor und -Donator kommt in der elektrischen Leitfähigkeit des destillierten Wassers zum Ausdruck; es enthält in geringer Konzentration Hydronium- und Hydroxid-Ionen, die durch Protonen-Übergang zwischen Wasser-Molekülen entstehen.*

Wie wir aus den Wiederholungen uns schon bekannter Reaktionen erfahren haben und durch das Studium der nächsten Abschnitte weiter sehen werden, sind Protolysen ein außerordentlich häufiger Reaktionstyp. Seine Bedeutung erkannt zu haben, ist das Verdienst von J. N. BRØNSTED[2]. *Man bezeichnet ihm zu Ehren auch die Protonen-Donatoren als* BRØNSTED-*Säuren, die Akzeptoren als* BRØNSTED-*Basen; er selbst sprach bei diesen Teilchen nur von »Säuren« und »Basen«. Eine Säure im Sinne von* BRØNSTED *ist aber etwas anderes als das, was wir im Anfangsunterricht Säuren genannt haben, nämlich Lösungen mit saurem Geschmack, mit der Fähigkeit zur Indikatorfärbung usw. Es sind dies Eigenschaften, die durch die spezielle* BRØNSTED-*Säure H_3O^+ bedingt sind. Man könnte daher den Säurebegriff nach* BRØNSTED *als eine Erweiterung des alten Säure-Begriffs ansehen. Das stimmt aber nicht ganz; denn der Name Säure, wie er von jeher und auch von uns gebraucht worden ist, bezeichnet einen realen Stoff, während eine Säure im Sinne von* BRØNSTED *eine Eigenschaft (Potenz) von Teilchen kennzeichnet, nämlich die Fähigkeit, Protonen abzugeben. Das Chlorwasserstoff-Molekül ist eine* BRØNSTED-*Säure; aber erst die wäßrige Lösung von Chlorwasserstoff, die Salzsäure, ist ein Stoff mit sauren Eigenschaften. Um diesen Verwechslungen aus dem Wege zu gehen, vermeiden wir den Namen* BRØNSTED-*Säure und sprechen unmißverständlich von Protonen-Donatoren. Für* BRØNSTED-*Basen benutzen wir entsprechend die Bezeichnung Protonen-Akzeptoren.*

Anionen saurer Salze

[1] amphi (gr.), rund herum
[2] Johannes Nicolaus BRØNSTED, 1879–1947, dänischer Chemiker in Kopenhagen

9.1.3 Stufenweise Protonen-Abgabe und -Aufnahme

Wir wissen, daß beim Verdünnen der konzentrierten Schwefelsäure die elektrische Leitfähigkeit der Lösung stark ansteigt *(Versuch 8/23)*. Die mit Hydronium-Ionen formulierte Reaktionsgleichung lautet:

$$H_2SO_4 + 2\,H_2O + \text{aqua} \xrightarrow{2H^+} (SO_4)^{2-}_{aq} + 2\,(H_3O)^+_{aq}$$

Das H_2SO_4-Molekül vermag also zwei Protonen abzugeben. Es erhebt sich dann die Frage, ob sie gleichzeitig oder nacheinander (stufenweise) abgespalten werden. Im zweiten Falle würde es $(HSO_4)^-$-Ionen geben, die vielleicht mit Metall-Ionen ein Salzgitter bilden könnten.

► **Versuch 9/10:** Man gießt 100 cm³ 1 n-Schwefelsäure mit 50 cm³ 1 n-Kalilauge zusammen und dampft in einer Porzellanschale bis zur beginnenden Kristallisation ein. Den Rest des Lösungsmittels läßt man abdunsten: Es kristallisiert ein weißes Salz aus. ◄

• **Deutung:** Bei den angegebenen Konzentrationen haben wir doppelt so viel Hydronium-Ionen als Hydroxid-Ionen in der Lösung. Wir können also annehmen, daß alle Hydroxid-Ionen neutralisiert werden. Das ergibt als Reaktionsgleichung:

$$K^+_{aq} + (OH)^-_{aq} + 2\,(H_3O)^+_{aq} + (SO_4)^{2-}_{aq} \longrightarrow \{KHSO_4\} + 3\,H_2O + \text{aqua}$$

Die Kationen im Salzgitter können nur die Kalium-Ionen sein, da die Protonen keine isolierten Gitter-Bausteine bilden. Als Anionen kommen dann nur $(HSO_4)^-$-Ionen in Frage. Sie heißen **Hydrogensulfat**-Ionen, das Salz ist Kaliumhydrogensulfat.

► **Versuch 9/11:** Man löst Kaliumhydrogensulfat in Wasser und prüft die Lösung mit Universalindikator: Rotfärbung. ◄

• **Deutung:**

$$(HSO_4)^-_{aq} + H_2O \xrightarrow{H^+} (SO_4)^{2-}_{aq} + (H_3O)^+_{aq}$$

► **Versuch 9/12:** Man verreibt im Mörser Kaliumhydrogensulfat mit Natriumethanat: Es verbreitet sich der Geruch nach Essig (Ethansäure). ◄

• **Deutung:**

$$\underset{\text{(aus Gitter)}}{(HSO_4)^-} + \underset{\text{(aus Gitter)}}{Ac^-} \xrightarrow{H^+} \underset{\text{(in Gitter)}}{(SO_4)^{2-}} + HAc$$

Folgerung: Hydrogensulfat-Ionen sind erwartungsgemäß Protonen-Donatoren.

Ergebnis: Beim Verdünnen konzentrierter Schwefelsäure werden die Protonen stufenweise abgegeben. Neben Hydronium-Ionen werden zunächst Hydrogensulfat-Ionen und bei weiterem Verdünnen Sulfat-Ionen gebildet.

Stufenweise Protonen-Abgabe können wir immer erwarten, wenn aus Wasserstoff-Verbindungen mehrfach geladene Anionen entstehen können, also z.B. beim Lösen von Schwefelwasserstoff und konz. Phosphorsäure in Wasser:

$$H_2S + H_2O + \text{aqua} \xrightarrow{H^+} (HS)^-_{aq} + (H_3O)^+_{aq}$$
$$(HS)^-_{aq} + H_2O + \text{aqua} \xrightarrow{H^+} S^{2-}_{aq} + (H_3O)^+_{aq}$$
$$H_3PO_4 + H_2O + \text{aqua} \xrightarrow{H^+} (H_2PO_4)^-_{aq} + (H_3O)^+_{aq}$$
$$(H_2PO_4)^-_{aq} + H_2O + \text{aqua} \xrightarrow{H^+} (HPO_4)^{2-}_{aq} + (H_3O)^+_{aq}$$
$$(HPO_4)^{2-}_{aq} + H_2O + \text{aqua} \xrightarrow{H^+} (PO_4)^{3-}_{aq} + (H_3O)^+_{aq}$$

Die Ionen heißen Hydrogensulfid-Ionen $(HS)^-$, Dihydrogenphosphat-Ionen $(H_2PO_4)^-$ und Monohydrogenphosphat-Ionen $(HPO_4)^{2-}$. Sie bilden mit Metall-Ionen Salze, deren Namen entsprechend gebildet werden.
Der stufenweise Protonen-Abgabe aus H_2SO_4-Molekülen entspricht eine stufenweise Protonen-Aufnahme durch doppelt negativ geladene $(SO_4)^{2-}$-Ionen.
Doppelt negativ geladen sind auch die Carbonat-Ionen $(CO_3)^{2-}$. Nehmen auch sie stufenweise Protonen auf?

▶ **Versuch 9/13:** Öffnet man eine Vorratsflasche mit Ammoniumcarbonat (Hirschhornsalz, *8.4.1)*, so nimmt man sehr deutlich den Geruch nach Ammoniak wahr, besonders dann, wenn das Salz in einer gut verschlossenen Flasche aufbewahrt worden ist. ◀

● **Deutung:** Ammonium-Ionen des Gitters müssen Protonen abgegeben haben; als Akzeptoren kennen wir schon die Carbonat-Ionen *(Versuch 9/9)*:

$$\{(NH_4)^+_2(CO_3)^{2-}\} \longrightarrow \{(NH_4)^+(HCO_3)^-\} + NH_3$$

● **Folgerung:** Ammoniumcarbonat wandelt sich bei längerem Stehen – besonders in offenen Gefäßen – in Ammoniumhydrogencarbonat um.

Wir wissen, daß die Carbonate mit doppelt geladenen Kationen, z. B. $\{Ca^{2+}(CO_3)^{2-}\}$, in Wasser unlöslich sind. Die Hydrogencarbonat-Ionen sind aber nur einfach negativ geladen. Die Gitter-Kräfte in einem Hydrogencarbonat dürften dann kleiner sein als in einem Carbonat:

▶ **Versuch 9/14:** Man leitet Kohlendioxid in Kalkwasser und fährt mit dem Einleiten des Gases auch nach der Bildung des Calciumcarbonat-Niederschlags fort: Es entsteht wieder eine völlig klare Lösung. Man bringt die klare Lösung in einem Becherglas zum Sieden: Es bildet sich ein weißer Niederschlag, den man mit Salzsäure als Calciumcarbonat nachweist *(Versuch 9/9)*. ◀

● **Deutung:**

$$\{Ca^{2+}(CO_3)^{2-}\} + CO_2 + H_2O + \text{aqua} \rightleftarrows Ca^{2+}_{aq} + 2\,(HCO_3)^-_{aq}$$

Der Versuch bestätigt die vermutete leichte Löslichkeit des Calciumhydrogencarbonats $\{Ca^{2+}(HCO_3)^-_2\}$. Durch Einleiten von Kohlendioxid verlagert sich nach dem Prinzip vom Zwang das Gleichgewicht auf die rechte Seite, durch Austreiben von Kohlendioxid und Wasserdampf (Sieden) auf die linke Seite.

▶ **Versuch 9/15:** Man stellt aus kristallisiertem Soda $\{Na_2CO_3(H_2O)_{10}\}$ *(8.4.1)* eine kalt gesättigte Lösung her und leitet längere Zeit einen Kohlendioxid-Strom hindurch: weiße Trübung bzw. Niederschlag. ◀

● **Deutung:** Das Salz ist Natriumhydrogencarbonat (»Natron«) $\{NaHCO_3\}$:

$$2\,Na^+_{aq} + (CO_3)^{2-}_{aq} + CO_2 + H_2O \longrightarrow 2\,\{Na^+(HCO_3)^-\} + \text{aqua}$$

Alle Gitter-Bausteine des Natriumhydrogencarbonats sind nur einfach geladen. Das Salz sollte daher leicht löslich sein, wovon wir uns sofort überzeugen können. Die Frage, warum in *Versuch 9/15* nicht $\{Na^+_2(CO_3)^{2-}\}$ mit seinen höher geladenen Anionen ausfällt, können wir dahin beantworten, daß die Carbonat-Ionen in der Lösung hydratisiert sind und daß daher als Konkurrenz für das Hydrogencarbonat nur das kristallwasserhaltige Carbonat $\{Na^+_2(CO_3)^{2-}(H_2O)_{10}\}$ in Frage kommt, dessen Gitter-Kräfte weitgehend durch die mitgeschleppten Hydrat-Hüllen abgeschwächt sind. Bei höherer Temperatur ($> 30°C$) allerdings ist die Hydrat-Hülle der Carbonat-Ionen soweit aufgelokkert, daß nun die kristallwasserfreie Soda $\{Na_2CO_3\}$ ausfällt.

▶ **Versuch 9/16:** Man füllt in ein weites Reagenzglas, an dessen seitlichem Ansatz ein Kolbenprober angeschlossen ist, ca 1 cm hoch Natriumhydrogencarbonat (Natron) und verschließt das Glas mit einem festsitzenden Stopfen. Man erhitzt die Substanz stark: An den kälteren Teilen der Apparatur bilden sich Wassertröpfchen; der Kolbenprober füllt sich mit einem Gas, das man mit Kalkwasser als Kohlendioxid nachweist. ◀

● **Deutung:** Thermische Dissoziation des Hydrogencarbonats:

$$2\,\{Na^+(HCO_3)^-\} \longrightarrow \{(Na^+)_2(CO_3)^{2-}\} + H_2O + CO_2$$

Wir können uns die Reaktion so erklären, daß das Hydrogencarbonat-Ion amphotere Eigenschaften besitzt, d. h. ein Proton aufnehmen oder abgeben kann:

$$(HCO_3)^- + (HCO_3)^- \xrightarrow{\;} (CO_3)^{2-} + H_2O + CO_2 \quad (H^+ \text{ wandert vom zweiten zum ersten } (HCO_3)^-)$$

Wir wissen von der Untersuchung der Kohlensäure *(Versuch 8/50)*, daß es unter gewöhnlichen Versuchsbedingungen keine undissoziierten H_2CO_3-Moleküle gibt. Wenn ein Hydrogencarbonat-Ion als Protonen-Akzeptor fungiert, bildet sich immer Kohlendioxid, das eventuell in Wasser gelöst bleibt:

▶ **Versuch 9/17:** Man löst Natriumcarbonat (Soda) in Wasser und prüft die Lösung mit Universalindikator: Blaufärbung. Man löst Natriumhydrogencarbonat (Natron) in Wasser und prüft die Lösung: Ebenfalls Blaufärbung. ◀

Hydrogen-carbonat-Ion

● **Deutung:**

$$(CO_3)^{2-}_{aq} + H_2O \longrightarrow (HCO_3)^-_{aq} + (OH)^-_{aq}$$

$$(HCO_3)^-_{aq} + H_2O \longrightarrow H_2O + (CO_2)_{aq} + (OH)^-_{aq}$$

(jeweils: H^+ wandert vom H_2O zum Anion)

Ergebnis: Carbonat-Ionen nehmen stufenweise Protonen auf. Es entstehen zunächst Hydrogencarbonat-Ionen und aus diesen bei weiterer Protonen-Aufnahme Kohlendioxid und Wasser.

Die Reaktion des *Versuchs 9/14* spielt in geologischer Hinsicht eine außerordentlich wichtige Rolle. Obwohl Calciumcarbonat in Wasser unlöslich ist, sind die Kalk-Gebirge von z. T. riesigen Schluchten und Höhlen durchzogen, die nur durch Einwirkung des Wassers entstanden sein können:

Wasserhärte

Regenwasser nimmt aus der Luft Kohlendioxid auf. Gelangt es beim Sickern durch das Erdreich auf Kalkschichten, so löst es den Kalk unter Hydrogencarbonat-Bildung auf. Beim Verdunsten des Lösungsmittels scheidet sich der Kalk wieder ab (z. B. als Stalagmiten und Stalaktiten in Tropfsteinhöhlen). Auch im Quellwasser können daher neben Hydrogencarbonat-Ionen Calcium-Ionen gelöst sein. Je nach der Konzentration spricht man von mehr oder weniger **hartem Wasser.**

Die Hydrogencarbonat-Härte (temporäre Härte) des Wassers läßt sich einfach durch Erhitzen beseitigen *(Versuch 9/14, 2. Teil)*. Die bleibende (permanente) Härte des Wassers ist durch Calcium- und Magnesium-Ionen bzw. durch Sulfat- und Chlorid-Ionen bedingt; sie läßt sich durch Ausfällung der Kationen mit Hilfe von Carbonat-Ionen (Soda als »Einweichmittel«) beseitigen.

Die Reaktionen *in Versuch 9/15 und Versuch 9/16* sind von großer technischer Bedeutung. Soda wird in riesigen Mengen zur Herstellung von Waschmitteln und Glas, aber auch in vielen anderen Zweigen der chemischen Großindustrie gebraucht. Ausgangsstoffe müssen billige, in der Natur reichlich vorkommende Mineralien sein. Bei der Soda-Herstellung nach dem SOLVAY-Verfah-

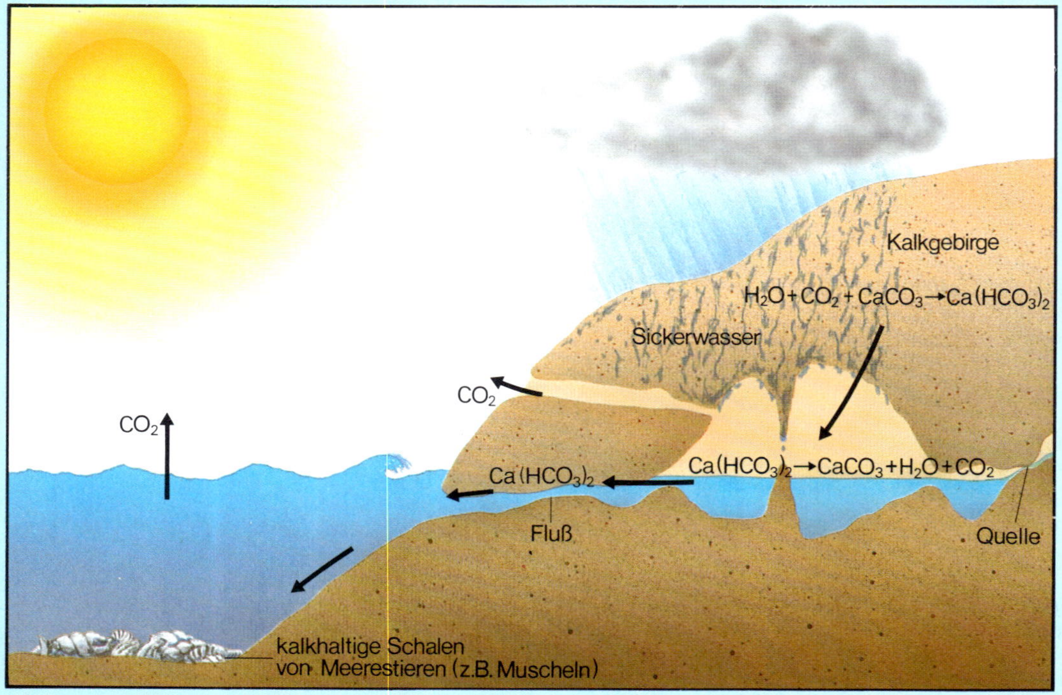

Kreislauf des Kalks in der Natur

Wassertropfen lösen beim Herabregnen Kohlendioxid aus der Luft (unteres Bild). Beim Durchsickern durch Kalkgestein löst das CO_2-haltige Regenwasser etwas Calciumcarbonat unter Bildung von leicht löslichem Calciumhydrogencarbonat, das die »Härte« des Grund- und Quellwassers ausmacht. Von den Flüssen ins Meer geschwemmt, wird das Calciumhydrogencarbonat von Meerestieren (Muscheln, Korallen usw.) zu Kalk-Schalen und -Gerüsten umgewandelt, wobei das frei werdende Kohlendioxid zusammen mit Wasserdampf unter dem Einfluß der Sonnenstrahlung aus der Meeresoberfläche wieder an die Luft entweicht. Aus den Panzern und Schalen der absterbenden Meerestiere bilden sich in geologischen Zeiten Kalk-Sedimentgesteine und aus diesen durch Auffaltung der Schichten Kalk-Gebirge.

Ein etwas schnellerer Kreislauf des Kalks findet in den Tropfsteinhöhlen statt (oberes Bild). Das CO_2-haltige Regenwasser löst Kalk. Beim Herabtropfen aus Gesteinsspalten verdunstet in den Höhlen ein Teil des Wassers, wodurch Kohlendioxid frei wird und Calciumcarbonat abgeschieden wird. Letzteres bildet allmählich die von der Höhlendecke herabhängenden Stalaktiten (spitze Enden) und die vom Boden entgegenwachsenden Stalagmiten (stumpfe Enden).

Abb. 9–1: Fließdiagramm zum SOLVAY-Verfahren. **A.** Thermische Dissoziation von Kalk. **B.** Lösen von Steinsalz. **C.** Einleiten von Ammoniak und Kohlendioxid in die gesättigte Salzlösung, Ausfällen von Natriumhydrogencarbonat. **D.** Zurückgewinnung des Ammoniaks durch Eintragen von gebranntem Kalk in die Ammoniakchlorid-Lösung. **E.** Thermische Dissoziation des Natriumhydrogencarbonats. **F.** Eindampfen der Calciumchlorid-Lösung

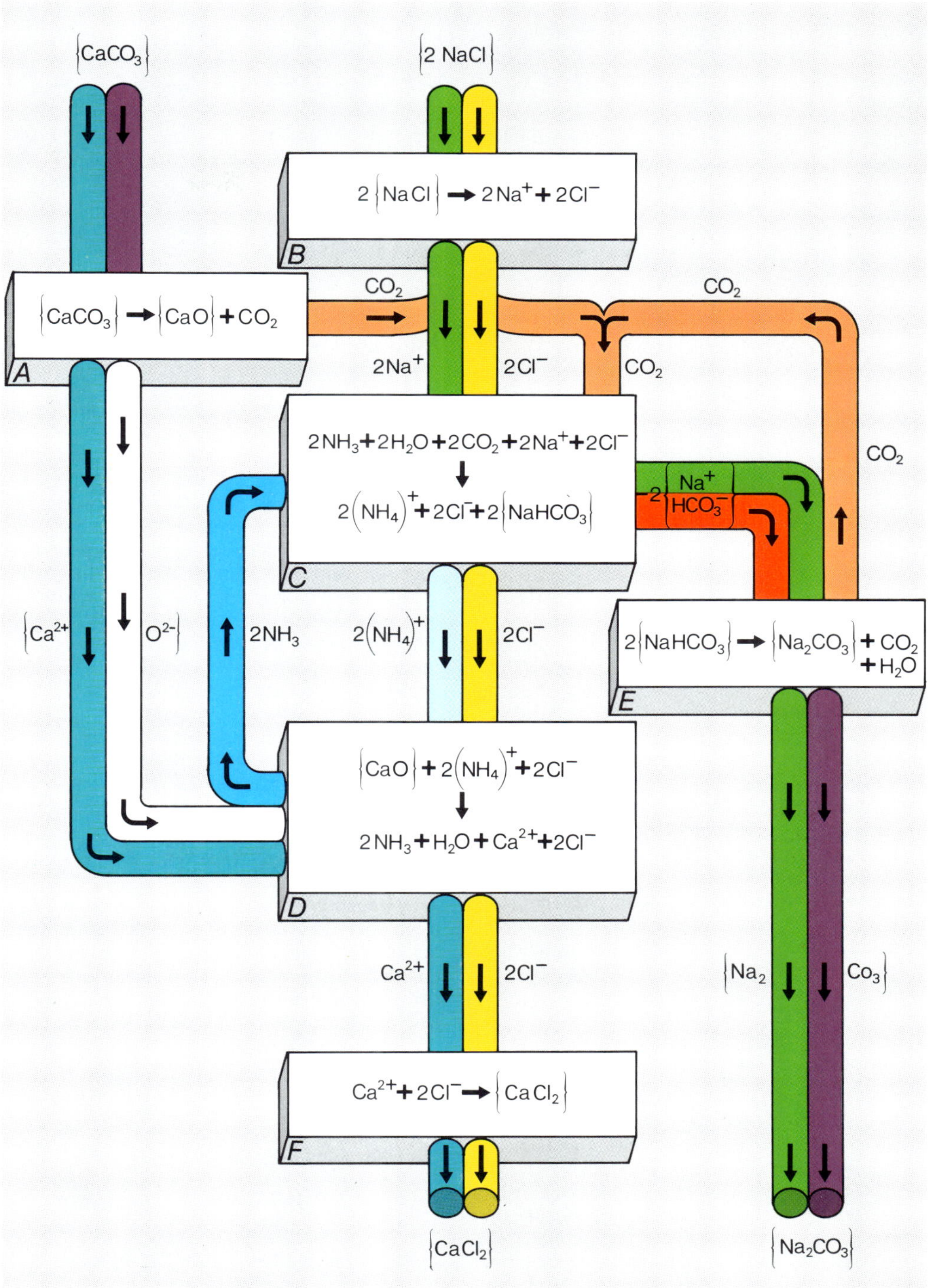

E. SOLVAY

ren[1] geht man von Natriumchlorid (Steinsalz) und Kohlendioxid (durch Brennen von Kalk erzeugt) aus. Man leitet Kohlendioxid gleichzeitig mit Ammoniak in eine gesättigte Kochsalz-Lösung *(Abb. 9–1)*; diese enthält dann die Ionen $(NH_4)^+_{aq}$, $(HCO_3)^-_{aq}$, Na^+_{aq} und Cl^-_{aq}. Von den möglichen Ionen-Gittern ist das des Natriumhydrogencarbonats das am schwersten lösliche und fällt aus. Durch trockenes Erhitzen des Natriumhydrogencarbonats entsteht die Soda, wobei die Hälfte des aufgewandten Kohlendioxids zurückgewonnen und wieder in den Prozeß eingeschleust wird. Aus der übrig bleibenden Ammoniumchlorid-Lösung wird durch Zusetzen von gebranntem Kalk (der bei der Kohlendioxid-Erzeugung anfällt) auch das Ammoniak zurückgewonnen. Im Endeffekt entstehen aus den billigen Rohstoffen Steinsalz und Kalk die wertvolle Soda und nicht verwertbares Calciumchlorid.

Ein weiteres wichtiges Anion, das stufenweise Protonen aufnehmen kann, ist das Sulfit-Ion $(SO_3)^{2-}$:

▶ **Versuch 9/18:** Man löst Natriumsulfit in Wasser und prüft die Lösung mit Universalindikator: Blaufärbung. ◀

● **Deutung:**

$$(SO_3)^{2-}_{aq} + H_2O \xrightarrow{H^+} (HSO_3)^-_{aq} + (OH)^-_{aq}$$

▶ **Versuch 9/19:** (Abzug!) Im Gasentwicklungsgerät (Schliffgerät aus Tropftrichter mit Druck-

[1] Ernest SOLVAY, 1838–1922, belgischer Chemiker und Industrieller. Neben der Entwicklung des »SOLVAY-Verfahrens« zur großtechnischen Sodaherstellung wurde SOLVAY bekannt durch Organisation und Finanzierung der sogenannten »SOLVAY-Kongresse« zu Beginn dieses Jahrhunderts, auf denen die führenden Naturwissenschaftler aus aller Welt die neuesten Forschungsergebnisse diskutierten.

ausgleich und Erlenmeyer-Kolben mit seitlichem Ansatz) läßt man konzentrierte Schwefelsäure zu einer konzentrierten Natriumhydrogensulfit-Lösung tropfen: Man erhält einen gleichmäßigen Strom von Schwefeldioxid: ◀

$$\overbrace{(HSO_3)^-_{aq} + H_2SO_4}^{H^+} \rightarrow H_2O + SO_2 + (HSO_4)^-_{aq}$$

Ergebnis: Sulfit-Ionen nehmen stufenweise Protonen auf. Es entstehen zunächst Hydrogensulfit-Ionen und aus diesen bei weiterer Protonen-Aufnahme Schwefeldioxid und Wasser.

► **Versuch 9/20:** Man löst die amethystfarbenen Salze Eisenalaun $\{Fe(NH_4)(SO_4)_2(H_2O)_{12}\}$ und Eisen(III)-nitrat $\{Fe(NO_3)_3(H_2O)_6\}$ in Wasser: Die Lösungen sind gelb gefärbt und färben Universalindikator rot. Man gibt zu einem Teil der Lösungen verdünnte Schwefelsäure: Je nach Konzentration tritt Aufhellung oder völliges Verschwinden der gelben Farbe ein. Man löst die Salze in verdünnter Schwefelsäure: Keine oder nur sehr geringe Gelbfärbung. ◀

Aquo-Komplexe sind Protonen-Donatoren.

● **Deutung:** (a) Die Fe^{3+}-Ionen sind bereits im Gitter der Salze hydratisiert; die Koordinationszahl ist 6 (Kristallwasser im Nitrat). Die Gitter-Bausteine sind $[Fe^{3+}(H_2O)_6]^{3+}$, Hexaquoeisen(III)-Ionen. Sie sind es, die den Salzen die blaßviolette Amethyst-Farbe geben.
(b) Aus der gelben Farbe der Lösungen müssen wir schließen, daß hier andere Komplex-Ionen als im Gitter vorliegen. Die Lösungsmittel-Moleküle fungieren als Protonen-Akzeptoren; denn aus ihnen entstehen Hydronium-Ionen (Indikator-Reaktion). Als Donatoren kommen nur die Komplex-Ionen des Gitters in Frage; denn die Sulfat-Ionen besitzen keine Protonen, und im Eisen(III)-nitrat-Gitter gibt es keine Ammonium-Ionen. In den Komplex-Ionen selbst sind aber nur die Wasser-Liganden imstande, Protonen abzuspalten. Das führt zu dem Ansatz:

$$\overbrace{\underset{\text{amethyst}}{[Fe^{3+}(H_2O)_6]^{3+}} + H_2O}^{H^+} \rightleftarrows \underset{\text{gelb}}{[Fe^{3+}(H_2O)_5(OH)^-]^{2+}} + (H_3O)^+$$

Für die gelbe Farbe der wäßrigen Lösung sind nach dieser Deutung gemischte Aquohydroxo-Komplexe des Fe^{3+}-Ions verantwortlich.
(c) Durch Zugabe von Hydronium-Ionen müßte das Gleichgewicht nach links verschoben werden, in Übereinstimmung mit der Beobachtung, daß beim Ansäuren die gelbe Farbe verschwindet bzw. daß beim Lösen in verdünnter Schwefelsäure die gemischten Komplex-Ionen nur in sehr geringer Konzentration entstehen.

Wir erkennen bei dieser Reaktion wieder den amphoteren Charakter der Wasser-Moleküle. Die H_2O-Liganden des Komplexes fungieren als Protonen-Donatoren. Ihre Bereitschaft, Protonen abzugeben, wird noch durch die stark abstoßende Wirkung des dreifach positiv geladenen Zentral-Ions auf die Protonen verstärkt. Das ist aber nur möglich, wenn irgendwelche Protonen-Akzeptoren zur Verfügung stehen. Im Gitter sind keine vorhanden; beim Lösen stehen die H_2O-Moleküle des Lösungsmittels zur Verfügung.
Demnach müßte es möglich sein, durch Anbieten anderer, eventuell stärkerer Akzeptoren ebenfalls die Aquo-Komplex-Ionen zur Protonen-Abgabe zu zwingen, beobachtbar als Übergang von blaßvioletter zu gelber bzw. brauner Farbe:

► **Versuch 9/21:** Man zerreibt im Mörser Eisenalaun oder Eisen(III)-nitrat mit Soda: Das zunächst trockene und blasse Gemisch wird schnell feucht und gelb, bis schließlich ein dunkelbrauner, dünner Kristallbrei entsteht, aus dem Gasblasen aufsteigen *(Abb. 9–2)*. ◀

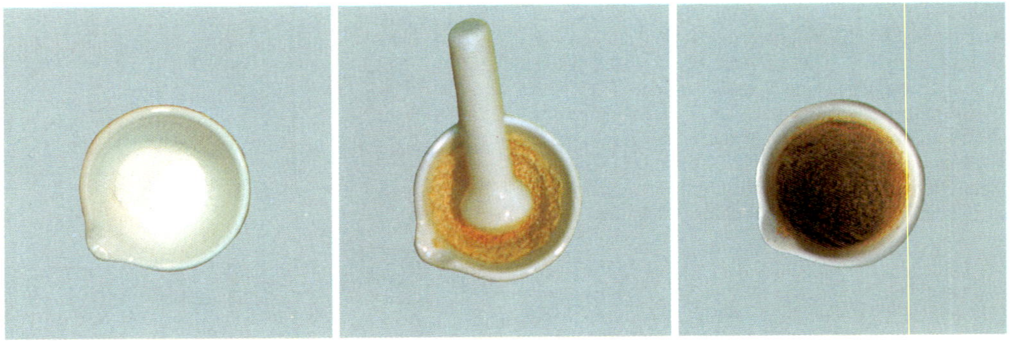

Abb. 9–2: Zu Versuch 9/21. Protonen-Übergang zwischen Feststoffen

● **Deutung:**

$$\overbrace{\underset{\text{amethyst}}{[Fe^{3+}(H_2O)_6]^{3+}} + \underset{\text{(aus Gitter)}}{(CO_3)^{2-}}}^{H^+}$$

$$\rightleftarrows \overbrace{\underset{\text{gelb}}{[Fe^{3+}(H_2O)_5(OH)^-]^{2+}} + (HCO_3)^-}^{H^+}$$

$$\rightleftarrows \underset{\text{braun}}{[Fe^{3+}(H_2O)_4(OH)_2^-]^+} + H_2O + CO_2$$

Die Leichtigkeit, mit der Protonen aus den Aquo-Komplexen abgegeben werden können, hängt also von der Stärke des vorhandenen Protonen-Akzeptors ebenso wie von der Stärke der Ladung des Zentral-Ions ab. Es müßten dann wäßrige Lösungen von Salzen mit Al^{3+}- oder Cr^{3+}-Ionen ebenfalls sauer reagieren:

► **Versuch 9/22:** Man löst Kaliumaluminiumalaun $\{K^+Al^{3+}(SO_4)_2^{2-}(H_2O)_{12}\}$ und Kaliumchromalaun $\{K^+Cr^{3+}(SO_4)_2^{2-}(H_2O)_{12}\}$ in Wasser und prüft die Lösungen mit Universalindikator: Starke Rotfärbungen. Die Lösung des violetten Chromalauns ist – besonders nach Erwärmen – grün gefärbt. ◀

● **Deutung:**

$$[Al^{3+}(H_2O)_6]^{3+} + H_2O \rightleftarrows [Al^{3+}(H_2O)_5(OH)^-]^{2+} + (H_3O)^+$$

$$[Al^{3+}(H_2O)_5(OH)^-]^{2+} + H_2O \rightleftarrows [Al^{3+}(H_2O)_4(OH)_2^-] + (H_3O)^+$$

$$\underset{\text{violett}}{[Cr^{3+}(H_2O)_6]^{3+}} + H_2O \rightleftarrows [Cr^{3+}(H_2O)_5(OH)^-]^{2+} + (H_3O)^+$$

$$[Cr^{3+}(H_2O)_5(OH)^-]^{2+} + H_2O \rightleftarrows \underset{\text{grün}}{[Cr^{3+}(H_2O)_4(OH)_2^-]^+} + (H_3O)^+$$

► **Versuch 9/23:** Man löst je eine Spatelspitze Kupfervitriol, Nickelvitriol, Zinkvitriol und Silbernitrat in Wasser und prüft die Lösungen mit Universalindikator: Schwach saure Reaktionen. ◀

● **Deutung:**

$$\overbrace{[Cu^{2+}(H_2O)_4]^{2+} + H_2O}^{H^+} \rightleftarrows [Cu^{2+}(H_2O)_3(OH)^-]^+ + (H_3O)^+$$

$$[Ni^{2+}(H_2O)_6]^{2+} + H_2O \rightleftharpoons [Ni^{2+}(H_2O)_5(OH)^-]^+ + (H_3O)^+$$

$$[Zn^{2+}(H_2O)_6]^{2+} + H_2O \rightleftharpoons [Zn^{2+}(H_2O)_5(OH)^-]^+ + (H_3O)^+$$

$$[Ag^+(H_2O)_2]^+ + H_2O \rightleftharpoons [Ag^+(H_2O)(OH)^-] + (H_3O)^+$$

Ergebnis: Aquo-Komplex-Ionen mit hochgeladenen Zentral-Ionen oder mit Zentral-Ionen der Übergangsmetalle sind Protonen-Donatoren. Bei Protonen-Abgabe entstehen gemischte Aquo-hydroxo-Komplexe. Diese sind amphoter, d.h. sie können mit ihren Hydroxid-Liganden Protonen aufnehmen und aus ihren Wasser-Liganden weitere Protonen abgeben.
In den wäßrigen Lösungen stellen sich Gleichgewichte zwischen diesen gemischten Komplexen ein.

Zusammenfassung: *Wir haben in diesem Abschnitt Protonen-Donatoren (H_2SO_4, H_3PO_4, u.a.) und Protonen-Akzeptoren ($(CO_3)^{2-}$, $(SO_3)^{2-}$, u.a.) kennengelernt, die Protonen stufenweise abgeben bzw. aufnehmen können. Wir entdecken dabei die Hydrogensalze bzw. ihre Ionen ($(HS)^-$, $(HCO_3)^-$, u.a.), die als amphotere Teilchen sowohl Protonen aufnehmen wie abgeben können.*
Auch die Aquokomplex-Ionen, die wir in 8.5.1 *kennengelernt haben, sind Protonen-Donatoren, die aus den H_2O-Liganden stufenweise Protonen abgeben können, und zwar um so leichter, je höher das Zentral-Ion geladen ist. Die wäßrigen Lösungen der Alaune und Vitriole enthalten demnach Hydronium-Ionen, d.h. zeigen saure Eigenschaften. Aus den Aquo-Komplexen entstehen bei diesen Protolysen gemischte Aquohydroxo-Komplexe, die amphoteren Charakter haben.*
Wiederholt können wir feststellen: Ein Teilchen, das aus einem Protonen-Donator durch Abgabe eines Protons entstanden ist, kann seinerseits als Protonen-Akzeptor durch Aufnahme eines Protons das ursprüngliche Donator-Teilchen zurückbilden. Wir haben daher einige Reaktionsgleichungen mit dem Doppelpfeil, d.h. als Gleichgewichte formuliert. Es ist nun verlockend, die Lenkung solcher Protolysen-Gleichgewichte nach den verschiedenen Möglichkeiten des Prinzips vom Zwang zu untersuchen. Vielleicht gelingt es sogar, auf diese Weise die Protonen-Donatoren bzw. -Akzeptoren nach ihrer »Stärke« zu klassifizieren.

9.1.4 Konjugierte Donator-Akzeptor-Paare

Als Kationen-Donatoren kennen wir die Ammonium-Ionen $(NH_4)^+$ und die Hydronium-Ionen $(H_3O)^+$. Durch Protonen-Abgabe entstehen aus ihnen Ammoniak-Moleküle NH_3 und Wasser-Moleküle H_2O. Von beiden wissen wir, daß sie Protonen-Akzeptoren sind, d.h. durch Protonen-Aufnahme wieder in Ammonium- bzw. Hydronium-Ionen übergehen können. Man bezeichnet daher die beiden Teilchen $(NH_4)^+/NH_3$ oder $(H_3O)^+/H_2O$ als »zueinander konjugiert« und spricht von **konjugierten Paaren**.
Als neutrale Donatoren kennen wir u.a. die konzentrierte Schwefelsäure H_2SO_4, die Ethansäure HAc, die Alkanole ROH. Die dazu konjugierten Akzeptoren sind dann die Hydrogensulfat-Ionen $(HSO_4)^-$, die Ethanat-(Acetat-)Ionen Ac^- und die Alkanolat-Ionen RO^-. Die Reaktionen der *Versuche 9/3, 9/7*, und *9/12* bestätigen z.B. die Funktion des Ethanat-Ions als Protonen-Akzeptor. Neutrale Protonen-Donatoren sind ferner das Chlorwasserstoff-Molekül HCl und das Salpetersäure-Molekül HNO_3, denn in ihren wäßrigen Lösungen treten Hydronium-Ionen auf. Die konjugierten Chlorid-Ionen Cl^- bzw. Nitrat-Ionen $(NO_3)^-$ sind demnach Protonen-Akzeptoren:

► **Versuch 9/24:** Im Gasentwicklungsgerät läßt man (im Abzug) auf Kochsalz konzentrierte Schwefelsäure tropfen: Man erhält einen gleichmäßigen Strom von Chlorwasserstoff. ◄

● **Deutung:**

$$\underset{\text{(aus Gitter)}}{Cl^-} + H_2SO_4 \longrightarrow HCl + \underset{\text{(im Gitter)}}{(HSO_4)^-}$$

Die entsprechende Reaktion für Nitrat-Ionen haben wir bereits bei der Darstellung der Salpetersäure aus Kalisalpeter und konzentrierter Schwefelsäure *(Versuch 8/40)* durchgeführt:

$$\underset{\text{(aus Gitter)}}{(NO_3)^-} + H_2SO_4 \longrightarrow HNO_3 + \underset{\text{(im Gitter)}}{(HSO_4)^-}$$

Schließlich haben wir als Neutral-Teilchen mit Donatoren-Funktion das Wasser-Molekül selbst kennengelernt. Der konjugierte Akzeptor ist das Hydroxid-Ion.
Als konjugierte Donator-Akzeptor-Paare sind damit erkannt: $H_2SO_4/(HSO_4)^-$, HAc/Ac^-, HCl/Cl^-, $HNO_3/(NO_3)^-$, $H_2O/(OH)^-$.
Es gibt nun auch Anionen, die Protonen liefern können, die Hydrogensalz-Ionen. Konjugierte Paare dieser Sorte sind z.B. $(HSO_4)^-/(SO_4)^{2-}$, $(HSO_3)^-/(SO_3)^{2-}$, $(HS)^-/S^{2-}$, $(H_2PO_4)^-/(HPO_4)^{2-}$, $(HPO_4)^{2-}/(PO_4)^{3-}$, $(HCO_3)^-/(CO_3)^{2-}$.
Von fast allen rechts stehenden Partnern haben wir experimentell ihre Akzeptor-Eigenschaft nachgewiesen.

Ergebnis: Zu jedem Protonen-Donator gibt es einen zugehörigen Protonen-Akzeptor. Beide bilden ein konjugiertes Donator-Akzeptor-Paar.

Gleichgewichte zwischen konjugierten Donator-Akzeptor-Paaren

An jeder Protolyse sind zwei konjugierte Paare beteiligt. Wählen wir allgemein für Protonen-Donatoren die Symbole AH und BH, dann müssen wir die zugehörigen konjugierten Akzeptoren mit A^- und B^- bezeichnen. Der Typ einer Protolyse ist dann durch die Reaktionsgleichung

$$AH + B^- \longrightarrow A^- + BH$$

gekennzeichnet. Nun ist es denkbar, daß umgekehrt der Donator BH sein Proton dem Akzeptor A^- wieder überträgt. Es kommt dann zu einem Gleichgewicht zwischen beiden Reaktionen:

$$AH + B^- \rightleftharpoons A^- + BH$$

Derartige Gleichgewichte sind uns genügend bekannt, z.B. Ammoniakwasser:

$$H_2O + (NH_3)_{aq} \rightleftharpoons (OH)^-_{aq} + (NH_4)^+_{aq}$$

Salzsäure:

$$(HCl)_{aq} + H_2O \rightleftharpoons Cl^-_{aq} + (H_3O)^+_{aq}$$

Ammoniakwasser ist eine schwache Lauge, Salzsäure eine starke Säure, d.h. im ersten Fall liegt das Gleichgewicht mehr auf der Seite der Moleküle, im zweiten Fall mehr auf der Seite der Ionen. Offenbar hängt die Lage des Gleichgewichts davon ab, wie leicht ein Donator sein Proton abgeben kann, sicherlich aber auch von der Fähigkeit eines Akzeptors, das Proton zu binden. Wir können in diesem Sinne von »starken« oder »schwachen« Donatoren bzw. Akzeptoren sprechen.
Im Fall des Ammoniakwassers scheint das Ammonium-Ion ein starker Donator oder/und das Hydroxid-Ion ein starker Akzeptor zu sein, weil deren Konzentration im Vergleich zu den konjugierten Partnern nur gering ist. Bei der Salzsäure scheint das Chlorwasserstoff-Molekül ein stärkerer Donator zu sein als das Hydronium-Ion oder/und das Wasser-Molekül ein stärkerer Akzeptor als das Chlorid-Ion. Das Gleichgewicht würde dann auch hier auf der Seite der schwächeren Partner liegen. Es wird also unsere Aufgabe sein, exakte Kriterien für die »Stärke« eines Donators oder Akzep-

starke und schwache Protonen-Donatoren bzw. -Akzeptoren

tors zu finden, um die genannten Vermutungen zu rechtfertigen.
Zunächst können wir damit rechnen, daß die Protonenabgabe für sich allein betrachtet immer endotherm ist. Ist der Donator ein Anion, z. B.

$$(HSO_4)^- \rightarrow H^+ + (SO_4)^{2-} \text{ oder}$$
$$(OH)^- \rightarrow H^+ + O^{2-},$$

so ist sicherlich Energie aufzuwenden, um das positiv geladene Proton von dem doppelt negativ geladenen Anion zu trennen. Eine ähnliche Überlegung gilt für neutrale Donatoren, z. B.

$$HCl \rightarrow H^+ + Cl^- \text{ oder}$$
$$H_2O \rightarrow H^+ + (OH)^-.$$

Im Falle eines Kationen-Donators, z. B.

$$(NH_4)^+ \rightarrow H^+ + NH_3 \text{ oder}$$
$$(H_3O)^+ \rightarrow H^+ + H_2O,$$

muß das Proton gegen die Anziehung eines Dipol-Moleküls entfernt werden; auch dafür ist Energie notwendig. Umgekehrt ist demnach die Aufnahme eines Protons durch einen Akzeptor immer ein exothermer Vorgang.
Einen Donator können wir als stark bezeichnen, wenn bei der Protonen-Abgabe

$$AH \rightleftarrows H^+ + A^-, \Delta H = +x \text{ kJ}$$

die aufzuwendende Energie x kJ klein ist. Das bedeutet aber für den Akzeptor A^-, daß beim Einfangen des Protons auch nur wenig Energie frei wird; der Akzeptor ist also schwach. Umgekehrt entspricht einem schwachen Donator, dessen Proton also nur unter großem Energieaufwand abgetrennt werden kann, ein starker konjugierter Akzeptor, weil beim Einfangen des Protons viel Energie frei wird.

Ergebnis: Zu einem starken (schwachen) Protonen-Donator gehört ein schwacher (starker) konjugierter Akzeptor.

Für den experimentellen Vergleich der Stärke zweier Protonendonatoren brauchen wir keine kalorimetrischen Messungen durchzuführen. Wir werden den Protonen-Donator AH stärker als den Donator BH nennen können, wenn in der Reaktion

$$AH + B^- \rightleftarrows A^- + BH$$

das Gleichgewicht auf der rechten Seite liegt.

Vergleichen wir nun z. B. H_2SO_4-Moleküle mit $[Fe(H_2O)_6]^{3+}$-Ionen, so haben wir folgende Reaktion zu untersuchen:

$$\underset{}{H_2SO_4} + \underset{\text{gelb}}{[Fe(H_2O)_5(OH)]^{2+}} \rightleftarrows (HSO_4)^- + \underset{\text{farblos}}{[Fe(H_2O)_6]^{3+}}$$

Von *Versuch 9/20* wissen wir, daß die Reaktion nur von links nach rechts läuft, d. h. daß das Gleichgewicht sehr weit auf der rechten Seite liegt. Die H_2SO_4-Moleküle sind also stärkere Protonen-Donatoren als die $[Fe(H_2O)_6]^{3+}$-Ionen.
Als zweites Beispiel vergleichen wir die $[Fe(H_2O)_6]^{3+}$-Ionen mit H_2O-Molekülen in der Reaktion:

$$\underset{\text{farblos}}{[Fe(H_2O)_6]^{3+}} + (OH)^- \rightleftarrows \underset{\text{gelb}}{[Fe(H_2O)_5(OH)]^{2+}} + H_2O$$

Auch hier liegt das Gleichgewicht ganz auf der rechten Seite, weil die farblose Eisen(III)-salz-Lösung durch Zugabe von Lauge sofort gelb wird, die gelbe Lösung aber durch Verdünnen nicht wieder farblos. $[Fe(H_2O)_6]^{3+}$-Ionen sind stärkere Protonen-Donatoren als H_2O-Moleküle.
Wir können nun voraussagen, daß H_2SO_4-Moleküle erst recht stärkere Donatoren als die H_2O-Moleküle sind:

$$H_2SO_4 + (OH)^- \rightleftarrows (HSO_4)^- + H_2O$$

In der Tat liegt das Gleichgewicht dieser Neutralisationsreaktion ganz auf der rechten Seite.

Wenn wir die drei untersuchten Protonen-Donatoren nach ihrer Stärke ordnen, erhalten wir die Reihenfolge: H_2SO_4, $[Fe(H_2O)_6]^{3+}$, H_2O. Wir könnten nun versuchen, durch weitere Experimente sämtliche uns bekannte Protonen-Donatoren in diese Reihe einzuordnen.

Ergebnis: Eine Tabelle, in der die Protonen-Donatoren AH, BH, CH usw. nach ihrer Stärke angeordnet sind, erhält man, wenn man systematisch die Systeme AH/B^-, AH/C^-, BH/C^- usw. auf die Lage ihres Gleichgewichts untersucht.

In *Tab. 9–1* nimmt die Stärke der Protonen-Donatoren von oben nach unten ab, die der konjugierten Akzeptoren in der gleichen Richtung zu.
Wir können mit Hilfe der Tabelle sofort abschätzen, welche Protonen-Übergänge nahezu vollständig ablaufen und welche Protolysen unwahrscheinlich sind. Geht man in der Tabelle von oben links nach unten rechts, d. h. läßt man einen starken Donator z. B. $(HSO_4)^-$, mit einem starken Akzeptor, z. B. $(OH)^-$, reagieren, so liegt das Gleichgewicht ganz auf der Seite des vollzogenen Protonen-Übergangs $(SO_4)^{2-} + H_2O$. Geht man dagegen von links unten nach rechts oben, d. h.

	Protonen-Donator	Protonen-Akzeptor	
	HCl	Cl^-	
	H_2SO_4	$(HSO_4)^-$	
stark	$(H_3O)^+$	H_2O	
	HNO_3	$(NO_3)^-$	schwach
	$H_2O.SO_2$	$(HSO_3)^-$	
	$(HSO_4)^-$	$(SO_4)^{2-}$	
	H_3PO_4	$(H_2PO_4)^-$	
↕	$[Fe(H_2O)_6]^{3+}$	$[Fe(H_2O)_5(OH)]^{2+}$	
	HAc	Ac^-	↕
	$H_2O.CO_2$	$(HCO_3)^-$	
	H_2S	$(HS)^-$	
	$(H_2PO_4)^-$	$(HPO_4)^{2-}$	
	$(HSO_3)^-$	$(SO_3)^{2-}$	
	$(NH_4)^+$	NH_3	
	$(HCO_3)^-$	$(CO_3)^{2-}$	
schwach	$(HPO_4)^{2-}$	$(PO_4)^{3-}$	
	$(HS)^-$	S^{2-}	stark
	H_2O	$(OH)^-$	
	$(OH)^-$	O^{2-}	

Tabelle 9–1: Konjugierte Donator-Akzeptor-Paare

gibt man zu einem schwachen Donator, z. B. H_2O, einen schwachen Akzeptor, z. B. Cl^-, so findet so gut wie kein Protonen-Übergang statt (kein HCl in einer Kochsalz-Lösung).
Ist der Abstand der Reaktionspartner in der Tabelle nicht ganz so groß wie im vorigen Beispiel, so könnten wir z. B. nach der Reaktion zwischen $(HCO_3)^-$ und Ac^- fragen:

$$(HCO_3)^- + Ac^- \rightleftarrows (CO_3)^{2-} + HAc$$

Auch hier wird das Gleichgewicht immer noch mehr auf der linken Seite liegen, da die Ethansäure-Moleküle stärkere Protonen-Donatoren sind als die Hydrogencarbonat-Ionen. Trotzdem sollten im Gleichgewichtszustand schon so viele $(CO_3)^{2-}$-Ionen vorhanden sein, daß sie mit Ca^{2+}-Ionen unlösliches $\{CaCO_3\}$ bilden und auf diese Weise nachgewiesen werden können:

► **Versuch 9/25:** Man leitet durch verdünntes Kalkwasser solange Kohlendioxid, bis sich der anfänglich gebildete Niederschlag wieder aufgelöst hat (vgl. *Versuch 9/14*). Man versetzt dann die klare Hydrogencarbonat-Lösung mit einer Lösung von Natriumethanat: Weißer Niederschlag. ◄

● **Deutung:** Der Niederschlag ist Calciumcarbonat. Unsere Vermutung ist bestätigt.

Zusammenfassung: *Protonen-Donatoren können nach ihrem Ladungszustand klassifiziert werden: Anionen-Donatoren, neutrale Donatoren und Kationen-Donatoren. Durch Abgabe eines Protons entstehen aus ihnen konjugierte Akzeptoren, deren Ladung um eine positive Elementarladung niedriger liegt: Es gibt also neutrale, einfach und doppelt negativ geladene Akzeptoren.*

Das Abtrennen eines Protons von einem Donator-Teilchen erfordert Energie. Je größer der Energieaufwand ist, desto schwächer ist die Donator-Funktion des Teilchens ausgeprägt. Der konjugierte Akzeptor besitzt dann eine verhältnismäßig hohe Affinität zum Proton, er ist also ein starker Akzeptor. Handelt es sich aber um einen starken Protonen-Donator, dann ist der zugehörige Akzeptor schwach.

Bei jeder Protolyse handelt es sich um das Zusammenwirken zweier konjugierter Donator/Akzeptor-Paare. Eine Aussage über die Lage des Gleichgewichts eines solchen Systems können wir aus der Stellung der Reaktionspartner in Tabelle 9–1 *ablesen, in der die konjugierten Paare ihrer Stärke nach aufgeführt sind.*

Wir haben nun in den Abschnitten 9.1.1 bis 9.1.4 *mit den Protolysen einen wichtigen Reaktionstyp studiert, von dem wir schon aus den ersten Kapiteln viele Beispiele kannten. Wir haben aber noch nicht geklärt, warum gerade dieses H^+-Ion unter allen anderen Ionen eine solche Sonderrolle spielt. Wir finden es nie isoliert in Gittern oder Komplexen; immer geht das Wasserstoff-Ion mit Molekülen oder anderen Ionen sofort Bindung ein. Der Grund dafür kann nicht allein seine elektrische Ladung sein; denn sie ist nicht besonders groß. Falls aber doch elektrische Kräfte eine Rolle spielen (dafür sprechen viele Beobachtungen), könnte es doch ein sehr starkes elektrisches Feld besitzen, wenn es besonders klein ist, und zwar um mehrere Größenordnungen kleiner als alle anderen uns bekannten Teilchen.*

Ehe wir dieser Vermutung in Kapitel 10 *nachgehen, wollen wir untersuchen, ob es andere geladene Teilchen gibt, die nach dem in diesem Kapitel entdeckten »Donator-Akzeptor-Prinzip« von Atomen, Molekülen oder Ionen auf andere solche übergehen und damit analog zu den Protolysen einen besonderen Reaktionstyp provozieren.*

Übungen

1. Nenne Eigenschaften, in denen sich das Proton auffallend von allen anderen Kationen (bzw. der Wasserstoff von allen anderen Nichtmetallen) unterscheidet.
2. Schreibe die Reaktionsgleichungen für sechs Protolysen hin und kennzeichne jeweils die Protonen-Donatoren und -Akzeptoren.
3. Schreibe die Gleichungen von drei Reaktionen hin, in denen das Wasser-Molekül als Protonen-Donator fungiert, und von drei Reaktionen, in denen es als Protonen-Akzeptor auftritt.
4. Erkläre Tatsache und Größenordnung der elektrischen Leitfähigkeit von reinem Wasser.
5. Erläutere die BRØNSTEDsche Säure-Base-Theorie. Wo bestehen Gemeinsamkeiten und wo Unterschiede zum Säure- und Laugen-Begriff, wie er in *7.1.3* bzw. *8.1.1* eingeführt wurde?
6. Nenne Salze, deren wäßrige Lösungen alkalisch reagieren, und Salze mit sauren Lösungen. Begründe dieses Verhalten.
7. Warum entsteht beim Eindampfen von 100 cm^3 1 m-Schwefelsäure mit 100 cm^3 1 m-Kalilauge nicht Kaliumsulfat? Begründe.
8. Wie kann man die verschiedenen Löslichkeiten von Calciumhydrogencarbonat und Calciumcarbonat bzw. von Natriumhydrogencarbonat und kristallwasserhaltigem Natriumcarbonat nachweisen und erklären?
9. Wodurch sind temporäre und permanente Härte des Wassers bedingt und wie kann man sie beseitigen?
10. Nenne Beispiele für amphotere Teilchen und Reaktionen, aus denen diese Ambivalenz hervorgeht.
11. Welche Farbänderungen treten beim Ansäuern und/oder beim Erhitzen einer frisch angesetzten Eisenalaun-Lösung ein? Begründe.
12. Schreibe die Gleichungen von Reaktionen auf, bei denen Aquokomplex-Ionen als Protonen-Donatoren fungieren.
13. Nenne zehn Beispiele für konjugierte Paare von Protonen-Donatoren und -Akzeptoren.
14. Erläutere Vorzeichen und Größenordnung der Energien bei der Protonen-Abgabe eines »starken« (»schwachen«) Donators und bei der Protonen-Aufnahme eines »starken« (»schwachen«) Protonen-Akzeptors.
15. Nenne drei starke Protonen-Donatoren und drei starke Protonen-Akzeptoren und lasse sie miteinander reagieren (Reaktionsgleichungen). Auf welcher Seite liegen die Gleichgewichte?

9.2 Elektronen-Übergänge

9.2.1 Redox-Vorgänge an Elektroden

Wir haben in *Kapitel 6* den Begriff Oxidationsstufe (Oxidationszahl) vom Begriff der Wertigkeit abgeleitet und dann in *Kapitel 7* festgestellt, daß diese zunächst unanschauliche, nur formal eingeführte Größe in Vorzeichen und Betrag mit der Ladung der Atom-Ionen übereinstimmt. Damit erhält die Oxidationsstufe für diese Ionen-Sorte eine anschauliche Bedeutung; denn positive Ladung z. B. in $\overset{+1}{Na}{}^+$ oder $\overset{+2}{Ca}{}^{2+}$ bedeutet Verlust, negative Ladung z. B. in $\overset{-1}{Cl}{}^-$ oder $\overset{-2}{S}{}^{2-}$ Gewinn von einem Elektron bzw. zwei Elektronen gegenüber dem atomaren Zustand.

Ferner haben wir in *Kapitel 6* festgestellt, daß eine Änderung der Oxidationsstufe ein Redox-Vorgang ist. Dann müßten Reaktionen, bei denen sich Ladungen von Atom-Ionen ändern, ebenfalls Redox-Vorgänge sein. Solche Ladungsänderungen haben wir bereits bei Elektrolysen kennengelernt.

Elektrolysen sind Redox-Reaktionen.

In *Versuch 7/19* werden an der Kathode Kupfer-Ionen entladen; es entsteht elementares Kupfer:

$$\overset{+2}{Cu}{}^{2+}_{aq} + 2\,e^- \rightarrow \overset{0}{Cu} + aqua; Cu \rightarrow \{Cu\}$$

Die Oxidationszahl der Kupfer-Atome erniedrigt sich um 2 Stufen; der Kathoden-Vorgang ist also eine Reduktion. Analog werden bei der Elektrolyse einer Säure, z. B. in *Versuch 7/20* Wasserstoff-Ionen[1] zu elementarem Wasserstoff reduziert:

$$\overset{+1}{H}{}^+_{aq} + e^- \rightarrow \overset{0}{H} + aqua; 2\,H \rightarrow H_2$$

Nun wissen wir, daß der Kathoden-Vorgang nicht immer wie in diesen beiden Beispielen

[1] Zur Schreibweise H^+_{aq} vgl. die Bemerkung *S. 122.*

eine Entladung von Kationen zu sein braucht; es können auch Anionen entstehen. Als Beispiel wählen wir die Elektrolyse des Wassers bzw. einer wäßrigen Alkalisalz-Lösung:

► **Versuch 9/26:** Im U-Rohr mit seitlichen Ansätzen und Wattebausch (Glasfritte) wird eine mit Universalindikator angefärbte Natriumsulfat-Lösung unter Verwendung von Platin-Elektroden elektrolysiert: Nach kurzer Zeit schlägt die Farbe der Lösung im Kathodenschenkel nach blau, im Anodenschenkel nach rot um. Außerdem beobachtet man (wie in *Versuch 2/4*) an beiden Elektroden Gasentwicklungen. ◄

Der Kathoden-Vorgang ist immer eine Reduktion.

An der Kathode entstehen Hydroxid-Ionen und (naszierend) Wasserstoff:

$$\overset{+1}{H}_2O + e^- + \text{aqua} \longrightarrow (OH)^-_{aq} + \overset{0}{H};$$
$$2\,H \longrightarrow H_2$$

Die Oxidationszahl für einen Teil der Wasserstoff-Atome hat sich erniedrigt; wieder ist der Kathoden-Vorgang eine Reduktion.

Ergebnis: Bei jeder Elektrolyse werden Elektronen von der Kathode in die Lösung hineingepumpt. Dadurch werden Kationen entladen oder Anionen neu gebildet. In beiden Fällen ist die Primärreaktion an der Kathode eine Reduktion: Die Oxidationszahl eines Atoms wird um soviel Stufen erniedrigt, wie es Elektronen von der Kathode aufnimmt.

Der Anoden-Vorgang ist immer eine Oxidation.

Betrachten wir jetzt bei den Elektrolysen die Vorgänge an der Anode, so wissen wir, daß diese Elektrode Elektronen aus der Lösung absaugt und zur Spannungsquelle leitet. Das kann z. B. durch Entladen von Anionen geschehen. Wenn ein Halogenid- oder Sulfid-Ion dabei ein bzw. zwei Elektronen verliert, nimmt seine Oxidationszahl um ein bzw. zwei Stufen zu (vgl. *Versuch 7/19*):

$$\overset{-1}{Cl}{}^-_{aq} \longrightarrow \overset{0}{Cl} + e^- + \text{aqua};\ 2\,Cl \longrightarrow Cl_2$$

Wir hatten zur Deutung von *Versuch 6/10, Seite 93,* angenommen, daß die Wasserstoff-Atome in Metallhydriden eine negative Oxidationsstufe -1 besitzen. Dann sollten bei der Schmelzelektrolyse eines solchen Hydrids die Hydrid-Ionen an der Anode zu elementaren Wasserstoff oxidiert werden:

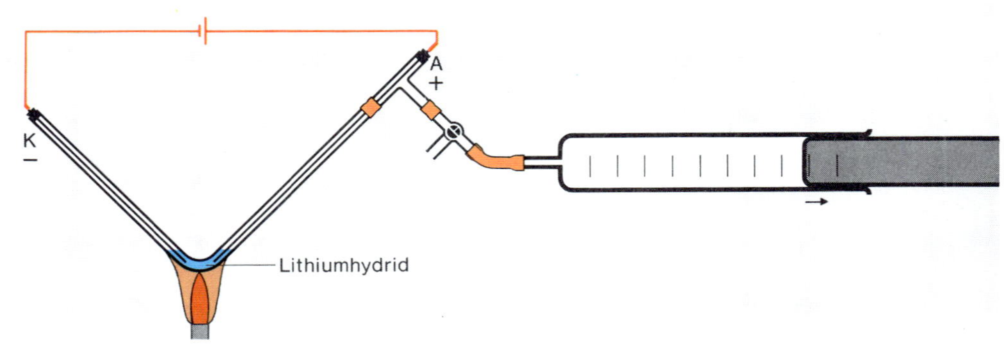

Abb. 9–3: Zu Versuch 9/27. Schmelzfluß-Elektrolyse von Lithiumhydrid

► **Versuch 9/27:** (Lehrerversuch) Der mittlere Teil eines rechtwinklig gebogenen Glasrohrs (schwerschmelzbar, lichte Weite ca. 0,6 cm, Länge der Schenkel ca. 12 cm) wird mit Lithiumhydrid gefüllt (Abzug!). Der Anodenschenkel ist durch ein T-Stück verlängert, das über einen Dreiwegehahn mit einem Kolbenprober verbunden ist *(Abb. 9–3)*. Auf beiden Seiten werden Eisen-Elektroden (z. B. Fahrradspeichen) gasdicht so eingeführt, daß ihre Enden im Lithiumhydrid einen Abstand von ca. 1,5 cm haben. Man ersetzt die Luft in der Apparatur durch Stickstoff, legt eine Gleichspannung von ca. 5 V an und erhitzt das Hydrid bis zum Schmelzen (Fp = 680° C, Schutzbrille!). An der Anode beobachtet man Gasentwicklung. Man fängt das Gas im Kolbenprober auf; es wird als Wasserstoff nachgewiesen. Die Schmelze färbt sich von der Kathode her dunkel (Lithium). ◄

● **Deutung:**

$$\overset{-1}{H}{}^- \longrightarrow \overset{0}{H} + e^-;\ 2\,H \longrightarrow H_2$$

Statt eine Entladung von Anionen kann der Anodenprozeß auch eine Entstehung von Kationen bedeuten, wie wir aus *Versuch 7/21* wissen, wo sich die Kupfer-Anode auflöst:

$$\{\overset{0}{Cu}\} + \text{aqua} \longrightarrow \overset{+2}{Cu}{}^{2+}_{aq} + 2\,e^-$$

Auch der anodische Sauerstoff bei der Elektrolyse des Wassers *(Versuch 9/26)* entsteht durch Oxidation:

$$H_2\overset{-2}{O} + \text{aqua} \longrightarrow 2\,H^+_{aq} + 2\,e^- + \overset{0}{O};$$
$$2\,O \longrightarrow O_2$$

Ergebnis: Bei jeder Elektrolyse ist der Anodenprozeß primär eine Oxidation. Die Zahl der von einem Atom an die Anode abgegebenen Elektronen ist gleich der Zunahme seiner Oxidationsstufe.

Unsere Behauptung, der Austausch von Ladungen bei einer chemischen Reaktion müßte ein Redox-Vorgang sein, können wir für Elektrolysen als bewiesen ansehen. Wir suchen jetzt nach weiteren Reaktionen, bei denen sich ebenfalls Ionen-Ladungen ändern. Einen Hinweis erhalten wir durch unsere Kenntnis, daß das Oxid eines Metalls durch ein anderes Metall reduziert werden kann, wenn dieses eine größere Affinität zu Sauerstoff hat als jenes *(Versuche 2/12 bis 2/17)* oder wenn – anders ausgedrückt – die Oxidationsenergie des zweiten Metalls größer als die des ersten ist *(Tab. 6–5)*. Da wir jetzt aber in Lösungen, d. h. mit Ionen, arbeiten wollen, nehmen wir vom edleren Metall nicht das Oxid, sondern die Lösung eines seiner Salze, in der seine Ionen die gleiche Oxidationszahl haben wie die Gitterbausteine des Oxids.

► **Versuch 9/28:** Man taucht einen blanken Eisen-Nagel in eine nicht zu konzentrierte Kupfersulfat-Lösung: Schon nach wenigen Sekunden ist der Nagel mit einer roten Schicht überzogen. ◄

Falls es sich um eine Abscheidung von metallischem Kupfer, d.h. um eine Reduktion der Kupfer-Ionen handelt, müßte gleichzeitig eine Oxidation stattgefunden haben. Wir wiederholen den Versuch unter veränderten Bedingungen:

Versuch 9/29: Man prüft die Temperatur einer Kupfersulfat-Lösung im Reagenzglas und schüttelt die Lösung mit überschüssigem Eisen-Pulver solange kräftig durch, bis die blaue Farbe verschwunden ist: Temperaturzunahme. Der Rückstand sieht jetzt rötlich, evtl. auch schwarz, aus; die Lösung ist blaßgrün gefärbt. ◄

● **Deutung:** Je nach der Reaktionsgeschwindigkeit scheidet sich das Kupfer kristallin (rot) oder amorph (schwarz) ab. Die Reaktion ist exotherm. Die Farbe der Lösung nach Beendigung der Reaktion entspricht der einer Eisen(II)-salz-Lösung.

► **Versuch 9/30:** Man stellt aus Eisenvitriol $\{\overset{+2}{F}eSO_4(H_2O)_7\}$ oder aus Mohrschem Salz $\{\overset{+2}{Fe}(NH_4)_2(SO_4)_2(H_2O)_6\}$ eine blaßgrüne wäßrige Lösung her und gibt tropfenweise eine Lösung von rotem Blutlaugensalz $\{K_3[\overset{+3}{Fe}(CN)_6]\}$ hinzu: Es bildet sich ein dunkelblauer Niederschlag. – Man wiederholt den Versuch mit der filtrierten Lösung von *Versuch 9/29:* Gleicher Niederschlag. ◄

● **Folgerung:** Die Komplex-Ionen $[Fe(CN)_6]^{3-}$ (Hexacyanoferrat(III)-Ionen) sind ein Nachweis für Fe^{2+}-Ionen. Der blaue Niederschlag ist $\{\overset{+2}{Fe}_3[\overset{+3}{Fe}(CN)_6]_2\}$ (»Turnbulls Blau« = Eisen(II)-hexacyanoferrat(III)).

Es sind jetzt alle Reaktionspartner der Versuche *9/28 und 9/29* nachgewiesen; die Reaktionsgleichung lautet:

$$\{\overset{0}{Fe}\} + \overset{+2}{Cu}{}^{2+}_{aq} \rightarrow \overset{+2}{Fe}{}^{2+}_{aq} + \{\overset{0}{Cu}\}.$$

Wir haben damit einen neuen Reaktionstyp gefunden, bei dem – wie bei den Elektrolysen – Ladungsänderungen gleichbedeutend mit Oxidation bzw. Reduktion sind: Das unedle Metall ist das Reduktionsmittel; die Ionen des edleren Metalls fungieren als Oxidationsmittel. Handelt es sich hierbei auch wie bei den Elektrolysen um eine Abgabe bzw. Aufnahme von Elektronen? Wir könnten uns die Reaktion in zwei Teilvorgänge aufgeschlüsselt denken:

$$\{\overset{0}{Fe}\} + \text{aqua} \rightarrow \overset{+2}{Fe}{}^{2+}_{aq} + 2\,e^-$$
$$2\,e^- + \overset{+2}{Cu}{}^{2+}_{aq} \rightarrow \{\overset{0}{Cu}\} + \text{aqua}$$

Danach würden Elektronen vom unedlen Metall auf die Ionen des edleren übergehen. Einen solchen Elektronenfluß sollte man über ein Meßinstrument nachweisen können, wenn das Eisen räumlich von der Kupfersalz-Lösung getrennt wird. Es genügt aber sicherlich nicht, das Metall nur aus der Lösung herauszunehmen und mit einem Kabel bzw. einer inerten Elektrode (Graphit) die leitende Verbindung zwischen beiden wiederherzustellen; denn die erwarteten Eisen-Ionen müssen ja ihrerseits von einem Elektrolyten aufgenommen werden können, der aber keine Ionen eines edleren Metalls enthalten darf.
Wir tauchen die Eisen-Elektrode also z.B. in eine Kochsalz-Lösung. Auch das genügt noch nicht: Das Entladen von Kupfer-Ionen in der Kupfersalz-Lösung und das Entstehen von Eisen-Ionen in der Kochsalz-Lösung würden das Elektroneutralitätsprinzip *(7.2.1)* stören. Wir müssen die beiden Elektrolyte über einen Wattebausch oder eine Glasfritte miteinander in Berührung bringen, damit sich im nun geschlossenen Stromkreis Ladungsunterschiede durch Ionen-Wanderung über diesen Weg ausgleichen können:

Versuch 9/31: Man benutzt ein U-Rohr mit Wattebausch oder Glasfritte. Man füllt die Schenkel gleichzeitig mit einer Kochsalz- bzw. einer Kupfersulfat-Lösung, taucht in die erste einen Eisen-Stab, in die zweite einen Graphit-Stab und verbindet beide Elektroden miteinander über ein Gleichstrom-Meßgerät so, daß der Minus-Kontakt des Instruments an das Eisen, der Plus-Kontakt an den Graphit geschaltet ist *(Abb. 9–4):* Der Zeiger des Instruments schlägt aus. Man läßt die Anordnung kurzgeschlossen (ohne Meßgerät) eine Zeitlang stehen: Die Graphit-Elektrode überzieht sich mit einer roten Schicht, die blaue Farbe der Kupfersalz-Lösung wird blasser (Vergleichslösung bereithalten). In der Kochsalz-Lösung lassen sich mit Hilfe einer Lösung von rotem Blutlaugensalz Eisen(II)-Ionen nachweisen (blauer Niederschlag, siehe auch den *Versuch 9/30*). ◄

spontaner Elektronenübergang von Eisen zu Kupfer-Ionen

● **Deutung:** Eisen-Ionen gehen in Lösung. Die auf der Eisen-Elektrode zurückbleibenden Elektronen werden über das Kabel zur Graphit-Elektrode geleitet, wo sie zur Entladung von Kupfer-Ionen gebraucht werden. Die so entstehenden Kupfer-Atome schließen sich am Bildungsort zum Metall-Gitter zusammen. Durch das Einwandern von Eisen-Ionen entsteht in der Kochsalz-Lösung ein Defizit an Anionen, auf der anderen Seite durch das Entladen von Kupfer-Ionen ein Kationen-Defizit. Beide werden dadurch beseitigt, daß Kationen (Na^+_{aq}) durch den Wattebausch in den Schenkel mit der Kupfersalz-Lösung hinüberdiffundieren, während von dort gleichzeitig Anionen ($(SO_4)^{2-}_{aq}$) in umgekehrter Richtung auswandern.

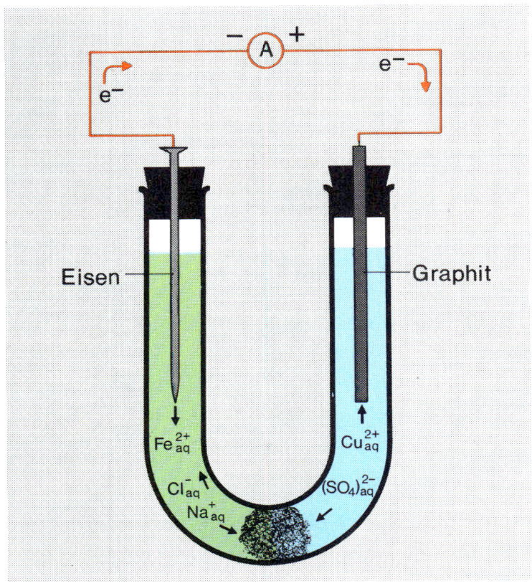

Abb. 9–4: Zu Versuch 9/31. Galvanische Anordnung zum Elektronenübergang von Eisen zu Kupfer-Ionen

$$\begin{array}{llll} \{\overset{0}{Fe}\} & + \text{aqua} & \rightarrow & \overset{+2}{Fe}{}^{2+}_{aq} + 2\,e^- \\ \overset{+2}{Cu}{}^{2+}_{aq} & + 2\,e^- & \rightarrow & \{\overset{0}{Cu}\} + \text{aqua} \\ \hline \{\overset{0}{Fe}\} & + \overset{+2}{Cu}{}^{2+}_{aq} & \rightarrow & \overset{+2}{Fe}{}^{2+}_{aq} + \{\overset{0}{Cu}\} \end{array}$$

L. GALVANI

Die Gesamtbilanz der Reaktion in *Versuch 9/31* zeigt das gleiche Resultat wie die direkte Reaktion zwischen Eisen und Kupfer-Ionen. In beiden Fällen wird Energie frei; je nach der Versuchsanordnung erscheint sie als elektrische oder als thermische Energie.

Ergebnis: Die Reaktion zwischen Eisen und einer Kupfersalz-Lösung ist ein exothermer Redox-Vorgang, bei dem Elektronen von den Eisen-Atomen zu den Kupfer-Ionen übergehen; dadurch entstehen Eisen-Ionen und Kupfer-Atome.

Gewinnung von elektrischer Energie aus chemischer Energie (Galvanisches Element)

Die Ähnlichkeit der Apparatur von *Versuch 9/31 (Abb. 9–4)* mit derjenigen, wie wir sie für fast alle Elektrolysen benutzt haben *(Abb. 2–3, Seite 22)* ist nicht zufällig. Bei einer Elektrolyse wird elektrische Energie in chemische Energie überführt; bei der Versuchsanordnung *Versuch 9/31* wird umgekehrt aus chemischer elektrische Energie gewonnen: Statt mit dem Elektronenstrom den Zeiger eines Meßinstruments zu bewegen, könnten wir mit ihm ohne weiteres ein Glühlämpchen aufleuchten oder einen kleinen Elektro-Motor Arbeit verrichten lassen.

Definition: Eine Apparatur, mit der chemische in elektrische Energie umgewandelt werden kann, nennt man ein **galvanisches Element**[1].

Die bekanntesten Beispiele für galvanische Elemente sind die Taschenlampenbatterie und der Blei-Akkumulator.
Bei Elektrolysen ebenso wie in galvanischen Elementen stehen Elektroden mit Elektrolyten in Verbindung; an den Grenzflächen finden Elektronen-Übergänge statt, gleichbedeutend mit Redox-Reaktionen. Bei Elektrolysen handelt es sich um endotherme, bei den Vorgängen in galvanischen Elementen um exotherme Reaktionen.

Zusammenfassung: *Zunächst haben wir uns Kenntnisse aus früheren Kapiteln wieder vergegenwärtigt: die Ladung von Atom-Ionen stimmt in Vorzeichen und Betrag mit ihrer Oxidationsstufe überein. Ladungsänderung bedeutet dann Oxidation oder Reduktion. Bestätigungen fanden wir bei Reaktionen, die sich an Elektroden-Oberflächen abspielen. Bei Elektrolysen erhält die Kathode durch die angelegte Gleichspannung die Rolle des Reduktionsmittels, die Anode die des Oxidationsmittels. Im galvanischen Element spielt ein unedles Metall die Rolle des Reduktionsmittels. Die bei seiner Oxidation freiwerdenden Elektronen entladen, d.h. reduzieren die Ionen eines edleren Metalls, die damit die Rolle des Oxidationsmittels spielen. Die Energie-Bilanz im galvanischen Element ist exotherm.*
Streng genommen sind diese Aussagen über galvanische Elemente erst an einem einzigen »System« (Eisen/Kupfer-Ionen) geprüft worden. Gelten sie allgemein? Gibt es noch andere Systeme? Welches Kriterium haben wir dafür, daß ein Metall »edler« ist als ein anderes? Können wir die Größe der Oxidationsenergie (Tab. 6–5, Seite 96) *als ein solches Kriterium nehmen?*
Mit diesen Fragen haben wir das Thema des nächsten Abschnitts angeschnitten.

9.2.2 Elektronen-Donatoren und -Akzeptoren. Konjugierte Redox-Paare

Wir wollen die Metalle Eisen, Kupfer, Silber und Zink auf ihr Reduktionsvermögen hin untersuchen, indem wir jedem der Metalle Gelegenheit geben, mit den Ionen jedes der drei anderen zu reagieren. Die Ionen stehen uns in den wäßrigen Lösungen von Salzen dieser Metalle zur Verfügung; wir benutzen also z.B. Eisenvitriol $\{Fe(SO_4)(H_2O)_7\}$, Kupfervitriol $\{Cu(SO_4)(H_2O)_5\}$, Silbernitrat $\{Ag(NO_3)\}$, Zinkvitriol $\{Zn(SO_4)(H_2O)_7\}$.
Eisen(II)-Ionen sind an der blaßgrünen Farbe ihrer Lösungen erkennbar und lassen sich durch rotes Blutlaugensalz nachweisen *(Versuch 9/30)*, Kupfersalz-Lösungen sind blau gefärbt, Silber-Ionen können durch Chlorid-Ionen nachgewiesen werden und Zink-Ionen geben mit Sulfid-Ionen einen unlöslichen weißen Niederschlag von Zinksulfid:

$$(Zn^{2+}_{aq} + S^{2-}_{aq} \rightarrow \{ZnS\} + \text{aqua})$$

► **Versuch 9/32:** Man taucht Blechstreifen von Eisen, Kupfer, Silber und Zink in Reagenzgläser, die mit Salz-Lösungen der vier Metalle gefüllt sind: Zink überzieht in allen Lösungen mit einem Beschlag, Eisen beschlägt in der Kupfer- und in der Silbersalz-Lösung, Kupfer nur in der Lösung des Silbersalzes, Silber bleibt in allen Lösungen blank. ◄

► **Versuch 9/33:** Man schüttelt im Reagenzglas Zink-Pulver im Überschuß mit nicht zu konzentrierter Kupfersalz-Lösung, bis die blaue Farbe der Flüssigkeit verschwunden ist, und stellt dabei eine nicht unerhebliche Temperaturerhöhung fest. Nach Beendigung der Reaktion weist man mit Natriumsulfid-Lösung Zink-Ionen in der Lösung nach. – Man wiederholt sinngemäß den Versuch mit denjenigen Metallen und Salz-Lösungen, bei denen sich in *Versuch 9/32* ein Beschlag gebildet hat, vergleicht die Temperaturzunahmen und weist nach Beendigung der Reaktionen das Fehlen der ursprünglich vorhandenen Ionen bzw. das Vorhandensein der Ionen des benutzten Metall-Pulvers in den Lösungen nach. ◄

● **Deutungen:**

$$\begin{array}{lll} \{\overset{0}{Zn}\} + \overset{+2}{Fe}{}^{2+}_{aq} & \rightarrow & \overset{+2}{Zn}{}^{2+}_{aq} + \{\overset{0}{Fe}\} \\ \{\overset{0}{Zn}\} + \overset{+2}{Cu}{}^{2+}_{aq} & \rightarrow & \overset{+2}{Zn}{}^{2+}_{aq} + \{\overset{0}{Cu}\} \\ \{\overset{0}{Zn}\} + 2\,\overset{+1}{Ag}{}^{+}_{aq} & \rightarrow & \overset{+2}{Zn}{}^{2+}_{aq} + 2\,\{\overset{0}{Ag}\} \\ \{\overset{0}{Fe}\} + \overset{+2}{Cu}{}^{2+}_{aq} & \rightarrow & \overset{+2}{Fe}{}^{2+}_{aq} + \{\overset{0}{Cu}\} \\ \{\overset{0}{Fe}\} + 2\,\overset{+1}{Ag}{}^{+}_{aq} & \rightarrow & \overset{+2}{Fe}{}^{2+}_{aq} + 2\,\{\overset{0}{Ag}\} \\ \{\overset{0}{Cu}\} + 2\,\overset{+1}{Ag}{}^{+}_{aq} & \rightarrow & \overset{+2}{Cu}{}^{2+}_{aq} + 2\,\{\overset{0}{Ag}\} \end{array}$$

Hat man für die *Versuche 9/33* Salz-Lösungen ungefähr gleicher Konzentrationen ver-

[1] Luigi GALVANI, 1737–1798, Arzt in Bologna

wendet, dann ist die Reaktionswärme beim System $\{Zn\} / 2 Ag^{+}_{aq}$ am größten, bei den Systemen $\{Zn\} / Fe^{2+}_{aq}$ und $\{Cu\} / 2 Ag^{+}_{aq}$ dagegen verhältnismäßig klein.

Ergebnis: In der Reihenfolge Zink, Eisen, Kupfer, Silber nimmt das Reduktionsvermögen der Metalle gegenüber den Ionen eines in dieser Reihe folgenden Metalls von links nach rechts ab, das Oxidationsvermögen der Ionen zu.

Wir wollen nun zeigen, daß die Redox-Reaktionen von *Versuch 9/33* tatsächlich Elektronen-Übergänge sind, indem wir die Elektronen gemäß *Versuch 9/31* über ein Strom-Meßgerät leiten, d.h. die Systeme als galvanische Elemente schalten:

► **Versuch 9/34:** Man benutzt sechs U-Rohre mit Wattebausch oder Glasfritte. Die Metall-Elektrode (Zink, Eisen, Kupfer) taucht jeweils in eine Kochsalz-Lösung und ist mit dem Minus-Kontakt eines Gleichstrom-Amperemeters verbunden. Die Salz-Lösung (Fe^{2+}_{aq}, Cu^{2+}_{aq}, Ag^{+}_{aq}) im anderen Schenkel des U-Rohrs ist über eine Graphit-Elektrode mit dem Plus-Kontakt des Instruments verbunden: Zeigerausschläge. Läßt man die Anordnungen eine Zeitlang kurzgeschlossen stehen, so lassen sich in den Kochsalz-Lösungen die Ionen der in Lösung gegangenen Metalle nachweisen, und auf den Graphit-Elektroden scheiden sich aus den Salz-Lösungen die betreffenden Metalle ab. ◄

● **Deutungen:**

$$\{Zn\} + aqua \longrightarrow Zn^{2+}_{aq} + 2\,e^-;$$
$$2\,e^- + Fe^{2+}_{aq} \longrightarrow \{Fe\} + aqua$$
$$\{Fe\} + aqua \longrightarrow Fe^{2+}_{aq} + 2\,e^-;$$
$$2\,e^- + Cu^{2+}_{aq} \longrightarrow \{Cu\} + aqua$$
$$\{Cu\} + aqua \longrightarrow Cu^{2+}_{aq} + 2\,e^-;$$
$$2\,e^- + 2\,Ag^{+}_{aq} \longrightarrow 2\,\{Ag\} + aqua$$

Die Metall-Atome (linke Gleichungen) geben Elektronen ab; die Kationen (rechte Gleichungen) nehmen Elektronen auf. Die Metall-Atome werden durch Elektronen-Abgabe zu Kationen oxidiert, und diese können durch Elektronen-Aufnahme wieder zu Atomen reduziert werden (s.o. Fe^{2+}_{aq} und Cu^{2+}_{aq}).

Definition: Teilchen, die Elektronen abgeben können, heißen **Elektronen-Donatoren** und Teilchen, die Elektronen aufnehmen können, **Elektronen-Akzeptoren.** Aus einem Elektronen-Donator wird durch Oxidation ein Elektronen-Akzeptor und aus diesem durch Reduktion wieder der Donator; beide bilden ein **konjugiertes Redox-Paar.**

Das Donator-Akzeptor-Prinzip haben wir bereits bei den Protolysen kennengelernt *(9.1)*. Mit seiner Hilfe lassen sich also auch die Redox-Reaktionen dieses Abschnitts verstehen, nur daß statt Protonen jetzt Elektronen ausgetauscht werden. Ist der Elektronen-Donator ein starkes Reduktionsmittel ($\{Zn\}$), dann ist der konjugierte Akzeptor (Zn^{2+}_{aq}) ein schwaches Oxidationsmittel; umgekehrt gehört zu einem schwachen Donator ($\{Ag\}$) ein starker konjugierter Elektronen-Akzeptor (Ag^{+}_{aq}).

Die experimentellen Untersuchungen am Anfang des Abschnitts zeigten, daß z.B. Zink ein stärkeres Reduktionsmittel ist als Eisen, weil die Reaktion zwischen Zink und einer Eisensalz-Lösung exotherm verläuft. Messungen der Reaktionswärme ergeben 49 kJ pro mol:

$$\{Zn\} + Fe^{2+}_{aq} \longrightarrow Zn^{2+}_{aq} + \{Fe\},\ \Delta H = -49\ kJ$$

Dürfen wir das so verstehen, daß beim Vergleich der konjugierten Paare $\{Zn\}/Zn^{2+}_{aq}$ und $\{Fe\}/Fe^{2+}_{aq}$ die Zink-Atome leichter Elektronen abgeben als die Eisen-Atome? Um elektrisch neutralen Atomen Elektronen zu entreißen, muß Energie aufgewandt werden (Ionisierungsenergie). Das ist aber nicht der einzige endotherme Vorgang, der berücksichtigt werden muß; es muß auch Arbeit gegen die Gitterkräfte des Metallgitters geleistet werden (Gitterenergie). Exotherm ist dann allerdings die Bindung von Wasser-Molekülen zur Hydrathülle der Ionen (Hydrationsenergie). Für Zink und Eisen ergeben sich demnach die Energie-Bilanzen der *Tabelle 9–2*.

Energie	Reaktionsgleichung	ΔH in kJ	
		Zink	Eisen
Gitter	$\{Me\} \longrightarrow Me$	+ 130	+ 398
Ionisierung	$Me \longrightarrow Me^{2+} + 2e^-$	+2684	+2294
Hydration	$Me^{2+} + aqua \longrightarrow Me^{2+}_{aq}$	−2001	−1830
Gesamt	$\{Me\} + aqua \longrightarrow Me^{2+}_{aq} + 2\,e^-$	+ 813	+ 862

Tabelle 9–2: Energie-Bilanzen für $\{Me\} / Me^{2+}_{aq}$

Der Übergang vom metallischen Zustand zum Zustand der hydratisierten Ionen ist also für beide Metalle endotherm, und zur Abtrennung von Elektronen aus Zink-Atomen ist sogar noch mehr Energie (2684 kJ) erforderlich als für Eisen-Atome (2294 kJ). Allerdings ist das Zink-Gitter wenig hart und bei der Hydration der Zink-Ionen wird viel Energie gewonnen, so daß der gesamte Energie-Aufwand für Zink weniger ungünstig ist als für Eisen. Wird aber umgekehrt Eisen aus dem ionischen in den metallischen Zustand reduziert, so wird Energie frei, und zwar 49 kJ pro mol mehr als nötig sind, um Zink oxidativ in Lösung zu bringen. Damit haben wir den Grund für den exothermen Charakter dieser Reaktion gefunden.

Ergebnis: Die Energie-Bilanz eines Systems (z.B. $\{Zn\} / Fe^{2+}_{aq}$) setzt sich aus Gitter-, Ionisierungs- und Hydrationsenergien zusammen, die für das Oxidationsmittel mit umgekehrten Vorzeichen wie für das Reduktionsmittel einzusetzen sind.

Wir können jetzt auch die Frage beantworten, ob die Werte der Oxidationsenergien *(Tab. 6–5)* ein Kriterium dafür abgeben, welches von zwei Metallen die Ionen des anderen exotherm reduziert. Immerhin stimmt die oben gefundene Reihenfolge Zink, Eisen, Kupfer, Silber mit der Stellung dieser Metalle in *Tab. 6–5* überein. Trotzdem müssen wir die Frage verneinen: In einer Energie-Bilanz für die Bildung eines Metalloxids fehlen nämlich die Hydrationsenergien, von denen wir jetzt wissen, daß sie einen erheblichen Beitrag für die Energie-Bilanz eines galvanischen Systems liefern.

Im kurzgeschlossenen galvanischen Element *(Versuch 9/34)* fließen Elektronen von der Metall- zur Graphit-Elektrode; sie werden laufend durch Oxidation der Atome des Metalls nachgeliefert. Die Metall-Elektrode besitzt also, solange der Strom fließt, einen Elektronen-Überschuß (negative Ladung) gegenüber der Graphit-Elektrode (bzw. der Salz-Lösung des edleren Metalls). Zwischen beiden Elektroden herrscht eine elektrische Spannung, die um so größer ist, je unedler das Elektronen liefernde und je edler das durch Entla-

Metalle sind Elektronen-Donatoren, Metall-Ionen sind Elektronen-Akzeptoren.

Elektronenabgabe bedeutet Oxidation, Elektronenaufnahme bedeutet Reduktion

Energie-Bilanz für den Übergang vom metallischen Zustand zum Zustand der hydratisierten Ionen

dung seiner Ionen entstehende Metall ist. Um so größer ist dann bei sonst gleichen Verhältnissen auch die Stromstärke. Nach diesem Kriterium haben wir die Metalle Zink, Eisen, Kupfer und Silber in eine Reihenfolge, die sogenannte **Spannungsreihe**, gebracht.

Spannungsreihe der Metalle

Definition: Von zwei Metallen wird dasjenige in der Spannungsreihe vor das andere geschrieben, das sich als Elektrode im galvanischen Element negativ gegenüber den Ionen des anderen auflädt.

Wenn wir nun ein weiteres Metall, z. B. Blei, in die Spannungsreihe unserer vier Metalle einordnen wollen, brauchen wir nur zu untersuchen, in welcher der Salz-Lösungen sich Blei mit einem Beschlag des betreffenden Metalls überzieht. Dabei müssen wir beachten, daß Blei-Ionen mit Sulfat-Ionen einen unlöslichen Niederschlag bilden, der das Metall als festhaftende, schützende Schicht überzieht. Wir dürfen also keine Sulfat-Lösungen verwenden, zweckmäßigerweise auch keine Chlorid-Lösungen, da auch Bleichlorid (in der Kälte) ziemlich schwer löslich ist.

► **Versuch 9/35:** Man läßt ein blankes (!) Stück Blei in ein Reagenzglas mit Kupfernitrat-Lösung gleiten: Es bildet sich ein Beschlag, dessen rote Farbe nach kurzer Zeit zu erkennen ist. ◄

Da meist kein Eisen(II)-nitrat zur Verfügung steht, in dessen Lösung Blei blank bleiben würde, gehen wir den umgekehrten Weg, indem wir aus Eisen und einer Bleisalz-Lösung ein galvanisches Element zu bauen versuchen:

► **Versuch 9/36:** Im U-Rohr mit Wattebausch befindet sich in einem Schenkel eine blanke (!) Eisen-Elektrode in Kaliumnitrat-Lösung, im anderen Schenkel eine Graphit-Elektrode in Bleinitrat-Lösung: Das Meßgerät zeigt einen Elektronen-Strom von der Eisen- zur Graphit-Elektrode an. Nach einiger Zeit lassen sich in der Salpeter-Lösung Eisen(II)-ionen nachweisen (vgl. *Versuch 9/30*). ◄

● **Folgerung:** Blei ist in der Spannungsreihe zwischen Eisen und Kupfer einzuordnen. Auf ähnliche Weise lassen sich noch weitere Metalle der von uns aufgestellten Reihe Zn, Fe, Pb, Cu, Ag zuordnen. Ohne zusätzliche Experimente begnügen wir uns nun mit der Mitteilung über die Plätze einiger wichtiger Metalle in der Spannungsreihe:

Ergebnis: In der Reihenfolge Mg, Al, Mn, Zn, Cr, Fe, Co, Ni, Sn, Pb, Cu, Ag, Hg, Au erfordert der Übergang vom metallischen Zustand zum Zustand der hydratisierten Ionen, d. h. von Elektronen-Donatoren zu ihren konjugierten Akzeptoren, von links nach rechts zunehmende Energie.

Etwas weniger präzise, aber dafür anschaulicher läßt sich das Ergebnis auch so auslegen, daß das Reduktionsvermögen der Metalle gemäß ihrer Stellung in der Spannungsreihe von Magnesium zu Gold hin abnimmt, während das Oxidationsvermögen der zugehörigen Ionen in der gleichen Richtung zunimmt.
Die Reihenfolge der Metalle in der Spannungsreihe wird auch durch die folgenden Versuche bestätigt:

► **Versuch 9/37:** Man gibt im Reagenzglas zu Zink-Granalien verdünnte Schwefelsäure: Die Metall-Körper überziehen sich mit Gasbläschen, die sich von Zeit zu Zeit von der Metalloberfläche lösen und aufsteigen. – Man wiederholt den Versuch mit Schwefelsäure, der man Kupfer(II)-sulfat-Lösung zugesetzt hat: Auf den Zink-Körnern bildet sich ein dunkler Belag, und es setzt sofort eine lebhafte Gasentwicklung ein. Man setzt einen Stopfen mit zur Spitze ausgezogenem Glasrohr auf: Das Gas läßt sich entzünden (Knallgasprobe); als Verbrennungsprodukt wird Wasser(dampf) nachgewiesen. ◄

● **Deutung:** Das Gas ist Wasserstoff:

$$\{Zn\} + aqua \rightarrow Zn^{2+}_{aq} + 2\,e^-;$$
$$2\,e^- + 2\,H^+_{aq} \rightarrow H_2 + aqua$$

Das Gas überzieht beim ersten Versuch die Oberfläche des Zinks mit einer dünnen Schicht aus Bläschen und schützt so das Metall weitgehend vor weiterem Angriff der Säure; daher nur schwache Gasentwicklung. – Gibt man aber zu der Säure Kupfer-Ionen, so scheidet sich zunächst wie in den *Versuchen 9/32 und 9/33* Kupfer auf der Zink-Oberfläche ab. Die Elektronen, die bei der Bildung der Zink-Ionen zurückbleiben, fließen jetzt zum Kupfer, wo sie von den H^+-Ionen der Säure aufgenommen werden. Die H_2-Entwicklung geschieht jetzt also auf der Kupfer-Oberfläche, so daß die Zink-Oberfläche von der Gas-Haut frei bleibt.

Diese Deutung läßt sich durch folgenden Versuch bestätigen:

► **Versuch 9/38:** In einer Petri-Schale liegt ein Kupferblech-Streifen, der in eine eiserne Krokodilklemme eingeklemmt ist, in einer zweiten Petri-Schale ein Magnesiumblech-Streifen (Magnesium-Band) ebenfalls an einer eisernen Krokodilklemme. Beide Schalen werden mit einer Kaliumnitrat-Lösung gefüllt, der man einen Tropfen Phenolphthalein-Lösung und 1 bis 2 cm^3 einer Lösung von rotem Blutlaugensalz zugesetzt hat: In der ersten Schale färbt sich die Lösung um das Kupfer herum rot, um das Eisen herum blau. In der zweiten Schale entsteht nur um das Eisen herum eine rote Färbung *(Abb. 9–5)*. ◄

● **Deutung:** Im ersten Fall geht das unedle Eisen in Lösung:

$$\{Fe\} + aqua \rightarrow Fe^{2+}_{aq} + 2\,e^-$$

Die Eisen-Ionen bilden mit der Lösung des roten Blutlaugensalzes den blauen Niederschlag *(Versuch 9/30)*. Die zurückbleibenden Elektronen fließen vom Eisen zum Kupfer, an dessen Oberfläche sie mit dem Wasser der Salz-Lösung reagieren:

$$2\,e^- + 2\,H_2O + aqua \rightarrow H_2 + 2\,(OH)^-_{aq}$$

Die Hydroxid-Ionen färben den zugesetzten Indikator Phenolphtalein rot. – Auch im zweiten Fall gehen die Ionen des unedleren Metalls in Lösung; das ist jetzt das Magnesium:

$$\{Mg\} + aqua \rightarrow Mg^{2+}_{aq} + 2\,e^-$$

Die zurückbleibenden Elektronen fließen zum edleren Eisen, an dessen Oberfläche ihre Reaktion mit Wasser (s.o.) unter Bildung von Hydroxid-Ionen stattfindet.

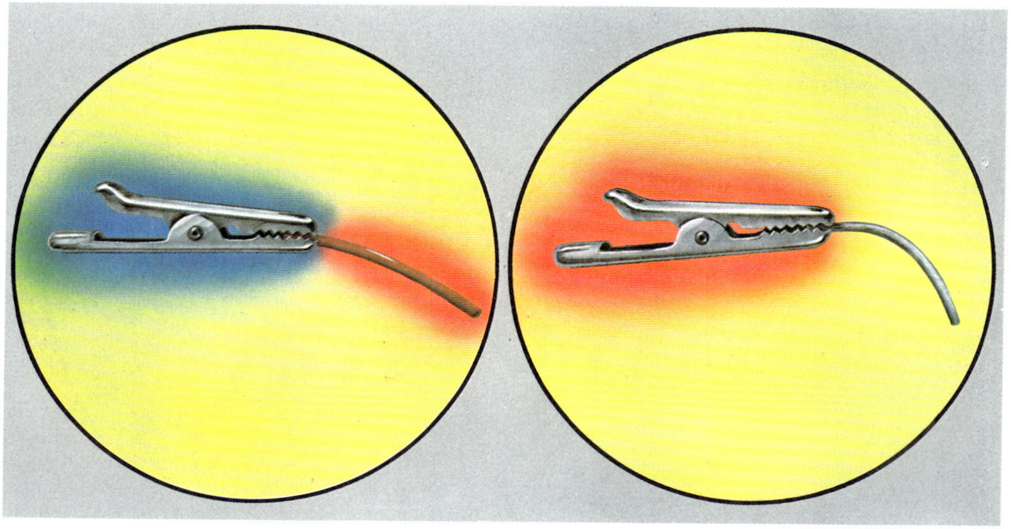

Abb. 9–5: Lokalelemente. a) Eisen in Kontakt mit Kupfer, b) Eisen in Kontakt mit Magnesium

Ergebnis: Wenn sich zwei unterschiedliche Metalle in Gegenwart eines Elektrolyten (Säure, Lauge, Salz-Lösung) berühren, so geht das unedlere Metall in Lösung; die abgegebenen Elektronen fließen zum edleren Metall, an dessen Oberfläche sie von den Ionen oder Molekülen des Elektrolyten aufgenommen werden.

Es handelt sich also – wie bei einem galvanischem Element – um einen geschlossen Stromkreis: Elektronen-Transport von Metall zu Metall, Ionen-Transport im Elektrolyten, nur daß die Elektronen nicht über ein Meßinstrument oder anderen Verbraucher geleitet werden. Man spricht daher auch bei diesen Reaktionsanordnungen von **Lokalelementen.** – Ein sehr eindrucksvolles Beispiel für ein Lokalelement zeigt der folgende Versuch:

► **Versuch 9/39:** Man bestreicht einen Streifen blankes Aluminium-Blech mit einem Wattebausch, den man in eine Quecksilber(II)-chlorid-Lösung (giftig!) getaucht hat, und läßt an der Luft liegen: Auf dem Metall bildet sich an den benetzten Stellen eine lockere weiße Schicht; die Reaktion ist so stark exotherm, daß man das Metall kaum anfassen kann. Nach ca. ½ Stunde hat sich das Metall mit einem dicken weißen, wolligen Überzug umgeben. ◄

Das Entstehen von Lokalelementen besitzt eine beträchtliche wirtschaftliche Bedeutung, allerdings im negativen Sinne. Immer wenn zwei verschieden edle Metalle miteinander in Berührung stehen, z. B. verzinntes Eisenblech (Weißblech), verchromte oder vernickelte Karosserie-Bleche, zusammengelötete Metallteile in elektrischen Schaltungen, Verunreinigungen in der Metalloberfläche bei nicht chemisch reinen Metallen usw., ist bei Gegenwart von Wasser oder feuchter Luft die Gefahr der **Korrosion** gegeben, d. i. die Zerstörung des Werkstoffs durch Zersetzung des unedlen Metalls. Man schätzt allein den Verlust von Eisen durch Korrosion (Rosten) auf ca. 2% des gesamten vorhandenen Eisens, das bedeutet viele Millionen Tonnen pro Jahr.
Korrosionsschutz bedeutet demnach Schützen der Metalloberfläche des unedlen Metalls z. B. durch Überziehen mit haltbaren Oxidschichten (Eloxal bei Aluminium), mit Schutzfarben (Mennige bei Eisen), mit Schichten aus edlerem Metall (Vergolden, Versilbern, Verkupfern usw), mit Schichten aus Kunststoffen oder Emaille.

Zusammenfassung: *Die Metalle lassen sich in eine Reihe – von den unedlen zu den edlen hin – anordnen, aus der abgelesen werden kann, welches Metall die Ionen eines anderen aus den wäßrigen Lösungen verdrängt und dabei selbst in den Ionenzustand übergeht. Die Metalle sind Reduktionsmittel, ihre Atome also Elektronen-Donatoren; die Metall-Ionen sind Oxidationsmittel bzw. Elektronen-Akzeptoren. Zu jedem Donator gibt es einen konjugierten Akzeptor, in den er sich bei der Redox-Reaktion durch Elektronen-Abgabe umwandelt; umgekehrt wird aus einem Akzeptor durch Elektronen-Aufnahme der konjugierte Donator. Wie bei den Protolysen gehört zu einem starken (schwachen) Donator ein schwacher (starker) Akzeptor.*

Lokalelemente, Korrosion

9.2.3 Stellung des Wasserstoffs und der Nichtmetall-Anionen in der Spannungsreihe

Wir haben im vorigen Abschnitt die Metall-Kationen als Oxidationsmittel kennengelernt. Es liegt nahe, weitere positive Ionen auf diese Eigenschaft hin zu prüfen, z. B. die Hydronium-Ionen. Wir wollen für sie auch im folgenden wieder die einfachere Schreibweise H^+_{aq} und die Bezeichnung Wasserstoff-Ionen benutzen. Sie stehen uns in den sauer reagierenden Lösungen zur Verfügung.

► **Versuch 9/40:** Man übergießt im Reagenzglas Zink mit verdünnter Salzsäure: Man beobachtet die Entwicklung eines Gases, das als Wasserstoff identifiziert wird (vgl. *Versuch 9/37*); das Metall löst sich auf. Man filtriert, neutralisiert das Filtrat mit Ammoniakwasser und weist Zink-Ionen mit Natriumsulfid-Lösung nach. – Man wiederholt den Versuch mit allen Metallen der Spannungsreihe und verdünnter Salzsäure; die Oberflächen müssen oxidfrei sein: Die unedlen Metalle bis zum Blei lösen sich unter Wasserstoff-Entwicklung; in den Lösungen können die Ionen des betreffenden Metalls nachgewiesen werden. Die edleren Metalle vom Kupfer ab sind in verdünnter Salzsäure unlöslich. Man wiederholt die Versuche mit verdünnter (!) Schwefelsäure und verdünnter Ethansäure: Gleiche Beobachtungen, sofern keine unlöslichen Salze entstehen (Bleisulfat). ◄

Löslichkeiten unedler Metalle in Säuren

● **Deutung:** Gemeinsame Reaktionspartner in den Säuren sind die Wasserstoff-Ionen. Für ein zweiwertiges Metall erhalten wir die Reaktionsgleichung:

$$\{\overset{0}{Me}\} + 2\,\overset{+1}{H}{}^{+}_{aq} \longrightarrow \overset{+2}{Me}{}^{2+}_{aq} + 2\,\overset{0}{H};\ 2\,H \longrightarrow H_2.$$

Offenbar handelt es sich bei diesen Redox-Reaktionen wieder um Elektronen-Übergänge. Somit müßten sich mit den Reaktionspartnern galvanische Elemente bauen lassen.

► **Versuch 9/41:** Im U-Rohr mit Wattebausch (Glasfritte) und seitlichen Ansätzen taucht eine Zink-Elektrode in Kochsalz-Lösung, eine Graphit-Elektrode in eine der verdünnten Säuren: Beim Kurzschließen der Elektroden über ein Meßinstrument (negativer Kontakt an der Zink-Elektrode) beobachtet man einen Zeigerausschlag und Wasserstoffentwicklung an der Graphit-Elektrode. Nach einiger Zeit lassen sich in der Kochsalz-Lösung Zink-Ionen nachweisen. – Man wiederholt den Versuch mit anderen unedlen Metallen, z. B. Eisen und Blei statt des Zinks: Entsprechende Beobachtungen. ◄

Wasserstoff-Elektrode

● **Deutung:**

$$\{\overset{0}{Zn}\} + \text{aqua} \longrightarrow \overset{+2}{Zn}{}^{2+}_{aq} + 2\,e^-$$
$$2\,\overset{+1}{H}{}^{+}_{aq} + 2\,e^- \longrightarrow 2\,\overset{0}{H} + \text{aqua};\ 2\,H \longrightarrow H_2$$
$$\overline{\{\overset{0}{Zn}\} + 2\,\overset{+1}{H}{}^{+}_{aq} \longrightarrow \overset{+2}{Zn}{}^{2+}_{aq} + \overset{0}{H_2}}$$

● **Folgerung:** Wie bei den Versuchen zur Spannungsreihe *(9.2.2)* sind die Metalle das Reduktionsmittel und werden durch Elektronen-Abgabe oxidiert. Wasserstoff-Ionen sind Elektronen-Akzeptoren und werden von der Oxidationsstufe +1 zu Null reduziert. Wir können demnach dem Wasserstoff in der Spannungsreihe der Metalle einen Platz zuweisen und zwar zwischen dem letzten Metall, das sich noch in verdünnter Säure löst, und dem ersten, das sich darin nicht mehr löst, also zwischen Blei und Kupfer.

Nun sollte umgekehrt Wasserstoff im Elementarzustand die Ionen der edleren Metalle (also ab Kupfer) reduzieren können:

► **Versuch 9/42:** Man leitet Wasserstoff durch eine blaue Kupfer(II)-salz-Lösung: Keinerlei Beobachtungen, die auf eine Reaktion hindeuten. ◄

Wir geben die Absicht noch nicht auf. Vielleicht ist die Aktivierungsenergie für die Zerlegung der Wasserstoff-Moleküle in Atome zu groß. In diesem Fall können wir uns zur Herabsetzung der Aktivierungsenergie *(4.1.4)* eines Katalysators bedienen:

► **Versuch 9/43:** Man läßt einen Streifen Palladium-Blech, das frisch mit Wasserstoff beladen worden ist *(Versuch 4/3)*, in eine nicht zu konzentrierte Kupfer(II)-salz-Lösung gleiten und erhitzt langsam bis zum beginnenden Sieden: Je nach Konzentration der Lösung wird die blaue Farbe aufgehellt. Das Palladium überzieht sich mit Kupfer. Mit Spezialindikator-Papier zeigt man, daß die Acidität der Lösung zugenommen hat. ◄

● **Deutung:** Wenn wir annehmen, daß der im Palladium gelöste Wasserstoff einatomig (naszierend) vorliegt, können wir als Reaktionsgleichung formulieren:

$$2\,\overset{0}{H} + \overset{+2}{Cu}{}^{2+}_{aq} \longrightarrow 2\,\overset{+1}{H}{}^{+}_{aq} + \{\overset{0}{Cu}\}.$$

Auch für diese Reaktion sollte der Elektronen-Übergang durch eine Schaltung als galvanisches Element nachgewiesen werden können. Als »Wasserstoff-Elektrode« verwenden wir wieder einen mit Wasserstoff gesättigten Kontaktkatalysator:

► **Versuch 9/44:** Im U-Rohr (Wattebausch, seitliche Ansätze) befindet sich in einem Schenkel eine saubere Platin-Elektrode in Kochsalz-Lösung. Diese Lösung hat man ganz schwach ammoniakalisch gemacht, so daß sie durch einen Tropfen Phenolphthalein gerade blaßrosa gefärbt ist. Man leitet in diesen Schenkel Wasserstoff so ein, daß er das Platin gut umspült *(Abb. 9–6)*. Im anderen Schenkel taucht eine Graphit-Elektrode in eine Kupfer(II)-salz-Lösung. Beim Kurzschließen der Elektroden über ein Meßinstrument (negativer Kontakt an die Wasserstoff-Elektrode) beobachtet man einen Zeigerausschlag. Läßt man die Anordnung eine Zeitlang kurzgeschlossen ohne Meßinstrument in Betrieb, so wird das Phenolphthalein farblos. Ein Kupferüberzug auf der Graphit-Elektrode ist in der zur Verfügung stehenden Zeit meist noch nicht zu erkennen. ◄

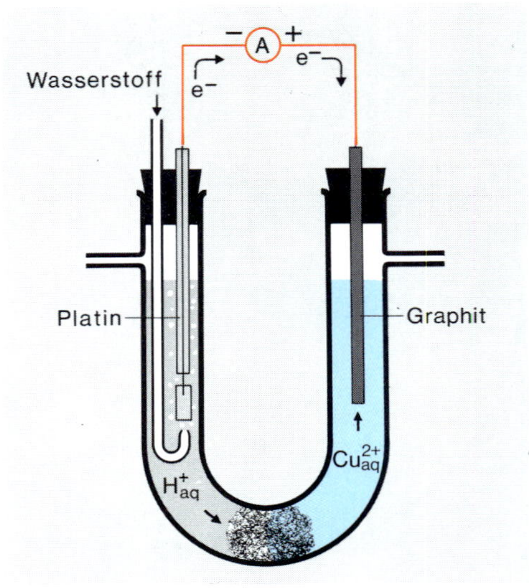

Abb. 9–6: Zu Versuch 9/44. Wasserstoff-Elektrode

● **Deutung:**

$$2\,\overset{0}{H} + \text{aqua} \longrightarrow 2\,\overset{+1}{H}{}^{+}_{aq} + 2\,e^-$$
$$\overset{+2}{Cu}{}^{2+}_{aq} + 2\,e^- \longrightarrow \{\overset{0}{Cu}\} + \text{aqua}$$
$$\overline{2\,\overset{0}{H} + \overset{+2}{Cu}{}^{2+}_{aq} \longrightarrow 2\,\overset{+1}{H}{}^{+}_{aq} + \{\overset{0}{Cu}\}}$$

Ergebnis: Wasserstoff (im atomaren Zustand) reduziert als Elektronen-Donator die Ionen des Kupfers und der in der Spannungsreihe folgenden Metalle. Umgekehrt oxidieren Wasserstoff-Ionen als Elektronen-Akzeptoren die unedlen Metalle bis zum Blei. Der Platz des Wasserstoffs in der Spannungsreihe liegt zwischen Blei und Kupfer.

Ebenso wie Metall- und Wasserstoff-Ionen als Atom-Kationen Elektronen-Akzeptoren sind, sollten Atom-Anionen – wie z. B. die Halogenid-Ionen – als Elektronen-Donatoren, d. h. als Reduktionsmittel, fungieren können. Das bedeutet für die Halogene selbst oxidierende Eigenschaften, wovon wir uns bereits in den Versuchen *6/6 und 6/7* überzeugt haben. Wir wollen jetzt untersuchen, ob wir für die Atom-Anionen hinsichtlich ihres Reduktionsvermögens auch wieder eine Reihenfolge in stärkere oder schwächere Reduktionsmittel aufstellen können:

► **Versuch 9/45:** Man leitet Chlor (Abzug!) durch drei hintereinander geschaltete Waschflaschen mit Wasser, Kaliumbromid- und Kaliumjodid-Lösung: Das Gas löst sich beträchtlich in Wasser; die Lösung in der ersten Waschflasche nimmt allmählich eine gelbgrüne Farbe an (»Chlorwasser«). Die Lösungen in den beiden anderen Waschflaschen färben sich schon nach wenigen Gasblasen rotbraun; man füllt diese beiden Lösungen in Reagenzgläser, gibt einige cm³ Tetra hinzu und schüttelt kräftig durch: Die Farbe der wäßrigen Phasen wird blasser; unter der Bromid-Lösung wird die Tetra-Phase braun, die unter der Jodid-Lösung violett. Zur Kontrolle überzeugt man sich, daß sich Brom in Wasser und in Tetra mit brauner Farbe löst, daß sich dagegen Jod in Wasser mit brauner und in Tetra mit violetter Farbe löst. ◄

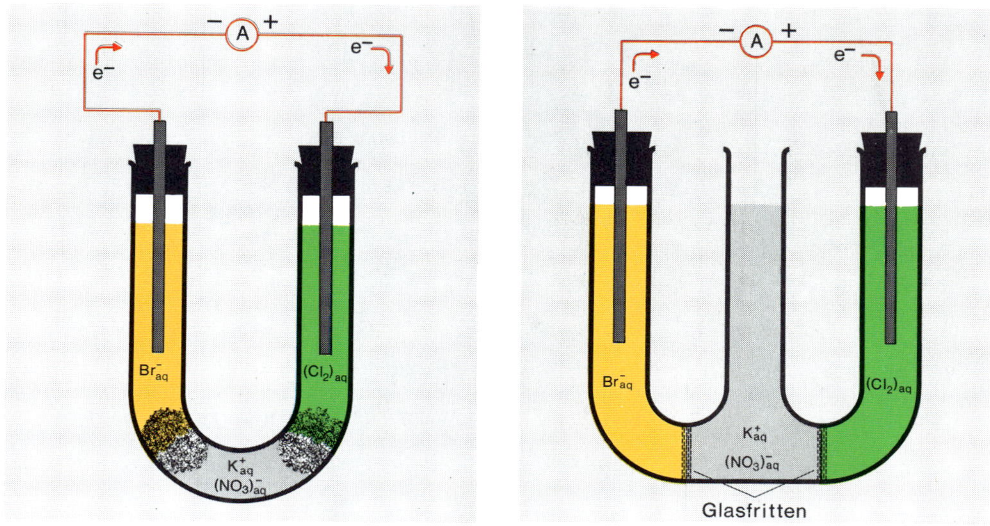

Abb. 9–7: Zu Versuch 9/47. Versuch zur Spannungsreihe der Nichtmetall-Anionen: a) in U-Rohr mit Wattebäuschchen, b) in Doppel-U-Rohr mit Glasfritten

► **Versuch 9/46:** Man gibt im Reagenzglas zu Kaliumbromid-Lösung einige Tropfen Chlorwasser (Inhalt der ersten Waschflasche von *Versuch 9/42*): Braunfärbung; nach Durchschütteln mit Tetra färbt sich dieses braun. – Man wiederholt den Versuch mit Kaliumjodidlösung und Chlorwasser: Das Tetra färbt sich violett. – Man wiederholt den Versuch mit Kaliumjodid-Lösung und Bromwasser (vom Kontrollversuch *Versuch 9/45*): Das Tetra färbt sich violett. ◄

● **Deutung:** Chlor oxidiert Bromid-Ionen zu Brom und Jodid-Ionen zu Jod; auch Brom oxidiert Jodid-Ionen zu Jod:

$$\overset{0}{Cl_2} + 2\,\overset{-1}{Br}{}^-_{aq} \longrightarrow 2\,\overset{-1}{Cl}{}^-_{aq} + \overset{0}{Br_2}$$
$$\overset{0}{Cl_2} + 2\,\overset{-1}{J}{}^-_{aq} \longrightarrow 2\,\overset{-1}{Cl}{}^-_{aq} + \overset{0}{J_2}$$
$$\overset{0}{Br_2} + 2\,\overset{-1}{J}{}^-_{aq} \longrightarrow 2\,\overset{-1}{Br}{}^-_{aq} + \overset{0}{J_2}$$

Streng genommen hätten wir uns überzeugen müssen, daß in den beiden ersten Fällen tatsächlich Chlorid-Ionen, im dritten Fall Bromid-Ionen entstanden sind. Andrerseits kann die nachgewiesene Oxidation nicht ohne gleichzeitige Reduktion des Oxidationsmittels stattgefunden haben. Die Reaktionsgleichungen lassen Elektronen-Übergänge von den Halogenid-Ionen zu den Molekülen des Oxidationsmittels vermuten. Zum Nachweis müssen wir die Anordnung des galvanischen Elements (*Abb. 9–4*) etwas abändern; der Elektronen-Donator (Halogenid-Ionen) liegt jetzt in flüssiger Phase vor, der Akzeptor gleichfalls. Sie müssen voneinander getrennt, aber doch leitend miteinander verbunden sein; das erreichen wir durch Zwischenschaltung eines inerten Elektrolyten (z. B. Kaliumnitrat-Lösung). Die Elektronen werden dann durch Graphit-Elektroden abgeleitet bzw. zugeführt:

► **Versuch 9/47:** In den unteren Teil eines U-Rohrs gibt man Kaliumnitrat-Lösung, schiebt auf beiden Seiten Wattebäusche bis zur Flüssigkeit hinunter und füllt dann den einen Schenkel mit Kaliumbromid-Lösung, gleichzeitig (!) den anderen mit Chlorwasser auf. Der negative Kontakt eines Strom-Meßgeräts wird mit einer in die Bromid-Lösung tauchenden Graphit-Elektrode verbunden, der positive Kontakt mit einer zweiten in das Chlorwasser tauchenden (*Abb. 9–7a*). (Statt dieser Anordnung kann man auch ein Dreischenkel-U-Rohr mit zwei eingeschmolzenen Glasfritten benutzen (*Abb. 9–7b*)). Der Zeiger des Meßinstruments schlägt aus; die Bromid-Lösung färbt sich langsam braun. – Man wiederholt den Versuch mit einer Kaliumjodid-Lösung und Chlorwasser: Zeigerausschlag und Braun-Färbung der Jodid-Lösung bzw. Violett-Färbung nach Herauspipettieren und Durchschütteln mit Tetra. – Man wiederholt den Versuch mit Kaliumjodid-Lösung und Bromwasser, dem man zur besseren Leitfähigkeit etwas Kaliumnitrat-Lösung zusetzt: Zeigerausschlag und Violett-Färbung des Tetra-Auszugs (s. o.). ◄

Spannungsreihe der Nichtmetalle

● **Deutung:**

$$\begin{array}{l} 2\,Br^-_{aq} \longrightarrow (Br_2)_{aq} + 2\,e^- \\ (Cl_2)_{aq} + 2\,e^- \longrightarrow 2\,Cl^-_{aq} \\ \hline 2\,Br^-_{aq} + (Cl_2)_{aq} \longrightarrow (Br_2)_{aq} + 2\,Cl^-_{aq} \end{array}$$

$$\begin{array}{l} 2\,J^-_{aq} \longrightarrow (J_2)_{aq} + 2\,e^- \\ (Cl_2)_{aq} + 2\,e^- \longrightarrow 2\,Cl^-_{aq} \\ \hline 2\,J^-_{aq} + (Cl_2)_{aq} \longrightarrow (J_2)_{aq} + 2\,Cl^-_{aq} \end{array}$$

$$\begin{array}{l} 2\,J^-_{aq} \longrightarrow (J_2)_{aq} + 2\,e^- \\ (Br_2)_{aq} + 2\,e^- \longrightarrow 2\,Br^-_{aq} \\ \hline 2\,J^-_{aq} + (Br_2)_{aq} \longrightarrow (J_2)_{aq} + 2\,Br^-_{aq} \end{array}$$

Ergebnis: Halogenid-Ionen sind Elektronen-Donatoren, Halogen-Moleküle Elektronen-Akzeptoren. Von den drei Halogenen ist Chlor das stärkste Oxidationsmittel; umgekehrt sind die Jodid-Ionen das stärkste Reduktionsmittel.

Wir experimentieren mit Sulfid-Ionen. Hier genügen Reagenzglasversuche:

► **Versuch 9/48:** (Abzug!) Man gibt zu Natrium-sulfid-Lösung einige Tropfen Chlorwasser: Eine zunächst weiße Trübung verdichtet sich zu einem gelben Niederschlag, den man filtriert und auf einer Spatelspitze an eine Flamme hält: Entzündung, blaue Flamme, Geruch nach Schwefeldioxid. – Man wiederholt den Versuch mit Brom- oder Jodwasser und einer Sulfid-Lösung: Trübung bzw. Niederschlag wie oben. ◄

Bezeichnen wir die Halogen-Atome mit *X*, so können wir als Reaktionsgleichung formulieren:

$$S^{2-}_{aq} + (X_2)_{aq} \rightarrow \{S\} + 2\,X^{-}_{aq}.$$

Ergebnis: Die Anionen der Nichtmetalle bilden nach ihrem Reduktionsvermögen die Reihenfolge S^{2-}, J^-, Br^-, Cl^- (Spannungsreihe der Nichtmetall-Anionen).

Einordnung der Nichtmetall-Anionen in die Spannungsreihe der Metalle.

Die konjugierten Redox-Paare schreiben wir wieder so, daß der Elektronen-Donator an erster Stelle steht: $2\,X^-/X_2$, analog zu $\{Me\}/Me^{2+}$.
Die Spannungsreihe der Metalle in der Form, wie sie üblicherweise geschrieben wird, stellt eigentlich eine Reihenfolge von Elektronen-Donatoren dar; die konjugierten Akzeptoren sind weggelassen. Es sollte dann möglich sein, den Nichtmetall-Anionen als ebensolchen Elektronen-Donatoren Plätze in dieser Reihe zuzuweisen. Wenn beim Vergleich der Paare $\{Me\}/Me^{2+}$ und $2\,X^-/X_2$ die Reaktion zwischen dem Metall und dem Halogen in wäßriger Lösung exotherm abläuft, dann gehört das Metall in der Spannungsreihe vor die Halogenid-Ionen:

$$\overset{2e^-}{\overbrace{\{Me\} + (X_2)_{aq}}} \rightleftarrows \overset{2e^-}{\overbrace{Me^{2+}_{aq} + 2\,X^{-}_{aq}}}$$

Ist aber die Umkehrreaktion zwischen der Halogenid- und der Metallsalz-Lösung (nach links gerichteter Pfeil) exotherm, dann sind die Halogenid-Ionen ein stärkeres Reduktionsmittel als das Metall und müssen vor diesem eingestuft werden.

► **Versuch 9/49:** Man stellt eine braune wäßrige Jod-Lösung her, indem man dem Lösungsmittel – außer den Jod-Kristallen – ein wenig Kaliumjodid hinzugibt. Man schüttelt diese Lösung mit überschüssigem Zink-Pulver bis zur Entfärbung. Nach dem Filtrieren weist man im Filtrat Zink-Ionen (mit Sulfid-Ionen) nach. ◄

● **Deutung:**

$$\{Zn\} + (J_2)_{aq} \rightarrow Zn^{2+}_{aq} + 2\,J^{-}_{aq}$$

Der Platz der Jodid-Ionen in der Spannungsreihe muß bei Metallen liegen, die edler als Zink sind. Bei der Suche nach dem genauen Platz, d. h. beim Prüfen der Jod-Lösung mit weiteren Metallen dürfen wir das einfache Verfahren *Versuch 9/49* nur so lange anwenden, wie sich aus den Metall- und Jodid-Ionen keine unlöslichen Salze bilden. In einem solchen Fall würde die Reaktion wegen der beträchtlichen Energie, die bei der Bildung des Gitters frei wird, auch dann exotherm verlaufen, wenn das Metall der schlechtere Elektronen-Donator ist. Unlöslich z. B. sind Silberjodid und Kupfer(I)-jodid. Für diese beiden Metalle müssen wir die Versuchsanordnung des galvanischen Elements benutzen, weil bei ihr die Reaktionsprodukte voneinander getrennt bleiben.

► **Versuch 9/50:** Im U-Rohr mit Wattebausch oder Glasfritte taucht eine Kupfer-Elektrode in Kaliumnitrat-Lösung, im anderen Schenkel eine Graphit-Elektrode in eine Jod-Kaliumjodid-Lösung. Beim Kurzschließen über ein Meßinstrument fließen Elektronen vom Kupfer zur Jod-Lösung. Nach einiger Zeit nimmt die Nitrat-Lösung eine blaue Farbe an, während auf der anderen Seite die braune Farbe der Jod-Lösung blasser wird. ◄

● **Deutung:**

$$\begin{array}{l} \{Cu\} + aqua \rightarrow Cu^{2+}_{aq} + 2e^- \\ (J_2)_{aq} + 2\,e^- \rightarrow 2\,J^{-}_{aq} \\ \hline \{Cu\} + (J_2)_{aq} \rightarrow Cu^{2+}_{aq} + 2\,J^{-}_{aq} \end{array}$$

► **Versuch 9/51:** Man benutzt das U-Rohr mit zwei Wattebäuschen oder das Dreischenkel-U-Rohr wie in *Abb. 9–7a, b*. Im mittleren Teil befindet sich eine Kaliumnitrat-Lösung, im einen Schenkel eine Graphit-Elektrode in Kaliumjodid-Lösung, im anderen Schenkel eine Graphit-Elektrode in Silbernitrat-Lösung. Das Meßinstrument zeigt einen Elektronen-Übergang von der Jodid- zur Silbersalz-Lösung an. Die Jodid-Lösung wird braun; im anderen Schenkel überzieht sich die Graphit-Elektrode mit einem Pelz von silberglänzenden Nadeln. ◄

● **Deutung:**

$$\begin{array}{l} 2\,J^{-}_{aq} \rightarrow (J_2)_{aq} + 2\,e^- \\ 2\,Ag^{+}_{aq} + 2\,e^- \rightarrow 2\,\{Ag\} + aqua \\ \hline 2\,J^{-}_{aq} + 2\,Ag^{+}_{aq} \rightarrow (J_2)_{aq} + 2\,\{Ag\} \end{array}$$

Ergebnis: Der Platz der Jodid-Ionen in der Spannungsreihe liegt zwischen Kupfer und Silber.

Die Plätze der Bromid- und Chlorid-Ionen als noch schwächerer Reduktionsmittel liegen demnach noch weiter zu den Edelmetallen hin, während die stärker reduzierenden Sulfid-Ionen zwischen die unedlen Metalle gehören. Ohne weitere Experimente teilen wir mit:

Ergebnis: Die um die Nichtmetall-Anionen erweiterte Spannungsreihe lautet:

$$\ldots Zn, S^{2-}, Fe \ldots Cu, J^-, Ag, Br^-, Cl^-, Au \ldots$$

Zusammenfassung: *Wasserstoff läßt sich in die Spannungsreihe der Metalle zwischen Blei und Kupfer einordnen. Zur Reduktion von Ionen der edleren Metalle benutzt man eine Wasserstoff-Elektrode, das ist ein von Wasserstoff umspültes Platin-Blech. Zur Oxidation der unedleren Metalle dienen Wasserstoff-Ionen, wie sie in den Hydronium-Ionen der Säuren zur Verfügung stehen.*
Nichtmetall-Anionen können Elektronen abgeben und somit als Reduktionsmittel fungieren, sofern Elektronen-Akzeptoren (Anode, Oxidationsmittel) zur Verfügung stehen. Als Elektronen-Donatoren verhalten sich die genannten Teilchen ähnlich wie Metall-Atome und können daher in deren Spannungsreihe eingeordnet werden. Wasserstoff steht dann zwischen unedlen und edlen Metallen, Halogenid-Ionen als verhältnismäßig schwache Donatoren zwischen den Edelmetallen. Umgekehrt sind die konjugierten Halogen-Moleküle verhältnismäßig starke Oxidationsmittel: am stärksten Chlor, am schwächsten Jod.
Wir haben nun bei allen bisher behandelten Redox-Reaktionen gesehen, daß wir den Elektronen-Übergang über ein Meßinstrument leiten können, d. h. daß wir die freiwerdende Energie als Elektronenstrom, also als elektrische Energie, nutzbar machen können. Insofern ist die Versuchsanordnung eines galvanischen Elements die Umkehrung einer Elektrolyse, bei der elektrische in chemische Energie überführt wird. Im geöffneten galvanischen Element ist also Energie gespeichert, kenntlich an der zwischen den Elektroden herrschenden Spannung. Wir wollen im nächsten Abschnitt untersuchen, welche galvanischen Anordnungen sich für den praktischen Gebrauch als Spannungsquellen durchgesetzt haben.

9.2.4 Elektrochemische Energiegewinnung

Jedes galvanische Element besteht in der allgemeinsten Form aus zwei »Halbzellen«: In der einen taucht die (Metall-)Elektrode M_1 in die (Elektrolyt-)Lösung L_1, in der anderen die Elektrode M_2 in die Lösung L_2. Die beiden Lösungen müssen durch eine poröse Trennwand oder Wattebausch, evtl. auch durch einen inerten Elektrolyten, leitend miteinander verbunden sein *(Abb. 9–8)*.
1. Fall: Gleiche Elektroden tauchen in die gleiche Lösung; $M_1 = M_2, L_1 = L_2$.
2. Fall: Gleiche Elektroden tauchen in verschiedene Lösungen; $M_1 = M_2, L_1 \neq L_2$.
3. Fall: Verschiedene Elektroden tauchen in die gleiche Lösung: $M_1 \neq M_2, L_1 = L_2$.
4. Fall: Verschiedene Elektroden tauchen in verschiedene Lösungen: $M_1 \neq M_2, L_1 \neq L_2$.

Im 1. Fall handelt es sich um symmetrische Systeme. Zwischen den Elektroden kann keine Spannung auftreten.
Für den 2. Fall haben wir verschiedene Beispiele kennengelernt. Es sind die Versuche, bei denen wir die Lösungen L_1 und L_2 durch einen inerten Elektrolyten voneinander trennen mußten *(Versuche 9/47 und 9/51)*. Derartige Anordnungen haben keine praktische Verwendung gefunden.

Typische Beispiele für den 3. Fall sind die Lokalelemente *(Versuche 9/37, 9/38, 9/39)*, bei denen zwei verschiedene Metalle mit dem gleichen Elektrolyt in Berührung sind. Zum 3. Fall gehört auch das älteste bekannte, von VOLTA[1] im Jahr 1796 konstruierte galvanische Element, das **Volta-Element,** bei dem eine Kupfer- und eine Zink-Elektrode in verdünnte Schwefelsäure tauchen. Die Spannung beträgt ca. 1 Volt. Verbindet man die Elektroden über ein Strommeßgerät, so fällt die Stromstärke ziemlich schnell auf etwa ⅔ des Anfangswerts. Die Zink-Elektrode löst sich auf, an der Kupfer-Elektrode entwickelt sich Wasserstoff:

$$\{Zn\} + aqua \rightarrow Zn^{2+}_{aq} + 2\,e^-$$
$$2\,H^+_{aq} + 2\,e^- \rightarrow H_2 + aqua$$

Da die Kupfer-Elektrode nach kurzer Zeit mit Wasserstoff bedeckt ist und der Abstand zwischen Wasserstoff und Zink in der Spannungsreihe kleiner ist als der zwischen Kupfer und Zink, fällt die anfänglich gemessene Spannung auf einen geringeren Wert; das Element ist »inkonstant«.

[1] Graf Alessandro VOLTA, 1745–1827, Physik-Professor in Como und Pavia

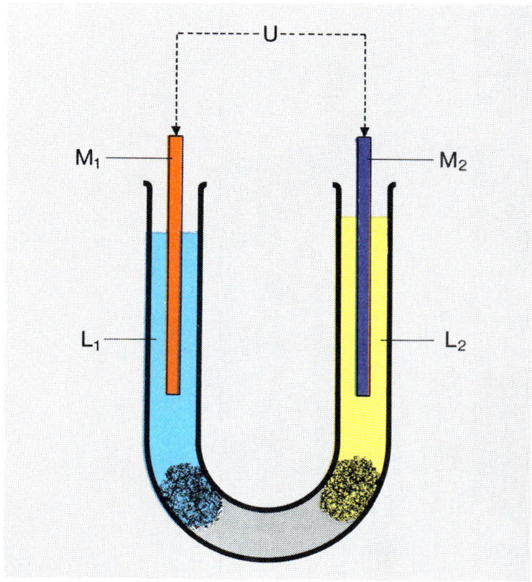

Abb. 9–8: Prinzip eines galvanischen Elements

Das VOLTA-Element ist nicht »regenerierbar«, weil der Wasserstoff an die Luft entweicht. Man kann also die Elektrodenprozesse nicht durch eine Elektrolyse umkehren und damit den anfänglichen Zustand wiederherstellen. Ein weiterer Nachteil besteht darin, daß sich das Zink auch im geöffneten (nicht benutzten) Element in der Säure auflöst. Aus diesen Gründen scheidet das VOLTA-Element als Spannungsquelle für den praktischen Gebrauch aus.

Ergebnis: Überzieht sich beim Betrieb eines galvanischen Elements die Oberfläche einer der Elektroden mit einem anderen Stoff, so verändert sich die Spannung; das Element ist inkonstant. Beispiel: VOLTA-Element.

A. VOLTA

Eine erhebliche Verbesserung stellt das von LECLANCHÉ[1] konstruierte Element dar (1868). Dieses **LECLANCHÉ-Element** besitzt ebenfalls eine Zink-Elektrode, die aber statt in Säure in Ammoniumchlorid-Lösung taucht; als Gegenelektrode dient ein Graphit-Stab:

$$\{Zn\} + aqua \rightarrow Zn^{2+}_{aq} + 2\,e^-$$
$$2\,(NH_4)^+_{aq} + 2\,e^- \rightarrow H_2 + 2\,(NH_3)_{aq}$$

Der am Graphit entstehende Wasserstoff wird durch Braunstein, der die Elektrode in einem Säckchen umgibt, zu Wasser oxidiert; dadurch bleibt die Spannung von ca. 1,5 Volt konstant. Im geöffneten Element kann sich das Zink nicht in der Salz-Lösung auflösen. Für den praktischen Gebrauch werden mehrere LECLANCHÉ-Elemente zu einer **Trocken-Batterie** hintereinandergeschaltet. Der Elektrolyt befindet sich in einem Zink-Becher *(Abb. 9–9a, b)* und ist durch Mehl, Gelatine oder einen anderen Füllstoff eingedickt. Taschenlampen, Kofferradios usw. sind mit solchen Trocken-Batterien ausgestattet. Das Element ist erschöpft, wenn das Zink bzw. die Ammonium-Ionen verbraucht sind. Da der Wasserstoff durch Oxidation beseitigt wird, läßt sich auch das Leclanché-Element nicht regenerieren.

VOLTA-Element, Trocken-Element

Das bekannteste und wegen seiner Regenerierbarkeit wohl auch wichtigste galvanische Element, das nach dem Prinzip der unterschiedlichen Elek-

[1] George LECLANCHÉ, 1839–1882, franz. Chemiker

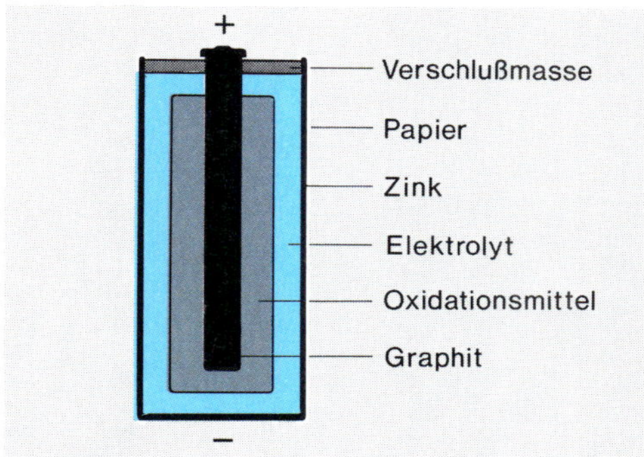

Abb. 9–9: Trockenelement: a) Schema, b) Foto des geöffneten Elements

troden im gleichen Elektrolyt arbeitet, ist der **Blei-Akkumulator**[1].

Daniell-Element

► **Versuch 9/52:** In einem Becherglas tauchen zwei Blei-Streifen in verdünnte Schwefelsäure. Sie können mit Hilfe eines Umschalters U *(Abb. 9–10)* entweder über ein Glühlämpchen G (1,5 Volt) kurzgeschlossen oder mit einer Gleichspannungsquelle S (ca. 3 Volt) verbunden werden. Zunächst sieht man bei Kurzschließen der Elektroden, daß kein Strom geliefert wird. Legt man jetzt den Schalter zur Spannungsquelle um, so findet an der Kathode M_1 eine Gasentwicklung (Wasserstoff) statt, und die Anode M_2 überzieht sich mit einer dunkelbraunen Schicht. Schaltet man jetzt wieder zum Glühlämpchen um, so leuchtet dieses hell auf. Wenn nach einiger Zeit das Leuchten nachläßt, kann das Element durch Verbinden mit der Spannungsquelle wieder »aufgeladen« werden; dabei ist an der Kathode keine Gasentwicklung zu beobachten, falls die Ladespannung nicht zu groß gewählt wird. ◄

Blei-Akkumulator

● **Deutung:** Das galvanische System zu Beginn des Versuchs ist symmetrisch, kann daher keine Spannung liefern. Bei der folgenden Elektrolyse werden an der Kathode M_1 Wasserstoff-Ionen der Säure entladen. An der Anode M_2 entsteht kein Sauerstoff wie bei der Verwendung einer Platin-Elektrode *(Versuch 9/26)*, sondern das Blei wird zu Blei(IV)-oxid $\{PbO_2\}$ oxidiert. Auf diese Weise entsteht ein unsymmetrisches System, das beim Umschalten das Glühlämpchen aufleuchten läßt. Die elektrische Energie wird dann durch folgende Prozesse geliefert (obere Pfeile):

Brennstoff-Zelle

$$M_1{:}\ \{\overset{0}{Pb}\} + (SO_4)^{2-}_{aq} \underset{\text{Laden}}{\overset{\text{Entladen}}{\rightleftarrows}} \{\overset{+2}{Pb}SO_4\} + 2\,e^- + \text{aqua}$$

$$M_2{:}\ \{\overset{+4}{Pb}O_2\} + 2\,e^- + 4\,H^+_{aq} + (SO_4)^{2-}_{aq} \underset{\text{Laden}}{\overset{\text{Entladen}}{\rightleftarrows}} \{\overset{+2}{Pb}SO_4\} + 2\,H_2O + \text{aqua}$$

Bei diesem »Entladungsprozeß« werden äquivalente Mengen von Wasserstoff- und Sulfat-Ionen verbraucht und Wasser-Moleküle entstehen; die Säure verdünnt sich demnach. Beide Elektroden wandeln sich in Bleisulfat um, wobei die Blei-Atome in M_1 um zwei Stufen oxidiert, die in M_2 um gleichviel Stufen reduziert werden. Es entsteht also wieder ein symmetrisches System, jetzt aus Bleisulfat-Elektroden in Schwefelsäure. Die

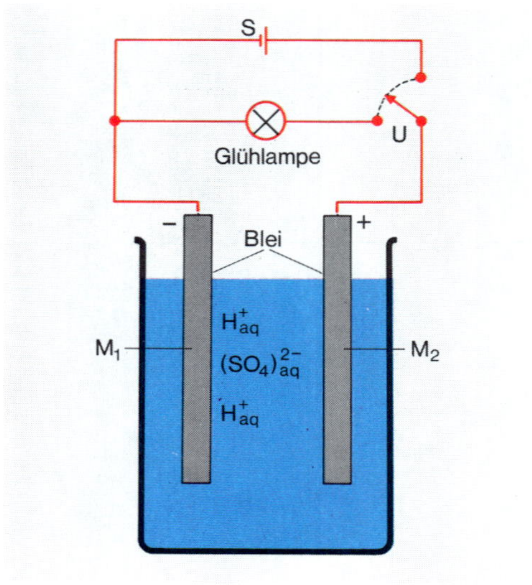

Abb. 9–10: Zu Versuch 9/52. Wirkungsweise des Blei-Akkumulators

Schichtdicke des Bleisulfats entspricht der des vorhanden gewesenen Blei(IV)-oxids.
Die Regenerierung des Elements (»Laden«) ist eine Elektrolyse. Die chemischen Prozesse laufen in umgekehrter Richtung (untere Pfeile): Die Kathode wandelt sich in Blei, die Anode in Blei(IV)-oxid um; die Konzentration der Säure nimmt zu.
Für den praktischen Gebrauch (Autobatterie, Elektrokarren, Notbeleuchtung usw.) sind die Bleisulfat- bzw. Blei(IV)-oxid-Schichten in ein Gerüst von metallischem Blei eingepreßt. Das Element liefert eine Spannung von 2 Volt, eine Batterie aus n hintereinandergeschalteten Elementen also $2n$ Volt. Beim Laden wird elektrische in chemische Energie überführt und steht, in dieser Form gespeichert, für den Betrieb als galvanisches Element zur Verfügung.

Ergebnis: Ein galvanisches Element kann als »Akkumulator« für Energie bezeichnet werden, wenn die Reaktionsprodukte der Elektrodenprozesse im System verbleiben, d.h. wenn der ursprüngliche Zustand durch Elektrolyse wiederhergestellt werden kann.

Zum Schluß unserer Untersuchung unsymmetrischer galvanischer Systeme bringen wir noch Beispiele für den 4. Fall, bei denen sowohl Elektroden wie Elektrolyte verschiedenartig sind. Fast alle Versuchsanordnungen, mit denen wir den Elektronenübergang bei Redox-Reaktionen nachgewiesen haben, gehören diesem Typ an (z.B. *Versuche 9/31, 9/34, 9/41 u.a.*).

Für den praktischen Gebrauch benutzte man das im vorigen Jahrhundert von DANIELL[1] konstruierte Element (1836), bei dem eine Zink- und eine Kupfer-Elektrode in verdünnte Zinksulfat- bzw. konzentrierte Kupfersulfat-Lösung tauchen. Das **Daniell-Element** liefert eine konstante Spannung von 1,1 Volt und läßt sich als Akkumulator benutzen.
Vermutlich die wichtigste chemische Spannungsquelle der Zukunft – z.Zt. allerdings noch nicht technisch ausgereift – verspricht die **Brennstoff-Zelle** zu werden. Hier werden keine teuren Metalle als Elektroden benutzt, sondern »Gas-Elektroden«, und zwar eine Wasserstoff- und eine Sauerstoff-Elektrode. Das Reaktionsprodukt ist dann Wasser, wobei pro mol gebildeter H_2O-Moleküle 286 kJ frei werden. Gelänge es, mit den Gas-Elektroden ein galvanisches Element zu konstruieren, stünde diese Energie weitgehend als elektrische Energie zur Verfügung.

► **Versuch 9/53:** Man benutzt Platin-Elektroden und füllt in ein U-Rohr ca. 25%ige Kalilauge. Zunächst wird eine Gleichspannung von ca. 4 Volt angelegt: An beiden Elektroden beobachtet man Gas-Entwicklungen (Wasserstoff an der Kathode, Sauerstoff an der Anode). Mit einem Umschalter trennt man die Verbindungen zur Spannungsquelle und stellt den Kontakt zu einem Voltmeter her (Wasserstoff-Seite an den negativen Pol des Instruments): Man beobachtet kurzzeitig eine Anzeige von 0,9 Volt, die dann schnell auf kleinere Werte abfällt. ◄

● **Deutung:** Durch die Elektrolyse im ersten Teil des Versuchs werden die Elektroden mit Wasserstoff bzw. Sauerstoff beladen. Nach der Umschaltung zum galvanischen Element spielen sich folgende Reaktionen ab:

$$H_2 + 2\,(OH)^-_{aq} \longrightarrow 2\,H_2O + 2\,e^- + \text{aqua}$$
$$\tfrac{1}{2}\,O_2 + 2\,e^- + H_2O + \text{aqua} \longrightarrow 2\,(OH)^-_{aq}$$

Es entstehen auf der einen Seite ebensoviel Hydroxid-Ionen, wie auf der anderen Seite verbraucht werden. Im Endeffekt wird die Lauge nur durch das entstehende Wasser verdünnt. Daß die Spannung nach kurzer Zeit zusammenbricht, können wir damit erklären, daß eines der auf den

[1] accumulare (lat.), anhäufen, sammeln

[1] John Frederic DANIELL, 1790–1845, Professor für Chemie in London

Elektroden-Oberflächen haftenden Gase (Sauerstoff) verbraucht ist.
Um die Spannung aufrecht zu erhalten und damit einen konstanten Strom entnehmen zu können, müssen die Gase ständig nachgeliefert werden. Dafür eignet sich folgende Anordnung:

► **Versuch 9/54:** (Lehrerversuch) Man wickelt um den unteren Teil von zwei Glasrohren je ein Nickel-Drahtnetz, an dem ein Nickel-Draht befestigt ist. Man taucht die so vorbereiteten Elektroden in Reagenzgläser mit Palladium(II)-chlorid-Lösung: Das Nickel überzieht sich mit einer fein verteilten Palladium-Schicht. Man taucht dann die Glasrohre mit den so behandelten Elektroden in die beiden Schenkel eines mit 25%iger Kalilauge gefüllten U-Rohrs (Wattebausch in der Mitte, *Abb. 9–11*. Die Schenkel des U-Rohrs bleiben offen. Durch die Glasrohre – sie werden an den oberen Enden eingespannt – bespült man die Elektroden mit Wasserstoff bzw. Sauerstoff (Schutzbrille!): Man mißt eine Spannung von etwas über 0,9 Volt. Man kann mit der Anordnung einen kleinen Elektromotor (1 V, 0,03 A) betreiben. ◄

Ergebnis: In einer Brennstoffzelle wird durch elektrochemische Oxidation eines Brennstoffs (Wasserstoff) mit Sauerstoff chemische Energie direkt in elektrische Energie umgewandelt.

Zusammenfassung: *Jedes unsymmetrische galvanische System liefert eine Spannung. Die Unsymmetrie kann in der Unterschiedlichkeit des Elektroden-Materials und/oder der Elektrolyte begründet sein. Historische Bedeutung besitzen das* VOLTA- *und das* DANIELL-*Element. Von aktueller Wichtigkeit sind das* LECLANCHÉ-*Element als Trocken-Element und der Blei-Akkumulator. Die Bedeutung der Brennstoffzellen wird wegen ihrer Wirtschaftlichkeit weiter zunehmen (z. B. in der Raumfahrt). Lästig bei dieser Energie-Quelle, so wie wir sie beschrieben haben, ist das große Gewicht der Gas-Stahlflaschen; man versucht deshalb, den gasförmigen Brennstoff (Wasserstoff) durch einen flüssigen (Hydrazin, Methanol o. a.) zu ersetzen.*
Das wichtigste Ergebnis der Abschnitte 9.2 *ist der Nachweis, daß die Vorgänge an den Elektroden Redox-Reaktionen sind, daß aber auch*

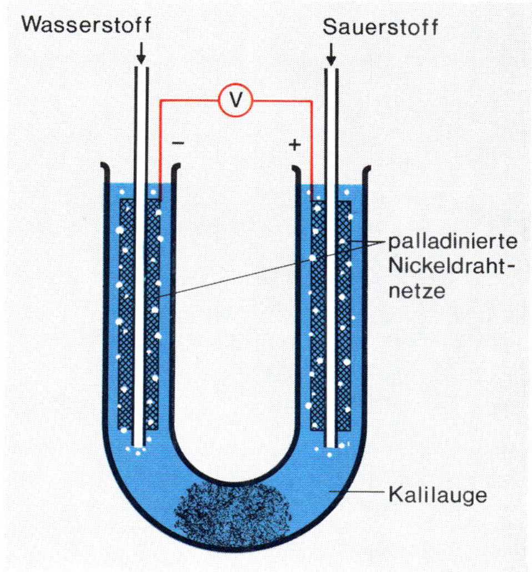

Abb. 9–11: Zu Versuch 9/54. Wirkungsweise einer Brennstoff-Zelle

umgekehrt die in diesen Abschnitten behandelten Redox-Reaktionen Elektonen-Übergänge sind. Wir können mit diesem Reaktionstyp einen beträchtlichen Teil der uns bisher bekannten Reaktionen erfassen. Von nicht zu unterschätzender Bedeutung ist dabei die Erkenntnis, daß sich die Elektronen-Übergänge ebenso wie die in den Abschnitten 9.1 *behandelten Protonen-Übergänge unter dem allgemeinen Donator-Akzeptor-Prinzip verstehen lassen. Die Parallelen finden wir nicht nur in der Gegenüberstellung von Protonen-Donator/Akzeptor mit Elektronen-Donator/Akzeptor, sondern auch in der Möglichkeit, für die Donatoren bzw. Akzeptoren eine Reihenfolge hinsichtlich ihrer Stärke aufzustellen: Der Aufreihung der konjugierten Protolysen-Paaren in* Tab. 9–1 *entspricht die Zusammenstellung der Metalle und der Nichtmetall-Anionen in der Spannungsreihe.*
In den Redox-Reaktionen dieses Kapitels haben wir zunächst nur Atom-Ionen in Betracht gezogen. Wir wollen in den nächsten Abschnitten auch Moleküle und Molekül-Ionen daraufhin untersuchen, ob bei ihren Funktionen als Oxidations- oder Reduktionsmittel ebenfalls Elektronen-Übergänge stattfinden. Erst wenn uns dieser Nachweis gelingt, können wir behaupten, daß jede Oxidation gleichbedeutend mit einer Elektronenabgabe ist und jede Reduktion gleichbedeutend mit einer Elektronenaufnahme. Wenn wir dann weiter nach der Herkunft bzw. dem Verbleib der Elektronen bei diesen Ortswechseln in Molekülen oder Molekül-Ionen fragen, erfahren wir vielleicht etwas über das, was die Atome in diesen Teilchen zusammenhält.

Übungen

1. Man löst ein Gemisch von Kupfervitriol und Natriumchlorid und elektrolysiert über einen längeren Zeitraum. Welche Stoffe werden in welcher Reihenfolge abgeschieden? Begründe. Formuliere die Reaktion.
2. Zink wird im Überschuß in ein Gemisch von Eisen(II)-sulfat- und Kupfervitriollösung gegeben. Welche Reaktionen sind zu erwarten? Begründe.
3. Welcher Zusammenhang besteht zwischen Änderungen von Oxidationsstufen und Elektronen-Übergängen
a) bei der Elektrolyse von Salzlösungen,
b) bei Redoxreaktionen zwischen Metallen und hydratisierten Metall-Ionen?
Erläutere die Beantwortung an Beispielen.
4. Deute die Beobachtungen von *Versuch 9/39.* Das weiße Reaktionsprodukt ist »basisches Aluminiumoxid« {AlO(OH)}. Der Versuch gelingt nicht bei extrem trockener Luft.
5. Entwirf eine Versuchsanleitung, nach der das S^{2-}-Ion in die Reduktions-Reihe der Metalle eingeordnet werden kann.
6. Unter welchen Voraussetzungen ist zwischen den Elektroden eines galvanischen Elements eine Spannung zu erwarten? Begründe.
7. Nenne Kriterien, die für ein galvanisches Element als wirtschaftlich nutzbare Spannungsquelle erfüllt sein müssen.

10. Atom-Struktur

10.1 Elektronenpaar-Bindung

10.1.1 Positive Oxidationsstufen der Halogene

Von den Elementen der VII. Hauptgruppe des Periodensystems kennen wir bis jetzt nur Ionen mit der Oxidationsstufe −1: Die Halogenid-Ionen Cl^-, Br^- und J^-. Können wir positive Oxidationsstufen erwarten?

Disproportionierung von Halogenen in wäßriger Lösung

Ein Vergleich mit den Nachbargruppen des Systems zeigt für Kohlenstoff in der IV. Gruppe die Stufen +2 und +4 in Kohlenmonoxid und Kohlendioxid, für Stickstoff in der V. Gruppe die Stufen +3 und +5 in den Nitriten und Nitraten und für Schwefel in der VI. Gruppe die Stufen +4 und +6 in den Sulfiten und Sulfaten. Demnach könnten wir für die Halogene in der VII. Gruppe Molekül-Ionen bis zur Stufe +7 erwarten.

Wir untersuchen zunächst die wäßrigen Lösungen der Halogene:

► **Versuch 10/1:** (Lehrerversuch) Man leitet einen Chlor-Strom durch dest. Wasser, bis die Lösung grüngelb gefärbt ist (Abzug!). Man gibt einen Tropfen des »Chlorwassers« auf Universalindikator-Papier: Es wird an der befeuchteten Stelle weiß, an ihrem Rand rot. Man mischt Chlorwasser mit etwas Alkalilauge: Die gelbgrüne Farbe und der Geruch nach Chlor verschwinden. Zu einem anderen Teil des Chlorwassers gibt man Silbernitrat-Lösung: Weißer, käsiger Niederschlag, der bei diffusem Tageslicht langsam grau wird. ◄

► **Versuch 10/2:** (Lehrerversuch) Man löst im Reagenzglas einen Tropfen Brom in Wasser, zeigt die Bleichwirkung des so hergestellten »Bromwassers«, seine saure Reaktion, den blaßgelben Niederschlag mit Silbernitrat-Lösung und das Verschwinden der braunen Farbe bei Zugabe einer Alkalilauge. ◄

► **Versuch 10/3:** Man erhitzt im Reagenzglas einige Jod-Kristalle mit Wasser. Wenn sich über der Flüssigkeit violette Dämpfe bilden, verschließt man das Glas mit einem Stopfen und kühlt unter fließendem Wasser, wobei man kräftig schüttelt; die Lösung ist dann gelbbraun gefärbt. Man gibt einen Tropfen der Lösung auf Universalindikator-Papier: Gelborange-Färbung (pH = 4). Man gießt einen Teil der Lösung zu Silbernitrat-Lösung (pH = 4): Blaßgelber Niederschlag; ein Tropfen der Lösung färbt jetzt den Universalindikator hellrot (pH = 3). Den Rest der Lösung gibt man zu Alkalilauge: Entfärbung. ◄

● **Deutung:** Aus den Farben der Halogen-Lösungen erkennt man, daß sie reichlich Moleküle der Elementarsubstanzen enthalten. Bezeichnen wir allgemein ein Halogen-Atom mit *X*, so können wir schreiben:

(1) $$X_2 + \text{aqua} \rightarrow (X_2)_{aq}$$

Die Lösungen enthalten aber auch Halogenid-Ionen X^-_{aq} (nachgewiesen mit Silber-Ionen) und Hydronium-Ionen $(H_3O)^+_{aq}$ (nachgewiesen mit dem Indikator). Es läuft also jeweils neben dem Lösungsvorgang eine Redox-Reaktion ab, bei der Halogen-Atome um eine Stufe reduziert werden. Welche Atome werden dann oxidiert? Die Wasserstoff-Atome des Wassers haben bereits ihre höchste Oxidationsstufe +1; die Sauerstoff-Atome des Wassers mit der Stufe −2 können nicht oxidiert worden sein, weil kein elementarer Sauerstoff beobachtet wird. Es bleiben nur wieder die Halogen-Atome als oxidierbar übrig. Einen Hinweis auf die entstehenden Moleküle (evtl. auch Ionen) geben die Hydronium-Ionen, die nur aus dem Wasser-Gleichgewicht

$$2\,H_2O \rightleftarrows (H_3O)^+ + (OH)^-$$

entstanden sein können; denn die zu erwartenden Hydroxid-Ionen sind nicht beobachtet worden, müssen also gebunden sein. Wir können daher ansetzen:

(2) $$(\overset{0}{X_2})_{aq} + 2\,H_2O \rightleftarrows \overset{-1}{X}{}^-_{aq} + (H_3O)^+_{aq} + (\overset{+1}{X}OH)_{aq}$$

Diese Spekulation deutet zunächst das Entstehen der Halogenid- und der Hydronium-Ionen. Die Halogen-Atome haben danach eine Disproportionierung von der Stufe Null in X_2 zu den Stufen −1 in X^- und +1 in *X*OH erfahren. Die Schreibweise von *(2)* als Gleichgewicht ist notwendig, weil die wäßrigen Lösungen sowohl Halogen-Moleküle wie Ionen enthalten.

Durch das Ausfällen der Halogenid-Ionen mit Silber-Ionen wird das Gleichgewicht nach rechts verschoben in Übereinstimmung mit der beobachteten Zunahme der Acidität. In die gleiche Richtung verschiebt sich die Lage des Gleichgewichts durch Zugabe von Hydroxid-Ionen, die die Hydronium-Ionen beseitigen, in Übereinstimmung mit dem Verschwinden der durch die Halogen-Moleküle bedingten Farbe.

Aufzuklären bleibt jetzt noch die bleichende Wirkung des Chlorwassers.

► **Versuch 10/4:** (Lehrerversuch) Man leitet Chlor durch drei hintereinander geschaltete Waschflaschen; die erste enthält konzentrierte Schwefelsäure, die zweite Wasser, die dritte nicht zu verdünnte Kalilauge (Abzug!).

Zwischen die Schliffe der beiden ersten Waschflaschen werden trockene (!) Indikatorpapier-Streifen eingeklemmt; sie dürfen nicht in die Flüssigkeit eintauchen. *(Abb. 10–1):* Über der konz. Schwefelsäure bleibt der Farbstoff des Indikators unverändert, während der Streifen über dem Wasser sofort gebleicht wird. Die Lauge in der dritten Waschflasche bleibt farblos; sie wird für *Versuch 10/6* aufgehoben. Nach Beendigung des Versuchs werden die Verbindungen zwischen den Waschflaschen getrennt. ◄

Die Beobachtung ist überraschend: Chlor, durch die Behandlung mit konz. Schwefelsäure von mitgeführter Feuchtigkeit befreit, besitzt keine bleichende Wirkung. In der zweiten Waschflasche sättigt sich das Gas dann mit Wasserdampf; nur

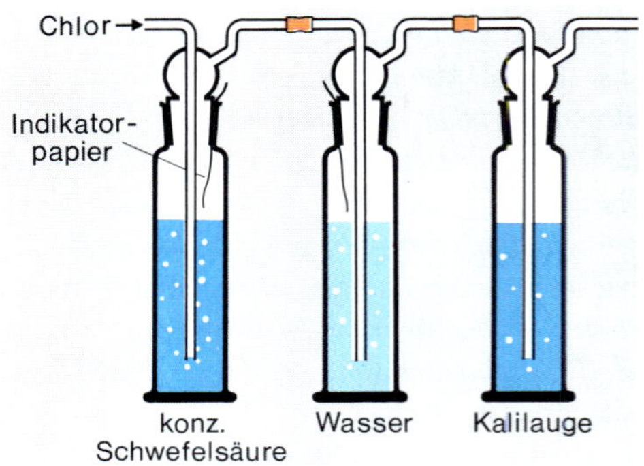

Abb. 10–1: Zu Versuch 10/4. Nur »feuchtes« Chlor bleicht.

dieses »feuchte« Chlor bleicht. Wir müssen demnach die ClOH-Moleküle näher untersuchen:

► **Versuch 10/5:** Man füllt einen kleinen Standkolben bis zum Rand mit Chlorwasser. Durch die Bohrung des Verschlußstopfens führt ein kurzes Glasrohr; sein unteres Ende darf nicht aus dem Stopfen herausragen, damit es sich beim Einsetzen des Stopfens ohne Luftblase mit Chlorwasser füllt. Man verschließt dann die Öffnung des Glasrohrs mit dem Finger und stülpt den Kolben umgekehrt in ein Becherglas mit konzentrierter Kochsalz-Lösung *(Abb. 10–2)*. Nach einigen Tagen – schneller im direkten Sonnenlicht – hat sich über der farblos gewordenen Flüssigkeit ein Gas angesammelt, das nach Aufrichten des Kolbens einen glimmenden Holzspan entflammt. Die Lösung besitzt dann keine Bleichwirkung mehr und färbt Universalindikator kräftig rot. ◄

● **Deutung:** Das Gas ist Sauerstoff. Da die Lösung nach hinreichend langer Zeit keine Chlor-Moleküle mehr enthält (Verschwinden der Farbe und auch des Chlor-Geruchs), dafür aber die Acidität stark zugenommen hat, muß das Gleichgewicht der Reaktion *(2)* ganz nach rechts verlagert worden sein. Der auf das Gleichgewicht ausgeübte Zwang kann dieses Mal nur durch eine Entfernung von ClOH-Molekülen bewirkt worden sein; statt ihrer beobachten wir elementaren Sauerstoff. Das bedeutet einen Zerfall im Sinne folgender Gleichung:

(3) $\overset{+1-2}{(ClOH)}_{aq} + H_2O \xrightarrow{H^+} \overset{-1}{Cl}{}^-_{aq} + (H_3O)^+_{aq} + \overset{0}{O}; \; 2\,O \rightarrow O_2.$

Als Protonen-Donatoren erhalten die ClOH-Moleküle den Namen **unterchlorige Säure.** Sie zerfallen im Sinne einer Redox-Reaktion, indem ihr Sauerstoff-Atom um zwei Stufen oxidiert, ihr Chlor-Atom um gleich viele Stufen reduziert wird. Für die bleichende Wirkung können wir dann weniger die unterchlorige Säure, als den bei ihrem Zerfall entstehenden naszierenden Sauerstoff verantwortlich machen. Er zerstört durch Oxidation Farbstoffe ebenso wie Mikro-Organismen, die Krankheitserreger sein können. Man setzt daher dem Trinkwasser und dem Wasser in Badeanstalten etwas Chlor zu. Wir werden noch in diesem Kapitel andere Bleich- und Desinfektionsmittel[1] kennenlernen *(10.1.4)*, deren Wirkung ebenfalls auf der Bildung naszierenden Sauerstoffs beruht.

[1] interficere (lat.), anmachen, anstecken, vergiften

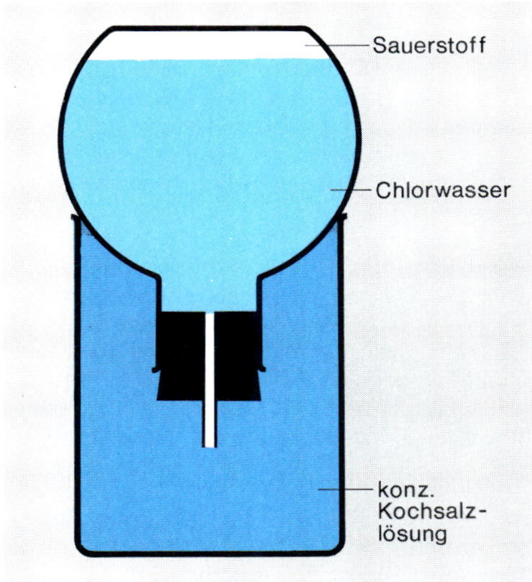

Abb. 10–2: Zu Versuch 10/5. Bei Lichteinwirkung entwickelt sich aus unterchloriger Säure Sauerstoff.

Die zu den Protonen-Donatoren ClOH konjugierten Akzeptoren $(ClO)^-$ heißen **Hypochlorit-Ionen.** Sie entstehen bei der Reaktion der unterchlorigen Säure mit einer Alkalilauge:

(4) $(ClOH)_{aq} + (OH)^-_{aq} \rightleftarrows (ClO)^-_{aq} + H_2O$

Beim Einleiten von Chlor in Alkalilauge *(Versuche 10/1 und 10/4)* findet dann folgende Disproportionierung statt:

(5) $\overset{0}{Cl_2} + 2\,(OH)^-_{aq} \rightarrow \overset{-1}{Cl}{}^-_{aq} + \overset{+1}{(ClO)}{}^-_{aq} + H_2O$

Können auch die Hypochlorit-Ionen wie die ClOH-Moleküle unter Sauerstoff-Entwicklung zerfallen? Wir stellen also die Frage nach einer bleichenden Wirkung der alkalischen Lösung von Chlor.

► **Versuch 10/6:** In die alkalische Lösung von Chlor (Inhalt der letzten Waschflasche von *Versuch 10/4)* taucht man Universalindikator-Papier ein: Die entstehende blaue Farbe wird innerhalb (!) der Flüssigkeit nicht gebleicht. Erst wenn man das benetzte Papier der Luft aussetzt, wird der Farbstoff langsam zerstört. Durch Anhauchen wird dieser Effekt deutlich beschleunigt. Man versetzt in einer Porzellanschale die alkalische Chlor-Lösung, in der ein Indikator-Papier eingetaucht ist, mit verdünnter Schwefelsäure (Abzug!); Aufschäumen und sofortige Bleichwirkung. ◄

Unterchlorige Säure, Hyperchlorid-Ionen

● **Deutung:** Hydronium-Ionen, wie sie reichlich in der verdünnten Schwefelsäure und mit geringerer Konzentration in der Kohlensäure (aus dem CO_2 der atmosphärischen bzw. ausgeatmeten Luft) vorhanden sind, lassen die Reaktionen *(4)* und *(5)* in umgekehrter Richtung laufen. Die entstehende unterchlorige Säure zerfällt (Bleichwirkung). Es entweicht beim Aufschäumen ein Gemisch von Chlor, Sauerstoff und bei starker Hydronium-Konzentration auch von Chlorwasserstoff:

$$(ClO)^-_{aq} + (H_3O)^+_{aq} \rightarrow (ClOH)_{aq} + H_2O \rightarrow HCl + O + aqua$$

Die Stabilität der Hypochlorit-Ionen in alkalischem Medium findet Anwendung in den sogenannten **Bleichlaugen,** z. B. »Eau de Javelle«[1], das durch Einleiten von Chlor in Kaliumcarbonat-Lösung hergestellt wird; es bleicht und desinfiziert erst im Zusammenwirken mit dem Kohlendioxid der Luft.

Ergebnis: Im Chlorwasser ist ein Teil der Chlor-Moleküle disproportioniert in Chlorid-Ionen und Moleküle der unterchlorigen Säure. Diese sind wenig stabil; bei ihrem Zerfall entsteht naszierender Sauerstoff, der für die bleichende und desinfizierende Wirkung des feuchten Chlors verantwortlich ist. Die ClOH-Moleküle sind Protonen-Donatoren; die konjugierten Hypochlorit-Ionen sind in alkalischem Medium stabil. In der unterchlorigen Säure und in den Hypochlorit-Ionen besitzen die Chlor-Atome die Oxidationsstufe +1.

Nach der Stellung des Chlors in der VII. Hauptgruppe des Periodensystems können wir mit noch höheren Oxidationsstufen seiner Atome als +1 rechnen. Falls dies zutrifft, wäre damit die Instabilität der unterchlorigen Säure verständlich.

naszierender Sauerstoff

► **Versuch 10/7:** (Lehrerversuch) Man erwärmt im Becherglas konzentrierte Kalilauge auf ca. 60° C und leitet bei dieser Temperatur Chlor ein (weites Einleitungsrohr, Schutzbrille! Abzug!). Nach einiger Zeit scheiden sich – zuerst am Einleitungsrohr – weiße Kristalle ab. Man trennt die Kristalle von der Lauge mit Hilfe von Porzellan-Nutsche und Saugflasche *(Abb. 10–3)*, wäscht mit wenig Eiswasser und trocknet sie im Trockenschrank bei 60° C. Man erhitzt eine Spatelspitze der gewonnenen Kristalle im Reagenzglas: Der Stoff schmilzt, und in der Schmelze entwickelt

[1] erstmals 1792 in Javelle bei Paris hergestellt

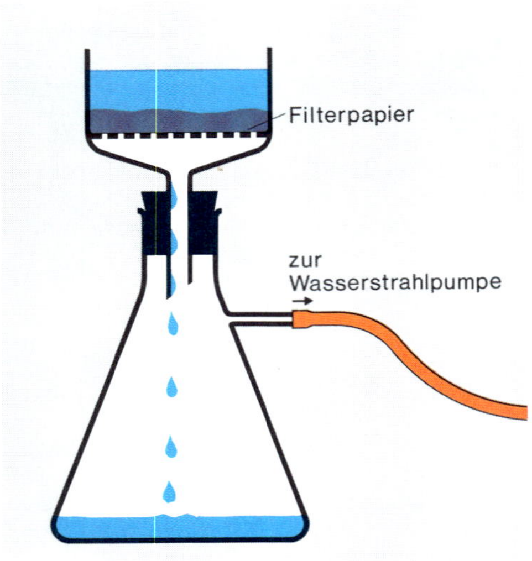

Abb. 10–3: Zu Versuch 10/7. Filtration mit Saugflasche und Nutsche

sich ein farbloses Gas; ein glimmender Holzspan, in das Reagenzglas gehalten, entflammt. Vom Filtrat in der Saugflasche werden einige cm^3 mit verdünnter Salpetersäure angesäuert und mit Silbernitrat-Lösung versetzt: Weißer, käsiger Niederschlag. ◄

Halogenat-Ionen

Perchlorat-Ionen

► **Versuch 10/8:** Man trägt in heiße, konzentrierte Kalilauge (Schutzbrille!) Jod bis zur beginnenden Braunfärbung ein und gibt dann noch einige Tropfen Lauge bis zur Entfärbung hinzu: Beim Abkühlen kristallisiert ein weißer Niederschlag aus. ◄

● **Folgerung:** Beim Einleiten von Chlor in heiße Kalilauge *(Versuch 10/7)* disproportionieren die Cl-Atome. Die niedrigere Oxidationsstufe −1 ist im Filtrat nachgewiesen (Chlorid-Ionen mit Silber-Ionen). Im kristallinen Niederschlag besitzen die Chlor-Atome also eine positive Oxidationsstufe. Die Sauerstoff-Entwicklung bei der thermischen Zersetzung der Kristalle zeigt eine sauerstoffreiche Verbindung an; sie heißt **Kaliumchlorat.** – In *Versuch 10/8* ist Kaliumjodat entstanden.

► **Versuch 10/9:** Man löst etwas Kaliumchlorat in dest. Wasser und versetzt die Lösung mit Silbernitrat-Lösung: Kein Niederschlag. Man wiegt im vorher ausgeglühten Porzellantiegel 5 g Kaliumchlorat ab und erhitzt die Substanz, zunächst im offenen Diatomit-Ofen *(Abb. 2–16)* bis keine Gasentwicklung aus der Schmelze mehr zu beobachten ist, dann noch einige Minuten im geschlossenen Ofen: Nach dem Abkühlen beträgt die Rückwaage 3 g. Man zerkleinert den Rückstand, löst einen Teil in dest. Wasser und gibt Silbernitrat-Lösung hinzu: Weißer, käsiger Niederschlag. ◄

● **Auswertung:** Der Schmelzrückstand ist Kaliumchlorid (M_L = 74,5 g). Für Kaliumchlorat gilt dann $M_L = \frac{5}{3} \cdot 74{,}5\,g = 124{,}1\,g$. Die Differenz 49,6 g entspricht ziemlich genau 3 mol Sauerstoff-Atomen (48 g; 3,2% Fehler). Die Formel des Kaliumchlorats ist demnach $\{KClO_3\}$. Daraus berechnet sich die Oxidationsstufe der Chlor-Atome zu +5.

Die wäßrige Lösung des Kaliumchlorats enthält Kalium- und Chlorat-Ionen $(ClO_3)^-$. Für die Darstellung des Salzes in *Versuch 10/7* bzw. für die bei dieser Reaktion stattfindende Disproportionierung der Chlor-Atome können wir nun schreiben:

$$3\,\overset{0}{Cl_2} + 6\,(OH)^-_{aq} \longrightarrow 5\,\overset{-1}{Cl}{}^-_{aq} + (\overset{+5}{Cl}O_3)^-_{aq} + 3\,H_2O.$$

In *Versuch 10/8* bilden sich entsprechend $(\overset{+5}{J}O_3)^-$-Ionen. Die Formel des Kaliumjodats ist $\{KJO_3\}$.

Die Halogenat-Ionen sind Protonen-Akzeptoren. Die zugehörigen Säuren heißen Chlorsäure $HClO_3$, Bromsäure $HBrO_3$ und Jodsäure $\{HJO_3\}$. Von den beiden ersten sind nur die stark sauren wäßrigen Lösungen bekannt; die Moleküle selbst sind instabil und zerfallen beim Einengen der wäßrigen Lösungen. Auch die feste Jodsäure zersetzt sich bei 110° C.

Ergebnis: In den Halogensäuren $HClO_3$, $HBrO_3$ und $\{HJO_3\}$ besitzen die Halogen-Atome die Oxidationsstufe +5. Wie bei der Oxidationsstufe +1 sind die Moleküle der Säuren weniger stabil als die zugehörigen Halogenat-Ionen $(ClO_3)^-$, $(BrO_3)^-$ und $(JO_3)^-$.

Aus der Unbeständigkeit der Halogensäuren, ebenso wie aus der Stellung der Halogene in der VII. Gruppe des Periodensystems, können wir eine noch höhere und wohl auch stabilere Oxidationsstufe, nämlich +7, erwarten:

► **Versuch 10/10:** Man füllt in ein trockenes Reagenzglas ca. 3 cm hoch Kaliumchlorat und erhitzt nur bis zum beginnenden Schmelzen (Fp = 336° C), vermeidet also eine weitere Temperatur-Erhöhung: Es findet noch keine Gas-Entwicklung statt. Nach einigen Minuten gießt man die Schmelze auf eine Porzellanscherbe und zerreibt die erkaltete Masse im Mörser. Einen Teil der Substanz versetzt man mit dest. Wasser und prüft die Lösung mit Silbernitrat-Lösung: Weißer, käsiger Niederschlag. Der Rest der Substanz wird in ein trockenes Reagenzglas gefüllt, erneut zum Schmelzen gebracht und stärker erhitzt: Die Schmelze wird allmählich dickflüssiger, wobei eine kräftige Gas-Entwicklung einsetzt; das Gas wird als Sauerstoff nachgewiesen. ◄

● **Deutung:** Beim vorsichtigen Schmelzen des Kaliumchlorats entstehen Chlorid-Ionen (Nachweis mit Ag^+); es muß also erneut eine Disproportionierung der Chlor-Atome stattgefunden haben:

$$4\,(\overset{+5}{Cl}O_3)^- \longrightarrow 3\,(\overset{+7}{Cl}O_4)^- + \overset{-1}{Cl}{}^-$$

Die $(ClO_4)^-$-Ionen, in denen die Chlor-Atome die erwartete höchste Oxidationsstufe +7 besitzen, heißen **Perchlorat-Ionen.** Beim ersten Erkalten der Schmelze bildet sich neben Kaliumchlorid das Kaliumperchlorat $\{KClO_4\}$.
Kaliumperchlorat läßt sich nicht unzersetzt schmelzen:

$$\{K\overset{+7\,-2}{ClO_4}\} \longrightarrow \{K\overset{-1}{Cl}\} + 2\,\overset{0}{O_2}$$

Damit haben wir nachträglich auch die Sauerstoff-Entwicklung beim Erhitzen des Kaliumchlorats *(Versuch 10/7)* erklärt: Die Chlor-Atome mit der instabilen Oxidationsstufe +5 disproportionieren zunächst, ehe sie mit der Stufe +7 dann erst bei höherer Temperatur die Sauerstoff-Atome zu elementarem Sauerstoff oxidieren.

Ergebnis: Die höchste Oxidationsstufe der Halogen-Atome ist +7; Beispiele sind Überchlorsäure und Perchlorat-Ionen.

Zusammenfassung: *Wir haben jetzt für die Halogen-Atome die Oxidationsstufen +1, +5 und +7 experimentell kennengelernt. Unter besonderen Bedingungen lassen sich auch Verbindungen mit der Oxidationsstufe +3 herstellen. So werden für Chlor in der Literatur nicht nur unterchlorige Säure $H\overset{+1}{Cl}O$, Chlorsäure $H\overset{+5}{Cl}O_3$ und Überchlorsäure $H\overset{+7}{Cl}O_4$, sondern auch chlorige Säure $H\overset{+3}{Cl}O_2$ angegeben. In wasserfreiem Zustand ist nur die Überchlorsäure bekannt; aber auch sie kann explosionsartig zerfallen. Hingegen ist vom Jod die Jodsäure $\{HJO_3\}$ bei Zimmertemperatur beständig. Sehr viel stabiler, besonders in wäßrigen Lösungen, sind die Ionen, die man sich durch Protonen-Abgabe aus den zugehörigen Säuren ent-*

standen denken kann: z.B. Hypochlorit-$(\overset{+1}{Cl}O)^-$, Chlorit-$(\overset{+3}{Cl}O_2)^-$, Chlorat- $(\overset{+5}{Cl}O_3)^-$ und Perchlorat-Ionen $(\overset{+7}{Cl}O_4)^-$. Als Gitterbausteine in Salz-Gittern kommen nur die Ionen mit den höheren Oxidationsstufen +5 und +7 vor, z.B. $\{KClO_3\}$, $\{KBrO_3\}$, $\{KJO_3\}$ und $\{KClO_4\}$.
Im 9. Kapitel *haben wir gezeigt, daß jede Redox-Reaktion zwischen Atomen und Atom-Ionen als Elektronen-Übergang gedeutet werden kann. Werden dann bei den Redox-Reaktionen von Molekülen und Molekül-Ionen ebenfalls Elektronen ausgetauscht?*

10.1.2 Elektronen-Übergänge bei Redox-Reaktionen mit Molekül-Ionen

Wir haben in den vorigen Abschnitten die höheren Oxidationsstufen der Halogene meist durch Disproportionierung einer mittleren Stufe gewonnen. Es sollten dann umgekehrt Symproportionierungen aus einer niedrigeren und einer höheren Oxidationsstufe möglich sein.

► **Versuch 10/11:** Man stellt Lösungen von Kaliumjodid {KJ} und Kaliumjodat $\{KJO_3\}$ her und mischt sie im Reagenzglas: Keine Reaktion. Man gibt zu dem Gemisch einige Tropfen verdünnte Schwefelsäure: Kräftige Braunfärbung. Schüttelt man die braune Lösung mit einem cm^3 Tetra, so färbt sich dieses Lösungsmittel violett. ◄

• **Deutung:** Das Reaktionsprodukt ist Jod. Es handelt sich demnach um die erwartete Symproportionierung der Oxidationsstufe −1 in den Jodid-Ionen und der Stufe +5 in den Jodat-Ionen zur Stufe Null in den Jod-Molekülen. Als Reaktionsgleichung wäre anzusetzen:

(1) $5\,\overset{-1}{J}{}^-_{aq} + (\overset{+5}{J}O_3)^-_{aq} + (?) \rightarrow 3\,(\overset{0}{J}_2)_{aq} + (?)$

Der Grund, warum die Reaktion zunächst nicht abläuft, ist sofort einzusehen: auf der linken Seite der Reaktionsgleichungen stehen 6 negative Ladungen, auf der rechten Seite dagegen elektrisch neutrale Moleküle; es fehlen auf der linken Seite also 6 positive Ladungen. Der zweite Teil des *Versuchs 10/11* zeigt, daß die Anwesenheit von Kalium-Ionen nicht genügt, sondern daß Hydronium-Ionen notwendig sind:

(2) $5\,\overset{-1}{J}{}^-_{aq} + (\overset{+5}{J}O_3)^-_{aq} + 6\,H^+_{aq} \rightarrow 3\,(\overset{0}{J}_2)_{aq} + 3\,H_2O$

Wir haben bei allen im *9. Kapitel* behandelten Redox-Reaktionen nachgewiesen, daß Oxidation eine Elektronen-Abgabe und Reduktion eine Elektronen-Aufnahme bedeutet. Wenn wir davon ausgehen, daß auch hier die Jodid-Ionen Elektronen abgeben, müßten diese von den Jodat-Ionen aufgenommen werden. Die Vermutung würde bestätigt, wenn es uns gelänge, mit den Reaktionspartnern ein galvanisches Element aufzubauen:

► **Versuch 10/12:** In den mittleren Teil eines U-Rohrs gibt man Kaliumnitrat-Lösung, darüber zwei Wattebäusche und möglichst gleichzeitig in den einen Schenkel Kaliumjodid-, in den anderen Kaliumjodat-Lösung. Man benutzt Graphit-Elektroden; die Elektrode der Jodid-Lösung verbindet man mit dem negativen, die andere mit dem positiven Kontakt eines Strom-Meßgeräts: Nur bei einem sehr empfindlichen Meßbereich (3 mA) erhält man einen kleinen Zeigerausschlag, der auf noch kleinere Werte zurückfällt. Gibt man jetzt in den Schenkel mit der Kaliumjodat-Lösung etwas verdünnte Schwefelsäure, so erhält man eine um Zehnerpotenzen höhere Stromstärke, die konstant bleibt.
Nach einiger Zeit läßt sich in beiden Schenkeln Jod nachweisen *(Abb. 10–4)*. ◄

• **Deutung:** Die Herkunft der Elektronen von den Jodid-Ionen ist uns geläufig:

(3) $\overset{-1}{J}{}^-_{aq} \rightarrow \frac{1}{2}(\overset{0}{J}_2)_{aq} + e^-$

Der Versuch bestätigt, daß die Elektronen von der angesäuerten Jodat-Lösung aufgenommen werden. Da dabei eine Reduktion um 5 Stufen stattfindet, würden in Analogie zu den Reduktionen mit Atom-Ionen pro Jodat-Ion 5 Elektronen notwendig sein:

(4) $(\overset{+5}{J}O_3)^-_{aq} + 5\,e^- + 6\,H^+_{aq} \rightarrow \frac{1}{2}(\overset{0}{J}_2)_{aq} + 3\,H_2O$

Die Notwendigkeit des Ladungsausgleiches auf der linken Seite macht verständlich, warum für einen konstanten Elektronen-Fluß die

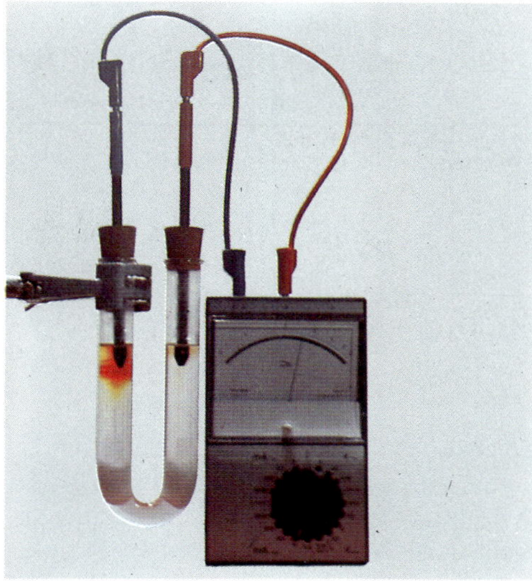

Abb. 10–4: Zu Versuch 10/12. Nachweis des Elektronenübergangs zwischen Jodid- und Jodat-Ionen

Symproportionierung zwischen Jodid- und Jodat-Ionen

Lösung angesäuert werden muß. Multipliziert man die Gleichung *(3)* mit dem Faktor 5 und kombiniert sie mit der Gleichung *(4)*, so erhält man die Gleichung *(2)*.
Die Versuche und ihre Deutung zeigen, daß die Jodat-Ionen für sich allein nicht als Oxidationsmittel fungieren, sondern daß sie nur im Zusammenwirken mit Wasserstoff-Ionen zur Oxidation fähig sind. Der geringe Elektronen-Fluß zur nicht angesäuerten Jodat-Lösung *(Versuch 10/12, 1. Teil)* ist kein Einwand; denn hier werden die Wasserstoff-Ionen dem Protolysen-Gleichgewicht des Wassers *(9.1.2)* entnommen, dessen Störung zur alkalischen Seite hin die Reaktion dann sehr schnell zum Stillstand bringt (Rückgang des Zeigers).
Daß Halogenat-Ionen nur in saurem Medium oxidieren, zeigen auch die folgenden Versuche:

► **Versuch 10/13:** Man mischt Lösungen von Kaliumbromid und Kaliumbromat: Keine Reaktion. Nach dem Ansäuern jedoch erhält man sofort eine Braunfärbung. Man mischt Lösungen von Kaliumjodid und Kaliumchlorat: Erst nach dem Ansäuern färbt sich die Lösung langsam gelb. ◄

Halogenat-Ionen nehmen Elektronen auf im sauren Medium.

● **Deutung:**

$$(\overset{+5}{Br}O_3)^-_{aq} + 5\,e^- + 6\,H^+_{aq} \rightarrow \tfrac{1}{2}(\overset{0}{Br_2})_{aq} + 3\,H_2O$$
$$\overset{-1}{Br}{}^-_{aq} \rightarrow \tfrac{1}{2}(\overset{0}{Br_2})_{aq} + e^- / \cdot 5$$

$$(\overset{+5}{Br}O_3)^-_{aq} + 5\,\overset{-1}{Br}{}^-_{aq} + 6\,H^+_{aq} \rightarrow 3\,(\overset{0}{Br_2})_{aq} + 3\,H_2O$$

$$(\overset{+5}{Cl}O_3)^-_{aq} + 6\,e^- + 6\,H^+_{aq} \rightarrow \overset{-1}{Cl}{}^-_{uq} + 3\,H_2O$$
$$\overset{-1}{J}{}^-_{aq} \rightarrow \tfrac{1}{2}(\overset{0}{J_2})_{aq} + e^- / \cdot 6$$

$$(\overset{+5}{Cl}O_3)^-_{aq} + 6\,\overset{-1}{J}{}^-_{aq} + 6\,H^+_{aq} \rightarrow 3\,(\overset{0}{J_2})_{aq} + \overset{-1}{Cl}{}^-_{aq} + 3\,H_2O$$

Ergebnis: Halogenat-Ionen sind nur im Zusammenwirken mit Wasserstoff-Ionen Oxidationsmittel. Bei ihrer Reduktion nehmen sie Elektronen vom Reduktionsmittel auf.

Wir können nun vermuten, daß zur Erzeugung von Halogenat-Ionen aus einer niedrigeren Oxidationsstufe umgekehrt Hydroxid-Ionen erforderlich sind.

► **Versuch 10/14:** Man gibt zu einer verdünnten Kaliumjodid-Lösung Chlorwasser: Man beobachtet zunächst eine Braunfärbung, die bei weiterer Zugabe von Chlorwasser wieder verschwindet. ◄

● **Deutung:** Die Jodid-Ionen werden zunächst um 1 Stufe zu Jod-Molekülen oxidiert und diese dann um weitere 5 Stufen zu Jodat-Ionen:

$$\overset{-1}{J}{}^-_{aq} + 3\,(\overset{0}{Cl_2})_{aq} + (?) \;\rightarrow\; (\overset{+5}{J}O_3)^-_{aq} + 6\,\overset{-1}{Cl}{}^-_{aq}$$

Wir sehen, daß zum Ladungsausgleich 6 negative Teilchen auf der linken Seite fehlen. Es kommen nur die oben geforderten Hydroxid-Ionen in Frage, die im Falle von *Versuch 10/14* vom Protolysen-Gleichgewicht des Wassers zur Verfügung stehen:

$$\overset{-1}{J}{}^-_{aq} + 3\,(\overset{0}{Cl_2})_{aq} + 6\,(OH)^-_{aq} \rightarrow (\overset{+5}{J}O_3)^-_{aq} + 6\,\overset{-1}{Cl}{}^-_{aq} + 3\,H_2O$$

Falls diese Oxidation der Jod-Atome um 6 Stufen eine Abgabe von 6 Elektronen bedeutet, könnten wir formulieren:

$$\overset{-1}{J}{}^-_{aq} + 6\,(OH)^-_{aq} \;\rightarrow\; (\overset{+5}{J}O_3)^-_{aq} + 6\,e^- + 3\,H_2O.$$

Diese Elektronen müßten wir wieder über ein Strom-Meßgerät leiten können:

► **Versuch 10/15:** In der Anordnung des U-Rohrs mit Kaliumnitrat-Lösung zwischen zwei Wattebäuschen *(Versuch 10/12)* befindet sich in einem Schenkel eine Graphit-Elektrode in verdünnter Kaliumjodid-Lösung, im anderen Schenkel eine Graphit-Elektrode im Chlorwasser. Der negative Kontakt des Amperemeters wird mit der Jodid-Seite, der positive mit der Chlor-Seite verbunden: Man erhält einen Zeigerausschlag, der langsam auf einen kleineren Betrag abfällt. Gibt man jetzt zur Jodid-Lösung Kalilauge, so zeigt das Gerät eine größere Stromstärke an, die konstant bleibt. ◄

● **Folgerung:** Unsere Vermutung, daß die Oxidation von Jodid- zu Jodat-Ionen eine Elektronen-Abgabe bedeutet und daß dafür Hydroxid-Ionen notwendig sind, ist bestätigt. Wir verstehen jetzt auch, warum wir bei der Darstellung des Kaliumchlorats aus Chlor *(Versuch 10/7)* und des Kaliumjodats aus Jod *(Versuch 10/8)* mit stark alkalischer Lösung arbeiten mußten.

Wir kennen die elektronenziehende Wirkung der Anode. Es sollte daher möglich sein, Chlorid-Ionen statt mit einem Oxidationsmittel nun anodisch zu Chlorat-Ionen zu oxidieren, wenn wir die notwendigen Hydroxid-Ionen zur Verfügung stellen:

► **Versuch 10/16:** (Lehrerversuch) Man stellt eine heiß gesättigte Kaliumchlorid-Lösung her, gibt Kalilauge hinzu und elektrolysiert die heiß gehaltene Lösung (ca. 70°C) im Becherglas mit Graphit-Elektroden bei einer Stromstärke von 2 bis 3 A. An der Kathode beobachtet man die Entwicklung eines Gases, das sich als Wasserstoff nachweisen läßt. An der Anode bildet sich (neben Chlor, Abzug!) nach einiger Zeit ein kristalliner Niederschlag, der nach Abschalten des Stromes und Abkühlen der Lösung reichlich ausfällt. Man saugt den Niederschlag in einer Porzellan-Nutsche *(Abb. 10–3)* ab, wäscht mit wenig Eiswasser und weist in ihm Kaliumchlorat nach (O_2-Entwicklung beim Schmelzen oder mit J^--Ionen nach *Versuch 10/13)*. ◄

● **Deutung:**

$$\overset{-1}{Cl}{}^-_{aq} + 6\,(OH^-_{aq} \;\rightarrow\; (\overset{+5}{Cl}O_3)^-_{aq} + 6\,e^- + 3\,H_2O$$

Ergebnis: Für die Oxidation von Halogenid- zu Halogenat-Ionen sind Hydroxid-Ionen erforderlich. Dabei werden soviel Elektronen abgegeben, wie sie der Zahl sich ändernder Oxidationsstufen entsprechen.

Wir kennen für die Schwefel-Atome die Oxidationsstufe -2 im Schwefelwasserstoff und in den Sulfiden, die Stufe $+4$ im Schwefeldioxid und in den Sulfiten, schließlich die Stufe $+6$ im Schwefeltrioxid, in der Schwefelsäure und in den Sulfaten. Bei den Halogenen haben wir erkannt, daß von den positiven Oxidationsstufen die höchste auch die stabilste ist. Wir können dann erwarten, daß die Sulfite verhältnismäßig leicht in Sulfate überführt werden können, daß sie also Reduktionsmittel sind.

Sulfit-Ionen geben Elektronen ab in alkalischem Medium.

► **Versuch 10/17:** Man gibt zu einer Lösung von Kaliumjodat eine Lösung von Natriumsulfit: Keine erkennbare Reaktion. Man säuert an: Es entsteht eine tiefbraune, trübe Lösung. ◄

● **Deutung:** Die Jodat-Ionen werden zu Jod-Molekülen reduziert. Als Reduktionsmittel kommen nur die Sulfit-Ionen in Frage:

$$2\,(\overset{+5}{J}O_3)^-_{aq} + 5\,(\overset{+4}{S}O_3)^{2-}_{aq} + 2\,H^+_{aq} \rightarrow (\overset{0}{J_2})_{aq} + 5\,(\overset{+6}{S}O_4)^{2-}_{aq} + H_2O$$

Die Reaktionsgleichung bestätigt die Notwendigkeit des Ansäuerns. Wir können erwarten, daß Elektronen vom Reduktions- zum Oxidationsmittel übergehen und zwar so viele, wie sie den Änderungen der Oxidationsstufen entsprechen:

$$(\overset{+4}{S}O_3)^{2-}_{aq} + 2\,(OH)^-_{aq} \rightarrow (\overset{+6}{S}O_4)^{2-}_{aq} + 2\,e^- + H_2O / \cdot 5$$

$$(\overset{+5}{J}O_3)^-_{aq} + 5\,e^- + 6\,H^+_{aq} \rightarrow \tfrac{1}{2}(\overset{0}{J_2})_{aq} + 3\,H_2O / \cdot 2$$

Wir sehen aus dieser Aufstellung, daß zur Reduktion der Jodat-Ionen Wasserstoff-Ionen notwendig sind – was uns schon bekannt ist –, daß aber auch für die Oxidation der Sulfit-Ionen Hydroxid-Ionen erforderlich sind.

Wir können dies experimentell bestätigen:

► **Versuch 10/18:** Im mittleren Teil eines U-Rohrs befindet sich Kaliumnitrat-Lösung, darüber, durch Wattebäusche getrennt, im einen Schenkel alkalische Sulfit-Lösung, im anderen angesäuerte Jodat-Lösung. Man setzt Graphit-Elektroden ein. Das Amperemeter zwischen ihnen wird so geschaltet, daß der Elektronen-Strom von der Sulfit- zur Jodat-Seite nachweisbar wird: Nach einiger Zeit erkennt man auf der Jodat-Seite eine Braunfärbung. Man pipettiert dann aus dem anderen Schenkel einige cm^3 der Lösung heraus, säuert mit verd. Salpetersäure an und gibt Bariumnitrat-Lösung hinzu: Weißer Niederschlag. Vor dem Versuch hat man sich davon überzeugt, daß in der Sulfit-Lösung bei gleicher Behandlung kein Niederschlag entsteht. ◄

● **Folgerung:** Der Niederschlag ist Bariumsulfat; die Sulfit-Ionen sind demnach in der alkalischen Lösung wie erwartet zu Sulfat-Ionen oxidiert worden. Die oben aufgestellten Reaktionsgleichungen sind bestätigt.

Daß die Sulfit-Ionen nur in alkalischer Lösung reduzieren, zeigt der folgende Versuch, bei dem das Oxidationsmittel im Unterschied zu *Versuch 10/17* keine Wasserstoff-Ionen benötigt:

► **Versuch 10/19:** Man stellt im Reagenzglas aus Kupfer(II)-salz-Lösung und Ammoniakwasser den dunkelblauen Tetrammin-Komplex her, gibt noch etwas Lauge hinzu, versetzt mit Natriumsulfit und erhitzt: Je nach Konzentrationsverhältnissen bildet sich ein gelbroter Niederschlag von Kupfer(I)-oxid oder ein Kupferspiegel:

$$\overset{+4}{(SO_3)}{}^{2-}_{aq} + 2\,\overset{+2}{Cu}{}^{2+}_{aq} + 4\,(OH)^-_{aq} \rightarrow \overset{+6}{(SO_4)}{}^{2-}_{aq} + \{\overset{+1}{Cu_2O}\} + 2\,H_2O$$

$$\overset{+4}{(SO_3)}{}^{2-}_{aq} + \overset{+2}{Cu}{}^{2+}_{aq} + 2\,(OH)^-_{aq} \rightarrow \overset{+6}{(SO_4)}{}^{2-}_{aq} + \{\overset{0}{Cu}\} + H_2O$$

Ergebnis: Sulfit-Ionen sind nur im Zusammenwirken mit Hydroxid-Ionen Reduktionsmittel. Bei ihrer Oxidation geben sie Elektronen an das Oxidationsmittel ab.

Zusammenfassung: *Die für den vorliegenden Abschnitt gestellte Frage, ob Redox-Reaktionen mit Molekül-Ionen Elektronen-Übergänge sind, können wir positiv beantworten, soweit es sich um die positiven Oxidationsstufen der Halogen- und Chalkogen-Atome handelt. Auch hier bedeutet also Oxidation eine Elektronen-Abgabe, Reduktion eine Elektronen-Aufnahme. Zusätzlich haben wir aber auch noch folgende Erkenntnis gewonnen: Die Reduktion z. B. der Halogenat- und Sulfat-Ionen in wäßriger Lösung ist nicht ohne Beteiligung von Hydronium-Ionen möglich und umgekehrt ihre Bildung aus niedrigeren Oxidationsstufen nicht ohne Beteiligung von (OH)⁻-Ionen. Damit stellt sich eine neue Frage, nämlich die nach der Herkunft bzw. nach dem Verbleib der Elektronen bei diesen Reaktionen; denn beim Übergang z. B. von einem Halogenid- zu einem Halogenat-Ion, oder von einem Sulfit- zu einem Sulfat-Ion findet keine Änderung der Ionen-Ladung statt.*

10.1.3 Elektronegativität

Wir diskutieren noch einmal die Oxidation der Chlorid-Ionen zu Hypochlorit-Ionen in alkalischer Lösung. (Den Index »aq« lassen wir bei den Gleichungen dieses Abschnitts der Einfachheit halber weg.)

(1) $\overset{-1}{Cl}{}^- + 2\,(OH)^- \rightarrow (\overset{+1}{Cl}O)^- + H_2O + 2\,e^-$

Woher kommen die beiden Elektronen? Wir erinnern uns, daß bei den Elektrolysen der Laugen *(8.1.1)* und bei den Schmelzfluß-Elektrolysen der Alkalihydroxide *(Versuch 8/12)* die Hydroxid-Ionen an die Anode Elektronen abgeben, wobei Sauerstoff entsteht:

(2) $2\,(\overset{-2}{O}H)^- \rightarrow \overset{0}{O} + H_2O + 2\,e^-;\ 2\,O \rightarrow O_2$

Wir können uns diese Reaktion in zwei Teilschritte zerlegt denken. Im ersten wird von der positiven Elektrode ein Proton vom einen zum anderen Hydroxid-Ion hinübergedrückt:

(3) $\overbrace{(OH)^- + (OH)^-}^{H^+} \rightarrow O^{2-} + H_2O$

Hierbei kommt der amphotere Charakter des Hydroxid-Ions zum Ausdruck (vgl. *Versuch 9/6*). Im zweiten Teilschritt gibt das Oxid-Ion seine beiden Elektronen an die Anode ab:

(4) $\overset{-2}{O}{}^{2-} \rightarrow \overset{0}{O} + 2\,e^-$

Redox-Reaktionen zwischen Molekül-Ionen sind Elektronenübergänge

Wir übertragen – etwas kühn – diese Vorstellungen auf die beiden Hydroxid-Ionen der Reaktion *(1)*, wobei das in der Reaktionsgleichung nicht mitaufgeführte Oxidationsmittel die Rolle der Anode übernimmt, d. h. die Elektronen an sich zieht:

$$Cl^- + 2\,(OH)^- \rightarrow Cl^- + O^{2-} + H_2O$$
$$\rightarrow Cl^- + O + 2\,e^- + H_2O$$
$$\rightarrow (ClO)^- + 2\,e^- + H_2O$$

Interessant ist der letzte Schritt, den wir noch einmal mit den zugehörigen Oxidationsstufen herausziehen:

(5) $\overset{-1}{Cl}{}^- + \overset{0}{O} \rightarrow (\overset{+1}{Cl}\overset{-2}{O})^-$

Wenn wir die an Atom-Ionen gewonnene Vorstellung, daß Redox-Reaktionen Elektronen-Übergänge sind, auf die Reaktion *(5)* übertragen, so würde das Chlor-Atom bei seiner Oxidation zwei Elektronen dem Sauerstoff-Atom für dessen Reduktion übergeben. An der äußeren Ladung ist davon nichts zu erkennen. Es drängt sich die Vorstellung auf, daß diese beiden Elektronen vom Chlor- zum Sauerstoff-Atom hinrücken, ohne sich vom Chlor-Atom vollständig zu trennen. Wir symbolisieren diese beiden Elektronen durch zwei Punkte (Schreibweise nach LEWIS[1], 1916):

$$[\overset{-1}{Cl}:]^- + \overset{0}{O} \rightarrow [\overset{+1}{Cl}:\overset{-2}{O}]^-$$

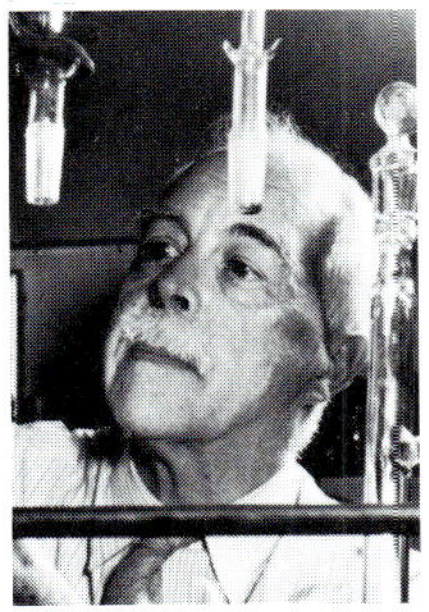

G. N. LEWIS

Diese Spekulation eröffnet uns ganz neue Perspektiven:

1. Wir bekommen einen ersten Hinweis, was die Atome in einem zusammengesetzten Teilchen (Molekül oder Molekül-Ion) aneinanderbindet: Ein gemeinsames Elektronenpaar.
2. Wir erhalten eine neue Erweiterung des Oxidationsbegriffs: Danach bedeutet Oxidation

[1] Gilbert Newton LEWIS, 1875–1946, amerik. Physikochemiker, Prof. in Berkeley

nicht nur eine Abgabe von Elektronen im Sinne eines Verlustes, sondern auch ein Hinrücken zu einem Reaktionspartner.
3. Das Sauerstoff-Atom vermag die Elektronen näher an sich heranzuziehen, als das Chlor-Atom; es besitzt eine größere **Elektronegativität** als dieses.

Bindung durch gemeinsame Elektronenpaare

Wir müssen nun diese folgenreiche Deutung konsequent weiter verfolgen, bis wir zu einer Aussage gelangen, die experimentell nachprüfbar ist oder die mit früheren, gesicherten Erkenntnissen übereinstimmt. Wir beziehen uns auf die anodische Oxidation der Chlorid-Ionen zu Chlorat-Ionen in alkalischer Lösung *(Versuch 10/16)*:

$$\overset{-1}{Cl^-} + 6\,(OH)^- \rightarrow (\overset{+5}{Cl}O_3)^- + 6\,e^- + 3\,H_2O$$

Wir zerlegen sie gemäß den oben entwickelten Vorstellungen in zwei Schritte:

$$6\,(OH)^- \rightarrow 3\,O^{2-} + 3\,H_2O$$
$$\rightarrow 3\,O + 6\,e^- + 3\,H_2O$$
$$\overset{-1}{Cl^-} + 3\,\overset{0}{O} \rightarrow (\overset{+5\,-2}{ClO_3})^-$$

Danach würde das Chlorid-Ion 3 Elektronenpaare besitzen und sie für dis Reduktion der 3 Sauerstoff-Atome zur Verfügung stellen; die drei Elektronenpaare bleiben aber noch in der Nähe des Chlor-Atoms und vermitteln den Zusammenhalt zwischen diesem und den Sauerstoff-Atomen:

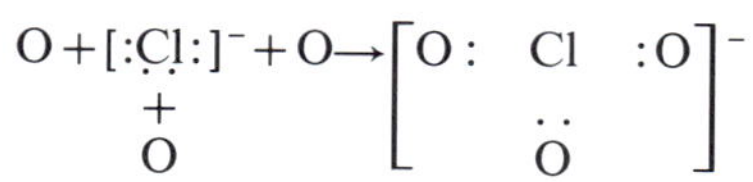

Gehen wir noch einen Schritt weiter, nämlich zur Oxidation des Chlor-Atoms von der Stufe −1 zu seiner höchsten Stufe +7, so brauchen wir 8 Hydroxid-Ionen bzw. aus ihnen 4 Sauerstoff-Atome neben 8 e^- und 4 H_2O:

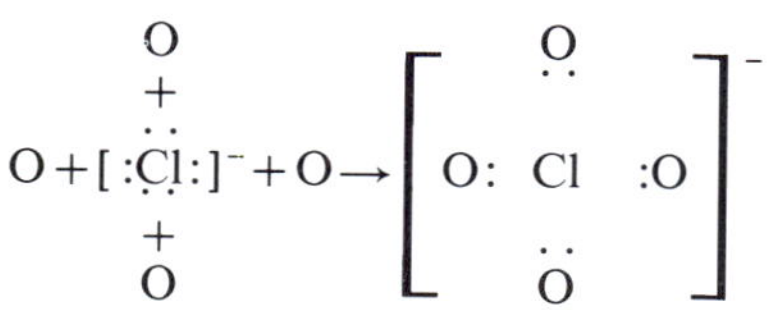

Nach dieser Vorstellung würde das Chlorid-Ion 8 Elektronen für die Bindungen zur Verfügung haben. Das neutrale Chlor-Atom hätte dann 1 Elektron weniger, also 7.
An dieser Stelle können wir an eine uns geläufige Vorstellung anknüpfen. Die Metall-Atome der ersten drei Hauptgruppen geben bei ihrer Oxidation so viele Elektronen ab, wie es der Gruppen-Nummer im Periodensystem entspricht:

$$Na \rightarrow Na^+ + e^-$$
$$Mg \rightarrow Mg^{2+} + 2\,e^-$$
$$Al \rightarrow Al^{3+} + 3\,e^-$$

Chlor steht in der VII. Hauptgruppe. Unsere Spekulation führt zur Konsequenz, daß auch dieses Atom 7 Elektronen bei seiner Oxidation zur Verfügung stellt, wenn diese auch nicht völlig abgegeben werden, sondern zu einem Partner mit größerer Elektronegativität hinübergezogen werden und damit die Bindungen vermitteln.

Ergebnis: Werden von einem Atom Elektronen einem anderen Atom mit größerer Elektronegativität zur Verfügung gestellt, so handelt es sich um eine Redox-Reaktion, unabhängig davon, ob durch diese Elektronen eine **Elektronenpaar-Bindung** entsteht oder ob eine Trennung der Partner mit veränderten Ladungen stattfindet.

Es ist nun bei der Formelschreibweise üblich, Elektronenpaare statt wie oben durch Doppelpunkte durch Striche darzustellen, wobei ein bindendes Paar als sogenannter **Valenzstrich** in Richtung der Partner gezeichnet wird. Die größere Elektronegativität eines der Partner kann dann durch einen keilförmigen Valenzstrich angedeutet werden. Beispiele:

[|F̅|]⁻; [|B̅r ◄ O]⁻

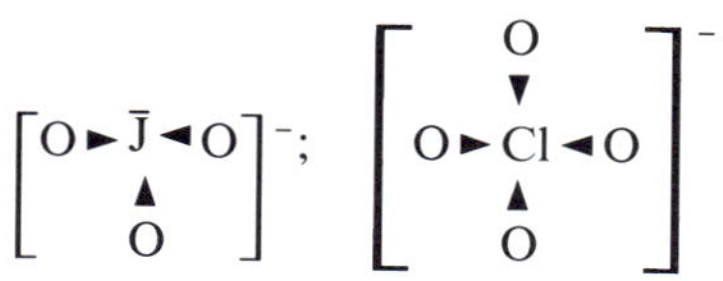

Die Verwertung unserer Kenntnisse über Elektronen-Übergänge bei Atom-Ionen und ihre sinngemäße Erweiterung auf Molekül-Ionen hat uns zur Vorstellung geführt, daß durch Redox-Reaktionen Elektronenpaar-Bindungen entstehen können. Es liegt dann der weiterführende Gedanke nahe, daß schlechthin jede Bindung von Atomen innerhalb eines Moleküls oder eines Molekül-Ions durch solche gemeinsame Elektronenpaare bedingt ist. Betrachten wir daraufhin die Entstehung des Chlor-Moleküls aus zwei Chlor-Atomen, von denen wir jetzt wissen, daß sie 7 Elektronen für Valenzen zur Verfügung haben:

$$|\overline{Cl}\cdot + \cdot\overline{Cl}| \rightarrow |\overline{Cl}-\overline{Cl}|;\ 2\,\overset{0}{Cl} \rightarrow \overset{0}{Cl_2}$$

Beim Zustandekommen der Bindung würde jedes Chlor-Atom dem anderen sein ungepaartes Elektron zur Verfügung stellen. Das wäre kein Redox-Prozeß, weil dem Wegrücken des eigenen Elektrons der Gewinn des anderen entspricht. Das wiederum stimmt mit unserer früheren Definition überein, daß die Atome in Elementarsubstanzen die Oxidationsstufe Null besitzen *(6.1.2)*. Wegen der gleichen Elektronegativität der beiden Chlor-Atome gehört das bindende Elektronenpaar auch beiden in gleicher Weise an. Man spricht in einem solchen Fall von einer **unpolaren Bindung.**
Von den Wasserstoff-Atomen wissen wir, daß ihre höchste positive Oxidationsstufe +1 ist; sie können also nicht mehr als 1 Elektron für Redox-Reaktionen bzw. für Bindungen zur Verfügung stellen. Das bedeutet für das Wasserstoff-Molekül eine unpolare Bindung:

$$H\cdot + \cdot H \rightarrow H-H;\quad 2\,\overset{0}{H} \rightarrow \overset{0}{H_2}$$

Bei der Reaktion des Wasserstoffs mit Chlor jedoch ändern sich die Oxidationsstufen. Das H-Atom wird oxidiert, das Cl-Atom reduziert:

$$H\cdot + \cdot\overline{Cl}| \rightarrow H \blacktriangleleft \overline{Cl}|;\ \overset{0}{H} + \overset{0}{Cl} \rightarrow \overset{+1\,-1}{HCl}$$

Das Chlor-Atom besitzt also eine größere Elektronegativität als das Wasserstoff-Atom; das bindende Elektronenpaar ist zum Chlor-

Atom hin verschoben. Man spricht in einem solchen Fall von einer **polaren Bindung.**

Ergebnis: In einem zusammengesetzten Teilchen (Molekül oder Molekül-Ion) sind die Atome durch gemeinsame Elektronenpaare aneinander gebunden. Zwischen Atomen gleicher Elektronegativität ist die Bindung unpolar, anderenfalls polar.

Nach der am Anfang des Abschnitts entwickelten Methode schlüsseln wir jetzt auch die Oxidation der Sulfit-Ionen in zwei Schritte auf:

$$2\,(OH)^- \rightarrow O^{2-} + H_2O$$
$$\rightarrow O + 2\,e^- + H_2O$$
$$(\overset{+4}{S}O_3)^{2-} + \overset{0}{O} \rightarrow (\overset{+6}{S}\overset{-2}{O_4})^{2-}$$

Wegen der Erhöhung der Oxidationsstufe beim Schwefel-Atom um zwei Stufen nehmen wir wieder an, daß zwei Elektronen von ihm zum Sauerstoff-Atom hingerückt werden, das dadurch gebunden und um zwei Einheiten reduziert wird:

$$[O_3S:]^{2-} + O \rightarrow [O_3S \blacktriangleleft O]^{2-}$$

Wir erkennen daraus, daß das Sauerstoff-Atom eine größere Elektronegativität besitzt als das Schwefel-Atom und daß das letztere überhaupt zwei Elektronen für die Oxidation zur Verfügung hat. Wir können sogar vermuten, daß auch die drei anderen Sauerstoff-Atome durch Elektronenpaare gebunden sind, die ihnen z. B. das Sulfid-Ion bei seiner Oxidation liefert:

$$\overset{-2}{S}{}^{2-}_{aq} + 8\,(OH)^-_{aq} \rightarrow (\overset{+6}{S}O_4)^{2-}_{aq} + 8\,e^- + 4\,H_2O$$

Denken wir uns wieder aus den 8 Hydroxid-Ionen 4 Sauerstoff-Atome entstanden, die sich dann an das Sulfid-Ion anlagern, so muß dieses 4 Elektronenpaare zur Verfügung haben:

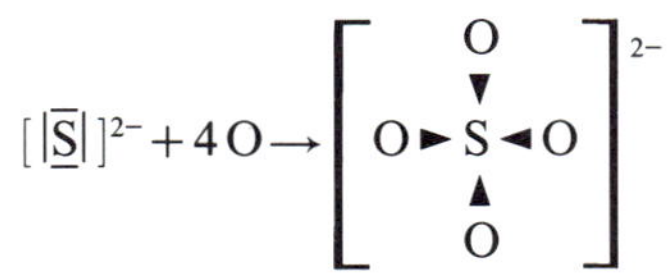

Wenn das Sulfid-Ion 8 Elektronen zur Verfügung hat, besitzt das elektrisch neutrale Schwefel-Atom 2 weniger, also 6 Elektronen, die es bei Oxidationen zu den Bindungspartnern hinrücken kann und dadurch seine höchste Oxidationsstufe +6 erreicht.

Ergebnis: Entsprechend seiner Stellung in der VI. Hauptgruppe des Periodensystems besitzt das Schwefel-Atom 6 Elektronen, die für Elektronenpaar-Bindungen zur Verfügung stehen.

Mit allen 6 Elektronen schreiben sich jetzt die Formeln des Hydrogensulfid-Ions, des Schwefelwasserstoff-Moleküls, des Sulfit- und Hydrogensulfit-Ions folgendermaßen:

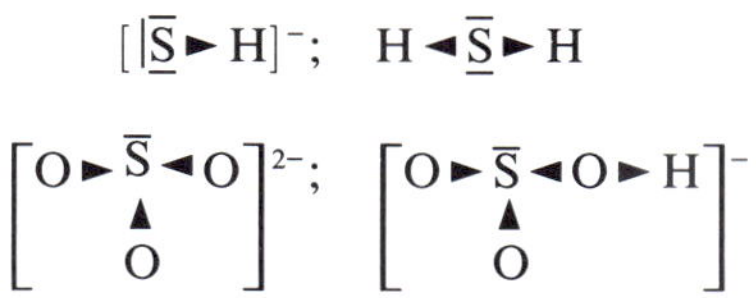

Wir erkennen an den Oxidationsstufen, daß das Schwefel-Atom eine größere Elektronegativität hat als das Wasserstoff-Atom, aber eine kleinere als das Sauerstoff-Atom. Elektronenpaare, die keine Bindung vermitteln, nennt man »einsam«. Im Hydrogensulfid-Ion besitzt das Schwefel-Atom drei einsame Elektronenpaare, im Schwefelwasserstoff-Molekül zwei und im Sulfit- und Hydrogensulfit-Ion je ein einsames Elektronenpaar. Wenn die Zahl der Elektronen um das Schwefel-Atom den Wert 6 überschreitet, werden die zusätzlichen Elektronen entweder vom Bindungspartner, z. B. vom H in $(SH)^-$ und H_2S, geliefert oder als »Fremdelektronen« von außen eingefangen. Letztere bedingen dann die negative elektrische Ladung des Ions.

Definition: Alle die Elektronen, die ein elektrisch neutrales Atom bei seiner Oxidation abgeben oder für Bindungen zur Verfügung stellen kann, heißen **Valenz-Elektronen.**

Demnach besitzen die Atome der Alkalimetalle 1 Valenz-Elektron, die der Erdalkalimetalle 2, die der Erdmetalle 3, die Schwefel-Atome 6 und die Atome der Halogene Chlor, Brom und Jod 7 Valenz-Elektronen. Dabei geben die Metall-Atome ihre Valenz-Elektronen meist vollständig ab, so daß positive Metall-Ionen zurückbleiben, während die Nichtmetall-Atome ihre Valenz-Elektronen fester halten und sie nur für Atom-Bindungen etwas wegrücken lassen. Wir können daraus schließen, daß die Elektronegativität der Metall-Atome nur gering sein kann verglichen mit der sehr viel größeren der Nichtmetall-Atome (vgl. *Tab. 10–7*).

Elektronegativität. Polarität der Bindung

Wieviel Valenz-Elektronen besitzt nun das Sauerstoff-Atom? Wir kennen bisher nur seine Oxidationsstufen Null und −2. Von den beiden Elektronenpaar-Bindungen im Wasser-Molekül können wir auf nicht mehr als 2 Valenz-Elektronen schließen; denn 2 Elektronen werden von den beiden H-Atomen zur Verfügung gestellt. Wenn wir aber für das Hydronium-Ion 3 Elektronenpaar-Bindungen fordern, müssen wir dem Sauerstoff-Atom 4 Valenz-Elektronen zubilligen; denn nur 2 H-Atome steuern je ein Elektron bei, während das dritte H-Atom als Proton, d. h. ohne Elektron, angelagert ist:

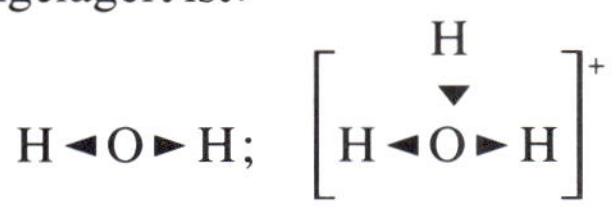

Wir kennen keine Sauerstoff-Verbindung, von der wir auf mehr als 4 Valenz-Elektronen schließen können. Wir geben uns aber damit nicht zufrieden. Wir haben bei den Atomen der Halogene, mit Ausnahme des Fluors, entsprechend ihrer Stellung in der VII. Hauptgruppe 7 Valenz-Elektronen nachgewiesen und für das Schwefel-Atom 6 Valenz-Elektronen gemäß seiner Stellung in der VI. Hauptgruppe. Dann sollte das Sauerstoff-Atom – gleichermaßen in der VI. Gruppe stehend – ebenfalls 6 Valenz-Elektronen besitzen und das Halogen-Atom Fluor sogar 7, obwohl es in seinen Verbindungen nur die Oxidationsstufe −1 betätigt. Das wird sofort verständlich,

Valenz-Elektronen

wenn wir annehmen, daß diese beiden Atome eine vergleichsweise sehr hohe Elektronegativität besitzen. Sie würden ihre Valenz-Elektronen – auch in Elektronenpaar-Bindungen mit Partnern geringerer Negativität – bei sich behalten, also nicht oxidiert werden.

Wir ordnen also dem Sauerstoff-Atom 6, dem Fluor-Atom 7 Valenz-Elektronen zu und können dann für die vollständigen Elektronen-Formeln z.B. des Fluorwasserstoffs, der Schwefelsäure und des Wassers schreiben:

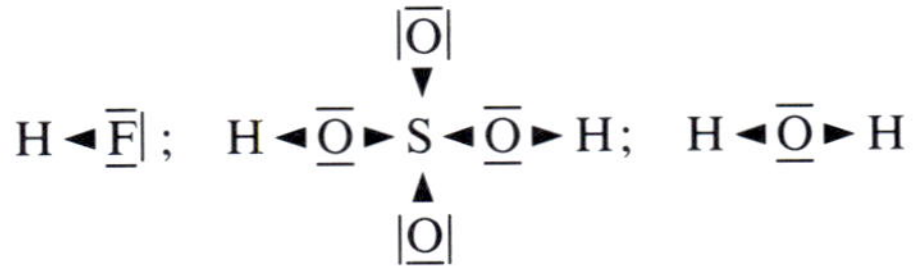

Ergebnis: Bei den Atomen der Hauptgruppen-Elemente ist die Zahl der Valenz-Elektronen gleich ihrer Gruppen-Nummer.

Erweiterung des Oxidationsbegriffs: Wegrücken von Elektronen

Zusammenfassung: *Der vorliegende Abschnitt brachte eine Erweiterung der Begriffe Oxidation und Reduktion: Wegrücken bzw. Annähern von Elektronen. Bisher war das Wegrükken mit einem Verlust, das Annähern mit einem Gewinn der Elektronen gleichbedeutend. Jetzt kann das Wegrücken auch ein Festhalten des Akzeptor-Atoms bewirken, wie umgekehrt beim Erwerb von Elektronen diese zusammen mit ihrem Donator-Atom gebunden werden. Daraus entstand die Vorstellung, daß jede Bindung zwischen den Atomen eines zusammengesetzten Teilchens durch gemeinsame Elektronenpaare bewirkt wird. Damit sind wir einen großen Schritt weitergekommen.*

Wir konnten bisher eigentlich nur darüber Auskunft geben, was die Bausteine eines Salz-Gitters und die Moleküle einer Flüssigkeit zusammenhält, nämlich elektrostatische Anziehungskräfte zwischen Ionen und/oder Dipolen. Die Elektronenpaar-Bindung, die gelegentlich auch als die »eigentliche« chemische Bindung bezeichnet wird, stellt tatsächlich etwas wesentlich anderes dar, weil hier die Bindungspartner durch einen gemeinsamen Besitz aneinander gefesselt sind. Ein Ion zieht alle entgegengesetzt geladenen Teilchen seiner Umgebung an; die von ihm ausgehende Kraft ist nicht auf eine bestimmte Richtung fixiert. Die Elektronenpaar-Bindung dagegen ist nur zu dem gebundenen Partner-Atom hin gerichtet; man bezeichnet sie daher auch als **Atom-Bindung.**

Wir können schon einen Grund für das Zustandekommen von Atom-Bindungen angeben, nämlich die unterschiedliche Tendenz der Atome, Elektronen aufzunehmen; wir sprachen von Elektronegativitäten. Gehören die Atome verschiedenen Elementen an, so werden sie meist unterschiedliche Elektronegativitäten besitzen. Die Bindung ist dann polar, d.h. das gemeinsame Elektronenpaar ist zum Partner mit der größeren Elektronegativität hin verschoben. Den Begriff »polar« haben wir bereits früher (7.2.3) für Dipol-Moleküle benutzt, bei denen die Schwerpunkte der positiven und der negativen Ladungen an verschiedenen Stellen liegen. Das trifft auch für eine polare Bindung zu, weil das zum elektronegativeren Atom hin verschobene Elektronenpaar dort einen negativen Ladungsschwerpunkt bewirkt.

Weiterhin haben wir im vorliegenden Abschnitt den Begriff des Valenz-Elektrons eingeführt. Bei Hauptgruppen-Elementen entspricht die Zahl der Valenz-Elektronen der Gruppen-Nummer des betreffenden Elements. Die Elemente mit niedriger Gruppen-Nummer geben ihre Valenz-Elektronen bei Oxidation ganz und gar ab, so daß Kationen entstehen. Bei Elementen mit höheren Gruppen-Nummern werden die Valenz-Elektronen zu den Bindungspartnern hingerückt, falls diese eine höhere Elektronegativität haben, oder bleiben – vor allem bei eigener hoher Elektronegativität – als einsame Elektronenpaare ungebunden. Letzteres trifft für die Sauerstoff-Atome und besonders für die Fluor-Atome zu.

Die Vorstellungen, die wir über die Atom-Bindung gewonnen haben, sind sicherlich noch sehr lückenhaft. Wie ist es z.B. möglich, daß ein Molekül mit polaren Bindungen (z.B. CH_4) als ganzes doch unpolar ist? Wie kommt es, daß die Bindungen immer durch zwei Elektronen vermittelt wird und diese sich nicht elektrostatisch abstoßen? Warum besitzen Metall-Atome eine geringere Elektronegativität als Nichtmetall-Atome, und warum fangen sich die letzteren noch Fremdelektronen ein, allerdings nie mehr, als daß eine Umgebung von vier Elektronenpaaren entsteht? Diese und viele weiteren Fragen müssen wir noch klären.

10.1.4 Peroxide. Formale Heterolyse

► **Versuch 10/20:** Man füllt 1 g frisches (!) Bariumoxid in ein schwerschmelzbares Reagenzglas, spannt es waagrecht ein, verdrängt die Luft durch Sauerstoff und verschließt mit einem Stopfen, durch dessen Bohrung ein Glasrohr über einen Dreiwegehahn zu einem Kolbenprober führt *(Abb. 10–5)*. Den Prober füllt man mit 100 cm^3 Sauerstoff und stellt die Verbindung zum Reagenzglas her. Man erhitzt das Bariumoxid (nicht höher als etwa 500° C): Der Stempel des Probers gleitet von selbst bis auf einen geringen Gasrest hinein. Nach dem Abkühlen spannt man das Reagenzglas senkrecht ein und verschließt mit einem Stopfen, durch dessen Bohrung ein Ableitungsrohr in eine pneumatische Wanne führt. Man erhitzt jetzt die Substanz (> 700° C): In der pneumatischen Wanne kann man dann mehrere Reagenzgläser mit einem farblosen Gas füllen, das sich mit einem glimmenden Holzspan als Sauerstoff nachweisen läßt. ◄

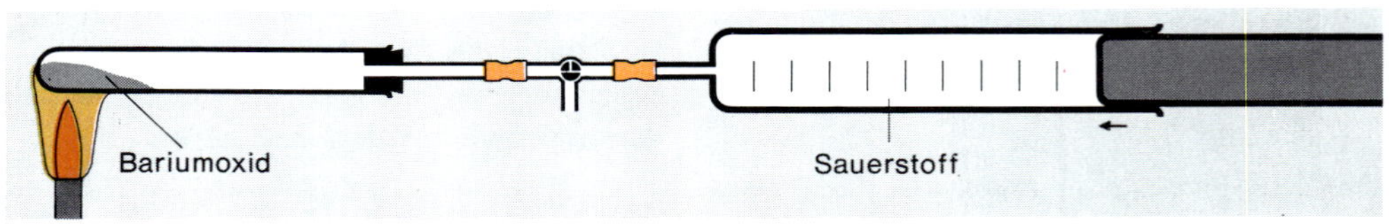

Abb. 10–5: Zu Versuch 10/20. Herstellung von Bariumperoxid aus Bariumoxid und Sauerstoff

● **Deutung:** Im ersten Teil des Versuchs entsteht aus Bariumoxid {BaO} eine sauerstoffreichere Verbindung. Bei der quantitativen Synthese kommen auf 153,4 g Bariumoxid (M_L) genau 11,2 p Sauerstoff i.N., d.h. 1 mol O-Atome. Die entstandene Verbindung hat die Formel $\{BaO_2\}$ und heißt Bariumperoxid. Bei hoher Temperatur (zweiter Teil des Versuchs) dissoziiert das Peroxid thermisch in die Ausgangsstoffe:

$$\{BaO\} + \tfrac{1}{2}\,O_2 \rightleftarrows \{\overset{+2-1}{BaO_2}\}$$

Da Barium in der II. Hauptgruppe des Periodensystems steht, besitzt das Barium-Atom nur 2 Valenz-Elektronen *(10.1.3)* kann also keine höhere Oxidationsstufe als +2 annehmen. Für die beiden Sauerstoff-Atome im Bariumperoxid bleibt daher keine andere Oxidationsstufe als −1. Alle Barium-Verbindungen sind Ionen-Gitter; für den anionischen Gitter-Baustein im $\{Ba^{2+}(O_2)^{2-}\}$ müssen wir folgende Struktur annehmen:

$$\left[\,|\overline{\underline{O}}-\overline{\underline{O}}|\,\right]^{2-}$$

Sein Name ist **Peroxid-Ion.**

Ergebnis: Im Bariumperoxid besitzen die Sauerstoff-Atome die seltene Oxidationsstufe −1. In den Peroxiden liegt eine Sauerstoff-Sauerstoff-Bindung vor.

Natrium und Kalium verbrennen an der Luft zu den Peroxiden $\{Na_2O_2\}$ und $\{K_2O_2\}$. Nur Lithium verbrennt als einziges Alkalimetall zum einfachen Oxid $\{Li_2O\}$. Alle uns bekannten Anionen sind Protonen-Akzeptoren. Gilt das auch für das Peroxid-Ion? Wegen seiner doppelt-negativen Ladung könnten zwei Protonen angelagert werden:

$$H^+ + \left[\,|\overline{\underline{O}}-\overline{\underline{O}}|\,\right]^{2-} + H^+ \longrightarrow H - \overline{\underline{O}}-\overline{\underline{O}} - H$$

► **Versuch 10/21:** Man zerreibt Bariumperoxid mit Eiswasser zu einem dicken Brei und trägt diesen portionsweise in verd. Schwefelsäure ein, die von außen durch eine Kältemischung gekühlt wird. Nach Verrühren filtriert man und verteilt das Filtrat auf zwei Reagenzgläser. Zum einen gibt man eine Flocke Platinasbest: Gasentwicklung (evtl. erst nach Erwärmen) und Entflammen eines glimmenden Holzspans. Zum anderen gibt man einige Tropfen Universalindikator und macht die Lösung mit Ammoniak-Wasser alkalisch: Der Farbstoff wird gebleicht. ◄

● **Deutung:** Bei der Reaktion des Bariumperoxids mit verd. Schwefelsäure finden zwei Umsetzungen statt: Die Barium-Ionen (aus dem Gitter) verbinden sich mit den Sulfat-Ionen zu unlöslichem Bariumsulfat; gleichzeitig geben die Hydronium-Ionen der Säure Protonen an die Peroxid-Ionen ab:

$$\{BaO_2\} + (SO_4)^{2-}_{aq} + 2\,H^+_{aq} \longrightarrow \{BaSO_4\} + (H_2O_2)_{aq}$$

Die Verbindung H_2O_2 heißt **Wasserstoffperoxid.** Sie ist der konjugierte Protonen-Donator zum Peroxid-Ion. In Gegenwart eines Katalysators (Platin), aber auch schon langsam in alkalischer Lösung, disproportionieren die Sauerstoff-Atome des Wasserstoffperoxids von der Oxidationsstufe −1 zu den Stufen −2 und Null:

$$\overset{-1}{H_2O_2} \longrightarrow H_2\overset{-2}{O} + \overset{0}{O};\ 2\,O \longrightarrow O_2$$

Der naszierende Sauerstoff ist wie in den Hypochlorit-Lösungen *(10.1.1)* für die bleichende Wirkung der Wasserstoffperoxid-Lösung verantwortlich. Die im Handel erhältlichen Lösungen sind 3%ig und 6%ig; eine 30%ige Lösung heißt »Perhydrol«. Um eine vorzeitige Disproportionierung zu verhindern, setzt man den Lösungen etwas Phosphorsäure hinzu.

Ergebnis: Das Wasserstoffperoxid-Molekül ist ein schwacher Protonen-Donator, das Peroxid-Ion demnach ein starker Akzeptor. Besonders in Gegenwart von Katalysatoren disproportionieren die Sauerstoff-Atome der Peroxid-Bindung von der Stufe −1 nach −2 und Null.

Aus dem leichten Zerfall des Wasserstoffperoxids können wir schließen, daß die Oxidationsstufe −1 der Sauerstoff-Atome nicht sehr stabil ist. Wird die Stufe −2 angestrebt, gleichbedeutend mit einer Reduktion, dann müßte Wasserstoffperoxid ein gutes Oxidationsmittel sein. Wird aber die Stufe Null angestrebt, was eine Oxidation bedeutet, würde Wasserstoffperoxid auch Reduktionswirkung besitzen. Vermutlich ist die Acidität oder Alkalität des Mediums dafür verantwortlich, welche der beiden Reaktionsweisen abläuft. Wir prüfen zuerst die Oxidationswirkung, d.h. die Aufnahme von Elektronen. Wir sehen, daß zum Ladungsausgleich Protonen erforderlich sind:

$$\overset{-1}{H_2O_2} + 2\,e^- + 2\,H^+ \longrightarrow 2\,H_2\overset{-2}{O}$$

► **Versuch 10/22:** Man gibt zu einer Kaliumjodid-Lösung einige Tropfen Wasserstoffperoxid-Lösung: Erst beim Ansäuern entsteht eine tiefbraune Färbung. ◄

● **Deutung:**

$$2\,\overset{-1}{J^-_{aq}} + (H_2\overset{-1}{O_2})_{aq} + 2\,H^+_{aq} \longrightarrow (\overset{0}{J_2})_{aq} + 2\,H_2\overset{-2}{O}$$

Es müßten Elektronen von den Jodid-Ionen zur sauren Peroxid-Lösung übergehen. Den Nachweis zeigt der folgende Versuch:

► **Versuch 10/23:** Im mittleren Teil eines U-Rohrs (2 Wattebäusche) befindet sich Kaliumnitrat-Lösung, im einen Schenkel Kaliumjodid-Lösung, im anderen angesäuerte Wasserstoffperoxid-Lösung: Man weist mit Platin-Elektroden und einem Amperemeter den Elektronen-Strom von der Jodid- zur Peroxid-Seite nach. Die Jodid-Lösung färbt sich allmählich braun. ◄

Auch die beiden nächsten Versuche zeigen Wasserstoffperoxid als kräftiges Oxidationsmittel:

► **Versuch 10/24:** Man löst frisches Eisen(II)-salz (z.B. Eisenvitriol oder Mohrsches Salz), säuert die blaßgrüne Lösung an und gibt Wasserstoffperoxid-Lösung hinzu: Gelbfärbung. ◄

Sauerstoff-Atome mit der Oxidationsstufe −1

● **Deutung:**

$$2\,\underset{\text{grün}}{\overset{+2}{Fe^{2+}_{aq}}} + (H_2\overset{-1}{O_2})_{aq} + 2\,H^+_{aq} \longrightarrow 2\,\underset{\text{gelb}}{\overset{+3}{Fe^{3+}_{aq}}} + 2\,H_2\overset{-2}{O}$$

► **Versuch 10/25:** Man leitet Schwefelwasserstoff durch eine Bleiacetat-Lösung (Abzug), filtriert den schwarzen Niederschlag von Bleisulfid ab, wäscht ihn mehrmals und gibt ihn in eine Porzellanschale. Man übergießt den Niederschlag mit einer 3%igen Wasserstoffperoxid-Lösung und rührt einige Zeit um: Farbumschlag nach weiß. ◄

● **Deutung:**

$$\underset{\text{schwarz}}{\{Pb\overset{-2}{S}\}} + 4\,(H_2\overset{-1}{O_2})_{aq} \longrightarrow \underset{\text{weiß}}{\{Pb\overset{+6-2}{SO_4}\}} + 4\,H_2\overset{-2}{O} + \text{aqua}$$

Wenn wir die Reaktion in Elektronen-Gleichungen aufschlüsseln, wird uns klar, warum es nicht nötig war anzusäuern:

$$\overset{-2}{S^{2-}} + 8\,(OH)^- \longrightarrow (\overset{+6}{S}O_4)^{2-} + 8\,e^- + 4\,H_2O$$

$$4\,H_2\overset{-1}{O_2} + 8\,e^- + 8\,H^+ \longrightarrow 8\,H_2\overset{-2}{O}$$

Wir prüfen jetzt, ob sich Wasserstoffperoxid auch als Reduktionsmittel eignet. Die Moleküle müßten Elektronen abgeben; zum Ladungsausgleich wären Hydroxid-Ionen erforderlich:

$$H_2\overset{-1}{O_2} + 2\,(OH)^- \longrightarrow 2\,\overset{0}{O} + 2\,H_2O + 2\,e^-;\ 2\,O \longrightarrow O_2$$

► **Versuch 10/26:** Man gibt zu ammoniakalischer Silbersalz-Lösung *(Versuch 8/69)* wenig

Wasserstoffperoxid-Lösung: Gasentwicklung und schwarzer Niederschlag. Wenn man mit geringen Konzentrationen arbeitet und vorsichtig erwärmt, kann sich die Wand des Reagenzglases mit einem metallisch blanken Spiegel überziehen: ◄

H_2O_2 oxidiert in saurem, reduziert in alkalischem Medium.

● **Deutung:**

$$2\,\overset{+1}{Ag}{}^{+}_{aq} + (H_2\overset{-1}{O}_2)_{aq} + 2\,(OH)^{-}_{aq} \longrightarrow 2\,\{\overset{0}{Ag}\} + \overset{0}{O}_2 + 2\,H_2O + \text{aqua}$$

Bei schnellem Reaktionsablauf können sich die Silber-Atome nicht zum Metall-Gitter zusammenfinden (»Silber-Spiegel«), sondern fallen amorph aus (schwarzer Niederschlag). Die Elektronen, die die Silber-Ionen von den Peroxid-Molekülen aufnehmen, können wir in der Versuchsanordnung des galvanischen Elements nachweisen:

► **Versuch 10/27:** Im mittleren Teil eines U-Rohrs befindet sich wieder Kaliumnitrat-Lösung zwischen Wattebäuschen. Der eine Schenkel enthält Silbernitrat-Lösung, der andere schwach alkalische Wasserstoffperoxid-Lösung. Man benutzt Graphit-Elektroden und verbindet den negativen Kontakt des Meßinstruments mit der Peroxid-Lösung: Zeigerausschlag. Man schließt kurz und beobachtet auf der Peroxid-Seite Gasentwicklung. Auf der anderen Seite überzieht sich die Elektrode allmählich mit einem metallisch glänzenden, moosartigen Überzug *(Abb. 10–6)*. ◄

Ergebnis: Wasserstoffperoxid-Moleküle sind im Zusammenwirken mit Protonen Elektronen-Akzeptoren, also Oxidationsmittel, jedoch im Zusammenwirken mit Hydroxid-Ionen Elektronen-Donatoren, d. h. Reduktionsmittel.

formale Heterolyse

Wenn zwischen zwei Atomen *A* und *B*, von denen *B* die größere Elektronegativität besitzen möge, eine Elektronenpaar-Bindung entsteht, so ist diese polar, weil die Bindungselektronen zum Partner *B* hin verschoben sind *(10.1.3)*. Andererseits bedeutet die Verschiebung von Elektronen eine Änderung der Oxidationsstufen. Es muß also bei der Abwägung der Bindungsverhältnisse in einem Molekül (Molekül-Ion) eine Beziehung zwischen den Elektronegativitäten und den Oxidationsstufen zu erkennen sein. Dieses Abwägen geschieht bei der **formalen Heterolyse:** Man ordnet die Elektronen der bindenden Paare den Atomen mit der größeren Elektronegativität zu, als ob es sich um vollständige Elektronen-Übergänge handele. Zu der so bestimmten Elektronen-Zahl eines Atoms addiert man die Elektronen der nicht an einer Bindung beteiligten (einsamen) Paare. Diese

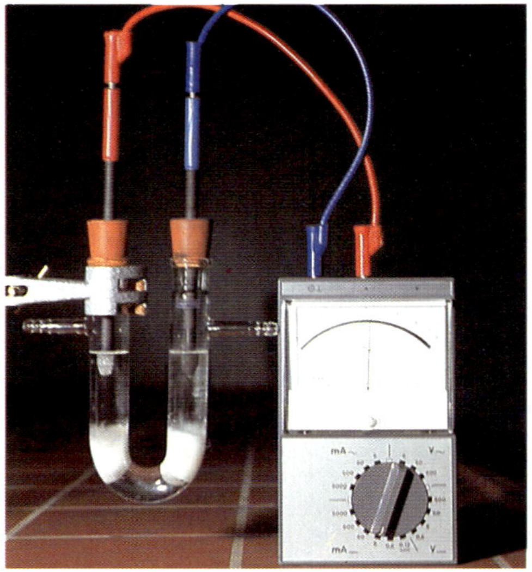

Abb. 10–6: Zu Versuch 10/27. Reduktion von Silber-Ionen durch Wasserstoffperoxid

Summe subtrahiert man dann von der Anzahl der Valenz-Elektronen des elektrisch neutralen Atoms. Das Resultat ist die Oxidationsstufe des betreffenden Atoms.

1. Beispiel: Im Chlorwasserstoff-Molekül

$$H \blacktriangleleft \overline{\underline{Cl}}|$$

wird das bindende Elektronenpaar dem Chlor-Atom zugeordnet; das ergibt zusammen mit den drei einsamen Paaren 8 Elektronen. Zieht man diese Summe von den 7 Valenz-Elektronen des Chlor-Atoms ab, so erhält man 7 − 8 = −1 die Oxidationsstufe des Chlor-Atoms im $\overset{+1-1}{HCl}$. Das Wasserstoff-Atom besitzt nach der formalen Heterolyse kein Elektron mehr; die Differenz ist also 1 − 0 = +1, d. i. die Oxidationsstufe des Wasserstoff-Atoms.

2. Beispiel: Im Molekül der unterchlorigen Säure

$$H \blacktriangleleft \overline{\underline{O}} \blacktriangleright \overline{\underline{Cl}}|$$

besitzt das O-Atom eine größere Elektronegativität als das Cl-Atom. Das Elektronenpaar der Bindung zwischen Cl und O wird also dem Sauerstoff-Atom zugeordnet. Mit seinen einsamen Elektronenpaaren besitzt dann das Sauerstoff-Atom 8 Elektronen gegenüber seinen 6 Valenz-Elektronen (Oxidationsstufe 6−8 = −2) und das Chlor-Atom 6 Elektronen gegenüber 7 Valenz-Elektronen (Oxidationsstufe 7−6 = +1). Das Wasserstoff-Atom hat wie im 1. Beispiel die Stufe +1.

3. Beispiel: Im Chlorat-Ion

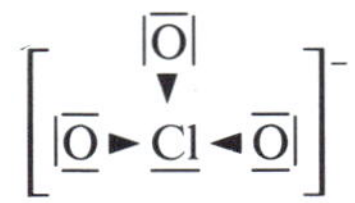

werden alle bindenden Elektronenpaare den Sauerstoff-Atomen zugeordnet. Das Chlor-Atom behält dann nur sein einsames Elektronenpaar; es hat die Oxidationsstufe 7−2 = +5. Für die Sauerstoff-Atome errechnet sich die Oxidationsstufe wie im 2. Beispiel zu 6−8 = −2.

4. Beispiel: Im Schwefelsäure-Molekül

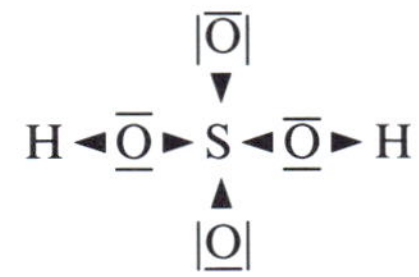

besitzt das Schwefel-Atom die kleinere Elektronegativität gegenüber den Sauerstoff-Atomen; es behält daher bei der formalen Heterolyse kein Elektron. Die Zahl seiner Valenz-Elektronen ist 6; seine Oxidationsstufe bestimmt sich daher zu 6−0 = +6.

Besteht die Elektronenpaar-Bindung zwischen zwei Atomen des gleichen Elements, d. h. ist die Bindung unpolar, so wird bei der formalen Heterolyse jedem der beiden Atome 1 Elektron des Paares zugeordnet; die Bindung wird gewissermaßen halbiert.

5. Beispiel: In den Molekülen der Elementarsubstanzen Wasserstoff und Chlor

$$H-H; \qquad |\overline{\underline{Cl}}-\overline{\underline{Cl}}|$$

errechnet sich die Oxidationsstufe im ersten Fall zu 1−1 = 0, im zweiten Fall zu 7−7 = 0. Damit gewinnt die im *6. Kapitel* gegebene Definition, daß den Atomen in Elementarsubstanzen die Oxidationsstufe Null zugeordnet wird, nachträglich Rechtfertigung durch ein anschauliches Elektronen-Modell.

6. Beispiel: Im Wasserstoffperoxid-Molekül

$$H \blacktriangleleft \overline{\underline{O}}-\overline{\underline{O}} \blacktriangleright H$$

schreibt die formale Heterolyse jedem Sauerstoff-Atom 2 + (2 · 2) + 1 = 7 Elektronen zu. Das bedeutet gegenüber den 6 Valenz-Elektronen die Oxidationsstufe 6−7 = −1 gemäß unseren Überlegungen nach *Versuch 10/20*.

Ergebnis: Das Verfahren der formalen Heterolyse erlaubt bei Kenntnis sowohl der Strukturformel einer Verbindung – wie auch der Elektronegativitäten der beteiligten Atome für jedes von ihnen die Berechnung der Oxidationsstufe.

Zusammenfassung: *Wir haben im vorliegenden Abschnitt die Sauerstoff-Sauerstoff-Bindung im Wasserstoffperoxid und in seinen Salzen, den Peroxiden der Alkali- und Erdalkalimetalle, kennengelernt. Die Sauerstoff-Atome haben in diesen Verbindungen die seltene Oxidationsstufe −1 gegenüber den uns bisher bekannten Stufen −2 und Null. Wasserstoffperoxid kann daher sowohl als Oxidationsmittel in saurem Medium wie auch als Reduktionsmittel in alkalischem Medium dienen. In der Anwendung hat die Reduktionswirkung die größere Bedeutung, weil dabei naszierender Sauerstoff entsteht. Dieser ist für die bleichende Wirkung (H_2O_2-Lösung als Bleichmittel für Haare, Zusatz von Peroxiden zu Waschmitteln z. B. in »Per«sil), wie auch für die desinfizierende Wirkung (sehr verdünnte H_2O_2-Lösung als Gurgelmittel, Entkeimen von Trinkwasser) verantwortlich. Ein Gemisch von über 80%igem Wasserstoffperoxid und Methanol kann als Treibmittel für Raketen dienen.*
Wir haben ferner ein Verfahren entwickelt, aus der Struktur eines Moleküls oder Molekül-Ions bei Kenntnis der Elektronegativitäten der beteiligten Atome auf deren Oxidationsstufen zu schließen. Diese formale Heterolyse wird uns besonders bei komplizierter zusammengesetzten Teilchen Nutzen bringen.

Übungen
1. Warum wird Bromwasser bei Zugabe von Natronlauge entfärbt? Formuliere die Reaktion.
2. Wie kann der Nachweis geliefert werden, daß bei Redoxreaktionen zwischen Halogenid- und Halogenat-Ionen Hydronium-Ionen zur Reaktion notwendig sind?
3. Welche Reaktionsprodukte könnten entstehen, wenn man in saurem Medium Chlorat- und Bromid-Ionen zusammengibt? Diskutiere an Hand von Reaktionsgleichungen die Möglichkeiten.
4. Was versteht man unter dem Begriff »Atom-Bindungen«?
5. Erkläre und begründe den Begriff »Elektronegativität« am Beispiel des Bromat-Ions.
6. Erläutere und begründe die Begriffe »polare« und »unpolare Bindung« an Beispielen.
7. In welchen Stufen kann der Oxidationsbegriff – dem Wortsinn entsprechend von der Reaktion mit Sauerstoff her – erweitert werden, und wie läßt sich der Redox-Begriff allgemeingültig definieren?
8. Warum können den Halogen-Atomen 7 Valenz-Elektronen zugeschrieben werden?
9. Das Verbrennungsprodukt von Natrium an der Luft löst sich bei Zimmertemperatur in Wasser unter Bildung von Natronlauge und Sauerstoff. Um welche Verbindung muß es sich handeln? Formuliere die Reaktionsgleichungen.
10. Welche Beobachtung ist zu erwarten, wenn man eine stark salzsaure Lösung von Kupfer(I)-chlorid mit Wasserstoffperoxid-Lösung versetzt? Stelle die Reaktionsgleichung auf.
11. Unter welcher Bedingung kann Wasserstoffperoxid als Reduktionsmittel verwendet werden? Erläutere dies an einem Beispiel.

10.2 Kern-Hülle

10.2.1 Aufbau-Regel

Wie viele Elektronen besitzt ein Atom?

Atome sind die kleinsten, mit chemischen Mitteln nicht mehr weiter teilbaren Bestandteile der Materie. Können wir mit den Kenntnissen, die wir bis jetzt gewonnen haben, wirklich an der Vorstellung der Unteilbarkeit festhalten? Wir wollen dabei nicht an die uns noch unbekannte, aber oft zitierte »Atomzertrümmerung« denken. Wir sprachen aber in den vergangenen Kapiteln, ohne es ausdrücklich betont zu haben, schon oft von Atom-Bausteinen, nämlich immer dann, wenn aus einem neutralen Atom durch Abgabe von Elektronen positive Ionen entstehen: Das angeblich unteilbare Atom muß also Elektronen als Bausteine besitzen.
Das Lithium-Atom und die anderen Alkali-Atome bilden z. B. einfach-positiv geladene Ionen, besitzen also wenigstens ein Elektron. In den Erdalkali-Atomen sind zwei Elektronen vorhanden, weil sie doppelt-positive Ionen bilden. Das Al^{3+}-Ion ist durch Abgabs von drei Elektronen entstanden. Nun können aber nicht alle Atome, z. B. die der Nichtmetalle, positive Ionen bilden. Aber auch diese besitzen mit Ausnahme der Edelgas-Atome positive Oxidationsstufen, und in den vorigen Abschnitten haben wir erkannt, daß die Zunahme der Oxidationsstufe ein Wegrücken von Elektronen (kein vollständiges Entfernen) bedeutet. Danach besitzen auch diese Atome Elektronen als Bausteine und zwar mindestens so viele, wie ihre höchste Oxidationsstufe angibt.
Wir nannten die Elektronen, die ein Atom bei seiner Oxidation zur Verfügung stellen kann, seine Valenz-Elektronen. Die Halogen-Atome besitzen sieben Valenz-Elektronen, weil sie in den Perhalogenat-Ionen die Oxidationsstufe +7 annehmen. Die Oxidationsstufe +6 für die Schwefel-Atome bzw. +5 für die Stickstoff- und Phosphor-Atome beweist das Vorhandensein von sechs bzw. fünf Valenz-Elektronen. Kohlenstoff- und Silicium-Atome haben wegen ihrer höchsten Oxidationsstufe +4 vier Valenz-Elektronen.

Ergebnis: Elektronen sind Bausteine der Atome. Die Zahl der Elektronen eines Atoms ist mindestens so groß wie die Zahl seiner Valenz-Elektronen, d. h. wie seine höchste Kationen-Ladung bzw. Oxidationsstufe angibt.

Da für die Hauptgruppen-Elemente die höchste Oxidationsstufe eines Elements mit seiner Gruppen-Nummer im Periodensystem übereinstimmt, könnten wir das Ergebnis auch folgendermaßen formulieren: Die Atome der Hauptgruppen-Elemente besitzen sicherlich so viele Elektronen, wie ihre Gruppen-Nummer im Periodensystem angibt. Eine entsprechende Aussage für die Zwischengruppen-Elemente können wir noch nicht machen. Von Eisen z. B., das in der Zwischengruppe VIII steht, kennen wir nur die Fe^{2+}- und Fe^{3+}-Ionen. Auch bei vielen anderen Zwischengruppen-Elementen ist die höchste Oxidationsstufe, d. h. die Zahl der mit Sicherheit vorhandenen Elektronen, kleiner als die Nummer der Gruppe.
Die Edelgase stehen in der Hauptgruppe VIII; wir kennen nur die Oxidationsstufe Null. Dürfen wir ihnen dann – gemäß den vorangegangenen Überlegungen – keine Elektronen zuschreiben? Edelgase werden vorzugsweise als Füllung von Leuchtstoff-Röhren benutzt. Das Gas befindet sich unter vermindertem Druck in einer Glasröhre mit zwei eingeschmolzenen

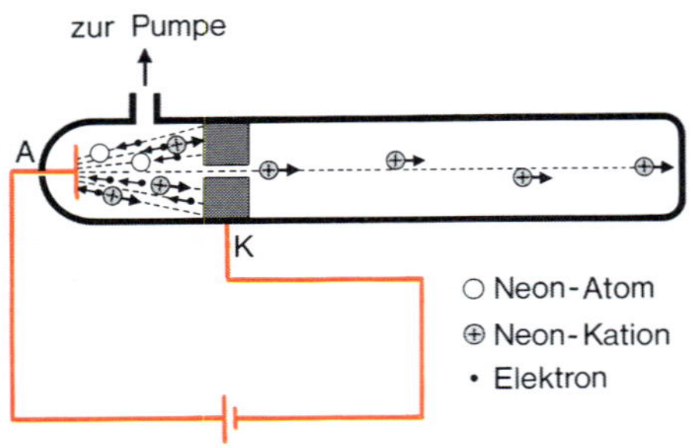

Abb. 10–7: Erzeugung von Kanalstrahlen durch Stoßionisation

Abb. 10–8: Leuchtröhren auf der Autobahn bei Nacht

Elektroden. Legt man eine genügend hohe Spannung an (Zündspannung), so fließt ein Strom, wobei das Gas Licht charakteristischer Farbe aussendet. Elektrischer Strom bedeutet Transport von elektrischen Ladungen. Die Edelgas-Atome sind elektrisch neutral; welches sind dann die Ladungsträger in der Röhre? Legt man an die Elektroden eine Gleichspannung an und benutzt man eine durchlochte Kathode *(Abb. 10–7)*, dann kann man hinter dieser durch Ablenkungsversuche im elektrischen und magnetischen Feld feststellen, daß positive Ladungsträger durch die Öffnungen der Kathode hindurchfliegen (»Kanalstrahlen«), deren Masse – aus Ablenkung und angelegter Feldstärke berechnet – fast genau gleich der der Edelgas-Atome ist. Es kann sich also nur um positive Edelgas-Ionen handeln, die aus den Atomen durch Verlust von Elektronen entstanden sein müssen.

Das Entstehen dieser Edelgas-Ionen können wir folgendermaßen verstehen: Schon vor dem Einschalten der Röhre sind in ihr immer einige wenige Ladungsträger vorhanden, erzeugt z. B. durch Höhenstrahlung. Diese werden durch die angelegte Spannung beschleunigt und vermögen bei genügend hoher kinetischer Energie (Zündspannung) beim Zusammenstoßen aus den Edelgas-Atomen Elektronen abzuschlagen (»Stoßionisation«). Die so entstehenden Elektronen bzw. Kationen werden ihrerseits durch Spannung zur Anode bzw. Kathode hin beschleunigt, stoßen mit weiteren Edelgas-Atomen zusammen, ionisieren sie usw., so daß die Zahl der Ladungsträger lawinenartig zunimmt.

Ergebnis: Auch Edelgas-Atome besitzen Elektronen als Bausteine; sie können durch Stoßionisation erzeugt werden.

Gemäß der Erklärung der Stoßionisation sollte man auch Leuchtröhren benutzen können, die mit Metall-Dämpfen gefüllt sind, z. B. mit Natrium-Dampf, da wir von den Natrium-Atomen die Leichtigkeit der Elektronen-Abgabe schon aus dem chemischen Verhalten kennen. Tatsächlich liegt die Zündspannung einer solchen Röhre bedeutend niedriger als die der Edelgas-Leuchtröhren. Natriumdampf-Lampen (gelbes Licht) werden in steigendem Maß zu Beleuchtungszwecken benutzt. Zur weiteren Herabsetzung der Zündspannung setzt man diesen Lampen etwas Kalium zu, das als unedleres Metall noch leichter Elektronen abgibt. Solche Röhren senden zuerst ein schwach rötlich-violettes Licht aus, das für Kalium-Dämpfe charakteristisch ist *(6.2.2)*, bevor das intensiv-gelbe Natrium-Licht entsteht (vgl. *Abb. 10–8*).

Aus den bisherigen Überlegungen drängen sich folgende Fragen auf: Wieviel Elektronen besitzt ein Atom insgesamt? Welches ist der positiv geladene Bestandteil des neutralen Atoms bzw. des aus ihm durch Elektronen-Abgabe entstehenden Kations?

Die Berechtigung der ersten Frage beruht auf der Erfahrung, daß man aus Edelgas-Atomen Elektronen herausschlagen kann (Stoßionisation). Denn würden die Atome nicht mehr Elektronen haben, als wir sie mit chemischen Mitteln nachweisen können (Valenz-Elektronen), dann besäßen die Edelgas-Atome überhaupt keine. So aber besteht der Verdacht, daß auch aus anderen Atomen nach Verlust der Valenz-Elektronen noch weitere Elektronen abgeschlagen werden können. Durch Anwendung hoher Energien hat man das tatsächlich experimentell nachweisen können.

Änderung der Valenz-Elektronenzahl innerhalb einer Periode

Von unseren chemischen Kenntnissen her fällt uns auf, daß für die Hauptgruppen-Elemente innerhalb jeder Periode die Zahl der Valenz-Elektronen mit zunehmender Ordnungszahl *Z (6.2.3)* um je eins zunimmt. So nehmen z. B. in der 2. Periode (erste Kurzperiode) die Oxidationsstufen von Lithium zum Fluor von $+1$ zu $+7$, in der 4. Periode (erste Langperiode) von Kalium zu Calcium von $+1$ zu $+2$ und dann von Gallium zu Brom von $+3$ zu $+7$ zu, d. h. ein Atom eines Elementes mit der Ordnungszahl Z besitzt ein Elektron mehr als eine Atom des vorangegangenen Elementes mit der Ordnungszahl $Z-1$.

Wir haben uns schon oft von der Fruchtbarkeit des Kontinuitätsprinzips, d. i. die Übertragung gesicherter Ergebnisse auf neue Probleme, überzeugt. Die Vorstellung des diskontinuierlichen Aufbaus der Materie aus Molekülen und Atomen haben wir von den Gasen und Flüssigkeiten auf die Feststoffe ausgedehnt *(5.1.1)*, ebenso die Vorstellungen von der thermischen Bewegung dieser Teilchen. Durch die Erfahrung, daß ein Wasserstoff-Ion nie isoliert vorkommt, haben wir die Existenz des Hydronium-Ions postuliert *(9.1.2)*. Die Tatsache, daß das Schwefel-Atom sechs und das Chlor-Atom sieben Valenz-Elektronen hat, haben wir auf die in der gleichen Gruppe des Periodensystems stehenden Sauerstoff- bzw. Fluor-

Atome übertragen, obwohl sich bei diesen keine so hohen Oxidationsstufen nachweisen lassen *(10.1.3)*.
Nach dem Kontinuitätsprinzip erwarten wir jetzt für alle Atome ohne Ausnahme, was uns zunächst nur für die Hauptgruppen-Elemente bekannt ist: Die Zahl der Elektronen eines Atoms nimmt um je eins zu, wenn man zum nächstfolgenden Element im Periodensystem übergeht: Wir sprechen von der **Aufbau-Regel.** Das würde bedeuten, daß die Zahl der Elektronen eines neutralen Atoms mindestens so groß ist wie seine Ordnungszahl. Das Wasserstoff-Atom hat nämlich bestimmt ein Elektron (Oxidationsstufe +1), das folgende Helium-Atom bestimmt zwei, das Lithium-Atom drei, das Fluor-Atom neun (2 mehr als seine 7 Valenz-Elektronen), das Calcium-Atom 20 (18 mehr als seine 2 Valenz-Elektronen), das folgende (erste) Zwischengruppen-Atom Scandium 21 Elektronen und z.B. das Atom des Elements mit der Ordnungszahl 82 (Blei) bestimmt 82 Elektronen.

Ergebnis: Nach der Aufbau-Regel besitzt jedes Atom ein Elektron mehr als das Atom des im Periodensystem vorhergehenden Elements. Das gilt ohne Ausnahme. Ein Atom der Ordnungszahl *Z* besitzt demnach mindestens *Z* Elektronen.

Sofort erhebt sich zusätzlich zu den beiden oben formulierten Fragen eine dritte: Warum werden bei chemischen Prozessen nie mehr als die Valenz-Elektronen abgegeben? Diesem Problem gehen wir erst in Abschnitt *10.3* nach. Die erste Frage ist nämlich noch nicht ganz beantwortet; wir wissen noch nicht, wieviel Elektronen das »leichteste« Atom, das des Wasserstoffs, hat.
Wir haben in *Kapitel 9* erfahren, daß das Proton nie für sich allein vorkommt, während alle anderen Ionen – mindestens in Kristall-Gittern – isoliert zu finden sind. Das H^+-Ion lagert sich sofort an Anionen und Molekülen wie $(SO_4)^{2-}$, $(OH)^-$, H_2O usw. an und bildet mit ihnen Elektronenpaar-Bindungen aus: $(HSO_4)^-$, H_2O, $(H_3O)^+$ usw. Wenn wir, was nahe liegt, für das Anlagern des positiven Teilchens an negative Ionen und Dipol-Moleküle elektrische Kräfte verantwortlich machen, dann muß um das Proton ein sehr viel stärkeres elektrisches Feld herrschen als z.B. um die gleichgeladenen Alkali-Ionen. Das ist nur möglich, wenn der Durchmesser des Protons sehr viel kleiner als der aller anderen Ionen ist.

Ergebnis: Die Sonderstellung des Protons ist durch seine außerordentliche Kleinheit bedingt.

Wenn wir nun annehmen, daß das Wasserstoff-Atom nur ein einziges Elektron besitzt, dann würde bei dessen Abgabe ein Teilchen entstehen, das wesentlich andere Eigenschaften haben müßte als alle anderen Kationen, die noch weitere Elektronen besitzen. Diese Andersartigkeit bestände z.B. in der außerordentlichen Kleinheit des resultierenden positiven Teilchens. Als physikalische Bestätigung dieser sehr naheliegenden Annahme dient die Tatsache, daß man durch noch so hohe Energien dem Wasserstoff-Atom nie mehr als ein Elektron abschlagen kann.
Nach der Aufbau-Regel hat dann das Helium-Atom nicht mindestens, sondern genau zwei Elektronen. Würde man also dem Helium-Atom beide Elektronen entreißen, so müßte das entstehende He^{2+}-Ion ähnliche außergewöhnliche Eigenschaften haben wie das Proton. Tatsächlich werden wir diesem Teilchen in *10.2.2* als α-Teilchen wiederbegegnen und dessen außerordentliche Kleinheit erfahren.
Das Lithium-Atom hat genau drei Elektronen, das Beryllium-Atom vier und z.B. das Blei-Atom nicht weniger und nicht mehr als 82 Elektronen. Wir können also im vorletzten Ergebnis das Wort »mindestens« durch »genau« ersetzen:

Ergebnis: Das Wasserstoff-Atom besitzt genau ein Elektron. Allgemein ist die Zahl der Elektronen in einem Atom gleich seiner Ordnungszahl.

Zusammenfassung: *Die Bildung von positiven Ionen – sei es durch Oxidation, sei es durch Stoßionisation – beweist, daß alle Atome Elektronen als Bausteine besitzen. Die Abgabe der Elektronen geschieht bei den unedlen Metallen besonders leicht, bei den Edelgas-Atomen erst durch Anwendung höherer Energien, wie sie bei den meisten chemischen Reaktionen nicht zur Verfügung stehen (Grund der Reaktionsträgheit der Edelgase).*
Die Frage nach der Zahl der Elektronen eines Atoms ist auch beantwortet: Die Elektronenzahl ist gleich der Ordnungszahl. Wenn wir von den physikalischen Bestätigungen einmal absehen, gelang uns diese Aussage durch Übertragung der zunächst nur innerhalb der Perioden geltenden Aufbau-Regel auf alle Elemente (Kontinuitätsprinzip) und durch die Deutung der Sonderstellung des Protons aufgrund der Annahme, daß das Wasserstoff-Atom nur ein einziges Elektron besitzt.
Im nächsten Abschnitt gehen wir zu der zweiten, anfangs gestellten Frage nach dem positiven Bestandteil eines Atomes über.

Aufbau-Regel

10.2.2 Kern-Bausteine

Moleküle und Atome sind außerordentlich kleine Teilchen. Dem entspricht umgekehrt die fast unvorstellbar große Avogadro-Zahl, deren Wert wir in *4.1.3* mit $L \approx 6 \cdot 10^{23}$ angegeben haben. Wir wollen jetzt versuchen, den Durchmesser eines Atoms abzuschätzen.
Für Eisen berechnet sich aus $M_L = 55{,}8$ g und der Dichte $\varrho = 7{,}9 \text{ g} \cdot \text{cm}^{-3}$ das Volumen $V_L = (55{,}8/7{,}9) \text{ cm}^3 = 7{,}1 \text{ cm}^3$. Teilen wir durch L, so erhalten wir den Platzbedarf eines Eisen-Atoms: $(7{,}1/6 \cdot 10^{23}) \text{ cm}^3 = 12 \cdot 10^{-24} \text{ cm}^3$. Da wir keine Aussage über die Packungsdichte machen können, dürfen wir für die Abschätzung würfelförmige Eisen-Atome annehmen. Die Kantenlänge wäre dann
$d = \sqrt[3]{12 \cdot 10^{-24} \text{ cm}^3} = 2{,}3 \cdot 10^{-8} \text{ cm} = 0{,}23 \text{ nm}$[1]. In der Literatur findet man für den Durchmesser des kugelförmigen ange-

[1] 1 Nanometer (nm) = 10^{-9} m

E. RUTHERFORD

nommenen Eisen-Atoms den Wert 0,248 nm, also für den Radius 0,124 nm. Die Atomradien der meisten Elemente liegen zwischen 0,1 und 0,2 nm.

Hätten wir für die Abschätzung des Eisen-Atoms statt der Daten des festen Metalls die der flüssigen Schmelze benutzt, hätten wir sicherlich einen anderen als den oben berechneten Wert erhalten, bei dem die Packungsdichte des Eisen-Gitters vernachlässigt worden war. Wieder andere Werte würden sich bei der Auswertung von Eisen-Dampf oder Eisen-Legierungen ergeben. Letzten Endes hat es also keinen Sinn, einen allgemein verbindlichen Wert für den Atomradius angeben zu wollen, da er sicherlich von der Zustandsform des Eisens abhängt. Entsprechendes gilt auch für alle anderen Elemente.

Abschätzung von Atom-Radien

Ergebnis: Die Radien der Atome sind von der Größenordnung 10^{-8} cm = 0,1 nm

Des weiteren kann erwartet werden, daß der Radius eines Kations noch etwas kleiner ist als der des zugehörigen Atoms, da Elektronen fehlen, und daß umgekehrt ein Anion einen größeren Radius besitzt, da es durch Elektronen-Aufnahme aus dem zugehörigen Atom entsteht. Wir werden das in *10.3.2* durch Berechnung der Abstände zwischen den Bausteinen eines Ionen-Gitters bestätigen. Wir müssen aber vorher noch die offene Frage angehen, was vom Atom übrig bleibt, wenn alle Elektronen – nicht nur die Valenz-Elektronen oder die durch Stoßionisation abgeschlagenen – entfernt werden.

Größenordnung des Atomkerns

Wenn wir eine Netzebene der kubisch dichtesten Kugelpackung betrachten, so sehen wir nur kleine Lücken zwischen den kugelförmigen Bausteinen. Sie werden von den darüberliegenden Netzebenen zugedeckt, so daß eine kompakte Schicht ohne »Kanäle« entsteht. Das Metall Gold, dessen Atome in der kubisch dichtesten Packung angeordnet sind, ist so dehnbar, daß es sich zu Folien von nur 1/4000 mm = 2,5 · 10^2 nm auswalzen läßt

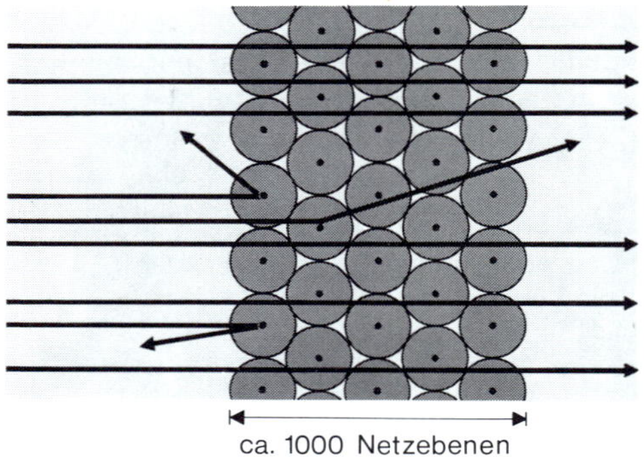

Abb. 10–9: Schematische Darstellung der Streuung von α-Teilchen an Atomkernen

(Blattgold). In einem solch dünnen Blättchen sind dann ca. 1000 Netzebenen übereinander geschichtet, da der Atomdurchmesser des Goldes zu ca. 0,25 nm angenommen werden kann.

RUTHERFORD[1] hatte 1911 den Gedanken, eine solche Goldfolie mit kleinen Teilchen zu beschießen, wie sie die Natur mit den α-Strahlen (doppelt positiv geladene Helium-Ionen hoher kinetischer Energie) zur Verfügung stellt. Nach den obigen Überlegungen war zu erwarten, daß keines dieser Teilchen durch die anscheinend kompakte Wand hindurchtreten kann. Überraschenderweise gehen jedoch fast alle α-Teilchen ungehindert durch die Folie hindurch und nur jedes 100000ste Teilchen wird aus seiner Richtung abgelenkt, als wenn es auf einen festen Widerstand stößt *(Abb. 10–9)*. Ein weiteres Resultat des Versuches ist, daß die Zahl der abgelenkten Teilchen mit der Schichtdicke zunimmt. Daraus folgt, daß bei einer einzigen Netzebene nur ungefähr jedes (10^5 · 10^3)-te Teilchen seine Richtung ändert, daß also von 10^8 Geschossen nur ein einziges abgelenkt wird.

Die Atome sind also für die α-Teilchen weitgehend durchlässig. Nur ein sehr kleiner Bereich im Atom stellt ein kompaktes Hindernis für die α-Strahlen dar. Man nennt ihn den **Atomkern.** Die Größenordnung seines Querschnitts ist nach der Treffer-Quote der 10^8-te Teil des Atomquerschnitts, seine lineare Ausdehnung also der 10^4-te Teil des Atomdurchmessers. Da dieser von der Größenordnung 10^{-8} cm ist, hat also der Atomkern einen Durchmesser von der Größenordnung $10^{-4} \cdot 10^{-8}$ cm = 10^{-12} cm. Das Ergebnis des RUTHERFORD-Versuchs wurde an anderen Metallfolien bestätigt.

Ergebnis: In jedem Atom gibt es einen sehr kleinen Bereich von der Größenordnung 10^{-12} cm, den Atomkern, der für α-Strahlen undurchdringlich ist.

Aus dem Rutherford-Versuch folgt weiterhin, daß auch die »Geschosse« nicht größer als 10^{-12} cm sein können. Schickt man α-Strahlen durch elektrische und magnetische Felder, so kann man aus der angelegten Feldstärke und dem Krümmungsradius der Bahn die Ladung und die Masse der Teilchen berechnen: Die α-Teilchen sind doppelt positiv geladen und besitzen fast die gleiche Masse wie Helium-Atome; es sind He^{2+}-Ionen. Die Größenordnung des neutralen Helium-Atoms mit seinen 2 Elektronen ist 10^{-8} cm, die des α-Teilchens 10^{-12} cm; das α-Teilchen ist also der Atomkern des Helium-Atoms. Die beiden Elektronen erfüllen demnach den ganzen Bereich um den Kern; dieser Bereich ist 10^4 mal so groß wie der Kerndurchmesser. Man nennt diesen Aufenthaltsbereich der Elektronen die **Elektronen-Hülle** des Atoms.

Ergebnis: Beim Entfernen der beiden Elektronen des Helium-Atoms bleibt der doppelt positiv geladene Atomkern zurück. Dabei verliert das Atom seine gesamte Hülle, deren Durchmesser 10^4 mal so groß wie der des Kerns ist. Aus Helium-Kernen bestehen die α-Strahlen, die für den Rutherford-Versuch benutzt werden.

[1] Ernest RUTHERFORD, 1871–1937, Physik-Professor in Cambridge

Vom Wasserstoff-Atom wissen wir, daß es nur ein Elektron besitzt und daß bei dessen Abgabe das außerordentlich kleine Proton entsteht. Wir können also schließen, daß das Proton der Kern des Wasserstoff-Atoms ist, also – wie alle Atomkerne – einen Durchmesser der Größenordnung 10^{-12} cm hat. Im neutralen Wasserstoff-Atom nimmt demnach das einzige Elektron den gesamten Raum der Hülle ein.

Ergebnis: Das Proton ist der Kern des Wasserstoff-Atoms. Daher unterscheidet sich das Proton wesentlich von allen anderen Ionen.

Wenden wir wiederum das Kontinuitätsprinzip auf die Atome der übrigen Elemente an, so stellen wir fest: Jedes Atom besteht aus Kern und Hülle. Die Hülle enthält alle Elektronen des Atoms. Da das Atom als ganzes elektrisch neutral ist, ist der Kern der Sitz der positiven Ladung; ihr Betrag ist gleich der Zahl der Elektronen.

Ergebnis: Jedes Atom besteht aus Kern und Hülle. Beträgt die Ordnungszahl *Z*, so wird die Hülle von *Z* Elektronen erfüllt. Der Kern ist *Z*-fach positiv geladen; sein Durchmesser ist um vier Zehnerpotenzen kleiner als die Hülle.

Vergleich der Massen von Kern und Hülle

Nachdem wir jetzt über die Dimensionen von Atom-Kern und -Hülle orientiert sind, fragen wir nach ihren Massen. Wie groß ist die Masse eines Elektrons?
Wir haben wiederholt erwähnt, wie man durch Ablenkungsversuche in elektrischen und magnetischen Feldern Ladung und Masse der Teilchen von Kanal- und α-Strahlen bestimmt hat. Entsprechende Versuche kann man mit **Kathodenstrahlen** machen: Aus einem glühenden Metall-Draht (Glüh-Kathode) treten Elektronen aus, die in einer evakuierten Röhre durch ein elektrisches Feld beschleunigt und dann in einem magnetischen Feld abgelenkt werden. Aus den angewandten Feldstärken und dem Krümmungsradius der Bahn kann man die Masse der Elektronen berechnen: Sie beträgt $9{,}109 \cdot 10^{-28}$ g, das sind 0,0005485 u oder 1/1823 u.
Für das Wasserstoff-Atom mit seiner Masse von 1,008 u und einem Elektron in der Hülle bedeutet das, daß fast seine gesamte Masse im Kern konzentriert ist und nur ungefähr der 2000ste Teil seiner Masse (0,05 %) der Hülle zugerechnet werden muß. Für die übrigen Atome ist der prozentuale Massenanteil der Hülle noch geringer. So ist z.B. die Masse des Gold-Atoms 197 u; es besitzt gemäß seiner Ordnungszahl 79 Elektronen mit der Masse $79 \cdot 0{,}0005485$ u = 0,043 u, das sind 0,02 % der Gesamtmasse des Atoms.

Ergebnis: Die Masse eines Atomkerns unterscheidet sich um weniger als 0,05 % von der gesamten Masse des Atoms. Die Atommasse ist fast vollständig im Kern konzentriert.

Wir erkennen daraus noch nachträglich, warum beim RUTHERFORD-Versuch nur so wenig α-Teilchen abgelenkt werden. Wenn wir für die Elektronen-Hüllen der Gold-Atome die Dichte abschätzen, erhalten wir $0{,}043\ \text{u}/(2{,}5 \cdot 10^{-8}\ \text{cm})^3 \approx$ $\approx 4 \cdot 10^{-3}\ \text{g} \cdot \text{cm}^{-3}$; das entspricht etwa der Dichte eines schweren Gases. Für die Kerne der Gold-Atome ermitteln wir $197\ \text{u}/(10^{-12}\ \text{cm})^3 \approx$ $\approx 3 \cdot 10^{14}\ \text{g} \cdot \text{cm}^{-3}$, also eine unvorstellbar hohe Dichte. Es darf uns daher nicht wundern, daß die ebenso dichten Helium-Kerne in den Elektronen-Hüllen der Gold-Atome keinen nennenswerten Widerstand finden.
Zur Veranschaulichung dieser Ergebnisse können folgende Vergleiche dienen:
Würde das Proton durch ein Kügelchen von nur 1 mm Durchmesser dargestellt, dann wäre der Durchmesser des Wasserstoff-Atoms mit seinem einen Elektron 10 m. Könnten wir Eisen-Atomkerne (ohne Elektronen-Hüllen) dicht aneinanderpakken, so würden 10^{33} Kerne in 1 mm^3 Platz haben. Dieses kleine Würfelchen würde dann ungefähr 100000 t wiegen; das wäre die Masse eines Großtankers auf 1 mm^3 verdichtet.

Wenn wir uns im Periodensystem die Atommassen z.B. der ersten 20 Elemente ansehen, so finden wir bei 15 von ihnen Werte, die sich um weniger als 0,1 von ganzen Zahlen unterscheiden. Für die Atommassen dieser Elemente wollen wir im folgenden der Einfachheit halber ganzzahlige Werte benutzen und wegen des geringen Massenanteils der Elektronen-Hüllen (< 0,05 %, s.o.) auch die gleichen Werte für die Atomkerne. Somit beträgt die Masse des Protons 1 u und die des Helium-Kerns 4 u.
Die guten Erfahrungen, die wir mit dem Kontinuitätsprinzip gemacht haben, berechtigen uns vielleicht, die Erkenntnisse über den diskontinuierlichen Aufbau aller Stoffe aus nur wenigen Atom-Sorten, der mannigfaltigen Kristallformen aus nur wenigen Bausteinen, aller Atomhüllen aus nur einem einzigen Bauelement (dem Elektron) auf die Atomkerne auszudehnen: Wir nehmen an, daß die Atomkerne aus Einzelbausteinen der Masse 1 u zusammengesetzt sind. Das können aber beim doppelt geladenen Helium-Kern nicht 4, sondern nur 2 Protonen sein. Wegen der Masse 4 u bleibt noch ein elektrisch neutraler Baustein der Masse 2 u oder besser – im Sinne des obigen Gedankens – 2 neutrale Bausteine der Masse 1 u.
Eine ähnliche Forderung wurde schon von RUTHERFORD erhoben. Es ist bemerkenswert, daß die Physikochemiker über zwanzig Jahre lang mit diesem hypothetischen elektrisch neutralen Baustein der Masse 1 u, den sie **Neutron** nannten, ganz selbstverständlich argumentieren, bis er dann tatsächlich 1932 von CHADWICK[1] experimentell nachgewiesen wurde.

Neutronen

Ergebnis: Der Helium-Atomkern ist aus zwei Protonen und zwei Neutronen aufgebaut. Beide Kern-Bausteine besitzen angenähert die Masse 1 u. Das Proton ist einfach positiv geladen, das Neutron ist elektrisch neutral.

Gehen wir zum nächsten Element, dem Lithium, über. Seine Atom- bzw. Kernmasse beträgt 7 u. Seine Ordnungszahl und damit die Zahl seiner Elektronen ist 3: Der Lithium-Kern ist also dreifach positiv geladen. Nach dem für das Helium-Atom verwendeten Baustein-Prinzip enthält der Kern demnach drei Protonen mit der Masse $3 \cdot 1$ u = 3 u. Die Differenz (7–3) u = 4 u wird wieder als Masse von 4 im Lithium-Kern vorhandenen Neutronen gedeutet. Der Kern des folgenden Beryllium-Atoms (Ordnungszahl $Z = 4$) mit der Masse 9 u ist dann entsprechend aus 4 Protonen und 5 Neutronen zusammengesetzt.

Jedes beliebige Atom besitzt ebensoviel Protonen im Kern wie Elektronen in der Hülle; sonst wäre es nicht elektrisch neutral. Die Zahl der Protonen ist also gleich der Ordnungszahl *Z* des betreffenden Elements. Den neutralen Massenanteil des Kerns und damit die Zahl der Neutronen erhält man durch Subtraktion der Masse der *Z* Protonen von der Gesamtmasse des Atoms. Beispiel: Jod hat die Ordnungszahl 53 und die Atommasse 127 u; der

[1] James CHADWICK, geb. 1891, Physik-Professor in Liverpool und Cambridge

Kern des Jod-Atoms enthält also 53 Protonen und 127–53 = 74 Neutronen.

Ergebnis: Atomkerne sind aus Protonen und Neutronen aufgebaut. Ist die Ordnungszahl eines Atoms Z und seine Atommassenzahl A, dann ist die Zahl der Protonen gleich Z und die der Neutronen gleich $A–Z$.

Zusammenfassung: *Wir haben in diesem Abschnitt erste wichtige Erkenntnisse über den Bau der Atome gewonnen. Wir müssen in einem Atom zwei wesentlich verschiedene Bereiche unterscheiden: Kern und Hülle. Der aus dem Kontinuitätsprinzip abgeleitete Gedanke über den Aufbau der Atomkerne aus positiv geladenen und neutralen Bausteinen jeweils mit der Masse 1 u hat sich an der Erfahrung bestätigt. Die Kernphysiker experimentieren heute mit den Neutronen bereits so selbstverständlich wie die Chemiker mit den Atomen und Molekülen.*

Gibt es eine Ordnung in der Elektronen-Hülle?

Immer dann, wenn wir uns einige Fragen beantwortet haben, treten sofort andere an ihre Stelle: Wie ist z. B. die nicht-ganzzahlige Masse des Chlor-Atoms mit 35,5 u zu verstehen, wenn beide Kern-Bausteine ziemlich genau 1 u wiegen? Was hält die Kern-Bausteine zusammen, da doch die Protonen sich bei diesen winzigen Entfernungen außerordentlich stark abstoßen müßten? Was versteht man unter Kern-Energie, die heutzutage nutzbar gemacht wird?

So interessant und wichtig diese Fragen sind, so können wir sie in diesem Buch noch nicht beantworten, nicht etwa deshalb, weil uns das Verständnis für die Antworten noch fehlte, sondern weil für den Chemiker das Studium der Elektronenhüllen noch wichtiger ist. In ihnen findet er den Schlüssel zum Verständnis der Eigenschaften und Reaktionsweisen von Grundstoffen und Verbindungen.

Übungen

1. Gib Gründe experimentellerArt an, die zur Vorstellung vom diskontinuierlichen Aufbau der Materie geführt haben. Hältst du den Atom-Begriff, wie er in Kapitel *4.1.1* eingeführt wurde, für überholt?
2. Erläutere den Zusammenhang zwischen den Oxidationsstufen eines Atoms und der Zahl seiner Valenz-Elektronen.
3. Nenne Experimente aus Physik und Chemie, die die Existenz von Elektronen in allen Atomen nachweisen.
4. Was besagt die »Aufbau-Regel«? Welche experimentellen Erfahrungen und welche zusätzlichen Annahmen führen zu dem Schluß, daß die Zahl der Elektronen eines Atoms gleich seiner Ordnungszahl ist?
5. Führe analog zur Abschätzung der Größe des Eisen-Atoms in *10.2.2* Überschlagsrechnungen für die Atomradien der Metalle Kupfer, Silber und Gold durch.
6. Die Raumerfüllung gleich großer Teilchen bei dichtester Kugelpackung beträgt 74% (Beweis?). Also gilt für 1 mol dichtest gepackter Atome $\frac{4}{3}\pi r^3 \cdot L = 0{,}74\ V_L$. Berechne mit dieser Formel die Radien der Metall-Atome Cu, Ag und Au aus der Beziehung $V_L = M_L : \varrho$. Vergleiche die Werte mit den Ergebnissen der Aufgabe 5.
7. Wenn du eine genauere (mathematisch quantitative) Berechnung des Kern-Durchmessers aus den RUTHERFORDschen Meßergebnissen erfahren möchtest, informiere dich z. B. in einem Physikbuch.
8. Berechne aus der Äquivalentladung 96500 C und der Elementarladung $1{,}6 \cdot 10^{-19}$ C die AVOGADRO-Zahl L.
9. Berechne für die Atomkerne der Elemente F, Na, Al, P, Mn, Co, As, Au aus Ordnungszahl und Atommasse die Anzahl der Protonen und Neutronen. Wieviel Elektronen besitzen die Atomhüllen der genannten Elemente?
10. Schätze das Volumen von 1 mol dichtest gepackter Protonen und 1 mol dichtest gepackter Wasserstoff-Atome ab. Wie groß sind die Massen und Dichten dieser Stoff-Portionen?

10.3 Elektronen-Schalen

10.3.1 Edelgas-Konfiguration

Nach der Aufbau-Regel *(10.2.1)* ist die Zahl der Elektronen eines Atoms gleich der Ordnungszahl des betreffenden Elements im Periodensystem oder, wie wir jetzt sagen können, gleich der Zahl der Protonen im Kern. Das Wasserstoff-Atom besitzt 1 Elektron, das Uran-Atom deren 92. Sind nun diese Elektronen völlig regellos und zufällig in der Hülle verteilt oder lassen sich irgendwelche Ordnungsstrukturen erkennen?

Wir wissen, daß manche Atome verhältnismäßig leicht Elektronen abgeben, andere hingegen dazu neigen, noch weitere Elektronen in die Hülle einzubauen. Nur die Edelgas-Atome verändern unter gewöhnlichen Bedingungen die Zahl ihrer Elektronen nicht, d. h. sie sind stabiler als andere Atome.

Der zum energetischen Sprachgebrauch gehörende Begriff »stabil« hat ebenso wie z. B. die Begriffe »rechts« oder »tief« für sich allein genommen noch keinen Sinn; er bekommt ihn erst durch Beziehung (Relation) zu einem Bezugssystem – z. B. rechts von der Mitte – oder durch Vergleich (Komparation) zweier verschiedener Zustände, z. B ... tiefer als ... So ist von zwei Zuständen derjenige der stabilere, der das niedrigere Energie-Niveau besitzt. Setzt man z. B. eine Kugel an den Rand einer gewölbten Schale, so rollt sie einige Zeit hin und her, verliert dabei durch Reibung Bewegungsenergie und bleibt dann an der tiefsten Stelle liegen, weil dort ihre Lage-Energie ein Minimum hat. Ein weiteres Beispiel: Die Endprodukte einer exothermen Reaktion sind stabiler als die Ausgangsstoffe, weil ihr Energie-Inhalt um den Betrag der abgegebenen Energie kleiner geworden ist.

Übertragen wir die genannten Beispiele auf die Atomhülle, so befinden sich die Hüllen der reaktionsfreudigen Atome in einem höheren Energie-Zustand als die der reaktionsträgen, speziell die der Edelgas-Atome. Das verträgt

sich allerdings schlecht mit der Annahme einer zufälligen Verteilung der Elektronen. Sie müssen in den Hüllen der Edelgas-Atome so angeordnet sein, daß diese »Struktur« energetisch günstiger als die der Atomhüllen der anderen Elemente ist. Solche besonders stabilen Elektronen-Anordnungen, also Konfigurationen mit niedrigem Energie-Niveau, gibt es so viele, wie es Edelgase gibt. Sie werden mit den Symbolen K, L, M ... bezeichnet.
Eine Bestätigung dieser Vorstellungen sehen wir darin, daß die Atome der Alkali-Metalle, die im Periodensystem eine Stelle hinter den Edelgasen stehen, beim Übergang in den Ionen-Zustand immer nur gerade ein Elektron abgeben. Mit der so erreichten Elektronen-Zahl der benachbarten Edelgas-Atome gewinnen sie auch deren besonders stabile Anordnung. Das gleiche gilt für die Atome der Erdalkali-Metalle, wenn sie zwei Elektronen abgeben. Umgekehrt gewinnen die Atome der Halogene bzw. der Chalkogene durch Einfangen von ein bzw. zwei Elektronen die Elektronen-Zahl der folgenden Edelgas-Atome und, was wichtiger ist, auch wieder deren besondere Stabilität.

Ergebnis: Die Elektronen sind in den Atomhüllen nicht regellos verteilt. Es gibt besonders stabile, d. h. energiearme Anordnungen, die in den Hüllen der Edelgas-Atome vorhanden sind und die von den anderen Atomen beim Übergang in den Ionen-Zustand gewonnen werden.

Abgabe bzw. Aufnahme von Elektronen bedeutet Oxidation bzw. Reduktion. Im erweiterten Sinne haben wir aber auch schon das Wegrücken bzw. das Annähern von Elektronen als Redox-Vorgänge bezeichnet *(10.1.3)*. Im Kohlendioxid-Molekül z. B. sind die vier Valenz-Elektronen des Kohlenstoff-Atoms zu den elektronegativeren Sauerstoff-Atomen hingerückt; das Kohlenstoff-Atom behält dann immer noch so viele Elektronen wie das vier Plätze vor ihm stehende Helium-Atom. Umgekehrt zieht das Kohlenstoff-Atom im Methan-Molekül, in dem es die Oxidationsstufe −4 besitzt, die vier Elektronen der Wasserstoff-Atome zu sich heran und gewinnt damit die Elektronen-Zahl des folgenden Edelgas-Atoms Neon. Deuten wir also die positiven und negativen Oxidationsstufen als Verlust und Gewinn von Elektronen, so resultieren wie bei der Ionen-Bildung ebenfalls Edelgas-Konfigurationen. Allerdings gilt das nur für die höchsten positiven oder negativen Oxidationsstufen. So behält z. B. das Chlor-Atom mit seiner Oxidationsstufe +5 im Chlorat-Ion von seinen sieben Valenz-Elektronen noch zwei zurück und erreicht erst mit der Oxidationsstufe +7 im Perchlorat-Ion die Edelgas-Konfiguration des sieben Plätze vor ihm stehenden Neon-Atoms.
In dem folgenden KOSSEL-Diagramm[1] wird *(Abb. 10–10)* auf der Abszisse die Ordnungszahl *Z*, auf der Ordinate die Zahl der Elektronen *E* aufgetragen. In diesem Koordinatensystem besitzt jedes Atom und jedes Ion einen bestimmten Platz. Die den neutralen Atomen zugeordneten Punkte liegen auf der Winkelhalbierenden der Koordinaten-Achsen, der sogenannten »Neutralitätsgeraden«; denn für sie ist die Elektronen-Zahl gleich der Ordnungszahl. Ein Kation steht senkrecht unter dem Platz des zugehörigen neutralen Atoms, ein Anion darüber, und zwar um so viele Einheiten wie die Ionen-Ladung angibt. Auch den oxidierten bzw. reduzierten Atomen können entsprechend ihren Oxidationsstufen Plätze im Diagramm zugeordnet werden. Der Übergang vom neutralen zum oxidierten Zustand wird *in Abb. 10–10* durch rote Pfeile, zum reduzierten durch grüne Pfeile gekennzeichnet. Wir beschränken uns zunächst auf die ersten 20 Elemente.
Man sieht aus dem Diagramm deutlich, wie alle Pfeile auf waagrechten Geraden enden, die die Neutralitätsgerade in den Plätzen der Edelgas-Atome schneiden. Diese Geraden entsprechen dem, was wir oben »Edelgas-Konfigurationen« oder »Strukturen besonderer Stabilität« genannt haben.

[1] Walther KOSSEL, 1888–1956, Prof. für Phys. Chemie in Danzig und Tübingen

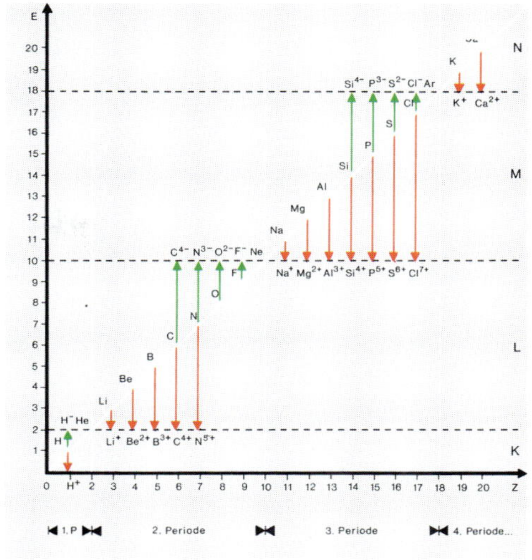

Abb. 10–10: KOSSEL-Diagramm

W. KOSSEL

Edelgas-Niveaus

Ergebnis: Bei den ersten 20 Elementen des Periodensystems bedeuten die Bildung von Ionen und der Übergang zu den höchsten positiven und negativen Oxidationsstufen das Erreichen einer besonders stabilen Edelgas-Konfiguration.

Wir hatten uns die Frage gestellt, ob die Elektronen in der Hülle eines Atoms regellos verteilt sind. Für die Edelgas-Atome können wir jetzt die Frage mit »nein« beantworten. Für die anderen Atome wäre es nun, vom Ergebnis her gesehen, denkbar, daß sich nach dem Übergang zur höchsten Oxidationsstufe die zurückgebliebenen Elektronen erst zur Edelgas-Konfiguration zusammenschließen. Wahrscheinlicher ist aber die Vorstellung, daß bei allen Atomen die Strukturen der Edelgas-Konfigurationen in den Hüllen schon vorgebildet sind. Dann ist es nämlich beinahe selbstverständlich, daß bei Oxidationen nie mehr

Elektronen entfernt werden, als bis die bereits angelegte Struktur zum Vorschein kommt. Die größere Wahrscheinlichkeit ist noch kein hinreichender Grund, uns für die zweite Vorstellung zu entscheiden. Wir müssen nach weiteren, experimentell belegbaren Argumenten suchen.

Berechnung der Radien von Metall-Atomen

Zusammenfassung: *Das entscheidende Ergebnis dieses Abschnitts ist die Erkenntnis, daß die Elektronen-Hüllen der Atome strukturiert sind. Die Elektronen der Edelgas-Atome bilden Konfigurationen, die energetisch besonders niedrig liegen, d. h. besonders stabil sind. Damit ist nicht nur die Reaktionsträgheit der Edelgase erklärt, sondern auch die Tatsache, daß wir unter den vielen Elektronen der anderen Atome eine besondere Gruppe, die Valenz-Elektronen, auszeichnen müssen. Nur diese werden bei Oxidationen entfernt, und ihre Anzahl ist gleich der Differenz aus den Ordnungszahlen des betreffenden Elements und des davorstehenden Edelgases. Da wir nur die ersten 20 Elemente untersucht haben, gilt unser Ergebnis zunächst auch nur für diese. Ob es auch für die Elemente mit höheren Ordnungszahlen seine Gültigkeit behält oder abgewandelt werden muß, untersuchen wir in den nächsten Abschnitten ebenso wie die noch nicht geklärte Frage, ob nach Abgabe der Valenz-Elektronen irgendwie die Edelgas-Struktur zum Vorschein kommt.*

10.3.2 Atom- und Ionenradien

Der Ausdruck »Zum-Vorschein-Kommen der Edelgas-Struktur« am Ende des vorigen Abschnitts drückt gewissermaßen die Erwartung eines optischen Eindrucks aus und könnte uns damit vielleicht die Richtung für die weitere Forschung weisen. Mit dem Auge können wir Farben und Formen wahrnehmen. Ein Gegenstand erscheint uns farbig, wenn er Licht bestimmter Wellenlänge, d. h. die Energie eines bestimmten Betrages, aussendet oder absorbiert.
Nun haben wir im vorigen Abschnitt tatsächlich durch energetische Überlegungen auf die Strukturiertheit der Elektronen-Hüllen geschlossen; wir sprachen von den niedrigen Energie-Niveaus der Edelgas-Konfigurationen. Zur Bestätigung für das Vorhandensein der Edelgas-Strukturen in den Nicht-Edelgas-Atomen bietet sich dann der zweite Weg über die Formen an. Wir könnten z. B. untersuchen, ob sich die Größe eines Atoms ändert, wenn es Elektronen abgibt oder aufnimmt.

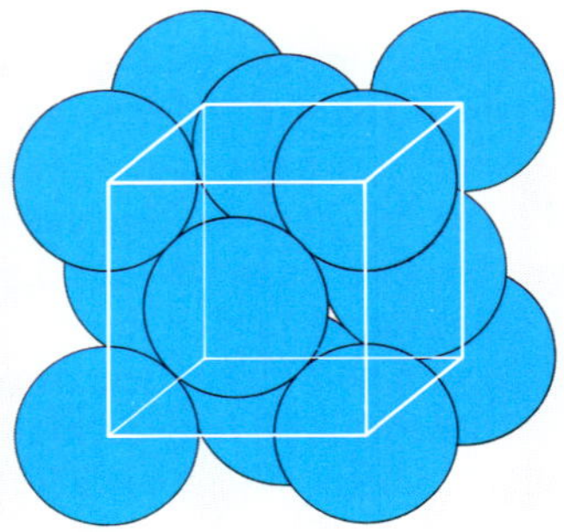

Abb. 10–11a: Flächenzentriertes kubisches Gitter (dichteste Packung)

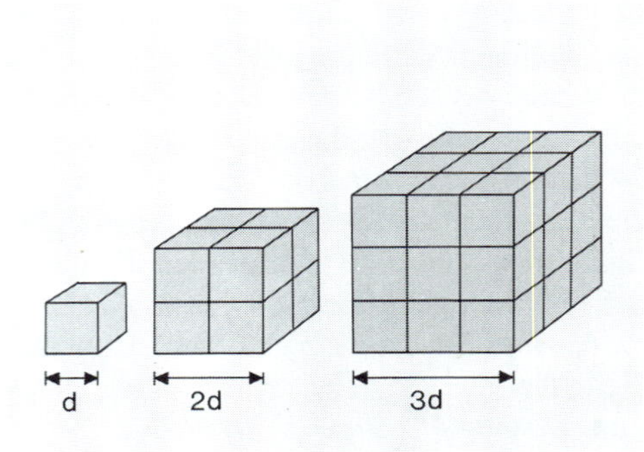

Abb. 10–11b: Beziehung zwischen der Kantenlänge eines Würfels und der Zahl der ihn ausfüllenden Kugeln bei dichtester Packung

Wir haben schon in *10.2.2* Atomradien abgeschätzt; wir brauchen jetzt aber genaue Werte. Die meisten Metalle kristallisieren in der dichtesten Kugelpackung. Die Elementarzelle eines solchen Gitters ist der flächenzentrierte Würfel *(Abb. 10–11a)*.
Im vollständigen Gitter gehören die Kugeln in den Ecken des Würfels nur zu einem Achtel, die in den Flächenmitten nur zur Hälfte der Elementarzelle an, so daß ihr insgesamt $8 \cdot \frac{1}{8} + 6 \cdot \frac{1}{2} = 4$ Kugeln zuzurechnen sind.
Die Kantenlänge einer solchen Elementarzelle sei d. Denken wir uns nun 8 dieser Elementarzellen zu einem größeren Würfel der Kantenlänge $2d$ zusammengesetzt *(Abb. 10–11b)* so gehören ihm $8 \cdot 4 = 2^3 \cdot 4$ Atome an. Ein noch größerer Würfel aus 27 Elementarzellen besitzt die Kantenlänge $3d$ und $3^3 \cdot 4$ Atome. Setzen wir das Verfahren fort, so gehören zu einem Würfel von der Kantenlänge nd dann $4n^3$ Atome. Das Volumen dieses Würfel ist gleich der 3. Potenz seiner Kantenlänge, also $V = n^3d^3$. Bauen wir nun einen Würfel aus 1 mol Atomen, dann ist $4n^3 = L$ mit $L = 6{,}02 \cdot 10^{23}$; wir formen um zu $n^3 = L/4$ und setzen diese Beziehung in die Volumen-Formel ein. Wir erhalten dann für das Volumen von L Atomen $\frac{1}{4}\,Ld^3$.
Nun ist dieses Volumen gleich dem Quotient aus Masse M_L der L Atome in g und der Dichte ϱ in $g \cdot cm^{-3}$ des betreffenden Metallgitters, also $V_L = M_L/\varrho$. Daraus folgt:

$$d = \sqrt[3]{\frac{4M_L}{L\varrho}} = \sqrt[3]{\frac{4\,M_L}{6{,}02 \cdot 10^{23}\,\varrho}} =$$

$$= \sqrt[3]{\frac{40\,M_L}{6{,}02\,\varrho \cdot 10^{24}}} = 1{,}88\,\sqrt[3]{\frac{M_L}{\varrho}} \cdot 10^{-8}$$

$$(1) \qquad d = 0{,}188\,\sqrt[3]{\frac{M_L}{\varrho}} \cdot 10^{-7}.$$

Diese Beziehung gestattet uns also, aus experimentellen Daten die Kantenlänge der Elementarzelle zu berechnen.
Nun zeigt uns die Vorderfläche des flächenzentrierten Würfels *(Abb. 10–12a)* die Flächendiagonale $d\sqrt{2} = 4\,r$, wobei r den Atomradius bedeutet. Dann ist $r = (1/4)\,d\sqrt{2} = 0{,}3535\,d$ und, wenn wir den Ausdruck von *(1)* für d einsetzen:

$$r = 0{,}3535 \cdot 0{,}188\,\sqrt[3]{M_L/\varrho} \cdot 10^{-7}, \text{ d. h.}$$

$$(2) \qquad r = 0{,}06646\,\sqrt[3]{\frac{M_L}{\varrho}}\,10^{-7}.$$

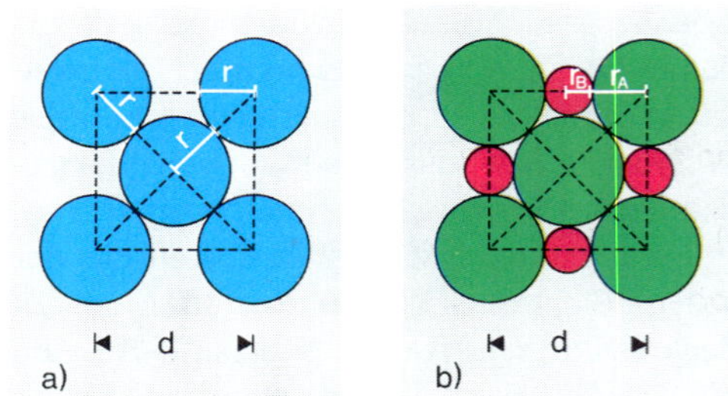

Abb. 10–12: Vorderseite des flächenzentrierten Würfels a) im Atomgitter, b) im Ionengitter

1. Beispiel: Beryllium: $M_L = 9{,}013$ g; $\varrho = 1{,}86$ g · cm^{-3}; $r_{Be} = 0{,}112$ nm

2. Beispiel: Magnesium: $M_L = 24{,}23$ g; $\varrho = 1{,}74$ g · cm^{-3}; $r_{Mg} = 0{,}160$ nm

3. Beispiel: Aluminium: $M_L = 26{,}98$ g; $\varrho = 2{,}70$g · cm^{-3}; $r_{Al} = 0{,}143$ nm

Diese Daten stimmen ausgezeichnet mit den an Kristall-Gittern mit Röntgenstrahl-Interferenzen gemessenen Werten überein. Für Metalle wie Lithium und Natrium, deren Elementarzelle der raumzentrierte Würfel ist *(Abb. 5–11, Seite 68)*, führt eine analoge Überlegung, wie wir sie oben durchgeführt haben, zur Beziehung:

(3) $$r = 0{,}06573 \sqrt[3]{\frac{M_L}{\varrho}}\, 10^{-7}.$$

Ergebnis: Für Elementarsubstanzen, die in Gittern mit bekannter Elementarzelle kristallisieren, lassen sich die Atomradien aus der Masse M_L von L Atomen und aus der Dichte ϱ des Gitters berechnen.

Berechnung von Ionen-Radien in Gittern des Kochsalztyps *(vgl. S. 59)*

Auf ähnliche Weise können wir die Radien von Ionen berechnen. Wir suchen uns Ionen-Verbindungen der Formel {*AB*}. Von den drei in *5.1.3* besprochenen Typen dieser Zusammensetzung ist der bei weitem häufigste der in *Abb. 5–16* dargestellte. In ihm bilden die Bausteine *A* für sich allein genommen einen flächenzentrierten Würfel, in dessen Oktaeder-Lücken (in den Mitten der Kanten und im Zentrum des Würfels) die Bausteine *B* sitzen. Zur Elementarzelle gehören 4 Bausteine *A* und (12 · ¼ + 1) = 4 Bausteine *B*. Wir können also die oben durchgeführte Rechnung für die Bausteine *A* übernehmen. Auch hier ist nach *(1)* die Kantenlänge der Zelle, die **Gitterkonstante,**

$$d = 0{,}188 \sqrt[3]{\frac{M_L}{\varrho}}\, 10^{-7}$$

und der Radius von *A*

(4) $$r_A = 0{,}06646 \sqrt[3]{\frac{M_L}{\varrho}}\, 10^{-7}.$$

Abb. 10–12b zeigt für die Kantenlänge

$$2r_A + 2\,r_B = d$$

und damit die Beziehung für den Radius von *B*:

(5) $$r_B = \tfrac{1}{2}\, d - r_A.$$

Nun wissen wir vom Studium des Kristallwassers *(Tab. 7–2)* und der Komplex-Ionen *(8.5.1)*, daß Atom-Kationen ein stärkeres elektrisches Feld besitzen als Atom-Anionen, also kleiner sind als diese. Die großen Bausteine *A* sind demnach negativ geladen, die Bausteine *B* positiv. Die *Tabelle 10–1* zeigt die nach *(1)*, *(4)* und *(5)* errechneten Gitterkonstanten, Anionen- und Kationen-Radien für einige Alkalihalogenide und Erdalkalioxide. Zum Vergleich sind die mit Röntgeninterferenzen gemessenen Werte in fetter Schrift hinzugefügt.
Wir sehen zunächst, daß unsere mit so einfachen Mitteln errechneten Radien recht gut mit den Werten übereinstimmen, die mit komplizierten Meßmethoden und noch komplizierteren Auswertungen von Chemikern und Physikern ermittelt worden sind.
Wir müssen uns jetzt überlegen, warum in den ersten vier Zeilen für den Radius des Lithium-Ions vier verschiedene Werte stehen: Die Cl^--Ionen (0,182 nm) umschließen eine größere Oktaeder-Lücke als die F^--Ionen (0,143 nm); das Li^+-Ion hat also zwischen den Chlorid-Ionen einen größeren Spielraum als zwischen den Fluorid-Ionen. Wir müssen uns für den kleinsten Spielraum entscheiden, in dem das Lithium-Ion gerade noch Platz hat, also für den ersten Wert 0,059 nm. Eine ähnliche Diskrepanz sehen wir bei den Chlorid-Ionen, für die beim Kochsalz-Gitter ein größerer Wert (0,199 nm) herauskommt als beim Lithiumchlorid-Gitter (0,182 nm). Wir sehen aus der 2. Zeile der Tabelle, daß die Oktaeder-Lücke zwischen den Cl^--Ionen nur Platz für einen Baustein mit dem Radius 0,075 nm läßt; die größeren Na^+-Ionen (0,098 nm) drücken daher die Cl^--Ionen etwas auseinander, wodurch für sie ein größerer Radius (0,199 nm) vorgetäuscht wird. Analog

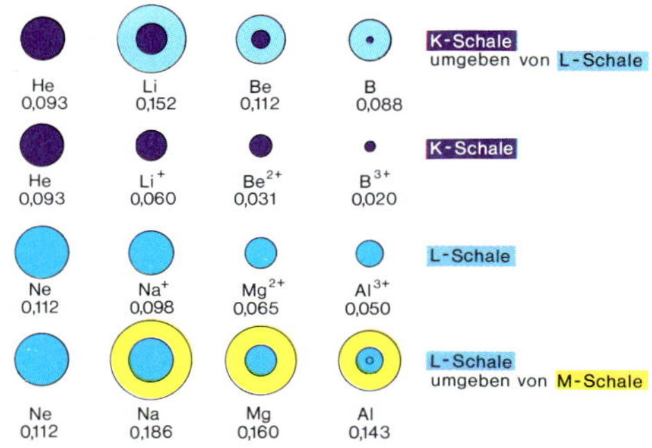

Abb. 10–13: Atom- und Ionen-Radien

müssen wir für das Oxid-Ion den kleineren aus dem Magnesiumoxid-Gitter bestimmten Wert (0,148 nm) einsetzen, weil sie im Calciumoxid-Gitter durch die etwas zu großen Ca^{2+}-Ionen (0,092 nm) auseinandergedrängt werden.

Ergebnis: Für einfach gebaute Ionen-Gitter lassen sich die Radien der Anionen und Kationen aus Masse M_L und Dichte ϱ berechnen.

Wir können jetzt den am Anfang des Abschnitts geforderten Vergleich von Atom- und Ionen-Radien durchführen. In *Abb. 10–13* sind in der 1. Zeile neben das Helium-Atom die Atome der ihm folgenden ersten drei Elemente der 2. Periode gezeichnet, in der 2. Zeile darunter die zugehörigen Ionen. In der 3. Zeile stehen neben dem Neon-Atom die Ionen der

Salz	M_L in g	ϱ in g . cm^{-3}	d in nm	r_A in nm	Sollwert	r_B in nm	Sollwert
{LiF}	25,94	2,63	0,403	0,143	**0,136**	0,059	**0,060**
{LiCl}	42,40	2,068	0,514	0,182	**0,181**	(0,075)	
{LiBr}	86,86	3,464	0,552	0,195	**0,195**	(0,081)	
{LiJ}	133,86	4,06	0,603	0,213	**0,213**	(0,088)	
{NaCl}	58,44	2,163	0,561	(0,199) 0,182	s. o.	0,098	**0,098**
{MgO}	40,32	3,65	0,419	0,148	**0,145**	0,061	**0,065**
{CaO}	56,08	3,35	0,481	(0,170) 0,148	s. o.	0,092	**0,094**

Tabelle 10–1: Ionenradien

N. BOHR

drei folgenden Elemente der 3. Periode, in der 4. Zeile darunter die zugehörigen Atome (Zeichenebene = Zentralschnitte).
Das He-Atom besitzt die stabile Edelgas-Konfiguration aus 2 Elektronen, die mit dem Symbol K gekennzeichnet wird. Die in der 2. Zeile neben ihm stehenden Ionen besitzen ebenso (noch) 2 Elektronen und damit die gleiche stabile Struktur. Wir sehen aber, daß die Radien dieser »isoelektronischen« Ionen von links nach rechts etwas abnehmen, was sofort verständlich wird, wenn wir daran denken, daß die um je ein Proton zunehmende positive Kernladung die isoelektronische negative Hülle zunehmend zusammenschrumpfen lassen muß. Die gleiche Beobachtung machen wir in der 3. Zeile beim Vergleich des Ne-Atoms mit den isoelektronischen Na^{+}-, Mg^{2+}- und Al^{3+}-Ionen.
Sehr auffällig ist der sprunghafte Anstieg des Radius beim Vergleich des He- mit dem Li-Atom in der 1. Zeile; es kommt nur 1 Elektron dazu, das offensichtlich einen verhältnismäßig großen Raum beansprucht, der sofort wieder verloren geht, wenn dieses Valenz-Elektron bei der Oxidation zum Li^{+}-Ion abgegeben wird. Um das deutlich zu machen, haben wir in das Li-Atom das Li^{+}-Ion hineingezeichnet. Man kann sich nämlich des Eindrucks nicht erwehren, daß der vom Valenz-Elektron im Li-Atom beanspruchte Raum den zur K-Struktur gehörigen wie eine Schale konzentrisch umgibt. Den gleichen Eindruck gewinnt man beim Vergleich von Be mit Be^{2+} und von B mit B^{3+}. Das würde bedeuten, daß die im Zuge der Aufbau-Regel neu hinzukommenden Elektronen beim Übergang vom Helium zu den folgenden Elementen in eine die K-Struktur umgebende Schale eingebaut werden, die dann beim nächsten Edelgas (Ne) besonders stabil wird. Den inneren, mit 2 Elektronen besetzten Bereich nennt man die **K-Schale**; mit dem Li-Atom wird dann die **L-Schale** begonnen, die dann beim Ne-Atom mit 8 Elektronen gefüllt ist. Daß der Radius der L-Schale neben dem Li-Atom etwas abnimmt, können wir wieder mit der zunehmenden Kern-Ladung erklären.

Schalen-Modell

Nach dem Neon-Atom (4. Zeile von *Abb. 10–13*) findet beim Übergang zum Natrium-Atom wieder eine auffällig große, sprunghafte Zunahme des Radius statt. In konsequenter Weiterführung des oben begonnenen Gedankengangs müssen wir schließen, daß das Valenz-Elektron des Na-Atoms in eine neue, dritte Schale eingebaut wird, die ihrerseits die L-Schale konzentrisch umhüllt; es ist die **M-Schale,** die mit 8 Elektronen beim nächsten Edelgas (Ar) wieder besonders stabil wird. Enthält aber die M-Schale weniger als 8 Elektronen, so können diese als Valenz-Elektronen Bindungen eingehen oder abgegeben werden. Ohne daß wir noch weitere Radien-Vergleiche durchführen, kommen wir zum Schluß:

Ergebnis: Das Studium der Atom- und Ionen-Radien führt zur Vorstellung eines Schalen-Modells der Elektronen-Hülle. Danach ist die innerste, mit 2 Elektronen gefüllte K-Schale von der L-Schale umgeben, die 8 Elektronen aufnehmen kann; die L-Schale ist dann von der M-Schale umgeben usw. Es gibt so viele Schalen, wie es Edelgase gibt. Sie werden mit den Symbolen K, L, M, N, O, P... gekennzeichnet.

So anschaulich das Schalen-Modell auf den ersten Blick erscheint, so kann man sich doch nur schwer vorstellen, wie z.B. das einzelne Valenz-Elektron des Lithium-Atoms den großen L-Bereich um die kleine K-Schale in Anspruch nehmen soll. Wir haben uns bisher die kleinste Ladungsportion, das Elektron, als ein äußerst kleines Teilchen vorgestellt, dessen Masse um drei Zehnerpotenzen kleiner ist als die des Protons *(10.2.2).* Wie soll es dann einen Raum »in Anspruch nehmen«, der um vier Zehnerpotenzen größer ist als der Durchmesser des Protons?

Eine erste Antwort gaben 1913 RUTHERFORD, BOHR[1] und etwas später SOMMERFELD[2] mit der

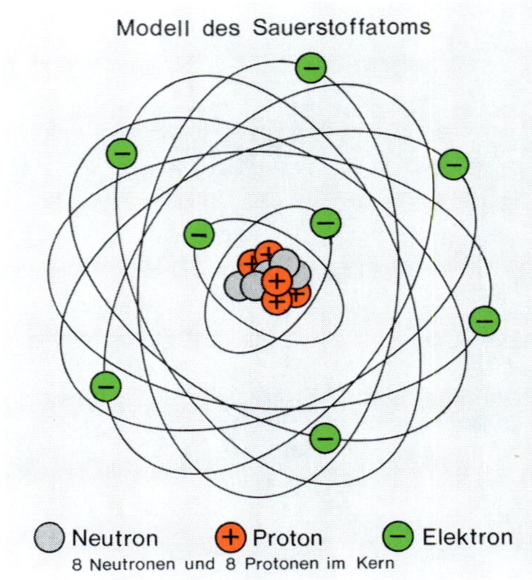

Abb. 10–14: RUTHERFORD/BOHRsches Atommodell

Aufstellung eines Atom-Modells, wonach die Elektronen auf bestimmten »Bahnen« (Kreisen oder Ellipsen) um den Kern kreisen, ähnlich wie Planeten um ein Zentralgestirn kreisen *(Abb. 10–14).* Dieses Modell ist zwar sehr anschaulich, vermag auch eine ganze Reihe von Erfahrungstatsachen zu deuten (z.B. das Emissionsspektrum des Wasserstoffs, vgl. *Physik-Lehrbuch*), kann aber leider nicht die chemischen Eigenschaften der Atome, z.B. die Elektronenpaar-Bindung, erklären. Wegen seiner Anschaulichkeit wird das Bohrsche Planeten-Modell auch heute noch von der Mehrzahl der gebildeten Laien für die Realität des Atoms gehalten.
Denkmodelle können immer nur eine mehr oder weniger gute Abbildung der Realität sein. Die unzumutbare Vorstellung, daß beim Bohrschen Modell die Atomhülle zwischen den außen kreisenden Elektronen und dem inneren Kern leer sei, führte zu einem abgewandelten Modell, wonach die Elektronen außerordentlich schnelle Schwingungen um den Kern ausführen, deren Richtung sich fortwährend ändert und deren durchschnittliche Amplitude dem Radius der zugehörigen Schale entspricht *(Abb. 10–15).* Es bleibt aber bei dieser Vorstellung rätselhaft, warum sich nicht bei einer höheren Ordnungszahl die *Z* Elektronen in der Nähe des Kerns gegenseitig behindern, geschweige daß die chemische Bindung erklärt werden kann.

[1] Niels BOHR, 1885–1962, Physik-Professor in Kopenhagen
[2] Arnold SOMMERFELD, 1868–1951, Physik-Professor in München

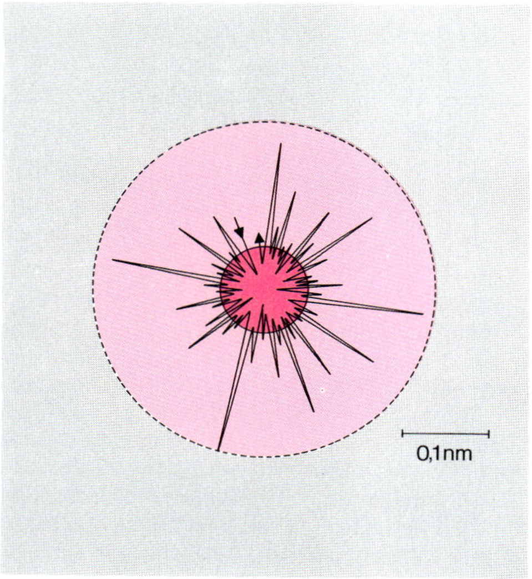

Abb. 10–15: Atommodell für ein um den Kern oszillierendes Elektron

Ein leistungsfähigeres, dafür aber weniger anschauliches Atom-Modell wurde von SCHRÖDINGER[1] in Zusammenarbeit mit BORN[2] entwickelt. Danach besitzt jedes Elektron einen Aufenthaltsbereich von bestimmter räumlich-geometrischer Form, ein **Orbital,** den es wie eine stehende Welle ausfüllt *(Abb. 10–16)*. Genauer genommen besteht dieses Modell aus einem System von mathematischen Beziehungen über raumbegrenzte Elektronen-Wellen, die sich nur in den einfachsten Fällen als »Elektronen-Wolken« veranschaulichen lassen.

Wir benutzen vorläufig kein differenziertes Atommodell, das BOHRsche nicht wegen seiner Ungeeignetheit zur Erklärung der chemischen Eigenschaften der Atome, das SCHRÖDINGERsche nicht wegen seiner Unanschaulichkeit und Kompliziertheit, die wir hier nicht ableiten können. Wir begnügen uns zunächst mit der Vorstellung der konzentrisch angeordneten Elektronen-Schalen. Die Elektronen nehmen den ganzen von der Schale begrenzten Raum in Anspruch, sind also nicht etwa auf der Oberfläche zu denken. Wir lassen dabei bewußt offen, wie die Elektronen das anstellen, ob auf Bahnen, durch Schwingungen oder in Wellen, und hoffen, durch weiteres Studium von Energie-Zuständen der Atome und vielleicht aus einer geometrischen Analyse, wie die Bindungspartner eines Atoms in Molekülen und Gittern angeordnet sind, weitergehende Aussagen über den Aufenthaltsbereich zumindest der Valenz-Elektronen zu gewinnen.

[1] Erwin SCHRÖDINGER, 1887–1961, Physik-Professor in Wien
[2] Max BORN, 1882–1970, Physik-Professor in Göttingen

Abb. 10–16: Orbital-Modell nach SCHROEDINGER/BORN

Zusammenfassung: *Wir konnten aus der Kenntnis der geometrischen Strukturen von Metall- und Salz-Gittern berechnen, wieviel Atome bzw. Ionen in einem Würfel gegebener Kantenlänge vorhanden sind; daraus ließ sich eine Beziehung zwischen dem experimentell bestimmbaren, auf 1 mol bezogenen Volumen V_L und den Atom- bzw. Ionen-Radien ableiten. Ein Vergleich der Atomradien innerhalb einer Periode und der Atomradien mit den Radien der zugehörigen Ionen führte zu der Vorstellung, daß die Elektronen in konzentrischen Schalen um den Kern angeordnet sind, von denen soviel existieren, wie es Edelgase gibt. Die innerste K-Schale ist mit 2 Elektronen beim Helium-Atom gefüllt, die folgende L-Schale beim Neon-Atom mit 8 Elektronen. Dann sollte die die beiden ersten Schalen umhüllende M-Schale noch mehr als 8 Elektronen aufnehmen können.*

E. SCHRÖDINGER

10.3.3 Rhythmus der Schalenfüllung

Das erste Elektron der M-Schale wird mit dem Alkali-Metall Natrium angelegt, das achte mit dem Edelgas Argon. Es handelt sich um die 8 Elemente der 3. Periode. Obwohl angenommen werden kann, daß die M-Schale mehr Elektronen aufnehmen kann als die darunterliegende L-Schale, also mehr als 8 Elektronen, bilden diese im Argon-Atom wieder eine besonders stabile Konfiguration. Und die abrupte Vergrößerung des Atomradius beim Übergang vom Argon zum Kalium beweist, daß mit dem neu hinzukommenden Elektron des Alkali-Metalls wieder eine neue Schale, die N-Schale, begonnen wird. Auffallend ist aber nur, daß die mit dem Kalium beginnende 4. Periode 18 Elemente umfaßt.
Besitzt deshalb das die 4. Periode abschließende Krypton-Atom 18 Elektronen in seiner äußeren N-Schale, und besitzen die Atome der davorstehenden Elemente Brom und Selen 17 bzw. 16 Außen-Elektronen? Das würde bedeuten, daß diese Elemente 17 bzw. 16 Elektronen entfernen könnten, was auf Oxidationsstufen +17 bzw. +16 deuten würde. Das widerspricht den Beobachtungen; kein Halogen-Atom besitzt eine höhere Oxidationsstufe als +7 und kein Chalkogen-Atom eine höhere als +6. Demnach hat das Brom-Atom nur 7 Valenz-Elektronen, obwohl es 17 Elektronen mehr besitzt als das Argon-Atom, und das Selen-Atom nur 6 gegenüber 16. Wo sind die übrigen 10 Elektronen geblieben?
Diese Frage steht offenbar in Zusammenhang mit der Erwartung (s. o.), daß die M-Schale mehr als 8 Elektronen aufnehmen kann. Wir dürfen also mit großer Wahrscheinlichkeit annehmen, daß diese 10 Elektronen nicht in die äußere, mit dem Kalium-Atom begonnene N-Schale, sondern in die tiefer liegende M-Schale eingebaut werden, die dann also mit dem Edelgas-Atom Argon nur einen vorläufigen Abschluß gefunden hätte. Mit welchem Element der 4. Periode wird dann der Ausbau der M-Schale fortgesetzt?

Alle anschaulichen Modelle der Atomstruktur sind Denkvorstellungen.

Eine Entscheidung darüber kann nur durch einen Vergleich der Eigenschaften der Elemente der 4. Periode mit denen der 3. Periode getroffen werden. Das Element Calcium ($Z = 20$) ist ein typisches Erdalkali-Metall und demnach ein Homologes des Magnesiums in der 3. Periode. Aber das dreiwertige Scandium ($Z = 21$) und das vierwertige Titan ($Z = 22$) unterscheiden sich in ihren Eigenschaften stärker von den entsprechend-wertigen Elementen Aluminium und Silicium in der 3. Periode als das dreiwertige Gallium ($Z= 31$) und das vierwertige Germanium ($Z = 32$). Ferner gibt es für die Schwermetalle Vanadium ($Z = 23$) bis Zink ($Z = 30$) keine Homologen in der 3. Periode. Daraus folgt, daß Scandium, Titan, usw. bis Zink die gesuchten 10 Elemente sind, deren neu hinzukommenden Elektronen nicht in die mit Kalium und Calcium bereits begonnene N-Schale, sondern in die darunterliegende M-Schale eingebaut werden. Erst vom Gallium ab erfolgt dann der weitere Ausbau der N-Schale, die dann mit dem Edelgas Krypton ($Z = 36$) bzw. mit 8 Valenz-Elektronen (wieder) ihren vorläufigen Abschluß findet. Die *Tabelle 10–2* zeigt noch einmal die Schalen-Besetzungen für die 3. und 4. Periode.

Die 10 Elemente Scandium bis Zink heißen Zwischengruppen-Elemente (vgl. *6.2.3*). Sie besitzen die Oxidationsstufe +2, weil sie in der äußeren N-Schale 2 Valenz-Elektronen besitzen. Sie können aber noch weitere Elektronen abgeben, die dann aus der M-Schale stammen, allerdings höchstens soviel, daß immer noch 8 Elektronen – wie beim Argon – in der M-Schale übrig bleiben *(Tab. 10–3)*.

Die Hauptgruppen-Elemente Gallium bis Krypton *(Tab. 10–2)* besitzen in ihrer Valenz-Schale die gleiche Elektronenzahl wie die homologen Elemente Aluminium bis Argon. Ein Unterschied besteht allerdings doch: Bei vollständiger Leerung der Valenz-Schale bleiben bei den Hauptgruppen-Elementen der 4. Periode die 18 Elektronen der nun endgültig gefüllten M-Schale übrig, also nicht die Konfiguration des davorstehenden Edelgases Argon *(Tab. 10–4)*, während die homologen Elemente der 3. Periode nach vollständiger Abgabe aller Valenz-Elektronen dann die Struktur des Neons mit acht Elektronen in der L-Schale besitzen.

Ergebnis: Im Zuge der Aufbau-Regel wird die K-Schale mit 2 Elektronen besetzt, dann die L-Schale mit 8 Elektronen und die M-Schale zunächst auch nur mit 8 Elektronen (vorläufiger Abschluß bei Argon). Die N-Schale wird mit 2 Elektronen begonnen, dann die darunterliegende M-Schale mit 10 Elektronen auf den vollständigen Stand von 18 Elektronen gebracht (Zwischengruppen-Elemente) und schließlich die N-Schale mit 6 Elektronen bis zum vorläufigen Abschluß mit 8 Elektronen (Krypton) weitergebaut.

Besetzung der K-, L-, M- und N-Schale

		Z	K	L	M	N
3. Periode		11 Na	2	8	1	
		12 Mg	2	8	2	
		13 Al	2	8	3	
		14 Si	2	8	4	
		15 P	2	8	5	
		16 S	2	8	6	
		17 Cl	2	8	7	
		18 Ar	2	8	8	
4. Periode		19 K	2	8	8	1
		20 Ca	2	8	8	2
	Zwischengruppen-Elemente	21 Sc	2	8	9	2
	Zwischengruppen-Elemente	22 Ti	2	8	10	2
	Zwischengruppen-Elemente	23 V	2	8	11	2
	Zwischengruppen-Elemente	24 Cr	2	8	12	2
	Zwischengruppen-Elemente	25 Mn	2	8	13	2
	Zwischengruppen-Elemente	26 Fe	2	8	14	2
	Zwischengruppen-Elemente	27 Co	2	8	15	2
	Zwischengruppen-Elemente	28 Ni	2	8	16	2
	Zwischengruppen-Elemente	29 Cu	2	8	17	2
	Zwischengruppen-Elemente	30 Zn	2	8	18	2
		31 Ga	2	8	18	3
		32 Ge	2	8	18	4
		33 As	2	8	18	5
		34 Se	2	8	18	6
		35 Br	2	8	18	7
		36 Kr	2	8	18	8

Tabelle 10–2: Besetzung der Elektronenschalen für die Atome der 3. und 4. Periode

	K	L	M	N
Ti	2	8	10	2
Ti^{2+}	2	8	10	–
Ti^{4+}	2	8	8	–
Cr	2	8	12	2
Cr^{2+}	2	8	12	–
Cr^{6+}	2	8	8	–
Mn	2	8	13	2
Mn^{2+}	2	8	13	–
Mn^{4+}	2	8	11	–
Mn^{7+}	2	8	8	–

Tabelle 10–3: Besetzung der Elektronenschalen für Ionen der Zwischengruppen-Elemente in der 4. Periode

	K	L	M	N
Ga	2	8	18	3
Ga^{3+}	2	8	18	–
As	2	8	18	5
As^{3+}	2	8	18	2
As^{5+}	2	8	18	–
Se	2	8	18	6
Se^{4+}	2	8	18	2
Se^{6+}	2	8	18	–
Br	2	8	18	7
Br^{5+}	2	8	18	2

Tabelle 10–4: Besetzung der Elektronenschalen für Ionen der Hauptgruppenelemente in der 4. Periode

Für die Vollbesetzung der N-Schale erwarten wir eine noch größere Elektronenzahl als für die M-Schale, also mehr als 18. Ein Blick auf das Periodensystem zeigt uns aber für die 5. Periode die gleiche Zahl von Elementen wie für die 4. Periode. In Analogie zu den früheren Überlegungen müssen wir daraus folgern, daß mit den Elementen Rubidium ($Z = 37$) und Strontium ($Z = 38$) zunächst die O-Schale mit 2 Elektronen angelegt wird, daß dann für die folgenden 10 Zwischengruppen-Elemente Yttrium ($Z = 39$) bis Cadmium ($Z= 48$) die N-Schale von 8 auf 18 Elektronen aufgefüllt wird und daß mit den folgenden 6 Hauptgruppen-Elementen Indium ($Z = 49$) bis Xenon ($Z = 54$) die O-Schale weitergebaut wird. Beim Xenon hat also die O-Schale mit 8 Elektronen wieder einen vorläufigen Abschluß gefunden, wobei jetzt aber auch die darunterliegende mit 18 Elektronen besetzte N-Schale vermutlich noch nicht voll besetzt ist *(Tab. 10–5)*.

Den endgültigen Ausbau erfährt die N-Schale erst in der 6. Periode. Zunächst wird allerdings wie bei den vorherigen Perioden mit einem Alkali- und einem Erdalkali-Metall eine neue Schale, die P-Schale angelegt, und die darunterliegende O-Schale erhält mit dem ersten Zwischengruppen-Element, dem Lanthan ($Z = 57$) das neunte Elektron. Dann folgen 14 Elemente, die »Lanthaniden« Cer ($Z = 58$) bis Lutetium ($Z = 71$), für die es in den früheren Perioden keine Homologen gibt. Sie sind sich in allen ihren Eigenschaften außerordentlich ähnlich, was für einen übereinstimmenden Bau der äußeren Elektronen-Schalen spricht.

Besetzung der N-, O-, P- und Q-Schale

	5. Periode					
	Z	K	L	M	N	O
HGr.-El.	37 Rb	2	8	18	8	1
	38 Sr	2	8	18	8	2
Zwischengruppen-Elemente	39 Y	2	8	18	9	2
	40 Zr	2	8	18	10	2
	41 Nb	2	8	18	11	2
	42 Mo	2	8	18	12	2
	43 Tc	2	8	18	13	2
	44 Ru	2	8	18	14	2
	45 Rh	2	8	18	15	2
	46 Pd	2	8	18	16	2
	47 Ag	2	8	18	17	2
	48 Cd	2	8	18	18	2
HGr.-El.	49 In	2	8	18	18	3
	50 Sn	2	8	18	18	4
	51 Sb	2	8	18	18	5
	52 Te	2	8	18	18	6
	53 J	2	8	18	18	7
	54 Xe	2	8	18	18	8

Tabelle 10–5: Besetzung der Elektronenschalen für Atome der 5. Periode

	6. Periode						
	Z	K	L	M	N	O	P
HGr.-El.	55 Cs	2	8	18	18	8	1
	56 Ba	2	8	18	18	8	2
Zw.-E.	57 La	2	8	18	18	9	2
Lathaniden	58 Ce	2	8	18	19	9	2
	59 Pr	2	8	18	20	9	2
	60 Nd	2	8	18	21	9	2
	61 Pm	2	8	18	22	9	2
	62 Sm	2	8	18	23	9	2
	63 Eu	2	8	18	24	9	2
	64 Gd	2	8	18	25	9	2
	65 Tb	2	8	18	26	9	2
	66 Dy	2	8	18	27	9	2
	67 Ho	2	8	18	28	9	2
	68 Er	2	8	18	29	9	2
	69 Tm	2	8	18	30	9	2
	70 Yb	2	8	18	31	9	2
	71 Lu	2	8	18	32	9	2
Zwischengruppen-Elemente	72 Hf	2	8	18	32	10	2
	73 Ta	2	8	18	32	11	2
	74 W	2	8	18	32	12	2
	75 Re	2	8	18	32	13	2
	76 Os	2	8	18	32	14	2
	77 Ir	2	8	18	32	15	2
	78 Pt	2	8	18	32	16	2
	79 Au	2	8	18	32	17	2
	80 Hg	2	8	18	32	18	2
HGr.-El.	81 Tl	2	8	18	32	18	3
	82 Pb	2	8	18	32	18	4
	83 Bi	2	8	18	32	18	5
	84 Po	2	8	18	32	18	6
	85 At	2	8	18	32	18	7
	86 Rn	2	8	18	32	18	8

	7. Periode							
	Z	K	L	M	N	O	P	Q
HGr.-El.	87 Fr	2	8	18	32	18	8	1
	88 Ra	2	8	18	32	18	8	2
Zw.-E.	89 Ac	2	8	18	32	18	9	2
Actiniden	90 Th	2	8	18	32	19	9	2
	91 Pa	2	8	18	32	20	9	2
	92 U	2	8	18	32	21	9	2
	93 Np	2	8	18	32	22	9	2
	94 Pu	2	8	18	32	23	9	2
	95 Am	2	8	18	32	24	9	2
	96 Cm	2	8	18	32	25	9	2
	97 Bk	2	8	18	32	26	9	2
	98 Cf	2	8	18	32	27	9	2
	99 Es	2	8	18	32	28	9	2
	100 Fm	2	8	18	32	29	9	2
	101 Md	2	8	18	32	30	9	2
	102 No	2	8	18	32	31	9	2
	103 Lr	2	8	18	32	32	9	2
Zwischengruppen-Elemente	104 Ku	2	8	18	32	32	10	2
	105 ?	2	8	18	32	32	11	2
	. .	.	.	.	.	.	.	.
	. .	.	.	.	.	.	.	.
	. .	.	.	.	.	.	.	.
	. .	.	.	.	.	.	.	.
	. .	.	.	.	.	.	.	.
	. .	.	.	.	.	.	.	.
	. .	.	.	.	.	.	.	.
HGr.-El.	. .	.	.	.	.	.	.	.
	. .	.	.	.	.	.	.	.
	. .	.	.	.	.	.	.	.
	. .	.	.	.	.	.	.	.
	. .	.	.	.	.	.	.	.
	. .	.	.	.	.	.	.	.

Tabelle 10–6: Besetzung der Elektronenschalen für Atome der 6. und 7. Periode

Das würde bedeuten, daß die mit diesen Elementen neu hinzukommenden Elektronen sehr weit innen eingebaut werden, d. h. daß jetzt die N-Schale den erwarteten vollständigen Ausbau von 18 auf 32 Elektronen erfährt. Da diese 14 Elemente bereits 2 Elektronen in der P-Schale und (8 + 1) Elektronen in der O- Schale besitzen *(Tab. 10–6)*, haben sie alle die Oxidationsstufe +3. Ihre Oxide ({Ce_2O_3} usw.) sind ähnlich wie das Aluminiumoxid von weicher, erdiger Beschaffenheit; aus diesem Grunde, und weil die Elemente selten vorkommen, nennt man die 14 Lanthaniden »seltene Erden«.

Vom Hafnium (Z = 72) ab werden dann die Zwischengruppen-Elemente der 6. Periode fortgesetzt, indem die seit dem Lanthan bereits mit 9 Elektronen besetzte O-Schale bis auf 18 Elektronen aufgefüllt wird; sie erfährt also beim Quecksilber (Z = 80) einen vorläufigen Abschluß. Jetzt endlich werden die beiden äußeren Elektronen der P-Schale mit weiteren 6 Elektronen von Thallium (Z = 81) bis zum Edelgas Radon (Z = 86) auf den Stand von 8 Elektronen gebracht *(Tab. 10–6)*.

Die 7. Periode beginnt mit 2 Elektronen in der Q-Schale; es sind die Elemente Francium (Z = 87) und Radium (Z = 88). Es folgt ein erstes Zwischengruppen-Element, Actinium (Z = 89), mit einem neunten Elektron in der P-Schale. Die nächsten 14 Elektronen werden in die vorletzte O-Schale eingebaut; es handelt sich um die 14 »Actiniden« Thorium (Z = 90) bis Lawrencium (Z = 103), die homolog zu den 14 Lanthaniden der 6. Periode sind. Die O-Schale hat damit einen vorläufigen Abschluß von 32 Elektronen bekommen; vermutlich kann sie noch mehr Elektronen aufnehmen, doch sind die entsprechenden Elemente noch nicht entdeckt bzw. künstlich dargestellt. Bekannt ist zur Zeit nur noch das Kurtschatovium (Z = 104), ein Zwischengruppen-Element, dessen neu hinzukommendes Elektron als zehntes in die P-Schale eingebaut wird *(Tab. 10–6)*.

Ergebnis: Die Elektronen-Zahlen der vollständig gefüllten Schalen bilden die Zahlenfolge 2, 8, 18, 32 … Die gleichen Zahlen erkennt man in den Längen der Perioden. Allerdings folgt der Schalenaufbau nicht dem Rhythmus der Periodenlängen: 2, 8, 8, 18, 18, 32 ... Das Füllen einer höheren Schale wird jeweils nach Besetzung mit 2, 8, 18 oder 32 Elektronen durch den Weiterbau einer tieferen Schale unterbrochen. Diese »vorläufigen« Abschlüsse bilden offenbar stabile Konfigurationen.

Regeln für das Aufstellen von Struktur-Formeln

Wir können jetzt aus den Tabellen *10–2 bis 10–6* ohne weiteres die höchste Oxidationsstufe eines jeden Elements ablesen. Wir bekommen aber keine Auskunft über die tiefer liegenden Stufen, die bei den Hauptgruppen-Elementen immer um 2 Einheiten springen (z.B. Cl mit +1, +3, +5 und +7), während bei den Zwischengruppen-Elementen auch benachbarte Stufen vorkommen (z.B. Cu mit +1 und +2, Fe mit +2 und +3, Mn mit +6 und +7). Es ist anzunehmen, daß es auch innerhalb der Schalen noch energetisch begünstigte Elektronen-Konfigurationen (»Grund-Strukturen«) gibt, die sich eventuell von den in unseren Tabellen aufgeführten »Regel-Strukturen« unterscheiden. Wir müssen diese Vermutung – ebenso wie die anderen noch nicht geklärten Fragen (vgl. die *Zusammenfassungen 10.1.3 und 10.2.2*) – einem weiterführenden Studium in der Sekundarstufe II überlassen.

Zusammenfassung: *In den* Abschnitten 10.3.1 bis 10.3.3 *haben wir erkannt, daß die Elektronen-Hüllen der Atome strukturierte Gebilde sind. Als anschauliches Modell bietet sich die Vorstellung vom Schalen-Aufbau der Atomhülle an. Die Beobachtungen des letzten Abschnitts, daß die Schalen nicht in einem Zuge gefüllt werden, sondern bei bestimmten Elektronenzahlen stabile Zwischenstufen erkennen lassen, sprechen dafür, daß sie noch eine Feinstruktur besitzen.*

10.3.4 Oktett-Prinzip

Die äußerste Elektronen-Schale, die wir Valenz-Schale genannt haben, enthält nie mehr als 8 Elektronen. Dieses »Elektronen-Oktett« ist charakteristisch für die Edelgase und kann von den davorstehenden Elementen bei der Anionen-Bildung durch Elektronen-Aufnahme erreicht werden. Hat also ein Atom *n* Valenz-Elektronen, so ist der höchste Betrag seiner negativen Oxidationsstufe $(8-n)$. Umgekehrt können die auf die Edelgase folgenden Elemente bei der Kationen-Bildung nur so viele Elektronen abgeben, daß das Elektronen-Oktett des davorstehenden Edelgases übrig bleibt.

Ergebnis: Die Oktett-Füllung der Valenz-Schale stellt eine besonders stabile Konfiguration dar: das Oktett bildet daher bei der Elektronen-Aufnahme und -Abgabe eine Grenze, die nicht überschritten wird.

Wenn wir uns die Elektronen-Formel des Chlor-Moleküls ansehen, in dem die Atome durch ein gemeinsames Elektronenpaar gebunden sind, so sehen wir auch hier, daß jedes der beiden Atome von 8 Elektronen umgeben ist, einem bindenden Paar und drei nicht bindenden Paaren:

$$|\overline{\mathrm{Cl}} - \overline{\mathrm{Cl}}|$$

Solche Elektronen-Oktette sehen wir dann wieder bei den Ionen der Halogen-Sauerstoff-Säuren:

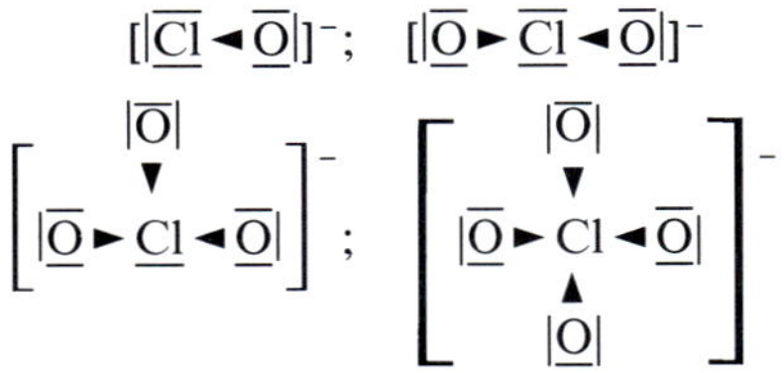

Wenn auch wegen der unterschiedlichen Elektronegativitäten die Ladungsschwerpunkte der bindenden Paare mehr zum elektronegativeren Partner hin verschoben sind, so bleibt doch jedes Atom von 4 Elektronenpaaren umgeben. Gleiches gilt auch wieder für die Ionen der Schwefel-Sauerstoff-Säuren:

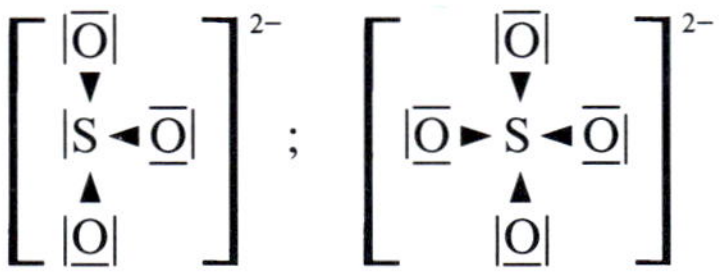

Ergebnis: Bei der Bildung von Molekülen und Molekül-Ionen besteht die Tendenz, daß die Valenz-Elektronen – nötigenfalls durch Aufnahme von Fremd-Elektronen – Oktette um die Atome formieren. Man spricht von der **Oktett-Regel.**

Wir dürfen nicht versäumen, ein Nichtmetall, nämlich den Wasserstoff, auszunehmen. Denn seine Atome besitzen nur ein Valenz-Elektron und nehmen bei Reduktion und Bindung nie mehr als ein weiteres auf:

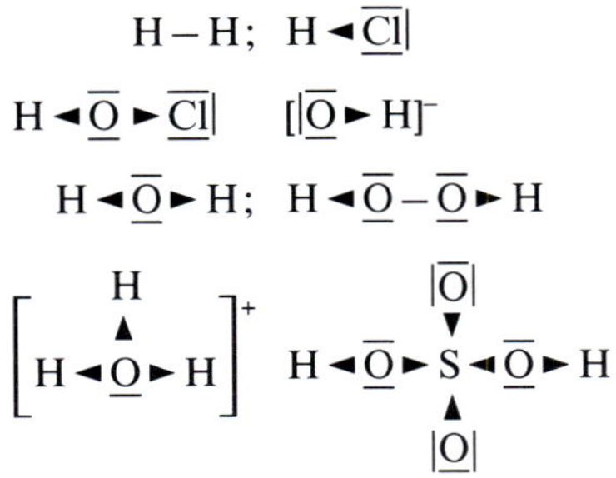

Gleichzeitig mit der Einführung der Elektronenpaar-Bindung *(10.1.3)* mußten wir einen Grund angeben, warum das die Bindung vermittelnde Paar vom Donator-Atom zum Akzeptor-Atom hinübergezogen wird: Der Grund liegt in der größeren Elektronegativität des aufnehmenden Atoms. Dieses erniedrigt durch die Elektronenaufnahme seine Oxidationsstufe, während das abgebende Atom die seine erhöht. Wissen wir z.B., daß in einem Teilchen $\overset{+1}{A}_2\overset{-2}{B}$ das Atom *A* die Stufe +1 bzw. *B* die Stufe −2 besitzt, so können wir daraus folgern, daß *B* eine größere Elektronegativität hat als *A*.
Wir verfügen nun über genügend Formelkenntnisse, um die Elektronegativität einiger wichtiger Atomsorten gegeneinander abzuschätzen und in eine Reihenfolge zu bringen. So können wir z.B. aus der Kenntnis der Oxidationsstufen in den Verbindungen $\{\overset{+2}{\mathrm{Ca}}\overset{-1}{\mathrm{H}}_2\}$, $\overset{-4}{\mathrm{C}}\overset{+1}{\mathrm{H}}_4$, $\overset{+4}{\mathrm{C}}\overset{-1}{\mathrm{Cl}}_4$, $\mathrm{H}\overset{-2}{\mathrm{O}}\overset{+1}{\mathrm{Cl}}$ schließen, daß die Elektronegativitäten der Calcium-, Wasserstoff-, Kohlenstoff-, Chlor- und Sauerstoff-Atome in dieser Reihenfolge zunehmen.

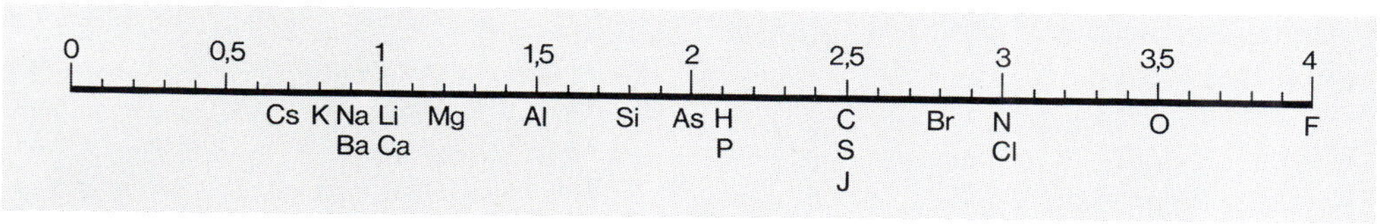

Abb. 10–17: Elektronegativitätsskala nach PAULING

Nach einem Vorschlag von L. PAULING[1] wird dem Element mit der stärksten Elektronegativität, dem Fluor, willkürlich die Zahl 4 zugeordnet und den anderen Elementen je nach dem Unterschied ihrer Elektronegativität zu der des Fluors eine Zahl zwischen Null und vier. Diese Zahlen bilden die Skala der Elektronegativitäten der betreffenden Elemente. Auf der Zahlengeraden *(Abb. 10–17)* sind einige wichtige Elemente, geordnet nach ihren Elektronegativitäten (EN), aufgetragen.
Diese EN-Werte sind in *(Tab. 10–7)* zusammengestellt.

Ergebnis: Die Differenz der Elektronegativitäten zweier Atome (Abstand auf der Elektronegativitätsgeraden) ist ein Maß für die Polarität der Elektronenpaar-Bindung zwischen ihnen.

Wir kennen jetzt für die Hauptgruppen-Elemente die Elektronegativitäten und die Zahl der Valenz-Elektronen ihrer Atome und wir wissen, daß diese sich in Molekülen gern mit vier Elektronenpaaren umgeben; die Wasserstoff-Atome allerdings begnügen sich mit einem Paar. Mit diesem Rüstzeug müßte es uns gelingen, für die übrigen uns bekannten, aber jetzt noch nicht besprochenen Moleküle bzw. Molekül-Ionen die Elektronen-Formeln aufzustellen und in ihnen die Polarität der Bindungen zu markieren.
Im Ammoniak-Molekül NH_3 hat das N-Atom entsprechend der Stellung des Stickstoffs in der V. Hauptgruppe 5 Valenz-Elektronen, die

	EN		EN		EN		EN		EN
Cs	0,7	Li	1,0	Si	1,8	C	2,5	N	3,0
K	0,8	Ca	1,0	As	2,0	S	2,5	Cl	3,0
Na	0,9	Mg	1,2	H	2,1	J	2,5	O	3,5
Ba	0,9	Al	1,5	P	2,1	Br	2,8	F	4,0

Tabelle 10–7: Elektronegativitäten

drei H-Atome je 1; das sind zusammen 8 Elektronen oder 4 Paare, die um das N-Atom angeordnet sind. Drei von ihnen vermitteln die Bindung zu den H-Atomen, so daß ein nichtbindendes, einsames Paar beim N-Atom verbleibt. Die Elektronegativitätsdifferenz zwischen Stickstoff und Wasserstoff beträgt Δ EN = 3,0–2,1 = 0,9; die Bindungen sind zum Stickstoff-Atom hin polarisiert, so daß die formale Heterolyse richtig $\overset{-3\,+1}{NH_3}$ ergibt:

Im Ammonium-Ion $(NH_4)^+$ haben wir 5 Elektronen vom N-Atom und 4 von den vier H-Atomen; von diesen 9 Elektronen ist aber wegen der positiven Ladung des Teilchens 1 abgegeben, so daß wieder 8 Elektronen oder 4 Paare bleiben. Nach der formalen Heterolyse besitzt das N-Atom auch im $(\overset{-3\,+1}{NH_4})^+$-Ion die Oxidationsstufe −3:

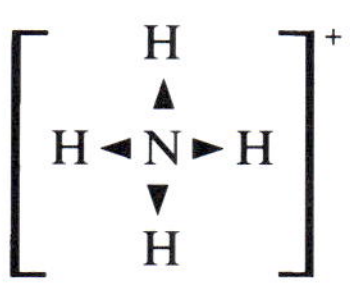

Das Kohlenstoff-Atom besitzt gemäß seiner Stellung im Periodensystem 4 Valenz-Elektronen. Beim Methan-Molekül $\overset{-4}{C}H_4$ haben wir dann 8 Elektronen unterzubringen. Auch hier ist das Kohlenstoff-Atom das elektronegativere (ΔEN = 0,4):

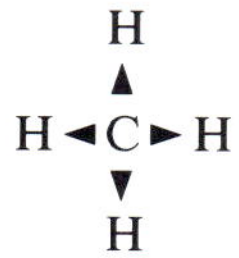

L. C. PAULING

Im Ethan-Molekül C_2H_6 haben wir 2 · 4 = 8 Elektronen von den beiden C-Atomen und 6 · 1 = 6 von den H-Atomen, das sind 14 Elektronen bzw. 7 Elektronenpaare. Die H-Atome können nur eine Elektronenpaarbindung eingehen. Würden 4 von ihnen an eines der C-Atome gebunden sein, so hätte dieses bereits ein vollständiges Oktett und es gäbe keine Bindungsmöglichkeit mehr zum anderen C-Atom. Die H-Atome müssen also symmetrisch zu dritt auf die C-Atome verteilt sein, so daß noch eine Kohlenstoff-Kohlenstoff-Bindung die Oktette vervollständigt. Die formale Heterolyse ergibt für jedes C-Atom 4 − (3 · 2 + 1) = = −3 und damit die erwartete Oxidationsstufe −3:

Elektronegativitätsdifferenz als Maßstab für die Polarität der Bindung

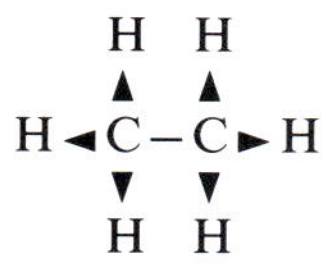

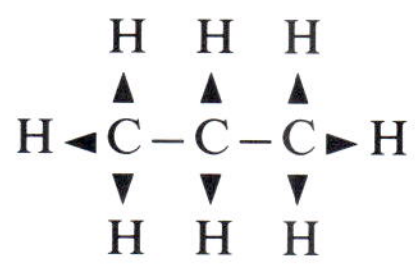

Entsprechend führen die 3 · 4 + 8 · 1 = 20 Elektronen bzw. 10 Paare im Propan-Molekül C_3H_8 zu einer Kette von drei C-Atomen, von denen die äußeren die Oxidationsstufe −3, das mittlere die Stufe −2 besitzen.
Wenn wir weiterhin die Elektronen-Formel für das Sauerstoff-Molekül O_2 aufstellen wollen, sind 2 · 6 = 12 Elektronen, d. h. 6 Paare, unterzubringen. Der Ansatz

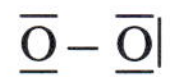

[1] Linus C. PAULING, geb. 1901, Professor für Chemie in Pasadena (Californien)

ist unbefriedigend, weil nur eines der beiden O-Atome ein Oktett besäße und weil es unwahrscheinlich ist, daß die beiden Atome verschiedene Elektronen-Konfigurationen hätten. Beide Einwände werden vermieden, wenn wir eine Verknüpfung der Atome durch zwei Elektronenpaare zulassen. Man spricht von einer **Doppelbindung:**

$$\underline{\overline{O}}=\underline{\overline{O}}$$

Wenn wir für das Kohlendioxid-Molekül CO_2 eine symmetrische Konfiguration voraussetzen, müssen wir für die $1 \cdot 4 + 2 \cdot 6 = 16$ Elektronen oder 8 Paare zwei Doppelbindungen annehmen:

$$\underline{\overline{O}} \blacktriangleright\!\!\!\!\blacktriangleright C \blacktriangleleft\!\!\!\!\blacktriangleleft \underline{\overline{O}}$$

Mehrfachbindungen

Zur Berechnung der Oxidationsstufen müssen wir das Verfahren der formalen Heterolyse auf Doppelbindungen erweitern. Auch hier werden wie bei den Einfachbindungen beide Elektronenpaare der Doppelbindung dem elektronegativeren Atom zugeordnet.

Das führt im $\overset{+4-2}{CO_2}$-Molekül bei den O-Atomen zur Oxidationsstufe $6-8 = -2$ und für das C-Atom zur Stufe $4-0 = +4$. Bei gleicher Elektronegativität der Bindungspartner wird die Doppelbindung auf beide Atome zu gleichen Anteilen aufgeteilt. Im $\overset{0}{O_2}$-Molekül ergibt sich dann für jedes der O-Atome die Oxidationsstufe $6-(2 \cdot 2 + 2 \cdot 1) = 0$.

Für das Stickstoff-Molekül N_2 müssen wir wieder für beide Atome die gleiche Elektronen-Konfiguration voraussetzen. Wenn wir also die $2 \cdot 5 = 10$ Valenz-Elektronen, das sind 5 Paare, »gerecht« auf die beiden N-Atome verteilen wollen, so daß jedes von ihnen ein vollständiges Oktett erhält, müssen wir eine **Dreifachbindung** zwischen ihnen fordern:

$$|N \equiv N|$$

Auch im Kohlenmonoxid-Molekül CO mit $4 + 6 = 10$ Elektronen bzw. 5 Paaren müssen wir eine Dreifachbindung annehmen, die aber hier polar ist:

$$|C \blacktriangleleft\!\!\!\!\blacktriangleleft\!\!\!\!\blacktriangleleft O|$$

Für die formale Heterolyse bei der Dreifachbindung wird die gleiche Verabredung wie bei der Doppelbindung getroffen. Im $\overset{0}{N_2}$-Molekül haben die N-Atome demnach die Oxidationsstufe $5-(1 \cdot 2 + 3 \cdot 1) = 0$. Im $\overset{+2-2}{CO}$-Molekül besitzt das C-Atom die Stufe $4-(1 \cdot 2 + 0) = +2$, das O-Atom die Stufe $6-(1 \cdot 2 + 3 \cdot 2) = -2$.

Ergebnis: Mit der Oktett-Regel lassen sich bei bekannter Zahl der Valenz-Elektronen für Moleküle und Molekül-Ionen Elektronen-Formeln aufstellen, aus denen die Lage und der polare Charakter der Bindungen hervorgehen. Diese können auch Doppel- und Dreifachbindungen sein.

Zusammenfassung: *Wir haben zunächst die Formeln der in den vorangegangenen Abschnitten behandelten Moleküle und Molekül-Ionen noch einmal in der Elektronen-Schreibweise zusammengestellt. Bei der vergleichenden Betrachtung fällt auf, daß den Wasserstoff-Atomen immer 2 Elektronen zugeordnet sind, den Atomen der übrigen Nichtmetalle immer 8 Elektronen, gruppiert nach bindenden und nichtbindenden Paaren. Diese Beobachtung ist so auffällig, daß wir sie als Oktett-Regel formulieren und mit ihrer Hilfe Elektronen-Formeln bis dahin noch nicht untersuchter Moleküle aufstellen konnten. Daß die Oktett-Regel Ausnahmen zuläßt, also kein Naturgesetz ist, müssen wir wieder einem weiterführenden Unterricht überlassen.*

*Aus den Elektronen-Formeln (*LEWIS*-Formeln) können wir die Lage der Bindungen ablesen, ferner den Charakter als Einfach-, Doppel- oder Dreifachbindungen und schließlich das Vorhandensein von einsamen Elektronenpaaren. Keinesfalls aber dürfen aus diesen Formeln Aussagen über den räumlichen Bau der Moleküle und Ionen abgeleitet werden. Mit Sicherheit werden die meisten dieser Teilchen nicht so zweidimensional platt geformt sein, wie sie notwendigerweise in der Papierebene geschrieben werden müssen. Die räumlich geometrischen Formen von Molekülen einiger einfacher Kohlenstoff-Verbindungen werden wir in einem der nächsten Abschnitte kennenlernen.*

Als wichtigste Erkenntnisse des 10. *Kapitels haben wir erfahren, daß die Atome in einem zusammengesetzten Teilchen durch gemeinsame Elektronenpaare zusammengehalten werden, daß jedes Atom eine seiner Ordnungszahl entsprechende Anzahl von Elektronen besitzt, daß diese Elektronen um einen sehr kleinen Kern in konzentrischen Schalen angeordnet sind und daß die Elektronen der äußeren Schale für die chemischen Eigenschaften der betreffenden Atomsorte verantwortlich sind. Im nächsten Kapitel wollen wir lernen, diese Erfahrungen auf den Kohlenstoff anzuwenden.*

Übungen

1. Begründe die Annahme, daß die Elektronen in den Atom-Hüllen nicht regellos verteilt sind.
2. Erläutere den Aufbau eines Kossel-Diagramms (Ordinate, Abszisse, Diagonale, Geraden besonderer Stabilität).
3. Leite die Formel $r = 0{,}6573 \sqrt[3]{M_L/\varrho} \cdot 10^{-8}$ für Packungen ab, deren Elementarzelle der raumzentrierte Würfel ist; berechne nach dieser Formel die Atomradien von Lithium- und Natrium-Atomen.
4. Warum erhält man für den Radius des Lithium-Ions in *Tab. 10–1* vier verschiedene Werte, und warum ist es vernünftig, den kleinsten dieser Werte dem Ion zuzuordnen? Beantworte die entsprechende Frage für die Chlorid- und die Oxid-Ionen.
5. Welche experimentellen Erfahrungen kennst du, die Schlußfolgerungen über die relative Größe verschiedener Kationen erlauben? (Siehe *Tab. 7–2* und den *Abschnitt 8.5.1*).
6. Welche experimentellen Erfahrungen legen die Vorstellung nahe, daß sich die Elektronen-Hüllen aus konzentrischen Schalen aufbauen?
7. Gib Argumente dafür, daß die Elemente Scandium, Titan, ... Zink die im Zuge der Aufbauregel neu hinzukommenden Elektronen nicht in die bereits mit Kalium und Calcium begonnene N-Schale einbauen, sondern in die darunterliegende M-Schale.

11. Molekül-Strukturen einfacher Kohlenstoff-Verbindungen

11.1 Argumente für eine besondere Behandlung der Kohlenstoff-Chemie

11.1.1 Sonderstellung des Kohlenstoff-Atoms

Wir wollen zunächst begründen, warum wir dem Element Kohlenstoff ein eigenes Kapitel unseres Lehrgangs widmen. Das häufigste Element über und unter der Erdoberfläche, soweit sie durch Bohrungen erforscht ist, ist der Sauerstoff mit 46,6%; es folgen Silicium mit 27,7% und Aluminium mit 8,4%. Erst an 15. Stelle der Häufigkeitsverteilung steht der Kohlenstoff mit nur 0,032%, wobei noch der größte Anteil des Elements in den gebirgsbildenden Kalk- und Dolomitgesteinen (vgl. *S. 154*) und im CO_2-Gehalt der Luft (vgl. *S. 100*) gebunden ist. Trotzdem ist die Erde – mit Ausnahme weniger Gebiete (Wüsten, Polareis) – bedeckt mit Pflanzen und bevölkert von Tieren und Menschen; die chemischen Substanzen, aus denen ihre Körper und Organe aufgebaut sind, ihre Farb-, Geruch- und Geschmackstoffe, die Gifte, mit denen sie sich verteidigen, alle diese Stoffe sind ohne Ausnahme Kohlenstoff-Verbindungen. Zu den unzähligen Stoffarten des Tier- und Pflanzenreiches kommen dann noch die Werkstoffe, Textilien, Arzneien usw., die der Mensch künstlich herstellt.
Vom Kohlenstoff kennt man heute bereits mehr Verbindungen als von allen anderen Elementen zusammen. Das Studium der Kohlenstoff-Verbindungen hat sich daher zu einem eigenen Zweig der Chemie entwickelt, der **Kohlenstoff-Chemie.** Man sprach früher von »organischer Chemie«, weil man glaubte, daß Kohlenstoff-Verbindungen – mit Ausnahme der Carbonate und des Kohlendioxids – nur von lebenden Organismen aufgebaut werden könnten nach Reaktionsweisen, die es in der »anorganischen Chemie« nicht gäbe. Heute läßt sich diese Unterscheidung zwischen »organisch« und »anorganisch« nicht mehr aufrecht erhalten. Alle Vorstellungen über Reaktionsweisen und Strukturen, die man in dem einen Zweig der Chemie entwickelt hat, gelten auch für den anderen und umgekehrt. Überdies haben die Chemiker längst gelernt, auch komplizierte Kohlenstoff-Verbindungen aus den Elementen bzw. deren Zwischenprodukten zu synthetisieren.
Unsere eingangs gestellte Frage, warum es vom Kohlenstoff trotz seiner relativen Seltenheit eine solche Fülle von Verbindungen gibt, ist noch nicht beantwortet. Worin zeichnet sich das Kohlenstoff-Atom vor allen anderen Elementen aus? Es besitzt die Ordnungszahl $Z = 6$, die Atommasse 12 u und steht in der IV. Hauptgruppe des Periodensystems an erster Stelle. Um den Kern des C-Atoms aus 6 Protonen und 6 Neutronen befindet sich eine Hülle aus 6 Elektronen, von denen 2 die innere K-Schale bilden und 4 als Valenz-Elektronen in der äußeren Schale für Reaktionen zur Verfügung stehen. Der Abstand im Periodensystem zum nächst niedrigeren Edelgas (Helium) ist ebenso groß wie der zum nächst höheren (Neon); es können also bis zu 4 Elektronen durch Oxidation weggegeben wie durch Reduktion aufgenommen werden entsprechend der maximal höchsten Oxidationsstufe +4 (z.B. im Tetrachlormethan $\overset{+4}{C}Cl_4$) bzw. der niedrigsten −4 (z.B. im Methan $\overset{-4}{C}H_4$). Vierfach positiv oder negativ geladene Ionen C^{4+} oder C^{4-} kann es allerdings nicht geben, weil die zu überwindenden Coulomb-Kräfte bei der Abgabe oder Aufnahme eines vierten Elektrons viel zu hoch wären.
Es kann aber auch keine niedriger geladenen positiven oder negativen Ionen des Kohlenstoffs geben. Die Voraussetzung für eine Ionen-Bildung, d.h. eines vollständigen Elektronenübergangs zwischen zwei Atomen ist ein verhältnismäßig großer Abstand auf der Elektronegativitätsgeraden *(Abb. 10–17)*. Das C-Atom mit EN = 2,5 steht aber im mittleren Abschnitt dieser Geraden, so daß die Abstände nach beiden Seiten hin für eine Ionen-Bildung zu gering sind. Das bedingt aber andererseits die Möglichkeit, mit den Atomen fast aller anderen Elemente Elektronenpaar-Bindungen eingehen zu können, eine Fähigkeit, die kein anderes Element in diesem Maße besitzt.

Elektronegativität des C-Atoms

Ergebnis: Eine Besonderheit des Kohlenstoff-Atoms gegenüber den Atomen anderer Elemente liegt in der Fähigkeit, mit diesen Elektronenpaar-Bindungen, d.h. Moleküle, zu bilden.

Selbstverständlich können die Kohlenstoff-Atome auch untereinander Bindungen eingehen. Diese Eigenschaft besitzen aber auch die Atome anderer Elemente, z.B. die der Nichtmetalle mit Ausnahme der einatomigen Edelgase. Ein Halogen-Atom mit seinen 7 Valenz-Elektronen kann allerdings nur ein einziges gleichartiges binden:

$$|\overline{Cl}\cdot + \cdot\overline{Cl}| \rightarrow |\overline{Cl}-\overline{Cl}|$$

In den zweiatomigen Molekülen F_2, Cl_2, Br_2 und J_2 ist das Oktett-Prinzip *(10.3.4)* für jedes der beiden Atome erfüllt; sie besitzen dann Edelgaskonfiguration. Man sagt, die Halogen-Atome sind **»einbindig«**.
Die Chalkogen-Atome sind **»zweibindig«**,

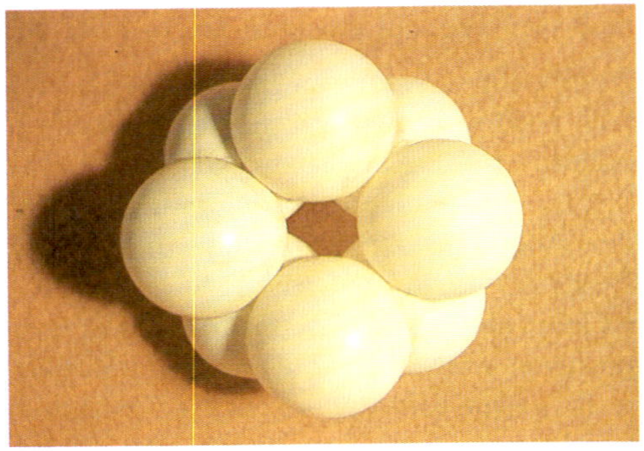

Abb. 11–1: Schwefel-Molekül S_8

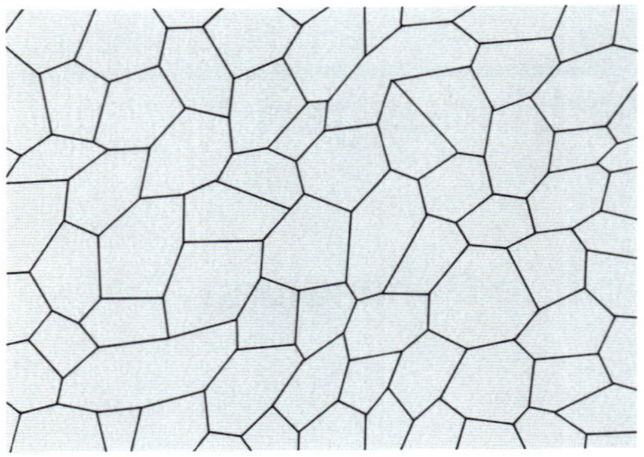

Abb. 11–2: Makromolekül des roten Phosphors. Die Bindungslängen sind gleich lang zu denken, d. h. das Netz bildet keine Ebene, sondern unregelmäßige Erhöhungen und Vertiefungen.

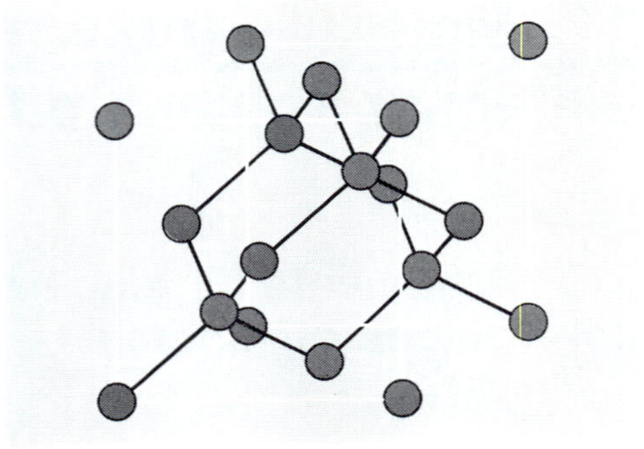

Abb. 11–3: Diamant-Gitter. Das Modell zeigt nur die Mittelpunkte der Kohlenstoff-Atome.

d. h. sie können mit ihren 6 Valenz-Elektronen noch 2 Elektronenpaar-Bindungen eingehen, um Edelgaskonfiguration zu erreichen, z. B.:

$$\cdot\overline{\underline{S}}\cdot + \cdot\overline{\underline{S}}\cdot + \cdot\overline{\underline{S}}\cdot + \cdot\overline{\underline{S}}\cdot \longrightarrow \cdot\overline{\underline{S}}-\overline{\underline{S}}-\overline{\underline{S}}-\overline{\underline{S}}\cdot .$$

Elektronenpaar-Bindungen zwischen gleichartigen Atomen

Es können also kettenförmige Moleküle entstehen, deren Enden sich auch zum Ring schließen können. Tatsächlich sind die Bausteine des Feststoffs Schwefel Ringe aus 8 Schwefel-Atomen *(Abb. 11–1).*

► **Versuch 11/1:** Man erhitzt in einem Reagenzglas Stangenschwefel im Glycerin-Bad auf 120° C. Das Glas mit der leicht beweglichen, gelben Schmelze wird herausgenommen, von anhaftendem Glycerin befreit und in der Flamme des Bunsenbrenners weiter erhitzt: Die Schmelze nimmt allmählich eine dunkel-rotbraune Farbe an und wird zunehmend zähflüssiger, bis eine harzartige Masse entsteht, die sich nicht mehr ausgießen läßt. Erhitzt man noch weiter, so entsteht wieder eine dünnflüssige Schmelze, die aber die dunkelrotbraune Farbe beibehält. Beim Erreichen der Siedetemperatur (Kp = 444° C) entweicht ein Dampf, der an den kälteren Teilen des Glases zu einem feinverteilten gelben Beschlag sublimiert bzw. als Rauch an die Luft entweicht. ◄

● **Deutung:** Zufuhr von Wärme bedeutet für den Feststoff Erhöhung der Schwingungsenergie der Gitterbausteine *(5.1.1),* in diesem Fall der S_8-Ringe, bis das Gitter zusammenbricht. Die leicht bewegliche gelbe Schmelze enthält dann die S_8-Ringe in ungeordneter Verteilung und Bewegung. Die weitere Erwärmung bedeutet nicht nur Erhöhung der kinetischen Energie der Moleküle, sondern auch eine Anregung von Schwingungen der Atome innerhalb der Moleküle. Diese Schwingungen können bei weiterer Energie-Zufuhr so heftig werden, daß die Bindungen zwischen den Atomen getrennt werden (thermische Dissoziation). Das bedeutet im Falle der Schwefel-Moleküle ein Aufbrechen der Ringe. Würden dabei kurze Bruchstücke entstehen, müßte die Schmelze noch leichter beweglich werden, was aber nicht beobachtet wird. Zur Erklärung der Zähflüssigkeit müssen wir bedenken, daß sich an den Enden der aufgebrochenen Ringmoleküle Schwefel-Atome mit ungepaarten Elektronen (Radikale) befinden:

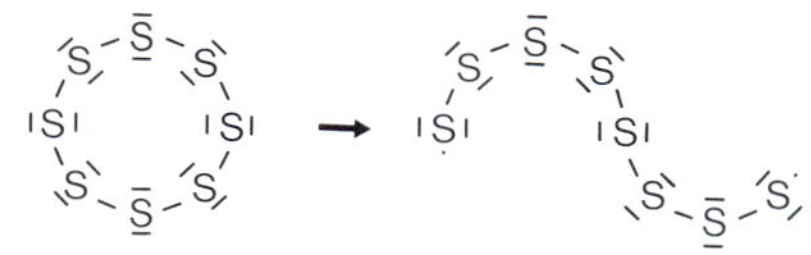

Bei nicht zu hoher Temperatur, d. h. bei nicht zu großer thermischer Bewegung, sollten die freien Enden der Bruchstücke miteinander Bindungen eingehen können. Es entstehen aber nicht wieder S_8-Ringe, sondern lange, fadenförmige Riesenmoleküle, die sich bei ihrer thermischen Bewegung gegenseitig hindern und miteinander verfilzt die zähflüssige bzw. harzartige Konsistenz der Schmelze bewirken. Bei noch höheren Temperaturen brechen wieder Atom-Bindungen auf; es entstehen kurze Ketten-Stückchen unterschiedlicher Länge, die aneinander vorbeigleiten können: Die Schmelze wird wieder dünnflüssig.

Wir kehren zu unserem Problem zurück, inwieweit Bindungen zwischen Atomen gleicher Sorte möglich sind. Wir fanden für die Halogene nur die Möglichkeit zur Bildung zweiatomiger Moleküle. Für die Schwefel-Atome aus der VI. Gruppe des Periodensystems (Chalkogene) haben wir jetzt experimentell bestätigt, daß sie sich zu linearen oder ringförmigen Molekülen zusammenfinden können. Den Atomen der V. Hauptgruppe fehlen 3 Elektronen zur Edelgasstruktur; sie sind demnach **»dreibindig«** und sollten zweidimensionale Netze bilden können *(Abb. 11–2).*

Das Kohlenstoff-Atom schließlich ist mit seinen 4 Valenz-Elektronen »vierbindig«, es kann daher dreidimensionale, d. h. räumliche Vernetzungen eingehen. So ist der **Diamant** eine Modifikation des Kohlenstoffs, in dessen Kristallgitter jedes C-Atom tetraedrisch von vier benachbarten C-Atomen umgeben ist. In der Elementarzelle des Diamants bilden die C-Atome den flächenzentrierten Würfel dichtester Kugelpackung, in dem – analog zum Zinksulfid-Gitter *(Abb. 5–15)* – jede zweite Tetraederlücke mit weiteren C-Atomen besetzt ist *(Abb. 11–3).*

► **Versuch 11/2:** Ein waagrecht eingespanntes Quarzrohr ist mit einigen Diamant-Splittern (kleine, nicht sehr teure Abfalldiamanten) beschickt. Die eine Seite des Rohrs steht mit einer Sauerstoff-Stahlflasche, die andere mit einer mit Kalkwasser gefüllten Waschflasche in Verbindung. Man leitet einen schwachen Sauerstoff-Strom durch die Apparatur

Abb. 11–4: Diamant-Gitter. Das Modell zeigt die Packungsdichte der Kohlenstoff-Atome.

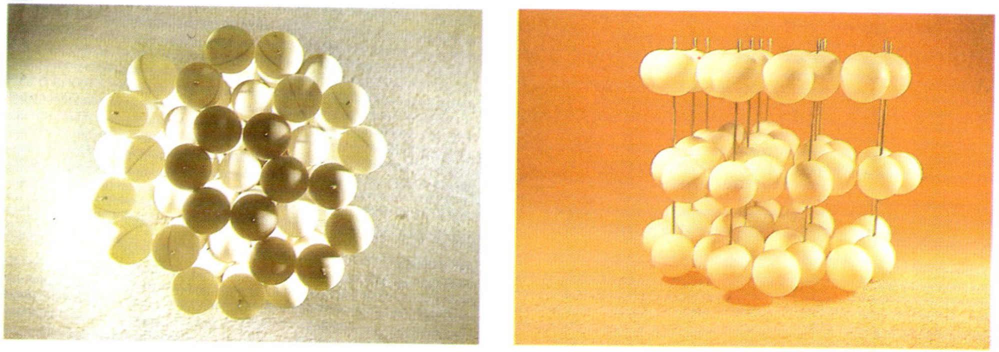

Abb. 11–5: Graphit-Gitter, a) Blick von oben auf eine Netzebene, b) Blick von der Seite zwischen die Netzebenen

und erhitzt die Diamantsplitter mit möglichst heißer Flamme (evtl. Gebläsebrenner): Die Kristalle entzünden sich und verbrennen weißglühend; es bleibt kein fester Rückstand. Das Kalkwasser in der Waschflasche trübt sich. – Man wiederholt den Versuch mit Graphit: Gleiche Beobachtungen. ◀

Das Reaktionsprodukt ist Kohlendioxid. Der Versuch bestätigt also, daß der Diamant eine Elementarsubstanz des Kohlenstoffs ist und daß es eine weitere Modifikation dieses Elements gibt, den **Graphit.**

Wie sind die unterschiedlichen Eigenschaften dieser beiden Feststoffe, deren Bausteine nur C-Atome sind, zu erklären? Der Diamant ist ja extrem hart *(1.3.2),* der Graphit extrem weich *(1.3.3).* In der *Abb. 11–3* müßten wir die Kugeln so weit vergrößert denken, bis sie sich berühren oder besser – wegen der Elektronenpaar-Bindungen – ein wenig durchdringen; es resultiert dann eine außerordentlich dichte Raumerfüllung wie im Modell der *Abb. 11–4.* Mit »Graphit« kann man »schreiben«, d. h. durch den gleitenden Druck bleibt etwas vom Graphit auf der Schreibunterlage haften. Man nimmt daher an, daß die C-Atome im Graphit-Gitter ebene Netze aus regelmäßigen Sechsecken bilden, wobei der Abstand zwischen diesen Netzebenen sehr viel größer ist als der zwischen den Atomen innerhalb der Netzebenen *(Abb. 11–5).* Bei einem seitlichen Druck, wie er beim Schreiben ausgeübt wird, verschieben sich die Netzebenen gegeneinander – ähnlich wie die Karten eines Kartenstoßes – und die untersten bleiben auf der Papieroberfläche haften. Je drei von den vier Valenz-Elektronen der C-Atome vermitteln die Elektronenpaar-Bindungen innerhalb der Netzebenen, die je vierten Elektronen befinden sich im Raum zwischen den Netzebenen; da sie in keiner Elektronenpaar-Bindung fixiert sind, können sie durch Anlegen eines elektrischen Feldes leicht verschoben werden. Damit ist die gute elektrische Leitfähigkeit des Graphits erklärt, eine Eigenschaft, die wir in der Verwendung von Graphit-Elektroden bei Elektrolysen und in galvanischen Elementen immer wieder benutzt haben. Wenn sich auch die Netzebenen des Graphits leicht gegeneinander verschieben lassen, so ist der Zusammenhalt der C-Atome innerhalb der Netzebenen ähnlich fest wie im Diamant-Gitter. Daraus resultieren die Eigenschaften, in denen sich die beiden Modifikationen kaum unterscheiden: Reaktionsträgheit und Schmelztemperaturen weit über 3000° C.

Ergebnis: Die Elementarsubstanzen der VII. Hauptgruppe des Periodensystems bestehen aus zweiatomigen Molekülen. In den Elementarsubstanzen der VI. Hauptgruppe kann es zu eindimensionalen, in denen der V. Hauptgruppe zu zweidimensionalen und in denen der IV. Hauptgruppe zu dreidimensionalen Verknüpfungen kommen.

Kehren wir von den Elementarsubstanzen wieder zu den Verbindungen zurück, so geben uns die Bindigkeiten der Atome ebenfalls Hinweise über die Vielfalt der Möglichkeiten, Moleküle zu bilden. Die einbindigen Wasserstoff- und Halogen-Atome können immer nur einen einzigen Bindungspartner haben; sie bilden daher die typischen Stellen, an denen ein Molekül »endet«, so kompliziert dieses auch sonst sein mag. Schwefel- und Sauerstoff-Atome ermöglichen wegen ihrer Zweibindigkeit lineare Fortsetzungen eines Moleküls, aber keine Verzweigungen. Diese sind aber an den dreibindigen Stickstoff- und Phosphor-Atomen möglich. Das vierbindige Kohlenstoff-Atom schließlich kann nie »Ende« eines Moleküls sein; es ist ein typischer »innerer« Baustein, an dem von vier Seiten andere Atome oder Atomgruppen angreifen können.

Wir haben gegen Ende von *10.3.4* gesehen, daß die Zweibindigkeit des Sauerstoff-Atoms auch »Doppelbindungen« und die Dreibindigkeit des Stickstoff-Atoms auch »Dreifachbindungen« zuläßt. Es leuchtet sofort ein, daß dann ein durch zwei Elektronenpaare gebundenes O-Atom bzw. ein durch drei Elektro-

Modifikationen des Kohlenstoffs

Bindungsmöglichkeiten des C-Atoms

nenpaare gebundenes N-Atom »Ende« eines Moleküls sein muß, während doppelt oder dreifach gebundene C-Atome immer noch weitere Bindungen zur Fortsetzung des Moleküls ermöglichen. Wenn wir mit »R« die Atome oder Atomgruppen bezeichnen, die die Rolle der Bindungspartner spielen, ergibt sich folgende Übersicht:

$$R_1-\underset{\underset{R_4}{|}}{\overset{\overset{R_2}{|}}{C}}-R_3 \quad R_1-\overset{\overset{R_2}{|}}{\underline{N}}-R_3 \quad R_1-\overline{\underline{O}}-R_2 \quad R-\overline{\underline{Cl}}$$

Doppelbindungsregel

$$R_1=\overset{\overset{R_2}{|}}{C}-R_3 \quad R_1=\underline{N}-R_2$$

$$R_1=C=R_2 \quad R\equiv N| \quad R=\overline{\underline{O}}$$

$$R_1\equiv C-R_2$$

Ergebnis: Die Vierbindigkeit des Kohlenstoff-Atoms ermöglicht die Bildung einer größeren Vielfalt von Verbindungen, als sie bei den drei-, zwei- und einbindigen Atomen zu erwarten ist.

Wir können annehmen, daß zwei Atome, die durch eine Doppel- oder Dreifachbindung miteinander verknüpft sind, näher aneinander gerückt sind, als wenn sie nur durch ein einziges Elektronenpaar verbunden sind. Ähnlich wie wir in *10.3.2* aus der Kenntnis der Zusammensetzung und des räumlichen Musters von Metall- und Ionen-Gittern die Abstände der Atome und Ionen berechnen konnten, lassen sich auch aus Feststoffen, deren Gitter-Bausteine Moleküle sind, bei Kenntnis des räumlichen Musters die Abstände der Atome in den Molekülen berechnen. Man erhält für die Einfach-, Doppel- und Dreifachbindung zwischen zwei Kohlenstoff-Atomen folgende Abstände:

$\equiv C-C\equiv$	$>C=C<$	$-C\equiv C-$
0,154 nm	0,134 nm	0,120 nm

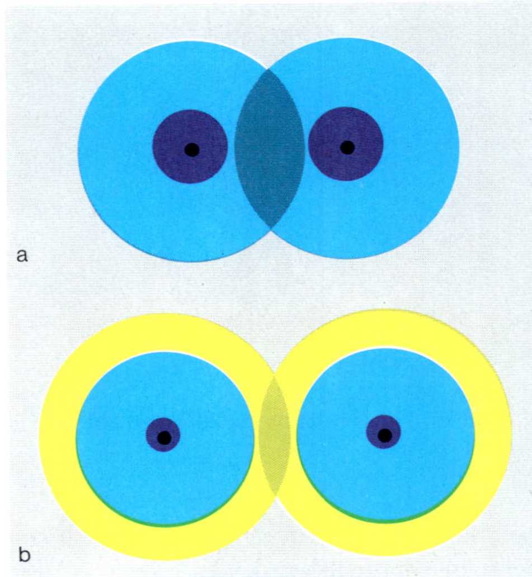

Abb. 11–6: Sich durchdringende Valenzschalen, a) in der 2. Periode, b) in der 3. Periode. Schwarz: Atomkern; violett: K-Schale; blau: L-Schale; gelb: M-Schale

Wenn sich die Kohlenstoff-Atome nur berühren würden, wäre ihr Radius je nach Art der Bindung 0,077 nm, 0,067 nm und 0,060 nm. Wahrscheinlicher allerdings ist die Vorstellung eines konstanten Atom-Radius. Dann würden sich die Elektronenhüllen gegenseitig durchdringen, allerdings nur mit den äußeren Valenz-Schalen, und zwar stärker bei Mehrfachbindungen mit zwei oder drei gemeinsamen Elektronenpaaren als bei einer Einfachbindung mit nur einem gemeinsamen Paar.
Durch die gegenseitige Durchdringung der Valenz-Schalen nähern sich auch die darunter liegenden, vollständig besetzten Edelgas-Schalen einander. Die dann zwischen diesen wirksam werdenden Coulomb-Abstoßungskräfte begrenzen daher das Ausmaß der Durchdringung. Bei den Elementen der 2. Periode (Li bis F) handelt es sich bei der darunter liegenden Schale um die Helium-Schale (K-Schale), die nur mit 2 Elektronen besetzt ist. Bei den Elementen der 3. Periode (Na bis Cl) ist es die mit 8 Elektronen besetzte Neon-Schale (L-Schale), die unter den Valenz-Schalen liegt. Der größere Durchmesser der L-Schale und die durch vermehrte Elektronenzahl verstärkten Abstoßungskräfte verhindern in der 3. Periode eine weitergehende Durchdringung der Valenz-Schalen, so daß es dort nur zu Einfachbindungen kommt *(Abb. 11–6)*.
Mit dieser Feststellung haben wir auch einen entscheidenden Unterschied zwischen dem Silicium- und dem Kohlenstoff-Atom, die ja beide vierbindig sind, gefunden: Von den vier Bindungsmöglichkeiten des C-Atoms (s. o. die vergleichende Übersicht) bleibt für das Si-Atom nur die eine übrig, bei der es vier Einfachbindungen betätigt.

Ergebnis: Die Atome von Elementen, die in der dritten oder einer höheren Periode stehen, können keine Mehrfachbindungen, also auch keine Doppelbindungen eingehen **(Doppelbindungsregel).**

Wir haben jetzt eine ganze Reihe von Gründen für die Variationsbreite der Kohlenstoff-Verbindungen gefunden, besitzen aber noch immer keine Antwort, warum diese Vielfalt trotz der relativen Seltenheit des Kohlenstoffs in so reicher Fülle auf der Erdoberfläche vorhanden ist. Wir wissen ja von den Entdeckungsflügen der Weltraumsonden, daß es auf dem Mond und auf den Planeten Merkur, Venus und Mars keine organischen Substanzen gibt, obwohl man annehmen kann, daß die Häufigkeitsverteilung der Elemente bei der Entstehung des Planetensystems überall die gleiche gewesen ist. Den Verdacht, daß die äußeren Bedingungen (Druck, Temperatur usw.) auf den Planetenoberflächen die Existenz von Kohlenstoff-Verbindungen möglich oder unmöglich machen, sollen folgende Versuche bestätigen.

► **Versuch 11/3:** Man gibt einen fest zusammengeknäulten Papier-Klumpen in ein Reagenzglas und verschließt dieses mit Stopfen und Ableitungsrohr, das gasdicht in ein zweites, von außen mit Wasser gekühltes Reagenzglas mit seitlichem Ansatz führt. Man erhitzt das Papier mit der Flamme des Bunsenbrenners: Die Farbe ändert sich nach braun und schwarz. Nach kurzer Zeit kondensieren in der wassergekühlten Vorlage Flüssigkeitstropfen, und am seitlichen Ansatz läßt sich eine leuchtende, rußende Flamme entzünden. Wenn bei weiterem Erhitzen ein dicker Qualm entsteht, kondensieren auch schon im oberen Teil des ersten Reagenzglases und im Ableitungsrohr zähflüssige, braune teerartige Tropfen. Das Kondensat in der Vorlage färbt Universalindikator rot. – Berührt man das Papier ohne Reagenzglas, d. h. in Gegenwart von Luft mit der Flamme, so entzündet es sich, wobei Kohlendioxid entsteht (Nachweis mit Kalkwasser). – Man wiederholt den Versuch mit Holz, Braunkohle oder Steinkohle: Ähnliche Beobachtungen. – Man wiederholt den Versuch mit Haaren oder rohen Fleischstückchen: Ähnliche Beobachtungen; aber das Kondensat in der Vorlage färbt jetzt den Indikator blau. ◄

● **Deutung:** Erhöhte Temperatur bedeutet thermische Dissoziation durch Aufspaltung von Elektronenpaar-Bindungen. Es entstehen Bruchstücke unterschiedlicher Größe und Zusammensetzung. Kleinere Moleküle entweichen als Gas, größere kondensieren zu Flüssigkeiten, sehr große bilden Teer. Als Rückstand bleibt reiner Kohlenstoff (wenn das Papier nicht durch anorganische »Füllstoffe« schreibfest gemacht worden war). – In Gegenwart von Sauerstoff folgt auf die thermische Dissoziation eine Oxidation der Bruchstücke durch den Luft-Sauerstoff zu Kohlendioxid.

Die »trockene Destillation« der Kohle wird technisch in großem Maßstab durchgeführt. Ist dann der kohlenstoffreiche Rückstand **(Koks)** das gewünschte Endprodukt, heißen die Industrieanlagen »Kokereien« *(Abb. 11–7)*; legt man mehr Wert auf die gasförmigen Zersetzungsprodukte **(Leuchtgas)**, spricht man von »Gasanstalten«. Aus dem Steinkohlen-Teer konnten die Chemiker im vorigen Jahrhundert eine Fülle von bis dahin unbekannten Kohlenstoff-Verbindungen (Benzol, Toluol, Naphthalin u. a.) isolieren.
Auch bei dem kulturhistorisch sehr altem Gewerbe des Köhlers, Holzstöße in von außen mit Erde zugedeckten Meilern zu entzünden, handelt es sich – wegen der Absperrung des Luftsauerstoffs – um eine trockene Destillation. Die entstehende »Holzkohle« ist fast chemisch reiner Kohlenstoff und als Energielieferant für Schmiede-Essen und Grillapparaturen in Gebrauch.

Abb. 11–7: Kokerei

► **Versuch 11/4:** (Lehrerversuch) Man bereitet in zwei Reagenzgläsern je eine Mischung aus 4 cm^3 10%iger Ethandisäure (Oxalsäure) und 1 cm^3 konz. Schwefelsäure (Vorsicht!). Das eine Reagenzglas erhitzt man im Wasserbad auf ca. 80°C, das andere kühlt man durch Eintauchen in Eiswasser ab. Man gibt dann möglichst gleichzeitig zu jedem Reagenzglas 2 cm^3 6%iger Kaliumpermanganat-Lösung: Nach kurzer Zeit ist die heiße Lösung entfärbt, wobei Gasentwicklung zu beobachten ist. Man muß ziemlich lange warten, bis die gleiche Reaktion (Entfärbung) auch in der gekühlten Lösung stattgefunden hat. ◄

● **Deutung:** Es handelt sich in beiden Fällen um die Reduktion der violetten $(MnO_4)^-$-Ionen zu farblosen Mn^{2+}-Ionen; Reduktionsmittel ist die Ethandisäure, die zu Kohlendioxid oxidiert wird. Uns kommt es jetzt nicht auf die Reaktionsgleichung an, sondern auf den Einfluß der Temperatur auf die **Reaktionsgeschwindigkeit** (Masse umgesetzter Stoffe pro Zeiteinheit).

Einfluß der Temperatur auf Bildung und Stabilität von C-Verbindungen

Es gibt einen den Chemikern seit langem bekannten Erfahrungssatz, daß sich ganz allgemein die Geschwindigkeit einer Reaktion bei Erwärmung um 10 K verdoppelt. Das ist übrigens auch der Grund, warum die Chemiker im Labor fast bei jeder Reaktion mit dem Bunsenbrenner arbeiten. Wir können annehmen, daß bei einer chemischen Reaktion irgendwelche Bindungen und Koordinationen (Umgebungen) gelöst und andere Bindungen und Koordinationen geschlossen werden. Die für den ersten Vorgang erforderliche Energie haben wir als Aktivierungsenergie kennengelernt *(4.1.4)*. Es leuchtet ein, daß die entsprechende Energieschwelle bei höherer Temperatur schneller überwunden werden kann und daß umgekehrt bei sehr niedrigen Temperaturen die Reaktionsgeschwindigkeit so langsam wird, daß man keine Umsetzungen mehr beobachten kann; man sagt dann, die Reaktion sei »eingefroren«.
Im Zusammenhang mit dem Entstehen und Vergehen von Kohlenstoff-Verbindungen sollen die *Versuche 11/3 und 11/4* verständlich machen, daß bei sehr niedrigen Temperaturen, wie sie z. B. im Weltraum herrschen, keine Kohlenstoff-Verbindungen entstehen können, andererseits bei sehr hohen Temperaturen, wie sie z. B. auf den sonnennahen Planeten herrschen, etwa gebildete Kohlenstoff-Verbindungen wieder zerstört werden.

Gewinnung von Koks und Leuchtgas

Ergebnis: Voraussetzung für das Entstehen von Kohlenstoff-Verbindungen und für ihre Beständigkeit sind Temperaturverhältnisse – nicht zu niedrig und nicht zu hoch –, wie sie z. B. auf dem Planet Erde herrschen oder geherrscht haben.

Es müssen noch weitere Bedingungen erfüllt sein; denn auf dem Mond, der ja etwa gleichweit von der Sonne entfernt ist wie die Erde, gibt es ebenfalls keine Kohlenstoff-Verbindungen, die ein organisches Leben ermöglichen könnten. Auch hierfür kennen wir den Grund: Es fehlt dem Mond mit seiner verhältnismäßig kleinen Masse und der dadurch bedingten schwachen Gravitation eine gasförmige Atmosphäre, die die Oberfläche vor der einfallenden Sonnenstrahlung, insbesondere vor ihrem energiereichen ultravioletten Anteil schützt. Auch dieser Strahlung würden etwa gebildete komplizierte Kohlenstoff-Verbindungen nicht widerstehen können.

Wenn die Gravitation eines Himmelskörpers so gering ist, daß keine gasförmige Atmosphäre festgehalten werden kann, dann kann es auf seiner Oberfläche auch keine Flüssigkeiten geben; denn diese würden verdampfen und der Dampf in den Weltenraum entweichen. Die Entstehung komplizierterer Kohlenstoff-Verbindungen ist aber nur in einer molekular dispersen Phase (Gas oder Flüssigkeit) denkbar; denn die Bausteine von Feststoffen müßten wohl doch ihre Gitterplätze verlassen können, wenn sie miteinander reagieren sollen. Eine Atmosphäre, in der organische Moleküle entstehen könnten, dürfte aber auch nicht Sauerstoff in größeren Konzentrationen enthalten, weil dann sofort die höchste Oxidationsstufe des Kohlenstoffs, d. h. Kohlendioxid, entstehen würde.

Bedingungen auf dem Planeten Erde für die Existenz organischer Verbindungen

Man nimmt daher an – und Analysen von erdgeschichtlich sehr alten Gesteinen bestätigen es –, daß die »Uratmosphäre« der Erde anders zusammengesetzt war als die heutige Luft; sie war ein Gemisch von Methan, Ammoniak, Schwefelwasserstoff und Wasserdampf. Tatsächlich hat man in Labor-Versuchen nachweisen können, daß sich bei elektrischen Entladungen (Funkenstrecken, Lichtbogen) in solchen Gasgemischen komplizierte Moleküle von Kohlenstoff-Verbindungen (Alkanole, Aminosäuren, Aldosen u. a.) bilden können.

Ergebnis: Eine weitere Bedingung für die spontane Entstehung komplizierterer Kohlenstoff-Moleküle ist das Vorhandensein einer Atmosphäre. Sie enthält z. B. Wasserstoffverbindungen der Elemente Kohlenstoff, Stickstoff, Schwefel und Sauerstoff und sie schützt einmal gebildete Kohlenstoff-Verbindungen vor der ultravioletten Strahlung eines Zentralgestirns.

Zusammenfassung: *Zur Erklärung der Vielfalt und Fülle organischer Verbindungen auf der Erdoberfläche trotz relativer Seltenheit des Kohlenstoffs sind wir zwei unterschiedlichen, sich aber doch gegenseitig ergänzenden Gedankengängen nachgeschritten. Der erste Gedankengang enthielt Überlegungen über Strukturmerkmale des Kohlenstoff-Atoms, die das Element vor anderen auszeichnen. Wir fanden erstens eine Elektronegativität mittleren Betrages, die Atombindungen mit fast allen anderen Elementen zuläßt, zweitens die Vierbindigkeit des Kohlenstoffs, die eine räumliche Vernetzung der C-Atome untereinander und mit anderen Atomen zuläßt, und drittens die Möglichkeit von Mehrfachbindungen untereinander oder auch mit anderen Atomen.*
Im zweiten Gedankengang untersuchten wir die äußeren Bedingungen, die für die Realisierung der beschriebenen Reaktionsmöglichkeiten notwendig sind. Wegen der erforderlichen Aktivierungsenergien dürfen die Temperaturen nicht zu niedrig und wegen der Anfälligkeit von Elektronenpaar-Bindungen gegen thermische Dissoziation auch wieder nicht zu hoch sein. Andererseits können sich kompliziertere Moleküle nur in molekular dispersen Phasen, Flüssigkeiten oder Gasen, bilden. Die Temperaturverhältnisse auf der Erde und ihre Atmosphäre erfüllen alle diese Bedingungen.
Selbstverständlich ergeben sich aus den Antworten, die wir gefunden haben, – wie immer – sofort wieder neue Fragen, z. B.: Gibt es im Weltraum noch andere, vielleicht sogar sehr viele Himmelskörper mit gleichen Bedingungen für die Entstehung komplizierter Kohlenstoff-Verbindungen? Oder: Wie geht die Entwicklung von den in der Uratmosphäre gebildeten Kohlenstoff-Verbindungen weiter zur Entstehung des Lebens (»Urzeugung«)? – Beide Fragen, so interessant und aufregend sie sein mögen, übersteigen den Rahmen dieses Buches, erfordern zur Beantwortung auch mehr biologische als chemische Denkstrategien und sind – bei allen Spekulationen, die es darüber gibt – wissenschaftlich noch nicht geklärt. Wir überspringen daher die Milliarden und Millionen Jahre, in denen lebende Organismen entstanden sind und die Evolution der Arten zum »homo sapiens« geführt hat. Seine Erbanlagen sind wie die seiner Mitgeschöpfe der Umwelt, in der sie entstanden sind, angepaßt. Nun verändert der Mensch seit einigen tausend Jahren seine Umwelt in zunehmendem Maße; dieser selbst geschaffenen Umwelt ist er aber mit seinen Erbanlagen nicht mehr angepaßt. Eine der sich daraus ergebenden Konsequenzen ist die Ergänzung der natürlich vorkommenden Kohlenstoff-Verbindungen, ein Thema, dem wir uns in den nächsten Abschnitten zuwenden.

11.1.2 Analysen einfacher Kohlenstoff-Verbindungen

Wenn jemand Uhren herstellen oder bessere Uhren auf den Markt bringen will, wird er zunächst einige der ihm zugänglichen Uhren auseinandernehmen, um die einzelnen Teile und ihr Zusammenwirken kennenzulernen; erst nach diesem ersten Lernschritt kann er daran gehen, solche Uhren nachzubauen oder sogar zu verbessern. Ein angehender Arzt, der den menschlichen Körper heilen will, muß erst einmal in einem anatomischen Praktikum lernen, einen Körper zu sezieren, um auch hier die Funktionseinheiten in ihrem Zusammenwirken kennenzulernen. In der gleichen Situation befanden sich die Chemiker am Anfang des vorigen Jahrhunderts, als es galt, die von den Pflanzen und Tieren gewonnenen Farbstoffe, Textilfasern, Heilmittel usw. nachzubauen oder zu verbessern. Wenn wir Chemie lernen wollen, müssen wir als »Lehrlinge« ebenfalls diesen Weg gehen, d. h. eine uns interessierende Substanz auseinandernehmen, sezieren und analysieren, aus welchen Atomen sie zusammengesetzt ist und wie durch die Anordnung und durch das Zusammenwirken dieser Atome die uns interessierende Eigenschaft zustande kommt.
Als noch unerfahrene Lehrlinge der Kohlenstoff-Chemie sollten wir unsere Untersuchungen mit Stoffen beginnen, die nicht allzu kompliziert zusammengesetzt sind. Eine gewisse Gewähr dafür bieten uns vielleicht niedrige Molekülmassen, die wir ja nach den in *4.1.3* und *4.2.2* erarbeiteten Methoden bestimmen. Wir wählen ein Gas, Butan (M_L = 58 g),

zwei Flüssigkeiten, Methanol (M_L = 32 g) und Chloroform (M_L = 119,5 g), und einen Feststoff, Harnstoff (M_L = 60 g). Zunächst sollten wir feststellen, ob es sich überhaupt um Kohlenstoff-Verbindungen handelt.

► **Versuch 11/5:** (Lehrerversuch) Butan ist als »Flüssiggas« für die Füllung von Feuerzeugen im Handel erhältlich. Die Behälter sind mit einem Kugelventil verschlossen, das durch Druck auf die Ausströmungsdüse geöffnet werden kann. Man läßt das Gas gegen eine Flamme strömen: Das Gas entzündet sich und brennt mit leuchtender Flamme. Man bringt in den leuchtenden Teil der Flamme einen Gegenstand aus weißem Porzellan: Schwarze Ruß-Abscheidung. Man saugt mithilfe von Trichter und Wasserstrahlpumpe *(Abb. 2–6)* die Verbrennungsgase der Butan-Flamme in zwei hintereinander geschaltete Reagenzgläser mit seitlichen Ansätzen; das erste Glas ist leer, das zweite enthält Kalkwasser: Im ersten Glas kondensiert eine farblose Flüssigkeit, die weißes Kupfersulfat blau färbt; im zweiten Glas trübt sich das Kalkwasser. ◄

● **Folgerung:** Bei unvollständiger Verbrennung des Butans entstehen Wasserdampf und Kohlenstoff (Ruß), bei genügender Luftzufuhr Wasserdampf und Kohlendioxid (Nachweis durch Kalkwasser). Butan ist also eine Kohlenstoff-Verbindung, und das Reaktionsprodukt Wasser beweist, daß Butan auch eine Wasserstoff-Verbindung ist.

► **Versuch 11/6:** In einer kleinen Porzellanschale entzündet man einige cm³ Methanol: Die Flamme ist blaßblau. Man saugt die Verbrennungsprodukte (wie in *Versuch 11/5*) durch ein leeres und durch ein mit Kalkwasser gefülltes Reagenzglas: Gleiche Beobachtungen wie in *Versuch 11/5.* ◄

● **Folgerung:** Methanol ist eine Verbindung, in der die Elemente Kohlenstoff und Wasserstoff nachgewiesen sind.

Chloroform und Harnstoff sind, wie wir uns leicht überzeugen können, nicht brennbar. Wir können den Kohlenstoff-Nachweis daher nicht wie in *Versuch 11/5 und 11/6* führen. Wenn wir auch hier den etwa vorhandenen Kohlenstoff als Kohlendioxid nachweisen wollen, brauchen wir ein Oxidationsmittel, das den Sauerstoff in »statu nascendi«, d.h. einatomig abgibt, z.B. das schwarze Kupfer(II)-oxid. (Es muß vor den Versuchen im Trockenschrank von etwa anhaftender Feuchtigkeit befreit werden.)

► **Versuch 11/7:** Man gibt in ein Reagenzglas ca. 2 cm hoch schwarzes Kupferoxid und tropfenweise Chloroform hinzu (Abzug!), bis ein dicker Brei entstanden ist, den man noch mit weiterem Kupferoxid in Drahtform überschichtet. Das Reagenzglas wird schräg eingespannt und mit Stopfen und Ableitungsrohr verschlossen, das wie in *Versuch 11/5* mit zwei Reagenzgläsern mit seitlichen Ansätzen verbunden ist; das erste enthält jetzt aber etwas Wasser, das zweite wieder Kalkwasser. Man erhitzt mit kräftiger Flamme das Reaktionsgut, langsam von der Mitte des Glases nach unten fortschreitend: Es bildet sich ein braungelber Rauch, der sich als Beschlag an der Gefäßwand absetzt. Wenn im Kalkwasser der zweiten Vorlage eine Trübung entstanden ist, prüft man das Wasser in der ersten Vorlage mit Universalindikatorpapier und mit Silbernitrat-Lösung: Rotfärbung bzw. weißer, käsiger Niederschlag. ◄

● **Folgerung:** Der CO_2-Nachweis im Kalkwasser beweist, daß auch Chloroform eine Kohlenstoff-Verbindung ist. Als weiteres Reaktionsprodukt ist Chlorwasserstoff nachgewiesen, das sich im Wasser der ersten Vorlage unter Bildung von Wasserstoff-Ionen (Indikator) und Chlorid-Ionen (Niederschlag mit Silber-Ionen) löst. Das braungelbe Reaktionsprodukt ist dann vermutlich kristallwasserfreies Kupfer(II)-chlorid (vgl. *Versuch 7/37).* – Chloroform ist demnach eine Verbindung, in der die Elemente Kohlenstoff, Wasserstoff und Chlor nachgewiesen sind.

► **Versuch 11/8:** Man mischt im Reagenzglas durch Schütteln eine Spatelspitze Harnstoff mit überschüssigem schwarzen Kupferoxid und überschichtet mit weiterem Kupferoxid in Drahtform. Wieder sind zwei Vorlagen angeschlossen; die erste bleibt leer, die zweite ist mit Kalkwasser beschickt. Man erhitzt das Reaktionsgut von der Mitte nach unten: In der ersten Vorlage kondensieren Flüssigkeitstropfen, in der zweiten trübt sich das Kalkwasser. ◄

● **Folgerung:** Auch Harnstoff ist eine Kohlenstoff-Verbindung, die außerdem noch Wasserstoff gebunden enthält.

Nachweis von Kohlenstoff und Wasserstoff

Ergebnis: Um eine Substanz als Kohlenstoff-Verbindung zu identifizieren, genügt bei Brennbarkeit *(Versuche 11/5 und 11/6)* der Nachweis des in der Flamme entstehenden Kohlendioxids; bei nichtbrennbaren Substanzen erzwingt man die Bildung von Kohlendioxid durch das Oxidationsmittel Kupfer(II)-oxid *(Versuche 11/7 und 11/8).* – Häufig kann der Kohlenstoff-Nachweis auch durch thermische Dissoziation geführt werden *(Versuch 11/3),* bei der das Element als schwarzer Rückstand übrigbleibt.

Ein Reaktionspartner des Kohlenstoffs, der fast in keiner organischen Verbindung fehlt, ist der Wasserstoff. Auch in allen vier, von uns exemplarisch ausgewählten Substanzen Butan, Methanol, Chloroform und Harnstoff haben wir Wasserstoff nachweisen können, entweder als Wasserstoffoxid *(Versuche 11/5, 11/6 und 11/8)* oder als Wasserstoffchlorid *(Versuch 11/7).*

Ergebnis: Für den Wasserstoff-Nachweis genügt bei Brennbarkeit die Oxidation mit Luftsauerstoff, bei Nichtbrennbarkeit die Oxidation mit Kupfer(II)-oxid: in beiden Fällen kann – sofern Wasserstoff vorhanden – als Oxidationsprodukt Wasser nachgewiesen werden *(Versuche 11/5, 11/6 und 11/8).* Enthält die Verbindung – neben Kohlenstoff und Wasserstoff – noch das stark elektronegative Chlor, so kann Chlorwasserstoff nachgewiesen werden *(Versuch 11/7).*

Wir kommen zum Sauerstoff-Nachweis. Wenn wir bei unseren Analysen Kohlendioxid oder Wasser als Reaktionsprodukte erhalten, dürfen wir noch nicht daraus schließen, daß es sich um Sauerstoff-Verbindungen handelt; denn der Sauerstoff kann von den Oxidationsmitteln, Luft oder Kupferoxid, herkommen.

Er kann allerdings auch aus der Verbindung selbst stammen. Im letzteren Fall müßte bei der Zerstörung der Verbindung durch thermische Dissoziation der Sauerstoff- mit dem Kohlenstoffanteil zu CO_2 oder mit etwa gleichzeitig vorhandenem Wasserstoffanteil zu H_2O reagieren können, wie wir es schon bei den *Versuchen 11/3* beobachten konnten.

Nachweis von Sauerstoff und Halogen

► **Versuch 11/9:** Man füllt ein Reagenzglas ca. 3 cm hoch mit Harnstoff, verschließt das Glas mit Stopfen und Ableitungsrohr, das in ein mit Kalkwasser gefülltes Reagenzglas führt. Man erhitzt den Harnstoff (Fp = 133°C) und die sich bildende Schmelze, bis die Bläschenbildung im Kalkwasser auf eine deutliche Gasentwicklung hinweist: Nach einiger Zeit hat sich das Kalkwasser getrübt. Entfernt man die Vorlage, so nimmt man deutlich den Geruch nach Ammoniak wahr, das man auch durch Blaufärbung von angefeuchtetem Universalindikator-Papier nachweisen kann. ◄

● **Folgerung:** Als Reaktionsprodukte der thermischen Dissoziation von Harnstoff sind CO_2 und NH_3 nachgewiesen. Harnstoff ist also eine Verbindung, in der – neben Kohlenstoff und Wasserstoff *(Versuch 11/8)* – auch die Elemente Stickstoff und Sauerstoff gebunden sind.

Eine entsprechende thermische Dissoziation beim Gas Butan oder bei den leichtflüchtigen Methanol und Chloroform läßt sich mit einfachen Versuchsanordnungen nicht durchführen. Um in diesen Verbindungen Sauerstoff nachzuweisen, sollten wir ein Reduktionsmittel einwirken lassen, das eine größere Affinität zu Sauerstoff hat als die konkurrierenden Elemente Kohlenstoff und Wasserstoff. Die in *2.2.3* untersuchte Affinitätsreihe weist Magnesium als das geeignete Reduktionsmittel aus.

► **Versuch 11/10:** Man benutzt die Anordnung von *Versuch 2/12 (Abb. 2–10)*. Den Sand feuchtet man mit Methanol an. In den mittleren Teil des waagrecht eingespannten Reagenzglases füllt man Magnesium-Pulver. Man verdrängt die Luft durch gelindes Erwärmen des Methanols und erhitzt das Metall bis zur beginnenden Glut: Es entzündet sich im Methanoldampf. Nach dem Abkühlen beobachtet man über einem schwarzen Reaktionsprodukt einen weißen, Rauhreif ähnlichen Beschlag. ◄

● **Folgerung:** Das schwarze Reaktionsprodukt ist Kohlenstoff (Ruß), das weiße Magnesiumoxid. Methanol ist demnach auch eine Sauerstoff-Verbindung.

Für den Sauerstoff-Nachweis in einer gasförmigen Substanz müssen wir das Reagenzglas des *Versuchs 11/10* durch ein Verbrennungsrohr, in dem sich dann das Magnesium-Pulver befindet, ersetzen. Man leitet das Gas ein und erhitzt – nach Luftverdrängung – das Metall. Ist das Gas eine Sauerstoff-Verbindung, erhält man ein weißes Reaktionsprodukt (Magnesiumoxid). Im Fall des Butan ist ein solches nicht zu beobachten: Butan ist keine Sauerstoff-Verbindung.
Wenn wir den *Versuch 11/10* mit Chloroform wiederholen, erhalten wir zwar ein weißes Reaktionsprodukt, das sich in Wasser aber unter Bildung von Magnesium- und Chlorid-Ionen löst; es handelt sich um Magnesiumchlorid. Magnesiumoxid ist dagegen in Wasser nur schwer löslich, und die Lösung reagiert alkalisch. Ein derartiges Reaktionsprodukt läßt sich nicht nachweisen: Chloroform ist keine Sauerstoff-Verbindung.

Ergebnis: In einer organischen Substanz gebundener Sauerstoff läßt sich als Kohlendioxid oder Wasserdampf nachweisen, wenn eine thermische Dissoziation möglich ist. Andernfalls führt die Reduktion mit Magnesium zum weißen Reaktionsprodukt Magnesiumoxid. Letzterer Nachweis ist nicht eindeutig, wenn in der Substanz auch noch ein Halogen gebunden ist.

Für den Nachweis der Halogene können wir uns auf die mit Chloroform gemachten Erfahrungen stützen; denn schon der *Versuch 11/7* zeigt, daß Chlor Bestandteil dieser Verbindung ist. In diesem Versuch setzt sich Kupfer(II)-oxid zu Kupfer(II)-chlorid um.

► **Versuch 11/11:** Man bringt auf einer Magnesia-Rinne oder mithilfe eines Magnesia-Stäbchens ein wenig türkisfarbenes Kupfer(II)-chlorid in die nichtleuchtende Flamme des Bunsenbrenners: Nach Entweichen des Kristallwassers (braune Schmelze) wird die Flamme kräftig blaugrün gefärbt. – Man wiederholt den Versuch mit braunem (kristallwasserfreien) Kupfer(II)-bromid: Ebenfalls blaugrünes Leuchten der Flamme. – Man gibt auf die Magnesia-Rinne ein wenig schwarzes Kupferoxid, feuchtet es mit Salzsäure an und verfährt wie oben: Blaugrüne Flamme. ◄

► **Versuch 11/12:** Man überzieht einen Kupferblech-Streifen durch Erhitzen mit der Flamme an der Luft mit einer schwarzen Kupferoxid-Schicht, befeuchtet den Streifen dann mit Salzsäure und hält ihn in die Flamme: Blaugrüne Flammenfärbung. – Man gibt auf den oxidierten Kupferblech-Streifen einige Körnchen Kaliumbromid und verfährt wie oben: Blaugrüne Flammenfärbung. – Man befeuchtet den oxidierten Kupferblech-Streifen mit Chloroform: Blaugrüne Flammenfärbung. – Man befeuchtet den oxidierten Streifen mit Methanol: Keine Farbänderung der Flamme. – Man gibt auf den oxidierten Streifen einige Körnchen Harnstoff: Keine Flammenfärbung. ◄

● **Folgerung:** Die *Vorversuche 11/11* zeigen, daß Kupfer(II)-chlorid und Kupfer(II)-bromid in der Hitze der Flamme sublimieren und diese charakteristisch blaugrün färben. Die *Versuche 11/12* zeigen, daß bei der Reaktion von Kupfer(II)-oxid mit einer organischen Substanz eines dieser Kupfer(II)-halogenide mit der charakteristischen Flammenfärbung entsteht, sofern die Substanz eine Halogen-Verbindung ist. – Demnach ist Chloroform eine Chlor-Verbindung, während sich in Methanol und Harnstoff kein Halogen nachweisen läßt.

Für den Halogen-Nachweis in einer gasförmigen Substanz benötigen wir wieder ein Verbrennungsrohr, in dem wir das Gas über erhitztes Kupferoxid leiten. Läßt sich am Rohrende eine Flamme entzünden, so ist diese – bei Anwesenheit von Halogen – blaugrün gefärbt. Im Falle der Nichtbrennbarkeit bringt man das feste Reaktionsprodukt des Kupferoxids direkt in die Flamme.

Ergebnis: Zum Nachweis von Halogen in einer organischen Substanz erhitzt man diese zusammen mit Kupfer(II)-oxid in einer nichtleuchtenden Flamme: Ist Halogen vorhanden, erhält man ein blaugrünes Leuchten der Flamme (BEILSTEIN-Probe[1]).

Es fehlt uns jetzt nur noch ein Verfahren, mit dem man nachweisen kann, daß eine organische Substanz eine Stickstoff-Verbindung ist. Wir wissen dies bereits vom Harnstoff, da bei seiner thermischen Dissoziation *(Versuch 11/9)* Ammoniak entsteht. Die Reaktion läßt sich intensivieren, wenn wir uns die Erfahrung von *Versuch 9/2 (Seite 163)* zunutze machen, daß ein festes Alkalihydroxid etwa sich bildendes Ammoniak austreibt.

► **Versuch 11/13:** Man verreibt im Prozellanmörser eine Spatelspitze Harnstoff mit der zehnfachen Menge feinkörnigen Natronkalks ({NaOH} und {CaO} im Massenverhältnis 1:2 zusammengeschmolzen) und überdeckt den Mörser mit einem Uhrglas, auf dessen innerer und äußerer Seite je ein feuchter Universalindikator-Papierstreifen – rechtwinklig zueinander – haftet: Der untere Streifen färbt sich blau. – Man füllt das Gemisch aus Harnstoff und Natronkalk in ein Reagenzglas und erhitzt: Reichliche Entwicklung von Ammoniak (Geruch, Rauchbildung mit HCl). ◄

Flüssige Substanzen werden entsprechend mit konz. Natronlauge erhitzt. Aus Methanol und Chloroform läßt sich auf diese Weise kein Ammoniak erzeugen; sie sind keine Stickstoff-Verbindungen. – Ein Gas müßte man durch heiße Natronlauge oder über eine Natriumhydroxid-Schmelze leiten. Butan – dieser Probe unterworfen – liefert kein Ammoniak; auch Butan ist keine Stickstoff-Verbindung.

Ergebnis: Ein Stickstoff-Nachweis in organischen Verbindungen läßt sich durch Erhitzen mit Natronkalk, Natriumhydroxid oder Natronlauge führen. Falls es sich um eine Stickstoff-Verbindung handelt, entsteht als Reaktionsprodukt Ammoniak.

Mit den Elementen Wasserstoff, Sauerstoff, Stickstoff und Halogen haben wir die wichtigsten Reaktionspartner des Kohlenstoffs und auch ihre Nachweismethoden kennengelernt. Sehr viel seltener kommen Schwefel und Phosphor, ganz selten Metalle in organischen Substanzen vor. Wir begnügen uns daher mit den qualitativen Analysen auf die oben genannten Elemente und haben damit unsere erste, für diesen Abschnitt gestellte Aufgabe gelöst: Butan ist eine Verbindung der Elemente Kohlenstoff und Wasserstoff, in Methanol sind Wasserstoff und Sauerstoff an Kohlenstoff gebunden, Chloroform ist eine Kohlenstoff-Wasserstoff-Chlor-Verbindung und Harnstoff eine Verbindung der Elemente Kohlenstoff, Wasserstoff, Sauerstoff und Stickstoff.
Unsere nächste Aufgabe wird sein, die Formeln und Strukturen dieser vier Verbindungen aufzustellen.

Verlockend wäre es, dafür die modernen spektroskopischen Methoden in Anspruch zu nehmen: Man gibt auf der einen Seite eines Kastens (black-box), an dem nur Schaltknöpfe, Kontroll-Lampen und von Zeigern überspielte Skalen zu sehen sind, eine kleine Probe der zu untersuchenden Substanz hinein; dann kommt auf der anderen Seite ein »Spektogramm« heraus, aus dem man – bei einiger Erfahrung – die Formel und Struktur der betreffenden Verbindung ablesen kann. Was in der »black box« tatsächlich vor sich geht, brauchen die Benutzer nicht zu wissen. Irgendwie erinnern diese Apparaturen an die geheimnisvollen Folianten der mittelalterlichen Alchimisten, in deren Benutzung nur wenige auserwählte »Adepten« eingeweiht waren. Auch wenn diese die vorgeschriebenen Rezepturen nur halb oder garnicht verstanden, konnten sie sie doch ausführen und galten in den Augen der staunenden Zuschauer als Wunderdoktoren. Bezüglich der black-boxes können wir keine »Eingeweihte« sein, weil unsere Kenntnisse viel zu gering sind, um die komplizierten Vorgänge im Inneren der Apparaturen zu verstehen. Wir verzichten aber auch auf die Rolle der bewunderten Scharlatane, wenn wir so tun, als würden wir Unverstandenes verstehen und als Basis für unsere weiteren Forschungen benutzen. Vielleicht können wir die spektroskopischen Methoden in den Kursen der Sekundarstufe II einsetzen; was aber bleibt uns jetzt übrig?
Ein Spektrogramm, wie es z.B. die *Abbildung 11–8* zeigt, wird von den Benutzern so ausgewertet, daß sie aus der Lage eines »peak« (Spitze) an einer bestimmten Stelle der Kurve schließen, daß es sich um eine Hydroxyl-Gruppe in der untersuchten Substanz handelt, weil in den Spektrogrammen derjenigen Verbindungen, von denen man weiß, daß sie eine Hydroxyl-Gruppe besitzen, an den gleichen Stellen ein derartiger Peak auftritt.
Können wir nicht ähnlich vorgehen? Wir wissen, daß eine Hydroxyl-Gruppe wegen ihrer Polarität eine Affinität zu anderen polaren Molekülen, z.B. zu H_2O-Molekülen, besitzt. Können wir dann nicht umgekehrt aus der Wasserlöslichkeit einer Substanz auf die wahrscheinliche Anwesenheit einer

Nachweis von Stickstoff

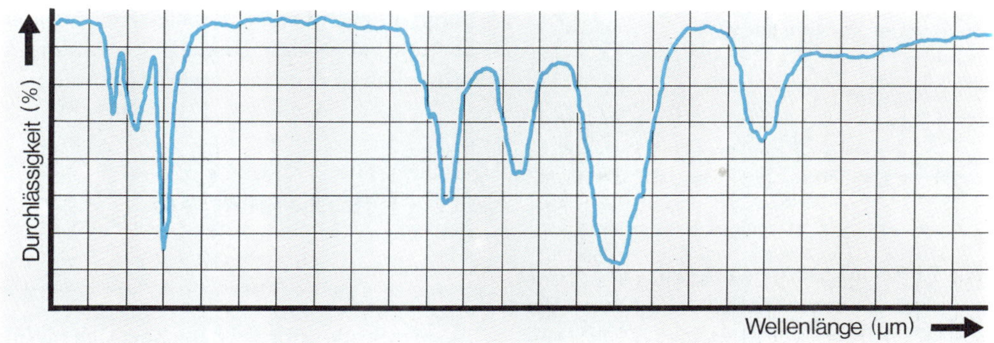

Abb. 11–8: IR-Spektrogramm. Der erste große Peak bezieht sich auf die Hydroxyl-Gruppe, der zweite große Peak auf die Kohlenstoff-Sauerstoff-Bindung.

[1] Friedrich BEILSTEIN, 1838–1906, deutsch-russischer Chemie-Professor

Hydroxyl-Gruppe (oder einer anderen polaren-Gruppe) schließen? Wir ersetzen die Peaks der black-boxes durch unsere experimentellen Erfahrungen über Löslichkeiten in polaren oder unpolaren Lösungsmitteln, über rußend-leuchtende oder nichtleuchtende Flammen, über hohe oder niedrige Siedetemperaturen bei niedrigen oder hohen Molekülmassen, über die Möglichkeiten der Protonen- und Elektronen-Aufnahmen oder -Abgaben usw.

Beispiele für das Aufstellen von Summen- und Strukturformeln: Butan, Chloroform

Fangen wir mit Butan an! Als erstes bestimmen wir (nach der Vorschrift von *Versuch 1/25)* die Masse eines abgemessenen Volumens des Gases (im Normalzustand) und erhalten daraus die Dichte $\varrho = 0{,}0027\ g/cm^3$ des Gases und durch Multiplikation mit dem Molvolumen *(4.1.3)* die Molmasse 60,5 g der Verbindung. Wegen der hohen Siedetemperatur (Kp = −0,5° C) ist Butan sicherlich kein »ideales« Gas *(4.1.2),* so daß wir den Wert um ca. zwei Einheiten nach unten korrigieren müssen: Die Molmasse des Butans ist 58 g.

Wir haben nur die beiden Elemente Kohlenstoff ($M_L = 12$ g) und Wasserstoff ($M_L = 1$ g) in der Formel unterzubringen. Das führt zu den Formelansätzen CH_{46}, C_2H_{34}, C_3H_{22} und C_4H_{10}. Bedenken wir einerseits die Einbindigkeit der H-Atome, die immer nur Endglieder eines Moleküls sein können, andererseits die rußend-leuchtende Flamme des Butans, die auf mehr als ein C-Atom im Molekül hinweist, so kommt nur der letzte Formelsansatz C_4H_{10} infrage. Die C-Atome bilden eine Kette, die auch verzweigt sein kann:

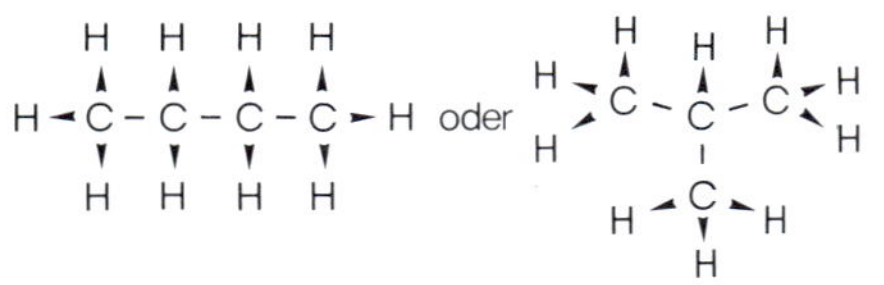

Die Elektronegativitätsdifferenz *(Abb. 10–17)* zwischen Kohlenstoff (EN = 2,5) und Wasserstoff (EN = 2,1) ist gering: Δ EN = 0,4. Die C-H-Bindungen sind daher nur schwach polar und heben sich in ihren Gegenüberstellungen weitgehend auf, so daß das Butan-Molekül als ganzes unpolar erscheint, in Übereinstimmung mit der schlechten Löslichkeit des Gases in Wasser und seiner sehr guten Löslichkeit in Tetra, die wir – wie bei Propan – nach den Vorschriften von *Versuch 1/24* bestimmen.

Ergebnis: Butan ist ein »Kohlenwasserstoff« der Formel C_4H_{10}. Die Kohlenstoff-Atome bilden eine Kette, die auch verzweigt sein kann und in der die Valenzen der C-Atome durch H-Atome abgesättigt sind. Das Butan-Molekül ist unpolar.

Wir kommen zum Chloroform. Seine Siedetemperatur liegt bei Kp = 61,2° C. Die Molmassenbestimmung kann nach der Vorschrift von *Versuch 4/13* durchgeführt werden. Für die Dichte des Dampfes erhält man dann $0{,}0053\ g/cm^3$; daraus berechnet sich der (korrigierte) Wert der Molmasse zu $M_L = 119{,}5$ g. In der qualitativen Analyse haben wir die Elemente Kohlenstoff ($M_L = 12$ g), Wasserstoff ($M_L = 1$ g) und Chlor ($M_L = 35{,}5$ g) nachgewiesen. Wir müssen beachten, daß die H- und Cl-Atome einbindig sind, d. h. an Kohlenstoff gebunden sind. Chloroform ist nicht brennbar; das bedeutet für das oder die C-Atome eine verhältnismäßig hohe positive Oxidationsstufe, die im Formelansatz nur dann gewährleistet ist, wenn die Valenzen durch möglichst viele der elektronegativeren Cl-Atome und durch möglichst wenig der elektropositiveren H-Atome abgesättigt sind. Mit der Molmasse verträglich ist dann nur der Formelansatz:

$HCCl_3$: 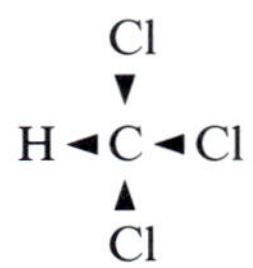

Aus der Strukturformel berechnet sich mithilfe der formalen Heterolyse *(10.1.4)* die Oxidationsstufe des C-Atoms zu +2. Mit ΔEN = 3,0 − 2,5 = 0,5 sind die C-Cl-Bindungen zwar polar, müssen sich in ihrer Wirkung aber weitgehend kompensieren, weil Chloroform in Wasser und polaren Flüssigkeiten unlöslich, mit Tetra und unpolaren Flüssigkeiten aber in jedem Verhältnis mischbar ist.

Ergebnis: Chloroform hat die Formel $HCCl_3$ (Trichlormethan). Die positive Oxidationsstufe +2 des C-Atoms weist auf die Nichtbrennbarkeit der Verbindung hin. Die drei polaren C-Cl-Bindungen am gleichen C-Atom heben sich weitgehend auf, so daß das Molekül als ganzes unpolar erscheint.

Auch für Methanol mit seiner niedrigen Siedetemperatur Kp = 64,7° C läßt sich die Molmassenbestimmung nach *Versuch 4/13* gut durchführen: Die Dampfdichte ergibt sich zu $0{,}00143\ g/cm^3$ und daraus die Molmasse zu $M_L = 32$ g. Als Bindungspartner haben wir bereits Kohlenstoff ($M_L = 12$ g), Wasserstoff ($M_L = 1$ g) und Sauerstoff ($M_L = 16$ g) festgestellt. Das Molekül kann daher nicht mehr als 1 Atom Kohlenstoff und 1 Atom Sauerstoff enthalten; seine Formel ist CH_4O.
Wenn das zweibindige O-Atom durch eine Doppelbindung an das C-Atom gebunden wäre, würde es als Endglied des Moleküls keine H-Atome mehr aufnehmen können, für die dann aber am C-Atom nur 2 Valenzen zur Verfügung ständen:

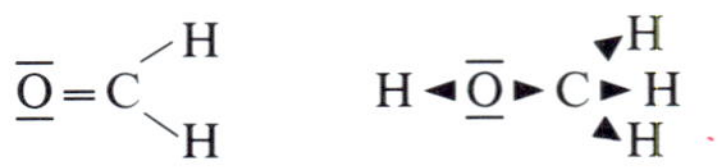

Für 4 H-Atome ist nur Platz vorhanden, wenn das Molekül eine OH-Gruppe besitzt. Auf die Existenz dieser polaren Hydroxyl-Gruppe hätten wir auch von der Zugehörigkeit des Methanols zur Wasser-Gruppe *(Versuche 7/27, 7/28 und 7/29)* schließen können. – Nach der formalen Heterolyse berechnet sich die Oxidationsstufe des C-Atoms zu −2. Der große Ab-

stand zur höchsten Oxidationsstufe +4 bedingt die Brennbarkeit des Methanols *(Versuch 11/6).*

Ergebnis: Methanol hat die Formel H_3COH. Die Hydroxyl-Gruppe bedingt die Löslichkeit des Methanols in Wasser und polaren Lösungsmitteln bzw. die Unlöslichkeit in unpolaren Flüssigkeiten. Die negative Oxidationsstufe −2 des C-Atoms bedingt die Oxidierbarkeit (Brennbarkeit) des Methanols.

Bei der Bemühung, die Formel des Harnstoffs aufzustellen, kommen wir in Schwierigkeiten, weil wir noch keine Molmassenbestimmung für Feststoffe kennengelernt haben. Es gibt eine sehr einfache Methode: Sie beruht auf der Erfahrung, daß alle Lösungen von Feststoffen in Wasser eine höhere Siedetemperatur besitzen als 100° C, daß diese Siedetemperaturerhöhung der molaren Konzentration der Lösung *(7.1.1)* direkt proportional ist und daß sie für 1-molare Lösungen 0,52 K beträgt. Die theoretische Begründung für diese molare Siedetemperaturerhöhung, die unabhängig von der Art des gelösten Stoffes ist, muß auf den Oberstufenunterricht verschoben werden; hier begnügen wir uns mit dem Ergebnis, wenn wir die Methode auf eine Harnstoff-Lösung anwenden. Die Molmasse des Harnstoffs beträgt danach $M_L = 60$ g.
Als Elemente haben wir also im Harnstoff Kohlenstoff ($M_L = 12$ g), Sauerstoff ($M_L = 16$ g), Stickstoff ($M_L = 14$ g) und Wasserstoff ($M_L = 1$ g) nachgewiesen. Addiert man die vier Molmassen, erhält man 43 g; die Differenz zur Molmasse 60 g ist so groß, daß eines der schwereren Atome doppelt vorhanden sein muß. Das führt zu den Ansätzen C_2ONH_6 oder CO_2NH_2 oder CON_2H_4.
Harnstoff ist nicht brennbar; das oder die C-Atome müssen daher eine hohe positive Oxidationsstufe besitzen, was zutrifft, wenn die elektronegativeren O- und N-Atome direkt am Kohlenstoff gebunden sind und damit ihre negativen Oxidationsstufen −2 bzw. −3 besitzen. Für den Formelansatz $\overset{-2}{C_2}\overset{-3}{O}N\overset{+1}{H_6}$ ergäben sich dann – wegen der Oxidationsstufen-Summe Null – für die beiden C-Atome die Summe −1; mindestens eines der C-Atome hätte dann eine negative Oxidationsstufe, was mit der Nichtbrennbarkeit unvereinbar ist. – Im zweiten Formelsansatz $\overset{-2}{C}O_2\overset{-3}{N}\overset{+1}{H_2}$ bekäme das C-Atom eine Oxidationsstufe +5, die wegen der Zahl von nur vier Valenz-Elektronen unmöglich ist. – Nur beim dritten Ansatz $\overset{-2}{C}O\overset{-3}{N_2}\overset{+1}{H_4}$ besitzt das C-Atom die erwartete Oxidationsstufe +4.
Zur Summenformel CON_2H_4 gibt es bei Beachtung der Bindigkeiten der beteiligten Atome zwei mögliche Strukturformeln:

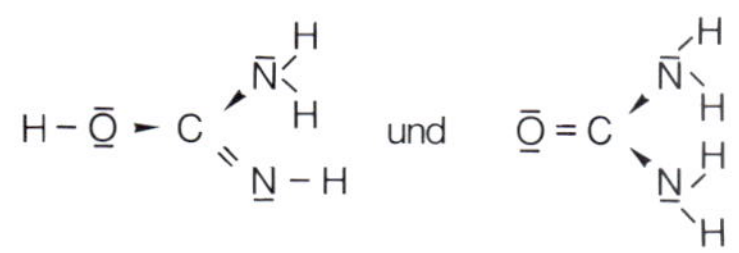

Es gibt keinen experimentellen Hinweis, daß die beiden N-Atome – wie in der linken Formel – verschieden gebunden wären. Auch die großtechnische Darstellung – Harnstoff ist wichtiges Stickstoff-Düngemittel – aus Ammoniak und Kohlendioxid (140° C, 35 bar) nach der Reaktionsgleichung

$$2\,NH_3 + CO_2 \rightarrow OC(NH_2)_2 + H_2O$$

spricht dafür, daß die zweite der obigen Strukturformeln die Eigenschaften des Harnstoffs am besten widergibt. Sein offizieller Name ist »Kohlensäurediamid«.
Harnstoff ist sehr leicht löslich in Wasser, aber unlöslich in unpolaren Lösungsmitteln. Ebenso, wie wir den polaren Charakter der (OH)-Gruppe von der Polarität des H_2O-Moleküls verständlich gemacht haben, können wir auch von der Polarität des NH_3-Moleküls *(8.5.1)* auf den polaren Charakter der (NH_2)-Gruppe (»Amino-Gruppe«) schließen. Das Harnstoff-Molekül besitzt gleich zwei Amino-Gruppen, in Übereinstimmung mit seiner guten Wasserlöslichkeit.

Ergebnis: Harnstoff hat die Formel $OC(NH_2)_2$. Die beiden Amino-Gruppen bedingen die Löslichkeit in polaren Lösungsmitteln. Die Oxidationsstufe +4 des C-Atoms bedingt die Nichtbrennbarkeit des Harnstoffs. **Methanol**

Zusammenfassung: *Eine Substanz als Kohlenstoff-Verbindung zu identifizieren, bereitet keine besonderen Schwierigkeiten, da Elektronenpaarbindungen bei hohen Temperaturen aufspalten und die C-Atome mit vorhandenen oder zugeführten O-Atomen das leicht nachweisbare CO_2 bilden. Auf ähnliche Weise kann* **Harnstoff** *man den in Kohlenstoff-Verbindungen gebundenen Wasserstoff zu Wasser(dampf) oxidieren. Der Halogen-Nachweis gelingt mit der Beilstein-Probe, der Stickstoff-Nachweis durch Bildung von Ammoniak und der Sauerstoff-Nachweis durch Überführung in Magnesiumoxid. Schwierigkeiten kann es geben, wenn z. B. Halogen und Sauerstoff gleichzeitig vorhanden sind und wenn es sich um nicht so einfach gebaute Kohlenstoff-Verbindungen handelt, wie wir sie uns ausgesucht haben. Die Schwierigkeiten steigern sich noch, wenn wir die Summenformeln und – erst recht – die zugehörigen Strukturformeln ermitteln wollen. Selbst bei so einfachen Verbindungen wie die von uns untersuchten mußten wir gelegentlich strenge Beweise durch Wahrscheinlichkeitsaussagen ersetzen. Trotzdem sollten wir festhalten, daß die Auswertung so einfach festzustellender Eigenschaften wie Brennbarkeit oder Nichtbrennbarkeit, Löslichkeit, Bindigkeit, Oxidationsstufe wertvolle Hinweise auf die zugrundeliegenden Molekül-Strukturen liefern.*
Wir nehmen jetzt den Gedankengang des Abschnitts 11.1.1 *wieder auf und fragen nach den Gründen, warum die Menschen – in einer Art Konkurrenz zur Natur – eine riesige Technologie zur Erzeugung von Kohlenstoff-Verbindungen entwickelt haben.*

chemische Großindustrie

11.1.3 Einige Aspekte der Kohlenstoff-Technologie

Die kulturelle Entwicklung auf unserem Planeten ist eng verknüpft mit der sich allmählich entfaltenden Fähigkeit des Menschen, Naturstoffe seinen Bedürfnissen anzupassen. Zum Beispiel zeigen Höhlenmalereien und Tätowierungen, daß Farben schon die Menschen der frühesten Epochen faszinierten. Die Farbstoffe waren entweder mineralischer oder tierischer und pflanzlicher Herkunft. So wurde z. B. der »Purpur« aus dem Körpersaft der Stachelpupurschnecke gewonnen und »Krapp«, der älteste rote Pflanzenfarbstoff, aus den Wurzeln der Färberröte.
Von noch größerer Bedeutung waren Stoffe, die zum Heilen von Wunden und zur Bekämpfung von Krankheiten Verwendung fanden. Immer neue Rezepte für die Herstellung von Essenzen, Salben, Tees und Tinkturen aus Kräutern, Wurzeln und Früchten wurden erprobt.
Bis ins 19. Jahrhundert kannte man von den in Gebrauch genommenen Farbstoffen und Arzneien keine chemischen Formeln und wußte auch nichts über die wirksamen Bestandteile (funktionellen Gruppen) in den Strukturen. Mit der Abscheidung des Morphins aus dem Milchsaft der Mohnkapsel begann Anfang des vorigen Jahrhunderts die Isolierung der wirksamen Substanzen aus Heil- und Giftpflanzen. Etwa zur gleichen Zeit fingen die Chemiker an, nach Wegen zu suchen, die Natur zu kopieren. Ihr Ziel war es, Kohlenstoff-Verbindungen herzustellen, die in Eigenschaften und Struktur mit den »organischen« Stoffen übereinstimmen oder konkurrieren. Mitte des vergangenen Jahrhunderts gelangen dann auch die ersten Synthesen von Farbstoffen und Heilmitteln.

Bei ihren Forschungen entdeckten die Chemiker – oft völlig unerwartet – neue Stoffe mit neuen Eigenschaften, wie sie aus der Natur nicht bekannt waren. Auf Grund der immer besser werdenden Einsicht in die Struktur chemischer Verbindungen gelang es bald, die Synthesen so zu steuern, daß Stoffe entstanden, die den natürlichen Kohlenstoff-Verbindungen oft sogar überlegen waren und für die sich immer neue Anwendungsbereiche fanden.
Heute werden Schädlings- und Unkrautbekämpfungsmittel, Farb- und Klebstoffe, Arznei- und Waschmittel, Kunststoffe, synthetische Gummiarten und Textilien vollsynthetisch gewonnen – alles Substanzen, ohne die der heutige Lebensstandard nicht aufrecht erhalten werden kann.

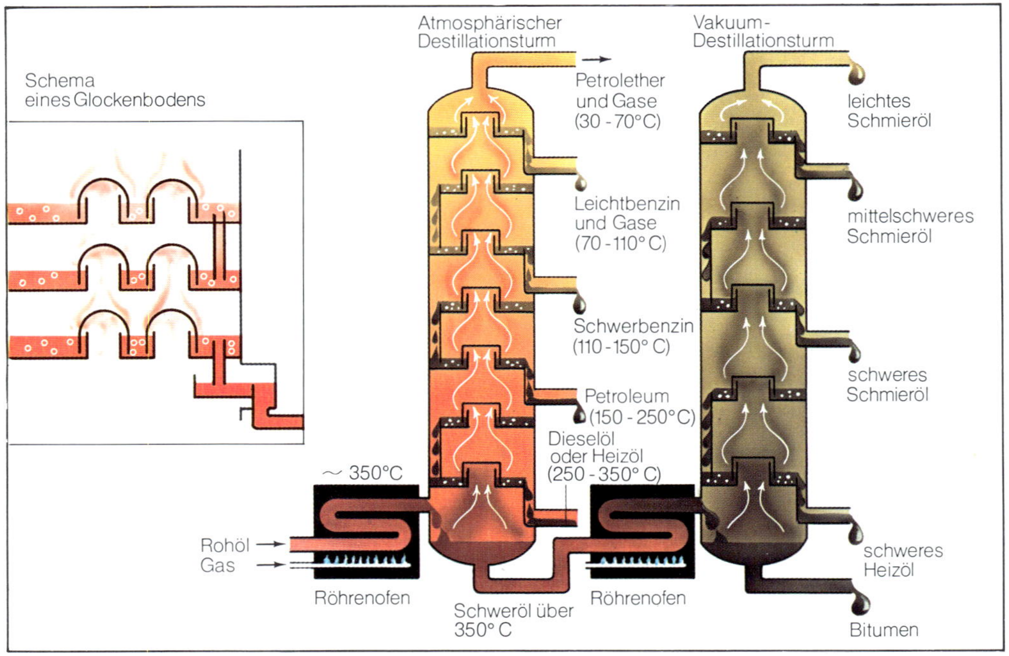

Abb. 11–9: Schema einer Erdöl-Aufbereitungsanlage (Raffinerie). Im ersten Abschnitt wird das Erdöl verdampft. Im zweiten Abschnitt kondensieren die Dämpfe in sogenannten Glockenböden. Das sich unten ansammelnde Schweröl wird im 3. Abschnitt erneut verdampft und im vierten Abschnitt unter vermindertem Druck zur Kondensation gebracht. Auf diese Weise ist es möglich, auch die hochsiedenden Anteile des Erdöls unzersetzt zu trennen.

Die durch die chemische Forschung ermöglichten Fortschritte der Medizin und Hygiene trugen dazu bei, die Lebenserwartung des Menschen beträchtlich zu erhöhen. Dadurch wurde eine Entwicklung eingeleitet, die in den vergangenen 100 Jahren zu enormer Zunahme der Bevölkerungszahlen geführt hat. Als Folge dieser weltweiten »Bevölkerungsexplosion« wuchs der Bedarf an Nahrungsmitteln, Textilien, Medikamenten, aber auch an thermischer und elektrischer Energie so gewaltig an, daß eine Deckung ohne Mitwirkung der chemischen Industrie nicht mehr möglich war; riesige chemische Werke entstanden in den Industrieländern.
Welche Rohstoffe stehen für die Kohlenstoff-Technologie auf unserer Erde zur Verfügung? Da sind auf der einen Seite die in großen Mengen vorhandenen Carbonate (Kalkgebirge, Dolomiten usw.) und das Kohlendioxid der Luft, in denen der Kohlenstoff seine höchste Oxidationsstufe +4 besitzt. Auf der anderen Seite liegen in der Kohle, dem Erdöl und dem Erdgas Rohstoffe vor, in denen die Kohlenstoff-Atome niedrigere Oxidationsstufen aufweisen.
Einen Weg für die Synthese von Kohlenstoff-Verbindungen aus Kohlendioxid und Wasser hat bisher nur die Natur gefunden. Unter Ausnutzung von Strahlungsenergie läuft die durch Chlorophyll unterstützte endotherme »Assimilation« in den Pflanzen ab. Die Nachahmung dieser »Photosynthese« ist den Chemikern bisher nicht gelungen. Die industrielle Kohlenstoff-Chemie ist daher auf die Nutzung der Kohle-, Erdöl- und Erdgasvorkommen angewiesen.

Kohle hat sich durch Zersetzung abgestorbener Pflanzen unter Luftabschluß (z. B. in Sümpfen) und unter dem Einfluß des Drucks sich darüberlagernder Sedimente und hoher Temperatur gebildet. Die mit Abgabe von Kohlendioxid und Wasser gekoppelten chemischen Vorgänge führten allmählich zu einer prozentualen Zunahme des Kohlenstoffgehalts in den Zersetzungsprodukten Torf, Braunkohle, Steinkohle und Anthrazit; man spricht von »Inkohlung« (vgl. *(Tab. 6–6, S. 97)*.

Auch das Erdöl ist durch Zersetzungsvorgänge unter Luftabschluß aus abgestorbenen Lebewesen entstanden. Nach der heute gültigen Auffassung hat sich aus toten pflanzlichen und tierischen Mikroorganismen – zusammen mit tonigen Sinkstoffen – im sauerstoff-freien Wasser am Grunde mancher Meere »Faulschlamm« gebildet. Aus diesem entstanden dann durch hohe Temperaturen und Drucke, wie sie bei Gebirgsbildungen auftreten, Erdöl und Erdgas.

Erdöl läßt sich als »Rohöl« kaum nutzen. Seine wirtschaftliche Bedeutung erlangt es erst nach der Aufbereitung in den Erdöl-Raffinerien, wo das Flüssigkeitsgemisch durch fraktionierte Destillation bzw. fraktionierte Kondensation der Dämpfe in Benzin, Leuchtöl, Schmieröl usw. aufgetrennt wird *(Abbildungen 11–9 und 1–8)*.

In der Hauptmenge werden die fossilen Kohlenstoff-Verbindungen vom Menschen zu Kohlendioxid oxidiert, sei es bei der Reduktion von Metalloxiden *(6.1.3)*, sei es zur Gewinnung von Wärme-Energie in Öfen und Motoren. In den vergangenen 30 Jahren übernahmen Erdöl und Erdgas als rückstandslos verbrennende Heiz- und Motorentreibmittel die führende Rolle in der Brennstoff-Chemie. Das Diagramm auf der Bildseite »Erdöl« zeigt die Verdreifachung der Welt-Erdölförderung seit 1955. Daran ist zwar in erster Linie der zunehmende Bedarf an Heiz- und Treibstoffen schuld; aber seit dem 2. Weltkrieg sind Erdöl und Erdgas auch die bevorzugten Rohstoffe der organisch-chemischen Großindustrie (»Petrochemie«) geworden anstelle der bis dahin verwendeten Kohle.

In der Petrochemie wird das Erdöl zu Produkten veredelt, in denen die Kohlenstoff-Atome noch nicht ihre höchste Oxidationsstufe +4 besitzen. Es erscheint daher bei der drohenden Verknappung der Erdölvorräte eine kaum zu

Erdöl

Aus der Statistik (Bild unten links) können wir ablesen, daß z. B. die Industriestaaten Westeuropas nur über 4 % der Welt-Ölreserven verfügen und daß sie an der Ölförderung sogar nur mit 2 % beteiligt sind, daß sie aber 24 % des auf der Welt geförderten Erdöls verbrauchen, während die Vorräte in den Öl-Staaten des Nahen und Mittleren Ostens – bei einem Verbrauch von nur 3 % – mehr als die Hälfte der gesamten Ölreserven ausmachen. Das Bild zeigt ferner in den beiden Kurven, daß zwar die Welt-Ölreserven noch beträchtlich größer sind als die produzierten Mengen, daß aber – und das ist bedenklich – die Erschließung neuer Reserven (Steigung der Kurve) nicht mehr Öl erwarten läßt als verbraucht wird.

Die 4 % Ölvorräte Westeuropas liegen zum größten Teil unter dem Meeresgrund der Nordsee (Bild unten rechts), wobei Großbritannien und Norwegen am besten abschneiden, während in dem schmalen Sektor der Bundesrepublik keine Erdöl-, sondern nur Erdgaslager festgestellt sind.

Riesige, künstliche Bohrinseln sind über dem bis 100 m tiefen Meeresgrund verankert und müssen Stürmen mit 20 m hohen Wellen widerstehen. Das Bild (oben rechts) zeigt die Plattform einer solchen Bohrinsel, auf der die Arbeiter mit der Verlängerung des Bohrgestänges beschäftigt sind.

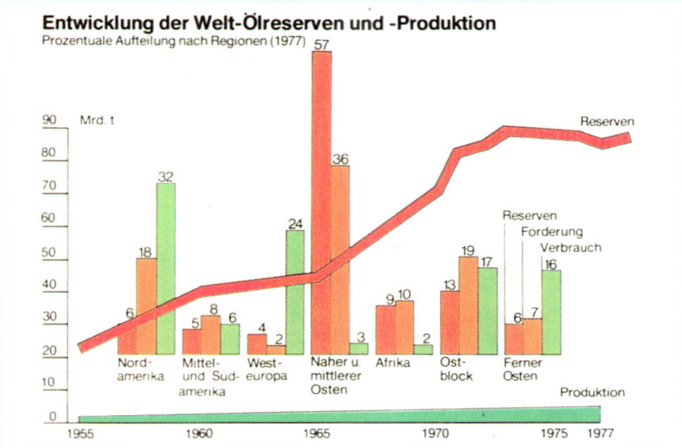

verantwortende Verschwendung zu sein, wenn z. Z. nur ca. 6% des wertvollen Rohstoffs in der Petrochemie verbraucht werden, aber ca. 94% zu Kohlendioxid verbrannt werden.

Die Erdölreserven werden mit großer Wahrscheinlichkeit eines Tages erschöpft sein; die Ölpreise werden daher immer höher steigen und die chemische Industrie zwingen, wieder auf den reichlicher vorhandenen Rohstoff Kohle zurückzugreifen, auch wenn die »Veredelung« der Kohle zu Zwischenprodukten mittlerer Oxidationsstufen z. Z. noch teurer ist, als wenn man diese aus der Erdöldestillation gewinnt.

Verfahren zur Umwandlung von Kohle in Brenn-, Treib- und Chemie-Rohstoffe sind an sich schon lange bekannt. Das »Hochdruckhydrier-Verfahren« geht auf Versuche von F. Bergius[1] (1913) zurück. Unter Verwendung geeigneter Katalysatoren wird Kohle bei Temperaturen von ca. 450°C und sehr hohen Drucken von etwa 700 bar mit Wasserstoff »hydriert«; es entsteht ein Gemisch flüssiger Kohlenwasserstoffe (»Kohleverflüssigung«), z. B.:

Kohle ist ein wertvoller Rohstoff für die Petrochemie.

$$n\,\{C\} + m\,H_2 \rightarrow C_nH_{2m}.$$

Einen anderen Weg geht das Verfahren nach Fischer-Tropsch[2] (1926). Durch Einblasen von Wasserdampf in glühende Koksmassen entsteht ein Gemisch aus Kohlenmonoxid und Wasserstoff:

$$\{C\} + H_2O \rightarrow CO + H_2$$

Dieses »Synthesegas« wird dann bei mäßig hohen Drucken von 10 bis 20 bar und einer Temperatur von ca. 350°C katalytisch umgesetzt. Je nach Mischungsverhältnissen, Reaktionsbedingungen und Katalysatoren erhält man Kohlenwasserstoffe (vgl. auch *Abb. 11–10*), z. B.

$$n\,CO + m\,H_2 \xrightarrow{m>n} C_nH_{2(m-n)} + n\,H_2O,$$

oder sauerstoffhaltige Kohlenstoff-Verbindungen (Alkanole, Säuren u. a.), z. B.:

$$CO + 2\,H_2 \rightarrow CH_3OH\,.$$

Ergebnis: Es gibt technologische Verfahren – wie z. B. das Bergius- und das Fischer-Tropsch-Verfahren –, mit denen man aus dem Rohstoff Kohle Kohlenwasserstoffe und andere einfache Kohlenstoff-Verbindungen als Basis für die Petrochemie herstellen kann.

Zusammenfassung: *Erdöl, Erdgas und Kohle sind z. Z. immer noch die wichtigsten Energielieferanten und auch die wichtigsten Reduktionsmittel für die Metallgewinnung. In beiden Fällen entsteht das höchste Oxidationsprodukt des Kohlenstoffs, das Kohlendioxid, und zwar wegen des steigenden Energiebedarfs der wachsenden Menschheit in immer größeren Mengen. Das bedeutet erstens eine zunehmende Belastung der Atmosphäre mit der Gefahr einer Klimaveränderung* (6.1.3, S. 100), *zweitens eine bedenkliche Verkürzung der Frist bis zur Erschöpfung der Erdöl- und Kohlelager und drittens eine Verschwendung dieser kostbaren Rohstoffe, die man besser als Basis für die Gewinnung der für die Petrochemie wichtigen Kohlenstoff-Verbindungen verwenden sollte. Ein Ausweg kann nur durch Erschließung von Energiequellen gefunden werden, bei denen nicht Kohlenstoff zu Kohlendioxid verbrannt wird; Forschungen mit diesem Ziel werden in allen Industrieländern mit großem Einsatz von Wissenschaftlern und Geldmitteln betrieben.*

Wir haben am Anfang des 11. Kapitels *die Frage gestellt, warum es von dem verhältnismäßig seltenen Element Kohlenstoff so viele*

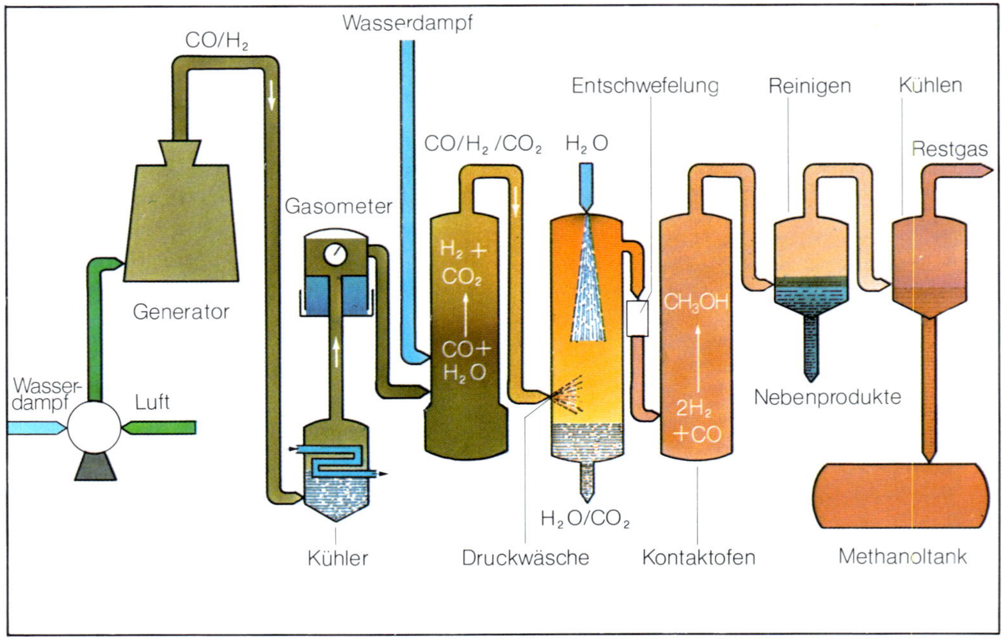

Abb. 11–10: Schema einer Anlage zur Herstellung von Synthesegas nach Fischer-Tropsch. Edukte sind Koks und Wasser, Produkt ist nach diesem Schema Methanol.

[1] Friedrich Bergius, 1884–1949, Privatgelehrter in Mannheim/Heidelberg.
[2] Franz Fischer, 1877–1947, Direktor des Kaiser-Wilhelm-Instituts für Kohleforschung, Mühlheim (Ruhr).
Hans Tropsch, 1889–1935, Abteilungsleiter am Kaiser-Wilhelm-Institut für Kohleforschung, Mühlheim (Ruhr); ab 1931 Universität Chicago.

und so vielfältige Verbindungen gibt. Als eine der Ursachen haben wir die Struktur des Kohlenstoff-Atoms (mittlere Elektronegativität, Vierbindigkeit, Möglichkeiten zu ein-, zwei- und dreidimensionalen Verknüpfungen) in Anspruch genommen, als anderen Grund die Temperatur- und Druckverhältnisse auf dem Planeten Erde, die das Zustandekommen komplizierterer Verbindungen ermöglichen und deren Zerstörung durch thermische Dissoziation verhindern. Bei den qualitativen Analysen, die wir zum Nachweis von Kohlenstoff, Wasserstoff, Sauerstoff, Stickstoff und Halogen durchgeführt haben, sind uns Verbindungen bekannt geworden, in denen die C-Atome nicht nur die uns schon lange bekannten Oxidationsstufen −4, +2 und +4 besitzen, sondern auch alle möglichen Stufen zwischen den Extremen −4 und +4. Es liegt dann nahe, beim weiteren Suchen nach einfachen Kohlenstoff-Verbindungen die Oxidationsstufen der Arbeitsplanung zugrundezulegen.

11.2 Negative Oxidationsstufen des C-Atoms

11.2.1 Alkane

Eine negative Oxidationsstufe besitzt das Kohlenstoff-Atom, wenn es mit Bindungspartnern niedrigerer oder gleicher Elektronegativität verbunden ist, also z. B. mit Wasserstoff- und/oder Kohlenstoff-Atomen. Wir beginnen also mit Kohlenstoff-Wasserstoff-Verbindungen, den sogenannten **Kohlenwasserstoffen.** Von ihnen allein sind schon viele Tausende bekannt. Die einfachste Verbindung dieser Klasse ist das Methan CH_4. Aus der äußerst geringen Löslichkeit des Methans im polaren Lösungsmittel Wasser *(7.1.3, Seite 115)* müssen wir schließen, daß das CH_4-Molekül unpolar ist. Wie ist das zu verstehen, da doch jede der C–H-Bindungen wegen des Elektronegativitätsunterschieds

$$\Delta EN = 2{,}5 - 2{,}1 = 0{,}4$$

zum C-Atom hin polarisiert ist? Die Polaritäten müssen sich in ihrer Wirkung aufheben. Das zwingt uns zu einer Aussage über den räumlich-geometrischen Bau des Moleküls.

Das Kohlenstoff-Atom muß im Mittelpunkt eines regelmäßigen Vielecks oder eines regelmäßigen Körpers sitzen, dessen Ecken von den Wasserstoff-Atomen – das sind die positiven Ladungsschwerpunkte der Bindungen – besetzt sind. Dann fällt der Gesamtschwerpunkt aller positiven Ladungen mit dem negativen im Mittelpunkt des Kohlenstoff-Atoms zusammen. Zwei Fälle sind möglich:

1. Das C-Atom befindet sich im Mittelpunkt eines Quadrates. Bezeichnen wir die Entfernung des C-Atoms zu den H-Atomen in den Ecken mit *r*, dann ist der Abstand der positivierten H-Atome voneinander

$$r \cdot \sqrt{2} = 1{,}41\,r \quad \textit{(Abb. 11–11a)}.$$

2. Das C-Atom besetzt den Mittelpunkt eines Tetraeders mit den H-Atomen als Ecken. Bei der gleichen Bedeutung von *r* beträgt hier der Abstand der H-Atome

Tetraeder-Struktur des Methan-Moleküls

$$\tfrac{2}{3}\,r\sqrt{6} = 1{,}64\,r \quad \textit{(Abb. 11–11b)}.$$

Aus elektrostatischen Gründen rücken die positivierten H-Atome so weit wie möglich auseinander, d. h. wir müssen der Tetraeder-Struktur den Vorzug geben *(Abb. 11–12)*.

Ergebnis: Der trotz vier polarer C–H-Bindungen unpolare Charakter des Methan-Moleküls wird damit erklärt, daß das Kohlenstoff-Atom im Mittelpunkt eines Tetraeders sitzt,

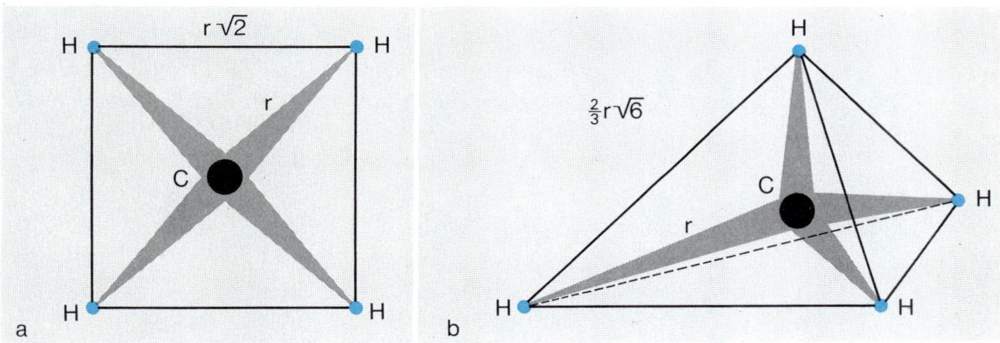

Abb. 11–11: a) Abstand der Ecken eines Quadrats bei gegebenem Abstand *r* vom Mittelpunkt. b) Abstand der Ecken eines Tetraeders bei gegebenem Abstand *r* vom Mittelpunkt

Abb. 11–12: Tetraeder-Modell des Methan-Moleküls

dessen Ecken von Wasserstoff-Atomen besetzt sind.

Die Winkel zwischen den C–H-Bindungen, im Mittelpunkt des Tetraeders gemessen, betragen 109,5°. Gemäß der geringeren Elektronegativität der H-Atome liefert die formale Heterolyse *(10.1.4)* für das C-Atom die niedrigst-mögliche Oxidationsstufe −4.

Alkane C_nH_{2n+2}

Der nächst-einfache Kohlenwasserstoff ist das Ethan C_2H_6. Da die Wasserstoff-Atome nur einbindig, die Kohlenstoff-Atome vierbindig sind, müssen wir jedem C-Atom drei H-Atome zuordnen und demnach eine Bindung zwischen den beiden C-Atomen annehmen, die dann unpolar ist:

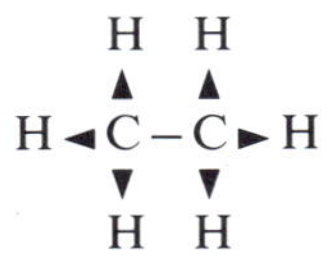

Die formale Heterolyse liefert für die beiden Kohlenstoff-Atome die Oxidationsstufe −3: $H_3\overset{-3}{C}-\overset{-3}{C}H_3$.

Wir können uns die räumliche Struktur des Ethan-Moleküls aus zwei Tetraedern zusammengesetzt denken, die sich in einer gemeinsamen Ecke berühren *(Abb. 11–13)*.

Auch die nächsten Kohlenwasserstoffe, Propan C_3H_8 und Butan C_4H_{10}, sind uns schon bekannt *(5.2.4 und 11.1.2)*. Für das Propan-Molekül müssen wir eine Kette von drei Kohlenstoff-Atomen annehmen; das Butan-Molekül kann aus einer Kette von vier Atomen bestehen:

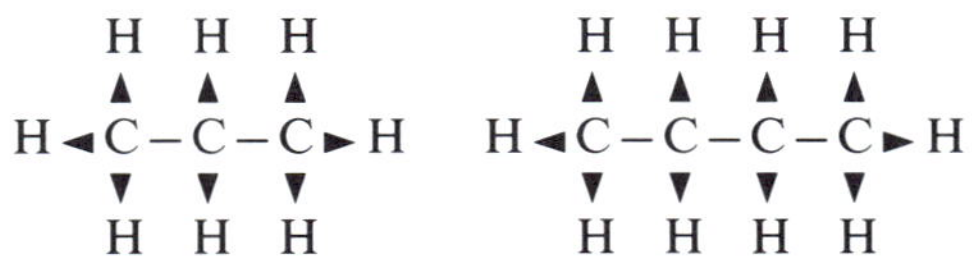

Mit Hilfe der formalen Heterolyse berechnen wir für die Kohlenstoff-Atome an den Ketten-Enden die Oxidationsstufe −3, für die mittleren die Stufe −2:

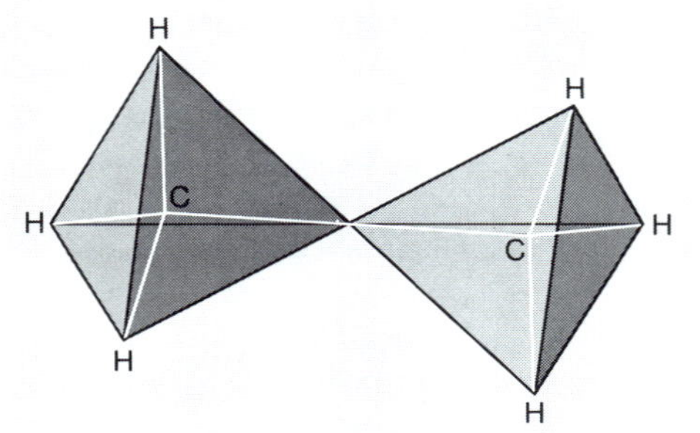

Abb. 11–13: Zwei Tetraeder mit gemeinsamer Ecke (Modell eines Ethan-Moleküls)

$$\overset{-3}{C}H_3-\overset{-2}{C}H_2-\overset{-3}{C}H_3$$

$$\overset{-3}{C}H_3-\overset{-2}{C}H_2-\overset{-2}{C}H_2-\overset{-3}{C}H_3$$

Wir können vermuten, daß es Kohlenwasserstoffe mit noch längeren Ketten-Molekülen gibt: $\overset{-3}{C}H_3(\overset{-2}{C}H_2)_3\overset{-3}{C}H_3$, $\overset{-3}{C}H_3(\overset{-2}{C}H_2)_4\overset{-3}{C}H_3$ usw. Sie bilden die **homologe Reihe** der **Alkane** mit der allgemeinen Formel C_nH_{2n+2}. Von $n = 5$ ab werden die Namen von den griechischen Zahlwörtern abgeleitet: Pentan C_5H_{12}, Hexan C_6H_{14}, Heptan C_7H_{16}, Octan C_8H_{18} usw.

Ergebnis: Die einfachsten Kohlenstoff-Verbindungen mit negativen Oxidationsstufen der C-Atome sind die Alkane C_nH_{2n+2}. Die polaren H–C-Bindungen heben sich aus räumlich-geometrischen Gründen in ihrer Wirkung weitgehend auf, so daß die Alkan-Moleküle unpolar sind in Übereinstimmung mit der Unlöslichkeit in Wasser und der leichten Löslichkeit in unpolaren Lösungsmitteln.

Die meisten Alkane kommen im Erdöl vor. Man kann sie auch mit geeigneten Katalysatoren aus Kohlenstoff (Kohle) bzw. Kohlenmonoxid und Wasserstoff synthetisieren *(11.1.3)*.

Drehbarkeit bei der C-C-Einfachbindung

Wir wissen, daß die Struktur-Formel, wie sie oben für das Propan geschrieben ist, nur die Bindungsverhältnisse widergeben soll, also keine Aussage über den räumlichen Bau macht. Die drei Kohlenstoff-Atome können nicht auf einer Geraden liegen, sondern bilden am mittleren C-Atom den Tetraeder-Winkel von 109,5°. Das Molekül ist also gewinkelt.

Das Butan-Molekül ist entsprechend zweimal gewinkelt. Falls die vier Kohlenstoff-Atome in einer Ebene liegen, sind zwei Formen denkbar *(Abb. 11–14)*.

Zwei derartige Moleküle hätten wegen der verschiedenen Symmetrie und der unterschiedlichen Lage der CH_3-Gruppen unterschiedliche Orte der positiven und der negativen Ladungsschwerpunkte, d. h. voneinander abweichende Dipolmomente. Es müßte dann zwei verschiedene Butane mit Ketten von vier C-Atomen geben, die sich in Löslichkeit, Siedetemperatur und anderen Eigenschaften unterscheiden.

Tatsächlich gibt es aber nur ein einziges derartiges Butan. Wir sind daher zu der Annahme gezwungen, daß die Bindung zwischen den beiden mittleren Kohlenstoff-Atomen nicht starr ist, sondern daß die beiden Hälften des Moleküls um die-

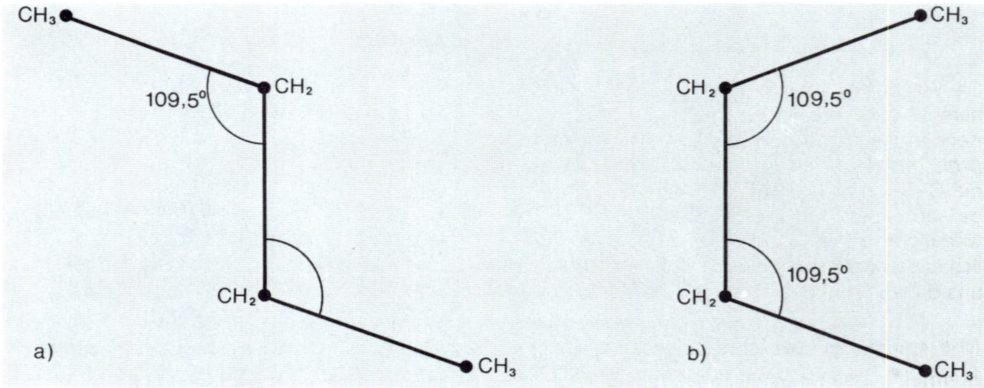

Abb. 11–14: Mögliche Formen des Butan-Moleküls, a) unpolar b) polar

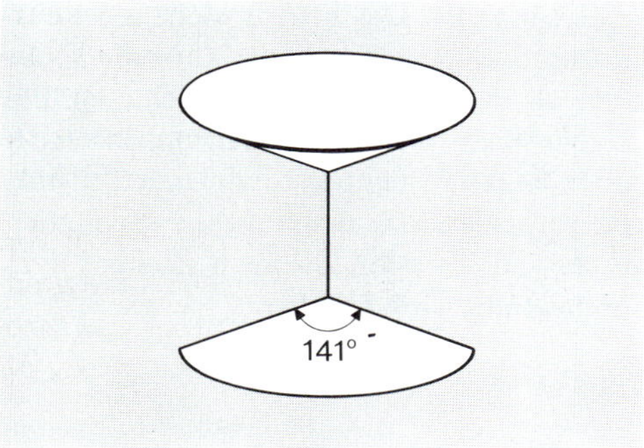

Abb. 11–15: Jede der endständigen CH_3-Gruppen des Butan-Moleküls kann an jeder Stelle eines Kegelmantels liegen.

se Bindung als Achse drehbar sind. Es sind dann nicht nur die Formen von *Abb. 11–14* möglich, sondern die Methyl-Gruppen können an jeder Stelle eines Kegelmantels mit dem Öffnungswinkel von 141° liegen *(Abb. 11–15).*
Die spezielle Lage der vier Kohlenstoff-Atome zueinander ist zeitlich nicht konstant, sondern hängt von den Zusammenstößen mit Nachbar-Molekülen ab. Die Form (a) von *Abb. 11–14,* bei der die Methyl-Gruppen die größte Entfernung voneinander haben, ist energetisch günstiger und daher wahrscheinlicher als z. B. die Form (b).

Ergebnis: In den Alkan-Molekülen sind die Kohlenstoff-Atome um die C–C-Bindungen als Achsen drehbar. Die wahrscheinlichste »Konformation« ist durch maximale Entfernungen von Ladungsschwerpunkten (gleichen Vorzeichens) gekennzeichnet; sie kann aber durch verhältnismäßig geringe Energie, z. B. bei thermischen Zusammenstößen mit anderen Molekülen, verändert werden.

Die Wahrscheinlichkeit, daß die Moleküle der höheren Alkane mit ihren sehr langen Kohlenstoff-Ketten eine gestreckte Zick-zack-Struktur haben *(Abb. 11–16),* nimmt wegen der Drehbarkeit um die C–C-Bindungen mit zunehmender Kettenlänge sehr schnell ab. Jeder durch thermische Bewegungen bedingte Zufall kann die Form erheblich ändern; an einem Kalotten-Modell können wir uns davon leicht überzeugen.

Mit steigender Molekülmasse nehmen die Schmelz- und Siedetemperaturen der Alkane zu. Vom Pentan ab sind die Alkane (bei Zimmertemperatur) flüssig, vom Octadecan ($C_{18}H_{38}$) ab fest. Vom Eicosan ($C_{20}H_{42}$) ab können keine Siedetemperaturen mehr angegeben werden. Bevor die Schmelzen zum Sieden kommen, tritt bereits thermische Dissoziation ein.

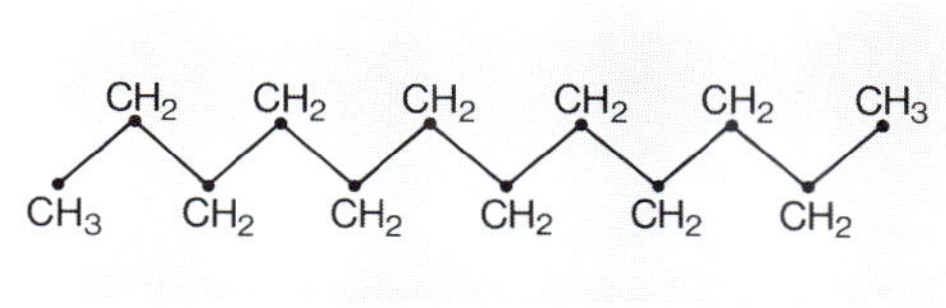

Abb. 11–16: Gestreckte Form eines Dodekan-Moleküls

Die bei Zimmertemperatur gasförmigen Alkane (Methan bis Butan) sind Bestandteile des Erdgases; Butan läßt sich durch Druck verflüssigen (Kp = −0,5° C; »Flüssiggas« der Feuerzeuge in *Versuch 11/5*). Die flüssigen Alkane (C_5 bis C_{17}) sind – je nach Siedetemperatur – Bestandteile der Benzine, des Petroleums und der Diesel-, Heiz- und Schmieröle (vgl. *1.2.2, Seite 8*).
Paraffin ist ein Gemisch von festen Alkanen (C_{17} bis C_{55}). Wegen der langen, in sich beweglichen Kohlenstoff-Ketten ist eine regelmäßige Anordnung der Moleküle zu einem Kristallgitter unwahrscheinlich: Paraffine sind amorph. Sie dienen zur Herstellung billiger Kerzen (vgl. *1.1.1),* Bohnermassen, Schuhcremes und Schmiermitteln.
Rein formal können wir uns die homologe Reihe der Alkane dadurch entstanden denken, daß in einem Alkan-Molekül eines der Wasserstoff-Atome durch eine Alkyl-Gruppe substituiert[1], d. h. ersetzt wird. Eine **Alkyl-Gruppe** hat die Formel $-C_nH_{2n+1}$, z. B. Methyl $-CH_3$, Ethyl $-C_2H_5$, Propyl $-C_3H_7$ usw. Im weiterführenden Unterricht der Sekundarstufe II können wir auch experimentelle Verfahren kennenlernen, mit denen wir aus den niedrigen die höheren Alkane aufbauen können (Wurtzsche Synthese).

[1] substituere (lat.), an die Stelle setzen

Wenn wir nun formal im Propan-Molekül $H_3C-CH_2-CH_3$ ein H-Atom aus einer der endständigen CH_3-Gruppen durch die Methyl-Gruppe ersetzen, erhalten wir mit

$$H_3C-CH_2-CH_2-CH_3$$

Alkyl-Gruppe $-C_nH_{2n+1}$

ein anderes Molekül, als wenn wir die Substitution an der mittelständigen CH_2-Gruppe durchführen:

$$H_3C-\underset{\displaystyle CH_3}{\underset{|}{CH}}-CH_3$$

Beide Moleküle haben die Summenformel C_4H_{10}, sind also Butane *(vgl. 11.1.2).*

Definition: Verbindungen mit gleicher Summenformel, aber unterschiedlichen Molekül-Strukturen heißen zueinander **isomer**[1] *(Abb. 11–17).*

Zur Unterscheidung der isomeren Alkane, die zur Summenformel C_nH_{2n+2} gehören, hat man folgende Nomenklatur eingeführt: Man schreibt die Formel des Moleküls so auf, daß eine möglichst lange Kohlenstoffkette entsteht. In ihr werden die C-

[1] isos (gr.), gleich; meros (gr.), Anteil

Kettenisomerie

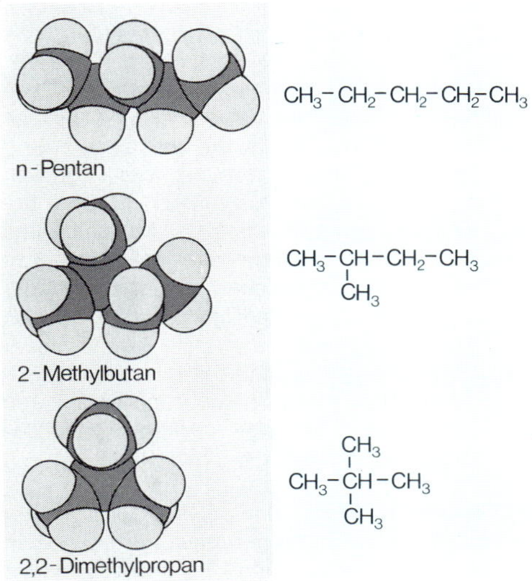

Abb. 11–17: Kalottenmodelle der drei isomeren Pentane

Atome numeriert, damit man die Stellen kennzeichnen kann, an denen »Seitenketten« abzweigen. Die Seitenketten erhalten den Namen des entsprechenden Alkyl-Restes. Als Beispiel diene ein Octan, das 2-Methyl-3-Ethylpentan:

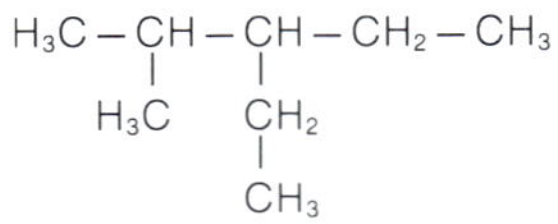

Um einen Überblick über die **»Kettenisomerie«** zu bekommen, stellen wir für die ersten fünf Alkane C_nH_{2n+2} die möglichen Isomeren zusammen. Für die drei ersten (n = 1,2 und 3) sind keine verzweigten Ketten möglich. Für n = 4 gibt es zwei Isomere, das normale Butan (Kp = −0,5° C) und das 2-Methylpropan (Kp = −11,6° C). Für $n = 5$ gibt es drei Pentane *(Abb. 11–17)*, das n-Pentan (Kp = 36,1° C), das 2-Methylbutan (Kp = 27,9° C) und das sehr symmetrisch gebaute 2,2-Dimethylpropan mit seiner überraschend niedrigen Siedetemperatur (Kp = 9,5° C).

Thermische Dissoziation der C-C-Einfachbindung (Crack-Prozeß)

Die Zahl der möglichen Isomeren wächst mit steigender Zahl der Kohlenstoff-Atome sehr schnell an; es gibt fünf Hexane, neun Heptane und schon achtzehn Octane.

Ergebnis: Zu den unverzweigten Alkanen gibt es eine Vielzahl isomerer Verbindungen, in denen die Kohlenstoff-Ketten verzweigt sind.

Es leuchtet ein, daß in einem so symmetrisch gebauten Molekül, wie es das 2,2-Dimethylpropan darstellt, der Schwerpunkt der positiven (Kern-) Ladungen mit dem Schwerpunkt aller negativen (Elektronen-)Ladungen zusammenfällt. Das bedingt ein weitgehend unpolares Molekül ohne nennenswerte Anziehungskräfte auf die Nachbarmoleküle, gleichbedeutend mit der sehr niedrigen Siedetemperatur. Verallgemeinernd können wir damit rechnen, daß verzweigte Alkane niedriger sieden als ihre unverzweigten Isomeren.
Ein weiterer Unterschied besteht in der höheren Beständigkeit der verzweigten Alkane gegenüber thermischer Dissoziation.

► **Versuch 11/14:** (Lehrerversuch) Ein weites schwerschmelzbares Reagenzglas mit seitlichem Ansatz enthält etwas Stahlwolle und trägt einen Schliff-Aufsatz, bestehend aus einem Tropftrichter mit Druckausgleich. An den seitlichen Ansatz schließt sich ein nach unten gebogenes Glasrohr an,

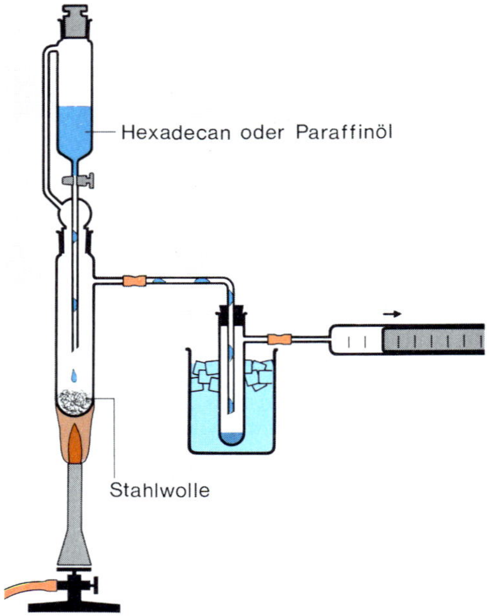

Abb. 11–18: Zu Versuch 11/14. Cracken von Paraffinöl

das in eine »Kühlfalle« (Reagenzglas mit seitlichem Ansatz, das mit Eiswasser gekühlt wird) führt. Die Kühlvorlage kann über ein Gasableitungsrohr mit einem zurechtgestellten Kolbenprober verbunden werden *(Abb. 11–18)*. In den Tropftrichter füllt man Hexadecan oder Paraffinöl (Gemisch hochsiedender Alkane), dessen Siedetemperatur man im Vorversuch bestimmt hat. Den Boden des Reagenzglases erhitzt man auf Rotglut und läßt dann das Öl langsam (ca. 1 Tropfen pro Sekunde) zutropfen: Im Reaktionsgefäß scheidet sich Ruß ab, in der Kühlfalle kondensieren Dämpfe zu einer leicht beweglichen, bräunlichen Flüssigkeit; am Gasableitungsrohr läßt sich eine Flamme entzünden (Knallgasprobe!). Befindet sich in der Vorlage genügend Flüssigkeit, bestimmt man deren Siedetemperatur: Sie ist bedeutend niedriger als die des Öls (Hexadecan Kp = 303° C, Destillat ab 90° C). ◄

● **Deutung:** Wir haben im Vorhergehenden festgestellt, daß die Siedetemperatur eines Kohlenwasserstoffs eine Funktion seiner Molekül-Länge ist. Das niedrig siedende Reaktionsprodukt besteht also aus kürzeren Molekülen als das zur Reaktion gebrachte Öl. Die langen Alkan-Moleküle sind demnach bei der hohen Reaktionstemperatur in kurze Teilstücke zerbrochen. Man nennt diese Art von thermischer Dissoziation, die auch großtechnisch durchgeführt wird, **Cracken**[1].

Ergebnis: Die unpolare C–C-Bindung kann – besonders leicht in Kohlenwasserstoffen mit langen Kohlenstoff-Ketten – durch Energie-Zufuhr gespalten werden. Je höher die Reaktionstemperatur gewählt wird, desto niedriger molekular sind die Spaltstücke. Das Ergebnis einer solchen thermischen Dissoziation ist ein Gemisch von Kohlenwasserstoffen unterschiedlicher Molekül-Länge.

Der Crack-Prozeß spielt in der Technik eine große Rolle, weil es mit ihm gelingt, aus den hochsiedenden Fraktionen der Erdöl-Destillation *(Abb. 11–9)* niedrigsiedende Kohlenwasserstoffe, z. B. Benzin für Kraftfahrzeuge, zu gewinnen. Der Prozeß läßt sich durch geeignete Katalysatoren auf die Gewinnung eines ganz bestimmten, vorteilhaft erscheinenden Endproduktes ausrichten.
Nach unseren molekularkinetischen Vorstellungen kann eine thermische Dissoziation folgendermaßen ablaufen: Die Moleküle stoßen bei den hohen Temperaturen mit großer Wucht zusammen und werden dadurch erschüttert; ferner – und das ist noch wichtiger – geraten die Atome innerhalb des Moleküls gegeneinander in so starke Schwingungen, daß die Elektronenpaarbindungen zwischen ihnen zerbrechen. Unser Crack-Versuch zeigt, daß die C–C-Bindungen in den längeren, kettenförmigen Alkan-Molekülen besonders leicht aufspalten. Benzine aus derartigen Molekülen können daher schon im heißen Verbrennungsmotor ohne aktivierenden Zündfunken dissoziieren und damit die Reaktion mit der beigemischten Luft auslösen zu einem Zeitpunkt, der nicht in das Spiel des hin- und hergleitenden Kolbens paßt (»Klopfen« des Motors). Es leuchtet ein, daß demgegenüber die verzweigten und daher kompakteren Moleküle weniger leicht thermisch dissoziieren. Kraftwagen-Treibstoffe, die solche verzweigte Alkane enthalten, sind daher »klopffest«.

[1] to crack (engl.), bersten

Zusammenfassung: *Die Alkane mit der Summenformel C_nH_{2n+2} besitzen unpolare C–C-Bindungen, um die die Moleküle drehbar sind. Sie können durch Energie-Zufuhr gespalten werden. Bei den längeren Molekülen mit ihrer größeren Molekülmasse tritt die Dissoziation schon beim Erwärmen der Schmelzen ein.*
Das zweite wichtige Ergebnis dieses Abschnitts ist der Begriff der Isomerie. Isomere Verbindungen können aus einem gegebenen Alkan entstehen, wenn ein oder mehrere Wasserstoff-Atome an unterschiedlichen Stellen des betreffenden Moleküls durch Alkyl-Reste substituiert werden.
Die H–C-Bindungen der Alkane sind schwach polar, wobei die Kohlenstoff-Atome den negativen Ladungsschwerpunkt besitzen. Lassen diese Bindungen demnach chemische Reaktionen zu?

11.2.2 Alkanole, Halogenalkane, Ether

Eine Verbindung, die kein Kohlenwasserstoff ist, aber doch eine negative Oxidationsstufe (–2) des Kohlenstoff-Atoms besitzt, ist das Methanol mit seiner Formel HO-CH_3 (vgl. *11.1.2*). Die Sonderstellung des in der Hydroxyl-Gruppe gebundenen H-Atoms gegenüber den drei H-Atomen in der Methyl-Gruppe bestätigen wir durch den folgenden Versuch.

► **Versuch 11/15:** (Lehrerversuch) Man benutzt die Versuchsanordnung von *Versuch 8/5, Seite 135*. Zum Natrium-Grieß läßt man aus der Mikropipette 0,1 cm³ absolutes (wasserfreies) Methanol zutropfen. In der BUNTE-Bürette fängt man z. B. bei 21 °C und 953 mbar 33 cm³ Wasserstoff auf. Im Reaktionsgefäß bleibt ein schlammiges, helles Reaktionsprodukt zurück. ◄

● **Auswertung:** Die Reduktion des feucht gemessenen Gasvolumens (Wasser als Sperrflüssigkeit) auf Normalbedingungen ergibt 28,12 cm³ Wasserstoff. Die Dichte des flüssigen Methanols beträgt 0,79 g · cm⁻³; 1 mol Methanol-Moleküle wiegt 32 g. Es wurden 0,079 g Methanol verbraucht, das sind (0,079 : 32) mol = 0,00247 mol Methanol-Moleküle. Entstanden sind (28,12 : 22400) mol = 0,00125 mol Wasserstoff-Moleküle, das sind 0,00250 mol Wasserstoff-Atome. Das ist die gleiche Menge wie die der verbrauchten Methanol-Moleküle (1,2% Fehler). Jedes Methanol-Molekül verliert also bei der Reaktion mit Natrium eines seiner vier Wasserstoff-Atome. Dieses eine muß also anders im Molekül gebunden sein als die drei anderen.

► **Versuch 11/16:** Man prüft eine wäßrige Lösung von Methanol mit Universalindikatorpapier und mit dem Leitfähigkeitsmesser: Keine Farbänderung des Indikators und kein Hinweis auf das Vorhandensein von Ionen. ◄

● **Folgerung:** Obwohl ein Wasserstoff-Atom des Methanol-Moleküls anders gebunden ist als die übrigen drei, gibt es keine elektrolytische Dissoziation des Methanols in seiner wäßrigen Lösung, bei der vielleicht Wasserstoff-Ionen entständen. Es gibt aber auch keine Hydroxid-Ionen, die vielleicht von der Formelschreibweise her vermutet werden könnten. Wir wollen das feste Reaktionsprodukt von *Versuch 11/15* identifizieren.

► **Versuch 11/17:** (Lehrerversuch) Man gibt in ein Reagenzglas zu 10 cm³ absolutem Methanol ein erbsengroßes, von der Kruste befreites Stückchen Natrium. Nach Beendigung der Wasserstoffentwicklung prüft man die elektrische Leitfähigkeit: Das Reaktionsprodukt ist ein Elektrolyt. ◄

● **Deutung:** Kationen der Lösung können nur Natrium-Ionen Na^+ sein. Da jedes Methanol-Molekül bei der Reaktion ein Wasserstoff-Atom verliert, können die Anionen der Lösung nur Molekül-Ionen der Zusammensetzung $(CH_3O)^-$ sein. Sie heißen **Methanolat-Ionen.** In der Lösung sind diese Ionen solvatisiert, d. h. sie besitzen eine Hülle von Lösungsmittel-Molekülen. Lösungsmittel ist das im Überschuß zugegebene Methanol; denn wir haben wasserfrei gearbeitet. Wir verwenden für derartige Solvat-Hüllen den Index **ol** und können dann für die Reaktionsgleichung schreiben:

$$CH_3O\overset{+1}{H} + \{\overset{0}{Na}\} + (\text{Methanol}) \rightarrow (CH_3O)^-_{ol} + \overset{+1}{Na}{}^+_{ol} + \overset{0}{H}; \quad 2\,H \rightarrow H_2.$$

Im *Versuch* 11/15 ist Natrium im Überschuß vorhanden. Es fehlen also Methanol-Moleküle zur Ausbildung der Solvat-Hüllen. Bei diesem Versuch schließen sich Natrium- und Methanolat-Ionen zum Ionengitter **Natriummethanolat** $\{CH_3ONa\}$ zusammen.

► **Versuch 11/18:** Man übergießt Natriummethanolat oder seine alkoholische Lösung mit Wasser: Es entsteht eine klare Lösung, die Universalindikatorpapier intensiv blau färbt und deutlich einen Geruch nach Methanol abgibt. ◄

Methanol ist ein Protonen-Donator.

● **Deutung:** Bei der Reaktion entstehen Hydroxid-Ionen und Methanol-Moleküle:

$$\{CH_3ONa\} + H_2O + \text{aqua} \rightarrow CH_3OH + Na^+_{aq} + (OH)^-_{aq}$$

Ergebnis: Methanolat-Ionen sind Molekül-Ionen des Kohlenstoffs, in denen seine Atome die Oxidationsstufe –2 besitzen. Die Methanolat-Ionen sind nur in Salzgittern und alkoholischen Lösungen beständig. Mit Wasser-Molekülen reagieren sie sofort unter Bildung von Methanol-Molekülen.

Wir untersuchen Ethanol (Ethylalkohol) und führen mit ihm die *Versuche 11/6 und 11/10* durch. Wie dort ergibt sich, daß Ethanol eine Verbindung der Elemente Kohlenstoff, Wasserstoff und Sauerstoff ist. Die gelb gesäumte Flamme, mit der Ethanol brennt, deutet auf Rußteilchen, die bei der hohen Temperatur der Flamme durch thermische Dissoziation des Ethanols entstehen. Ethanol muß daher eine kohlenstoffreichere Verbindung sein als Methanol, das mit nichtleuchtender Flamme brennt.
Die Siedetemperatur des Ethanols liegt bei 78,4 °C; man kann daher eine Molekülmassenbestimmung nach der Methode von *Versuch 4/13, Seite 63*, gut durchführen. Man erhält als Molmasse des Ethanols 46 g. Die Entscheidung zwischen

den beiden Formelansätzen CH_2O_2 und C_2H_6O zugunsten des zweiten bringt die quantitative Oxidation mit Kupfer(II)-oxid nach dem Verfahren von *Versuch 5/16, Seite 84,* bei dem aus 1 mol Ethanol-Molekülen 2 mol Kohlendioxid-Moleküle entstehen. Der zweite Formelansatz macht auch eher begreiflich, daß bei der thermischen Dissoziation Ruß entsteht.
Auch die *Versuche 11/15 und 11/17* lassen sich mit Ethanol durchführen. Wie beim Methanol zeigt die quantitative Untersuchung der Reaktion von Ethanol mit Natrium, daß aus 1 mol Ethanol-Molekülen 1 mol Wasserstoff-Atome entstehen. Wir schreiben daher die Formel C_2H_5OH:

$$C_2H_5\overset{+1}{O}H + \{\overset{0}{Na}\} + (\text{Ethanol}) \longrightarrow (C_2H_5O)^-_{ol} + \overset{+1}{Na}{}^+_{ol} + \overset{0}{H}$$

Ergebnis: Ethanol hat die Formel C_2H_5OH. Die wäßrige Lösung ist weder eine Säure noch eine Lauge. Bei der Reaktion mit Alkalimetallen entstehen Ethanolat-Ionen.

Alkanole $C_nH_{2n+1}OH$

Als Strukturformeln für die Summenformel C_2H_6O kommen bei Berücksichtigung der zur Verfügung stehenden, nach dem Oktett-Prinzip zu verteilenden Valenz-Elektronen nur zwei Möglichkeiten in Betracht:

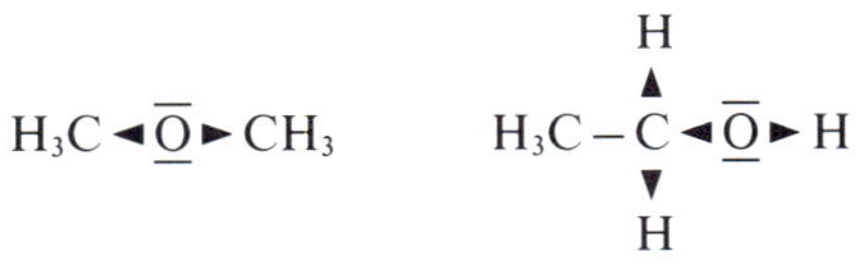

Dimethylether — Ethanol

Nur die rechte der beiden Strukturen zeigt die experimentell nachgewiesene Sonderstellung eines der sechs H-Atome. Nach der formalen Heterolyse besitzt das C-Atom der Methyl-Gruppe die Oxidationsstufe −3, das der CH_2OH-Gruppe die Stufe −1.

Wie Methan und Ethan die ersten Glieder der homologen Alkan-Reihe C_nH_{2n+2} sind, so gibt es von allen diesen Alkanen Oxidationsprodukte der Zusammensetzung $C_nH_{2n+1}OH$, die in ihren Eigenschaften sehr stark dem Methanol und dem Ethanol ähneln. Man nennt sie allgemein **Alkanole,** speziell Propanol C_3H_7OH, Butanol C_4H_9OH usw. (Die früheren Namen sind Propylalkohol, Butylalkohol usw., allgemein »Alkohole«.)

Methan	$\overset{-4}{C}H_4$	Methanol	$\overset{-2}{C}H_3OH$
Ethan	$\overset{-3}{C}H_3\overset{-3}{C}H_3$	Ethanol	$\overset{-3}{C}H_3\overset{-1}{C}H_2OH$
Propan	$\overset{-3}{C}H_3\overset{-2}{C}H_2\overset{-3}{C}H_3$	Propanol	$\overset{-3}{C}H_3\overset{-2}{C}H_2\overset{-1}{C}H_2OH$
Butan	$\overset{-3}{C}H_3\overset{-2}{C}H_2\overset{-2}{C}H_2\overset{-3}{C}H_3$	Butanol	$\overset{-3}{C}H_3\overset{-2}{C}H_2\overset{-2}{C}H_2\overset{-1}{C}H_2OH$

Tabelle 11–1: Oxidationsstufen des Kohlenstoffs in Alkanen und Alkanolen

In der *Tabelle 11–1* sind die Formeln der Alkane und der Alkanole mit den Oxidationsstufen der Kohlenstoff-Atome zusammengestellt.

Ergebnis: Alkanole $C_nH_{2n+1}OH$ sind Oxidationsprodukte der Alkane C_nH_{2n+2}. Mit dem 2. Glied der Reihe beginnend, bedeutet die Oxidation eine Erhöhung der Oxidationsstufe eines Kohlenstoff-Atoms von −3 auf −1. Die Ähnlichkeit in den Formeln der Alkanole findet ihre Entsprechung in den ähnlichen Eigenschaften dieser Stoffarten (vgl. Methanol und Ethanol).

mehrwertige Alkanole

Es ist nun denkbar, daß in den Alkan-Molekülen mehr als nur ein Kohlenstoff-Atom oxidiert werden kann. Zum Ethan $\overset{-3}{C}H_3\overset{-3}{C}H_3$ würde dann nicht nur das Ethanol $H_3\overset{-3}{C}-\overset{-1}{C}H_2OH$, sondern als weiteres Oxidationsprodukt eine Substanz mit der Formel $HOH_2\overset{-1}{C}-\overset{-1}{C}H_2OH$ gehören. Wir sind ihr schon in *7.2.3, Seite 126,* bei den Beispielen für polare Lösungsmittel begegnet. Es handelt sich um **Ethandiol** (Glykol).
An der gleichen Stelle haben wir auch das **Propantriol** (Glycerin) aufgeführt. Diese Verbindung leitet sich vom Propan $\overset{-3}{C}H_3\overset{-2}{C}H_2\overset{-3}{C}H_3$ ab, wenn alle drei Kohlenstoff-Atome um je 2 Stufen oxidiert werden:

$$HOH_2\overset{-1}{C}-\overset{0}{C}HOH-\overset{-1}{C}H_2OH$$

Man bezeichnet solche Alkanole als **mehrwertig.** Ihre zwei bzw. drei Hydroxyl-Gruppen bedingen ihre sehr gute Wasserlöslichkeit.

Ergebnis: Ethandiol (Glykol) ist ein zweiwertiges, Propantriol (Glycerin) ein dreiwertiges Alkanol.

Stellungsisomerie bei den einwertigen Alkanolen

Bei den einwertigen Alkanolen können wir noch eine neue Art von Isomerie, die **Stellungsisomerie,** kennenlernen. Vom Propan ab können wir nämlich die Substitution auch an einem der mittleren Kohlenstoff-Atome vornehmen:

$$CH_3-\overset{-2}{C}H_2-CH_3 \longrightarrow CH_3-\overset{0}{C}HOH-CH_3$$

allgemein:

$$R_1-\overset{-2}{C}H_2-R_2 \longrightarrow R_1-\overset{0}{C}HOH-R_2$$

Es gibt also zwei stellungsisomere Propanole, das »Propanol-(1)« $CH_3-CH_2-\overset{-1}{C}H_2OH$ und das »Propanol-(2)« $CH_3-\overset{0}{C}HOH-CH_3$. Gehen wir von einem verzweigten Alkan aus, also von mindestens vier C-Atomen, erhalten wir einen dritten Typ von Alkanolen:

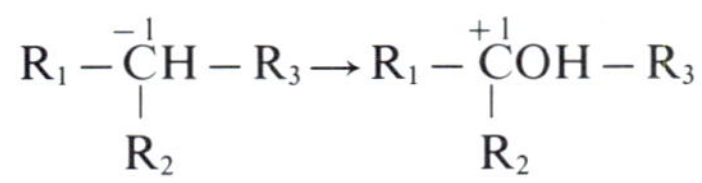

Das einfachste Beispiel für diesen Typ ist ein Butanol, das 2-Methylpropanol-(2):

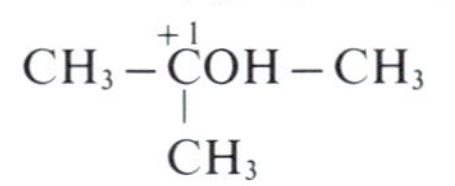

Im ersten Teil dieses Abschnitts haben wir nur die Alkanole des ersten Typs studiert, bei dem sich die Hydroxyl-Gruppe in der Endgruppe befindet: $-CH_2OH$. Man faßt sie unter der Bezeichnung **primäre Alkanole** zusammen.

Die Alkanole des zweiten Typs besitzen die charakteristische Gruppe $>$**CHOH** und heißen **sekundäre Alkanole.** Der dritte Typ schließlich umfaßt die **tertiären Alkanole** mit der Gruppe $\geqslant$**COH.**
Man nennt diejenigen Teilbereiche eines Moleküls, die die charakteristischen Eigenschaften der betreffenden Stoffart bedingen, **funktionelle Gruppen.**

Ergebnis: Primäre, sekundäre und tertiäre Alkanole besitzen die funktionellen Gruppen $-CH_2OH$, $>CHOH$ und $\geqslant COH$.

Wir hatten uns am Ende des vergangenen Abschnitts die Frage gestellt, ob nun die polaren H–C-Bindungen der Alkane zu Reaktionen fähig sind. Da wir die ein- und mehrwertigen Alkanole ebenso wie die sekundären und tertiären als Oxidationsprodukte der Alkane kennengelernt haben, können wir die Frage bejahen – allerdings mit Einschränkung. Denn die Verbrennung der Alkane mit gasförmigem Sauerstoff führt ebenso wie ihre Oxidation z. B. mit Kupferoxid *(Versuch 5/16)* immer zum Kohlendioxid, also gleich zur höchsten Oxidationsstufe +4 der Kohlenstoff-Atome. Vielleicht erhalten wir aber die dazwischenliegenden Stufen mit einem schwächeren Oxidationsmittel, als es die Sauerstoff-Atome mit ihrer großen Elektronegativität darstellen, also z. B. mit Halogen-Atomen (vgl. *Abb. 10–17*).

► **Versuch 11/19:** (Lehrerversuch) In einem weiten Reagenzglas gibt man zu einigen cm^3 Hexan oder einem anderen flüssigen Alkan ein bis zwei Tropfen Brom (Abzug!): Im direkten Sonnenlicht oder bei Bestrahlung mit einer UV-Lampe entfärbt sich die Lösung in weniger als einer Minute, wobei die Temperatur um einige Grade zunimmt. Im diffusen Tageslicht dauert die Entfärbung einige Minuten, und die Temperatur-Zunahme ist weniger deutlich; in völlig abgedunkelter Umgebung bleibt die Reaktion aus, die Lösung behält die braune Farbe. Hält man während der Reaktion ein angefeuchtetes Universalindikator-Papier über die Flüssigkeit, so färbt sich der Indikator rot. Bei schnellem Reaktionsablauf nimmt man einen stechenden Geruch wahr und Nebel-Bildung, wenn man gegen die Öffnung des Gefäßes haucht. Die farblose Lösung wird mit einigen cm^3 Wasser durchgeschüttelt und im Scheidetrichter wieder von der wäßrigen Phase getrennt; man gibt zu dieser Silbernitrat-Lösung hinzu: blaß-gelber, käsiger Niederschlag. ◄

● **Folgerung:** Bei der Reaktion entsteht Bromwasserstoff (Indikator-Färbung, Nebel-Bildung, Silberbromid-Niederschlag in der wäßrigen Lösung). Der Wasserstoff-Anteil kann nur vom Hexan stammen. Da die Reaktion nicht in der Dunkelheit stattfindet, spielt das Licht die Rolle der Aktivierungsenergie.

► **Versuch 11/20:** Man schüttelt das Reaktionsprodukt von *Versuch 11/19* solange mit Wasser, bis in der abgetrennten wäßrigen Lösung keine Bromid-Ionen mehr nachzuweisen sind. Man hält einen schmalen Kupferblech-Streifen in die Flamme des Bunsenbrenners, befeuchtet die oxidierte Oberfläche mit der Flüssigkeit und bringt den Streifen wieder in die Flamme: Grüne Flammenfärbung. ◄

● **Deutung:** Die grüne Flammenfärbung bei der Beilstein-Probe (vgl. *Versuche 11/11 und 11/12*) ist ein Zeichen für die Bildung von Kupferbromid. Das flüssige, von Bromid-Ionen befreite Reaktionsprodukt von *Versuch 11/19* ist demnach eine Brom-Verbindung, in der das Brom nicht ionogen vorliegt. Als mögliche Reaktionsgleichung für die Bromierung des Hexans können wir ansetzen:

$$C_6H_{14} + Br_2 \longrightarrow C_6H_{13}Br + HBr.$$

Ein Wasserstoff-Atom des Hexan-Moleküls wird durch ein Brom-Atom substituiert, wobei wir offen lassen müssen, an welcher Stelle des Hexan-Moleküls das H-Atom ausgetauscht wird und ob nicht vielleicht auch mehrere H-Atome des Moleküls durch Br-Atome ersetzt werden.

Wir wollen die Halogenierung noch an einem gasförmigen Alkan bestätigen:

► **Versuch 11/21:** (Lehrerversuch) Man mischt in einem Standzylinder Propan mit Chlor oder Brom-Dampf ungefähr im Volumenverhältnis 1:3 (Abzug!), stülpt das Gefäß mit der Öffnung nach unten in eine Wanne mit konzentrierter Kochsalz-Lösung und läßt es einige Tage am zerstreuten Tageslicht stehen: Die Farbe des Halogens verschwindet, an der Gefäßwand und auf der Sperrflüssigkeit bilden sich ölige Tropfen, die Sperrflüssigkeit steigt allmählich im Zylinder hoch. Mit den öligen Tropfen führt man die Beilstein-Probe durch: Grüne Flammenfärbung. ◄

Oxidation der Alkane durch Halogene

Selbstverständlich sind Reaktionen mit Halogenen in der Kohlenstoff-Chemie genauso Redox-Vorgänge wie in der anorganischen Chemie. Die Halogen-Atome vermindern ihre Oxidationsstufe von Null auf −1, die Wasserstoff-Atome behalten ihre Stufe +1; also müssen die Kohlenstoff-Atome oxidiert werden, und zwar für jedes substituierte H-Atom um zwei Stufen. Je nachdem, ob die Substitution an einer endständigen CH_3-Gruppe oder in einer mittelständigen CH_2-Gruppe stattfindet, erhalten wir:

$$\overset{-4}{C}H_4 + \overset{0}{Cl}_2 \longrightarrow \overset{-2}{C}H_3\overset{-1}{Cl} + H\overset{-1}{Cl}$$

$$R-\overset{-3}{C}H_3 + \overset{0}{Cl}_2 \longrightarrow R-\overset{-1}{C}H_2\overset{-1}{Cl} + H\overset{-1}{Cl}$$

$$R-\overset{-2}{C}H_2-R' + \overset{0}{Cl}_2 \longrightarrow R-\overset{0}{C}H\overset{-1}{Cl}-R' + H\overset{-1}{Cl}.$$

Auch die formale Heterolyse:

$$-\overset{|}{\underset{|}{C}}\blacktriangleright H \xrightarrow[-H]{+Cl} -\overset{|}{\underset{|}{C}}\blacktriangleleft Cl$$

zeigt eine Umpolarisierung der Elektronenpaar-Bindung: Zunächst vom C-Atom zum elektropositiveren H-Atom, danach zum elektronegativeren Cl-Atom.
Bei mehrfachen Substitutionen am gleichen Kohlenstoff-Atom kann seine Oxidationsstufe bis zum höchsten positiven Wert +4 steigen:

$$\overset{-4}{C}H_4,\ \overset{-2}{C}H_3Cl,\ \overset{0}{C}H_2Cl_2,\ \overset{+2}{C}HCl_3,\ \overset{+4}{C}Cl_4$$

Ergebnis: Jede Substitution eines Wasserstoff-Atoms durch ein Halogen-Atom bedeutet für das Kohlenstoff-Atom eine Oxidation um zwei Stufen.

Trichlormethan $CHCl_3$ und Tetrachlormethan CCl_4 sind uns als »Chloroform« und »Tetra« wohlbekannt (Tetra-Gruppe in *Kapitel 1* und Untersuchung von Chloroform in *11.1.2*). Beide Flüssigkeiten sind ausgezeichnete Lösungsmittel für unpolare Stoffe. Denn trotz der polaren C–Cl-Bindungen ist die Verbindung CCl_4 eine unpolare Flüssigkeit.
Wie das Methan-Molekül (vgl. *Abb. 11–12*) ist auch das CCl_4-Molekül tetraedrisch gebaut, so daß sich die Polaritäten – wie bei einer Vektor-Addition – in ihrer Wirkung aufheben, d. h. die

Schwerpunkte aller positiven und negativen Ladungen fallen im Mittelpunkt des CCl_4-Moleküls zusammen.
Chloroform diente früher als Narkosemittel, wird aber heute wegen seiner schädigenden Wirkung auf Herz und Leber nicht mehr verwendet. Tetra wird wegen seiner Nichtbrennbarkeit in Feuerlöschgeräten eingesetzt. Die Nichtbrennbarkeit wird uns sofort verständlich, wenn wir daran denken, daß das Kohlenstoff-Atom im $\overset{+4}{C}Cl_4$ ebenso wie im $\overset{+4}{C}O_2$ bereits seine höchste positive Oxidationsstufe besitzt.
Andere wichtige Halogenalkane sind die »Frigene«, z.B. CF_2Cl_2 (Kp = −29,8° C), $C_2F_4Cl_2$ (Kp = + 3,6° C) u.a. Diese Fluorkohlenwasserstoffe finden als Sicherheitskältemittel in Kühlschränken und als Treibgase in Spray-Dosen Verwendung.

Unsere anfangs gestellte Frage, ob sich Alkane zu Alkanolen oxidieren lassen, könnten wir jetzt mit Hilfe eines Umwegs positiv beantworten, wenn es uns gelänge, halogenierte Alkane in Alkanole überzuführen:

Ether, Disubstitutionsprodukt des Wassers?

▶ **Versuch 11/22:** Man gibt in einem kleinen Rundkolben zu 2 cm^3 Jodethan 20 cm^3 Kalilauge (30 %ig) und erhitzt bei aufgesetztem Rückflußkühler ca. 30 Minuten (Siedesteinchen). Man ersetzt nun den Rückflußkühler durch ein langes, nicht zu enges Steigrohr und erhitzt erneut zum Sieden: Im Steigrohr bildet sich eine Kondensationszone, die mit steigender Temperatur langsam nach oben wandert. Wenn sie das Rohrende erreicht hat, läßt sich eine Flamme entzünden. Man versetzt den Siederückstand mit verdünnter Salpetersäure bis zur sauren Reaktion und mit etwas Silbernitrat-Lösung: Dicker, gelber Niederschlag. – Man wiederholt den Versuch mit Brom- und Chlorethan: Es dauert länger als beim Jodethan, bis die Brennprobe Erfolg hat. ◀

● **Deutung:** Da die Halogenalkane nicht brennbar sind, ist das Reaktionsprodukt das erwartete Ethanol. Es handelt sich um eine Substitution des Halogen-Atoms durch die Hydroxyl-Gruppe:

$$H_3C-\overset{-1}{C}H_2J + (OH)^-_{aq} \longrightarrow H_3C-\overset{-1}{C}H_2OH + J^-_{aq}$$

Die Oxidationsstufe −1 des zweiten C-Atoms hat sich bei dieser Substitution nicht geändert.

Wir wollen versuchen, ob wir eine ähnliche Reaktion an Stelle des $(OH)^-$-Ions mit einem $(OR)^-$-Ion, also mit einem Alkanolat-Ion durchführen können:

▶ **Versuch 11/23:** (Lehrerversuch) Man versetzt Natriumethanolat (Darstellung entsprechend *Versuch 11/17*) mit einer Lösung von Jodethan in Ethanol, erwärmt schwach (elektrische Heizhaube) bei aufgesetztem Rückflußkühler (Siedesteinchen) und destilliert bei absteigendem Kühler bei starker Kühlung einige cm^3 in ein eisgekühltes Reagenzglas ab. Das Destillat ist Ether – kenntlich an seinem Geruch. Im Rückstand lassen sich wie in *Versuch 11/22* Jodid-Ionen nachweisen. ◀

● **Deutung:** Entsprechend der Voraussage können wir formulieren:

$$H_3C-\overset{-1}{C}H_2J + (OH_2\overset{-1}{C}-CH_3)^-_{ol} \longrightarrow H_3C-\overset{-1}{C}H_2-O-\overset{-1}{C}H_2-CH_3 + J^-_{ol}.$$

Das Reaktionsprodukt ist der »Diethylether« $H_5C_2-O-C_2H_5$ als Vertreter einer homologen Reihe $R-O-R'$, in deren Molekülen je zwei Alkyl-Gruppen über eine Sauerstoff-Brücke miteinander verbunden sind.

Ergebnis: Verbindungen der allgemeinen Formel $R-O-R'$ heißen **Ether:** Dimethylether, Methylethylether, Diethylether usw.

Die Ether sind gute Lösungsmittel für Fette und Öle. Mit Diethylether (Kp = + 34,6° C) haben wir schon wiederholt experimentiert und seine große Flüchtigkeit nachgewiesen. Da die Dämpfe brennbar und spezifisch schwerer als Luft sind, dürfen beim Experimentieren mit Ether keine offenen Flammen in der Nähe sein.
Bekannt ist die Verwendung des Diethylethers als Narkotikum.

Zusammenfassung: *Da Wasserstoff-Atome elektropositiver, Sauerstoff- und Halogen-Atome aber elektronegativer als Kohlenstoff-Atome sind, bedeutet jede Substitution eines an ein C-Atom gebundenen H-Atoms durch ein O- oder Halogen-Atom eine Umpolarisierung der Elektronenpaarbindung. Aus diesem Grund stellt jeder Übergang vom Alkan zum einwertigen Alkanol oder Halogenalkan eine Oxidation des Kohlenstoff-Atoms um zwei Stufen dar.*
Jede Verbindungsklasse verdankt ihre charakteristischen Eigenschaften einer entsprechenden funktionellen Gruppe, z.B. die primären Alkanole ihre Wasserlöslichkeit der endständigen CH_2OH-Gruppe, die auch ein schwacher Protonen-Donator ist. Bei den einwertigen Halogenalkanen ermöglicht die endständige CH_2X-Gruppe Substitutionen des Halogen-Atoms durch andere elektronegative Partner wie (OH) oder (OR). Die charakteristische Konstellation der Ether ist das Brücken-Sauerstoff-Atom zwischen zwei Alkyl-Gruppen.
Bei Alkandiolen und -triolen, in denen zwei bzw. drei C-Atome der Kohlenstoffkette oxidiert sind, erhöht sich der polare Charakter der Moleküle, also z.B. die Wasserlöslichkeit. Finden aber – wie bei den mehrwertigen Halogenalkanen – mehrere Substitutionen am gleichen Kohlenstoff-Atom statt, dann nimmt der polare Charakter des Moleküls durch Kompensation der polaren Bindungen wieder ab, andererseits die Oxidationsstufe des betreffenden C-Atoms so weit zu, daß – wie beim Tetrachlormethan oder bei den Frigenen – Nichtbrennbarkeit resultieren kann.
Wir werden in den nächsten Abschnitten nach Verbindungen suchen, in denen die Kohlenstoff-Atome – auch ohne an Halogen gebunden zu sein – positive Oxidationsstufen besitzen.

Übungen:
1. Stelle die Strukturformeln und die Namen der fünf isomeren Hexane und der neun Heptane zusammen.
2. Welche der in Übung 1 zusammengestellten Verbindungen hat jeweils die niedrigste und welche die höchste Siedetemperatur? Überzeuge dich anhand eines Tabellenwerks von der Richtigkeit deiner Antworten.

3. Versuche, für die beim Cracken von Alkanen entstehenden kurzen Spaltstücke Formeln aufzustellen. Welche Schwierigkeit ergibt sich dabei?
4. Führe die für Methanol beschriebenen Reaktionen mit (wasserfreiem) Ethanol durch und vergleiche die Beobachtungen.
5. Setze die *Tabelle 11–1 (Seite 232)* fort.
6. Stelle Formeln und Namen aller Propandiole und aller einwertigen Pentanole zusammen.
7. Beim *Versuch 11/21* entsteht ein Gemisch von Reaktionsprodukten; stelle mögliche Reaktionsgleichungen auf.
8. Wenn man etwas Ethanol mit konz. Salzsäure und wenig konz. Schwefelsäure im Rundkölbchen zum schwachen Sieden erhitzt, entstehen Dämpfe, die mit grüngesäumter Flamme brennen; stelle die Reaktionsgleichung auf.
9. Begründe, warum sich die Frigene als Sicherheitskältemittel in Kühlschränken und als Treibgase in Spray-Dosen eignen.
10. Denke dir eine Versuchsanordnung aus, mit der man gefahrlos zeigen kann, wie sich Etherdämpfe an einer (nicht zu weit) entfernten Flamme entzünden können.

11.3 Positive Oxidationsstufen des C-Atoms

11.3.1 Alkanale und Alkanone

Einen Hinweis auf die Existenz von Kohlenstoffverbindungen, wie wir sie jetzt suchen, haben wir bereits in *8.4.2* erhalten beim Studium der Methansäure $H\overset{+2}{C}OOH$, in der das C-Atom die Oxidationsstufe +2 besitzt. Es müßte also möglich sein, diese Säure durch Oxidation des Methanols $H\overset{-2}{C}H_2OH$ um vier Stufen zu erhalten. Als experimentelle Möglichkeiten kommen anodische Oxidationen (wie z. B. *Versuch 10/16*), Reaktionen mit Sauerstoff unter Zuhilfenahme eines Katalysators (wie z. B. *Versuch 6/1*) oder Verwendung von Oxidationsmitteln in Frage.

► **Versuch 11/24:** Man hält eine kleine Rolle aus Kupfer-Drahtnetz in die Flamme, bis sich der schwarze Oxidbeschlag gebildet hat, und läßt die noch glühende Rolle in ein schräg eingespanntes Reagenzglas zu 0,5 cm³ Methanol gleiten (Abzug!): Unter Zischen wird das Drahtnetz sofort blank, und es verbreitet sich ein eigenartig stechender Geruch, der nicht der der Methansäure ist. – Man spült das Glas mit wenig Wasser und hebt die Lösung für *Versuch 11/26* auf. ◄

● **Folgerung:** Das Kupferoxid fungiert als Sauerstoff-Überträger. Das gasförmige Reaktionsprodukt ist aber nicht Methansäure; es heißt **Methanal.** Vielleicht besitzt das C-Atom im Methanal noch nicht die erwartete Oxidationsstufe +2.

Wir wiederholen den Versuch in einer etwas abgewandelten Anordnung mit Ethanol:

► **Versuch 11/25:** (Lehrerversuch) Ein 100 cm³-Rundkolben mit seitlichem Ansatz (Destillierkolben) wird zur Hälfte mit wasserfreiem Ethanol gefüllt und mit einem Stopfen verschlossen, durch dessen Bohrung ein Glasrohr bis in die Flüssigkeit führt. Der seitliche Ansatz steht mit einem Verbrennungsrohr in Verbindung, das eine Kupfer-Drahtnetzrolle und – in einigem Abstand – mit weißem Kupfersulfat bestäubte Glaswolle enthält. Als Vorlage ist ein Reagenzglas angeschlossen, das mit einer Kältemischung gekühlt wird und dessen seitlicher Ansatz zu einer Wasserstrahlpumpe führt *(Abb. 11–19)*. Man erwärmt den Destillierkolben im Wasserbad auf ca. 50 °C, saugt einen nicht zu kräftigen Luftstrom durch die Apparatur und erhitzt das Kupfer-Drahtnetz bis zur beginnenden Glut: Bei richtig reguliertem Luftstrom beobachtet man auf dem Metall abwechselnd Entstehen und Verschwinden eines schwarzen Beschlags; das Kupfersulfat wird blau, in der Vorlage kondensiert eine leichtbewegliche Flüssigkeit. Nach Beendigung der Darstellung überzeugt man sich von dem stechenden, obstähnlichen Geruch des Reaktionsprodukts, von seiner sehr niedrigen Siedetemperatur (Eintauchen in ein Becherglas mit mäßig warmen Wasser) und von seiner guten Wasserlöslichkeit. ◄

Oxidation der Alkanole

● **Deutung:** Reaktionspartner sind Ethanol und Sauerstoff; als Sauerstoff-Überträger fungiert das sich zwischenzeitlich bildende Kupferoxid. Reaktionsprodukte sind Wasser, nachgewiesen durch $\{CuSO_4\}$, und die eigenartig riechende Flüssigkeit; sie heißt **Ethanal.**

Zur Aufstellung der Formel ist eine Bestimmung der Molekülmasse notwendig. Wir können diese Untersuchung nach dem in *Versuch 4/13* beschriebenen Verfahren durchführen. Da unser selbsthergestelltes Ethanal noch Spuren von Ethanol und Wasser enthält, verwenden wir besser die im Handel erhältliche, in Ampullen eingeschmolzene reine Substanz. Wir erhalten dann für Ethanal $M_L = 44$ g; der Zahlenwert ist um 2 niedriger als der des ver-

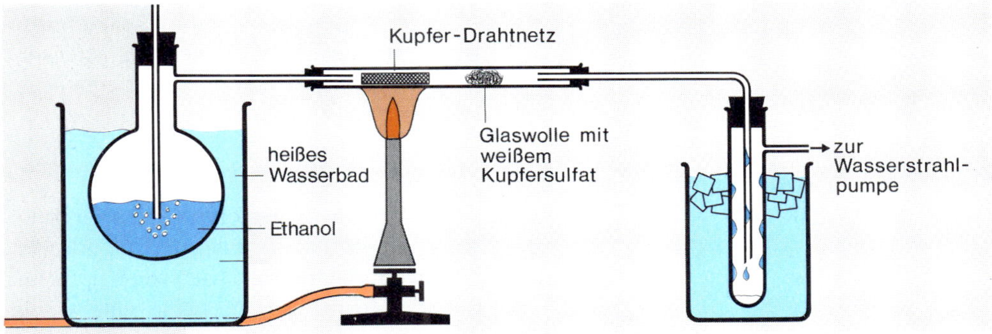

Abb. 11–19: Zu Versuch 11/25. Darstellung von Ethanal durch Oxidation von Ethanol

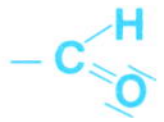
ist die funktionelle Gruppe der Alkanale.

ist die funktionelle Gruppe der Alkansäuren.

wendeten Ethanols. Die Summenformel des Ethanals ist dann C_2H_4O, und die Reaktionsgleichung von *Versuch 11/25* lautet:

$$CH_3-CH_2OH + \tfrac{1}{2}O_2 \rightarrow C_2H_4O + H_2O.$$

Bei dieser Reaktion ist also das Ethanol Reduktionsmittel und gibt zwei Elektronen an das O-Atom ab:

$$CH_3-\overset{-1}{C}H_2OH \rightarrow CH_3-\overset{+1}{C}HO + 2H^+ + 2e^-$$

Das Ethanol-Molekül verliert also zwei H-Atome bzw. zwei Protonen und zwei Elektronen. Das Reaktionsprodukt nannte man daher »**al**cohol **dehyd**rogenatus« oder kürzer »Aldehyd«. In der heute geltenden systematischen Nomenklatur hängt man die Silbe »al« von Aldehyd an den Namen des entsprechenden Kohlenwasserstoffs: Ethanal.

Die Siedetemperatur des Ethanals liegt bei 20,2°C und damit um 58°C niedriger als die des beinahe gleichschweren Ethanols. Wie sieht nun die Struktur-Formel des Ethanal-Moleküls aus? Bei Berücksichtigung des Oktett-Prinzips und der Zahl der zur Verfügung stehenden Valenz-Elektronen erfüllt einzig die Strukturformel

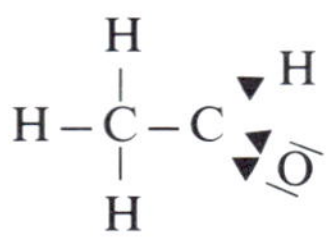

mit der Doppelbindung zwischen Kohlenstoff- und Sauerstoff-Atom diese Bedingungen. Die formale Heterolyse ordnet dem zweiten C-Atom die Oxidationsstufe +1 zu. Das C-Atom der Methyl-Gruppe ist also bei der Oxidation des Ethanols zum Ethanal nicht beteiligt.

Ergebnis: Ethanal hat die Formel CH_3-CHO. Seine niedrige Siedetemperatur und seine gute Wasserlöslichkeit beruhen auf dem Vorhandensein einer CO-Gruppe im Molekül. Diese funktionelle Gruppe, gekennzeichnet durch eine Doppelbindung zwischen beiden Atomen, heißt **Carbonyl-Gruppe.**

Name	Formel	M_L in g	Kp in °C
Methanal (Formaldehyd)	HCHO	30	−21
Ethanal (Acetaldehyd)	CH_3CHO	44	+20,2
Propanal (Propionaldehyd)	C_2H_5CHO	58	+48,8
Butanal (Butyraldehyd)	C_3H_7CHO	72	+74,7

Tabelle 11–2

Was wir für Ethanol-Ethanal erkannt haben, gilt sinngemäß für alle primären Alkanole: Sie werden durch Dehydrierung um zwei Stufen zu **Alkanalen** oxidiert, sie bilden eine homologe Reihe der Zusammensetzung RCHO mit $R = C_nH_{2n+1}$ *(Tabelle 11–2).*

Die erste Verbindung dieser homologen Reihe, das Methanal, haben wir in *Versuch 11/24* kennengelernt. Das C-Atom hat in ihm die Oxidationsstufe ± 0. Eine 35%ige wäßrige Lösung von Methanal ist als »Formalin« bekannt; sie wird als Konservierungsmittel für anatomische Präparate und als Desinfektionsmittel benutzt. Ethanal ist ein wichtiges Ausgangs- und Zwischenprodukt der Petrochemie.

Wir haben am Anfang des Abschnitts bei der katalytischen Oxidation des Methanols statt der erwarteten Oxidationsstufe +2 der Methansäure die Stufe Null erhalten. Wir dürfen daher vermuten, daß sich das Reaktionsprodukt dieses ersten Versuches, das Methanal, noch weiter zu Methansäure oxidieren lassen müßte:

$$H\overset{0}{C}HO + 2(OH)^- \rightarrow H\overset{+2}{C}OOH + 2e^- + H_2O$$

Als Elektronen-Akzeptoren wählen wir Kationen von Edelmetallen aus, z. B. Cu^{2+} oder Ag^+, die entsprechend den Plätzen von Kupfer und Silber in der Spannungsreihe gute Oxidationsmittel sind. Damit sie im alkalischen Medium keine Hydroxid-Niederschläge bilden, verwenden wir Komplex-Ionen dieser Metalle:

► **Versuch 11/26:** Man füllt zwei fettfreie Reagenzgläser zu etwa 1/3 mit ammoniakalischer Silbersalz-Lösung *(Versuch 8/69)* und fügt jeweils einige Tropfen der wäßrigen Lösungen von Methanal und Ethanal hinzu. Man erwärmt die Gläser durch Eintauchen in heißes Wasser: Man beobachtet nach kurzer Zeit eine graue Trübung und die Bildung eines Silber-Spiegels an der Gefäßwand. ◄

Diese Reaktion gelingt mit allen Alkanalen; wir formulieren daher allgemein:

$$R-\overset{+1}{C}HO + 2[\overset{+1}{A}g(NH_3)_2]^+_{aq} + 2(OH)^-_{aq}$$
$$\rightarrow R-\overset{+3}{C}OOH + 2\{\overset{0}{A}g\} + 4(NH_3)_{aq} + H_2O$$

Das Oxidationsprodukt der Alkanale ist durch die funktionelle Gruppe −COOH gekennzeichnet; sie heißt **Carboxylgruppe.** Wir haben sie bereits in *8.4.2* als Merkmal der Methansäure kennengelernt.

Die Erzeugung des Silber-Spiegels durch Reduktion einer ammoniakalischen Silbersalz-Lösung kann zum Nachweis der Alkanale dienen. Ein anderer häufig benutzter Nachweis beruht ebenfalls auf der reduzierenden Wirkung der Alkanale. Bei ihm wird der Farbwechsel benutzt, wenn Kupfer-Atome von der Stufe +2 zur Stufe +1 reduziert werden. Auch hier geht man von Komplex-Ionen aus; die Liganden des Cu^{2+}-Ions sind organische Moleküle mit zwei polaren funktionellen Gruppen, so daß jeder Ligand zwei Koordinationsstellen im Komplex besetzen kann. Meist handelt es sich um Di-ole $R(OH)_2$, d.h. Moleküle, die zwei Hydroxyl-Gruppen besitzen wie Ethandiol *(11.2.2):*

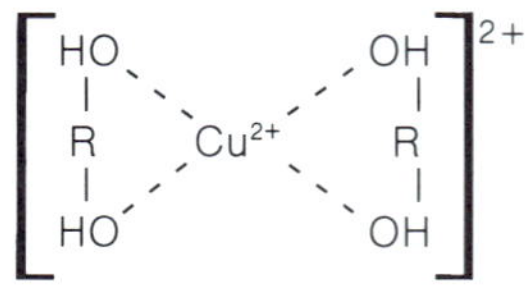

$= [Cu(diol)_2]^{2+}$

► **Versuch 11/27:** Man mischt im Reagenzglas gleiche Volumina einer Lösung von Kupfersulfat (FEHLING I)[1] mit der Lösung eines Diols in Na-

[1] Hermann von FEHLING, 1811–1885, Chemie-Professor in Stuttgart. FEHLINGsche Lösungen sind im Handel erhältlich. FEHLING II enthält als Diol Kaliumnatriumtartrat.

tronlauge (FEHLING II). Zu der entstandenen tiefblauen Lösung gibt man einige Tropfen eines Alkanals und erhitzt unter dauerndem Schütteln zum Sieden (Schutzbrille! Siedeverzug!): Die Lösung wird zunächst undurchsichtig grün; nach einiger Zeit setzt sich ein ziegelroter Niederschlag ab. ◄

• **Deutung:** Der rote Niederschlag ist Kupfer(I)-oxid. Das Alkanal wird zur zugehörigen Alkansäure oxidiert:

$$(R-\overset{+1}{C}HO)_{aq} + 2\,[\overset{+2}{Cu}(diol)_2]^{2+}_{aq} + 4(OH)^-_{aq}$$
blau
$$\longrightarrow R-\overset{+3}{C}OOH + \{\overset{+1}{Cu_2}O\} + 4(diol)_{aq} + 2H_2O$$
rot

Ergebnis: Alkanale lassen sich noch weiter oxidieren und sind daher Reduktionsmittel. Die Oxidationsprodukte sind Alkansäuren.

Wir haben die Alkanale durch Oxidation primärer Alkanole gewonnen. Lassen sich dann auch sekundäre und tertiäre Alkanole oxidieren? Wir verwenden ein in der präparativen Chemie häufig benutztes, von uns aber noch nicht vorgestelltes Oxidationsmittel: Dichromat-Ionen in saurem Medium:

$$(\overset{+6}{Cr_2}O_7)^{2-}_{aq} + 14H^+_{aq} + 6e^- \longrightarrow 2\overset{+3}{Cr}{}^{3+}_{aq} + 7H_2O$$
orange — grün

Die Reduktion der Chrom-Atome um drei Stufen kann man am Farbumschlag von orange nach grün beobachten.

► **Versuch 11/28:** (Lehrerversuch) In zwei 100 cm³-Destillierkolben löst man je 5 g Kaliumdichromat $\{K_2Cr_2O_7\}$ in 50 cm³ Wasser und gibt bei Kühlung unter fließendem Wasser vorsichtig je 5 cm³ konzentrierte Schwefelsäure hinzu. Zum ersten Kolben fügt man – wieder unter Abkühlen – 5 cm³ Propanol-(1), zum zweiten 5 cm³ Propanol-(2) hinzu und erwärmt langsam: In beiden Lösungen Farbumschlag nach grün. Man destilliert dann je 4 cm³ ab (kurzer LIEBIGkühler, eisgekühlte Vorlage): Das erste Destillat riecht ähnlich wie Ethanal und ist im gleichen Volumen Wasser nicht vollständig löslich; das Destillat aus dem zweiten Kolben riecht angenehm (wie Nagellack-Entferner) und ist mit Wasser in jedem Verhältnis mischbar. – Man versetzt im kleinen Erlenmeyerkolben 5 cm³ 2-Methylpropanol-(2) (= tertiäres Butanol) mit gleichen Volumina Kaliumdichromat-Lösung und konz. Schwefelsäure: Keine Farbänderung. ◄

Name	Formel	M_L in g	Kp in °C
Propanon (Aceton)	$CH_3-CO-CH_3$	58	+56,1
Butanon	$CH_3-CO-C_2H_5$	72	+79,6

Tabelle 11-3

• **Deutung:** Das Oxidationsprodukt des Propanol-(1) ist Propanal:

$$3\,CH_3-CH_2-\overset{-1}{C}H_2OH + (\overset{+6}{Cr_2}O_7)^{2-}_{aq} + 8\,H^+_{aq}$$
$$\longrightarrow 3\,CH_3-CH_2-\overset{+1}{C}HO + 2\,\overset{+3}{Cr}{}^{3+}_{aq} + 7\,H_2O$$

Auch das sekundäre Alkanol, Propanol-(2), ist oxidiert worden:

$$3\,H_3C-\overset{0}{C}HOH-CH_3 + (\overset{+6}{Cr_2}O_7)^{2-}_{aq} + 8\,H^+_{aq}$$
$$\longrightarrow 3\,CH_3-\overset{+2}{C}O-CH_3 + 2\,\overset{+3}{Cr}{}^{3+}_{aq} + 7\,H_2O$$

Das tertiäre Alkanol $(CH_3)_3COH$ kann nicht auf diese Weise oxidiert werden.
Mit dem Oxidationsprodukt des Propanol-(2) haben wir das erste Glied einer homologen Reihe der Zusammensetzung R_1-CO-R_2 kennengelernt. Sie heißen **Alkanone**, ihr erstes Glied ist **Propanon** *(Tabelle 11–3).*

Ergebnis: Durch Oxidation von sekundären Alkanolen entstehen Alkanone. Tertiäre Alkanole lassen sich nicht in gleicher Weise oxidieren.

Wir haben schon in *Kapitel 1* mit Propanon experimentiert *(Tab. 1–7).* Als typische Übergangsflüssigkeit zwischen polaren und unpolaren Flüssigkeiten wird Propanon auch in der Technik als wichtiges Lösungs- und Extraktionsmittel gebraucht. Wir prüfen, ob die Alkanone – wie die Alkanale – Reduktionsmittel sind.

► **Versuch 11/29:** Man wiederholt die *Versuche 11/26 und 11/27* mit Propanon: Kein Silberspiegel und kein rotes Kupfer (I)-oxid. ◄

Ergebnis: Im Gegensatz zur endständigen Carbonyl-Gruppe der Alkanale läßt sich die mittelständige Carbonyl-Gruppe der Alkanone nicht weiteroxidieren.

Zusammenfassung: *Primäre Alkanole können zu Alkanalen, sekundäre Alkanole zu Alkanonen oxidiert werden; tertiäre Alkanole sind nicht weiter oxidierbar, sofern man von der Möglichkeit ihrer Verbrennung zu CO_2 absieht. In diesem Sinne lassen sich auch die Alkanone nicht weiteroxidieren, während die Alkanale noch zu Alkansäuren oxidiert werden können. Bei jeder dieser Oxidationen steigt die Oxidationszahl der Kohlenstoff-Atome um zwei Stufen; es gibt gewissermaßen eine »Oxidationstreppe« von den Alkanen über die Alkanole und Alkanale zu den Alkansäuren. Charakteristische Gruppe der Alkanale und Alkanone ist die Carbonyl-Gruppe. Sie bedingt die Eigenschaften dieser Verbindungen. Die Carbonyl-Gruppe ist auch Bestandteil der Carboxyl-Gruppe, die wir im nächsten Abschnitt untersuchen wollen.*

>C=O ist die funktionelle Gruppe der Alkanone.

11.3.2 Alkansäuren. Seifen

In *11.3.1* haben wir primäre Alkanole zu Alkanalen und diese zu Alkansäuren oxidiert. Wir wollen versuchen, beide Oxidationen in einem einzigen Reaktionsgang ablaufen zu lassen, und benutzen zu diesem Zweck wieder ein kräftiges Oxidationsmittel: Kaliumdichromat. Wenn wir von Ethanol ausgehen, müßte Ethansäure entstehen, die wir an ihrem Essig-Geruch identifizieren können:

► **Versuch 11/30:** (Lehrerversuch) Man gibt in einen Rundkolben zu 15 g Kaliumdichromat 30 cm³ Wasser und unter Abkühlen 10 cm³ konz. Schwefelsäure, ferner unter ständiger Abkühlung tropfenweise 10 cm³ Ethanol. Man setzt ein ca. 60 cm langes Steigrohr auf und erhitzt so, daß sein oberes Ende gerade handwarm bleibt. Nach 10 Minuten ersetzt man das Steigrohr durch einen absteigenden LIEBIGkühler und destilliert ca. 10 cm³ ab: Das Destillat riecht intensiv nach Essig und färbt angefeuchtetes Indikatorpapier rot. Der Destillationsrückstand ist kräftig dunkelgrün gefärbt[1]. ◄

[1] Mit Ethanol dient diese Reaktion als »Alkoholtest«. Im Prüfröhrchen der »Tüte« befinden sich etwas konzentrierte Schwefelsäure, die mit dem Wasserdampf der Atemluft die Reaktionstemperatur von 80 °C liefert, und rotes Dichromat, das vom Alkoholdampf des Atems zu grünem Cr^{3+} reduziert wird.

Alkanole sind Elektronen-Donatoren.

● **Deutung:** Die Kohlenstoff-Atome werden um vier Stufen oxidiert:

$$CH_3-\overset{-1}{C}H_2OH + 4\,(OH)^-_{aq} \rightarrow CH_3-\overset{+3}{C}OOH + 4\,e^- + 3\,H_2O\ /\ \cdot 3$$
$$(\overset{+6}{C}r_2O_7)^{2-}_{aq} + 6\,e^- + 14\,H^+_{aq} \rightarrow 2\,\overset{+3}{C}r^{3+}_{aq} + 7\,H_2O\ /\ \cdot 2$$
$$\overline{3\,CH_3-\overset{-1}{C}H_2OH + 2\,(\overset{+6}{C}r_2O_7)^{2-}_{aq} + 16\,H^+_{aq} \rightarrow 3\,CH_3-\overset{+3}{C}OOH + 4\,\overset{+3}{C}r^{3+}_{aq} + 11\,H_2O}$$

Wenn wir uns einmal wieder davon überzeugen wollen, daß tatsächlich ein Elektronen-Übergang stattfindet, setzen wir die Versuchsanordnung eines galvanischen Elements ein; für die Ethanol-Moleküle brauchen wir dann ein alkalisches, für die Dichromat-Ionen ein saures Medium:

► **Versuch 11/31:** In die Mitte eines U-Rohrs gibt man Kaliumnitrat-Lösung zwischen zwei Wattebäusche, in den einen Schenkel mit etwas Lauge leitfähig gemachtes Ethanol und gleichzeitig in den anderen Schenkel angesäuerte Dichromat-Lösung. Man taucht auf beiden Seiten Graphit-Elektroden ein, verbindet die in Ethanol tauchende mit dem negativen Kontakt eines Gleichstrom-Meßinstrumentes, die andere mit dem positiven Kontakt: Zeigerausschlag. ◄

Verallgemeinernd können wir feststellen:

Ergebnis: Alkansäuren bilden eine homologe Reihe der Zusammensetzung R – COOH. In der funktionellen Carboxyl-Gruppe besitzt das Kohlenstoff-Atom seine zweithöchste Oxidationsstufe +3.

In der folgenden *Tabelle 11–4* sind einige Daten der Alkansäuren zusammengetragen. Unter die systematischen Bezeichnungen haben wir die früheren Trivialnamen geschrieben, weil sie noch vielfach in Gebrauch sind.

Alkansäuren sind Protonen-Donatoren.

Ethansäure wird in der Technik in großem Maßstab als Ausgangs- bzw. Zwischenprodukt z. B. für die Herstellung von Farb- und Riechstoffen eingesetzt. »Speiseessig« enthält 5 bis 10% Ethansäure in wäßriger Lösung. Wenn man Wein längere Zeit offen an der Luft stehen läßt, wird das darin enthaltene Ethanol unter der Einwirkung von »Essigsäurebakterien« allmählich zu Ethansäure oxidiert, wobei die Duftstoffe des Weins z. T. erhalten bleiben (»Weinessig«).
Butan- und Pentansäure haben einen sehr unangenehmen, penetranten Geruch, der an ranzige Butter und bestimmte Käsesorten erinnert.
Von der Decansäure ab sind die Alkansäuren fest. Hexadecan- und Octadecansäure sind Bestandteile vieler Fette; aus diesem Grunde wurden früher alle Alkansäuren – auch die niedrigen – als »Fettsäuren« bezeichnet und der Teil der Kohlenstoff-Chemie, der sich mit Verbindungen aus geraden oder verzweigten C-Ketten befaßt, »aliphatische Chemie«[1] genannt.

Die Bezeichnung »Säure« für die Carboxyl-Verbindungen läßt vermuten, daß sie gute Protonen-Donatoren sind:

► **Versuch 11/32:** Man prüft in Reagenzgläsern konzentrierte (wasserfreie) Ethansäure mit dem Leitfähigkeitsprüfer, mit Universalindikator und durch Einwerfen eines Marmor-Stückchens: Sehr geringe Leitfähigkeit, gelbe Farbe des Indikators, keine Reaktion mit dem Carbonat. Man füllt die Gläser mit Wasser auf und schüttelt: Kräftige Zunahme der Leitfähigkeit, Rotfärbung des Indikators, CO_2-Entwicklung am Marmor. ◄

[1] alipha (gr.), Fett

Name	Formel	M_L in g	Fp in °C	Kp in °C
Methansäure (Ameisensäure)	HCOOH	46	+ 8,4	+100,5
Ethansäure (Essigsäure)	CH_3COOH	60	+16,6	+118,1
Propansäure (Propionsäure)	C_2H_5COOH	74	–19,7	+140,7
Butansäure (Buttersäure)	C_3H_7COOH	88	– 4,7	+164,0
Pentansäure (Valeriansäure)	C_4H_9COOH	102	–34,6	+186,4
Hexansäure (Capronsäure)	$C_5H_{11}COOH$	116	– 3,9	+205,3
Heptansäure (Önanthsäure)	$C_6H_{13}COOH$	130	–10,0	+222,5
Octansäure (Caprylsäure)	$C_7H_{15}COOH$	144	+16,3	+238,9
Decansäure (Caprinsäure)	$C_9H_{19}COOH$	172	+31,5	+268,4
Dodecansäure (Laurinsäure)	$C_{11}H_{23}COOH$	200	+44,0	zers.
Tetradecansäure (Myristinsäure)	$C_{13}H_{27}COOH$	228	+53,8	zers.
Hexadecansäure (Palmitinsäure)	$C_{15}H_{31}COOH$	256	+62,7	zers.
Octadecansäure (Stearinsäure)	$C_{17}H_{35}COOH$	284	+69,4	zers.

Tabelle 11–4

• **Folgerung:** Ethansäure-Moleküle sind Protonen-Donatoren, und zwar stärkere als Wasser-Moleküle. Da wir entsprechende Beobachtungen bei allen (niederen) Alkansäuren feststellen können, dürfen wir schreiben:

$$R-COOH + H_2O + aqua \rightleftarrows (R-COO)^-_{aq} + (H_3O)^+_{aq}$$

Im *Versuch 8/61 (Seite 156)* haben wir schon für die Methansäure nachgewiesen, daß nur das H-Atom der Carboxyl-Gruppe abgespaltet werden kann.

Beim Vergleich mit der Stärke von anorganischen Säuren schneiden die Alkansäuren nicht besonders gut ab. Die Zusammenstellung *(Tab. 9–1, Seite 172)* weist die Ethansäure-Moleküle HAc als nicht sehr starke Protonen-Donatoren aus. Demnach sind die konjugierten Ethanat-Ionen ziemlich starke Protonen-Akzeptoren. Wir haben uns bereits experimentell davon überzeugt, daß sie z. B. von Ammonium-Ionen *(Versuch 9/3)*, von Wasser-Molekülen *(Versuch 9/7)* und von Hydrogensulfat-Ionen *(Versuch 9/12)* Protonen aufnehmen können.

Wir haben bei diesen Versuchen die »Salze« der Alkansäuren eingesetzt, in denen die Alkanat-Ionen die negativen Bausteine des Ionen-Gitters bilden: Methanate (Formiate), Ethanate (Acetate), Propanate (Propionate) usw.

Alkanat-Ionen sind Protonen-Akzeptoren.

Ergebnis: Alkanat-Ionen sind verhältnismäßig starke Protonen-Akzeptoren. Sie bilden mit Kationen Salz-Gitter, die Alkanate.

Die höheren Alkansäuren wie z. B. die Palmitin- und Stearinsäure mit ihren sehr langen Kohlenwasserstoff-Ketten sind – ebenso wie die höheren Alkanole – in ihren Eigenschaften den Alkanen sehr ähnlich: Es sind feste, paraffinähnliche Substanzen, die sich nicht in Wasser lösen.

Wenn wir in ihnen die endständige Carboxyl-Gruppe nachweisen wollen, müssen wir sie in die molekulardisperse Phase überführen, d. h. schmelzen, und mit einem starken Protonen-Akzeptor wie Natronlauge behandeln:

► **Versuch 11/33:** (Lehrerversuch) Man schmilzt 10 g Stearinsäure (Palmitinsäure, Ölsäure oder ein Gemisch von ihnen) in einer Porzellanschale und gießt die Schmelze langsam und unter ständigem Umrühren (Schutzbrille!) in eine zweite Schale zu 30 cm^3 heißer (!) Natronlauge (ca. 7 %ig). Man läßt 15 Minuten sieden, wobei der durch Verdampfen auftretende Flüssigkeitsverlust durch dest. Wasser ersetzt wird, gibt dann 30 cm^3 Kochsalz-Lösung (ca. 10 %ig) hinzu und läßt abkühlen: Es scheidet sich eine weißliche Masse ab mit dem typischen Geruch nach Seife. Man übergießt einen Teil des Reaktionsprodukts mit warmem Wasser und schüttelt: Löslichkeit, Schaumbildung. ◄

• **Deutung:** Die Hydroxid-Ionen der Lauge nehmen von den Carboxyl-Gruppen der Stearinsäure Protonen auf. Die entstehenden Stearat-Ionen (Palmitat-, Oleat-Ionen) bilden mit den Natrium-Ionen Salz-Gitter, die durch Zugabe von Natrium-Ionen ausgefällt werden:

$$\overbrace{C_{17}H_{35}COOH + (OH)^-_{aq}}^{H^+} + Na^+_{aq} \longrightarrow \{(C_{17}H_{35}COO)^-Na^+\} + H_2O + aqua$$

Man nennt die Alkalisalze der höheren Alkansäuren **Seifen.** Die Natriumsalze (Kernseifen) sind härter als die Kaliumsalze (Schmierseifen). Den Toilettenseifen sind Farb- und Duftstoffe, Hautpflegemittel u. ä. zugesetzt.

► **Versuch 11/34:** (a) Man prüft eine Seifenlösung mit Phenolphthalein: Rotfärbung.
(b) Man gibt im Reagenzglas zu dest. Wasser etwas Kalkwasser und gießt zur klaren Lösung etwas Seifenlösung: Es bildet sich ein flockiger Niederschlag. Schüttelt man dann die Flüssigkeit, so entsteht kein oder nur wenig Schaum.
(c) Man schüttelt auf Wasser im Reagenzglas eine Prise Schwefel-Pulver. Die meisten Körnchen werden nicht benetzt und schwimmen auf der Oberfläche. Man fügt Seifenlösung hinzu: Das Pulver wird benetzt und sinkt unter.
(d) Man schüttelt im Reagenzglas dest. Wasser mit einem Tropfen Olivenöl: Die sich bildende Emulsion entmischt sich in kurzer Zeit. Dann gibt man Seifenlösung hinzu und schüttelt wieder: Es entsteht eine haltbare Emulsion, die sich im oberen Teil sammelt. ◄

• **Deutung:** (a) Die Stearat-Ionen sind Protonen-Akzeptoren:

$$(C_{17}H_{35}COO)^-_{aq} + H_2O \rightleftarrows C_{17}H_{35}COOH + (OH)^-_{aq}$$

Eine verdünnte Seifenlösung ist wegen der sich ausscheidenden unlöslichen Stearinsäure-Moleküle immer etwas trüb. Gibt man zu einer Seifenlösung Salzsäure, so verlagert sich das Gleichgewicht auf die rechte Seite; die Stearinsäure wird vollständig ausgefällt und sammelt sich nach dem Eintauchen des Gefäßes in heißes Wasser als ölige Schicht an der Oberfläche.

(b): Die Stearat-Ionen bilden mit Calcium-Ionen einen unlöslichen Niederschlag: Calciumstearat:

$$2\,(C_{17}H_{35}COO)^-_{aq} + Ca^{2+}_{aq} \longrightarrow \{(C_{17}H_{35}COO)_2Ca\} + aqua$$

Hat man zur Körperreinigung oder zum Wäschewaschen nur »hartes« Wasser zur Verfügung, so geht ein großer Teil der Seife durch Bildung des Kalksalzes für den Reinigungsprozeß verloren. Überdies schädigt das harte Calciumstearat, wenn es nicht gut weggespült wird und sich daher beim Trocknen der Wäsche zwischen den Fasern absetzt, bei mechanischer Beanspruchung das Gewebe. Wasser muß daher vor dem Waschprozeß »enthärtet« werden, sei es durch Zusatz eines »Einweichmittels« wie Soda (Ausfällung von $\{CaCO_3\}$, siehe *8.4.1*), sei es durch Zusatz eines Komplexbildners (Polyphosphat, s. *8.3.2, Seite 152*), der die Calcium-Ionen abschirmt.

(c): Die Oberflächenspannung des Wassers wird durch die Seifenlösung herabgesetzt. Wir hatten uns in *4.2.1, S. 60,* überlegt, daß die Oberflächenspannung eine Folge der Kohäsionskräfte zwischen den Flüssigkeitsmolekülen ist *(Abb. 4–6, Seite 59).*

Seifen

Wenn sich nun die fadenförmigen Seifen-Ionen an der Oberfläche so anordnen, daß ihre elektrisch geladenen Enden zu den Wasser-Molekülen hin, also in das Innere der Flüssigkeit gerichtet sind, bilden die unpolaren Al-

Wirkungsweise der Seifen

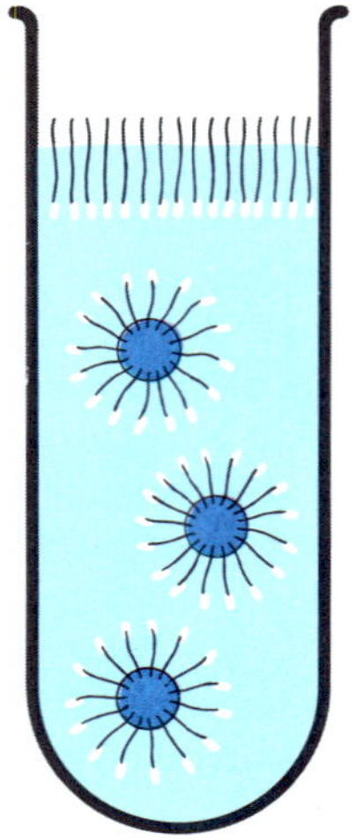

Abb. 11–20: Anordnung der Seifen-Anionen an der Wasseroberfläche und um Fett-Tröpfchen herum

kyl-Enden eine neue Oberfläche *(Abb. 11–20),* die keine größere Oberflächenspannung haben kann als die der flüssigen Alkane. Man nennt die zum Wasser gerichteten Enden der Seifen-Ionen **hydrophil**[1], die aus dem Wasser herausragenden **hydrophob**[1]. Die hydrophoben Enden können sich auch bis zu einem gewissen Grade zwischen die Bausteine eines unpolaren Molekül-Gitters schieben, womit die Benetzbarkeit der Schwefel-Körnchen durch die Seifenlösung erklärt ist.

(d): Durch das Schütteln wird das Öl in kleine Tröpfchen verteilt. Die Seifen-Ionen dringen mit ihren unpolaren, hydrophoben Enden in die Tröpfchen ein, so daß die geladenen negativen Enden wie ein Schutzpanzer nach außen gerichtet sind *(Abb. 11–20),* und das Vereinigen der Tröpfchen zu größeren Tropfen elektrostatisch verhindern.

Ergebnis: Die Reinigungswirkung der Seife beruht auf der Struktur der langen, fadenförmigen Stearat – (Palmitat-, Oleat-) Ionen. Sie dringen mit ihren unpolaren, hydrophoben Enden in Fett- und Schmutzteilchen ein und verhindern so mit ihren geladenen, hydrophilen, zum Wasser gerichteten Enden deren Vereinigung, wodurch ein Wegspülen ermöglicht wird.

[1] hydor (gr.), Wasser; philos (gr.), Freund; phobos (gr.), Furcht

Zusammenfassung: *Die funktionelle Gruppe der Alkansäuren ist die Carboxyl-Gruppe –COOH, in der das Kohlenstoff-Atom die hohe Oxidationsstufe +3 besitzt. Im Vergleich mit Alkanolen sind die Moleküle der Alkansäuren verhältnismäßig starke Protonen-Donatoren. Die Säurestärke nimmt allerdings mit zunehmender Kettenlänge schnell ab. Die Alkanat-Ionen bilden mit Metall-Ionen Salze. Von besonderer Bedeutung sind die Alkali-Salze der höheren Alkansäuren, die Seifen. Ihre langgestreckten Alkanat-Anionen sind bifunktional, d.h. sie besitzen mit ihrem hydrophilen Ende Affinität zu polaren, mit ihrem hydrophoben zu unpolaren Molekülen, eine für den Waschvorgang wichtige Eigenschaft.*

Reaktionen zwischen Alkanolen und Alkansäuren, Ester

11.3.3 Ester, Fette

Wir knüpfen an den *Versuch 11/22* an, bei dem wir aus einem Halogenalkan durch Behandlung mit Hydroxid-Ionen das zugehörige Alkanol gewonnen haben. Wir wollen jetzt prüfen, ob sich auch Alkanol-Moleküle bilden, wenn wir – statt der Lauge – Wasser zum Halogenalkan geben:

► **Versuch 11/35:** Man übergießt im Reagenzglas 1 cm^3 Jodethan mit dest. Wasser und schüttelt kräftig durch: Die Flüssigkeiten entmischen sich sofort wieder. Gibt man aber einige Tropfen Silbernitrat-Lösung hinzu, so zeigt sich in der wäßrigen Phase eine Trübung, die beim Erhitzen (und gleichzeitigem Schütteln) deutlich zunimmt. Man prüft die wäßrige Phase mit Spezialindikator: Sie reagiert schwach sauer. ◄

● **Deutung:** Es sind Jodid- und Wasserstoff-Ionen entstanden, die mit unverbrauchtem Jodethan im Gleichgewicht (8.5.2) stehen:

$$C_2H_5J + H_2O + aqua \rightleftarrows C_2H_5OH + J^-_{aq} + H^+_{aq}$$

Die Lage des Gleichgewichts läßt sich durch Beseitigen der Wasserstoff-Ionen, z.B. durch Zugabe von Hydroxid-Ionen, weitgehend auf die rechte Seite verschieben, was wir in *Versuch 11/22* durchgeführt haben. Die umgekehrte, von rechts nach links gelesene Reaktion würde man durch einen Überschuß von Wasserstoff-Ionen und/oder durch Beseitigen der Wasser-Moleküle erzwingen können (vgl. *Aufgabe 8* im Anschluß an *11.2.2*). Statt mit einer Halogenwasserstoffsäure wollen wir die Umkehrreaktion gleich mit einer Alkansäure durchprobieren.

► **Versuch 11/36:** (Lehrerversuch) In einem 250 cm^3-Rundkolben mischt man 50 cm^3 Ethanol mit der gleichen Menge Ethansäure und gibt vorsichtig 5 cm^3 konzentrierte Schwefelsäure hinzu. Man setzt einen Rückfluß-Kühler (DIMROTH-Kühler, Schliff-Apparatur) auf und bringt die Lösung ca. 10 Minuten zum Sieden. Man schüttet sie dann in einen weiten Standzylinder zu ca. 200 cm^3 angefärbtem Wasser: Es bilden sich zwei Flüssigkeitsschichten. Die obere riecht angenehm obstartig (Birnen, Erdbeeren). Man trennt die beiden Schichten im Scheidetrichter und hebt die obere für *Versuch 11/37* auf. ◄

● **Deutung:**

$$CH_3COOH + HOC_2H_5 \rightleftarrows CH_3\,COOC_2H_5 + H_2O$$

Definition: Das Reaktionsprodukt eines Alkanols mit einer Säure nennt man einen **Ester.**

Wenn sich zwei Teilchen unter Abspaltung eines Wasser-Moleküls zu einem größeren Teilchen vereinigen, spricht man von einer **Kondensation.** Wird umgekehrt ein größeres Teilchen durch Aufnahme eines Wasser-Moleküls in zwei kleinere Teilchen gespalten, so spricht man von einer **Hydrolyse.**

Das Reaktionsprodukt von *Versuch 11/36* ist der **Ethansäureethylester.** Da die Schwefelsäure in der Reaktionsgleichung nicht auftritt, muß sie – bzw. ihre Wasserstoff-Ionen – die Rolle eines Katalysators spielen; ferner dient sie als wasserentziehendes Mittel.

Der Ethansäureethylester ist in Wasser unlöslich und scheidet sich daher in gesonderter Schicht ab. Wir müssen demnach auf das Fehlen von polaren Gruppen im Ester-Molekül schließen. Das wird auch sofort verständlich, weil die polare Hydroxyl-Gruppe des Alkanols und die polare Carboxyl-Gruppe der Alkansäure durch die entstandene Bindung im Ester-Molekül blockiert sind. Das Fehlen polarer Gruppen erklärt uns auch die Leichtflüchtigkeit des Esters (Geruch).

► **Versuch 11/37:** In einem kleinen Destillierkolben (Schliff-Apparatur) erhitzt man den Ethansäureethylester von *Versuch 11/36* zum Sieden (Siedesteinchen). Am Thermometer (Quecksilberkugel in Höhe des seitlichen Ansatzes) liest man eine Temperatur von 77°C ab. Die Dämpfe des Esters läßt man im absteigenden Liebig-Kühler kondensieren. Das Destillat fängt man in einem kleinen Rundkolben auf. Man überzeugt sich mit dem Leitfähigkeitsprüfer, daß der Ester kein Elektrolyt ist. ◄

Bei der Hydrolyse des Ethansäureethylesters erwarten wir die Rückbildung von Ethanol und Ethansäure. Um letztere aus dem Gleichgewicht zu entfernen, setzen wir wieder Natronlauge hinzu:

► **Versuch 11/38:** Man mischt in einem kleinen weithalsigen Rundkolben das Destillat von *Versuch 11/37* mit verdünnter Natronlauge, setzt einen Rückfluß-Kühler auf und hält das Reaktionsgemisch so lange am leichten Sieden (Siedesteinchen), bis es völlig klar geworden ist. Dann ersetzt man den Kühler durch ein langes weites Steigrohr und macht die Ethanol-Probe, wie in *Versuch 11/22* beschrieben. ◄

Ester sind in der Natur als Duftstoffe in Blüten und Früchten weit verbreitet. Sie entstehen auch bei der alkoholischen Gärung im Wein und verleihen ihm das »Bukett«. Verwendung finden Ester als Lösungsmittel für Lacke (z.B. als Nagellackentferner).

► **Versuch 11/39:** In einem Reagenzglas mischt man Methansäure mit Ethanol, in einem anderen Propansäure mit Ethanol, in einem dritten Butansäure mit Ethanol und in einem vierten Butansäure mit Pentanol, und zwar immer 2 cm^3 der Säure mit 1 cm^3 des Alkanols. In jedes Reagenzglas gibt der Lehrer dann ein bis zwei Tropfen konzentrierte Schwefelsäure. Man erhitzt kurze Zeit zum Sieden und gießt dann die Flüssigkeit in vier bereitstehende kleine, mit Wasser gefüllte Bechergläser aus: Auf den Wasseroberflächen sammeln sich ölige Tropfen von charakteristischem Geruch. ◄

● **Deutung:**

$$RCOOH + HOR' \rightleftharpoons RCOOR' + H_2O$$

Methansäureethylester: $HCOOC_2H_5$,
Geruch nach Rum und Johannisbeeren;

Propansäureethylester: $C_2H_5COOC_2H_5$,
Geruch nach Mirabellen und Pfirsichen;

Butansäureetyhlester: $C_3H_7COOC_2H_5$,
Geruch nach Ananas und Bananen;

Butansäurepentylester: $C_3H_7COOC_5H_{11}$,
Geruch nach Aprikosen.

Ergebnis: Ester aus Alkansäuren und Alkanolen sind leicht flüchtige, in Wasser unlösliche, unpolare Flüssigkeiten. Ihre Entstehung durch Kondensation und ihre Zerstörung durch Hydrolyse sind Umkehrreaktionen.

Die Reaktionen von Alkansäuren mit Alkanolen liefern zwar – wie die Umsetzungen von Säuren mit Laugen – Wasser, sie dürfen aber keinesfalls als Neutralisationen aufgefaßt werden: Alkanole sind keine Laugen, ihre wäßrigen Lösungen enthalten keine Hydroxid-Ionen. Der entscheidende Grund ist aber ein anderer: Beim Reaktionsprodukt, dem Ester, handelt es sich um undissoziierte, unpolare Moleküle, während bei der Neutralisation Metall-Kationen und Säure-Anionen getrennt bleiben, sei es in hydratisierter Form in der Lösung, sei es als Gitter-Bausteine im Ionen-Gitter. Die polaren Gruppen der Alkansäure- und der Alkanol-Moleküle sind im Ester verschwunden; das erklärt seine Eigenschaften: Wasserunlöslichkeit und Leichtflüchtigkeit.
Ein weiterer Unterschied zwischen Ester-Kondensation und Neutralisation besteht in der Reaktionsdauer. Ionen-Reaktionen (Neutralisation u.a.) laufen in außerordentlich kurzen Zeiten ab, während wir für die Herstellung der Ester *(Versuche 11/36 und 11/39)* immer einige Zeit lang warten müssen. Auch die Umkehrreaktionen, die Hydrolysen der Ester *(Versuche 11/35 und 11/38)* erfordern längere Reaktionszeiten.
Wir wollen zum Schluß noch eine uns wohlbekannte Stoffgruppe untersuchen, die **Fette**. Beispiele für tierische Fette sind Butter, Wollfett, Fischtran, Schmalz, Talg. Die letzten drei kann man durch Ausschmelzen aus tierischen Fettgeweben gewinnen; Rückstand beim Schweineschmalz sind die Grieben. Beispiele für pflanzliche Fette sind Olivenöl, Leinöl, Erdnußbutter, Kokosfett. Sie werden aus den Früchten bzw. Samen durch Auspressen gewonnen, wobei die Preßrückstände (»Ölkuchen«) noch wertvolle Kraftfutter für die Viehmast darstellen, oder durch Extrahieren mit einem Lösungsmittel, das dann abdestilliert wird.

► **Versuch 11/40:** (Lehrerversuch) Man benutzt eine Schliffapparatur nach SOXHLET, bestehend aus Siedekolben, Extrahieraufsatz mit Rückflußeinrichtung (vgl. *Abb. 8–13*) und DIMROTHkühler. Man füllt eine Extraktionshülse mit im Mörser zerquetschten Mohnsamen, bringt sie in den SOXHLETaufsatz und setzt die Apparatur zusammen. Nun füllt man durch den Rückflußkühler Tetra ein und achtet darauf, daß die Mohnsamen nicht durch zu schnelles Gießen weggeschwemmt werden. Ist der Aufsatz gefüllt, so fließt das Lösungsmittel durch das Heberrohr in den Siedekolben herab; man füllt dann noch einmal etwa die gleiche Menge Tetra nach. Man erhitzt zum Sieden. Die Tetra-Dämpfe kondensieren im Kühler, das Kondensat tropft in die Hülse und steigt dort empor, bis es durch den Heber wieder in den Siedekolben zurückfließt. Wenn sich dieser Vorgang fünfmal wiederholt hat, nimmt man den Extrahieraufsatz ab und schließt an den Siedekolben einen absteigenden Schlangenkühler; das Zwischenstück zwischen Kühler und Vorlage besitzt einen Ansatz, von dem ein Schlauch in den Abzug führt. Man destilliert das Tetra solange ab, bis aus der Lösung Öldämpfe aufsteigen. Nun füllt man die Flüssigkeit aus dem Siedekolben in eine Porzellanschale und erhitzt sie solange (Abzug!), bis das Mohnöl nicht mehr nach Tetra riecht. ◄

Hydrolyse der Ester

Fette

Fette sind – neben Eiweiß-Stoffen und Kohlenhydraten – wichtige Nährstoffe. Eine zweite Bedeutung besitzen sie als Reservestoffe, die im Körper gespeichert werden; so leben z.B. Tiere, die einen Winterschlaf machen, während dieser Zeit von ihren Fett-Reserven. Auch die in den Pflanzensamen gespeicherten Fette sind Energie-Reserven für den Keimling. Schließlich dienen die dicken Fettpolster unter der Haut den im Wasser und in kalten Klimazonen lebenden Tieren als Schutz gegen Wärmeverlust.
Welche Schlüsse können wir nun aus den uns geläufigen Eigenschaften der Fette auf ihre Struktur ziehen? Feste Fette sind nicht kristallin, sondern amorph; das läßt auf lange, nicht starre Moleküle schließen, die sich leicht verfilzen. Es kann sich aber nicht um Riesenmoleküle handeln, weil das ein Widerspruch zu den niedrigen Temperaturen wäre, bei denen die Fette unzersetzt schmelzen. Die Unlöslichkeit der Fette in Wasser und ihre gute Löslichkeit in unpolaren Lösungsmitteln zeigen Moleküle an, die keine polaren Gruppen besitzen.
Einen weiteren Anhaltspunkt gewinnen wir aus der Tatsache, daß seit urdenklichen Zeiten die Menschen aus Fetten Seife gewinnen. Wir wissen, daß Seifen Alkalisalze der höheren Alkansäuren sind *(11.3.2)*.

► **Versuch 11/41:** (Lehrerversuch) Man erhitzt in einer großen Porzellanschale eine Lösung von

»Verseifung« der Fette

30 g Ätznatron in 170 cm³ Wasser und gibt zur heißen Lauge in kleinen Portionen eine Schmelze von 50 g Schweineschmalz und 50 g Olivenöl hinzu, wobei man das Reaktionsgut bei leichtem Sieden hält. Unter ständigem Rühren scheiden sich nach ca. 30 Minuten auf der Lauge schwimmende, gelbe Flocken ab. Man gibt dann 15 cm³ Ethanol hinzu und, wenn sich die Flüssigkeit zu einem Brei verdickt hat, nach und nach 200 cm³ Wasser, wobei man die ganze Zeit mit dem Erhitzen und Rühren fortfährt. Wenn sich eine Probe des Breis in Ethanol klar löst, also keine Fett-Tropfen mehr zu beobachten sind, ist die Reaktion beendet; andernfalls muß man noch etwas Natronlauge hinzugeben. Man bereitet nun eine Lösung von 25 g Kochsalz und 3 g Soda in 80 cm³ Wasser und gibt sie langsam zu dem heißen Brei in der Porzellanschale: Der Inhalt trennt sich in eine flüssige Unterlauge und eine oben schwimmende Seifenschicht, die man nach dem Erkalten abheben und zwischen Tüchern auspressen kann. Man identifiziert die Seife durch die in *11.3.2* beschriebenen *Versuche 11/34* als Alkalisalze der höheren Alkansäuren. – Zu einem Teil der Unterlauge gibt man im Reagenzglas Kupfersulfat-Lösung: Es bildet sich eine tiefdunkelblaue, klare Lösung. Einen anderen Teil der Unterlauge neutralisiert man mit Salzsäure und dampft fast bis zur Trockne ein; den noch feuchten Kristallbrei gibt man im Reagenzglas zu kristallwasserfreiem Calciumchlorid und erhitzt kräftig: Es verbreitet sich ein scharfer, zu Tränen reizender Geruch. – Man gibt in einem Reagenzglas zu 2 cm³ Propantriol (Glycerin) zuerst etwas Natronlauge, dann Kupfersulfat-Lösung: Klare, dunkelblaue Lösung (vgl. *Versuch 11/27*). Man erhitzt Propantriol im Reagenzglas mit kristallwasserfreiem Calciumchlorid: Scharfer, zu Tränen reizender Geruch wie oben. ◀

● **Deutung:** Die Unterlauge enthält Propantriol, nachgewiesen durch den Kupferkomplex und durch das charakteristische Zersetzungsprodukt. Die Oberschicht ist Seife, enthält also die Anionen der höheren Fettsäuren (Palmitinsäure, Stearinsäure, Ölsäure u.a.). Die Bausteine der Fette können wegen deren Eigenschaften (Unlöslichkeit in Wasser, niedrige Schmelztemperatur, keine elektrische Leitfähigkeit der Schmelze) weder Ionen noch Moleküle mit polaren Gruppen sein. Sie sind – das ist die einzig mögliche Deutung – Triester des dreiwertigen Propantriols mit langkettigen Alkansäuren.

Bezeichnen wir letztere mit R-COOH, so stellt sich die in *Versuch 11/41* durchgeführte »Verseifung« als Ester-Hydrolyse dar (vgl. *Versuch 11/38*):

$$\begin{array}{lcccl}
H_2COOCR_1 & & & H_2COH & (OOCR_1)^-_{aq} \\
| & & & | & + \\
HCOOCR_2 & + \; 3\,(OH)^-_{aq} & \longrightarrow & HCOH & + \; (OOCR_2)^-_{aq} \\
| & & & | & + \\
H_2COOCR_3 & & & H_2COH & (OOCR_3)^-_{aq}
\end{array}$$

Der Ethanol-Zusatz in *Versuch 11/41* soll für eine homogene Phase sorgen, in der alle Edukte und Produkte löslich sind. Die zum Schluß zugegebene Kochsalz-Lösung soll umgekehrt die Abscheidung der Seife fördern (»Aussalzen«).

Ergebnis: Fette sind Tri-ester (Triglyceride) des Propantriols mit organischen Säuren. Die Verseifung der Fette ist eine Ester-Hydrolyse.

In der obigen Reaktionsgleichung haben wir durch die Indizes an den Säureresten R die Möglichkeit angedeutet, daß sie – zum gleichen Fett-Molekül gehörend – unterschiedlich sein können. Das ist tatsächlich bei fast allen Fetten der Fall. Meist handelt es sich um langkettige Säuren mit 16 oder 18 Kohlenstoff-Atomen. Butter ist eine der wenigen Ausnahmen, weil bei ihr die kurze Butansäure eine der drei Ketten bildet. Jedenfalls leuchtet ein, daß Moleküle mit drei langen, in sich beweglichen Ketten kein Kristallgitter bilden können.

Zusammenfassung: *Wir haben im* 11. *Kapitel einen ersten Einblick in die Vielzahl von Kohlenstoff-Verbindungen erhalten. Unsere wenigen Beispiele lassen schon erkennen, daß diese Stoffarten die Bausteine der pflanzlichen und tierischen Organismen sind und daß sie daher auch bei den Stoffwechselreaktionen eine entscheidende Rolle spielen. Von den für die Ernährung wichtigen Stoffe haben wir nur etwas über die Fette erfahren, aber noch nichts über Kohlenhydrate, Eiweißverbindungen und Vitamine. Wir kennen zwar einige organische Lösungsmittel, aber noch keine Farbstoffe, Medikamente und Kunststoffe, um nur einige Stoffgruppen zu nennen. Wenn wir auch bei unseren Untersuchungen feststellen konnten, daß alle in der anorganischen Chemie gültigen Gesetzmäßigkeiten auch in der Kohlenstoff-Chemie gelten und keine grundsätzlich anderen Denkweisen erforderlich sind, so haben wir doch kaum etwas von den Reaktionsschritten (Reaktionsmechanismen) erfahren, die beim Auf- oder Abbau von organischen Molekülen durchlaufen werden. Da Kenntnisse über diese Reaktionsschritte zum Verständnis biochemischer Vorgänge unerläßlich sind, wird es notwendig sein, bei der Wahl des Leistungsfachs Biologie in der Sekundarstufe II weiterführende Kurse über Kohlenstoff-Chemie zu belegen.*

Übungen:

1. Berechne mit Hilfe des Satzes von Pythagoras, der Trigonometrie oder der Vektorrechnung die Längen der Kanten, Flächen- und Körperhöhen des Tetraeders bei gegebenem Umkugelradius *r*, ferner die Winkel zwischen den zu den Ecken gezogenen Radien.
2. Zeichne die Strukturformel von Methanal und Propanal und bestimme in ihnen die Oxidationsstufen der Kohlenstoff-Atome.
3. Wiederhole *Versuch 11/27* mit alkalisch eingestelltem Ethandiol (Glykol) und mit Propantriol (Glycerin).
4. Versetze Silbernitrat-Lösung mit Methansäure; der bräunliche Niederschlag ist elementares Silber. Methansäure wirkt also reduzierend; welches andere Reaktionsprodukt entsteht? Der Versuch gelingt nicht mit Ethansäure oder einer höheren Fettsäure. Gib Gründe an.
5. Stelle wäßrige Lösungen von Methanaten (Formiaten) und Ethanaten (Acetaten) her und prüfe sie mit Universalindikator. Erkläre die Beobachtungen.
6. Löse Seifenflocken in Ethanol und gib einige Tropfen Phenolphthalein-Lösung hinzu; überschichte im Reagenzglas Wasser mit dieser Lösung. Deute den sich bildenden roten Ring.
7. Vergleiche Ester-Kondensationen mit Neutralisationen. Inwieweit ist ein Vergleich berechtigt, und worin unterscheiden sich beide Reaktionstypen?
8. Gib eine Zusammenfassung deines Wissens über Fette.

Wir sollten uns zum Schluß noch einmal Rechenschaft darüber geben, mit welchem gedanklichen Rüstzeug und mit welchen Lösungsstrategien wir aus unseren Experimenten Kenntnisse und Erkenntnisse über die Welt der Stoffe und ihre Umsetzungen gewonnen haben. Eine erste Denkweise, die sich wie eine Leitlinie durch unseren Lehrgang zieht, stellt vor, daß sich die Stoffe aus kleinen diskreten, der direkten Beobachtung nicht zugänglichen

Teilchen (Atomen, Molekülen, Ionen) aufbauen. Dieser **Diskontinuumgedanke** *wird auf die elektrische Ladung (Elektronen) und auf die Atome selbst übertragen (Elektronen in der Hülle, Protonen und Neutronen im Kern). Die Stoffarten stellen sich dann als riesige Kollektive aus solchen Bausteinen dar. Diese sind in den Feststoffen zu wohlgeordneten räumlichen Mustern angeordnet, liegen in den Gasen ungeordnet vor und lassen in den Flüssigkeiten nur in kleinsten Bereichen eine gewisse Ordnung (z. B. Hydration) erkennen.*

Einer zweiten wichtigen Denkweise bedienen wir uns, wenn wir die Eigenschaften der Stoffarten (Aggregatzustand, Volumen- und Formkonstanz, Kristallform usw.) aus diesen Anordnungsmustern ableiten bzw. von den Eigenschaften auf die zugrunde liegenden Strukturen schließen. Diese **Korrelation Struktur-Eigenschaften** *benutzen wir wieder, wenn wir Größe, Ladung, Dipolcharakter und Symmetrie der Bausteine zu weiteren Eigenschaften (z. B. Härte, Schmelz- und Siedetemperatur, Löslichkeiten) in Beziehung setzen und wenn wir besonders stabile Elektronenkonfigurationen (Oktett-Prinzip) für das Zustandekommen von Ionen und Bindungen, d. h. für chemische Reaktionsweisen verantwortlich machen.*

Mit der Stabilität von Zuständen ist ein weiteres Leitprinzip unseres Lehrgangs, das **Energie-Prinzip,** *angesprochen. Zum Überwinden der die Kollektive zusammenhaltenden Kräfte und zum Aufbrechen von Bindungen gehört Energie, die in Form von Wärme (thermische Dissoziation) oder elektrischer Energie (Elektrolyse) zugeführt wird. Umgekehrt wird beim Zustandekommen von Bindungen oder Bildung von Kollektiven Energie als Wärme oder Elektrizität frei und damit nutzbar. Wenn wir uns eine Reaktion in Einzelschritte aufgeschlüsselt denken, stellt sich die beobachtete Energie als Bilanz aus den einzelnen Energiebeiträgen dar.*

Mit dem Energie-Prinzip eng verknüpft sind **kinetische Gedankengänge,** *nicht nur weil sich grundsätzlich thermische Energie als kinetische Energie von ungeordnet sich fortbewegenden, schwingenden oder rotierenden Teilchen auffassen läßt. Kinetische Gedankengänge wenden wir auch z. B. bei der Deutung des Gasdrucks, des Lösungsvorgangs, der Reaktionsgeschwindigkeit und des chemischen Gleichgewichts an. Schließlich verbinden wir auch das Donator-Akzeptor-Prinzip mit kinetischen Vorstellungen, wenn wir bei Redox-Reaktionen von Elektronenübergängen und bei Säure-Base-Reaktionen von Protonenübergängen sprechen.*

Die diskontinuierlichen, strukturellen, energetischen und kinetischen Vorstellungen sind das Rüstzeug, das wir für unsere Lösungsstrategien einsetzen können. Am Anfang einer Untersuchung steht meist ein **Problem,** *das sich aus den vorangegangenen Erkenntnissen neu gestellt hat oder das früher schon einmal aufgetaucht war, aber noch nicht behandelt werden konnte. Die Untersuchung kann aber auch durch eine Beobachtung ausgelöst worden sein, deren Deutung zu einer Fragestellung zwingt. Vor dem ersten Erklärungsversuch sind oft erst noch weitere Experimente evtl. auch quantitativer Arbeit nötig, die die Fragestellung präzisieren oder einengen* **(Differenzierung des Problems).**

In der darauf folgenden wichtigen **Spekulationsphase** *wird der kreativen Phantasie Spielraum gegeben, mit den bereits gewonnenen Erfahrungen und mit dem gedanklichen Rüstzeug Lösungsmöglichkeiten des Problems ins Auge zu fassen. Diese Spekulationen haben aber nur dann Sinn, wenn es gelingt, jeden Deutungsvorschlag soweit konsequent weiterzudenken, bis sich daraus eine experimentell nachprüfbare* **Voraussage** *ergibt.*

Für dieses **Experiment** *wird die Versuchsanordnung mit den Mitteln der zur Verfügung stehenden Laboreinrichtung entwickelt. Nur wenn diese nicht ausreicht, sind wir gezwungen, in der Fachliteratur nach experimentellen Erfahrungen anderer zu suchen. Jedenfalls muß die Empirie, die eigene oder die fremde, die Voraussage bestätigen; andernfalls muß die dahinterstehende Spekulation verworfen werden. Im Falle eines Erfolges verdichtet sich aber die Spekulation zu einer Wahrscheinlichkeitsaussage* **(Hypothese),** *aus der sich meist neue Fragestellungen ergeben, bis auch deren Lösungen zu einer befriedigenden Erkenntnis führen.*

Das Verfolgen dieser Lösungsstrategie kann spannender als ein Kriminalroman sein, und es tut der **Spannung** *keinen Abbruch, wenn die Wissenschaft mit ähnlichen Strategien längst die Probleme vor uns gelöst hat. Allerdings wird die Spannung zerstört, wenn wir vorzeitig die Ergebnisse nachschlagen. Denn wir wollen uns nicht mit den Fakten begnügen, so wichtig sie auch sein mögen, sondern wir wollen selbst auf dem Weg zur Erkenntnis mit dem genannten Rüstzeug und der erprobten Strategie laufen lernen* **(Emanzipation).**

In diesem Zusammenhang müssen wir schon oft ausgesprochene, außerordentlich wichtige Gedanken wiederholen. Wir wissen von unseren Deutungen nicht, ob sie »wahr« sind. Unsere Elektronen, Nukleonen, Atome, Moleküle und das, was wir über ihre Strukturen aussagen, sind **Denkvorstellungen,** *also keine Realitäten, sondern nur Abbilder* **(Modelle)** *der Realitäten, die zwar ganz ausgezeichnet die empirischen Beobachtungen erklären und uns sogar in die Lage versetzen, das stoffliche Geschehen nach unserem Belieben zu lenken, die aber dennoch nicht mit den Realitäten gleichgesetzt werden dürfen.*

Es ist erstaunlich, daß es den Menschen trotz dieser unsicheren erkenntnistheoretischen Basis gelungen ist, die zur Verfügung stehenden natürlichen Stoffarten so zu nutzen, daß damit Ernährung, Kleidung, Gesunderhaltung, Energieversorgung und mancherlei kulturelle Bedürfnisse der zunehmend wachsenden Menschheit gewährleistet werden können. Doch dürfen wir darüber nicht den hohen Preis übersehen, der mit der zunehmenden Verknap-

pung der Rohstoffe, mit der durch unverwertbare Abfallstoffe verursachten Luft- und Wasserverschmutzung und mit der dadurch bedingten Schädigung der Lebensbedingungen für Pflanzen, Tiere und Menschen bezahlt werden muß.

Um in dem Meinungsstreit über Segen oder Fluch der chemischen Technik einen eigenen begründeten Standpunkt zu finden, bedarf es allerdings sehr viel fundierterer Kenntnisse, als wir sie jetzt am Ende der Sekundarstufe I gewonnen haben. Was hat es z. B. mit der Kernenergie auf sich? Wie gewinnt man Kunststoffe, mit denen die natürlichen Werkstoffe zum Teil ersetzt werden können? Welches sind die chemischen Grundlagen der Lebensvorgänge, der Atmung, des Stoffwechsels, der Vererbung, der Nähr- und Arzneimittel? Wir haben noch nichts über die wichtigen Zwischengruppenelemente und ihre Verbindungen erfahren. Wir wissen noch nicht einmal, warum überhaupt chemische Reaktionen – sogar endotherme – von allein ablaufen. Es fehlen uns vor allem die Gesetzmäßigkeiten, denen Protonen- wie Elektronenübergänge und auch alle anderen Reaktionen unterworfen sind und mit deren Kenntnis die chemischen Vorgänge erst beherrschbar werden. Wir brauchen noch sehr viel tiefere Einblicke in die verschiedenen Arten chemischer Bindung und in deren Übergänge, um so vielleicht etwas über das Einzelgeschehen (Reaktionsmechanismus) zwischen den reagierenden Teilchen zu erfahren; denn bis jetzt machen unsere Reaktionsgleichungen nur Bilanz-Aussagen über Kollektive von Edukten und Produkten.

Diese Andeutungen berechtigen die Erwartung, daß uns ein weiterführendes Studium (in der Sekundarstufe II) vielleicht noch spannendere und bedeutsamere Einblicke in das chemische Geschehen vermitteln wird.

Anhang

Nomogramm zur Volumenreduktion

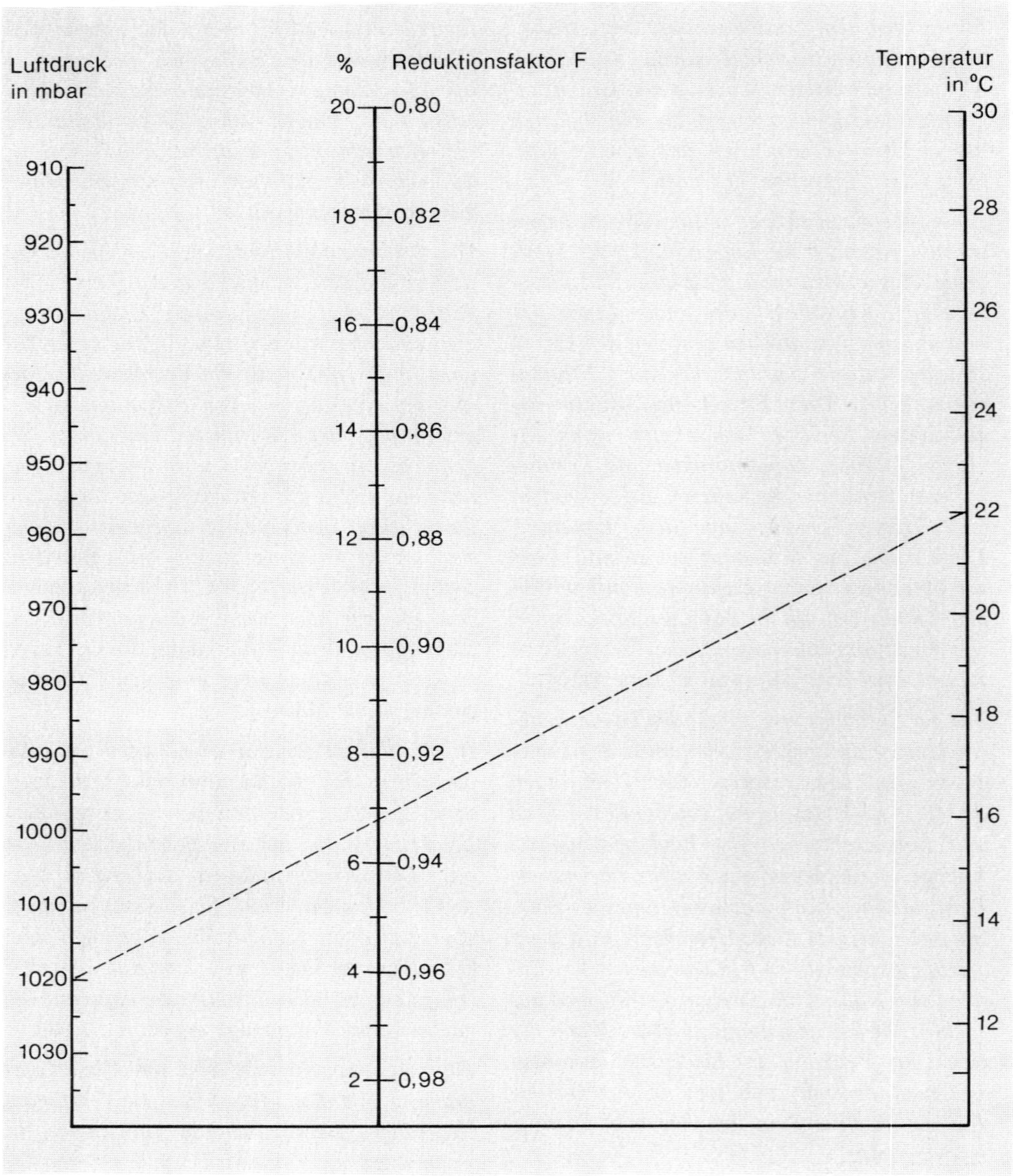

Beispiel: Bei 22° C und 1020 mbar wurden 20 cm^3 Sauerstoff gemessen. Mit dem auf der mittleren Skala abgelesenen Faktor $F = 0{,}93$ wird multipliziert. Normalvolumen: $20\ cm^3 \cdot 0{,}93 = 18{,}6\ cm^3$.

Periodensystem der Elemente

Periode	Haupt-Gruppen			Lanthaniden und Actiniden														Nebengruppen									Hauptgruppen					
	Ia	IIa	IIIb	IIIc														IVb	Vb	VIb	VIIb	VIIIb			Ib	IIb	IIIa	IVa	Va	VIa	VIIa	VIIIa/0
1	1,008 **H** 1																															4,003 **He** 2
2	6,914 **Li** 3	9,012 **Be** 4																									10,81 **B** 5	12,01 **C** 6	14,01 **N** 7	16,00 **O** 8	19,00 **F** 9	20,18 **Ne** 10
3	22,99 **Na** 11	24,31 **Mg** 12																									26,98 **Al** 13	28,09 **Si** 14	30,97 **P** 15	32,06 **S** 16	35,45 **Cl** 17	39,95 **Ar** 18
4	39,10 **K** 19	40,08 **Ca** 20	44,96 **Sc** 21															47,90 **Ti** 22	50,94 **V** 23	52,00 **Cr** 24	54,94 **Mn** 25	55,85 **Fe** 26	58,93 **Co** 27	58,70 **Ni** 28	63,55 **Cu** 29	65,38 **Zn** 30	69,72 **Ga** 31	72,59 **Ge** 32	74,92 **As** 33	78,96 **Se** 34	79,90 **Br** 35	83,80 **Kr** 36
5	85,47 **Rb** 37	87,62 **Sr** 38	88,91 **Y** 39															91,22 **Zr** 40	92,91 **Nb** 41	95,94 **Mo** 42	(97) **Tc** 43	101,1 **Ru** 44	102,9 **Rh** 45	106,4 **Pd** 46	107,9 **Ag** 47	112,4 **Cd** 48	114,8 **In** 49	118,7 **Sn** 50	121,8 **Sb** 51	127,6 **Te** 52	126,9 **J** 53	131,3 **Xe** 54
6	132,9 **Cs** 55	137,3 **Ba** 56	138,9 **La** 57	140,1 **Ce** 58	140,9 **Pr** 59	144,2 **Nd** 60	(145) **Pm** 61	150,4 **Sm** 62	152,0 **Eu** 63	157,3 **Gd** 64	158,9 **Tb** 65	162,5 **Dy** 66	164,9 **Ho** 67	167,3 **Er** 68	168,9 **Tm** 69	173,0 **Yb** 70	175,0 **Lu** 71	178,5 **Hf** 72	180,9 **Ta** 73	183,9 **W** 74	186,2 **Re** 75	190,2 **Os** 76	192,2 **Ir** 77	195,1 **Pt** 78	197,0 **Au** 79	200,6 **Hg** 80	204,4 **Tl** 81	207,2 **Pb** 82	209,0 **Bi** 83	(209) **Po** 84	(210) **At** 85	(222) **Rn** 86
7	(223) **Fr** 87	(226) **Ra** 88	(227) **Ac** 89	232,0 **Th** 90	(231) **Pa** 91	238,0 **U** 92	(237) **Np** 93	(244) **Pu** 94	(243) **Am** 95	(247) **Cm** 96	(247) **Bk** 97	(251) **Cf** 98	(254) **Es** 99	(257) **Fm** 100	(258) **Md** 101	(259) **No** 102	(260) **Lr** 103	(261) **Ku** 104	? 105													

Die Zahl über dem Elementsymbol gibt die Atommasse in u an und bezieht sich auf $\frac{1}{12}$ der Masse des Kohlenstoff-Isotops ^{12}C. Die Zahl unter dem Elementsymbol ist die Ordnungszahl *Z* des Elements. Die eingeklammerten Zahlen sind bei radioaktiven Elementen die Atommassen der längstlebigen Isotope.

Die chemischen Elemente

Name des Elements	Symbol	Ordnungszahl	Atommasse in u	Dichte ϱ in $\frac{g}{cm^3}$ bei 20°C	Fp in °C	Kp in °C
Actinium*	Ac	89	227		1830	
Aluminium	Al	13	26,98	2,699	659	2500
Americium**	Am	95	243			
Antimon	Sb	51	121,76	6,618	630	1635
Argon	Ar	18	39,944	0,0017837 i. N.	−189,3	−185,8
Arsen	As	33	74,91	5,727 (14°C)	817	616 subl.
Astat**	At	85	210			
Barium	Ba	56	137,36	3,5	710	1638
Berkelium**	Bk	97	247			
Beryllium	Be	4	9,01	1,85	1278	2967
Blei	Pb	82	207,21	11,39	327,3	1755
Bor	B	5	10,82	2,3	2300	2550
Brom	Br	35	79,82	3,12	−7,3	58,7
Cadmium	Cd	48	112,41	8,642	320,9	767
Caesium	Cs	55	132,91	1,9	28,5	670
Calcium	Ca	20	40,08	1,54	851	1439
Californium**	Cf	98	251			
Cer	Ce	58	140,13	6,8	775	1400
Chlor	Cl	17	35,46	3,214	−100,5	−34,1
Chrom	Cr	24	52,01	6,92	1900	2327
Curium**	Cm	96	248			
Dysprosium	Dy	66	162,51	8,44		
Einsteinium**	Es	99	254			
Eisen	Fe	26	55,85	7,9	1535	2730
Erbium	Er	68	167,27	9,7	1230	
Europium	Eu	63	152	5,30	1200	
Fermium**	Fm	100	255			
Fluor	F	9	19	0,001696 i. N.	−220	−188
Francium**	Fr	87	223			
Gadolinium	Gd	64	157,26	8,4	1200	
Gallium	Ga	31	69,72	5,927	29,7	2064
Germanium	Ge	32	72,60	5,361	958	2700
Gold	Au	79	197	18,88	1063	2677
Hafnium	Hf	72	178,50	13,31	2207	3200
Helium	He	2	4,003	0,0001785 i. N.	−272	−268,9
Holmium	Ho	67	164,94	9,3		
Indium	In	49	114,82	7,362	156,4	1450
Iridium	Ir	77	192,2	22,4	2454	4400
Jod	J	53	126,91	4,93	113,6	184,4
Kalium	K	19	39,1	0,862	63,4	776
Kobalt	Co	27	58,94	8,8	1490	3185
Kohlenstoff	C	6	12,01	Diamant 3,15–3,5		
				Graphit 2,255		3540
Krypton	Kr	36	83,80	0,003708 i. N.	−157,2	−152,9
Kupfer	Cu	29	63,54	8,93	1083	2595
Kurtschatovium**	Ku	104	260			
Lawrencium**	Lr	103	257			
Lanthan	La	57	138,92	6,18	885	1800
Lithium	Li	3	6,94	0,53	180	1372
Lutetium*	Lu	71	174,99	10,9		
Magnesium	Mg	12	24,32	1,741 (0°C)	650	1110
Mangan	Mn	25	54,94	α-Mangan 7,5	1220	2152
				β-Mangan 7,2		
Mendelevium**	Md	101	256			
Molybdän	Mo	42	95,95	10,21	2600	4800
Natrium	Na	11	22,99	0,9712	97,7	883
Neodym	Nd	60	144,27	7,004	840	
Neon	Ne	10	20,18	0,00090035 i. N.	−248,6	−246
Neptunium**	Np	93	237		640	
Nickel	Ni	28	58,71	8,90	1455	3177
Niob	Nb	41	92,91	8,55	1950	2900
Nobelium**	No	102	254			
Osmium	Os	76	190,2	22,48	2500	3300
Palladium	Pd	46	106,40	11,40	1555	2200
Phosphor	P	15	30,98	2,20 (rot)	590 (42 bar)	
				2,70 (schwarz)		
				2,36 (violett)		
				1,82 (weiß)	44,1	280,5
Platin	Pt	78	195,09	21,45	1773,5	3827
Plutonium**	Pu	94	244	19,74	637,5	
Polonium*	Po	84	210			
Praseodym	Pr	59	140,92	6,776 (α)	932	
				6,805 (β)		
Promethium**	Pm	61	145			
Protactinium*	Pa	91	231			
Quecksilber	Hg	80	200,61	13,5458	−38,8	356,9
Radium*	Ra	88	226,05	5,0	700	1140
Radon*	Rn	86	222	0,00973 i. N.	−71	−62
Rhenium	Re	75	186,22	20,53	3170	
Rhodium	Rh	45	102,91	12,1	1966	2500
Rubidium	Rb	37	85,48	1,532	39	713

* radioaktiv
** radioaktiv, nicht in der Natur vorkommend

Name des Elements	Symbol	Ordnungszahl	Atommasse in u	Dichte ϱ in $\frac{g}{cm^3}$ bei 20°C	Fp in °C	Kp in °C
Ruthenium*	Ru	44	101,1	12,063	2450	4150
Samarium*	Sm	62	150,35	6,93	1300	
Sauerstoff	O	8	16,00	0,00142904 i. N.	−218,8	−182,9
Scandium	Sc	21	44,96	3,1	1400	2400
Schwefel	S	16	32,07	1,96 (monoklin) 2,056 (rhombisch) 1,87 (amorph)	119 mon. 112,8 rh. 120 am.	444,6
Selen	Se	34	78,96	4,46 (α, 25°) 4,28 (β) 4,26 (amorph)	180	688
Silber	Ag	47	107,88	10,492	960,8	1945
Silicium	Si	14	28,09	2,4	1414	2630
Stickstoff	N	7	14,01	0,00125055 i. N.	−210	−195,8
Strontium	Sr	38	87,63	2,5...2,58	757	1364
Tantal	Ta	73	180,95	16,6	3030	4100
Technetium**	Tc	43	97		2300	
Tellur	Te	52	127,61	6,0 (amorph) 6,25 (metallisch)	452	1390

Name des Elements	Symbol	Ordnungszahl	Atommasse in u	Dichte ϱ in $\frac{g}{cm^3}$ bei 20°C	Fp in °C	Kp in °C
Terbium	Tb	65	158,93	8,8		
Thallium	Tl	81	204,39	11,85	302,5	1457
Thorium*	Th	90	232,05	11,2	1845	3530
Thulium	Tm	69	168,94	10		
Titan	Ti	22	47,90	4,509...4,530	1727	3000
Uran*	U	92	238,07	18,697	1090	
Vanadium	V	23	50,95	5,866 (15°C)	1730	3000
Wasserstoff	H	1	1,008	0,00008988 i. N.	−259,2	−252,8
Wismut	Bi	83	209	9,8	271	1560
Wolfram	W	74	183,86	19,27	3380	6000
Xenon	Xe	54	131,30	0,005891 i. N.	−111,9	−108,0
Ytterbium	Yb	70	173,04	7,01	1490	
Yttrium	Y	39	88,92	5,51	1475	
Zink	Zn	30	65,38	6,92	419,4	907
Zinn	Sn	50	118,70	5,76 (α) 7,28 (β)	231,9	2430
Zirkonium	Zr	40	91,22	6,47	1860	2900

* radioaktiv
** radioaktiv, nicht in der Natur vorkommend

Die wichtigsten Oxidationsstufen

Si	−4							+4			
C	−4					+2		+4			
N, P, As. Sb		−3					+3		+5		
O			−2								
S, Se, Te			−2					+4		+6	
F				−1							
Cl, Br, J				−1	+1				+5		+7
H; Li, Na, K					+1						
Cu, Aq, Hg					+1	+2					
Be, Mg, Ca, Sr, Ba; Ni. Zn						+2					
Fe. Co						+2	+3				
Ti; Sn, Pb						+2		+4			
Cr						+2	+3			+6	
Mn						+2		+4		+6	+7
B, Al							+3				

Namen- und Sachverzeichnis

Fotonachweis

Bavaria Verlag Heinrich Freese, Gauting *(Abb. 6–12)*

Bayer AG., Leverkusen *(S. 58 o.,* Foto: Erdölchemie; *S. 142 o.)*

Beyer, Dr., Margrit, Friedrichsdorf (Abb. 11–1; 11–4; 11–5 a, b; 11–12)

Bildarchiv Preussischer Kulturbesitz, Berlin (S. 26 o.; s. 26 u.; S. 50; S. 207)

Deutsche Presseagentur, Hamburg (Abb. 2–4; 2–8 b; 5–34)

Deutsches Kupferinstitut, Berlin (Abb. 7–9)

Deutsches Museum, München (S. 31 u.; S. 122; S. 176; S. 203)

Dyckerhoff AG., Wiesbaden (Abb. 8–11)

Esso AG., Hamburg (Abb. 1–8; S. 225 re., oben)

Fischer-Wasels, Dr., Horst, Lörrach-Brombach (Abb. 9–2)

Fonds der Chemischen Industrie, Frankfurt (S. 225 li., unten)

Gesellschaft Deutscher Chemiker, Frankfurt (S. 34; S. 39; S. 40; S. 41; S. 47 o. und u.; S. 108 o. und u.; S. 150; S. 169; S. 183; S. 200; S. 211)

Gesamtverband des deutschen Steinkohlenbergbaus, Essen (Abb. 11–7)

Harz-Foto Barke, Clausthal-Zellerfeld (Abb. 1–3; 5–21; 5–22 a, b; 5–23 a, b; 5–24 a, b; 5–29; 6–8; 6–11)

Huf, Dr., Karl, Kronberg/Ts. *(Abb. 1–2; 3–6; 7–4; 7–8; 8–14; 10–4; 10–6)*

Kage, Manfred, Schloß Weißenstein (Abb. 5–30; 8–5 a, b, c; 8–6 a, b, c, d)

Landesdenkmalamt Westfalen-Lippe, Münster (Abb. 6–9)

J. B. Metzlersche Verlagsbuchhandlung und Carl Ernst Poeschel Verlag GmbH, Stuttgart/ Fotos: Marowski (Abb. 7–5; 8–3; S. 150, entnommen aus: »Kennzeichen des Lebendigen 9/10« *Abb. 9–9 b,* entnommen aus: *»Physik/Chemie in unserer Welt 5/6«)*

Mobil Oil AG., Hamburg (S. 225 re., unten)

Nittinger, Dr., Jürgen, Neuhausen (S. 168 o.)

Osram, München (Abb. 10–8)

Rheinische Braunkohlenwerke AG., Köln (S. 98 li.)

RWE Essen (S. 98 re.)

St. Joseph-Hospital, Kopenhagen (S. 74)

Ullstein, Berlin (S. 31 o.; S. 206)

Vereinigte Aluminiumwerke AG., Bonn (S. 128)

ZEFA, Düsseldorf (Abb. 1–1)

Zum Titelbild: Mercurius, Symbol der Alchimie und des vollendeten Werkes, in einer mittelalterlichen Darstellung. (Giovanni Battista Nazari: Della Trasmutazione Metallica. Brescia, 1572) Er erscheint dem Adepten zuerst oft als Schlange oder Drache. Seinem Leib entwachsen die Planeten Mond (= Silber), Sonne (= Gold) und Merkur (= Quecksilber).

(Entnommen mit freundlicher Genehmigung des Verlages aus: Meyers Enzyklopädisches Lexikon. Bibliographisches Institut AG, Mannheim, 1971)